Mathematik für die Fachhochschulreife Gesamtausgabe

Bearbeitet von Mathematiklehrern und Ingenieuren an beruflichen Schulen
(Siehe nächste Seite)

VERLAG EUROPA-LEHRMITTEL · Nourney, Vollmer GmbH & Co. KG
Düsselberger Straße 23 · 42781 Haan-Gruiten

Europa-Nr.: 85269 mit Beilage GTR
Europa-Nr.: 85085 ohne Beilage GTR

Autoren des Buches „Mathematik für die Fachhochschulreife Gesamtausgabe“

Josef Dillinger	München
Bernhard Grimm	Sindelfingen, Leonberg
Frank-Michael Gumpert	Stuttgart
Gerhard Mack	Stuttgart
Thomas Müller	Ulm
Bernd Schiemann	Durbach

Lektorat: Bernd Schiemann

Bildentwürfe: Die Autoren

Bildbearbeitung: Zeichenbüro des Verlags Europa-Lehrmittel GmbH & Co. KG, Ostfildern

1. Auflage 2014
Druck 5 4 3 2 1

Alle Drucke derselben Auflage sind parallel einsetzbar, da sie bis auf die Behebung von Druckfehlern untereinander unverändert sind.

ISBN: 978-3-8085-8526-9 mit Beilage GTR
ISBN: 978-3-8085-8508-5 ohne Beilage GTR

Umschlaggestaltung: Idee Bernd Schiemann, Ulm; Ausführung: Andreas Sonnhüter, 40625 Düsseldorf

Satz: TextDesign GreenOrange, 73252 Lenningen, www.textdesign-go.de

Druck: M. P. Media-Print Informationstechnologie GmbH, 33100 Paderborn

Vorwort zur 1. Auflage

Das vorliegende Buch für den Mathematikunterricht in Berufskollegs, Fachoberschulen, und Berufsfachschulen baut auf dem bewährten Konzept der Fachreihe Mathematik für die Fachhochschulreife des Verlags Europa-Lehrmittel auf.

Entsprechend den Vorgaben der Bildungspläne wird großer Wert auf die Selbstorganisation des Lernprozesses, d. h. auf immer größer werdende Eigenständigkeit und Eigenverantwortung der Schülerinnen und Schüler im Erwerb von Wissen und Können gelegt. Aus diesem Grund sind mathematische Zusammenhänge möglichst verständlich und schülernah formuliert. Die mathematischen Inhalte sind auf die besonderen Anforderungen der Bildungsgänge, die zur Fachhochschulreife führen, abgestimmt und werden schülergerecht vorwiegend anwendungsbezogen an praktischen Beispielen eingeführt und behandelt.

Zur Förderung des Interesses an der Mathematik sowie handlungsorientierter Themenbearbeitung enthält das Buch eine große Anzahl von Beispielen mit graphischen Darstellungen, anhand derer eine Vielzahl von Aufgaben zu lösen sind. Dabei sind die Aufgaben für selbstorganisiertes Lernen in Partner- oder Gruppenarbeit ausgelegt und deren Ergebnisse sind auf der selben Buchseite angegeben, um eine eigenständige Lernerfolgskontrolle zu ermöglichen.

Ein didaktisch aufbereiteter Lösungsband mit ausführlichen Schritten zur Lösung sowie die Formelsammlung „Formeln zu Mathematik für die Fachhochschulreife" ergänzen das Buch. Das Buch enthält in einer Variante eine Einführung in den grafikfähigen Taschenrechner (GTR).

Zum Ausgleich unterschiedlicher Vorkenntnisse, aber auch zum intensiven Wiederholen, beginnt das Buch mit den Kapiteln Algebraische und Geometrische Grundlagen.

Die Hauptabschnitte des Buches sind

- **Algebraische Grundlagen**
- **Geometrische Grundlagen**
- **Analysis**
- **Differenzialrechnung**
- **Integralrechnung**
- **Komplexe Rechnung**
- **Vektorrechnung**
- **Stochastik**
- **Matrizen**
- **Prüfungsaufgaben**
  - **Musteraufgaben**
  - **Testen Sie Ihr Wissen zur Prüfung!**
- **Anwendungsbezogene Aufgaben**

Über Vorschläge, die zu einer Verbesserung des Buches führen, freuen sich Verlag und Autoren.

Frühjahr 2014 Die Verfasser

Mathematik für die Fachhochschulreife im Überblick

Inhaltsverzeichnis

8 Stochastik

Zitate berühmter Wissenschaftler

„Er ist ein Mathematiker und also hartnäckig."

Johann Wolfgang von Goethe (1748 bis 1832)

„Die erste Regel, an die man sich in der Mathematik halten muss, ist exakt zu sein. Die zweite Regel ist, klar und deutlich zu sein und nach Möglichkeit einfach."

Lazare Nicolas Carnot (1753 bis 1823)

Es gibt Dinge, die den Menschen unglaublich erscheinen, die nicht Mathematik studiert haben."

Archimedes (287 v. Chr. bis 212 v. Chr.)

„Manche Menschen haben einen Gesichtskreis vom Radius Null und nennen ihn ihren Standpunkt."

David Hilbert (1862 bis 1943)

„In der Mathematik gibt es keine Autoritäten. Das einzige Argument für die Wahrheit ist der Beweis."

Kasimir Urbanik, 1975

„Das Buch der Natur ist mit mathematischen Symbolen geschrieben. Genauer: Die Natur spricht die Sprache der Mathematik: die Buchstaben dieser Sprache sind Dreiecke, Kreise und andere mathematische Funktionen."

Galileo Galilei (1564 bis 1642)

„Ich kann die Bewegung der Himmelskörper berechnen, aber nicht das Verhalten der Menschen."

Sir Isaac Newton (1643 bis 1727)

„Wer die erhabene Weisheit der Mathematik tadelt, nährt sich von Verwirrung."

Leonardo da Vinci (1452 bis 1519)

„Mathematik ist die einzige perfekte Methode, sich selbst an der Nase herumzuführen."

Albert Einstein (1879 bis 1955)

„Die Mathematik muss man schon deswegen studieren, weil sie die Gedanken ordnet."

Michail W. Lomonossow (1711 bis 1765)

„Die Furcht vor der Mathematik steht der Angst erheblich näher als der Ehrfurcht."

Felix Auerbach (1856 bis 1933)

„Man darf nicht das, was uns unwahrscheinlich und unnatürlich erscheint, mit dem verwechseln, was absolut unmöglich ist."

Carl Friedrich Gauß (1777 bis 1855)

„Es ist unglaublich, wie unwissend die studirende Jugend auf Universitäten kommt, wenn ich 10 Minuten rechne oder geometrisire, so schläft ¼ derselben sanfft ein."

Michail W. Lomonossow (1711 bis 1765)

„Im großen Garten der Geometrie kann sich jeder nach seinem Geschmack einen Strauß pflücken."

David Hilbert (1862 bis 1943)

„Du wolltest doch Algebra, da hast du den Salat."

Jules Verne (1828 bis 1905)

„Beweisen muß ich diesen Käs, sonst ist die Arbeit unseriös."

Friedrich Wille (1935 bis 1992)

„Wer sich keinen Punkt denken kann, der ist einfach zu faul dazu."

Willhelm Busch (1832 bis 1908)

„Do not worry about your difficulties in mathematics, I assure you that mine are greater."

Albert Einstein (1879 bis 1955)

„Mit Mathematikern ist kein heiteres Verhältnis zu gewinnen."

Johann Wolfgang von Goethe (1748 bis 1832)

„If A equals success, then the formula is A equals X plus Y plus Z. X is work, Y is play. Z is keep your mouth shut."

Albert Einstein (1879 bis 1955)

Die Zitattexte sind in Originalschreibweise wiedergegeben.

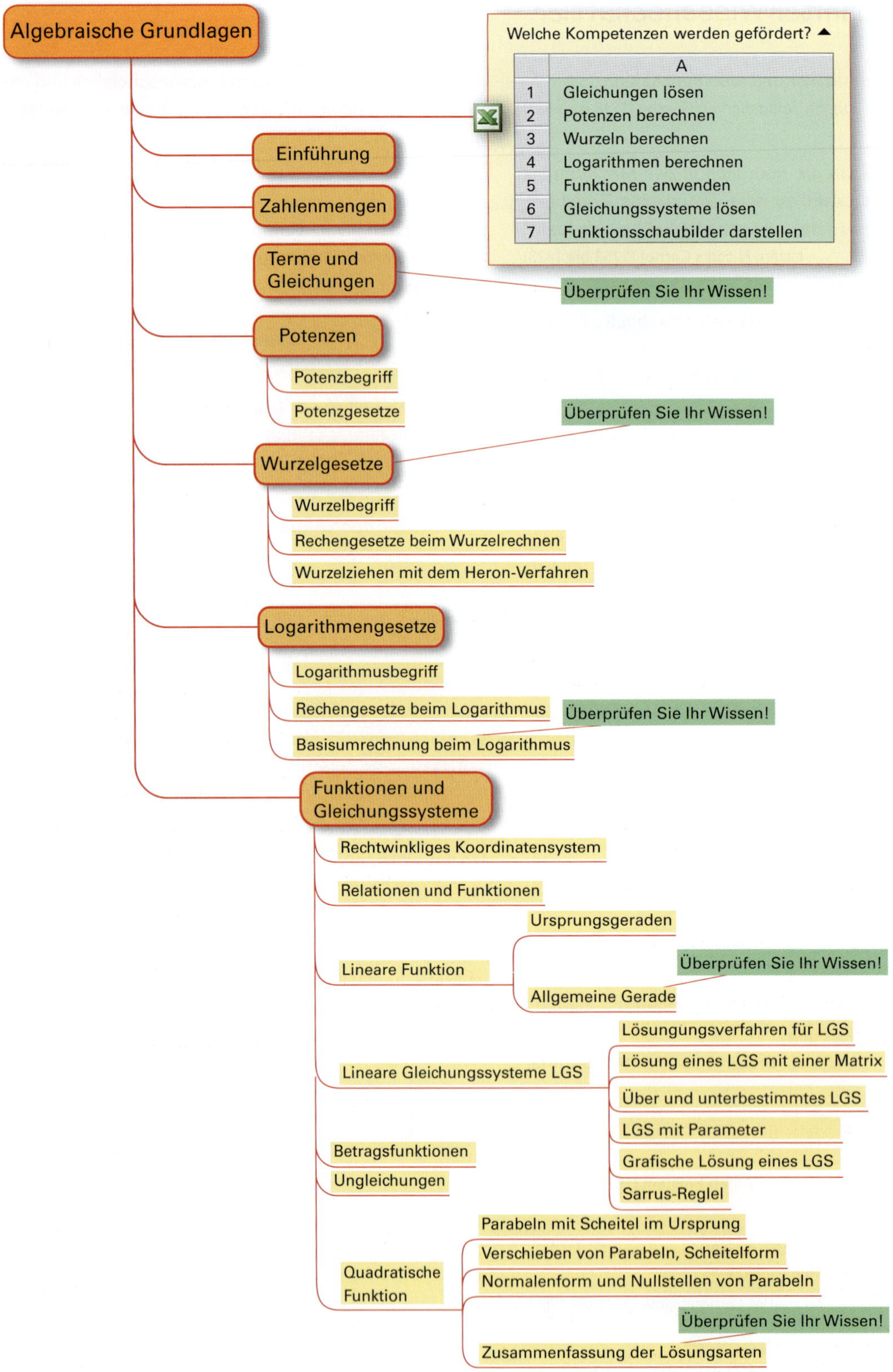
Algebraische Grundlagen
Welche Kompetenzen werden gefördert?
A
1 Gleichungen lösen
2 Potenzen berechnen
3 Wurzeln berechnen
4 Logarithmen berechnen
5 Funktionen anwenden
6 Gleichungssysteme lösen
7 Funktionsschaubilder darstellen
Einführung
Zahlenmengen
Terme und Gleichungen
Überprüfen Sie Ihr Wissen!
Potenzen
Potenzbegriff
Potenzgesetze
Überprüfen Sie Ihr Wissen!
Wurzelgesetze
Wurzelbegriff
Rechengesetze beim Wurzelrechnen
Wurzelziehen mit dem Heron-Verfahren
Logarithmengesetze
Logarithmusbegriff
Rechengesetze beim Logarithmus
Überprüfen Sie Ihr Wissen!
Basisumrechnung beim Logarithmus
Funktionen und Gleichungssysteme
Rechtwinkliges Koordinatensystem
Relationen und Funktionen
Ursprungsgeraden
Lineare Funktion
Überprüfen Sie Ihr Wissen!
Allgemeine Gerade
Lösungungsverfahren für LGS
Lösung eines LGS mit einer Matrix
Lineare Gleichungssysteme LGS
Über und unterbestimmtes LGS
LGS mit Parameter
Betragsfunktionen
Grafische Lösung eines LGS
Ungleichungen
Sarrus-Reglel
Parabeln mit Scheitel im Ursprung
Verschieben von Parabeln, Scheitelform
Quadratische Funktion
Normalenform und Nullstellen von Parabeln
Überprüfen Sie Ihr Wissen!
Zusammenfassung der Lösungsarten

1 Algebraische Grundlagen

1.1 Einführung

Entwicklung der Zahlen

Zahlen sind die Basis, ohne die unsere Rechenoperationen wenig Sinn hätten. Damit die Menschen rechnen konnten, mussten erst geeignete Zahlendarstellungen und Zahlensysteme gefunden werden.

1. Finger und Zehen

Finger und Hände hatten einen entscheidenden Einfluss auf die ersten Zahlensysteme.

Mit den 5 Fingern einer Hand, den 10 Fingern beider Hände oder den insgesamt 20 Fingern und Zehen bediente man sich einer natürlichen Gliederung.

Eine 5er-Stufung findet man bei den Griechen, Mayas und Chinesen.

Das 10er-System hatten die Ägypter, Sumerer und Babylonier.

Die Mayas und die Inder benutzten auch eine 20er-Stufung in ihrem Zahlensystem. Die Auswirkungen dieses Systems findet man im englischen Pfund Sterling mit seinen 20 Schillingen sowie in ähnlicher Form im Französischen und Dänischen.

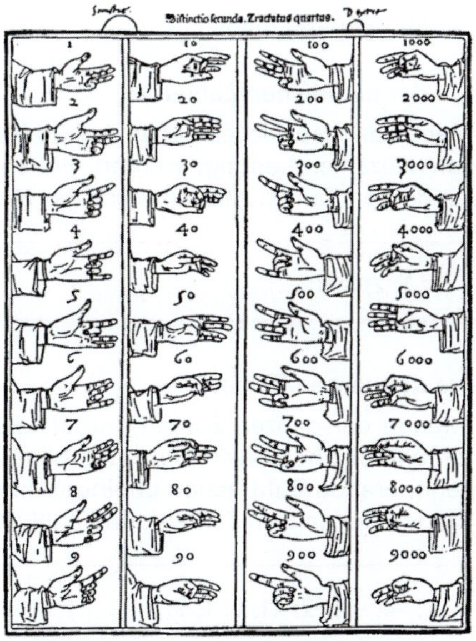

Bild 1: Fingerrechnen, wie es in alten Rechenbüchern vorkam

2. Astronomie

Eine Ausnahme der seitherigen Stufung stellt die 60er-Stufung dar, die bei den Sumerern und Babyloniern vorgefunden wurde. Vermutlich hat sie ihren Ursprung in der gut entwickelten Astronomie der Mesopotamier, die das Jahr in 360 Tage eingeteilt hatten.

Daraus resultiert bis heute die Kreiseinteilung in 6 mal 60° = 360° sowie die Einteilung der Stunden in 60 Minuten und der Minuten in 60 Sekunden.

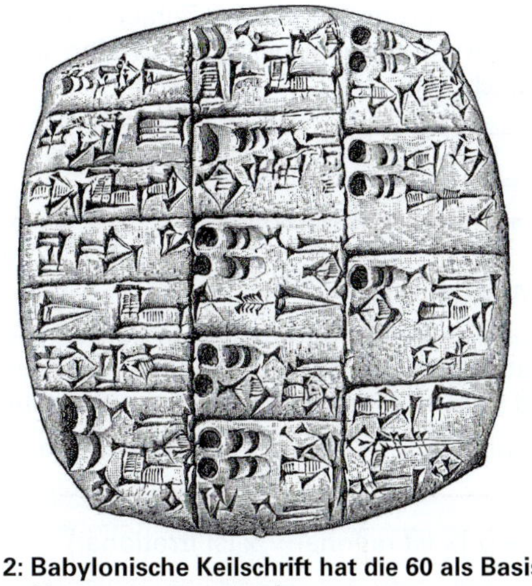

Bild 2: Babylonische Keilschrift hat die 60 als Basis (Sexagesimalsystem)

3. Römische Zahlen

Auf das unzweckmäßige römische Zahlensystem wird hier nicht weiter eingegangen, da es zur Multiplikation und Potenzierung und damit für das Rechnen mit großen Zahlen völlig ungeeignet ist.

4. Indisch-arabische Zahlen

Die von uns heute verwendeten so genannten „arabischen" Zahlen kommen ursprünglich aus Indien. Sie sind im Laufe der Jahrhunderte über Vorderasien und aus dem unter arabischem Einfluss stehenden Spanien zu uns gelangt.

Kennzeichnend für unser heutiges Zehnersystem ist die Verwendung von zehn verschiedenen Ziffern innerhalb eines Stellenwerts. Mit diesem Dezimalsystem ist ein einfaches und schnelles Rechnen möglich. In Deutschland wurde dieses System vor allem durch Adam Ries(e) bekannt.

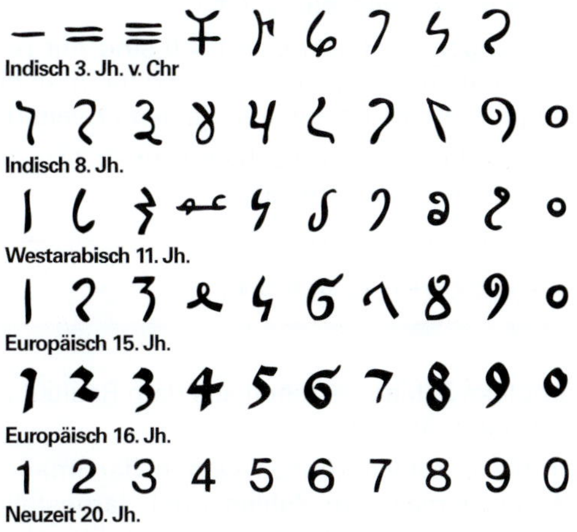

Bild 3: Entwicklung der Dezimalzahlen bis heute

1.2 Zahlen

Zahlenmengen

In der Mengenlehre werden die Zahlen als Elemente von Zahlenmengen festgelegt.

Menge der natürlichen Zahlen ℕ

Die Menge der natürlichen Zahlen beinhaltet alle Zahlen, die zum Abzählen benötigt werden. Sie enthält alle positiven ganzen Zahlen einschließlich der Null **(Tabelle 1)**.

$\mathbb{N} = \{0; 1; 2; 3; 4; \ldots\}$

Menge der ganzen Zahlen ℤ

Die Menge der ganzen Zahlen enthält die natürlichen Zahlen und alle negativen ganzen Zahlen. Damit ist die Rechenoperation Subtraktion uneingeschränkt möglich. Die Menge der ganzen Zahlen ohne Null ist $\mathbb{Z}^*$.

$\mathbb{Z} = \{\ldots -4; -3; -2; -1; 0; 1; 2; 3; 4; \ldots\}$

Menge der rationalen Zahlen ℚ

Die Erweiterung der ganzen Zahlen um die Bruchzahlen machen die Rechenoperation Division (außer mit Null) möglich.

$\mathbb{Q} = \left\{x \mid x = \frac{p}{q} \wedge p \in \mathbb{Z}; q \in \mathbb{Z}^*\right\}$

Menge der reellen Zahlen ℝ

Zusätzlich zu den rationalen Zahlen existieren am Zahlenstrahl Punkte, die nicht durch einen Bruch darstellbar sind **(Bild 1)**. Diese Zahlen nennt man irrationale Zahlen.

Beispiele für irrationale Zahlen sind: π; e; $\sqrt{2}$; lg 2; …

$\mathbb{R} = \{x \mid x \text{ ist rational} \vee x \text{ ist irrational}\}$

Menge der komplexen Zahlen ℂ

Gleichungen der Form $x^2 + 1 = 0$ sind mit reellen Zahlen nicht lösbar. Aus diesem Grund hat man die Zahlenmenge ℝ um die imaginären Zahlen erweitert.

Beispiele für imaginäre Zahlen sind –i; 2i; …2i bedeutet zweimal die imaginäre Zahl.

$\mathbb{C} = \{\underline{z} \mid \underline{z} = a + i \cdot b;\ a, b \in \mathbb{R}\}$

Komplexe Zahlen bestehen aus dem Realteil a und dem imaginären Anteil b.

Komplexe Zahlen können wegen der imaginären Anteile nicht mehr am Zahlenstrahl dargestellt werden, sondern werden in der komplexen Zahlenebene dargestellt.

Tabelle 1: Zusammenfassung der Zahlenmengen

Zahlenmenge	Symbol	Zahlenart	Beispiele
Natürliche Zahlen	ℕ	Positive ganze Zahlen	0; 1; 2; …
Ganze Zahlen	ℤ	Negative und positive ganze Zahlen	…; –2; –1; 0; 1;…
Rationale Zahlen	ℚ	Ganze Zahlen und Bruchzahlen	…; $-\frac{1}{2}$; 2; $\frac{2}{3}$; $\frac{7}{8}$; 6; …
Reelle Zahlen	ℝ	Rationale und irrationale Zahlen	…; –1; $\sqrt{2}$; $\frac{5}{3}$; π; 7; …
Komplexe Zahlen	ℂ	Reelle und imaginäre Zahlen	–2i; 2 + i; –1 + 2i

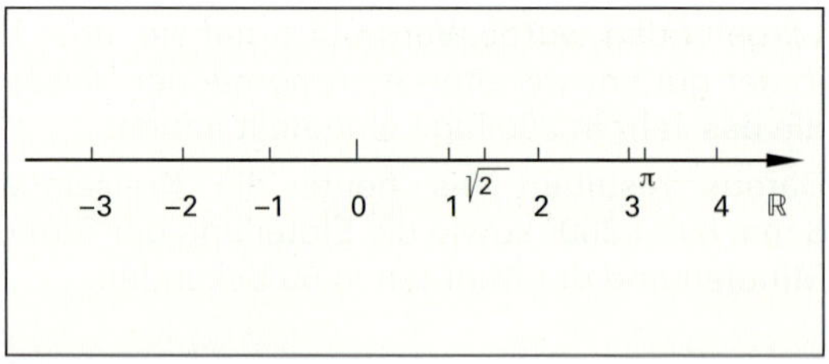

Bild 1: Zahlenstrahl

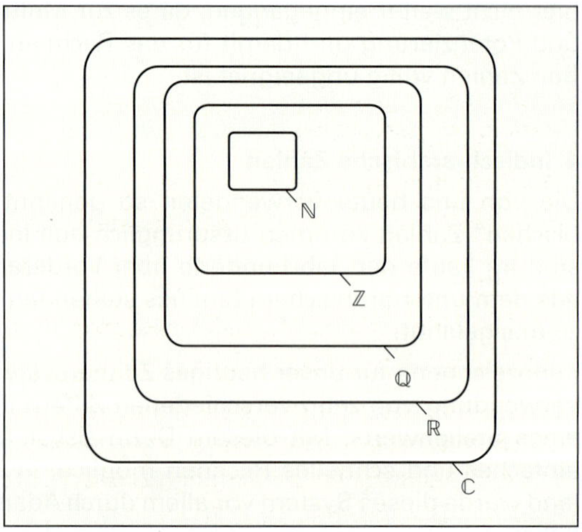

Bild 2: Zahlenmengen im Venndiagramm

1.3 Terme und Gleichungen

Terme können Zahlen, z. B. –1; $\frac{1}{2}$; 2 oder Variablen, z. B. a; x; y sein. Werden Terme durch Rechenoperationen verbunden, so entsteht wieder ein Term.

Eine Gleichung besteht aus einem Linksterm T_l und aus einem Rechtsterm T_r.

Werden zwei Terme durch das Gleichheitszeichen miteinander verbunden, so entsteht die Gleichung $T_l = T_r$.

Beispiel 1: Gleichung

Stellen Sie die beiden Terme T_l: x + 2 und T_r: –4 als Gleichung dar.

Lösung: $\mathbf{x + 2 = -4}$

Werden an Gleichungen Rechenoperationen durchgeführt, so muss auf jeder Seite der Gleichung diese Rechenoperation durchgeführt werden (**Tabelle 1**). Eine Gleichung mit mindestens einer Variablen stellt eine Aussageform dar. Diese Aussageform kann eine wahre oder falsche Aussage ergeben, wenn den Variablen Werte zugeordnet werden.

Ein Wert x einer Gleichung heißt Lösung, wenn beim Einsetzen von x in die Gleichung eine wahre Aussage entsteht.

Beispiel 2: Lösung einer Gleichung

Ermitteln Sie die Lösung der Gleichung x + 2 = –4

Lösung:
$x + 2 = -4 \quad |-2$
$x + 2 - 2 = -4 - 2$
$\mathbf{x = -6}$

1.4 Definitionsmenge

Die Definitionsmenge eines Terms kann einzelne Werte oder ganze Bereiche aus der Grundmenge ausschließen (**Tabelle 2**).

Beispiel 3: Definitionsmenge

Die Definitionsmenge der Gleichung $\sqrt{x-1} = \frac{2}{(x+1)(x-1)}$; $x \in \mathbb{R}$ ist zu bestimmen.

Lösung:

Die Definitionsmenge D_1 des Linksterms wird durch die Wurzel eingeschränkt. $D_1 = \{x|x \geq 1 \wedge x \in \mathbb{R}\}$

Die Definitionsmenge D_2 des Rechtsterms wird durch den Nenner eingeschränkt. $D_2 = \mathbb{R}\backslash\{-1; 1\}$

Für die Gesamtdefinitionsmenge D gilt:

$\mathbf{D = D_1 \cap D_2 = \{x|x > 1 \wedge x \in \mathbb{R}\}}$

Tabelle 1: Rechenoperationen bei Gleichungen $T_l = T_r$

Operation	Allgemein	Beispiel
Addition	$T_l + T = T_r + T$	$x - a = 0 \quad |+a$ $x - a + a = 0 + a$ $x = a$
Subtraktion	$T_l - T = T_r - T$	$x + a = 0 \quad |-a$ $x + a - a = 0 - a$ $x = -a$
Multiplikation	$T_l \cdot T = T_r \cdot T$	$\frac{1}{2} \cdot x = 1 \quad |\cdot 2$ $\frac{1}{2} \cdot x \cdot 2 = 1 \cdot 2$ $x = 2$
Division	$\frac{T_l}{T} = \frac{T_r}{T}$; $T \neq 0$	$2 \cdot x = 4 \quad |:2$ $\frac{2 \cdot x}{2} = \frac{4}{2}$ $x = 2$

Tabelle 2: Einschränkung des Definitionsbereichs in $\mathbb{R}$

Term	Einschränkung	Beispiel
Bruchterm $T_B = \frac{Z(x)}{N(x)}$	$N(x) \neq 0$	$T(x) = \frac{x+1}{x-1}$ $x - 1 \neq 0$ $x \neq 1$ $D = \mathbb{R}\backslash\{1\}$
Wurzelterm $T_W = \sqrt{x}$	$x \geq 0$ x größer gleich 0	$T(x) = \sqrt{x-1}$ $x - 1 \geq 0$ $x \geq 1$ $D = \{x|x \geq 1 \wedge x \in \mathbb{R}\}$
Logarithmusterm $T_l = \log_a x$	$x > 0$ x größer 0	$T(x) = \log_{10} x$ $x > 0$ $D = \{x|x > 0 \wedge x \in \mathbb{R}\}$

Bei Aufgaben aus der Technik oder Wirtschaft ergeben sich häufig einschränkende Bedingungen in technischer, technologischer oder ökonomischer Hinsicht. So kann die Zeit nicht negativ sein oder die Temperatur nicht kleiner 273 °C werden. Diese eingeengte Definitionsmenge ist dann die eigentliche Definitionsmenge einer Gleichung.

Überprüfen Sie Ihr Wissen!

Beispielaufgaben

Zahlen

1. Geben Sie die Mengenbeziehungen der Zahlenmengen an **(Bild 1)**.

2. Welche Aussagen sind wahr?

a) $-2 \in \mathbb{N}$ **b)** $\pi \in \mathbb{R}$

c) $-2{,}5 \in \mathbb{Z}$ **d)** $2 \in \mathbb{Q}$

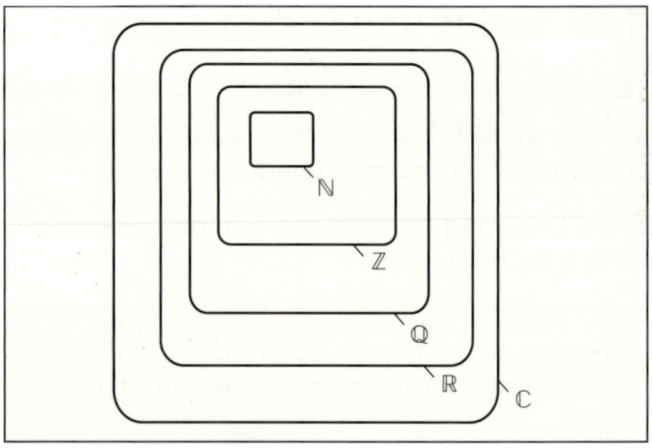

Bild 1: Zahlenmengen im Venndiagramm

Terme und Gleichungen; Definitionsmenge

1. Lösungsmenge
Bestimmen Sie die Lösung für $x \in \mathbb{R}$.

a) $4(2x - 6) = 2x - (x + 4)$

b) $(2x - 1)(3x - 2) = 6(x + 2)(x - 4)$

c) $\frac{x+2}{5} - 2 = 4$

d) $\frac{2-x}{2} + a = 1$

2. Lösen von Gleichungen
Lösen Sie die Gleichungen nach allen Variablen auf.

a) $h = \frac{1}{2} g \cdot t^2$

b) $\frac{1}{R} = \frac{1}{R_1} + \frac{1}{R_2}$

3. Definitions- und Lösungsmenge
Geben Sie die Definitionsmenge und die Lösungsmenge an.

a) $\sqrt{2x+2} = \sqrt{4x-8}$ **b)** $\frac{3x-1}{x+2} = \frac{2-3x}{2-x}$

Lösungen Beispielaufgaben

Zahlen

1. $\mathbb{N} \subset \mathbb{Z} \subset \mathbb{Q} \subset \mathbb{R} \subset \mathbb{C}$

2. b) und **d)** sind wahr

Terme und Gleichungen; Definitionsmenge

1. a) $x = \frac{20}{7}$

b) $x = -10$

c) $x = 28$

d) $x = 2a$

2. a) $g = \frac{2h}{t^2}$; $t = \pm\sqrt{\frac{2h}{g}}$

b) $R = \frac{R_1 \cdot R_2}{R_1 + R_2}$; $R_1 = \frac{R \cdot R_2}{R_2 - R}$; $R_2 = \frac{R \cdot R_1}{R_1 - R}$

3. a) $D = \{x | x \geq 2\}_{\mathbb{R}}$; $L = \{5\}$

b) $D = \mathbb{R} \setminus \{-2; 2\}$; $L = \left\{\frac{6}{11}\right\}$

Übungsaufgaben

Berechnen und Lösen von Termen

1. Berechnen Sie den Wert des Terms:

a) $312 + (-28 + 19)$

b) $312 - (-28 + 19)$

c) $312 + [12 - (+28 - 19) + 28] - (-18 + 24)$

d) $18 - \{16 - [23 - (-12 - 7 + 28) + 32] - 62\}$

2. Fassen Sie die Terme durch Auflösen der Klammern zusammen und setzen Sie die angegebenen Werte ein.

a) $14x - (28x + 19y)$ Setzen Sie $x = -2$ und $y = 3$

b) $3a + [12b - (+28a - 19b)] - (-18a + 24b)$
Setzen Sie $a = 2$ und $b = -3$

c) $14r + (14s - 12r) - (8r + 12s) + 12s - (8r - 9s)$
Setzen Sie $r = 6$ und $s = 4$

d) $60 - \{16x - [23y - (-12x - 7y + 28) + 32x] - 62y\}$
Setzen Sie $x = -2$ und $y = 3$

Lösungen Übungsaufgaben

1. a) 303

b) 321

c) 337

d) 110

2. a) $42x - 19y = -29$

b) $-7a + 7b = -35$

c) $-14r + 23s = 8$

d) $28x + 92y + 32 = 252$

e) $18 + \{-16y + [23x - (12y - 7x + 28) + 32y] - 62\}$
Setzen Sie $x = -2$ und $y = 3$

f) $4r + 3(14s - 12r) - 2(8r + 12s) - 6(8r - 9s)$
Setzen Sie $r = -6$ und $s = 4$

g) $60x - 2\{16x - 3[23y - 4(-12x - 7y + 28)] - 62y\}$
Setzen Sie $x = 2$ und $y = -3$

h) $\frac{3}{4}x + \frac{5}{6}y - 2\left(\frac{5}{6}x - \frac{1}{4}y\right) + \frac{2}{3}(4x - 3y) - 2x - 3y$
Setzen Sie $x = -2$ und $y = 3$

i) $\frac{3}{2}x + \frac{5}{4}y - 3\left(\frac{5}{6}x - \frac{1}{12}y\right) + \frac{2}{3}(4x - 3y) + 2x + 3y$
Setzen Sie $x = 2$ und $y = -3$

3. Multiplizieren Sie aus und fassen Sie zusammen.

a) $3x \cdot 2y \cdot z + 2x \cdot 5y \cdot (-2z) + 4x \cdot (-2y) \cdot (-5z)$

b) $-3x \cdot 2y \cdot (-z) - 2x \cdot 5y \cdot (-2z) + 4x \cdot (-3y) \cdot (-4z)$

c) $2(a - b) + 3(2a + 3b) - 3(a - 4b) + (a - 2b)5$

d) $(4 - x)(y + 2) + 2(3 + x)(2 - y) - (x + 2)(y - 2)$

e) $2(4 - x)(2y + 2) + (3 + 2x)(2 - y) - (x - 2)(y - 2)$

4. Bestimmen Sie aus den Gleichungen die Lösungsmenge L = {x}.

a) $\frac{x + 3}{5} - 4 = 2$

b) $5x = 2(x - 7) - 4$

c) $27 + (3 - x) = 5x - 4$

d) $2(x + 3) = 4x - [2 - (3x - 2)]$

e) $2x - [6 - (2x + 3)] = 5 - 5x$

f) $9x + 1 - [2(5 - 3x + (x - 1))] = 6x - 13$

Definitions- und Lösungsmenge

5. Geben Sie die Definitionsmenge folgender Terme an.

a) $\sqrt{2x + 100}$

b) $\frac{1}{\sqrt{2x + 100}}$

c) $\log_a (x + 2)$

6. Bestimmen Sie die Definitionsmenge und geben Sie die Lösung der Gleichung an.

a) $\frac{x - 9}{x} = \frac{4}{5}$

b) $\frac{15ac}{x} = \frac{9bc}{6bd}$

c) $\sqrt{x + 1} - 2 = \sqrt{x - 11}$

d) $7 + 4 \cdot \sqrt{x + 7} = 23$

7. Bestimmen Sie die Lösung für x

a) $\frac{2x - 4}{3} - \frac{x + 5}{4} = \frac{4x + 4}{6} + \frac{x + 6}{12}$

b) $\frac{2 - x}{7} + \frac{2x - 4}{14} - \frac{3x + 2}{21} = \frac{x - 5}{14} + \frac{5 - x}{7}$

c) $\frac{2x - a}{3} - \frac{x + a}{4} = \frac{4x + 4}{6} + \frac{x + 6}{12} - \frac{a - x}{3}$

Lösungen Übungsaufgaben

2. e) $30x + 4y - 72 = -120$

f) $-96r + 72s = 864$

g) $316x + 430y - 672 = -1\,330$

h) $-\frac{1}{4}x - \frac{11}{3}y = -10{,}5$

i) $\frac{11}{3}x + \frac{5}{2}y = -\frac{1}{6}$

3. a) $26yxz$

b) $74xyz$

c) $10a + 9b$

d) $4x - 4y - 4xy + 24$

e) $2x + 15y - 7xy + 18$

4. a) $L = \{27\}$ **b)** $L = \{-6\}$

c) $L = \left\{\frac{17}{3}\right\}$ **d)** $L = \{2\}$

e) $L = \left\{\frac{8}{9}\right\}$ **f)** $L = \left\{-\frac{6}{7}\right\}$

5. a) $x \geq -50$

b) $x > -50$

c) $x > -2$

6. a) $D = \mathbb{R}\setminus\{0\}$; $x = 45$

b) $D = \mathbb{R}\setminus\{0\}$; $b, d \neq 0$; $x = 10ad$

c) $D = \{x | x \geq 11\}_{\mathbb{R}}$; $x = 15$

d) $D = \{x | x \geq -7\}_{\mathbb{R}}$; $x = 9$

7. a) $x = -\frac{45}{4}$

b) $x = -\frac{19}{3}$

c) $x = \frac{3a + 14}{8}$

1.5 Potenzen

1.5.1 Potenzbegriff

Die Potenz ist die Kurzschreibweise für das Produkt gleicher Faktoren. Eine Potenz besteht aus der Basis (Grundzahl) und dem Exponenten (Hochzahl). Der Exponent gibt an, wie oft die Basis mit sich selbst multipliziert werden muss.

$$\underbrace{a \cdot a \cdot a \cdot a \cdot \ldots \cdot a}_{\text{n-Faktoren}} = a^n \qquad a^n = b$$

$$a^n = \frac{1}{a^{-n}} \qquad a^{-n} = \frac{1}{a^n}$$

a Basis; $a > 0$ n Exponent

b Potenzwert

Beispiel 1: Potenzschreibweise

Schreiben Sie

a) das Produkt $2 \cdot 2 \cdot 2 \cdot 2 \cdot 2$ als Potenz und

b) geben Sie den Potenzwert an.

Lösung: a) $2 \cdot 2 \cdot 2 \cdot 2 \cdot 2 = \mathbf{2^5}$ b) $2^5 = \mathbf{32}$

1.5.2 Potenzgesetze

Potenz mit negativem Exponenten

Eine Potenz, die mit positivem Exponenten im Nenner steht, kann auch mit einem negativen Exponenten im Zähler geschrieben werden. Umgekehrt kann eine Potenz mit negativem Exponenten im Zähler als Potenz mit positivem Exponenten im Nenner geschrieben werden.

Beispiel 2: Exponentenschreibweise

Schreiben Sie die Potenzterme a) 2^{-3}; b) 10^{-3} mit entgegengesetztem Exponenten und geben Sie den Potenzwert an.

Lösung:

a) $2^{-3} = \frac{1}{2^3} = \frac{1}{8} = \mathbf{0{,}125}$

b) $10^{-3} = \frac{1}{10^3} = \frac{1}{1000} = \mathbf{0{,}001}$

Beispiel 3: Physikalische Einheiten

Schreiben Sie folgende physikalischen Benennungen mit umgekehrtem Exponenten.

a) $m \cdot s^{-2}$ b) $U \cdot min^{-1}$ c) $\frac{m}{s}$

Lösung:

a) $m \cdot s^{-2} = \mathbf{\frac{m}{s^2}}$ b) $U \cdot min^{-1} = \mathbf{\frac{U}{min}}$ c) $\frac{m}{s} = \mathbf{m \cdot s^{-1}}$

Addition und Subtraktion

Gleiche Potenzen oder Vielfaches von gleichen Potenzen, die in der Basis und im Exponenten übereinstimmen, lassen sich durch Addition und Subtraktion zusammenfassen **(Tabelle 1)**.

Beispiel 4: Addition und Subtraktion von Potenztermen

Die Potenzterme $3x^3 + 4y^2 + x^3 - 2y^2 + 2x^3$ sind zusammenzufassen.

Lösung: $3x^3 + 4y^2 + x^3 - 2y^2 + 2x^3$
$= (3 + 1 + 2)x^3 + (4 - 2)y^2 = \mathbf{6x^3 + 2y^2}$

Tabelle 1: Potenzgesetze

Regel, Definition	algebraischer Ausdruck
Addition und Subtraktion Potenzen dürfen addiert oder subtrahiert werden, wenn sie denselben Exponenten und dieselbe Basis haben.	$r \cdot a^n \pm s \cdot a^n = (r \pm s) \cdot a^n$
Multiplikation Potenzen mit gleicher Basis werden multipliziert, indem man ihre Exponenten addiert und die Basis beibehält.	$a^n \cdot a^m = a^{n+m}$
Potenzen mit gleichen Exponenten werden multipliziert, indem man ihre Basen multipliziert und den Exponenten beibehält.	$a^n \cdot b^n = (a \cdot b)^n$
Division Potenzen mit gleicher Basis werden dividiert, indem man ihre Exponenten subtrahiert und die Basis beibehält.	$\frac{a^n}{a^m} = a^n \cdot a^{-m} = a^{n-m}$
Potenzen mit gleichem Exponenten werden dividiert, indem man ihre Basen dividiert und den Exponenten beibehält.	$\frac{a^n}{b^n} = \left(\frac{a}{b}\right)^n$
Potenzieren Potenzen werden potenziert, indem man die Exponenten miteinander multipliziert.	$(a^m)^n = a^{m \cdot n}$
Definition Jede Potenz mit dem Exponenten null hat den Wert 1.	$a^0 = 1$; für $a \neq 0$

Multiplikation von Potenzen

Potenzen mit gleicher Basis werden multipliziert, indem man die Potenzen als Produkt schreibt und dann ausmultipliziert oder indem man die Exponenten addiert.

Beispiel 1: Multiplikation

Berechnen Sie das Produkt $2^2 \cdot 2^3$ und geben Sie den Potenzwert an.

Lösung:

$2^2 \cdot 2^3 = (2 \cdot 2) \cdot (2 \cdot 2 \cdot 2) = \mathbf{32}$

oder $2^2 \cdot 2^3 = 2^{2+3} = 2^5 = \mathbf{32}$

Beispiel 2: Flächen- und Volumenberechnung

a) Die Fläche des Quadrates mit a = 2 m **(Bild 1)** und

b) das Volumen des Würfels für a = 2 m ist zu berechnen.

Lösung:

a) $A = a \cdot a = a^1 \cdot a^1 = a^{1+1} = \mathbf{a^2}$
$A = 2\text{ m} \cdot 2\text{ m} = 2 \cdot 2\text{ m} \cdot \text{m} = 2^2\text{ m}^2 = \mathbf{4\text{ m}^2}$

b) $V = a \cdot a \cdot a = a^1 \cdot a^1 \cdot a^1 = a^{1+1+1} = \mathbf{a^3}$
$= 2\text{ m} \cdot 2\text{ m} \cdot 2\text{ m} = 2 \cdot 2 \cdot 2\text{ m} \cdot \text{m} \cdot \text{m}$
$= 2^3\text{ m}^3 = \mathbf{8\text{ m}^3}$

Division von Potenzen

Potenzen mit gleicher Basis werden dividiert, indem man den Quotienten in ein Produkt umformt und dann die Regeln für die Multiplikation von Potenzen anwendet oder indem man den Nennerexponenten vom Zählerexponenten subtrahiert.

Beispiel 3: Division

Der Potenzterm $\frac{2^5}{2^3}$ ist zu berechnen.

Lösung:

$\frac{2^5}{2^3} = 2^5 \cdot \frac{1}{2^3} = 2^5 \cdot 2^{-3} = 2^{5-3} = 2^2 = \mathbf{4}$

oder $\frac{2^5}{2^3} = 2^{5-3} = 2^2 = \mathbf{4}$

Potenzieren von Potenzen

Potenzen werden potenziert, indem man das Produkt der Potenzen bildet und die Regeln für die Multiplikation von Potenzen anwendet oder indem man die Exponenten multipliziert.

Beispiel 4: Potenzieren

Berechnen Sie die Potenzterme

a) $(2^2)^3$ b) $(-3)^2$ c) -3^2

Lösung:

a) $(2^2)^3 = 2^2 \cdot 2^2 \cdot 2^2 = 2^{2+2+2} = 2^6 = \mathbf{64}$

oder $(2^2)^3 = 2^{2 \cdot 3} = 2^6$

b) $(-3)^2 = (-3) \cdot (-3) = \mathbf{9}$ c) $-3^2 = -(3 \cdot 3) = \mathbf{-9}$

$(-a)^2 = a^2$ $-a^2 = -(a^2)$

a Basis; $a > 0$

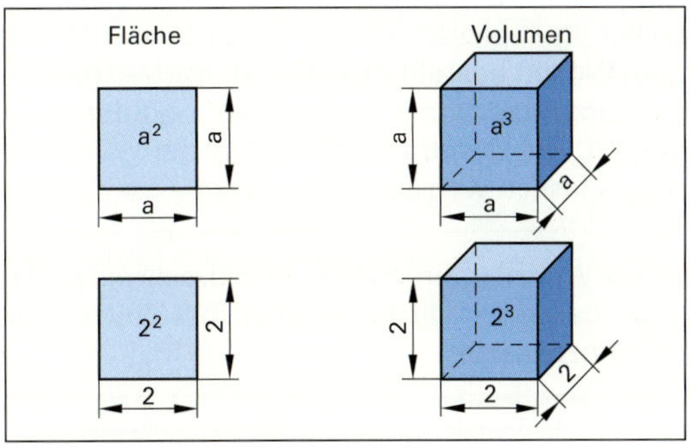

Bild 1: Fläche und Volumen

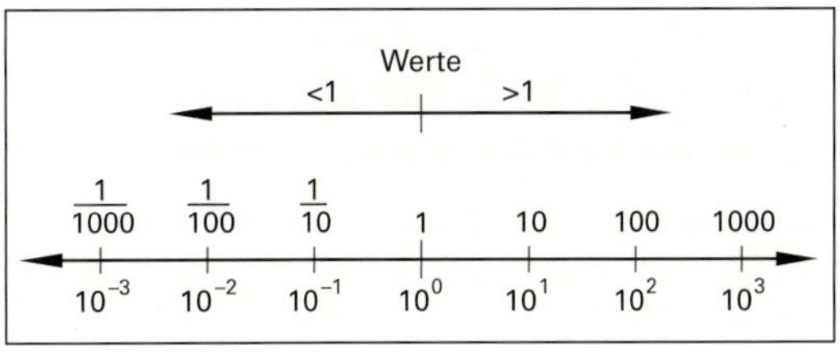

Bild 2: Zehnerpotenzen

Tabelle 1: Zehnerpotenzen, Schreibweise

ausgeschriebene Zahl	Potenz	Vorsatz bei Einheiten	
1 000 000 000	10^9	G	(Giga)
1 000 000	10^6	M	(Mega)
1 000	10^3	k	(Kilo)
100	10^2	h	(Hekto)
10	10^1	da	(Deka)
1	10^0	–	
0,1	10^{-1}	d	(Dezi)
0,01	10^{-2}	c	(Centi)
0,001	10^{-3}	m	(Milli)
0,000 001	10^{-6}	µ	(Mikro)
0,000 000 001	10^{-9}	n	(Nano)

Potenzen mit der Basis 10 (Zehnerpotenzen)

Potenzen mit der Basis 10 werden sehr häufig als verkürzte Schreibweise für sehr kleine oder sehr große Zahlen verwendet. Werte größer 1 können als Vielfaches von Zehnerpotenzen mit positivem Exponenten, Werte kleiner 1 als Vielfaches von Zehnerpotenzen mit negativem Exponenten dargestellt werden **(Bild 2** und **Tabelle 1)**.

Beispiel 5: Zehnerpotenzen

Schreiben Sie die Zehnerpotenzen
a) 20 µm b) 10 ml c) 3 kHz

Lösung:

a) $20 \cdot 10^{-6}$ m b) $10 \cdot 10^{-3}$ ℓ c) $3 \cdot 10^3$ Hz

1.6 Wurzelgesetze

1.6.1 Wurzelbegriff

Das Wurzelziehen oder Radizieren (von lat. radix = Wurzel) ist die Umkehrung des Potenzierens. Beim Wurzelziehen wird derjenige Wurzelwert gesucht, der mit sich selbst multipliziert den Wert unter der Wurzel ergibt. Eine Wurzel besteht aus dem Wurzelzeichen, dem Radikanden unter dem Wurzelzeichen und dem Wurzelexponenten. Bei Quadratwurzeln darf der Wurzelexponent 2 weggelassen werden $\Rightarrow \sqrt[2]{a} = \sqrt{a}$.

Eine Wurzel kann auch in Potenzschreibweise dargestellt werden. Deshalb gelten bei Wurzeln auch alle Potenzgesetze.

Beispiel 1: Potenzschreibweise und Wurzelziehen

Der Wurzelterm $\sqrt[2]{4} = \sqrt{4}$ ist

a) in Potenzschreibweise darzustellen und

b) der Wert der Wurzel zu bestimmen.

Lösung:

a) $\sqrt[2]{4} = \sqrt[2]{4^1} = \mathbf{4^{\frac{1}{2}}}$ b) $\sqrt[2]{4} = \sqrt{4} = 2$; denn $2 \cdot 2 = \mathbf{4}$

1.6.2 Rechengesetze beim Wurzelrechnen

Addition und Subtraktion

Gleiche Wurzeln, die im Wurzelexponenten und im Radikand übereinstimmen, dürfen addiert und subtrahiert werden **(Tabelle 1)**.

Beispiel 2: Addition und Subtraktion von Wurzeln

Die Wurzelterme $3\sqrt{a}$, $-2\sqrt[3]{b}$, $+2\sqrt{a}$, $+4\sqrt[3]{b}$ sind zusammenzufassen.

Lösung:

$3\sqrt{a} - 2\sqrt[3]{b} + 2\sqrt{a} + 4\sqrt[3]{b} = (3 + 2)\sqrt{a} + (4 - 2)\sqrt[3]{b}$
$= \mathbf{5\sqrt{a} + 2\sqrt[3]{b}}$

Multiplikation und Division von Wurzeln

Ist beim Wurzelziehen der Radikand ein Produkt, so kann entweder aus dem Produkt oder aus jedem einzelnen Faktor die Wurzel gezogen werden. Bei einem Quotienten kann die Wurzel auch aus Zählerterm und Nennerterm gezogen werden **(Tabelle 1)**.

Beispiel 3: Multiplikation und Division

Berechnen Sie aus den Wurzeltermen $\sqrt{9 \cdot 16}$ und $\sqrt{\frac{9}{16}}$ den Wert der Wurzel.

Lösung:

$\sqrt{9 \cdot 16} = \sqrt{144} = \mathbf{12}$

oder $\sqrt{9 \cdot 16} = \sqrt{9} \cdot \sqrt{16} = 3 \cdot 4 = \mathbf{12}$

$\sqrt{\frac{9}{16}} = \mathbf{0{,}75}$

oder $\sqrt{\frac{9}{16}} = \frac{\sqrt{9}}{\sqrt{16}} = \frac{3}{4} = \mathbf{0{,}75}$

$\sqrt[n]{a} = x;\ a \geq 0$ $\sqrt[n]{a^m} = a^{\frac{m}{n}};\ a \geq 0$

n	Wurzelexponent	a	Basis
x	Wurzelwert	m, $\frac{m}{n}$	Exponent

Tabelle 1: Wurzelgesetze

Regel	algebraischer Ausdruck
Addition und Subtraktion Wurzeln dürfen addiert und subtrahiert werden, wenn sie gleiche Exponenten und Radikanden haben.	$r \cdot \sqrt[n]{a} \pm s \cdot \sqrt[n]{a} = (r \pm s) \cdot \sqrt[n]{a}$
Multiplikation Ist der Radikand ein Produkt, kann die Wurzel aus dem Produkt oder aus jedem Faktor gezogen werden.	$\sqrt[n]{a \cdot b} = \sqrt[n]{a} \cdot \sqrt[n]{b}$
Division Ist der Radikand ein Quotient, kann die Wurzel aus dem Quotienten oder aus Zähler und Nenner gezogen werden.	$\sqrt[n]{\frac{a}{b}} = \frac{\sqrt[n]{a}}{\sqrt[n]{b}}$
Potenzieren Beim Potenzieren einer Wurzel kann auch der Radikand potenziert werden.	$(\sqrt[n]{a})^m = \sqrt[n]{a^m}$

Allgemeine Lösung des Wurzelterms $\sqrt[n]{a^n}$

Bei der Lösung des Wurzelterms $\sqrt[n]{a^n}$ sind zwei Fälle zu unterscheiden:

gerader Exponent: $\sqrt[n]{a^n} = |a|$

ungerader Exponent: $\sqrt[n]{a^n} = a$

Die Lösung einer Quadratwurzel ist immer positiv.

Beispiel 4: Zwei Lösungen

Warum müssen beim Wurzelterm $\sqrt[2]{a^2}$ zwei Fälle unterschieden werden?

Lösung:

$\sqrt[2]{a^2} = |a|$

Fall 1: **a für a > 0**

Fall 2: **–a für a < 0**

Beispiel 1:

Für $|a| = 2$ gilt $\sqrt{(-2)^2} = \sqrt{(2)^2} = \sqrt{4} = \mathbf{2}$

1.6.3 Wurzelziehen mit dem Heron-Verfahren

Wurzelzahlen sind im Allgemeinen irrationale Zahlen, d. h. sie lassen sich nicht durch einen Bruch darstellen. Da sie beliebig viele Nachkommastellen haben, war ihre händische Berechnung schwierig. Die Berechnung mithilfe eines Näherungs-Verfahrens war aber schon den Griechen und noch früher den Babyloniern bekannt **(Bild 1)**.

Beispiel 1: Wurzel händisch ermitteln

Ermitteln Sie die Wurzel der Zahl 10 auf zwei Stellen nach dem Komma genau.

Lösung:

1. Abschätzung:
   $3 < \sqrt{10} < 4$, denn $3^2 = 9 < 10 < 16 = 4^2$
2. Durch Probieren:
   $3{,}1 < \sqrt{10} < 3{,}2$,
   denn $3{,}1^2 = 9{,}61 < 10 < 10{,}24 = 3{,}2^2$
3. Mit größerer Mühe findet man:
   $3{,}16 < \sqrt{10} < 3{,}17$, denn
   $3{,}16^2 = 9{,}9856 < 10 < 10{,}0489 = 3{,}17^2$

Einen schnelleren und effektiveren Weg zur Ermittlung einer Quadratzahl liefert ein Näherungsverfahren, das nach dem griechischen Mathematiker Heron[1] benannt wurde. Bei diesem Verfahren beginnt man mit einer natürlichen Zahl x_1, die in der näheren Umgebung der Quadratwurzel $\sqrt{a}$ liegt. Man berechnet der Reihe nach immer mit dem gleichen Schema Brüche, die sich der gesuchten Wurzelzahl immer genauer annähern.

Beispiel 2: Ermittlung der Quadratwurzel mit dem Heron-Verfahren

Ermitteln Sie die Wurzel der Zahl 10 auf vier Stellen nach dem Komma genau mit dem Verfahren von Heron.

Lösung:

1. Näherung:
   mit dem gewählten Startwert: $x_1 = 3$
2. Näherung:
   Mit der Formel $x_2 = \left(x_1 + \frac{a}{x_1}\right) : 2 = \left(\frac{x_1}{2} + \frac{a}{2 \cdot x_1}\right)$ folgt:
   $$x_2 = \left(3 + \frac{10}{3}\right) : 2 = \left(\frac{3}{2} + \frac{10}{6}\right) = \frac{19}{6} = 3{,}1666666\ldots$$
3. Näherung:
   $$x_3 = \left(x_1 + \frac{a}{x_2}\right) : 2 = \left(\frac{x_2}{2} + \frac{a}{2 \cdot x_2}\right) = \left(\frac{19}{12} + \frac{\frac{10}{19}}{3}\right) = \frac{19}{12} + \frac{30}{19}$$
   $$= \frac{19 \cdot 19 + 30 \cdot 12}{12 \cdot 19} = \frac{721}{228} \approx 3{,}162280\ldots$$
4. Taschenrechnerwert: $\sqrt{10} \approx 3{,}16227766\ldots$

[1] Heron von Alexandria (griechischer Mathematiker und Mechaniker, 1. Jh. n. Chr.)

Bestimmung der Quadratwurzel aus a:

$$x_2 = \left(x_1 + \frac{a}{x_1}\right) : 2$$

$$x_3 = \left(x_2 + \frac{a}{x_2}\right) : 2; \quad x_4 = \left(x_3 + \frac{a}{x_3}\right) : 2;$$

$$x_5 = \ldots$$

Allgemein:

$$x_{n+1} = \left(x_n + \frac{a}{x_n}\right) : 2; \; a \in \mathbb{N}^*, \; n \in \mathbb{N}$$

x_1 Startwert
x_n Näherungswert
a Numerus der Quadratwurzel

Bild 1: Babylonische Keilschrifttafel zur Berechnung der Quadratwurzel

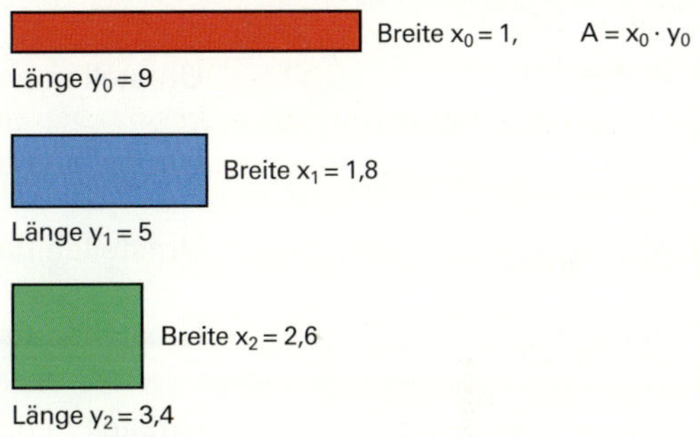

Bild 2: Geometrische Erläuterung des Heronverfahrens

Beim Heronverfahren wird von einem Quadrat mit dem Flächeninhalt A und der Kantenlänge $\sqrt{A}$ ausgegangen. Nimmt man ein Rechteck **(Bild 2)** mit der Fläche 9 (FE), so kann dieses durch Verkürzung der Länge y_0 und Verlängerung der Breite x_0 in Schritten an den Wert 3 angenähert werden. Die neue Länge $y_1 = 5$ erhält man mit dem Mittelwert $y_1 = \frac{x_0 + y_0}{2} = \frac{1 + 9}{2} = 5$ sowie $x_1 = \frac{A}{y_1}$. Durch Wiederholung dieser Schritte kann die gewünschte Genauigkeit erreicht werden.

Das Heron-Verfahren liefert schnell gute Näherungswerte für die Quadratwurzel.

Überprüfen Sie Ihr Wissen!

Beispielaufgaben

Wurzelziehen mit dem Heron-Verfahren

1. Bestimmen Sie die Quadratwurzel durch Anwendung mit dem Heron-Verfahren auf vier Stellen nach dem Komma.

a) $\sqrt{2}$ **b)** $\sqrt{3}$ **c)** $\sqrt{5}$

2. Ein Rechteck mit den Seitenlängen $a = 2$ und $b = 4$ soll in ein flächengleiches Quadrat umgewandelt werden.

a) Versuchen Sie über einen grafischen Ansatz das Heron-Verfahren auf das Problem anzuwenden.

b) Welche Kantenlänge hat das Quadrat?

Lösungen Beispielaufgaben

Wurzelziehen mit dem Heron-Verfahren

1. a) 1,41…

b) 1,73…

c) 2,236068…

2. a) siehe Lösungsbuch

b) $2 \cdot \sqrt{2} = 2{,}8284271\ldots$

Übungsaufgaben

1. Stellen Sie die Gleichung oder Formel nach der geforderten Größe um.

a) $d_a = d + 2m$; Umstellen nach m

b) $R_\vartheta = R_{20}(1 + \alpha \cdot \Delta\vartheta)$; Umstellen nach $\Delta\vartheta$

c) $\Delta R = R_{20} \cdot \alpha \cdot (\vartheta_2 - \vartheta_1)$; Umstellen nach ϑ_1

d) $Z_L = \frac{R_c \cdot R_L}{R_c + R_L}$; Umstellen nach R_L

e) $A = \frac{d^2\pi}{4}$; Umstellen nach d

f) $\tan\alpha = \frac{m \cdot v^2}{g \cdot m \cdot r}$; Umstellen nach v

g) $\frac{1}{f} = \frac{1}{b} + \frac{1}{g}$; Umstellen nach g

h) $i = \frac{U}{R + \frac{R}{n}}$; Umstellen nach R

i) $v = \frac{s}{t + a} + \frac{s}{t - a}$; Umstellen nach s

j) $\frac{s - s_1}{t - t_1} = \frac{s_2 - s_1}{t_2 - t_1}$; Umstellen nach t_1

k) Der Abstand des Schwerpunktes vom Boden einer mit Flüssigkeit gefüllten Dose lässt sich mit der Formel

$$h = \frac{m \cdot H}{M - m}\sqrt{\frac{M}{m}} - \frac{m \cdot H}{M - m}$$

beschreiben **(Bild 1)**. Stellen Sie nach H um.

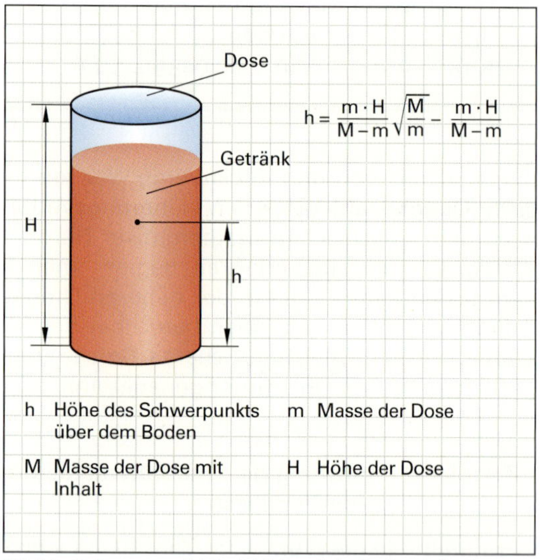

Bild 1: Schwerpunkt in Abhängigkeit des Inhalts

Gleichungen

2. Bestimmen Sie aus den Gleichungen die Lösung

a) $(x + 2)^2 + 6 = x^2 + 20$

b) $\frac{4(17 + 20x)}{11} = 8$

Lösungen Übungsaufgaben

1. a) $m = \frac{d_a - d}{2}$ **b)** $\Delta\vartheta = \frac{\frac{R_\vartheta}{R_{20}} - 1}{\alpha}$

c) $\vartheta_1 = \vartheta_2 - \frac{\Delta R}{R_{20} \cdot \alpha}$ **d)** $R_L = \frac{-Z_L R_c}{Z_L - R_c}$

e) $d = \sqrt{\frac{4A}{\pi}}$ **f)** $v = \sqrt{r \cdot g \cdot \tan\alpha}$

g) $g = \frac{b \cdot f}{b - f}$ **h)** $R = \frac{n \cdot U}{i(n + 1)}$

i) $s = \frac{v(t^2 - a^2)}{2t}$ **j)** $t_1 = \frac{t(s_2 - s_1) + t_2(s_1 - s)}{s_2 - s}$

k) $H = \frac{(M - m) \cdot h}{\left(\sqrt{\frac{M}{m}} - 1\right) \cdot m}$

2. a) $x = 2{,}5$ **b)** $x = \frac{1}{4}$

c) $\frac{6(x+7)}{17(x-4)} = 1$

d) $\frac{4x}{5} - \frac{3}{4} = \frac{2x+3}{4} + 6$

3. Lösen Sie die Gleichungen nach den geforderten Größen auf.

a) $F_1 = \frac{F_2 \cdot h}{2 \cdot \pi \cdot R}$ Auflösen nach h und nach R

b) $v = \sqrt{2 \cdot g \cdot h}$ Auflösen nach h

c) $H = \frac{I \cdot N^2}{\sqrt{4r^2 + l^2}}$ Auflösen nach I und l

d) $A = \frac{l_1 + l_2}{2} b$ Auflösen nach b und l_2

Potenzen und Potenzgesetze

4. Berechnen Sie folgende Ausdrücke:

a) $(-5)^{-1}$ **b)** -5^{-1}

c) $(-5)^0$ **d)** -5^0

e) $(-5)^1$ **f)** -5^1

g) $(-5)^2$ **h)** -5^2

5. Vereinfachen Sie die Potenzterme

a) $\frac{8^3}{8^2}$ **b)** $\frac{8^{3x}}{8^{2x}}$

c) $\frac{8^{ax}}{8^{-ax}}$ **d)** $\frac{8^n}{8^m}$

e) $\frac{a^{2b}}{a^{3b}}$ **f)** $\frac{a^{n+1}}{a^2}$

g) $\frac{a^{x-2}}{a^{x+2}}$ **h)** $\frac{a^{-b+1}}{a^{-2b-1}}$

i) $\left(-\frac{1}{u}\right)^{-2} \cdot u^{v-2}$ **j)** $\frac{(-x)^{-2}}{x^{-3}}$

k) $\frac{y \cdot (y^m + z^m) \cdot y^2}{y^{m+1} + z^m \cdot y}$

6. Vereinfachen Sie die Wurzeln unter Verwendung der Potenzschreibweise und vereinfachen Sie die Terme.

a) $\frac{\sqrt{12}}{\sqrt{3}}$ **b)** $\frac{\sqrt{3 \cdot 4}}{\sqrt{3}}$

c) $\frac{\sqrt{9+3}}{\sqrt{3}}$ **d)** $\frac{\sqrt{\frac{3 \cdot 8}{2}}}{\sqrt{3}}$

e) $\left(\sqrt{3} + \frac{3}{\sqrt{3}}\right)^2$ **f)** $(3 + \sqrt{3}) \cdot (\sqrt{3} - 3)$

g) $\sqrt[3]{(4 - \sqrt{8})(4 + \sqrt{8})}$ **h)** $\sqrt[3]{\frac{a^{-3b}}{a^{-9b}}}$

i) $\frac{\sqrt{x^2 - y^2}}{\sqrt{x+y}}$ **j)** $\sqrt[x+y]{(a^n)^{2x+2y}}$

k) $\frac{(2x+2y)^2}{(x+y) \cdot \sqrt{x+y}}$

Lösungen Übungsaufgaben

2. c) $x = 10$ **d)** $x = 25$

3. a) $h = \frac{F_1 2\pi R}{F_2}$; $R = \frac{F_2 h}{F_1 2\pi}$

b) $h = \frac{v^2}{2g}$

c) $I = \frac{H \cdot \sqrt{4r^2 + l^2}}{N^2}$; $l = \pm\sqrt{\frac{I^2 N^4}{H^2} - 4r^2}$

d) $b = \frac{2A}{l_1 + l_2}$; $l_2 = \frac{2A}{b} - l_1$

4. a) $-\frac{1}{5}$ **b)** $-\frac{1}{5}$

c) 1 **d)** –1

e) –5 **f)** –5

g) 25 **h)** –25

5. a) 8 **b)** 8^x

c) 8^{2ax} **d)** 8^{n-m}

e) a^{-b} **f)** a^{n-1}

g) a^{-4} **h)** a^{b+2}

i) u^v **j)** x

k) y^2

6. a) 2 **b)** 2

c) 2 **d)** 2

e) 12 **f)** –6

g) 2 **h)** a^{2b}

i) $\sqrt{x-y}$ **j)** a^{2n}

k) $4 \cdot \sqrt{x+y}$

1.7 Logarithmengesetze

1.7.1 Logarithmusbegriff

Der Logarithmus (von griech. logos = Verhältnis und arithmos = Zahl) ist der Exponent (Hochzahl), mit der man die Basis (Grundzahl) a potenzieren muss, um den Numerus (Potenzwert, Zahl) zu erhalten.

Einen Logarithmus berechnen heißt den Exponenten (Hochzahl) einer bestimmten Potenz zu berechnen.

Für das Wort Exponent wurde der Begriff Logarithmus eingeführt.

Beispiel 1: Logarithmus

Suchen Sie in der Gleichung $2^x = 8$ die Hochzahl x, sodass die Gleichung eine wahre Aussage ergibt.

Lösung:

$2^x = 8$; $2^3 = 8$; $\Rightarrow$ $\mathbf{x = 3}$

Die Sprechweise lautet: x ist der Exponent zur Basis 2, der zum Potenzwert 8 führt.

Die Schreibweise lautet: $x = \log_2 8 = 3$

1.7.2 Rechengesetze beim Logarithmus

Die Logarithmengesetze ergeben sich aus den Potenzgesetzen und sind für alle definierten Basen gültig **(Tabelle 1)**.

Mit dem Taschenrechner können Sie den Logarithmus zur Basis 10 und zur Basis e bestimmen. Dabei wird $\log_{10}$ mit log und $\log_e$ mit ln abgekürzt **(Tabelle 2)**.

Multiplikation

Wird von einem Produkt der Logarithmus gesucht, so ist dies gleich der Summe der Logarithmen der Faktoren.

Beispiel 2: $\log_{10}$ 1000

Bestimmen Sie den Logarithmus von 1000 zur Basis 10

a) mit dem Taschenrechner und

b) interpretieren Sie das Ergebnis.

Lösung:

a) Eingabe: 1000 log oder log 1000 (taschenrechnerabhängig)
Anzeige: 3 $\Rightarrow$ $\log_{10} 1000 = \mathbf{3}$
Wird der Wert 1000 faktorisiert, z. B. in $10 \cdot 100$, gilt Folgendes: $\log_{10} 1000 = \log_{10} (10 \cdot 100)$ $= \log_{10} 10 + \log_{10} 100 = 1 + 2 = \mathbf{3}$

b) $\log_{10} 1000 = 3$, denn $10^3 = \mathbf{1000}$

Quotient

Wird von einem Quotienten der Logarithmus gesucht, so ist dies gleich der Differenz der Logarithmen von Zähler und Nenner.

Bei der Berechnung eines Logarithmus kann die Eingabe des Terms, abhängig vom Taschenrechner, unterschiedlich sein.

$x = \log_a b$	$a^x = b$
x Logarithmus (Hochzahl)	a Basis; $a > 0$
b Numerus (Zahl)	

Tabelle 1: Logarithmengesetze

Regel	algebraischer Ausdruck
Produkt Der Logarithmus eines Produktes ist gleich der Summe der Logarithmen der einzelnen Faktoren.	$\log_a (u \cdot v)$ $= \log_a u + \log_a v$
Quotient Der Logarithmus eines Quotienten ist gleich der Differenz der Logarithmen von Zähler und Nenner.	$\log_a \left(\frac{u}{v}\right)$ $= \log_a u - \log_a v$
Potenz Der Logarithmus einer Potenz ist gleich dem Produkt aus dem Exponenten und dem Logarithmus der Potenzbasis.	$\log_a u^v = v \cdot \log_a u$

Tabelle 2: Spezielle Logarithmen

Basis	Art	Schreibweise	Taschenrechner
10	Zehnerlogarithmus	$\log_{10}$; lg	log-Taste
e	Natürlicher Logarithmus	$\log_e$; ln	ln-Taste
2	Binärer Logarithmus	$\log_2$; lb	–

Beispiel 3: Division

Berechnen Sie $\log_{10} \left(\frac{10}{100}\right)$ mit dem Taschenrechner.

Lösung: $\log_{10} \left(\frac{10}{100}\right) = \log_{10} 10 - \log_{10} 100$

Eingabe: 10 log – 100 log =

Anzeige: 1 2 –1

$\Rightarrow \log_{10} 10 - \log_{10} 100 = 1 - 2 = \mathbf{-1}$

oder durch Ausrechnen des Numerus $\left(\frac{10}{100}\right) = 0{,}1$

Eingabe: 0,1 log Anzeige: –1

$\Rightarrow \log_{10} 0{,}1 = \mathbf{-1}$

Potenz

Soll der Logarithmus von einer Potenz genommen werden, so gibt es die Möglichkeit, die Potenz zu berechnen und dann den Logarithmus zu nehmen oder das Rechengesetz für Logarithmen anzuwenden und dann die Berechnung durchzuführen.

Beispiel 1: Berechnung einer Potenz

Berechnen Sie den Logarithmus der Potenz 10^2 zur Basis 10

a) durch Ausrechnen der Potenz und

b) durch Anwendung der Rechengesetze für Logarithmen.

Lösung:

a) $\log_{10} 10^2 = \log_{10} 100 = \mathbf{2}$

b) $\log_{10} 10^2 = 2 \cdot \log_{10} 10 = 2 \cdot 1 = \mathbf{2}$

Beispiel 2: Berechnung einer Wurzel

Der Logarithmusterm $\log_{10} \sqrt[3]{1000}$ ist zu berechnen

a) in Wurzelschreibweise,

b) in Potenzschreibweise.

Lösung:

$\sqrt[3]{1000} = 10 \Rightarrow \log_{10} \sqrt[3]{1000} = \log_{10} 10 = 1$ oder

$\log_{10} \sqrt[3]{1000}$ kann umgeformt werden in $\log_{10} (1000)^{\frac{1}{3}}$

$\Rightarrow \log_{10} \sqrt[3]{1000} = \log_{10} (1000)^{\frac{1}{3}} = \frac{1}{3} \cdot \log_{10} 1000$

$= \frac{1}{3} \cdot 3 = \mathbf{1}$

1.7.3 Basisumrechnung beim Logarithmus

Berechnungen der Logarithmen werden mit dem Taschenrechner durchgeführt. Taschenrechner bieten zur Berechnung der Logarithmen die Basis 10 ($\log_{10} = \log$) und die Basis e ($\log_e = \ln$) an **(Bild 1).**

In manchen Zweigen der Technik ist es erforderlich mit Logarithmen zu rechnen, die eine andere Basis haben. Einige Taschenrechner bieten Tasten an, deren Funktionalität die Eingabe einer beliebigen Basis bietet **(Bild 2).**

Besitzt ein Taschenrechner jedoch nicht die erforderliche Taste, sondern nur die Standardtasten log und ln, so kann durch Basisumrechnung das gewünschte Ergebnis erzielt werden.

Beispiel 3: Logarithmus mit der Basis 2

Berechnen Sie $\log_2 8$ mit dem Taschenrechner.

Lösung:

Die Berechnung kann a) mit log oder b) mit ln durchgeführt werden.

a) $\log_2 8 = \dfrac{\log_{10} 8}{\log_{10} 2} = \dfrac{\log 8}{\log 2}$

Eingabe: z. B.	8 log	:	2 log	=
	⇓		⇓	⇓
Anzeige:	0,903 089 987		0,301 029 995	3

$$\log_a b = \frac{\log_u b}{\log_u a}$$

a, u Basen a, b Numerus (Zahl)

Bei der Basisumrechnung können die Basen der Logarithmen auf dem Taschenrechner verwendet werden. Es gilt:

$$\log_a b = \frac{\log_{10} b}{\log_{10} a} = \frac{\log b}{\log a}$$

$$\log_a b = \frac{\log_e b}{\log_e a} = \frac{\ln b}{\ln a}$$

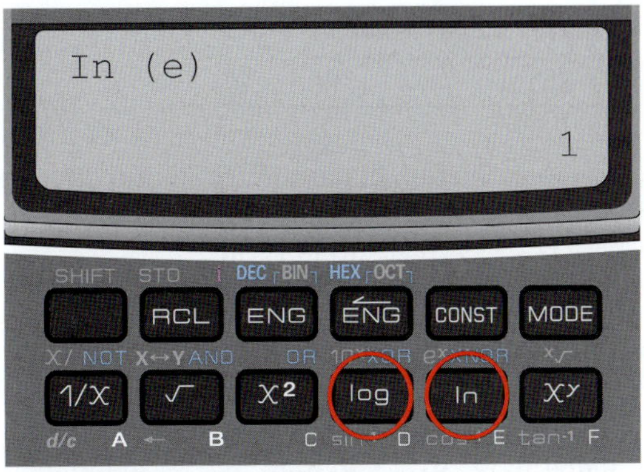

Bild 1: Standardtaschenrechner

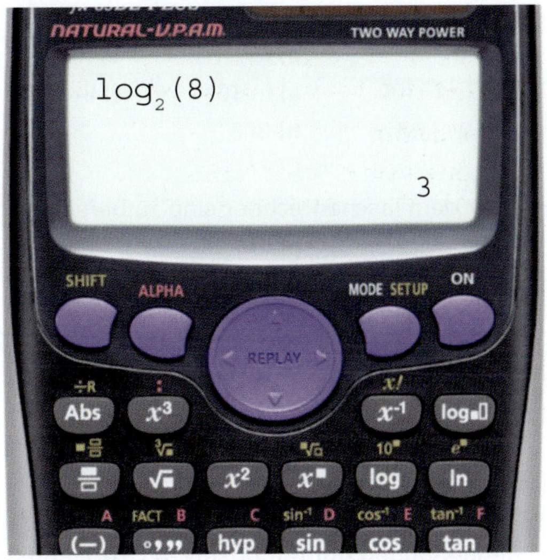

Bild 2: Taschenrechner mit Sonderfunktionstasten

zu Beispiel 3:

$\Rightarrow \log_2 8 = \dfrac{\log 8}{\log 2} = \dfrac{0{,}903\,09}{0{,}301\,03} = \mathbf{3}$

b) $\log_2 8 = \dfrac{\log_e 8}{\log_e 2} = \dfrac{\ln 8}{\ln 2}$

Eingabe: z. B.	8 ln	:	2 ln	=
	⇓		⇓	⇓
Anzeige:	2,079 441 54		0,693 147 18	3

$\Rightarrow \log_2 8 = \dfrac{\ln 8}{\ln 2} = \dfrac{2{,}079\,441\,54}{0{,}693\,147\,18} = \mathbf{3}$

Überprüfen Sie Ihr Wissen!

Beispielaufgaben

Basisumrechnung beim Logarithmus

1. Die Gleichungen $x = \log_a b$ und $b = a^x$ sind gleichwertig. Geben Sie in der **Tabelle 1** für die Aufgaben a) bis d) jeweils die gleichwertige Beziehung und die Lösung an.

Tabelle 1: Gleichwertigkeit und Lösung

	$x = \log_2 8$	$8 = 2^x$	$8 = 2^3$	$x = 3$
a)	$x = \log_2 32$			
b)	$x = \log_2 \sqrt{2}$			
c)		$81 = 3^x$		
d)		$10^{-3} = 10^x$		

2. Geben Sie den Logarithmus an und überprüfen Sie die Ergebnisse durch Potenzieren.

a) $\log_{10} 1$ **b)** $\log_{10} 10$
c) $\log_e 1$ **d)** $\log_3 \frac{1}{27}$

3. Zerlegen Sie die Logarithmenterme nach den gültigen Logarithmengesetzen.

a) $\log_a (3 \cdot u)$ **b)** $\log_a \frac{1}{u}$ **c)** $\log_a \frac{u^3}{v^2}$

4. Berechnen Sie mit dem Taschenrechner:

a) $\log 16$ **b)** $\log 111$ **c)** $\log 8^2$
d) $\log \sqrt{100}$ **e)** $\ln 16$ **f)** $\ln 111$
g) $2 \cdot \ln 8$ **h)** $\ln 8^2$

5. Mit dem Taschenrechner sind zu berechnen:

a) $\log_2 12$ **b)** $\log_3 12$
c) $\log_4 12$ **d)** $\log_5 12$

Lösungen Beispielaufgaben

Basisumrechnung beim Logarithmus

1. a) $32 = 2^x$; $x = 5$
b) $\sqrt{2} = 2^x$; $x = \frac{1}{2}$
c) $x = \log_3 81$; $x = 4$
d) $x = \log_{10} 10^{-3}$; $x = -3$

2. a) 0, denn $10^0 = 1$
b) 1, denn $10^1 = 10$
c) 0, denn $e^0 = 1$
d) −3, denn $3^{-3} = \frac{1}{27}$

3. a) $\log_a 3 + \log_a u$
b) $-\log_a u$
c) $3 \cdot \log_a u - 2 \cdot \log_a v$

4. a) 1,20412 **b)** 2,04532
c) 1,80618 **d)** 1
e) 2,77259 **f)** 4,70953
g) 4,15888 **h)** 4,15888

5. a) 3,58496 **b)** 2,26186
c) 1,79248 **d)** 1,5439

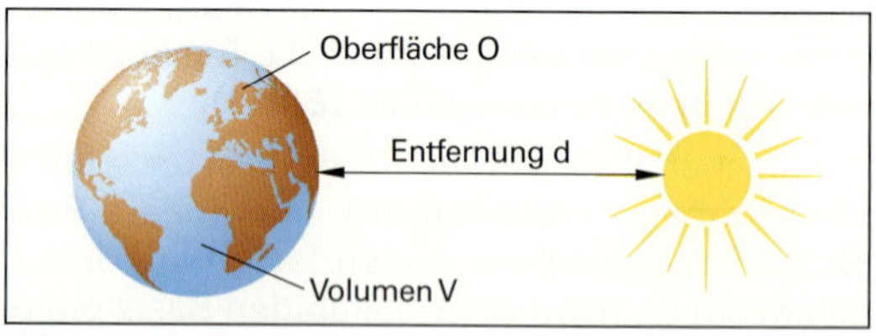

Bild 1: Erde–Sonne

Übungsaufgaben

Potenzen

1. Schreiben Sie die Potenzterme und physikalischen Benennungen nur mit positiven Exponenten.

a) $2 \cdot 10^{-2}$ **b)** min^{-1} **c)** $\frac{a^{-2} b c^2}{(a + b)^{-1}}$

2. Schreiben Sie die Potenzterme und physikalischen Benennungen mit umgekehrtem Exponenten.

a) 10^{-2} **b)** $\frac{1}{10^3}$ **c)** $\frac{1}{m}$ **d)** $\frac{V}{m}$

3. Erde–Sonne **(Bild 1)**

Geben Sie die Zahlen in Zehnerpotenzen an.

a) Rauminhalt der Erde: 1 083 000 000 000 000 000 000 m³
b) Oberfläche der Erde: 510 000 000 000 000 m²
c) Entfernung Erde–Sonne: 149 500 000 000 m

Lösungen Übungsaufgaben

1. a) $\frac{2}{10^2}$ **b)** $\frac{1}{\text{min}}$
c) $\frac{(a + b)bc^2}{a^2}$

2. a) $\frac{1}{10^2}$ **b)** 10^{-3}
c) m^{-1} **d)** Vm^{-1}

3. a) $1{,}083 \cdot 10^{21}\,m^3$
b) $5{,}1 \cdot 10^{14}\,m^2$
c) $1{,}495 \cdot 10^{11}\,m$

4. Vereinfachen Sie die Terme.

a) $\frac{(a+b)^0}{2^{-1}}$ **b)** $\frac{x \cdot x^{-2}}{(n^2 \cdot x)^{-1}}$

c) $\frac{x^{m-1} \cdot y^{n-1} \cdot y^3}{y^{n+2} \cdot x^{m+2}}$ **d)** $\frac{n^{-2+x}}{n^{x-1}}$

e) $\left((n^{-2})^{-1}\right) \cdot n^{a-2}$ **f)** $\frac{(n^{-4} \cdot m^{-2})^{-3}}{(n^{-2}\, m^{-3})^5}$

5. Vereinfachen Sie die Wurzeln unter Verwendung der Potenzschreibweise.

a) $\sqrt[3]{\frac{x^{-3}}{x^{-9}}}$ **b)** $\sqrt[n+m]{(x^2)^{3n+3m}}$ **c)** $\sqrt[an]{3^{n(a+b)}}$

Logarithmengesetze

6. Geben Sie den Logarithmus an und überprüfen Sie die Ergebnisse durch Potenzieren.

a) $\log_{10} 100$ **b)** $\log_{10} 300$

c) $\log_e 2{,}71$ **d)** $\log_{\frac{1}{2}} 32$

7. Zerlegen Sie die Logarithmusterme in Summen, Differenzen und Produkte.

a) $\log_a (u^2)$ **b)** $\log_a \frac{m^2 \cdot \sqrt{n}}{p^3}$ **c)** $\log_a \sqrt[3]{n^2}$

8. Berechnen Sie mit dem Taschenrechner

a) $3 \cdot \log 10$ **b)** $\log 8^4$

c) $\ln \sqrt[5]{500}$ **d)** $\ln 5^{30}$

9. Berechnen Sie mit dem Taschenrechner

a) $\log_2 256$ **b)** $\log_7 4$

c) $\log_{16} 256$ **d)** $\log_8 \sqrt{6400}$

10. Zerlegen Sie die Logarithmusterme in Summen, Differenzen und Produkte.

a) $\log_u(2v + 2w)$ **b)** $\log_u(v \cdot w)$

c) $\log_u\left(\frac{v}{w}\right)$ **d)** $\log_u v^w$

e) $\log_u \left(\frac{v}{w}\right)^3$ **f)** $\log_u\left(\sqrt[3]{\frac{u}{v}}\right)$

g) $\log_u \frac{a^2 \cdot \sqrt[3]{b}}{c^3}$ **h)** $\log_u(v + w)^2$

i) $\log_u\left(\frac{3+u}{u}\right)$

11. Geben Sie den Wert des Logarithmus als Basis von e an.

a) $\log_u v$

b) $\log_u \frac{v}{w}$

c) $\log_u \frac{\sqrt{v}}{w^2}$

Lösungen Übungsaufgaben

4. a) 2 **b)** n^2 **c)** $\frac{1}{x^3}$

d) $\frac{1}{n}$ **e)** n^a **f)** $n^{22} \,.\, m^{21}$

5. a) x^2 **b)** x^6 **c)** $3 \cdot \sqrt[a]{3^b}$

6. a) 2, denn $10^2 = 100$

b) 2,477, denn $10^{2{,}477} = 300$

c) 1, denn $e^1 = 2{,}718$

d) –5, denn $\left(\frac{1}{2}\right)^{-5} = 32$

7. a) $2 \cdot \log_a u$

b) $2 \cdot \log_a m + \frac{1}{2} \cdot \log_a n - 3 \cdot \log_a p$

c) $\frac{2}{3} \cdot \log_a n$

8. a) 3 **b)** 3,612 35

c) 1,243 **d)** 48,283

9. a) 8 **b)** 0,712 4

c) 2 **d)** 2,107 3

10. a) $\log_u 2 + \log_u(v + w)$

b) $\log_u(v) + \log_u(w)$

c) $\log_u(v) - \log_u(w)$ **d)** $w \log_u(v)$

e) $3\left(\log_u(v) - \log_u(w)\right)$

f) $\frac{1}{3}\left(\log_u(v) - \log_u(w)\right)$

g) $2 \log_u(a) + \frac{1}{3} \log_u(b) - 3 \log_u(c)$

h) $2 \log_u(v + w) - 1$ **i)** $\log_u(3 + u)$

11. a) $\frac{\ln(v)}{\ln(u)}$

b) $\frac{\ln(v) - \ln(w)}{\ln(u)}$

c) $\frac{\frac{1}{2}\ln(v) - 2\ln(w)}{\ln(u)}$

1.8 Funktionen und Gleichungssysteme

1.8.1 Rechtwinkliges Koordinatensystem

Durch ein rechtwinkliges Koordinatensystem lassen sich Punkte in einer Ebene eindeutig festlegen. Das Koordinatensystem wird auch Achsenkreuz genannt. Die waagrechte Achse wird als x-Achse (Abszisse) und die senkrechte Achse als y-Achse (Ordinate) bezeichnet **(Bild 1)**. Der Ursprung des Koordinatensystems ist der Punkt O (0|0). Ein Punkt in einem Achsenkreuz wird durch jeweils einen Achsenabschnitt für jede Achse festgelegt. Der Abschnitt auf der x-Achse wird als x-Koordinate (Abszisse) und der Abschnitt auf der y-Achse als y-Koordinate (Ordinate) bezeichnet. Der Punkt P (3|2) hat die x-Koordinate $x_P = 3$ und die y-Koordinate $y_P = 2$ **(Bild 1)**.

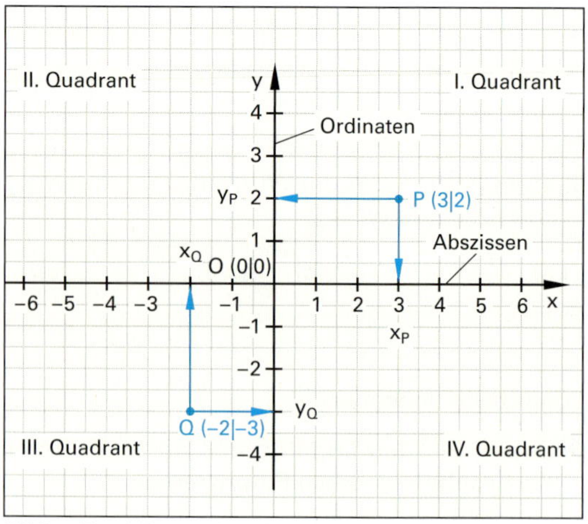

Bild 1: Zweidimensionales Koordinatensystem

Beispiel 1: Koordinatendarstellung

Welche Koordinaten hat der Punkt Q (−2|−3)?

Lösung:

$x_Q = \mathbf{-2}$ und $y_Q = \mathbf{-3}$

Ein Achsenkreuz teilt eine Ebene in 4 Felder. Diese Felder nennt man auch Quadranten **(Bild 1)**. Die Quadranten werden im Gegenuhrzeigersinn mit den römischen Zahlen I bis IV bezeichnet. Für Punkte P (x|y) im ersten Quadranten gilt $x > 0 \wedge y > 0$. Im zweiten Quadranten gilt $x < 0 \wedge y > 0$, im dritten $x < \wedge\ y < 0$ und im vierten $x > 0 \wedge y < 0$.

Quadranten erleichtern die Zuordnung von Punkten.

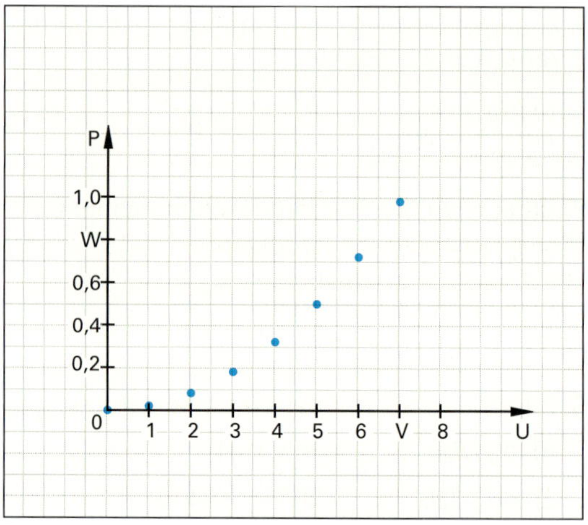

Bild 2: Leistungskurve im I. Quadranten

Für viele physikalische Prozesse ist eine Darstellung im I. Quadranten ausreichend.

Beispiel 2: Leistungskurve

Ermitteln Sie die Leistung P in einem Widerstand mit 50 Ω mit $P = \frac{1}{R} \cdot U^2$, wenn die Spannung von 0 V in 1-V-Schritten auf 7 V erhöht wird.

Lösung:

Bild 2 und Wertetabelle 1:

U/V	0	1	2	3	4	5	6	7
P/W	0	0,02	0,08	0,18	0,32	0,5	0,72	0,98

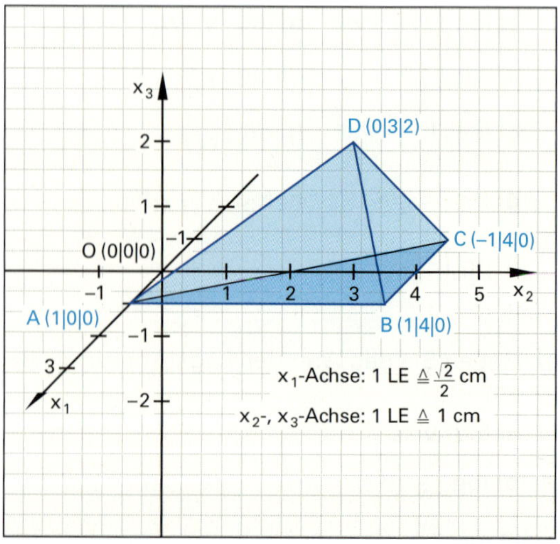

Bild 3: Dreidimensionales Koordinatensystem

Für räumliche Darstellungen werden Koordinatensysteme mit drei Koordinatenachsen verwendet. Diese werden z. B. mit x, y, z im Gegenuhrzeigersinn bezeichnet. In der Vektorrechnung werden die Bezeichnungen x_1, x_2, x_3 verwendet **(Bild 3)**. Der Punkt A wird mit A (1|0|0) bezeichnet.

1.8.2 Relationen und Funktionen

Mengen enthalten Elemente. Man kann die Elemente einer Menge den Elementen einer anderen Menge zuordnen. Diese Zuordnung kann z. B. mit Pfeilen vorgenommen werden (**Bild 1**). Mengen, von denen Pfeile zur Zuordnung ausgehen, nennt man Ausgangsmengen (Definitionsmengen D), Mengen, in denen die Pfeile enden, Zielmengen (Wertemengen W). Die Elemente von D sind unabhängige Variablen, z. B. x, t. Die Menge W enthält die abhängigen Variablen, z. B. y, s.

Zuordnungen können durch Pfeildiagramme, Wertetabellen, Schaubilder oder Gleichungen dargestellt werden. Alle Pfeilspitzen, die z. B. in einem Element enden, fasst man als neue Menge, die Wertemenge, zusammen.

Ist einem Element x aus der Definitionsmenge mehr als ein Element y der Zielmenge W zugeordnet, so liegt keine Funktion, sondern eine Relation vor (**Bild 2**).

> Kann man jedem Element einer Ausgangsmenge genau ein Element der Zielmenge zuordnen, nennt man diese Relation eine Funktion (**Bild 1**).

Eigenschaften von Funktionen

Die Zuordnung der Elemente x aus D und der Elemente y aus W kann auch in tabellarischer Form erfolgen (**Bild 3**).

Bestehen eindeutige Zuordnungsvorschriften, können Zuordnungsvorschriften als Terme angegeben werden. Die Elemente lassen sich dann nach derselben Vorschrift berechnen (**Bild 5**). Dies wird z. B. oft bei physikalischen Gesetzen angewendet.

> Die grafische Darstellung einer Funktion f heißt Funktionsgraph, Schaubild oder Kurve K_f (**Bild 4**).

> **Beispiel 1: Konstante Geschwindigkeit**
>
> Ein Motorrad fährt mit einer konstanten Geschwindigkeit $v = 20 \frac{m}{s}$. Stellen Sie
> a) mit einer Wertetabelle den Weg s als Funktion der Zeit t mit der Funktion $s(t) = v \cdot t$ dar,
> b) den Graphen (Schaubild) der Funktion im Koordinatensystem dar.
>
> Lösung: a) **Bild 3**, b) **Bild 4**

Funktionen werden in der Mathematik mit Kleinbuchstaben wie f oder g bezeichnet. Ist x_0 ein Element der Ausgangsmenge D einer Funktion f, so schreibt man $f(x_0)$ für das dem x_0 eindeutig zugeordnete Element in der Zielmenge W und nennt $f(x_0)$ den Funktionswert der Funktion an der Stelle x_0. Ist z. B. $x_0 = 4$, so ist der Funktionswert an der Stelle 4: $f(4) = 80$ (**Bild 3**). Für die Zuordnungsvorschrift einer Funktion verwendet man auch symbolische Schreibweisen (**Bild 4**).

> Bei der Relation ist keine eindeutige Zuordnung möglich, da zu einem x-Wert zwei y-Werte gehören (**Bild 2**).

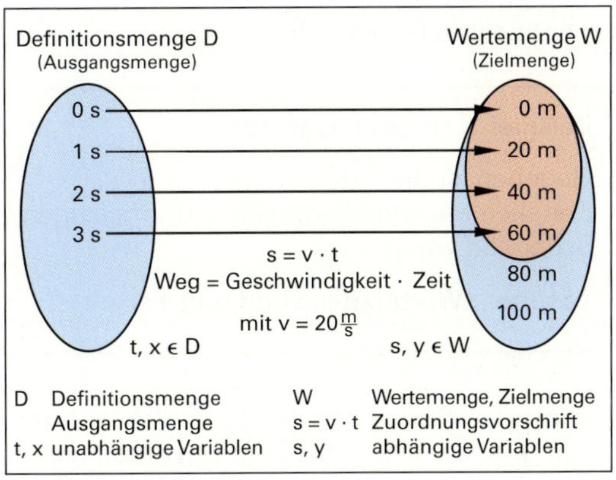

Bild 1: Eindeutige Elementezuordnung in Mengen mit dem Pfeildiagramm

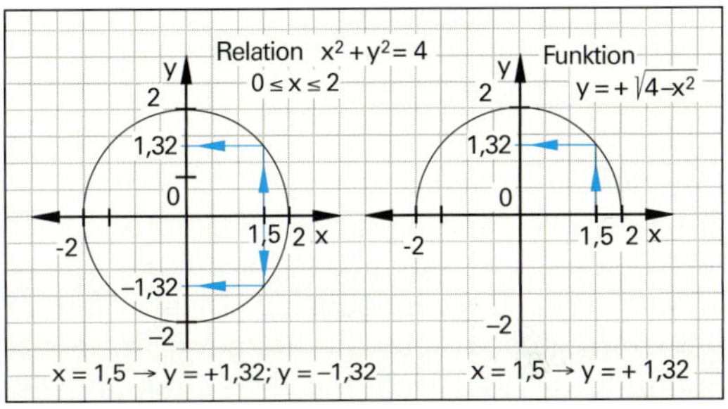

Bild 2: Relation und Funktion

x ≙ t in s	0	1	2	3	4	5
y ≙ s in m	0	20	40	60	80	100

Bild 3: Wertetabelle für das Weg-Zeit-Diagramm

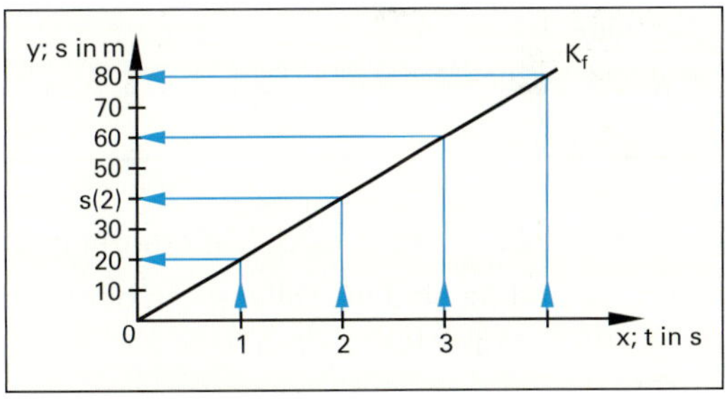

Bild 4: Wertetabelle und Schaubild des Weg-Zeit-Diagramms

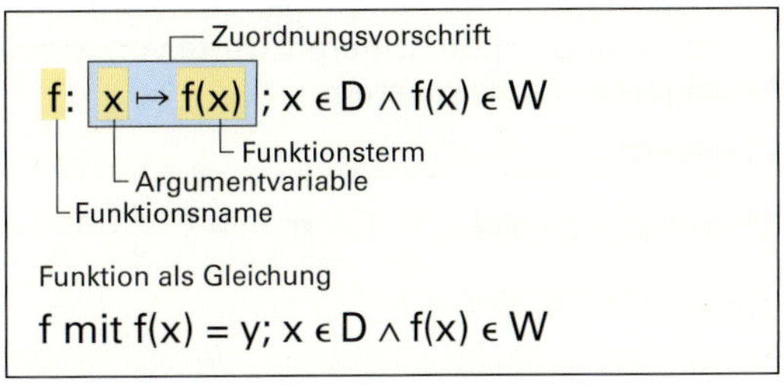

Bild 5: Allgemeine Zuordnungsvorschrift

1.8.3 Lineare Funktionen

1.8.3.1 Ursprungsgeraden

Bei der Darstellung proportionaler Zusammenhänge in der Physik und der Mathematik kommen lineare Funktionen, z. B. in der Form $g(x) = m \cdot x$, vor. Das Schaubild einer linearen Funktion heißt Gerade.

Beispiel 1: Ursprungsgerade

Gegeben ist die Funktion $g(x) = 1,5 \cdot x$.
Erstellen Sie eine Wertetabelle und zeichnen Sie das Schaubild von g.

Lösung: **Wertetabelle und Bild 1**

Überprüfen Sie, ob der Punkt P_1 (2|3) auf der Geraden g mit $g(x) = 1,5 \cdot x$ liegt. Dazu setzt man die feste Stelle $x_1 = 2$ in die Funktion ein und erhält $y_1 = g(2) = 3$. Der Punkt P (2|3) liegt also auf der Geraden g.

P_1 $(x_1|y_1)$ liegt auf g, wenn $y_1 = g(x_1)$ ist.

Geraden durch den Ursprung O (0|0) heißen Ursprungsgeraden. Die Schaubilder aller Ursprungsgeraden unterscheiden sich durch das Verhältnis von y-Wert zu x-Wert eines Geradenpunktes. Dieses Verhältnis wird bei Ursprungsgeraden als Steigung m bezeichnet. Die Steigung m lässt sich aus dem Steigungsdreieck mit $m = \frac{\Delta y}{\Delta x}$ berechnen.

Beispiel 2: Steigung m

Bestimmen Sie die Steigungen der Geraden f, g und h in **Bild 2** mit jeweils einem Punkt P_1 und dem Ursprung.

Lösung:

f: $m = \frac{2}{5} = \mathbf{0,4}$ g: $m = \frac{3}{3} = \mathbf{1}$ h: $m = \frac{5}{1} = \mathbf{5}$

Das Verhältnis $\frac{\Delta y}{\Delta x}$ wird auch Differenzenquotient genannt. Δy und Δx sind die Differenzen der Koordinatenwerte von P_1 $(x_1|y_1)$ und P_2 $(x_2|y_2)$.

Beispiel 3: Steigung aus Punktepaaren

Bestimmen Sie die Steigungen der Geraden f, g und h durch Bildung der Differenzwerte von jeweils zwei geeigneten Punktepaaren.

Lösung:

f: $m = \frac{2-1}{5-2,5} = \mathbf{0,4}$ g: $m = \frac{4-3}{4-3} = \mathbf{1}$

h: $m = \frac{5-2,5}{1-0,5} = \mathbf{5}$

$$g\colon y = m \cdot x \qquad m = \frac{\Delta y}{\Delta x} \qquad m = \frac{y_2 - y_1}{x_2 - x_1}$$

m Steigung
Δx Differenz der x-Werte — x_1, y_1 Koordinaten von P_1
Δy Differenz der y-Werte — x_2, y_2 Koordinaten von P_2

Wertetabelle: Ursprungsgerade

x	–4	–3	–2	–1	0	1	2	3	4
g(x)	–6	–4,5	–3	–1,5	0	1,5	3	4,5	6

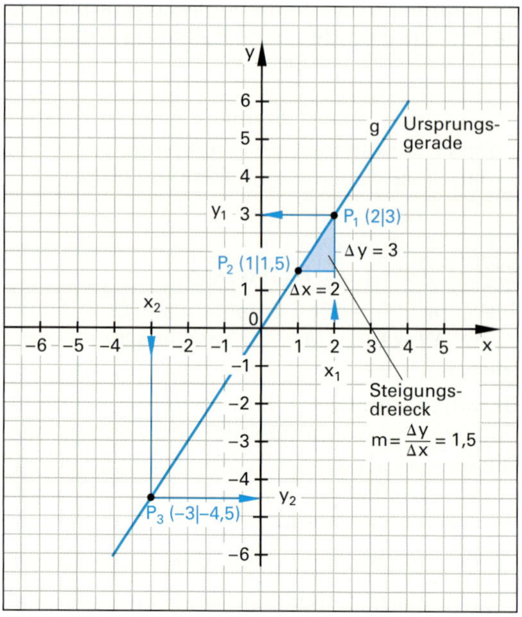

Bild 1: Wertetabelle und Schaubild der Ursprungsgeraden

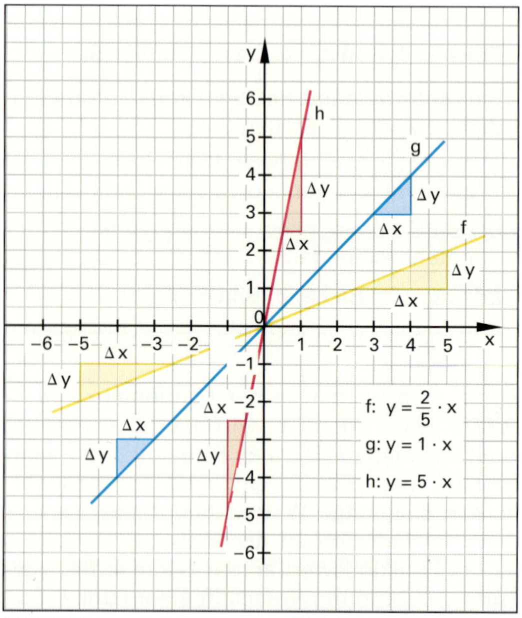

Bild 2: Ursprungsgeraden und Steigungen

Überprüfen Sie Ihr Wissen!

Beispielaufgaben

Rechtwinkliges Koordinatensystem

1. Geben Sie je einen beliebigen Punkt für jeden Quadranten zu **Bild 1** an.

2. Geben Sie die Vorzeichen der Punktemengen in den vier Quadranten von Bild 1 an.

Ursprungsgeraden

1. Bestimmen Sie die Steigung für die Ursprungsgerade durch den Punkt P_3 in **Bild 2.**

2. Welche Steigung hat die Gerade durch P_2 (3|6) und P_1 (1|1)?

Lösungen Beispielaufgaben

Rechtwinkliges Koordinatensystem

1. P_1 (1|1), P_2 (–2|1), P_3 (–2|–4), P_4 (2|–3)

2.

Quadrant	I	II	III	IV
x-Wert	> 0	< 0	< 0	> 0
y-Wert	> 0	> 0	< 0	< 0

Ursprungsgeraden

1. $m = \frac{-4{,}5}{-3} = \mathbf{1{,}5}$

2. $m = \mathbf{2{,}5}$

Übungsaufgaben

Rechtwinkliges Koordinatensystem

1. Geben Sie die Koordinaten aller Eckpunkte des Quaders **Bild 3** an.

Ursprungsgeraden

2. a) Bestimmen Sie aus der Wertetabelle die Gleichung der Geraden.

x	0	1	2	3	4	5	...
f(x)	0	–2	–4	–6	–8	–10	...

b) Welche Werte y ergeben sich für x = –1, –2, –3?

3. Prüfen Sie, ob die Punkte P (2|–3) und Q (–3|–4,5) auf der Geraden $y = \frac{3}{2} \cdot x$ liegen.

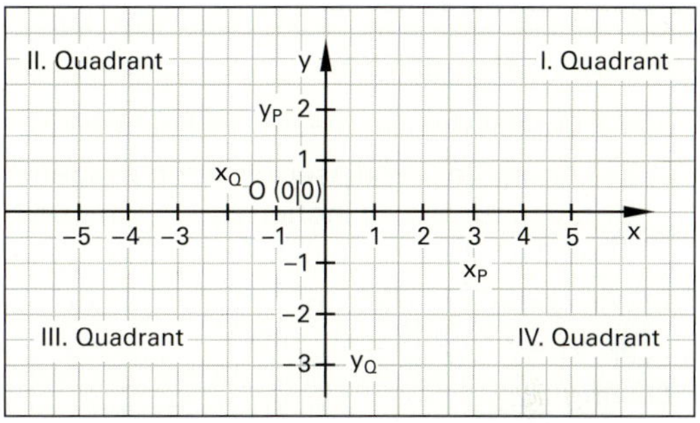

Bild 1: Zweidimensionales Koordinatensystem

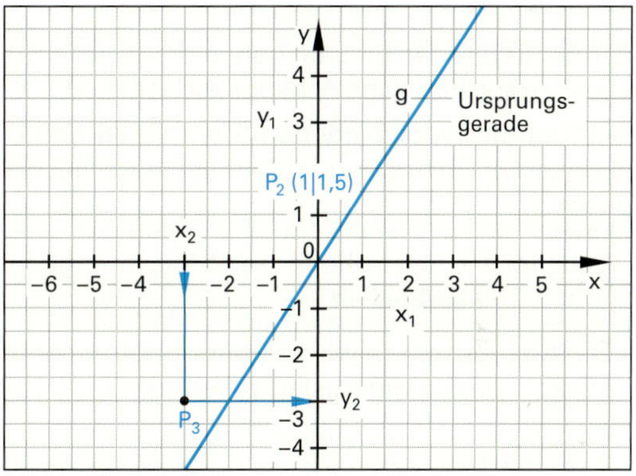

Bild 2: Wertetabelle und Schaubild der Ursprungsgeraden

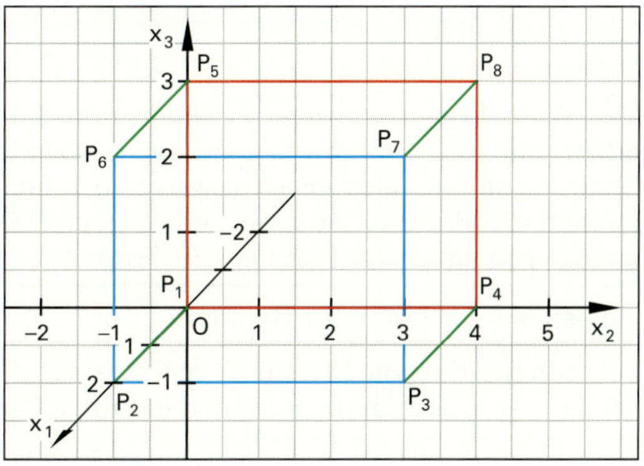

Bild 3: Quader

Lösungen Übungsaufgaben

1. P_1 (0|0|0), P_2 (2|0|0), P_3 (2|4|0), P_4 (0|4|0), P_5 (0|0|3), P_6 (2|0|3), P_7 (2|4|3), P_8 (0|4|3).

2. a) $y = -2 \cdot x$

b) $x = 1 \Rightarrow y = 2$; $x = 2 \Rightarrow y = 4$; $x = 3 \Rightarrow y = 6$

3. P nein; Q ja

1.8.3.2 Allgemeine Gerade

Schaubilder von Geraden, die nicht durch den Ursprung gehen, haben Achsenabschnitte auf der x-Achse und der y-Achse.

Beispiel 1: Wasserbecken

Ein Wasserbecken mit der Füllhöhe $h_1 = 3$ m wird geleert **(Bild 1)**. Die Abflussmenge ist konstant. Bestimmen Sie die Geradengleichung mit der Steigung m aus den Punkten H_1 und H_2 und dem Achsenabschnitt b.

Lösung: $m = \frac{\Delta y}{\Delta x} = \frac{2-3}{3-0} = \frac{-1}{3}$; $b = 3 \Rightarrow y_1 = \mathbf{-\frac{1}{3}x + 3}$

Durch Verlängern der Geraden **(Bild 1)** erhält man den Schnittpunkt mit der x-Achse (Nullstelle) und damit die Entleerungszeit t in min. $0 = -\frac{1}{3}x + 3 \Leftrightarrow x = 9 \Rightarrow t = 9$ min.

Geradenschar

Je nach Füllhöhe h des Wasserbeckens ist die Entleerungszeit t unterschiedlich.

Beispiel 2: Geradenschar

Bild 2 enthält die Gerade für die Füllhöhe h_1.

a) Zeichnen Sie von dieser Geraden ausgehend, die Geraden für die Füllhöhen $h_2 = 1{,}5$ m und $h_3 = 6$ m durch Parallelverschieben in ein Schaubild.

b) Wie lauten die Gleichungen der Geraden g_2 und g_3 für die Füllhöhen h_2 und h_3?

Lösung:

a) **Bild 2** b) $g_2(x) = -\frac{1}{3}x + \frac{3}{2}$ und $g_3(x) = \mathbf{-\frac{1}{3}x + 6}$

Parallele Geradenscharen haben die gleiche Steigung m aber unterschiedliche Achsenabschnitte.

Geraden mit verschiedenen Steigungen und einem gemeinsamen Schnittpunkt S nennt man auch Geradenbüschel.

Beispiel 3: Unterschiedliche Abflussmenge im Wasserbecken

Die Abflussmenge wird a) verdoppelt, b) halbiert. Berechnen Sie die Auslaufzeiten für beide Fälle.

Lösung:

a) $0 = \frac{-2}{3}x + 3 \Rightarrow x = 4{,}5 \Rightarrow t =$ **4,5 min**

b) $0 = \frac{-1}{6}x + 3 \Rightarrow x = 18 \Rightarrow t =$ **18 min**

Orthogonale Geraden

Den Winkel zwischen einer Geraden und der x-Achse erhält man mit $m = \tan\alpha$. Die Gerade g_6 **(Bild 3)** hat die Steigung m = 1, also ist $\tan\alpha = 1 \Rightarrow \alpha = \arctan(1) \Rightarrow \alpha = 45°$. Zur Prüfung, ob zwei Geraden senkrecht aufeinander stehen, verwendet man die Formel $m_1 \cdot m_2 = -1$.

Beispiel 4: Orthogonale Geraden

Zeigen Sie, dass die Geraden g_6 mit $y = x + 3$ und g_7 mit $y = -x + 3$ senkrecht aufeinander stehen **(Bild 3)**.

Lösung: $m_6 = 1$, $m_7 = -1 \Rightarrow m_6 \cdot m_7 = 1 \cdot (-1) = \mathbf{-1}$

$$g: y = m \cdot x + b \qquad m = \tan\alpha$$

$$\text{mit } g \perp h \qquad m_g \cdot m_h = -1$$

x	Abszissenwert	m	Steigung
y	Ordinatenwert	g, h	Geraden
m_g	Steigung der Geraden g		
m_h	Steigung der Geraden h		
b	Achsenabschnitt auf der y-Achse		
α	Winkel zwischen Gerade und x-Achse		

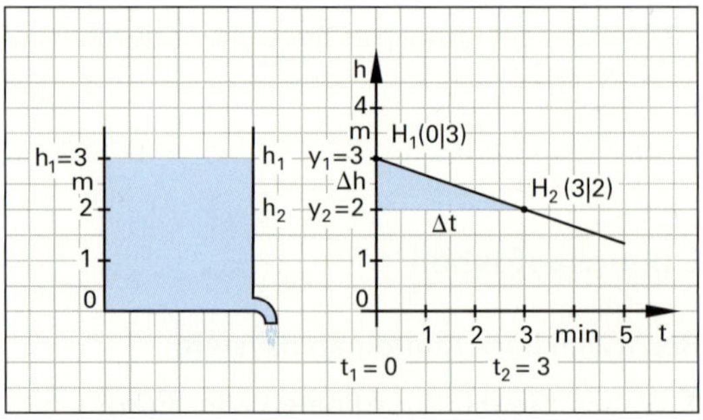

Bild 1: Entleerung eines Wasserbeckens

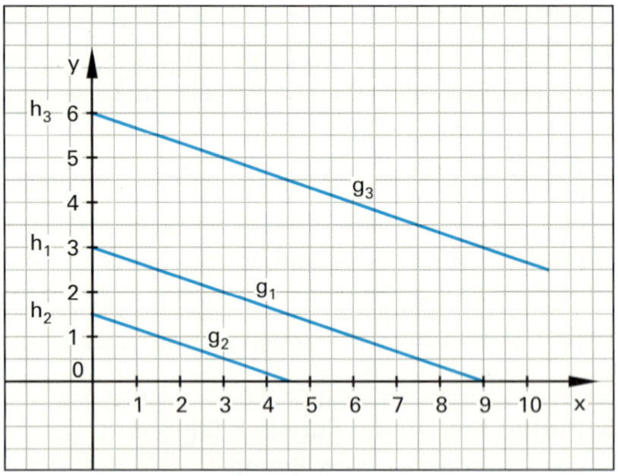

Bild 2: Parallele Geradenschar

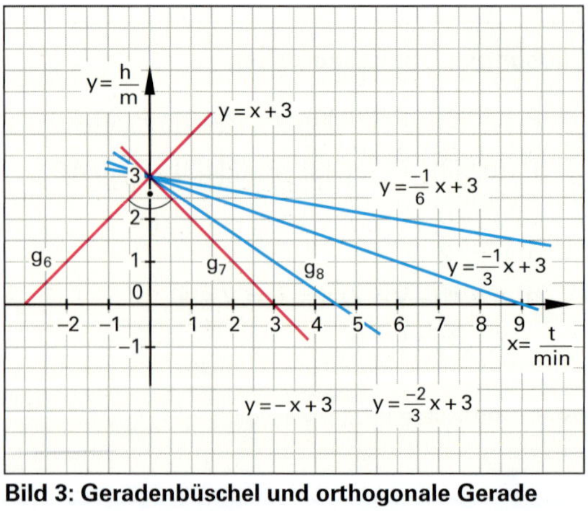

Bild 3: Geradenbüschel und orthogonale Gerade

Überprüfen Sie Ihr Wissen!

Beispielaufgaben

Allgemeine Gerade

1. Berechnen Sie den Schnittpunkt der Geraden g_6: $y = \frac{-1}{3}x + 3$ mit der x-Achse **(Bild 3, Seite 30)**.

2. Wie wirkt sich die Halbierung der Auslaufmenge (Bild 3, Seite 30) auf die Gleichung der Geraden aus?

Lösungen Beispielaufgaben

Allgemeine Gerade

1. $y = 0 \Rightarrow -\frac{1}{3}x + 3 = 0 \Leftrightarrow x = 9 \Rightarrow N\,(9|0)$

2. Die Steigung wird doppelt so groß, die Auslaufzeit halbiert.

Übungsaufgaben

Allgemeine Geraden

1. Erstellen Sie den Funktionsterm der linearen Funktion, deren Schaubild
   a) die Steigung 5 hat und durch den Punkt (2|–4) geht;
   b) durch die Punkte P (–1|–5) und Q (4|7) geht.

2. Die Gerade g geht durch die Punkte P (2|3) und Q (4|2), die Gerade h durch den Punkt A (2|1) mit der Steigung m = 2.
   a) Bestimmen Sie die Funktionsterme der zugehörigen Funktionen.
   b) Berechnen Sie die Nullstellen der Funktionen.
   c) Ermitteln Sie den Schnittpunkt der Geraden g und h.

3. Ein Parallelogramm hat die Eckpunkte A (2|1), B (8|1), C (9|5) und D (3|5).
   a) Geben Sie die vier Geradengleichungen durch die Eckpunkte an.
   b) Bestimmen Sie die Funktionsterme der Funktionen der Diagonalen.
   c) Berechnen Sie den Schnittpunkt der Diagonalen.

4. Ein Auto, das für 16000 € beschafft wurde, wird mit 15 % jährlich linear abgeschrieben.
   a) Stellen Sie die Funktion auf, die den Buchwert des Autos in Abhängigkeit von seinem Alter beschreibt.
   b) Nach wie viel Jahren ist das Auto ganz abgeschrieben?
   c) Nach welcher Zeit beträgt der Buchwert 24 % des Beschaffungswertes?

Geradenschnittpunkte

5. Entnehmen Sie dem Schaubild in **Bild 1** die Geradengleichungen für die Schaubilder der Funktionen f und g.

6. Berechnen Sie die gemeinsamen Punkte folgender Geradenpaare und zeichnen Sie die Schaubilder.
   a) $f(x) = \frac{1}{2}x + 3$ und $g(x) = -x + 6$
   b) $f(x) = -\frac{2}{3} \cdot x + \frac{5}{3}$ und $g(x) = -\frac{3}{2} \cdot x + \frac{5}{2}$
   c) $f(x) = 2 \cdot x - 2$ und $g(x) = x$
   d) $f(x) = 2 \cdot x + 1$ und $g(x) = 0{,}4 \cdot x - 1$.

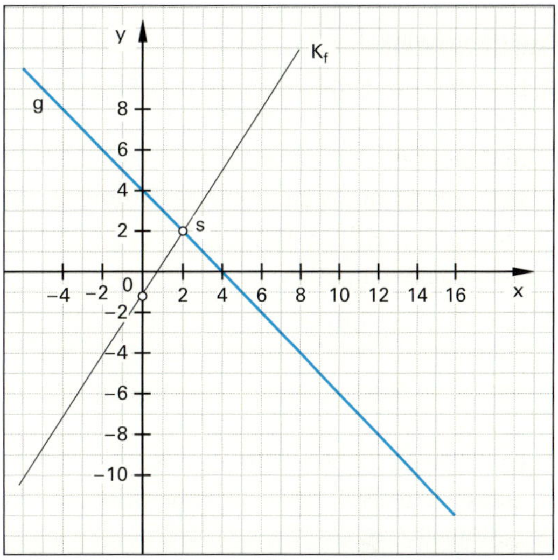

Bild 1: Schaubilder von sich schneidenden Geraden

Lösungen Übungsaufgaben

1. **a)** $f(x) = 5 \cdot x - 14$ **b)** $g(x) = 2{,}4 \cdot x - 2{,}6$

2. **a)** $g(x) = -0{,}5 \cdot x + 4$; $h(x) = 2 \cdot x - 3$
   b) für $g(x) \Rightarrow x = 8$; für $h(x) \Rightarrow x = 1{,}5$
   c) S (2,8|2,6)

3. **a)** f: $y = 5$, g: $y = 1$, h: $y = 4 \cdot x - 7$; i: $y = 4 \cdot x - 31$
   b) $d_1(x) = \frac{4}{7} \cdot x - \frac{1}{7}$, $d_2(x) = -\frac{4}{5} \cdot x + \frac{37}{5}$
   c) S (5,5|3)

4. **a)** $k(x) = -2400 \cdot x + 16000$
   b) $x = 6\frac{2}{3}$ Jahre
   c) $x = 5{,}06$ Jahre

5. $g(x) = \frac{3}{2}x - 1$, $f(x) = -x + 4$

6. **a)** S (2|4), **b)** S (1|1)
   c) S (2|2) **d)** $S\left(-\frac{5}{4}\middle|-\frac{7}{2}\right)$
   Schaubilder siehe Lösungsbuch

Lineare Abschreibung

7. Ein Computer wird für 2 100 € und eine Nutzungszeit von 7 Jahren beschafft.

a) Stellen Sie die Gleichung der linearen Funktion f auf, die den Buchwert des Computers in Abhängigkeit von seinem Alter x beschreibt.

b) Zeichnen Sie das Schaubild K_f.

c) Wie groß ist der Buchwert nach 2, 3 und 4 Jahren? Die Nutzungsdauer wird auf 4 Jahre begrenzt.

d) Erstellen Sie die zugehörige Funktionsgleichung g.

e) Zeichnen Sie das Schaubild K_g.

Steigungswinkel

8. Die steilsten Straßenstücke des Passes Stilfzer Joch haben 14 % Steigung **(Bild 1)**.

a) Wie groß ist der Steigungswinkel α?

b) Wie lang ist die zu fahrende Strecke l?

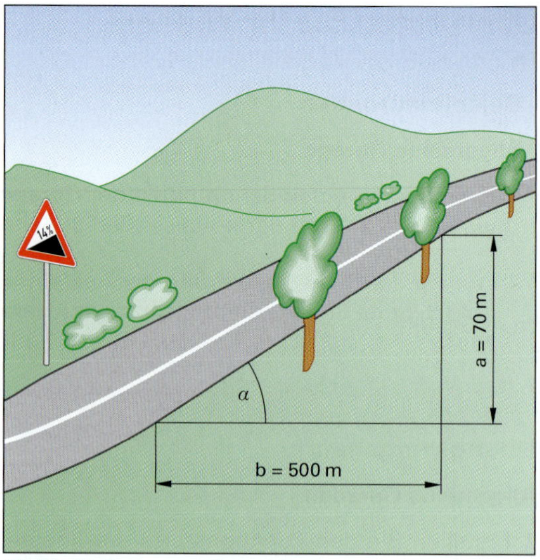

Bild 1: Steigung an einem Pass

Verschiedene Aufgaben

9. Eine Familie verbraucht wöchentlich 240 g Kaffee. Der volle Vorratsbehälter enthält 1,5 kg Kaffee.

a) Stellen Sie die lineare Funktionsgleichung für f in Abhängigkeit von Wochen auf.

b) Zeichnen Sie das Schaubild K_f.

c) Nach welcher Zeit ist der Kaffeevorrat aufgebraucht?

d) Neuer Kaffee soll gekauft werden, wenn der Vorratsbehälter halb leer ist. Nach welcher Zeit wird gekauft?

10. Einem Schüler werden 2 Handy-Tarife angeboten. Handy-Tarif 1: Gesprächsminute 0,04 € bei monatlicher Grundgebühr von K_1 = 10,20 €.

Handy-Tarif 2: Gesprächsminute 0,09 € bei monatlicher Grundgebühr von K_2 = 5,00 €.

a) Bei wie viel Minuten ergeben sich gleiche Kosten?

b) Es stehen 20 € Taschengeld zur Verfügung. Mit welchem Anbieter kann länger telefoniert werden?

c) Zeichnen Sie das Schaubild der Funktionen.

11. Ein Autofahrer A fährt auf der Autobahn von Lübeck nach Stuttgart, Entfernung 700 km. Er fährt um 8:00 Uhr mit einer durchschnittlichen Reisegeschwindigkeit von 110 km/h los. Gleichzeitig fährt Autofahrer B in Ulm mit einer durchschnittlichen Reisegeschwindigkeit von 130 km/h in Richtung Lübeck los.

a) Um wie viel Uhr treffen sich die Autofahrer?

b) Wo treffen sie sich?

c) Zeichnen Sie die Schaubilder der Funktionen.

12. Zwei Jogger J1 und J2 laufen eine 10-km-Runde. Jogger J1 läuft mit 9 km/h, Jogger J2 mit 12 km/h. Jogger J2 startet 10 min später.

a) Nach welcher Zeit treffen sie sich?

b) Welche Strecke sind sie dann gelaufen?

Lösungen Übungsaufgaben

7. a) $k(x) = -300 \cdot x + 2\,100$

b) $k(2) = 1\,500$, $k(3) = 1\,200$, $k(4) = 900$

c) $m = 525$

d) $k(x) = -525 \cdot x + 2\,100$

e) Schaubild siehe Lösungsbuch

8. a) $\alpha = 7{,}97°$

b) $l = 504{,}878$ m

9. a) $y = -0{,}24 \cdot x + 1{,}5$

b) siehe Lösungsbuch

c) 6,25 Wochen

d) 3,125 Wochen

10. a) 104 min

b) Tarif 1 mit 245 min

c) siehe Lösungsbuch

11. a) $t = 2{,}91$ h

b) $s_A = 320{,}8$ km; $s_B = 379{,}2$ km

c) siehe Lösungsbuch

12. a) $t = 30$ min

b) $s = 4{,}5$ km

1.8.4 Lineare Gleichungssysteme LGS

1.8.4.1 Lösungsverfahren für LGS

Additionsverfahren

Linear heißt ein Gleichungssystem (LGS), wenn in allen Gleichungen die Variablen höchstens in der 1. Potenz auftreten. Variablen werden auch Unbekannte genannt **(Tabelle 1)**.

Ein LGS besteht aus m Gleichungen (Zeilen) und n Variablen (Spalten/Sp). Man nennt solch ein System auch **(m,n)-System**. Je nach vorliegender Form der linearen Gleichungen verwendet man die in **Tabelle 1** angegebenen Variablenbezeichnungen. Die Angabe der Lösungsmenge für n-Variablen kann als n-Tupel[1] (n zusammengehörende Elemente) dargestellt werden **(Tabelle 2)**.

Lösung eines LGS mit dem Additionsverfahren

Beispiel 1: Additionsverfahren

Gegeben ist über G = ℝ x ℝ das LGS

	Spalte 1	Spalte 2	
Gleichung: (1)	– x	+ 3y	= 3
Gleichung: (2)	2x	+ 3y	= 12

a) Welche Art von Gleichungssystem liegt hier vor?

b) Bestimmen Sie die Lösungsmenge mithilfe des Additionsverfahrens.

Lösung:

a) Es liegt hier ein lineares (2,2)-System vor.

b) Lösung mit dem Additionsverfahren **(Tabelle 3)**.

1. Schritt: Gleichung (1) wird mit „–1" multipliziert und zur Gleichung (2) addiert.

	Sp 1	Sp 2		
(1)	– x	+ 3y	= 3	|· (–1) ↓
(2)	2x	+ 3y	= 12	

2. Schritt: Gleichung (2) wird durch „3" dividiert und anschließend mit · (–1) zur Gleichung (1) addiert.

	Sp 1	Sp 2		
(1)	x	– 3y	= –3	
(2)	3x	+ 0	= 9	|: (3) · (–1) ↑

3. Schritt: Gleichung (1) wird durch (–3) dividiert.

	Sp 1	Sp 2		
(1)	0	– 3y	= –6	|: (–3)
(2)	x	+ 0	= 3	

Die Lösung des LGS kann abgelesen werden und in der entsprechenden Form **(Tabelle 4)** angegeben werden.

$\Rightarrow$ Lösungsmenge $L = \{(\mathbf{3|2})\}$

Tabelle 1: Bezeichnungen der Variablen

Anzahl der Variablen	Bezeichnung
2	x, y
3	x, y, z oder x_1, x_2, x_3
n	$x_1, x_2, \dots x_{n-1}, x_n$

Tabelle 2: Lösungsform für n Variable

Zeilenform	Spaltenform
$L = \{(x_1\|x_2\|x_3\|\dots\|x_n)\}$	$L = \left\{\begin{pmatrix} x_1 \\ x_2 \\ \vdots \\ x_n \end{pmatrix}\right\}$

Tabelle 3: Lösungsverfahren von LGS (2,2)-System

Verfahren	LGS-Form
Additionsverfahren	$\begin{cases} a_1x + b_1y = c_1 \\ a_2x + b_2y = c_2 \end{cases}$
Gleichsetzungsverfahren	$\begin{cases} y = -\frac{a_1}{b_1}x + \frac{c_1}{b_1} \\ y = -\frac{a_2}{b_2}x + \frac{c_2}{b_2} \end{cases}$
Einsetzungsverfahren	$\begin{cases} y = -\frac{a_1}{b_1}x + \frac{c_1}{b_1} \\ x = -\frac{b_2}{a_2}y + \frac{c_2}{a_2} \end{cases}$

Tabelle 4: Lösungsmengen von LGS (2,2)-System

Anzahl der Lösungselemente	Lösungsmenge
ein Lösungselement	$L = \{(x\|y)\}$
kein Lösungselement	$L = \{\,\}$
unendlich viele Lösungselemente	$L = \{(x\|y)\|\ a \cdot x + b \cdot y = c\} \wedge (x\|y) \in \mathbb{R} \times \mathbb{R}$

Ein LGS mit zwei Variablen (n = 2) hat immer eine der in Tabelle 4 angegebenen Lösungsmengen.

[1] n-Tupel: Bezeichnung für Zeilendarstellung mit $(x_1|x_2|x_3 \dots |x_{n-1}|x_n)$

1.8.4.2 Lösung eines LGS mit einer Matrix

Bei linearen Gleichungssystemen mit mehreren Variablen empfiehlt sich das Gauß-Verfahren[1] **(Bild 1)**. C. F. Gauß hat das Gleichungssystem auf die Stufenform und auf die so genannte „Dreiecksform“ gebracht. In dieser Anordnung lassen sich die Gleichungen besonders schnell lösen, vor allem wenn das LGS in Matrix-Form geschrieben wird.

Eine Matrix ist ein Zahlenschema bestehend aus den Koeffizienten des LGS **(Tabelle 1, folgende Seite)**. Allgemein besteht eine Matrix aus m Zeilen (Anzahl der Gleichungen) und n Spalten (Anzahl der Variablen). Dies ist ebenfalls in der **Tabelle 1** ersichtlich.

Beispiel 1: Lösung mit der Matrix (n = 2)

Bestimmen Sie die Lösungsmenge über $G = \mathbb{R} \times \mathbb{R}$ des folgenden Gleichungssystems mithilfe einer Matrix.

$$\begin{cases} (1): -x + 3y = 3 \\ (2): 2x + 3y = 12 \end{cases}$$

Das LGS besteht aus 2 Gleichungen (m = 2) und 2 Variablen (n = 2). Die Gleichungen (1) und (2) entsprechen den Zeilen I und II der Matrix **(Tabelle 1)**.

Lösung:

Als Lösungsverfahren verwenden wir das Additionsverfahren **(Tabelle 1)**.

1. Schritt: Die Koeffizienten der Variablen werden mit Vorzeichen in die Matrix übernommen. Zeile I wird mit „2“ multipliziert und zur Zeile II addiert.
2. Schritt: Anschließend wird Zeile I mit „–1“ multipliziert und Zeile II durch „9“ dividiert.

$$\left(\begin{array}{lcc|c} & x & y & \\ \text{I:} & -1 & 3 & 3 \\ \text{II:} & 2 & 3 & 12 \end{array}\right) \begin{array}{l} \\ \cdot (2) \downarrow \\ + \end{array} \Leftrightarrow \left(\begin{array}{lcc|c} & x & y & \\ \text{I:} & -1 & 3 & 3 \\ \text{II:} & 0 & 9 & 18 \end{array}\right) \begin{array}{l} \\ \cdot (-1) \\ : (9) \end{array}$$

3. Schritt: Zeile II wird mit „3“ multipliziert und zur Zeile I addiert.

$$\left(\begin{array}{cc|c} x & y & \\ 1 & -3 & -3 \\ 0 & 1 & 2 \end{array}\right) \cdot (3)\uparrow \quad \Leftrightarrow \quad \left(\begin{array}{cc|c} x & y & \\ 1 & 0 & 3 \\ 0 & 1 & 2 \end{array}\right)$$

„Dreiecksform“ „Stufenform“

4. Schritt: Lösung ablesen und angeben $\Rightarrow L = \{(\mathbf{3}|\mathbf{2})\}$

- Jede Gleichung (Zeile) kann mit einer Zahl ($\neq 0$) multipliziert und dividiert werden.
- Eine Gleichung (Zeile) kann durch die Summe aus dem Vielfachen einer anderen Gleichung und ihr selbst ersetzt werden.
- Die Reihenfolge der Gleichungen im LGS kann vertauscht werden.

Bild 1: Umformungen beim Gaußverfahren

Beispiel 2: Lösung mit der Matrix (n = 3)

Bestimmen Sie über über $G = \mathbb{R} \times \mathbb{R} \times \mathbb{R}$ die Lösungsmenge des LGS mithilfe einer Matrix.

$$\begin{cases} x - 2y + 3z = 16 \\ -2x + y - z = -9 \\ 3x - 4y + 2z = 18 \end{cases}$$

Das LGS besteht aus 3 Gleichungen (m = 3) und 3 Variablen (n = 3). Die Gleichungen (1), (2) und (3) entsprechen den Zeilen I, II und III der Matrix.

Lösung:

Aufstellen der Matrix und Entwickeln nach 1. Zeile (I) und 1. Spalte

1. Schritt: Zeile I mit „2“ multiplizieren und zur Zeile II addieren.
2. Schritt: Zeile I mit „–3“ multiplizieren und zur Zeile III addieren.

$$\left(\begin{array}{lccc|c} & x & y & z & \\ \text{I:} & 1 & -2 & 3 & 16 \\ \text{II:} & -2 & 1 & -1 & -9 \\ \text{III:} & 3 & -4 & 2 & 18 \end{array}\right) \begin{array}{l} \\ \cdot (2) \mid \cdot (-3) \\ \quad \hookleftarrow \\ \qquad \hookleftarrow \end{array} \Leftrightarrow \left(\begin{array}{lccc|c} & x & y & z & \\ \text{I:} & 1 & -2 & 3 & 16 \\ \text{II:} & 0 & -3 & 5 & 23 \\ \text{III:} & 0 & 2 & -7 & -30 \end{array}\right) \begin{array}{l} \\ \\ \cdot (2)\downarrow \\ \cdot (3)\hookleftarrow \end{array}$$

3. Schritt: Zeile II mit „2“ und Zeile III mit „3“ multiplizieren und Zeile II zur Zeile III addieren.
4. Schritt: Zeile II durch „–3“ und Zeile III durch „–11“ dividieren.

$$\left(\begin{array}{lccc|c} & x & y & z & \\ \text{I:} & 1 & -2 & 3 & 16 \\ \text{II:} & 0 & -3 & 5 & 23 \\ \text{III:} & 0 & 0 & -11 & -44 \end{array}\right) \begin{array}{l} \\ \\ : (-3) \\ : (-11) \end{array} \Leftrightarrow \left(\begin{array}{lccc|c} & x & y & z & \\ \text{I:} & 1 & -2 & 3 & 16 \\ \text{II:} & 0 & 1 & -\frac{5}{3} & -\frac{23}{3} \\ \text{III:} & 0 & 0 & 1 & 4 \end{array}\right) \begin{array}{l} \\ \qquad \leftarrow \\ \leftarrow \quad \uparrow \\ \cdot \left(\frac{5}{3}\right) \mid \cdot (-3) \end{array}$$

Die Matrix hat nun die so genannte „Dreiecksform“.

5. Schritt: Zeile II mit „2“ multiplizieren und zur Zeile 1 addieren.
6. Schritt: Zeile III mit „$\frac{1}{3}$“ bzw. mit „$\frac{5}{3}$“ multiplizieren und zur Zeile I bzw. zur Zeile II addieren.

$$\left(\begin{array}{lccc|c} & x & y & z & \\ \text{I:} & 1 & 0 & -\frac{1}{3} & \frac{2}{3} \\ \text{II:} & 0 & 1 & -\frac{5}{3} & -\frac{23}{3} \\ \text{III:} & 0 & 0 & 1 & 4 \end{array}\right) \begin{array}{c} \qquad \leftarrow \\ \leftarrow \mid \uparrow \\ \cdot \left(\frac{5}{3}\right) \mid \cdot \left(\frac{1}{3}\right) \end{array} \Leftrightarrow \left(\begin{array}{lccc|c} & x & y & z & \\ \text{I:} & 1 & 0 & 0 & 2 \\ \text{II:} & 0 & 1 & 0 & -1 \\ \text{III:} & 0 & 0 & 1 & 4 \end{array}\right)$$

Lösung ablesen und angeben

$\Rightarrow L = \{(2|-1|4)\}$

[1] C. F. Gauß, dt. Mathematiker (1777–1855)

Tabelle 1: Allgemeiner Aufbau einer Matrix

(m,n)-Matrix (homogenes LGS)	erweiterte (m,n)-Matrix (inhomogenes LGS)
$\left(\begin{array}{lccc\|c} \text{Variable} & x_1 & \dots & x_n & \\ \text{Z1:} & a_{11} & \dots & 0 & 0 \\ \dots & & \dots & 4 & 0 & \dots \\ \text{Z m:} & a_{m1} & \dots & a_{mn} & 0 \end{array}\right)$	$\left(\begin{array}{lccc\|c} \text{Variable} & x_1 & \dots & x_n & \\ \text{Z1:} & a_{11} & \dots & a_{1n} & b_1 \\ & \dots & \dots & \dots & \dots \\ \text{Z m:} & a_{m1} & \dots & a_{mn} & b_m \end{array}\right)$
Koeffizientenmatrix (A)	erweiterte Matrix (A,b)

Tabelle 2: (m,n)-Gleichungssysteme

Fall	Bezeichnung	Lösungen
$m > n$	Überbestimmtes Gleichungssystem	meist keine
$m < n$	Unterbestimmtes Gleichungssystem	meist mehrere
m Anzahl der Gleichungen	n Anzahl der Variablen	

1.8.4.3 Über- und unterbestimmte LGS

Haben lineare Gleichungssysteme mehr Gleichungen m als Unbekannte n (Variable), dann liegt ein überbestimmtes LGS vor. Sie haben im Normalfall keine Lösung. Hat das LGS mehr Variablen n als Gleichungen m, dann nennt man das LGS unterbestimmt **(Tabelle 2)**. Solche Systeme haben häufig beliebig viele Lösungen.

Beispiel 1: Überbestimmtes LGS

Gegeben ist über G = ℝ × ℝ das LGS in Matrixform:

$$\left|\begin{array}{cc|c} x & y & \\ 1 & -1 & 2 \\ -1 & 2 & -2 \\ 3 & 2 & 1 \end{array}\right|$$

Bestimmen Sie die Lösungsmenge mithilfe des Additionsverfahrens.

Lösung: Es liegt ein (3,2)-System vor.

$$\left|\begin{array}{cc|c} x & y & \\ 1 & -1 & 2 \\ -1 & 2 & -2 \\ 3 & 2 & 1 \end{array}\right| \Leftrightarrow \left|\begin{array}{cc|c} x & y & \\ 1 & -1 & 2 \\ 0 & 1 & 0 \\ 0 & 5 & -5 \end{array}\right| \quad \begin{array}{l} \to y = 0 \\ \to y = -1 \Rightarrow \mathbf{L = \{\}} \end{array}$$

Beispiel 2: Unterbestimmtes LGS

Gegeben sind über G = ℝ × ℝ × ℝ das LGS in Matrixform:

$$\left|\begin{array}{ccc|c} x & y & z & \\ 1 & -2 & 3 & 2 \\ -1 & 1 & 2 & -1 \end{array}\right|$$

Bestimmen Sie die Lösungsmenge mithilfe des Additionsverfahrens.

Lösung: Es liegt ein (2,3)-System vor.

$$\left|\begin{array}{ccc|c} x & y & z & \\ 1 & -2 & 3 & 2 \\ -1 & 1 & 2 & -1 \end{array}\right| \Leftrightarrow \left|\begin{array}{ccc|c} x & y & z & \\ 1 & -2 & 3 & 2 \\ 0 & -1 & 5 & 1 \end{array}\right| \Leftrightarrow \left|\begin{array}{ccc|c} x & y & z & \\ 1 & 0 & -7 & 0 \\ 0 & -1 & 5 & 1 \end{array}\right|$$

⇒ 3 Variable, 2 Gleichungen, d. h. 1 Variable ist frei wählbar, z. B. $z = t$

Aus Zeile 2 ergibt sich: $y = 5t - 1$ und
aus Zeile 1 ergibt sich: $x = 7t$

$\Rightarrow \mathbf{L = \{(7t \mid 5t - 1 \mid t) \wedge t \in \mathbb{R}\}}$

1.8.4.4 LGS mit Parameter

Haben lineare Gleichungssysteme eine weitere Variable, so nennt man diese Variable auch Parameter. Die Lösungsmenge ist in der Regel von diesem Parameter abhängig. Durch entsprechende Wahl dieses Parameters kann die Art der Lösungsmenge bestimmt werden.

Beispiel 3: LGS mit Parameter

Gegeben ist über G = ℝ × ℝ das LGS mit dem Parameter a:

$$\left|\begin{array}{cc|c} x & y & \\ 1 & a & 1 \\ 1 & a^2 & a \end{array}\right|$$

a) Für welche $a \in \mathbb{R}$ hat das LGS
   – keine, unendlich viele, genau eine Lösung(en)?

b) Geben Sie die Lösungsmenge für die Fälle unter a) an.

Lösung:

a) Lösung mit Additionsverfahren

$$\left|\begin{array}{cc|c} x & y & \\ 1 & a & 1 \\ 1 & a^2 & a \end{array}\right| \cdot (-1) \Leftrightarrow \left|\begin{array}{cc|c} x & y & \\ 1 & a & 1 \\ 0 & a^2-a & a-1 \end{array}\right|$$

$$\Leftrightarrow \left|\begin{array}{cc|c} x & y & \\ 1 & a & 1 \\ 0 & a\cdot(a-1) & a-1 \end{array}\right|$$

1. Fall: $a = 0$

$$\left|\begin{array}{cc|c} x & y & \\ 1 & a & 1 \\ 0 & 0 & -1 \end{array}\right| \to \text{falsch}$$

Die 2. Zeile ergibt $0 = -1$ ⇒ das LGS hat keine Lösung.

2. Fall: $a = 1$

$$\left|\begin{array}{cc|c} x & y & \\ 1 & 1 & 1 \\ 0 & 0 & 0 \end{array}\right| \to \text{wahr}$$

Die 2. Zeile ergibt $0 = 0$ wahr!
⇒ das LGS hat unendlich viele Lösungen.

b) Für den Fall a = 0: $\mathbf{L_0 = \{\,\}}$

Die Lösungen für a = 1 erhält man durch freie Wahl von z. B. $y = \lambda$ und damit aus der 1. Zeile für $y = 1 - y$ bzw. $x = 1 - \lambda$

$\Rightarrow \mathbf{L_1 = \{(1 - \lambda \mid \lambda) \wedge \lambda \in \mathbb{R}\}}$

1.8.4.5 Sarrus-Regel

Sind drei Gleichungen mit drei Variablen gegeben, so kann dieses LGS mithilfe von Determinanten bestimmt werden. Für die entsprechende dreireihige Determinante gibt es eine Merkregel, die so genannte Sarrus-Regel[1] oder auch Jägerzaun-Regel.

Merke:
Die Sarrus-Regel gilt nur für dreireihige (quadratische) Determinanten.

Beispiel 1: Berechnung mit der Sarrus-Regel

Berechnen Sie die Lösungsmenge des LGS mithilfe der Sarrus-Regel:

$$\begin{cases} 2x + 3x - z = 1 \\ 3x + 9y + 2z = 4 \\ -x + 2y + 3z = 1 \end{cases}$$

Lösung:

Berechnung siehe Tabelle 2.

1. Nennerdeterminante

$$D = \begin{vmatrix} 2 & 3 & -1 \\ 3 & 9 & 2 \\ -1 & 2 & 3 \end{vmatrix} \begin{matrix} 2 & 3 \\ 3 & 9 \\ -1 & 2 \end{matrix} \begin{aligned} &= 2 \cdot 9 \cdot 3 + 3 \cdot 2 \cdot (-1) + (-1) \cdot 3 \cdot 2 - (-1) \cdot 9 \cdot (-1) - 2 \cdot 2 \cdot 2 - 3 \cdot 3 \cdot 3 \\ &= 54 - 6 - 6 - 9 - 8 - 27 \\ &= -2 \end{aligned}$$

2. Zählerdeterminanten

Für D_x wird die 1. Spalte durch die rechte Spalte des Gleichungssystems ersetzt:

$$D_x = \begin{vmatrix} 1 & 3 & -1 \\ 4 & 9 & 2 \\ 1 & 2 & 3 \end{vmatrix} \begin{aligned} &= 1 \cdot 9 \cdot 3 + 3 \cdot 2 \cdot 1 + (-1) \cdot 4 \cdot 2 - 1 \cdot 9 \cdot (-1) - 2 \cdot 2 \cdot 1 - 3 \cdot 4 \cdot 3 \\ &= 27 + 6 - 8 + 9 - 4 - 24 = 6 \end{aligned}$$

Für D_y wird die 2. Spalte durch die rechte Spalte des Gleichungssystems ersetzt:

$$D_y = \begin{vmatrix} 2 & 1 & -1 \\ 3 & 4 & 2 \\ -1 & 1 & 3 \end{vmatrix} \begin{aligned} &= 2 \cdot 4 \cdot 3 + 1 \cdot 2 \cdot (-1) + (-1) \cdot 3 \cdot 1 - (-1) \cdot 4 \cdot (-1) - 1 \cdot 2 \cdot 2 - 3 \cdot 3 \cdot 1 \\ &= 24 - 2 - 3 - 4 - 4 - 9 = 2 \end{aligned}$$

Für D_z wird die 3. Spalte durch die rechte Spalte des Gleichungssystems ersetzt:

$$D_z = \begin{vmatrix} 2 & 3 & 1 \\ 3 & 9 & 4 \\ -1 & 2 & 1 \end{vmatrix} \begin{aligned} &= 2 \cdot 9 \cdot 1 + 3 \cdot 4 \cdot (-1) + 1 \cdot 3 \cdot 2 - (-1) \cdot 9 \cdot 1 - 2 \cdot 4 \cdot 2 - 1 \cdot 3 \cdot 3 \\ &= 18 - 12 + 6 + 9 - 16 - 9 \\ &= -4 \end{aligned}$$

3. Lösungsmenge für x, y und z bestimmen:

$$x = \frac{D_x}{D} = \frac{6}{-2} = -3 \wedge y = \frac{D_y}{D} = \frac{2}{-2} = -1 \wedge z = \frac{D_z}{D} = \frac{-4}{-2} = 2$$

$\Rightarrow$ **L = {(−3|−1|2)}**

Tabelle 1: Aufbau eines (3,3)-Systems

(3,3)-Gleichungssystem	$\begin{cases} a_1x + b_1y + c_1z = d_1 \\ a_2x + b_2y + c_2z = d_2 \\ a_3x + b_3y + c_3z = d_3 \end{cases}$
Nennerdeterminante D	$\begin{vmatrix} a_1 & b_1 & c_1 \\ a_2 & b_2 & c_2 \\ a_3 & b_3 & c_3 \end{vmatrix}$
Zählerdeterminante D_x	$\begin{vmatrix} d_1 & b_1 & c_1 \\ d_2 & b_2 & c_2 \\ d_3 & b_3 & c_3 \end{vmatrix}$
Zählerdeterminante D_y	$\begin{vmatrix} a_1 & d_1 & c_1 \\ a_2 & d_2 & c_2 \\ a_3 & d_3 & c_3 \end{vmatrix}$
Zählerdeterminante D_z	$\begin{vmatrix} a_1 & b_1 & d_1 \\ a_2 & b_2 & d_2 \\ a_3 & b_3 & d_3 \end{vmatrix}$
Lösungsmenge (genau eine Lösung)	$x = \frac{D_x}{D};\ y = \frac{D_y}{D};\ z = \frac{D_z}{D}$ für $D \neq 0$

Tabelle 2: Sarrus-Regel für eine dreireihige Determinante

Berechnung	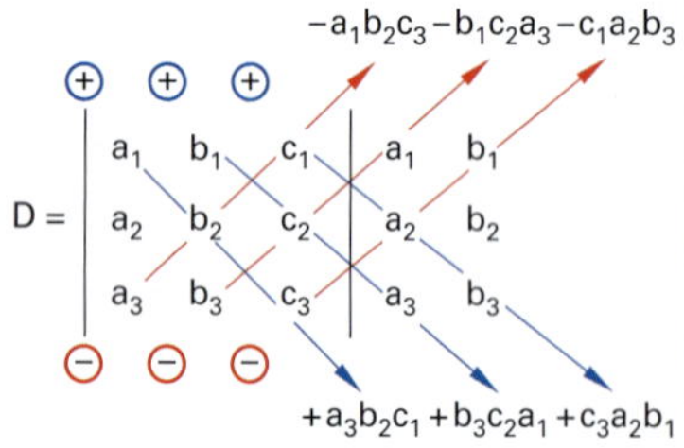
Ergebnis	$D = a_1 \cdot b_2 \cdot c_3 + b_1 \cdot c_2 \cdot a_3 + c_1 \cdot a_2 \cdot b_3 - a_3 \cdot b_2 \cdot c_1 - b_3 \cdot c_2 \cdot a_1 - c_3 \cdot a_2 \cdot b_1$
Lösung des LGS	$x = \frac{D_x}{D} \wedge y = \frac{D_y}{D} \wedge z = \frac{D_z}{D} \wedge D \neq 0$

D (Nenner-) Determinante
D_x, D_y, D_z (Zähler-) Determinante

[1] Pierre F. Sarrus: franz. Mathematiker 1798–1861

1.8.4.6 Grafische Lösung eines LGS

Eine lineare Gleichung mit 2 Variablen x und y, z. B. $ax + by = c$ hat als Lösungsmenge unendlich viele Elemente – Wertepaare (x|y). Die grafische Darstellung eines Wertepaares entspricht einem Punkt im kartesischen Koordinatensystem. Die Lösungsmenge einer linearen Gleichung mit zwei Variablen stellt eine Gerade dar. Umgekehrt gilt auch:

> Die Menge aller Punkte einer Geraden entspricht der Lösungsmenge einer linearen Gleichung.

Um die Lösungsmenge eines linearen Gleichungssystems grafisch darstellen zu können, müssen die linearen Gleichungen zuerst als lineare Funktion, z. B. in der Form $y = -\frac{a}{b}x + \frac{c}{b}$ dargestellt werden **(Tabelle 1)**.

> Die Lösungsmenge eines linearen Gleichungssystems mit zwei Variablen entspricht den gemeinsamen Punkten ihrer Geraden.

Beispiel 1: Grafische Lösung

Bestimmen Sie die Lösungsmenge des folgenden Gleichungssystems grafisch ($G = \mathbb{R} \times \mathbb{R}$).

$$\begin{cases} (1)\colon -x + 3y = 3 \\ (2)\colon 2x + 3y = 12 \end{cases}$$

$\Rightarrow g_1\colon y = \frac{1}{3}x + 1;\ g_2\colon y = -\frac{2}{3}x + 4;\ g_1 \cap g_2$

Lösung: **Bild 1**

Beispiel 2: Rechnerische und grafische Lösung

Bestimmen Sie die Lösungsmengen der folgenden Gleichungssysteme rechnerisch und grafisch ($G = \mathbb{R} \times \mathbb{R}$).

$$\begin{cases} (1)\colon -x + 3y = 3 \\ (2)\colon -x + 3y = 6 \end{cases}$$

Lösung:

a) rechnerisch:

$$\left(\begin{array}{cc|c} x & y & \\ -1 & 3 & 3 \\ -1 & 3 & 6 \end{array}\right) \begin{array}{c} \\ \cdot(-1)\downarrow \\ + \end{array} \Leftrightarrow \left(\begin{array}{cc|c} x & y & \\ -1 & 3 & 3 \\ 0 & 0 & 3 \end{array}\right) \begin{array}{l} \\ \Leftrightarrow L = \{\,\} \\ \to \text{„falsch"} \end{array}$$

b) grafisch: **Bild 2**

$$\left[\begin{array}{l} g_1\colon y = \frac{1}{3}x + 1 \\ g_2\colon y = \frac{1}{3}x + 2 \end{array}\right. \Rightarrow g_1 \cap g_2$$

$\Rightarrow L = \{\} \Rightarrow g_1 \parallel g_2$

Tabelle 1: Von der Gleichung zur Funktion

Lineares Gleichungssystem	$\begin{cases} a_1x + b_1y = c_1 \\ a_2x + b_2y = c_2 \end{cases}$ $L_{GS} = \left\{ (x\mid y) \mid y = -\frac{a_1}{b_1}x + \frac{c_1}{b_1} \wedge y = -\frac{a_2}{b_2}x + \frac{c_2}{b_2} \right\}_{\mathbb{R} \times \mathbb{R}}$
Lineare Funktion	$g_1\colon y = -\frac{a_1}{b_1}x + \frac{c_1}{b_1}$ $g_2\colon y = -\frac{a_2}{b_2}x + \frac{c_2}{b_2}$ $\Rightarrow L_{g1g2} = g_1 \cap g_2$
Lösungsmenge	$L_{GS} = L_{g1g2} = \{\mathbf{S}\}$

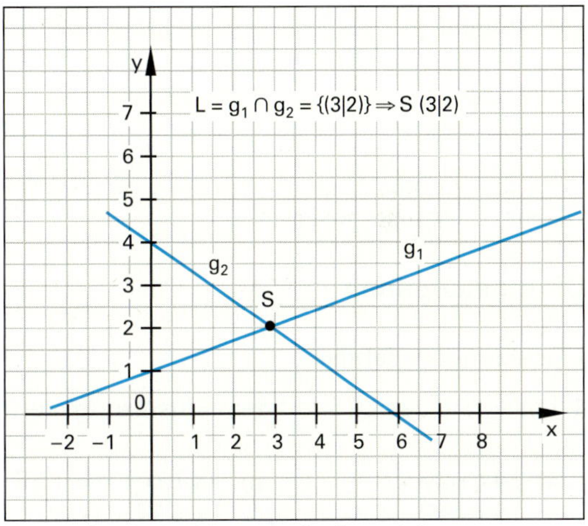

Bild 1: Grafische Lösung mit einem Lösungspaar

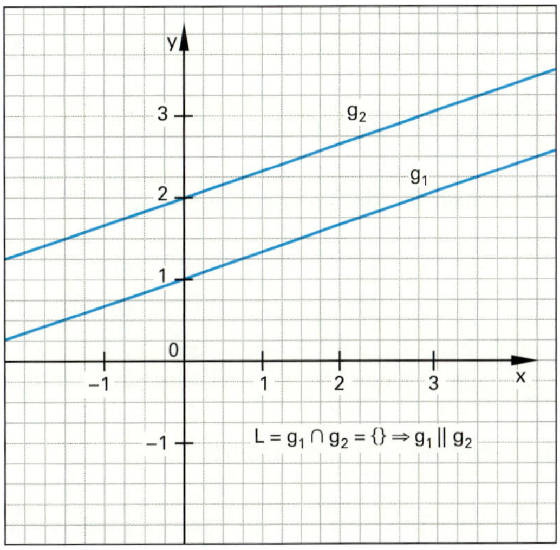

Bild 2: Grafische Lösung mit keinem gemeinsamen Lösungspaar

Überprüfen Sie Ihr Wissen!

Beispielaufgaben

Lösungsverfahren für LGS

Bestimmen Sie die Lösungsmenge mit dem Additionsverfahren.

1. $\begin{cases} -x + 2y = -2 \\ 2x - 4y = 8 \end{cases}$ **2.** $\begin{cases} -x + 2y = 3 \\ 2x - 4y = -6 \end{cases}$

Sarrus-Regel

Lösen Sie die Gleichungssysteme mithilfe von Determinanten:

1. a) $\begin{cases} x + 4y + z = 7 \\ 3x + 2y + 4z = -1 \\ 2x + 5y + 4z = 4 \end{cases}$ **b)** $\begin{cases} 2x - 3y - z = 4 \\ x + 2y + 3z = 1 \\ 3x - 8y - 4z = 5 \end{cases}$

Grafische Lösung eines LGS

Zeichnen Sie die Geraden und bestimmen Sie die Lösungen.

1. $\begin{cases} x + y = 6 \\ x - y = 8 \end{cases}$ **2.** $\begin{cases} 4x - 7y = -14 \\ 4x + 3y = 36 \end{cases}$

$$\left(\begin{array}{lcc|c} \text{Variable} & x_1 \;\ldots & x_n & \\ \text{Z I:} & a_{11} \;\ldots & 0 & 0 \\ \ldots & \ldots & 4\;\;0 & \ldots \\ \text{Z m:} & a_{m1} \;\ldots & a_{mn} & 0 \end{array}\right)$$

Bild 1: (m,n)-Matrix

Lösungen Beispielaufgaben

Lösungsverfahren für LGS

1. $L = \{\}$

2. $L = \{(x|y) | y = 0{,}5x + 1{,}5\}_{\mathbb{R} \times \mathbb{R}}$

Sarrus-Regel

1. a) $L = \{(1|2|-2)\}$

b) $L = \left\{\left(\frac{25}{7}\middle|\frac{12}{7}\middle|-2\right)\right\}$

Grafische Lösung eines LGS

1. $L = \{(7|-1)\}$

2. $L = \{(5{,}25|5)\}$

Übungsaufgaben

Einsetzungsverfahren

1. Lösen Sie das LGS mit dem Einsetzungsverfahren.

a) $\begin{cases} 4x - 2y = 8 \\ y = 6x - 16 \end{cases}$ **b)** $\begin{cases} 3{,}75x + y = 13{,}5 \\ x = 14 - 4y \end{cases}$

2. Bestimmen Sie die Lösungsmenge mit dem Gleichsetzungsverfahren.

a) $\begin{cases} x = y - 2 \\ x = 7 - 2y \end{cases}$ **b)** $\begin{cases} y = 2x - 4 \\ -3x - 2y = 1 \end{cases}$

3. Bestimmen Sie die Lösungsmenge.

a) $\begin{cases} a + 6b = 9 \\ 2a - 6b = 6 \end{cases}$ **b)** $\begin{cases} 3x - 9y = 27 \\ 7x - 21y = 63 \end{cases}$

c) $\begin{cases} 2x_1 - 4x_2 = 13 \\ -3x_1 + 6x_2 = 15 \end{cases}$ **d)** $\begin{cases} 3x - 2y + 1 = 0 \\ 4x - 5y + 2 = 0 \end{cases}$

4. Bestimmen Sie die Lösungsmenge.

a) $\begin{cases} 2a - 3b - 5c = 1 \\ \quad - 2b - c = 0 \\ \qquad\quad 2c = 4 \end{cases}$ **b)** $\begin{cases} 4r - 8s + 8t = -4 \\ 3r - 6s + 6t = -10 \end{cases}$

Lösungen Übungsaufgaben

1. a) $L = \{(3|2)\}$

b) $L = \left\{\left(\frac{20}{7}\middle|\frac{39}{14}\right)\right\}$

2. a) $L = \{(1|3)\}$

b) $L = \{(1|-2)\}$

3. a) $L = \left\{\left(5\middle|\frac{2}{3}\right)\right\}$

b) $L = \{(x|y) | x - 3y = 9\}_{\mathbb{R} \times \mathbb{R}}$

c) $L = \{\}$

d) $L = \left\{\left(-\frac{1}{7}\middle|\frac{2}{7}\right)\right\}$

4. a) $L = \{(4|-1|2)\}$

b) $L = \{\}$

5. LGS mit Parameter. Gegeben ist über $G = \mathbb{R} \times \mathbb{R} \times \mathbb{R}$ das LGS mit Parameter t:

$$\left(\begin{array}{ccc|c} x & y & z & \\ 1 & 2 & t+2 & 3 \\ 3 & 2t+2 & -1 & 7 \\ t & 4 & 1 & -4 \end{array}\right)$$

Für welche $t \in \mathbb{R}$ hat das LGS

a) keine Lösung,

b) unendlich viele Lösungen,

c) genau eine Lösung?

d) Geben Sie die Lösungsmengen für a) bis c) an.

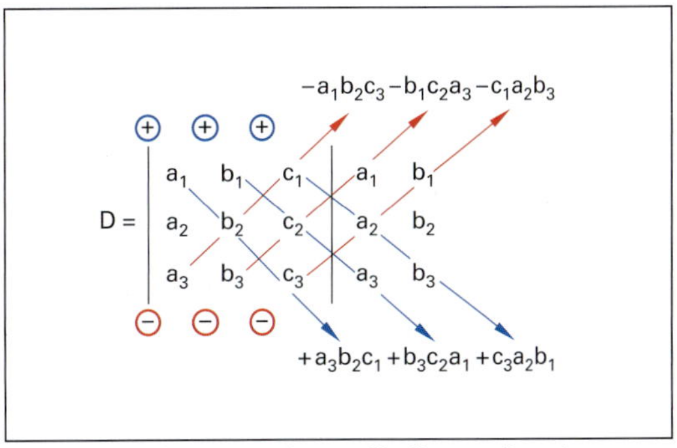

Bild 1: Berechnungsschema für Sarrus-Regel

Sarrus-Regel

6. Bestimmen Sie die Lösungsmenge des LGS mithilfe der Sarrus-Regel **(Bild 1)**.

a) $\left\{\begin{array}{l} x - y + z = 7 \\ 2x + 2y + z = 18 \\ x + 3y + z = 4 \end{array}\right.$

b) $\left\{\begin{array}{l} x_1 + 3x_2 + 5x_3 = 0 \\ -4x_1 + x_2 + x_3 = 0 \\ -2x_1 + 4x_2 - x_3 = 0 \end{array}\right.$

7. Bestimmen Sie die Lösungsmenge des LGS mithilfe von Determinanten.

a) $\left\{\begin{array}{l} x + y - 3z = 0 \\ 2x - y + 4z = 0 \\ 4x + 3y - 2z = 0 \end{array}\right.$

b) $\left\{\begin{array}{l} -x + 2y - 2z = 5 \\ 2y + z = 4 \\ -x + y - 2z = 4 \end{array}\right.$

Matrixverfahren

8. Lösen Sie die folgenden LGS mithilfe des Matrix-Verfahrens.

a) $\left(\begin{array}{ccc|c} x & y & z & \\ \hline 1 & 2 & -3 & 0 \\ 2 & -1 & 4 & 0 \\ 4 & 3 & -2 & 0 \end{array}\right)$

b) $\left(\begin{array}{cccc|c} x_1 & x_2 & x_3 & x_4 & \\ \hline -1 & 2 & -2 & 1 & 5 \\ 0 & 2 & 1 & 1 & 4 \\ -1 & 0 & -3 & 1 & 4 \\ -1 & 1 & -2 & 1 & 4 \end{array}\right)$

9. Untersuchen Sie, für welche r das LGS

– genau eine Lösung
– keine Lösung hat.

a) $\left\{\begin{array}{l} ra + b = 1 \\ 2ra - b = 8 \end{array}\right.$

b) $\left\{\begin{array}{l} a + 2b = r \\ ra - 4b = 0 \end{array}\right.$

Determinantenverfahren

10. Für welche Werte des Parameters r hat das LGS

– genau eine Lösung
– unendlich viele Lösungen?

a) $\left\{\begin{array}{l} a + rb = r + 1 \\ 3a + 3b = 6 \end{array}\right.$

b) $\left\{\begin{array}{l} x + 3y - z = 1 \\ 2x - 5y + 3z = 3 \\ 3x - 2y + rz = 4 \end{array}\right.$

Lösungen Übungsaufgaben

5. a) LGS hat für $t = -3$ keine Lösung.

b) LGS hat für $t = -2$ unendlich viele Lösungen

c) Für alle übrigen Fälle $t \in \mathbb{R}\backslash\{-3; -2\}$ hat das LGS genau eine Lösung.

d) $t = -3 \quad L = \{\,\}$

$L = \left\{\left(\frac{13}{5} + 21\lambda \,\middle|\, \frac{1}{5} - 8\lambda \,\middle|\, 5\lambda\right) \wedge \lambda \in \mathbb{R}\right\}$

$L = \left\{\left(\frac{-(4t+21)}{(t-2)\cdot(t+3)} \,\middle|\, \frac{7t+15}{2(t-2)(t+3)} \,\middle|\, \frac{3}{t+3}\right)\right\}$

$\wedge\ t \in \mathbb{R}\backslash\{-3; -2\}$

6. a) $L = \left\{\left(\frac{D_x}{D} \middle| \frac{D_y}{D} \middle| \frac{D_z}{D}\right)\right\} = \left\{\left(\frac{53}{4} \middle| \frac{-3}{4} \middle| \frac{-28}{4}\right)\right\}$

b) $L = \left\{\left(\frac{D_x}{D} \middle| \frac{D_y}{D} \middle| \frac{D_z}{D}\right)\right\} = \left\{\left(\frac{7}{-1} \middle| \frac{-1}{-1} \middle| \frac{-2}{-1}\right)\right\}$

7. a) $L = \left\{\left(\frac{0}{-20} \middle| \frac{0}{-20} \middle| \frac{0}{-20}\right)\right\} = \{(0|0|0)\}$

b) $L = \left\{\left(\frac{D_x}{D} \middle| \frac{D_y}{D} \middle| \frac{D_z}{D}\right)\right\} = \left\{\left(\frac{7}{-1} \middle| \frac{-1}{-1} \middle| \frac{-2}{-1}\right)\right\}$

8. a) $L = \{(-\lambda|2\lambda|\lambda);\ \lambda \in \mathbb{R}\}$

b) $L = \{(2|1|-1|3)\}$

9. a) Für $r = 0$: keine Lösung $L = \{\,\}$

b) Für $r \in \mathbb{R}\backslash^* \{-2\} \Rightarrow L = \left\{\frac{2r}{r+2} \,\middle|\, \frac{r^2}{2r+4}\right\}$ eine Lösung

10. a) Für $r = 1$: unendlich viele Lösungen $L = \{(2 - \lambda|\lambda) \wedge \lambda \in \mathbb{R}\}$

b) Für $r \in \mathbb{R}\backslash\{1\} \Rightarrow L = \{(1|1)\}$ eine Lösung

11. Bestimmen Sie a, b, c so, dass die Parabel mit der Gleichung $p(x) = ax^2 + bx + c$ durch die Punkte P, Q, R geht.

a) P (1|2), Q (–1|4), R (–2|8)

b) P (10|–3), Q (5|–2), R (19|–4)

12. Berechnen Sie den Wert der Determinanten

a) $\begin{vmatrix} 2 & 1 \\ 4 & 2 \end{vmatrix}$ **b)** $\begin{vmatrix} -1 & 3 \\ 2 & -2 \end{vmatrix}$ **c)** $\begin{vmatrix} 0 & 1 \\ 4 & 2 \end{vmatrix}$

d) $\begin{vmatrix} 2 & -1 \\ 4 & 2 \end{vmatrix}$ **e)** $\begin{vmatrix} 1 & 1 \\ 4 & 4 \end{vmatrix}$

13. Berechnen Sie den Wert der Determinanten

a) $\begin{vmatrix} t & 0 \\ 0 & t \end{vmatrix}$ **b)** $\begin{vmatrix} k & k \\ -2 & 2k \end{vmatrix}$ **c)** $\begin{vmatrix} a+b & a-b \\ a-b & a+b \end{vmatrix}$

d) $\begin{vmatrix} \cos\gamma & -\sin\gamma \\ \sin\gamma & \cos\gamma \end{vmatrix}$

14. Für welche Werte von t, γ wird die Determinante null ?

a) $\begin{vmatrix} t & 1 \\ t & t \end{vmatrix}$ **b)** $\begin{vmatrix} 2 & -1 \\ t & -t \end{vmatrix}$ **c)** $\begin{vmatrix} t-1 & t+1 \\ t+1 & t-1 \end{vmatrix}$

d) $\begin{vmatrix} \sin\gamma & -\cos\gamma \\ \cos\gamma & \sin\gamma \end{vmatrix}$

15. Lösen Sie (falls möglich) mit Determinanten

a) $\begin{cases} 2x - y = 8 \\ x + y = 1 \end{cases}$ **b)** $\begin{cases} 2x - y = 3 \\ -4x + 2y = -6 \end{cases}$ **c)** $\begin{cases} x + y = 0 \\ x - y = 0 \end{cases}$

d) $\begin{cases} 6x - 9y = 1 \\ 4x - 6y = 0 \end{cases}$ **e)** $\begin{cases} 3x - 0{,}5y = 0 \\ -6x + y = 1 \end{cases}$ **f)** $\begin{cases} x = y \\ -y + 1 = x \end{cases}$

16. Berechnen Sie die Determinanten mit der Regel von Sarrus:

a) $\begin{vmatrix} 2 & 3 & 1 \\ 5 & 6 & 4 \\ 8 & 9 & 7 \end{vmatrix}$ **b)** $\begin{vmatrix} 1 & 1 & -1 \\ 1 & -1 & 1 \\ -1 & 1 & 1 \end{vmatrix}$ **c)** $\begin{vmatrix} 0 & 1 & 1 \\ 1 & 0 & 0 \\ 1 & 1 & 1 \end{vmatrix}$

d) $\begin{vmatrix} 1 & -3 & 2 \\ 4 & 1 & -1 \\ 2 & 5 & -4 \end{vmatrix}$ **e)** $\begin{vmatrix} 1 & 0 & 0 \\ 0 & -2 & 0 \\ 0 & 0 & 3 \end{vmatrix}$ **f)** $\begin{vmatrix} -1 & 1 & -1 \\ 1 & 2 & -3 \\ -3 & -4 & 5 \end{vmatrix}$

17. Für welche Werte von b ist die Determinante null?

a) $\begin{vmatrix} 5 & -6 & 0 \\ 1 & b & 4 \\ -2 & 1 & 2 \end{vmatrix}$ **b)** $\begin{vmatrix} 4 & 1 & 2 \\ b & -2 & b \\ 1 & 1 & 3 \end{vmatrix}$ **c)** $\begin{vmatrix} -1 & 5 & -4 \\ 1 & b & 2 \\ -1 & 1 & 1 \end{vmatrix}$

Lösungen Übungsaufgaben

11. a) $p(x) = x^2 - x + 2;\ x \in \mathbb{R}$

b) $p(x) = \frac{2}{315}x^2 - \frac{31}{105}x - \frac{43}{63};\ x \in \mathbb{R}$

12. a) 0 **b)** –4
c) –4 **d)** 8
e) 0

13. a) t^2 **b)** $2k^2 + 2k$
c) 4ab **d)** 1

14. a) $t = 0 \vee t = 1$ **b)** $t = 0$
c) $t = 0$ **d)** für kein γ

15. a) $L = \{(3|-2)\}$ **b)** $L = \{(\lambda|2\lambda - 3)\}$
c) $L = \{(0|0)\}$ **d)** $L = \{\ \}$
e) $L = \{\ \}$ **f)** $L = \{(0{,}5|0{,}5)\}$

16. a) 0 **b)** –4
c) 0 **d)** –5
e) –6 **f)** 4

17. a) $b = -4$ **b)** $b = -5$
c) $b = -1$

18. Berechnen Sie den Wert der Determinanten. Welche Aussagen lassen sich über den Wert dieser Determinanten machen?

a) $\begin{vmatrix} 0 & -6 & 2 \\ 1 & 0 & 4 \\ -2 & 1 & 0 \end{vmatrix}$ **b)** $\begin{vmatrix} 1 & 1 & 2 \\ 0 & 0 & 0 \\ 2 & 1 & 2 \end{vmatrix}$

c) $\begin{vmatrix} 4 & 0 & 1 \\ 1 & 0 & 4 \\ 2 & 0 & 2 \end{vmatrix}$ **d)** $\begin{vmatrix} 4 & 2 & 0 \\ 1 & 1 & 0 \\ 2 & 1 & 0 \end{vmatrix}$

e) $\begin{vmatrix} 0 & 3 & 1 \\ 0 & -1 & 4 \\ 0 & 7 & 2 \end{vmatrix}$ **f)** $\begin{vmatrix} 4 & -9 & 1 \\ 1 & 9 & 4 \\ 0 & 0 & 0 \end{vmatrix}$

19. Bestimmen Sie die Parameter r, s und $t \in R$ so, dass das LGS die Lösung $L = \{(-1|2|2)\}$ hat.

$$\begin{cases} s \cdot x - 3y + z = -4 \\ 2x + r \cdot y + 2z = 0 \\ 6x - y + t \cdot z = 3 \cdot r \end{cases}$$

20. Lösen Sie die Gleichungssysteme mithilfe von Determinanten. Berechnen Sie zunächst D, D_x, D_y, D_z und geben Sie dann die Lösungsmenge an.

a) $\begin{cases} 2x + 4y + z = 1 \\ 2x + y + 2z = 1 \\ 2x + y + 5z = 1 \end{cases}$ **b)** $\begin{cases} x + y + 2z = -1 \\ 2x - y - z = -2 \\ 2x + y + 5z = 1 \end{cases}$

c) $\begin{cases} x - 3y - z = 4 \\ x - y = -2 \\ x + 3z = 0 \end{cases}$ **d)** $\begin{cases} -x + 3y + 2z = 1 \\ 3x + 2y + 9z = 4 \\ 2x - y + 3z = 1 \end{cases}$

e) $\begin{cases} x + y + z = 0 \\ x + y + 2z = 0 \\ 3x + y + z = 0 \end{cases}$ **f)** $\begin{cases} x + y = 0 \\ y - z = 0 \\ x + z = 0 \end{cases}$

g) $\begin{cases} x + 4y + z = 7 \\ 3x + 2y + 4z = -1 \\ 2x + 5y + 4z = 4 \end{cases}$ **h)** $\begin{cases} 2x - 3y - z = 4 \\ x + 2y + 3z = 1 \\ 3x - 8y - 4z = 5 \end{cases}$

Lösungen Übungsaufgaben

18. a)... f) Alle Determinanten haben den Wert 0. Wenn eine Zeile, eine Spalte oder eine Diagonale gleich null ist, hat die Determinante den Wert 0.

19. $L = \{(r|s|t)\ r = -1 \wedge s = 0 \wedge t = 2{,}5\}$

20. a) $D = -18$;
$D_x = -9 \Rightarrow x = 0{,}5$;
$D_y = 0 \Rightarrow y = 0$;
$D_z = 0 \Rightarrow z = 0 \Rightarrow L = \{(0{,}5|0|0)\}$

b) $D = -8$;
$D_x = 11 \Rightarrow x = \frac{-11}{8}$;
$D_y = 15 \Rightarrow y = \frac{-15}{8}$;
$D_z = -9 \Rightarrow z = \frac{-9}{8} \Rightarrow L = \left\{\left(\frac{-11}{8}\middle|\frac{-15}{8}\middle|\frac{9}{8}\right)\right\}$

c) $D = 5$;
$D_x = -30 \Rightarrow x = -6$;
$D_y = -20 \Rightarrow y = -4$;
$D_z = 10 \Rightarrow z = 2 \Rightarrow L = \{(-6|-4|2)\}$

d) $D = -2$;
$D_x = -6 \Rightarrow x = 3$;
$D_y = -4 \Rightarrow y = 2$;
$D_2 = 2 \Rightarrow z = -1 \Rightarrow L = \{(3|2|-1)\}$

e) $D = 2$;
$D_x = 0 \Rightarrow x = 0$;
$D_y = 0 \Rightarrow y = 0$;
$D_z = 0 \Rightarrow z = 0 \Rightarrow L = \{(0|0|0)\}$

f) $D = 2$;
$D_x = 0 \Rightarrow x = 0$;
$D_y = 0 \Rightarrow y = 0$;
$D_z = 0 \Rightarrow z = 0 \Rightarrow L = \{(0|0|0)\}$

g) $D = -17$;
$D_x = -17 \Rightarrow x = 1$;
$D_y = -34 \Rightarrow y = 2$;
$D_z = 34 \Rightarrow z = -1 \Rightarrow L = \{(1|2|2)\}$

h) $D = 7$;
$D_x = 25 \Rightarrow x = \frac{25}{7}$;
$D_y = 12 \Rightarrow y = \frac{12}{7}$;
$D_z = -14 \Rightarrow z = -2 \Rightarrow L = \left\{\left(\frac{25}{7}\middle|\frac{12}{7}\middle|-2\right)\right\}$

1.8.5 Betragsfunktion

Oft interessiert nur der positive Zahlenwert (Betrag), z. B. die Länge eines Vektorpfeils, die zurückgelegte Wegstrecke oder der Temperaturunterschied.

$$|a| = \begin{cases} a & \text{für } a \geq 0 \\ 0 & \text{für } a = 0 \\ -a & \text{für } a < 0 \end{cases}$$

$|a|$ Betrag von a

Der Betrag $|a|$ einer Zahl a ist immer positiv oder null.

Beispiel 1:

Stellen Sie den **Betrag** der Zahlen +55, –55 dar.

Lösung:

$|55| = \mathbf{55}$; $|-55| = \mathbf{55}$

Beispiel 2: Zurückgelegte Wegstrecke

Ein Autofahrer steht auf der Autobahn Ulm-München im Stau **(Bild 1)**. Am Fahrbahnrand ist die Länge der Autobahn mit blauen Schildern gekennzeichnet. Der Stau begann beim Kilometerschild 111 und löste sich bei Kilometer 93 auf.

a) Welchen Weg s hat der Fahrer im Stau zurückgelegt?

b) Stellen Sie den Weg auf einer Zahlengeraden dar.

Lösung:

a) $s = |111 \text{ km} - 93 \text{ km}| = \mathbf{18\ km}$

oder $s = |93 \text{ km} - 111 \text{ km}| = \mathbf{18\ km}$

b) siehe **Bild 2**

Bild 1: Zurückgelegte Wegstrecke

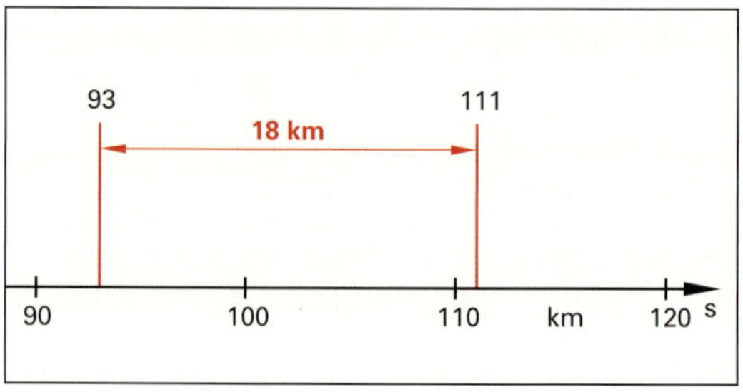

Bild 2: Zahlenabstand auf der Zahlengeraden

Der Abstand a zweier Zahlen b und c auf der Zahlengeraden wird berechnet mit den Betragsgleichungen $a = |b - c|$ oder $a = |c - b|$. Der Betrag $|x|$; $x \in \mathbb{R}$ kann auch als eine Funktion von x dargestellt werden. Man nennt $f(x) = |x|$ dann die Betragsfunktion von x. Ihr Schaubild ist K_f **(Bild 3)**.

Die Betragsfunktion lässt sich abschnittsweise darstellen, indem man die Stelle x mit dem Funktionswert ermittelt.

Beispiel 3: Betragsfunktion gemischt mit einer ganzrationalen Funktion

Gegeben ist die Funktion g mit $g(x) = |x| + x$. Ihr Schaubild ist K_g.

a) Erstellen Sie für g(x) im Intervall $-3 \leq x \leq 2$ eine Wertetabelle.

b) Zeichnen Sie das Schaubild K_g.

Lösung:

a) Die abschnittsweise Darstellung lautet:

$$g(x) = |x| + x = \begin{cases} x + x & \text{für } x > 0 \\ x + x & \text{für } x = 0 \\ -x + x & \text{für } x < 0 \end{cases}$$

x	–3	–2	–1	0	1	2
g(x)	0	0	0	0	2	4

b) **Bild 3**

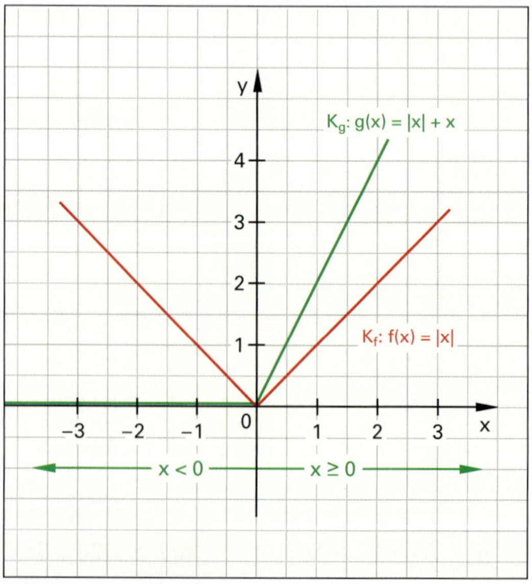

Bild 3: Betragsfunktion

1.8.6 Ungleichungen

Der Inhalt einer Farbsprühdose reicht für eine Fläche von maximal $A_{max} = 1000\ cm^2$ **(Bild 1)**. Bei einer zu lackierenden Fläche von $A > 1000\ cm^2$ wird das Brett unvollständig lackiert und muss weggeworfen werden. Im Längen-Breiten-Schaubild **(Bild 1)** ist der Bereich, in dem das Brett unvollständig lackiert wird, rot dargestellt. Der rote Bereich wird durch die Ungleichung $A > l \cdot b$ ausgedrückt.

Ungleichungen bestehen wie Gleichungen aus einem Linksterm T_l, einem Rechtsterm T_r und können auch wie Gleichungen umgeformt werden. Wenn aber die Ungleichung mit einem negativen Term multipliziert oder dividiert wird, kehrt sich die Ordnungsrelation um **(Tabelle 1)**.

Eine Ungleichung darf mit einem beliebigen negativen Term multipliziert oder dividiert werden, wenn gleichzeitig das Relationszeichen der Ungleichung umgekehrt wird.

Das heißt: aus $<$ wird $>$,
aus $>$ wird $<$,
aus $\leq$ wird $\geq$ und
aus $\geq$ wird $\leq$.

Tabelle 1: Rechenoperationen bei Ungleichungen $T_l < T_r$ (gültig für die Ordnungsrelationen $<$, $>$, $\leq$ und $\geq$)

Operation	Allgemein	Beispiel
Addition von T	$T_l + T < T_r + T$	$x - 4 < 7 \quad \vert +4$ $x - 4 + 4 < 7 + 4$ $x < 11$
Subtraktion von T	$T_l - T < T_r - T$	$x + 4 < 7 \quad \vert -4$ $x + 4 - 4 < 7 - 4$ $x < 3$
Multiplikation mit $T > 0$	$T_l \cdot T < T_r \cdot T$ $T \neq 0$	$\frac{1}{4}x < 3 \quad \vert \cdot 4$ $\frac{1}{4}x \cdot 4 < 3 \cdot 4$ $x < 12$
Multiplikation mit $T < 0$	$T_l \cdot T > T_r \cdot T$ $T \neq 0$	$-\frac{1}{4}x < 3 \quad \vert \cdot (-4)$ $-\frac{1}{4}x \cdot (-4) > 3 \cdot (-4)$ $x > -12$
Division mit $T > 0$	$\frac{T_l}{T} < \frac{T_r}{T}$ $T \neq 0$	$5x < 10 \quad \vert :5$ $\frac{5}{5}x < \frac{10}{5}$ $x < 2$
Division mit $T < 0$	$\frac{T_l}{T} > \frac{T_r}{T}$ $T \neq 0$	$-5x < 10 \quad \vert :(-5)$ $\frac{5}{-5}x > \frac{10}{-5}$ $x > -2$

Beispiel 1: Ein Holzbrett lackieren

Mit einer extra angefertigten Farbmischung werden Holzbretter lackiert. Eine Farbmischung reicht für eine Fläche von $1000\ cm^2$ **(Bild 1)**. Wie breit darf das Brett sein, wenn es eine Länge von 50 cm besitzt?

Lösung:

$A > l \cdot b \quad \vert :l$

$\frac{A}{l} > b \quad \vert -\frac{A}{l}$ und $\vert -b$

$-b > -\frac{A}{l} \quad \vert \cdot (-1)$

$b < \frac{A}{l}$

$b < \frac{1000\ cm^2}{50\ cm} = 20\ cm$

$\mathbf{b < 20\ cm}$

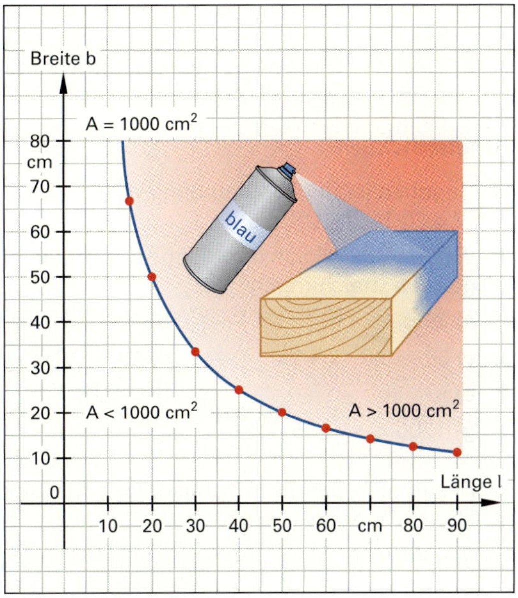

Bild 1: Holzbrett lackieren

Beispiel 2: Ungleichungen

Gegeben ist eine Zahlenmenge M mit $M = \{0; 10; 20; 30; 40; 50\}$. Welche Zahlen aus der Menge M erfüllen die folgende Ungleichung?

$$40 \leq 3 \cdot x + 2$$

Lösung:

Durch „Stichproben" wird überprüft, ob die Zahlen aus der Menge M in die Ungleichung passen.

z. B.: $40 \leq 3 \cdot 0 + 2$

$40 \leq 2$ Die Ungleichung ist falsch. **0 ist keine Lösung.**

$40 \leq 3 \cdot 20 + 2$

$40 \leq 62$ Die Ungleichung ist richtig. **20 ist eine Lösung.**

Überprüfen Sie Ihr Wissen!

Beispielaufgaben

Betragsfunktion

1. Gegeben sind die Punkte A (–2|6) und B (1|6) einer Betragsfunktion 1. Grades. Ihr Schaubild ist K_f.

a) Zeichnen Sie die Punkte A und B in ein Koordinatensystem, Bereich: $-3 \leq x \leq 3$ ein.

b) Berechnen Sie die Betragsfunktion.

c) Wie ist die Betragsfunktion abschnittsweise definiert?

d) Zeichnen Sie die Betragsfunktion in das Koordinatensystem ein.

2. Eine Betragsfunktion f hat die Gleichung $f(x) = |x^2 - 4x|$. Ihr Schaubild ist K_f.

a) Wie ist die Betragsfunktion abschnittsweise definiert?

b) Zeichnen Sie K_f in ein geeignetes Koordinatensystem. Bereich: $-1 \leq x \leq 5$.

Ungleichungen

1. Gegeben ist die Zahlenmenge W mit $W = \{7; 14; 21; 28; 35\}$.

Welche Zahlen aus der Menge W erfüllen die folgenden Gleichungen?

a) $35 \leq 2 \cdot x + 4$ **b)** $100 < 7 \cdot x + 30$

c) $50 > 0{,}5 \cdot x + 2x$ **d)** $13 < 0{,}1x^2 - 2x$

e) $x < 20$ **f)** $x \geq 28$

g) $1200 \leq x^2 - 25$

2. Bestimmen Sie die Lösungsmenge für folgende Ungleichungen:

a) $x + 6 < 7$

b) $33 + x \leq 50$

c) $8x - 20 \geq 3x - 10$

d) $22x > 110$

e) $7x + 21 + a > 7$

f) $\frac{3}{8} - x \leq \frac{7}{16}$

g) $5(x + 9) \geq 20$

h) $16(2x - 4x) > 6x + 8$

i) $-3(4x - 2) > -18$

j) $27(x - 3) > x(4 - a)$

k) $0{,}5x + 20 < 4x + 10$

l) $4x + \frac{5}{2} \leq -(3 + 4x) - 6$

m) $\frac{3}{8}(2x - 8) + \frac{6}{4}x - 8 < 10(2 - x) - 4x - 13$

3. Ein Widerstand von R = 1 kΩ hat eine Bemessungsleistung von P = 1 W **(Bild 1)**.

Welche maximale Spannung U_{max} darf an den Widerstand angelegt werden?

Lösungen Beispielaufgaben

Betragsfunktion

1. a), d) siehe Lösungsbuch

b) $f(x) = |-4x - 2|$ oder $f(x) = |4x + 2|$

c) $f(x) = \begin{cases} 4x + 2 & \text{für } x \geq -0{,}5 \\ -(4x + 2) & \text{für } x < -0{,}5 \end{cases}$

2. a) $f(x) = \begin{cases} x^2 - 4x & \text{für } x \leq 0 \vee x \geq 4 \\ -(x^2 - 4x) & \text{für } 0 < x < 4 \end{cases}$

b) siehe Lösungsbuch

Ungleichungen

1. a) $L = \{21; 28; 35\}$ **b)** $L = \{14; 21; 28; 35\}$

c) $L = \{7; 14\}$ **d)** $L = \{28; 35\}$

e) $L = \{7; 14\}$ **f)** $L = \{28; 35\}$

g) $L = \{35\}$

2. a) $x < 1$ **b)** $x \leq 17$

c) $x \geq 2$ **d)** $x > 5$

e) $x > -2 - \frac{a}{7}$ **f)** $x \geq -\frac{1}{16}$

g) $x \geq -5$ **h)** $x < \frac{3}{14}$

i) $x < 2$ **j)** $x > \frac{81}{23 + a}$

k) $x > 2\frac{6}{7}$ **l)** $x \leq -2\frac{7}{8}$

m) $x < 1\frac{7}{65}$

3. $U_{max} < \sqrt{P \cdot R} = \sqrt{1\,W \cdot 1\,k\Omega} = \sqrt{1000\,V^2}$

$U_{max} < 31{,}6\,V$

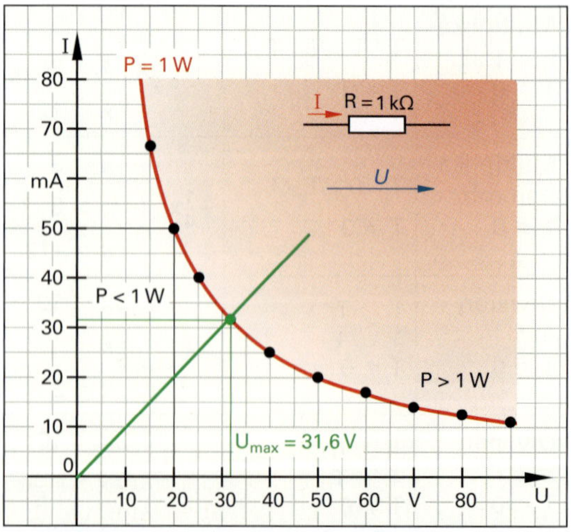

Bild 1: Leistungshyperbel für 1-W-Widerstände

1.8.8 Quadratische Funktionen

1.8.8.1 Parabeln mit Scheitel im Ursprung

Funktionen, bei denen die Variable x in einem Funktionsterm mit der Potenz 2 vorkommt, nennt man quadratische Funktionen.

Die Schaubilder von quadratischen Funktionen heißen Parabeln.

Der gemeinsame Punkt der beiden zueinander symmetrischen Parabeläste auf der Symmetrieachse ist der Scheitel S der Parabel **(Bild 1)**.

Bei Parabeln der Form $f(x) = a \cdot x^2$ hat der Scheitelpunkt S (0|0) die Koordinaten $x_S = 0$ und $y_S = 0$.

Diese Parabeln sind achsensymmetrisch zur y-Achse, es gilt $f(-x) = f(x)$ für alle $x \in \mathbb{R}$. Die y-Achse mit x = 0 ist die Symmetrieachse.

Beispiel 1: Schaubilder gestreckter und gestauchter Parabeln

Zeichnen Sie die Parabeln mit der Gleichung $y = a \cdot x^2$ für a) $a = \frac{1}{2}$, b) a = 1, c) a = 2.

Lösung:

a), b) und c) **Bild 1**

Der Koeffizient a wird als Krümmungsfaktor oder Öffnungsweite bezeichnet **(Tabelle 1)**. Ist $0 < a < 1$, ergibt sich ein „flacher“ Verlauf, die Parabel ist gestaucht. Für $|a| > 1$ wird der Kurvenverlauf „steiler“, die Parabel ist gestreckt. Für a = 1 wird $f(x) = x^2$. Dieser Sonderfall wird als Normalparabel bezeichnet.

Für die Normalparabel gilt $f(x) = x^2$.

Ist bei einer quadratischen Funktion mit $f(x) = a \cdot x^2$ der Koeffizient $a > 0$, ist die Parabel nach oben geöffnet **(Tabelle 1)**. Bei nach oben geöffneten Parabeln der Form $f(x) = a \cdot x^2$ $(a > 0)$, ist der Scheitelpunkt der tiefste Punkt. Für $a < 0$ ist die Parabel nach unten geöffnet.

Beispiel 2: Nach unten geöffnete Parabeln

Zeichnen Sie die Schaubilder der quadratischen Funktionen mit

$f(x) = -\frac{1}{4} \cdot x^2$, $g(x) = -\frac{1}{2} \cdot x^2$,

$h(x) = -1 \cdot x^2$

Lösung: **Bild 2**

Bei nach unten geöffneten Parabeln der Form $f(x) = a \cdot x^2$ $(a<0)$, ist der Scheitelpunkt der höchste Punkt **(Bild 3)**.

$f\colon f(x) = a \cdot x^2$ $\quad a \in \mathbb{R}\setminus\{0\}$

a Koeffizient
f Funktion
f(x) Funktionswert an der Stelle x

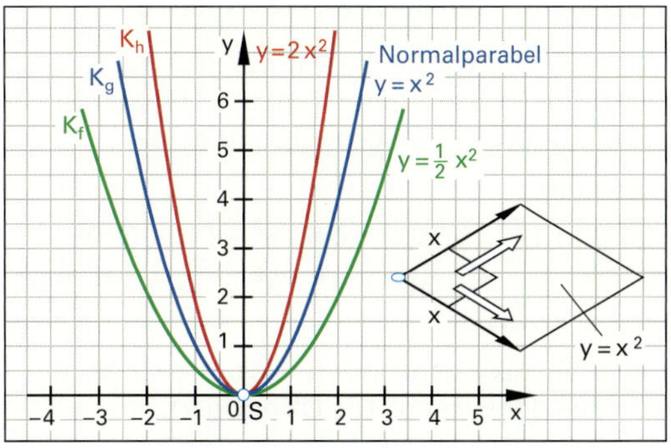

Bild 1: Gestreckte und gestauchte Parabeln

Tabelle 1: Parabeleigenschaften

Art	Koeffizient a	Eigenschaft
Streckung	$a > 1$; $a < -1$	gestreckte Parabel
	$a = 1$	Normalparabel
	$0 < a < 1$ $-1 < a < 0$	gestauchte Parabeln
Öffnung	$a > 0$	Öffnung nach oben
	$a < 0$	Öffnung nach unten

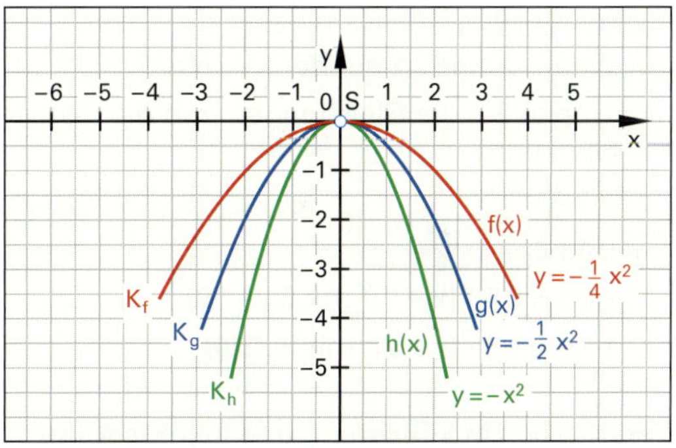

Bild 2: Nach unten geöffnete Parabeln

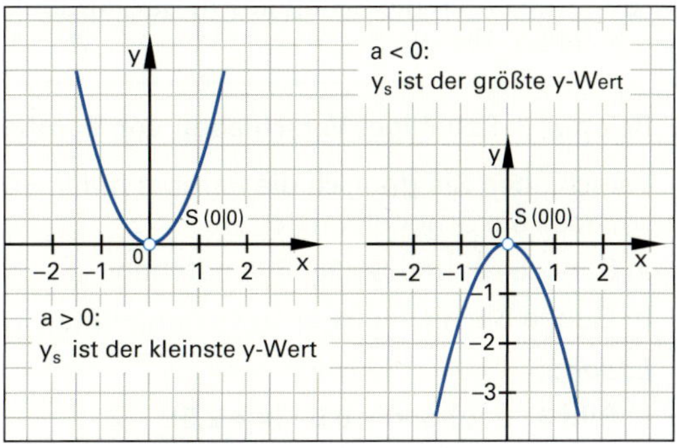

Bild 3: Scheitelpunkte von Parabeln der Form $y = a \cdot x^2$

1.8.8.2 Verschieben von Parabeln

Senkrechtes Verschieben von Parabeln

Die Parabel mit der Gleichung $y = a \cdot x^2 + y_S$ entsteht aus der Parabel mit der Gleichung $y = a \cdot x^2$ durch Verschieben um y_S auf der y-Achse.

Beispiel 1: Senkrechtes Verschieben

a) Verschieben Sie die Parabel $f(x) = 0{,}5 \cdot x^2$ um –1 und um +1,5 auf der y-Achse. b) Geben Sie die Gleichungen und die Scheitelpunkte an.

Lösung:

a) **Bild 1** b) $\mathbf{g(x) = 0{,}5 \cdot x^2 - 1}$ mit **S(0|–1)**

$\mathbf{h(x) = 0{,}5 \cdot x^2 + 1{,}5}$ mit **S(0|+1,5)**

Beim Verschieben ändert sich die Lage des Scheitelpunktes der Parabel. Die Öffnungsrichtung und die Streckung der Parabel bleiben erhalten.

$y_S > 0$	bewirkt eine Verschiebung der Parabel in y-Richtung.
$y_S < 0$	bewirkt eine Verschiebung der Parabel gegen y-Richtung.

Waagrechtes Verschieben von Parabeln

Bei Verwendung der Scheitelform kann die Lage einer Parabel einfach geändert werden. Ersetzt man in der Parabel mit der Gleichung $y = a \cdot x^2$ die Variable x durch $(x - x_S)$, erhält man die Gleichung der in x-Richtung verschobenen Parabel: $y = a \cdot (x - x_S)^2$.

Beispiel 2: Waagrechtes Verschieben an der x-Achse

a) Verschieben Sie die Parabel $f(x) = 0{,}5 \cdot x^2$ um die Werte –1 und +2 auf der x-Achse.

b) Geben Sie die Gleichungen und die Scheitelpunkte an.

Lösung:

a) **Bild 2**

b) $\mathbf{g(x) = 0{,}5 \cdot (x + 1)^2}$ mit $\mathbf{S_2(-1|0)}$

$\mathbf{h(x) = 0{,}5 \cdot (x - 2)^2}$ mit $\mathbf{S_3(2|0)}$

Verschieben in y-Richtung und in x-Richtung

Fügt man an die Form $y = a \cdot (x - x_S)^2$ den Koeffizienten y_S an, erhält man die Scheitelform der Parabel: $y = a \cdot (x - x_S)^2 + y_S$.

Beispiel 3: Beliebiges Verschieben von Parabeln

Verschieben Sie grafisch die Parabel mit $y = 0{,}5 \cdot x^2$ so, dass die Scheitelpunkte

a) $S_2(-2{,}5|-2)$ und $S_3(2|1{,}5)$ entstehen.

b) Geben Sie die Funktionsgleichungen an.

Lösung:

a) **Bild 3** b) $\mathbf{g(x) = 0{,}5 \cdot (x + 2{,}5)^2 - 2}$

$\mathbf{h(x) = 0{,}5 \cdot (x - 2)^2 + 1{,}5}$

Verschieben an der y-Achse	$y = f(x) = a \cdot x^2 + y_S$
Verschieben an der x-Achse	$y = f(x) = a \cdot (x - x_S)^2$
Allgemeine Scheitelform	$y = f(x) = a \cdot (x - x_S)^2 + y_S$

y_S y-Koordinate des Scheitels Scheitel $S(x_S|y_S)$
x_S x-Koordinate des Scheitels

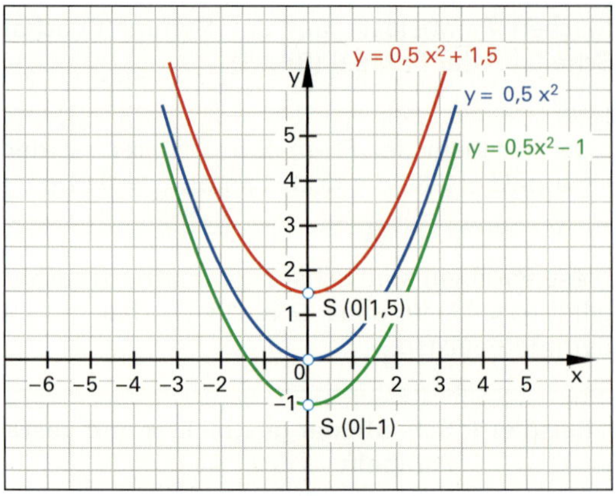

Bild 1: Schaubilder in und gegen y-Richtung verschobener Parabeln

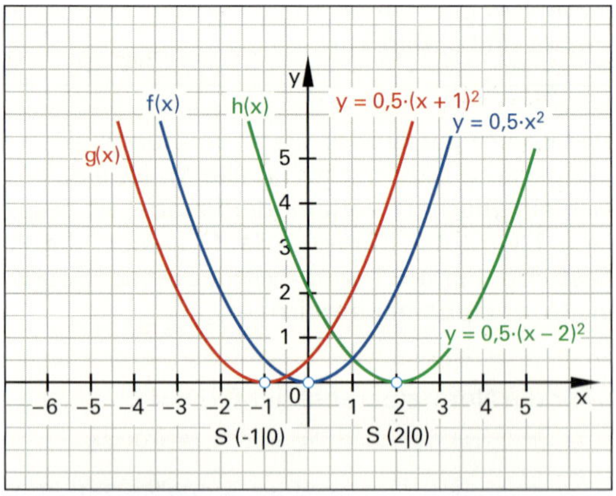

Bild 2: Schaubilder in und gegen x-Richtung verschobener Parabeln

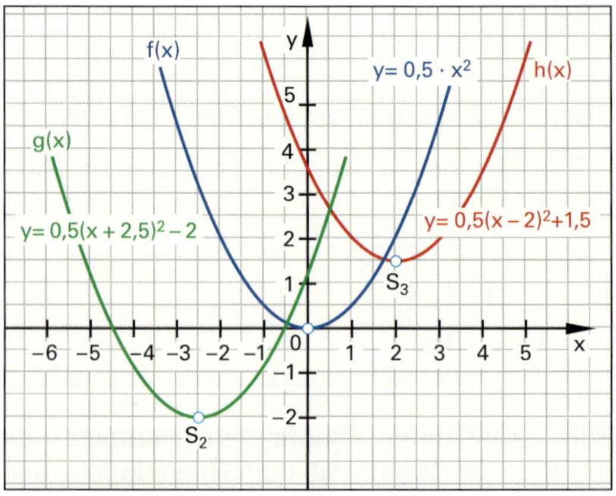

Bild 3: Schaubilder verschobener Parabeln

1.8.8.3 Normalform und Nullstellen von Parabeln

Je nach Lage der Parabel kann es Schnittpunkte mit der x-Achse geben. Die x-Werte dieser Schnittpunkte N_x nennt man auch Nullstellen.

Der Ausdruck unter der Wurzel der Lösungsformel („Mitternachtsformel") heißt Diskriminante D. Der Wert von D kann < 0, $= 0$ oder > 0 sein. Man erhält für die drei Fälle 0, 1 oder 2 Lösungen **(Bild 1)**.

Beispiel 1: Nullstellenbestimmung über die Normalform (D > 0)

Die Nullstellen der Funktion mit $g(x) = 0{,}5 \cdot (x + 2{,}5)^2 - 2$ **(Bild 3, vorhergehende Seite)** sind zu bestimmen. a) Formen Sie die Scheitelform in die Normalform um. b) Berechnen Sie die Schnittpunkte N_x mit der x-Achse.

Lösung:

a) $g(x) = 0{,}5 \cdot (x + 2{,}5)^2 - 2$
$= 0{,}5 \cdot (x^2 + 5 \cdot x + 6{,}25) - 2$
$= \mathbf{0{,}5 \cdot x^2 + 2{,}5 \cdot x + 1{,}125}$

b) $x_{1,2} = \frac{-2{,}5 \pm \sqrt{6{,}25 - 4 \cdot 0{,}5 \cdot 1{,}125}}{2 \cdot 0{,}5} = \frac{-2{,}5 \pm 2}{1}$

$\mathbf{x_1 = -0{,}5}$ **oder** $\mathbf{x_2 = -4{,}5}$

$\Rightarrow \mathbf{N_1\,(-0{,}5|0);\ N_2\,(-4{,}5|0)}$

Beispiel 2: D < 0

Hat die Parabel $y = 0{,}5 \cdot x^2 + 1{,}5$ **(Bild 1, vorhergehende Seite)** eine Nullstelle?

Lösung:

$D = b^2 - 4a \cdot c = 0 - 4 \cdot 0{,}5 \cdot 1{,}5 = -3 \Rightarrow D < 0$

Es gibt keine reellen Nullstellen.

Der Scheitelpunkt dieser Parabel ist aus der Scheitelform in Beispiel 1 mit S (–2,5|–2) direkt ablesbar. Andernfalls kann er mit $x_S = \frac{-b}{2 \cdot a}$ und Einsetzen von x_S in die Parabelgleichung bestimmt werden.

Für D = 0 liegt der Scheitel der Parabel auf der x-Achse.

Beispiel 3: D = 0

a) Berechnen Sie die Nullstellen der Parabel mit $y = 0{,}5 \cdot (x - 2)^2 = 0{,}5 \cdot x^2 - 2 \cdot x + 2$.

b) Zeichnen Sie das Schaubild der Funktion.

Lösung:

a) $D = 4 - 4 \cdot 0{,}5 \cdot 2 = 0$

$x_{1,2} = \frac{+2 \pm \sqrt{0}}{2 \cdot 0{,}5} = \frac{+2 \pm \sqrt{0}}{1} = 2$

$\mathbf{x_1 = +2,\ x_2 = +2;\quad N_{1|2}(2|0)}$

b) **Bild 2, vorhergehende Seite**

Die Lösung erhält man auch durch Faktorisieren: Aus der Gleichung $y = 0{,}5 \cdot (x - 2)^2 = 0{,}5 \cdot (x - 2) \cdot (x - 2)$ ergibt sich für $y = 0 \Leftrightarrow (x - 2) \cdot (x - 2) = 0 \Rightarrow x = x_1 = x_2 = 2$.

Allgemeine Parabelgleichung:

$$y = ax^2 + bx + c$$

Nullstellen:

$$x_{1,2} = \frac{-b \pm \sqrt{b^2 - 4 \cdot a \cdot c}}{2 \cdot a}$$

Nullstellenform (nur für D > 0)

$$y = a \cdot (x - x_1) \cdot (x - x_2)$$

Schnittpunkte mit Koordinatenachsen:

x-Achse	y-Achse
$N_1(x_1\|0)$, $N_2(x_2\|0)$	$S_y(0\|b)$

Quadratische Ergänzung (Scheitelform):

$$y = a\left[\left(x + \frac{b}{2a}\right)^2 - \frac{b^2}{4a^2} + \frac{c}{a}\right]$$
$$= a\left(x - \frac{-b}{2a}\right)^2 - \frac{b^2}{4a} + c$$

Diskriminante: Scheitelkoordinaten:

$$D = b^2 - 4 \cdot a \cdot c \qquad S\left(\frac{-b}{2 \cdot a}\middle|y_S\right) \qquad y_S = -\frac{b^2}{4a} + c$$

a, b, c Koeffizienten; x_1, x_2 Nullstellen
D Diskriminante; x_S, y_S Koordinaten des Scheitelpunktes

D < 0	D = 0	D > 0
keine Nullstelle	**eine doppelte Nullstelle**	**zwei Nullstellen**
keine Lösung	$x_1 = x_2 = 3$	$x_1 = 2$; $x_2 = 4$

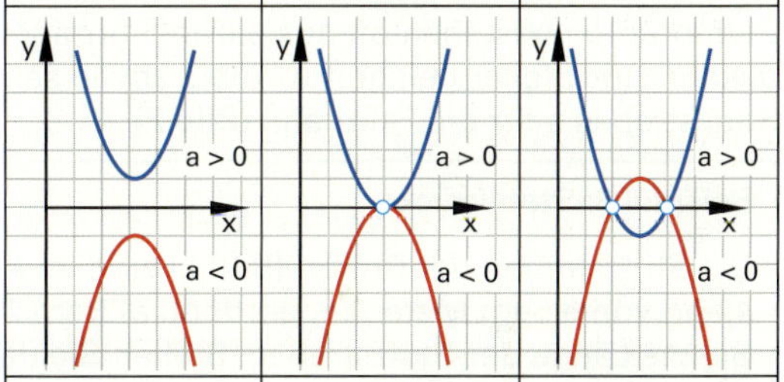

Bild 1: Nullstellen von Parabeln

Die Parabel in Bild 1 für D > 0 und a > 0 hat die beiden Nullstellen $x_1 = 2$ und $x_2 = 4$.

Beispiel 4: Nullstellenform

Berechnen Sie mithilfe der Nullstellenform die Gleichung der Parabel mit $x_1 = 2$ und $x_2 = 4$ für a = 0,5 in der Normalform.

Lösung:

$y = a \cdot (x - x_1) \cdot (x - x_2)$

$y = 0{,}5 \cdot (x - 2) \cdot (x - 4)$

$y = 0{,}5 \cdot (x^2 - 2 \cdot x - 4 \cdot x + 8)$
$= 0{,}5 \cdot (x^2 - 6 \cdot x + 8)$

$\mathbf{y = 0{,}5 \cdot x^2 - 3 \cdot x + 4}$

1.8.8.4 Zusammenfassung der Lösungsarten

Die Umformung der Gleichung $a \cdot x^2 + y_S = 0$ führt zur Form $x^2 = \frac{-y_S}{a}$ **(Tabelle 1,** Art 1).

Beispiel 1: Wurzelziehen

Lösen Sie durch Wurzelziehen

a) $2 \cdot x^2 - 8 = 0$ b) $2 \cdot x^2 = 0$ c) $2 \cdot x^2 + 8 = 0$.

Lösung:

a) $2 \cdot x^2 - 8 = 0 \Leftrightarrow x^2 = 4 \Leftrightarrow x_{1,2} = \pm\sqrt{4} \Leftrightarrow \mathbf{x_{1,2} = \pm 2}$

b) $2 \cdot x^2 = 0 \Leftrightarrow x^2 = 0 \Leftrightarrow \mathbf{x_{1,2} = 0}$

c) $2 \cdot x^2 + 8 = 0 \Leftrightarrow x^2 = -4$, **keine Lösung**.

Das Aufstellen der Parabelgleichung ist oft mit der Scheitelform am einfachsten. Für die Berechnung von Punkten auf der Parabel ist die Normalform vorzuziehen.

Beispiel 2: Wurfparabel

Bild 1 zeigt die Bahn einer Silvesterrakete. a) Stellen Sie die Parabelgleichung mithilfe der Scheitelform auf. b) Wandeln Sie diese in die Normalform um. c) Berechnen Sie, wie weit die Auftreffstelle von der Abschussstelle in x-Richtung entfernt ist.

Lösung:

a) $y = -a \cdot (x - x_S)^2 + y_S \Rightarrow y = -a \cdot (x - 8)^2 + 32$;
$P(0|0) \Rightarrow a = 0{,}5 \Rightarrow \mathbf{y = -0{,}5 \cdot (x - 8)^2 + 32}$.

b) $y = -0{,}5 \cdot (x^2 - 16 \cdot x + 64) + 32 = \mathbf{-0{,}5x^2 + 8 \cdot x}$

c) $y = -40 \Leftrightarrow -40 = -0{,}5 \cdot (x - 8)^2 + 32$
$\Leftrightarrow (x - 8)^2 = 144 \Leftrightarrow |x - 8| = 12 \Rightarrow x_1 = -4$ m, entfällt oder $\mathbf{x_2 = 20}$ **m.**

Stahlbrücken bestehen oft aus parabelförmigen Bögen, die auf Stützpfeiler gelagert werden, sowie senkrechten Stützstreben s für die Fahrbahn **(Bild 2)**.

Beispiel 3: Stahlbrücke

Die Stützstreben der Brücke **(Bild 2)** sind im Abstand von einem Meter angeordnet. a) Berechnen Sie die Länge der Stützstreben. Stellen Sie dazu die Gleichung der Parabel des ersten Bogens auf. b) Bestimmen Sie die Länge der verschiedenen Streben.

Lösung:

a) $y = -a \cdot (x - x_S)^2 + y_S \Rightarrow y = -a \cdot (x - 4)^2 + 10$; $P_1(0|6)$
$\Rightarrow a = 0{,}25$; $\mathbf{y = -0{,}25 \cdot (x - 4)^2 + 10}$

b) $s(x) = 10 - y \Rightarrow$

x	0	1	2	3	4
s(x)	4	2,25	1	0,25	0

Eine weitere Form der Parabelgleichung ist die Nullstellenform der Parabel $y = a \cdot (x - x_1) \cdot (x - x_2)$.

Beispiel 4: Faktorisierung

Eine Parabel mit a = 0,5 hat die Nullstellen 3 und 5. Bestimmen Sie die Funktionsgleichung.

Lösung:

$y = 0{,}5 \cdot (x - 3) \cdot (x - 5) = 0{,}5 \cdot (x^2 - 8x + 15)$
$= \mathbf{0{,}5 \cdot x^2 - 4x + 7{,}5}$; $x \in \mathbb{R}$

Tabelle 1: Nullstellenberechnung bei Parabeln

Art	Gleichungsform $a \neq 0$	Lösen mit
1	$a \cdot x^2 + y_s = 0$ $a \cdot (x - x_S)^2 + y_S = 0$	Umformen, Wurzelziehen
2	$a \cdot x^2 + b \cdot x + c = 0$	Lösungsformel oder quadratische Ergänzung
3 Satz vom Nullprodukt	$a \cdot x^2 + b \cdot x = 0$ $a \cdot x \cdot \left(x + \frac{b}{a}\right) = 0$	x Ausklammern, x und Klammer gleich null setzen.
4 Nullstellenform	$a \cdot (x - x_1) \cdot (x - x_2) = 0$	Faktorisieren und Klammern gleich null setzen. Sonderfall ⇒ geht nur mit D > 0.

a, b, c Koeffizienten der Normalform
x_1, x_2 Nullstellen der Parabel
x_S, y_S Koordinaten des Scheitelpunktes

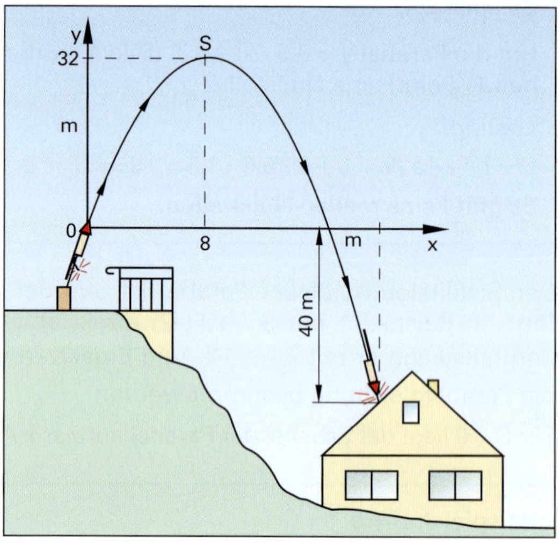

Bild 1: Flugbahn einer Silvesterrakete

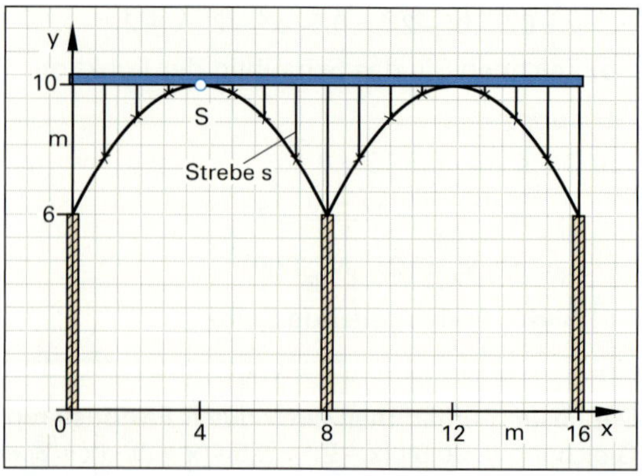

Bild 2: Stahlbrücke mit Parabelbögen

Überprüfen Sie Ihr Wissen!

Beispielaufgaben

Parabeln mit Scheitel im Ursprung

1. Geben Sie den Bereich der Koeffizienten a für eine gestauchte Parabel an.
2. Für welche a ist eine Parabel nach unten geöffnet?
3. Wie ist der Koeffizient a für eine nach oben geöffnete gestreckte Parabel zu wählen?

Verschieben von Parabeln

1. Geben Sie die Gleichung der Parabel p für die nach unten geöffnete Parabel h von **Bild 3, Seite 45** an.
2. Geben Sie die Scheitelkoordinaten für $y = 0{,}5 \cdot (x - 4)^2 + 5$ an.

Normalform und Nullstellen von Parabeln

1. Eine Parabel p hat die Gleichung $y = 0{,}5 \cdot x^2 + x - 4$. Berechnen Sie **a)** die Nullstellen, **b)** den Scheitel. **c)** Prüfen Sie, ob der Punkt (4|2,5) auf der Parabel liegt. **d)** Zeichnen Sie das Schaubild mithilfe einer Wertetabelle im Intervall [–5; 3].
2. Bestimmen Sie die Nullstellen von $2x^2 - 4x = 0$.

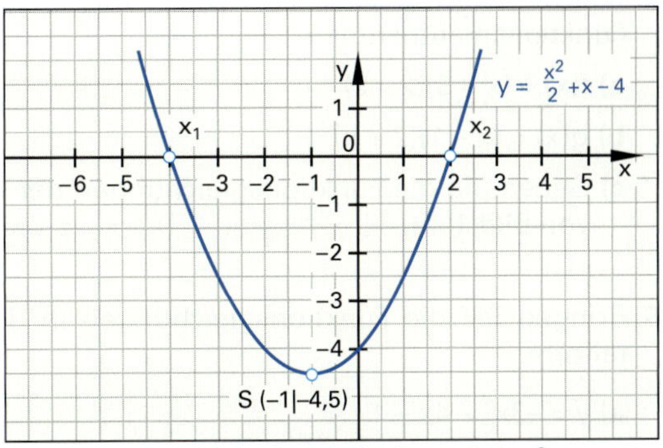

Bild 1: Schaubild der Parabel mit $y = 0{,}5 \cdot x^2 + x - 4$

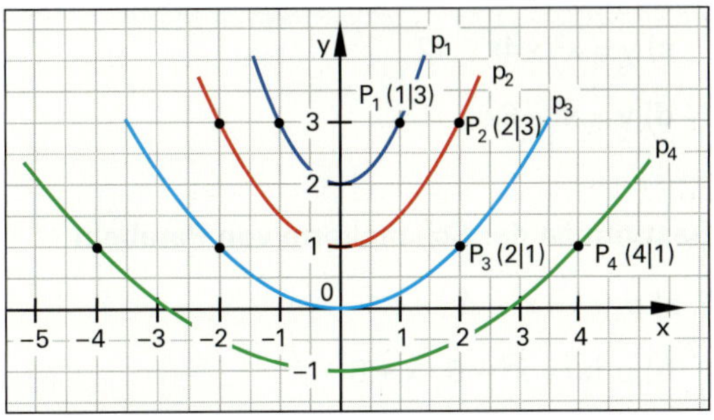

Bild 2: Parabeln

Lösungen Beispielaufgaben

Parabeln mit Scheitel im Ursprung

1. $-1 < a < 1;\ a \neq 0$ **2.** $a < 0$ **3.** $a > 1$

Verschieben von Parabeln

1. $i(x) = -0{,}5 \cdot (x - 2)^2 + 1{,}5$ **2.** S (4|5)

Normalform und Nullstellen von Parabeln

1. a) $p(x) = -4;\ x_2 = 2$ **b)** S (–1|–4,5)

c) Probe durch Einsetzen:
$2{,}5 \neq 0{,}5 \cdot 16 + 4 - 4$, der Punkt liegt nicht auf der Parabel, $P \notin p$.

d) Bild 1

2. $2x \cdot (x - 2) = 0 \Leftrightarrow x = 0 \vee x = 2$
oder $x_2 = 2$

Übungsaufgaben

Verschieben von Parabeln

1. Entnehmen Sie **Bild 2** die Gleichungen der Parabeln p_1 bis p_4.
2. Verschieben Sie die Parabeln p_1 und p_2 von Bild 2 um 2 Einheiten nach rechts.
3. Verschieben Sie die Parabeln p_3 und p_4 um 1 Einheit nach links.

Quadratische Funktionen

4. Berechnen Sie die Funktionsgleichung und den Scheitelpunkt der Parabel mit $f(x) = a \cdot x^2$, wenn
   a) die Parabel um 1 in positive x-Richtung und um 2 in positive y-Richtung verschoben wird,
   b) die Parabel um 3 in negative x-Richtung und um –1 in y-Richtung verschoben wird,
   c) die Parabel an der x-Achse gespiegelt und um –2 in x-Richtung verschoben wird,
   d) $a = \frac{1}{3}$ ist und die Parabel um –3 in x-Richtung und um –2 in y-Richtung verschoben wird,
   e) a = 2 ist und die Parabel an der x-Achse gespiegelt wird und um –2 in x-Richtung und um –1,5 in y-Richtung verschoben wird?

Lösungen Übungsaufgaben

1. $y_1 = x^2 + 2;\quad y_2 = \frac{1}{2}x^2 + 1$
$y_3 = \frac{1}{4}x^2;\quad y_4 = \frac{1}{8}x^2 - 1$

2. $y_1 = (x - 2)^2 + 2;\quad y_2 = \frac{1}{2}(x - 2)^2 + 1$

3. $y_3 = \frac{1}{4}(x + 1)^2;\quad y_4 = \frac{1}{8}(x + 1)^2 - 1$

4. a) $f(x) = a(x - 2)^2 + 2$ **b)** $f(x) = a(x - 3)^2 - 1$
c) $f(x) = a(x + 2)^2$ **d)** $f(x) = \frac{1}{3}(x + 3)^2 - 2$
e) $f(x) = -2(x + 2)^2 - 1{,}5$

Eigenschaften von Parabeln

5. Welche Öffnung kann man den Parabeln folgender Funktionen entnehmen?

a) $f(x) = (x + 3)(2 - x)$

b) $g(x) = (x - 1)(2 + x)$

c) Geben Sie die Funktionsgleichungen der Parabeln von **Bild 1** an.

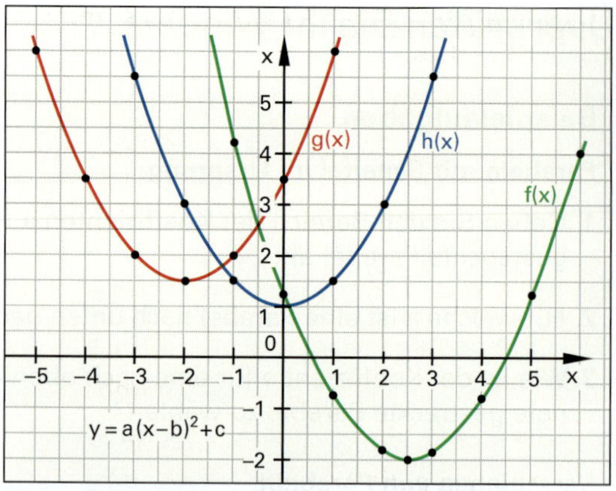

Bild 1: Schaubilder verschobener Parabeln

6. Bringen Sie die Funktionsgleichungen in die Scheitelform.

a) $y = -3x^2 + 4x - 1$

b) $y = \frac{1}{2}x^2 - 3x + 4$

c) $y = x^2 + 4x - 12$

d) $y = x^2 - 6x - 11$

Bestimmen der Scheitelform von Parabeln

7. a) $p_1(x) = x^2 - 4 \cdot x + 1$

b) $p_2(x) = x^2 + 6 \cdot x + 8$

c) $p_3(x) = x^2 + 6 \cdot x + 11$

d) $p_4(x) = -2x^2 - 8 \cdot x + 1$

Lösen von quadratischen Gleichungen durch Wurzelziehen

8. a) $1 - x^2 = 0$ **b)** $\frac{3}{4}x^2 = x^2$

c) $\frac{3}{2} - \frac{1}{2}x^2 = 0$ **d)** $\frac{1}{2}x^2 - \frac{6}{5} = 0$

9. Berechnen Sie.

a) $1 - x^2 = 0$ **b)** $\frac{9}{4}x^2 = x^2$

c) $\frac{5}{2} - \frac{1}{2}x^2 = 0$ **d)** $\frac{1}{5}x^2 - \frac{9}{5} = 0$

Lösen von quadratischen Gleichungen mit der Lösungsformel.

10. a) $2x^2 + 2x - 24 = 0$

b) $-3x^2 - 5x + 8 = 0$

c) $2x^2 + 4x - 16 = 0$

d) $-x^2 + 5x + 14 = 0$

11. Berechnen Sie.

a) $2x^2 + 2x - 12 = 0$

b) $3x^2 + 5x - 8 = 0$

c) $-2x^2 - 4x + 16 = 0$

d) $x^2 - 5x - 14 = 0$

Lösungen Übungsaufgaben

5. Parabel **a)** nach unten, **b)** nach oben geöffnet

c) $f(x) = 0{,}5(x - 2{,}5)^2 - 2$;
$g(x) = 0{,}5(x + 2)^2 + 1{,}5$;
$h(x) = 0{,}5x^2 + 1$

6. a) $y = -3\left(x - \frac{2}{3}\right)^2 + \frac{1}{3}$ **b)** $y = \frac{1}{2}(x - 3)^2 - \frac{1}{2}$

c) $y = (x - 2)^2 - 16$ **d)** $y = (x - 3)^2 - 20$

7. a) $p_1(x) = (x - 2)^2 - 3$

b) $p_2(x) = (x + 3)^2 - 1$

c) $p_3(x) = (x + 3)^2 + 2$

d) $p_4(x) = -2 \cdot (x + 2)^2 + 9$

8. a) $x_1 = 1$, $x_2 = -1$

b) $x = 0$

c) $x_1 = 1{,}732$, $x_2 = -1{,}732$

d) $x_1 = \sqrt{\frac{12}{5}} = 1{,}55$, $x_2 = -\sqrt{\frac{12}{5}} = -1{,}55$

9. a) $x = \pm 1$

b) $x = 0$

c) $x = \pm\sqrt{5}$

d) $x = \pm 3$

10. a) $x_1 = -4$, $x_2 = 3$

b) $x_1 = -2{,}67$, $x_2 = 1$

c) $x_1 = -4$, $x_2 = 2$

d) $x_1 = -2$, $x_2 = 7$

11. a) $x_1 = -3$, $x_2 = 2$

b) $x_1 = -\frac{8}{6}$, $x_2 = 1$

c) $x_1 = -4$, $x_2 = 2$

d) $x_1 = 7$, $x_2 = -2$

Lösen von quadratischen Gleichungen mit quadratischer Ergänzung

12. Berechnen Sie.

a) $2x^2 + 2x - 12 = 0$ **b)** $3x^2 + 5x - 8 = 0$

c) $-2x^2 - 4x + 16 = 0$ **d)** $x^2 - 5x - 14 = 0$

Nullstellenform von Parabeln

13. Bestimmen Sie Funktionsterme für

a) a = 0,25 und die Nullstellen 4 und 6

b) a = 1 und die Nullstellen –6 und –2

c) $a = \frac{1}{2}$ und die Nullstellen –4 und 2

Nullstellen von Parabeln

14. Bestimmen Sie die Funktionsgleichungen der Parabeln in der Normalform mit

a) a = 0,125 und den Nullstellen (4|0) und (6|0)

b) a = 2 und den Nullstellen (1|0) und (6|0)

c) $a = \frac{1}{2}$ und den Nullstellen (–4|0) und (2|0)

Weitere Aufgaben

15. Die Höhe h eines parabelförmigen Brückenbogens **(Bild 1)** kann durch die Gleichung $h = -\frac{1}{20}s^2 + \frac{5}{4}s$ beschrieben werden.

a) Wie groß ist die Spannweite?

b) Bestimmen Sie den Scheitelpunkt des Bogens.

Hängebrücke

16. Das Schaubild einer Hängebrücke wird mit der Gleichung $y = a \cdot (x - x_S)^2 + y_S$ beschrieben **(Bild 2)**.

a) Bestimmen Sie den Koeffizienten a.

b) Wie lautet die Gleichung der Hängebrücke?

c) Bestimmen Sie den tiefsten Punkt S (Scheitelpunkt) der Brücke.

d) Die Aufhängestützen A und B haben eine Höhe von 2 m. Bestimmen Sie die x-Koordinaten der Stützen.

17. Eine Polizeistreife steht im Baustellenbereich einer Autobahn, als plötzlich ein Auto mit einer konstanten Geschwindigkeit von 144 km/h vorbeifährt **(Bild 3)**. Als die Polizeistreife die Verfolgungsfahrt aufnimmt, Zeitpunkt t = 0, hat der Temposünder bereits 100 m Vorsprung.

a) Stellen Sie für beide Fahrzeuge die Funktion der zurückgelegten Wegstrecke s in Abhängigkeit der Zeit t auf, wobei der Temposünder mit konstanter Geschwindigkeit (v = konst.) fährt und die Polizei konstant beschleunigt ($a = 3\,\frac{m}{s^2}$).

b) Berechnen Sie die Zeit und die Strecke, welche die Polizei zum Einholen des Temposünders benötigt.

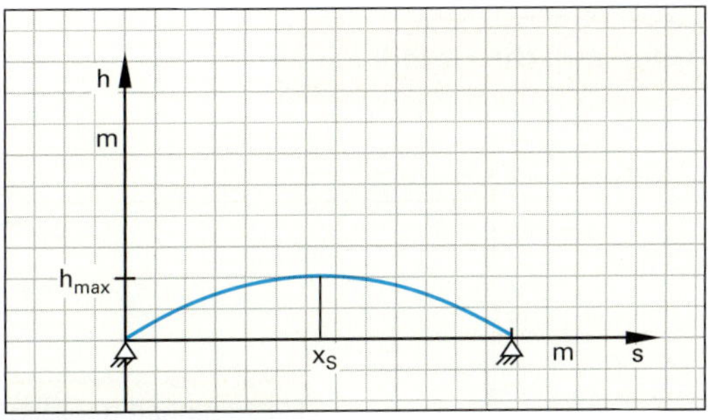

Bild 1: Brückenbogen

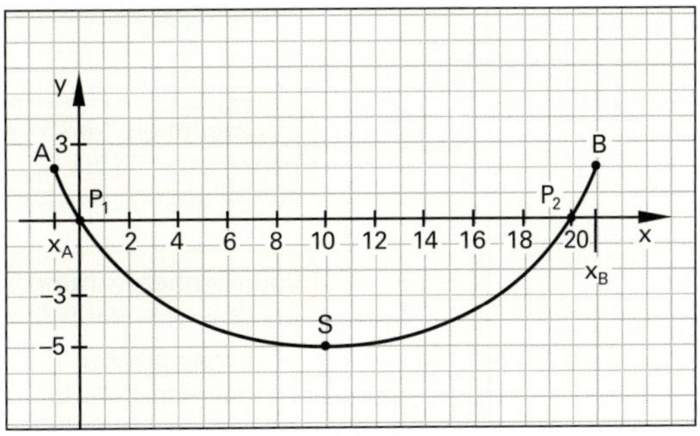

Bild 2: Hängebrücke für Fußgänger

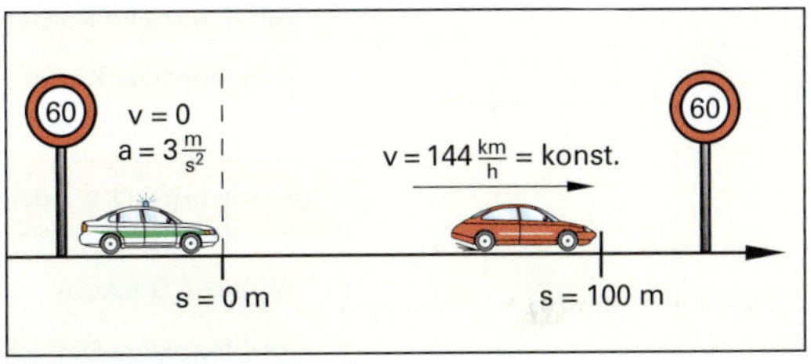

Bild 3: Verfolgungsjagd

Lösungen Übungsaufgaben

12. a) L = {–3; 2} **b)** $L = \left\{-\frac{8}{3}; 1\right\}$

c) L = {–4; 2} **d)** L = {–2; 7}

13. a) $0{,}25 \cdot x^2 - 2{,}5 \cdot x + 6$

b) $x^2 + 8 \cdot x + 12$

c) $\frac{1}{2} \cdot x^2 + x - 4$

14. a) $f(x) = \frac{x^2}{8} - \frac{5}{4}x + 3$

b) $f(x) = x^2 + 8x + 12$

c) $f(x) = 0{,}5x^2 + x - 4$

15. a) s = 25 m **b)** S (12,5 m|7,81 m)

16. a) $a = \frac{1}{20}$ **b)** $y = \frac{1}{20} \cdot (x - 10)^2 - 5$

c) S (10|–5) **d)** $x_A = -1{,}83$, $x_B = 21{,}83$

17. a) Temposünder: $s_1(t) = 40\,\frac{m}{s} \cdot t + 100\,m$;

Polizei: $s_2(t) = 1{,}5\,\frac{m}{s^2} \cdot t^2$

b) $t_e = 28{,}97\,s$; $s_e = 1\,258{,}8\,m$

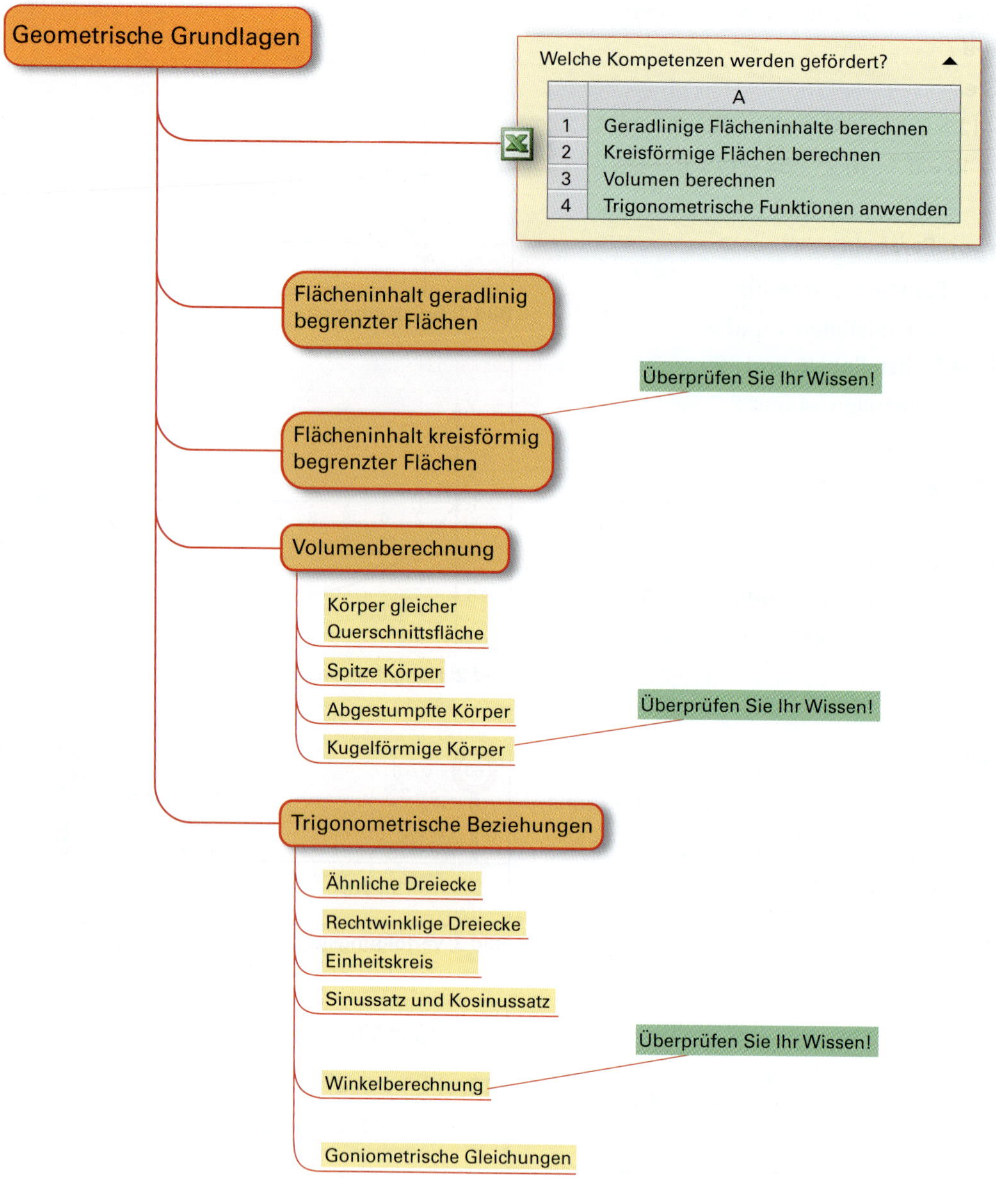
Geometrische Grundlagen
Welche Kompetenzen werden gefördert?
A
1 Geradlinige Flächeninhalte berechnen
2 Kreisförmige Flächen berechnen
3 Volumen berechnen
4 Trigonometrische Funktionen anwenden
Flächeninhalt geradlinig begrenzter Flächen
Überprüfen Sie Ihr Wissen!
Flächeninhalt kreisförmig begrenzter Flächen
Volumenberechnung
Körper gleicher Querschnittsfläche
Spitze Körper
Abgestumpfte Körper
Überprüfen Sie Ihr Wissen!
Kugelförmige Körper
Trigonometrische Beziehungen
Ähnliche Dreiecke
Rechtwinklige Dreiecke
Einheitskreis
Sinussatz und Kosinussatz
Überprüfen Sie Ihr Wissen!
Winkelberechnung
Goniometrische Gleichungen

2 Geometrische Grundlagen

2.1 Flächeninhalt geradlinig begrenzter Flächen

Quadrat und Rechteck

Der Flächeninhalt A bzw. die Flächenmaßzahl geradlinig begrenzter Flächen, wie Quadrat und Rechteck errechnet sich aus dem Produkt von Länge l und Breite b **(Bild 1** und **Tabelle 1)**.

Parallelogramm und Dreieck

Ein Parallelogramm kann durch Scherung in ein Rechteck mit gleicher Fläche verwandelt werden **(Bild 2)**. Die Fläche ergibt sich als Produkt von Grundseite g und Höhe h.

Verschiebt man im Parallelogramm den Punkt C auf den Punkt D, so ergibt es ein Dreieck **(Bild 2)**. Der Flächeninhalt ist halb so groß wie die Fläche des Parallelogramms und somit gleich dem halben Produkt aus Grundseite g und Höhe h.

Trapez

Werden in einem Trapez kongruente (flächengleiche) Umformungen vorgenommen, so entsteht ein Rechteck mit der Länge m, die als Mittelparallele bezeichnet wird **(Bild 3)**. Um die Mittelparallele zu berechnen, werden die beiden Grundseiten addiert und deren Summe halbiert. Die Fläche eines Trapezes ist das Produkt aus Mittelparallele m und Höhe h.

Beispiel 1: Knotenbleche

Der Flächeninhalt A der Knotenbleche 1 und 2 sind zu berechnen **(Bild 4)**.

Lösung:

Knotenblech 1: $A = A_1 + A_2 = A_{Dreieck} + A_{Trapez}$

$A_1 = \frac{1}{2} \cdot g \cdot h = \frac{1}{2} \cdot 190\,mm \cdot 100\,mm = 9500\,mm^2$

$A_2 = m \cdot h = \frac{(a + c)}{2} \cdot h = \frac{(100 + 70)\,mm}{2} \cdot 80\,mm$
$= 6800\,mm^2$

$A = 9500\,mm^2 + 6800\,mm^2 = 16300\,mm^2 = \mathbf{163\,cm^2}$

Knotenblech 2: $A = A_1 + 2 \cdot A_2 = A_{Rechteck} + 2 \cdot A_{Trapez}$

$A_1 = l \cdot b = 210\,mm \cdot 95\,mm = 19950\,mm^2$

$A_2 = m \cdot h = \frac{(a + c)}{2} \cdot h = \frac{(210 + 130)\,mm}{2} \cdot 255\,mm$
$= 43350\,mm^2$

$A = 19950\,mm^2 + 2 \cdot 43350\,mm^2 = \mathbf{106650\,mm^2}$

Beispiel 2: Trapez

Ein Trapez hat eine Fläche $A = 100\,cm^2$, eine Höhe $h = 50\,mm$ und eine Seitenlänge $a = 80\,mm$.
Welche Länge hat die Seite c?

Lösung:

$A = m \cdot h = 100\,cm^2$; $m = \frac{A}{h} = \frac{100\,cm^2}{5\,cm} = 20\,cm$

$m = \frac{1}{2} \cdot (a + c) = 20\,cm \Rightarrow c = 40\,cm - 8\,cm = \mathbf{32\,cm}$

Tabelle 1: Flächeninhalt geradlinig begrenzter Flächen

Flächenform	Formel
Quadrat	$A = a \cdot a = a^2$
Rechteck	$A = l \cdot b$
Parallelogramm	$A = g \cdot h$
Dreieck	$A = \frac{(g \cdot h)}{2}$
Trapez	$A = \frac{(a + c)}{2} \cdot h = m \cdot h$
A Flächeninhalt s Seite am Quadrat l Länge b Breite	a, c parallele Seiten am Trapez m Mittelparallele g Grundlinie h Höhe

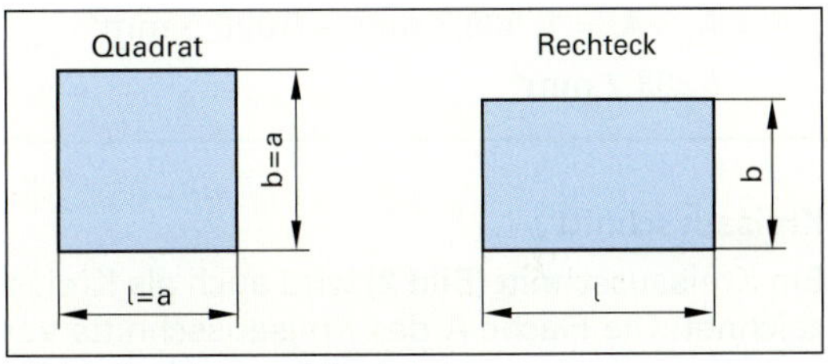

Bild 1: Quadrat und Rechteck

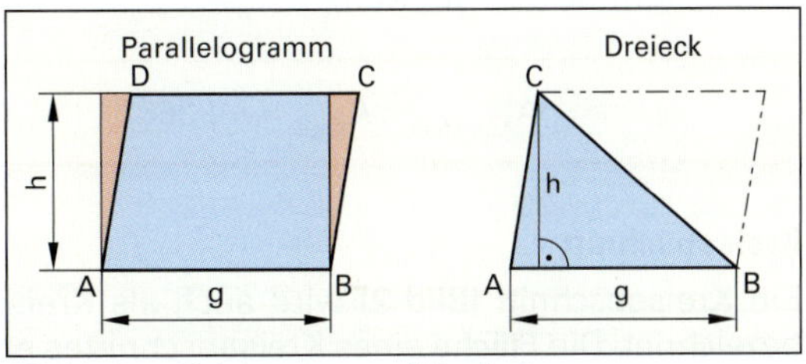

Bild 2: Parallelogramm und Dreieck

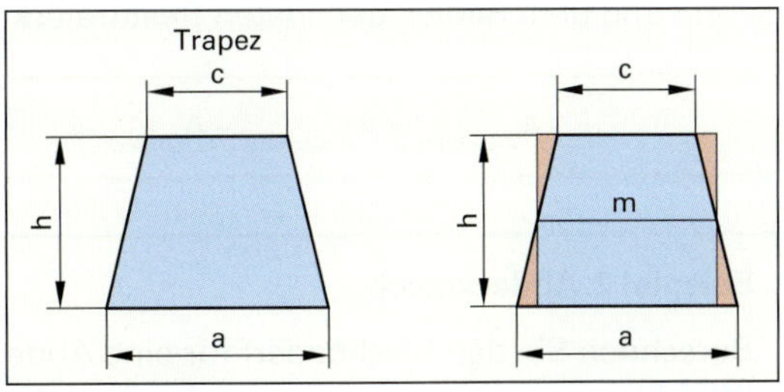

Bild 3: Trapez

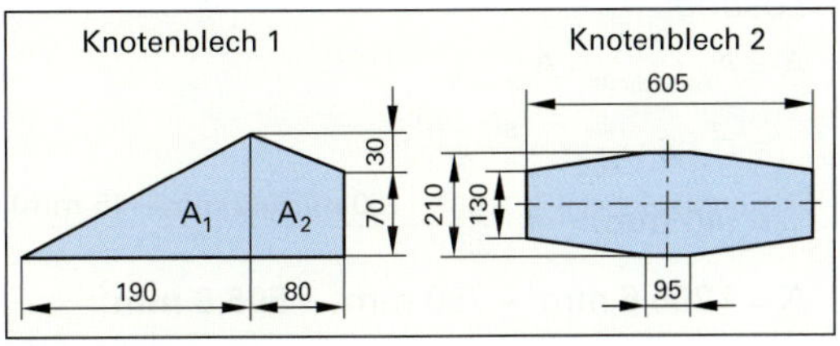

Bild 4: Knotenbleche

2.2 Flächeninhalt kreisförmig begrenzter Flächen

Kreis

Der Kreis ist die Menge aller Punkte einer Ebene, die von einem festen Punkt M der Ebene einen konstanten Abstand r haben **(Bild 1)**. Die Fläche A des Kreises ist das Produkt aus π und dem Quadrat des Radius r.

Kreisring

Die von zwei konzentrischen Kreisen begrenzte Figur heißt Kreisring **(Bild 1)**. Die Kreisringfläche A errechnet sich aus der Differenz zwischen äußerer Kreisfläche und innerer Kreisfläche.

Beispiel 1: Kreisring

Die Fläche A des Kreisringes mit Außendurchmesser R = 60 mm und Innendurchmesser r = 40 mm ist zu berechnen.

Lösung:

$A_1 = R^2 \cdot \pi = (60\ \text{mm})^2 \cdot \pi = 11\,309{,}7\ \text{mm}^2$

$A_2 = r^2 \cdot \pi = (40\ \text{mm})^2 \cdot \pi = 5\,026{,}5\ \text{mm}^2$

$A = A_1 - A_2 = 11\,309{,}7\ \text{mm}^2 - 5\,026{,}5\ \text{mm}^2$

$= \mathbf{6\,283{,}2\ mm^2}$

Kreisausschnitt

Ein Kreisausschnitt **(Bild 2)** wird auch als Kreissektor bezeichnet. Die Fläche A des Kreisausschnitts verhält sich zur Fläche A eines Kreises wie der Zentriwinkel α zur Winkelsumme 360° im Kreis.

$$A_{\text{Ausschnitt}} : A_{\text{Kreis}} = \alpha : 360°$$

Kreisabschnitt

Ein Kreisabschnitt **(Bild 2)** wird auch als Kreissegment bezeichnet. Die Fläche eines Kreisabschnittes ergibt sich aus der Differenz des Kreisabschnittes und der durch die Sehne und dem Radius gebildeten Restdreieck.

$$A_{\text{Abschnitt}} = A_{\text{Ausschnitt}} - A_{\text{Dreieck}}$$

Beispiel 2: Abdeckblech

Berechnen Sie den Blechbedarf für eine Abdeckung **(Bild 3)**.

Lösung:

$A = A_{\text{Ausschnitt}} - A_{\text{Dreieck}}$

$= r^2 \cdot \pi \cdot \frac{\alpha}{360°} - \frac{s(r-h)}{2};$

$= (40\ \text{mm})^2 \cdot \pi \cdot \frac{90°}{360°} - \frac{60\ \text{mm}\,(40\ \text{mm} - 15\ \text{mm})}{2}$

$A = 1256{,}6\ \text{mm}^2 - 750\ \text{mm}^2 = \mathbf{506{,}6\ mm^2}$

Tabelle 1: Flächeninhalt kreisförmig begrenzter Flächen

Flächenform	Formel
Kreis	$A = \pi \cdot r^2;\ A = \pi \cdot \frac{d^2}{4}$
Kreisring	$A = \pi \cdot (R^2 - r^2)$ $A = \frac{\pi}{4} \cdot (D^2 - d^2)$
Kreisausschnitt	$A = \pi \cdot r^2 \cdot \frac{\alpha}{360°};\ A = \frac{b \cdot r}{2}$
Kreisabschnitt	$A = \pi \cdot r^2 \cdot \frac{\alpha}{360°} - \frac{s(r-h)}{2}$ $A = \frac{b \cdot r}{2} - \frac{s(r-h)}{2}$

A	Flächeninhalt	b	Bogenlänge
R, r	Radius	s	Sehnenlänge
D, d	Durchmesser	h	Höhe
		α	Mittelpunktswinkel

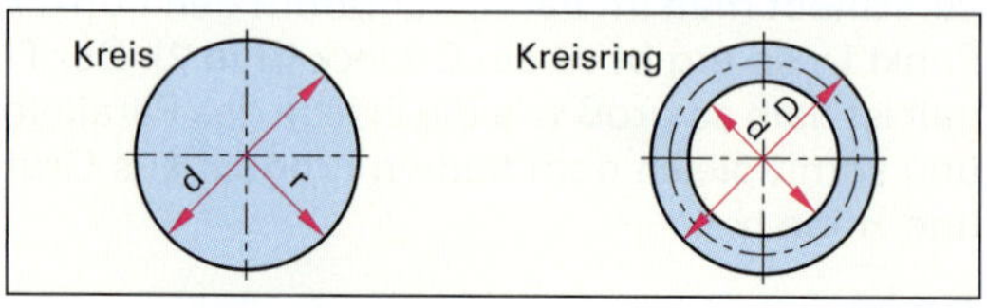

Bild 1: Kreis und Kreisring

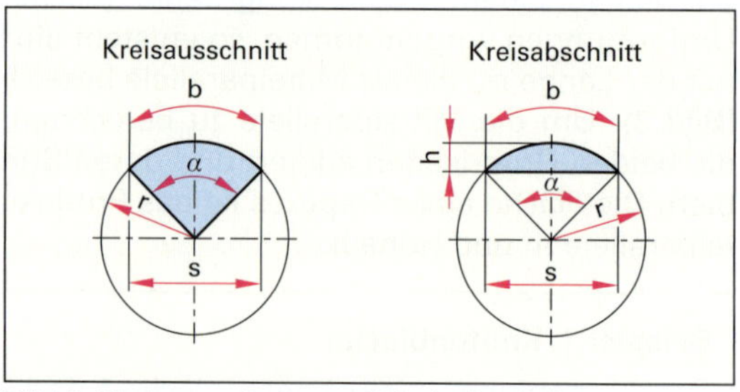

Bild 2: Kreisausschnitt und Kreisabschnitt

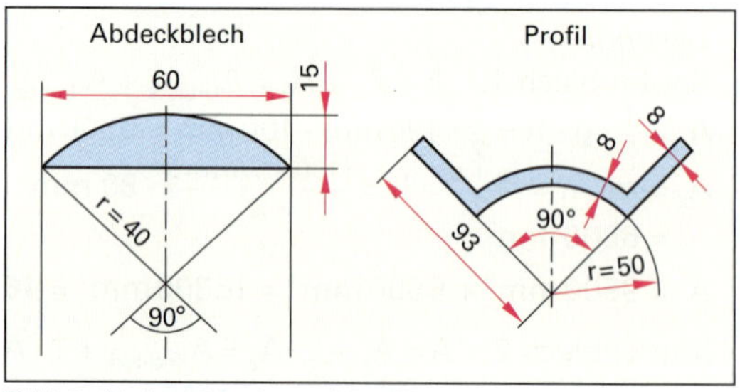

Bild 3: Abdeckblech und Profil

Beispiel 3: Profil

Die Querschnittsfläche des Profils **(Bild 3)** ist zu berechnen.

Lösung:

$A = \frac{1}{4} \cdot A_{\text{Kreisring}} + 2 \cdot A_{\text{Rechteck}}$

$= \frac{1}{4} \cdot \frac{\pi}{4} \cdot (D^2 - d^2) + 2 \cdot l \cdot b$

$= \frac{\pi}{16} \left((116\ \text{mm})^2 - (100\ \text{mm})^2\right)$

$+ 2 \cdot 35\ \text{mm} \cdot 8\ \text{mm}$

$= \mathbf{1\,238{,}58\ mm^2}$

Überprüfen Sie Ihr Wissen!

Übungsaufgaben

Geradlinig begrenzte Flächen

1. Quadratseite

Die Quadratseiten s in mm sind für die Flächen A zu berechnen **(Bild 1).**

a) $A = 324\ mm^2$

b) $A = 47{,}61\ cm^2$

c) $A = 9{,}61\ dm^2$

2. Flächeninhalt

Berechnen Sie den Flächeninhalt A des Quadrats (Bild 1), wenn für den Umfang U gilt:

a) U = 144 mm

b) U = 14,8 cm

c) U = 4,2 m

3. Transformatorblech

Welchen Flächeninhalt A hat das Blech eines Transformatorkerns **(Bild 2)**?

4. Isolierplatte

Wie groß ist die Fläche in cm^2 für die Isolierplatte **(Bild 3)**?

5. Querschnitt

Der kreuzförmige Querschnitt der Strebe **(Bild 4)** ist in cm^2 zu berechnen.

6. Scharnierblech

Wie groß ist der Blechbedarf für 5 Scharnierbleche bei 12,5 % Verschnitt **(Bild 5)**?

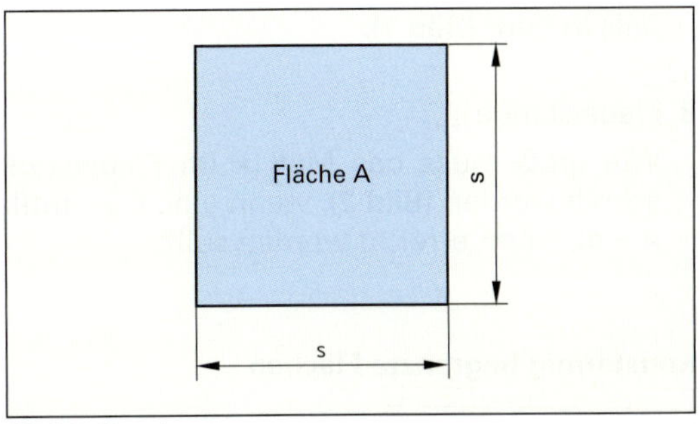

Bild 1: Quadrat

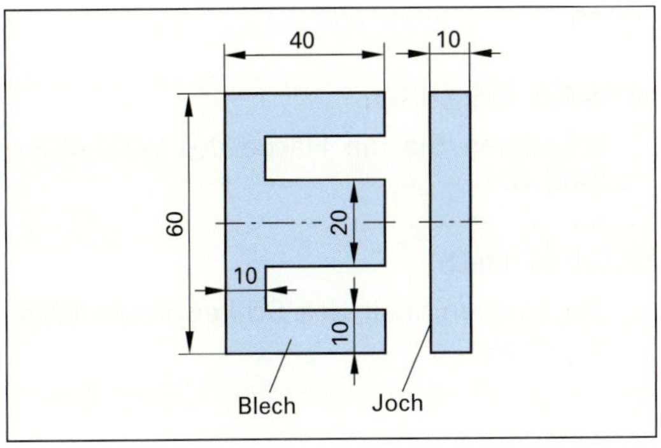

Bild 2: Transformatorkern

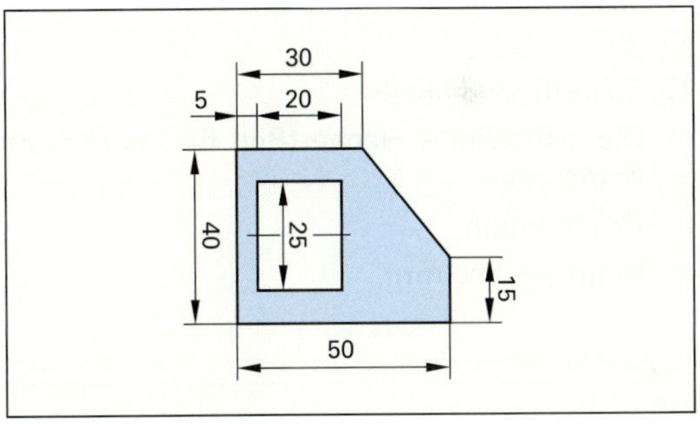

Bild 3: Isolierplatte

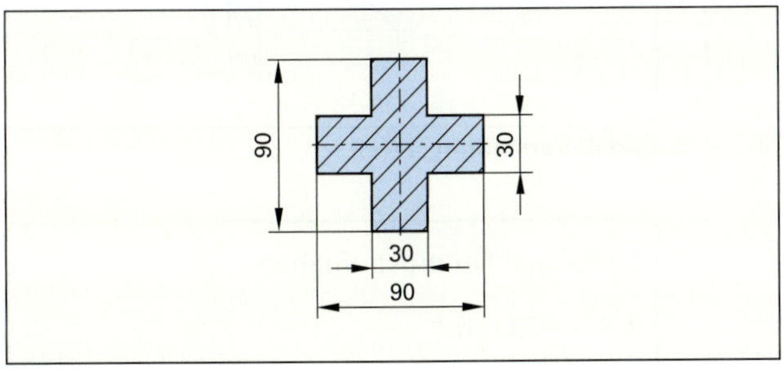

Bild 4: Querschnitt

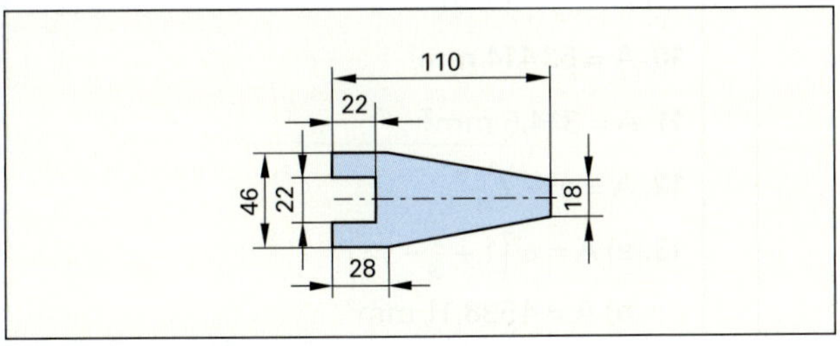

Bild 5: Scharnierblech

Lösungen Übungsaufgaben

1. a) s = 18 mm

b) s = 69 mm

c) s = 310 mm

2. a) $A = 1296\ mm^2$

b) $A = 13{,}69\ cm^2$

c) $A = 1{,}1025\ m^2$

3. $A = 18\ cm^2$

4. $A = 12{,}5\ cm^2$

5. $A = 45\ cm^2$

6. $A = 19588{,}6\ mm^2$

7. Querschnittsfläche

Berechnen Sie die Querschnittsfläche des Lochstempels in mm^2 **(Bild 1)**.

8. Pleuelstange

Wie groß muss das Maß x im Pleuelstangenquerschnitt werden **(Bild 2)**, wenn eine Gesamtfläche von $A = 42{,}9\ cm^2$ erreicht werden soll?

Kreisförmig begrenzte Flächen

9. Platte

Die Fläche A der Platte **(Bild 3)** ist in mm^2 zu berechnen.

10. Versteifungsblech

Berechnen Sie die Fläche des Versteifungsbleches **(Bild 4)**.

11. Schließblech

Der Flächeninhalt des Schließblechs **(Bild 5)** ist zu berechnen.

12. Zwischenraum

Berechnen Sie den schraffierten Zwischenraum zwischen den Kreisen **(Bild 6)**.

13. Schraffierte Fläche

Die schraffierte Fläche (Bild 6) des Polygons ist zu berechnen

a) allgemein,

b) für a = 120 mm.

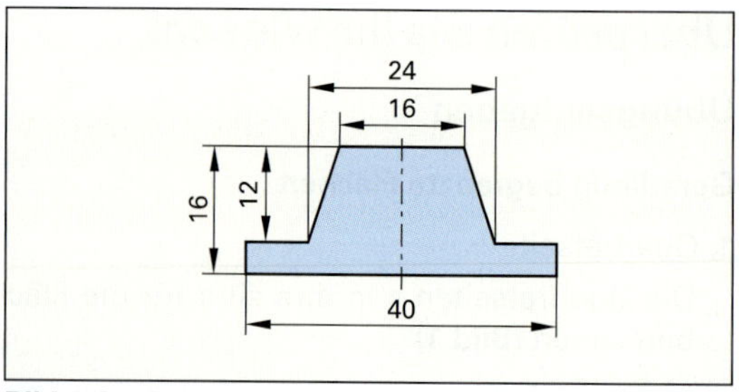

Bild 1: Lochstempel

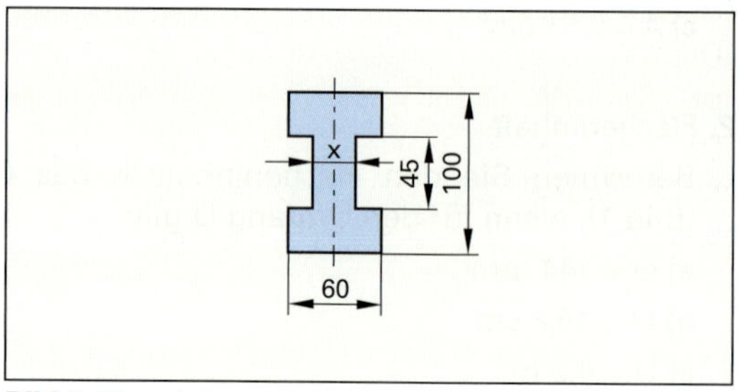

Bild 2: Pleuelstange

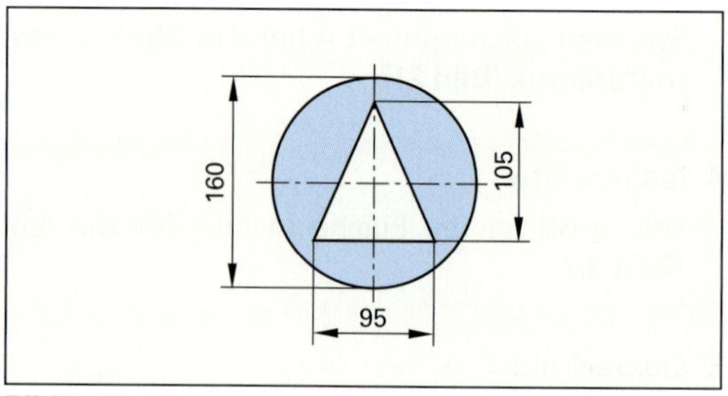

Bild 3: Platte

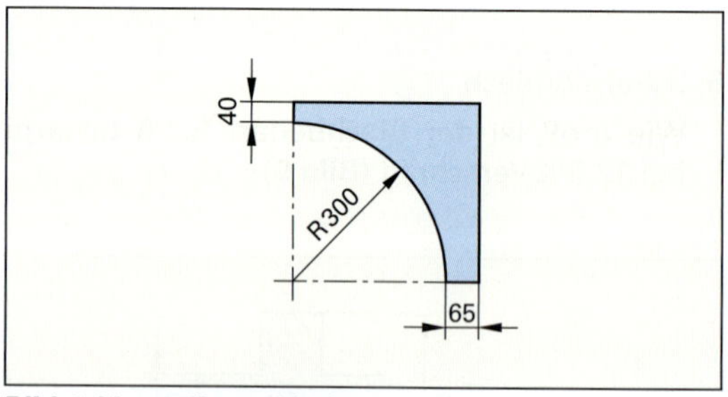

Bild 4: Versteifungsblech

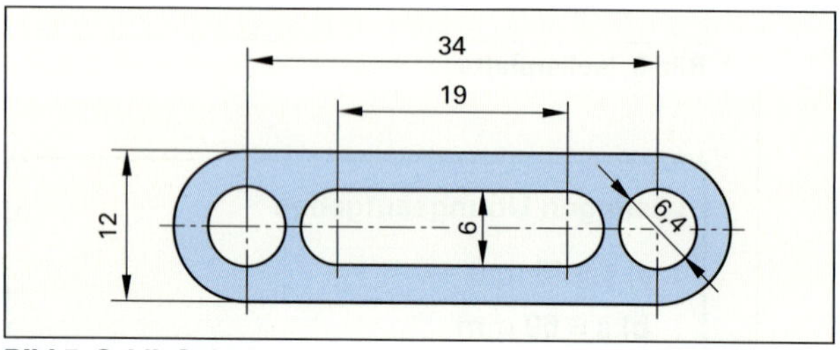

Bild 5: Schließblech

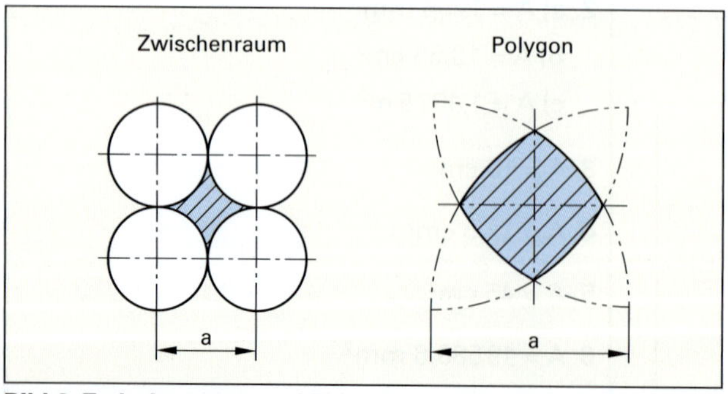

Bild 6: Zwischenraum und Polygon

Lösungen Übungsaufgaben

7. $A = 400\ mm^2$

8. $x = 22\ mm$

9. $A = 15\,118{,}7\ mm^2$

10. $A = 53\,414\ mm^2$

11. $A = 314{,}5\ mm^2$

12. $A = a^2 - \frac{a^2 \cdot \pi}{4}$

13. a) $A = a^2\left(1 + \frac{\pi}{3} - \sqrt{3}\right)$

b) $A = 4538{,}11\ mm^2$

2.3 Volumenberechnungen

2.3.1 Körper gleicher Querschnittsfläche

Würfel, Prisma und Zylinder

Ein Körper nimmt eine Teilmenge des Raumes ein, in dem er sich befindet. Das Maß dieser Teilmenge wird als Rauminhalt oder Volumen des Körpers bezeichnet.

Das Volumen gleich dicker Körper berechnet sich aus dem Produkt von Grundfläche A und Höhe h **(Tabelle 1)**. Diese Formel gilt für alle Körper, deren Grundfläche und Deckfläche kongruent (deckungsgleich) und zueinander parallel sind.

Das Volumen eines Körpers wird in Kubikmeter m^3, in Kubikdezimeter dm^3, in Kubikzentimeter cm^3 oder in Kubikmillimeter mm^3 angegeben **(Tabelle 2)**.

$$V = A \cdot h$$

V Volumen A Grundfläche h Höhe

Tabelle 1: Körper gleicher Querschnittsfläche

Würfel	Rechteckprisma	Trapezprisma
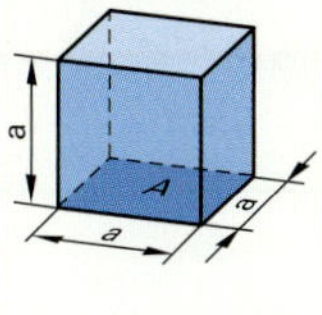	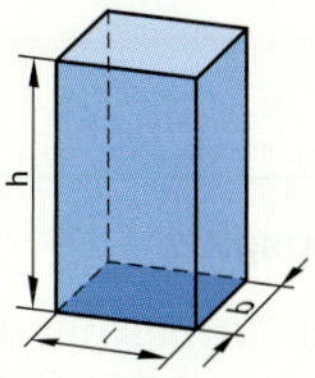	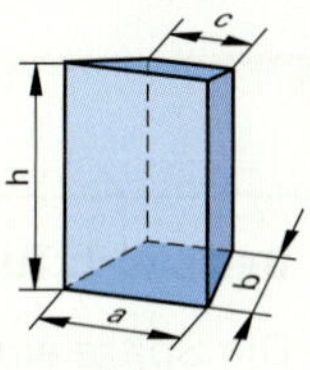
$A = a \cdot a = a^2$ $V = a^2 \cdot a = a^3$	$A = l \cdot b$ $V = l \cdot b \cdot h$	$A = \frac{a+c}{2} \cdot b$ $V = \frac{a+c}{2} \cdot b \cdot h$
Dreiecksprisma	**Zylinder**	**Hohlzylinder**
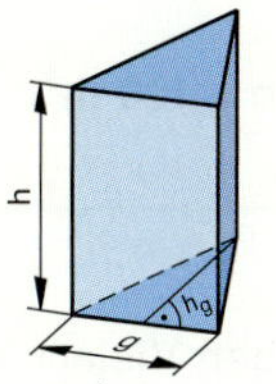	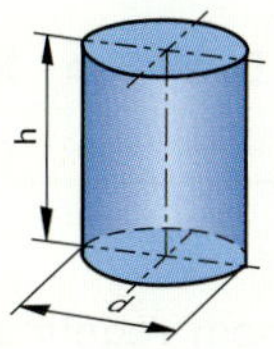	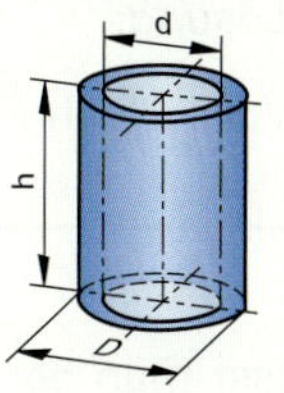
$A = \frac{g \cdot h_g}{2}$ $V = \frac{g \cdot h_g}{2} \cdot h$	$A = \pi \cdot r^2 = \frac{\pi \cdot d^2}{4}$ $V = \pi \cdot r^2 \cdot h = \frac{\pi \cdot d^2}{4} \cdot h$	$A = \frac{\pi \cdot (D^2 - d^2)}{4}$ $V = \frac{\pi \cdot (D^2 - d^2)}{4} \cdot h$

a, b, c, l, g Seiten h Höhe r Radius
D Außendurchmesser d Innendurchmesser

Beispiel 1: Lautsprecherbox

Eine Lautsprecherbox ist 30 cm lang, 25 cm breit und 60 cm hoch.

Wie groß ist das Volumen der Box

a) in cm^3; b) in dm^3 (Liter); c) in m^3?

Lösung:

a) $V = A \cdot h = l \cdot b \cdot h = 30\ cm \cdot 25\ cm \cdot 60\ cm$
$= \mathbf{45000\ cm^3}$

b) $V = 45000\ cm^3 = 45000 \cdot 10^{-3}\ dm^3 = \mathbf{45\ dm^3}$
$= \mathbf{45\ Liter}$

c) $V = 45000\ cm^3 = 45000 \cdot 10^{-6}\ m^3 = \mathbf{0{,}045\ m^3}$

Tabelle 2: Volumeneinheiten

Einheiten	Umformungen
m^3	$1\ m^3 = 10^3\ dm^3 = 10^6\ cm^3 = 10^9\ mm^3$
dm^3	$1\ dm^3 = 10^{-3}\ m^3 = 10^3\ cm^3 = 10^6\ mm^3$
cm^3	$1\ cm^3 = 10^{-6}\ m^3 = 10^{-3}\ dm^3 = 10^3\ mm^3$
mm^3	$1\ mm^3 = 10^{-9}\ m^3 = 10^{-6}\ dm^3 = 10^{-3}\ cm^3$

Beispiel 2: Hubraum

Ein Vierzylinder-Viertakt-Motor hat eine Zylinderbohrung von 77 mm und einen Hub von 64 mm **(Bild 1)**. Gesucht ist der Hubraum in cm^3 und in Liter.

Lösung:

$$V = 4 \cdot A \cdot h = 4 \cdot \frac{\pi \cdot d^2}{4} \cdot h$$
$$= 4 \cdot \frac{\pi \cdot (7{,}7\ cm)^2}{4} \cdot 6{,}4\ cm$$
$$= \mathbf{1192\ cm^3}$$

$1\ Liter = 1\ dm^3 = 1000\ cm^3 \Leftrightarrow 1192\ cm^3$
$= \mathbf{1{,}192\ Liter}$

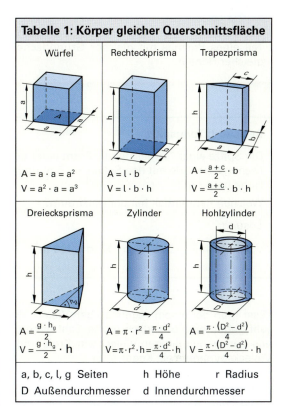

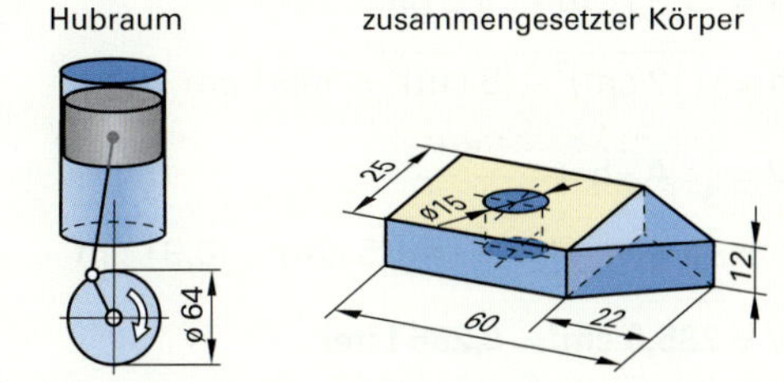

Bild 1: Hubraum und zusammengesetzter Körper

2.3.2 Spitze Körper

Pyramide und Kegel

In der Geometrie spricht man von einer Pyramide, wenn ein Körper als Grundfläche ein beliebiges n-Eck und als Seitenflächen Dreiecke besitzt **(Tabelle 1)**.

Das Volumen einer Pyramide ist gleich dem dritten Teil eines Prismas mit gleicher Grundfläche A und gleicher Höhe h.

$$V = \frac{1}{3} \cdot A \cdot h$$

V Volumen A Grundfläche h Höhe

Beispiel 1: Turmspitze

Die Spitze eines Turmes hat die Form einer quadratischen Pyramide mit den Seiten a = 5 m und der Höhe h = 12 m.

Welchen Rauminhalt hat der Dachraum?

Lösung:

$V = \frac{1}{3} \cdot A \cdot h = \frac{1}{3} \cdot 5\text{ m} \cdot 5\text{ m} \cdot 12\text{ m} = \mathbf{100\text{ m}^3}$

Lässt man bei einem regelmäßigen Vieleck die Eckenzahl gegen eine unendlich große Zahl gehen, so wird aus dem regelmäßigen Vieleck ein Kreis und aus der Vieleckspyramide ein Kegel.

Fasst man den Kegel als Pyramide mit kreisrunder Grundfläche auf, so gilt für das Volumen des Kegels

$V = \frac{1}{3} \cdot A \cdot h = \frac{1}{3} \cdot \pi \cdot r^2 \cdot h.$

Tabelle 1: Spitze Körper

Bezeichnung	Bild	Formeln für Berechnungen
Pyramide	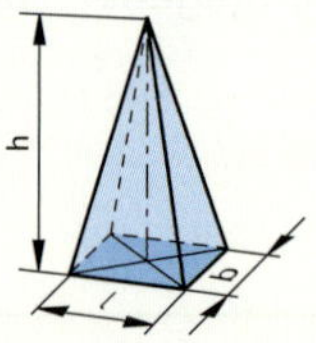	Grundfläche $A = l \cdot b$ Volumen $V = \frac{1}{3} \cdot l \cdot b \cdot h$
Tetraeder	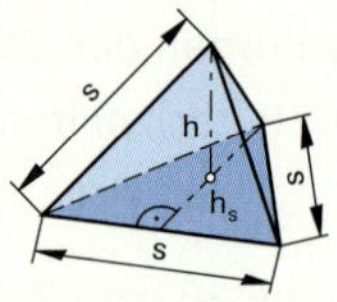	Grundfläche $A = \frac{1}{2} \cdot s \cdot h_s$ Volumen $V = \frac{1}{6} \cdot s \cdot h_s \cdot h$
Kegel	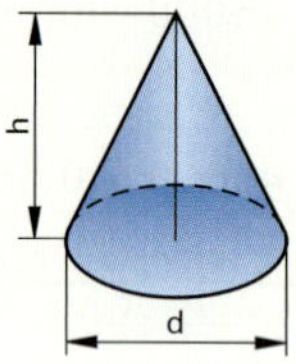	Grundfläche $A = \pi \cdot r^2$ Volumen $V = \frac{1}{3} \cdot \pi \cdot r^2 \cdot h$

l, b Seiten s Kantenlänge h Höhe
d Durchmesser

Beispiel 2: Filtertüte

Wie viel Volumen Flüssigkeit in cm³ und Liter fasst eine Filtertüte, die einen Durchmesser d = 10 cm und deren Mantel eine Länge s = 12 cm hat **(Bild 1)**?

Lösung:

Berechnung der Höhe h mit dem Satz des Pythagoras:

$h^2 + r^2 = s^2;$

$h = \sqrt{s^2 - r^2}$ mit $r = \frac{d}{2}$ gilt:

$h = \sqrt{(12\text{ cm})^2 - (5\text{ cm})^2} = 10{,}91\text{ cm}$

$V = \frac{1}{3} \cdot A \cdot h$

$= \frac{1}{3} \cdot \pi \cdot r^2 \cdot h = \frac{1}{3} \cdot \pi \cdot (5\text{ cm})^2 \cdot 10{,}91\text{ cm}$

$V = \mathbf{285{,}6\text{ cm}^3 = 0{,}286\text{ Liter}}$

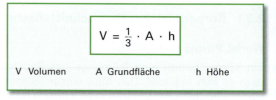

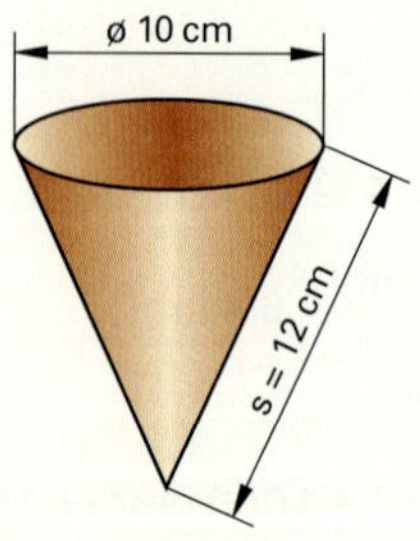

Bild 1: Filtertüte

2.3.3 Abgestumpfte Körper

Pyramidenstumpf und Kegelstumpf

Wird parallel zur Grundfläche A_1 einer Pyramide oder eines Kegels mit der Höhe H ein Schnitt gelegt, der die Spitze des Körpers mit der Grundfläche A_2 abschneidet, so erhält man einen Pyramidenstumpf bzw. einen Kegelstumpf **(Tabelle 1)**.

Das Volumen eines abgestumpften Körpers ergibt sich aus dem Volumen des spitzen Körpers V_1 minus dem Volumen der fehlenden Spitze V_2.

Volumen abgestumpfter Körper

$$V = V_1 - V_2$$

$$V = \frac{1}{3} \cdot A_1 \cdot H - \frac{1}{3} \cdot A_2 \cdot (H - h)$$

V, V_1, V_2	Volumen	A_1	Grundfläche
H, h	Höhe	A_2	Deckfläche

Beispiel 1: Einfülltrichter

Der Rauminhalt des Einfülltrichters für ein Silo ist in m^3 zu berechnen **(Bild 1)**.

Lösung:

Der Rauminhalt des Einfülltrichters ist sein Volumen. Es handelt sich um einen Pyramidenstumpf mit der Fläche A_1 (Rechteckfläche) und der Fläche A_2 (Rechteckfläche) und der Höhe h.

Für das Volumen des Einfülltrichters gilt:

$$V = \frac{1}{3} \cdot h \cdot (A_1 + \sqrt{A_1 \cdot A_2} + A_2)$$

$$= \frac{1}{3} \cdot 3{,}6\,m \cdot (4{,}5\,m \cdot 3\,m + \sqrt{4{,}5 \cdot 3\,m^2 \cdot 3 \cdot 2\,m^2} + 3\,m \cdot 2\,m)$$

$$V = 1{,}2\,m \cdot (13{,}5\,m^2 + 9\,m^2 + 6\,m^2) = \mathbf{34{,}2\,m^3}$$

Beispiel 2: Auffanggefäß für Regenwasser

Ein Gefäß für Regenwasser soll 160 Liter Flüssigkeit aufnehmen können **(Bild 2)**.

Der Durchmesser d am Boden soll 50 cm und der Durchmesser D am oberen Rand soll 70 cm betragen.

Welche Höhe h muss das Gefäß haben?

Lösung:

Bei dem Gefäß handelt es sich um einen Kegelstumpf mit der Fläche A_1 (Kreisfläche) und der Fläche A_2 (Kreisfläche) und der Höhe h.

Für das Volumen des Gefäßes gilt:

$$V = \frac{1}{3} \cdot \pi \cdot h \cdot (r_1^2 + r_1 \cdot r_2 + r_2^2); \text{ mit } r_1 = \frac{D}{2} \text{ und } r_2 = \frac{d}{2}$$

$$h = \frac{3 \cdot V}{\pi \cdot (r_1^2 + r_1 \cdot r_2 + r_2^2)}$$

$$h = \frac{3 \cdot 160000\,cm^3}{\pi \cdot ((35\,cm)^2 + 35\,cm \cdot 25\,cm + (25\,cm)^2)} = \mathbf{56\,cm}$$

Tabelle 1: Abgestumpfte Körper

Pyramidenstumpf	Kegelstumpf
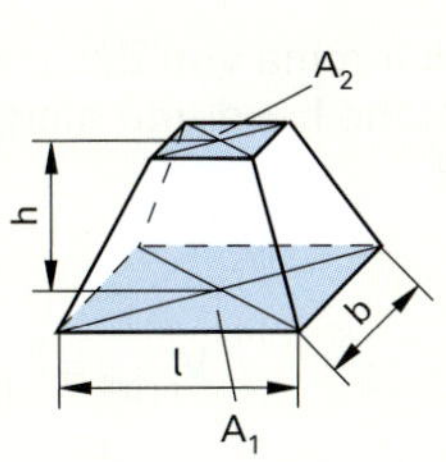	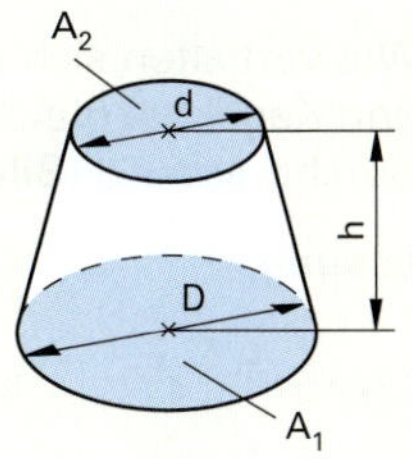
$V = \frac{1}{3} \cdot h \cdot (A_1 + \sqrt{A_1 \cdot A_2} + A_2)$	$V = \frac{1}{3} \cdot \pi \cdot h \cdot (r_1^2 + r_1 \cdot r_2 + r_2^2)$ $V = \frac{1}{12} \cdot \pi \cdot h \cdot (D^2 + D \cdot d + d^2)$

V Volumen, A_1 Grundfläche, A_2 Deckfläche
H, h Höhe, D, d Durchmesser, r_1, r_2 Radius

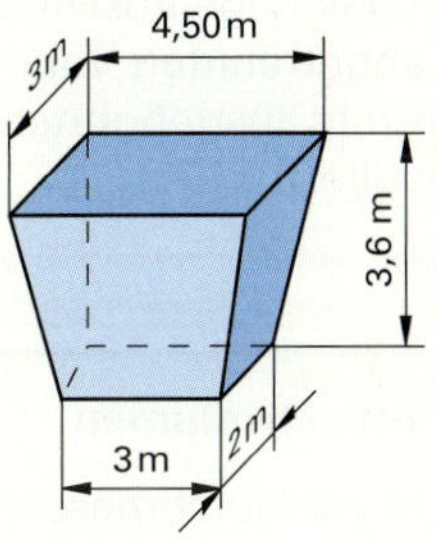

Bild 1: Einfülltrichter

Bild 2: Gefäß

2.3.4 Kugelförmige Körper

Vollkugel und Halbkugel

Rotiert ein Halbkreis mit dem Durchmesser d = 2 · r um die Durchmesserachse, so entsteht als Rotationskörper eine Kugel **(Tabelle 1)**.

> Das Volumen einer Halbkugel mit dem Durchmesser d ist gleich dem Volumen eines kegelförmig ausgebohrten Zylinders mit dem Durchmesser d **(Tabelle 1)**. (Satz von Cavalieri [1])
>
> $$V_{Halbkugel} = \frac{V_{Kugel}}{2} = \pi \cdot r^2 \cdot r - \frac{1}{3} \cdot \pi \cdot r^2 \cdot r = \frac{2}{3} \cdot \pi \cdot r^3$$

Beispiel 1: Voluminavergleich

Wie verhalten sich die Volumina von Zylinder, Kugel und Kegel bei gleicher Höhe h = d und gleichem Durchmesser d **(Bild 1)**?

Lösung:

$$V_{Zylinder} = \frac{\pi \cdot d^3}{4}; \quad V_{Kugel} = \frac{\pi \cdot d^3}{6}; \quad V_{Kegel} = \frac{\pi \cdot d^3}{12}$$

$$V_{Zylinder} : V_{Kugel} : V_{Kegel} = \frac{\pi \cdot d^3}{4} : \frac{\pi \cdot d^3}{6} : \frac{\pi \cdot d^3}{12} = \mathbf{3 : 2 : 1}$$

Kugelabschnitt (Kugelsegment)

Wird eine Kugel von einer Ebene geschnitten, so teilt die Ebene die Kugel in zwei Kugelabschnitte **(Tabelle 1)**.

> Das Volumen des Kugelabschnitts mit der Höhe h ist gleich dem abgetrennten Volumen mit der Höhe h eines kegelförmig ausgebohrten Zylinders **(Tabelle 1)**. (Satz von Cavalieri)

Beispiel 2: Eintauchvolumen

Ein Ball mit 14 cm Durchmesser schwimmt im Wasser und taucht h = 1,5 cm ein **(Bild 1)**. Welches Volumen verdrängt der Ball?

Lösung:

$$V = \frac{1}{3} \cdot \pi \cdot h^2 \cdot (3 \cdot r - h)$$

$$V = \frac{1}{3} \cdot \pi(1{,}5\ \text{cm})^2 \cdot (3 \cdot 7\ \text{cm} - 1{,}5\ \text{cm}) = \mathbf{45{,}95\ cm^3}$$

Kugelausschnitt (Kugelsektor)

Verbindet man den Begrenzungskreis des Kugelabschnitts mit dem Mittelpunkt der Kugel, so erhält man einen Kugelausschnitt.

Das Volumen des Kugelausschnitts setzt sich aus der Summe von Kugelabschnitt und Kegel zusammen **(Tabelle 1)**.

Tabelle 1: Kugelförmige Körper

Vollkugel	Halbkugel
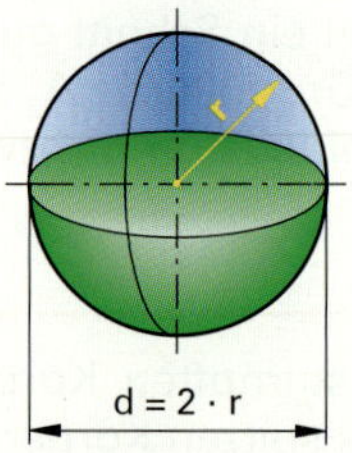	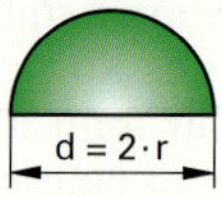 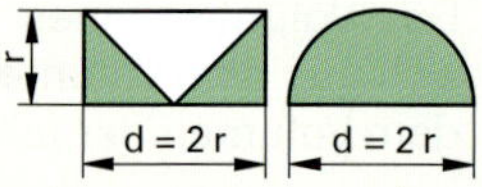
$V = \frac{1}{6} \cdot \pi \cdot d^3$ $V = \frac{4}{3} \cdot \pi \cdot r^3$	$V = \frac{1}{12} \cdot \pi \cdot d^3$ $V = \frac{2}{3} \cdot \pi \cdot r^3$
Kugelabschnitt	**Kugelausschnitt**
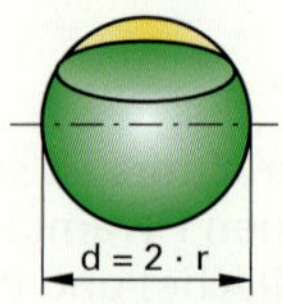 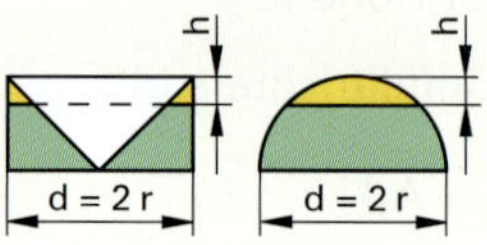	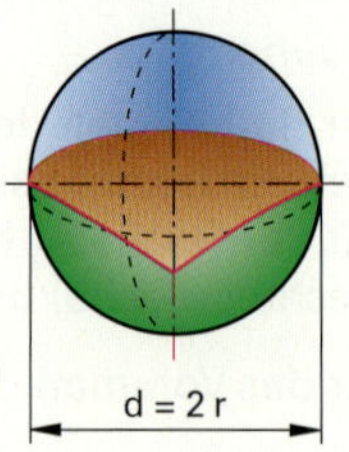
$V = \pi \cdot h^2 \cdot \left(\frac{d}{2} - \frac{h}{3}\right)$ $V = \frac{1}{3} \cdot \pi \cdot h^2 \cdot (3 \cdot r - h)$	$V = \frac{1}{6} \cdot \pi \cdot d^2 \cdot h$ $V = \frac{2}{3} \cdot \pi \cdot r^2 \cdot h$
V Volumen r Radius	d Durchmesser h Höhe

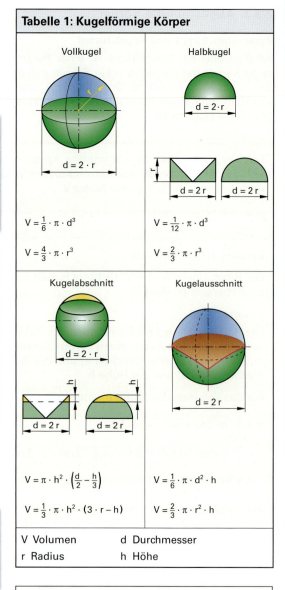

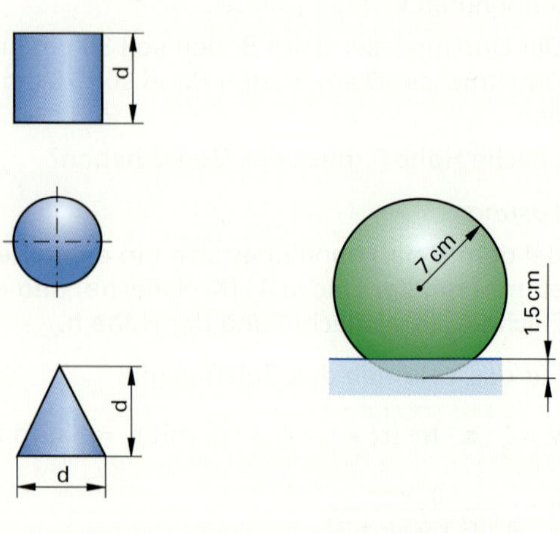

Bild 1: Volumenvergleich und Eintauchvolumen

[1] Bonaventura Cavalieri, 1598–1647

Überprüfen Sie Ihr Wissen!

Beispielaufgaben

Körper gleicher Querschnittsfläche

1. Ein Prisma hat die Länge l, die Breite b und die Höhe h in Meter. Um wie viele m^3 erhöht sich sein Volumen, wenn

a) die Länge l verdoppelt wird,
b) die Länge l und die Breite b verdoppelt werden,
c) die Länge l, die Breite b und die Höhe h verdoppelt werden?

2. Das Volumen des zusammengesetzten Körpers **(Bild 1),** dessen Maße in mm angegeben sind, ist in mm^3, cm^3, dm^3 und m^3 zu berechnen.

Spitze Körper

1. Ein regelmäßiges Tetraeder ist eine Pyramide, deren Grund- und Seitenflächen aus gleichseitigen Dreiecken bestehen. Berechnen Sie das Volumen eines Tetraeders mit der Kantenlänge s = 10 cm **(Bild 2).**

2. Der Durchmesser eines kegelförmigen Sandhaufens mit einem Kubikmeter und einem Meter Höhe ist zu berechnen.

3. Das Volumen der Zentrierspitze **(Bild 3)** ist zu berechnen.

4. Ein Scherzartikel **(Bild 4)** mit den zwei Körpern Kegel und Pyramide soll gefertigt werden. Der Kegel soll einen Durchmesser d = 10 cm und eine Höhe h = 10 cm besitzen. Die Grundfläche der quadratischen Pyramide darf über die Grundfläche des Kegels nicht hinausragen. Welche Höhe h muss die Pyramide haben, wenn sie das gleiche Volumen wie der Kegel haben soll?

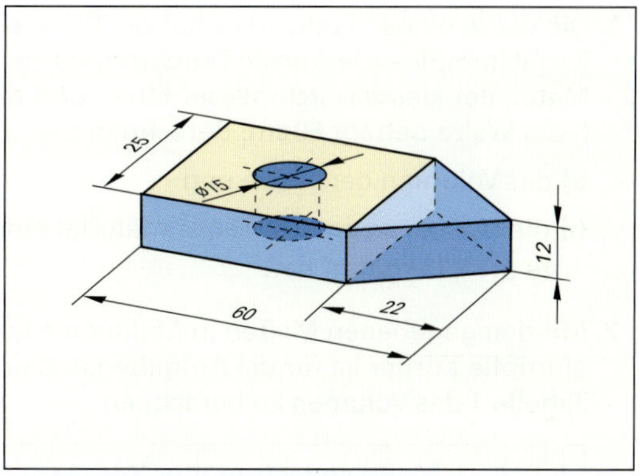

Bild 1: Zusammengesetzter Körper

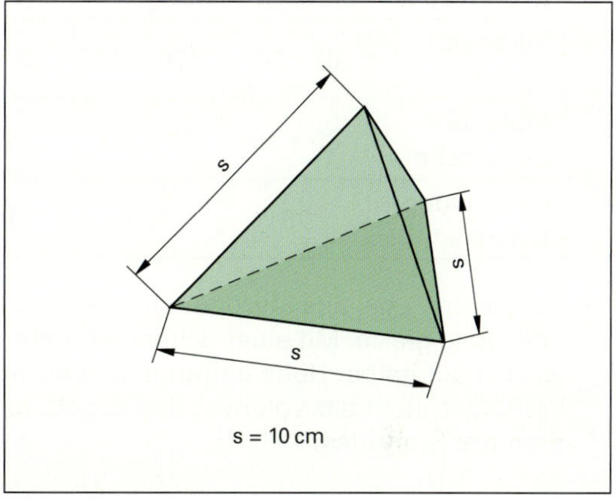

Bild 2: Tetraeder

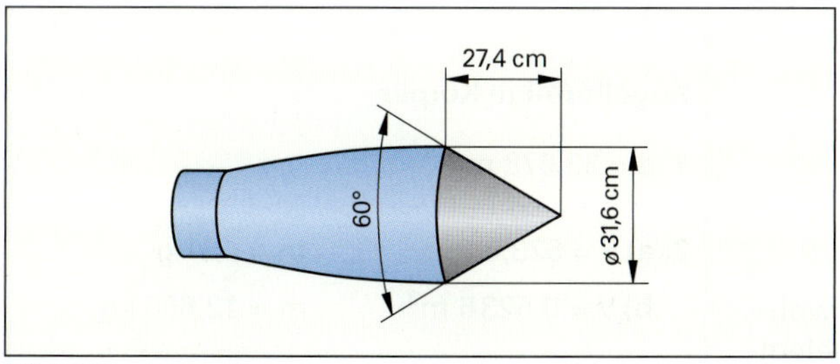

Bild 3: Zentrierspitze

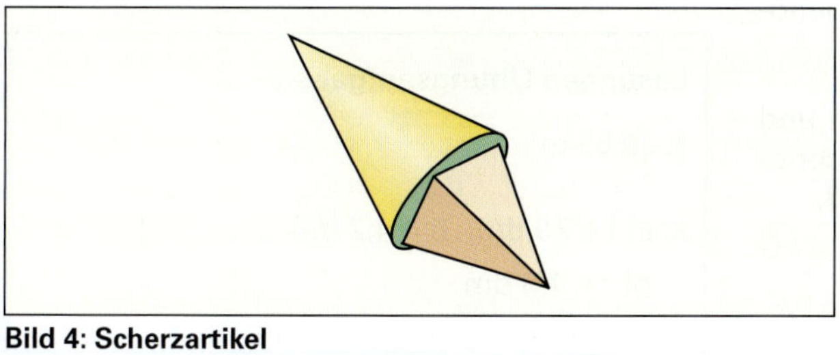
Bild 4: Scherzartikel

Lösungen Beispielaufgaben

Körper gleicher Querschnittsfläche

1. $V_0 = l \cdot b \cdot h$

a) $V = 2 \cdot V_0$
b) $V = 4 \cdot V_0$
c) $V = 8 \cdot V_0$

2. $V = 12\,580\ mm^3 = 12{,}58\ cm^3$
$= 1{,}258 \cdot 10^{-2}\ dm^3$
$= 1{,}258 \cdot 10^{-5}\ m^3$

Spitze Körper

1. $V = 117{,}78\ cm^3$

2. d = 1,954 m

3. $V = 7\,163\ cm^3$

4. h = 15,7 cm

Abgestumpfte Körper

1. Die Walze eines Mahlwerkes hat die Form eines Kegelstumpfes. Der große Durchmesser misst 1 Meter, der kleine Durchmesser 60 cm und die Höhe h der Walze beträgt 60 cm. Berechnen Sie
   a) das Volumen der Walze und
   b) die Masse, wenn das Walzenmaterial eine Dichte $\rho = 7{,}25\,kg/dm^3$ hat.

2. Mit den gegebenen Maßen in Millimeter für abgestumpfte Körper ist für die Aufgaben a, b und c der **Tabelle 1** das Volumen zu berechnen.

Tabelle 1: Maße abgestumpfter Körper

Form der Grundfläche	a) quadratisch	b) rechteckig	c) kreisförmig
Maße der Grundfläche	62 × 62	120 × 80	∅ 180
Maße der Deckfläche	36 × 36	90 × 60	∅ 80
Höhe h des Körpers	75	150	125

3. Bei einem Kegel aus Styropor sind Durchmesser und Höhe gleich. Mit einer Schneidvorrichtung wird er auf halber Höhe getrennt. In welchem Verhältnis steht das Volumen des Kegels zum Volumen des Stumpfes?

Kugelförmige Körper

1. Ein kugelförmiger Behälter für Gas soll ein Volumen von 20000 m^3 haben. Welcher innere Durchmesser ist nötig?

2. Berechnen Sie die Masse von **a)** 1000 Stahlkugeln bei 1 mm Durchmesser ($\rho = 7{,}85\,g/cm^3$)
   b) 1 Polystyrolkugel mit 1 m Durchmesser ($\rho = 24\,kg/m^3$)

Übungsaufgaben

Geometrische Grundlagen

Flächen

1. Der Fußboden eines Zimmers in einer Altbauwohnung **(Bild 1)** soll mit einem Teppichboden ausgelegt werden.
   Wie viel Quadratmeter Teppichboden werden benötigt?

2. Die Raute ABCD mit der Seitenlänge a = 4,5 dm und dem Winkel $\alpha \sphericalangle BAD = 56°$ ist ein Kreis K einbeschrieben und ein Rechteck EFGH umschrieben **(Bild 2)**.
   a) Berechnen Sie die Seitenlänge $l = \overline{EF}$ und $b = \overline{FG}$ des Rechtecks.
   b) Berechnen Sie den Radius r des Kreises K.

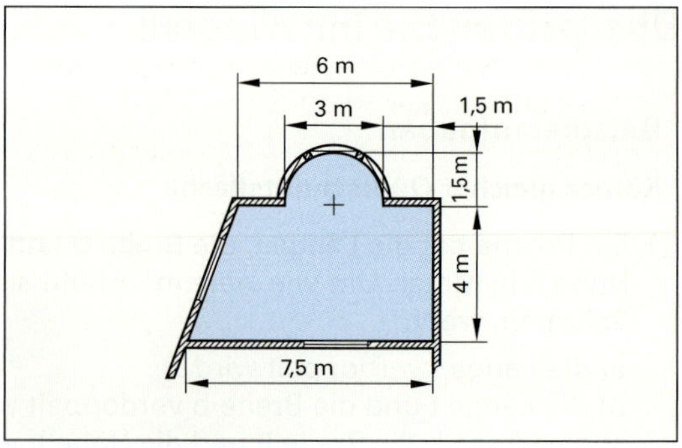

Bild 1: Zimmergrundriss

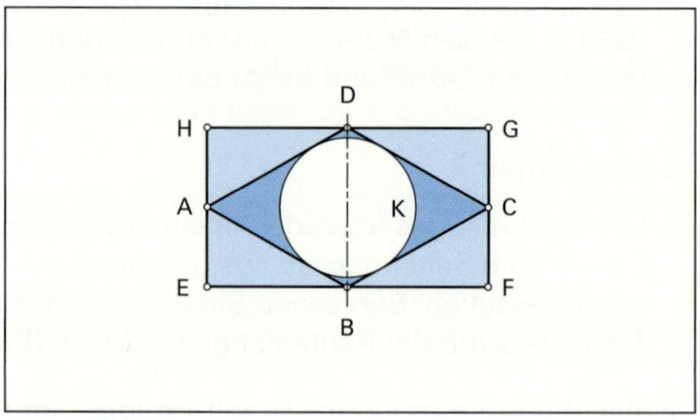

Bild 2: Raute

Lösungen Beispielaufgaben

Abgestumpfte Körper

1. **a)** V = 307 876 cm^3
   b) m = 2 232,1 kg

2. **a)** V = 184,3 cm^3
   b) V = 1 110 cm^3
   c) V = 1 741 cm^3

3. $\frac{V_P}{V_S} = \frac{32}{21}$

Kugelförmige Körper

1. d = 33,678 m

2. **a)** V = 523,6 mm^3 m = 4,11 g
   b) V = 0,5236 m^3 m = 12,566 kg

Lösungen Übungsaufgaben

1. 30,53 m^2

2. **a)** l = 7,9 dm; b = 4,2 dm
   b) r = 1,9 dm

3. Ein Halbkreis hat den Radius a **(Bild 1).**

a) Geben Sie den Flächeninhalt des Halbkreises A(a) in Abhängigkeit von a an.

b) Geben Sie den Flächeninhalt der schraffierten Fläche in Abhängigkeit von a an.

4. Für das gleichseitige Dreieck mit der Seitenlänge 2a (Bild 1) sind

a) die Fläche A(a) des Dreiecks in Abhängigkeit von a zu berechnen,

b) die schraffierte Fläche in Abhängigkeit von a zu berechnen.

5. Ein Wärmetauscher besteht aus konzentrischen Rohren **(Bild 2).** Die Rohre sollen innen und außen das gleiche Volumen fassen.

Wie groß muss der Wandabstand a in Abhängigkeit von den beiden Rohrdurchmessern gewählt werden (die Rohrwandstärke soll nicht berücksichtigt werden)?

6. In einen Halbkreis wird ein Quadrat einbeschrieben (Bild 2). Wird der Halbkreis zum Kreis erweitert, so verdoppelt sich die Kreisfläche. Verdoppelt sich dann auch die Fläche des Quadrates?

Volumina

7. Bei einem Oldtimer müssen wegen Verschleißerscheinungen die Zylinder eines 6-Zylindermotores ausgebohrt werden. Für die Daten des Motors gilt: Zylinderbohrung d = 84 mm; Kolbenhub h = 60,1 mm.

a) Berechnen Sie den Hubraum des Motors vor dem Ausbohren.

b) Berechnen Sie den Hubraum nach dem Ausbohren, wenn der Zylinderdurchmesser um 2,1 mm zunimmt.

8. Gegeben ist der Umriss einer zusammengesetzten Figur **(Bild 3).**

a) Berechnen Sie die Fläche der Figur.

b) Die Figur rotiert um die eingezeichnete Achse. Berechnen Sie das Rotationsvolumen.

9. Ein Heizöltank ist in Kugelform geschweißt und hat einen Innendurchmesser von d_1 = 12 m (Bild 3).

a) Berechnen Sie die Heizölmenge in m^3, wenn der Tank nur zu 95 % gefüllt werden darf.

b) Welche Höhe muss die zylindrische Auffangwanne mit dem Durchmesser d_2 = 15 m mindestens haben, wenn aus Sicherheitsgründen 100 % des Tankinhalts Platz finden sollen?

Lösungen Übungsaufgaben

3. a) $A(a) = \frac{1}{2}a^2\pi$ **b)** $A(a) = \frac{1}{4}a^2\pi$

4. a) $A(a) = 1{,}73a^2$ **b)** $A(a) = 0{,}17a^2$

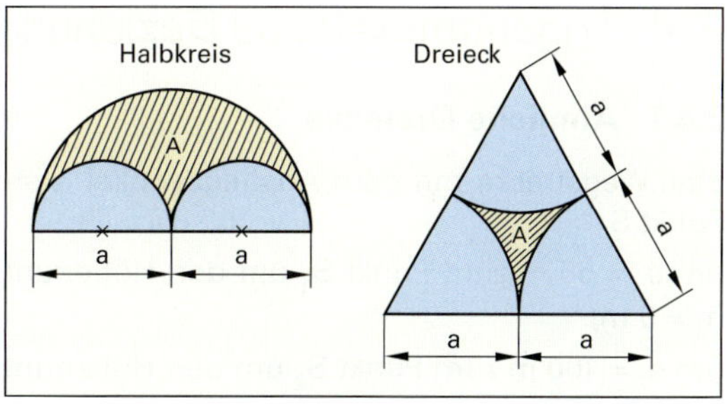

Bild 1: Halbkreis und Dreieck

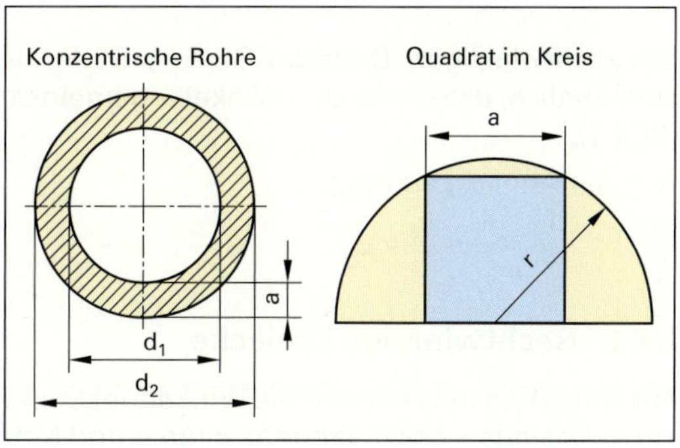

Bild 2: Konzentrische Rohre und Quadrat im Kreis

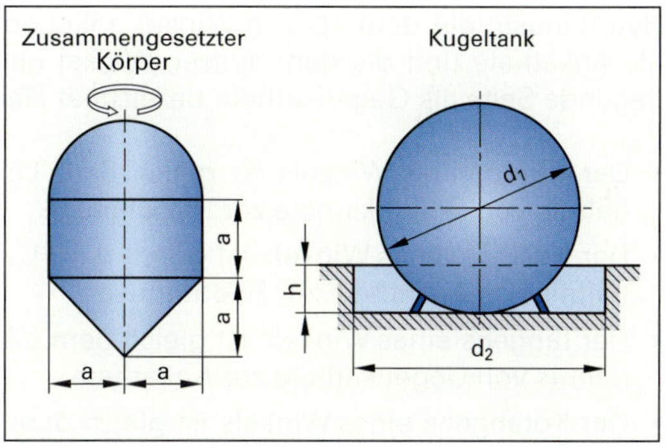

Bild 3: Zusammengesetzter Körper und Kugeltank

Lösungen Übungsaufgaben

5. $a \approx 0{,}21d_1$; $a \approx 0{,}15d_2$

6. $\frac{A_2}{A_1} = 2{,}5$

7. a) $V = 1\,998\ cm^3$

b) $V = 2\,099\ cm^3$

8. a) $A = a^2\left(3 + \frac{\pi}{2}\right)$

b) $V = 2\pi a^3$

9. a) $V = 859{,}4\ m^3$

b) $h = 5{,}12\ m$

2.4 Trigonometrische Beziehungen

2.4.1 Ähnliche Dreiecke

Eine Wegstrecke mit dem Anstiegswinkel α steigt vom Punkt S

um s_1 = 50 m zum Punkt S_1 um den Höhenunterschied h_1 = 5 m;

um s_2 = 100 m zum Punkt S_2 um den Höhenunterschied h_2 = 10 m;

um s_3 = 150 m zum Punkt S_3 um den Höhenunterschied h_3 = 15 m **(Bild 1)**.

Die rechtwinkligen Dreiecke SL_1S_1 ; SL_2S_2 und SL_3S_3 sind ähnlich, da sie alle den Winkel α gemeinsam haben **(Bild 1)**.

Aus der Ähnlichkeit folgt:

$$\frac{h_1}{s_1} = \frac{h_2}{s_2} = \frac{h_3}{s_3} = \frac{1}{10}$$

Ähnliche Dreiecke

$$\frac{h_1}{s_1} = \frac{h_2}{s_2} = \frac{h_3}{s_3} = \dots = \frac{h_n}{s_n}$$

s_1, s_2, s_3, s_n Streckenabschnitte

h_1, h_2, h_3, h_n Höhenunterschiede

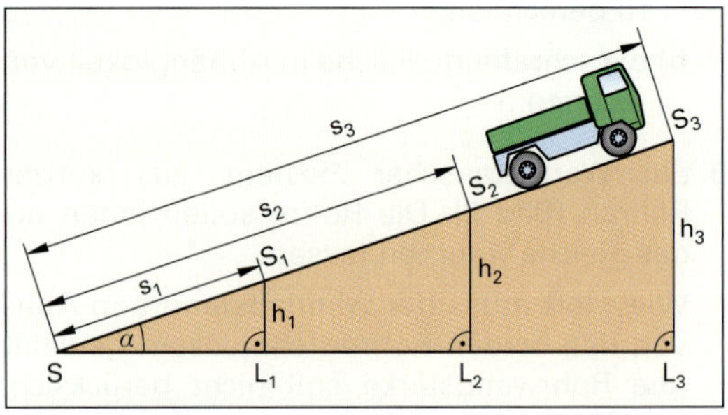

Bild 1: Wegstrecke und ähnliche rechtwinklige Dreiecke

2.4.2 Rechtwinklige Dreiecke

Für spitze Winkel α können die Winkelfunktionen Sinus = sin α, Kosinus = cos α, Tangens = tan α und Kotangens = cot α auch als Beziehungen zwischen Seitenlängen im rechtwinkligen Dreieck ausgedrückt werden **(Bild 2)**. Die dem rechten Winkel gegenüberliegende Seite wird als Hypotenuse, die dem spitzen Winkel anliegende Seite als Ankathete und die dem spitzen Winkel gegenüberliegende Seite als Gegenkathete bezeichnet **(Tabelle 1)**.

- Der Sinus eines Winkels ist gleich dem Längenverhältnis von Gegenkathete zur Hypotenuse
- Der Kosinus eines Winkels ist gleich dem Längenverhältnis von Ankathete zur Hypotenuse
- Der Tangens eines Winkels ist gleich dem Längenverhältnis von Gegenkathete zur Ankathete
- Der Kotangens eines Winkels ist gleich dem Längenverhältnis von Ankathete zur Gegenkathete

Tabelle 1: Winkelfunktionen

$\sin\alpha = \frac{a}{c}$	$\cos\alpha = \frac{b}{c}$
$\tan\alpha = \frac{a}{b}$	$\cot\alpha = \frac{b}{a}$
α Winkel zwischen b und c; b Ankathete zu α	a Gegenkathete zu α; c Hypotenuse

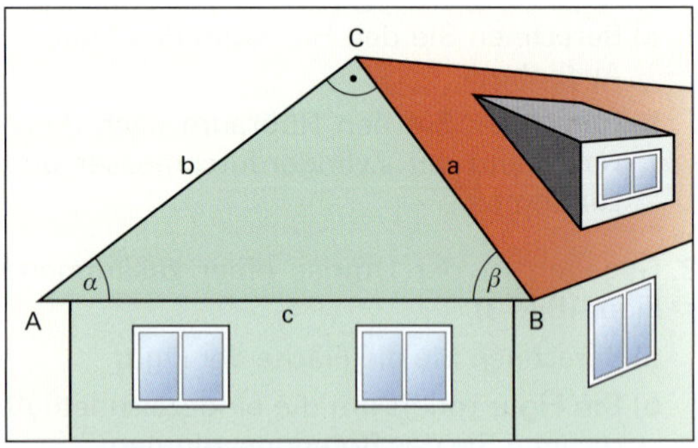

Bild 2: Rechtwinkliges Dreieck

Beispiel 1: Sinus, Kosinus und Tangens

Berechnen Sie zum Winkel α **(Bild 2)** den Sinus, den Kosinus und den Tangens, wenn a = 3 m, b = 4 m und c = 5 m sind.

Lösung:

$$\sin\alpha = \frac{\text{Gegenkathete}}{\text{Hypotenuse}} = \frac{a}{c} = \frac{3\text{ m}}{5\text{ m}} = \mathbf{0{,}6}$$

$$\cos\alpha = \frac{\text{Ankathete}}{\text{Hypotenuse}} = \frac{b}{c} = \frac{4\text{ m}}{5\text{ m}} = \mathbf{0{,}8}$$

$$\tan\alpha = \frac{\text{Gegenkathete}}{\text{Ankathete}} = \frac{a}{b} = \frac{3\text{ m}}{4\text{ m}} = \mathbf{0{,}75}$$

Ist ein Winkel in Grad gegeben, so kann mit dem Taschenrechner der Wert des Sinus, Kosinus oder Tangens berechnet werden. Dabei muss der Rechner im Modus Grad (DEG) stehen. Bei den meisten Taschenrechnern wird erst der Winkel eingegeben und dann die Funktionstaste gedrückt.

Beispiel 2: Winkelberechnung

Berechnen Sie für einen Winkel α = 50° in einem rechtwinkligen Dreieck a) den sin α, b) den cos α, c) den tan α.

Lösung:

Rechner in Modus DEG

Eingabe: 50 und dann die entsprechenden Funktionstasten sin oder cos oder tan betätigen.

a) sin 50° = **0,766** **b)** cos 50° = **0,643**

c) tan 50° = **1,192**

2.4.3 Einheitskreis

Der Einheitskreis hat den Radius r = 1 Längeneinheit **(Bild 1)**. Betrachtet man den I. Quadranten des Einheitskreises, in dem der Schenkel $\overline{MP}$ = r einen Winkel α überstreicht, lässt sich der Zusammenhang zwischen dem Winkel α in Grad und b im Bogenmaß ableiten und es gilt: $\frac{\alpha}{360°} = \frac{\widehat{b}}{2} \cdot \pi$

Gleichfalls kann ein rechtwinkliges Dreieck ALP gebildet werden **(Bild 1)**, in dem gilt:

$$\sin\alpha = \frac{\text{Gegenkathete}}{\text{Hypotenuse}} = \frac{\text{Gegenkathete}}{1} = \text{Gegenkathete}$$

$$\cos\alpha = \frac{\text{Ankathete}}{\text{Hypotenuse}} = \frac{\text{Ankathete}}{1} = \text{Ankathete}$$

$$\tan\alpha = \frac{\text{Gegenkathete}}{\text{Ankathete}} = \frac{\sin\alpha}{\cos\alpha}$$

Somit kann im Einheitskreis einem bestimmten Winkel sein Sinus und Kosinus zugewiesen werden. Genauso kann man umgekehrt der Höhe der Gegenkathete und der Länge der Ankathete den Winkel zuordnen. Dabei muss bei der Berechnung mit dem Taschenrechner vor dem Drücken der Funktionstaste die Taste [SHIFT] oder [INV] gedrückt werden, um arcsin ($\sin^{-1}$) oder arccos ($\cos^{-1}$) zu erhalten.

Beispiel 1: Winkelberechnung im Einheitskreis

Berechnen Sie für einen Winkel α = 30° im Einheitskreis den sin α **(Bild 2)**.

Lösung:

Rechner in Modus DEG

Eingabe: 30 und dann die Taste sin drücken.

$\Rightarrow \sin 30° = \mathbf{0{,}5}$

Dieses Ergebnis bedeutet, dass die Gegenkathete 0,5-mal so lang ist wie der Radius im Einheitskreis.

Beispiel 2: Winkelberechnung

Die Ankathete im Einheitskreis besitzt die Länge 0,5. Berechnen Sie den entsprechenden Winkel (Bild 2).

Lösung:

Es gilt die Gleichung cos α = 0,5 zu lösen.

$\Rightarrow \alpha = \arccos 0{,}5 = \cos^{-1} 0{,}5$

Rechner in Modus DEG

Eingabe: 0,5 und dann die Tasten [SHIFT] bzw. [INV] drücken.

$\Rightarrow \cos^{-1} 0{,}5 = 60°$

Dieses Ergebnis bedeutet, dass einer Länge der Ankathete von 0,5 LE im Einheitskreis ein Winkel α = 60° zuzuordnen ist.

Einheitskreis	$\widehat{b} = \frac{\pi \cdot \alpha}{180°}$
$\sin\alpha$ = Gegenkathete	
$\cos\alpha$ = Ankathete	
$\tan\alpha = \frac{\sin\alpha}{\cos\alpha}$	$\sin^2\alpha + \cos^2\alpha = 1$

$\widehat{b}$ Winkel im Bogenmaß α Winkel in Grad

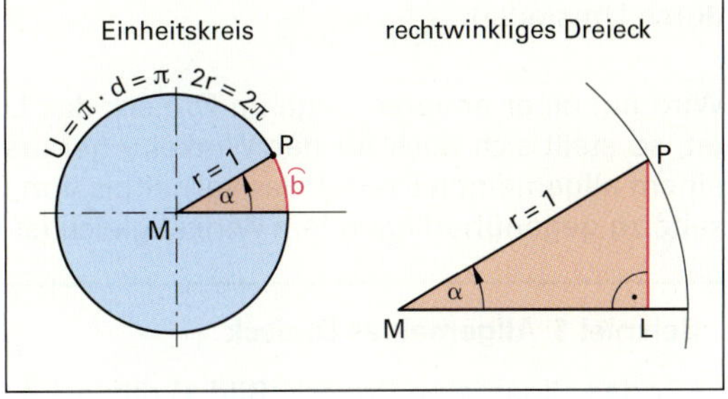

Bild 1: Einheitskreis und Dreieck im Einheitskreis

Wendet man im Einheitskreis **(Bild 1)** den Lehrsatz des Pythagoras an, so gilt:

$(\sin\alpha)^2 + (\cos\alpha)^2 = r^2 = 1^2 = 1$

Als Schreibweise für diese Gleichung gilt:

$\sin^2\alpha + \cos^2\alpha = 1$

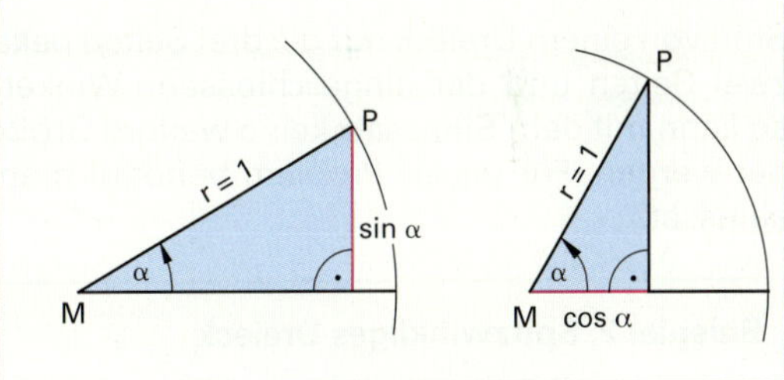

Bild 2: Zuordnung im Einheitskreis

Beispiel 3: sin α

Der „trigonometrische Pythagoras" $\sin^2\alpha + \cos^2\alpha = 1$ ist nach sin α aufzulösen.

Lösung:

$\sin^2\alpha = 1 - \cos^2\alpha \quad | \sqrt{\ }$

$\sin\alpha = \pm\sqrt{1 - \cos^2\alpha}$

2.4.4 Sinussatz und Kosinussatz

Sinussatz

Sollen in einem beliebigen Dreieck **(Bild 1)** Seitenlängen bzw. Winkelgrößen berechnet werden, so kann dies nicht mit den Winkelfunktionen für rechtwinklige Dreiecke geschehen. Errichtet man im allgemeinen Dreieck z. B. auf der Seite c die Höhe h_c, so erhält man zwei rechtwinklige Dreiecke ADC bzw. BCD **(Bild 1)**.

Im rechtwinkligen Dreieck ADC gilt:

$$\sin\alpha = \frac{h_c}{b};\ h_c = b \cdot \sin\alpha$$

Im rechtwinkligen Dreieck BCD gilt:

$$\sin\beta = \frac{h_c}{a};\ h_c = a \cdot \sin\beta$$

Werden beide Gleichungen gleichgesetzt gilt:

$$b \cdot \sin\alpha = a \cdot \sin\beta;$$

durch Umstellen: $\frac{a}{\sin\alpha} = \frac{b}{\sin\beta}$

Wird auf einer anderen Seite im Dreieck das Lot errichtet, so stellt sich auch für den Winkel γ heraus, dass in einem allgemeinen Dreieck das Verhältnis von Dreiecksseite zu gegenüberliegendem Winkel gleich ist **(Bild 2)**.

Beispiel 1: Allgemeines Dreieck

Für das allgemeine Dreieck **(Bild 1)** gilt: a = 4 m; $\alpha = 30°$; $\beta = 50°$. Zu berechnen sind die fehlenden Größen.

Lösung:

$$\frac{a}{\sin\alpha} = \frac{b}{\sin\beta} \qquad b = \frac{a \cdot \sin\beta}{\sin\alpha} = \frac{4\text{ m} \cdot \sin 50°}{\sin 30°} = 6{,}13\text{ m}.$$

$$\gamma = 180° - (\alpha + \beta) = 180° - (30° + 50°) = \mathbf{100°}$$

$$\frac{a}{\sin\alpha} = \frac{c}{\sin\gamma} \qquad c = \frac{a \cdot \sin\gamma}{\sin\alpha} = \frac{4\text{ m} \cdot \sin 100°}{\sin 30°} = \mathbf{7{,}88\text{ m}}$$

Kosinussatz

Sind von einem Dreieck nur die drei Seiten bekannt oder zwei Seiten und der eingeschlossene Winkel **(Bild 3)**, so kann mit dem Sinussatz keine weitere Größe berechnet werden. Für dieses Problem benötigt man den Kosinussatz.

Beispiel 2: Spitzwinkliges Dreieck

Gegeben ist ein allgemeines spitzwinkliges Dreieck ABC. Errichten Sie die Höhe h_a und es entsteht ein rechtwinkliges Dreieck ABD **(Bild 4)**.

Wenden Sie den Satz des Pythagoras an.

Lösung:

$c^2 = e^2 + f^2$ (1)

mit $f = a - d$; $d = b \cdot \cos\gamma$

wird $f = a - b \cdot \cos\gamma$ (2)

sowie $e = b \cdot \sin\gamma$ (3)

(2) und (3) in (1): $c^2 = (a - b \cdot \cos\gamma)^2 + (b \cdot \sin\gamma)^2$

$\Leftrightarrow c^2 = \mathbf{a^2 + b^2 - 2 \cdot a \cdot b \cdot \cos\gamma}$

Sinussatz

$$\frac{a}{\sin\alpha} = \frac{b}{\sin\beta} = \frac{c}{\sin\gamma}$$

Kosinussatz

$$a^2 = b^2 + c^2 - 2 \cdot b \cdot c \cdot \cos\alpha$$

$$b^2 = a^2 + c^2 - 2 \cdot a \cdot c \cdot \cos\beta$$

$$c^2 = a^2 + b^2 - 2 \cdot a \cdot b \cdot \cos\gamma$$

a, b, c Seiten im allgemeinen Dreieck
α, β, γ Winkel im allgemeinen Dreieck

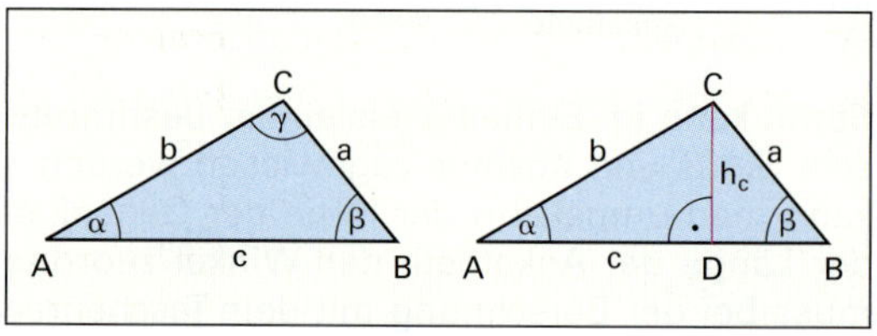

Bild 1: Allgemeines Dreieck

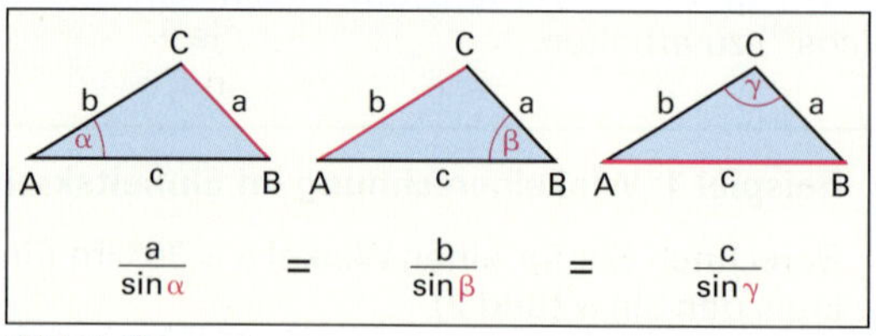

Bild 2: Sinussatz

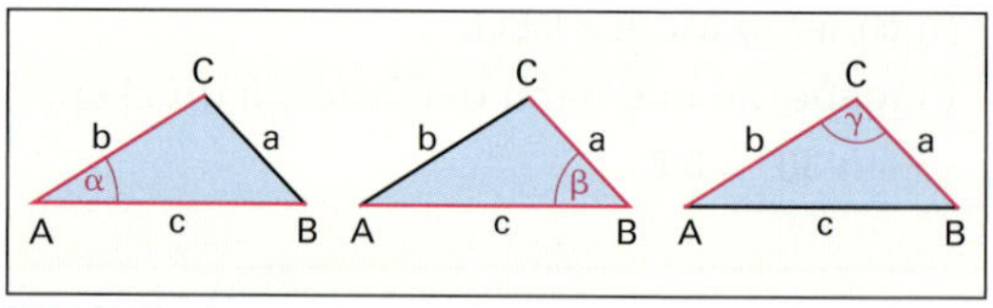

Bild 3: Kosinussatz

Das Ergebnis aus Beispiel 2 wird als Kosinussatz bezeichnet. Durch ähnliche Berechnungen können auch die Gleichungen für a^2 bzw. b^2 hergeleitet werden.

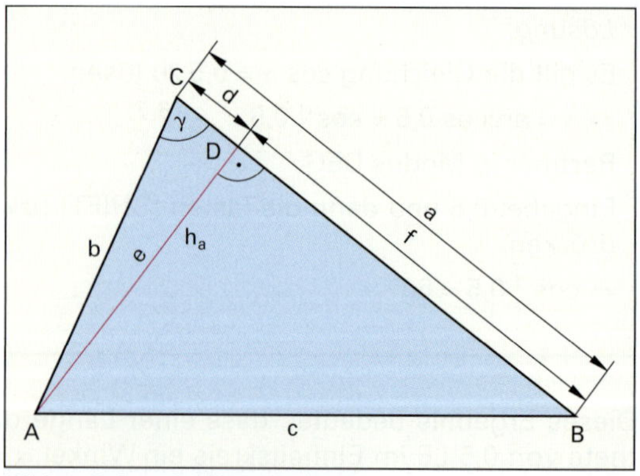

Bild 4: Spitzwinkliges Dreieck

2.4.5 Winkelberechnung

Umkehrung der trigonometrischen Funktion

Mithilfe der mathematischen Gesetze kann jeder Winkel im rechtwinkligen Dreieck aus den Seitenlängen a, b und c berechnet werden **(Bild 1)**.

Soll mit der Gleichung $\sin\alpha = \frac{a}{c}$ der Winkel α berechnet werden, so muss auf beiden Seiten der Gleichung der arcsin angewendet werden. Es gilt:

$$\sin\alpha = \frac{a}{c} \qquad |\,\arcsin$$

$$\arcsin(\sin\alpha) = \arcsin\left(\frac{a}{c}\right)$$

$$\alpha = \arcsin\left(\frac{a}{c}\right)$$

Die gleiche Vorgehensweise gilt für den Kosinus und für den Tangens.

$$\alpha = \arcsin\left(\frac{a}{c}\right)$$

$$\alpha = \arccos\left(\frac{b}{c}\right)$$

$$\alpha = \arctan\left(\frac{a}{b}\right)$$

α Winkel zwischen den Seiten b und c
a Gegenkathete zum Winkel α
b Ankathete zum Winkel α
c Hypotenuse
arcsin $\sin^{-1}$-Taste beim Taschenrechner

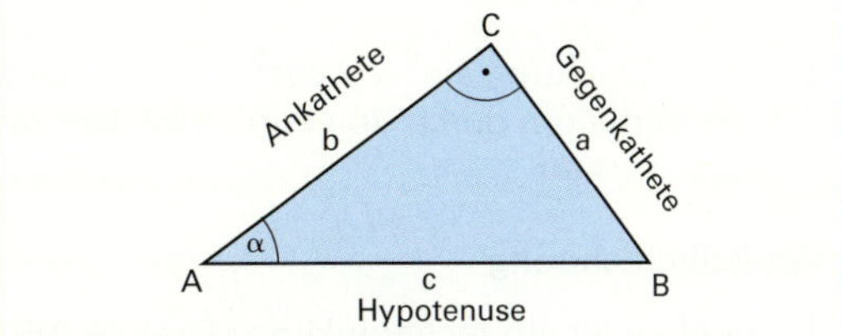

Bild 1: Rechtwinkliges Dreieck

Winkelberechnung mit dem Taschenrechner

Werden mit dem Taschenrechner Berechnungen in der Trigonometrie durchgeführt, muss erst der korrekte Modus eingestellt werden **(Tabelle 1)**. Dies geschieht, je nach Rechnertyp, mit der Taste [MODE] oder der Taste [DRG] **(Bild 2)**.

Um einen Winkel mit dem arcsin zu berechnen, wird am Taschenrechner die Taste [$\sin^{-1}$] gedrückt. Vor dem Drücken dieser Funktionstaste muss, je nach Rechnertyp, die Taste [SHIFT] oder [INV] oder [2nd] gedrückt werden **(Bild 2)**.

Tabelle 1: Winkelargumente		
Art, Modus	Erklärung	Vollkreiswinkel
DEG, DRG	Grad, Altgrad	360°
RAD	Bogenmaß	2π
GRAD	Neugrad	400°

Beispiel 1: Winkelberechnung

Berechnen Sie im rechtwinkligen Dreieck **(Bild 3)** den Winkel α

a) mit dem arcsin

b) mit dem arccos

Lösung:

Modus DEG anwählen

a) $\sin\alpha = \frac{a}{c} = \frac{6\text{ cm}}{10\text{ cm}} = 0{,}6 \qquad |\,\arcsin$

$\alpha = \arcsin(0{,}6)$

Eingabe: .6 [2nd] sin

Anzeige: 36.86989765 $\Rightarrow \alpha =$ **36,7°**

b) $\cos\alpha = \frac{b}{c} = \frac{8\text{ cm}}{10\text{ cm}} = 0{,}8 \qquad |\,\arccos$

$\alpha = \arccos(0{,}8)$

Eingabe: .8 [2nd] cos

Anzeige: 36.86989765 $\Rightarrow \alpha =$ **36,7°**

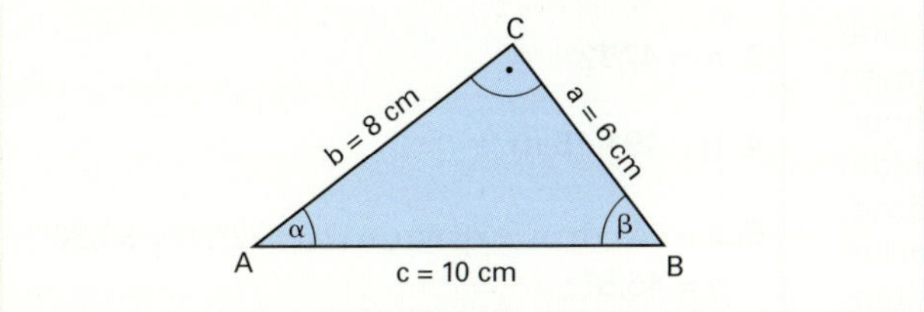

Bild 3: Winkel im rechtwinkligen Dreieck

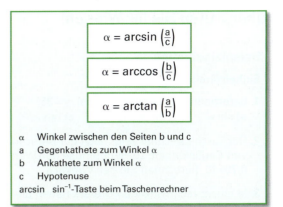

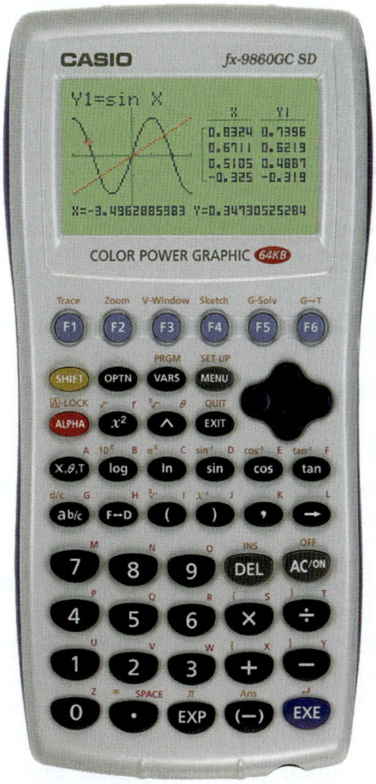

Bild 2: Taschenrechner

Überprüfen Sie Ihr Wissen!

Beispielaufgaben

Einheitskreis

1. Berechnen Sie für einen Winkel $\alpha = 35°$
   a) $\sin \alpha$ **b)** $\cos \alpha$ **c)** $\tan \alpha$.
2. Der Taschenrechner zeigt nach der Berechnung von Gegenkathete zu Hypotenuse den Wert 0,707 10. Berechnen Sie den Winkel α.
3. In einem rechtwinkligen Dreieck haben die Katheten a = 9 m und b = 12 m. Berechnen Sie die spitzen Winkel α und β sowie die Länge der Hypotenuse.
4. In der Gleichung $\sin^2 \alpha + \cos^2 \alpha = 1$ ist der Funktionswert $\sin \alpha$ durch den Funktionswert $\tan \alpha$ auszudrücken.

Winkelberechnung

1. Gegeben ist ein rechtwinkliges Dreieck ABC mit den Seiten a = 8 m; b = 6 m und c = 10 m.
   a) Berechnen Sie die Innenwinkel α, β und γ des Dreiecks ABC.
   b) Berechnen Sie die Fläche des Dreiecks.
   c) Berechnen Sie die Höhe h_c.
2. Berechnen Sie im rechtwinkligen Dreieck **(Bild 3, Seite 67)** den Winkel β: **a)** mit dem arcsin, **b)** mit dem arccos, **c)** mit dem arctan

Lösungen Beispielaufgaben

Einheitskreis

1. **a)** $\sin 35° = 0{,}5736$
   b) $\cos 35° = 0{,}819$
   c) $\tan 35° = 0{,}7$
2. $\alpha = 45°$
3. c = 15 m; $\alpha = 36{,}87°$; $\beta = 53{,}13°$
4. $\sin \alpha = \frac{\tan \alpha}{\pm\sqrt{1 + \tan^2 \alpha}}$

Winkelberechnung

1. **a)** $\alpha = 53{,}13°$; $\beta = 36{,}87°$; $\gamma = 90°$
   b) $A = 24\ \text{m}^2$
   c) $h_c = 4{,}8$ m
2. **a)** $\beta = \arcsin(0{,}8) \Rightarrow \beta = 53{,}13°$
   b) $\beta = \arccos(0{,}6) \Rightarrow \beta = 53{,}13°$
   c) $\beta = \arctan\left(\frac{4}{3}\right) \Rightarrow \beta = 53{,}13°$

Übungsaufgaben

Rechtwinklige Dreiecke

1. Berechnen Sie zu den Winkeln bzw. zu den Funktionswerten in **Tabelle 1 (folgende Seite)** die fehlenden Größen.
2. Die fehlenden Werte der **Tabelle 2 (folgende Seite)** sind zu berechnen.
3. Eine Scheibe aus Kunststoff soll durch spanendes Verfahren hergestellt werden. Berechnen Sie den Winkel α der Scheibe **(Bild 1, folgende Seite)**.
4. Eine 1245 m lange Straße hat einen mittleren Steigungswinkel von 8,832°. Wie groß ist die Höhendifferenz?
5. Eine quadratische gerade Pyramide hat eine Grundfläche $A = 576\ \text{cm}^2$ und ein Volumen $V = 4992\ \text{cm}^3$ (Bild 1, folgende Seite). Zu berechnen sind **a)** die Seiten a und die Höhe h der Pyramide, **b)** der Winkel α einer Seitenfläche mit der Grundfläche, **c)** der Winkel β einer Seitenkante mit der Grundfläche, **d)** der Winkel γ zwischen zwei benachbarten Seitenkanten.

Lösungen Übungsaufgaben

1. **a)** $\sin \alpha = 0{,}1736$; $\cos \alpha = 0{,}9848$; $\tan \alpha = 0{,}1763$
   b) $\alpha = 20{,}5°$; $\sin \alpha = 0{,}3502$; $\tan \alpha = 0{,}3739$
   c) $\alpha = 35{,}6°$; $\cos \alpha = 0{,}8131$; $\tan \alpha = 0{,}7159$
2. **a)** a = 50,8 mm; b = 35,6 mm; $\beta = 35°$
   b) c = 50 mm; $\alpha = 36{,}87°$, $\beta = 53{,}13°$
   c) a = 225 mm; b = 268 mm; $\alpha = 40°$
   d) a = 747 mm; b = 238 mm; $\alpha = 72{,}33°$
   e) c = 1121 mm; b = 824 mm; $\beta = 47{,}33°$
3. $\alpha = 47{,}72°$
4. h = 191,15 m
5. a = 24 cm; h = 26 cm; $\alpha = 65{,}22°$; $\beta = 56{,}86°$; $\gamma = 45{,}5°$

Tabelle 1: Größen in einem rechtwinkligen Dreieck

Winkel	Funktionswert			
	α	$\sin\alpha$	$\cos\alpha$	$\tan\alpha$
a)	10°	?	?	?
b)	?	?	0,9367	?
c)	?	0,5821	?	?

Tabelle 2: Angaben in einem rechtwinkligen Dreieck

Seite; Winkel	a)	b)	c)	d)	e)
Hypotenuse c in mm	62	?	350	784	?
Kathete a in mm	?	30	?	?	760
Kathete b in mm	?	40	?	?	?
Winkel α	55°	?	?	?	42,67°
Winkel β	?	?	50°	17,67°	?

6. Die Lichtquelle einer Lichtschranke strahlt in einem Winkel von 15° Licht aus **(Bild 2)**.

a) In welcher Entfernung muss ein Fotowiderstand mit einer wirksamen Kreisfläche A = 0,785 cm^2 aufgestellt werden, damit dieser voll ausgeleuchtet wird?

b) Wie groß ist die ausgeleuchtete Kreisfläche in 10 cm Entfernung?

Allgemeine Dreiecke

7. Berechnen Sie für ein allgemeines Dreieck die fehlenden Seiten und Winkel, wenn gegeben sind:

a) a = 15 cm, b = 8,7 cm, γ = 66,4°

b) b = 9,4 cm, c = 6,8 cm, α = 34,6°

c) a = 132 cm, b = 187 cm, c = 89 cm

8. Gegeben ist das Schema eines Verladekrans **(Bild 3)**. Berechnen Sie die Trägerlänge a und die Höhe h.

9. Gegeben ist ein Parallelogramm (Bild 3). Zu ermitteln sind die Diagonalen e und f der beiden Ecklinien.

Trigonometrische Beziehungen

Ähnliche Dreiecke und rechtwinkelige Dreiecke

10. Ein Vater will die Höhe eines Reklamemastes bestimmen. Zu diesem Zweck misst er den 1,85 Meter langen Schatten seiner 1,5 Meter großen Tochter. Der Schatten des Reklamemastes hat eine Länge von 40,7 Meter. Berechnen Sie die Höhe h des Reklamemastes.

11. In einen Dachstuhl in einem denkmalgeschützten Haus in einem Altstadtkern soll in der Höhe h' eine Decke eingezogen werden **(Bild 4)**. Welche Länge b' müssen die Deckenbalken haben?

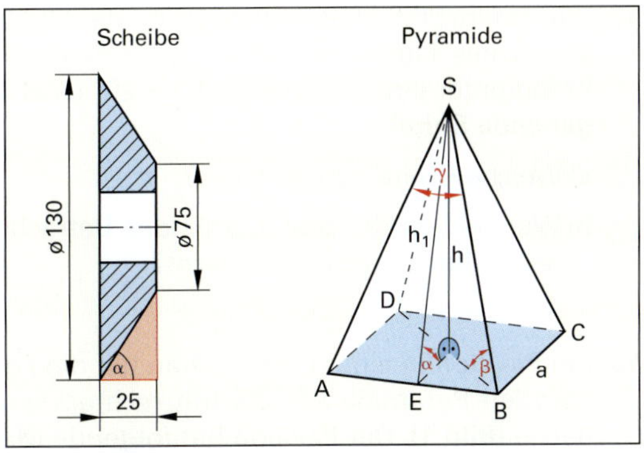

Bild 1: Scheibe und Pyramide

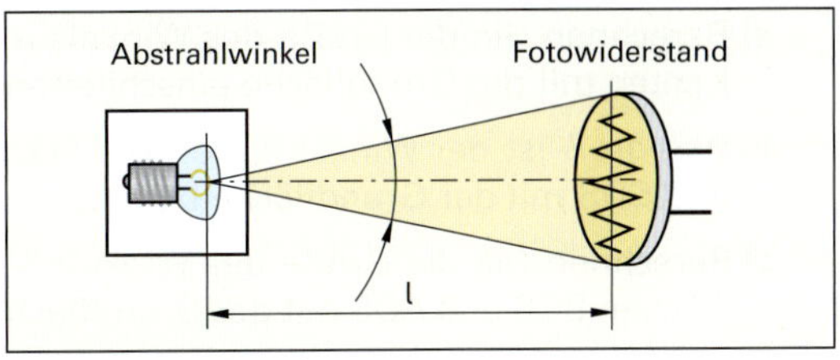

Bild 2: Lichtschranke

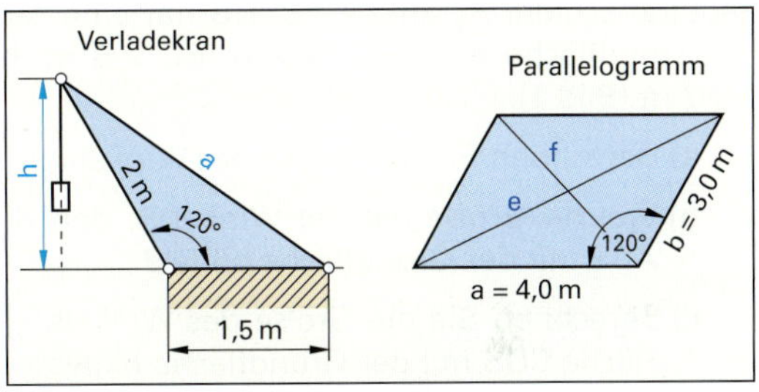

Bild 3: Verladekran und Parallelogramm

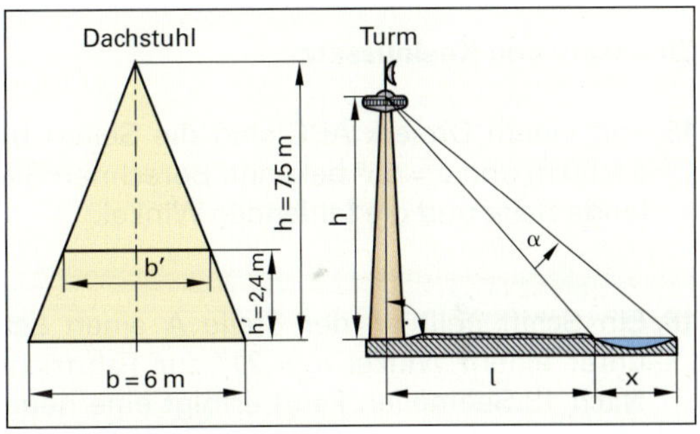

Bild 4: Dachstuhl und Turm

Lösungen Übungsaufgaben

6. a) l = 3,8 cm; **b)** A = 5,44 cm^2

7. a) c = 14 cm; α = 79°; β = 34,6°

b) a = 5,42 cm; β = 100°; γ = 45,4°

c) α = 40,1°; β = 114,2°; γ = 25,7°

8. a = 3,04 m; h = 1,73 m

9. e = 6,08 m; f = 3,61 m

10. h = 33 m **11.** b'= 4,08 m

12. Von einem 28,6 Meter hohen Turm, der 60 Meter vom Ufer eines Flusses entfernt ist, erscheint die Flussbreite unter einem Sehwinkel $\alpha = 20°$ **(Bild 4, vorhergehende Seite).**

a) Welche Breite hat der Fluss?

b) Wie weit ist der Standpunkt des Betrachters vom jenseitigen Flussufer entfernt?

13. Ein Pavillon in einer Gartenschau hat die Form einer geraden Pyramide ABCDS mit rechteckiger Grundfläche **(Bild 1).** Der Pavillon hat folgende Maße:
$\overline{AB} = 8$ m; $\overline{BC} = 10$ m und $h = \overline{MS} = 7{,}5$ m.

a) Berechnen Sie die Größe des Winkels α, den die Kanten mit der Grundfläche einschließen.

b) Wie groß ist der Winkel β, den die Flächen ABS und CDS mit der Grundfläche bilden?

c) Berechnen Sie die Größe des Winkels γ, den die Flächen BCS und ADS mit der Grundfläche bilden.

14. Eine schiefe Pyramide ABCDS hat eine rechteckige Grundfläche mit $\overline{AB} = 9{,}5$ m; $\overline{BC} = 8$ m; $h = \overline{DS} = 7$ m (Bild 1).

a) Berechnen Sie die Größe des Winkels α.

b) Welche Größe hat der Winkel β, den die Fläche ABS mit der Grundfläche bildet?

c) Berechnen Sie die Größe des Winkels γ, den die Fläche CDS mit der Grundfläche bildet.

Sinussatz und Kosinussatz

15. Von einem Dreieck ABC sind die Seiten $b = 40$ m, $c = 50$ m und $a = 55°$ bekannt. Berechnen Sie die fehlende Seite und die fehlenden Winkel.

16. Ein Schiff peilt an der Stelle A einen Leuchtturm unter einem Winkel $\alpha = 21°$ zur Fahrtrichtung an. Nach 18 Seemeilen Fahrt erfolgt eine neue Peilung diesmal unter dem Winkel $\beta = 59°$ in Fahrtrichtung **(Bild 2).**

a) Welche Entfernung zum Leuchtturm hatte das Schiff zur Zeit der Peilung?

b) In welcher Entfernung passiert das Schiff den Leuchtturm, wenn es seinen Kurs beibehält?

17. Die Entfernung von Suez nach Aqaba beträgt Luftlinie 250 km. Von der Südspitze der Halbinsel Sinai nach Suez sind es 320 km, nach Aqaba 230 km Luftlinie **(Bild 3).** Berechnen Sie nach diesen Angaben:

a) den Winkel zwischen den Richtungen Suez-Südspitze und Suez-Aqaba,

b) die ungefähre Fläche der Halbinsel Sinai.

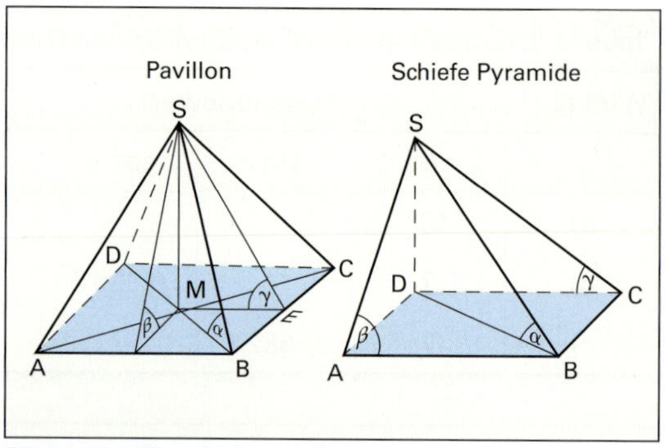

Bild 1: Pavillon und schiefe Pyramide

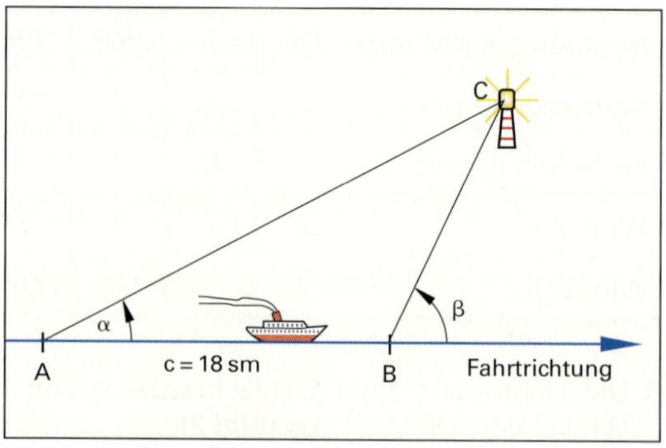

Bild 2: Schiff und Leuchtturm

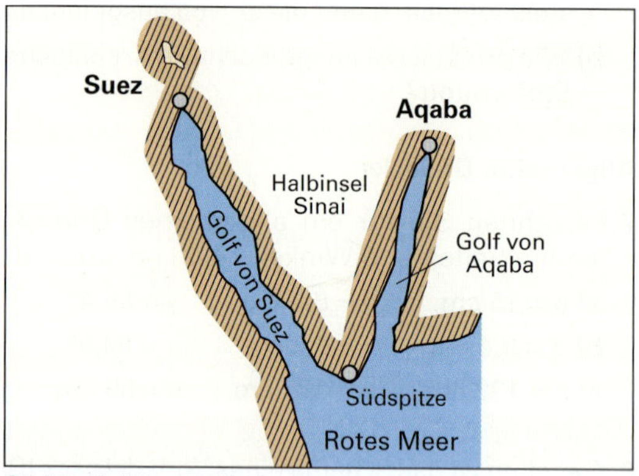

Bild 3: Halbinsel Sinai

Lösungen Übungsaufgaben

12. a) $x = 237$ m **b)** $y = 298{,}4$ m

13. a) $\alpha = 49{,}5°$ **b)** $\beta = 56{,}3°$ **c)** $\gamma = 61{,}9°$

14. a) $\alpha = 29{,}4°$ **b)** $\beta = 41{,}1°$ **c)** $\gamma = 36{,}4°$

15. $\alpha = 42{,}49$ m; $\beta = 50{,}46°$; $\gamma = 74{,}54°$

16. a) 25,06 sm **b)** $h = 8{,}98$ sm

17. a) $\gamma = 45{,}57°$ **b)** $A = 28\,565$ km^2

2.4.6 Goniometrische Gleichungen

Gleichungen, bei denen die gesuchte Variable im Argument von Winkelfunktionen vorkommt, nennt man goniometrische Gleichungen. Wegen der Vielfalt bei goniometrischen Gleichungen werden systematische Verfahren nur für einfache ausgewählte Gleichungstypen angegeben.

Beispiel 1: Gleichung mit nur einer Winkelfunktionsart

Bestimmen Sie die Lösung der Gleichungen im Intervall $x \in [0; 360°[$ sowie $x \in [0; 2\pi[$:

a) $2 \cdot \sin x = \sqrt{3}$ b) $2 \cdot \cos x = -\sqrt{2}$

c) $\tan x = 3{,}5$ d) $\sin^2 x = 0{,}75$

Lösung:

a) $2 \cdot \sin x = \sqrt{3} \Leftrightarrow \sin x = 0{,}5 \cdot \sqrt{3}$

$\Leftrightarrow x = \arcsin(0{,}5 \cdot \sqrt{3}) \Leftrightarrow x \in \{60°; 120°\}$ bzw.

$x \in \left\{\frac{\pi}{3}; \frac{2\pi}{3}\right\}$

Die Lösungen $x = 60°$ (Gradmaß) bzw. $x = \frac{\pi}{3}$ (Bogenmaß) erhält man mit dem Taschenrechner. Weitere Lösungen für das Intervall $[0; 2\pi[$ können mithilfe der Grundfunktionen (Bild 1) bestimmt werden.

b) $2 \cdot \cos x = \sqrt{2} \Leftrightarrow \cos x = 0{,}5 \cdot \sqrt{2}$

$\Leftrightarrow x = \arccos(0{,}5 \cdot \sqrt{2}) \Leftrightarrow x \in \{45°; 315°\}$ bzw.

$x \in \left\{\frac{\pi}{4}; \frac{7\pi}{4}\right\}$

c) $\sin^2 x = 0{,}75 \Leftrightarrow |\sin x| = \frac{\sqrt{3}}{2}$

$\Leftrightarrow \sin x = \frac{\sqrt{3}}{2} \vee \sin x = -\frac{\sqrt{3}}{2} \Leftrightarrow x \in \left\{\frac{\pi}{3}; \frac{2\pi}{3}; \frac{4\pi}{3}; \frac{5\pi}{3}\right\}$

Beispiel 2: Gleichung mit verschiedenen Winkelfunktionen

Bestimmen Sie die Lösung der Gleichungen für $x \in [0; 2x[$:

a) $\sin(2x) + \sin x = 0$ b) $\sin x - 2 \cdot \cos x = 0$

c) $2 \cdot \sin^2 x - 7 \sin x + 3 = 0$

Lösung:

$\sin(2x) + \sin x = 0 \rightarrow$ **mit Formel (Tabelle 1)**

$\Leftrightarrow 2 \cdot \sin x \cdot \cos x + \sin x = 0$

$\Leftrightarrow \sin x \cdot (2 \cdot \cos x + 1) = 0$

$\Leftrightarrow \sin x = 0 \vee \cos x = -0{,}5 \Leftrightarrow x \in \left\{0; \frac{2\pi}{3}; \pi; \frac{4\pi}{3}\right\}$

b) $\sin x - 2 \cdot \cos x = 0 \rightarrow$ **mit cos x durchdividieren!**

$\Leftrightarrow \frac{\sin x}{\cos x} = 2 \Leftrightarrow \tan x = 2 \Leftrightarrow x \in \{1{,}107; 4{,}249\}$

c) $2 \cdot \sin^2 x - 7 \sin x + 3 = 0 \rightarrow$ **sin x = u substituieren!**

$\Rightarrow 2 \cdot u^2 - 7u + 3 = 0 \Rightarrow u^2 - 3{,}5u + 1{,}5 = 0$

$\Rightarrow u = 0{,}5 \vee u = 3$

Rücksubstitution: $\sin x = 0{,}5 \vee \sin x = 3$

$\Leftrightarrow x \in \left\{\frac{\pi}{6}; \frac{5\pi}{6}\right\}$

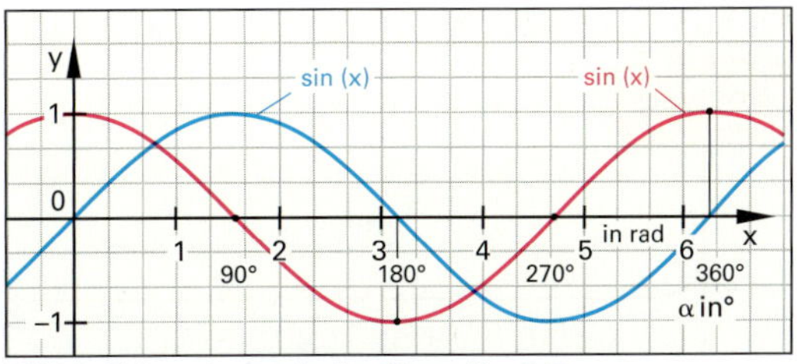

Bild 1: Trigonometrische Grundfunktionen

Tabelle 1: Wichtige Formeln

Funktionen des doppelten Winkels	$\sin(2\alpha) = 2 \cdot \sin\alpha \cdot \cos\alpha$ $\cos(2\alpha) = \cos^2\alpha - \sin^2\alpha$ $\cos(2\alpha) = 2 \cdot \cos^2\alpha - 1$ $= 1 - 2 \cdot \sin^2\alpha$
Umrechnungen	$\frac{\sin\alpha}{\cos\alpha} = \tan\alpha$; $\frac{\cos\alpha}{\sin\alpha} = \frac{1}{\tan\alpha}$
„Mitternachtsformel der Geometrie“	$\sin^2\alpha + \cos^2\alpha = 1$ $\Leftrightarrow \sin^2\alpha = 1 - \cos^2\alpha$ $\Leftrightarrow \cos^2\alpha = 1 - \sin^2\alpha$

Tabelle 2: Lösen von goniometrischen Gleichungen durch doppelten Winkel

Lösungsschritte	Gleichung
Argument „(2x)“ hat den Winkel → Formel des doppelten Winkels verwenden	$2 \cdot \sin(2x) + 2 \cdot \sin x = 0$; $x \in [0; 2\pi[$ $\sin(2\alpha) = 2 \cdot \sin\alpha \cdot \cos\alpha$ $\Rightarrow 2 \cdot (2 \cdot \sin x \cdot \cos x) + 2 \cdot \sin x = 0$
Faktorisieren	$\Rightarrow 2 \cdot \sin x \cdot (2 \cdot \cos x + 1) = 0$
Satz vom Nullprodukt	$\Leftrightarrow \sin x = 0 \vee \cos x = -0{,}5$
Lösungen (mit dem TR)	$\sin x = 0$: $x \in \{0; \pi\} \vee \cos x = -0{,}5$: $x \in \frac{2\pi}{3}; \frac{4\pi}{3}$
Lösung angeben	$L = \left\{0; \frac{2\pi}{3}; \frac{4\pi}{3}\right\}$

Tabelle 3: Lösen von goniometrischen Gleichungen durch Substitution

Lösungsschritte	Gleichung
1. Schritt: Verschiedene Winkelfunktionen auf eine Funktionsart bringen → $\sin^2\alpha = 1 - \cos^2\alpha$	$\sin^2 x - \cos x = 0{,}25$; $x \in [0; 2\pi[$ $\Leftrightarrow 1 - \cos^2 x - \cos x = 0{,}25$ $\Leftrightarrow \cos^2 x + \cos x - 0{,}75 = 0$
2. Schritt: Substitution mit $\cos x = u$ führt auf eine quadratische Gleichung	$\Leftrightarrow u^2 + u - 0{,}75 = 0$ $\Leftrightarrow (u - 0{,}5) \cdot (u + 1{,}5) = 0$
3. Schritt: Lösen der quadratischen Gleichung mit S. v. N.	$\Leftrightarrow u = 0{,}5 \vee u = -1{,}5$
4. Schritt: Rücksubstitution	$\Leftrightarrow \cos x = 0{,}5 \vee \cos x = -1{,}5$
Lösung angeben	$\cos x = 0{,}5$: $L = \left\{\frac{\pi}{3}; \frac{5\pi}{3}\right\}$

Analysis

Welche Kompetenzen werden gefördert?

	A
1	Potenzfunktionen anwenden
2	Wurzelfunktionen anwenden
3	ganzrationale Funktionen anwenden
4	gebrochenrationale Funktionen anwenden
5	Exponentialfunktionen anwenden
6	logarithmische Funktionen anwenden
7	trigonometrische Funktionen anwenden
8	Eigenschaften von Funktionen untersuchen
9	Schaubilder von Funktionen darstellen

- Potenzfunktionen
- Wurzelfunktionen
  - Allgemeine Wurzelfunktionen
  - Arten von quadratischen Wurzelfunktionen
    - Überprüfen Sie Ihr Wissen!
- Ganzrationale Funktionen höheren Grades
  - Funktionen dritten Grades
  - Funktionen vierten Grades
  - Nullstellenberechnung
    - Nullstellenberechnung bei biquadratischen Funktionen
    - Nullstellenberechnung mit dem Nullprodukt
    - Nullstellenberechnung durch Abspaltung eines Linearfaktors
    - Arten von Nullstellen
    - Numerische Methoden
      - Überprüfen Sie Ihr Wissen!
- Gebrochenrationale Funktionen
  - Definitionsmenge
  - Polstellen
  - Definitionslücke
  - Grenzwerte
  - Grenzwertsätze
  - Asymptoten
    - Überprüfen Sie Ihr Wissen!
- Exponentialfunktion
- e-Funktion
  - Überprüfen Sie Ihr Wissen!
- Exponentialfunktion und ihre Umkehrfunktion
- Logarithmische Funktion
  - Überprüfen Sie Ihr Wissen!
- Trigonometrische Funktionen
  - Sinusfunktion und Kosinusfunktion
  - Tangensfunktion und Kotangensfunktion
  - Beziehungen zwischen trigonometrischen Funktionen
  - Allgemeine Sinusfunktion und Kosinusfunktion
    - Überprüfen Sie Ihr Wissen!
- Eigenschaften von Funktionen
  - Symmetrie bei Funktionen
  - Umkehrfunktionen
  - Stetigkeit von Funktionen
  - Monotonie und Umkehrbarkeit
  - Sätze zur Stetigkeit von Funktionen
    - Überprüfen Sie Ihr Wissen!

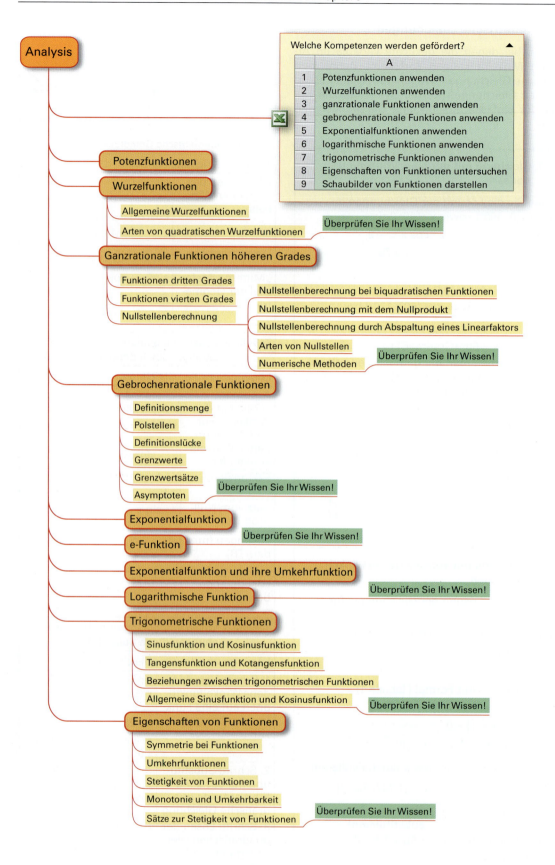

3 Analysis

3.1 Potenzfunktionen

Funktionen mit dem Funktionsterm x^n heißen Potenzfunktionen. Die Basis x ist die unabhängige Variable. Die Schaubilder von Potenzfunktionen nennt man Parabeln oder Hyperbeln. Potenzfunktionen haben einen ganzzahligen Exponenten.

Ist der Exponent ungerade, so ergeben sich Schaubilder mit einer Punktsymmetrie zum Ursprung **(Tabelle 1)**.

Beispiel 1: Ungerade Potenzfunktion mit positivem Exponenten

Stellen Sie die Potenzfunktionen mit $f(x) = x^1$, $g(x) = x^3$ und $h(x) = x^5$ als Schaubild dar.

Lösung: **Bild 1, linke Hälfte**

Für $f(x) = x^1$ ist die Potenzfunktion eine Gerade.

Beispiel 2: Ungerade Potenzfunktion mit negativem Exponenten

Stellen Sie die Potenzfunktionen mit $f(x) = x^{-1}$, $g(x) = x^{-3}$, $h(x) = x^{-5}$ in einem Schaubild dar.

Lösung: **Bild 1, rechte Hälfte**

Ist der Exponent bei Potenzfunktionen ungerade und negativ, z. B. bei $f(x) = x^{-1}$, ergeben sich Schaubilder mit einer Punktsymmetrie zum Ursprung **(Bild 1, rechte Hälfte)**. Das Schaubild einer solchen Funktion besteht allerdings aus zwei Ästen, die keine zusammenhängende Kurve ergeben (gebrochenrationale Funktion).

Schaubilder von Potenzfunktionen mit ungeradem, negativen Exponenten nennt man Hyperbeln.

Bei ungeraden Potenzfunktionen liegen die Schaubilder im 1. Quadranten und im 3. Quadranten. Für negatives Vorzeichen liegen die Schaubilder im 2. Quadranten und im 4. Quadranten.

Ist der Exponent gerade und hat ein positives Vorzeichen, z. B. $f(x) = x^2$, ergeben sich Schaubilder mit einer Achsensymmetrie zur y-Achse **(Bild 2, linke Hälfte)**. Dies sind die bereits bekannten Parabeln der quadratischen Funktionen.

Beispiel 3: Gerade Potenzfunktion mit negativem Exponenten

Stellen Sie die Potenzfunktionen mit $f(x) = x^{-2}$ und $g(x) = x^{-4}$ als Schaubild dar.

Lösung: **Bild 2, rechte Hälfte**

Die Funktionen sind achsensymmetrisch zur y-Achse **(Bild 2, rechte Hälfte)**. Bei geraden Potenzfunktionen mit $a > 0$ liegen die Schaubilder im 1. Quadranten und im 2. Quadranten. Für $a < 0$ erhält man die Schaubilder durch Spiegelung an der x-Achse im 3. Quadranten und im 4. Quadranten.

$$f(x) = a \cdot x^n \qquad n \in \mathbb{Z}^*$$

x unabhängige Variable (Basis)
f(x) Funktionswert an der Stelle x
n Exponent
a Koeffizient

Tabelle 1: Potenzfunktionen mit a = 1

Exponent n	Funktionsterm	Symmetrien, Eigenschaften
positiv und ungerade	x^1; x^3; x^5 ...	Zum Ursprung symmetrische Gerade und Parabeln.
positiv und gerade	x^2; x^4; x^6 ...	Zur y-Achse symmetrische Parabeln.
negativ und ungerade	x^{-1}; x^{-3}; x^{-5} ...	Zum Ursprung symmetrische Hyperbeln.
negativ und gerade	x^{-2}; x^{-4}; x^{-6} ...	Zur y-Achse symmetrische Hyperbeln.

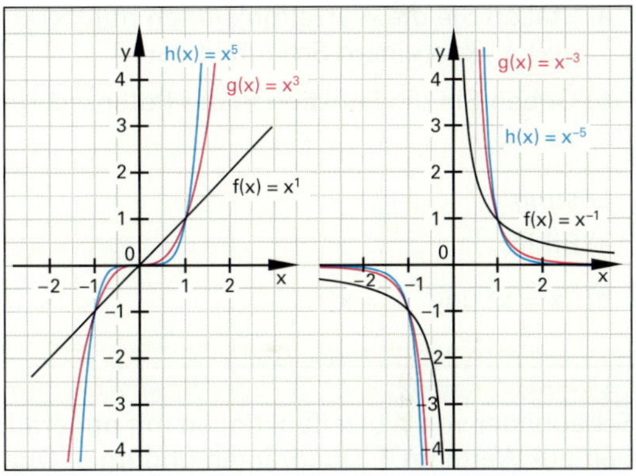

Bild 1: Potenzfunktionen mit ungeradem Exponenten

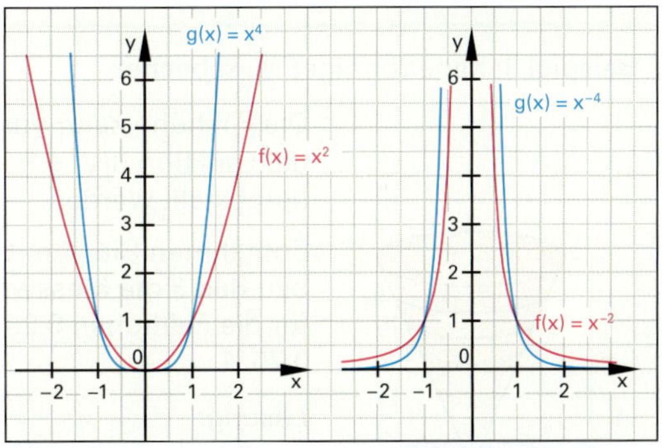

Bild 2: Potenzfunktionen mit geradem Exponenten

3.2 Wurzelfunktionen

3.2.1 Allgemeine Wurzelfunktionen

Wurzelfunktionen sind Potenzfunktionen mit gebrochenem Exponenten $f(x) = a \cdot x^{\frac{1}{n}}$. Bei geraden Wurzelfunktionen ist der Definitionsbereich $D = \mathbb{R}_+$.

$$f(x) = a \cdot x^{\frac{1}{n}} \quad \text{oder} \quad f(x) = a\sqrt[n]{x} \qquad n \in \mathbb{N}^*,\ a \in \mathbb{R}^*,\ x \in \mathbb{R}_+$$

f(x) Funktionswert an der Stelle x

x unabhängige Variable

a Koeffizient

$\frac{1}{n}$ Wurzelexponent

Beispiel 1: Gerade Wurzelfunktion mit a = 1

a) Stellen Sie die Wurzelfunktionen mit $f(x) = \sqrt{x}$ und $g(x) = \sqrt[4]{x}$ in einem Schaubild dar.

b) Geben Sie die Funktion in der Potenzschreibweise an.

Lösung:

a) **Bild 1**

b) $\sqrt{x} = \mathbf{x^{\frac{1}{2}}}$ und $\sqrt[4]{x} = \mathbf{x^{\frac{1}{4}}}$

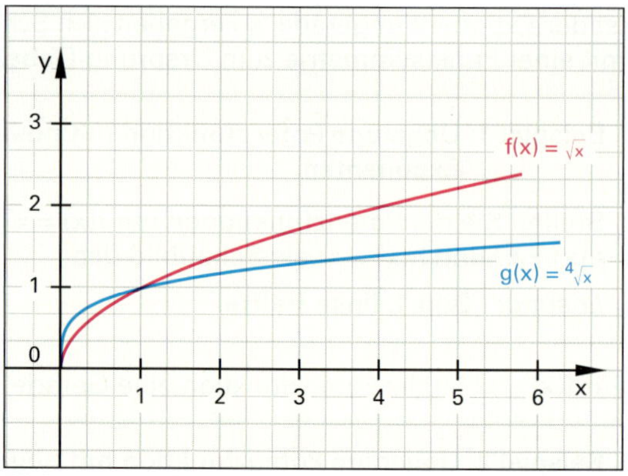

Bild 1: Wurzelfunktionen mit geradem n und a = 1

Schaubilder von Wurzelfunktionen mit geradem n verlaufen nur im 1. Quadranten.

Das Ergebnis einer geraden Wurzel ist stets positiv.

Beispiel 2: n ungerade mit a = 1

a) Stellen Sie die Wurzelfunktionen mit $f(x) = \sqrt[3]{x}$ und $g(x) = \sqrt[5]{x}$ in einem Schaubild dar.

b) Geben Sie die Funktion in der Potenzschreibweise an.

Lösung:

a) **Bild 2**

b) $\sqrt[3]{x} = \mathbf{x^{\frac{1}{3}}}$ und $\sqrt[5]{x} = \mathbf{x^{\frac{1}{5}}}$

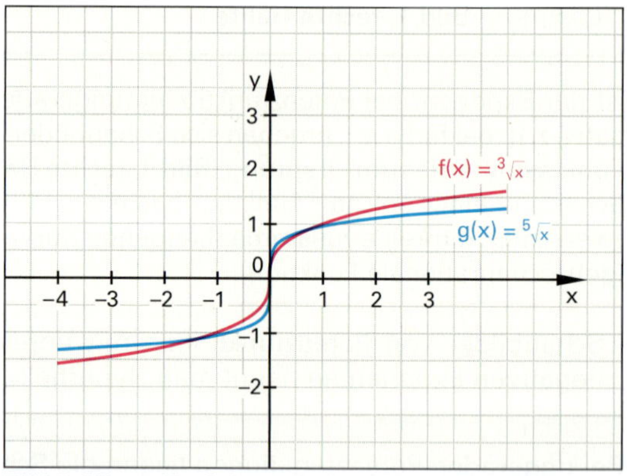

Bild 2: Wurzelfunktionen mit ungeradem n und a = 1

Schaubilder von Wurzelfunktionen mit ungeradem n haben nur Werte im 1. Quadranten und im 3. Quadranten. Der Definitionsbereich ist $D = \mathbb{R}$.

Beispiel 3: Kegelförmiger Messbecher

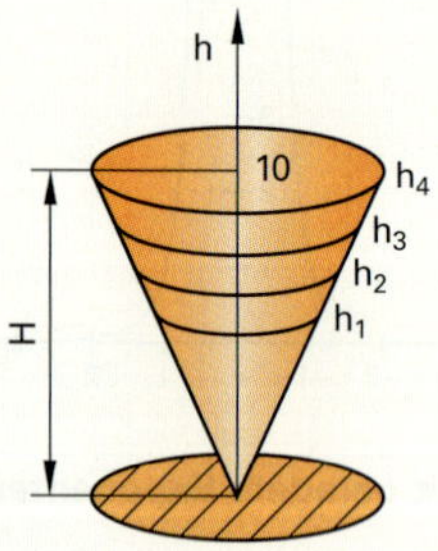

Die Füllhöhe kann durch die Funktion $h(V) = H \cdot \sqrt[3]{V}$ dargestellt werden.

Entnehmen Sie dem Schaubild **Bild 3** die Messwerte für die Füllhöhen 0,25; 0,5; 0,75; 1.

Lösung:

$h_1(0{,}25) = \mathbf{6{,}3}$; $h_2(0{,}5) = \mathbf{7{,}94}$

$h_3(0{,}75) = \mathbf{9{,}09}$; $h_4(1{,}0) = \mathbf{10}$

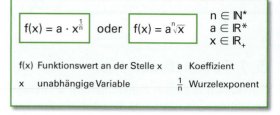

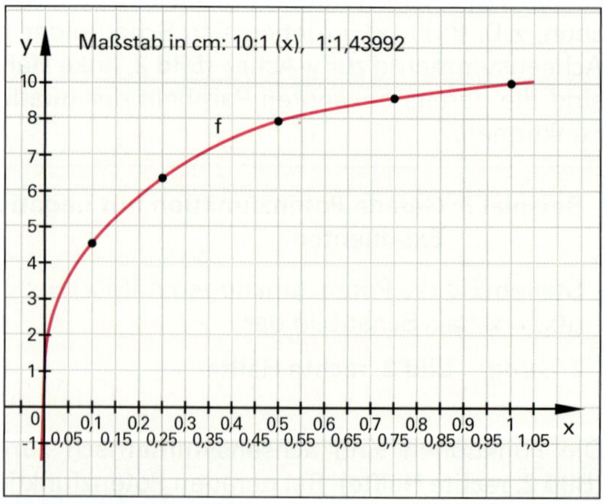

Bild 3: Füllhöhe h(V)

3.2.2 Arten von quadratischen Wurzelfunktionen

Quadratische Wurzelfunktionen der Form $f(x) = a \cdot \sqrt{x}$; $a > 0$ sind nur für $x \geq 0$ definiert, also für $0 \leq x < \infty$. Diese Funktionen haben positive und negative Zweige. Für $|a| < 1$ erhält man gestauchte Funktionen, z. B. $f(x) = \frac{1}{2}\sqrt{x}$ **(Bild 1)**. Für $|a| > 1$ erhält man gestreckte Funktionen, z. B. $f(x) = 2 \cdot \sqrt{x}$ **(Bild 1)**.

Beispiel 1: Stauchen und Strecken von Wurzelfunktionen

Stellen Sie die Schaubilder der Funktionen mit $f(x) = \frac{1}{2}\sqrt{x}$, $g(x) = \sqrt{x}$, $h(x) = 1{,}5\sqrt{x}$ und $i(x) = 2\sqrt{x}$ in einem Schaubild dar.

Lösung: **Bild 1**

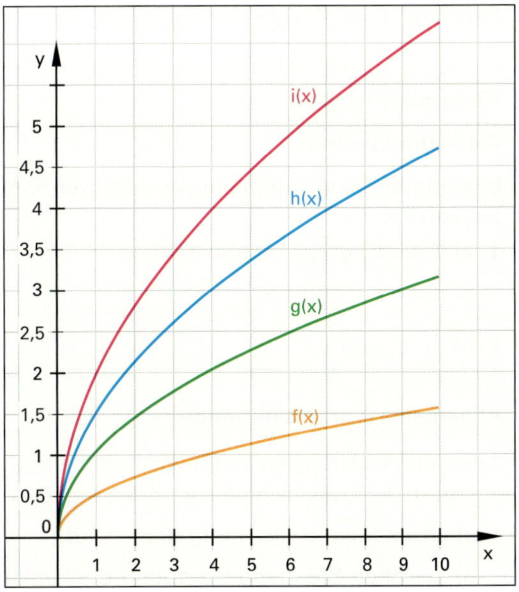

Bild 1: Schaubilder von Wurzelfunktionen

Verschieben der Wurzelfunktionen an der y-Achse

Schaubilder der Funktionen der Form $f(x) = \sqrt{x} + a$ verlaufen im 1. und 4. Quadranten. Für $a \geq 0$ hat dieses Schaubild positive Werte für y. Für $a < 0$ entstehen Schaubilder nur mit negativen und positiven Werten für y.

Beispiel 2: Verschieben an der y-Achse

Stellen Sie die Schaubilder der Funktionen mit $f(x) = \sqrt{x} + 1$, $g(x) = \sqrt{x}$, $h(x) = \sqrt{x} - 1$ und $i(x) = \sqrt{x} - 2$ in einem Schaubild dar.

Lösung: **Bild 2**

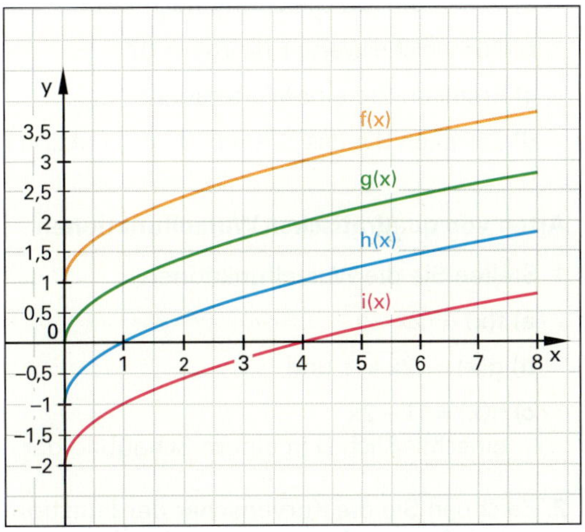

Bild 2: Schaubilder an der y-Achse verschobener Wurzelfunktionen

Verschieben der Wurzelfunktionen an der x-Achse

Bei Funktionen der Form $f(x) = \sqrt{x + a}$ sind die Schaubilder an der x-Achse verschoben. Für $a > 0$ sind die Schaubilder nach links verschoben. Das Schaubild besteht aus einem Parabelzweig mit dem Scheitel S (–a|0) auf der negativen x-Achse. Der Parabelzweig schneidet die y-Achse bei $(\sqrt{a}\,|0)$. Für $a < 0$ sind die Schaubilder nach rechts verschoben, d. h., der Scheitel S (–a|0) liegt auf der positiven x-Achse.

Beispiel 3: Verschieben an der x-Achse

Stellen Sie die Schaubilder der Funktionen mit $f(x) = \sqrt{4 + 8x}$, $g(x) = \sqrt{4 + 4x}$, $h(x) = \sqrt{4 + 2x}$, $i(x) = \sqrt{4 + x}$ und $j(x) = \sqrt{x - 1}$ in einem Schaubild dar.

Lösung: **Bild 3**

Funktionen vom Typ $f(x) = \sqrt{x - a}$ existieren nur für $x \geq a$.

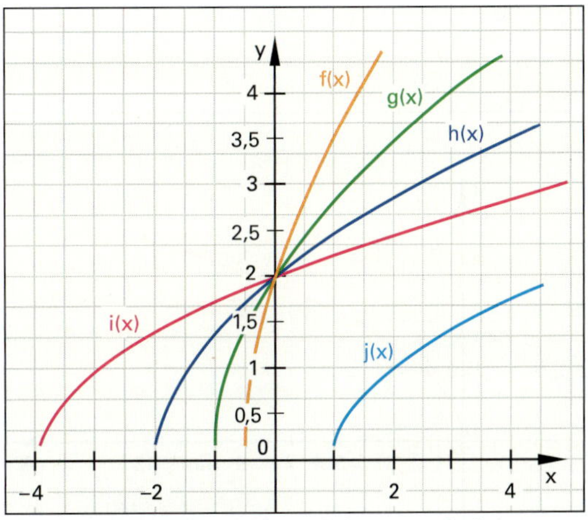

Bild 3: Schaubilder an der x-Achse verschobener Wurzelfunktionen mit positiven Zweigen

Überprüfen Sie Ihr Wissen!

Beispielaufgaben

Potenzfunktionen

Bestimmen Sie die gemeinsamen Schnittpunkte der Schaubilder

1. a) $f(x) = x^1$; $g(x) = x^3$; $h(x) = x^5$;

b) $f(x) = x^{-1}$; $g(x) = x^{-3}$

2. $f(x) = x^2$; $g(x) = x^4$

Allgemeine Wurzelfunktionen

1. Für den elektrischen Leiter wird der Leiterquerschnitt als Kreisfläche $A = \pi \cdot \frac{d^2}{4}$ angegeben.

a) Lösen Sie die Gleichung nach d auf.

b) Zeichnen Sie in ein Schaubild die Funktion d(A) für A = 1 mm² bis A = 16 mm².

2. Das Kugelvolumen ist $V = \frac{4}{3} \cdot \pi \cdot r^3$.

a) Lösen Sie die Gleichung nach r auf.

b) Für welche Werte r ist $V(r) \geq 0$?

c) Erstellen Sie eine Wertetabelle.

d) Zeichnen Sie das Schaubild der Funktion r = f(V).

Arten von quadratischen Wurzelfunktionen

1. Stellen Sie die Wurzelfunktionen

a) $f(x) = \sqrt{2x - 1}$

b) $g(x) = \sqrt{2x + 1}$ und

c) $h(x) = \sqrt{1 - 2x}$
einschließlich D in einem Schaubild dar.

2. Zeichnen Sie die Kurvenschar der Funktion $f(x) = \sqrt{4 - b \cdot x}$ für b = 1, 2, 3, 4.

3. Zeichnen Sie alle Schaubilder der Funktionen $f(x) = \sqrt{2x} + 1$ und $g(x) = \sqrt{1 + 2x}$.

Lösungen Beispielaufgaben

Potenzfunktionen

1. a) S_1 (–1|–1), S_2 (0|0) und S_3 (1|1)

b) S_1 (–1|–1), S_2 (1|1)

2. S_1 (1|1), S_2 (–1|1) und S_3 (0|0)

Allgemeine Wurzelfunktionen

1. a) $A = \pi \cdot \frac{d^2}{4} \Rightarrow d = 2\sqrt{\frac{A}{\pi}}$

b) Bild 1

2. a) $V = 4 \cdot \frac{\pi}{3} \cdot r^3 \Rightarrow r = \sqrt[3]{\frac{3}{4} \cdot \frac{V}{\pi}}$

b) Für $r \geq 0$.

c)

V	0	1	2	3	4	5	6	7
r	0	0,62	0,78	0,89	0,98	1,06	1,12	1,18

d) Bild 2

Arten von quadratischen Wurzelfunktionen

1. Bild 3 **2., 3.** siehe Lösungsbuch

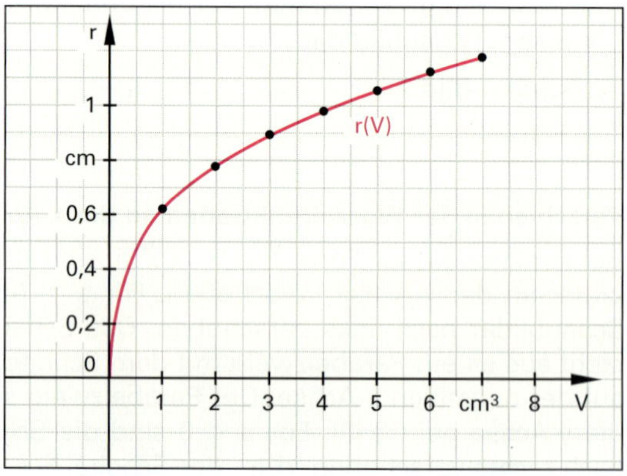

Bild 2: Radius r einer Kugel als Funktion des Volumens V

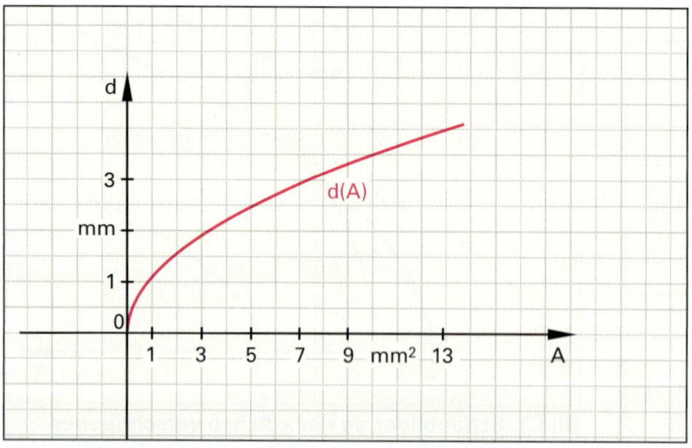

Bild 1: Durchmesser d als Funktion der Fläche A

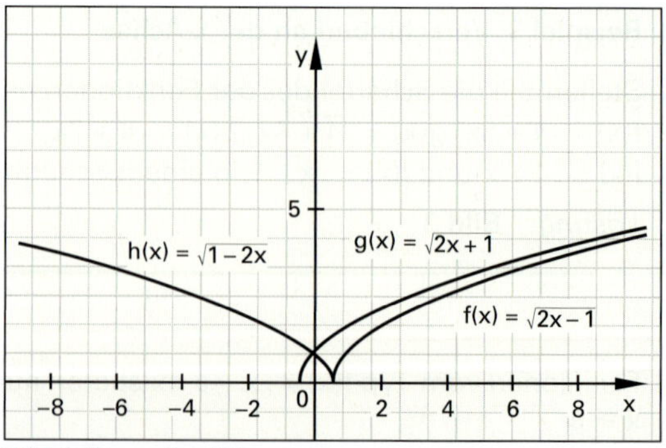

Bild 3: Wurzelfunktionen

3.3 Ganzrationale Funktionen höheren Grades

3.3.1 Funktion dritten Grades

Ein Möbelhaus verkauft Aufbewahrungsschachteln. Ein Set besteht aus fünf verschieden großen Schachteln, die ineinander untergebracht sind **(Bild 1)**. Die Breite der Schachteln ist immer um 3 cm kürzer als die Länge x und die Höhe ist immer halb so groß wie die Länge.

Beispiel 1: Volumenfunktion

Stellen Sie die Funktionsgleichung für das Schachtelvolumen in Abhängigkeit von x auf.

Lösung:

$f(x) = x \cdot (x - 3) \cdot 0{,}5x$

$= \mathbf{0{,}5 \cdot x^3 - 1{,}5 \cdot x^2}$

Das Schachtelvolumen hängt somit nur von der Länge x ab. Die Summanden der Funktionsgleichung stellen für sich Potenzfunktionen dar.

Addiert man verschiedene Potenzfunktionen, deren Exponenten natürliche Zahlen sind, erhält man ganzrationale Funktionen.

Der Wert des größten Exponenten bestimmt den Grad der Funktion, d.h. die Funktion für das Schachtelvolumen ist dritten Grades.

Beispiel 2: Schaubild der Volumenfunktion

Zeichnen Sie das Schaubild für die Funktion des Schachtelvolumens im Intervall [–1; 3,5].

Lösung: **Bild 2**

Man erkennt, dass die Funktion für das Volumen nur für Werte $x \geq 3$ sinnvoll ist, da sich sonst negative Volumenwerte ergeben würden. **Bild 1** zeigt, dass die Schachteln für x = 3 die Breite null besitzen. Es gilt:

$f(x) = 0{,}5 \cdot x^3 - 1{,}5 \cdot x^2 \quad \text{mit } x \geq 3$

Beispiel 3: Wertetabelle

Stellen Sie eine Wertetabelle für das Schachtelvolumen in Abhängigkeit der Schachtellängen aus **Bild 1** auf. Eine Längeneinheit beträgt 1 cm.

Lösung: **Tabelle 1**

Ganzrationale Funktion n-ten Grades

$$f(x) = a_n \cdot x^n + a_{n-1} \cdot x^{n-1} + \ldots + a_1 \cdot x^1 + a_0$$

3. Grades: $f(x) = a_3 \cdot x^3 + a_2 \cdot x^2 + a_1 \cdot x + a_0$

oder $f(x) = ax^3 + bx^2 + cx + d$

- x Variable; $x \in \mathbb{R}$
- n Exponent; $n \in \mathbb{N}$
- a_i Koeffizienten; $a_i \in \mathbb{R}, 0 \leq i \leq n$
- f(x) Funktionswerte der Stellen x

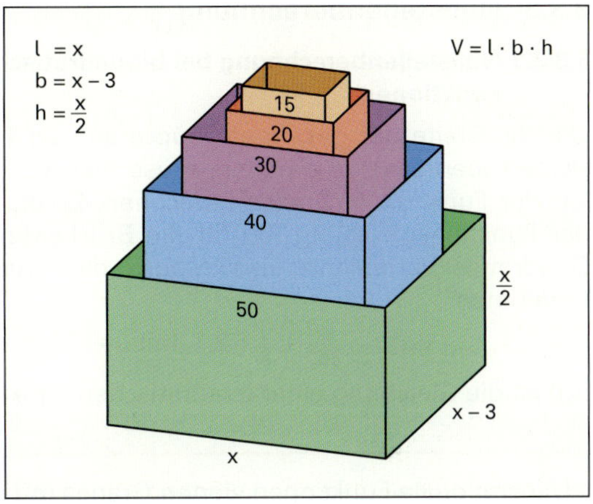

Bild 1: Schachteln

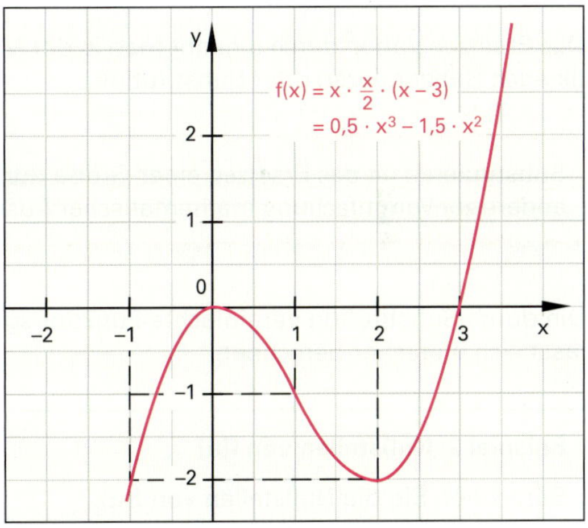

Bild 2: Schaubild für das Schachtelvolumen

Tabelle 1: Schachtelvolumen

Länge x in cm	15	20	30	40	50
Volumen V in ℓ	1,35	3,4	12,15	29,6	58,75

3.3.2 Funktion vierten Grades

In der Gebirgsschlucht **Bild 1** führt eine doppelbögige Brücke über den Bach. Der untere Rand der Brückenbögen entspricht der Kurve der Funktion f mit

$$f(x) = -\frac{x^4}{360} + \frac{x^2}{8} + 8{,}1 \quad \text{mit } x \in \mathbb{R}$$

und 1 LE = 1 m. Die Wasseroberfläche hat die Höhe null (y = 0).

Beispiel 1: Gebirgsbrücke

Berechnen Sie die Brückenhöhe an den Stellen 0, 2, 4, 6 und 8.

Lösung: **Tabelle 1**

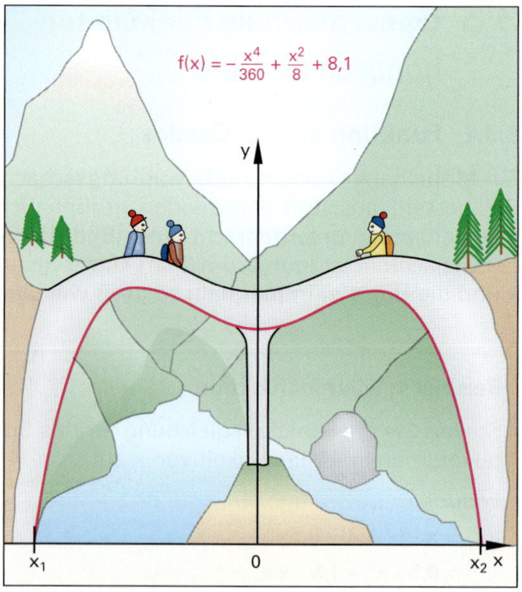

Bild 1: Gebirgsbrücke

Tabelle 1: Brückenhöhe

Stelle x	0	2	4	6	8
Brückenhöhe in m	8,1	$8{,}\overline{5}$	9,39	9	4,72

3.3.3 Nullstellenberechnung

3.3.3.1 Nullstellenberechnung bei biquadratischen Funktionen

Um die Breite der gesamten Brücke auf der Höhe der Wasseroberfläche zu erhalten, muss man die Nullstellen der Funktion 4. Grades berechnen. Ersetzt man in der Funktionsgleichung f(x) für die Brückenbögen das Quadrat der Variablen x, also x^2, durch die Variable u, so erhält man

$$f(u) = -\frac{u^2}{360} + \frac{u}{8} + 8{,}1 \quad \text{mit } u \in \mathbb{R}$$

f(u) ist die Gleichung einer quadratischen Funktion.

Ganzrationale Funktionen vierten Grades mit nur geraden Exponenten von x heißen biquadratisch.

Das Ersetzen von x^2 durch u nennt man in der Mathematik auch Substituieren oder Substitution.

Substituieren ist das Ersetzen einer Größe durch eine andere zur Vereinfachung mathematischer Ausdrücke.

Die durch Substitution vereinfachte Funktionsgleichung lässt sich einfacher berechnen.

Beispiel 2: Nullstellen von f(u)

Berechnen Sie die Nullstellen von f(u).

Lösung:

$$0 = \frac{-u^2}{360} + \frac{u}{8} + 8{,}1 \qquad | \cdot (-360)$$

$$= u^2 - 45u - 2916$$

$$u_{1,2} = (x^2)_{1,2} = \frac{45 \pm \sqrt{45^2 + 4 \cdot 2916}}{2}$$

$$u_{1,2} = \frac{45 \pm 117}{2} \Rightarrow \begin{cases} u_1 = 81 \\ u_2 = -36 \end{cases}$$

$\mathbf{u_1 = 81}$ **oder** $\mathbf{u_2 = -36}$

Die Nullstellen von f(x) erhält man durch Rücksubstituieren, d. h. u wird durch x^2 ersetzt:

$$u_1 = (x^2)_1 = 81 \text{ oder } u_2 = (x^2)_2 = -36$$

Für u_1 erhält man $x_{1,2} = \pm\sqrt{81} = \pm 9$. Für u_2 hingegen erhält man keine Lösungen für x, da Wurzeln aus negativen Zahlen über $\mathbb{R}$ nicht definiert sind. Die Richtigkeit des Ergebnisses zeigt die folgende Rechenprobe.

Beispiel 3: Nullstellen von f(x)

Berechnen Sie die Funktionswerte f(x) an den Stellen $x_1 = -9$ und $x_2 = 9$.

Lösung:

$$f(\pm 9) = \frac{-(\pm 9)^4}{360} + \frac{(\pm 9)^2}{8} + 8{,}1$$

$$f(\pm 9) = -18{,}225 + 10{,}125 + 8{,}1 = \mathbf{0}$$

Nullstellenberechnung bei biquadratischen Funktionen erfolgt durch Substituieren von x^2 und Rücksubstituieren mit x^2.

3.3.3.2 Nullstellenberechnung mit dem Nullprodukt

Ein Fachbuchverlag plant den Verkauf eines Fachbuches über einen Zeitraum von drei Jahren. Der Verlag ermittelt eine Gewinnkurve **(Bild 1)**. Dabei ist x die Anzahl der gedruckten Bücher in tausend Stück und y ist der Gewinn G in tausend €. Die Gleichung der Gewinnkurve G lautet

$G(x) = -3 \cdot x^3 + 24{,}3 \cdot x^2 - 29{,}7 \cdot x$ mit $x \geq 0$.

Werden nur sehr wenig Bücher verkauft, sind die Unkosten für den Verlag höher als die Verkaufseinnahmen. Er macht Verluste. Die Schnittpunkte von G(x) mit der x-Achse markieren den Beginn und das Ende der Gewinnzone. Werden deutlich mehr Bücher gedruckt, als verkauft werden, müssen sie zu Schleuderpreisen verramscht oder gar vernichtet werden.

Um die Grenzen der Gewinnzone zu berechnen, muss G(x) gleich null gesetzt werden.

Beispiel 1: Gewinnzone

Setzen Sie G(x) gleich null und ermitteln Sie das Nullprodukt für die Nullstellen von G(x), **(Bild 1)**.

Lösung:

$0 = -3 \cdot x^3 + 24{,}3 \cdot x^2 - 29{,}7 \cdot x \quad | : (-3)$

$= x^3 - 8{,}1 \cdot x^2 + 9{,}9 \cdot x \quad$ | Ausklammern von x

$= \mathbf{x \cdot (x^2 - 8{,}1 \cdot x + 9{,}9)}$

Um die Nullstellen zu berechnen, darf auf gar keinen Fall durch x geteilt werden, denn x = 0 ist eine Nullstelle der Kurve und somit Lösung der Gleichung **(Bild 1)**.

Das Nullprodukt ist dann null, wenn einer der Faktoren null ist.

Beispiel 2: Grenzen der Gewinnzone

Berechnen Sie die Nullstellen von G(x).

Lösung:

$\mathbf{0 = x \cdot (x^2 - 8{,}1 \cdot x + 9{,}9)}$

1. Fall: $x = 0 \Rightarrow$ Die Verlustzone beginnt bei $x_1 = 0$.

2. Fall: Klammer = 0

$0 = x^2 - 8{,}1 \cdot x + 9{,}9 \quad | \cdot 10$

$= 10x^2 - 81x + 99$

$$x_{1,2} = \frac{81 \pm \sqrt{81^2 - 4 \cdot 10 \cdot 99}}{20}$$

$$x_{1,2} = \frac{81 \pm 51}{20} \Rightarrow \begin{cases} x_1 = 1{,}5 \\ x_2 = 6{,}6 \end{cases}$$

Die Gewinnzone beginnt bei 1500 gedruckten Büchern und endet bei 6600 gedruckten Büchern.

Wird die Gleichung von G(x) null gesetzt, kann x nur deshalb ausgeklammert werden, weil der y-Achsenabschnitt null ist.

$$f(x) = x \cdot (ax^2 + bx + c) = 0$$

$\Rightarrow x = 0$ oder $(ax^2 + bx + c) = 0$

$\Rightarrow$ 1. Faktor: $x_1 = 0$

$\Rightarrow$ 2. Faktor: $x_{2,3} = \frac{-b \pm \sqrt{b^2 - 4ac}}{2a}$

$\Rightarrow N_1\,(x_1|0);\ N_2\,(x_2|0);\ N_3\,(x_3|0)$

$$f(x) = a \cdot (x - x_1) \cdot (x - x_2) \cdot (x - x_3)$$

Satz vom Nullprodukt:

Das Produkt ist null, wenn einer der Faktoren null ist.

$x_1; x_2; x_3$ Nullstellen von f(x)

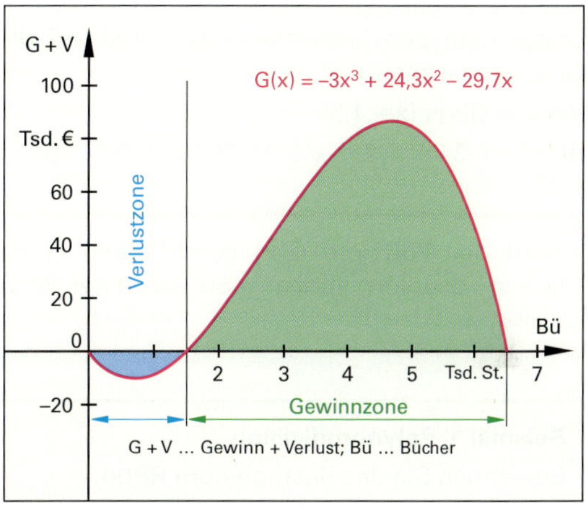

Bild 1: Gewinnkurve

Bei ganzrationalen Funktionen, die durch den Koordinatenursprung verlaufen, wird bei der Nullstellenberechnung das Nullprodukt gebildet.

Die Gewinnkurve G(x) kann mithilfe ihrer Nullstellen wieder aus Linearfaktoren gebildet werden. Es gilt

$G(x) = a \cdot (x - x_1) \cdot (x - x_2) \cdot (x - x_3)$,

wobei a der erste Koeffizient der Gleichung G(x) ist.

Beispiel 3: Gleichung der Gewinnkurve

Bilden Sie G(x) aus Linearfaktoren.

Lösung:

$G(x) = -3 \cdot (x - 0) \cdot (x - 1{,}5) \cdot (x - 6{,}6)$

$= \mathbf{-3 \cdot x^3 + 24{,}3 \cdot x^2 - 29{,}7 \cdot x}$

3.3.3.3 Nullstellenberechnung durch Abspalten von Linearfaktoren

Aufgrund von entstandenen Fixkosten hat der Fachbuchverlag die Gewinnkurve aus Bild 1, vorhergehende Seite, korrigiert **(Bild 1)**. Die untere Grenze der Gewinnkurve bleibt jedoch mit 1500 gedruckten Büchern bestehen. Damit ist eine der drei Nullstellen von G(x) mit der x-Achse bekannt. Für die Nullstellen gilt

$$G(x) = 0$$

$$-3 \cdot x^3 + 21 \cdot x^2 - 15{,}75 \cdot x - 13{,}5 = 0$$

Die linke Gleichungsseite enthält eine Nullstelle bei $x_1 = 1{,}5$ **(Bild 1)**. Deshalb muss sie den Linearfaktor (x – 1,5) besitzen. Es gilt somit:

$$(x - 1{,}5) \cdot (a \cdot x^2 + b \cdot x + c) = 0$$

Die rechte Klammer der linken Gleichungsseite enthält die beiden weiteren Nullstellen von G(x). Man nennt den Klammerausdruck auch Restpolynom RP(x). Damit gilt:

$$(x - 1{,}5) \cdot RP(x) = G(x)$$

Bringt man den Linearfaktor (x – 1,5) auf die andere Gleichungsseite erhält man:

$$RP(x) = G(x) : (x - 1{,}5)$$

$$RP(x) = (-3 \cdot x^3 + 21 \cdot x^2 - 15{,}75 \cdot x - 13{,}5) : (x - 1{,}5)$$

Wird das Polynom G(x) durch einen Linearfaktor $(x - x_1)$ dividiert, spricht man von einer Polynomdivision.

Beispiel 1: Polynomdivision

Berechnen Sie das Restpolynom RP(x).

Lösung:

$-3x^3 : x = -3x^2$

$(-3x^3 + 21x^2 - 15{,}75x - 13{,}5) : (x - 1{,}5) = \mathbf{-3x^2 + 16{,}5x + 9}$

$\underline{-(-3x^3 + 4{,}5x^2)}$ ← $(x - 1{,}5) \cdot (-3x^2)$

$16{,}5x^2 - 15{,}75x - 13{,}5$

$16{,}5x^2 : x = 16{,}5x$

$\underline{-(16{,}5x^2 - 24{,}75x)}$ ← $(x - 1{,}5) \cdot 16{,}5x$

$9x - 13{,}5$

$9x : x = 9$

$\underline{-(9x - 13{,}5)}$ ← $(x - 1{,}5) \cdot 9$

0

Den ersten Summanden des Restpolynoms erhält man durch Division des ersten Summanden von G(x) durch den ersten Summanden des Linearfaktors. Danach wird der Linearfaktor mit dem ersten Summanden des Restpolynoms multipliziert und das Produkt von G(x) abgezogen. Man verfährt so weiter, bis von G(x) null übrig bleibt.

Die Polynomdivision geht genau auf, d. h. es entsteht kein Rest.

$$RP(x) = \frac{f(x)}{x - x_1} = ax^2 + bx + c$$

$$RP(x) = a \cdot (x - x_2) \cdot (x - x_3)$$

$$f(x) = a \cdot (x - x_1) \cdot (x - x_2) \cdot (x - x_3)$$

RP(x) Restpolynom a, b, c Koeffizienten
$(x - x_1)$ Linearfaktor x_1, x_2, x_3 Nullstellen von f(x)

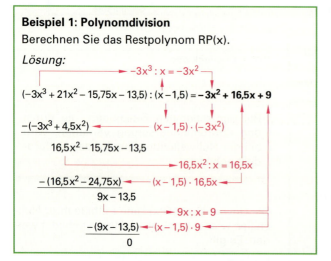

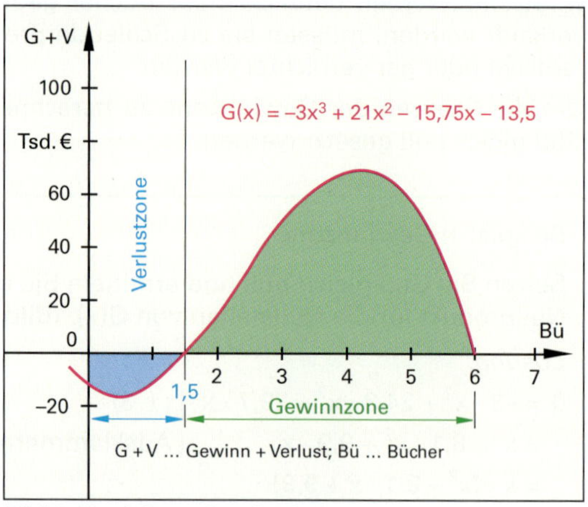

Bild 1: Korrigierte Gewinnkurve

Entsteht bei der Polynomdivision dennoch ein Rest, so enthält der Linearfaktor keine Nullstelle x_1 oder es liegt ein Rechenfehler vor.

Beispiel 2: Restpolynom

Berechnen Sie die im Restpolynom enthaltenen Nullstellen von G(x).

Lösung:

$$0 = -3 \cdot x^2 + 16{,}5 \cdot x + 9 \quad | : (-3)$$

$$= x^2 - 5{,}5 \cdot x - 3$$

$$x_{1,2} = \frac{5{,}5 \pm \sqrt{5{,}5^2 + 12}}{2}$$

$$x_{1,2} = \frac{5{,}5 \pm 6{,}5}{2} \Rightarrow \begin{cases} x_1 = -0{,}5 \\ x_2 = 6 \end{cases}$$

$$\Rightarrow \mathbf{G(x) = -3 \cdot (x - 1{,}5) \cdot (x + 0{,}5) \cdot (x - 6)}$$

Die Gewinnzone endet damit bei 6000 gedruckten Büchern.

Die Linearabspaltung mit Polynomdivision ist eine ausführliche Division von Hand, die sehr übersichtlich ist. Sie kann aber in der Schreibarbeit abgekürzt werden, wenn man bei der Linearabspaltung nur mit den Koeffizienten von G(x) rechnet. Diese Art der Linearabspaltung nennt man Hornerschema.

Bei der Linearabspaltung nach dem Hornerschema wird nur mit Koeffizienten gerechnet.

Beispiel 1: Hornerschema

Spalten Sie von der Gleichung G(x) von **Bild 1, vorhergehender Seite**, den Linearfaktor $(x - x_1)$ nach dem Hornerschema ab.

Lösung:

Grad:	III	II	I	0
Koeff.:	−3	21	−15,75	−13,5
$x_1 = 1,5$		−4,5	24,75	13,5
$f(x_1) =$	**−3**	**16,5**	**9**	**0**
	Koeffizienten des Restpolynoms			geht auf

Der erste Koeffizient −3 von G(x) wird mit $x_1 = 1,5$ multipliziert und das Produkt −4,5 unter den zweiten Koeffizienten von G(x) geschrieben. Die beiden Werte werden addiert 21 + (−4,5) = 16,5. Man wiederholt diesen Rechenvorgang so lange, bis sich in der letzten Spalte in der Summe der Wert null ergibt. Dies zeigt, dass die Linearabspaltung ohne Rest aufgeht und $x_1 = 1,5$ tatsächlich Nullstelle von G(x) ist.

Die Zahlenwerte links von der Null sind die Koeffizienten des Restpolynoms $RP(x) = -3x^2 + 16,5x + 9$. Mit ihm werden wie auf der vorhergehenden Seite die weiteren Nullstellen berechnet.

Der Rand des Weinkelchs aus **Bild 1** verläuft nach der Funktion f mit $f(x) = 0,125 \cdot x^4 - 0,25 \cdot x^2 - 1$. Um einen Linearfaktor von f(x) abspalten zu können, benötigt man eine Nullstelle. Da keine Nullstelle gegeben ist, muss sie durch Probieren ermittelt werden. Durch Probieren erhält man die Werte $x_1 = -2$ und $x_2 = 2$.

Beispiel 2: Restpolynom

Ermitteln Sie das Restpolynom von f(x) mithilfe des Hornerschemas.

Lösung:

Grad	IV	III	II	I	0
	0,125	0	−0,25	0	−1
$x_1 = -2$		−0,25	0,5	−0,5	1
	0,125	−0,25	0,25	−0,5	0
$x_2 = 2$		0,25	0	0,5	
	0,125	0	0,25	0	

Restpolynom $\mathbf{RP(x) = 0,125 \cdot x^2 + 0,25}$

Hornerschema

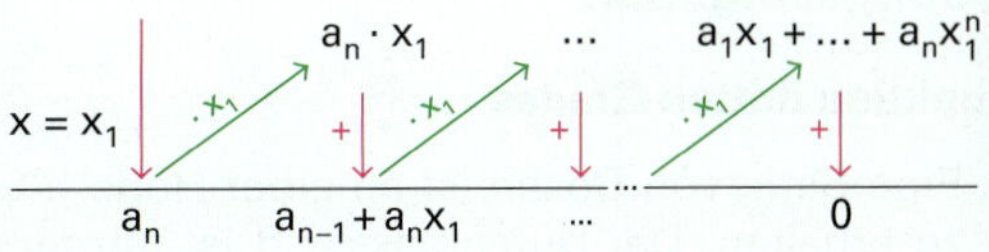

a Koeffizienten von f(x) mit $0 \leq i \leq n$; $n \in \mathbb{N}$

x_1 Nullstelle von f(x)

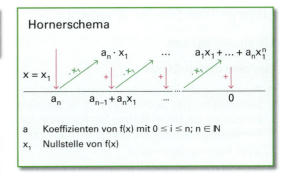

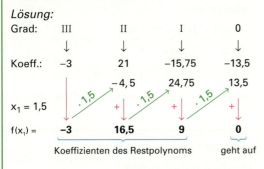

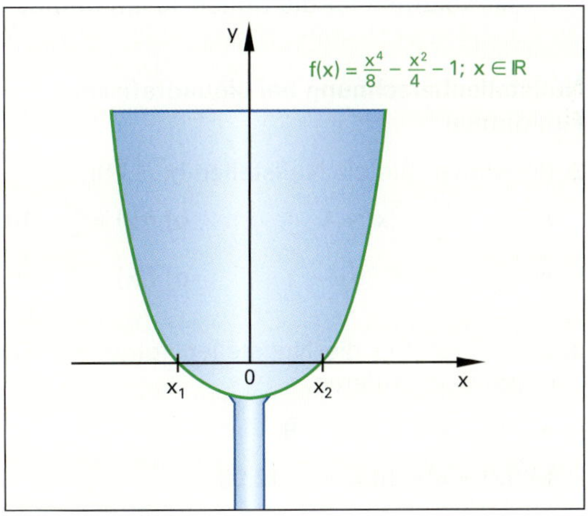

Bild 1: Weinkelch

Da die Rechnung restfrei aufgeht, werden die Nullstellen bestätigt.

Beispiel 3: Weitere Nullstellen

Zeigen Sie, dass die Kurve aus **Bild 1** keine weiteren Nullstellen besitzt.

Lösung:

$$0,125 \cdot x^2 + 0,25 = 0$$
$$x^2 = -2$$
$$L = \{\}$$

Neben den hier gezeigten Verfahren lassen sich die Nullstellen auch mit dem Taschenrechner ermitteln.

Überprüfen Sie Ihr Wissen!

Übungsaufgaben

Funktion dritten Grades

1. Eine Serie von Dosen ist ab einer Höhe h von 10 cm zu erhalten. Der Durchmesser d ist immer um 5 cm kleiner als die Höhe. Geben Sie für das Volumen V die Funktionsgleichung mit Definitionsbereich

a) in Abhängigkeit von d,

b) in Abhängigkeit von h an.

c) Berechnen Sie mit beiden Funktionsgleichungen das Volumen für die Höhen 10 cm und 20 cm.

Nullstellenberechnung bei biquadratischen Funktionen

2. Berechnen Sie die Nullstellen ($x \in \mathbb{R}$):

a) $f(x) = \frac{x^4}{4} - \frac{5}{4}x^2 + 1$ **b)** $f(x) = \frac{x^4}{9} - 10x^2 + 81$

c) $f(x) = x^4 - 4{,}25x^2 + 1$ **d)** $f(x) = \frac{x^4}{27} - x^2 - 12$

3. Berechnen Sie die Nullstellen folgender Funktionen durch Substituieren.

a) $f(x) = x^4 - 6{,}25x^2 + 9$

b) $f(x) = x^4 - 10{,}44x^2 + 12{,}96$

c) $f(x) = 4x^4 - 89x^2 + 400$

d) $f(x) = x^4 - 76{,}25x^2 + 784$

e) $f(x) = -x^4 + 34x^2 - 225$

f) $f(x) = -\frac{x^4}{125} + x^2 - 20$

Nullstellenberechnung mit dem Nullprodukt

4. Berechnen Sie die Nullstellen ($x \in \mathbb{R}$):

a) $f(x) = 0{,}5 \cdot x^3 - 3 \cdot x^2 + 4 \cdot x$

b) $f(x) = \frac{x^3}{6} - 24 \cdot x$

c) $f(x) = \frac{x^3}{3} - 3 \cdot x^2$

5. a) $f(x) = x^3 - 7x^2 + 12x$ **b)** $f(x) = \frac{x^3}{2} + x^2 - 40x$

c) $f(x) = \frac{x^3}{3} - 4x^2 + 9x$ **d)** $f(x) = -x^3 + 4x^2 - 4x$

e) $f(x) = x^4 - 25x^2$ **f)** $f(x) = \frac{x^4}{125} + x$

Nullstellenberechnung durch Abspalten von Linearfaktoren

6. Berechnen Sie die Nullstellen x_2 und x_3 für

a) $f(x) = x^3 - 2{,}5 \cdot x^2 - 8{,}5 \cdot x + 10$ mit $x_1 = 1$

b) $f(x) = \frac{x^3}{4} - 7 \cdot x - 12$ mit $x_1 = -2$.

7. Berechnen Sie die fehlenden Nullstellen mithilfe des Hornerschemas ($x \in \mathbb{R}$):

a) $f(x) = x^3 - 9 \cdot x^2 + 26 \cdot x - 24$ mit $x_1 = 2$

b) $f(x) = x^3 - 3 \cdot x^2 + 7 \cdot x - 21$ mit $x_1 = 3$

c) $f(x) = 4 \cdot x^4 - 8 \cdot x^3 - 33 \cdot x^2 + 2 \cdot x + 8$ mit $x_1 = -0{,}5$; $x_2 = 0{,}5$.

8. Folgende Funktionen besitzen die Nullstelle $x_1 = 2$. Berechnen Sie die anderen mithilfe des Hornerschemas und geben Sie alle Nullstellen an.

a) $f(x) = 3x^2 - 27x + 42$

b) $f(x) = \frac{x^2}{2} + 8x - 18$

c) $f(x) = 2x^3 - 16x^2 + 42x - 36$

d) $f(x) = \frac{x^4}{2} + 1{,}5x^3 - 53{,}5x^2 + 142{,}5x - 91$

Lösungen Übungsaufgaben

Funktion dritten Grades

1. a) $V(d) = \frac{\pi}{4} \cdot d^3 + 5 \cdot \frac{\pi}{4} \cdot d^2$ mit $d \geq 5$

b) $V(h) = \frac{\pi}{4} \cdot h^3 - 10 \cdot \frac{\pi}{4} \cdot h^2 + 25 \cdot \frac{\pi}{4} \cdot h$ mit $h \geq 10$

c) $62{,}5 \cdot \pi\ cm^3$; $1\,125 \cdot \pi\ cm^3$

Nullstellenberechnung bei biquadratischen Funktionen

2. a) –2; –1; 1; 2
b) –9; –3; 3; 9
c) –2; –0,5; 0,5; 2
d) –6; 6

3. a) –2; –1,5; 1,5; 2
b) –3; –1,2; 1,2; 3
c) –4; –2,5; 2,5; 4
d) –8; –3,5; 3,5; 8
e) –5; –3; 3; 5
f) –10; –5; 5; 10

Nullstellenberechnung mit dem Nullprodukt

4. a) 0; 2; 4
b) 0; –12; 12
c) 0; 0; 9

5. a) 0; 3; 4
b) –10; 0; 8
c) 0; 3; 9
d) 0; 2
e) –5; 0; 5
f) –5; 0

Nullstellenberechnung durch Abspalten von Linearfaktoren

6. a) –2,5; 4
b) –4; 6

7. a) 3; 4
b) { }
c) –2; 4

8. a) 2; 7
b) –18; 2
c) 2; 3
d) –13; 1; 2; 7

9. Folgende Funktionen besitzen die Nullstelle $x_1 = -3$. Berechnen Sie die anderen mithilfe der Polynomdivision und geben Sie alle Nullstellen an.

a) $f(x) = x^2 - 24x - 81$

b) $f(x) = 3x^4 - 3x^3 - 36x^2$

c) $f(x) = -x^3 - x^2 + 4x - 6$

d) $f(x) = x^3 - 7x + 6$

10. Das Schaubild einer ganzrationalen Funktion dritten Grades berührt die x-Achse bei $x_1 = 2$ und schneidet die x-Achse bei $x_2 = 4$.

a) Geben Sie die Funktionsgleichung für die Schar aller Kurven an.

b) Ein Schaubild verläuft durch den Punkt (0|8). Geben Sie die zugehörige Funktionsgleichung an.

11. Über eine 80 m tiefe Schlucht führt eine Brücke **(Bild 1).** Der Profilverlauf der Schlucht unterhalb der Brücke entspricht der Funktion mit $f(x) = 0{,}0025x^3 - 0{,}3x^2 + 9x$. Eine Längeneinheit entspricht 1 m.

Berechnen Sie den Definitionsbereich für die Funktion und bestimmen Sie die Länge der Brücke.

12. Berechnen Sie die exakten Werte der Nullstellen bei folgenden Funktionen.

a) $f(x) = e^{0{,}2x} - 2$

b) $f(x) = 0{,}5e^{-3x} - 4$

c) $f(x) = 5 \cdot e^{-2x} - 5 \cdot e^{-2}$

d) $f(x) = -e^2 - e^x + 3 \cdot e^x$

e) $f(x) = x^4 - 4x^2 + 4$

f) $f(x) = x^4 - 225$

13. Gegeben sind die Schaubilder von ganzrationalen Funktionen 3. Grades **(Bild 2).** Ermitteln Sie Funktionsgleichung von **a)** K_f, **b)** K_g und **c)** K_h.

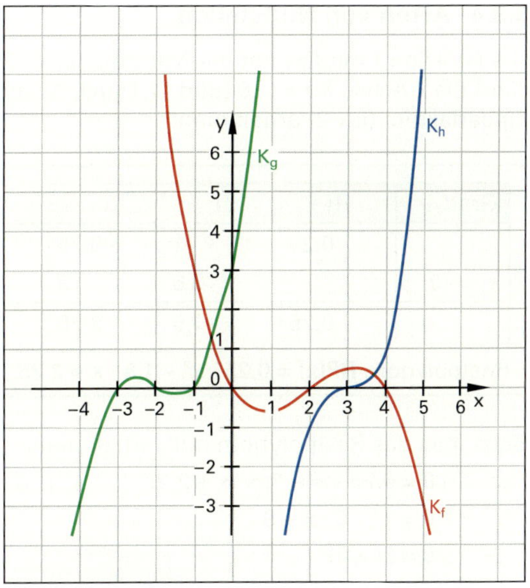

Bild 2: Schaubilder

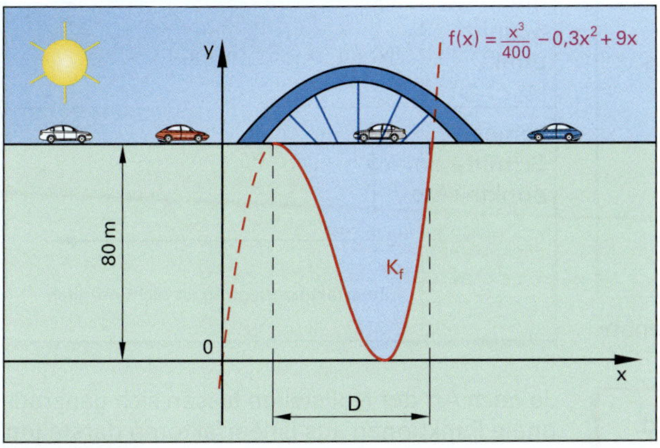

Bild 1: Brücke

Lösungen Übungsaufgaben

9. a) –3; 27

b) –3; 0; 4

c) –3

d) –3; 1; 2

10. a) $f(x) = a \cdot (x^3 - 8x^2 + 20x - 16)$

b) $f(x) = -\frac{x^3}{2} + 4x^2 - 10x + 8$

11. Definitionsbereich:

$x \in [20; 80]$; $b = 60$ m

12. a) $5 \cdot \ln 2$ **b)** $-\frac{1}{3} \ln 8$

c) 1 **d)** $\ln 0{,}5 + 2$

e) $-\sqrt{2}$; $\sqrt{2}$ **f)** $-\sqrt{15}$; $\sqrt{15}$

13. a) $f(x) = -0{,}2x^3 + 1{,}2x^2 - 1{,}6x$

b) $g(x) = 0{,}5x^3 + 3x^2 + 5{,}5x + 3$

c) $h(x) = x^3 - 9x^2 + 27x - 27$

3.3.4 Arten von Nullstellen

Die Funktion f mit f(x) hat die Nullstelle $x_1 = -2$ und berührt die x-Achse für $x > 0$ **(Bild 1)**. Durch Abspalten des Linearfaktors (x + 2) erhält man:

Grad	III	II	I	0
	0,25	–1	–0,75	4,5
$x_1 = -2$:		–0,5	3	–4,5
	0,25	–1,5	2,25	0

Restpolynom **RP(x) = 0,25 · x² – 1,5 · x + 2,25**

Setzt man das Restpolynom null, erhält man:

$$0 = 0{,}25 \cdot x^2 - 1{,}5 \cdot x + 2{,}25 \qquad | \cdot 4$$
$$0 = x^2 - 6 \cdot x + 9$$
$$0 = (x-3)^2$$
$$0 = (x-3) \cdot (x-3) \Rightarrow x_B = 3$$

Für den Berührpunkt B (3|0) erhält man den Achsenabschnitt $x_B = 3$ doppelt.

> An einer doppelten Nullstelle liegt ein Berührpunkt mit der x-Achse (y = 0).

Die Funktion g mit

$$g(x) = 0{,}5 \cdot x^4 - 0{,}5 \cdot x^3 - 1{,}5 \cdot x^2 + 2{,}5 \cdot x - 1$$

berührt ebenfalls die x-Achse für $x > 0$, hat aber im Berührpunkt einen Vorzeichenwechsel **(Bild 1)**. Ein Berührpunkt auf der x-Achse mit Vorzeichenwechsel heißt Sattelpunkt oder Terrassenpunkt. Spaltet man von g(x) den Linearfaktor (x + 2) ab, erhält man:

Grad	IV	III	II	I	0
	0,5	–0,5	–1,5	2,5	–1
$x_1 = -2$:		–1	3	–3	1
RP(x)	0,5	–1,5	1,5	–0,5	0

Restpolynom **RP(x) = 0,5 · x³ – 1,5 · x² + 1,5 · x – 0,5**

Beispiel 1: Sattelpunkt

Berechnen Sie die x-Koordinate des Sattelpunktes.

Lösung:

$$0 = 0{,}5 \cdot x^3 - 1{,}5 \cdot x^2 + 1{,}5 \cdot x - 0{,}5 \qquad | \cdot 2$$
$$= x^3 - 3 \cdot x^2 + 3 \cdot x - 1$$
$$= (x-1)^3$$
$$= (x-1) \cdot (x-1) \cdot (x-1) \qquad \Rightarrow x_{SP} = 1$$

Für den Sattelpunkt SP (1|0) erhält man den Achsenabschnitt $x_{SP} = 1$ dreifach.

> An einer dreifachen Nullstelle liegt ein Sattelpunkt.

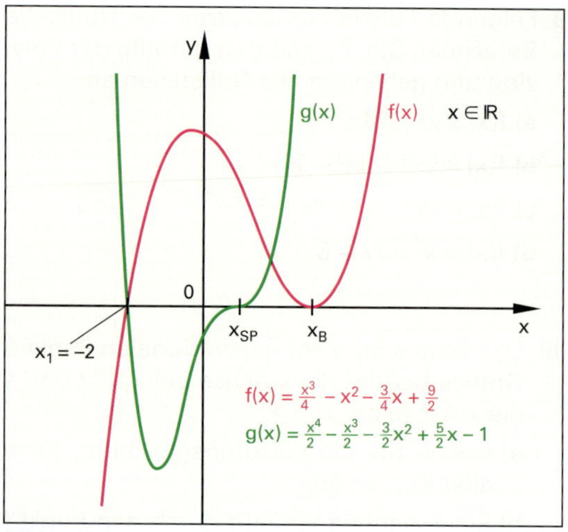

Bild 1: Kurven mit Berührpunkten auf der x-Achse

Tabelle 1: Linearfaktorzerlegung von Kurven 4. Grades

Nullstellen	Schaubild, Gleichung
4 Schnittpunkte	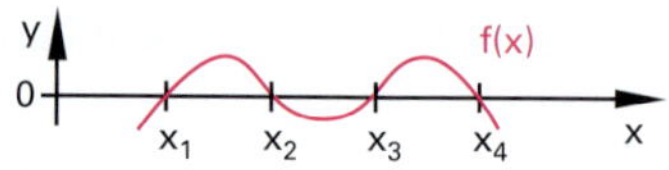 $f(x) = a \cdot (x - x_1) \cdot (x - x_2) \cdot (x - x_3) \cdot (x - x_4)$
2 Schnittpunkte, 1 Berührpunkt	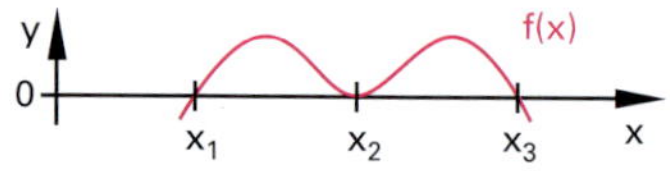 $f(x) = a \cdot (x - x_1) \cdot (x - x_2)^2 \cdot (x - x_3)$
2 Berührpunkte	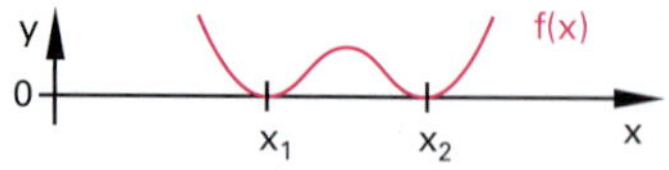 $f(x) = a \cdot (x - x_1)^2 \cdot (x - x_2)^2$
Sattelpunkt und Schnittpunkt	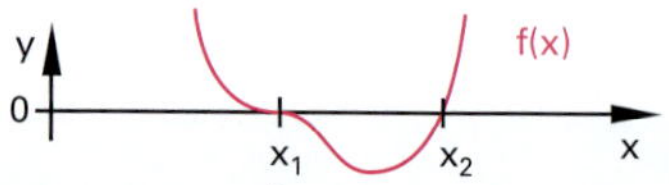 $f(x) = a \cdot (x - x_1)^3 \cdot (x - x_2)$
keine Schnittpunkte	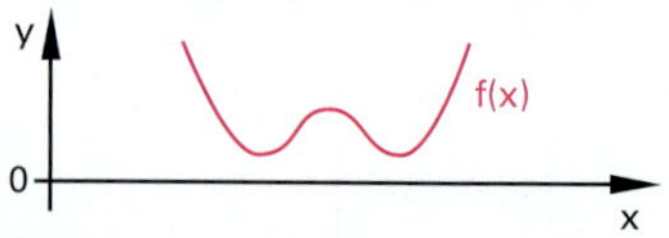 Linearfaktorzerlegung ist nicht möglich

Je nach Art der Nullstellen lassen sich ganzrationale Funktionen aus Linearfaktoren darstellen **(Tabelle 1)**.

Überprüfen Sie Ihr Wissen!

Beispielaufgaben

Arten von Nullstellen

1. Berechnen Sie den Berührpunkt mit y = 0 von $f(x) = x^3 - 9 \cdot x^2 + 26{,}25 \cdot x - 25$ mit $x_1 = 4$ ($x \in \mathbb{R}$).

2. Berechnen Sie den Sattelpunkt von $f(x) = \frac{x^4}{6} - \frac{x^3}{2} - x^2 + \frac{14}{3}x - 4$ mit $x_1 = -3$ ($x \in \mathbb{R}$).

Lösungen Beispielaufgaben

Arten von Nullstellen

1. B (2,5|0)

2. SP (2|0)

Übungsaufgaben

1. Prüfen Sie, ob das Schaubild folgender Funktion einen Berührpunkt mit der x-Achse hat.

a) $f(x) = 2x^2 - 6x + 4{,}5$

b) $f(x) = x^2 - 3x + 3{,}25$

c) $f(x) = -4x^2 - 20x - 25$

d) $f(x) = -0{,}5x \cdot (x^2 - 2{,}25)$

2. Prüfen Sie, ob das Schaubild folgender Funktion einen Sattelpunkt auf der x-Achse hat.

a) $f(x) = x^3 - 8$

b) $f(x) = (x - 2)^3$

c) $f(x) = -0{,}25x \cdot (x - 2{,}5)^3$

d) $f(x) = x^3 - 3x^2 + 3x - 1$

e) $f(x) = -x^3 + 27$

f) $f(x) = -x^3 + 9x^2 - 27x + 27$

3. Zeigen Sie, dass das Schaubild folgender Funktion einen Berührpunkt mit der x-Achse hat.

a) $f(x) = 2x^3 - 6x^2 - 7{,}5x + 25$
an der Stelle $x = 2{,}5$

b) $f(x) = \frac{x^3}{4} + \frac{11}{8}x^2 - x - 10$
an der Stelle $x = -4$

c) $f(x) = 5x^3 + 13x^2 - 52{,}8x + 36$
an der Stelle $x = 1{,}2$

Lösungen Übungsaufgaben

1. a) B (1,5|0)

b) keine Nullstellen

c) B (–2,5|0)

d) kein Berührpunkt

2. a) kein Sattelpunkt

b) SP (2|0)

c) SP (–2,5|0)

d) SP (1|0)

e) kein Sattelpunkt

f) SP (3|0)

3. a) B (2,5|0)

b) B (–4|0)

c) B (1,2|0)

4. Zeigen Sie, dass das Schaubild folgender Funktion einen Sattelpunkt mit der x-Achse hat.

a) $f(x) = 2x^3 + 15x^2 + 37{,}5x + 31{,}25$
an der Stelle $x = -2{,}5$

b) $f(x) = \frac{x^3}{4} + 3x^2 - 12x - 16$
an der Stelle $x = -4$

c) $f(x) = 6x^3 - 6x^2 + 2x - \frac{2}{9}$
an der Stelle $x = \frac{1}{3}$

d) $f(x) = \frac{x^4}{4} - \frac{3}{4}x^3 - 1{,}5x^2 + 7x - 6$
an der Stelle $x = 2$

e) $f(x) = 3x^4 + 6x^3 - 6x - 3$
an der Stelle $x = -1$

5. Die Schaubilder der Funktionen f mit $f(x) = -x^2 + 4$ und g mit $g(x) = -2x + 5$ berühren sich im 1. Quadranten im Punkt B (1|3) **(Bild 1).**

a) Zeigen Sie, dass beide Schaubilder durch den Punkt B gehen.

b) Geben Sie die Funktionsgleichung $d(x) = g(x) - f(x)$ der Differenzfunktion d (Bild 1).

c) Zeigen Sie, dass an der gleichen Stelle x, an welcher sich die Funktionen f und g berühren, die Differenzfunktion d einen Berührpunkt mit der x-Achse hat.

6. Die Funktion f mit $f(x) = x^2 - 2$ und die Funktion g mit $g(x) = -x^2 + 4x - 4$ berühren sich im 4. Quadranten. Bestimmen Sie mithilfe der Differenzfunktion den Berührpunkt B.

7. Die Seitenteile des Stuhles aus **Bild 2** sind aus Metall gefertigt. Die Profillinien f, g und h entsprechen im Intervall [0; 4] den Schaubildern der Funktionen mit

- $f(x) = \frac{x^3}{2} - 3x^2 + 6x$
- $g(x) = 1{,}5x$ und
- $h(x) = 6x - 16$. 1 LE ≙ 1dm.

Berechnen Sie die Berührstelle und den Schnittpunkt

a) der Funktionen f und g

b) der Funktionen f und h.

8. Die Sitzfläche s des Stuhls aus Bild 2 mit $s(x) = 4$ ist in der Höhe 40 cm an dem Metallrohr f befestigt. Zeigen Sie mithilfe der Differenzfunktion $d(x) = f(x) - s(x)$, dass das Schaubild von f in Höhe der Sitzfläche einen Sattelpunkt hat.

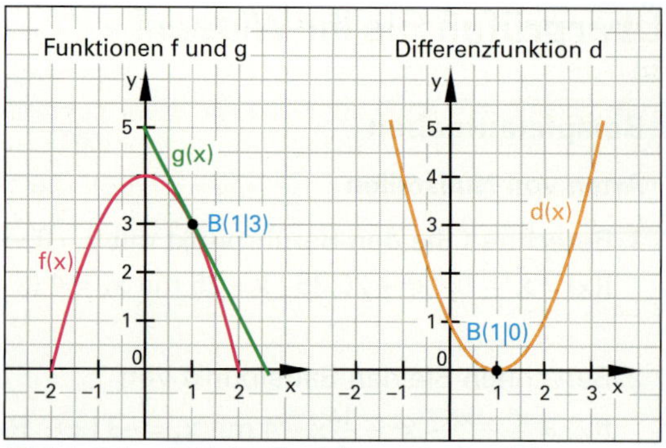

Bild 1: Schaubild der Funktionen f, g und d

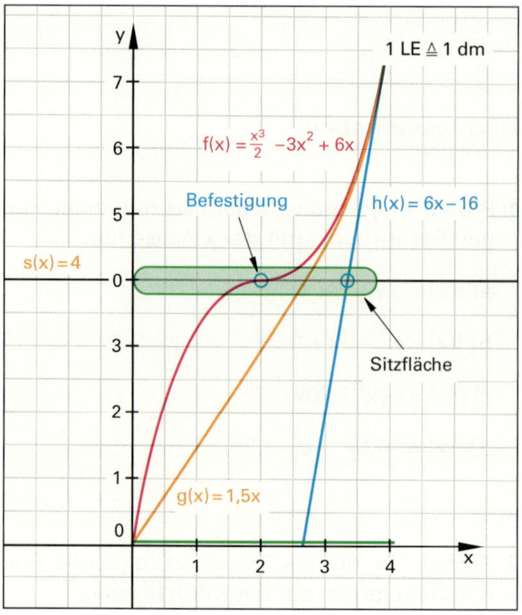

Bild 2: Stuhl mit Metallgestell

Lösungen Übungsaufgaben

4. a) SP (−2,5|0) **b)** SP (−4|0)
c) SP $\left(\frac{1}{3}\middle|0\right)$ **d)** SP (2|0)
e) SP (−1|0)

5. a) f(1) = 3 und g(1) = 3
b) $d(x) = x^2 - 2x + 1$
c) B (1|0)

6. B (1|−1)

7. a) B (3|4,5) **b)** B (4|8)

8. SP (2|0)

3.3.5 Numerische Methoden

Rechnerische Lösungen von Gleichungen sind nicht immer möglich. Aus diesem Grund benötigt man Verfahren, mit denen man die Lösung einer Gleichung näherungsweise bestimmen kann. Schneidet das Schaubild einer Funktion die x-Achse, dann gilt der Nullstellensatz.

Anschaulich wird klar, wenn f auf [a; b] stetig ist, muss das Schaubild von f an irgendeiner Stelle x_0 die x-Achse schneiden **(Bild 1)**. Um diese Nullstelle zu bestimmen, gibt es verschiedene Verfahren.

Beispiel 1: Nullstellenermittlung

Die Funktion mit $f(x) = x + e^x$; $x \in \mathbb{R}$ soll auf Nullstellen untersucht werden. Dabei stellt man fest, dass die zu bestimmende Gleichung $f(x) = 0 \Leftrightarrow x + e^x = 0$ rechnerisch nicht möglich ist.

Lösung:
Berechnet man die Funktionswerte an verschiedenen Stellen, kann die Nullstelle „eingekreist" werden.

x	–2	–1	0
f(x)	–1,86	–0,63	+1
Vorzeichen	$f(x) < 0$	$f(x) < 0$	$f(x) > 0$

Vorzeichenwechsel der Funktionswerte im Intervall $x \in]-1; 0[$, d. h. die Nullstelle muss zwischen –1 und 0 liegen.

Intervallhalbierungsverfahren

Halbiert man das bestimmte Intervall [a; b] in der Intervallmitte m, dann muss die Nullstelle entweder links oder rechts von m liegen. Anhand des Funktionswertes von f(m) kann nachgeprüft werden, in welcher Intervallhälfte sich die gesuchte Nullstelle befindet. Auf gleiche Weise werden alle weiteren Intervalle halbiert, bis die gewünschte Genauigkeit erreicht ist.

Berechnungsschema für Beispiel 1:

a_n	m_n	b_n	$f(m_n)$
–1	–0,5	0	+0,165
–1	–0,75	–0,5	–0,278
–0,75	–0,625	–0,5	–0,0897
–0,625	–0,5625	–0,5	+ 0,00728
–0,625	–0,59375	–0,5625	–0,0415
–0,59375	–0,578125	–0,5625	–0,0172
–0,578125	–0,5703125	–0,5625	0,00497
–0,5703125	–0,56640625	–0,5625	+0,00116

a_n Untere Intervallgrenze des Intervalls $I_n = [a_n; b_n]$
b_n Obere Intervallgrenze des Intervalls $I_n = [a_n; b_n]$
m_n Intervallmitte des Intervalls $I_n = [a_n; b_n]$

Die numerische Mathematik wird hauptsächlich für die approximative Berechnung von Lösungen mithilfe von Computern angewandt.

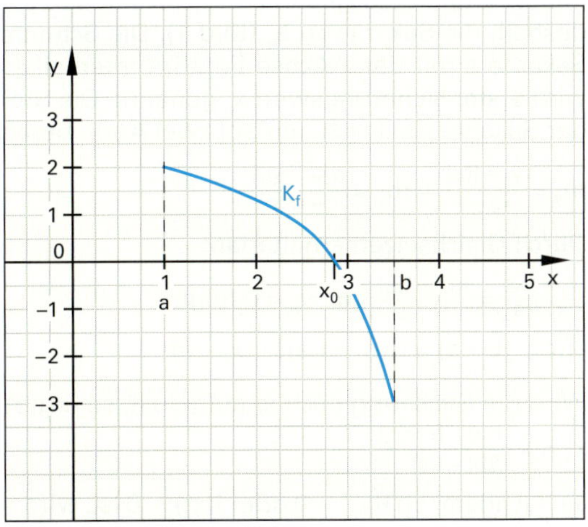

Bild 1: Nullstellenermittlung

Nullstellensatz

Ist f eine auf dem Intervall [a; b] stetige Funktion und haben die Funktionswerte f(a) und f(b) verschiedene Vorzeichen, dann gibt es mindestens eine Nullstelle zwischen a und b.

Intervallhalbierungsverfahren

Gilt in einem Intervall [a; b] $f(a) < 0$ und $f(b) > 0$ und für die Intervallmitte m:

$m = \frac{a+b}{2}$, dann folgt für den Funktionswert:

$f(m) = f\left(\frac{a+b}{2}\right)$.

Ist $f(m) < 0$, dann ersetze a durch m.

Ist $f(m) > 0$, dann ersetze b durch m.

m Intervallmitte von [a; b]
f(m) Funktionswert der Intervallmitte

Beim Intervallhalbierungsverfahren sind viele Berechnungen notwendig, um einen brauchbaren Näherungswert zu erhalten; d. h. dieses Verfahren konvergiert sehr langsam.

Sekantenverfahren

Bei allen Näherungsverfahren muss in der ersten Näherung das Intervall bestimmt werden, in dem sich die gesuchte Nullstelle befindet. Die Punkte auf dem Schaubild der Funktion f an den Randstellen des Intervalls sind dann P $(a|f(a))$ und Q $(b|f(b))$. Die Gerade s durch die Punkte P und Q „schneidet" das Schaubild von f und ist deshalb die Sekante zu K_f **(Bild 1).** Die Schnittstelle der Sekante s mit der x-Achse liegt im Intervall [a; b] und wird erster Näherungswert x_s genannt. Die Steigung m_s der Sekante lässt sich nun auf zwei Arten berechnen:

$$m_s = \frac{y_s - f(a)}{x_s - a} \wedge m_s = \frac{f(b) - f(a)}{b - a}$$

Durch Gleichsetzen erhält man:

$$\frac{y_s - f(a)}{x_s - a} = \frac{f(b) - f(a)}{b - a} \text{ mit } y_s = 0 \text{ folgt:}$$

$$-f(a) \cdot (b - a) = (f(b) - f(a)) \cdot (x_s - a)$$

Wird die Gleichung nach x_s aufgelöst, so ergibt sich:

$$x_s = \frac{a \cdot f(b) - b \cdot f(a)}{f(b) - f(a)}$$

Je nachdem, ob $f(x_s) > 0$ oder $f(x_s) < 0$ ist, wird entweder a oder b durch x_s ersetzt.

Tabelle 1: Sekantenverfahren

Gilt für eine im Intervall [a; b] stetige Funktion f: $f(a) < 0$ und $f(b) > 0$, dann hat f mindestens eine Nullstelle x_0 und die Sekante s durch die Punkte P und Q die Nullstelle x_s.

Punkte	P $(a\|f(a))$; Q $(b\|(b))$
Sekantensteigungen	$m_s = \frac{f(b) - f(a)}{b - a}$ bzw. $m_s = \frac{y_s - f(a)}{x_s - a}$
Sekantengleichungen	$x_s = a - \frac{(b - a)}{f(b) - f(a)} \cdot f(a)$ $x_s = \frac{a \cdot f(b) - b \cdot f(a)}{f(b) - f(a)}$

m_s Sekantensteigung x_s Nullstelle der Sekante
x_0 Nullstelle von f

Beispiel 1: Sekantenverfahren

Die Nullstelle der Funktion $f(x) = x + e^x$; $x \in \mathbb{R}$ soll mithilfe des Sekantenverfahrens näherungsweise bestimmt werden **(Bild 1).**

Lösung:

Aus Beispiel 1 beim Intervallhalbierungsverfahren entnehmen wir, dass die Nullstelle im Intervall $x \in [-1; 0]$ liegen muss.

Ähnlich wie beim Intervallhalbierungsverfahren wird aus Übersichtsgründen ein Berechnungsschema aufgestellt. Anhand des Funktionswertes von $f(x_s)$ kann nachgeprüft werden, in welcher Intervallhälfte sich die gesuchte Nullstelle befindet. Auf gleiche Weise werden alle weiteren Näherungswerte von x_s ermittelt, bis die gewünschte Genauigkeit erreicht ist.

Berechnungsschema:

a_n	x_s	b_n	$f(x_s)$
–1	**–0,6127**	0	–0,07
–0,6127	–0,5722	0	–0,008
–0,5722	–0,56766	0	–0.008
–0,56766	–0,56721	0	–0,0001
–0,56721	0,56715	0	–0,00001

a_n Untere Intervallgrenze des Intervalls $I_n = [a_n; b_n]$

b_n Obere Intervallgrenze des Intervalls $I_n = [a_n; b_n]$

$f(x_s)$ Funktionswert an der Sekantennullstelle x_s im $[a_n; b_n]$

Beim Sekantenverfahren erhält man in der Regel eine schnellere Konvergenz, d.h. die Nullstelle ist mit weniger Rechenschritten bei einem brauchbaren Näherungswert.

Das Sekantenverfahren ist auch unter dem Namen „regula falsi" (die falsche Regel) bekannt.

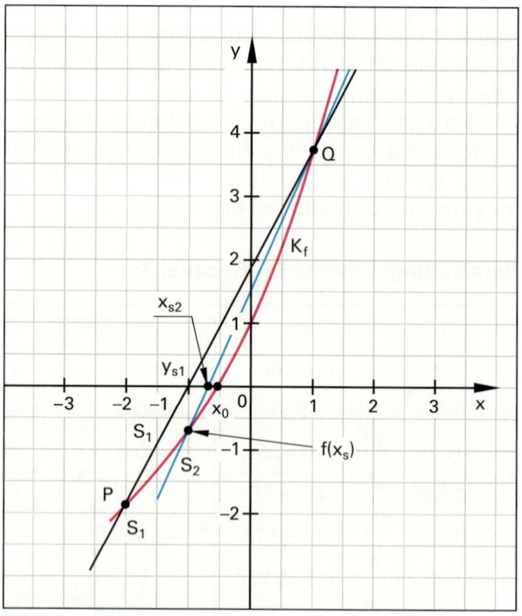

Bild 1: Sekantenverfahren

Das Sekantenverfahren wird zur näherungsweisen Lösung von Gleichungen f(x) = 0 verwendet, wobei keine Ableitung der Funktion berechnet werden muss.

3.4 Eigenschaften von Funktionen

3.4.1 Symmetrie bei Funktionen

Untersuchungen von Funktionen werden erheblich vereinfacht, wenn man erkennt, dass das Schaubild symmetrisch ist **(Tabelle 1)**.

Beispiel 1: Achsensymmetrie zur y-Achse

Zeigen Sie, dass das Schaubild **(Bild 1, links)** der Funktion f mit $f(x) = \frac{1}{2}x^2 + 1$; $x \in \mathbb{R}$ achsensymmetrisch zur y-Achse ist.

Lösung:

$f(-x) = \frac{1}{2}(-x)^2 + 1 = \frac{1}{2}x^2 + 1 = f(x)$ für $x \in \mathbb{R}$ **erfüllt.**

Beispiel 2: Achsensymmetrie zu einer parallelen Gerade zur y-Achse

Zeigen Sie, dass das Schaubild **(Bild 1, rechts)** der Funktion f mit $f(x) = (x - 2)^2 + 3$; $x \in \mathbb{R}$ achsensymmetrisch zur Geraden x = 2 ist.

Lösung:

$f(x_s - x) = f(2 - x) = -(2 - x - 2)^2 + 3 = -x^2 + 3$

$f(x_s + x) = f(2 + x) = -(2 + x - 2)^2 + 3 = -x^2 + 3$

$\Rightarrow f(x_s - x) = f(x_s + x)$ für $x \in \mathbb{R}$ **erfüllt.**

Haben ganzrationale Funktionen nur gerade Exponenten von x, so sind sie achsensymmetrisch zur y-Achse (x = 0).

Beispiel 3: Punktsymmetrie zum Ursprung O (0|0)

Zeigen Sie, dass das Schaubild der Funktion f mit $f(x) = \frac{1}{2}x^3$; $x \in \mathbb{R}$ punktsymmetrisch zu O (0|0) ist.

Lösung: **Bild 2**

$f(-x) = -\frac{1}{2}(-x)^3 = -\frac{1}{2}x^3 = -f(x)$ für $x \in \mathbb{R}$ **erfüllt.**

Beispiel 4: Punktsymmetrie zum Punkt S (x_s|y_s)

Zeigen Sie, dass das Schaubild der Funktion g mit $g(x) = -\frac{1}{2}(x - 2)^3 + 1$; $x \in \mathbb{R}$ punktsymmetrisch zum Punkt S(2|1) ist.

Lösung: **Bild 2**

Mit $x_s = 2$ und $g(x_s) = 1$ für $x \in \mathbb{R}$ ist zu zeigen:

$g(x_s - x) + g(x_s + x) - 2 \cdot g(x_s) = 0$

$g(2 - x) = -\frac{1}{2}(2 - x - 2)^3 + 1 = \frac{1}{2}x^3 + 1$

$g(2 + x) = -\frac{1}{2}(2 + x - 2)^3 + 1 = -\frac{1}{2}x^3 + 1$

$g(2) = 1$

$\Rightarrow \left(\frac{1}{2}x^3 + 1\right) + \left(-\frac{1}{2}x^3 + 1\right) - 2 \cdot (1) = 0$ **erfüllt.**

Tabelle 1: Symmetriearten

Art	Bedingungen
Achsensymmetrie zur y-Achse x = 0	$f(-x) = f(x)$ für alle $x \in D$
Achsensymmetrie zur Geraden $x = x_s$	$f(x_s - x) = f(x_s + x)$ für alle $x \in D$
Punktsymmetrie zum Ursprung O (0|0)	$f(-x) = -f(x)$ für alle $x \in D$
Punktsymmetrie zu einem beliebigen Punkt S (x_s|$f(x_s)$)	$f(x_s - x) - f(x_s) = f(x_s) - f(x_s + x)$ für alle $x \in D$

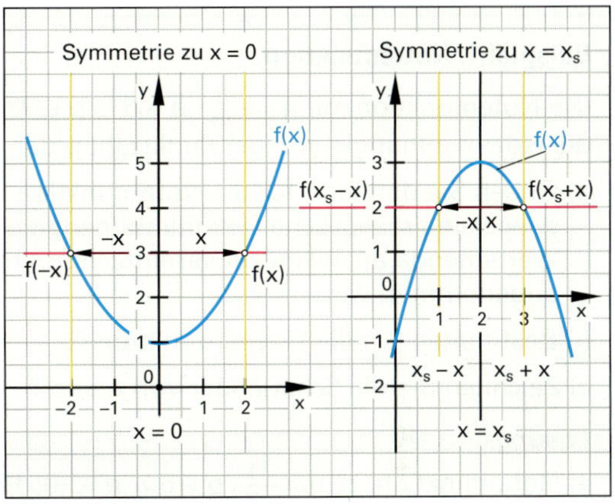

Bild 1: Achsensymmetrie

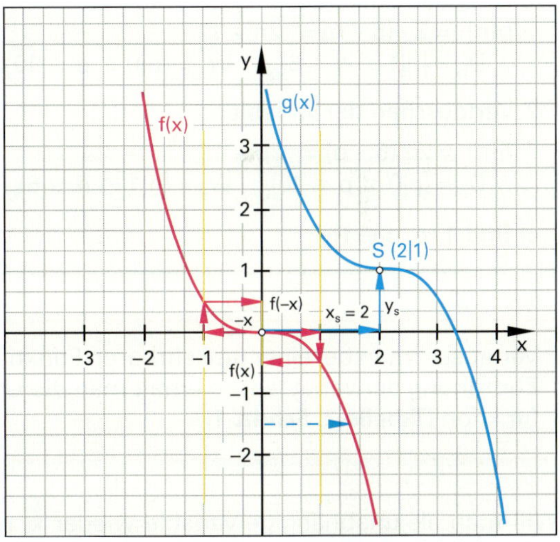

Bild 2: Punktsymmetrie zum Ursprung O (0|0) und Punktsymmetrie zum Punkt S (2|1)

Haben ganzrationale Funktionen von x nur ungerade Exponenten, so sind sie punktsymmetrisch zum Ursprung O (0|0).

3.4.2 Umkehrfunktionen

Gerade und ihre Umkehrfunktion

Bei einem linearen Notenschlüssel wird jedem Notenpunkt p die entsprechende Note n zugeordnet. Die Note n lässt sich mit einer linearen Funktion n berechnen. Für die Funktion n mit

$n = -\frac{5}{m} \cdot p + 6 \wedge p \in [0; m]; \qquad m > 0$

bedeutet m die maximal erreichbare Anzahl von Punkten und p die tatsächlich vergebenen Punkte. Ihr Schaubild stellt eine Gerade bzw. eine Strecke bei beschränkter Definitionsmenge dar. Häufig interessiert es, welche Punktzahl für eine bestimmte Note nötig ist. Dazu wird die Gleichung nach p umgestellt. Es entsteht die Funktion p von n, die Umkehrfunktion p.

$p = (6 - n) \cdot \frac{m}{5} \wedge n \in [0; 6]; m > 0$ **(Tabelle 1).**

Beispiel 1: Notenfunktion

Die Notenfunktion mit $n = -\frac{5}{m} \cdot p + 6 \wedge p \in \mathbb{Q}_+$ stellt die Note n abhängig von der Punktzahl p dar.

a) Geben Sie den Term für die Notenfunktion n sowie eine realistische Definitionsmenge und Wertemenge an, wenn zur Vereinfachung m = 10 angenommen wird.

b) Bestimmen Sie die Umkehrfunktion $\bar{n}$.

c) Zeichnen Sie die Schaubilder von n und $\bar{n}$.

Lösung:

a) Notenfunktion: $n(p) = -\frac{1}{2} \cdot p + 6 \wedge p \in \{0; 10\}_{\mathbb{Q}}$

$\Rightarrow D_p = \{0 \leq p \leq 10\}_{\mathbb{Q}}; \quad W_n = \{n(p) | 1 \leq n \leq 6\}_{\mathbb{Q}}$

b) Funktionsterm von p(n): **Tabelle 2**

1. Umstellen nach p:
$p(n) = 2 \cdot (6 - n) = -2n + 12$
$\wedge D_p = \{n | 1 \leq n \leq 6\}_{\mathbb{Q}}; \quad W_p = \{p | 0 \leq p \leq 10\}_{\mathbb{Q}}$

2. Vertauschen der Variablen:
$\bar{n}(p) = 2 \cdot (6 - p) = -2p + 12$
$\wedge D_{\bar{n}} = \{p | 0 \leq p \leq 10\}_{\mathbb{Q}}; \quad W_{\bar{n}} = \{\bar{n} | 1 \leq \bar{n} \leq 6\}_{\mathbb{Q}}$

c) **Bild 1** ($p, n \in \mathbb{R}_+$)

Vertauscht man bei einer umkehrbaren Funktion f die Zuordnung der Variablen, so erhält man die Umkehrfunktion **(Tabelle 2, Schritt 1).**

Will man als unabhängige Variable wieder x, muss die Funktionsgleichung nach y umgestellt werden **(Tabelle 2, Schritt 2).** Die Gleichung der Umkehrfunktion liegt dadurch in der Form $\bar{y} = \bar{f}(x)$ vor.

Das Schaubild der Umkehrfunktion $\bar{f}$ erhält man grafisch durch Spiegelung des Schaubildes von f an der ersten Winkelhalbierenden y = x.

Tabelle 1: Funktionen und ihre Umkehrfunktionen

Funktion f(x) =	$D_f; W_f$	Umkehrfunktion $\bar{f}(x)$ =	$D_{\bar{f}}; W_{\bar{f}}$
$a \cdot x + b$	$D_f = \mathbb{R}$; $W_f = \mathbb{R}$	$\frac{1}{a} \cdot x - \frac{b}{a}$; $a \neq 0$	$D_{\bar{f}} = \mathbb{R}$; $W_{\bar{f}} = \mathbb{R}$
x^2	$D_f = \mathbb{R}_+$; $W_f = \mathbb{R}_+$	$\sqrt{x}$	$D_{\bar{f}} = \mathbb{R}_+$; $W_{\bar{f}} = \mathbb{R}_+$
sin x	$D_f = \left[-\frac{\pi}{2}; \frac{\pi}{2}\right]$; $W_f = [-1; 1]$	arcsin x	$D_{\bar{f}} = [-1; 1]$; $W_{\bar{f}} = \left[-\frac{\pi}{2}; \frac{\pi}{2}\right]$
e^x	$D_f = \mathbb{R}$; $W_f = \mathbb{R}^*_+$	ln x	$D_{\bar{f}} = \mathbb{R}^*_+$; $W_{\bar{f}} = \mathbb{R}$

Tabelle 2: Schrittweises Vorgehen

Schritt	Vorgang	Schreibweise
1	Die Variablen x und y vertauschen	$y = f(x) \Rightarrow x = \bar{f}(y)$
2	Gleichung nach y umformen	$x = \bar{f}(y) \Rightarrow \bar{y} = \bar{f}(x)$

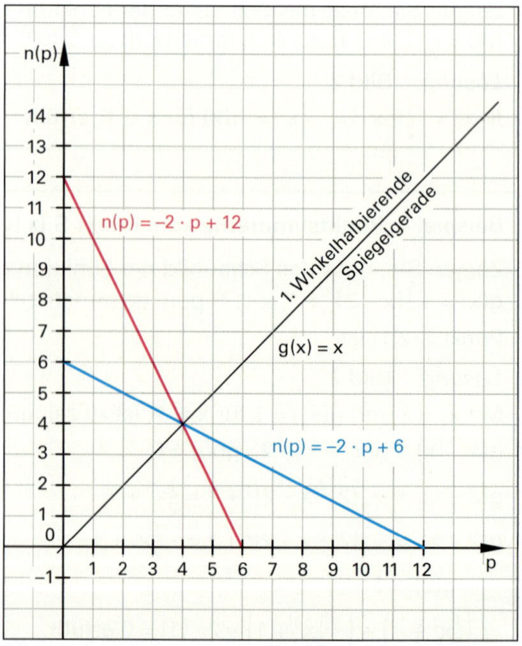

Bild 1: Notenfunktion und ihre Umkehrfunktion

Parabel und ihre Umkehrfunktion

Die Gleichung der Parabel $y = x^2$ stellt für $D = \mathbb{R}$ keine umkehrbar eindeutige Zuordnung dar. Dies kann an ihrem Schaubild gezeigt werden. Vertauscht man die Variablen, so erhält man die Gleichung einer Umkehrrelation $x = y^2$ **(Bild 1)**.

Schneidet eine zur x-Achse parallele Gerade das Schaubild der umzukehrenden Funktion mehr als einmal, so ist diese nicht umkehrbar.

Durch Beschränkung der Definitionsmenge kann eine streng monotone Funktion umkehrbar gemacht werden. Wird bei der Parabel in **Bild 1** die Definitionsmenge auf $\mathbb{R}_+$ oder R_- eingeschränkt, ist die Zuordnung eineindeutig und die Umkehrfunktion existiert **(Bild 2)**.

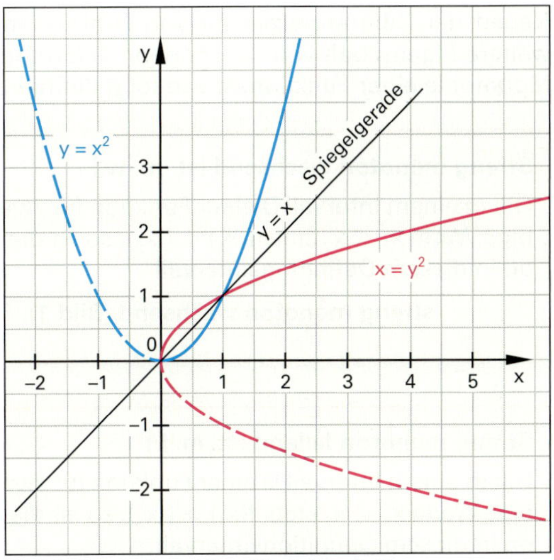

Bild 1: Parabel und ihre Umkehrrelation

Beispiel 1: Quadratische Funktion

Gegeben ist über $D = \mathbb{R}$ die Gleichung der Funktion f mit $f(x) = \frac{1}{2}x^2 + 1$.

a) Untersuchen Sie, ob f umgekehrt werden kann und geben Sie die Wertemenge W an.

b) Bestimmen Sie die Gleichung der Umkehrfunktion $\bar{f}$ und geben Sie deren Definitionsmenge $D_{\bar{f}}$ und Wertemenge $W_{\bar{f}}$ an.

c) Zeichnen Sie die Schaubilder von f und $\bar{f}$ mithilfe der Spiegelgeraden $y = x$.

d) Geben Sie die zweite mögliche Umkehrfunktion an.

Lösung:

a) Die Funktion f ist für $D = \mathbb{R}$ nicht umkehrbar, da ihre Zuordnung nicht umkehrbar eindeutig ist. Durch Einschränkung der Definitionsmenge auf positive reelle Zahlen wird diese Funktion umkehrbar und es gilt:
$f(x) = \frac{1}{2}x^2 + 1 \wedge D_f = \mathbb{R}_+; W_f = \{y | y \geq 1\}_{\mathbb{R}}$

b) Umkehrfunktion von f in drei Schritten:

1. Vertauschen der Variablen:
$f(x) = \frac{1}{2}x^2 + 1 \Rightarrow \bar{f}(y) = x = \frac{1}{2}y^2 + 1$

2. Umstellung der Gleichung nach y:
$y^{-2} = 2 \cdot (x - 1) \Leftrightarrow |\bar{f}(x)| = \sqrt{2 \cdot (x - 1)}$
$\Leftrightarrow \bar{f}(x) = \sqrt{2 \cdot (x - 1)} \vee \bar{f}(x) = -\sqrt{2 \cdot (x - 1)}$

3. Auswahl der entsprechenden Umkehrfunktion:
Wegen $D_{\bar{f}} = \{x | x \geq 1\}_{\mathbb{R}} = W_f$ und $W_{\bar{f}} = D_f = R_+$ folgt,
$\bar{f}(x) = \sqrt{2 \cdot (x - 1)}$ ist die gesuchte Umkehrfunktion.

c) die grafische Umkehrung von f entspricht der Spiegelung an der 1. Winkelhalbierenden $y = x$ **(Bild 2)**.

d) Aus b) Punkt 2 folgt:
$\bar{f}(x) = \sqrt{2(x - 1)}$; $D_{\bar{f}} = \{x | x \geq 1\}_{\mathbb{R}}$; $\mathbf{W_{\bar{f}} = \mathbb{R}}$

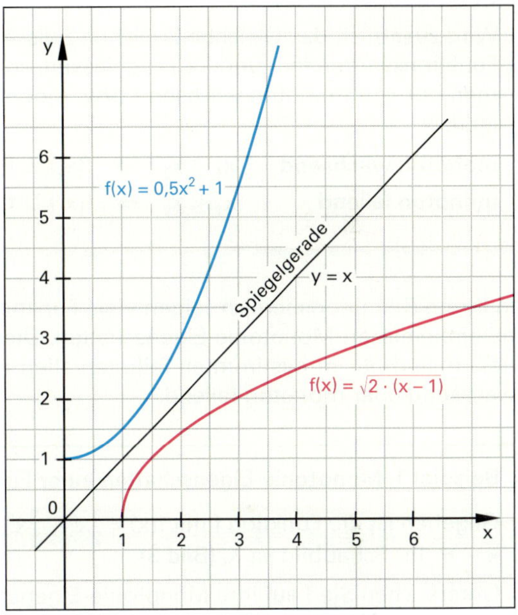

Bild 2: Parabel und ihre Umkehrfunktion

Beispiel 2:

a) Bestimmen Sie für die Funktion f mit $f(x) = \sqrt{x - 3} - 2 \wedge D_f = \{x | x \geq 3\}_{\mathbb{R}}$ die Umkehrfunktion und geben Sie **b)** jeweils die maximale Definitions- und Wertemenge an.

Lösung:

a) $\bar{f}(x) = x^2 + 4x + 7 \wedge x \in D_{\bar{f}}$

b) $D_{\bar{f}} = \{x | x \geq -2\}_{\mathbb{R}}$; $W_{\bar{f}} = \{y | y \geq 3\}_{\mathbb{R}}$

3.4.3 Monotonie und Umkehrbarkeit

Neben der Differenzierbarkeit von Funktionen ist eine weitere Eigenschaft von Funktionen die Monotonie. Die Monotonie einer Funktion ist wie folgt definiert:

Streng monoton wachsend (st. m. w.)

Gilt in einem Intervall D einer Funktion für zwei beliebige Werte $x_1 < x_2$ stets $f(x_1) < f(x_2)$, so ist die Funktion in diesem Definitionsintervall

streng monoton wachsend (Bild 1).

Streng monoton fallend (st. m. f.)

Gilt in einem Intervall D einer Funktion für zwei beliebige Werte $x_1 < x_2$ stets $f(x_1) > f(x_2)$, so ist die Funktion in diesem Definitionsintervall

streng monoton fallend (Bild 2).

Wird zusätzlich das Gleichheitszeichen zwischen den Funktionswerten $f(x_1)$ und $f(x_2)$ zugelassen, so spricht man nur von monoton wachsend bzw. monoton fallend.

monoton wachsend $x_1 < x_2 \Rightarrow f(x_1) \leq f(x_2)$

monoton fallend $x_1 < x_2 \Rightarrow f(x_1) \geq f(x_2)$

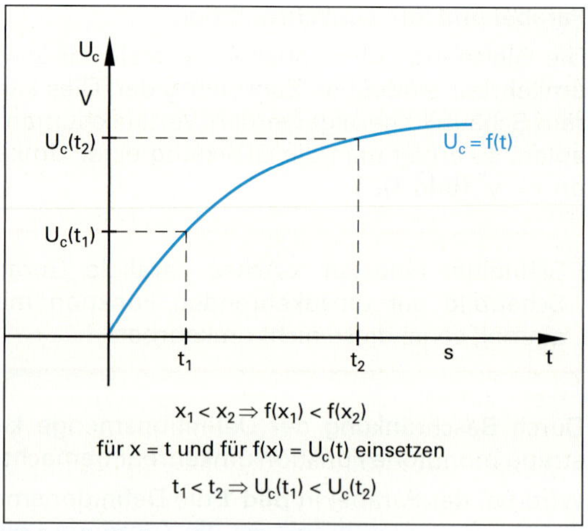

Bild 1: Aufladen eines Kondensators

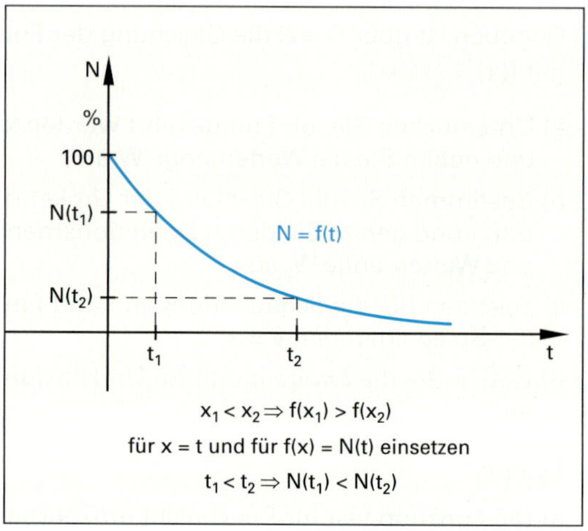

Bild 2: Zerfallsvorgang beim radioaktiven Zerfall

In Ihrem Definitionsbereich zeigen viele Funktionen keine einheitlichen Monotonie-Eigenschaften. Diese Funktionen sind nur in bestimmten Teilintervallen monoton wachsend oder monoton fallend.

Beispiel 1: Monotonie-Eigenschaften einer Funktion

Gegeben ist die Funktion f mit $f(x) = \frac{1}{2}x^3 - \frac{3}{2}x^2 + 2$, $x \in \mathbb{R}$. Ihr Schaubild ist K_f **(Bild 3).**

Untersuchen Sie f auf ihre Monotonie-Eigenschaften. Lesen Sie dazu geeignete Werte aus dem Schaubild K_f ab.

Lösung:

Das Schaubild K_f ist streng monoton wachsend $x > -\infty \rightarrow$ bis zum Hochpunkt H (0|2), also

streng monoton wachsend im Bereich $\{x \leq 0\}_{\mathbb{R}}$.

Das Schaubild K_f ist streng monoton fallend zwischen dem Hochpunkt H (0|2) und dem Tiefpunkt T (2|0), also

streng monoton fallend im Teilintervall $0 \leq x \leq 2$.

Das Schaubild K_f ist streng monoton wachsend vom Tiefpunkt T (2|0) bis $x \rightarrow \infty$, d. h.

streng monoton wachsend im Teilintervall $\{x \geq 2\}$

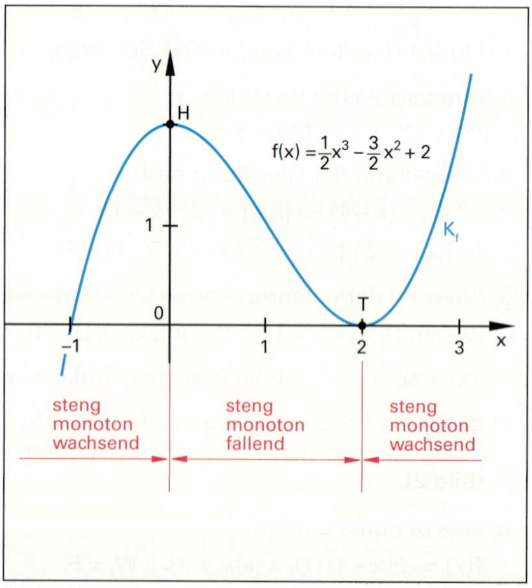

Bild 3: Monotonie-Eigenschaften einer Funktion

Eine Funktion f ist genau dann umkehrbar, wenn sie im Definitionsbereich streng monoton wachsend oder streng monoton fallend ist. Falls die Funktion nur abschnittsweise die Eigenschaft der strengen Monotonie aufweist, kann die Umkehrfunktion über der eingeschränkten Definitionsmenge bestimmt werden. Dies wird an Beispielen der Kreisfunktionen (trigonometrischen Funktionen) gezeigt **(Tabelle 1)**.

Beispiel 1: Kosinusfunktion

Gegeben ist über $D_f = \mathbb{R}$ die Gleichung der Funktion f mit $y = \cos x$; $x \in D_f$.

a) Untersuchen Sie, ob f umgekehrt werden kann und geben Sie die Wertemenge W an.

b) Bestimmen Sie die Gleichung der Umkehrfunktion $\bar{f}$ und geben Sie deren Definitionsmenge $D_{\bar{f}}$ und Wertemenge $W_{\bar{f}}$ an.

Lösung: **Bild 1**

a) Die Funktion ist für $D_f = \mathbb{R}$ nicht eindeutig und damit so nicht umkehrbar. Umkehrbar eindeutig wird sie z. B. für $D_f = [0; \pi]$ mit $W_f = [-1; 1]$.

b) Umkehrfunktion von f: $f(x) = y = \cos x$ in zwei Schritten:

1. Vertauschen der Variablen:

$x = \cos y \Rightarrow \bar{f}(y) = \cos y$

2. Umstellung der Gleichung nach y:

$\arccos(\cos y) = \arccos x \Leftrightarrow y = \arccos x$.

Wegen $D_{\bar{f}} = [-1; 1]$ und $W_{\bar{f}} = [0; \pi]$ folgt:

$\mathbf{\bar{f}(x) = \arccos x}$ mit $x \in D_{\bar{f}}$ und $y \in W_{\bar{f}}$.

So heißt die Umkehrfunktion zur Kosinusfunktion Arkuskosinusfunktion, kurz „arccos“ (Tabelle 1).

Beispiel 2: Tangensfunktion

Die Tangensfunktion mit $f(x) = y = \tan x$ ist abschnittsweise über $D_f =]-z; z[$ und $z = \frac{(2n+1)\cdot\pi}{2}$; $n \in \mathbb{N}$ definiert **(Tabelle 1)**.

a) Untersuchen Sie, ob f umkehrbar ist und geben Sie die Wertemenge W an.

b) Bestimmen Sie die Gleichung der Umkehrfunktion $\bar{f}$ sowie deren Definitionsmenge $D_{\bar{f}}$ und Wertemenge $W_{\bar{f}}$.

Lösung: **Bild 2**

a) Für $D_f = \left]-\frac{\pi}{2}; \frac{\pi}{2}\right[$ und $W_f = \mathbb{R}$ ist f eineindeutig damit umkehrbar.

b) Umkehrfunktion

1. $x = \tan y \Rightarrow \bar{f}(x) = \tan y$

2. $\arctan(\tan y) = \arctan x \Leftrightarrow y = \arctan x$

Wegen $D_{\bar{f}} = \mathbb{R}$ und $W_{\bar{f}} = \left]-\frac{\pi}{2}; \frac{\pi}{2}\right[$ folgt:

$\mathbf{\bar{f}(x) = \arctan x}$ mit $x \in D_{\bar{f}}$ und $y \in W_{\bar{f}}$

Tabelle 1: Kreisfunktionen und Arkusfunktionen

Funktion $f(x) =$	D_f, W_f	Arkusfunktion $\bar{f}(x) =$	$D_{\bar{f}}$, $W_{\bar{f}}$
sin x	$D_f = \left[-\frac{\pi}{2}; \frac{\pi}{2}\right]$ $W_f = [-1; 1]$	arcsin x	$D_{\bar{f}} = [-1; 1]$ $W_{\bar{f}} = \left[-\frac{\pi}{2}; \frac{\pi}{2}\right]$
cos x	$D_f = [0; \pi]$ $W_f = [-1; 1]$	arccos x	$D_{\bar{f}} = [-1; 1]$ $W_{\bar{f}} = \left[-\frac{\pi}{2}; \frac{\pi}{2}\right]$
tan x	$D_f = \left]-\frac{\pi}{2}; \frac{\pi}{2}\right[$ $W_f = \mathbb{R}$	arctan x	$D_{\bar{f}} = \mathbb{R}$ $W_{\bar{f}} = \left[-\frac{\pi}{2}; \frac{\pi}{2}\right]$
cot x	$D_f =]0; \pi[$ $W_f = \mathbb{R}$	arccot x	$D_{\bar{f}} = \mathbb{R}_+$; $W_{\bar{f}} = \mathbb{R}$

Die Umkehrfunktionen der Kreisfunktionen heißen Arkusfunktionen.

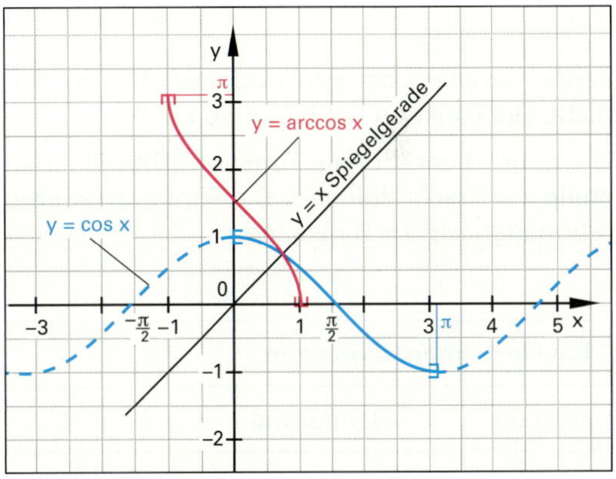

Bild 1: Kosinusfunktion und ihre Umkehrfunktion

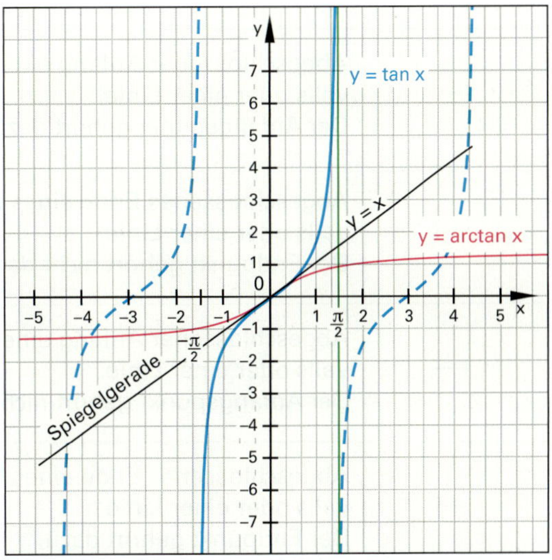

Bild 2: Tangensfunktion und ihre Umkehrfunktion

3.4.4 Stetigkeit von Funktionen

Stetige Funktionen können durch einen lückenlosen, zusammenhängenden Kurvenzug dargestellt werden **(Bild 1)**.

> Eine Funktion f ist an jeder Stelle x_0 eines Definitionsintervalls stetig, wenn sich ihr Schaubild ohne abzusetzen zeichnen lässt.

Betrachtet man die Umgebung um die Stelle x_0 in **Bild 1**, stellt man fest, dass die Funktionswerte $f(x_0 - h)$ sowie $f(x_0 + h)$ gegen denselben Funktionswert streben, wenn h gegen null geht.

> Die Funktion f ist an der Stelle x_0 stetig, wenn gilt:
>
> $\lim\limits_{h \to 0} f(x_0 + h) = \lim\limits_{h \to 0} f(x_0 - h) = f(x_0)$; $h > 0$

Eine unstetige Funktion hat keinen lückenlosen Kurvenzug **(Bild 2)**. Der linksseitige und rechtsseitige Grenzwert sind gleich **(Tabelle 1)**.

$\lim\limits_{h \to 0} f(2 + h) = \lim\limits_{h \to 0} f(2 - h) = 1$; $h > 0$

Jedoch existiert der Funktionswert f(2) an der Stelle x_0 nicht. Die Funktion hat hier eine Lücke.

Die gebrochenrationale Funktion **(Bild 3)** ist an der Polstelle x = 2 nicht definiert. Die Funktion ist aber im Definitionsbereich $D = \mathbb{R} \setminus \{2\}$ stetig.

Tabelle 1: Intervallgrenzen

Zeichen	Bedeutung
[a, b]]a, b[[a, b[,]a, b]	abgeschlossenes Intervall offenes Intervall halboffene Intervalle
[—	Abgeschlossener Anfang eines Intervalls oder einer Linie. Der Anfangspunkt gehört dazu.
—[	Abgeschlossenes Ende eines Intervalls oder einer Linie. Der Endpunkt gehört nicht dazu.
]—	Abgeschlossener Anfang eines Intervalls oder einer Linie. Der Anfangspunkt gehört nicht dazu.
—]	Abgeschlossenes Ende eines Intervalls oder einer Linie. Der Endpunkt gehört dazu.

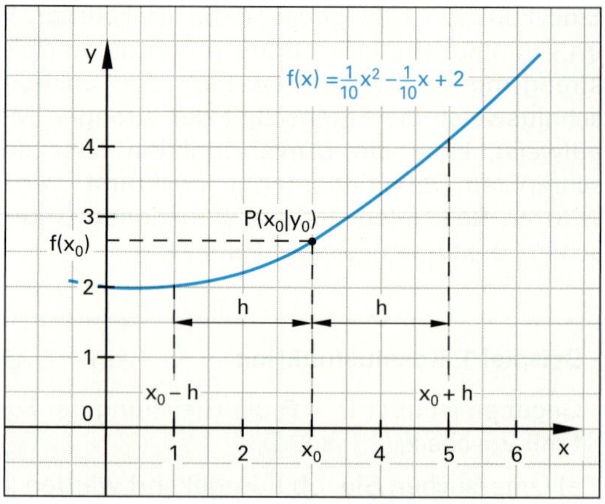

Bild 1: Stetige Funktion an der Stelle x_0

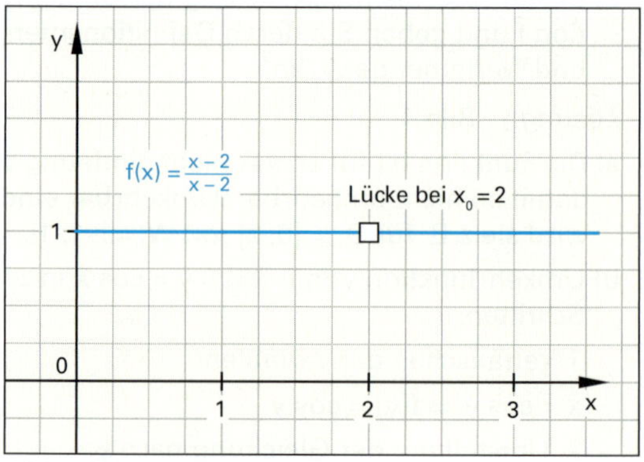

Bild 2: Schaubild mit Lücke

Beispiel 1: Gebrochenrationale Funktion

Gegeben ist die Funktion f mit der Funktionsgleichung $f(x) = \frac{2}{x^2 - 5x + 6}$.

In welchem Definitionsbereich ist die Funktion f stetig?

Lösung:

Die Lösung der quadratischen Gleichung im Nenner ist $x_1 = 3$ und $x_2 = 2$.

Die Funktion ist im Definitionsbereich $\mathbf{D} = \mathbb{R} \setminus \{\mathbf{3; 2}\}$ stetig.

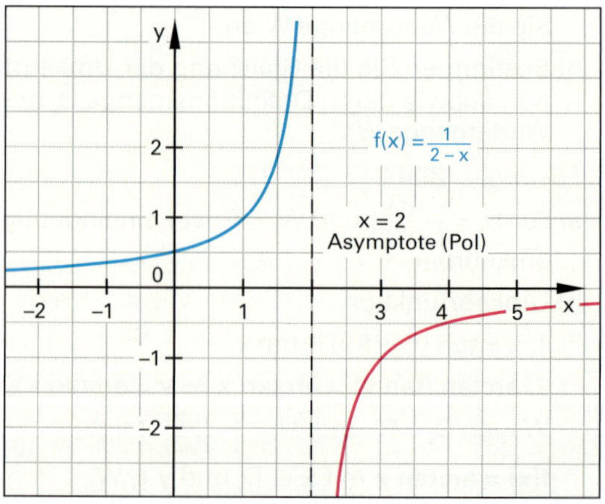

Bild 3: Gebrochenrationale Funktion

3.4.5 Sätze zur Stetigkeit von Funktionen

Stetigkeit von Funktionen

Die Funktion f ist an der Stelle x_0 stetig, wenn gilt:
$\lim\limits_{h \to 0} f(x_0 + h) = \lim\limits_{h \to 0} f(x_0 - h) = f(x_0); \qquad h > 0$

Zwischenwertsatz (Bild 1)

Ist die Funktion f auf dem abgeschlossenen Intervall [a; b] stetig mit $f(a) \neq f(b)$, so ist jede Zahl zwischen f(a) und f(b) Funktionswert von f.

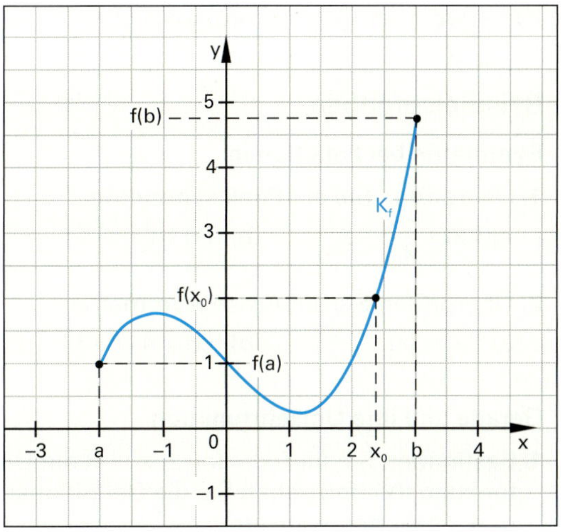

Bild 1: Zwischenwertsatz

Beispiel 1: Zwischenwertsatz

Gegeben ist die Funktion f mit $f(x) = \frac{1}{4}x^3 - x + 1$, $x \in \mathbb{R}$. Ihr Schaubild ist K_f **(Bild 1)**.

Begründen Sie mit dem Zwischenwertsatz, dass die Funktion f im Intervall [−2; 3] einen Funktionswert $f(x_0) = 2$ besitzt.

Lösung:

$f(-2) = \frac{1}{4}(-2)^3 - (-2) + 1 = 1$

$f(3) = \frac{1}{4} \cdot 3^3 - 3 + 1 = 4{,}75$

Jede Zahl zwischen den Funktionswerten $f(-2) = 1$ und $f(3) = 4{,}75$ ist ein Funktionswert der Funktion f und somit auch der Funktionswert $f(x_0) = 2$.

Nullstellensatz (Bild 2)

Ist die Funktion f auf dem abgeschlossenen Intervall [a; b] stetig und haben die Funktionswerte f(a) und f(b) verschiedene Vorzeichen, so hat f im offenen Intervall]a; b[mindestens eine Nullstelle.

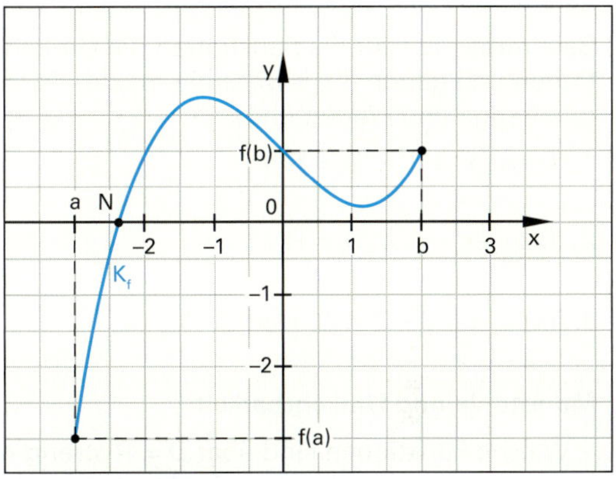

Bild 2: Nullstellensatz

Beispiel 2: Nullstellensatz

Gegeben ist die Funktion f mit $f(x) = \frac{1}{4}x^3 - x + 1$, $x \in \mathbb{R}$. Ihr Schaubild ist K_f **(Bild 2)**. Beweisen Sie mit dem Nullstellensatz, dass die Funktion f im Intervall [−3; 2] mindestens eine Nullstelle besitzt.

Lösung:

$f(-3) = \frac{1}{4}(-3)^3 - (-3) + 1 = -2{,}75$

$f(2) = \frac{1}{4} \cdot 2^3 - 2 + 1 = 1$

Die Funktionswerte $f(-3) = -2{,}75$ und $f(3) = 1$ haben verschiedene Vorzeichen. Es muss mindestens eine Nullstelle existieren.

Extremwertsatz (Bild 3)

Jede Funktion f, die auf dem abgeschlossenen Intervall [a; b] stetig ist, hat einen absolut kleinsten und einen absolut größten Funktionswert.

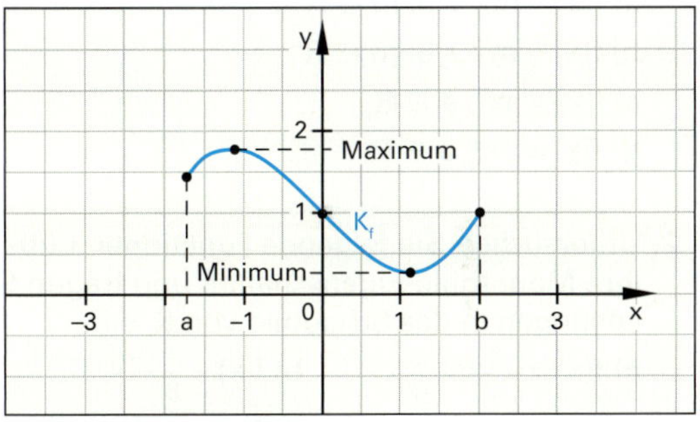

Bild 3: Extremwertsatz

Wenn aber der absolut kleinste Funktionswert beziehungsweise der absolut größte Funktionswert an einer Randstelle liegt **(Bild 4)**, dann spricht man von einem Randminimum beziehungsweise von einem Randmaximum.

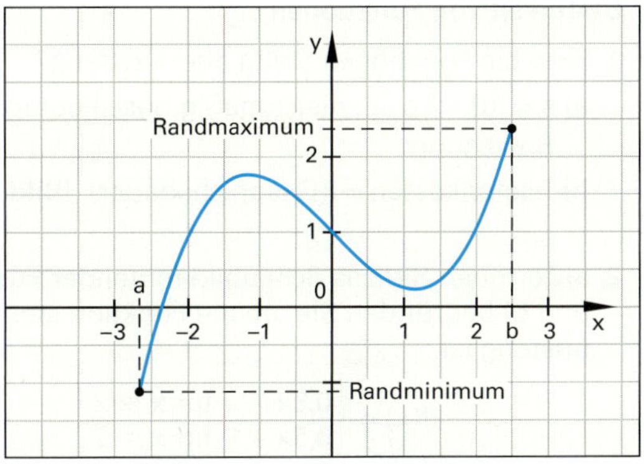

Bild 4: Randminimum und Randmaximum

Überprüfen Sie Ihr Wissen!

Beispielaufgaben

Symmetrie bei Funktionen

1. Überprüfen Sie auf Punktsymmetrie

a) $f(x) = \frac{1}{2}x^2 - x$ **b)** $f(x) = \frac{1}{x}$

2. Überprüfen Sie auf Achsensymmetrie

a) $f(x) = |x|$ **b)** $f(x) = 4x^3 + 1$

Gerade und ihre Umkehrfunktion

1. Bestimmen Sie für $f(x) = x + 2;\ x \in \mathbb{R}$ die Umkehrfunktion $\bar{f}(x)$ und geben Sie die Definitionsmenge und die Wertemenge an.

Parabel und ihre Umkehrfunktion

Bestimmen Sie für die Funktionen die Umkehrfunktionen und geben Sie jeweils die maximale Definitionsmenge und Wertemenge an.

1. $f(x) = \frac{1}{2}x^2 + 1 \wedge D_f = \mathbb{R}_-$

2. $f(x) = \frac{1}{2}x^2 - 1 \wedge D_f = \mathbb{R}_+$

3. $f(x) = \sqrt{x - 3} - 2 \wedge D_f = \{x | x \geq 3\}_{\mathbb{R}}$

Monotonie und Umkehrbarkeit

1. Welche Funktionen sind über $D = \mathbb{R}$ streng monoton wachsend und welche Funktionen sind streng monoton fallend?

a) $f(x) = mx + b;\ m \in \mathbb{R}^+$

b) $f(x) = mx + b;\ m \in \mathbb{R}^-$

c) $f(x) = ax^3;\ a \in \mathbb{R}^+$

d) $f(x) = ax^3;\ a \in \mathbb{R}^-$

2. Untersuchen Sie folgende Funktionen f über $\mathbb{R}$ auf ihre Monotonie-Eigenschaften und tragen Sie die Lösungen in das Schaubild von K_f ein.

a) $f(x) = -\frac{1}{2}x^2 - \frac{3}{2}x$ **b)** $f(x) = \frac{1}{8}x^3 + 1$

c) $f(x) = x^3 - 3x + 3$ **d)** $f(x) = \frac{1}{4}x^4 - \frac{2}{3}x^3 - 1$

Stetigkeit von Funktionen

1. Sind die Funktionen stetig oder unstetig?

a) $s = f(t) = \frac{1}{2}g \cdot t^2$, gleichmäßig beschleunigte Bewegung,

b) Telefonkosten = f(Gesprächsdauer), **(Bild 1)**.

2. a) Zeichnen Sie das Schaubild folgender Funktion und **b)** begründen Sie, ob die Funktion stetig oder unstetig ist.

$$f(x) = \begin{cases} 0{,}5x & \text{für } x \leq 2 \\ 0{,}5x + 1 & \text{für } x > 2 \end{cases}$$

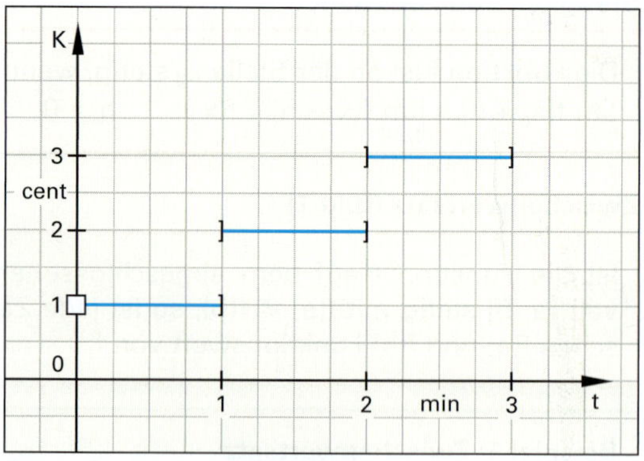

Bild 1: Telefonkostenfunktion

Lösungen Beispielaufgaben

Symmetrie bei Funktionen

1. a) keine **b)** ja, zu O (0|0)

2. a) ja, zu $x = 0$ **b)** keine

Gerade und ihre Umkehrfunktion

1. $f(x) = x + 2;\ D_f = \mathbb{R};\ W_f = \mathbb{R}$

$\Rightarrow \bar{f}(x) = x - 2;\ D_{\bar{f}} = W_{\bar{f}} = \mathbb{R}$

Parabel und ihre Umkehrfunktion

1. $\bar{f}(x) = -\sqrt{2(x - 1)}$

$D_{\bar{f}} = \{x | x \geq 1\}_{\mathbb{R}};$ $W_{\bar{f}} = \mathbb{R}_-$

2. $\bar{f}(x) = \sqrt{2(x + 1)}$

$D_{\bar{f}} = \{x | x \geq -1\}_{\mathbb{R}};$ $W_{\bar{f}} = \mathbb{R}_+$

3. $\bar{f}(x) = (x + 2)^2 + 3$

$D_{\bar{f}} = \{x | x \geq -2\}_{\mathbb{R}};$ $W_{\bar{f}} = \mathbb{R}_+$

Monotonie und Umkehrbarkeit

1. a), c) streng monoton wachsend (st. m. w.)
b), d) streng monoton fallend (st. m. f.)

2. a) $x < -1{,}5$ st. m. w., $x > -1{,}5$ st. m. f.

b) $x \in \mathbb{R}$ st. m. w.

c) $x < -1$ st. m. w., $-1 < x < 1$ st. m. f., $x > 1$ st. m. w.

d) $x < 2$ st. m. f., $x > 2$ st. m. w.

Stetigkeit von Funktionen

1. a) stetig **b)** unstetig

2. a) siehe Lösungsbuch **b)** unstetig

Übungsaufgaben

1. Zeigen Sie, dass das Schaubild von f in **Bild 1** achsensymmetrisch zur y-Achse ist.

2. Zeigen Sie, dass das Schaubild von f in **Bild 2** punktsymmetrisch zum Ursprung ist.

3. Zeigen Sie, dass das Schaubild von f in **Bild 3** achsensymmetrisch zur Geraden $x = -1$ ist.

4. Zeigen Sie, dass das Schaubild von f in **Bild 4** punktsymmetrisch zum Punkt S (1|–1) ist.

5. Welche der folgenden ganzrationalen Funktionen haben zur y-Achse (zum Ursprung) symmetrische Schaubilder?

a) $f(x) = 2x$ **b)** $f(x) = x^2$
c) $f(x) = -x^3$ **d)** $f(x) = 0{,}5x^4$
e) $f(x) = x - 1$ **f)** $f(x) = 3x + 2$
g) $f(x) = 2$ **h)** $f(x) = x^2 + 1$
i) $f(x) = -2x^4 + 1$

6. Untersuchen Sie die folgenden Funktionen auf Symmetrie zur y-Achse oder zum Ursprung.

a) $f(x) = \sin x$ **b)** $f(x) = \cos x$
c) $f(x) = \sin^2 x$ **d)** $f(x) = \cos^2 x$
e) $f(x) = e^x$ **f)** $f(x) = e^{2 \cdot x}$
g) $f(x) = e^{x^2}$ **h)** $f(x) = \sin x + 1$
i) $f(x) = \cos x - 2$

7. Welche Symmetrieart liegt bei den Schaubildern der Funktionen vor? Begründen Sie Ihre Aussage.

a) $f(x) = -x^4 + 2x^2 - 1$
b) $f(x) = 3x^3 - x$

Lösungen Übungsaufgaben

1. f ist eine „gerade" Funktion.

2. f ist eine „ungerade" Funktion.

3. Für alle $x \in \mathbb{R}$ gilt: $f(-1 + x) = f(-1 - x)$.

4. Für alle $x \in \mathbb{R}$ gilt: $f(1 - x) + f(1 + x) + 2 = 0$.

5. Symmetrie zur y-Achse: **b)**, **d)**, **g)**, **h)**, **i)**;
zum Ursprung O: **a)**, **c)**.

6. Symmetrie zur y-Achse: **b)**, **c)**, **d)**, **g)**, **i)**;
zum Ursprung O: **a)** für $x \in \left[-\frac{\pi}{2}; \frac{\pi}{2}\right]$.

7. a) Symmetrie zur y-Achse wegen gerader Exponenten.
b) Symmetrie zum Ursprung O wegen ungerader Exponenten.

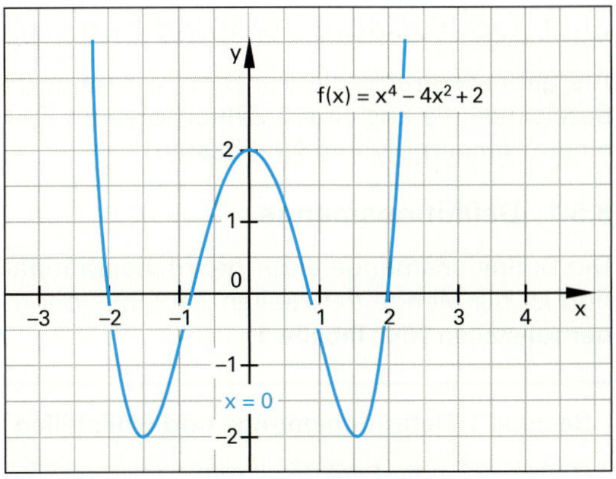

Bild 1: Achsensymmetrie zur y-Achse

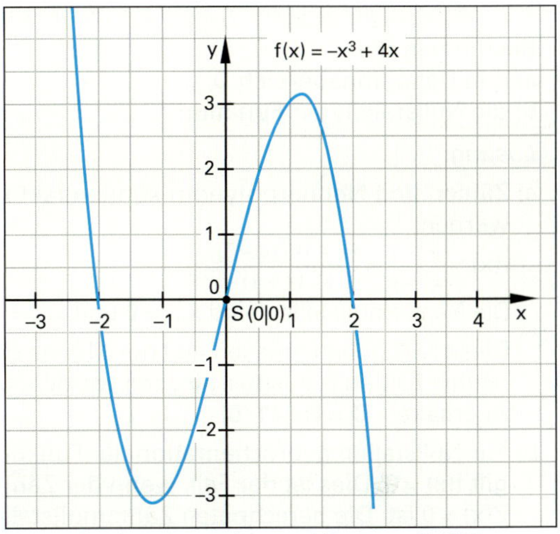

Bild 2: Punktsymmetrie zum Ursprung O (0|0)

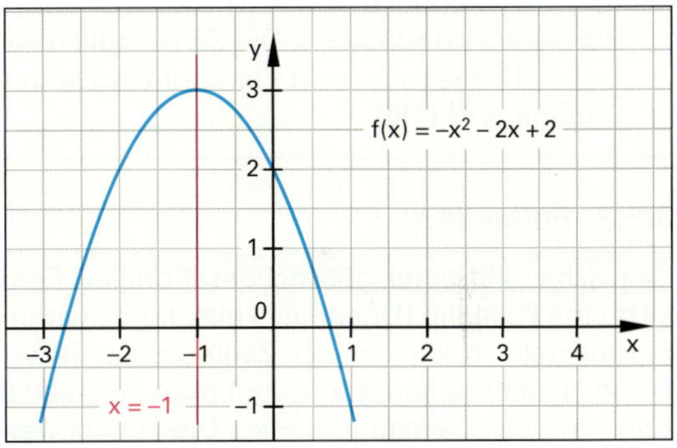

Bild 3: Achsensymmetrie zur Geraden x = –1

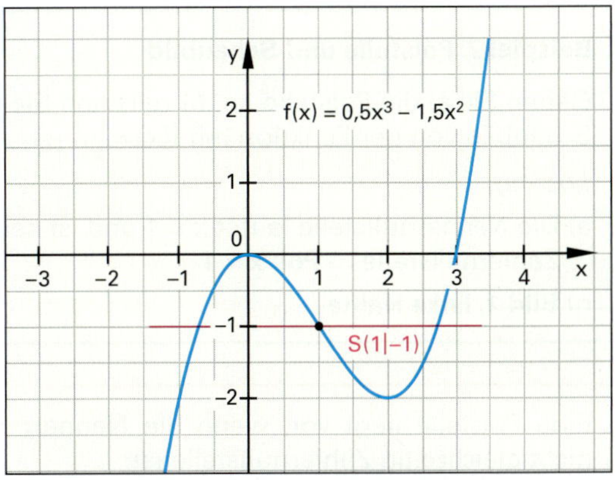

Bild 4: Punktsymmetrie zum Punkt S (1|–1)

3.5 Gebrochenrationale Funktionen

Als gebrochenrationale Funktion wird eine Funktion f bezeichnet, die aus einem Zählerpolynom Z(x) und aus einem Nennerpolynom N(x) besteht.

$$f(x) = \frac{Z(x)}{N(x)} = \frac{a_z x^z + a_{z-1}x^{z-1} + \ldots + a_0}{b_n x^n + b_{n-1}x^{n-1} + \ldots + b_0} \quad N(x) \neq 0$$

Z(x) Zählerpolynom

N(x) Nennerpolynom

3.5.1 Definitionsmenge

Die Definitionsmenge einer gebrochenrationalen Funktion ist die Menge der reellen Zahlen ℝ ohne die Nennernullstellen NN **(Tabelle 1)**.

Beispiel 1: Definitionsmenge und Nullstellen

Gegeben ist die Funktion f mit

$f(x) = \frac{x^2 - 1}{x^2 + x}; \quad D \in \mathbb{R}$

Bestimmen Sie
a) den Definitionsbereich D,
b) die Nullstellen der Funktion f.

Lösung:

a) Zähler- und Nennerpolynom können faktorisiert werden:

$f(x) = \frac{x^2 - 1}{x^2 + x} = \frac{(x+1)\cdot(x-1)}{x\cdot(x+1)}.$

Die Nennernullstellen sind $x_{N1} = 0$ und $x_{N2} = -1$.

Diese Nullstellen müssen aus der Menge der reellen Zahlen ℝ ausgeschlossen werden, um D zu erhalten. $\mathbf{D = \mathbb{R}\backslash\{-1, 0\}}$

b) Für Nullstellen gebrochenrationaler Funktionen gilt f(x) = 0. Dies ist der Fall, wenn der Zähler Z(x) = 0 ist. Die berechneten Zählernullstellen ZN müssen im Definitionsbereich liegen.

$f(x) = 0 \Leftrightarrow Z(x) = 0 \Rightarrow (x+1)\cdot(x-1) = 0$. Dies gilt für $x_{Z1} = -1$ und $x_{Z2} = 1$. Die Zählernullstelle $x_{Z1} = -1$ ist jedoch nicht Element der Definitonsmenge $\Rightarrow$ **N (1|0)**.

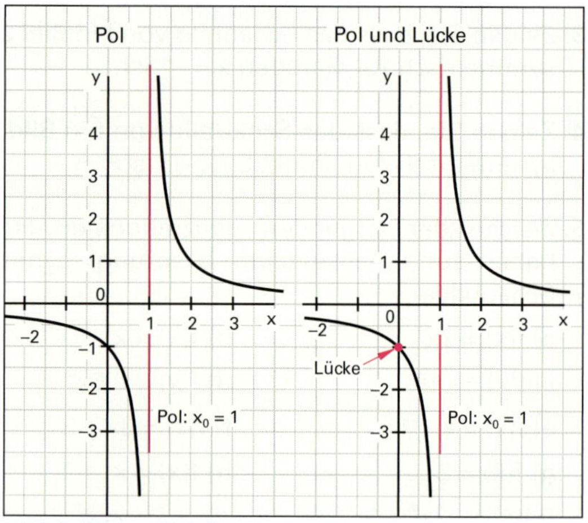

Bild 1: Pol und Lücke

Tabelle 1: Merkmale gebrochenrationaler Funktionen	
Bezeichnung	Definition
Definitionsmenge D_f	$D_f = \mathbb{R}\backslash\{x \mid x = NN\}$
Nullstelle	$Z(x_0) = 0 \wedge N(x_0) \neq 0$
Polstelle	$N(x_0) = 0 \wedge Z(x_0) \neq 0$
Lücke	$N(x_0) = 0 \wedge Z(x_0) = 0$

3.5.2 Polstellen

Das Schaubild einer gebrochenrationalen Funktion besitzt eine Polstelle (Unendlichkeitsstelle), wenn die Nennernullstelle NN nicht als Zählernullstelle vorkommt. Diese Nennernullstelle x_0 nennt man Polstelle der Funktion f mit der Gleichung $x = x_N$. Die Funktionswerte des Schaubildes streben nach $+\infty$ oder $-\infty$ **(Bild 1)**.

Beispiel 2: Polstelle und Schaubild

Geben Sie a) die Polstelle an, b) zeichnen Sie das Schaubild von der Funktion mit $f(x) = \frac{1}{x-1}; \quad x \in D$.

Lösung:

a) Die Nennernullstelle lautet x = 1 und ist keine Zählernullstelle $\Rightarrow$ **Pol: x = 1**

b) **Bild 1, linke Hälfte**

Eine Polstelle liegt vor, wenn die Nennernullstelle nicht gleichzeitig Zählernullstelle ist.

3.5.3 Definitionslücke

Gemeinsame Nullstellen von Zähler Z(x) und Nenner N(x) heißen Lücken der Funktion. Lücken können behoben werden und werden als kleine Kreise im Schaubild gezeichnet **(Bild 1)**.

Beispiel 3: Hebbare Lücke

Untersuchen Sie die Funktion

$f(x) = \frac{x}{x^2 - x}; \quad x \in D$

a) auf Lücken.
b) Zeichnen Sie das Schaubild.

Lösung:

a) Nennernullstellen: $x^2 - x = x(x-1) = 0$
$\Leftrightarrow x_1 = 0 \vee x_2 = 1$.
Zählernullstelle: $x_3 = 0$.
Nennernullstelle $x_2 = 1 \neq$ Zählernullstelle
$\Rightarrow$ Pol x = 1.
Nennernullstelle x_1 = Zählernullstelle x_3
$\Rightarrow$ **Lücke bei x = 0.**

b) **Bild 1, rechte Hälfte**

3.5.4 Grenzwerte

Bei Schaubildern gebrochenrationaler Funktionen gibt es kein charakteristisches Aussehen wie bei Funktionen 2. Grades oder Funktionen 3. Grades. Um sich eine Vorstellung über den Verlauf des Schaubildes zu machen, wird die Funktion an den Rändern des Definitionsbereichs $\lim_{x\to\pm\infty} f(x)$ untersucht (lim von Limes = Grenzwert). Liegt eine Polstelle x_0 vor, so wird auch hier $\lim_{x\to x_0} f(x)$ untersucht.

$\lim_{x\to x_0-h} f(x)$ berechnet den linksseitigen Grenzwert,
$\lim_{x\to x_0+h} f(x)$ berechnet den rechtsseitigen Grenzwert.

Liegt eine Polstelle ungerader Ordnung vor, so wechselt f(x) das Vorzeichen, bei Polstellen gerader Ordnung nicht **(Bild 1)**.

Beispiel 1: Grenzwertbetrachtung

Untersuchen Sie die Funktion mit $f(x) = \frac{x+1}{x^2}$; $D_f \subset \mathbb{R}$
a) an der Definitionslücke,
b) an den Rändern des Definitionsbereichs.

Lösung:
a) $D_f = \mathbb{R}\setminus\{0\}$
   Untersuchung an der Polstelle $x_0 = 0$, Polstelle ist 2. Ordnung.
   $\lim_{x\to 0} \frac{x+1}{x^2} = \lim_{h\to 0} \frac{(0\pm h)+1}{(0\pm h)^2} = \lim_{h\to 0} \frac{1}{h^2} = \infty$

b) Untersuchung an den Rändern des Definitionsbereichs
   $\lim_{x\to\pm\infty} \frac{x+1}{x^2} = \lim_{x\to\pm\infty} \frac{\frac{1}{x}+\frac{1}{x^2}}{1} = \frac{0+0}{1} = 0$

3.5.5 Grenzwertsätze

Funktionsterme können durch Addition, Subtraktion und Multiplikation oder Division miteinander verknüpft werden. Es muss untersucht werden, was mit dem Grenzwert der durch die Verknüpfung entstandenen Funktion passiert.

Grenzwerte bei Funktionen für $x \to \pm\infty$

Bei Grenzwertuntersuchungen von Funktionen für $x \to \pm\infty$ handelt es sich um Untersuchungen am linken und rechten Rand des Definitionsbereichs.

Beispiel 1: Summe und Differenz

Berechnen Sie den Grenzwert für $x \to \infty$ der Funktionen
a) $f(x) = 2$ und $g(x) = \frac{1}{x}$ und
b) für $f(x) \pm g(x)$.

Lösung:
a) $\lim_{x\to\infty} f(x) = \lim_{x\to\infty} 2 = 2$; $\lim_{x\to\infty} g(x) = \lim_{x\to\infty} \frac{1}{x} = 0$
b) $\lim_{x\to\infty} (f(x) \pm g(x)) = \lim_{x\to\infty} \left(2 \pm \frac{1}{x}\right) = 2 + 0 = \mathbf{2}$

$\lim_{|x|\to\infty} f(x) = g$ und $\lim_{|x|\to\infty} g(x) = h$

$\lim_{|x|\to\infty} (f(x) \pm g(x)) = \lim_{|x|\to\infty} f(x) \pm \lim_{|x|\to\infty} g(x) = g \pm h$

$\lim_{|x|\to\infty} (f(x) \cdot g(x)) = \lim_{|x|\to\infty} f(x) \cdot \lim_{|x|\to\infty} g(x) = g \cdot h$

$\lim_{|x|\to\infty} (f(x) : g(x)) = \lim_{|x|\to\infty} f(x) : \lim_{|x|\to\infty} g(x) = g : h \quad g(x) \wedge h \neq 0$

$\lim_{x\to x_0} f(x) = g$ und $\lim_{x\to x_0} g(x) = h$

$\lim_{x\to x_0} (f(x) + g(x)) = \lim_{x\to x_0} f(x) \pm \lim_{x\to x_0} g(x) = g \pm h$

$\lim_{x\to x_0} (f(x) \cdot g(x)) = \lim_{x\to x_0} f(x) \cdot \lim_{x\to x_0} g(x) = g \cdot h$

$\lim_{x\to x_0} (f(x) : g(x)) = \lim_{x\to x_0} f(x) : \lim_{x\to x_0} g(x) = g : h \quad g(x) \wedge h \neq 0$

lim	(Limes = Grenze) Grenzwert
$\|x\|\to\infty$	$x\to\infty$ bzw. $x\to-\infty$ (sprich: x gegen unendlich)
x_0	Stelle, an der der Grenzwert untersucht wird
f(x); g(x)	Funktionsterme
g; h	Grenzwerte der Funktionen

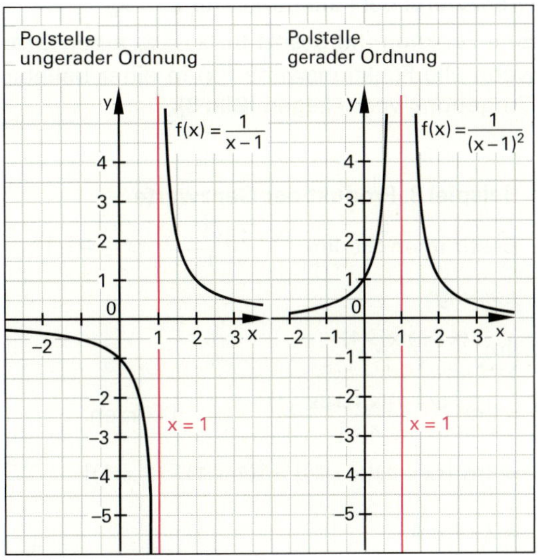

Bild 1: Polstellen

Beispiel 1: Produkt zweier Grenzwerte

Berechnen Sie den Grenzwert für $x \to \infty$ der Funktionen

a) $f(x) = 2$ und $g(x) = \frac{1}{x}$ und

b) für $f(x) \cdot g(x)$.

Lösung:

a) $\lim\limits_{x \to \infty} f(x) = \lim\limits_{x \to \infty} 2 = 2$; **(Bild 1)**

$\lim\limits_{x \to \infty} g(x) = \lim\limits_{x \to \infty} \frac{1}{x} = 0$ **(Bild 1)**

b) $\lim\limits_{x \to \infty} \left(f(x) \cdot g(x)\right)$ **(Bild 1)**

$= \lim\limits_{x \to \infty} \left(2 \cdot \frac{1}{x}\right) = 2 \cdot 0 = \mathbf{0}$

Beispiel 2: Sammellinse einer Kamera

Bei der Abbildung mit einer Kamera **(Bild 2)** gilt für die Gegenstandsweite x, die Bildweite y und die Brennweite f folgende Beziehung:

$\frac{1}{f} = \frac{1}{x} + \frac{1}{y}$. | Umstellen nach y

$\frac{1}{y} = \frac{1}{f} - \frac{1}{x} = \frac{x - f}{f \cdot x}$ | Kehrbruch bilden

$y = \frac{f \cdot x}{x - f}$

Für f = 5 cm gilt für die Bildweite y

$y = f(x) = \frac{5x}{x - 5}$. **(Bild 2)**

Bestimmen Sie $\lim\limits_{x \to \infty} f(x)$.

Lösung:

$$\lim_{x \to \infty} f(x) = \lim_{x \to \infty} \frac{5x}{x - 5} = \lim_{x \to \infty} \frac{\frac{5x}{x}}{\frac{x}{x} - \frac{5}{x}}$$

$$= \lim_{x \to \infty} \frac{5}{1 - \frac{5}{x}} = \frac{5}{1 - 0} = \mathbf{5}$$

Grenzwerte bei Funktionen für $x \to x_0$

Eine Funktion f(x) besitzt für $x \to x_0$ einen Grenzwert g, wenn alle Funktionswerte f(x) in einer beliebig kleinen Umgebung von g liegen **(Bild 3)**.

Beispiel 3: Produkt der Genzwerte

Bestimmen Sie $\lim\limits_{x \to 1} \frac{(x + 1)(x^2 - 1)}{x - 1}$; $x \in \mathbb{R} \setminus \{1\}$

Lösung:

$\lim\limits_{x \to 1} \frac{(x + 1)(x^2 - 1)}{x - 1}$

$= \lim\limits_{x \to 1} \frac{(x + 1)(x + 1)(x - 1)}{x - 1}$ | kürzen

$= \lim\limits_{x \to 1} [(x + 1)(x + 1)] = [(1 + 1) \cdot (1 + 1)]$

$= 2 \cdot 2 = 4$

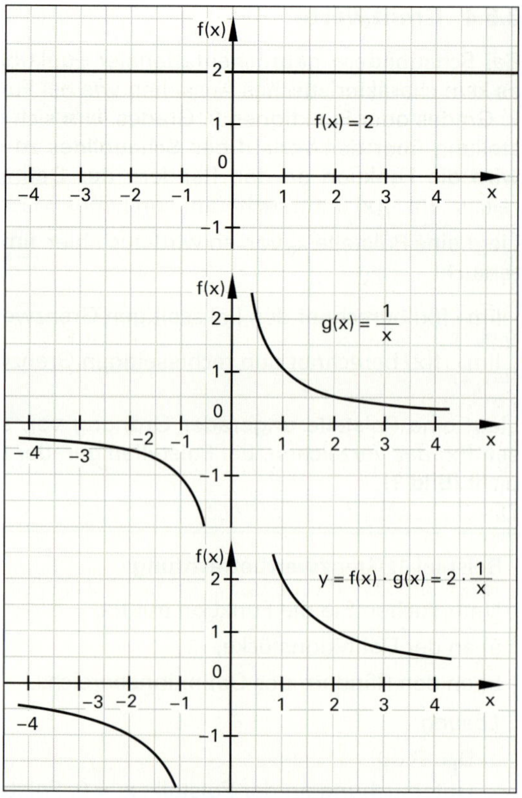

Bild 1: Produkt zweier Grenzwerte

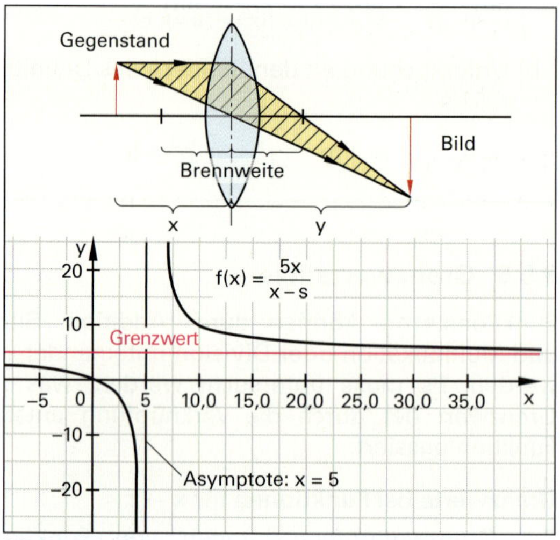

Bild 2: Strahlengang bei einer Sammellinse

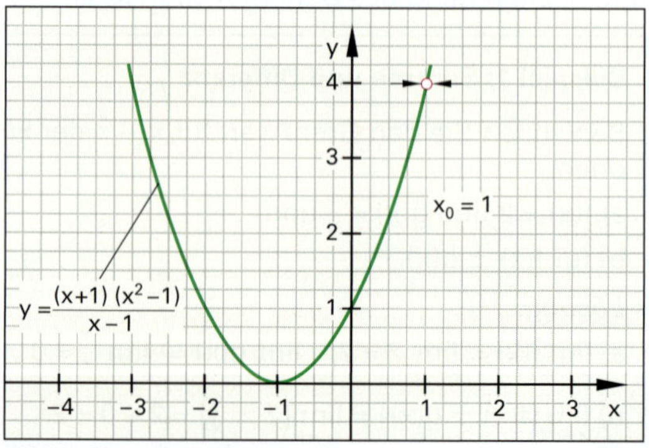

Bild 3: Grenzwert für $x \to x_0$

3.5.6 Asymptoten

Der Begriff Asymptote (aus dem Griechischen) bedeutet Gerade, der sich das Schaubild der Funktion f im Unendlichen annähert. Um Aussagen über Asymptoten bei gebrochenrationalen Funktionen machen zu können, wird der Grad des Zählerpolynoms z und der Grad des Nennerpolynoms n betrachtet **(Tabelle 1)**.

Es werden drei Fälle unterschieden:

1. Fall: Grad Z(x) < Grad N(x)

Der Grad z des Zählerpolynoms ist kleiner als der Grad des Nennerpolynoms n. In diesem Fall handelt es sich bei der Funktion f um eine **echtgebrochenrationale Funktion**.

Für diesen Funktionstyp gilt:

$\lim\limits_{x \to \pm\infty} f(x) = 0$; die x-Achse ist Asymptote des Schaubildes.

Die Gleichung der Asymptote lautet $y = 0$.

Beispiel 1: Grad des Zählers < Grad des Nenners

Die Funktion mit $f(x) = \frac{1+x}{x^2}$; $D_f \subset \mathbb{R}$ ist auf Asymptoten zu untersuchen.

Lösung:

$D_f = \mathbb{R}\setminus\{0\}$

Nennernullstelle $x = 0$, Zählernullstelle $x = -1$

$\Rightarrow$ **Pol x = 0**

Untersuchung auf waagerechte Asymptoten:

$$\lim_{x \to \pm\infty} \frac{1+x}{x^2} = \lim_{x \to \pm\infty} \frac{\frac{1}{x^2} + \frac{1}{x}}{1} = \frac{0+0}{1} = 0$$

$\Rightarrow$ waagerechte Asymptote mit der Gleichung **y = 0**

2. Fall: Grad Z(x) = Grad N(x)

Der Grad des Zählers z ist gleich dem Grad des Nenners n. In diesem Fall strebt der Funktionswert für $\lim\limits_{x \to \pm\infty} f(x)$ gegen einen konstanten Grenzwert.

Beispiel 2: Grad des Zählers = Grad des Nenners

a) Untersuchen Sie die Funktion mit $f(x) = \frac{1-x^2}{1+x^2}$; $D \subset \mathbb{R}$ auf Asymptoten.

b) Zeichnen Sie das Schaubild.

Lösung:

a) $D_f = \mathbb{R} \Rightarrow$ keine Polstellen $\Rightarrow$ keine senkrechten Asymptoten

$$\lim_{x \to \pm\infty} \frac{1-x^2}{1+x^2} = \lim_{x \to \pm\infty} \frac{\frac{1}{x^2} - \frac{x^2}{x^2}}{\frac{1}{x^2} + \frac{x^2}{x^2}} = \frac{0-1}{0+1} = -1 \Rightarrow$$

Asymptote mit der Gleichung **y = –1**

b) **Bild 1, linke Seite**

3. Fall: Grad Z(x) = Grad N(x) + 1

Ist der Grad des Zählers z größer als der Grad des Nenners n, handelt es sich bei der Funktion f um eine **scheingebrochenrationale Funktion**. Funktionen dieses Typs lassen sich durch Polynomdivision in eine ganzrationale Funktion und eine echtgebrochenrationale Funktion aufteilen. Dabei liefert der Term der ganzrationalen Funktion die Gleichung für die Näherungskurve (Asymptote). Das Schaubild von f schmiegt sich für $x \to \pm\infty$ dem Schaubild der Asymptoten vom Grad z – n an.

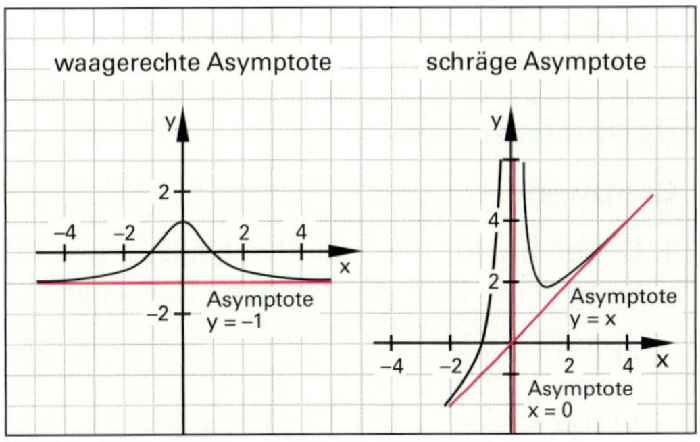

Bild 1: Schaubilder mit Asymptoten

Tabelle 1: Asymptoten bei gebrochenrationalen Funktionen

Grad der Polynome	Funktionsbeispiel	Asymptote
1. Fall $z < n$	$f(x) = \frac{a \cdot x}{b \cdot x^2}$ $\Rightarrow z = 1,\ n = 2$	waagerechte Asymptote $y = 0$
2. Fall $z = n$	$f(x) = \frac{1-2x^2}{1+2x^2}$ $\Rightarrow z = 2,\ n = 2$	waagerechte Asymptote, z. B. $y = -1$
3. Fall $z = n + 1$ $(z > n)$	$f(x) = \frac{mx^3 + tx^2 + c}{x^2}$ $\Rightarrow z = 3,\ n = 2$	schiefe Asymptote $y = mx + t$
z Grad des Zählerpolynoms; n Grad des Nennerpolynoms		

Für $z = n + 1$ erhält man eine schräge Asymptote mit der Gleichung $y = m \cdot x + t$.

Beispiel 3: Grad des Zählers ≥ Grad des Nenners

a) Die Gleichung der Funktion mit $f(x) = \frac{x^3+1}{x^2}$; $D \subset \mathbb{R}$ ist durch Polynomdivision als Summe einer ganzrationalen Funktion und einer echtgebrochenrationalen Funktion darzustellen.

b) Geben Sie die Asymptoten an und zeichnen Sie das Schaubild.

Lösung:

a) $f(x) = \frac{x^3+1}{x^2} = \frac{x^3}{x^2} + \frac{1}{x^2} = \underbrace{x}_{\text{Asymptote}} + \frac{1}{x^2}$

b) **x = 0** (Pol); **y = x** (schräge Asymptote)

c) **Bild 1, rechte Seite**

Überprüfen Sie Ihr Wissen!

Beispielaufgaben

Grenzwerte

1. Geben Sie für die Funktionsgleichungen der Funktionen f die Definitionsmenge $D_f \subset \mathbb{R}$ an.

a) $f(x) = \frac{x+1}{x^2}$

b) $f(x) = \frac{x}{1+x}$

c) $f(x) = \frac{x}{(x-1)^2}$

d) $f(x) = \frac{2x}{(x-1)(x+2)}$

2. Ermitteln Sie aus dem Schaubild in **Bild 1**

a) die Pole und

b) die Nullstellen der Funktion f.

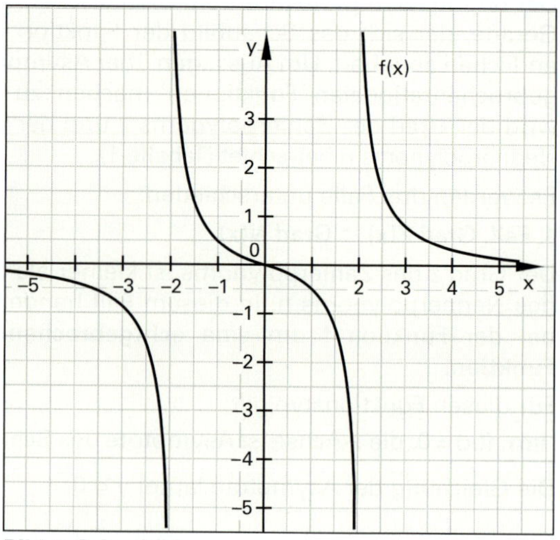

Bild 1: Schaubild

3. Geben Sie die Definitionsmenge D_f und die Nullstellen der Funktionen f an.

a) $f(x) = \frac{x \cdot (1+x)}{(x+1) \cdot (x-1)}$

b) $f(x) = \frac{2x}{x^2+x+2}$

c) $f(x) = \frac{x^3+1}{x^2+1}$

d) $f(x) = \frac{x^2-x-2}{2x^2+2x-12}$

4. Bestimmen Sie für die Funktionsgleichung $f_a(x) = \frac{(x-1) \cdot (x+2)}{(x+a) \cdot x}$ die Variable a so, dass es sich

a) um eine Polstelle handelt,

b) um eine hebbare Lücke handelt.

Grenzwertsätze

1. Berechnen Sie den Grenzwert g folgender Funktionen

a) $\lim\limits_{|x| \to \infty} \frac{2x+1}{x}$ **b)** $\lim\limits_{x \to \infty} \frac{x^2+1}{x}$

c) $\lim\limits_{|x| \to \infty} \frac{x}{2x+1}$ **d)** $\lim\limits_{x \to \infty} \frac{x(x^2-4)}{2(x^4-9)}$

e) $\lim\limits_{x \to \infty} \frac{x^2-2x+6}{x^2-5}$ **f)** $\lim\limits_{x \to \infty} \frac{(2+x)^2}{3-x}$

2. Berechnen Sie den Grenzwert g folgender Terme für $x \to x_0$

a) $\lim\limits_{x \to -1} \frac{x^2-x-2}{x+1}$

b) $\lim\limits_{x \to 1{,}5} \frac{4x^2-9}{2x-3}$

c) $\lim\limits_{x \to -2} \frac{4-x^2}{x+2}$

Lösungen Beispielaufgaben

Grenzwerte

1. a) $D_f = \mathbb{R} \setminus \{0\}$

b) $D_f = \mathbb{R} \setminus \{-1\}$

c) $D_f = \mathbb{R} \setminus \{1\}$

d) $D_f = \mathbb{R} \setminus \{-2; 1\}$

2. a) Pol: $x_1 = -2$; $x_2 = 2$

b) Nullstelle: $x_0 = 0$

3. a) $D_f = \mathbb{R} \setminus \{-1; 1\}$, Nullstelle: $x = 0$

b) $D_f = \mathbb{R}$, Nullstelle: $x = 0$

c) $D_f = \mathbb{R}$, Nullstelle: $x = -1$

d) $D_f = \mathbb{R} \setminus \{-3; 2\}$, Nullstelle: $x = -1$

4. a) $x = 0 \vee a \in \mathbb{R} \setminus \{-1; 2\}$

b) $a = -1$ oder $a = 2$

Grenzwertsätze

1. a) $g = 2$

b) uneigentlicher Grenzwert „∞"

c) $g = \frac{1}{2}$

d) $g = 0$

e) $g = 1$

f) uneigentlicher Grenzwert $-\infty$

2. a) $g = -3$

b) $g = 6$

c) $g = 4$

Übungsaufgaben

1. Geben Sie die Definitionsmenge folgender Funktionen f an.

a) $f(x) = \frac{2x + 1}{x - 2}$

b) $f(x) = \frac{2x + 1}{x^2 - 2x + 2}$

c) $f(x) = \frac{2x + 1}{x^2 + 4}$

d) $f(x) = \frac{x^2 - 1}{x^3 + 2x^2 - x - 2}$

2. Untersuchen Sie die Funktionen f auf Polstellen, Nullstellen und hebbare Lücken. Geben Sie die Gleichung des Pols an und bestimmen Sie, ob es sich um Polstellen mit Vorzeichenwechsel oder ohne Vorzeichenwechsel handelt.

a) $f(x) = \frac{x - 2}{x - 3}$

b) $f(x) = \frac{x^2 - 3x - 4}{x - 1}$

c) $f(x) = \frac{x - 2}{(x - 2)^2}$

d) $f(x) = \frac{x^2 - 2x + 1}{x^2 + 2x - 3}$

e) $f(x) = \frac{2}{x^2 + 2}$

f) $f(x) = \frac{x^3 - 2x^2 + 2x}{x^3 + 2x^2 + 2x}$

3. Bestimmen Sie den Wert von u in der Funktion f_u mit $f_u(x) = \frac{x + u}{(x + 1) \cdot (x - 2)}$; $x \in D_f$; $u \in \mathbb{R}$ so, dass

a) f_u Polstellen besitzt,

b) f_u hebbare Lücken besitzt.

c) Bestimmen Sie die Nullstellen von f_u.

d) Geben Sie alle Asymptoten von f_u an.

Lösungen Übungsaufgaben

1. a) $D_f = \mathbb{R} \setminus \{2\}$ **b)** $D_f = \mathbb{R}$

c) $D_f = \mathbb{R}$ **d)** $D_f = \mathbb{R} \setminus \{-2; -1; 1\}$

2. a) $D_f = \mathbb{R} \setminus \{3\}$;
Pol: $x = 3$ mit Vorzeichenwechsel;
Nullstelle: $x = 2$

b) $D_f = \mathbb{R} \setminus \{1\}$;
Pol: $x = 1$ mit Vorzeichenwechsel;
Nullstellen: $x_1 = -1$, $x_2 = 4$

c) $D_f = \mathbb{R} \setminus \{2\}$;
Pol: $x = 2$ mit Vorzeichenwechsel;
keine Nullstelle

d) $D_f = \mathbb{R} \setminus \{-3, 1\}$;
Pol: $x = -3$ mit Vorzeichenwechsel;
hebbare Lücke bei $x = 1$;
keine Nullstelle

e) $D_f = \mathbb{R}$;
kein Pol;
keine Nullstelle

f) $D_f = \mathbb{R} \setminus \{0\}$;
kein Pol;
hebbare Lücke bei $x = 0$;
keine Nullstelle

3. a) Pol $x = -1$ bzw. $x = 2$ für $u \in \mathbb{R} \setminus \{1; -2\}$

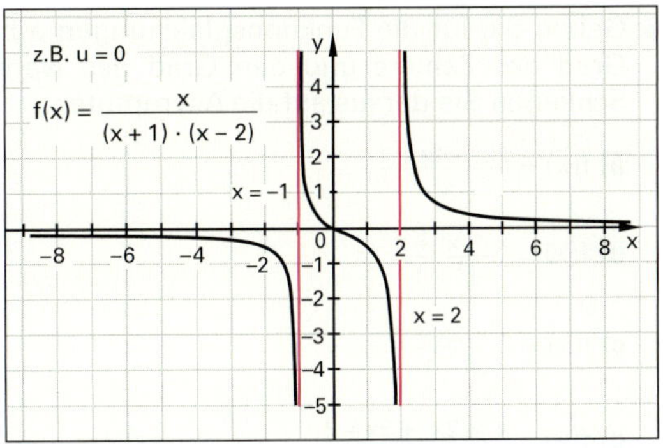

3. b) Hebbare Lücke für $u = +1$ oder $u = -2$

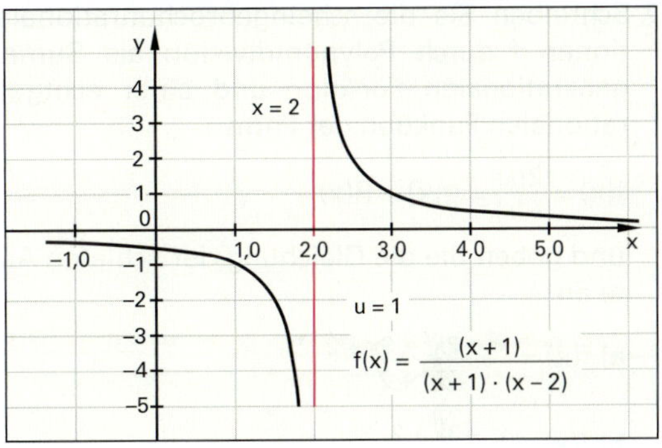

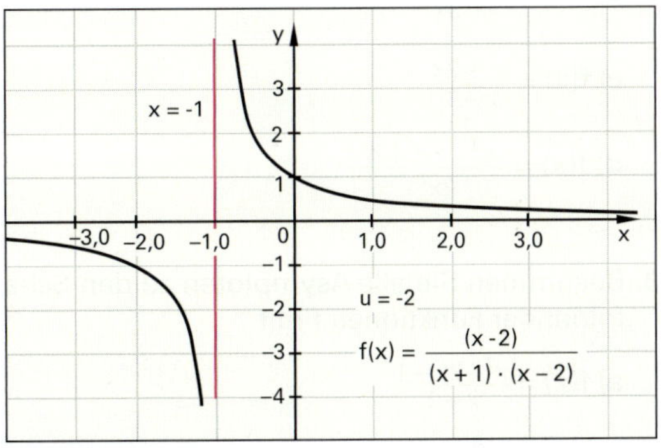

3. c) Nullstellen für $x = -u$; $u \in \mathbb{R} \setminus \{+1; -2\}$

d) senkrechte Asymptote $x = -1$ für $u \neq +1$ oder $x = 2$ für $u \neq -2$;
waagerechte Asymptote $y = 0$

4. Bestimmen Sie aus dem Schaubild der gebrochen-rationalen Funktion f **(Bild 1)** die Polstellen, Nullstellen und Asymptoten.

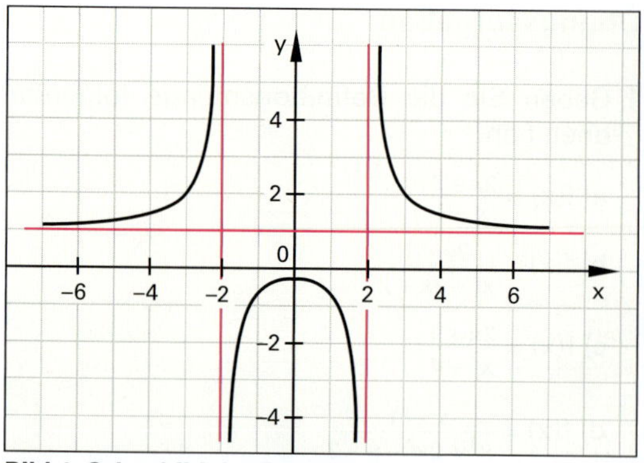

Bild 1: Schaubild der Funktion f

5. Faktorisieren Sie den Zähler und den Nenner der gebrochenrationalen Funktion f

$f(x) = \frac{x^2 - 2x - 8}{x^2 + x - 2}$; $x \in D_f$

und geben Sie die Definitionsmenge D_f,
- die Polstellen,
- die Nullstellen,
- hebbaren Lücken und
- die Asymptoten

der Funktion f an.

6. Geben Sie für die Funktionsgleichungen a bis d den Grad des Zählers und den Grad des Nenners an. Schließen Sie daraus auf die Asymptoten.

a) $f(x) = \frac{2x^2 - 4x + 1}{x^2}$

b) $f(x) = \frac{x^3 - x^2 + x}{-x^3 + 1}$

c) $f(x) = \frac{x^2 + 2x + 1}{x^3 - 1}$

d) $f(x) = \frac{x^3 + 2x^2 + 9x + 2}{2x^2 + 2}$

7. Schreiben Sie die scheingebrochenrationalen Funktionen f durch Polynomdivision als Summe einer ganzrationalen Funktion und einer echtgebrochen-rationalen Funktion der Form

$f(x) = \frac{Z(x)}{N(x)} = g(x) + R(x)$

und geben Sie die Gleichung der schiefen Asymptote an.

a) $f(x) = \frac{x^3 + 2x^2 + 9x + 2}{2x^2 + 2}$

b) $f(x) = \frac{x^2 - 3x + 2}{3x}$

c) $f(x) = \frac{x^2 + 2x}{x - 1}$

d) $f(x) = \frac{-x^3 - 2x^2 + 4}{2x^2}$

8. Bestimmen Sie alle Asymptoten zu den Schaubildern folgender Funktionen f mit

a) $f(x) = \frac{x^2 - 2x - 1}{x + 1}$

b) $f(x) = \frac{3x^2 - 5}{2x + 1}$

c) $f(x) = \frac{3 - x}{5 + x}$

d) $f(x) = \frac{x^2 - 9}{x^2 - 4}$

Lösungen Übungsaufgaben

4. Pol: $x = \pm 2$;
keine Nullstellen;
Asymptoten: $x = -2$
$x = 2$
$y = 1$

5. $D_f = \mathbb{R} \setminus \{-2, 1\}$;
Pol: $x = 1$;
Nullstelle: $x = 4$;
hebbare Lücke: $x = -2$;
Asymptoten: $x = 1$
$y = 1$

6. a) z = 2, n = 2, waagerechte Asymptote
b) z = 3, n = 3, waagerechte Asymptote
c) z = 2, n = 3, waagerechte Asymptote
d) z = 3, n = 2, schiefe Asymptote

7. a) $f(x) = \frac{1}{2}x + 1 + \frac{4x}{x^2 + 1}$;
$y = \frac{1}{2}x + 1$

b) $f(x) = \frac{1}{3}x - 1 + \frac{2}{3x}$;
$y = \frac{1}{3}x - 1$

c) $f(x) = x + 3 + \frac{3}{x - 1}$;
$y = x + 3$

d) $f(x) = -\frac{1}{2}x - 1 + \frac{2}{x^2}$;
$y = -\frac{1}{2}x - 1$

8. a) $x = -1$,
$y = x - 3$

b) $x = -\frac{1}{2}$,
$y = \frac{3}{2}x - \frac{3}{4}$

c) $x = -5$,
$y = -1$

d) $x_{1,2} = \pm 2$,
$y = 1$

3.6 Exponentialfunktion

Bei Exponentialfunktionen ist der Exponent die unabhängige Variable. Die Funktion lautet $f(x) = a \cdot b^x$. Der Kurvenverlauf hängt von den Größen a und b ab **(Bild 1)**. Der Koeffizient a ist der Funktionswert bei $x = 0$, hier $a = 1$. Für $b > 1$ ergeben sich monoton steigende Funktionen. Dies ist z. B. beim Kapitalzuwachs durch Zinsen der Fall. Ist $b = 1$, ergibt sich eine waagerechte Gerade. Gilt $0 < b < 1$, ergeben sich monoton fallende Funktionen. Mit einer solchen Funktion werden z. B. die Zerfallsgesetze beschrieben.

Der Kurvenverlauf der Exponentialfunktion hängt von der Basis b und dem Streckungsfaktor a ab.

$$f(x) = a \cdot b^x \qquad b > 0;\ x \in \mathbb{R};\ a \in \mathbb{R}^*$$

f(x) Funktionswert an der Stelle x — a Koeffizient
x unabhängige Variable — b Basis

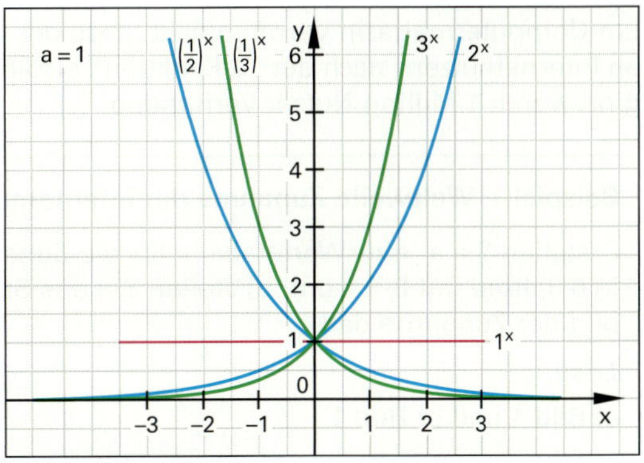

Bild 1: Schaubilder von Exponentialfunktionen

Exponentielles Wachstum (Basis: $b > 1$)

Bei der Zinseszinsrechnung wird für einen festen Zinsfaktor q das Kapital K nach einer Anzahl von n Jahren berechnet. Das Kapital K ist also eine Funktion der Anzahl n der Jahre **(Bild 2)**.

$$K = K_0 \cdot q^n \qquad q = 1 + \frac{p}{100} \qquad K = K_0 \cdot \left(1 + \frac{p}{100}\right)^n$$

K_0 Anfangskapital — K Endkapital — p Zinssatz
q Zinsfaktor — n Anzahl der Jahre

Beispiel 1: Kapitalbildung

Für ein Anfangskapital $K_0 = 100$ €, einen Zinssatz von 5 % (p = 5) und einer Sparzeit n von 30 Jahren soll das Kapital K berechnet werden. Erstellen Sie a) eine Wertetabelle, b) das Schaubild der Funktion.
c) Entnehmen Sie dem Schaubild, wann sich das Kapital verdoppelt hat.

Lösung:

a) $q = 1 + \frac{p}{100} = 1 + \frac{5}{100} = 1{,}05$ dann einsetzen in
$K = K_0 \cdot q^n = 100 \cdot (1{,}05)^n$ oder mit
$K = K_0 \cdot \left[1 + \left(\frac{p}{100}\right)^n\right] = 100 \cdot (1{,}05)^n$

n in Jahren	0	5	10	15	20	25	30
K in €	100	127,6	162,8	207,8	265,3	338,6	432,2

b) **Bild 2** c) Abgelesen: **n = 14,5 Jahre**

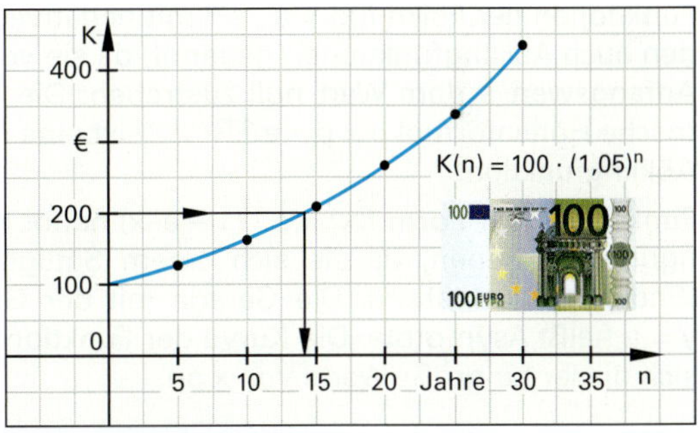

Bild 2: Kapitalzuwachs

Exponentieller Zerfall (Basis: $0 < b < 1$)

Bei der Heilbehandlung wird die radioaktive Strahlung von Kobalt 60 verwendet. Die Wirksamkeit der Bestrahlung nimmt durch Zerfall der Atome entsprechend dem Zerfallsgesetz ab. Die Halbwertszeit t_H von Kobalt 60 beträgt 30 Jahre. Mit dem Zerfallsgesetz kann berechnet werden, wie viele Atomkerne N nach einer bestimmten Zeit noch radioaktiv sind.

$$N = N_0 \cdot \left(\frac{1}{2}\right)^{\frac{t}{t_H}} \qquad \text{normiert:} \qquad y = \left(\frac{1}{2}\right)^x$$

N Anzahl nicht zerfallener Atomkerne
N_0 Anzahl nicht zerfallener Atomkerne zu Beginn
t Zeit — t_H Halbwertszeit

Beispiel 2: Zerfallszeit von Kobalt 60

Erstellen Sie a) eine Wertetabelle für $y = N/N_0$ und $t_H = 30$ Jahre für eine Zeit von 50 Jahren, b) das Schaubild der Zerfallsfunktion N(t).

Lösung:

a) mit $N(t) = N_0 \cdot \left(\frac{1}{2}\right)^{\frac{t}{30}}$

t in Jahren	0	10	20	30	40	50	60
$y = N/N_0$	1	0,79	0,63	0,5	0,39	0,33	0,25

b) **Bild 3**

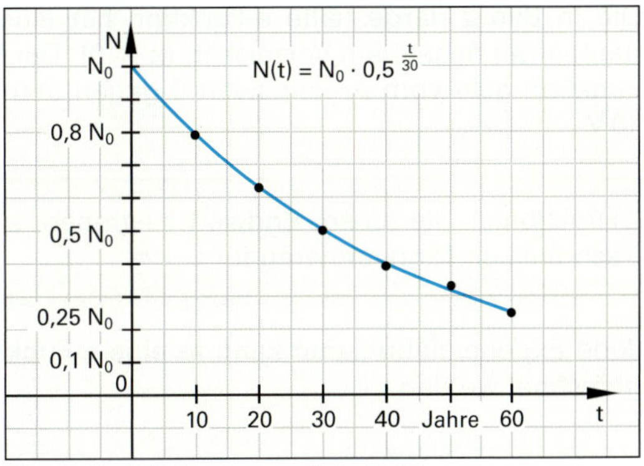

Bild 3: Zerfallskurve von Kobalt 60

3.7 e-Funktion

Funktionen mit der Basis e werden natürliche Exponentialfunktionen genannt. Diese Funktionen nennt man kurz e-Funktionen. Bei PC-Software wird oft die Schreibweise exp(x) oder EXP(x) benutzt. Die Zahl e wird als Euler'sche Zahl [1] bezeichnet.

Ein Computermagazin veröffentlicht, dass der Zuwachs an Internetnutzern nach der „e-Funktion" erfolgt. Zu Beginn waren 1 Million Nutzer vorhanden.

$f(x) = a \cdot e^{bx}$ $e \approx 2{,}718281828459...$

$a \in \mathbb{R}^*$, $b \in \mathbb{R}$, $x \in D$
f(x) Funktionswert an der Stelle x
a, b Koeffizienten e Basis, Euler'sche Zahl

Beispiel 1: Weltweite Zunahme der Internetnutzer

Erstellen Sie a) eine Wertetabelle für die Zunahme in 6 Jahren mit b = 1 und b) stellen Sie das Schaubild der Zunahme dar.

Lösung:

a) **Bild 1** und b) **Bild 1**

$N = N_0 \cdot e^x$ $x = \frac{t}{a}$ t Zeit, a Sättigungswert

N Zahl der Internetnutzer x Zeit in Jahren
N_0 Anfangszahl y = N

x	0	1	2	3	4	5	6
y	1	2,72	7,4	20,1	54,6	148,4	403,4

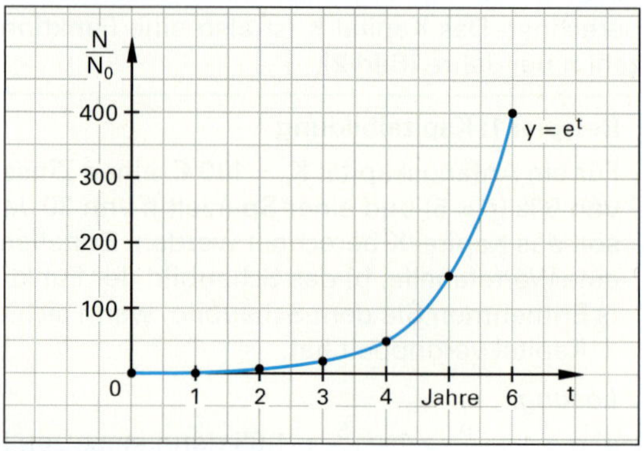

Bild 1: Zunahme der Internetnutzer

Bei vielen Funktionen in Natur und Technik entspricht der Zuwachs der in Bild 1 gezeichneten e-Funktion.

Funktionen mit $f(x) = a \cdot e^{bx}$ sind für $x \to \infty$ unbeschränkt und nicht konvergent (divergent).

Funktionen der Form $f(x) = a \cdot e^{bx}$ mit negativem b werden auch Abklingfunktionen genannt, da sie von einem Anfangswert a dem Wert null zustreben. Die barometrische Höhenformel $p = p_0 \cdot e^{-0{,}125 \cdot (h/m)}$ ist eine derartige Abklingfunktion.

Funktionen der Form f(x) = a · (1 – e–x) nennt man Sättigungsfunktionen, da sie sich einem Sättigungswert (Endwert) a annähern. Die Gerade mit der Gleichung y = a heißt Asymptote. Die Kurve der Funktion f nähert sich dieser für große Werte von x an.

$U = U_0 \cdot (1 - e^{-x})$ $x = \frac{t}{\tau}$

U Spannung U_0 Endwert der Spannung
x Zeit/Zeitkonstante

x	0	0,4	0,8	1,2	1,6	2,0	2,4	2,8	3,2	3,6
$\frac{U}{U_0}$	0	0,33	0,55	0,7	0,8	0,86	0,91	0,94	0,96	

Beispiel 2: Aufladen eines Kondensators

Erstellen Sie a) eine Wertetabelle für die Kondensatorspannung $U = U_0 \cdot (1 - e^{-x})$ für $U_0 = 10\,V$ und $\tau = 0{,}25$ s und b) das Schaubild der Funktion.

Lösung:

a) und b) **Bild 2**

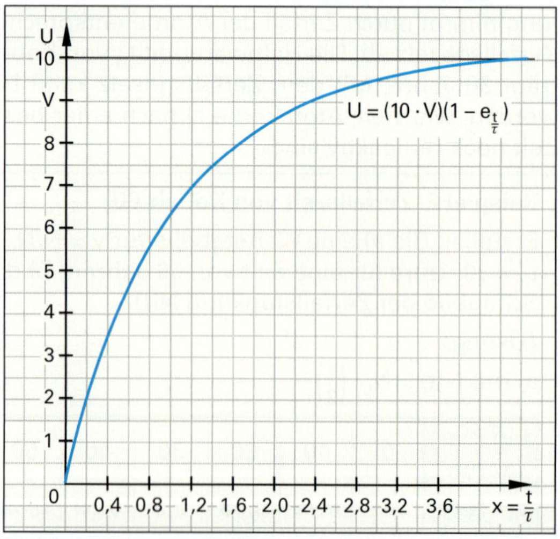

Bild 2: Kondensatorladespannung U als Funktion der Zeit t

Die in Bild 2 dargestellte e-Funktion hat einen Exponenten mit negativem Vorzeichen ($x < 0$). Der Wert der Funktion geht vom Anfangswert 0 gegen den Endwert 10 V.

Funktionen, die einem Endwert zustreben, sind beschränkt und konvergieren für $t \to \infty$.

Jede Exponentialfunktion kann in eine e-Funktion umgerechnet werden.

[1] Leonhard Euler, Schweizer Mathematiker 15.4.1707–18.9.1783

Überprüfen Sie Ihr Wissen!

Beispielaufgaben

e-Funktion

1. **Barometrische Formel.** Erstellen Sie a) eine Wertetabelle für den Luftdruck $y = p/p_0$ und $b = -0{,}125$ und b) das Schaubild der Funktion.

2. **Zinsformel in eine e-Funktion umformen.** Formen Sie die Zinsfunktion $K/K_0 = 1{,}05^n$ in eine entsprechende e-Funktion um.

Lösungen Beispielaufgaben

e-Funktion

1. a) Bild 1

b)

x	0	0,125	0,25	0,5	0,75	1	1,5
$\frac{p}{p_0}$	1	0,88	0,77	0,6	0,47	0,36	0,22

2. $K/K_0 = e^{n \cdot \ln 1{,}05 \cdot x}$

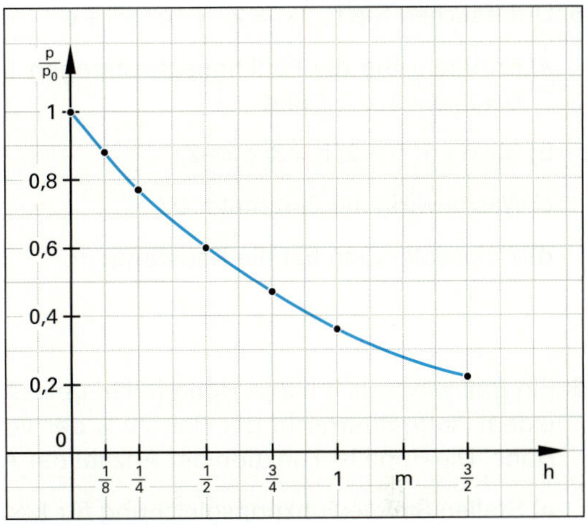

Bild 1: Luftdruck p als Funktion der Höhe h

Übungsaufgaben

1. Die Medikamentenkonzentration im Blut kann in Abhängigkeit von der Zeit t mit der Funktionsgleichung $f(t) = a \cdot t \cdot e^{b \cdot t}$ für $t > 0$ beschrieben werden.

a) Bestimmen Sie die Funktionsgleichung g, die zum Zeitpunkt 2 die Konzentration 1,47 hat. Berechnen Sie zuerst b.

b) Zeichnen Sie die Schaubilder für a = 2, a = 4 und a = 6 **(Bild 2)**.

2. Untersuchen Sie die Kurvenschar $f_k(x) = e^{2 \cdot x} - k \cdot e^x$; $k > 0$, $x \in \mathbb{R}$.

a) Zeichnen Sie die Schaubilder der Funktion für k = 2 und k = 4.

b) Berechnen Sie in Abhängigkeit von k die Nullstellen N.

3. a) Zeichnen Sie die Schaubilder der Funktionen mit den Gleichungen $f(x) = 2 \cdot x \cdot e^{-\frac{x}{2}}$ und $g(x) = x^2 \cdot e^{-\frac{x}{2}}$.

b) Untersuchen Sie die Schaubilder der Funktionen auf gemeinsame Punkte.

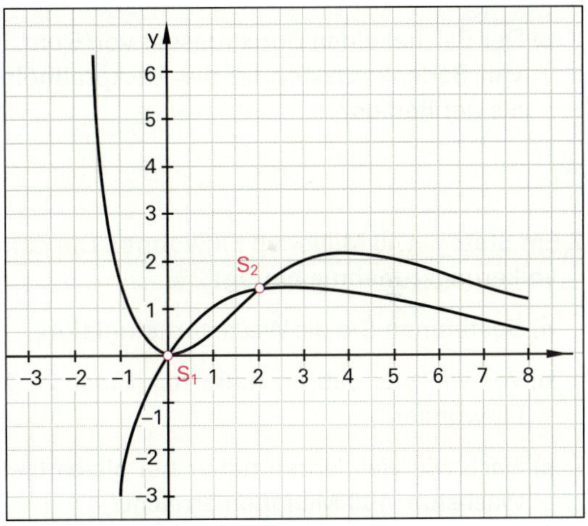

Bild 3: Schnittpunkte mit e-Funktionen

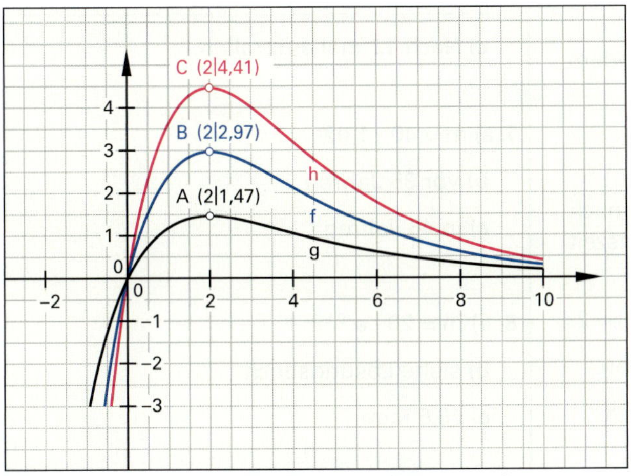

Bild 2: Schaubilder von Medikamentenkonzentrationen

Lösungen Übungsaufgaben

1. a) $f(x) = 2 \cdot x \cdot e^{-\frac{x}{2}}$

b) Bild 2

2. a) $f(x) = e^{2 \cdot x} - 2 \cdot e^x$; $f_k(x) = e^{2 \cdot x} - 4 \cdot e^x$

b) $N_{f21}(0{,}69|0)$, $N_{f22}(0|-1)$; $N_{f41}(0|-3)$, $N_{f42}(1{,}38|0)$

3. a) Bild 3 **b)** S_1 (2|1,47), S_2 (0|0)

4. Gegeben ist die Kurvenschar $f_{b;\,c}(x) = a \cdot x \cdot e^{-b \cdot x} + c$.

a) Bestimmen Sie die Funktionsgleichungen f(x) für $a = -4$; $b = 1$ und $c = 2$ sowie g(x) für $a = -10$; $b = 2$; $c = 2$.

b) Zeichnen Sie die Schaubilder der Funktion f und der Funktion g.

c) Bestimmen Sie die Schnittpunkte S der Schaubilder der Funktionen f und g.

d) Welcher Endwert wird für $x \to \infty$ bei den Schaubildern K_f und K_g angenähert?

5. Untersuchen Sie $f_{b;\,c}(x) = 2 \cdot x \cdot e^{(x-b)} + c$.

a) Ermitteln Sie die Funktionsgleichungen für $b = 1$; $b = 2$; $b = 3$; $c = 1$ und

b) für $b = 1$; $b = 2$; $b = 3$; $c = -2$.

c) Was bewirkt der Parameter b?

d) Welche Wirkung hat die Konstante c?

6. Ein Ball wird aus h = 2 m Höhe fallen gelassen. Nach jedem Aufprall erreicht der Ball 70 % der vorherigen Höhe. Die Höhe ist Funktion der Anzahl der Aufprälle.

a) Stellen Sie die Funktionsgleichung für h(x) auf.

b) Berechnen Sie die Werte H_1 bis H_4, **Bild 1**.

c) Der Ball hat einen Durchmesser von 5 cm. Nach wie viel Bodenkontakten ist die Rückprallhöhe kleiner als der Radius?

7. Ein Staat hat 40 Millionen Einwohner. Die jährliche Bevölkerungszunahme beträgt 2 %.

a) Bestimmen Sie die Wachstumsfunktion.

b) Vor wie viel Jahren hatte der Staat 20 Millionen Einwohner?

c) Nach wie viel Jahren hat er bei gleich bleibendem Wachstum 100 Millionen erreicht?

8. Der Zerfall von radioaktivem Jod 131 erfolgt nach dem Zerfallsgesetz $m(t) = m_0 \cdot e^{-k \cdot t}$. Die Halbwertszeit beträgt 8 Tage. $m_0 = 20$ mg.

a) Bestimmen Sie die Parameter a und k für $m(0) = 2$.

b) Zeichnen Sie das Schaubild der Zerfallsfunktion.

c) Nach wie vielen Tagen sind noch 10 % Jod übrig?

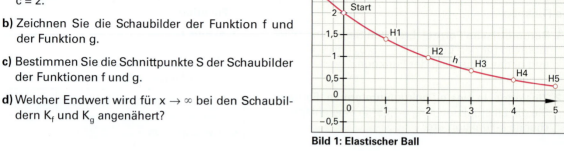

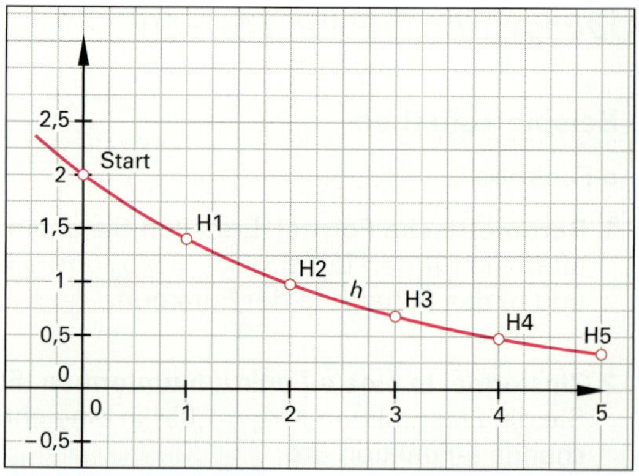

Bild 1: Elastischer Ball

Lösungen Übungsaufgaben

4. a) $f_{b;\,c}(x) = -4 \cdot x \cdot e^{-x} + 2$;
$f_{b;\,c}(x) = -10 \cdot x \cdot e^{-2x} + 2$

b) siehe Lösungsbuch

c) $S_1\,(0|2)$, $S_2\,(0{,}92|0{,}53)$

d) $y = 2$

5. a) $f_{b;\,c} = 2 \cdot x \cdot e^{(x-1)} + 1$; $f_{b;\,c} = 2 \cdot x \cdot e^{(x-2)} + 1$;
$f_{b;\,c} = 2 \cdot x \cdot e^{(x-3)} + 1$

b) $f_{b;\,c} = 2 \cdot x \cdot e^{(x-1)} + 1$; $f_{b;\,c} = 2 \cdot x \cdot e^{(x-1)} + 1$;
$f_{b;\,c} = 2 \cdot x \cdot e^{(x-1)} + 1$

c) Abflachung der Schaubilder für abnehmendes b.

d) Konstante c verschiebt die Funktionsscharen und ist gleichzeitig die Tangente.

6. a) $h(x) = 2 \cdot 0{,}7^x$

b)

x	0	1	2	3	4	5	?
h	2	1,4	0,98	0,69	0,48	0,33	0,025

c) Nach 12-mal aufprallen.

7. a) $m = 40 \cdot 1{,}02^t$

b) vor 35 Jahren

c) in 46 Jahren

8. a) $m = 20 \cdot e^{-0{,}866 \cdot t}$

b) siehe Lösungsbuch

c) 26,5 Tage

3.8 Exponentialfunktion und ihre Umkehrfunktion

Exponentialfunktionen sind streng monoton und können ohne Einschränkung der Definitionsmenge umgekehrt werden **(Tabelle 1)**.

> Die Umkehrfunktionen von Exponentialfunktionen heißen Logarithmusfunktionen.

Beispiel 1: Basis 2

Gegeben ist über $D = \mathbb{R}$ die Gleichung der Funktion f mit $f(x) = 2^x$; $D_f = \mathbb{R}$; $W_f = \mathbb{R}_+$ **(Bild 1).**

a) Bestimmen Sie die Gleichung der Umkehrfunktion $\bar{f}$ und geben Sie deren Definitionsmenge $D_{\bar{f}}$ und Wertemenge $W_{\bar{f}}$ an.

b) Zeichnen Sie die Schaubilder von f und $\bar{f}$ mithilfe der Spiegelgeraden y = x.

Lösung:

a) Umkehrfunktion von f in zwei Schritten:

1. Vertauschen der Variablen:

$y = 2^x \Leftrightarrow x = 2^y \Rightarrow \mathbf{\bar{f}(y) = x = 2^y}$

2. Umstellung der Gleichung nach y:

$x = 2^y \Leftrightarrow \log_2 x = \log_2 2^y \Leftrightarrow y = \log_2 x$

Wegen $D_{\bar{f}} = W_f = \mathbb{R}_+^*$ und $W_{\bar{f}} = D_f = \mathbb{R}$ folgt:

$\mathbf{\bar{f}(x) = \log_2 x = lb\,x}$ ist die **gesuchte Umkehrfunktion.**

b) **Bild 1.**

Beispiel 2: Allgemeine Exponentialfunktion

Die Gleichung der allgemeinen Exponentialfunktion hat die Form

$f(x) = a^x \wedge a > 0$; $D_f = \mathbb{R}$; $W_f = \mathbb{R}_+$

a) Bestimmen Sie die Umkehrfunktion.

b) Zeichnen Sie die Schaubilder für a = e.

Lösung:

a) Umkehrfunktion von f:

1. Vertauschen der Variablen:

$y = a^x \Leftrightarrow x = a^y \Rightarrow \bar{f}(y) = x = a^y$

2. Umstellung der Gleichung nach y:

$x = a^y \Leftrightarrow \log_a x = \log_a a^y \Leftrightarrow y = \log_a x$

Wegen $D_{\bar{f}} = W_f = \mathbb{R}_+^*$ und $W_{\bar{f}} = D_f = \mathbb{R}$ folgt:

$\bar{f}(x) = \log_a x$ ist die gesuchte Umkehrfunktion.

b) **Bild 2, $\bar{f}(x) = \log_e x = \ln x$**

Tabelle 1: Exponential- und Logarithmusfunktion

Funktion f(x) =	D_f; W_f	Umkehrfunktion $\bar{f}(x)$ =	$D_{\bar{f}}$; $W_{\bar{f}}$
2^x	$D_f = \mathbb{R}$; $W_f = \mathbb{R}_+$	$\log_2 x = lb\,x$	$D_{\bar{f}} = \mathbb{R}_+$; $W_{\bar{f}} = \mathbb{R}$
10^x	$D_f = \mathbb{R}$; $W_f = \mathbb{R}_+$	$\log_{10} x = lg\,x$	$D_{\bar{f}} = \mathbb{R}_+$; $W_{\bar{f}} = \mathbb{R}$
e^x e = 2,71828	$D_f = \mathbb{R}$; $W_f = \mathbb{R}_+$	$\log_e x = \ln x$	$D_{\bar{f}} = \mathbb{R}_+$; $W_{\bar{f}} = \mathbb{R}$
a^x; $a > 0$	$D_f = \mathbb{R}$; $W_f = \mathbb{R}_+$	$\log_a x = \frac{\ln x}{\ln a}$	$D_{\bar{f}} = \mathbb{R}_+$; $W_{\bar{f}} = \mathbb{R}$

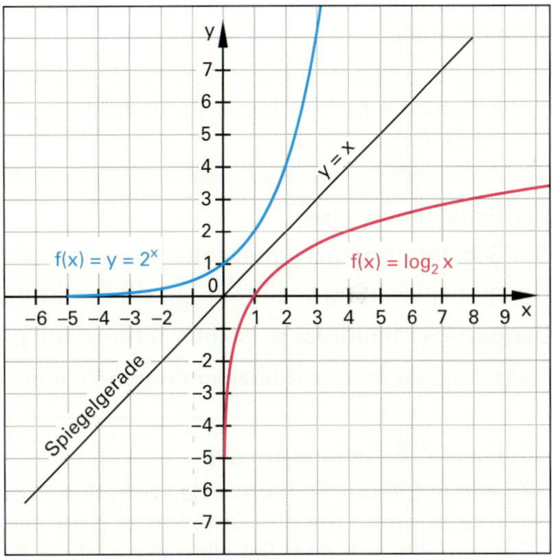

Bild 1: Exponentialfunktion mit der Basis 2

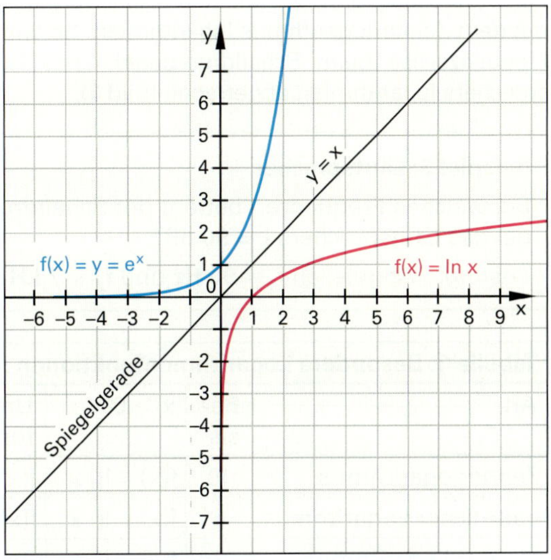

Bild 2: Exponentialfunktion mit der Basis e

3.9 Logarithmische Funktion

Logarithmusfunktionen sind die Umkehrfunktionen der Exponentialfunktionen. In der Praxis werden die Logarithmusfunktionen zur Basis 10, zur Basis e und zur Basis 2 verwendet **(Tabelle 1)**. Die Logarithmusfunktion zur Basis 10 wird z. B. zur Berechnung von Verstärkungen bei Verstärkeranlagen, des Wirkungsgrades von Lautsprecherboxen, Dämpfungen in Antennenanlagen oder Lautstärkeermittlungen von Geräuschquellen eingesetzt. Der natürliche Logarithmus wird z. B. zur Zeitberechnung von Schwingungen oder elektrischen Ladevorgängen bei Kondensatoren eingesetzt. Der binäre Logarithmus wird in der Datentechnik verwendet.

$y = \log_a x$ $x > 0$ y Wert des Logarithmus a Basis
x unabhängige Variable

$L = 20 \cdot \log \frac{p}{p_0}$ L Schalldruckpegel in dB (Dezibel)
p Schalldruck in Pascal

Beispiel 1: Besondere Logarithmen

Zeichnen Sie die Schaubilder der Funktionen mit $f(x) = \lg x$, $g(x) = \ln x$ und $h(x) = \text{lb}\, x$.

Lösung: **Bild 1**

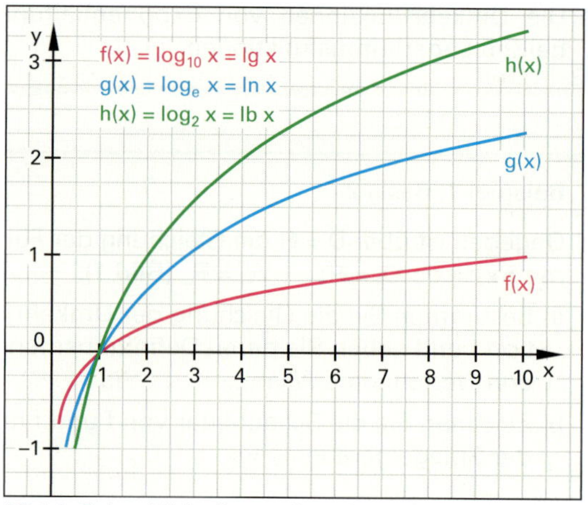

Bild 1: Schaubilder besonderer Logarithmen

Die Schaubilder verlaufen nur im 1. Quadranten und im 4. Quadranten.

Alle Schaubilder der Logarithmusfunktionen gehen durch den Punkt (1|0).

Der Schalldruckpegel

Der Schalldruckpegel von Geräuschquellen wird mit der Funktionsgleichung $L = 20 \cdot \lg\left(\frac{p}{p_0}\right)$ dB bestimmt **(Bild 2)**. Der Bezugsschalldruck p_0 ist international mit $p_0 = 20\,\mu\text{Pa}$ festgelegt. Pa ist das Kurzzeichen von Pascal [1].

Beispiel 2: Schalldruckpegel

Zeichnen Sie das Schaubild des Schalldruckpegels und bestimmen Sie den Schalldruck p für einen Rasenmäher mit dem Schalldruckpegel L = 80 dB.

Lösung: **Bild 2, abgelesen: $p = 10^4$ Pa**

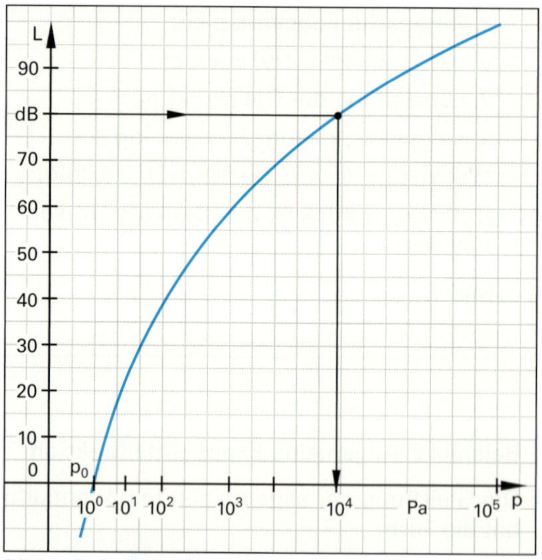

Bild 2: Schalldruckpegel

Zur Darstellung großer Zahlenbereiche werden die Werte mit dem Zehnerlogarithmus logarithmiert. So wird z. B. die Frequenzachse beim Schalldruckpegel eines Tieftonlautsprechers logarithmiert abgetragen **(Bild 3)**.

Beispiel 3: Lautsprecher

Bei welchen Frequenzen beträgt der Schalldruckpegel des Lautsprechers L = 90 dB?

Lösung: Abgelesen $\mathbf{f_1 \approx 90\,Hz}$ und $\mathbf{f_2 \approx 7\,kHz}$

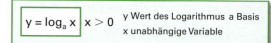

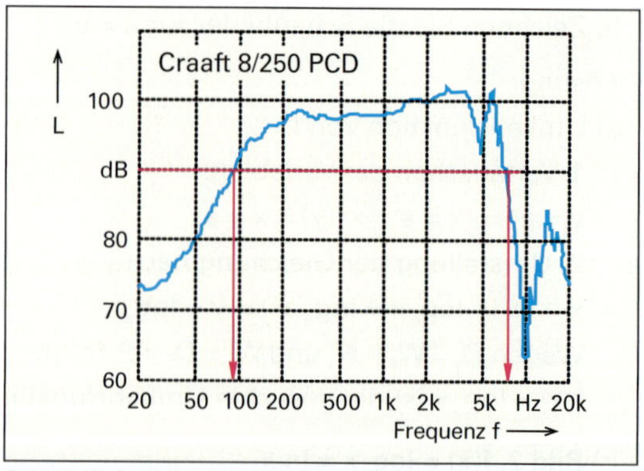

Bild 3: Schalldruckdiagramm eines Lautsprechers

Tabelle 1: Besondere Logarithmenfunktionen

Art	Basis	x > 0	Umkehrfunktion
Zehnerlogarithmus	10	$f(x) = \lg x$	$\bar{f}(x) = 10^x$
natürlicher Logarithmus	e	$f(x) = \ln x$	$\bar{f}(x) = e^x$
binärer Logarithmus	2	$f(x) = \text{lb}\, x$	$\bar{f}(x) = 2^x$

[1] Blaise Pascal, franz. Mathematiker 19. 6. 1623 bis 19. 8. 1662

Überprüfen Sie Ihr Wissen!

Übungsaufgaben

Exponentialfunktionen

1. Welche der folgenden Funktionen ist eine Exponentialfunktion?

a) $y = \sqrt[x]{5}$ **b)** $y = x^2$ **c)** $y = \frac{1}{x}$

d) $y = 6^{-x}$ **e)** $y = \frac{1}{2^x}$ **f)** $y = \frac{1}{\sqrt[3]{x^2}}$

2. Erstellen Sie die Wertetabellen und die Schaubilder der Exponentialfunktionen mit

a) $f(x) = 0{,}25^x$, **b)** $g(x) = 1{,}5^x$, **c)** $h(x) = \sqrt{5^x}$

3. Bestimmen Sie die Koeffizienten a und b der Funktion in der Form $f(x) = a \cdot b^x$ mit den Punkten

a) $P\,(1|4)$, $Q\left(2\middle|5\frac{1}{3}\right)$ **b)** $P\,(2|-9)$, $Q\left(-2\middle|-1\frac{7}{9}\right)$.

4. Bild 1 zeigt das Schaubild einer Exponentialfunktion der Form $f(x) = a \cdot b^x$. Bestimmen Sie die Parameter a und b für die Punkte P_1 und P_2.

5. Bestimmen Sie für die Exponentialfunktion mit $g(x) = a \cdot b^x$ anhand der Punkte $P_1\,(2|18)$ und $P_2\left(-2\middle|\frac{2}{9}\right)$ die Parameter a und b.

Exponentielles Wachstum

6. Berechnen Sie für ein Sparbuch mit dem Anfangskapital 100 € und einem Zinssatz p = 2,5 % das Guthaben mit Zinseszins nach 1 Jahr, 2 Jahren, 5 Jahren und 10 Jahren.

7. Bei einer biologischen Versuchsreihe ergibt sich, dass der Anfangsbestand W(0) täglich um 25 % zunimmt.

a) Wie groß ist der Zuwachs nach einer Woche?

b) Wie groß ist der wöchentliche Zuwachs in Prozent?

c) Welcher Zuwachs wird nach zwei Wochen erreicht?

d) Wie groß ist der Zuwachs nach zwei Wochen in Prozent?

Exponentielle Abnahme

8. Ein PC kostet 2000 €. Die Abschreibung beträgt 20 %. Wie groß ist der Buchwert K_n nach 1, 2, 3 und 5 Jahren?

9. Bei einem Zerfallsprozess verringert sich der Wert G(0) monatlich nach der Funktionsgleichung $g(m) = 10 \cdot 0{,}8^m$.

a) Berechnen Sie die Werte g(0), g(1) und g(12).

b) Geben Sie die Werte in Prozent an.

c) Nach wie viel Monaten ist g(m) = 5?

10. Ein Enkel erbte von seinem Großvater ein Sparbuch mit 20716,83 €. Die Verzinsung betrug 6 % bei einer Laufzeit von 12,5 Jahren.

a) Wie groß wäre das Startguthaben vor 12,5 Jahren in Euro gewesen?

b) Der Enkel lässt das Geld bei gleicher Verzinsung weitere 5 Jahre auf dem Konto. Welche Summe hat er dann zur Verfügung?

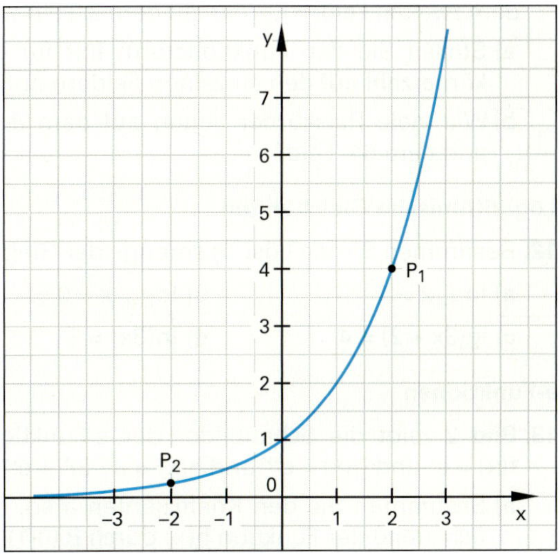

Bild 1: Exponentialfunktion

Lösungen Übungsaufgaben

1. a) ja **b)** nein **c)** nein

d) ja **e)** ja **f)** nein

2. a)

x	−2	−1,5	−1	0	1	2	3
f(x)	16	8	4	1	0,25	0,0625	0,0156

Schaubild siehe Lösungsbuch.

b)

x	−3	−2	−1	0	1	2	3	4
g(x)	0,29	0,44	0,66	1	1,5	2,25	3,37	5,06

Schaubild siehe Lösungsbuch.

c)

x	−3	−2	−1	0	1	2	2,5
h(x)	0,09	0,20	0,45	1	2,24	5	7,48

Schaubild siehe Lösungsbuch.

3. a) $a = 3$; $b = \frac{4}{3}$ **b)** $a = 4$; $b_{1,2} = \pm 1{,}5$

4. a = 1 und b = 2

5. a = 2 und b = 3

6. $K_1 = 102{,}5$ €; $K_2 = 105{,}06$ €; $K_5 = 113{,}14$ €; $K_{10} = 128{,}10$ €

7. a) $\Delta W_7 = 3{,}7683 \cdot W_0$ **b)** 376,83 %

c) $\Delta W_{14} = 21{,}737 \cdot W_0$ **d)** 217,37 %

8. $K_1 = 1600$ €; $K_2 = 1280$ €; $K_3 = 1024$ €; $K_5 = 655{,}36$ €

9. a) g(0) = 10, g(1) = 8, g(12) = 0,678

b) g(0) ≙ 100 %; g(1) ≙ 80 %; g(12) ≙ 6,78 %

c) m = 3,2

10. a) $K_0 = 10000$ € **b)** $K_5 = 27723{,}79$ €

11. Der Erfinder des Schachspieles wünschte sich als Lohn 1 Reiskorn auf dem ersten Feld, 2 Reiskörner auf dem zweiten Feld, 4 Körner auf dem 3. Feld ... **(Bild 1)**.

a) Stellen Sie den Funktionsterm f(x) für die Reiskörnerzahl auf den einzelnen Feldern auf.

b) Wie viele Reiskörner liegen auf dem 8., 21., 31. und dem 64. Feld?

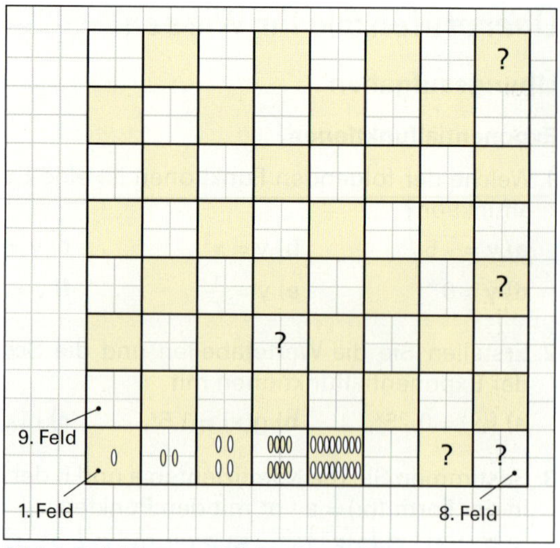

Bild 1: Reiskörner auf Schachbrettfeldern

Logarithmische Gleichungen

12. Bestimmen Sie die Lösungsmenge der Gleichungen.

a) $\log_2 x = 4$ **b)** $\log_{16} x = 0{,}5$

c) $\lg(3x + 2) = 4$ **d)** $\ln(3x) = 1$

e-Funktionen

13. Bild 2 zeigt die Schaubilder der e-Funktionen mit $f(x) = e^x$ und $g(x) = e^{-x}$ und $h(x) = a \cdot (e^x + e^{-x})$.

a) Bestimmen Sie den Koeffizienten a so, dass das Schaubild der Funktion h(x) durch P (0|1) geht.

b) Zeichnen Sie das Schaubild der Funktion.

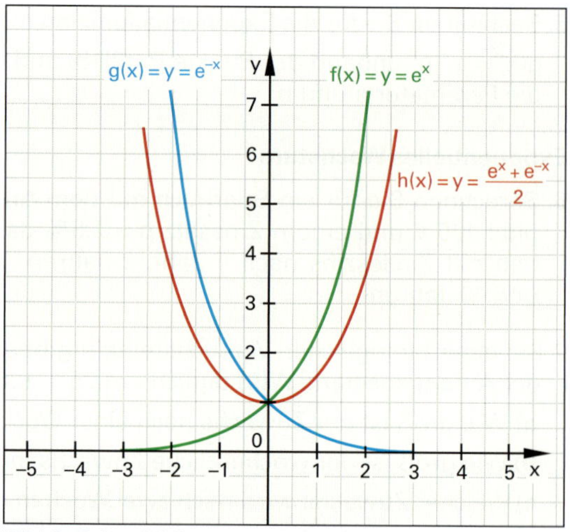

Bild 2: Schaubilder von e-Funktionen

14. Bestimmen Sie die Lösungsmenge der Exponentialgleichungen.

a) $e^x = 5$ **b)** $0{,}5 \cdot e^{x+2} - 3 = 0$

c) $0{,}5 \cdot e^{1-x} - 4 = 0$ **d)** $4e^{x \cdot \ln 2} - 16 = 0$

15. Lösen Sie folgende Exponentialgleichungen durch Substitution.

a) $e^{2x} - 4e^x - 12 = 0$ **b)** $e^x + \frac{4}{e^x} = 4$

16. Lösen Sie durch Ausklammern.

a) $2 \cdot e^x - e^{2x} = 0$ **b)** $e^x - \frac{2}{e^x} = 0$

17. Lösen Sie durch Vergleich der Exponenten.

a) $e^3 \cdot e^x - e^6 \cdot e^{-x} = 0$ **b)** $e^{\ln 2 - x} - e^{\ln 4 + x} = 0$

18. Bild 3 zeigt das Schaubild einer Exponentialfunktion der Form $f(x) = a \cdot x \cdot e^{b \cdot x}$. Bestimmen Sie die Parameter a und b mithilfe der Punkte P_1 und P_2.

19. In welchem Punkt schneiden sich die Schaubilder der Funktionen f und g?

a) $f(x) = e^{1{,}5x}$ und $g(x) = e^{-1{,}5x + 2}$

b) $f(x) = e^{1{,}5x + 1}$ und $g(x) = e^{-0{,}5x + 3}$

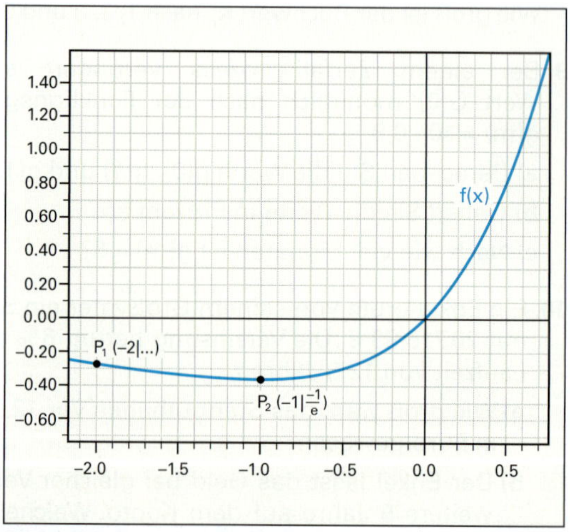

Bild 3: Funktion der Form $f(x) = a \cdot x \cdot e^{b \cdot x}$

Lösungen Übungsaufgaben

11. a) $f(x) = 2^{x-1}$ **b)** 128; 1 048 576; 2 147 483 648 und ca. $9{,}223 \cdot 10^{18}$

12. a) x = 16 **b)** x = 4 **c)** x = 3 332,67 **d)** x = 0,906

13. a) $a = \frac{1}{2}$ **b)** siehe Lösungsbuch

14. a) $x = \ln 5$ **b)** $x = \ln 6 - 2$

c) $x = 1 - 3 \cdot \ln 2$ **d)** x = 2

15. a) $x = \ln 6$ **b)** $x = \ln 2$

16. a) $x = \ln 2$ **b)** $x = \frac{1}{2} \ln 2$

17. a) x = 1,5 **b)** $x = -\frac{1}{2} \ln 2$

18. a = 1 und b = 1; $\Rightarrow y = x \cdot e^x$

19. a) $x = \frac{2}{3}$, $y = e = 2{,}71$ **b)** $x = 1$, $y = e^{2{,}5} = 12{,}17$

3.10 Trigonometrische Funktionen

3.10.1 Sinusfunktion und Kosinusfunktion

Dreht sich eine Leiterschleife in einem homogenen Magnetfeld, so wird Wechselspannung induziert **(Bild 1)**. Diese induzierte Spannung ist abhängig vom Drehwinkel der Leiterschleife. Ihr Höchstwert wird bei einem Drehwinkel von 90° erreicht, während bei 180° der Wert auf null zurückgeht. Im Bereich von 180° bis 360° erfolgt eine Spannungsumkehr. Zeichnet man den Verlauf der Spannung auf, so entstehen zwei Halbschwingungen, die als reine Sinusschwingungen bezeichnet werden.

Da sich nach jeder Umdrehung der Leiterschleife die Spannung in stets gleicher Weise ändert, spricht man von periodischen Vorgängen und nennt den Bereich von 0° bis 360° eine Periode.

Ordnet man dem Winkel α den Sinuswert $\sin \alpha$ zu, so erhält man die Sinusfunktion $f(\alpha) = \sin(\alpha)$. Bei der grafischen Darstellung der Winkelfunktion wird meist das Bogenmaß x des Winkels verwendet.

$f(x) = \sin x$ | $g(x) = \cos x$

$x = \frac{\pi}{180°} \cdot \alpha$ | $\alpha = \frac{180°}{\pi} \cdot x$

x Winkel im Bogenmaß [rad]

α Winkel im Gradmaß [°]

f(x), g(x) Funktionswerte

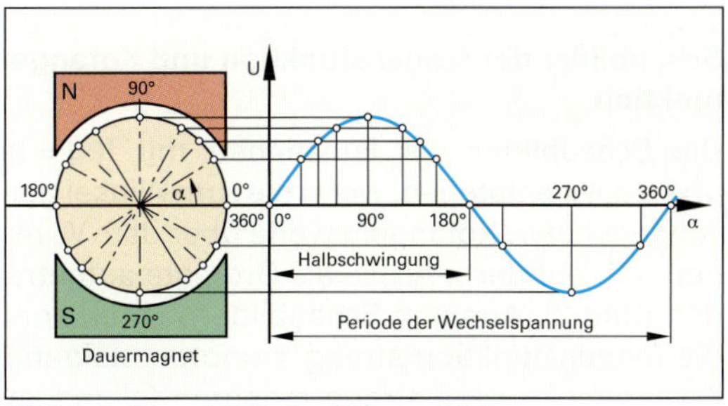

Bild 1: Leiterschleife im Magnetfeld

Bogenmaß eines Winkels

> Das Bogenmaß x ist die Bogenlänge des Winkels α auf dem Einheitskreis **(Bild 2)**.

Es errechnet sich aus dem Verhältnis

$$\frac{\alpha}{360°} = \frac{x}{\text{Umfang}} \Leftrightarrow \frac{\alpha}{360°} = \frac{x}{d \cdot \pi} = \frac{x}{2 \cdot r \cdot \pi}$$

Im Einheitskreis mit r = 1 gilt:

$$\frac{\alpha}{360°} = \frac{x}{2 \cdot \pi} \Leftrightarrow x = \frac{\pi}{180°} \cdot \alpha \text{ [rad]}$$

Die Einheit des Bogenmaßes wird Radiant (rad) genannt.

$$1 \text{ rad} = \frac{360°}{2\pi} = \frac{180°}{\pi} \approx 57{,}3°$$

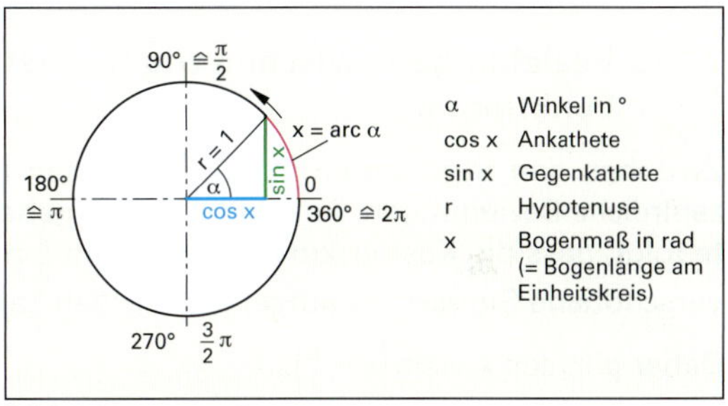

Bild 2: Bogenmaß x

Beispiel 1: Umrechnung Gradmaß-Bogenmaß

a) Rechnen Sie $\alpha = 90°$ in das Bogenmaß um.

b) Rechnen Sie π in Grad um.

Lösung:

a) $x = \frac{\pi}{180°} \cdot 90° = \frac{\pi}{2}$ [rad]

b) $\alpha = \frac{180°}{\pi} \cdot \pi = 180°$

Schaubilder der Sinusfunktion und Kosinusfunktion

Bei technischen Anwendungen, z. B. Schwingungen, treten Sinus- und Kosinusfunktion **(Bild 3)** als Funktion eines im Bogenmaß x dargestellten Winkels auf:

$f(x) = \sin x$ oder $g(x) = \cos x$.

Die Eigenschaften lassen sich aus den Schaubildern ablesen und sind in der **Tabelle 1** aufgeführt.

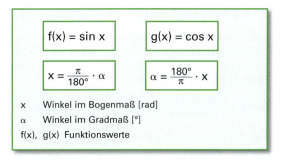

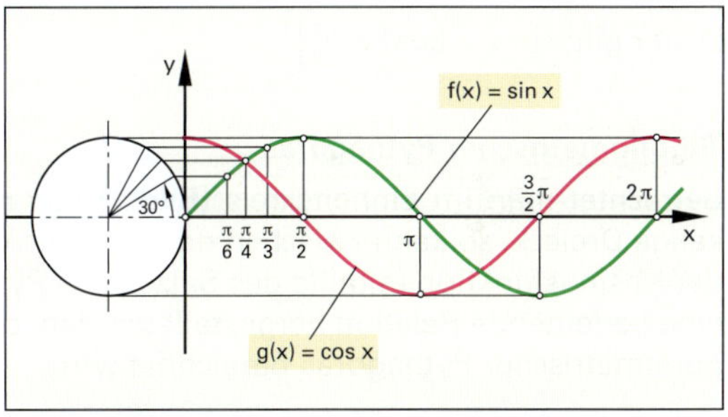

Bild 3: Schaubilder von Sinus- und Kosinusfunktionen

Tabelle 1: Eigenschaften der Sinusfunktion und der Kosinusfunktion

Funktionsgleichung	$f(x) = \sin x$	$g(x) = \cos x$
Definitionsbereich	$\mathbb{R}$	$\mathbb{R}$
Wertebereich	$-1 \leq y \leq 1$	$-1 \leq y \leq 1$
Periode	2π	2π
Nullstellen; $k \in \mathbb{Z}$	$x_k = k \cdot \pi$	$x_k = \frac{\pi}{2} + k \cdot \pi$

3.10.2 Tangensfunktion und Kotangensfunktion

Der Tangens des Winkels α in einem rechtwinkeligen Dreieck ist definiert als der Quotient von Gegenkathete zu Ankathete. Für die Tangensfunktion im Einheitskreis **(Bild 1)** gilt die Gleichung

$$\tan x = \frac{\text{Gegenkathete}}{\text{Ankathete}} = \frac{\sin x}{\cos x} \text{ mit } x \in \mathbb{R}\setminus\left\{\frac{\pi}{2} + k \cdot \pi\right\};\ k \in \mathbb{Z}$$

Für die Kotangensfunktion gilt

$$\cot x = \frac{\text{Ankathete}}{\text{Gegenkathete}} = \frac{\cos x}{\sin x} = \frac{1}{\tan x} \text{ mit } x \in \mathbb{R}\setminus\{k \cdot \pi\};\ k \in \mathbb{Z}.$$

Schaubilder der Tangensfunktion und Kotangensfunktion

Die Schaubilder der Funktionen mit $f(x) = \tan x$ und $g(x) = \cot x$ entstehen, wenn die zum Winkel gehörenden Tangens- bzw. Kotangenswerte über dem Winkel im Bogenmaß auf der x-Achse als Ordinate aufgetragen werden **(Bild 2)**. Aus den Schaubildern ist erkennbar, dass die Tangensfunktion streng monoton steigend und die Kotangensfunktion streng monoton fallend ist. Weitere Eigenschaften lassen sich aus den Schaubildern ablesen und sind in der **Tabelle 1** aufgeführt.

3.10.3 Beziehungen zwischen trigonometrischen Funktionen

Zwischen den trigonometrischen Funktionen bestehen zahlreiche Beziehungen. Aus **Bild 3, vorhergehende Seite** folgt, dass die Kosinuskurve als eine um $\frac{\pi}{2}$ nach links verschobene Sinuskurve aufgefasst werden kann.

Daher gilt: $\cos x = \sin\left(x + \frac{\pi}{2}\right)$.

Umgekehrt geht die Sinuskurve aus einer um $\frac{\pi}{2}$ nach rechts verschobenen Kosinuskurve hervor.

Daher gilt: $\sin x = \cos\left(x - \frac{\pi}{2}\right)$.

Trigonometrischer Pythagoras

Betrachtet man im Einheitskreis **(Bild 1)** das rechtwinkelige Dreieck, so kann zwischen der Sinusfunktion und der Kosinusfunktion mithilfe des Satzes von Pythagoras eine bedeutende Relation hergestellt werden, die als trigonometrischer Pythagoras bezeichnet wird.

$$(\sin x)^2 + (\cos x)^2 = 1^2$$

Mit der Schreibweise $(\sin x)^2 = \sin^2 x$ und $(\cos x)^2 = \cos^2 x$ folgt:

$$\sin^2 x + \cos^2 x = 1$$

> Beachte: $(\sin x)^2 = \sin^2 x$, aber: $\sin x^2 = \sin(x)^2$
> $\sin^2 x \neq \sin(x)^2$

Die Funktionswerte der Kotangensfunktion ergeben sich somit aus den Kehrwerten der Tangensfunktion.

Es gilt: $\cot x = \frac{1}{\tan x} = (\tan x)^{-1}$.

$f(x) = \tan x$ $\quad$ $g(x) = \cot x$

x Winkel im Bogenmaß
f(x), g(x) Funktionswerte

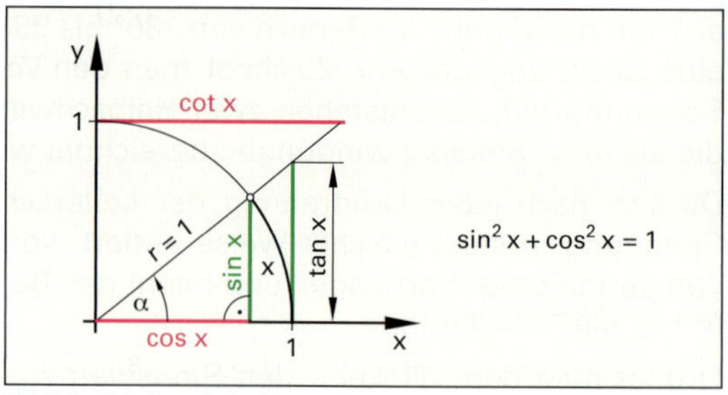

Bild 1: Rechtwinkeliges Dreieck im Einheitskreis

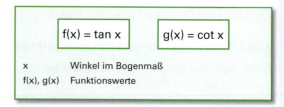

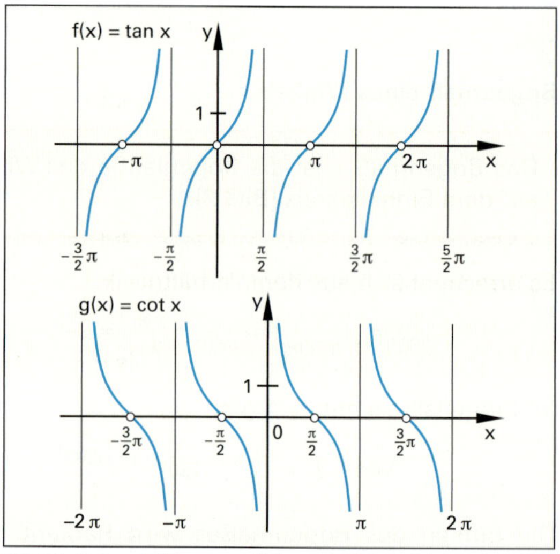

Bild 2: Schaubilder von f(x) und g(x)

Tabelle 1: Tangensfunktion und Kotangensfunktion

Funktionsgleichung	$f(x) = \tan x$	$g(x) = \cot x$
Definitionsbereich	$x \in \mathbb{R}\setminus\left\{\frac{\pi}{2} + k \cdot \pi\right\}$	$x \in \mathbb{R}\setminus\{k \cdot \pi\}$
Wertebereich	$\mathbb{R}$	$\mathbb{R}$
Periode	π	π
Nullstellen; $k \in \mathbb{Z}$	$x_k = k \cdot \pi$	$x_k = \frac{\pi}{2} + k \cdot \pi$
Pole; $k \in \mathbb{Z}$	$x_k = \frac{\pi}{2} + k \cdot \pi$	$x_k = k \cdot \pi$
Asymptoten; $k \in \mathbb{Z}$	$x = \frac{\pi}{2} + k \cdot \pi$	$x = k \cdot \pi$

3.10.4 Allgemeine Sinusfunktion und Kosinusfunktion

In der Physik und in der Technik kommt es bei der Beschreibung von harmonischen Schwingungsvorgängen zu Stauchungen, Streckungen oder Verschiebung der reinen Sinusfunktion. Die allgemeine Form lautet

$f(x) = a \cdot \sin[b \cdot (x - c)] + d$ mit $a \neq 0$; $b \neq 0$; $c, d \in \mathbb{R}$

$f(x) = a \cdot \cos[b \cdot (x - c)] + d$ mit $a \neq 0$; $b \neq 0$; $c, d \in \mathbb{R}$

Rechtsverschieben für $c > 0$
Linksverschieben für $c < 0$

$$f(x) = a \cdot \sin[b \cdot (x - c)] + d$$

$$f(x) = a \cdot \cos[b \cdot (x - c)] + d$$

$$p = \frac{2\pi}{b}$$

a	Stauchungs- oder Streckungsfaktor, Amplitude
b	Veränderung der Periode, Frequenz
c	Verschiebung an der x-Achse, Phasenverschiebung
d	Verschiebung längs der y-Achse
f(x)	Ordinatenwert
x	Winkel im Bogenmaß
p	Periode

Einfluss der Amplitude a

Der Faktor a in der Funktion $f(x) = a \cdot \sin x$ bewirkt eine Stauchung oder eine Streckung gegenüber der Ausgangsfunktion $f(x) = \sin x$.

Stauchung: $0 < a < 1$

Streckung: $|a| > 1$

Für den neuen Wertebereich der Funktion gilt:

$$W = \{y \mid -a \leq y \leq a\}_{\mathbb{R}}$$

Beispiel 1: Stauchung bzw. Streckung

Zeichnen Sie das Schaubild der Funktion mit

a) $g(x) = 2 \cdot \sin x$;

b) $h(x) = \frac{1}{2} \cdot \sin x$. Geben Sie jeweils den Wertebereich an.

Lösung:

a) **Bild 1**; Wertebereich: $-2 \leq y \leq 2$

b) **Bild 1**; Wertebereich: $-\frac{1}{2} \leq y \leq \frac{1}{2}$

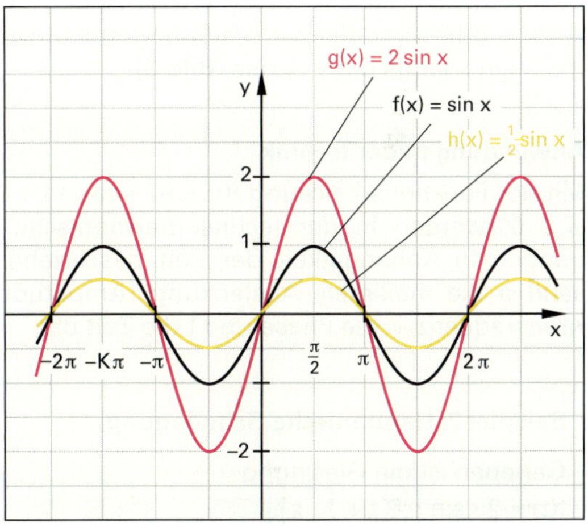

Bild 1: Einfluss der Amplitude a

Einfluss der Frequenz b

Der Faktor b im Argument der Sinusfunktion $f(x) = \sin(b \cdot x)$ verändert gegenüber der Ausgangsfunktion $f(x) = \sin x$ die Periode.

$f(x) = \sin x$: Periode $p = 2\pi$

$f(x) = \sin(b \cdot x)$: Periode $p = \frac{2 \cdot \pi}{b}$.

$0 < b < 1$ bewirkt eine Vergrößerung, $b > 1$ bewirkt eine Verkleinerung der Periode.

Beispiel 2: Veränderung der Periode

Zeichnen Sie das Schaubild der Funktion mit $g(x) = \sin(2 \cdot x)$ und geben Sie die Periode an.

Lösung:

Bild 2; Periode $p = \frac{2 \cdot \pi}{b} = \frac{2 \cdot \pi}{2} = \pi$

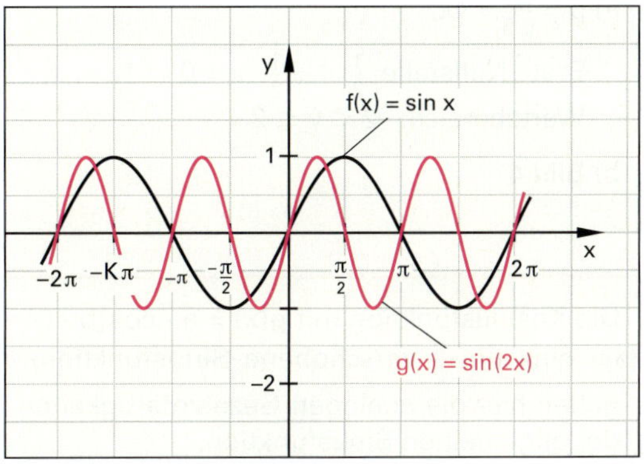

Bild 2: Einfluss der Frequenz b

Einfluss der Phasenverschiebung c

Die Konstante c in der Funktionsgleichung $f(x) = \sin(x - c)$ bewirkt eine Verschiebung der Sinusfunktion $f(x) = \sin x$ längs der x-Achse. Für die Nullstellen des Schaubildes der Funktion mit $f(x) = \sin(x - c)$ gilt: $y = \sin(x - c) = 0 \Rightarrow x - c = 0 \Rightarrow x = c$

Beispiel 1: Verschiebung auf der x-Achse

Gegeben sei die Funktionsgleichung
$g(x) = \sin\left(x + \frac{\pi}{2}\right)$.

a) Berechnen Sie die Nullstellen des Schaubildes der Funktion.

b) Zeichnen Sie das Schaubild der Funktion.

Lösung:

a) $g(x) = \sin\left(x + \frac{\pi}{2}\right) = 0 \Leftrightarrow x + \frac{\pi}{2} = 0$

$\Rightarrow \mathbf{x = -\frac{\pi}{2} + k \cdot \pi;\ k \in \mathbb{Z}}$

b) **Bild 2**

Einfluss der Konstanten d

Die Konstante d in der Funktionsgleichung $f(x) = \sin x + d$ bewirkt eine Verschiebung der Sinusfunktion $f(x) = \sin x$ längs der y-Achse **(Bild 3)**.

Anwendung in der Technik

Mit der Funktionsgleichung $f(t) = a \cdot \sin(\omega \cdot t + \varphi)$; $a > 0$; $\omega > 0$, werden in der Technik harmonische Schwingungen in Abhängigkeit der Zeit beschrieben. Dabei stellt a die maximale Auslenkung (Amplitude), ω die Kreisfrequenz, φ die Phase und t die Zeit dar.

Beispiel 2: Harmonische Schwingung

Gegeben ist die Gleichung
$f(t) = 2 \cdot \sin\left(\frac{1}{2} \cdot t + \frac{1}{2} \cdot \pi\right)$.

a) Berechnen Sie die Periode p der Schwingung, die 1. Nullstelle und geben Sie den Wertebereich an.

b) Zeichnen Sie das Schaubild der Schwingung.

Lösung:

a) $p = \frac{2\pi}{0{,}5} = 4\pi$;

Erste Nullstelle: $\frac{1}{2} \cdot t + \frac{1}{2} \cdot \pi = 0 \Rightarrow t_0 = -\pi$;

Wertebereich: $-2 \leq y \leq 2$

b) **Bild 4**

Die Kosinusfunktion mit $g(x) = a \cdot \cos[b \cdot (x - c)] + d$ ist eine um $\frac{\pi}{2}$ verschobene Sinusfunktion, deshalb gelten hier die analogen Gesetzmäßigkeiten wie bei der allgemeinen Sinusfunktion.

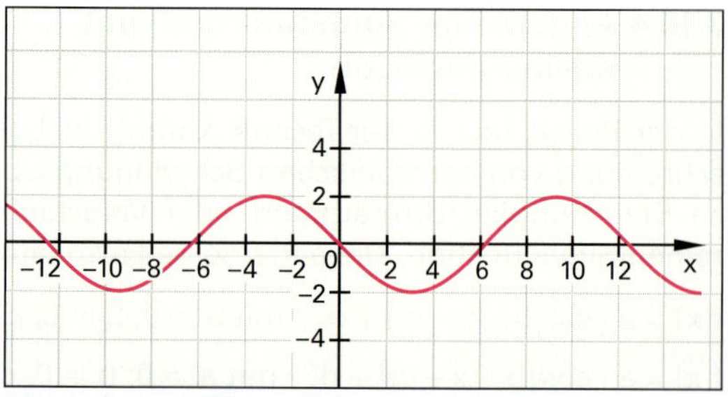

Bild 1: Schaubild von $f(x) = -2 \cdot \sin(0{,}5 \cdot x)$

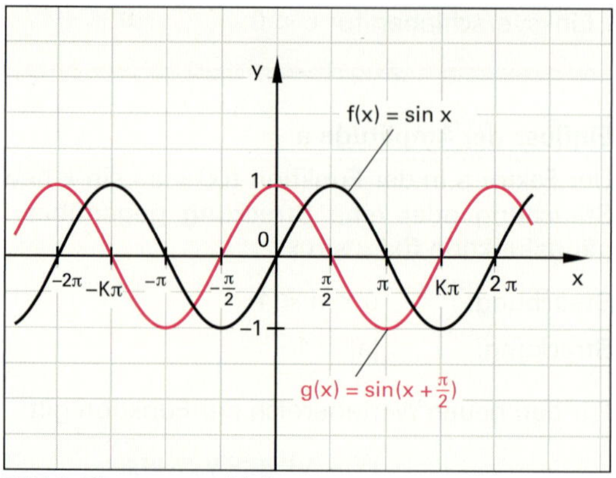

Bild 2: Phasenverschiebung

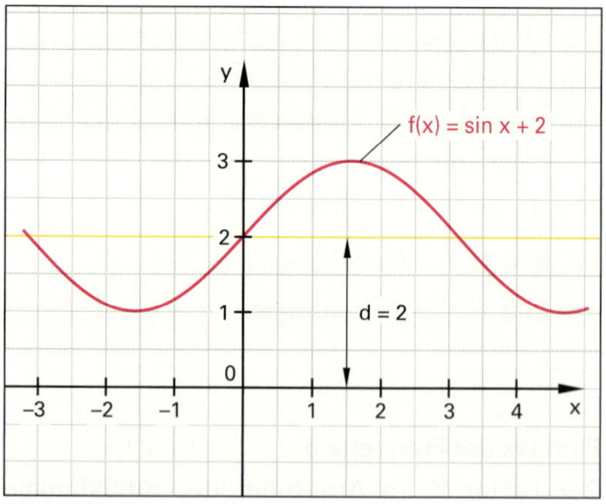

Bild 3: Einfluss der Konstanten d

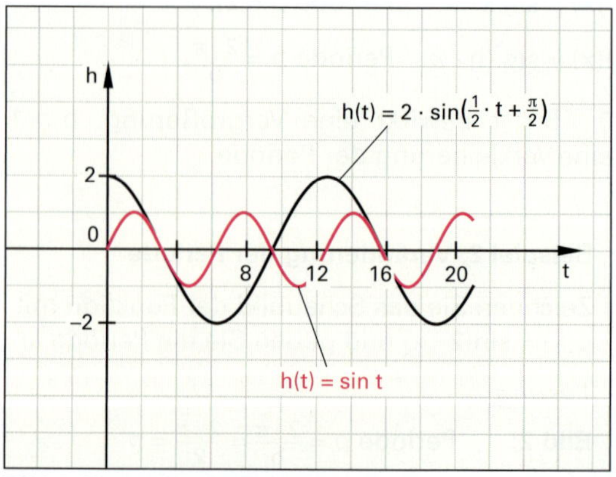

Bild 4: Harmonische Schwingung

Überprüfen Sie Ihr Wissen!

Beispielaufgaben

Sinusfunktion und Kosinusfunktion

1. Welche Werte haben die Funktionen $f(x) = \sin x$ und $g(x) = \cos x$ an den Stellen

a) $x = 45°$, **b)** $x = \frac{\pi}{6}$?

2. An welcher Stelle x hat $f(x) = \sin x$ den Wert $0{,}5 \cdot \sqrt{3}$?

Allgemeine Sinusfunktion und Kosinusfunktion

1. Geben Sie für die Funktion $f(x) = -2 \cdot \sin(0{,}5 \cdot x)$

a) den Wertebereich und
b) die Periode an.
c) Zeichnen Sie das Schaubild.

2. Berechnen Sie von $f(x) = 3 \sin x$

a) Wertebereich **b)** Periode
c) Phasenverschiebung.

3. Aus der Funktionsgleichung $f(t) = 0{,}5 \sin(0{,}5x + 0{,}5\pi)$ sind

a) der Wertebereich, **b)** die Periode und
c) die 1. Nullstelle zu bestimmen.

4. Die Funktionsgleichung einer harmonischen Schwingung lautet $f(x) = 5\text{ cm} \cdot \sin\left(2\text{s}^{-1} \cdot t + \frac{\pi}{2}\right)$.

a) Geben Sie die Amplitude a und die Kreisfrequenz ω an.
b) Berechnen Sie die Auslenkung a nach $t = 0{,}25\,\pi$ Sekunden,
c) die Periodendauer T,
d) die Phasenverschiebung.

Lösungen Beispielaufgaben

Sinusfunktion und Kosinusfunktion

1. a) 0,707; 0,707
b) 0,5; 0,866

2. $x = 60° = \frac{\pi}{3}$

Allgemeine Sinusfunktion und Kosinusfunktion

1. a) $-2 \leq y \leq 2$
b) $p = 4 \cdot \pi$
c) **Bild 1, Seite 116**

2. a) $-3 \leq y \leq 3$
b) $p = 2\pi$
c) keine Phasenverschiebung ($c = 0$)

3. a) $-0{,}5 \leq y \leq 0{,}5$
b) $p = 4\pi$
c) $x_0 = -\pi$

4. a) $a = 5\text{ cm}$; $\omega = 2\text{s}^{-1}$
b) $a = 0\text{ cm}$ (Nulldurchgang)
c) $T = \pi \cdot \text{s}$
d) $t_0 = -\frac{\pi}{4} \cdot \text{s}$

Übungsaufgaben

Allgemeine Sinusfunktion und Kosinusfunktion

1. Wie entstehen die Schaubilder der folgenden Funktionen f aus dem Schaubild von $g(x) = \sin x$?

a) $f(x) = \sin(2x)$
b) $f(x) = \sin\left(\frac{1}{3}x\right)$
c) $f(x) = \sin\left(x + \frac{\pi}{2}\right)$
d) $f(x) = \sin(x - \pi)$
e) $f(x) = \sin\left(2x - \frac{\pi}{2}\right)$
f) $f(x) = \sin(-x)$
g) $f(x) = 2 \cdot \sin x$
h) $f(x) = -2 \cdot \sin(x)$
i) $f(x) = \frac{1}{2} \cdot \sin x + 2$
j) $f(x) = 3 \cdot \sin\left(2x + \frac{\pi}{3}\right) - 1$
k) $f(x) = 2 \cdot \sin\left(x - \frac{\pi}{2}\right) + 1$

Lösungen Übungsaufgaben

1. a) doppelte Frequenz $b = 2$, halbe Periode $p = \pi$
b) drittel Frequenz $b = \frac{1}{3}$, dreifache Periode $p = 6\pi$
c) Verschiebung um π nach links, $c = -0{,}5\pi$
d) Verschiebung um $\frac{\pi}{2}$ nach rechts, $c = \pi$
e) doppelte Frequenz, Verschiebung um $0{,}25\pi$ nach rechts, $c = 0{,}25\pi$
f) Spiegelung an der x-Achse
g) doppelte Amplitude $a = 2$
h) doppelte Amplitude $a = 2$ und an der x-Achse gespiegelt
i) halbe Amplitude $a = 0{,}5$ wird um 2 LE nach oben verschoben, $d = 2$
j) $a = 3$; $b = 2$; $c = -\frac{\pi}{6}$; $d = -1$
k) $a = 2$; $c = 0{,}5\pi$; $d = 1$

2. Drei Spannungen der Form $u(t) = \hat{u} \cdot \sin(\varphi - \varphi_0)$ gleicher Frequenz f mit $\omega = 2\pi f$ sollen überlagert werden **(Bild 1):**

$u_1(t) = 3\,V \cdot \sin(\omega t + 65°) = 6V \cdot \sin(\omega t - \frac{2\pi}{3})$

$u_2(t) = 6\,V \cdot \sin(\omega t - 120°) = 8V \cdot \sin(\omega t + 1{,}1\pi)$

$u_3(t) = 8\,V \cdot \sin(\omega t + 200°)$

Hinweis: Setze $\varphi = \omega \cdot t = x$; $\varphi_0 = \omega \cdot t_0 = x_0$

a) Geben Sie jeweils die Unterschiede der Schaubilder von $u_1(t)$, $u_2(t)$ und $u_3(t)$ zum Schaubild von $u(t) = 2\,V \cdot \sin(\omega t)$ an.

b) Bestimmen Sie zeichnerisch die Summenspannung $u_{ges}(t) = u_1(t) + u_2(t) + u_3(t)$ mithilfe der Ordinatenaddition.

c) Bestimmen Sie aus der Summenspannung $u_{ges}(t)$ zeichnerisch die Amplitude $\hat{u}$, die Phasenverschiebung φ_0, die Periode p und die Frequenz f.

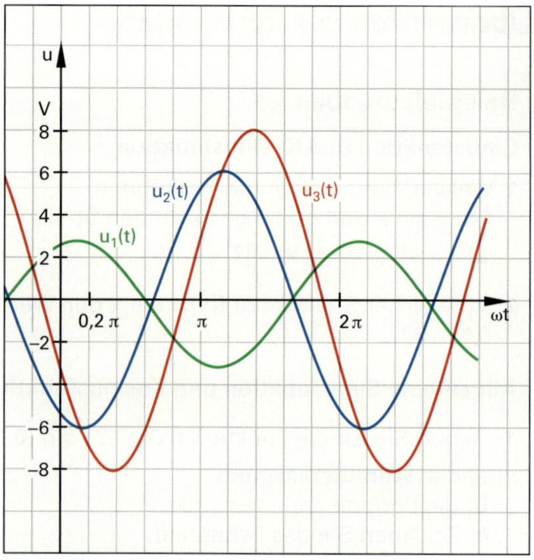

Bild 1: Sinusförmige Wechselspannungen

3. Bestimmen Sie die Lösungsmenge der Gleichungen über der angegebenen Definitionsmenge.

a) $\sin x = 0$; $D = [0; 4\pi]$

b) $\sin(2x) = 1$; $D = [-\pi; \pi]$

c) $\sin x + 0{,}5 = 0$; $D = [0; 3\pi]$

d) $\sin^2 x = 0{,}75$; $D = [0; 2\pi]$

e) $\frac{1}{3}\sin x = \frac{1}{2}\sin x + \frac{1}{12}$; $D = [0; 2\pi]$

f) $\sin(2x) - 2 = -1{,}5 \cdot \sin(2x)$; $D = [0; 2\pi]$

Tabelle 1: zu Bild 1

Größe	allgemein	bei Spannungen
Amplitude	a	$\hat{u}$
Kreisfrequenz	b	ω
Periode	p	T
Phasenverschiebung	c	φ_0
Variablen	x; y	t; u

Lösungen Übungsaufgaben

2. a) $u_1(t)$ hat 1,5fache Amplitude, 65° nach links verschoben; $u_2(t)$ zweifache Amplitude, 120° nach rechts verschoben; $u_3(t)$ vierfache Amplitude, 200° nach links verschoben

b) u(t) siehe **Bild 2**

c) $\hat{u} = 10{,}5\,V$; $\varphi_0 = 150°$; $p = 360°$

3. a) $L = \{0; \pi; 2\pi; 3\pi; 4\pi\}$

b) $L = \left\{-\frac{3}{4}\pi; \frac{1}{4}\pi\right\}$

c) $L = \left\{\frac{7}{6}\pi; \frac{11}{6}\pi\right\}$

d) $L = \left\{\frac{1}{3}\pi; \frac{2}{3}\pi; \frac{4}{3}\pi; \frac{5}{3}\pi\right\}$

e) $L = \left\{\frac{7}{6}\pi; \frac{11}{6}\pi\right\}$

f) $L = \{1{,}1072; 0{,}4636\}$

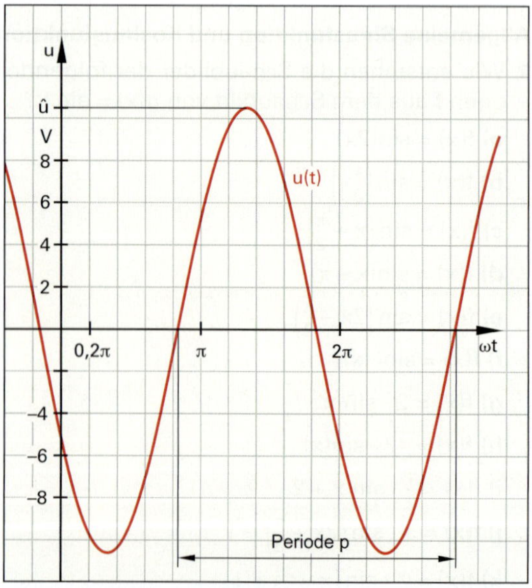

Bild 2: Summenspannung u(t)

Berühmte Mathematiker 1

Pythagoras von Samos

* ca. 570 v. Chr. † ca. 510 v. Chr.
Pythagoras war Mathematiker, Philosoph und Gründer des Geheimbundes der Pythagoreer. Seine mathematischen, philosophischen und astronomischen Kenntnisse eignete er sich in Ägypten und Babylonien an. Der von Euklid nach ihm benannte „Satz des Pythagoras" war schon viel früher bekannt, z. B. den Babyloniern und Indern.

Euklid von Alexandria

* ca. 365 v. Chr. † ca. 300 v. Chr.
Euklid fasste die damals bekannte Mathematik um 325 v. Chr. in einem 13-bändigen Lehrbuch „Die Elemente" zusammen. Bis in das vergangene Jahrhundert wurden „Die Elemente" an Schulen als Lehrbücher benutzt.

Fundamentalsatz der Arithmetik: Jede natürliche Zahl, die größer als 1 ist, ist entweder eine Primzahl, also nur durch eins und sich selbst teilbar, oder kann als Produkt von Primzahlen geschrieben werden. Mithilfe des euklidschen Algorithmus kann man den größten gemeinsamen Teiler von Zahlen (GGT) ermitteln.

Zitat:

„Es gibt keinen Königsweg zur Mathematik"

Heron von Alexandrien

Lebensdaten ungewiss, zwischen 100 v. Chr. und 350 n. Chr.

Heron war ein bedeutender griechischer Mathematiker und Ingenieur. Er fand das nach ihm benannte „Heron-Verfahren" zur Berechnung von Quadratwurzeln und die „Heron'sche Formel", die es erlaubt, den Flächeninhalt eines Dreiecks nur mit Kenntnis seiner drei Seiten zu berechnen.

Heron konstruierte mit der Aeolipile (= Heronsball) die erste Dampfmaschine der Welt. Eine drehbare Kugel wurde mit Wasser gefüllt und erhitzt **(Bild).** Zwei tangentiale Dampfauslassdüsen bewirkten die Drehbewegung.

Muhamad Ibn al-Chwarizmi „Algorithmus"

* um 780 † zwischen 835 und 850

Al-Chwarizmi war ein persischer Mathematiker, Astronom und Geograf. Das Wort Algorithmus ist eine Abwandlung seines Namens und bedeutet heute Lösungsverfahren. Er beschäftigte sich mit Algebra. Unter anderem führte er die Ziffer Null aus dem indischen in das arabische Zahlensystem ein und damit in alle modernen Zahlensysteme. In seinen Büchern gibt er systematische Lösungsansätze für lineare und quadratische Gleichungen an, die heute noch gelten.

Differenzialrechnung

Welche Kompetenzen werden gefördert?

	A
1	Ableitungen bestimmen
2	Ableitungsregeln anwenden
3	Näherungsverfahren anwenden
4	Extremwerte berechnen
5	Kurvendiskussionen durchführen
6	Geometrische Bedeutung erkennen

- Erste Ableitung, f′(x)
- Differenzialquotient
- Änderungsraten – Überprüfen Sie Ihr Wissen!
- Ableitungsregeln – Überprüfen Sie Ihr Wissen!
- Kurvendiskussion
  - Differenzierbarkeit von Funktionen
  - Regel von de l'Hospital
- Höhere Ableitungen – Überprüfen Sie Ihr Wissen!
- Extremwerte und Wendepunkte – Überprüfen Sie Ihr Wissen!
- Tangenten und Normalen
  - Tangenten und Normalen in einem Kurvenpunkt
  - Tangenten parallel zu einer Geraden
  - Anlegen von Tangenten an K(f) von einem beliebigen Punkt aus
  - Zusammenfassung Tangentenberechnung – Überprüfen Sie Ihr Wissen!
- Newton'sches Näherungsverfahren (Tangentenverfahren)
- Grafische Differenziation
  - Von der Funktion zur Ableitungsfunktion
  - Von der Ableitungsfunktion zur Funktion – Überprüfen Sie Ihr Wissen!
- Extremwertberechnungen
  - Relatives Maximum
  - Relatives Minimum
  - Extremwertberechnung mit einer Hilfsvariablen
  - Randextremwerte – Überprüfen Sie Ihr Wissen!
  - Relative Extremwerte bei gebrochenrationalen Funktionen – Überprüfen Sie Ihr Wissen!
  - Einparametrige Funktionenschar – Überprüfen Sie Ihr Wissen!
- Ermittlung von Funktionsgleichungen
  - Gleichungsermittlung bei ganzrationalen Funktionen
  - Ganzrationale Funktion mit Symmetrieeigenschaft
  - Exponentialfunktion
  - Sinusförmige Funktion
  - (alle:) Überprüfen Sie Ihr Wissen!

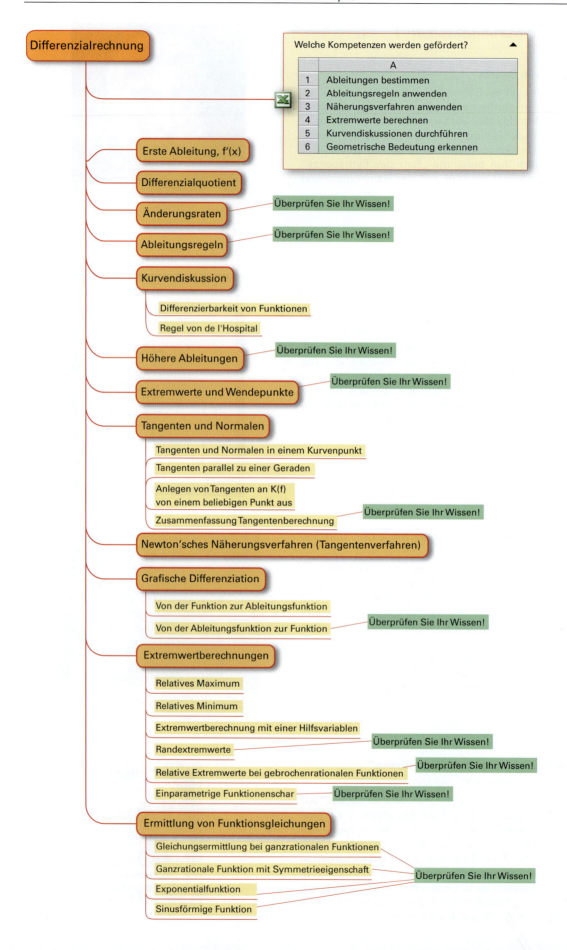

4 Differenzialrechnung

4.1 Erste Ableitung f'(x)

Ein Bahnradfahrer befindet sich in einer Kurve einer Radbahn **(Bild 1)**. Ihr Profil verläuft nach der Gleichung $f(x) = \frac{1}{2} \cdot x^2$. Die Steigung m nimmt in der Kurve nach außen hin zu. Die Steigung an einer beliebigen Stelle x, z. B. $x_1 = 1$, ist gleich der Steigung der Tangenten im Berührpunkt B, z. B. B_1 **(Bild 2)**. Um dort die Steigung zu berechnen, benötigt man ein Steigungsdreieck.

Der Quotient $\frac{\Delta y}{\Delta x}$ ist der Quotient aus den Differenzen der y-Werte und der x-Werte von den Punkten B_1 und P **(Bild 2)**.

Für die Stelle $x_1 = 1$ gilt:

$$m_1 = \frac{\Delta y}{\Delta x} = \frac{y_B - y_P}{x_B - x_P} = \frac{0{,}5 - 0}{1 - 0{,}5} = \frac{0{,}5}{0{,}5} = 1$$

Dieser aus zwei Differenzen bestehende Quotient heißt Differenzenquotient.

Mit dem Differenzenquotienten $\frac{\Delta y}{\Delta x}$ ermittelt man die Steigung zwischen zwei Punkten.

Beispiel 1: Steigung an der Stelle 3

Berechnen Sie die Steigung an der Stelle $x_3 = 3$ **(Bild 1)**.

Lösung:

$\Delta y = y_B - y_P = 4{,}5 - 0 = 4{,}5$

$\Delta x = x_B - x_P = 3 - 1{,}5 = 1{,}5$

$m_3 = \frac{\Delta y}{\Delta x} = \frac{4{,}5}{1{,}5} = \mathbf{3}$

An der Stelle $x_0 = 0$ hat die Kurve keine Steigung **(Bild 1, Tabelle 1)**. Es gilt: $m_0 = 0$

Berechnet man m an verschiedenen Stellen x, erkennt man den Zusammenhang zwischen den Werten x und den Werten m der Steigungen, es gilt m = x **(Tabelle 1)**.

Die Steigung der Funktion f ist also ebenfalls eine von x abhängige Funktion. Diese Funktion nennt man **erste Ableitung** und bezeichnet sie mit f'(x) (sprich: f Strich von x).

Die erste Ableitung f'(x) ist die Funktion der Steigung von f(x).

Sie gibt die Steigung an jeder Stelle x an. Für die Funktion mit $f(x) = \frac{1}{2} \cdot x^2$ erhält man die erste Ableitung

$$f'(x) = x.$$

$m = f'(x_B)$ $\qquad$ $m = \frac{\Delta y}{\Delta x} = \frac{y_B - y_P}{x_B - x_P}$

m	Tangentensteigung
$f'(x_B)$	Steigung des Schaubildes von f im Berührpunkt
Δ	Unterschied d; griech. Großbuchstabe Delta
x_B, y_B	Berührpunktkoordinaten
x_P, y_P	Tangentenpunktkoordinaten

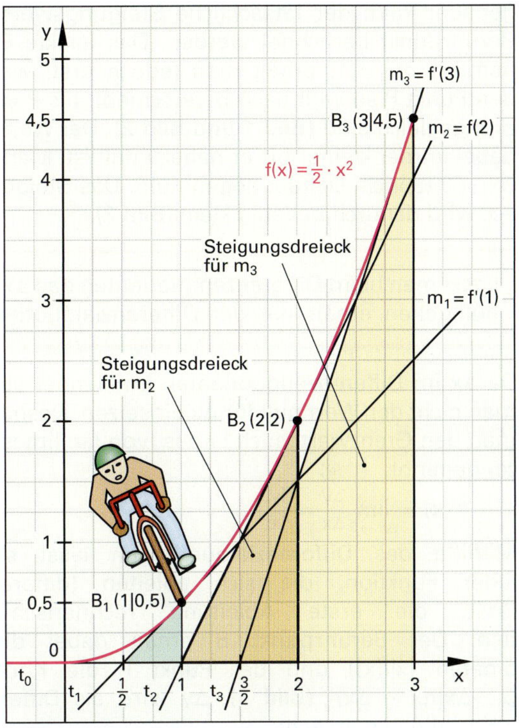

Bild 1: Bahnradfahrer in der Kurve

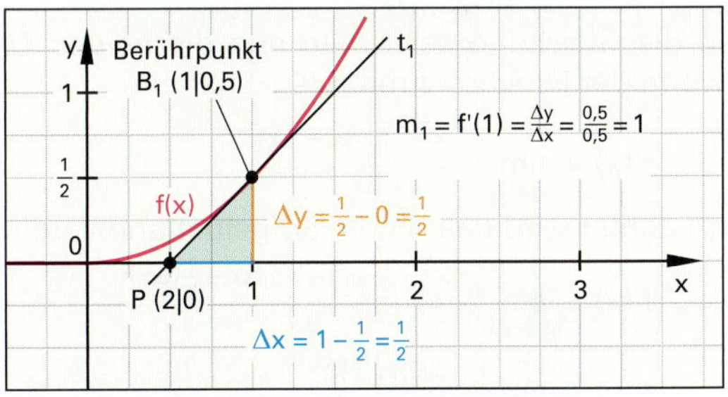

Bild 2: Berechnung der Tangentensteigung

Tabelle 1: Steigungen zu Bild 1

Stelle x	f(x)	Δy	Δx	$m = f'(x_B)$
0	0	0	≠ 0	0
1	0,5	0,5	0,5	1
2	2	2	1	2
3	4,5	4,5	1,5	3

4.2 Differenzialquotient

Das Ermitteln der ersten Ableitung einer Funktion f mit Tangenten ist nicht sinnvoll, da das genaue Anlegen der Tangenten an das Schaubild von f Probleme bereitet. Deshalb wählt man den Punkt P des Steigungsdreiecks zunächst auch auf dem Schaubild von f(x) **(Bild 1)**. Anstelle der Tangenten erhält man nun eine Sekante (Schneidende) s, die aber nicht mehr dieselbe Steigung wie die Tangente durch den Berührpunkt besitzt. Die Sekantensteigung m_s erhält man mit dem Differenzenquotienten:

$$m_s = \frac{\Delta y}{\Delta x} = \frac{0{,}5 - \frac{1}{32}}{1 - 0{,}25} = \frac{0{,}468\,75}{0{,}75} = 0{,}625$$

Je näher der Punkt P beim Berührpunkt B liegt, desto genauer kann der tatsächliche Steigungswert für den Berührpunkt berechnet werden. Das exakte Ergebnis, nämlich $m_1 = 1$, erhält man jedoch erst, wenn man den Punkt P so weit nach B verschiebt, bis P und B deckungsgleich sind **(Bild 1 und Bild 2)**. Der Wert Δx wird dabei immer kleiner bis er nahezu null ist. Man schreibt $\Delta x \rightarrow 0$ (sprich: Delta x gegen null). Das Steigungsdreieck wird dadurch beliebig klein **(Bild 2)**.

Lässt man beim Differenzenquotienten das Δx gegen null gehen, erhält man den Differenzialquotienten.

Da Δx im Differenzenquotienten im Nenner steht, darf man nicht den Wert null für Δx einsetzen. Deshalb bildet man den Grenzwert, auch Limes (von lat. limes = Grenze) genannt:

$$f'(x) = \lim_{\Delta x \to 0} \frac{\Delta y}{\Delta x} = \frac{dy}{dx}$$

Mithilfe des Differenzialquotienten lässt sich von jeder Funktion, die sich ableiten (differenzieren) lässt, die erste Ableitung rechnerisch ermitteln. Der Berührpunkt B erhält dabei die Koordinaten (x|f(x)) und der Punkt P die Koordinaten (x −Δx|f(x − Δx)) **(Bild 3)**. Δy wird als Differenz der y-Koordinaten ersetzt:

$$f'(x) = \lim_{\Delta x \to 0} \frac{f(x) - f(x - \Delta x)}{\Delta x}$$

In die Gleichung setzt man nun die beiden Funktionswerte der Funktion f mit $f(x) = \frac{1}{2} \cdot x^2$ ein:

$$f'(x) = \lim_{\Delta x \to 0} \frac{\frac{1}{2} \cdot x^2 - \frac{1}{2} \cdot (x - \Delta x)^2}{\Delta x}$$

Im Zähler wird das Binom aufgelöst und vereinfacht:

$$f'(x) = \lim_{\Delta x \to 0} \frac{\frac{1}{2} \cdot x^2 - \frac{1}{2} \cdot x^2 + x \cdot \Delta x - \frac{1}{2}(\Delta x)^2}{\Delta x}$$

$$f'(x) = \lim_{\Delta x \to 0} \frac{x \cdot \Delta x - \frac{1}{2} \cdot (\Delta x)^2}{\Delta x}$$

Im Zähler wird Δx ausgeklammert und der Bruch mit Δx gekürzt, da Δx zwar gegen null geht, aber nicht null ist:

$$f'(x) = \lim_{\Delta x \to 0} \frac{\Delta x \cdot \left(x - \frac{1}{2} \cdot \Delta x\right)}{\Delta x} = \lim_{\Delta x \to 0} (x - \frac{1}{2} \cdot \Delta x)$$

Da Δx nicht mehr im Nenner steht, darf nun für Δx null eingesetzt werden. Der Limes entfällt dadurch:

$$f'(x) = x - \frac{1}{2} \cdot 0 \Rightarrow f'(x) = x$$

Also ist $f'(x) = x$ die erste Ableitung von $f(x) = \frac{1}{2} \cdot x^2$.

$$f'(x) = \frac{dy}{dx} = \frac{df(x)}{dx} = \lim_{\Delta x \to 0} \frac{f(x) - f(x - \Delta x)}{\Delta x} \qquad \Delta x \neq 0$$

$f'(x)$	erste Ableitung von f(x)
$\frac{dy}{dx}$	Differenzialquotient
$\lim\limits_{\Delta x \to 0}$	Grenzwert für Δx gegen null

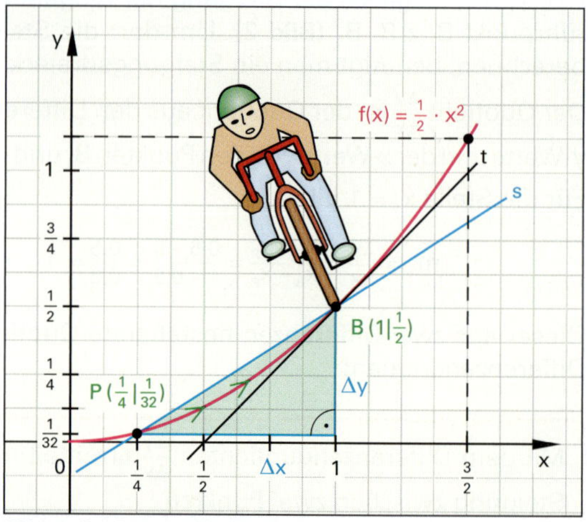

Bild 1: Steigung der Sekanten

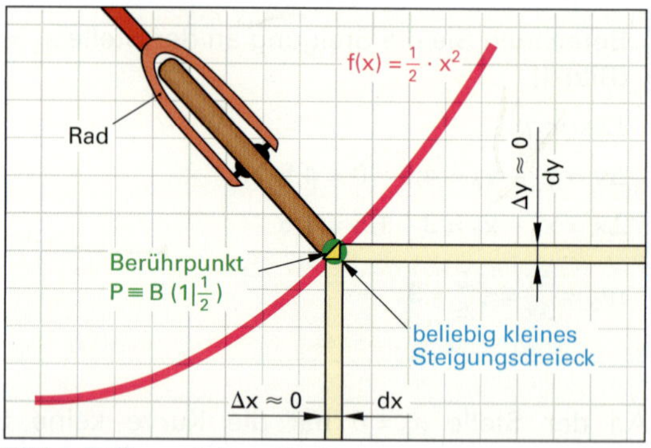

Bild 2: Differenzialquotient

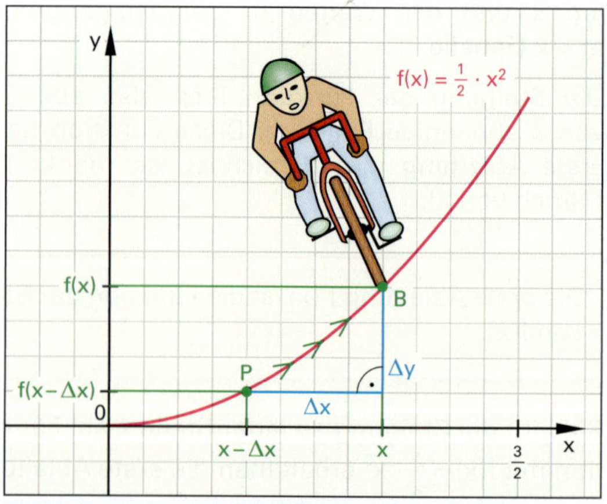

Bild 3: Berechnung des Differenzialquotienten

Auf dieselbe Weise können die Ableitungen von anderen Funktionen berechnet werden. Im Regelfall ist die dazu notwendige Berechnung jedoch erheblich umfangreicher. Deshalb benutzt man z. B. Formelsammlungen, um die Ableitung einer Funktion aus dieser zu entnehmen **(Tabelle 1)**.

Beispiel 1: Ableitungen

Berechnen Sie die erste Ableitung der Funktion mit $f(x) = \frac{3}{4} \cdot x^4$ mithilfe der Tabelle.

Lösung:

Es ist $a = \frac{3}{4}$ und $n = 4$. $f'(x) = \frac{3}{4} \cdot 4 \cdot x^{4-1} = \mathbf{3 \cdot x^3}$

Beim Ableiten ganzrationaler Funktionen vermindert sich der Exponent immer um den Wert 1 **(Tabelle 1** und **Tabelle 2)**.

Leitet man die Funktion mit $g(x) = \sin x$ ab, verschiebt sich ihr Schaubild um 90°. Man erhält $g'(x) = \cos x$.

Die einzige Funktion, bei der die Ableitung gleich der Funktionsgleichung ist, ist $f(x) = e^x$.

Tabelle 1: Ableitungen von Funktionen

abzuleitende Funktion $y = f(x)$	abgeleitete Funktion $y' = f'(x)$
$y = C$	$y' = 0$
$y = x$	$y' = 1$
$y = a \cdot x$	$y' = a$
$y = a \cdot x^n$	$y' = a \cdot n \cdot x^{n-1}$
$y = \frac{a}{x^n} = a \cdot x^{-n}$	$y' = a \cdot (-n) \cdot x^{-n-1} = -\frac{a \cdot n}{x^{n+1}}$
$y = \sqrt{x}$	$y' = \frac{1}{2\sqrt{x}}$
$y = a \cdot \sqrt[n]{x} = a \cdot x^{\frac{1}{n}}$	$y' = a \cdot \frac{1}{n} \cdot x^{\frac{1}{n}-1} = \frac{a}{n \cdot \sqrt[n]{x^{n-1}}}$
$y = e^x$	$y' = e^x$
$y = a \cdot e^{bx}$	$y' = a \cdot b \cdot e^{bx}$
$y = a \cdot b^x$	$y' = a \cdot \ln b \cdot b^x$
$y = \ln x$	$y' = \frac{1}{x}$
$y = a \cdot \ln(bx)$	$y' = \frac{a}{x}$
$y = \sin x$	$y' = \cos x$
$y = \cos x$	$y' = -\sin x$
$y = a \cdot \sin(bx)$	$y' = a \cdot b \cdot \cos(bx)$
$y = a \cdot \cos(bx)$	$y' = -a \cdot b \cdot \sin(bx)$
$y = \tan x$	$y' = \frac{1}{\cos^2 x}$
$y = a \cdot \tan(bx)$	$y' = \frac{a \cdot b}{\cos^2(bx)}$
$y = a \cdot \sin^2(bx)$	$y' = 2ab \cdot \sin(bx) \cdot \cos(bx)$

C Konstante, Zahlenwert

a, b konstante, von x unabhängige Faktoren

Beispiel 2: Steigung

Berechnen Sie die Steigung der Funktion mit $f(x) = 2 \cdot e^{-\frac{1}{4} \cdot x}$ an der Stelle $x = -1$.

Lösung:

$f'(x) = 2 \cdot \left(-\frac{1}{4}\right) \cdot e^{-\frac{1}{4} \cdot x} = -\frac{1}{2} \cdot e^{-\frac{1}{4} \cdot x}$

$f'(-1) = -\frac{1}{2} \cdot e^{\frac{1}{4}} = -\frac{1}{2} \cdot 1{,}284 = \mathbf{-0{,}642}$

Beispiel 3: Kurvenpunkte berechnen

Berechnen Sie die Kurvenpunkte der Funktion mit $f(x) = \frac{1}{2} x^3 + x$, in welchem die Steigung 2,5 beträgt

Lösung:

$f'(x) = \frac{3}{2} x^2 + 1$

$2{,}5 = 1{,}5x^2 + 1 \Leftrightarrow 1{,}5 = 1{,}5x^2 \Leftrightarrow x^2 = 1$

$\Leftrightarrow x_{1,2} = \pm 1$

$f'(1) = \frac{1}{2} \cdot 1^3 + 1 = 1{,}5 \Rightarrow P_1\,(1|1{,}5)$

$f'(-1) = \frac{1}{2} \cdot (-1)^3 + (-1) = -1{,}5 \Rightarrow P_2\,(-1|-1{,}5)$

Tabelle 2: Schaubilder von Ableitungen ganzrationaler Funktionen

f(x)	f'(x)

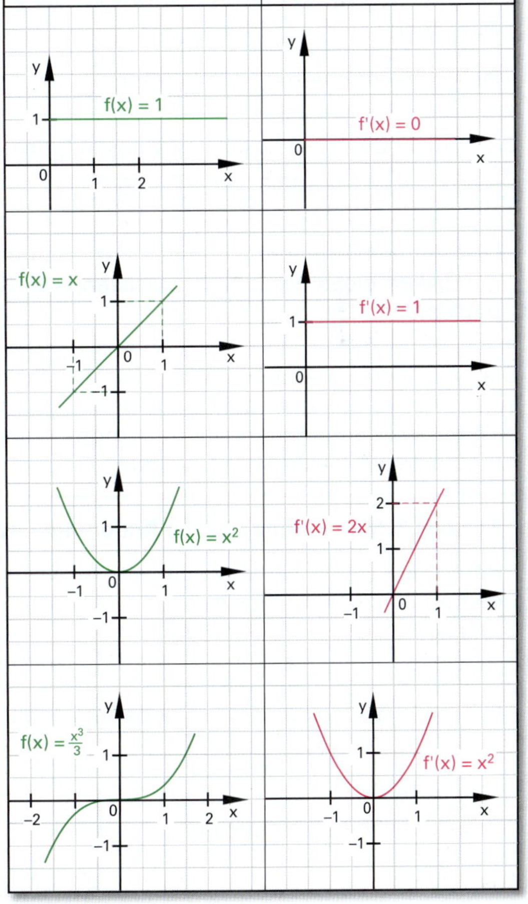

4.3 Änderungsraten

Ein Auto beschleunigt aus dem Stand 10 s lang und bremst dann 10 s lang ab. Nach 250 m steht es wieder **(Bild 1)**. Alle 2 Sekunden wird der Weg s gemessen **(Tabelle 1)**. Das Zeit-Weg-Diagramm zeigt **Bild 2**.

Das Schaubild hat die Gleichung:

$$f(x) = -\frac{x^3}{16} + \frac{15x^2}{8}; \quad x \in [0; 20]$$

Am Anfang und am Ende der Fahrzeit hat das Auto keine Geschwindigkeit v = 0. Dort hat das Schaubild keine Steigung, d.h. m = 0. Beim Übergang vom Beschleunigen zum Bremsen zum Zeitpunkt t = 10 s ist die Geschwindigkeit am größten. Dort hat das Schaubild die größte Steigung.

> Die Steigung des Schaubilds im Zeit-Weg-Diagramm ist das Maß für die Geschwindigkeit.

Diese Steigung bezeichnet man auch mit Änderungsrate. Der Begriff Änderungsrate wird anstelle des Begriffs Steigung häufig bei anwendungsbezogenen Aufgaben verwendet, z.B. in der experimentellen Physik oder in der Statistik.

	allgemein:	Bewegung des Autos
mittlere Änderungsrate:	$\overline{m} = \frac{\Delta y}{\Delta x}$	$\overline{v} = \frac{\Delta s}{\Delta t}$
momentane Änderungsrate:	$m = f'(x)$	$v = s'(t)$

m Steigung v Geschwindigkeit
s Wegstrecke t Zeit

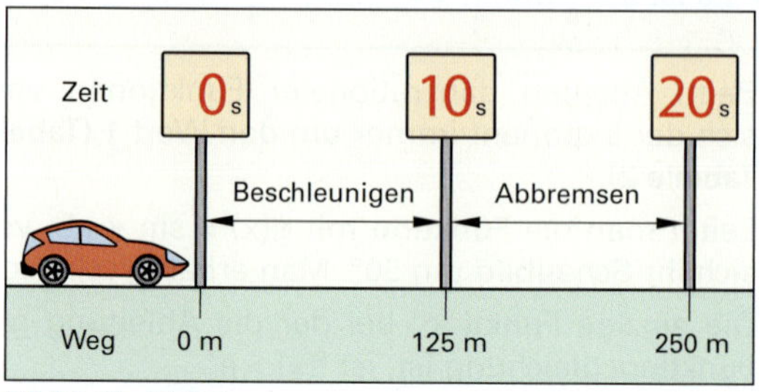

Bild 1: Testfahrt

Tabelle 1: Weg in Abhängigkeit der Zeit

$\frac{\text{Zeit}}{\text{s}} = \frac{t}{s}$	0	2	4	6	8	10	12	14	16	18	20
$\frac{\text{Weg}}{\text{m}} = \frac{s}{m}$	0	7	26	54	88	125	162	196	224	243	250

Beispiel 1: Mittlere Änderungsrate

Berechnen Sie die mittlere Geschwindigkeit, mit der das Auto unterwegs war.

Lösung:

Wegstrecke Δs = 250 m. Gesamtzeit Δt = 20 s.

Mittelwert $\overline{v} = \frac{\Delta s}{\Delta t} = \frac{250\text{ m}}{20\text{ s}} = 12{,}5\,\frac{\text{m}}{\text{s}}$

Die mittlere Änderungsrate beträgt: $\frac{\Delta y}{\Delta x} = \overline{m} = \mathbf{12{,}5}$

Die mittlere Geschwindigkeit des Autos in $\frac{\text{km}}{\text{h}}$ beträgt:

$$\overline{v} = 12{,}5 \cdot 3{,}6\,\frac{\text{km}}{\text{h}} = 45\,\frac{\text{km}}{\text{h}}$$

> Die mittlere Änderungsrate ist der mittlere Steigungswert eines Schaubilds zwischen zwei Kurvenpunkten.

Die momentane Änderungsrate ist die Steigung in einem Punkt. Sie kann damit mit der 1. Ableitung berechnet werden. Man nennt die momentane Änderungsrate auch lokale Änderungsrate.

Beispiel 2: Momentane (lokale) Änderungsrate

Berechnen Sie die Geschwindigkeit des Autos, die es zum Zeitpunkt t = 10 s hat.

Lösung:

Ableitung: $f'(x) = -\frac{3x^2}{16} + \frac{15x}{4}$.

Für x = 10 ist die momentane Änderungsrate:

$$f'(10) = -\frac{3 \cdot 10^2}{16} + \frac{15 \cdot 10}{4} = -\frac{300}{16} + \frac{150}{4} = -\frac{75}{4} + \frac{150}{4} = \frac{75}{4}$$
$$= \mathbf{18{,}75}$$

Das Auto hat die Momentangeschwindigkeit $v = 18{,}75\,\frac{\text{m}}{\text{s}}$

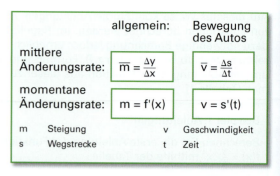

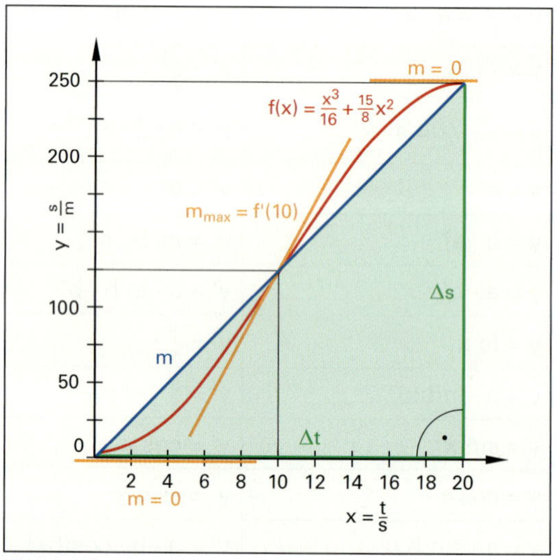

Bild 2: Weg in Abhängigkeit der Zeit

Die Momentangeschwindigkeit in $\frac{\text{km}}{\text{h}}$ beträgt:

$$v = 18{,}75 \cdot 3{,}6\,\frac{\text{km}}{\text{h}} = 67{,}5\,\frac{\text{km}}{\text{h}}$$

Diese Geschwindigkeit entspricht der maximalen lokalen Änderungsrate m_{max} der Kurve aus Bild 2, weil die Steigung in diesem Punkt am größten ist.

Überprüfen Sie Ihr Wissen!

Beispielaufgaben

Erste Ableitung f'(x)

1. Welche Eigenschaft eines Schaubildes gibt die erste Ableitung f'(x) an?

2. Warum führt das Ermitteln von Steigungen über das Anlegen von Tangenten zu ungenauen Ergebnissen?

Differenzialquotient

Bestimmen Sie die erste Ableitung:

1. a) $y = 7$ **b)** $y = 4x$
c) $y = 2x^3$ **d)** $y = 2 \cdot \sqrt{x}$
e) $y = \cos(3x)$ **f)** $y = e^{2x}$

2. a) $y = 0{,}125 \cdot x^{16}$ **b)** $y = 0{,}25 \cdot x^{-2}$
c) $y = 0{,}5 \cdot \ln(2x)$ **d)** $y = 3 \cdot \sin(2x)$
e) $y = 3 \cdot \sqrt[3]{x}$ **f)** $y = e^{0{,}367} \cdot 2^x$

Änderungsraten

1. Berechnen Sie aus **Bild 1** die
a) mittlere Änderungsrate im Intervall [6; 12] und
b) momentanen Änderungsraten bei x = 4 und x = 14.

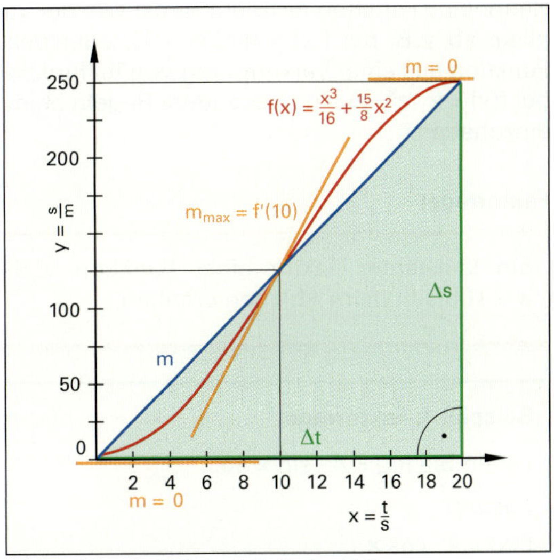

Bild 1: Weg in Abhängigkeit der Zeit

Lösungen Beispielaufgaben

Erste Ableitung f'(x)

1. Steigung an der Stelle x

2. Ungenaues Anlegen

Differenzialquotient

1. a) 0 **b)** 4 **c)** $6x^2$
d) $\frac{1}{\sqrt{x}}$ **e)** $-3\sin(3x)$ **f)** $2 \cdot e^{2x}$

2. a) $2x^{15}$ **b)** $-\frac{1}{2x^3}$ **c)** $\frac{1}{2x}$
d) $6 \cdot \cos(2x)$ **e)** $\frac{1}{\sqrt[3]{x^2}}$ **f)** 2^x

Änderungsraten

1. a) $\overline{m} = 18$
b) $f'(4) = 12$; $f'(14) = 15{,}75$

4.4 Ableitungsregeln

Hängt eine Funktion nicht nur direkt von der Variablen x allein ab, z.B. bei $f(x) = \sin(3x - 1)$, oder besteht eine Funktion aus einer Verknüpfung von Teilfunktionen, z.B. bei $f(x) = x \cdot e^x$, so sind besondere Regeln beim Ableiten einzuhalten.

Faktorregel

Ein konstanter Faktor einer Funktion, z.B. a mit $a \in \mathbb{R}$ bleibt beim Ableiten erhalten.

Beispiel 1: Faktorregel

Leiten Sie $f(x) = 4 \cdot \sin x$ ab.

Lösung:

$f'(x) = \mathbf{4 \cdot \cos x}$

Die reelle Zahl 4 ist ein konstanter Faktor, der beim Ableiten erhalten bleibt.

Summenregel

Beim Ableiten einer Summe werden die Summanden einzeln nacheinander abgeleitet.

Beispiel 2: Summenregel

Leiten Sie $f(x) = 3 \cdot e^x + 5 \cdot \cos x + \frac{1}{4} \cdot x^8$ ab.

Lösung:

$f'(x) = \mathbf{3 \cdot e^x - 5 \cdot \sin x + 2 \cdot x^7}$

Die Zahlen 3, 5 und $\frac{1}{4}$ sind konstante Faktoren. Die Funktionen e^x, $\cos x$ und x^8 werden nach den Formeln der Tabelle 1, Seite 123 abgeleitet.

Produktregel

Ist eine Funktion f das Produkt $u(x) \cdot v(x)$ aus den Teilfunktionen u(x) und v(x), wird die Ableitung von f(x) wie folgt berechnet: $(u \cdot v)' = u' \cdot v + u \cdot v'$

Beispiel 3: Produktregel

Leiten Sie $f(x) = \underbrace{x}_{=u} \cdot \underbrace{\sin x}_{=v}$ ab.

Lösung:

$f'(x) = \underbrace{1}_{=u'} \cdot \underbrace{\sin x}_{=v} + \underbrace{x}_{=u} \cdot \underbrace{\cos x}_{=v'} = \mathbf{\sin x + \cos x}$

Im ersten Summanden der Ableitung ist nur u(x) abgeleitet und im zweiten Summanden nur v(x).

Faktorregel

$f(x) = a \cdot u(x);\ a \in \mathbb{R}$

$\Rightarrow \quad f' = (a \cdot u)' = a \cdot u'$

Summenregel

$f(x) = u(x) \pm v(x)$

$\Rightarrow \quad f' = (u \pm v)' = u' \pm v'$

Produktregel

$f(x) = u(x) \cdot v(x)$

$\Rightarrow \quad f' = (u \cdot v)' = u' \cdot v + u \cdot v'$

Quotientenregel

$f(x) = \frac{u(x)}{v(x)};\ v(x) \neq 0$

$\Rightarrow \quad f' = \left(\frac{u}{v}\right)' = \frac{u' \cdot v - u \cdot v'}{v^2}$

f, u, v Funktionen von x mit $x \in D$

Besteht eine Funktion aus dem Produkt der Teilfunktionen u(x), v(x) und w(x), also $f(x) = u \cdot v \cdot w$, so ist die erste Ableitung:

$$
\begin{aligned}
(u \cdot v \cdot w)' &= u' \cdot (v \cdot w) + u \cdot (v \cdot w)' \\
&= u' \cdot v \cdot w + u \cdot (v' \cdot w + v \cdot w') \\
&= u' \cdot v \cdot w + u \cdot v' \cdot w + u \cdot v \cdot w'
\end{aligned}
$$

Quotientenregel

Ist eine Funktion f der Quotient aus den Teilfunktionen u(x) und v(x), wird die Ableitung von f(x) wie folgt berechnet:

$$\left(\frac{u}{v}\right)' = \frac{u' \cdot v - u \cdot v'}{v^2};\quad v \neq 0$$

Beispiel 4: Quotientenregel

Leiten Sie $f(x) = \frac{\ln(x)}{x};\ x > 0$ nach x ab.

Lösung:

$f'(x) = \frac{\frac{1}{x} \cdot x - \ln(x) \cdot 1}{x^2} = \mathbf{\frac{1 - \ln(x)}{x^2}}$

Die Funktion f(x) kann anstelle des Quotienten auch als das Produkt $\ln(x) \cdot x^{-1}$ dargestellt werden und mit der Produktregel abgeleitet werden. Es ist dann:

$$
\begin{aligned}
f'(x) &= x^{-1} \cdot x^{-1} + \ln(x) \cdot (-1 \cdot x^{-2}) \\
&= x^{-2} - \ln(x) \cdot x^{-2} \\
&= (1 - \ln(x)) \cdot x^{-2} \\
&= \frac{1 - \ln(x)}{x^2}
\end{aligned}
$$

Kettenregel

Besteht eine Funktion f(x) aus zwei ineinander verschachtelten (verketteten) Funktionen, ist die Ableitung von f(x) das Produkt aus äußerer Ableitung und innerer Ableitung.

Beispiel 1: Kettenregel

Leiten Sie $f(x) = \sin(3x^2 - 1)$ ab.

Lösung:

$$f'(x) = \underbrace{\left(\cos\left(3x^2 - 1\right)\right)}_{\text{äußere Ableitung}} \cdot \underbrace{(6 \cdot x - 0)}_{\text{innere Ableitung}}$$

$$\mathbf{f'x = 6x \cdot \cos\left(3x^2 - 1\right)}$$

Bezeichnet man die innere Funktion $3x^2 - 1$ mit z(x), so erhält man die beiden Gleichungen:

$$z(x) = 3x^2 - 1$$
$$f[z(x)] = \sin(z)$$

Bei der äußeren Ableitung wird also sin(z) zu cos(z) abgeleitet, d. h. man leitet sin(z) nach z ab:

$$[\sin(z)]' = \cos(z) = \cos\left(3x^2 - 1\right).$$

Danach wird die innere Funktion nach x abgeleitet:

$$z'(x) = 6x.$$

Beide Ableitungen werden miteinander multipliziert.

Beispiel 2: Kettenregel mit drei Funktionen

Leiten Sie $f(x) = e^{\cos(1 - 3x)}$ nach x ab.

Lösung:

$$f'(x) = e^{\cos(1 - 3x)} \cdot [-\sin(1 - 3x)] \cdot (0 - 3)$$
$$= \mathbf{3 \cdot \sin(1 - 3x) \cdot e^{\cos(1 - 3x)}}$$

Die Funktion f(x) besteht aus drei ineinander verketteten Funktionen:

$$w(x) = (1 - 3x)$$
$$z(w) = \cos(w)$$
$$f(z) = e^z$$

Beim Ableiten wird f(z) nach z, z(w) nach w und w(x) nach x abgeleitet:

$$f'(z) = e^{z(w)} = e^{\cos[w(x)]} = e^{\cos(1 - 3x)}$$
$$z'(w) = -\sin(w) = -\sin(1 - 3x)$$
$$w'(x) = -3$$

f'(x) erhält man, indem man die drei Ableitungen miteinander multipliziert.

Abschnittsweise definierte Funktion

Die Funktion f hat das Schaubild K_f **(Bild 1).** Die Funktionsgleichung hat zwei Abschnitte. Es gilt:

$$f(x) = \begin{cases} x + 2 \text{ für } x < 0 \\ -0{,}25x^2 + x + 2 \text{ für } x \geq 0 \end{cases}$$

Die Funktion f muss nach Abschnitten getrennt abgeleitet werden.

Kettenregel mit 2 Funktionen

$$f(x) = f[z(x)] \Rightarrow \quad \boxed{f'(x) = f'(z) \cdot z'(x)}$$

Kettenregel mit 3 Funktionen

$$f(x) = f\{z[w(x)]\} \Rightarrow \quad \boxed{f'(x) = f'(z) \cdot z'(w) \cdot w'(x)}$$

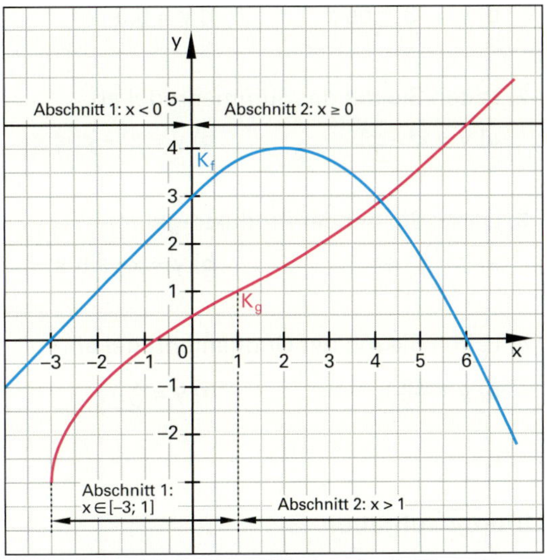

Bild 1: Schaubilder K_f und K_g der abschnittsweise definierten Funktionen f und g.

Beispiel 3: Ableitung von f

Leiten Sie die Funktion f abschnittsweise ab.

Lösung:

$$f'(x) = \begin{cases} 1 \text{ für } x < 0 \\ -0{,}5x + 1 \text{ für } x \geq 0 \end{cases}$$

An der Stelle x = 0 ist linksseitig und rechtsseitig der Wert der Ableitung 1. Damit ist die Funktion f an dieser Stelle differenzierbar.

$$f'(0) = \begin{cases} 1 \text{ für } x < 0 \\ -0{,}5x \cdot 0 + 1 = 1 \text{ für } x \geq 0 \end{cases}$$

Die Funktion g hat das Schaubild K_g (Bild 1). Die Funktionsgleichung hat zwei Abschnitte. Es gilt:

$$g(x) = \begin{cases} 2 \cdot \sqrt{x + 2} - 3 & \text{für } x \in [-3; 1] \\ 4 \cdot e^{\frac{x}{8} - \frac{1}{8}} - 3 & \text{für } x > 1 \end{cases}$$

Beispiel 4: Ableitung von g

Leiten Sie die Funktion g abschnittsweise ab.

Lösung:

$$g'(x) = \begin{cases} \dfrac{1}{\sqrt{x + 2}} & \text{für } x \in [-3; 1] \\ 0{,}5 \cdot e^{\frac{x}{8} - \frac{1}{8}} & \text{für } x > 1 \end{cases}$$

Überprüfen Sie Ihr Wissen!

Beispielaufgaben

Ableitungsregeln

1. Leiten Sie mithilfe der Faktorregel ab.

a) $y = 3x$ **b)** $y = -x^2$

c) $y = \frac{x^3}{3}$ **d)** $y = 2 \cdot \sin x$

e) $y = -3 \cdot \cos x$ **f)** $y = 0{,}5 \cdot e^x$

2. Leiten Sie mit der Summenregel ab.

a) $y = x^4 - x^3$ **b)** $y = e^x - \cos x$

3. Leiten Sie mit der Produktregel ab.

a) $y = x \cdot e^x$ **b)** $y = x \cdot \sin x$

4. Leiten Sie mit der Quotientenregel ab.

a) $y = \frac{\sin x}{x}$ **b)** $y = \frac{x+1}{x-1}$

Lösungen Beispielaufgaben

Ableitungsregeln

1. a) 3 **b)** $-2x$

c) x^2 **d)** $2 \cdot \cos x$

e) $3 \cdot \sin x$ **f)** $0{,}5 \cdot e^x$

2. a) $4x^3 - 3x^2$

b) $e^x + \sin x$

3. a) $e^x(1 + x)$

b) $\sin x + x \cdot \cos x$

4. a) $\frac{\cos x \cdot x - \sin x}{x^2}$

b) $\frac{-2}{(x-1)^2}$

Übungsaufgaben

1. Leiten Sie mit der Faktorregel ab.

a) $y = 2x^9$ **b)** $y = 2x^3$

c) $y = \frac{3}{8} \cdot x^4$ **d)** $y = 4e^x$

e) $y = \frac{3}{x}$ **f)** $y = 2\sqrt{x}$

g) $y = \frac{2}{x^2}$ **h)** $y = 5 \cdot \tan x$

2. Leiten Sie mit der Summenregel ab.

a) $y = 4\ln x - 3\cos x$

b) $y = -x^4 + 2x^3 - 5x^2 + 4$

3. Leiten Sie mit der Produktregel ab.

a) $y = x^2 \cdot e^x$

b) $y = \cos x \cdot \tan x$

c) $y = 2 - x \cdot \ln x$

d) $y = (x^4 - 4) \cdot (-x^2 + 2)$

e) $y = x \cdot \ln x$

4. Leiten Sie mit der Quotientenregel ab.

a) $y = \frac{\cos x}{\sin x}$

b) $y = \frac{e^x}{x}$

c) $y = \frac{x^2 + x - 6}{x + 3}$

Lösungen Übungsaufgaben

1. a) $18x^8$ **b)** $6x^2$

c) $1{,}5x^3$ **d)** $4e^x$

e) $-3x^{-2}$ **f)** $\frac{1}{\sqrt{x}}$

g) $-4 \cdot x^{-3}$ **h)** $\frac{5}{\cos^2 x}$

2. a) $\frac{4}{x} + 3\sin x$

b) $-4x^3 + 6x^2 - 10x$

3. a) $(2 + x) \cdot x \cdot e^x$

b) $\cos x$

c) $-\ln x - 1$

d) $-6x^5 + 8x^3 + 8x$

e) $\ln x + 1$

4. a) $-\frac{1}{\sin^2 x}$

b) $\frac{e^x \cdot (x-1)}{x^2}$

c) 1

5. Leiten Sie mit der Kettenregel ab.

a) $y = (1 - \sin x)^2$

b) $y = \cos(4x)$

c) $y = e^{\sin x}$

d) $y = e^{(-4x + 1)}$

e) $y = (x^2 - 7x + 1)^3$

f) $y = \sin(1 - x)^2$

g) $y = \sin^2(2x^2 - 3x + 4{,}5)$

6. Leiten Sie mit allen Regeln ab.

a) $y = x \cdot e^{-x} - 25$

b) $y = 32 + e^{1 - 2x} \cdot (1 - 3x)$

c) $y = x \cdot e^{-x} + e^{-x}$

d) $y = 3x \cdot \sin(3x - 2)$

e) $y = \frac{e^{-2x}}{x}$

f) $y = 6x \cdot \ln x^2$

7. Leiten Sie nach der Zeit t ab.

a) $s(t) = v \cdot t - \frac{1}{2} \cdot a \cdot t^2$; v = const., a = const.

b) $u(t) = U_0 \cdot \sin(\omega \cdot t)$; U_0 = const., ω = const.

8. Eine Gondel führt über einen 50 m breiten Kanal **(Bild 1)**. Die Höhe h des Seiles über der Wasseroberfläche hat die Funktionsgleichung:

$h(x) = 10 \cdot e^{0{,}037x} + 10 \cdot e^{-0{,}037x}$ mit $x \in [-20; 30]$

a) Zeigen Sie, dass an der Stelle x = 0 der Seildurchhang 20 m über dem Wasser ist und die Steigung null hat.

b) Berechnen Sie die Steigungen an den Gondelstationen.

9. Eine Blumenschale hat einen Durchmesser von 30 cm **(Bild 2)**. Das Schaubild K_f ist der Schnitt durch die Blumenschale. Die Funktionsgleichung ist abschnittsweise definiert:

$$f(x) = \begin{cases} 0{,}4x^2 + 8x + 41{,}5 & \text{für } x \in [-15; -10] \\ 1{,}5 & \text{für } x \in]-10; 10[\\ 0{,}4x^2 - 8x + 41{,}5 & \text{für } x \in [10; 15] \end{cases}$$

Berechnen Sie mithilfe der ersten Ableitung die Steigungen an den Stellen –15; –10; 10 und 15.

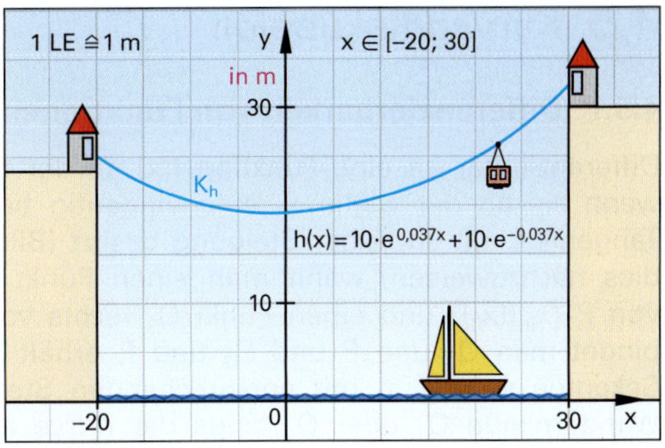

Bild 1: Gondel

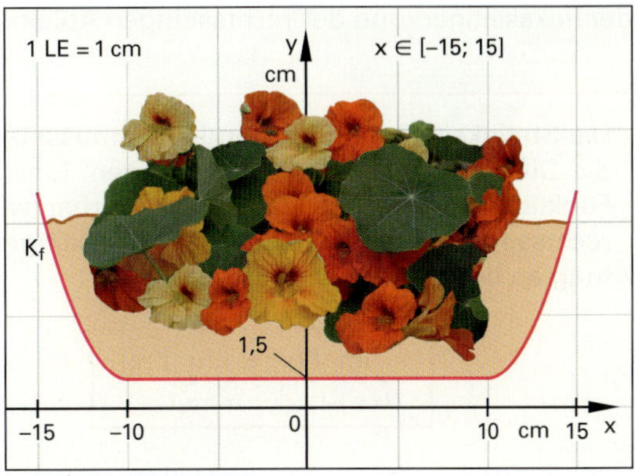

Bild 2: Blumenschale

Lösungen Übungsaufgaben

5. a) $-2 \cdot (1 - \sin x) \cdot \cos x$

b) $-4 \cdot \sin(4x)$

c) $e^{\sin x} \cdot \cos x$

d) $-4 \cdot e^{(-4x + 1)}$

e) $3 \cdot (x^2 - 7x + 1)^2 \cdot (2x - 7)$

f) $-2 \cdot (1 - x) \cdot \cos(1 - x)^2$

g) $2\sin(2x^2 - 3x + 4{,}5) \cdot \cos(2x^2 - 3x + 4{,}5) \cdot (4x - 3)$

6. a) $e^{-x} \cdot (1 - x)$

b) $e^{1 - 2x} \cdot (6x - 5)$

c) $-x \cdot e^{x}$

d) $3 \cdot \sin(3x - 2) + 9x \cdot \cos(3x - 2)$

e) $\frac{-(2x + 1) \cdot e^{-2x}}{x^2}$

f) $6 \cdot \ln x^2 + 12$

7. a) $s'(t) = v - a \cdot t$ **b)** $u'(t) = U_0 \cdot \omega \cdot \cos(\omega t)$

8. a) $h(0) = 20$; $m = 0$

b) $m_{-20} = -0{,}6$; $m_{30} = 1$

9. $f'(-15) = -4$; $f'(-10) = f'(10) = 0$; $f'(15) = 4$

4.5 Kurvendiskussion

4.5.1 Differenzierbarkeit von Funktionen

Differenzierbar ist eine Funktion f(x) an der Stelle x_0, wenn sie an der Stelle x_0 eine eindeutig bestimmte Tangente t mit endlicher Steigung besitzt **(Bild 1)**. Um dies nachzuweisen, wählt man einen Punkt Q_1 links von P $(x_0|f(x_0))$ und einen Punkt Q_2 rechts von P. Verbindet man Q_1 und P und Q_2 und P, erhält man die Sekanten s_1 und s_2 mit entsprechenden Steigungen. Wandern nun Q_1 oder Q_2 längs der Kurve auf P zu, $Q_1 \to P$ oder $Q_2 \to P$, so gehen die Sekantensteigungen in die Tangentensteigung von t über. Wir sprechen hier von der linksseitigen und der rechtsseitigen Ableitung.

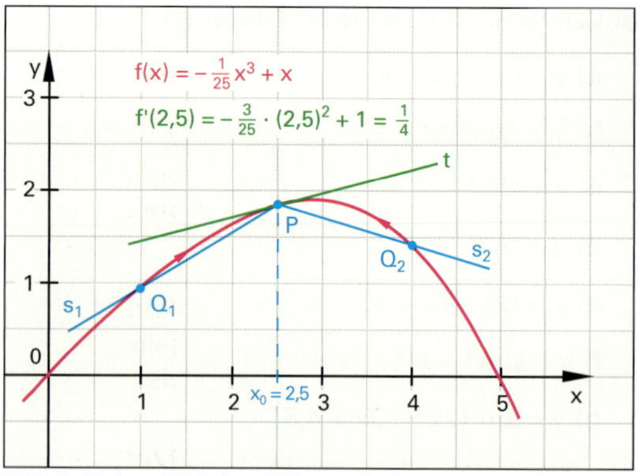

Bild 1: Schaubild der differenzierbaren Funktionen

Die Stetigkeit ist eine notwendige Voraussetzung für die Differenzierbarkeit von Funktionen. Eine stetige Funktion ist an der Stelle x_0 differenzierbar, wenn die rechtsseitige Ableitung und die linksseitige Ableitung an der Stelle x_0 übereinstimmen.

$$\lim_{\substack{x \to x_0 \\ (x < x_0)}} f'(x) = \lim_{\substack{x \to x_0 \\ (x > x_0)}} f'(x)$$

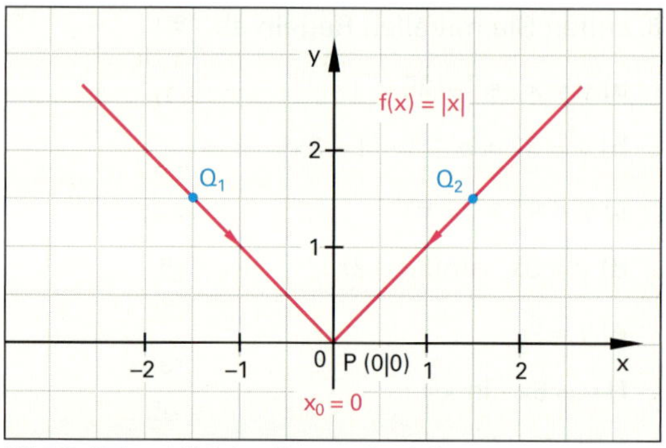

Bild 2: Schaubild der Betragsfunktion

Beispiel 1: Betragsfunktion

a) Bilden Sie die rechtsseitige und linksseitige Ableitung der Funktion f(x) = |x| **(Bild 2)** an der Stelle P (0|0) und

b) überprüfen Sie die Funktion bei $x_0 = 0$ auf Differenzierbarkeit.

Lösung:

a) $y = f(x) = |x| = \begin{cases} x & \text{für } x \geq 0 \\ -x & \text{für } x < 0 \end{cases}$

linksseitige Ableitung:

$f(x) = -x \Rightarrow \lim\limits_{\substack{x \to 0 \\ (x < 0)}} f'(x) = \mathbf{-1}$

Für $x \to 0$ ergibt sich eine linksseitige Ableitung mit der Steigung m = –1.

rechtsseitige Ableitung für $x \to 0$:

$f(x) = x \Rightarrow \lim\limits_{\substack{x \to 0 \\ (x > 0)}} f'(x) = \mathbf{1}$

b) Für $x \to 0$ ergibt sich eine rechtsseitige Ableitung mit der Steigung m = 1.
Die linksseitige und die rechtsseitige Ableitung an der Stelle x = 0 sind unterschiedlich. Die Funktion ist an der Stelle x = 0 **nicht differenzierbar**.

Bild 3 und **Bild 4** zeigen Schaubilder, die jeweils an einer Stelle nicht differenzierbar sind.

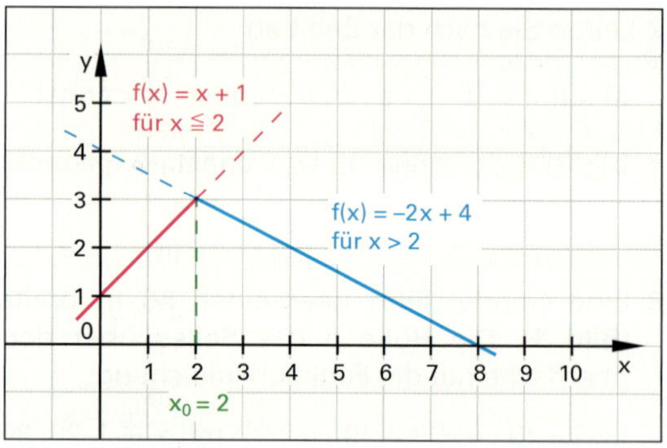

Bild 3: Schaubild einer zusammengesetzten Funktion

Beispiel 2: Zusammengesetzte Funktion

Ist die zusammengesetzte Funktion f **(Bild 3)** mit der Funktionsgleichung

$f(x) = \begin{cases} x + 1 \text{ für } x \leq 2 \\ -\frac{1}{2}x + 4 \text{ für } x > 2 \end{cases}$ differenzierbar?

Lösung:

linksseitige Ableitung für $x \leq 2$

$f(x) = x + 1;\ f'(x) = 1;\ f'(2) = 1$

rechtsseitige Ableitung für $x > 2$

$f(x) = -\frac{1}{2}x + 4;\ f'(x) = -\frac{1}{2};\ f'(2) = -\frac{1}{2}$

$\lim\limits_{\substack{x \to 2 \\ (x \leq 2)}} f'(x) \neq \lim\limits_{\substack{x \to 2 \\ (x > 2)}} f'(x)$

Das heißt, die Funktion ist an der Stelle $x_0 = 2$ **nicht differenzierbar**.

4.5.2 Regel von de l'Hospital

Grenzwertberechnungen bei Funktionen wie

$\lim\limits_{x \to a} \frac{x^2 - a^2}{x - a}$ oder $\lim\limits_{x \to 0} \frac{\sin x}{x}$ bereiten große Probleme, da sowohl Zähler als auch Nenner gegen null gehen. Häufig kommt es zu **symbolisch geschriebenen** Ausdrücken wie $\frac{0}{0}$ oder $\frac{\infty}{\infty}$ bzw. $0 \cdot \infty$.

Mithilfe der Differenzialrechnung können solche Grenzwertaufgaben mit den Rechenregeln von de l'Hospital (sprich: de lópital) auf einfache Weise gelöst werden.

$$\lim_{x \to a} \frac{g(x) = 0}{h(x) = 0} = \lim_{x \to a} \frac{g'(x)}{h'(x)}$$

$$\lim_{x \to \infty} \frac{g(x) \to \infty}{h(x) \to \infty} = \lim_{x \to \infty} \frac{g'(x)}{h'(x)}$$

lim	(Limes = Grenze) Grenzwert
a	Stelle, an der der Grenzwert untersucht wird
g(x)	Zählerpolynom
h(x)	Nennerpolynom
g'(x)	1. Ableitung des Zählerpolynoms
h'(x)	1. Ableitung des Nennerpolynoms

Regel von de l'Hospital (1661 bis 1704)

Betrachtet werden zwei Funktionen g(x) und h(x), deren Graphen sich bei N (a|0) schneiden. In der Umgebung von N (a|0) können die Funktionen durch die Tangenten t_g und t_h angenähert werden **(Bild 1).**

Tangente an g(x): $t_g(x) = g'(a) \cdot (x - a)$;

Tangente an h(x): $t_h(x) = h'(a) \cdot (x - a)$;

Man erhält: $\frac{g(x)}{h(x)} \approx \frac{t_g(x)}{t_h(x)} = \frac{g'(a) \cdot (x - a)}{h'(a) \cdot (x - a)} = \frac{g'(a)}{h'(a)}$

Somit findet man für den Grenzwert $\lim\limits_{x \to a} \frac{g(x)}{h(x)} = \lim\limits_{x \to a} \frac{g'(x)}{h'(x)}$, d.h. der Grenzwert beliebiger Funktionen ist gleich dem Quotienten der Steigung.

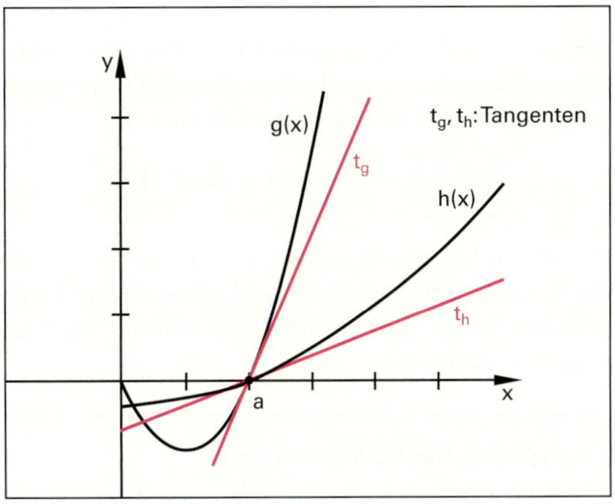

Bild 1: Graph und Tangente an den Graph

Regel 1: Grenzwerte der Form $\frac{g(x) = 0}{h(x) = 0}$

Die Funktionen g(x) und h(x) seien in der Umgebung von a stetig und differenzierbar, außerdem sei $\lim\limits_{x \to a} g(x) = 0$ und $\lim\limits_{x \to a} h(x) = 0$, jedoch $\lim\limits_{x \to a} h'(x) \neq 0$ für alle x in der Umgebung von a. Dann gilt:

$$\lim_{x \to a} \frac{g(x)}{h(x)} = \lim_{x \to a} \frac{g'(x)}{h'(x)}$$

Ist auch g'(a) = 0 und h'(x) = 0, so wendet man die eben behandelte Regel auf den Quotienten $\frac{g'(a)}{h'(a)}$ an und erhält:

$\lim\limits_{x \to a} \frac{g(x)}{h(x)} = \lim\limits_{x \to a} \frac{g'(x)}{h'(x)} = \lim\limits_{x \to a} \frac{g''(x)}{h''(x)}$

Gegebenenfalls müssen noch höhere Ableitungen gebildet werden, bis der Grenzwert gebildet werden kann.

Beachte: Zähler und Nenner müssen für sich abgeleitet werden. **Nicht** die **Quotientenregel** anwenden!

Beispiel 1: Grenzwert der Form $\frac{g(x) = 0}{h(x) = 0}$

Bilden Sie den Grenzwert $\lim\limits_{x \to 0} \frac{\sin x}{x}$

Lösung:

$\lim\limits_{x \to 0} \frac{\sin x}{x} = \lim\limits_{x \to 0} \frac{\cos x}{1} = \frac{1}{1} = 1$

Regel 2: Grenzwert der Form $\frac{g(x) \to \infty}{h(x) \to \infty}$

Wachsen mit $x \to a$ oder $x \to \infty$ die Funktionswerte für g(x) und h(x) über jede beliebig große Zahl, wofür man schreibt:

$\lim\limits_{x \to a} g(x) \to \infty$ und $\lim\limits_{x \to a} h(x) \to \infty$ oder

$\lim\limits_{x \to \infty} g(x) \to \infty$ und $\lim\limits_{x \to \infty} h(x) \to \infty$,

so gilt auch in diesem Fall (ohne Beweis):

$\lim\limits_{x \to \infty} \frac{g(x)}{h(x)} = \lim\limits_{x \to \infty} \frac{g'(x)}{h'(x)}$; gegebenenfalls müssen auch hier noch höhere Ableitungen gebildet werden, bis der Grenzwert gebildet werden kann.

Beispiel 2: Grenzwert der Form $\frac{g(x) \to \infty}{h(x) \to \infty}$

Bilden Sie den Grenzwert $\lim\limits_{x \to \infty} \frac{x^2}{e^x}$

Lösung:

$$\lim_{x \to \infty} \frac{\overbrace{x^2}^{\to \infty}}{\underbrace{e^x}_{\to \infty}} = \lim_{x \to \infty} \frac{\overbrace{2x}^{\to \infty}}{\underbrace{e^x}_{\to \infty}} = \lim_{x \to \infty} \frac{2}{\underbrace{e^x}_{x \to \infty}} = 0$$

4.6 Höhere Ableitungen

Zweite Ableitung

Die zweite Ableitung f''(x) einer Funktion erhält man durch Differenzieren der ersten Ableitung f'(x).

$$f''(x) = \frac{d}{dx}\left[\frac{dy}{dx}\right] = \frac{df'(x)}{dx}$$

$f'(x) = \frac{dy}{dx}$ Differenzialquotient

Beispiel 1: Zweite Ableitung

Berechnen Sie die zweite Ableitung der Funktion mit $f(x) = 0{,}5 \cdot x^4$.

Lösung:

$f(x) = 0{,}5 \cdot x^4 \Rightarrow f'(x) = 2 \cdot x^3 \Rightarrow \mathbf{f''(x) = 6 \cdot x^2}$

Die zweite Ableitung einer Funktion gibt Auskunft über deren Krümmungsverhalten. Die S-Kurve einer Gokartbahn verläuft nach der Funktion mit

$$f(x) = \frac{x^3}{96} - \frac{x^2}{4} + \frac{3}{2}x + 2 \text{ } \textbf{(Bild 1)}.$$

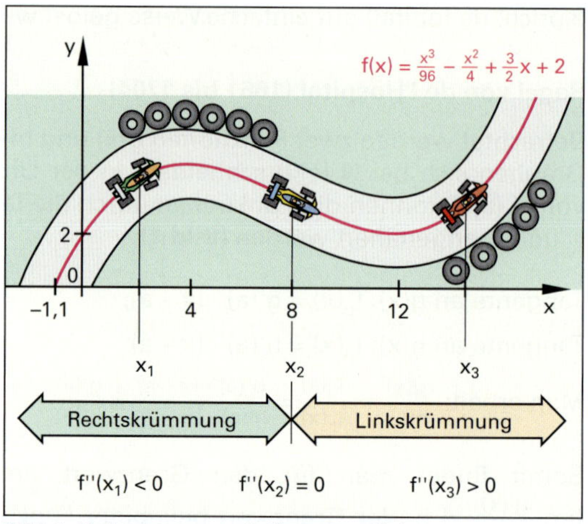

Bild 1: Krümmungsverhalten von f(x)

Im ersten Teil der S-Kurve, $x_1 < 8$, muss der Gokartfahrer das Lenkrad rechts einschlagen, da die Kurve rechtsgekrümmt ist. Dort nimmt die zweite Ableitung $f''(x_1)$ negative Werte an.

Beispiel 2: Rechtskrümmung

Berechnen Sie den Wert der zweiten Ableitung der Funktion f aus **Bild 1** an der Stelle x = 1.

Lösung:

$f'(x) = \frac{x^2}{32} - \frac{x}{2} + \frac{3}{2} \Rightarrow f''(x) = \frac{x}{16} - \frac{1}{2}$

$f''(1) = \frac{1}{16} - \frac{1}{2} = \mathbf{-\frac{7}{16} < 0}$

Im zweiten Teil der S-Kurve, $x_3 > 8$, muss der Gokartfahrer das Lenkrad links einschlagen. Im linksgekrümmten Teil der Funktion hat die zweite Ableitung positive Werte. Für $x_3 = 16$ gilt:

$$f''(16) = \frac{16}{16} - \frac{1}{2} = 1 - 0{,}5 = 0{,}5 > 0.$$

An der Stelle $x_2 = 8$ befindet sich der Gokartfahrer in einem Punkt ohne Krümmung. Die zweite Ableitung ist dort null. Es gilt: $f''(x) = 0$.

Beispiel 3: Keine Krümmung

Zeigen Sie, dass die Gokartbahn an der Stelle $x_2 = 8$ keine Krümmung hat.

Lösung:

$f''(8) = \frac{8}{16} - \frac{1}{2} = \frac{1}{2} - \frac{1}{2} = \mathbf{0}$

Tabelle 1: Funktionswert, Steigung, Krümmungsverhalten

Funktionsterm	Bedeutung
f(x)	Gibt den Funktionswert der Funktion f an einer Stelle x an, z. B. $y_1 = f(x_1)$.
f'(x)	Gibt die Steigung m der Funktion f an einer Stelle x an, z. B. $m_1 = f'(x_1)$.
f''(x)	Gibt das Krümmungsverhalten der Funktion f an einer Stelle x an, z. B. $f''(x_1) > 0 \Rightarrow$ Linkskrümmung $f''(x_2) = 0 \Rightarrow$ keine Krümmung $f''(x_3) < 0 \Rightarrow$ Rechtskrümmung

Mit der Polarität der zweiten Ableitung an einer Stelle x lässt sich das Krümmungsverhalten an dieser Stelle bestimmen **(Tabelle 1)**. Im Gegensatz zur ersten Ableitung, bei der ein Steigungswert der Kurve exakt berechnet werden kann, kann mit der zweiten Ableitung die Stärke der Krümmung nicht durch einen Wert zahlenmäßig ausgedrückt werden.

Höhere Ableitungen als die zweite Ableitung haben bezüglich der Kurveneigenschaften keine weitere Bedeutung.

Das Beispiel 2, vorhergehende Seite zeigt, dass eine ganzrationale Funktion mit jeder Ableitung um einen Grad in der Potenz abnimmt.

Beispiel 1: Höhere Ableitungen

a) Leiten Sie $f(x) = \frac{x^3}{8} - \frac{3}{2}x + 2$ so oft ab, bis sich null ergibt.

Lösung:

a) $f'(x) = \frac{3}{8}x^2 - \frac{3}{2} \Rightarrow f''(x) = \frac{3}{4}x \Rightarrow f'''(x) = \frac{3}{4}$

$\Rightarrow f^{IV}(x) = 0$, **Bild 1**

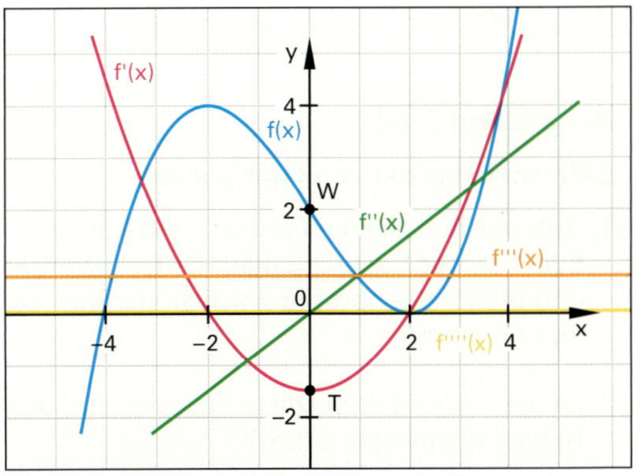

Bild 1: Ganzrationale Funktion 3. Grades und ihre Ableitungen

Die Funktion hat einen Wendepunkt W an der Stelle, wo die 1. Ableitung einen Tiefpunkt T hat.

Eine besondere Funktion ist die Funktion $f(x) = e^x$, weil alle Ableitungen gleich sind:

$f(x) = e^x \Rightarrow f'(x) = f''(x) = f'''(x) = \ldots = e^x$ **(Bild 2)**.

An jeder Stelle x stimmen der Funktionswert f(x) und der Wert der Steigung m überein, z. B. haben an der Stelle x = 1 sowohl f(x) als auch m den Wert e. Da e^x stets größer als null ist, ist auch f''(x) stets größer als null, d. h. die Kurve $f(x) = e^x$ ist nur linksgekrümmt.

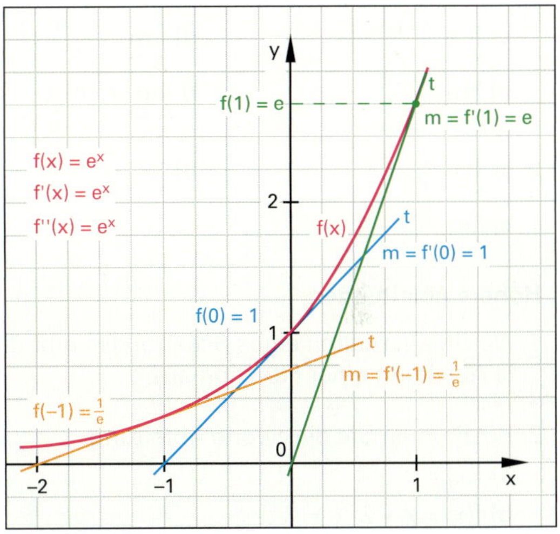

Bild 2: Funktionswerte und Steigungen von $f(x) = e^x$

Beispiel 2: Ableiten von $f(x) = e^{-x}$

Leiten Sie $f(x) = e^{-x}$ drei Mal ab. Welche Änderung ergibt sich mit jeder Ableitung?

Lösung:

$f'(x) = -e^{-x} \Rightarrow f''(x) = e^{-x} \Rightarrow f'''(x) = -e^{-x}$

Mit jeder Ableitung wechselt das Vorzeichen.

Wird f(x) = sin x abgeleitet, erhält man f'(x) = cos x. Die Kurve der Ableitung ist gegenüber der Kurve der Funktion um 90° auf der x-Achse phasenverschoben **(Bild 3)**.

Beispiel 3: Ableiten von f(x) = sin x

Wie oft muss f(x) = sin x abgeleitet werden, bis die Ableitung und die Funktion denselben Kurvenverlauf haben?

Lösung:

$f'(x) = \cos x \Rightarrow f''(x) = -\sin x \Rightarrow f'''(x) = -\cos x$

$\Rightarrow f^{IV}(x) = \sin x$

f(x) muss vier Mal abgeleitet werden.

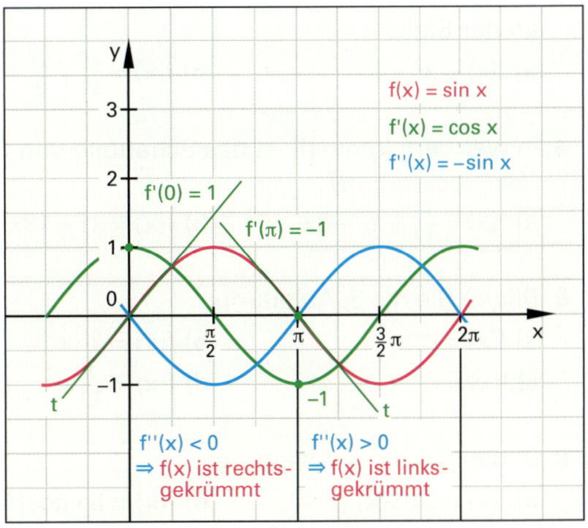

Bild 3: Ableitungen von f(x) = sin x

Überprüfen Sie Ihr Wissen!

Beispielaufgaben

Differenzierbarkeit von Funktionen

1. Untersuchen Sie die Funktion $f(x) = x \cdot |x - 4|$ in **Bild 1** an der Stelle $x = 4$ auf Differenzierbarkeit und bilden Sie dort die linksseitige und rechtsseitige Ableitung.

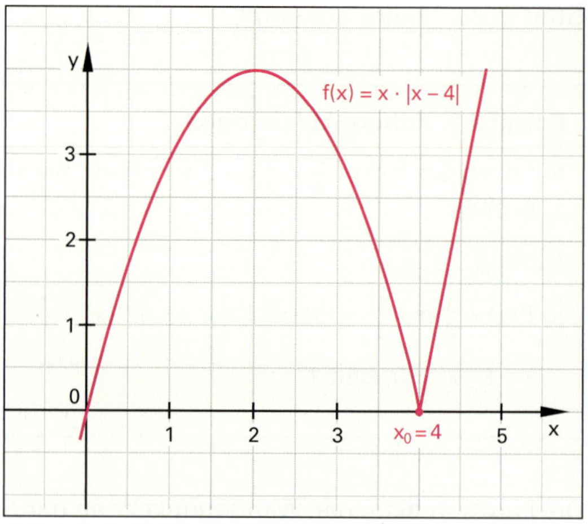

Bild 1: Schaubild einer Betragsfunktion

2. Ist die zusammengesetzte Funktion f(x) aus **Bild 3, Seite 130** differenzierbar?

$$f(x) = \begin{cases} x + 1 \text{ für } x \leq 2 \\ -\frac{1}{2}x + 4 \text{ für } x > 2 \end{cases}$$

Regel von de l'Hospital

1. Bilden Sie folgende Grenzwerte

a) $\lim\limits_{x \to 2} \frac{x^2 - 6x + 8}{x^2 + x - 6}$ **b)** $\lim\limits_{x \to \pi} \frac{\sin 2x}{x - \pi}$

c) $\lim\limits_{x \to 0} \frac{1 - \cos x}{x^2}$ **d)** $\lim\limits_{x \to 0} \frac{e^x - 1}{x}$

e) $\lim\limits_{x \to 2} \frac{x^2 - 4}{x - 2}$ **f)** $\lim\limits_{x \to 0} x \cdot \ln x$

2. a) $\lim\limits_{x \to \infty} \frac{x}{e^x}$ **b)** $\lim\limits_{x \to \infty} \frac{x^2 - 4}{2x^2 + 4x}$

c) $\lim\limits_{x \to \infty} \frac{3x^2 - 12}{1 - x^2}$

Höhere Ableitungen

1. Welches Verhalten eines Schaubildes gibt die zweite Ableitung einer Funktion an?

2. Bestimmen Sie die zweite Ableitung.

a) $f(x) = x^2 - 4$

b) $f(x) = x + 2$

c) $f(x) = x^3 - x$

d) $f(x) = -3x^3 + 4x^2 - 5x + 2$

e) $f(x) = \frac{x^3}{6} - \frac{x^2}{2} + x - 1$

f) $f(x) = -\frac{x^4}{12} + \frac{x^3}{3} + x^2 - 4x + 12$

3. Berechnen Sie die Steigung und die Krümmung an der Stelle $x = 2$.

a) $f(x) = x^2 - 1$ **b)** $f(x) = \frac{x^3}{3} + \frac{x^2}{2} - 2$

4. In welchem Intervall ist das Schaubild von f(x) rechtsgekrümmt?

a) $f(x) = \frac{x^4}{12} + \frac{x^3}{2} + 8x - 4$ **b)** $f(x) = x^4 - 13x^2 + 36$

5. Bilden Sie die 3. Ableitung:

a) $f(x) = e^{3x}$ **b)** $f(x) = 2 \cdot e^{-x}$

c) $f(x) = e^{-x} + e$ **d)** $f(x) = \frac{1}{12}e^{6x} - e \cdot x^3$

6. Bilden Sie die 4. Ableitung:

a) $f(x) = \sin(2x)$ **b)** $f(x) = 8 \cdot \cos\left(\frac{x}{2}\right)$

Lösungen Beispielaufgaben

Differenzierbarkeit von Funktionen

1. An der Stelle $x = 4$ nicht differenzierbar.

2. An der Stelle $x = 2$ nicht differenzierbar.

Regel von de l'Hospital

1. a) $-\frac{2}{5}$ **b)** 2 **c)** $\frac{1}{2}$

d) 1 **e)** 4 **f)** 0

2. a) 0 **b)** $\frac{1}{2}$ **c)** –3

Höhere Ableitungen

1. Krümmungsverhalten

2. a) 2 **b)** 0

c) $6x$ **d)** $-18x + 8$

e) $x - 1$ **f)** $-x^2 + 2x + 2$

3. a) 4, Linkskrümmung

b) 6, Linkskrümmung

4. a) $]-3; 0[$ **b)** $]-1{,}47; 1{,}47[$

5. a) $27 \cdot e^{3x}$ **b)** $-2e^{-x}$

c) $-e^{-x}$ **d)** $18 \cdot e^{6x} - 6e$

6. a) $16 \cdot \sin(2x)$ **b)** $\frac{1}{2}\cos\left(\frac{x}{2}\right)$

Übungsaufgaben

1. Die Skaterbahn (Halfpipe) in **Bild 1** verläuft nach der Funktion $f(x) = \frac{x^8}{2200}$ mit 1 LE = 1 m für $x \in [-3; 3]$.

a) Berechnen Sie die Steigungen bei 1 m, 2 m und 3 m.

b) Wie hoch geht die Bahn hinauf (x = 3)?

c) An welcher Stelle x beträgt die Steigung der Bahn m = 3,8?

d) Zeigen Sie, dass die Skaterbahn nur linksgekrümmt ist.

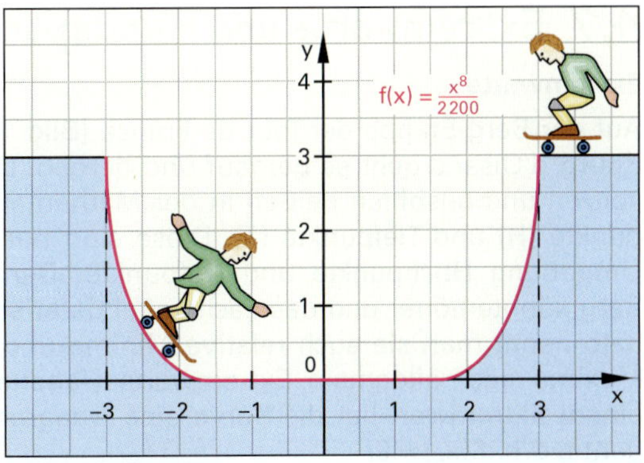

Bild 1: Skaterbahn

2. Ein Geländewagen soll eine Anhöhe (**Bild 2**) hinauffahren. Das Anstiegsprofil verläuft nach der Funktion f mit $f(x) = -\frac{x^3}{250} + \frac{3x^2}{25}$ im Intervall [0; 20] mit 1 LE = 1 m.

a) Berechnen Sie die Höhe und die Steigung bei 10 m und bei 20 m.

b) Der Hersteller des Geländewagens gibt an, dass das Fahrzeug Steigungen bis 42° bewältigt. Kommt der Geländewagen die Anhöhe hinauf?

c) Bis auf welche Höhe kommt der Geländewagen maximal?

d) Berechnen Sie die maximale Steigung des Hangs.

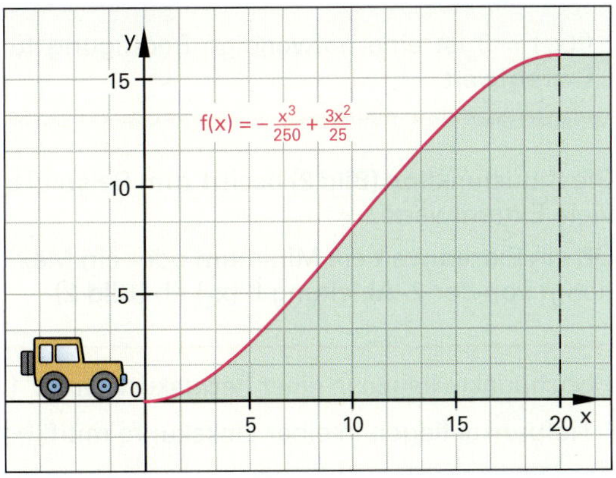

Bild 2: Anhöhe

3. Eine Baustellenauffahrt führt über den Hang aus **Bild 3** mit dem Profil nach der Funktion $f(x) = 5 - 5 \cdot e^{-0,2x}$ für $x > 0$ mit 1 LE = 1 m. Damit die Baustellenfahrzeuge den Hang hinaufkommen, wird eine Auffahrt mit der konstanten Steigung m = 0,2 aufgeschüttet.

a) Berechnen Sie den Berührpunkt der Geraden g mit dem Schaubild der Funktion f.

b) Bestimmen Sie die Gleichung der Geraden g.

c) Berechnen Sie die Länge der Auffahrt.

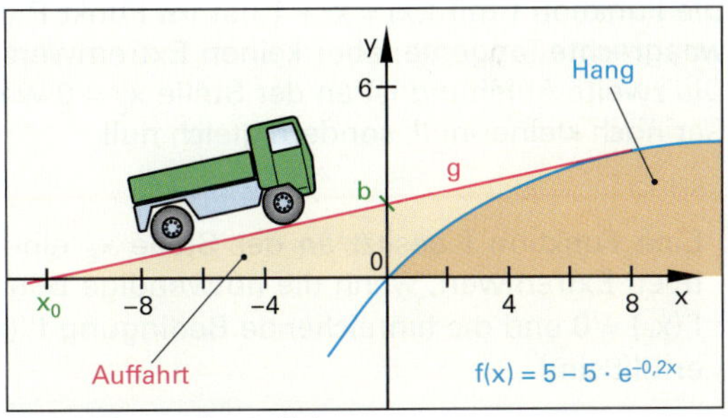

Bild 3: Baustellenauffahrt

4. Die ungedämpfte Schwingung aus **Bild 4** mit $f(x) = 2 \cdot \sin x$ hat periodisch sich wiederholende Steigungswerte. Bestimmen Sie die Stellen x, an welchen die Steigung den Wert 1 hat

a) im Bogenmaß,

b) im Gradmaß.

c) Erstellen Sie die Gleichung der Tangente an der Stelle $x = \frac{\pi}{3}$.

d) Zeigen Sie, dass das Schaubild von f an der Stelle $2,5 \cdot \pi$ rechtsgekrümmt ist.

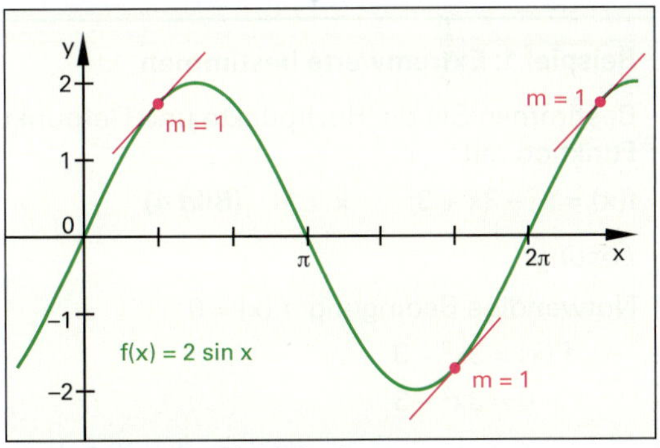

Bild 4: Ungedämpfte Schwingung

Lösungen Übungsaufgaben

1. a) 0,0036; 0,47; 7,95
b) 2,98 **c)** 2,7 **d)** $f''(x) = \frac{7}{275}x^6 > 0$

2. a) f(10) = 8 m; m = 1,2 und f(20) = 16 m; m = 0
b) nein **c)** 2,5 m **d)** 1,2

3. a) B (8|4) **b)** y = 0,2x + 2,4 **c)** 20,4 m

Lösungen Übungsaufgaben

4. a) $x = n \cdot 2\pi \pm \frac{\pi}{3}$ mit $n \in \mathbb{Z}$
b) $x = n \cdot 360° \pm 60°$ mit $n \in \mathbb{Z}$
c) y = x + 0,685
d) $f''(2,5\pi) = -2 < 0$

4.7 Extremwerte und Wendepunkte

Extremwerte

Auf der Berg-Etappe der Tour de France **(Bild 1)** von Le Bourg d'Oisans geht es bergauf und bergab. Die Bergspitzen und Talsohlen heißen in der Mathematik Hochpunkte (H) und Tiefpunkte (T). Diese sind nur in ihrer Umgebung Hochpunkte und Tiefpunkte. Der nächste Berg könnte höher und das nächste Tal tiefer sein. Deshalb nennt man sie auch relative Minima und relative Maxima oder allgemein Extremwerte **(Tabelle 1)**. Bei einem Extremwert hat die Kurve eine waagrechte Tangente, d. h. $f'(x_E) = 0$.

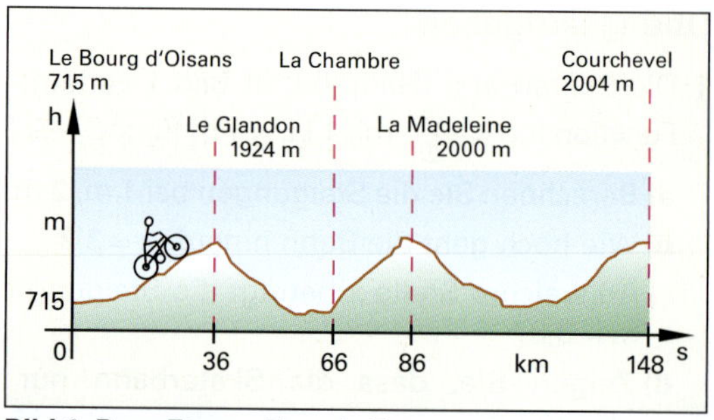

Bild 1: Berg-Etappe Tour de France

> $f'(x_E) = 0$ ist eine notwendige Bedingung für einen Extremwert.

Tabelle 1: Relative Extremwerte

Art	Bedingungen
Hochpunkt (H)	$f'(x_E) = 0 \wedge f''(x_E) < 0$
Tiefpunkt (T)	$f'(x_E) = 0 \wedge f''(x_E) > 0$

Die Sinusfunktion **(Bild 2)** besitzt zum Beispiel unendlich viele Extremwerte.

Ob ein Extremwert ein Minimum oder ein Maximum ist, hängt von der 2. Ableitung $f''(x_E)$ ab **(Bild 2)**.

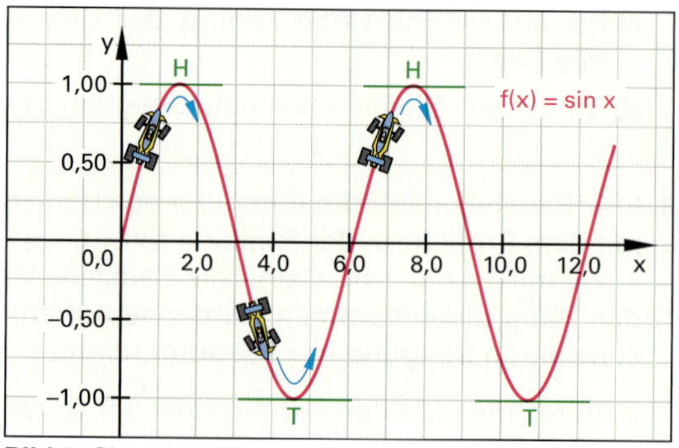

Bild 2: Sinusfunktion

> Hochpunkte liegen in einer Rechtskurve mit $f''(x_E) < 0$.
> Tiefpunkte liegen in einer Linkskurve mit $f''(x_E) > 0$.

Die Funktion f mit $f(x) = x^3 + 1$ hat im Punkt P (0|1) eine waagrechte Tangente, aber keinen Extremwert **(Bild 3)**. Die zweite Ableitung ist an der Stelle $x_E = 0$ weder größer noch kleiner null, sondern gleich null.

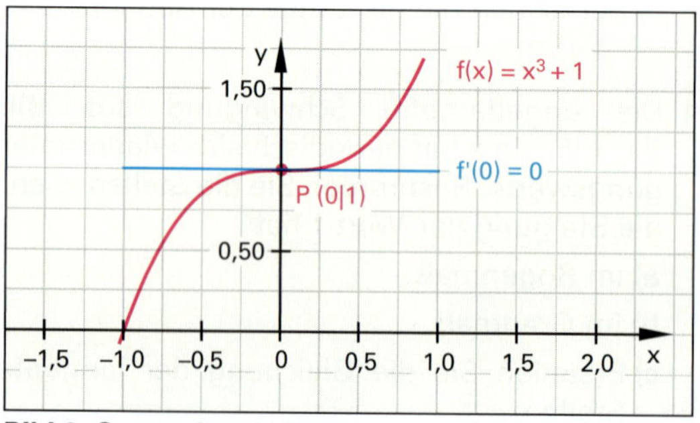

Bild 3: Ganzrationale Funktion 3. Grades

> Eine Funktion f besitzt an der Stelle x_E einen relativen Extremwert, wenn die notwendige Bedingung $f'(x_E) = 0$ und die hinreichende Bedingung $f''(x_E) \neq 0$ erfüllt sind.

Beispiel 1: Extremwerte bestimmen

Bestimmen Sie die Hochpunkte und Tiefpunkte der Funktion mit

$f(x) = x^3 - 3x + 3; \quad x \in \mathbb{R}$ **(Bild 4)**

Lösung:

Notwendige Bedingung: $f'(x) = 0$

$f'(x) = 3x^2 - 3$

$0 = 3x^2 - 3$

$x = \sqrt{1} \quad \Rightarrow x_1 = -1 \vee x_2 = 1$

Hinreichende Bedingung: $f''(x) \neq 0$

$f''(x) = 6x$

$f''(-1) = -6 < 0 \quad \Rightarrow$ Hochpunkt

$f(-1) = 5 \Rightarrow$ **H (−1|5)**

$f''(1) = 6 > 0 \quad \Rightarrow$ Tiefpunkt

$f(1) = 1 \Rightarrow$ **T (1|1)**

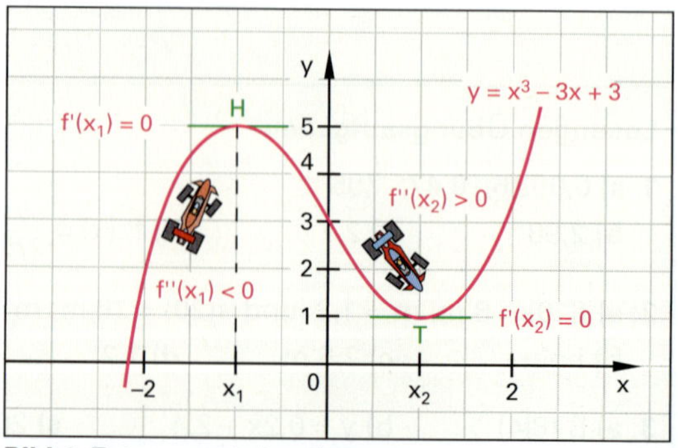

Bild 4: Extremwerte bestimmen

Wendepunkte

Die Stelle, an der das Schaubild einer Funktion von einer Rechtskurve in eine Linkskurve übergeht oder umgekehrt, bezeichnet man als Wendepunkt. Dort ist die 2. Ableitung null, also $f''(x_W) = 0$ **(Bild 1)**.

Hat der Wendepunkt eine waagrechte Tangente, so wird er als Sattelpunkt SP bezeichnet **(Bild 2)**.

> $f''(x_W) = 0$ ist eine notwendige Bedingung für einen Wendepunkt.

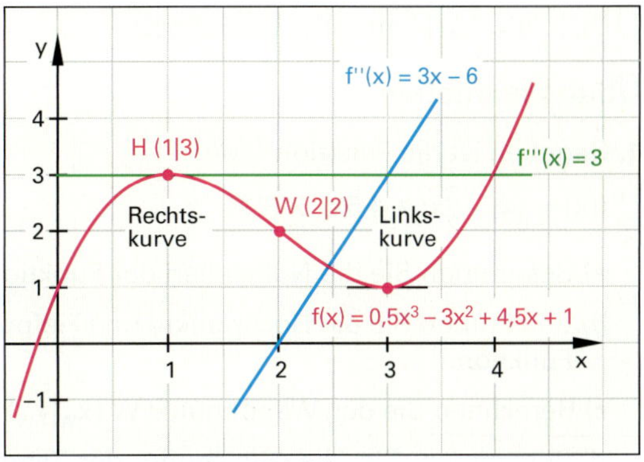

Bild 1: Wendepunkt W (2|2)

Man unterscheidet zwei Arten von Wendepunkten:

- Kurvenpunkte, in denen sich die Krümmung des Schaubilds ändert, heißen Wendepunkte **(Bild 1)**.
- Ein Wendepunkt mit waagrechter Tangente, also $f'(x_{SP}) = 0$ heißt Sattelpunkt **(Bild 2)**.

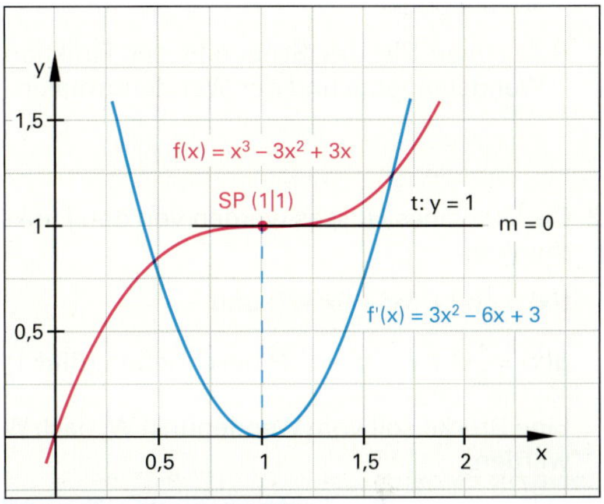

Bild 2: Sattelpunkt SP (1|1)

Die 2. Ableitung der Funktion mit f(x) aus **Bild 3** ist an der Stelle x = 1 auch null, obwohl kein Wendepunkt vorliegt. Ihr Schaubild ist eine Linkskurve. Bei ihr ist im Gegensatz zu den Funktionen f von **Bild 1** und **Bild 2** auch die 3. Ableitung $f'''(1) = 0$.

> Die 3. Ableitung muss zur Bestimmung eines Wendepunktes verwendet werden.

Ist die 3. Ableitung ungleich null, also $f'''(1) \neq 0$, liegt mit Sicherheit ein Wendepunkt vor **(Tabelle 1)**.

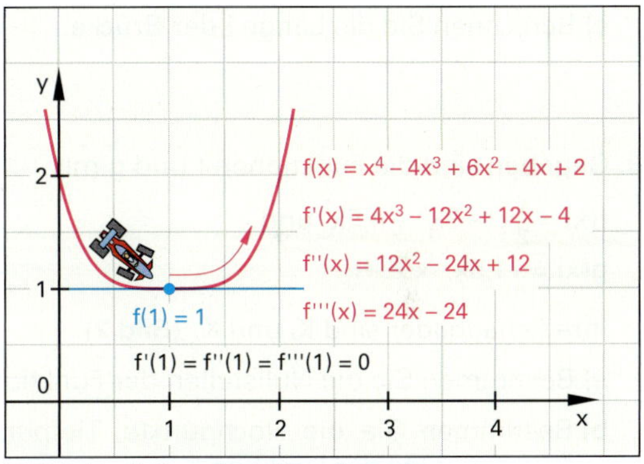

Bild 3: Funktion ohne Wendepunkt

> Eine Funktion f besitzt an der Stelle x_W einen Wendepunkt, wenn erfüllt sind:
> 1. Notwendige Bedingung $f''(x_W) = 0$ und
> 2. Hinreichende Bedingung $f'''(x_W) \neq 0$.

Tabelle 1: Wendepunktarten

Art	Bedingungen bei ganzrationalen Funktionen bis 4. Grades
Wendepunkt W	$f''(x_W) = 0 \wedge f'''(x_W) \neq 0 \wedge f'(x_W) \neq 0$
Sattelpunkt SP	$f''(x_S) = 0 \wedge f'''(x_S) \neq 0 \wedge f'(x_S) = 0$

Beispiel 1: Wendepunkt

a) Bestimmen Sie den Wendepunkt der Funktion mit $f(x) = 0{,}5x^3 - 3x^2 + 4{,}5x + 1; \quad x \in \mathbb{R}$

b) Zeichnen Sie die Schaubilder der Funktionen f(x), f''(x) und f'''(x).

Lösung:

a) Drei Ableitungen bilden.

$f'(x) = 1{,}5x^2 - 6x + 4{,}5$

$f''(x) = 3x - 6$

$f'''(x) = 3$

Notwendige Bedingung: $f''(x_W) = 0$

$f''(x) = 3x - 6 = 0 \Rightarrow \mathbf{x = 2}$

Hinreichende Bedingung: $f'''(x_W) \neq 0$

$f'''(2) = 3 \neq 0 \Rightarrow$ **W (2|2)**

b) **Bild 1**

Überprüfen Sie Ihr Wissen!

Übungsaufgaben

1. Gegeben ist die Funktion f mit

$f(x) = \frac{1}{8}x^3 - \frac{3}{2}x^2 + 4{,}5x;\ x \in \mathbb{R}$

a) Bestimmen Sie die Nullstellen der Funktion.

b) Bestimmen Sie die Hochpunkte und Tiefpunkte der Funktion.

c) Berechnen Sie den Wendepunkt W $(x_W|y_W)$.

d) Bestimmen Sie die Gleichung der Tangente im Wendepunkt.

e) Bestimmen Sie die Gleichung der Normalen im Wendepunkt.

f) Zeichnen Sie das Schaubild der Funktion mit der Wendetangente und der Wendenormalen.

2. Die Ufer eines Flusses werden von den Funktionsgleichungen

$f(x) = \frac{1}{6}(x^3 + 3x^2 + 9x + 7)$ und

$g(x) = \frac{1}{8}x^3 + x - 1;\ x \in \mathbb{R}$ beschrieben **(Bild 1).**

Eine Brücke soll vom Wendepunkt W_f nach W_g gebaut werden.

a) Bestimmen Sie die Wendepunkte W_f und W_g.

b) Überprüfen Sie, ob diese Brücke entlang der Wendenormalen $n_f(x)$ und $n_g(x)$ verläuft.

c) Berechnen Sie die Länge l der Brücke.

3. Gegeben sind die Funktionen f und g mit

$f(x) = \frac{1}{2}x^3 - 3x^2 + 4{,}5x$ und

$g(x) = -1{,}5x;\ x \in \mathbb{R}$

Ihre Schaubilder sind K_f und K_g **(Bild 2).**

a) Bestimmen Sie die Nullstellen der Funktion f.

b) Bestimmen Sie die Hochpunkte, Tiefpunkte und Wendepunkte der Funktion f.

c) In welchem Punkt $B(x_B|y_B)$ berührt eine Parallele zu K_g das Schaubild K_f?

d) Vom Punkte P (2|1) sollen Tangenten an K_f gelegt werden. An welcher Stelle berühren die Tangenten das Schaubild K_f?

e) Vom Punkte A $\left(\frac{2}{3}\middle|3\right)$ sollen Tangenten an K_f gelegt werden. An welchen Stellen B_1 und B_2 berühren die Tangenten das Schaubild K_f?

f) Berechnen Sie die Tangentengleichungen für die Teilaufgabe e. Ihre Schaubilder sind K_1 und K_2.

g) Zeichnen Sie die Schaubilder K_f, K_g, K_1 und K_2 in ein geeignetes Koordinatensystem ein.

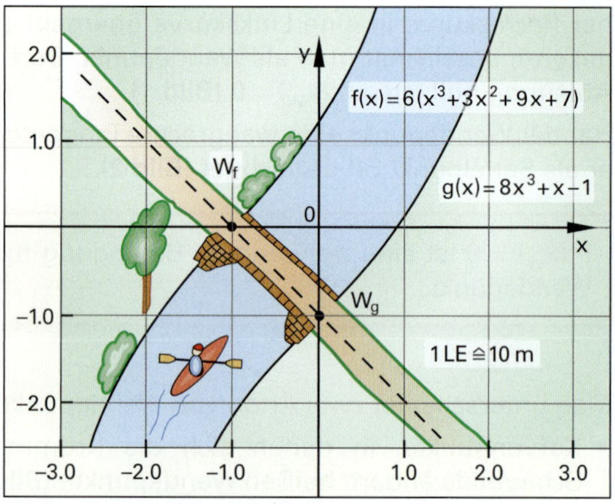

Bild 1: Flussverlauf mit Brücke

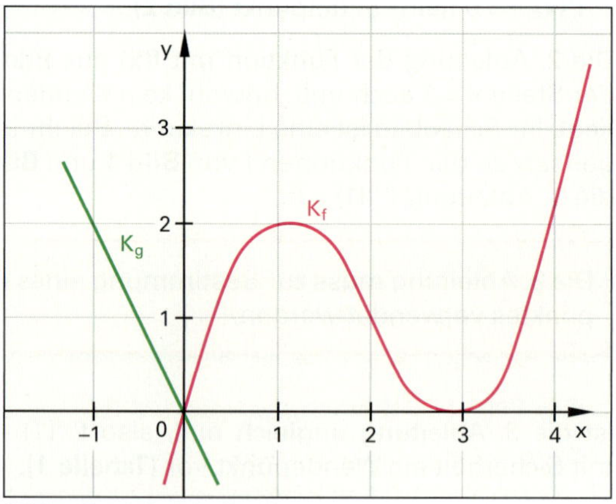

Bild 2: Funktion 3. Grades

Lösungen Übungsaufgaben

1. a) N_1 (0|0), $N_{2,3}$ (6|0)

b) T (6|0), H (2|4)

c) W (4|2)

d) $t(x) = -1{,}5x + 8$

e) $n(x) = \frac{2}{3}x - \frac{2}{3}$

f) siehe Lösungsbuch

2. a) W_f (−1|0), W_g (0|−1)

b) $n_f(x) = n_g(x)$; ja

c) $l = \sqrt{2}$ LE ≙ 14,14 m

3. a) N_1 (0|0), $N_{2,3}$ (3|0)

b) T (3|0), H (1|2)

c) B (2|1)

d) B (2|1)

e) B_1 (0|0), B_2 (2|1)

f) $t_1(x) = 4{,}5x$; $t_2(x) = -1{,}5x + 4$

g) siehe Lösungsbuch

4. Gegeben sind der Punkt P (1|0) und die Funktion f mit $f(x) = 2x^3 - 1{,}5x^2 - x + 1;\ x \in \mathbb{R}$

Ihr Schaubild ist K_f.

Alle Ergebnisse sind auf drei Stellen genau zu runden!

a) Bestimmen Sie die Nullstellen der Funktion f.

b) Bestimmen Sie den Hochpunkt, Tiefpunkt und den Wendepunkt der Funktion f(x).

c) Zeichnen Sie das Schaubild K_f in ein geeignetes Koordinatensystem ein und legen Sie vom Punkte P aus Tangenten an das Schaubild K_f. Wie viele Tangenten an das Schaubild K_f sind möglich?

d) Berechnen Sie die Berührpunkte der Tangenten an K_f, die vom Punkt P (1|0) ausgehen.

e) Berechnen Sie die Tangentengleichungen und vergleichen Sie sie mit Ihrer Zeichnung.

5. Legen Sie an die Kurve K_f mit $f(x) = \frac{1}{16}x^3 + 1$ Tangenten parallel zur Geraden K_g mit $g(x) = \frac{3}{16}x$.

a) Berechnen Sie die Berührpunkte.

b) Berechnen Sie die Tangentengleichungen $t_1(x)$ und $t_2(x)$ in den Berührpunkten.

c) Welchen Abstand d haben die beiden Tangenten?

d) Zeichnen Sie die Schaubilder K_f, K_g, K_1 und K_2 in ein geeignetes Koordinatensystem ein.

6. Gegeben ist die Funktion f **(Bild 1)** mit

$f(x) = \frac{1}{6}x^3 - x^2 + \frac{38}{6};\ x \in \mathbb{R}$

Ihr Schaubild ist K_f.

a) Untersuchen Sie das Schaubild K_f auf Hochpunkte, Tiefpunkte und Wendepunkte.

b) Die Funktion f hat eine Nullstelle bei x = –2,16 (gerundet). Begründen Sie rechnerisch, dass die Funktion f keine weiteren Nullstellen hat.

7. Gegeben sind die Funktionen f und g **(Bild 2)** mit

$f(x) = \frac{1}{20}(x^4 - 29x^2 + 100)$ und

$g(x) = 0{,}35x^2 - 1{,}6x - 4{,}6;\ x \in \mathbb{R}$

Ihre Schaubilder sind K_f und K_g.

a) Berechnen Sie jeweils die exakten Koordinaten der Schnittpunkte mit den Achsen.

b) Untersuchen Sie das Schaubild K_f und K_g auf Hochpunkte, Tiefpunkte und Wendepunkte.

c) In welchem Intervall ist K_f rechtsgekrümmt?

d) Bestimmen Sie alle Schnittpunkte von K_f und K_g und zeigen Sie, dass sie sich bei x = 4 berühren.

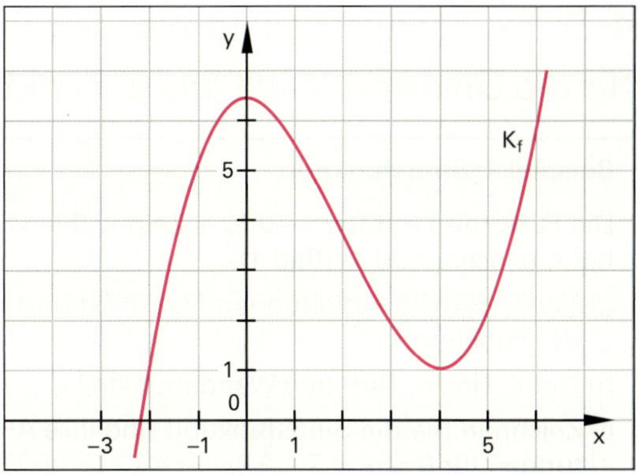

Bild 1: Funktion 3. Grades

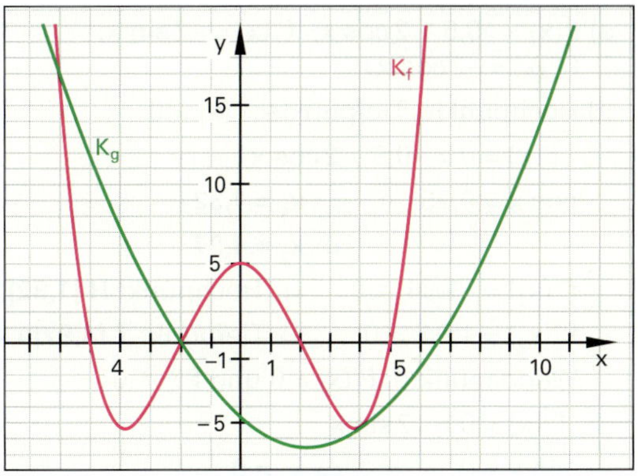

Bild 2: Zwei Schaubilder berühren sich

Lösungen Übungsaufgaben

4. a) N (–0,763|0)

b) H (–0,229|1,13), T (0,729|0,249), $W\left(\frac{1}{4}\middle|\frac{11}{16}\right)$

c) siehe Lösungsbuch; drei Tangenten

d) B_1 (0|1), B_2 (0,578|0,307), B_3 (1,297|1,541)

e) $t_1(x) = -x + 1;\ t_2(x) = -0{,}728x + 0{,}728$
$t_3(x) = 5{,}196x - 5{,}196$

5. a) $B_1\left(1\middle|\frac{17}{16}\right)$, $B_2\left(-1\middle|\frac{15}{16}\right)$

b) $t_1(x) = \frac{3}{16}x + \frac{7}{8};\ t_2(x) = \frac{3}{16}x + \frac{9}{8}$

c) d = 0,25 **d)** siehe Lösungsbuch

6. a) T (4|1), $H\left(0\middle|6\frac{1}{3}\right)$, $W\left(2\middle|3\frac{2}{3}\right)$

b) Horner-Schema, Mitternachtsformel

7. a) K_f: $N_{1,2}$ (±5|0), $N_{3,4}$ (±2|0); S_y (0|5)
K_g: $N_1\left(\frac{46}{7}\middle|0\right)$, N_2 (–2|0); S_y (0|–4,6)

b) K_f: $T_{1,2}\left(\pm\frac{\sqrt{58}}{2}\middle|-\frac{441}{80}\right)$; H (0|5)
$W_{1,2}\left(\pm\sqrt{\frac{29}{6}}\middle|-\frac{121}{144}\right)$ K_g: $T\left(\frac{16}{7}\middle|-\frac{45}{7}\right)$

c) $x \in \left[-\sqrt{\frac{29}{6}};\ +\sqrt{\frac{29}{6}}\right]$

d) S_1 (–2|0); B (4|–5,4); S_2 (–6|17,6)

4.8 Extremwerte und Wendepunkte für die Sinusfunktion und e-Funktion

Beispiel 1: Sinusfunktion

Die Funktion f mit $f(x) = -0{,}5x + 2\sin x;\ 0 \leq x \leq 7$ hat das Schaubild K_f **(Bild 1)**.

a) Bilden Sie die Ableitungen f'(x), f''(x) und f'''(x) der Funktion.

b) Hat K_f Hoch-, Tief- und Wendepunkte?

c) Zeichnen Sie die Sinusfunktion und ihre Ableitungen für $0 \leq x \leq 7$.

Lösung:

a) $f'(x) = -0{,}5 + 2\cos x;\ f''(x) = -2\sin x;$
$f'''(x) = -2\cos x$

b) Hochpunkte, Tiefpunkte: $f'(x) = 0$

$f'(x) = 0 = -0{,}5 + 2\cos x$

$\cos x = 0{,}25 \quad \Leftrightarrow \mathbf{x_1 = 1{,}32}$

$\Leftrightarrow \mathbf{x_2 = 4{,}97}$

$f''(x_1) = -1{,}94 < 0 \quad \Rightarrow$ Hochpunkt **H (1,32|1,28)**

$f''(x_2) = 1{,}94 > 0 \quad \Rightarrow$ Tiefpunkt **T (4,97|4,4)**

Wendepunkte: $f''(x) = 0$ und $f''' \neq 0$

$f''(x) = 0 = -2\sin x$

$\sin x = 0 \quad \Leftrightarrow \mathbf{x_1 = 0}$

$\Leftrightarrow \mathbf{x_2 = \pi}$

$\Leftrightarrow \mathbf{x_3 = 2\pi}$

$f'''(0) = -2 \neq 0 \quad \Rightarrow$ Wendepunkt **W_1 (0|0)**

$f'''(\pi) = 2 \neq 0 \quad \Rightarrow$ Wendepunkt **W_2 (π|–0,5π)**

$f'''(2\pi) = -2 \neq 0 \quad \Rightarrow$ Wendepunkt **W_3 (2π|–π)**

c) Bild 1

Beispiel 2: e-Funktion

Die Funktion f mit $f(x) = e^{0{,}5x} - 2x - 1;\ -1 \leq x \leq 5$ hat das Schaubild K_f **(Bild 2)**.

a) Bilden Sie die Ableitungen f'(x), f''(x) und f'''(x) der Funktion.

b) Hat K_f Hoch-, Tief- und Wendepunkte?

c) Zeichnen Sie K_f und die Schaubilder der Ableitungen.

Lösung:

a) $f'(x) = 0{,}5e^{0{,}5x} - 2;\ f''(x) = 0{,}25e^{0{,}5x};$
$f'''(x) = 0{,}125e^{0{,}5x}$

b) Hoch- und Tiefpunkte: $f'(x) = 0$

$f'(x) = 0 = 0{,}5e^{0{,}5x} - 2$

$4 = e^{0{,}5x} \quad \Rightarrow x = \ln(16) = 2{,}77 \quad \mathbf{x_1 = 2{,}77}$

$f''(x_1) = 0{,}25e^{0{,}5x} = 1 > 0$

$\Rightarrow$ Tiefpunkt **T (2,8|–2,5)**

Wendepunkt: $f''(x) = 0$ und $f'''(x) \neq 0$

$f''(x) = 0 = 0{,}25e^{0{,}5x}$

$\mathbf{e^{0{,}5x} > 0 \Rightarrow}$ **kein Wendepunkt**

c) **Bild 2**

Tabelle 1: Funktionen und ihre Ableitungen

f(x)	f'(x)	f''(x)	f'''(x)
sin x	cos x	–sin x	–cos x
cos x	–sin x	–cos x	sin x
e^x	e^x	e^x	e^x
e^{ax}	$a \cdot e^{ax}$	$a^2 \cdot e^{ax}$	$a^3 \cdot e^{ax}$

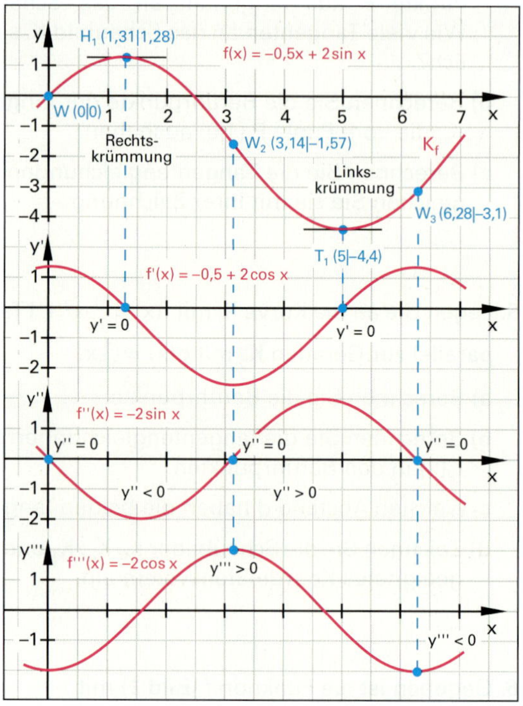

Bild 1: Sinusfunktion und ihre Ableitungen

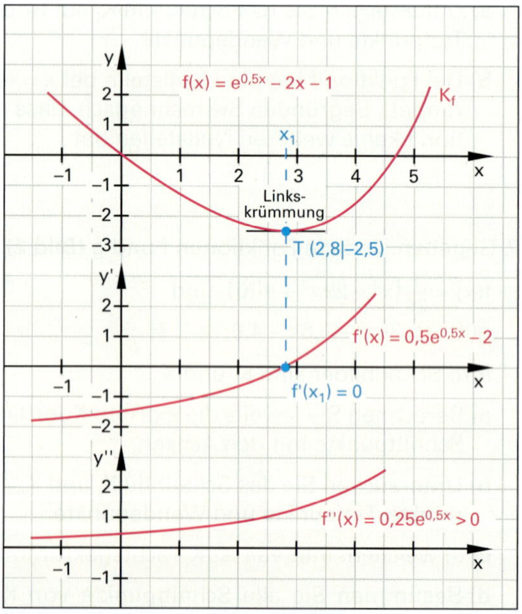

Bild 2: e-Funktion und ihre Ableitungen

Überprüfen Sie Ihr Wissen!

Übungsaufgaben

1. Gegeben ist die Funktion f durch
$f(x) = -x + 2\sin(x) + \pi, -1 \leq x \leq 6$
Ihr Schaubild ist K_f.
Untersuchen Sie K_f auf Hoch-, Tief- und Wendepunkte und geben Sie die Ergebnisse exakt an.

2. Der Weg in einem Garten wird von zwei trigonometrischen Funktionen begrenzt **(Bild 1)**.
Der obere Rand des Weges wird mit der Funktionsgleichung $f(x) = -0{,}5 \cdot x + 2 \cdot \cos(x) + \frac{\pi}{2}$, Schaubild K_f; der untere Rand mit der Gleichung $g(x) = -0{,}5 \cdot x + 2\cos(x) - \frac{\pi}{2}$, Schaubild K_g beschrieben.

a) Bestimmen Sie in dem Intervall [–4; 5] die Nullstellen der Schaubilder K_f und K_g mit dem GTR.

b) Bestimmen Sie in dem Intervall [–4; 5] die Extrempunkte der Schaubilder K_f und K_g.

c) Welche Eigenschaften haben die Extrempunkte der Schaubilder K_f und K_g gemeinsam?
Begründen Sie Ihre Aussage.

d) Ändern Sie die Funktionsgleichung g(x) so ab, dass ihr Schaubild K_g eine einfache Nullstelle und eine doppelte Nullstelle hat.

e) Bestimmen Sie in dem Intervall [–4; 5] die Wendepunkte der Schaubilder K_f und K_g exakt.

f) Wie groß ist die exakte Breite des Weges an den Extremstellen?

g) Welcher Extremwert für das Schaubild K_f kommt im Intervall [–5; 5] noch hinzu?

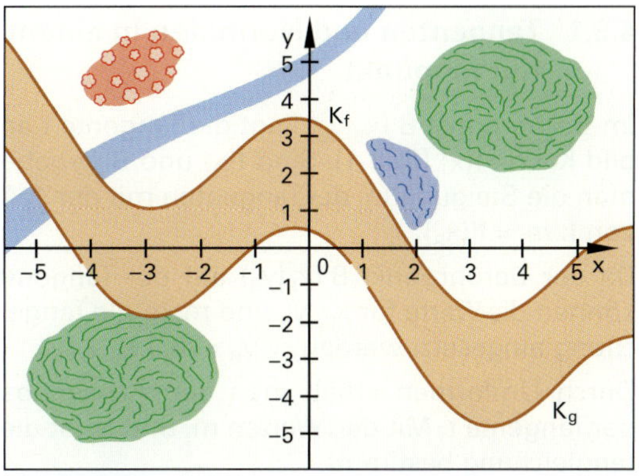

Bild 1: Gartenweg

3. Ein künstlich aufgeschütteter Skihügel **(Bild 2)** ist nach folgender Funktion aufgebaut:
$f(x) = 40 \cdot (e^{-x} - e^{-1{,}4x})$. Ihr Schaubild ist K_f.

a) Untersuchen Sie K_f auf Nullstellen, Hoch-, Tief- und Wendepunkte und geben Sie die Ergebnisse exakt an.

b) Wie ändern sich die Ergebnisse aus 3a, wenn das Vorzeichen in der Funktionsgleichung f(x) geändert wird und die Funktionsgleichung g(x) entsteht?
$g(x) = 40 \cdot (e^{-x} + e^{-1{,}4x})$

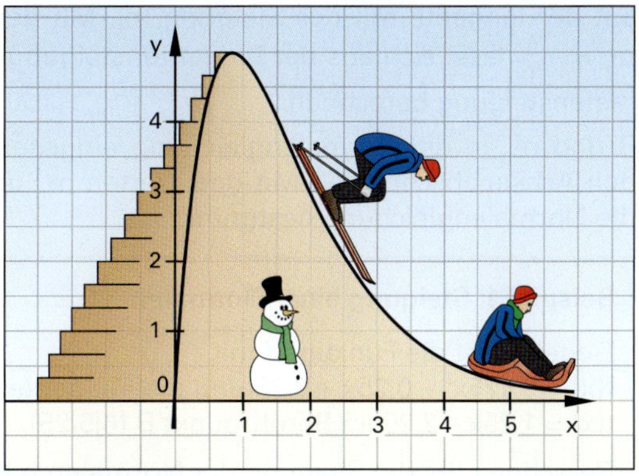

Bild 2: Skihügel

4. Der Mathematiker C.F. Gauß entdeckte, dass sich viele Häufigkeitsverteilungen durch Expotentialfunktionen ausdrücken lassen, deren Schaubilder einer Glocke ähneln. Die Gleichung dieser „Gauß'schen Glockenkurve" lautet im einfachsten Fall $f(x) = e^{-x^2}$. Ihr Schaubild ist K_f.
Untersuchen Sie K_f auf Nullstellen, Hoch-, Tief- und Wendepunkte und geben Sie die Ergebnisse exakt an.

Lösungen Übungsaufgaben

1. $H\left(\frac{\pi}{3}\middle|\frac{2\pi}{3} + \sqrt{3}\right)$, $T\left(\frac{5\pi}{3}\middle|-\frac{2\pi}{3} - \sqrt{3}\right)$
$W_1(0|\pi)$, $W_2(\pi|0)$

2. a) $N_{f1}(1{,}889|0)$, $N_{g1}(-1{,}009|0)$, $N_{g2}(0{,}454|0)$

b) $H_{f1}(-0{,}2527|3{,}6328)$, $T_{f1}(3{,}3943|-2{,}0636)$ $T_{f2}(-2{,}8889|1{,}078)$, $H_{g1}(-0{,}2527|-2{,}0620)$ $T_{g1}(3{,}3943|-5{,}2036)$, $T_{g2}(-2{,}8889|-2{,}0620)$

c) $f'(x) = g'(x)$ **d)** $g(x) + 2{,}06204$

e) $W_{f1}\left(\frac{1}{2}\pi\middle|\frac{1}{4}\pi\right)$, $W_{g1}\left(\frac{1}{2}\pi\middle|-\frac{3}{4}\pi\right)$,
$W_{f2}\left(\frac{3}{2}\pi\middle|-\frac{1}{4}\pi\right)$, $W_{g2}\left(\frac{3}{2}\pi\middle|-\frac{5}{4}\pi\right)$,
$W_{f3}\left(-\frac{1}{2}\pi\middle|\frac{3}{4}\pi\right)$, $W_{g3}\left(-\frac{1}{2}\pi\middle|-\frac{1}{4}\pi\right)$

f) $b = \pi$ **g)** Randextremwert $P(-5|4{,}6381)$

3. a) $N(0|0)$, $H\left(\frac{\ln(1{,}4)}{0{,}4}\middle|40\left((1{,}4)^{-2{,}5} - (1{,}4)^{-3{,}5}\right)\right)$
$W(5\ln(1{,}4)|40(1{,}4^{-5} - 1{,}4^{-7}))$

b) $L = \{\}$

4. Nullstelle $L = \{\}$, $H(0|1)$, $W_1\left(\sqrt{0{,}5}|e^{-0{,}5}\right)$
$W_2\left(-\sqrt{0{,}5}|e^{-0{,}5}\right)$

4.9 Tangenten und Normalen

4.9.1 Tangenten und Normalen in einem Kurvenpunkt

Im Berührpunkt B $(x_B|y_B)$ liegt die Tangente t am Schaubild K_f von f(x) **(Bild 1)**. Sind f(x) und B gegeben, erhält man die Steigung m_t der Tangenten mit der 1. Ableitung von f: $m_t = f'(x_B)$.

Da der Berührpunkt B $(x_B|y_B)$ auf der Tangente t liegt, können die Werte für x_B, y_B und m_t in die Tangentengleichung eingesetzt werden $\Rightarrow y_B = m_t \cdot x_B + b_t$.

Durch Umformen erhält man den Achsenabschnitt b_t der Tangente t. Mit den Werten m_t und b_t ist die Tangentengleichung bestimmt.

Die Normale mit der Steigung m_n steht senkrecht auf der Tangente mit der Steigung m_t. Mit der Formel $m_n = -\frac{1}{m_t}$ lässt sich aus der Tangentensteigung die Normalensteigung berechnen.

B und m_n in die Normalengleichung eingesetzt ergibt den Achsenabschnitt b_n. Mit den Werten m_n und b_n ist die Normalengleichung bestimmt.

Tangentengleichung t: $y = m_t \cdot x + b_t$

B $(x_B|y_B)$ einsetzen $\Rightarrow$ $b_t = y_B - m_t\, x_B$

Normalengleichung n: $y = m_n\, x + b_n$

B $(x_B|y_B)$ einsetzen $\Rightarrow$ $b_n = y_B - m_n\, x_B$

$m_n = -\frac{1}{m_t}$ mit $n \perp t$

m_t	Steigung der Tangenten im Punkt B
m_n	Steigung der Normalen im Punkt B
B $(x_B|y_B)$	Berührpunkt
b_t, b_n	Achsenabschnitte

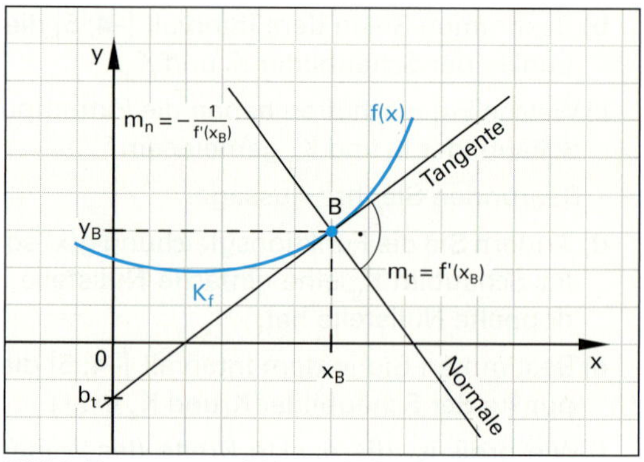

Bild 1: Tangente und Normale im Berührpunkt B

Beispiel 1: Steigung einer Normalen

Gegeben ist die Funktion f mit $f(x) = 0{,}125x^2 - 0{,}25x + 2{,}25$ und die Tangente t mit $t(x) = 1{,}25x - 2{,}25$ im Berührpunkt B (6|5,25).

Berechnen Sie die Steigung der Normalen n im Berührpunkt B.

Lösung:

$m_n = -\frac{1}{m_t} = -\frac{1}{1{,}25} = -0{,}8$ $\quad \mathbf{m_n = -0{,}8}$

Beispiel 2: Tangenten- und Normalengleichung

Gegeben ist die Funktion f mit $f(x) = 0{,}5x^2 - 2x$

Berechnen Sie in B (4|0)

a) die Gleichung der Tangente t,
b) die Gleichung der Normalen n.
c) Zeichnen Sie die Parabel y = f(x), die Tangente t und die Normale n in ein Koordinatensystem ein.

Lösung:

a) $y = f(x) = 0{,}5x^2 - 2x \Rightarrow y' = x - 2$

B (4|0) $\Rightarrow m_t = y' = f'(4) = 2$

B und m_t in die Tangentengleichung eingesetzt ergibt $b_t = y_B - m_t \cdot x_B = 0 - 2 \cdot 4 = -8$

Ergebnis: **t: y = 2x – 8**

b) $m_n = -\frac{1}{m_t} = -\frac{1}{2} = -0{,}5$

$m_n = -0{,}5$

B und m_n in die Normalengleichung eingesetzt ergibt $b_n = y_B - m_n \cdot x_B = 0 - (-0{,}5) \cdot 4 = 2$

Ergebnis: **n: y = –0,5x + 2**

c) **Bild 2**

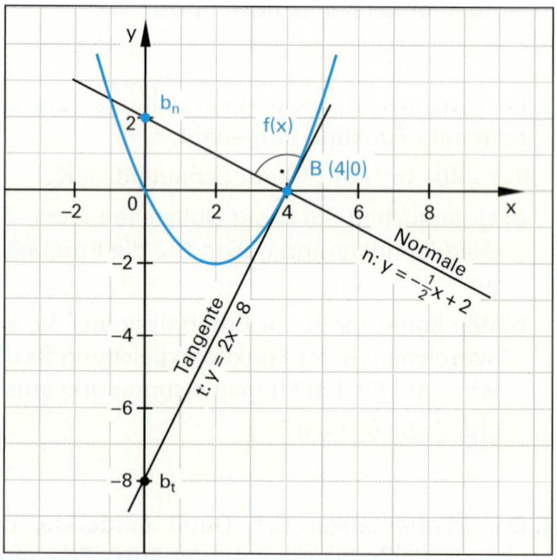

Bild 2: Tangentengleichung und Normalengleichung

Der Winkel zwischen der Tangente im Kurvenpunkt und der Normalen beträgt 90°.

4.9.2 Tangenten parallel zu einer Geraden

Gegeben ist die Funktionsgleichung der Geraden g und die Funktionsgleichung f(x) **(Bild 1)**. Die parallelen Geraden zu g berühren f(x) in B_1 und B_2. Um die Tangentengleichungen an den Berührpunkten zu berechnen, sind drei Lösungsschritte notwendig **(Tabelle 1)**.

Beispiel 1: Parallelverschiebung

Gegeben sind die Funktionen

$f(x) = \frac{1}{8}x^3$; $x \in \mathbb{R}$, ihr Schaubild ist K_f.

$g(x) = 1{,}5x$; $x \in \mathbb{R}$, ihr Schaubild ist K_g.

a) In welchen Punkten B $(x_B|y_B)$ berührt eine Parallele zu K_g das Schaubild von K_f?

b) Zeichnen Sie die Schaubilder K_f, K_g und die Parallelen mit den Berührpunkten in ein Koordinatensystem ein.

c) Bestimmen Sie die Tangentengleichungen in den Berührpunkten.

Lösung:

a) Parallel heißt gleiche Steigung, d. h.

$m_g = m_f = f'(x_B) = 1{,}5;$ $1{,}5 = \frac{3}{8}x^2$

$x_{1,2} = \pm\sqrt{\frac{1{,}5 \cdot 8}{3}} = \pm 2$ $\Rightarrow$ **B_1 (2|1), B_2 (−2|−1)**

b) **Bild 1**

c) Die Tangentengleichung mit dem Berührpunkt B_1 (2|1) und der Steigung $m_t = 1{,}5$ ergibt sich aus dem Ansatz

$b_{t1} = y_B - m_t\, x_B = 1 - 1{,}5 \cdot 2 = -2$

t_1: $y = 1{,}5x - 2$

Für B_2 (−2|−1) $\Rightarrow$ **t_2: $y = 1{,}5x + 2$**

Tabelle 1: Tangenten parallel zu einer Geraden

Gegeben: Funktion f(x) Gerade g(x) = mx + b	
Lösungsschritte	Ergebnisse
1. Schritt: mit $m = f'(x_B)$ 2. Schritt: $f(x_B) = y_B$ 3. Schritt: $y_B = f'(x_B)\, x_B + b$	$\Rightarrow x_B$ $\Rightarrow y_B$ $\Rightarrow b = y_B - f'(x_B)\, x_B$

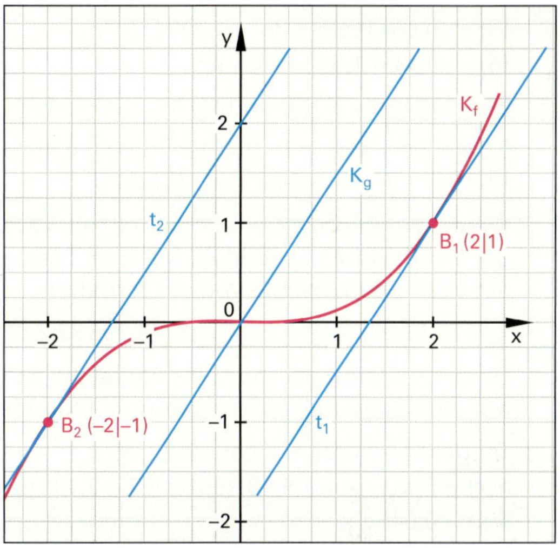

Bild 1: Parallelverschiebung einer Geraden

4.9.3 Anlegen von Tangenten an K_f von einem beliebigen Punkt aus

Beispiel 1: Tangente an K_f vom Punkt P aus

Von einem Punkt $P\left(\frac{2}{3}\middle|5\right)$ sollen Tangenten an das Schaubild K_f gelegt werden **(Bild 2)**. Die Gleichung von K_f lautet: $y = f(x) = 0{,}5x^3 - 3x^2 + 4{,}5x + 2$; $x \in \mathbb{R}$.

a) Bestimmen Sie die Berührpunkte B_1 und B_2.

b) Bestimmen Sie die Tangenten g(x) und h(x) mit den Schaubildern K_g und K_h.

Lösung:

a) (1) $f(x) - y_P = f'(x) \cdot (x - x_P)$

(2) $P(x_P|y_P) = P\left(\frac{2}{3}\middle|5\right)$

(3) $f(x) = 0{,}5x^3 - 3x^2 + 4{,}5x + 2$

(4) $f'(x) = 1{,}5x^2 - 6x + 4{,}5$

Gleichung (2), (3) und (4) in (1) einsetzen

$(0{,}5x^3 - 3x^2 + 4{,}5x + 2 - 5) = (1{,}5x^2 - 6x + 4{,}5) \cdot \left(x - \frac{2}{3}\right)$

und nach x auflösen ergibt:

$0 = x^3 - 4x^2 + 4x$

$0 = x \cdot (x^2 - 4x + 4) \Leftrightarrow x_1 = 0,\ f(0) = 2 \Rightarrow$ **B_1 (0|2)**

$0 = x^2 - 4x + 4 = (x-2)^2 \Leftrightarrow x_2 = 2;\ f(2) = 3 \Rightarrow$ **B_2 (2|3)**

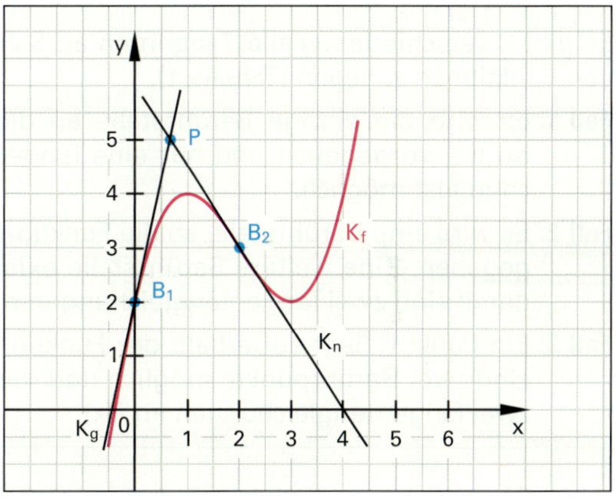

Bild 2: Steigungsdreieck

Fortsetzung Beispiel 1:

b) Tangente g durch B_1 (0|2)

Steigung in B_1 (0|2)

$\Rightarrow f'(0) = 4{,}5$

$b_1 = y_B - f'(x_B) \cdot x_B$

$= 2 - 4{,}5 \cdot 0 = 2$

$\Rightarrow$ g: **$y = 4{,}5x + 2$**

Tangente h durch B_2 (2|3)

$\Rightarrow$ h: **$y = -1{,}5x + 6$**

Beispiel 2: Tangenten vom Ursprung aus

Die Funktion $f(x) = 0{,}5x^3 - 3x^2 + 4{,}5x + 2;\quad x \in \mathbb{R}$ und ihr Schaubild K_f sind gegeben.

a) Zeichnen Sie das Schaubild K_f und ermitteln Sie die Tangentengleichungen aus der Zeichnung.

b) Bestimmen Sie die Koordinaten der Berührpunkte.

c) Bestimmen Sie die Tangentengleichungen.

Lösung:

a) **Bild 1**

b) (1) $(f(x) - y_P) = f'(x) \cdot (x - x_P)$

(2) Ursprung $\Rightarrow x_P = 0, \quad y_P = 0$

(3) $f(x) = 0{,}5x^3 - 3x^2 + 4{,}5x + 2$

(4) $f'(x) = 1{,}5x^2 - 6x + 4{,}5$

Gleichungen (2), (3) und (4) in (1) einsetzen

$0{,}5x^3 - 3x^2 + 4{,}5x + 2 - 0 = (1{,}5x^2 - 6x + 4{,}5) \cdot (x - 0)$

$x^3 - 3x^2 - 2 = 0 = g(x_B) \Rightarrow K_g$ **(Bild 2)**

Wo die Funktion $g(x) = x^3 - 3x^2 - 2$ null wird, ist der Berührpunkt x_B **(Bild 2)**. Mit dem Taschenrechner wird die Nullstelle von g(x) ermittelt.

$x_B = 3{,}195\,82$, $f(x_B) = 2{,}06 \Rightarrow$ **B_1 (3,195 82|2,06)**

Da die Funktion g(x) nur eine Nullstelle hat, ist nur eine Tangente vom Ursprung an K_f möglich.

c) Tangente h durch B_1 (3,195 82|2,06)

$h(x) = f'(x_B) \cdot x = 1{,}5 \cdot 3{,}195\,82^2 - 6 \cdot 3{,}195\,82 + 4{,}5$

$h(x) = 0{,}645 \cdot x$

$$m = f'(x) = \frac{\Delta y}{\Delta x} = \frac{f(x) - y_P}{x - x_P} \quad \Rightarrow x = x_B$$

$$f(x) - y_P = f'(x) \cdot (x - x_P)$$

f(x)	Funktionsterm
f'(x)	erste Ableitung von f(x)
x_B	Stelle x eines Berührpunktes
m	Steigung der Tangente an K_f
x_P, y_P	Koordinaten des Punktes, von dem aus die Tangente an das Schaubild von f gelegt wird

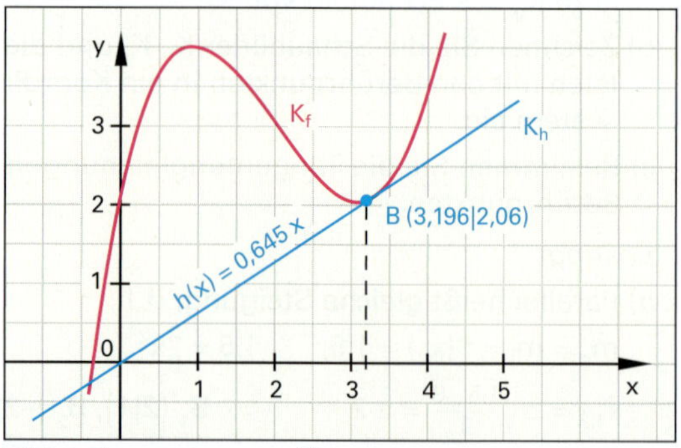

Bild 1: Tangenten vom Ursprung aus

4.9.4 Zusammenfassung Tangentenberechnung

Es gibt 3 verschiedene Fälle, Tangenten an Schaubilder von Funktionen zu legen **(Tabelle 1)**.

Fall 1: Es wird die einzige Berührstelle an die Funktion f(x) vorgegeben und nur eine Tangentengleichung ist möglich.

Fall 2: Es wird eine Berührstelle an die Funktion f(x) vorgegeben. Eine weitere Berührstelle existiert und damit sind zwei Tangentengleichungen möglich.

Fall 3: Ein Punkt P liegt außerhalb der Funktion f(x). Es sind zwei Berührpunkte möglich und damit auch zwei Tangentengleichungen an f(x).

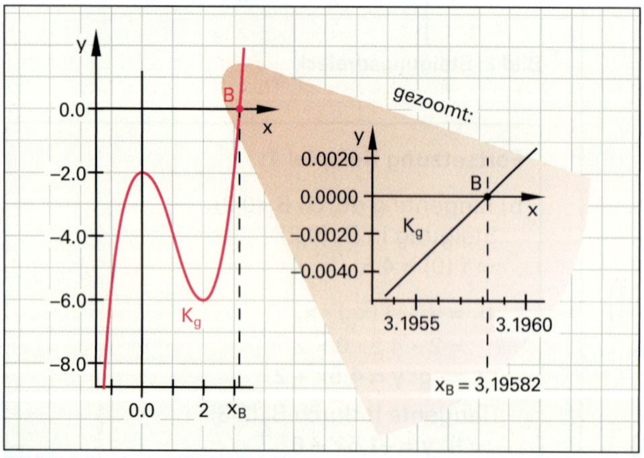

Bild 2: Lösung zu Beispiel 2

Tabelle 1: Tangenten an Schaubilder

Fall	Aufgabenstellung	Schaubild
1	Gegeben: • Funktion f(x) • Berührpunkt B Gesucht: • Tangente K_g	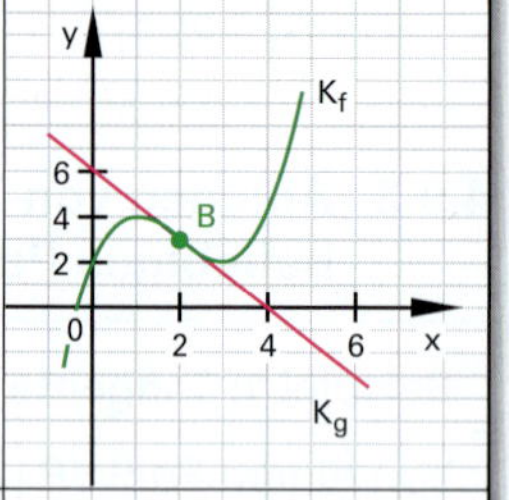
2	Gegeben: • Funktion f(x) • Kurvenpunkt $P = B_1$ Gesucht: • weiterer Berührpunkt B_2 • Tangenten K_g, K_h	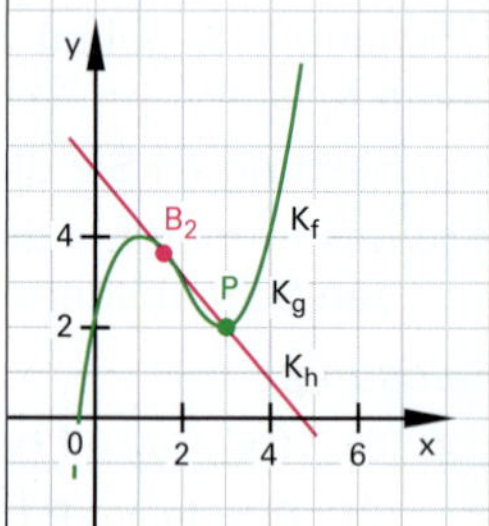
3	Gegeben: • Funktion f(x) • Punkt P außerhalb der Kurve Gesucht: • Berührpunkte B_1, B_2 • Tangenten K_g, K_h	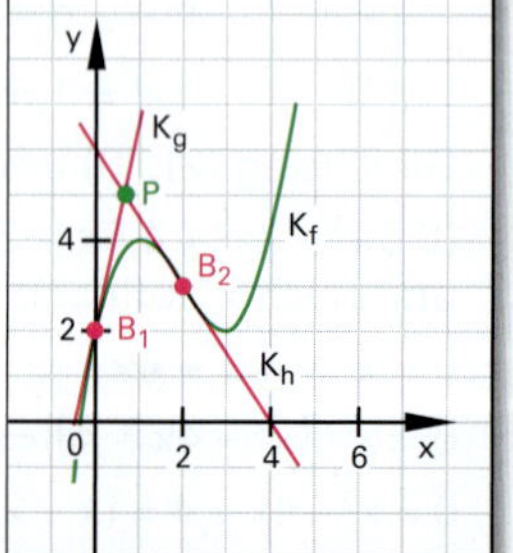

Überprüfen Sie Ihr Wissen!

Beispielaufgaben

Tangenten und Normalen in einem Kurvenpunkt

1. Wie lauten die Funktionsgleichungen der Tangenten und Normalen an der Parabel $f(x) = x^2 - 2x + 1$ **(Bild 1)** in den Punkten $P_1\,(0|1)$, $P_2\,(1|0)$ und $P_3\,(3|y_3)$?

2. Bestimmen Sie die Funktionsgleichungen der Tangenten und Normalen für folgende Funktionen:

   a) $f(x) = \frac{1}{3}x^3 - 4x$ in den Punkten $P_1\,(0|0)$ und $P_2\,(2|y_2)$

   b) $g(x) = -\frac{1}{8}x^4 + x^2 + 3$ in den Punkten $P_1\,(-1|y_1)$ und $P_2\,(1|y_2)$

Tangenten parallel zu einer Geraden

1. An welchen Stellen hat das Schaubild K_f mit der Funktionsgleichung $f(x) = x^3 + 6x^2$ die Steigung

   a) 63 **b)** –12 **c)** 0 **d)** –9?

2. Berechnen Sie den Berührpunkt der Parallelen zur ersten Winkelhalbierenden mit dem Schaubild der Funktion $y = 0{,}2x^2$.

3. Gegeben ist die Funktion f durch $f(x) = x^3 + 3x^2 + 4$, ihr Schaubild ist K_f.

   a) In welchen Punkten berührt eine Parallele zur x-Achse das Schaubild K_f?

   b) Die Tangenten an den Berührpunkten schneiden das Schaubild K_f in einem weiteren Punkt. Berechnen Sie die Koordinaten der Schnittpunkte.

4. Gegeben ist eine Funktion 3. Grades K_f mit $f(x) = \frac{1}{4}x^3 - \frac{3}{2}x^2 + 8$; $x \in \mathbb{R}$ und eine Parabel K_g mit $g(x) = -\frac{3}{2}x^2 + 3x + 12$; $x \in \mathbb{R}$ **(Bild 2)**.

   a) Zeichnen Sie K_f und K_g in ein Koordinatensystem ein.

   b) Zeigen Sie rechnerisch, dass sich die Schaubilder K_f und K_g berühren und berechnen Sie die Koordinaten des Berührpunktes.

5. Gegeben sind die Funktionen $f(x) = 0{,}5x - 4$ und $g(x) = \frac{1}{6}x^2$; $x \in \mathbb{R}$. Ihre Schaubilder sind K_f und K_g.

   a) In welchen Punkten $B\,(x_B|y_B)$ berührt eine Parallele zu K_f das Schaubild K_g?

   b) Berechnen Sie in $B\,(x_B|y_B)$ die Gleichung der Normalen n(x). Ihr Schaubild ist K_n.

   c) Ermitteln Sie den Schnittpunkt S der Schaubilder K_f und K_n.

   d) Wie groß ist der kürzeste Abstand d zwischen den Kurven K_g und K_f?

   e) Zeichnen Sie alle Schaubilder in ein Koordinatensystem ein.

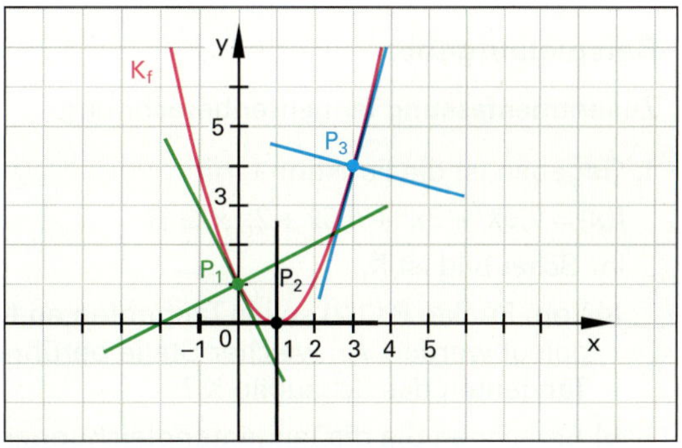

Bild 1: Tangenten und Normalen

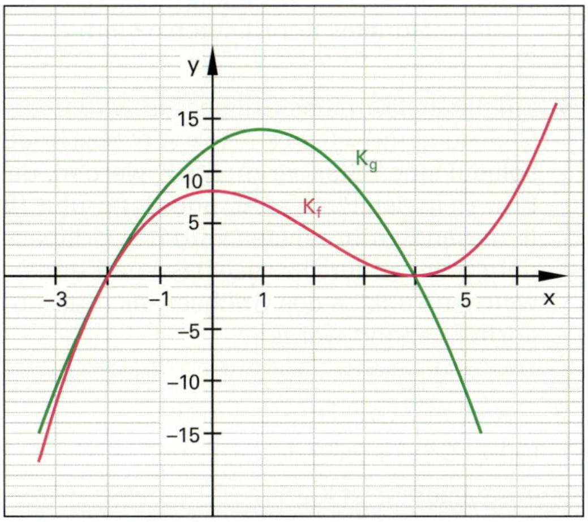

Bild 2: K_g und K_f berühren sich

Lösungen Beispielaufgaben

Tangenten und Normalen in einem Kurvenpunkt

1. t_1: $y = -2x + 1$; n_1: $y = 0{,}5x + 1$
   t_2: $y = 0$; n_2: $x = 1$
   t_3: $y = 4x - 8$; n_3: $y = -0{,}25x + 4{,}75$
   siehe Bild 1

2. **a)** t_1: $y = -4x$; n_1: $y = 0{,}25x$
   t_2: $y = -\frac{16}{3}$; n_2: $x = 2$

   b) t_1: $y = -1{,}5x + 2\frac{3}{8}$; n_1: $y = \frac{2}{3}x + 4\frac{13}{24}$
   t_2: $y = 1{,}5x + 2\frac{3}{8}$; n_2: $y = -\frac{2}{3}x + 4\frac{13}{24}$

Tangenten parallel zu einer Geraden

1. **a)** $x_1 = -7$, $x_2 = 3$ **b)** $x_{1,2} = -2$
   c) $x_1 = -4$, $x_2 = 0$ **d)** $x_1 = -3$, $x_2 = -1$

2. B (2,5|1,25)

3. **a)** $B_1\,(-2|8)$, $B_2\,(0|4)$ **b)** $S_2\,(-3|4)$, $S_1\,(1|8)$

4. **a)** siehe Bild 2 **b)** B (–2|0)

5. **a)** B (1,5|0,375) **b)** $n(x) = -2x + 3{,}375$
   c) S (2,95|–2,525) **d)** d = 3,242
   e) siehe Lösungsbuch

Beispielaufgaben

Zusammenfassung Tangentenberechnung

1. Gegeben ist die Funktion f mit
$f(x) = 0{,}5x^3 - 3x^2 + 4{,}5x + 2;\ x \in \mathbb{R}$
Ihr Schaubild ist K_f.

a) Vom Punkte P (3|2) sollen Tangenten an K_f gelegt werden. An welcher Stelle berühren die Tangenten das Schaubild K_f?

b) Berechnen Sie die Tangentengleichungen. Ihre Schaubilder sind K_g und K_h.

c) Zeichnen Sie die Schaubilder K_f, K_g und K_h in ein geeignetes Koordinatensystem ein.

2. Ein parabelförmiges Grillbecken wird durch die Gleichung $f(x) = 0{,}25x^2 + 1;\ x \in \mathbb{R}$ beschrieben. Es soll auf einen Ständer montiert werden, der das Becken in den Punkten B_1 und B_2 berührt **(Bild 1).** In diesen Berührpunkten wird das Grillbecken mit dem Ständer durch zwei Nieten verbunden. An welchen Punkten des Grillbeckens müssen die Löcher gebohrt werden?

3. Gegeben ist die Funktion f mit
$f(x) = -0{,}5x^4 + 3x^2 + 1{,}5;\ x \in \mathbb{R}$
Ihr Schaubild ist K_f.

a) Vom Ursprung sollen Tangenten an K_f gelegt werden. In welchen Punkten berühren die Tangenten K_f?

b) Berechnen Sie die Tangentengleichungen. Ihre Schaubilder sind K_g und K_h.

c) Zeichnen Sie die Schaubilder K_f, K_g und K_h in ein geeignetes Koordinatensystem ein.

4. Gegeben ist der Punkt B_1 (2|5,6) auf K_f sowie die Funktionsgleichung $f(x) = 0{,}1x^4 + 4;\ x \in \mathbb{R}$
Ihr Schaubild ist K_f.

a) Berechnen Sie die Gleichung der Tangente g(x) im Punkt B_1.

b) Die Funktion g(x) geht durch den Punkt P (0,5|g(x)). Vom Punkt P ist eine zweite Tangente h an das Schaubild K_f zu legen.
Berechnen Sie die Gleichung h(x).

5. Gegeben ist die Funktion f mit $f(x) = \frac{1}{6}x^3 - x^2 + \frac{38}{6}$; $x \in \mathbb{R}$
Ihr Schaubild ist K_f.

a) Der Punkt mit P (4|1) liegt auf K_f. Durch diesen Punkt P gehen zwei Tangenten an K_f. Berechnen Sie die Gleichung derjenigen Tangente t, die eine negative Steigung hat.

b) Die Normale n mit dem Schaubild K_n schneidet K_f im Punkt P senkrecht. Berechnen Sie alle Schnittpunkte der Schaubilder K_f und K_n.

Lösungen Beispielaufgaben

Zusammenfassung Tangentenberechnung

1. a) B_1 (3|2), B_2 (1,5|3,687 5)
b) g(x) = 2, h(x) = –1,125x + 5,375
c) Tabelle 1, Fall 2

2. B_1 (2|2), B_2 (–2|2)

3. a) B_1 (1|4), B_2 (–1|4)
b) g(x) = 4x, h(x) = –4x
c) siehe **Bild 2**

4. a) g(x) = 3,2x – 0,8
b) h(x) = –1,833x + 1,716

5. a) t(x) = –1,5x + 7
b) S_1 (6,41|9,14); S_2 (–1,41|3,88)

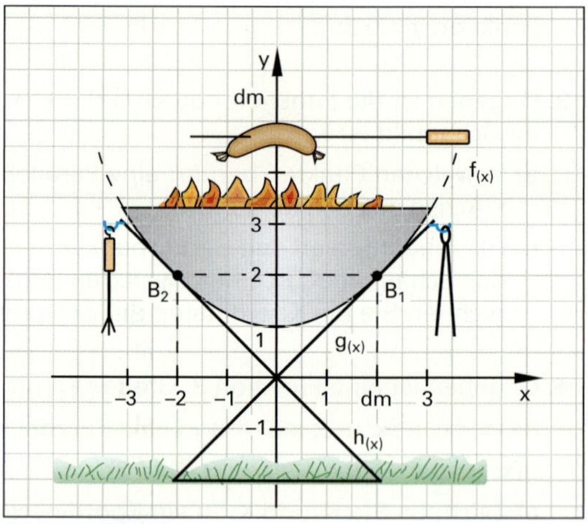

Bild 1: Grillbecken

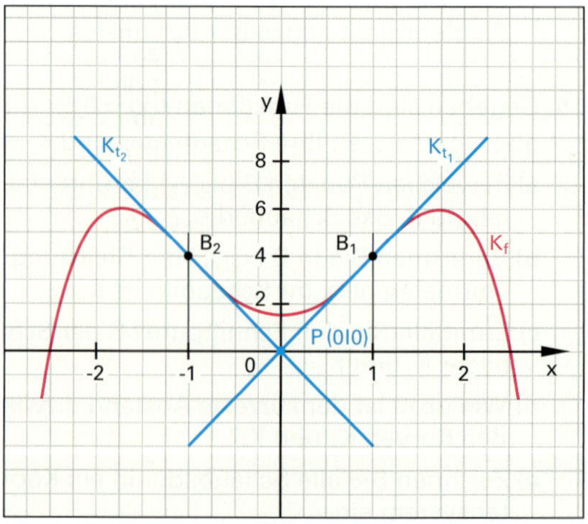

Bild 2: Tangenten vom Ursprung aus

4.10 Newton'sches Näherungsverfahren (Tangentenverfahren)

Ein Sektglas ist als Schnittbild dargestellt **(Bild 1)**. Der Rand des Kelches hat den Verlauf der Funktion f mit

$$f(x) = x - 1 + e^{x-1}.$$

Zur Ermittlung des Fassungsvermögens des Kelches muss man die Nullstelle N_x mit f(x) für $x > 0$ berechnen. Dazu setzt man f(x) = 0:

$$0 = x - 1 + e^{x-1}$$

Ein Umstellen der Gleichung nach x mit algebraischen Mitteln ist nicht möglich.

> Kann eine Nullstelle durch Gleichungsumstellen nicht ermittelt werden, so muss sie mit einem Näherungsverfahren berechnet werden.

Die Nullstelle wird zunächst mithilfe des Schaubildes geschätzt: $x_n \approx 0{,}5$.

Vergrößert man den Bereich um die Nullstelle, erkennt man, dass der geschätzte Wert x_n zu groß ist **(Bild 2)**. Legt man die Tangente bei der Stelle x_n an die Kurve von f(x), so schneidet die Tangente die x-Achse bei x_{n+1}. Dieser Wert liegt näher an der tatsächlichen Nullstelle als x_n. Der Wert x_{n+1} ist ein verbesserter Wert. Mithilfe des Steigungsdreiecks wird x_{n+1} berechnet **(Bild 2)**.

$$m_t = \frac{\Delta y}{\Delta x}$$

$$f'(x_n) = \frac{f(x_n) - 0}{x_n - x_{n+1}}$$

Durch Umformen nach x_{n+1} erhält man die Newton'sche[1] Näherungsformel:

$$x_{n+1} = x_n - \frac{f(x_n)}{f'(x_n)}$$

Mit $x_n = 0{,}5$ wird x_{n+1} berechnet. Setzt man den verbesserten Wert x_{n+1} für x_n in die Näherungsformel ein, erhält man einen noch besseren Wert x_{n+2}. Wiederholt man diesen Vorgang mehrfach, lässt sich die Nullstelle immer genauer berechnen.

> Mit dem Newton'schen Näherungsverfahren erreicht man die Nullstelle von f(x) nie, aber man kann sich ihr beliebig annähern.

Dies lässt sich z. B. wie folgt erklären. Geht man zu seinem PC, um zu spielen und halbiert die Entfernung zum PC schrittweise, dann erreicht man ihn zwar nie, aber irgendwann ist man so nahe, dass man ihn bedienen kann.

Um die Näherungsformel auf das Sektglas anzuwenden, muss die Ableitung f'(x) des Verlaufs des Kelchrandes berechnet werden:

$$f'(x) = 1 + e^{x-1}$$

Setzt man $f(x_n)$ und $f'(x_n)$ in die Newton'sche Näherungsformel ein, erhält man

$$x_{n+1} = x_n - \frac{x^n - 1 + e^{x_n - 1}}{1 + e^{x_n - 1}}$$

Diese Näherungsformel gilt nur für den Kelchrand des Sektglases.

[1] Newton, Isaac, engl. Physiker, 1643–1727

$$x_{n+1} = x_n - \frac{f(x_n)}{f'(x_n)}$$

x_n	geschätzter Wert der Nullstelle (Startwert)
x_{n+1}	angenäherter, verbesserter Wert
$f(x_n)$	Funktionswert an der Stelle x_n
$f'(x_n)$	Steigung an der Stelle x_n; $f'(x_n) \neq 0$

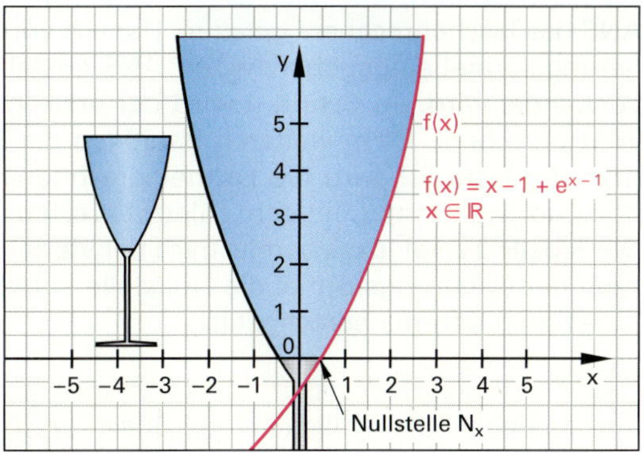

Bild 1: Sektglas

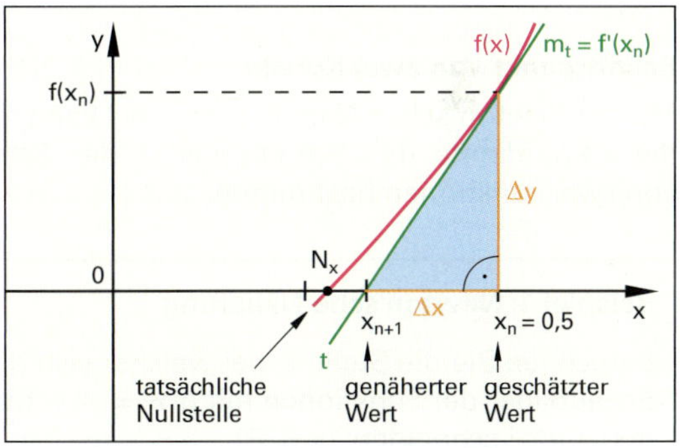

Bild 2: Newton'sches Näherungsverfahren

Beispiel 1: Newton'sche Näherung

Berechnen Sie den genäherten Wert x_{n+1}.

Lösung:

$$x_{n+1} = 0{,}5 - \frac{0{,}5 - 1 + e^{0{,}5-1}}{1 + e^{0{,}5-1}}$$

$$= 0{,}5 - \frac{-0{,}5 + e^{-0{,}5}}{1 + e^{-0{,}5}}$$

$$= 0{,}5 - \frac{-0{,}5 + 0{,}6065}{1 + 0{,}6065}$$

$$= 0{,}5 - \frac{0{,}1065}{1{,}6065}$$

$$= 0{,}5 - 0{,}0663$$

$$\mathbf{= 0{,}4337}$$

Weil man das Näherungsverfahren nur ein Mal angewendet hat, kann man nicht beurteilen, auf wie viel Stellen hinter dem Komma das Ergebnis der tatsächlichen Nullstelle entspricht.

Ist die Nullstelle x_n auf vier Stellen hinter dem Komma genau zu berechnen, muss das Näherungsverfahren so lange angewendet werden, bis sich in der fünften Stelle nach dem Komma nichts mehr ändert.

Da diese Rechnung bei komplexeren Funktionen sehr aufwändig werden kann, ist es sinnvoll, die Formel für die Näherung in den Taschenrechner einzuspeichern oder den Antwortspeicher bei der Berechnung zu benutzen **(Tabelle 1)**. Zunächst wird der geschätzte Wert über die Taste = bzw. die Taste EXE in den Antwortspeicher ANS des Taschenrechners geladen. Danach wird die Näherungsformel eingegeben, wobei ANS anstelle von x_n verwendet wird. Im Schritt 4 wird der erste genäherte Wert berechnet. Beim weiteren Betätigen der Taste = bzw. der Taste EXE wird die Formelberechnung wiederholt und zwar immer mit dem zuletzt berechneten Wert. Die **Tabelle 1** zeigt, dass bereits nach der vierten Ausführung der Näherungsformel die Nullstelle auf 10 Stellen hinter dem Komma berechnet ist.

Je genauer die Nullstelle geschätzt wird, desto schneller führt das Näherungsverfahren zum Ziel.

Schnittpunkt von zwei Kurven

Mit der Newton'schen Näherungsformel kann man auch die x-Koordinate des Schnittpunktes der Schaubilder von zwei Funktionen bestimmen.

Beispiel 1: Newton'sche Näherung

Berechnen Sie die Stelle x, bei welcher sich die Schaubilder der Funktionen mit $g(x) = -x + 1$ und $h(x) = e^{x-1}$ schneiden $(x \in \mathbb{R})$.

Lösung:

Gleichsetzen $g(x) = h(x)$

$$-x + 1 = e^{x-1} \qquad | + x - 1$$

$$0 = x - 1 + e^{x-1}$$

Auf der rechten Gleichungsseite erhält man die Subtraktion der Funktionen h(x) und g(x). Der Term entspricht genau der Funktion f(x) des Sektkelchrandes. x_n = **0,4328567096**

Die Berechnung eines Schnittpunktes von zwei Funktionen g und h ist dasselbe wie die Nullstellenberechnung der Differenzfunktion von g und h.

Bild 1 zeigt die Verläufe der sich schneidenden Schaubilder der Funktionen g und h. Unterhalb des Schnittpunktes S liegt die Nullstelle der Differenzfunktion f mit $f(x) = h(x) - g(x)$.

Tabelle 1: Newton'sche Näherung mit dem Taschenrechner

Schritt	Aktion		Anzeige
1	Eingabe von $x_n = 0{,}5$		0.5
2	=	EXE	0.5
3	Formeleingabe		ANS–(ANS–1+e(ANS–1)) ÷(1+e(ANS–1))
4	=	EXE	0.433689968
5	=	EXE	0.432856835
6	=	EXE	0.4328567096
7	=	EXE	0.4328567096

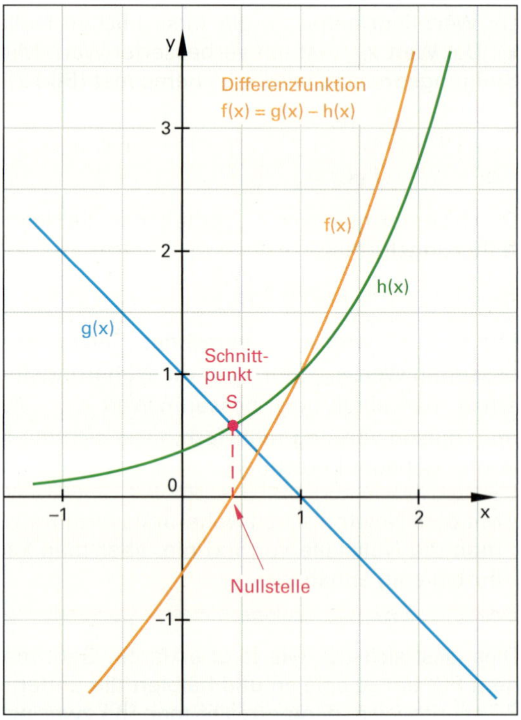

Bild 1: Schnittpunkt von zwei Kurven

Das Newton'sche Näherungsverfahren kann man auch mit dem GTR (grafikfähigen Taschenrechner) durchführen, wenn damit Nullstellen berechnet werden. Dazu gibt man die Funktionsgleichung und den geschätzten Wert ein.

Hat ein Schaubild zwei Nullstellen und dazwischen eine Extremstelle x_E, berechnet der GTR die Nullstelle links vom Extrempunkt, wenn man den geschätzten Wert $x_n < x_E$ eingibt. Wird aber $x_n > x_E$ eingegeben, erhält man die Nullstelle rechts vom Extrempunkt.

4.11 Grafische Differenziation

4.11.1 Von der Funktion zur Ableitungsfunktion

Hier sollen zu den gegebenen Schaubildern von f die Schaubilder der 1. Ableitungsfunktion f' skizziert werden. Da die Tangentensteigung nicht exakt bestimmt werden kann, ist es nur möglich, das Schaubild von f' qualitativ zu skizzieren.

Beispiel 1: Exponentialfunktion f

Skizzieren Sie das Schaubild $K_{f'}$ von f' **(Bild 1).**

Lösung:

Die Steigung von $K_{f'}$ ist immer positiv, daher verläuft $K_{f'}$ über der x-Achse im 1. und 2. Quadranten. Die Steigung wird immer größer und strebt gegen ∞, also hat $K_{f'}$ einen ähnlichen Verlauf wie K_f.

Beispiel 2: Ganzrationale Funktion 2. Grades

Skizzieren Sie das Schaubild $K_{f'}$ von f' **(Bild 2).**

Lösung:

Die Steigung von $K_{f'}$ ist für $x < 0$ positiv, d. h. sie geht von ∞ gegen 0. Für $x = 0$ ist sie 0 und für $x > 0$ wird sie immer negativer, d. h. sie geht gegen $-\infty$. Daher verläuft $K_{f'}$ vom 2. Quadranten durch den Ursprung in den 4. Quadranten.

Da f 2. Grades ist, muss $K_{f'}$ eine Ursprungsgerade der Form $y = mx$ und $m < 0$ sein.

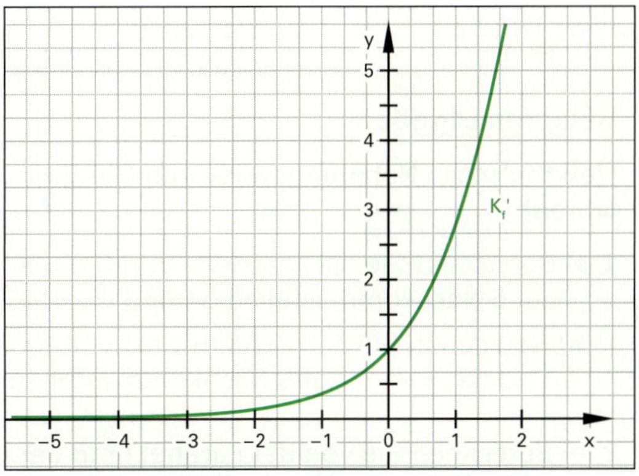

Bild 1: Schaubild $K_{f'}$ einer Exponentialfunktion

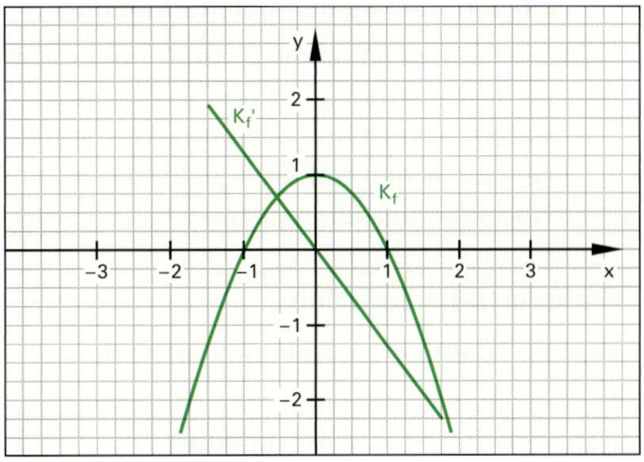

Bild 2: Schaubilder $K_{f'}$ und K_f

4.11.2 Von der Ableitungsfunktion zur Funktion

Bei den folgenden Beispielen und Aufgaben ist das Schaubild der Ableitungsfunktion f' gegeben.

Mithilfe der Kenntnisse aus der Differenzial- und Integralrechnung sollen zu den gegebenen Schaubildern von f' die möglichen Schaubilder der Funktion f skizziert werden.

Beispiel 1: Lineare Funktion f'

Skizzieren Sie ein mögliches Schaubild von f **(Bild 3).**

Lösung:

Da das Schaubild der Ableitungsfunktion eine Gerade ist, muss das gesuchte Schaubild von f eine Parabel sein. Da $K_{f'}$ an der Stelle $x = 1$ eine Nullstelle hat, liegt der Scheitel der Parabel auf der Geraden $x = 1$. Für $x < 1$ sind die Werte von f'(x) negativ, für $x > 1$ positiv. Folglich muss die Parabel die Öffnung nach oben haben (siehe Schaubild von K_f).

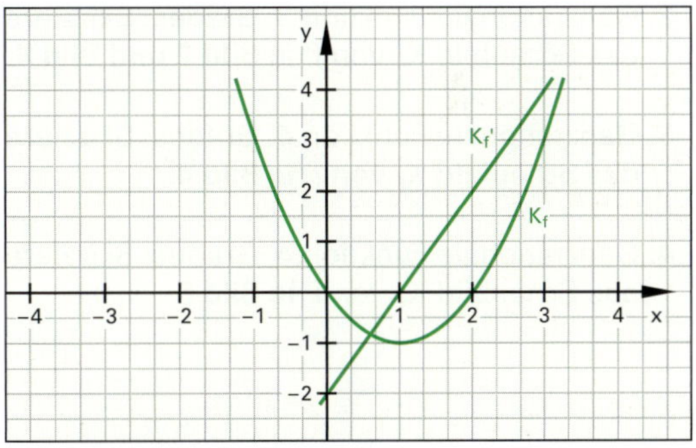

Bild 3: Schaubilder K_f und $K_{f'}$

Beispiel 2: Exponentialfunktion f'

Skizzieren Sie ein mögliches Schaubild von f **(Bild 4).**

Lösung:

$K_{f'}$ hat an der Stelle $x = 0$ eine Nullstelle und somit hat K_f an dieser Stelle einen Extrempunkt.

Für $x < 0$ sind die Werte von f'(x) negativ, für $x > 0$ positiv. Folglich muss K_f linksgekrümmt sein und an $x = 0$ einen Tiefpunkt haben. Für große x-Werte geht die Steigung gegen 1, d. h. K_f verläuft annähernd linear. Für $x < 0$ geht f'(x) gegen $-\infty$ und damit $f(x) \to \infty$ (siehe Schaubild von K_f).

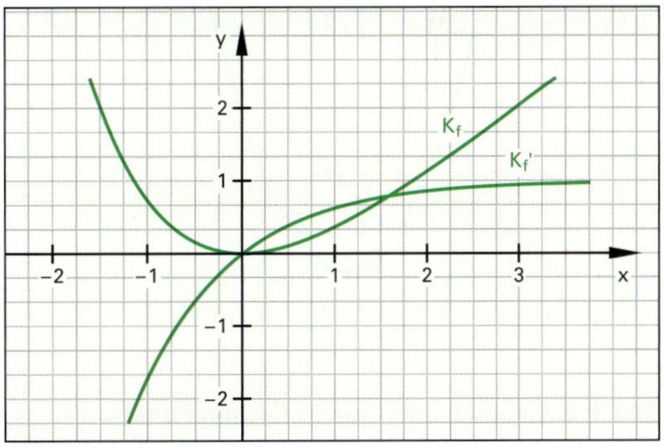

Bild 4: Schaubilder K_f und $K_{f'}$

Überprüfen Sie Ihr Wissen!

Beispielaufgaben

Newton'sches Näherungsverfahren (Tangentenverfahren)

1. a) Berechnen Sie die Nullstelle von $f(x) = e^{-x} - 2$ auf 5 Nachkommastellen genau.

b) Berechnen Sie den Schnittpunkt von $f(x) = \sin x$ und $f(x) = x - 1$ auf 5 Nachkommastellen genau.

2. a) Berechnen Sie von der Parabel f mit der Gleichung $f(x) = 0{,}5 \cdot x^2 - 5x + 19{,}5$ die Scheitelkoordinaten mithilfe der ersten Ableitung.

b) Die Parabel hat einen Schnittpunkt mit der Kurve der Funktion g mit $g(x) = e^{0{,}5x}$ bei $x_0 \approx 4$. Berechnen Sie den Schnittpunkt mit dem Newton'schen Näherungsverfahren auf drei Nachkommastellen genau.

Grafische Differenziation

Von der Funktion zur Ableitungsfunktion

1. Ganzrationale Funktion 2. Grades: Skizzieren Sie das Schaubild $K_{f'}$ von f' **in Bild 1.**

2. Ganzrationale Funktion 3. Grades: Skizzieren Sie das Schaubild $K_{f'}$ von f' **in Bild 2 und Bild 3.**

3. Ganzrationale Funktion 4. Grades: Skizzieren Sie das Schaubild $K_{f'}$ von f' **in Bild 4.**

4. Ganzrationale Funktion 4. Grades: Skizzieren Sie das Schaubild $K_{f'}$ von f' **in Bild 5.**

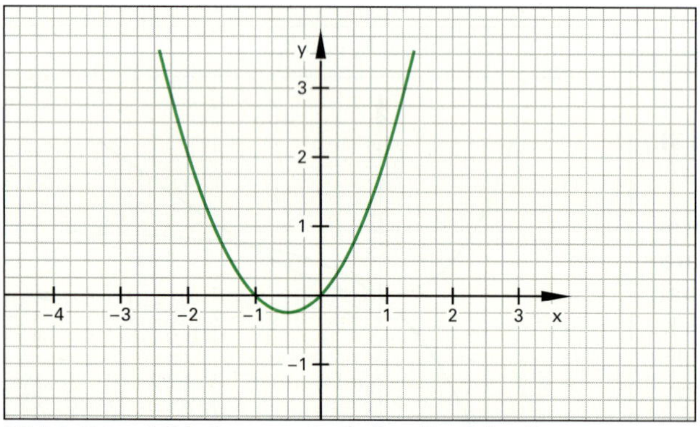

Bild 1: Schaubild einer quadratischen Funktion f

Lösungen Beispielaufgaben

Newton'sches Näherungsverfahren (Tangentenverfahren)

1. a) –0,693 15 **b)** (1,934 56|0,934 56)

2. a) (5|7) **b)** (4,024|7,477)

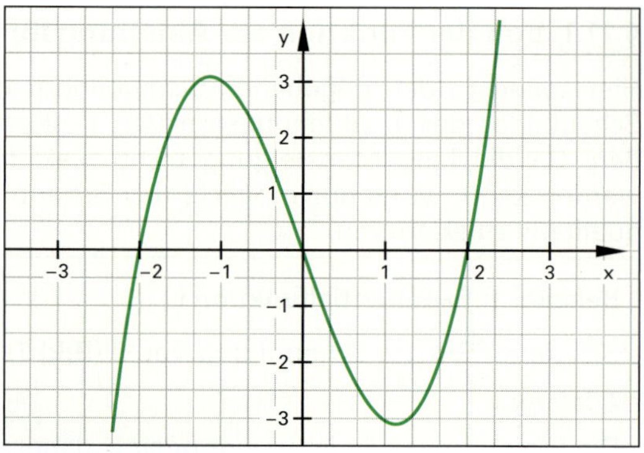

Bild 2: Schaubild K_f

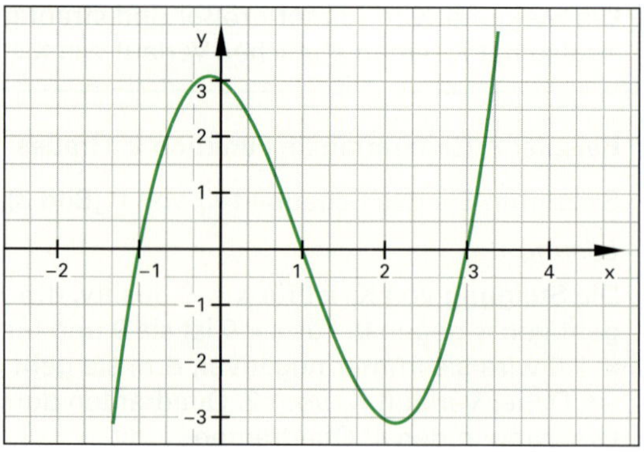

Bild 3: Schaubild f'

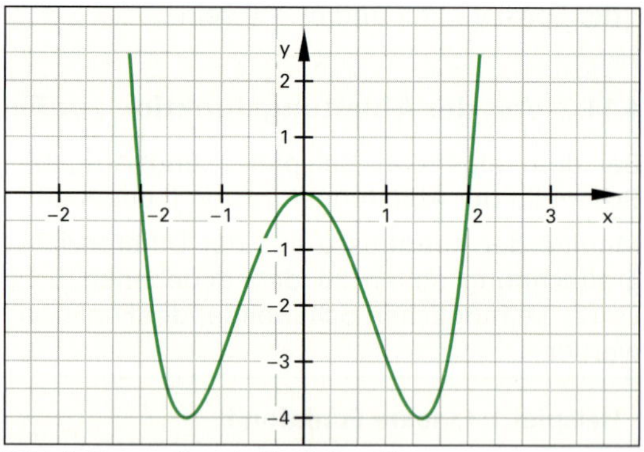

Bild 4: Ganzrationale Funktion K_f

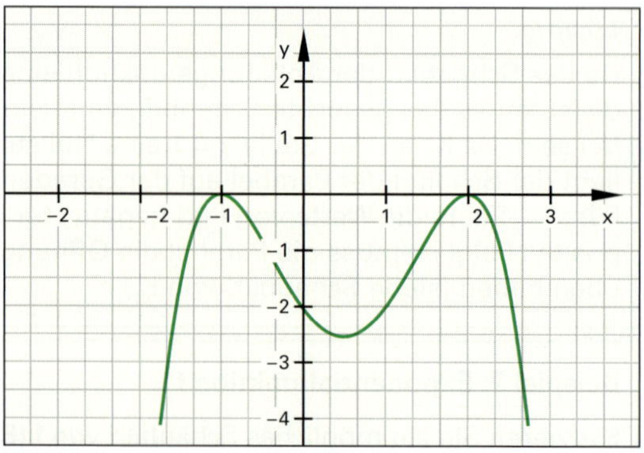

Bild 5: Ganzrationale Funktion K_f

Die Extremstellen von f sind die Nullstellen von f'.

Übungsaufgaben

Grafische Differenziation

Von der Funktion zur Ableitungsfunktion

1. Ganzrationale Funktion 4. Grades: Skizzieren Sie das Schaubild $K_{f'}$ von f' **in Bild 1.**

Von der Ableitungsfunktion zur Funktion

1. Skizzieren Sie ein mögliches Schaubild K_f der linearen Funktion f' **in Bild 2.**

2. Skizzieren Sie ein mögliches Schaubild K_f der ganzrationalen Funktion 3. Grades f' **in Bild 3.**

3. Skizzieren Sie ein mögliches Schaubild K_f der quadratischen Funktion f' **in Bild 4.**

> **Lösungen Übungsaufgaben**
>
> **Grafische Differenziation**
>
> **Von der Funktion zur Ableitungsfunktion**
>
> **Aufgabe 1:**
>
> Lösungen siehe Lösungsbuch

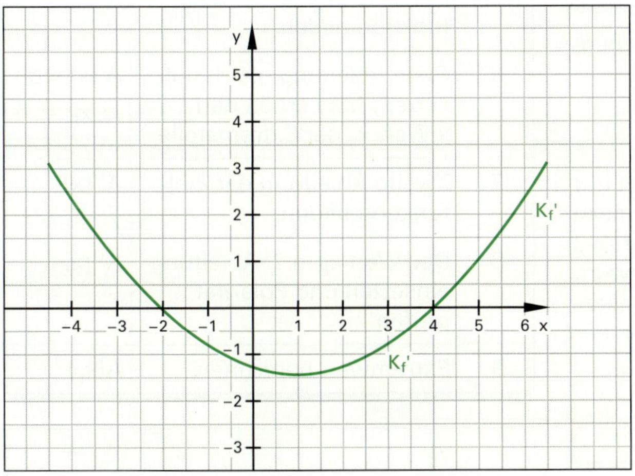

Bild 4: Quadratische Funktion f'

Ganzrationale Funktion 4. Grades

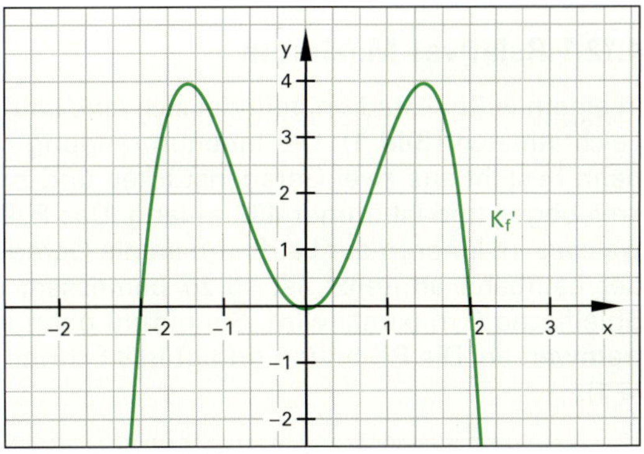

Bild 1: Schaubild f'

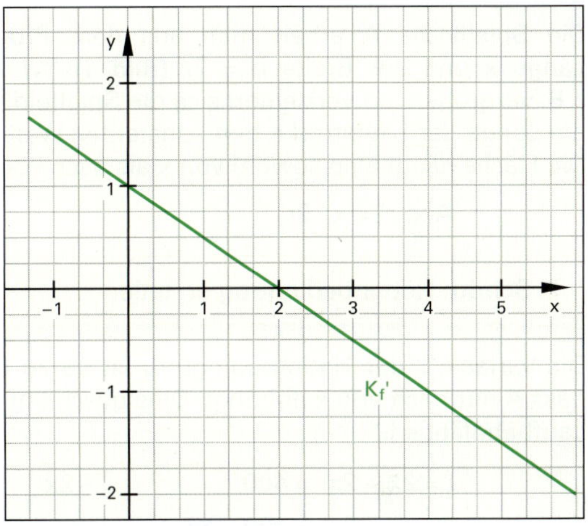

Bild 2: Lineare Funktion f'

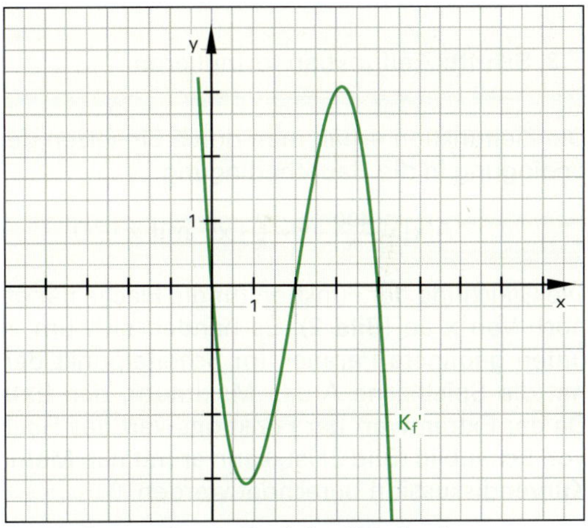

Bild 3: Ganzrationale Funktion f' 3. Grades

> **Lösungen Übungsaufgaben**
>
> **Von der Funktion zur Ableitungsfunktion**
>
> **Aufgaben 1 bis 3:**
>
> Lösungen siehe Lösungsbuch

4.12 Extremwertberechnungen

4.12.1 Relatives Maximum

In einem Fußballstadion befindet sich eine Laufbahn für Leichtathleten **(Bild 1)**. Die Innenumrandung der Laufbahn besteht aus zwei Geradenstücken und zwei Halbkreisbögen und ist immer 400 m lang. Das Fußballfeld, welches im Inneren der Laufbahn an die Geradenstücke der Laufbahn angrenzt, ist so zu bemessen, dass die Spielfläche A maximal wird. Sie nimmt dann einen Extremwert an. Die Rechnung erfolgt in 8 Schritten **(Tabelle 1)**.

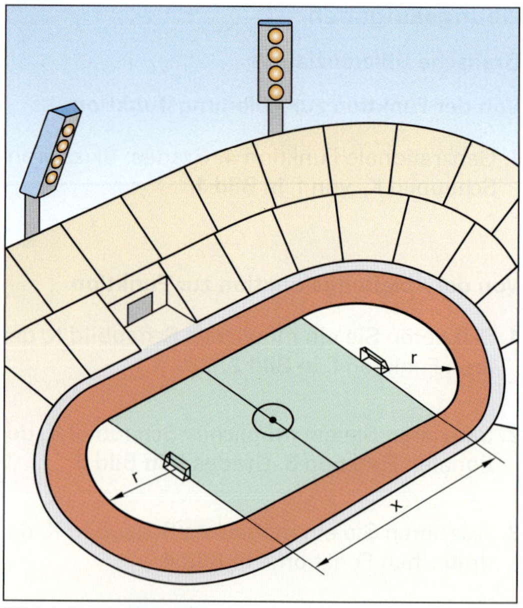

Bild 1: Fußballstadion

1. Schritt: Hauptbedingung erstellen

Die Spielfläche A erhält man aus dem Produkt der Länge x und der Breite b = 2r **(Bild 1)**. Wird aber x z. B. vergrößert, so verkleinert sich die Spielfeldbreite, da die Länge der Laufstrecke den konstanten Wert 400 hat. Die Fläche hängt also sowohl von x als auch von r ab:

$$A(x, r) = x \cdot 2r$$

Tabelle 1: Schritte bei der Extremwertberechnung

Schritt	Vorgang	Beispiel
1	Hauptbedingung erstellen.	A(x, r)
2	Nebenbedingungen ermitteln.	r(x)
3	Zielfunktion formulieren.	A(x)
4	Definitionsbereich festlegen.	$D = D_{max}$
5	Erste Ableitung der Zielfunktion bilden.	A'(x)
6	Erste Ableitung gleich null setzen. Man erhält den x-Wert x_E der Extremstelle.	A'(x) = 0 $\Rightarrow x_E$
7	Zweite Ableitung der Zielfunktion bilden.	A''(x)
8	Den Wert x_E in 2. Ableitung einsetzen und Polarität prüfen.	$A''(x_E)$
9	Extremwert berechnen.	$A(x_E)$

2. Schritt: Nebenbedingung erstellen

Die Variable r der Hauptbedingung ist so zu ersetzen, dass A nur noch von x abhängt. Dies geschieht über die Laufbahnlänge l.

$$l = 2x + 2\pi r = 400 \qquad | -2x$$

$$2\pi r = 400 - 2x \qquad | : \pi$$

$$2r = \frac{400}{\pi} - \frac{2x}{\pi}$$

3. Schritt: Zielfunktion formulieren

Die Zielfunktion erhält man durch Einsetzen der Nebenbedingung in die Hauptbedingung.

$$A(x) = \frac{400}{\pi} \cdot x - \frac{2}{\pi} \cdot x^2 \quad \text{mit } x \in D$$

Die Gleichung der Funktion für die Fläche hängt jetzt nur noch von x ab **(Bild 2)**. Es handelt sich um eine nach unten geöffnete Parabel. Im Scheitelpunkt der Parabel hat die Spielfläche A das Maximum, den Extremwert. Da der Extremwert der Funktionswert des Hochpunktes von Schaubild (Bild 2) ist, kann er mit den Methoden der Kurvendiskussion berechnet werden.

4. Schritt: Definitionsbereich festlegen

Wählt man den Radius r = 0, kann die Spielfeldlänge maximal 200 m betragen. $D = \{x | 0 \leq x \leq 200\}_{\mathbb{R}}$. An den Grenzen des Definitionsbereiches ist die Fläche A null, dazwischen hat sie ein relatives Maximum.

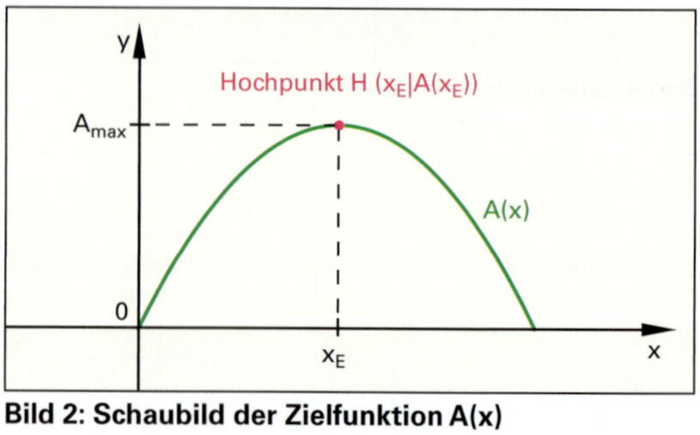

Bild 2: Schaubild der Zielfunktion A(x)

5. Schritt: Zielfunktion ableiten

$$A'(x) = \frac{400}{\pi} - \frac{4}{\pi} \cdot x$$

6. Schritt: Ableitung null setzen

$$0 = \frac{400}{\pi} - \frac{4}{\pi} \cdot x \qquad | \cdot \frac{\pi}{4}$$
$$0 = 100 - x \qquad | + x$$
$$x = 100$$

Der Extremwert liegt an der Stelle $x_E = 100$ m.

7. Schritt: Zweite Ableitung von A(x) bilden

$$A''(x) = -\frac{4}{\pi}$$

8. Schritt: Polarität der zweiten Ableitung an der Stelle x_E ermitteln

$$A''(x_E) < 0$$

Da die zweite Ableitung für alle x kleiner als null ist, kann der Extremwert nur ein Maximum sein.

9. Schritt: Extremwert berechnen

Die Spielfeldbreite erhält man durch Einsetzen des Wertes x_E in die Nebenbedingung.

$$2r = \frac{400}{\pi} - \frac{2 \cdot 100}{\pi} = \frac{200}{\pi} = 63{,}66$$

Die Spielfeldbreite beträgt 63,66 m. Die maximale Fläche erhält man durch Einsetzen der Werte in die Hauptbedingung.

$$A_{max} = 100 \cdot 63{,}66 \text{ m}^2 = 6366 \text{ m}^2 = 63{,}66 \text{ ar}$$

4.12.2 Relatives Minimum

In einer Höhle sollen Führungen stattfinden. Um die Höhle für Besucher freizugeben, soll durchgängig eine Mindesthöhe von 2,5 m vorhanden sein. Der niedrigste Bereich der Höhle wird an der Decke durch die Kurve der Funktion f und am Boden durch die Kurve der Funktion g begrenzt **(Bild 1)**.

Beispiel 1: Zielfunktion (Schritte 1 bis 4)

Ermitteln Sie die Zielgleichung für die Höhe h.

Lösung:

Die Hauptbedingung ist h = f(x) – g(x). Mit den Nebenbedingungen aus **Bild 1** erhält man:

$$h(x) = \frac{x^2}{128} - \frac{x}{2} + 14 - \left(-\frac{x^2}{128} + \frac{x}{4} + 2\right)$$
$$= \mathbf{\frac{x^2}{64} - \frac{3}{4} \cdot x + 12} \text{ mit } \mathbf{x} \in \mathbb{R}$$

Setzt man die erste Ableitung null, erhält man:

$$0 = \frac{x}{32} - \frac{3}{4} \qquad | \cdot 32$$
$$0 = x - 24$$

Der Extremwert tritt an der Stelle $x_E = 24$ auf.

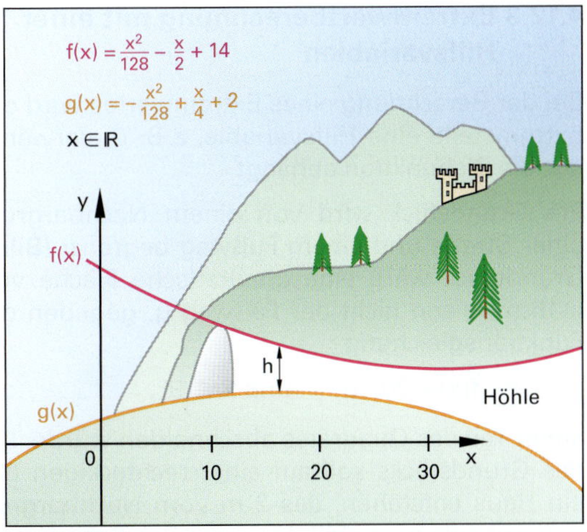

Bild 1: Höhle

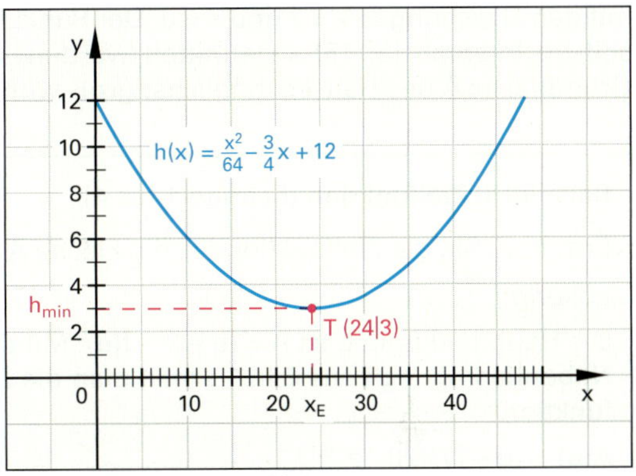

Bild 2: Schaubild von h(x)

Beispiel 2: Minimum (Schritte 7 und 8)

Zeigen Sie rechnerisch, dass der Extremwert ein Minimum ist.

Lösung:

$h''(x) = \frac{1}{32} \Rightarrow h''(x) > 0 \Rightarrow$ Minimum

Das Minimum h_{min} ist der Funktionswert $h(x_E)$:

$$h_{min} = h(x_E) = \frac{24^2}{64} - \frac{3}{4} \cdot 24 + 12 = 3$$

Die Höhle ist an der niedrigsten Stelle 3 m hoch.

Die Funktion h ist die Differenzfunktion von f und g. Sie besitzt einen Tiefpunkt an der Stelle x_E.

Beispiel 3: Differenzfunktion

Zeichnen Sie den Verlauf der Funktion h und zeichnen Sie den Tiefpunkt ein.

Lösung:

Bild 2

4.12.3 Extremwertberechnung mit einer Hilfsvariablen

Bei der Berechnung eines Extremwertes wird oft für die Extremstelle eine Hilfsvariable, z. B. u, verwendet, von der die Zielfunktion abhängt.

Ein Grundstück wird von einem Nachbargrundstück, einer Straße und einem Fußweg begrenzt **(Bild 1)**. Das Grundstück wäre eine quadratische Fläche von 15 m × 15 m, wenn nicht der Fußweg g, gegeben durch die Funktionsgleichung

$$f(x) = 20 \cdot e^{-0{,}1x} \text{ und } x \in \mathbb{R}_+,$$

einen Teil des Quadrates abschneiden würde. Innerhalb des Grundstücks soll auf einer rechteckigen Baufläche ein Haus entstehen, das 2 m vom Nachbargrundstück entfernt sein muss, direkt an der Straße angrenzen darf und mit einem Eckpunkt den Rand des Fußweges berühren darf. So liegt die Fläche zwischen den Geraden mit den Gleichungen x = 2 und x = u. Der Punkt P $(u|f(u))$ soll im Intervall [3; 15] so ermittelt werden, dass die Grundfläche A des Hauses möglichst groß wird.

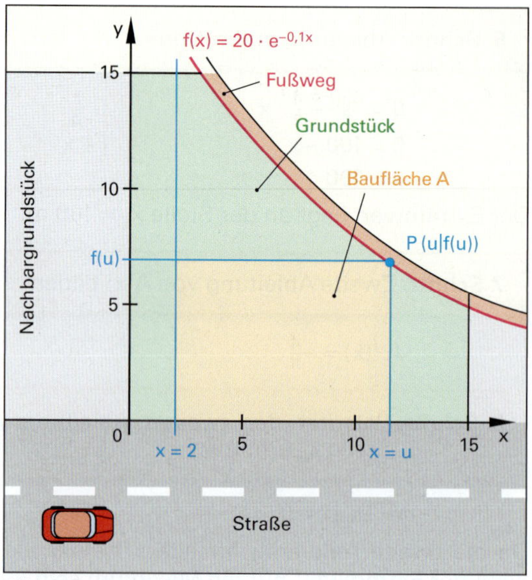

Bild 1: Baugrundstück

Beispiel 1: Zielfunktion (Schritte 1 bis 4)

Ermitteln Sie die Zielfunktion für die Fläche A.

Lösung:

Die Hauptbedingung ist $A = (u - 2) \cdot f(u)$. Mit der Nebenbedingung f aus **Bild 1** erhält man die Zielfunktion

$$A(u) = (u - 2) \cdot 20 \cdot e^{-0{,}1u}$$
$$= \mathbf{20u \cdot e^{-0{,}1u} - 40 \cdot e^{-0{,}1u}} \text{ mit } \mathbf{u \in [2; 15]}$$

Zum Ableiten der Gleichung benötigt man die Produktregel und die Kettenregel.

$$A'(u) = 20 \cdot e^{-0{,}1u} + (-0{,}1) \cdot 20u \cdot e^{-0{,}1u} - (-0{,}1) \cdot 40 \cdot e^{-0{,}1u}$$
$$= 20 \cdot e^{-0{,}1u} - 2u \cdot e^{-0{,}1u} + 4 \cdot e^{-0{,}1u}$$
$$= (24 - 2u) \cdot e^{-0{,}1u}$$

Beispiel 2: Rechte Grundstücksgrenze (Schritt 6)

Berechnen Sie den Wert für die Hilfsvariable u, bei dem die Fläche A einen Extremwert annimmt.

Lösung:

$$0 = (24 - 2u) \cdot e^{-0{,}1u}$$

Da $e^{-0{,}1u}$ für alle Werte $u \in \mathbb{R}$ stets größer null ist, kann das Produkt der rechten Gleichungsseite nur null werden, wenn die Klammer null ergibt.

$$0 = 24 - 2u$$

$$\mathbf{u = 12}$$

Wegen des notwendigen Abstands zum Nachbargrundstück beträgt die Länge der zu bebauenden Fläche 10 m.

Beispiel 3: Maximum (Schritte 7 und 8)

Zeigen Sie rechnerisch, dass die Fläche A für u = 12 ein Maximum ergibt.

Lösung:

$$A''(u) = (-2) \cdot e^{-0{,}1u} + (24 - 2u) \cdot e^{-0{,}1u} \cdot (-0{,}1)$$
$$= (-2) \cdot e^{-0{,}1u} + (-2{,}4 + 0{,}2u) \cdot e^{-0{,}1u}$$
$$= (-4{,}4 + 0{,}2u) \cdot e^{-0{,}1u}$$

mit u = 12 gilt:

$$A''(12) = (-4{,}4 + 2{,}4) \cdot e^{-1{,}2}$$

Da nur die Klammer negativ wird, gilt:

$A''(12) < 0 \Rightarrow$ **Maximum**

Um die y-Koordinate des Punktes P zu erhalten, wird der Wert u = 12 in die Nebenbedingung f eingesetzt.

$$f(12) = 20 \cdot e^{-0{,}1 \cdot 12} = 20 \cdot e^{-1{,}2} = 20 \cdot 0{,}3 = 6$$

Die Baufläche A wird 6 m breit.

Beispiel 4: Extremwert (Schritt 9)

Berechnen Sie die maximal mögliche Baufläche für das Haus.

Lösung:

A_{max} erhält man entweder durch Einsetzen des Wertes u = 12 in die Hauptbedingung oder als Produkt von Länge und Breite der Baufläche.

$$A_{max} = 10 \text{ m} \cdot 6 \text{ m}$$
$$= \mathbf{60 \text{ m}^2}$$

4.12.4 Randextremwerte

Ein Höhleneingang ist 4 m breit. Der obere Rand des Höhleneingangs verläuft nach der Funktion f mit

$$f(x) = -\frac{x^2}{4} + \frac{x}{4} + 5 \quad \text{mit } x \in D \text{ (Bild 1)}.$$

Um ein Betreten der Höhle zu verhindern, soll der Eingang mit einem trapezförmigen Gitter ABCD so verschlossen werden, dass eine möglichst große Gitterfläche entsteht. Die linke Gitterkante hat den Koordinatenwert u, welcher Werte von 0 bis 4 annehmen kann. Der Definitionsbereich ist somit $D = \{u|0 \leq u \leq 4\}_{\mathbb{R}}$.

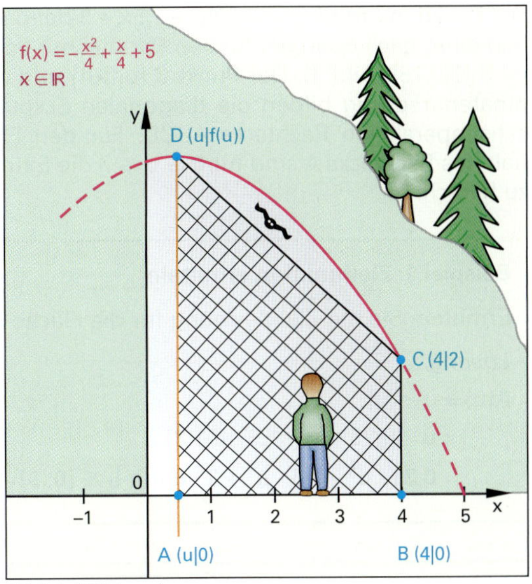

Bild 1: Höhleneingang

Beispiel 1: Zielfunktion ermitteln

Ermitteln Sie die Zielfunktion für die Fläche A.

Lösung:

$$A(u) = \frac{2 + f(u)}{2} \cdot (4 - u)$$
$$= \frac{-\frac{u^2}{4} + \frac{u}{4} + 7}{2} \cdot (4 - u)$$
$$= \left(-\frac{u^2}{8} + \frac{u}{8} + \frac{7}{2}\right) \cdot (4 - u)$$
$$= -\frac{4u^2}{8} + \frac{u}{2} + 14 + \frac{u^3}{8} - \frac{u^2}{8} - \frac{7}{2}u$$
$$= \mathbf{\frac{u^3}{8} - \frac{5u^2}{8} - 3u + 14} \text{ mit } \mathbf{u \in D}$$

Aus der Aufgabenstellung kann man folgern, dass für u = 4 die Gitterfläche null wird, d.h. für u = 4 erhält man ein Randminimum. Für welchen Wert u sich ein Maximum ergibt, ist ohne Rechnung zunächst nicht erkennbar.

Beispiel 2: Extremstellen

Berechnen Sie die Werte u, an welchen Extremwerte für die Fläche A vorliegen.

Lösung:

$$A'(u) = \frac{3u^2}{8} - \frac{5u}{4} - 3$$
$$0 = \frac{3u^2}{8} - \frac{5u}{4} - 3 \qquad | \cdot 4$$
$$= 1{,}5u^2 - 5u - 12$$
$$u_{1,2} = \frac{5 \pm \sqrt{25 + 4 \cdot 1{,}5 \cdot 12}}{3} = \frac{5 \pm \sqrt{97}}{3}$$

$\mathbf{u_1 = 4{,}95}$ oder $\mathbf{u_2 = -1{,}62}$

Beide Werte für u liegen außerhalb des Definitionsbereiches. An der Stelle u_1 = 4,95 z.B. wird die zweite Ableitung $A''(u) = \frac{3}{4} \cdot u - \frac{5}{4} = \frac{3}{4} \cdot (u - 1{,}67)$ größer als null, d.h. an der Stelle u_1 hätte A(u) eine relatives Minimum. Das liegt daran, dass für $4 < u < 5$ der Faktor (4 – u) in der Flächengleichung A(x) negativ wird und somit auch die Fläche selbst. Die Flächenformel gilt also nicht für $u > 4$.

Die Funktion A(u) hat Extrempunkte an den Rändern des Definitionsbereichs [0; 4], wie das Schaubild zeigt **(Bild 2)**.

Das Schaubild der Funktion k in **Bild 2** mit $k(x) = -1{,}5x^3 + 8{,}5x^2 - 13{,}5x + 14$ hat im Intervall [0; 4] relative Extremwerte und an den Intervallgrenzen absolute Extremwerte.

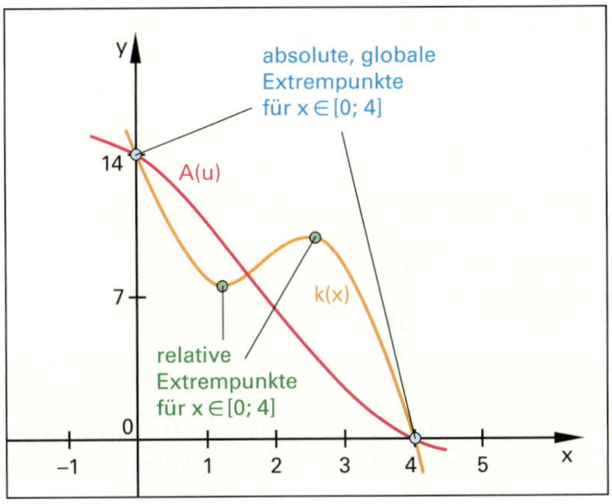

Bild 2: Extrempunkte

Beispiel 3: Randextremwerte

Bestimmen Sie die Extremwerte für A(u) an den Definitionsgrenzen.

Lösung:

$$A(4) = \frac{4^3}{8} - \frac{5 \cdot 4^2}{8} - 3 \cdot 4 + 14 = 8 - 10 - 12 + 14$$
$$= 0$$

Für u = 4 entartet das Trapez zu einer Strecke mit der Länge 2.

A(0) = 14 FE

Für u = 0 erhält man ein globales (absolutes) Maximum.

Liegen innerhalb eines Definitionsbereiches keine relativen Maximalwerte oder Minimalwerte, so erhält man meist Randextremwerte.

Die Funktion f mit $f(x) = 0{,}25x^2 - 1{,}5x + 3$ hat das Schaubild einer nach oben geöffneten Parabel mit dem Scheitel S (3|0,75) **(Bild 1)**. Der Punkt C $(u|f(u))$ und der Koordinatenursprung bilden die diagonalen Eckpunkte des achsenparallelen Rechtecks ABCD. Für den Flächeninhalt des Rechtecks A sind für $0 \leq u \leq 3$ die Extremwerte zu berechnen.

Beispiel 1: Zielfunktion ermitteln

Ermitteln Sie die Zielgleichung für die Fläche A.

Lösung:

$A(u) = u \cdot f(u)$

$= u \cdot (0{,}25 \cdot u^2 - 1{,}5 \cdot u + 3)$

$= \mathbf{0{,}25 \cdot u^3 - 1{,}5 \cdot u^2 + 3 \cdot u}$ mit $\mathbf{u \in [0; 3]}$

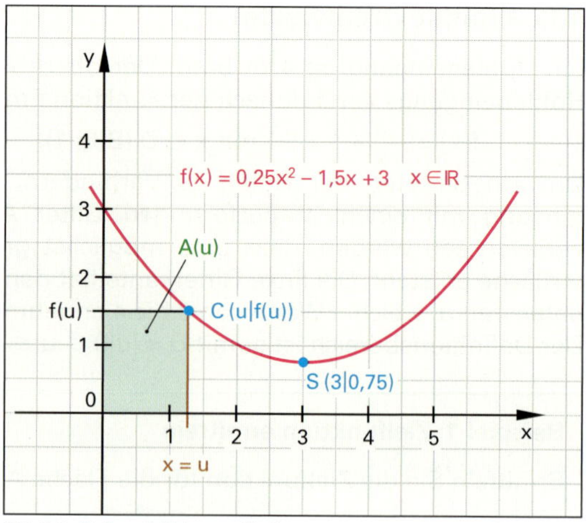

Bild 1: Schaubild von f(x)

Beispiel 2: Extremstellen

Berechnen Sie die Werte u, an welchen Extremwerte für die Fläche A vorliegen.

Lösung:

$A'(u) = 0{,}75 \cdot u^2 - 3 \cdot u + 3$

$0 = 0{,}75 \cdot u^2 - 3 \cdot u + 3 \quad | \cdot 2$

$= 1{,}5 \cdot u^2 - 6 \cdot u + 6$

$u_{1,2} = \frac{6 \pm \sqrt{36 + 4 \cdot 1{,}5 \cdot 6}}{3} = \frac{6 \pm \sqrt{0}}{3}$

$\mathbf{u_{1,2} = 2}$

An der Stelle u = 2 scheint ein Extremwert vorzuliegen. Die zweite Ableitung A''(2) gibt Aufschluss über die Art des Extremwertes.

Beispiel 3: Extremwertart

Prüfen Sie rechnerisch, ob an der Stelle u = 2 ein Minimum oder ein Maximum vorliegt.

Lösung:

$A''(u) = 1{,}5 \cdot u - 3$

$A''(2) = 1{,}5 \cdot 2 - 3 = 0$

Da die zweite Ableitung weder positiv noch negativ ist, scheint kein Extremwert vorzuliegen. Dies ist aber erst sicher der Fall, wenn für u = 2 die dritte Ableitung null ist.

$A'''(u) = 1{,}5 \neq 0$

Es liegt bei u = 2 kein Extremwert vor.

Da A''(2) = 0 und A'''(2) ≠ 0 ist, hat A(u) an der Stelle u = 2 einen Sattelpunkt **(Bild 2)**. Im Intervall [0; 3] hat somit A(u) keine relativen Extremwerte. Die Extremwerte liegen damit an den Rändern des Definitionsbereiches.

A(0) = 0 und A(3) = 2,25 (Bild 2).

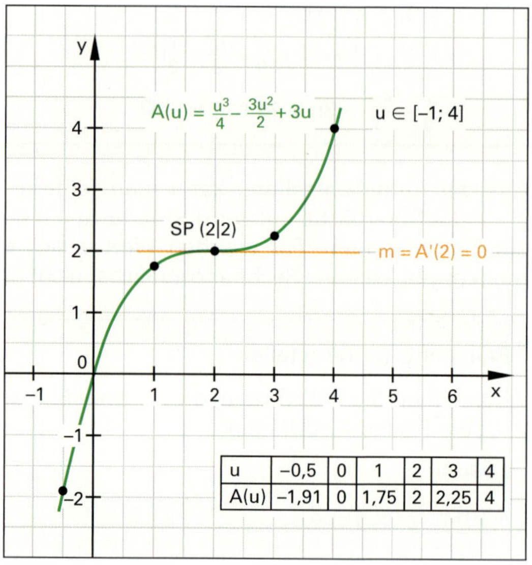

Bild 2: Schaubild von A(u)

Hätte A'''(2) ebenfalls null ergeben, da würde bei u = 2 ein Extremwert vorliegen, sofern die 4. Ableitung $A^{IV}(2) \neq$ wäre, vgl. Formelsammlung FHR EuropaNr. 85129.

Beispiel 4: Verlauf des Schaubildes

Zeichnen Sie das Schaubild der Flächeninhaltsfunktion A(u) für $-1 \leq u \leq 4$.

Lösung: **Bild 2**

Erweitert man den Definitionsbereich von $0 \leq u \leq 3$ auf D = ℝ, d. h. $-\infty < u < +\infty$, erhält man über den ganzen Definitionsbereich hinweg keine relativen Extremwerte.

Überprüfen Sie Ihr Wissen!

Beispielaufgaben

Relatives Maximum, relatives Minimum

1. In der Lebensmittelindustrie werden Konservendosen aus Blech hergestellt. Die Dosen haben die Form eines Kreiszylinders. Das Fassungsvermögen einer Dose beträgt 785 ml. Die Abmessungen der Dose sollen so bestimmt werden, dass der Blechverbrauch minimal ist. Die Blechdicke wird vernachlässigt.

Berechnen Sie

a) die Zielfunktion in Abhängigkeit vom Radius r,

b) den Radius r und die Höhe d der Dose,

c) die minimale Blechfläche.

Randextremwerte

1. Die Funktion f mit $f(x) = -x^2 + 4$ ist eine nach unten geöffnete Parabel mit dem Scheitel (0|4). Die Punkte A (u|0), B (2|0) und C $(u|f(u))$ bilden ein Dreieck. Für welche Werte u mit $0 \leq u \leq 2$ erhält man Extremwerte für die Dreiecksfläche?

2. Die Funktionen f mit $f(x) = -\frac{x^3}{4} + \frac{x^2}{2} + \frac{11}{4} \cdot x - 3$ und g mit $g(x) = \frac{x^2}{2} - 4 \cdot x + \frac{7}{2}$ haben für x = u im Intervall $u \in [1; 2]$ die Punkte P $(u|f(u))$ und Q $(u|g(u))$. Berechnen Sie die Extremwerte der Strecke $\overline{PQ}$.

Lösungen Beispielaufgaben

Relatives Maximum, relatives Minimum

1. a) $O(r) = 2\pi r^2 + 1570 \cdot \frac{1}{r}$

b) r = 5 cm; h = 10 cm

c) $O_{min} = 471 \text{ cm}^2$

Randextremwerte

1. $A_{max} = A(0) = 4$;
$A_{min} = A(2) = 0$

2. $\overline{PQ}_{max} = 5$; $\overline{PQ}_{min} = 0$

Übungsaufgaben

1. Zwei Bergsteiger treffen auf einer Gletscherspalte, über die eine Eisbrücke führt **(Bild 1)**.

Die Oberkante der Eisbrücke entspricht dem Verlauf der Funktion f, die Unterkante dem Verlauf der Funktion g. Die Bergsteiger schätzen, dass die Dicke d der Eisbrücke in vertikaler Richtung überall mindestens 1 m beträgt und überqueren sie.

Überprüfen Sie die Einschätzung der Bergsteiger rechnerisch.

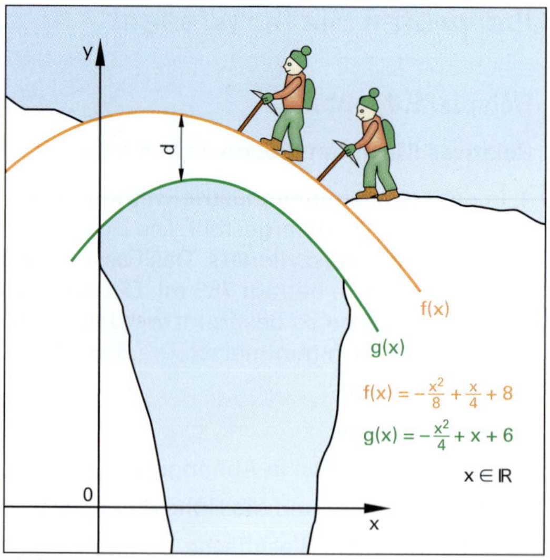

Bild 1: Gletscherspalte

2. Der Innenraum eines Tunnels wird durch die Funktion f mit $f(x) = -\frac{x^2}{5} + 6{,}9$ begrenzt **(Bild 2)**. Die äußeren Fahrbahnbegrenzungen für den Verkehr auf dem Tunnelboden sind durch die Geraden mit den Gleichungen $x = -u$ und $x = u$ gegeben. Diese Geraden schneiden die obere Tunnelbegrenzung in den Punkten $P\,(u|f(u))$ und $Q\,(-u|f(u))$. Diese Punkte bilden zusammen mit den Bodenmarkierungen die Rechteckfläche A, die vom gesamten Tunnelquerschnitt für den Verkehr nutzbar ist. Berechnen Sie für $A = A_{max}$ die Breite je Fahrbahn, die nutzbare Tunnelhöhe und die maximale Querschnittsfläche A_{max}.

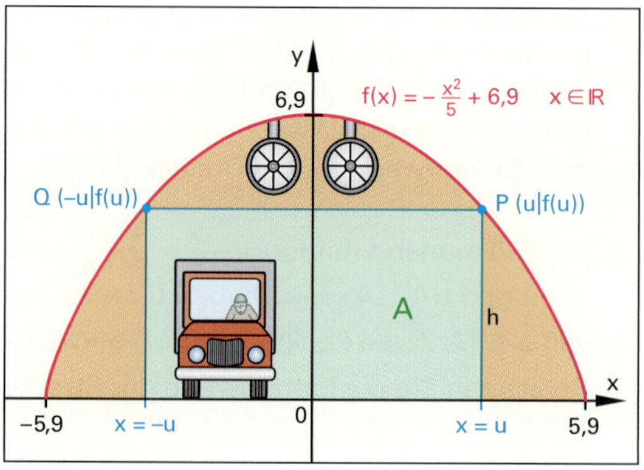

Bild 2: Tunnel

3. Eine oben geschlossene Wasserrinne ist im unteren Teil halbkreisförmig mit dem Radius r gebogen, sodass im Querschnitt ein Halbkreis mit einem aufgesetzten Rechteck entsteht **(Bild 3)**. Die Wasserrinne soll so angefertigt werden, dass ihre Querschnittsfläche 1 m² beträgt und dass bei ihrer Herstellung möglichst wenig Material benötigt wird. Berechnen Sie für diesen Fall den Radius r und die Höhe h, wobei Sie die Materialdicke d in der Rechnung vernachlässigen.

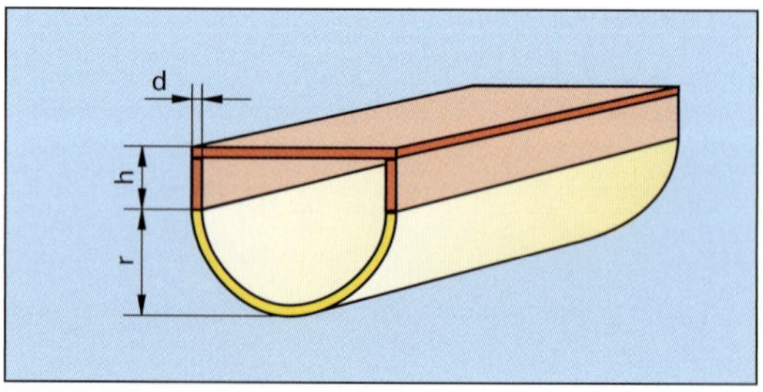

Bild 3: Wasserrinne

4. Die Gerade mit $x = u$ schneidet im Intervall [0; 6] die x-Achse in P (u|0) und das Schaubild der ganzrationalen Funktion f dritten Grades mit $f(x) = \frac{x^3}{8} - \frac{3}{2} \cdot x^2 + \frac{9}{2} \cdot x$ im Punkt $Q\,(u|f(u))$ **(Bild 4)**. Berechnen Sie die Fläche A des Dreiecks OPQ so, dass die Dreiecksfläche ein Maximum ergibt.

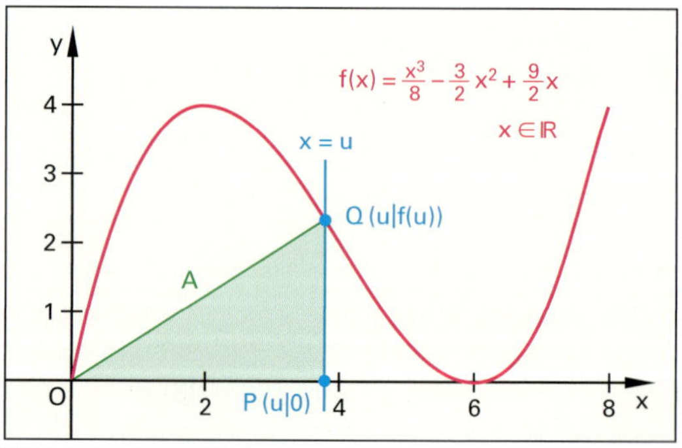

Bild 4: Dreiecksfläche

5. Für einen Blumentopf mit der Form eines senkrechten Kreiszylinders soll möglichst wenig Material verbraucht werden. Die Materialdicke ist vernachlässigbar. Das Volumen beträgt 1 ℓ. Berechnen Sie die minimale Oberfläche O_{min}.

Lösungen Übungsaufgaben

1. 87,5 cm < 1 m
⇒ falsche Einschätzung

2. 3,39 m; 4,6 m; 31,2 m²

3. h = r = 52,92 cm

4. 5,06 FE

5. 439,4 cm²

Extremwertberechnung mit ganzrationalen Funktionen

6. Gegeben ist das Schaubild der Funktion f **(Bild 1)** mit $f(x) = -\frac{1}{2}x^2 + 2$; $D_f = [-2; 2]$.

a) Bestimmen Sie den kürzesten Abstand des Schaubildes vom Ursprung.

b) Geben Sie die Koordinaten der Punkte des Schaubildes K_f an.

7. In Bild 1 ist zusätzlich das Schaubild der Geraden g mit $g(x) = \frac{1}{2}x + 3$; $D_g = \mathbb{R}$ gegeben.

a) Welche der Punkte $P\,(u|g(u))$ auf der Geraden g und $Q\,(u|f(u))$ auf der Parabel von f haben den geringsten Ordinatenabstand?

b) Geben Sie die Koordinaten von P und Q an.

c) Berechnen Sie den kürzesten Abstand zwischen den Schaubildern von f und g.

8. Bestimmen Sie die Punkte $P\,(u|p(u))$ der Parabel $p(x) = \frac{1}{2}x^2 - 5$, deren Abstand vom Ursprung einen Extremwert annehmen **(Bild 2).**

9. Gegeben sind die zwei Funktionen f und g durch $f(x) = x^3 - \frac{17}{3}x^2 + 7x + 3$ und $g(x) = -\frac{1}{2}x^2 + 3$ **(Bild 3).**

Der Punkt P $(u|f(u))$ liegt auf dem Schaubild von f für $0 \leq u \leq 4$. Die Parallele zur y-Achse durch P schneidet das Schaubild von g im Punkt Q. Untersuchen Sie die Länge der Strecke PQ in Abhängigkeit von u.

a) Erstellen Sie die Längenfunktion l(u).

b) Untersuchen Sie die Längenfunktion auf Maxima und Minima.

c) Geben Sie jeweils die Koordinaten der Extrempunkte von l(u) an.

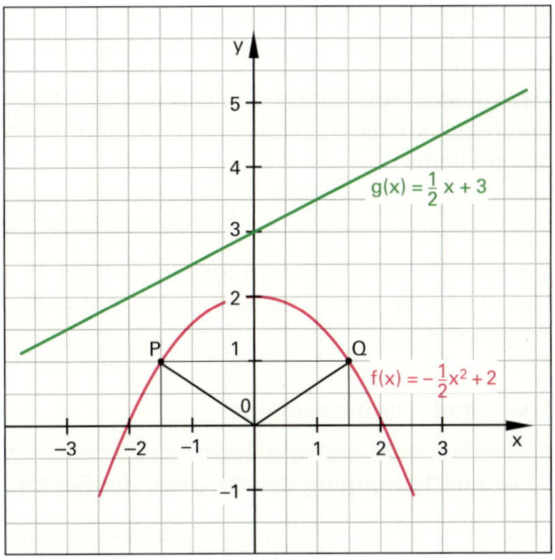

Bild 1: Abstand vom Ursprung

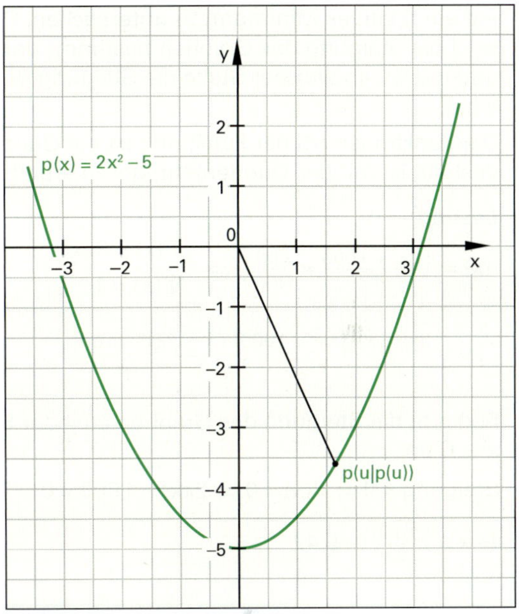

Bild 2: Abstand vom Ursprung

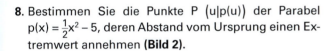

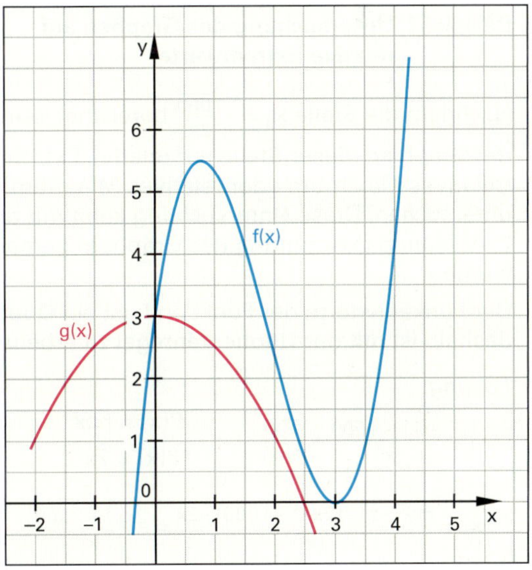

Bild 3: Länge einer Strecke

Lösungen Übungsaufgaben

6. a) $d = \sqrt{3}$ LE

b) $P\,(-\sqrt{2}|1)$; $Q\,(\sqrt{2}|1)$

7. a) $d(P; Q) = \frac{7}{8} = 0{,}875$ LE

b) $P\left(-\frac{1}{2}\middle|\frac{11}{4}\right)$; $Q\left(-\frac{1}{2}\middle|\frac{15}{8}\right)$

c) $d(P^*; Q^*) = 0{,}847$ LE

8. a) $P_{1min}\,(-2\sqrt{2}|-1)$, $P_{2min}\,(2\sqrt{2}|-1)$, $P_{max}\,(0|5)$
$\Rightarrow d_{min} = 3$ LE, $d_{max} = 5$ LE

9. a) $l(u) = u^3 - \frac{31}{6}u^2 + 7u$; $u \in [0; 4]$

b) $\overline{PQ}_{max} = 2{,}846$ LE; $\overline{PQ}_{min} = 0{,}833$ LE

c) H (0,927|2,846), T (2,518|0,833)

4.12.5 Relative Extremwerte bei gebrochenrationalen Funktionen

Die Funktionsgleichung der Oberfläche einer oben offenen zylindrischen Dose mit dem Volumeninhalt von 500 ml lautet:

$$f(x) = \frac{\pi \cdot x^3 + 1000}{x}; \quad D = \{x | x > 0 \wedge x \in \mathbb{R}\}$$

Die Funktionswerte f(x) im Schaubild **(Bild 1)** geben die Oberfläche (in cm^2) des Körpers in Abhängigkeit vom Radius $x \in D$ an.

f'(x) mittels Quotientenregel

Beispiel 1: Steigung des Graphen der Funktion f

Damit für die Herstellung der Dose möglichst wenig Material verbraucht wird, ist die Funktion der Oberfläche auf relative Extremwerte, in diesem Fall auf ein relatives Minimum, zu untersuchen. Dazu wird die Steigung des Graphen bestimmt und dann untersucht, an welcher Stelle die Steigung den Wert 0 hat.

Der Funktionsterm der Funktion f ist ein Quotient, deshalb ist mit der Quotientenregel zu arbeiten.

Lösung:

$$f(x) = \frac{\pi \cdot x^3 + 1000}{x} = \frac{Z(x)}{N(x)} \quad \Rightarrow \quad Z'(x) = 3\pi x^2, \quad N'(x) = 1$$

$$f'(x) = \frac{3\pi x^2 \cdot x - (\pi x^3 + 1000) \cdot 1}{x^2} = \frac{2\pi x^3 - 1000}{x^2}$$

f'(x) gibt die Steigung des Graphen an jeder Stelle $x \in D$ an.

Steigung = 0 $\Rightarrow f'(x) = 0 \Leftrightarrow 2\pi x^3 - 1000 = 0$

$$\Rightarrow x = \sqrt[3]{\frac{1000}{2\pi}} \approx 5{,}42$$

Beispiel 2: Untersuchung des Graphen auf relative Extremwerte

Nachdem die Stelle $x_0 = \sqrt[3]{\frac{1000}{2\pi}}$ berechnet wurde, ist der Graph an dieser Stelle auf relative Extremwerte (relatives Maximum oder relatives Minimum) zu untersuchen. Diese Untersuchung kann mit der 2. Ableitung (Krümmung des Graphen) gemacht werden.

Der Funktionsterm der Funktion f' ist ein Quotient, deshalb ist mit der Quotientenregel zu arbeiten.

Lösung:

$$f'(x) = \frac{2\pi x^3 - 1000}{x^2} = \frac{Z(x)}{N(x)} \quad \Rightarrow \quad Z'(x) = 6\pi x^2, \quad N'(x) = 2x$$

$$f''(x) = \frac{6\pi x^2 \cdot x^2 - (2\pi x^3 - 1000) \cdot 2x}{(x^2)^2} = \frac{2\pi x^3 + 2000}{x^3}$$

$$f: f(x) = \frac{Z(x)}{N(x)}$$

$$f'(x) = \frac{Z'(x) \cdot N(x) - Z(x) \cdot N'(x)}{(N(x))^2} = 0$$

$f''(x) > 0 \Rightarrow$ relatives Minimum

$f''(x) < 0 \Rightarrow$ relatives Maximum

f(x)	Funktionsterm
f'(x)	1. Ableitung des Funktionsterms f(x)
f''(x)	2. Ableitung des Funktionsterms f(x)
Z(x)	Zählerpolynom
Z'(x)	1. Ableitung des Funktionsterms Z(x)
N(x)	Nennerpolynom
N'(x)	1. Ableitung des Funktionsterms N(x)

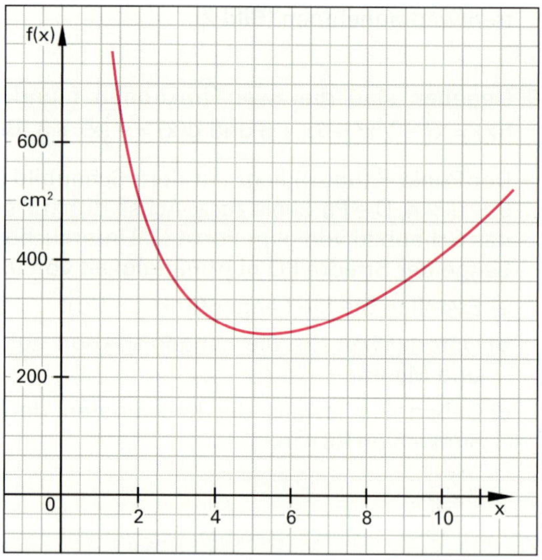

Bild 1: Oberfläche einer Dose

Fortsetzung Beispiel 2:

$$f''\left(\sqrt[3]{\frac{1000}{2\pi}}\right) = \frac{2\pi\left(\sqrt[3]{\frac{1000}{2\pi}}\right)^3 + 2000}{\left(\sqrt[3]{\frac{1000}{2\pi}}\right)^3} = 6\pi \text{ (positiv)}$$

$f''(x_0) > 0 \Rightarrow$ relatives Minimum bei $x = 5{,}42$.

Dies bedeutet, der geringste Materialverbrauch liegt bei einem Radius von 5,42 cm. Berechnung der Oberfläche mit minimalstem Flächeninhalt:

$$f\left(\sqrt[3]{\frac{1000}{2\pi}}\right) = \frac{\pi\left(\sqrt[3]{\frac{1000}{2\pi}}\right)^3 + 1000}{\sqrt[3]{\frac{1000}{2\pi}}} \approx \mathbf{276{,}8\ cm^2}.$$

f'(x) mittels Kettenregel

Die scheingebrochenrationale Funktion $f(z \geq n)$ kann durch Polynomdivision in eine ganzrationale Funktion g(x) und einen echten Bruchterm R(x) umgeformt werden.

$$f(x) = \frac{Z(x)}{N(x)} = g(x) + R(x)$$

Wird der Bruchterm R(x) so umgeformt, dass der Nenner verschwindet, so entfällt die Quotientenregel beim Bilden der 1. Ableitung f'(x) und der 2. Ableitung f''(x).

Der Bruchterm $f(x) = \frac{\pi \cdot x^3 + 1000}{x}$ kann durch Polynomdivision in eine ganzrationale Funktion und einen echten Bruchterm umgeformt werden.

Dieses Verfahren kann nur bei scheingebrochenrationalen Funktionen $(z \geq n)$ angewandt werden.

$$f\colon f(x) = \frac{Z(x)}{N(x)} = g(x) + R(x)$$

$$f'(x) = g'(x) + R'(x) = 0$$

f(x)	Funktionsterm
f'(x)	1. Ableitung des Funktionsterms f(x)
Z(x)	Zählerpolynom
N(x)	Nennerpolynom
g(x)	Ganzrationale Funktion
g'(x)	1. Ableitung des Funktionsterms g(x)
R(x)	Bruchterm (Restglied)
R'(x)	1. Ableitung des Funktionsterms R(x)

Beispiel 1: Umformen des Quotienten in einen Summenterm

1. Umformen durch Polynomdivision.

$$f(x) = \frac{\pi \cdot x^3 + 1000}{x} = \frac{\pi \cdot x^3}{x} + \frac{1000}{x} = \underbrace{\pi \cdot x^2}_{g(x)} + \underbrace{\frac{1000}{x}}_{R(x)}$$

2. Bruchterm so umformen, dass der Nenner bei R(x) verschwindet.
$f(x) = \pi \cdot x^2 + 1000 \cdot x^{-1}$

Beispiel 2: 1. Ableitung f'(x) und 2. Ableitung f''(x)

Beim Differenzieren der Funktion $f(x) = \pi \cdot x^2 + 1000 \cdot x^{-1}$ kann nun die Regel für Summanden angewandt werden.

Lösung:

$$f(x) = \pi \cdot x^2 + 1000 \cdot x^{-1}$$

$$f'(x) = 2 \cdot \pi \cdot x + (-1)(1000) \cdot x^{-2} = 2\pi x - 1000x^{-2}$$

$$f''(x) = 2\pi - (-2) \cdot 1000 \cdot x^{-3} = 2\pi + 2000 \cdot x^{-3} = 2\pi + \frac{2000}{x^3}$$

Beispiel 3: Untersuchen der Funktion f auf relative Extremwerte

Notwendige Bedingung: f'(x) = 0

$$f'(x) = 2\pi x - 1000x^{-2}$$

$$= 2\pi x - \frac{1000}{x^2} = 0 \quad \Big| + \frac{1000}{x^2}$$

$$2\pi x = \frac{1000}{x^2} \quad | \cdot x^2$$

$$2\pi x^3 = 1000 \quad | : 2\pi$$

$$x^3 = \frac{1000}{2\pi} \quad | \sqrt[3]{\ }$$

$$x = \sqrt[3]{\frac{1000}{2\pi}} \approx \mathbf{5{,}42}$$

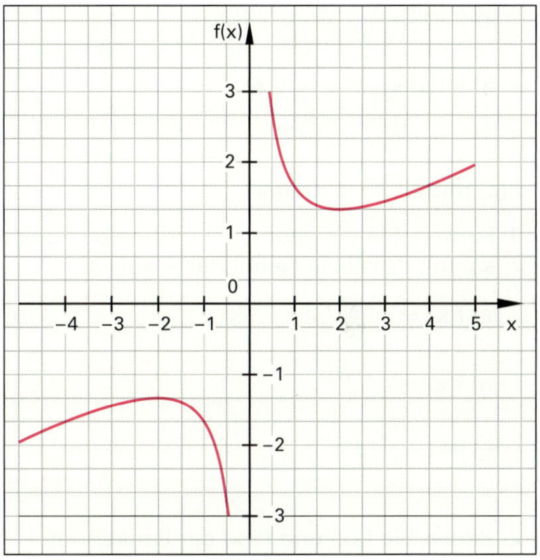

Bild 1: Schaubild der Funktion f

Fortsetzung Beispiel 3:

Hinreichende Bedingung: $f''(x_0)$ untersuchen.

$$f''\left(\sqrt[3]{\frac{1000}{2\pi}}\right) = 2\pi + \frac{2000}{\left(\sqrt[3]{\frac{1000}{2\pi}}\right)^3} = 2\pi + 4\pi = 6\pi$$

$f''(x_0) > 0 \Rightarrow$ relatives Minimum bei x = 5,42.

⇒ Der geringste Materialverbrauch liegt bei einem Radius von 5,42 cm.

Berechnung der Oberfläche mit minimalstem Flächeninhalt:

$$f\left(\sqrt[3]{\frac{1000}{2\pi}}\right) = \frac{\pi\left(\sqrt[3]{\frac{1000}{2\pi}}\right)^3 + 1000}{\sqrt[3]{\frac{1000}{2\pi}}} \approx 276{,}8\ \text{cm}^2.$$

Überprüfen Sie Ihr Wissen!

Beispielaufgaben

Erste Ableitung und Relative Extremwerte

f'(x) mittels Quotientenregel

1. Berechnen Sie die 1. Ableitung f'(x) folgender Funktionen f

a) $f(x) = \frac{x^3 + x^2 + 4}{2x^2}$

b) $f(x) = \frac{2x^2 + 5x + 2}{x^2}$

c) $f(x) = \frac{x^2 - 3x + 2}{x^2}$

2. Untersuchen Sie die Funktionen f auf relative Extremwerte und geben Sie deren Koordinaten an.

a) f: $f(x) = \frac{x^2 + 3x}{x - 1}$; $x \in \mathbb{R}\setminus\{1\}$

b) f: $f(x) = \frac{4x}{1 + x^2}$; $x \in \mathbb{R}$

f'(x) mittels Kettenregel

1. Formen Sie die gebrochenrationalen Funktionen f so um, dass kein Nennerterm auftritt.

a) $f(x) = \frac{x^3 + x^2 + 4}{2x^2}$

b) $f(x) = \frac{x^2 + 3x}{x - 1}$

c) $f(x) = \frac{x^2}{x + 1}$

2. Bilden Sie f'(x) und f''(x) der Funktionen f

a) $f(x) = \frac{x^3 + x^2 + 4}{2x^2}$

b) $f(x) = \frac{x^2 + 3x}{x - 1}$

c) $f(x) = \frac{x^2}{x + 1}$

d) $f(x) = \frac{x + 1}{x^2}$

e) $f(x) = \frac{x^3 + x^2 + x}{x^3}$

3. Gegeben ist die Funktion f mit $f(x) = \frac{x^2 + 4}{3x}$

a) Geben Sie den Definitionsbereich D_f an.

b) Geben Sie f als Summenterm an.

c) Bilden Sie f'(x) und f''(x).

d) Untersuchen Sie f auf relative Extremwerte und geben Sie deren Koordinaten an.

e) Zeichnen Sie das Schaubild von f.

Lösungen Beispielaufgaben

Erste Ableitung und Relative Extremwerte

f'(x) mittels Quotientenregel

1. a) $f'(x) = \frac{x^3 - 8}{2x^3}$ **b)** $f'(x) = \frac{-5x - 4}{x^3}$

c) $f'(x) = \frac{3x - 4}{x^3}$

2. a) $f'(x) = \frac{x^2 - 2x - 3}{(x - 1)^2}$; $f''(x) = \frac{8}{(x - 1)^3}$

relatives Maximum H (–1|1);
relatives Minimum T (3|9)

b) $f'(x) = \frac{4(1 - x^2)}{(1 + x^2)^2}$;

relatives Maximum H (1|2);
relatives Minimum T (–1|–2)

f'(x) mittels Kettenregel

1. a) $f(x) = \frac{1}{2}x + \frac{1}{2} + 2x^{-2}$

b) $f(x) = x + 4 + 4(x - 1)^{-1}$

c) $f(x) = x - 1 + (x + 1)^{-1}$

2. a) $f'(x) = \frac{1}{2} - \frac{4}{x^3}$; $f''(x) = \frac{12}{x^4}$

b) $f'(x) = 1 - \frac{4}{(x - 1)^2}$; $f''(x) = \frac{8}{(x - 1)^3}$

c) $f'(x) = 1 - \frac{1}{(x - 1)^2}$; $f''(x) = \frac{2}{(x - 1)^3}$

d) $f'(x) = -\frac{1}{x^2} - \frac{2}{x^3}$; $f''(x) = \frac{2}{x^3} + \frac{6}{x^4}$

e) $f'(x) = -\frac{1}{x^2} - \frac{2}{x^3}$; $f''(x) = \frac{2}{x^3} + \frac{6}{x^4}$

3. a) $D_f = \mathbb{R}\setminus\{0\}$ **b)** $f(x) = \frac{1}{3}x + \frac{4}{3x}$

c) $f'(x) = \frac{1}{3} - \frac{4}{3x^2}$; $f''(x) = \frac{8}{3x^3}$

d) relatives Maximum H (–2|–1,33);
relatives Minimum T (2|1,33)

e) Schaubild Bild 1

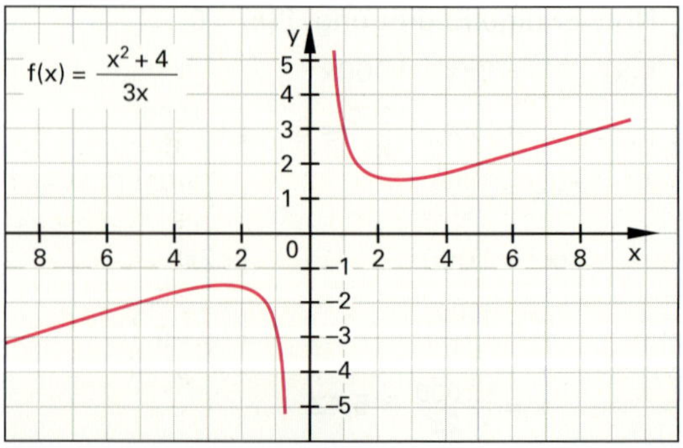

Bild 1: Schaubild zur Aufgabe 3

Übungsaufgaben

1. Blechdose

Eine Dose aus Blech, die auf der Oberseite mit einem gummierten Glasdeckel luftdicht verschlossen wird, soll gefertigt werden. Ein Verpackungsingenieur erhält für den Blechteil der Dose folgende Rahmendaten: Die Dose soll ein Quader mit rechteckiger Grundfläche sein. Das Verhältnis Länge l : Breite b soll gleich 2 : 1 betragen. Fassungsvermögen: 2500 ml.

a) Bestimmen Sie die Gleichung für die Blechoberfläche der Dose in Abhängigkeit von der Dosenbreite b.

b) Aufgrund der Kostenminimierung soll der Blechbedarf einer Dose so gering wie möglich gehalten werden. Für welche Breite b ist die Oberfläche minimal?

c) Berechnen Sie die geringste Oberfläche einer Dose in cm^2. Geben Sie zusätzlich die übrigen Maße der Dose an.

2. Zeltwände

Eine Firma stellt Festzelte her. Die Seitenwände sind aus wetterbeständigem und UV-Licht undurchlässigem Stoff verarbeitet. Die Fenster in den Seitenwänden sind durch ein Saumband mit den Fensterausschnitten der Zeltwand vernäht **(Bild 1)**.

a) Berechnen Sie zuerst für eine Fensterbreite x = 1,2 m und einer Zeltwandlänge b = 11 m den Fensterabstand a für 4 Fenster. Leiten Sie dann eine allgemeine Formel für den Fensterabstand a her.

b) Berechnen Sie die benötigte Länge des Saumbandes für 4 Fenster, bei einer Fensterbreite x = 1,2 m und einer Fensterhöhe y = 2,05 m.

c) Um maximalen Lichteinfall zu erreichen, soll bei gleicher Saumbandlänge (6 m für ein Fenster) die Fensterfläche vergrößert werden. Berechnen Sie die Breite und die Höhe eines Fensters.

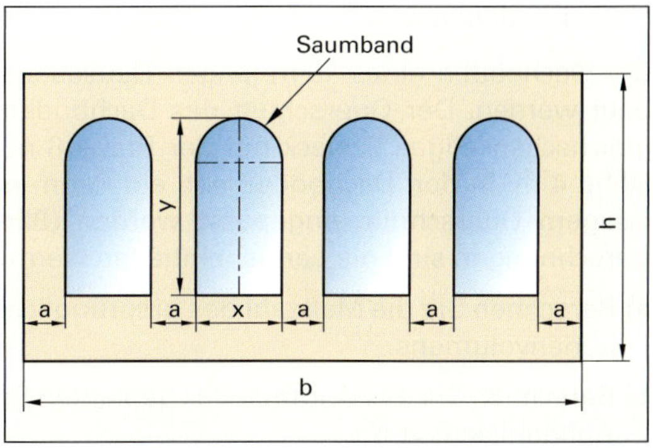

Bild 1: Seitenwand

3. Kartenfertigung

Ein Karton soll aus einem rechteckigen Stück Papier mit der Länge l = 3 dm und der Breite b = 2 dm gefertigt werden. Dabei wird an jeder Ecke ein Quadrat (hell) der Seitenlänge x (in dm) herausgeschnitten **(Bild 2)**. Die überstehenden Rechtecke werden entlang der gestrichelten Linien senkrecht nach oben gefaltet, sodass ein oben offener Quader vom Volumen V entsteht.

a) Geben Sie das Volumen V(x) in Abhängigkeit von x an.

b) Bestimmen Sie den Wert für x, bei dem das Volumen V seinen maximalen Wert annimmt und berechnen Sie das maximale Volumen.

4. Wassersäule

Aus dem Loch eines Gefäßes mit einer Wassersäule von 5 m spritzt Wasser (Bild 2). Dabei ist a der Abstand des Wasserstrahls vom Boden. Das ausströmende Wasser beschreibt einen Parabelbogen. Für die Ausflussgeschwindigkeit v_0 in Abhängigkeit von der Druckhöhe h und der Fallbeschleunigung g ($g = 10\ m/s^2$) gilt: $v_0 = \sqrt{2gh}$. Getrennt für die x- und y-Richtung ergeben sich folgende Weg-Zeit-Funktionen.

$y(t) = -\frac{1}{2}gt^2;\ x(t) = v_0 \cdot t$

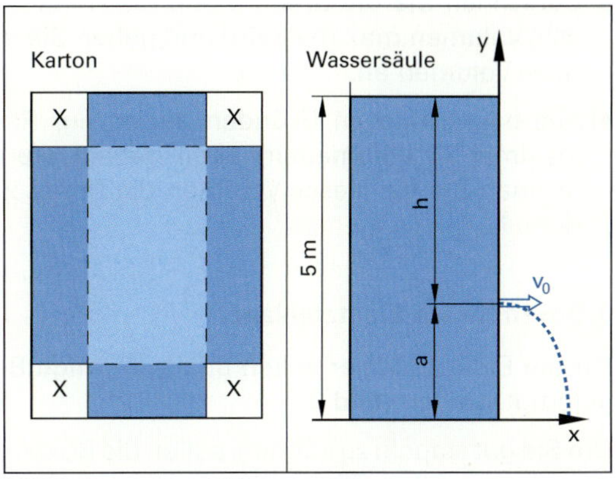

Bild 2: Karton und Wassersäule

a) Geben Sie die Funktionsgleichung für den Parabelbogen an.

b) Eine Öffnung soll so angebracht werden, dass der Strahl möglichst weit reicht. Berechnen Sie die Reichweite dieses Strahls.

Lösungen Übungsaufgaben

1. a) $O(b) = 2b^2 + \frac{7500\ ml}{b}$

b) $b = \sqrt[3]{\frac{7500}{4}}$ cm

c) O(12,33 cm) = 912,33 cm^2; l = 24,66 cm; h = 8,22 cm

2. a) $a = \frac{b - n \cdot x}{n + 1}$

b) Länge: U = 24 m

c) z = 0,84 m; y = 1,68 m

3. a) $V(x) = 4x^3 - 10x^2 + 6x$

b) x = 0,39 dm; V = 1,056 dm^3

4. a) $y(x) = -\frac{1}{4h} \cdot x^2 + a$

b) a = 2,5 m

5. Dachbodenausbau

Der Dachboden eines 10-m-langen Hauses soll ausgebaut werden. Der Querschnitt des Dachbodens ist ein gleichschenkeliges Dreieck mit der Breite 8 m und der Höhe 4 m. In den Dachboden soll ein Raum mit rechteckigem Querschnitt eingepasst werden **(Bild 1).** Für Berechnungen sind die Längeneinheiten wegzulassen.

a) Berechnen Sie die Maßzahl des ursprünglichen Dachbodenvolumens.

b) Berechnen Sie das Volumen des geplanten Raumes in Abhängigkeit von x.

c) Geben Sie einen sinnvollen Definitionsbereich D_V an.

d) Berechnen Sie die Breite x und die Höhe h so, dass sein Volumen maximal wird und geben Sie das maximale Volumen an.

e) Aus baurechtlichen Gründen dürfen nur Räume mit maximal 75 Volumeneinheiten gebaut werden. Berechnen Sie für dieses Volumen die Breite x und die Höhe h.

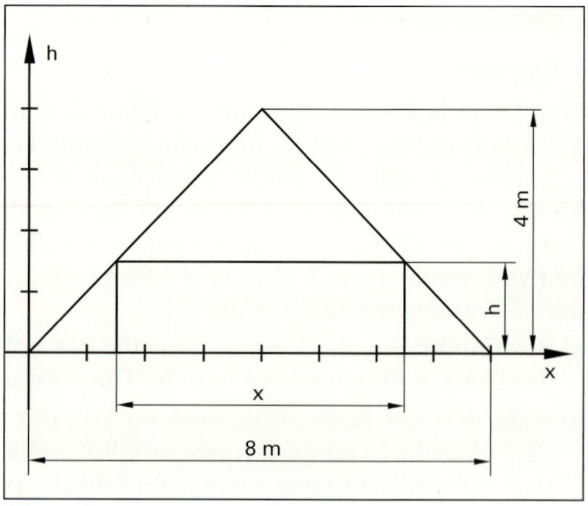

Bild 1: Querschnitt des Dachbodens

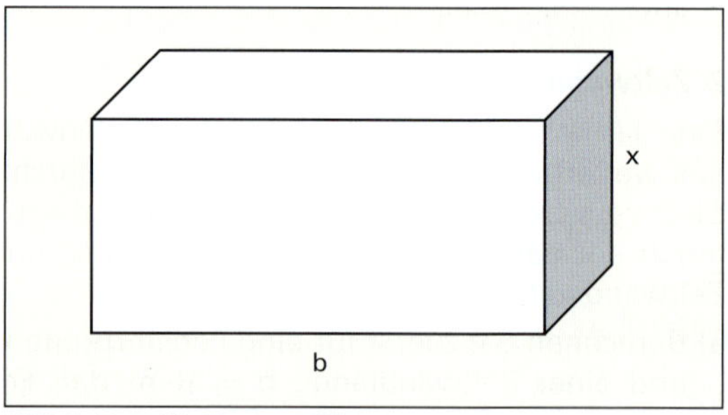

Bild 2: Box für Ersatzteillager

6. Boxen für ein Ersatzteillager

Für ein Ersatzteillager sollen quaderförmige Boxen angefertigt werden **(Bild 2).**

Um Sie gut stapeln zu können, sollen die Boxen folgende Vorgaben erfüllen: Die beiden Seitenflächen (links und rechts) sollen quadratisch sein und die Summe aller 12 Kantenlängen soll aus fertigungstechnischen Gründen genau 24 Meter betragen.

a) Der Funktionsterm b(x) zeigt den Zusammenhang zwischen der Boxenbreite b und der Seitenlänge x. Bestimmen Sie den Funktionsterm b(x) in Abhängigkeit von x.

b) Ermitteln Sie die Funktionsgleichung des Boxenvolumens V(x) in Abhängigkeit der Länge x.

c) Geben Sie einen sinnvollen Definitionsbereich für die Funktion V(x) an und begründen Sie Ihre Antwort.

d) Berechnen Sie, für welche Werte von x das Boxenvolumen maximal wird und geben Sie dieses maximale Volumen an.

7. Hochwasserpegelstand

Der zeitliche Verlauf des Pegelstandes eines Flusses während eines Hochwassers kann nach dem Überschreiten der Meldegrenze P_0 mit der Gleichung

$P(t) = \frac{1}{8}(t^3 - 12t^2 + 36t + 8)$ mit $t \in D = [0; 6]$

beschrieben werden. Dabei ist P(t) der Pegelstand über Normal in Metern und t die Zeit in Tagen.

a) Berechnen Sie die Meldegrenze P_0 zum Zeitpunkt t = 0 und nach einem Tag.

b) Berechnen Sie den Zeitpunkt und die Höhe des maximalen Pegelstandes.

c) Berechnen Sie den Zeitpunkt, an dem der Pegel am stärksten abnimmt.

d) Der Pegelstand von drei Metern über Null gilt als Alarmgrenze. Die Entwarnungsgrenze erreicht der Pegelstand nach vier Tagen. Berechnen Sie den Zeitpunkt, an dem Alarm ausgelöst wurde.

Lösungen Übungsaufgaben

1. a) A = 160

b) $V(x) = x\left(4 - \frac{1}{2}x\right) \cdot 10 = 40x - 5x^2$

c) $D_V = \{x | 0 < x < 8\}_{\mathbb{R}}$

d) x = 4; h = 2; V = 80

e) $x_1 = 3$ und $h_1 = 2{,}5$;
oder: $x_2 = 5$ und $h_2 = 1{,}5$

2. a) $b(x) = 6 - 2x$

b) $V(x) = -2x^3 + 6x^2$

c) $D =]0; 3[$

d) x = 2; V(2) = 8

3. a) P(0) = 1; P(1) = 4,1

b) Nach zwei Tagen hat der Pegel eine Höhe von fünf Metern.

c) t = 4 (Wendestelle)

d) $t \approx 0{,}5$

4.12.6 Einparametrige Funktionenschar

Unter dem Begriff Funktionenschar versteht man Funktionen, in denen außer der Variablen x noch ein Scharparameter, z. B. a, steckt. Durch Einsetzen beliebiger Werte für a bekommt man verschiedene konkrete Funktionen der Schar **(Bild 1)**. Diese Funktionen können dann einzeln diskutiert werden.

Es kann aber auch eine Kurvendiskussion in Abhängigkeit vom Parameter a durchgeführt werden. Alle Ergebnisse sind damit abhängig vom Parameter a. Aus diesen Ergebnissen können dann bestimmte Funktionen mit bestimmten Eigenschaften herausgefiltert werden, z. B. Funktionen mit nur einer waagerechten Stelle oder Ortskurven, auf denen alle Hochpunkte liegen.

f_a: $x \mapsto f_a(x)$
$f_a(x) = x^3 + ax^2 + 2ax$
mit $x \in \mathbb{R}$ und $a \in \mathbb{R}$

f_a	Name der Funktionenschar
$f_a(x)$	Funktionswerte der Funktionenschar
a	Parameter der Funktionenschar

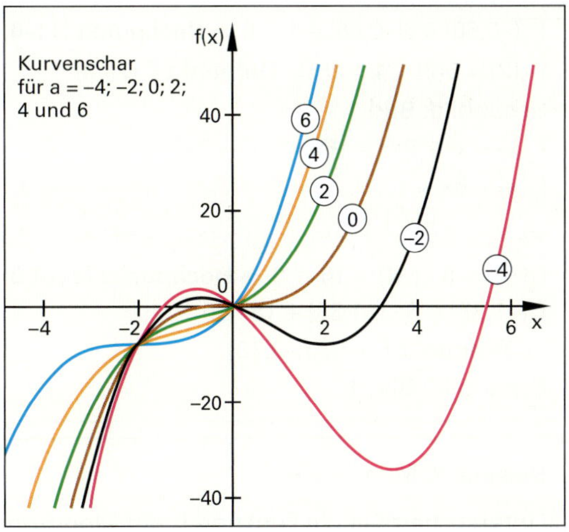

Bild 1: Kurvenschar

Diskussion einer Funktionenschar

Betrachtet wird die Funktion

$f_a(x) = x^3 + ax^2 + 2ax$ mit $x \in \mathbb{R}$ und $a \in \mathbb{R}$;

das Schaubild der Funktion wird mit G_{fa} bezeichnet.

Symmetrieverhalten $f_a(-x)$ bzw. $f_{-a}(-x)$

Der Term $f_a(-x) = -x^3 + ax^2 - 2ax$ stimmt nur für a = 0 mit $-f_a(x)$ überein. Nur G_{f0} ist symmetrisch zum Ursprung.

Der Term $f_{-a}(-x) = -x^3 - ax^2 + 2ax$ stimmt nur für a = 0 mit $-f_{-a}(x)$ überein. Nur G_{f0} ist symmetrisch zum Ursprung.

Nullstellen $f_a(x) = 0$

$$0 = x^3 + ax^2 + 2ax = x(x^2 + ax + 2a)$$

$$\Leftrightarrow \quad x_1 = 0 \lor x^2 + ax + 2a = 0$$

$$\Leftrightarrow \quad x_{2,3} = -a \pm \frac{\sqrt{a^2 - 4 \cdot 1 \cdot 2a}}{2}$$

Untersuchung der Diskriminante $D = a^2 - 8a$. Wird das Schaubild der Funktion für die Diskriminante gezeichnet **(Bild 2)**, so ist daraus ersichtlich:

Es existieren zwei weitere Nullstellen, falls $D > 0$ ist. Dies gilt für $a < 0$ oder für $a > 8$.

Es existiert je eine weitere Nullstelle, falls D = 0 ist, sie lauten x = 0, falls a = 0 bzw. x = –4, falls a = 8 ist. Es existieren keine weiteren Nullstellen außer x = 0, falls $D < 0$ ist. Dies gilt für $0 < a < 8$.

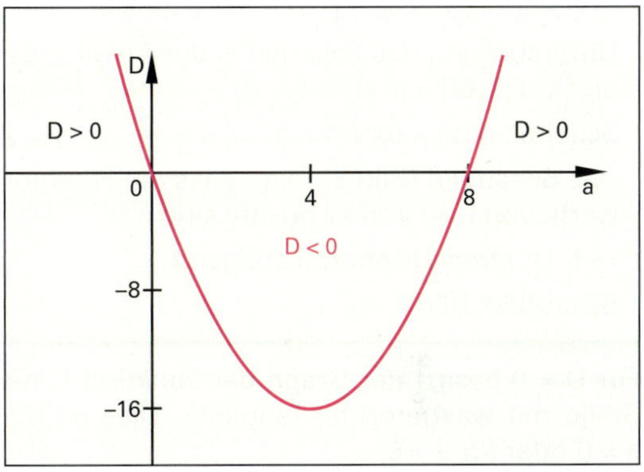

Bild 2: Schaubild der Diskriminante für Nullstellen

Waagerechte Tangenten $f'_a(x) = 0$

$f'_a(x) = 3x^2 + 2ax + 2a = 0$;

$$x_{1,2} = \frac{-2a \pm \sqrt{(2a)^2 - 4 \cdot 3 \cdot 2a}}{2 \cdot 3} = \frac{-2a \pm \sqrt{4a^2 - 24a}}{6}$$

Untersuchung der Diskriminante $D = 4a^2 - 24a$

Wird das Schaubild der Funktion für die Diskriminante gezeichnet **(Bild 3)**, so ist daraus ersichtlich:

Es existieren zwei Stellen mit waagerechter Tangente, falls $D > 0$ ist. Dies gilt für $a < 0$ oder für $a > 6$. Es existiert keine Stelle mit waagerechter Tangente, falls $D < 0$ ist. Dies gilt für $0 < a < 6$.

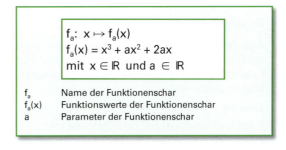

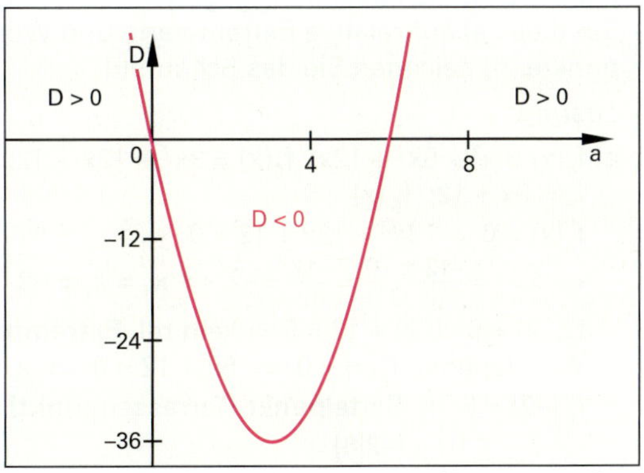

Bild 3: Schaubild der Diskriminante für waagerechte Tangenten

Beispiel 1: Relative Extremwerte

Aus dem Bereich $a < 0$ ist für $a = -2$ und dem Bereich $a > 6$ ist für $a = 8$ das Schaubild der Funktion f_{-2} und f_8 auf relative Extremwerte zu untersuchen und zu zeichnen.

Lösung:

$f_{-2}(x) = x^3 - 2x^2 - 4x;\ f'_{-2}(x) = 3x^2 - 4x - 4;$

$f''_{-2}(x) = 6x - 4;\ f'_{-2}(x) = 0 \Leftrightarrow 3x^2 - 4x - 4 = 0$

$\Leftrightarrow x_{1,2} = \frac{4 \pm \sqrt{64}}{2 \cdot 3} = \frac{4 \pm 8}{6} \Rightarrow \mathbf{x_1 = -0{,}66;\ x_2 = 2}$

$f''_{-2}(-0{,}66) = 6(-0{,}66) - 4 < 0 \Rightarrow$ **Hochpunkt H (–0,66|1,4)**

$f''_{-2}(2) = 6(2) - 4 > 0 \Rightarrow$ **Tiefpunkt T (2|–8)**

Schaubild: **Bild 1**

$f_8(x) = x^3 + 8x^2 + 16x;\ f'_8(x) = 3x^2 + 16x + 16;$

$f''_8(x) = 6x + 16;\ f'_8(x) = 0 \Leftrightarrow 3x^2 + 16x + 16 = 0$

$\Leftrightarrow x_{1,2} = \frac{-16 \pm \sqrt{64}}{2 \cdot 3} = \frac{-16 \pm 8}{6} \Rightarrow \mathbf{x_1 = -4;\ x_2 = -1{,}33}$

$f''_8(-4) = 6 \cdot (-4) + 16 < 0 \Rightarrow$ **Hochpunkt H (–4|0)**

$f''_8(-1{,}33) = 6 \cdot (-1{,}33) + 16 > 0$

$\Rightarrow$ **Tiefpunkt T (–1,33|–9,78)**

Schaubild: **Bild 1**

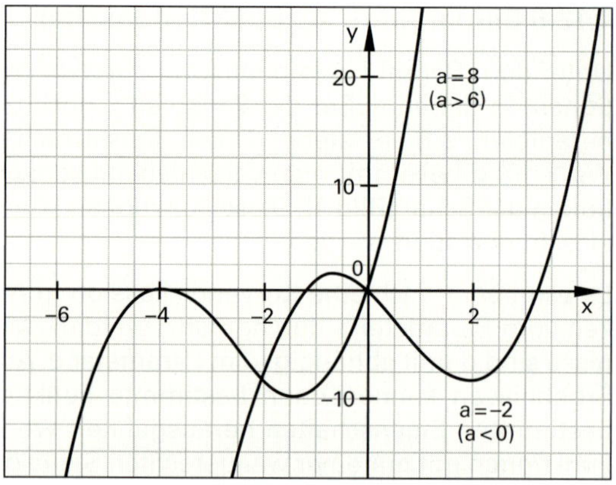

Bild 1: Schaubild der Funktionen f_{-2} und f_8

Beispiel 2: Monotonie

Untersuchen Sie die Funktion f_2 auf Monotonie und zeichnen Sie das Schaubild.

Lösung:

$f_2(x) = x^3 + 2x^2 + 4x;\ f'_2(x) = 3x^2 + 4x + 4;$

Untersuchung des Schaubilds der Ableitungsfunktion $f'_2(x) : f'_2(x) = p(x)$

Scheitel: $p'(x) = 6x + 4 = 0 \Leftrightarrow x = -\frac{2}{3} \Rightarrow y = 2{,}66$

Das Schaubild **(Bild 2)** zeigt, dass die Funktionswerte von $f'_2(x)$ immer positiv sind

$\Rightarrow f_2$ ist **streng monoton steigend.**

Schaubild: **Bild 3**

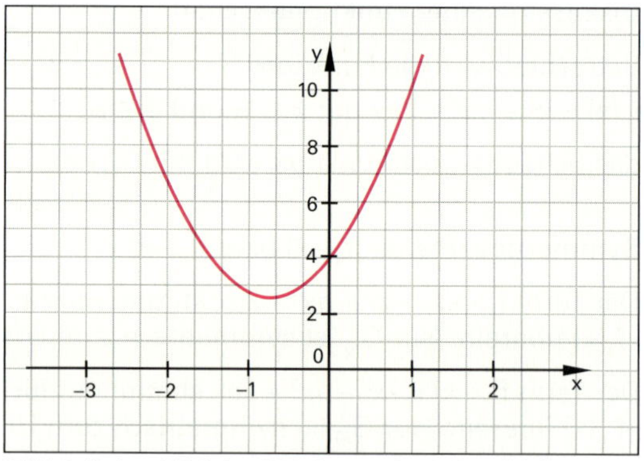

Bild 2: Schaubild der Ableitungsfunktion $f'_2(x)$

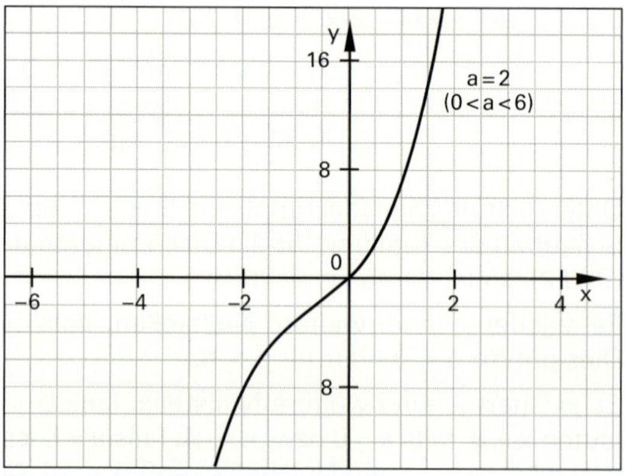

Bild 3: Schaubild der Funktion f_2

Für $D = 0$ besitzt der Graph der Funktion f_a genau eine Stelle mit waagerechter Tangente. Dies ist der Fall für $a = 0$ oder für $a = 6$.

Beispiel 3: Relative Extremwerte und Wendepunkte

Für $a = 6$ ist die Funktion f_6 gegeben. Untersuchen Sie diese a) auf relative Extremwerte und Wendepunkte. b) Zeichnen Sie das Schaubild.

Lösung:

a) $f_6(x) = x^3 + 6x^2 + 12x;\ f'_6(x) = 3x^2 + 12x + 12;$

$f''_6 = 6x + 12;\ f'''_6(x) = 6$

$f'_6(x) = 0 \Leftrightarrow 3x^2 + 12x + 12 = 0$

$\Leftrightarrow x_{1,2} = \frac{-12 \pm \sqrt{0}}{2 \cdot 3} = \frac{-12}{6} = -2 \Leftrightarrow \mathbf{x_1 = x_2 = -2}$

$f''_6(-2) = 6 \cdot (-2) + 12 = 0 \Rightarrow$ **kein rel. Extremum**

Wendepunkt: $f''_6(x) = 0 \Leftrightarrow 6x + 12 = 0 \Leftrightarrow x = -2$

$f'''_6(-2) = 6 \Rightarrow$ **Sattelpunkt (Terrassenpunkt) bei (–2|8)**

b) Schaubild: **Bild 4**

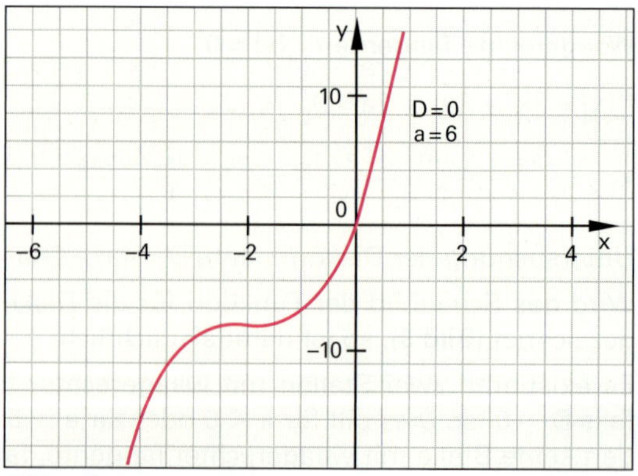

Bild 4: Terrassenpunkt

Ortskurven

Um einen besseren Überblick über die Funktionenschar zu bekommen, kann man untersuchen, wie sich die Lage von Punkten (z. B. Hochpunkte oder Wendepunkte) mit einer bestimmten Eigenschaft verändert, wenn der Parameter a verändert wird.

Löst man z. B. beim Wendepunkt $W_a\,(u(a)|v(a))$ mit den Koordinaten $x = u(a)$ und $f_a(x) = y = v(a)$ die x-Koordinate nach a auf und setzt diese dann in die y-Koordinate ein, so erhält man die Funktionsgleichung der Kurve, auf der sich alle Wendepunkte befinden.

Beispiel 1: Ortskurven

Bestimmen Sie die Funktionsgleichung der Ortskurve, auf der sich alle Wendepunkte der Funktion $f_a(x) = x^3 + ax^2 + 2ax$ befinden und zeichnen Sie das Schaubild.

Lösung:

Es gilt: $W\left(\underbrace{-\frac{1}{3}a}_{x}\,\middle|\,\underbrace{\frac{2}{27}a^3 - \frac{2}{3}a^2}_{y}\right)$; $x = -\frac{1}{3}a \Rightarrow a = -3x$;

a wird nun in $y = \frac{2}{27}a^3 - \frac{2}{3}a^2$ eingesetzt:

$y = \frac{2}{27}(-3x)^3 - \frac{2}{3}(-3x)^2 = -2x^3 - 6x^2$

$\Rightarrow$ die Wendepunkte der Funktion $f_a(x)$ bewegen sich auf der Ortskurve mit der Gleichung $y = -2x^3 - 6x^2$.

Schaubild: **Bild 1**

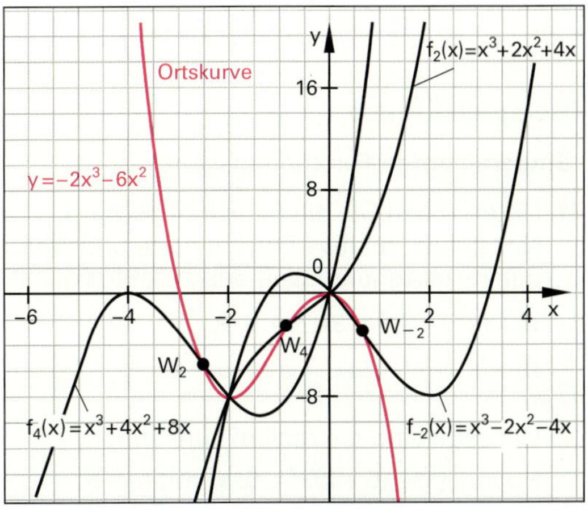

Bild 1: Ortskurve der Wendepunkte

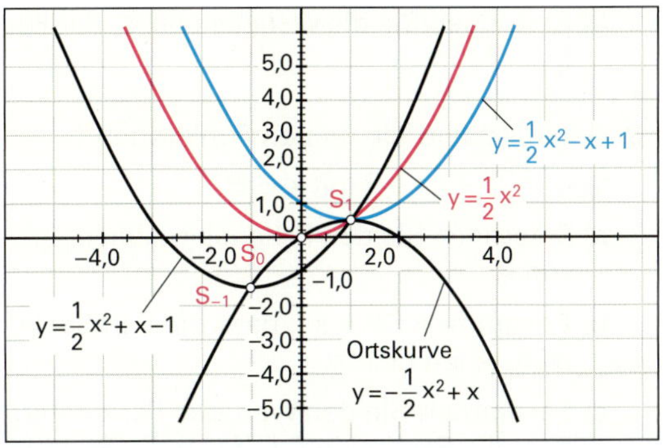

Bild 2: Schaubild der Funktionenschar f_b

Invarianten

Untersucht man eine Funktionenschar auf Punkte, bei deren Berechnung der Parameter a nicht vorkommt, so bezeichnet man diese Punkte als invariante Punkte.

Beispiel 2: Invariante Punkte

Die Funktionenschar $f_a(x) = x^3 + ax^2 + 2ax$ ist auf gemeinsame Punkte zu untersuchen.

Lösung:

Man setzt die y-Werte zweier Gleichungen mit $a_1 \neq a_2$ gleich.

$f_{a_1}(x) = f_{a_2}(x) \Leftrightarrow x^3 + a_1x^2 + 2a_1x = x^3 + a_2x^2 + 2a_2x$

$\Leftrightarrow a_1x^2 + 2a_1x - (a_2x^2 + 2a_2x) = 0$ | sortieren

$\Leftrightarrow x^2(a_1 - a_2) + x(2a_1 - 2a_2) = 0$ | x ausklammern

$\Leftrightarrow x\left[x(a_1 - a_2) + (2a_1 - 2a_2)\right] = 0$ | Satz vom Nullprodukt

$x_1 = 0 \vee x(a_1 - a_2) + (2a_1 - 2a_2) = 0$

$x_2 = \frac{-2(a_1 - a_2)}{(a_1 - a_2)} = -2$

d. h. an den Stellen $x_1 = 0$ und $x_2 = -2$ hat die Funktionenschar f_a Punkte mit den Koordinaten $P_1\,(0|0)$ und $P_2\,(-2|-8)$, die unabhängig von der Variablen a sind (siehe auch Bild 1 vorhergehende Seite). Diese Punkte werden als invariante Punkte bezeichnet.

Aufgaben zu Ortskurven und Invarianten

Gegeben ist die Funktionenschar p_b mit

$p_b(x) = \frac{1}{2}x^2 - bx + b; \quad b \in \mathbb{R}$

a) Zeichnen Sie die Schaubilder von p_b für $b = -1$, $b = 0$ und $b = 1$ in ein kartesisches Koordinatensystem.

b) Geben Sie die Koordinaten der Scheitelpunkte (Extremwerte) von p_b an.

c) Bestimmen Sie die Funktionsgleichung der Ortskurve, auf der sich alle Scheitel der Parabelschar $p_b(x) = \frac{1}{2}x^2 - bx + b$ befinden.

d) Zeichnen Sie das Schaubild der Ortskurve in das unter a) angelegte Koordinatensystem.

e) Untersuchen Sie p_b auf invariante Punkte.

Lösungen:

a) siehe **Bild 2**

b) $S\left(b\,\middle|\,-\frac{1}{2}b^2 + b\right)$

c) $y = -\frac{1}{2}x^2 + x$

d) siehe a)

e) $x = \frac{b_2 - b_1}{b_2 - b_1} = 1$

Überprüfen Sie Ihr Wissen!

Beispielaufgaben

Einparametrige Funktionenschar

1. Untersuchen Sie die Funktionenschar $f_a(x)$ auf Nullstellen, relative Extremwerte und Wendepunkte in Abhängigkeit der Variablen a.

a) $f_a(x) = -\frac{3}{a}x^3 + 3x^2;\ a \in \mathbb{R}\setminus\{0\}$

b) $f_a(x) = x^3 - 2ax^2 + a^2x;\ a > 0.$

2. Gegeben sind die reellen Funktionen $f_k(x) = \frac{1}{6}[x^3 - (5 + k)x^2 + 5kx]$ mit $k \in \mathbb{R}$

a) Ermitteln Sie die Nullstellen in Abhängigkeit von k.

b) Berechnen Sie die Wendestelle x_w der Funktion f_k.

3. Gegeben sind die reellen Funktionen $f_k(x) = \frac{1}{4}x^2 - kx + 5$ mit $k \in \mathbb{R}$

a) Berechnen Sie den Scheitel in Abhängigkeit von k.

b) Bestimmen Sie k so, dass die Parabel keine Nullstellen besitzt.

c) Bestimmen Sie den Wert des Parameters k so, dass die Parabel in $P\,(1|f_k(1))$ die Steigung $m = 0{,}5$ hat.

4. Berechnen Sie die Ortskurve aller Hochpunkte der Funktionenschar $f_a(x) = -x^2 + ax + a$ mit $a \in \mathbb{R}$.

5. Gegeben sind die reellen Funktionen $f_k(x) = \frac{1}{8}(x^3 - 3x^2 + 3kx + 3k + 2)$ mit $k \in \mathbb{R}$

a) Zeigen Sie, dass die Koordinaten des Wendepunktes W von k unabhängig sind.

b) Ermitteln Sie diejenigen Werte von k, für die das Schaubild keine relativen Extremwerte besitzt.

c) Bestimmen Sie den Wert von k so, dass das Schaubild von f_k bei $x = -1$ eine waagrechte Tangente hat.

Exponentialfunktion

1. Die Kurve einer Exponentialfunktion hat die Gleichung $f(x) = e^{ax} - b$. Bestimmen Sie die Funktionsgleichung so, dass die Kurve durch die Punkte $P\,(0|1 - e)$ und $Q\,(2|0)$ geht.

2. Eine Exponentialfunktion hat die Funktionsgleichung $f(x) = 3 - a \cdot e^{bx}$. Ist es möglich, die reellen Zahlen a und b so zu bestimmen, dass das Schaubild der Exponentialfunktion durch die Punkte $P\,(-1|4)$ und $Q\,(1|0)$ geht? Begründen Sie das Rechenergebnis.

Lösungen Beispielaufgaben

Einparametrige Funktionenschar

1. a) $x_1 = 0;\ x_2 = a;\quad T\,(0|0);$

$H\left(\frac{2}{3}a\,\middle|\,\frac{4}{9}a^2\right);\quad W\left(\frac{a}{3}\,\middle|\,\frac{2}{9}a^2\right)$

b) $x_1 = 0;\ x_2 = a;\quad T\,(a|0);$

$H\left(\frac{1}{3}a\,\middle|\,\frac{4}{27}a^3\right);\quad W\left(\frac{2}{3}a\,\middle|\,\frac{2}{27}a^3\right)$

2. a) $x_1 = 0;\ x_2 = 5;\ x_3 = k$

b) $x_w = \frac{5 + k}{3}$

3. a) $S\,(2k|5 - k^2)$

b) $|k| < \sqrt{5}$

c) $k = 0$

4. $y = x^2 + 2x$

5. a) $W\,(1|0)$

b) $k \leq -1$

c) $k = 3$

Exponentialfunktion

1. $f(x) = e^{0,5x} - e$

2. $a > 0$ und $a < 0 \Rightarrow$ a und b lassen sich nicht bestimmen $\Rightarrow L = \{\}$

4.13 Ermittlung von Funktionsgleichungen

4.13.1 Gleichungsermittlung bei ganzrationalen Funktionen

Die Ermittlung einer Funktionsgleichung aus Vorgaben wird auch als umgekehrte Kurvendiskussion bezeichnet. Dabei werden die Koeffizienten einer Funktion rechnerisch ermittelt. Bei z.B. einer ganzrationalen Funktion dritten Grades müssen 4 Koeffizienten bestimmt werden.

$$f(x) = ax^3 + bx^2 + cx + d$$

> Zur Gleichungsermittlung bei einer ganzrationalen Funktion n-ten Grades müssen n + 1 Koeffizienten bestimmt werden.

Bei der 6 m langen Auffahrt zu einer Garage muss ein Höhenunterschied von 1 m überwunden werden **(Bild 1)**. Es gilt: $x \in [0; 6]$. Die Auffahrt soll so aufgefüllt werden, dass gleichmäßige Übergänge entstehen. Der Verlauf der Teerdecke entspricht einer ganzrationalen Funktion dritten Grades. Um die vier Koeffizienten a, b, c und d berechnen zu können, müssen vier Vorgaben vorliegen. Diese sind entweder in Textform gegeben oder sind aus dem Schaubild der Funktion abzulesen.

Die vier Vorgaben für die Garagenauffahrt sind:

1. An der Stelle 0 ist die Höhe null.
2. Die Steigung an der Stelle 0 ist 0.
3. An der Stelle 3 ist ein Wendepunkt.
4. An der Stelle 6 beträgt die Höhe 1 m.

Diese vier Vorgaben in Form von Aussagen müssen in mathematische Bedingungen umformuliert werden **(Tabelle, Seite 171)**.

Beispiel 1: Vorgaben in mathematische Bedingungen umformulieren

Erstellen Sie mithilfe der Tabelle auf Seite 171 die Bedingungen zur Ermittlung der Koeffizienten a, b, c und d.

Lösung:

1. Vorgabe: Der Funktionswert an der Stelle $x_1 = 0$, also f(0), ist null. Es gilt damit **f(0) = 0**.

2. Vorgabe: Die Steigung, d.h. die erste Ableitung, an der Stelle $x_1 = 0$, also f'(0), ist null. Es gilt damit **f'(0) = 0**.

3. Vorgabe: Im Wendepunkt ist die Krümmung null, d.h. die zweite Ableitung an der Stelle $x_2 = 3$, also f''(3), ist null. Es gilt damit **f''(3) = 0**.

4. Vorgabe: Der Funktionswert an der Stelle $x_3 = 6$, also f(6), ist eins. Es gilt damit **f(6) = 1**.

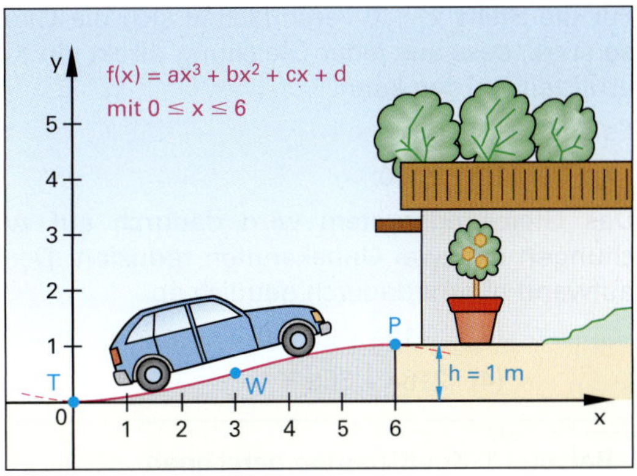

Bild 1: Garagenauffahrt

Die als Text gegebenen Aussagen liegen nun in Form von vier mathematischen Bedingungen vor. Zur Berechnung der Garagenauffahrt sind aufgrund der Vorgaben die erste und die zweite Ableitung von f(x) erforderlich.

Beispiel 2: Ableitungen

Leiten Sie die allgemeine ganzrationale Funktion 3. Grades zwei Mal ab.

Lösung:

Erste Ableitung: $f'(x) = 3ax^2 + 2bx + c$

Zweite Ableitung: $f''(x) = 6ax + 2b$

Setzt man nun in f(x), f'(x) und f''(x) die mathematischen Bedingungen ein, erhält man

(1) $f(0) = 0 \Leftrightarrow a \cdot 0^3 + b \cdot 0^2 + c \cdot 0 + d = 0$

(2) $f'(0) = 0 \Leftrightarrow 3a \cdot 0^2 + 2b \cdot 0 + c = 0$

(3) $f''(3) = 0 \Leftrightarrow 6a \cdot 3 + 2b = 0$

(4) $f(6) = 1 \Leftrightarrow a \cdot 6^3 + b \cdot 6^2 + c \cdot 6 + d = 1$

Es liegt ein Gleichungssystem von 4 Gleichungen mit 4 Unbekannten vor. Das Gleichungssystem ist damit eindeutig lösbar.

Beispiel 3: Gleichungssystem

Geben Sie das Gleichungssystem für die Unbekannten a, b, c und d an.

Lösung:

(1) $0 + 0 + 0 + d = 0$

(2) $0 + 0 + c + 0 = 0$

(3) $18a + 2b + 0 + 0 = 0$

(4) $216a + 36b + 6c + d = 1$

> Die Gleichungsermittlung bei einer ganzrationalen Funktion n-ten Grades erfolgt über ein lineares Gleichungssystem aus n + 1 Gleichungen.

Für die Stelle $x_1 = 0$ vereinfachen sich die Gleichungen so stark, dass aus jeder Gleichung direkt ein Koeffizient ermittelt werden kann.

Es gilt: (1) $d = 0$

(2) $c = 0.$

Das Gleichungssystem wird dadurch auf zwei Gleichungen mit zwei Unbekannten reduziert. Der Rechenaufwand nimmt dadurch deutlich ab.

(3) $18a + 2b = 0$

(4) $216a + 36b = 1$

Beispiel 1: Koeffizienten berechnen

Lösen Sie das Gleichungssystem.

Lösung:

(3) $18a + 2b = 0 \quad | \cdot (-12)$

(4) $216a + 36b = 1$

(3a) $-216a - 24b = 0 \quad | + \text{Gl (4)}$

$12b = 1$

(5) $b = \frac{1}{12} \quad | \text{ in Gl (4)}$

$216a + 3 = 1$

(6) $a = -\frac{1}{108}$

Man erhält $\mathbf{a = -\frac{1}{108}}$ **und** $\mathbf{b = \frac{1}{12}}$.

Die Funktionsgleichung für die Garagenauffahrt lautet somit: $f(x) = -\frac{x^3}{108} + \frac{x^2}{12}$

Beispiel 2: Maximale Steigung

Berechnen Sie anhand der erstellten Funktionsgleichung die maximale Steigung der Garagenauffahrt in Prozent.

Lösung:

$f'(x) = -\frac{x^2}{36} + \frac{x}{6}$

Die Steigung ist im Wendepunkt W am größten.

$m_{max} = f'(3) = -\frac{9}{36} + \frac{3}{6} = \frac{-3 + 3 \cdot 2}{12}$

$m_{max} = \frac{-3 + 6}{12} = \frac{3}{12} = \frac{1}{4} = 0{,}25 = \mathbf{25\,\%}$

Beispiel 3: Vorgehensweise

Strukturieren Sie die Vorgehensweise beim Erstellen von Funktionsgleichungen aus Vorgaben.

Lösung: **Tabelle 1**

Lineare Gleichungssysteme lassen sich auf einfache Weise mit den meisten grafikfähigen Taschenrechnern lösen. Das vereinfacht den Schritt 4 bei der Ermittlung von Funktionsgleichungen **(Tabelle 1)**. Nach dem Einschalten des Taschenrechners wird im Menü **Equation** (Gleichung) der Gleichungstyp **Simultaneous** (gleichsam) gewählt. Anschließend wird die Anzahl der zu ermittelnden Unbekannten angegeben, z. B. 2. Auf dem Anzeigefeld des Taschenrechners erscheint eine Matrix, in der die Koeffizienten des linearen Gleichungssystems einzugeben sind.

Tabelle 1: Vorgehensweise bei der Gleichungsermittlung

Schritt	Aktion
Schritt 1	Textvorgaben oder Bildvorgaben in mathematische Bedingungen umformulieren.
Schritt 2	Erforderliche Ableitungen der allgemeinen Funktionsgleichung durchführen.
Schritt 3	Lineares Gleichungssystem erstellen.
Schritt 4	Lineares Gleichungssystem lösen.
Schritt 5	Die zu den Vorgaben zugehörige Funktionsgleichung angeben.

anX + bnY = Cn

	a	b	c
1	18	2	0
2	216	36	1

Bild 1: Taschenrechnereingabe

x	-9.E-3	-1 ⌟ 108
y	0.0833	1 ⌟ 12

Bild 2: Taschenrechnerausgabe

Beispiel 4: Koeffizienten des LGS mit dem GTR berechnen

a) Geben Sie das Gleichungssystem aus Beispiel 1 in den Taschenrechner ein.

b) Lösen Sie das Gleichungssystem mit dem Taschenrechner.

Lösung:

a) **Bild 1**. Es ist darauf zu achten, dass die zu berechnenden Koeffizienten am GTR mit x und y bezeichnet werden.

b) **Bild 2**. Die Werte der Koeffizienten werden sowohl als Dezimalzahl wie auch als Bruch angezeigt.

Tabelle 1: Gleichungsermittlung für alle Funktionsarten

Vorgabe	Ansicht	Bedingungen
Kurvenpunkt $(x_1\|y_1)$	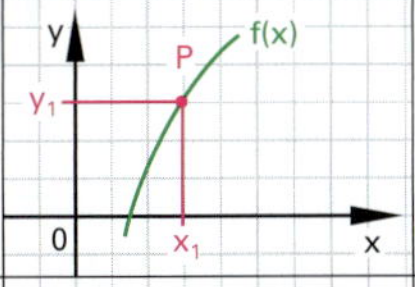	$f(x_1) = y_1$
Die Steigung m an der Stelle x_1	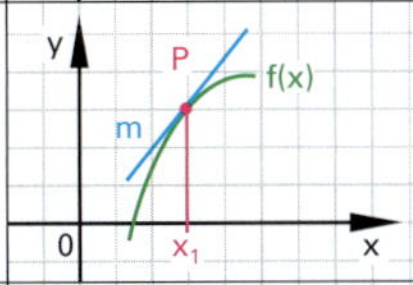	$f'(x_1) = m$
Hochpunkt oder Tiefpunkt liegt an der Stelle x_1	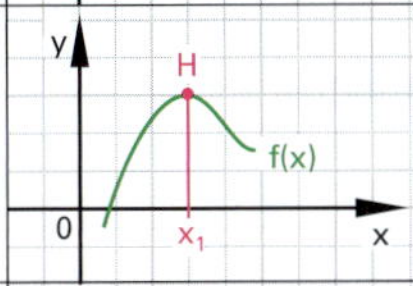	$f'(x_1) = 0$
Die Kurve von f(x) berührt die Abszisse (x-Achse, y = 0) an der Stelle x_1	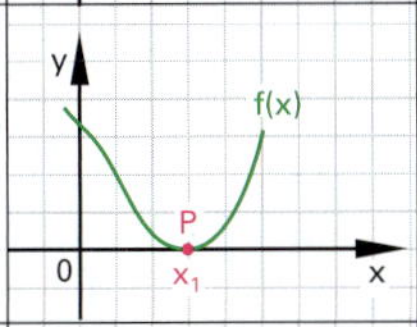	$f(x_1) = 0$ $f'(x_1) = 0$
Wendepunkt liegt an der Stelle x_1	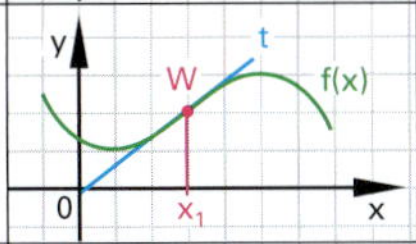	$f''(x_1) = 0$
Sattelpunkt (Terrassenpunkt) liegt an der Stelle x_1	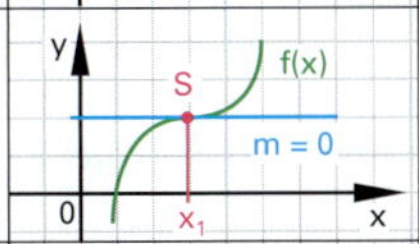	$f'(x_1) = 0$ $f''(x_1) = 0$
Sattelpunkt (Terrassenpunkt) berührt die Abszisse (x-Achse, y = 0) an der Stelle x_1	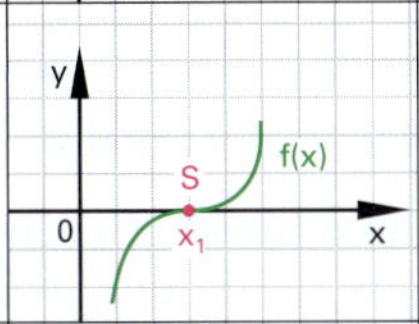	$f(x_1) = 0$ $f'(x_1) = 0$ $f''(x_1) = 0$
Die Kurve von f(x) berührt die Gerade g mit g(x) = mx + b an der Stelle x_1	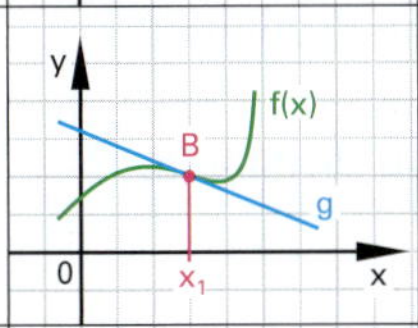	$f(x_1) = g(x_1)$ $f'(x_1) = m$
Die Kurve von f(x) schneidet an der Stelle x_1 die Gerade g mit g(x) = mx + b rechtwinklig	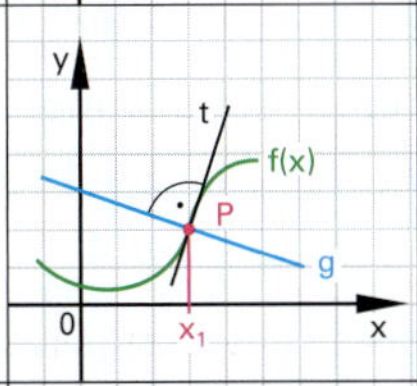	$f(x_1) = g(x_1)$ $f'(x_1) = -\frac{1}{m}$
Die Tangente t an der Kurve von f(x) an der Stelle x_1 liegt parallel zur Geraden g mit g(x) = mx + b	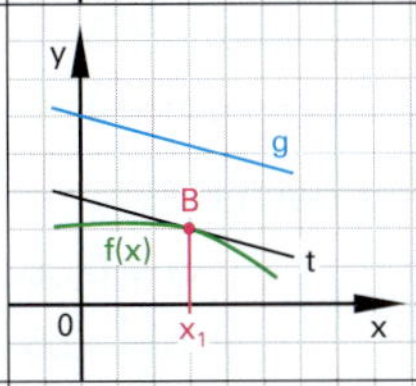	$f'(x_1) = m$
Die Kurve ist achsensymmetrisch zur Ordinate (y-Achse, x = 0)	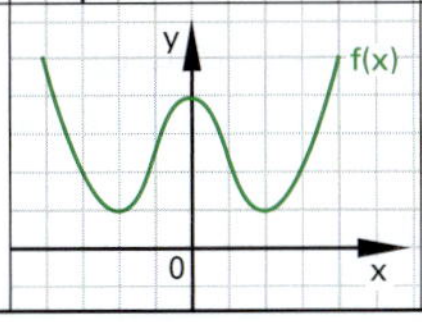	$f(-x) = f(x)$
Die Kurve ist punktsymmetrisch zum Koordinatenursprung (0|0)	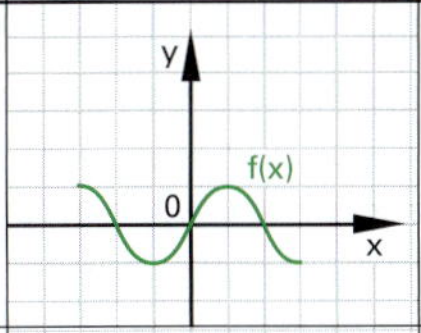	$f(-x) = -f(x)$
Die Kurve einer ganzrationalen Funktion ist achsensymmetrisch zur Ordinate (y-Achse, x = 0)	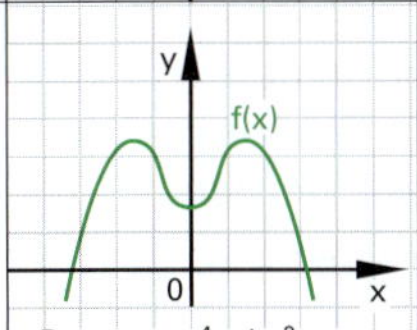 Bsp: $y = ax^4 + bx^2 + c$	nur gerade Exponenten von x^n
Die Kurve einer ganzrationalen Funktion ist punktsymmetrisch zum Koordinatenursprung (0|0)	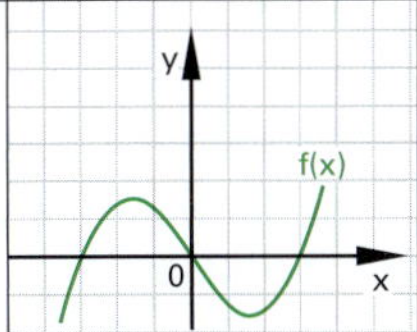 Bsp: $y = ax^3 + bx$	nur ungerade Exponenten von x^n
Die Kurven von f(x) und g(x) berühren sich an der Stelle x_1	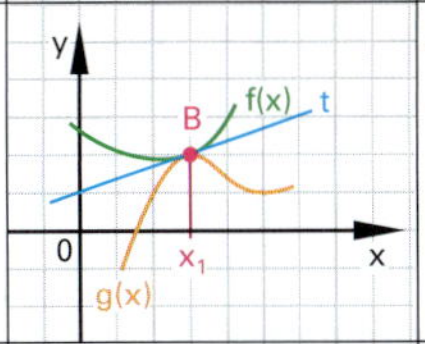	$f(x_1) = g(x_1)$ $f'(x_1) = g'(x_1)$
Die Kurven von f(x) und g(x) schneiden sich an der Stelle x_1 rechtwinklig	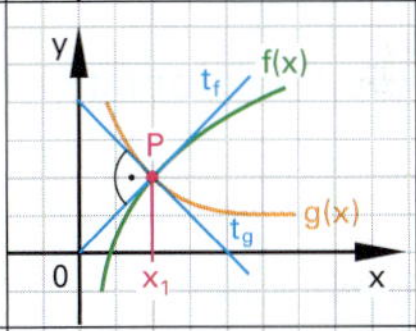	$f(x_1) = g(x_1)$ $f'(x_1) = -\frac{1}{g'(x_1)}$
Die Kurve von f(x) schneidet an der Stelle x_1 die Abszisse (x-Achse, y = 0) mit der Steigung m	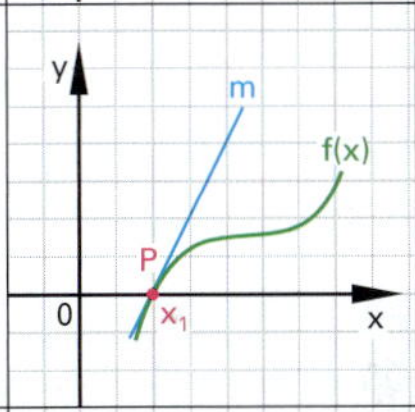	$f(x_1) = 0$ $f'(x_1) = m$
Die Wendenormale n_w: $y = m_n \cdot x + b_n$ schneidet die Kurve von f(x) im Punkt $(x_1\|y_1)$	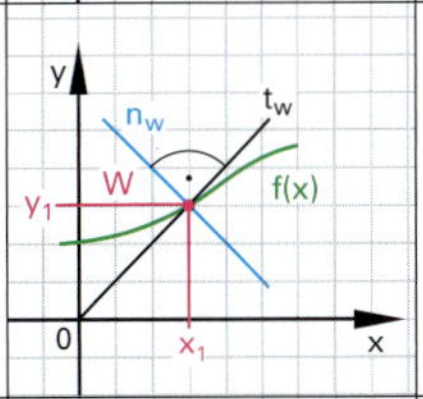	$f(x_1) = y_1$ $f'(x_1) = -\frac{1}{m_n}$ $f''(x_1) = 0$
Die Wendetangente t_w: $y = m_t \cdot x + b_t$ berührt die Kurve von f(x) im Punkt $(x_1\|y_1)$	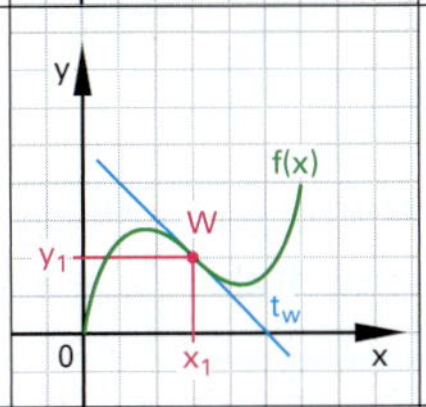	$f(x_1) = y_1$ $f'(x_1) = m_t$ $f''(x_1) = 0$
Die Kurve von f(x) schneidet die Ordinate (y-Achse, x = 0) bei y_1 rechtwinklig	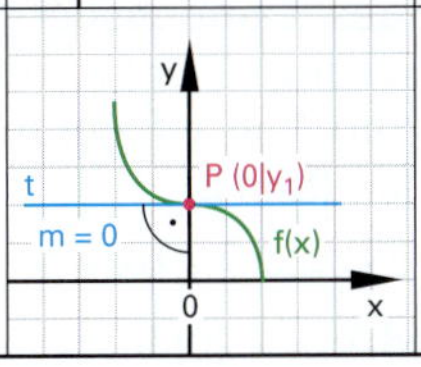	$f(0) = y_1$ $f'(0) = 0$

4.13.2 Ganzrationale Funktion mit Symmetrieeigenschaft

Eine Nachttischlampe hat einen 6 cm hohen Sockel, der unten einen Durchmesser von 13 cm und oben einen Durchmesser von 3 cm besitzt. Die steigende Linie des Sockelprofils der Nachttischlampe hat den Verlauf der Kurve einer ganzrationalen Funktion vierten Grades, welche achsensymmetrisch zur y-Achse ist **(Bild 1)**. Die Steigung der Profillinie im Punkt (5|6) beträgt 4.

Da zur y-Achse symmetrische ganzrationale Funktionen nur gerade Exponenten von x besitzen, müssen bei der Funktion vierten Grades nur drei anstelle von fünf Koeffizienten ermittelt werden.

$$f(x) = ax^4 + bx^2 + c$$

> Zur y-Achse symmetrische Funktionen haben nur gerade Exponenten von x.

Der Koeffizient c ist der y-Achsenabschnitt von f(x). Da die Profillinie des Sockels der Nachttischlampe die y-Achse bei y = 1 schneidet, ist c = 1 **(Bild 1)**. Es gilt für f(x) und f'(x):

$$f(x) = ax^4 + bx^2 + 1$$

$$f'(x) = 4ax^3 + 2bx$$

Die Funktion ist für $x \in [0; 5]$ definiert.

Beispiel 1: Profilsockel 1

Ermitteln Sie die Funktionsgleichung für die Profillinie.

Lösung:

Bedingungsgleichungen

$f(5) = a \cdot 5^4 + b \cdot 5^2 + 1 = 6$

$f'(5) = 4a \cdot 5^3 + 2b \cdot 5 = 4$

Lineares Gleichungssystem:

(1) $625a + 25b = 5$ | : (–5)

(2) $500a + 10b = 4$ | : 2

Lösen des GLS:

(1a) $-125a - 5b = -1$

(2a) $250a + 5b = 2$ (+)

(3) $125a = 1$

$a = \frac{1}{125}$ | in Gl (2a)

(4) $2 + 5b = 2$

$b = 0$

Funktionsgleichung angeben:

$\Rightarrow$ $\mathbf{f(x) = \frac{x^4}{125} + 1}$

Die Profillinie des Lampensockels kann auch mit einer zum Ursprung punktsymmetrischen Funktion 3. Grades, die um 1 in y-Richtung verschoben ist, beschrieben werden **(Bild 2)**.

$$f(x) = ax^3 + bx + 1$$

Es gilt nach **Bild 2:** $x \in [0; 5]$.

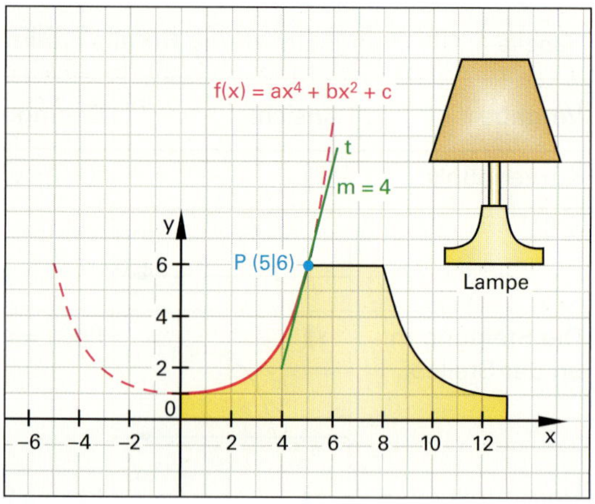

Bild 1: Lampensockel

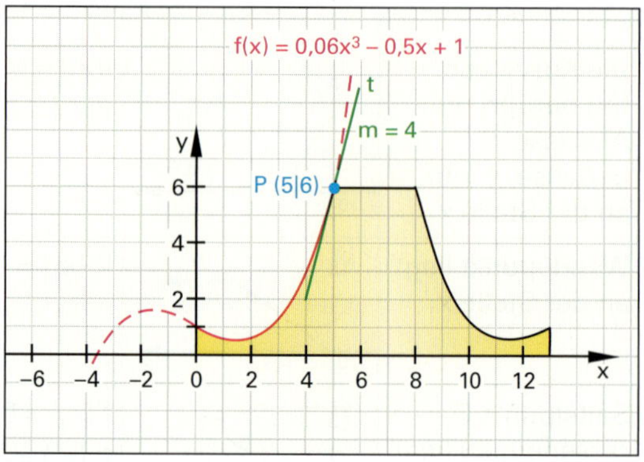

Bild 2: Schaubild zu Beispiel 2

Beispiel 2: Profilsockel 2

a) Ermitteln Sie die Gleichung $f(x) = ax^3 + bx + 1$ für die zu (0|1) punktsymmetrische Profillinie.

b) Zeichnen Sie das Schaubild der veränderten Profillinie.

Lösung:

a) Ableitung: $f'(x) = 3ax^2 + b$

Bedingungsgleichungen:

$f(5) = a \cdot 5^3 + b \cdot 5 + 1 = 6$

$f'(5) = 3a \cdot 5^2 + b = 4$

Lineares Gleichungssystem:

(1) $125a + 5b = 5$

(2) $75a + b = 4$

Lösung des LGS:

(3) $a = 0{,}06$

(4) $b = -0{,}5$

Funktionsgleichung:

$\Rightarrow$ $\mathbf{f(x) = 0{,}06x^3 - 0{,}5x + 1}$

b) **Bild 2**

4.13.3 Exponentialfunktion

In einem Alpental befindet sich die Straße nur auf einer Talseite. Auf der gegenüberliegenden Talseite gibt es einzelne Berghütten am Berghang. Um die Versorgung der Bewohner auf der gegenüberliegenden Talseite zu vereinfachen, führt eine Gondel für Güter über das Tal **(Bild 1)**. Der Verlauf des durchhängenden Seils zwischen den Punkten A und B kann mithilfe einer Exponentialfunktion beschrieben werden:

$$f(x) = a \cdot e^{b \cdot x}$$

Es gilt:

$$x \in [0; 50] \text{ und } a, b \in \mathbb{R}^*$$

Beispiel 1: Gütergondel

Ermitteln Sie die Funktionsgleichung für den Seildurchhang aufgrund der Angaben aus **Bild 1**.

Lösung:

Bedingungsgleichungen:

$f(0) = a \cdot e^{b \cdot 0} = 1{,}5$

$f(50) = a \cdot e^{b \cdot 50} = 30$

Gleichungssystem:

(1) $a = 1{,}5$ | in Gl (2)

(2) $a \cdot e^{b \cdot 50} = 30$

Lösen des Gleichungssystems:

$1{,}5 \cdot e^{b \cdot 50} = 30$ | : 1,5

$e^{b \cdot 50} = 20$ | ln

$50 \cdot b = \ln 20$ | : 50

$b = \frac{\ln 20}{50} = 0{,}06$

Funktionsgleichung angeben:

$\Rightarrow f(x) = 1{,}5 \cdot e^{\frac{\ln 20}{50} \cdot x} = \mathbf{1{,}5 \cdot e^{0{,}06x}}$

Die Funktion f(x) ist durch die Aufgabenstellung bedingt für $0 \leq x \leq 50$ definiert.

Sie wird mit $f(x) = 1{,}5 \cdot e^{0{,}06x}$ als e-Funktion beschrieben, kann aber auch mit einer anderen Basis als e einfacher beschrieben werden:

$$f(x) = 1{,}5 \cdot (e^{0{,}06})^x$$

$$f(x) = 1{,}5 \cdot 1{,}062^x$$

Beispiel 2: Steigungen

Ermitteln Sie die minimale und maximale Steigung der Seillinie.

Lösung:

$f'(x) = 1{,}5 \cdot 0{,}06 \cdot e^{0{,}06 \cdot x}$

$= 0{,}09 \cdot e^{0{,}06 \cdot x}$

$m_{min} = f'(0) = 0{,}09 \cdot e^{0{,}06 \cdot 0} = \mathbf{0{,}09}$

$m_{max} = f'(50) = 0{,}09 \cdot e^{0{,}06 \cdot 50} = \mathbf{1{,}8}$

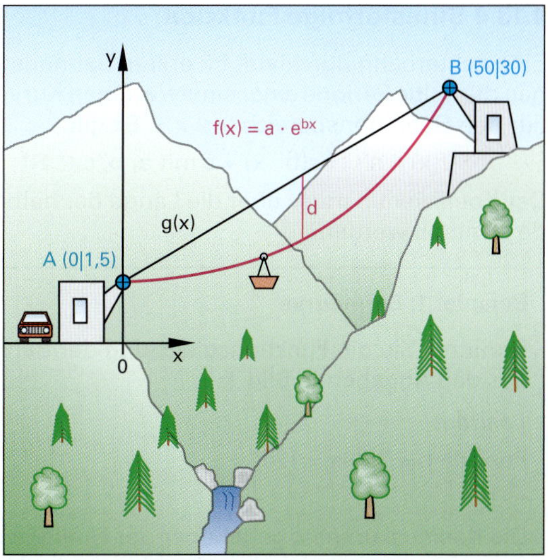

Bild 1: Gondel für Versorgungsgüter

Die direkte Verbindung zwischen den Punkten A und B in **Bild 1** ist die Gerade g mit $g(x) = 0{,}57x + 1{,}5$ und $x \in [0; 50]$. Der Seildurchhang ist d(x).

Der Seildurchhang ist die Differenzfunktion der Funktionen f und g. Da im Intervall [0; 50] die Funktionswerte von g größer als die von f sind, gilt:

$$d(x) = g(x) - f(x)$$

Beispiel 3: Maximaler Seildurchhang

Berechnen Sie den maximalen Seildurchhang d_{max}.

Lösung:

Seildurchhang:

$d(x) = g(x) - f(x)$ mit $x \in [0; 50]$

$= 0{,}57x + 1{,}5 - 1{,}5 \cdot e^{0{,}06x}$

$d'(x) = 0{,}57 - 0{,}09 \cdot e^{0{,}06x}$

$d'(x) = 0 \Leftrightarrow 0{,}57 = 0{,}09 \cdot e^{0{,}06x}$ | : 0,09

$6{,}33 = e^{0{,}06x}$ | ln

$1{,}85 = 0{,}06x$ | : 0,06

$30{,}76 = x$

$d''(x) = -0{,}0054 \cdot e^{0{,}06x} < 0$

$\Rightarrow$ Maximum

$d(30{,}76) = 0{,}57 \cdot 30{,}76 + 1{,}5 - 1{,}5 \cdot e^{0{,}06 \cdot 30{,}76}$

$\mathbf{d_{max} = 9{,}54\ m}$

4.13.4 Sinusförmige Funktion

Eine Achterbahn durchläuft im ersten Bahnabschnitt genau die halbe Periode einer sinusförmigen Kurve **(Bild 1)**. Für den Definitionsbereich $0 \leq x \leq 6\pi$ gilt:

$$f(x) = a \cdot \cos(b \cdot x) + c \text{ mit } a, b, c \in \mathbb{R}^*$$

Der Koeffizient b muss über die Länge der halben Periode ermittelt werden.

Beispiel 1: Bahnkurve

Ermitteln Sie die Funktionsgleichung der Bahnkurve aus den Angaben in **Bild 1**.

Lösung:

Periode $p = 2 \cdot 6\pi = 12\pi$

$\Rightarrow b = \frac{1}{6}$

Die Kosinuskurve ist gegenüber der Nulllage um c in y-Richtung verschoben. Damit ist c der Mittelwert der Funktionswerte des Hochpunkts und des Tiefpunkts:

$c = 0{,}5 \cdot (y_H + y_T) = 0{,}5 \cdot (19 + 7) \quad \Rightarrow c = 13$

Der Funktionswert an der Stelle 0 ist 19:

$f(0) = a \cdot \cos 0 + 13 = 19$

$a + 13 = 19 \quad \Rightarrow a = 6$

Funktionsgleichung:

$\Rightarrow \mathbf{f(x) = 6 \cdot \cos\left(\frac{1}{6} \cdot x\right) + 13}$

Im Wendepunkt der Kurve an der Stelle $x = 3\pi$ ist der Betrag der Steigung am größten.

Beispiel 2: Steigung

Berechnen Sie den Winkel φ in Grad, unter welchem die Bahnkurve im Wendepunkt die Horizontale (Waagrechte) schneidet.

Lösung:

$f'(x) = -6 \cdot \sin\left(\frac{1}{6} \cdot x\right) \cdot \frac{1}{6}$

$= -\sin\left(\frac{1}{6} \cdot x\right)$

$f'(3\pi) = -\sin\left(\frac{1}{6} \cdot 3\pi\right)$

$= -\sin \frac{\pi}{2}$ TR-Modus **RAD**

$= -1$

$|m_{max}| = 1$

$\varphi = \arctan 1 = 45°$ TR-Modus **DEG**

Eine Funktion h ist die Überlagerung einer sinusförmigen Teilfunktion mit einer Geraden. Ihre Gleichung ist:

$$h(x) = a \cdot \sin x + b \cdot x + c; \quad x \in \mathbb{R}$$

Das Schaubild der Funktion h berührt an der Stelle 0 die Gerade g mit

$$g(x) = -0{,}5 \cdot x + 2.$$

Im ersten Quadranten liegt der Punkt $P(\pi | 0{,}5 \cdot \pi + 2)$ auf dem Schaubild.

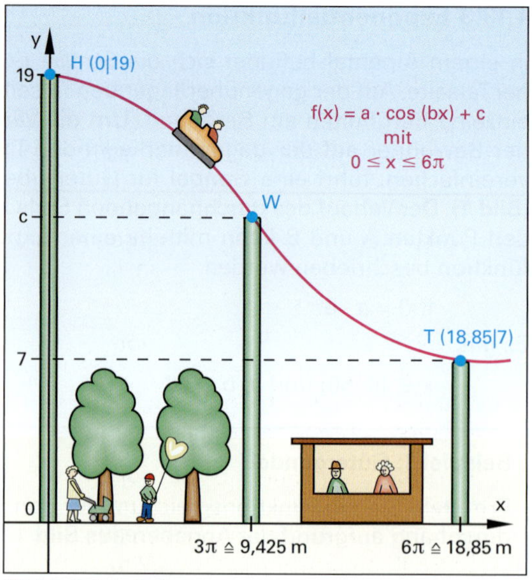

Bild 1: Achterbahn

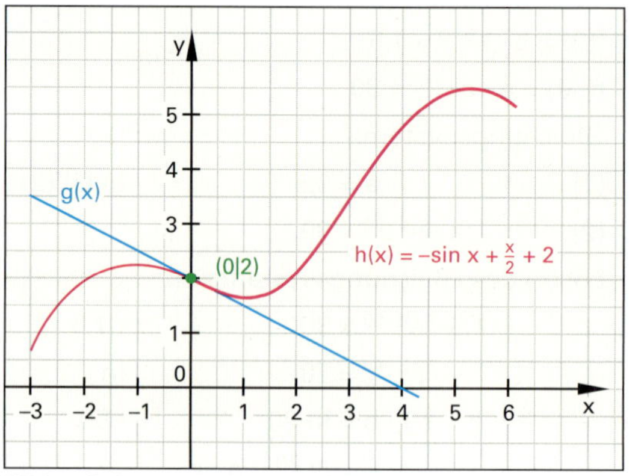

Bild 2: Schaubild der Funktion h

An der Berührstelle $x = 0$ müssen sowohl die Funktionswerte als auch die Steigung der Funktionen g und h übereinstimmen.

Beispiel 3: Ermittlung von h(x)

Berechnen Sie die Funktionsgleichung h(x) und zeichnen Sie ihr Schaubild.

Lösung:

Ableitungen:

$h'(x) = a \cdot \cos x + b$ und $g'(x) = -0{,}5$

Bedingungen:

1. $h(0) = g(0)$

$a \cdot \sin 0 + b \cdot 0 + c = -0{,}5 \cdot 0 + 2 \Rightarrow c = 2$

2. $h(\pi) = a \cdot \sin \pi + b \cdot \pi + 2 = 0{,}5 \cdot \pi + 2$

$0 + b \cdot \pi = 0{,}5 \cdot \pi \quad \Rightarrow b = 0{,}5$

3. $h'(0) = g'(0)$

$a \cdot \cos 0 + b = -0{,}5$

$a + 0{,}5 = -0{,}5 \quad \Rightarrow a = -1$

Funktionsgleichung:

$h(x) = \mathbf{-\sin x + 0{,}5 \cdot x + 2}$ und **Bild 2**

Überprüfen Sie Ihr Wissen!

Übungsaufgaben

1. Der Designerstuhl aus **Bild 1** besteht aus einer Sitzfläche und einem Gestell. Er ist 45 cm tief und 101,25 cm hoch. Die Seitenansicht des Stuhlgestells hat den Verlauf der Kurve einer ganzrationalen Funktion 3. Grades. Bestimmen Sie die zugehörige Funktionsgleichung mithilfe der Angaben in Bild 1 (Maße in Dezimeter).

2. Das Schaubild einer ganzrationalen Funktion 4. Grades ist symmetrisch zu $x = 0$. Sie hat den Hochpunkt $(0|2)$ und den Tiefpunkt $(2|0)$. Berechnen Sie die zugehörige Funktionsgleichung.

3. Das Schaubild einer ganzrationalen Funktion 3. Grades ist punktsymmetrisch zum Koordinatenursprung und schneidet die x-Achse bei $x = 2$. Im ersten Quadranten schließt sie für $x \leq 2$ mit der x-Achse eine Fläche mit dem Inhalt 2 FE ein. Berechnen Sie die zugehörige Funktionsgleichung.

4. Eine Wandlampe besteht aus einem Wandelement, Halter, Fuß und Schirm **(Bild 2)**. Der Kurvenverlauf des Halters liegt auf dem Schaubild der e-Funktion aus Bild 2, auf welcher auch die Punkte A, B und C liegen.

a) Bestimmen Sie Funktionsgleichung von f(x).

b) Berechnen Sie die Koordinaten des Punktes B.

c) Berechnen Sie die Steigung der geraden Lampenfußkante n im Punkt C.

5. Die Schaubilder der Funktionen f und g mit $f(x) = a \cdot e^x + b \cdot x$ und $g(x) = -1{,}5x + 1{,}5$ berühren sich an der Stelle $x = 0$. Berechnen Sie den Funktionsterm von f.

6. Ein Hasenstall hat ein Dach aus einer sinusförmig gewellten Platte **(Bild 3)**. Die Stalloberkante der Länge $24 \cdot \pi$ cm (= 75,4 cm) wird von genau 4 Perioden des sinusförmigen Daches abgedeckt. Berechnen Sie die Gleichung der Funktion f, deren Schaubild dem Verlauf des sinusförmigen Daches entspricht, wobei das Dach an der Stelle $x = \frac{3}{2}\pi$ die Steigung $\frac{5}{6}$ hat.

Ansatz: $f(x) = \frac{h}{2} \cdot \sin[b(x - c)] + \frac{h}{2};\ x \in \mathbb{R}$

7. Eine ganzrationale Funktion 4. Grades hat den Sattelpunkt $(0|1)$ und den Hochpunkt $(2|4)$. Berechnen Sie die zugehörige Funktionsgleichung.

Lösungen Übungsaufgaben

1. $x^3 - 6x^2 + 9x$

2. $\frac{x^4}{8} - x^2 + 2$

3. $-\frac{x^3}{2} + 2x$

4. a) $10 \cdot 2^{-\frac{x}{8}}$ **b)** $(2|8{,}41)$ **c)** 2,31

5. $1{,}5e^x - 3x$

6. $2{,}5 \cdot \sin\left[\frac{1}{3}\left(x - \frac{3\pi}{2}\right)\right] + 2{,}5$

7. $-\frac{9}{16}x^4 + \frac{3}{2}x^3 + 1$

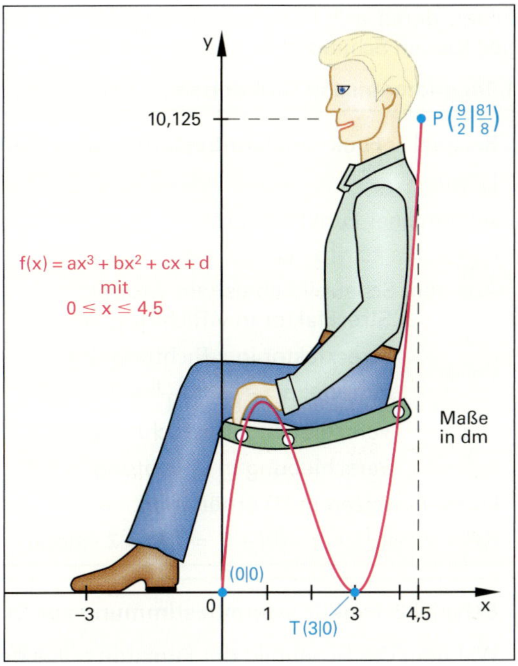

Bild 1: Designerstuhl

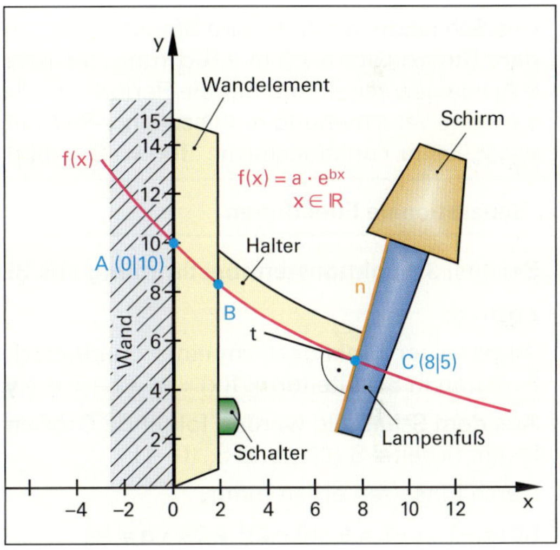

Bild 2: Wandlampe

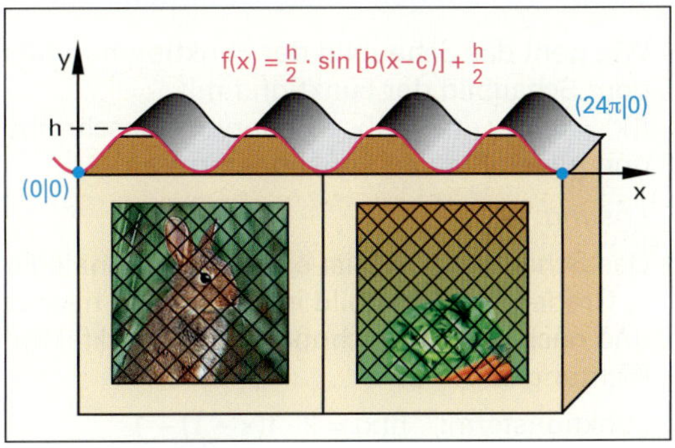

Bild 3: Hasenstall

4.12.7.5 Vom Schaubild zum Funktionsterm

Durch Verschieben und Strecken entstehen neue Schaubilder, deren mögliche Funktionsterme aus einem vorgegebenen Schaubild zu bestimmen ist.

1. Trigonometrische Funktionen

Beispiel 1: Funktionstermbestimmung aus Bild 1

Lösung:

Allgemeiner Funktionsterm:

(1) $f(x) = a \cdot \sin[b \cdot (x - c)] + d$

Aus dem Schaubild ablesbare Größen:

Streckfaktor in y-Richtung: $a = 2$

Streckfaktor in x-Richtung: $b = 1$

Periode: $p = \frac{2 \cdot \pi}{b} = \frac{2 \cdot \pi}{1} = 2 \cdot \pi$

Verschiebung in x-Richtung: $c = 0$

Verschiebung in y-Richtung: $d = 0$

Durch Einsetzen in (1) erhält man:

$f(x) = 2 \cdot \sin[1 \cdot (x - 0)] + 0 \Rightarrow \mathbf{f(x) = 2 \cdot \sin(x)}$

Beispiel 2: Funktionstermbestimmung aus Bild 2

Wie geht das Schaubild der Funktion h aus dem Schaubild f der Funktion $f(x) = \sin(x)$ in **Bild 2** hervor? Geben Sie den Funktionsterm an.

Lösung:

Das Schaubild von h ist eine Sinusfunktion mit dem Streckfaktor $a = 2$ in y-Richtung. Sie ist an der x-Achse gespiegelt und hat die Periode $p = 2\pi$. Da sie keine Verschiebung in x- bzw. in y-Richtung aufweist, ist ihr Funktionsterm: $\mathbf{f(x) = -2 \cdot \sin(x)}$

2. Ganzrationale Funktionen

Beispiel 3: Funktionstermbestimmung aus Bild 3

Lösung:

Allgemeiner Funktionsterm einer quadratischen Funktion in Scheitelform: $f(x) = a \cdot (x - x_s)^2 + y_s$

Aus dem Schaubild werden folgende Größen abgelesen: Scheitel S (2|1) und S_y (0|−1).

Durch Einsetzen erhält man:

$f(0) = -1 \Leftrightarrow -1 = a \cdot (0 - 2)^2 + 1 \Leftrightarrow a = -\frac{1}{2}$

$f(x) = -\frac{1}{2} \cdot (x - 2)^2 + 0 \Rightarrow \mathbf{f(x) = -\frac{1}{2}(x - 2)^2 + 1}$

Beispiel 4: Funktionstermbestimmung aus Bild 4

Wie geht das Schaubild der Funktion h in **Bild 4** aus dem Schaubild der Funktion f mit $f(x) = 0{,}5 \cdot x \cdot (x - 2)(x + 2)$ hervor? Beschreiben Sie und geben Sie den Funktionsterm an.

Lösung:

Das Schaubild von h ist eine ganzrationale Funktion 3. Grades. Ihr Schaubild ist um je 1 LE nach rechts und nach unten verschoben. Der Streckfaktor in y-Richtung ist a = 2.

Funktionsterm: $h(x) = 2 \cdot f(x - 1) - 1$

$= (x - 1) \cdot (x + 1)(x - 3) - 1$

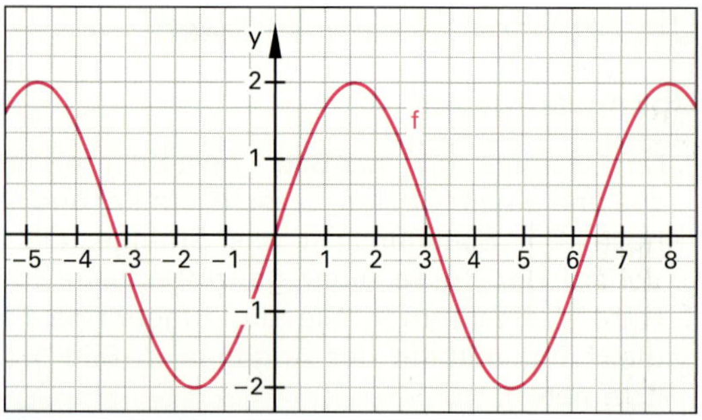

Bild 1: Schaubild einer Sinusfunktion f

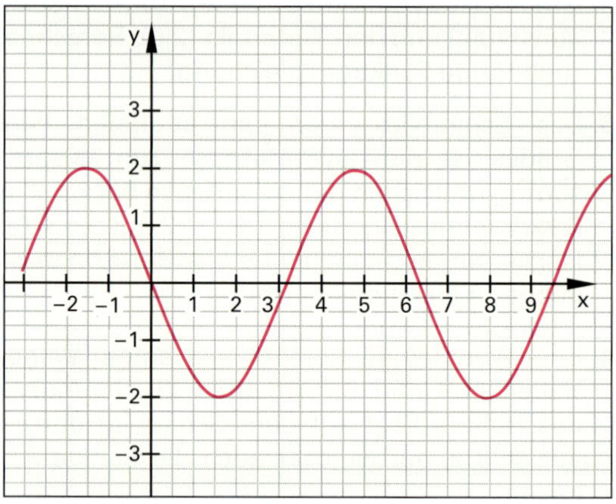

Bild 2: Schaubild einer Sinusfunktion h

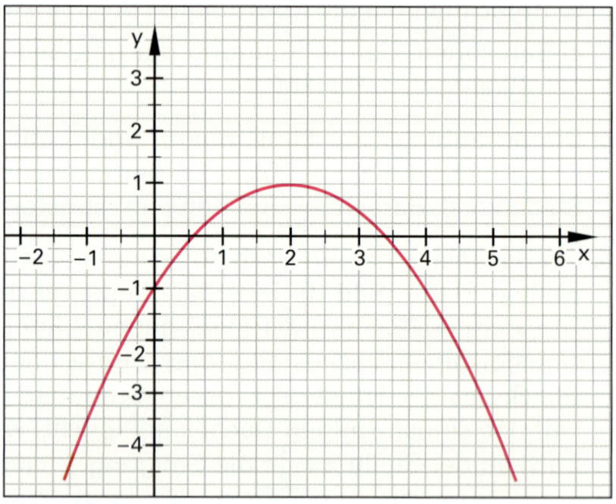

Bild 3: Schaubild einer quadratischen Funktion f

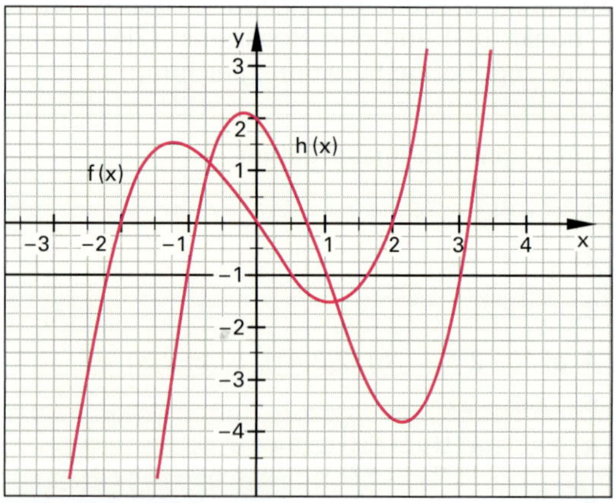

Bild 4: Schaubilder f und h von ganzrationalen Funktionen 3. Grades

Berühmte Mathematiker 2

Ries, Adam

* 1492 oder 1493 in Oberfranken † 1559

Deutscher Rechenmeister. Er vereinfachte die Rechnung, indem er die lateinischen Zahlen durch die arabischen Zahlen ersetzte. Sein Thema war nicht, schwierigste mathematische Probleme zu lösen, sondern das Rechnen jedem, auch Kindern, zugänglich zu machen. „Jeder muss rechnen können, damit niemand im Geschäftsleben übers Ohr gehauen wird".

Bekannter Ausspruch:

„Nach Adam Ries(e) macht das …"

Friedrich Johannes Kepler

* 27. 12. 1571 in Weil der Stadt † 15. 11. 1630

Kepler war ein deutscher Naturphilosoph, evangelischer Theologe, Mathematiker, Astronom, Optiker und Mathematiklehrer. Er entdeckte die Gesetze der Planetenbewegung, „Kepler'sche Gesetze". Ein numerisches Verfahren zur Berechnung von Integralen wurde nach ihm benannt, „Kepler'sche Fassregel". Seine „Einführung in das Rechnen mit Logarithmen" führte zur Verbreitung dieser damals neuen Rechenart.

Sir Isaac Newton

* 25. 12. 1642 in Woolsthorpe † 20. 3. 1726

Englischer Physiker, Mathematiker, Astronom und Verwaltungsbeamter. Er erhielt schon als 27-Jähriger einen Lehrstuhl. Newton und Leibniz entwickelten unabhängig voneinander die Infinitesimalrechnung, um Differenzialrechnung und Integralrechnung zu betreiben. Er hat das Binomische Theorem auf beliebige reelle Exponenten mittels unendlicher Reihen verallgemeinert.

Als Physiker fand er das Gravitationsgesetz und legte mit den Bewegungsgesetzen den Grundstein für die klassische Mechanik.

„Ich kann die Bewegung der Himmelskörper berechnen, aber nicht das Verhalten der Menschen"

Jakob Bernoulli

* 6.1.1665 in Basel † 16. 8. 1705 in Basel

Jakob Bernoulli, Schweizer Mathematiker und Physiker. Er trug zur Entwicklung der Wahrscheinlichkeitstheorie, z. B. Bernoulli-Verteilung, sowie zur Variationsrechnung und zur Untersuchung von Potenzreihen bei.

Integralrechnung

Welche Kompetenzen werden gefördert?

	A
1	Flächeninhaltsfunktion und Stammfunktion unterscheiden
2	Integrationsregeln anwenden
3	Flächeninhalte berechnen
4	numerisch integrieren
5	Volumen mit Integralen berechnen
6	Integralrechnung auf Praxisaufgaben anwenden
7	Flächeninhalte aus Schaubildern von Funktionen ermitteln

- **Einführung in die Integralrechnung**
  - Aufsuchen von Flächeninhaltsfunktionen
  - Stammfunktionen
- **Integrationsregeln**
  - Potenzfunktionen
  - Stammfunktionen ganzrationaler Funktionen
- **Das bestimmte Integral**
  - Geradlinig begrenzte Fläche
  - „Krummlinig“ begrenzte Fläche
    - Überprüfen Sie Ihr Wissen!
- **Berechnung von Flächeninhalten**
  - Integralwert und Flächeninhalt
  - Flächen für Schaubilder mit Nullstellen
  - Musteraufgabe zur Flächenberechnung
  - Regeln zur Vereinfachung bei Flächen
    - Überprüfen Sie Ihr Wissen!
- **Flächenberechnung zwischen Schaubildern**
  - Flächenberechnung im Intervall
  - Flächen zwischen zwei Schaubildern
  - Flächenberechnung mit der Differenzfunktion
  - Musteraufgaben zu gelifteten Schaubildern
    - Überprüfen Sie Ihr Wissen!
- **Numerische Integration**
  - Streifenmethode mit Rechtecken
  - Flächenberechnung mit Trapezen
  - Flächenberechnung mit Näherungsverfahren
- **Volumenberechnung**
  - Rotation um die x-Achse
  - Rotation um die y-Achse
  - Zusammenfassung von Rotationskörperarten
    - Überprüfen Sie Ihr Wissen!
- **Anwendung der Integralrechnung**
  - Zeitintegral der Geschwindigkeit
  - Mechanische Arbeit W
  - Schüttung von Flüssigkeiten
  - Mittelwertsberechnungen

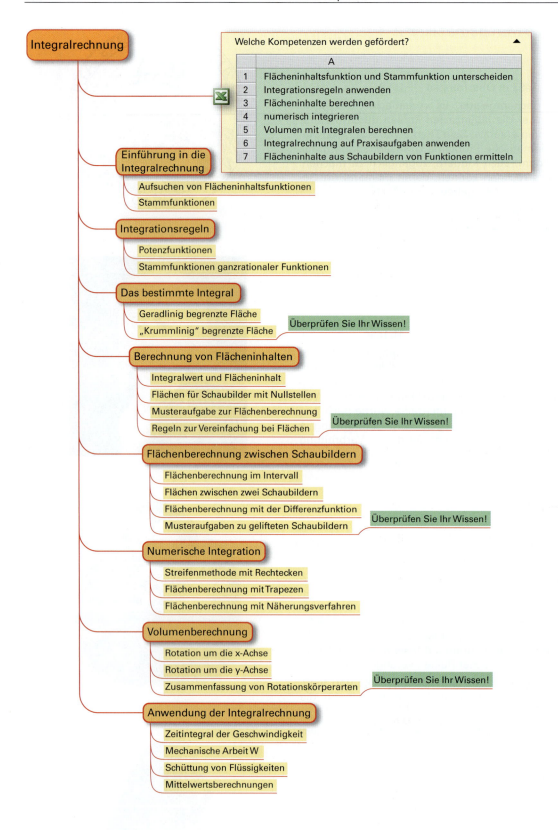

5 Integralrechnung

5.1 Einführung in die Integralrechnung

5.1.1 Beispiele zur Anwendung

Die Integralrechnung wird beispielsweise zur Berechnung von Flächeninhalten benützt. Geradlinig begrenzte Flächen lassen sich einfach mit geometrischen Formeln berechnen **(Bild 1)**. Andere Flächen, z. B. krummlinig begrenzte Flächen wiederum nicht **(Bild 2)**. Dazu benötigt man die Integralrechnung.

Fall 1: Arbeit an einem Körper $W = F \cdot \Delta s$

Wird der Körper von einer bestimmten Stelle $s_1 = 2$ m nach $s_2 = 12$ m bewegt, ergibt sich für die verrichtete Arbeit: $W = F_0 \cdot (s_2 - s_1) = F_0 \cdot \Delta s$.

Beispiel 1: Konstanter Kraftverlauf

Ein Auto wird mit der konstanten Kraft $F_0 = 5$ N um den Weg $\Delta s = s_2 - s_1 = 10$ m bewegt.

Welche Arbeit wurde dabei verrichtet?

Lösung: $W = F_0 \cdot \Delta s = 5\text{ N} \cdot 10\text{ m} = \mathbf{50\text{ Nm}}$

Im Weg-Zeitdiagramm **(Bild 1)** stellt sich die verrichtete Arbeit als Fläche unter der konstanten Funktion $F(s) = F_0$ dar.

Fall 2: Wegstrecke bei einem Fahrzeug $s = \frac{1}{2} \cdot a \cdot t^2$

Ein Auto beschleunigt konstant vom Stand v = 0 auf eine Geschwindigkeit v_0 **(Bild 3)**. Dabei steigt die Geschwindigkeit linear mit $v(t) = a \cdot t$ an. Der Weg s entspricht in diesem Fall der markierten Dreiecksfläche zwischen dem Schaubild von v und der Zeitachse im Bereich $[0; t_1]$. Er berechnet sich geometrisch:

Weg $s = \frac{1}{2} \cdot \text{Grundseite} \cdot \text{Höhe} = \frac{1}{2} \cdot t_1 \cdot v(t_1)$

$s(t_1) = \frac{1}{2} \cdot v(t_1) \cdot t_1 = \frac{1}{2} \cdot a \cdot t_1 \cdot t_1 \Rightarrow s(t) = \frac{1}{2} \cdot a \cdot t^2$

Beispiel 2: Lineare Geschwindigkeitszunahme

Ein PKW beschleunigt konstant in 10 s vom Stand v = 0 auf $v = 30\,\frac{\text{m}}{\text{s}}$. Welche Wegstrecke legt er dabei zurück?

Lösung:

$\Delta v = 30\,\frac{\text{m}}{\text{s}};\ a = \frac{\Delta v}{\Delta t} = \frac{30\text{ m}}{\text{s} \cdot 10\text{ s}} = 3\,\frac{\text{m}}{\text{s}^2}$

$\Rightarrow s = \frac{1}{2} \cdot a \cdot t^2 = \frac{1}{2} \cdot 3\,\frac{\text{m}}{\text{s}^2} \cdot 100\text{ s}^2 = \mathbf{150\text{ m}}$

Fall 3: Beschleunigte Bewegung

Wenn die Kraft F nichtlinear zur Wegstrecke s verläuft **(Bild 2)**, z. B. beim Beschleunigen eines Autos („Gasgeben"), dann wird die Berechnung der verrichteten Arbeit W schwieriger.

Krummlinig begrenzte Flächen bestimmt man mit der Integralrechnung.

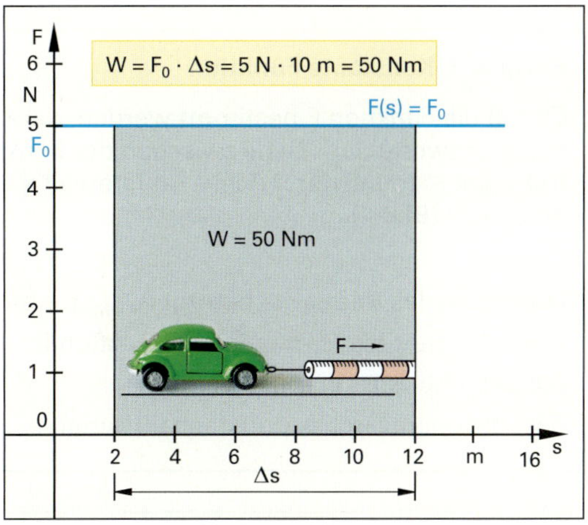

Bild 1: Konstante Kraft zum Weg

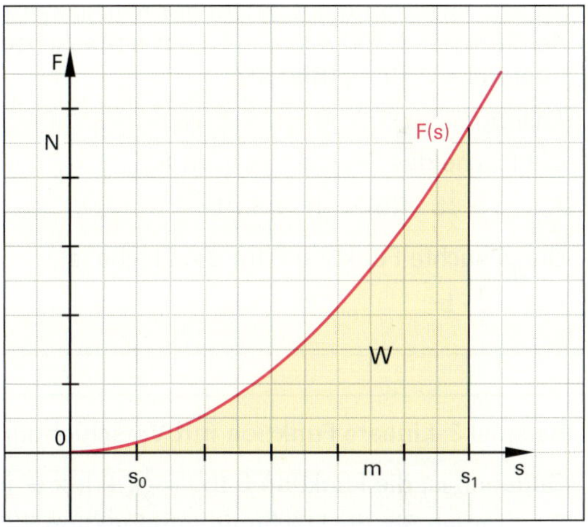

Bild 2: Nichtlineare Kraftänderung zum Weg

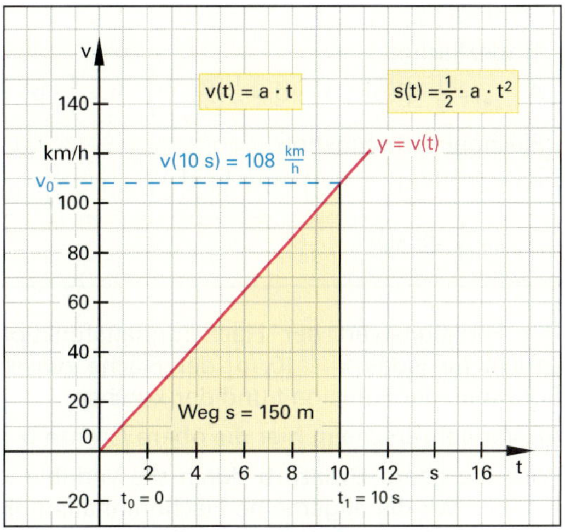

Bild 3: Linearer Geschwindigkeitszuwachs

5.1.2 Aufsuchen von Flächeninhaltsfunktionen

Beim Differenzieren (Ableiten) einer Funktion f erhält man eine neue Funktion – die Ableitungsfunktion f', deren Funktionswert der Steigung der Tangente am Schaubild entspricht. Auch beim Integrieren erhält man eine neue Funktion. Sie beschreibt die Fläche zwischen dem Schaubild der zu integrierenden Funktion f und der x-Achse. Man nennt sie Flächeninhaltsfunktion F.

Die Funktion F $F\colon\ x \mapsto F(x) \wedge D = [0;\, b]$

heißt Flächeninhaltsfunktion.

F(x) Flächeninhaltsfunktion
F(b) Flächenwert für x = b

Beispiel 1: Konstante Funktion

Es soll die Funktion F bestimmt werden, deren Funktionswerte der Fläche zwischen der Funktion f: $f(x) = a;\ a \in \mathbb{R}$ und der x-Achse im Intervall $x \in [0;\, b]$ entspricht **(Bild 1)**.

Lösung:

Die Fläche des Rechtecks beträgt $A_{Rechteck} = b \cdot a$.

Folglich lautet die Flächeninhaltsfunktion F:

$F(b) = b \cdot f(b) = \mathbf{b \cdot a}$; **d. h.** $\mathbf{F(3) = 3}$

b ist die obere Grenze und deshalb Variable.

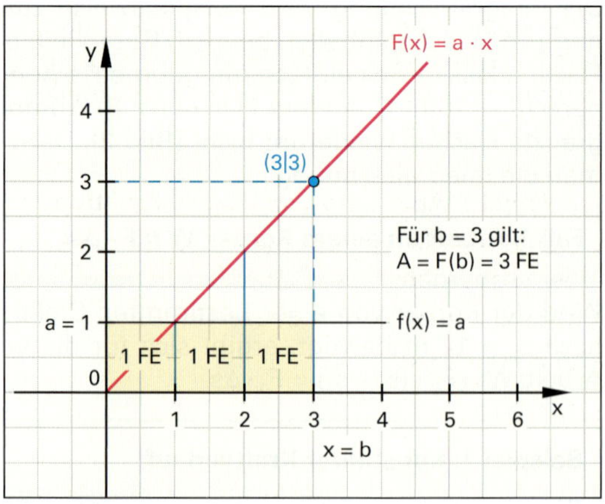

Bild 1: Konstante Funktion f

Beispiel 2: Lineare Funktion

Welche Funktion A entspricht der Fläche zwischen der Funktion f: $f(x) = x;\ x \in \mathbb{R}$ und der x-Achse im Intervall $x \in [0;\, b]$ **(Bild 2)**?

Lösung:

Die Fläche des Dreiecks beträgt $A_{Dreieck} = \frac{1}{2} g \cdot h$

$A_{Dreieck} = \frac{1}{2} b \cdot f(b) = \frac{1}{2} b \cdot b = \frac{1}{2} b^2$.

Die gesuchte Funktion F für die Fläche ist:

$F(b) = \mathbf{\frac{1}{2} \cdot b^2}$

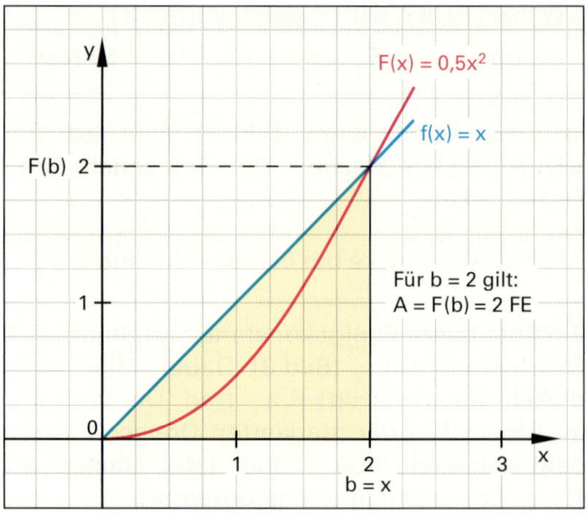

Bild 2: Lineare Funktion f

Beispiel 3: Lineare Funktion mit Verschiebung

Gegeben ist die Funktion f: $f(x) = \frac{1}{2}x + 1;\ x \in [0;\, b]$

Bestimmen Sie die Flächeninhaltsfunktion F(b) für f im angegebenen Intervall **(Bild 3)**.

Lösung:

Trapezfläche:

$A_{Trapez} = \frac{1}{2} \cdot (f(b) + 1) \cdot b = \frac{1}{2}\left(\frac{b}{2} + 2\right) \cdot b = \mathbf{\frac{1}{4} \cdot b^2 + b}$

Flächeninhaltsfunktion:

$F(b) = \frac{1}{2} \cdot (f(b) + f(0)) \cdot b = \frac{1}{2} \cdot \left(\frac{1}{2} \cdot b + 1 + 1\right) \cdot b$

$= \mathbf{\frac{1}{4} \cdot b^2 + b}$

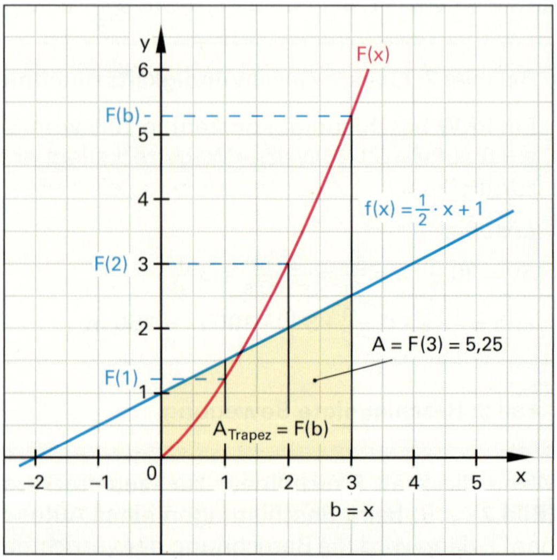

Bild 3: Lineare Funktion f mit Verschiebung

Der Funktionswert der Flächeninhaltsfunktion F entspricht für jedes $x \in [0;\, b]$ der Fläche zwischen dem Schaubild der Funktion f und der x-Achse.

Als Variable erscheint hier die obere Grenze b.

Wird die obere Grenze b durch die Variable x ersetzt, erhalten wir die allgemeine Flächeninhaltsfunktion. Sie heißt auch Stammfunktion.

5.1.3 Stammfunktionen

Der Inhalt bisher behandelter Flächen kann durch die Flächeninhaltsfunktion F(b) ausgedrückt werden. Ersetzen wir die feste obere Grenze b durch die Variable x, dann erhalten wir die allgemeine Flächeninhaltsfunktion F(x), die auch Stammfunktion genannt wird.

Das „Suchen" der Flächeninhaltsfunktion ist bei nichtlinearen Funktionen meist mühsam und schwierig. Wir untersuchen deshalb den Zusammenhang zwischen den Funktionen f und den Stammfunktionen F. Dazu verwenden wir die formgleichen Flächeninhaltsfunktionen der vorhergehenden Seite.

Beispiel 1: Ableitung von Stammfunktionen

Leiten Sie die Stammfunktionen für die Beispiele der vorhergehenden Seite ab.

a) $F_1(x) = a \cdot x;$ $a, x \in \mathbb{R}$

b) $F_2(x) = \frac{1}{2} \cdot x^2;$ $x \in \mathbb{R}$

c) $F_3(x) = \frac{1}{4} \cdot x^2 + x;$ $x \in \mathbb{R}$

Lösung:

a) $F_1'(x) = \mathbf{a = f_1(x)}$

b) $F_2'(x) = \mathbf{x = f_2(x)}$

c) $F_3'(x) = \mathbf{\frac{1}{2}x + 1 = f_3(x)}$

Die Ableitungen F' der Funktionen F in Beispiel 1 ergeben die ursprünglich gegebenen Funktionen f. Wir nennen solche Funktionen F Stammfunktionen.

Integration ist die Umkehrung der Differenziation.

Werden abgeleitete Funktionen f'(x) wieder zur ursprünglichen Form f(x) zurückgeführt, so heißt dieser Vorgang Integrieren.

Beispiel 2: Finden von Stammfunktionen

a) Leiten Sie die Stammfunktionen ab.

$F_1(x) = \frac{1}{3} \cdot x^3$; $F_2(x) = \frac{1}{3} \cdot x^3 + 2$; $F_3(x) = \frac{1}{3} \cdot x^3 - 2$;

$F_4(x) = \frac{1}{3} \cdot x^3 + C$ mit $C \in \mathbb{R}$ **(Bild 1)**.

b) Welche Erkenntnis ziehen Sie aus der Lösung?

Lösung:

a) $F_1'(x) = \mathbf{x^2}$; $F_2'(x) = \mathbf{x^2}$; $F_3'(x) = \mathbf{x^2}$; $F_4'(x) = \mathbf{x^2}$

b) Alle Funktionen F ergeben abgeleitet **dieselbe Funktion f(x) = x^2**.

Wenn eine Funktion f eine Stammfunktion F besitzt, dann hat sie beliebig viele Stammfunktionen, die sich nur durch eine additive Konstante C unterscheiden **(Tabelle 1)**.

Eine Funktion F heißt Stammfunktion von f, wenn $F'(x) = f(x);\ x \in D$ gilt. Ist F(x) eine Stammfunktion von f(x), dann sind auch $F(x) + C;\ C \in \mathbb{R}$ Stammfunktionen von f(x), da $(F(x) + C)' = F'(x)$.

Die Menge aller Stammfunktionen F wird unbestimmtes Integral von f genannt.

Unbestimmtes Integral:

$$\int f(x)dx = F(x) + C;\ C \in \mathbb{R}$$

Sprich: Integral f von x nach dx = Groß f von x plus C

$\int$ Integralzeichen (Stammfunktion)
F Stammfunktion
f Integrand (Integrandenfunktion)
C Integrationskonstante
dx Integrationsvariable, hier x

Tabelle 1: Stammfunktionen der Grundfunktionen f

Funktionsterm von f	Stammfunktionsterm von F
a	$ax + C$
x	$\frac{1}{2}x^2 + C$
x^2	$\frac{1}{3}x^3 + C$
x^3	$\frac{1}{4}x^4 + C$
x^n	$\frac{1}{n+1}x^{n+1} + C$
e^x	$e^x + C$
$e^{a \cdot x}$	$\frac{1}{a} \cdot e^{a \cdot x} + C$
e^{ax+b}	$\frac{1}{a} \cdot e^{ax+b} + C$
$\sin x$	$-\cos x + C$
$\cos x$	$\sin x + C$
$\sin(a \cdot x)$	$-\frac{1}{a} \cdot \cos(a \cdot x) + C$
$\sin(ax + b)$	$-\frac{1}{a} \cdot \cos(ax + b) + C$
$\frac{1}{x};\ x \in \mathbb{R}^*$	$\ln\lvert x\rvert + C;\ x \in \mathbb{R}_+^*$

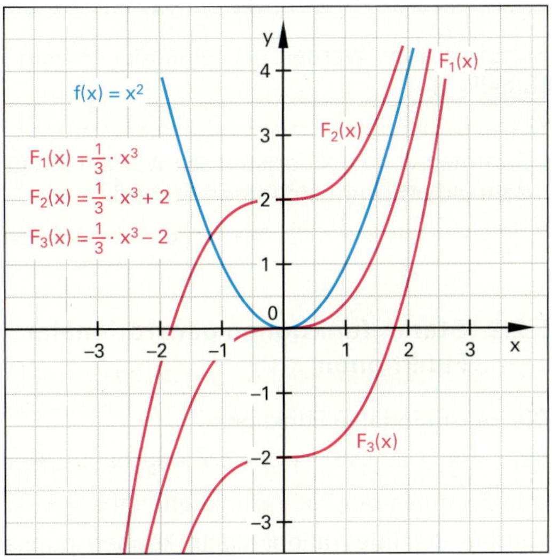

Bild 1: Stammfunktionen F(x) zu f(x) = x^2

5.2 Integrationsregeln

5.2.1 Potenzfunktionen

Die Stammfunktionen der Potenzfunktionen $f(x) = x^n$ lassen sich nun mit dem Begriff des unbestimmten Integrals einfacher und kürzer bestimmen.

Potenzfunktionen werden integriert, indem der Exponent um 1 erhöht wird und der Potenzterm mit dem Kehrwert des Exponenten multipliziert wird.

Beispiel 1: Funktionsterm mit konstantem Faktor

Bestimmen Sie a) alle Stammfunktionen für die Funktion $f(x) = 2 \cdot x^3$; $x \in \mathbb{R}$ und machen Sie b) die Probe.

Lösung:

a) $F(x) = 2 \cdot \left(\frac{1}{4} \cdot x^4\right) + c = \mathbf{\frac{1}{2} \cdot x^4 + C;\ C} \in \mathbb{R}$

b) $F'(x) = 4 \cdot \left(\frac{1}{2} \cdot x^3\right) + 0 = \mathbf{2 \cdot x^3 = f(x)}$

Ein konstanter Faktor bleibt beim Differenzieren erhalten. Die gleiche Bedeutung hat er deshalb auch in der Stammfunktion **(Tabelle 1)**.

Ein konstanter Faktor bleibt beim Integrieren erhalten.

Beispiel 2: Funktionsterm mit Summanden

Zeigen Sie, dass $F(x) = x^3 - x^2 + 3$ eine Stammfunktion von $f(x) = 3x^2 - 2x$; $x \in \mathbb{R}$ ist.

Lösung:

Durch Ableiten von F erhält man:

$F'(x) = \mathbf{3x^2 - 2x = f(x)}$

Summenterme werden nacheinander einzeln integriert **(Tabelle 1)**.

Summen von Funktionstermen werden integriert, indem jeder Summand integriert wird.

Stammfunktionen von Potenzfunktionen:

$$\int x^n\,dx = \frac{1}{n+1}x^{n+1} + C;\ n \in \mathbb{Z}\setminus\{-1\}$$

$C \in \mathbb{R}$

5.2.2 Stammfunktionen ganzrationaler Funktionen

Die ganzrationalen Funktionen

$f(x) = a_n x^n + a_{n-1}x^{n-1} + \ldots + a_1 x + a_0$ mit $a_i \in \mathbb{R}$; $n \in \mathbb{N}$

sind Summen der Potenzfunktionen $f(x) = a \cdot x^n$.

Mithilfe der Integrationsregeln können nun auch ihre Stammfunktionen bestimmt werden.

Stammfunktionen ganzrationaler Funktionen:

$$\int (a_n x^n + a_{n-1}x^{n-1} + \ldots + a_1 x + a_0)dx = \frac{a_n \cdot x^{n+1}}{n+1} + \frac{a_{n-1} \cdot x^n}{n} + \ldots + \frac{a_1 \cdot x^2}{2} + a_0 \cdot x + C$$

$n \in \mathbb{Z}\setminus\{-1\}$ $C \in \mathbb{R}$

Tabelle 1: Regeln beim Integrieren

Faktorregel	Summenregel
Ist F(x) eine Stammfunktion von f(x), dann ist auch $k \cdot F(x)$ eine Stammfunktion von $k \cdot f(x)$; $k \in \mathbb{R}^*$, denn mit $F'(x) = f(x)$ folgt für $[k \cdot F(x)]' = k \cdot F'(x)$	Sind $F_1(x)$ und $F_2(x)$ Stammfunktionen von $f_1(x)$ und $f_2(x)$, dann ist $F_1(x) + F_2(x)$ eine Stammfunktion von $f_1(x) + f_2(x)$, denn mit $F'(x) = f(x)$ folgt für $[F_1(x) + F_2(x)]' = F_1'(x) + F_2'(x) = f_1(x) + f_2(x)$
$\int k \cdot f(x)dx = k \cdot \int f(x)dx$ für $k \neq 0$	$\int (f(x) + g(x))dx = \int f(x)dx + \int g(x)dx$

Integrierbarkeit einer Funktion

Ohne Beweis sei hier erwähnt, dass die Stetigkeit einer Funktion f (Schaubild ohne Lücken und ohne Sprungstellen) eine notwendige Voraussetzung für die Integrierbarkeit von f ist.

Ist f stetig im Intervall [a; b], dann ist f im Intervall [a; b] auch integrierbar.

Aber

- auch unstetige Funktionen können integrierbar sein (Bedingung: nur endlich viele Sprungstellen),
- nicht für alle stetigen Funktionen gibt es eine Stammfunktion.

5.3 Das bestimmte Integral

5.3.1 Geradlinig begrenzte Fläche

Die Bestimmung des Flächeninhalts ist geometrisch nur bei geradlinig begrenzten Flächen möglich. Jedes ebene Vieleck ist in Rechtecke und Dreiecke zerlegbar **(Bild 1)**.

Beispiel 1: Geometrische Flächenberechnung

Berechnen Sie den Inhalt der Fläche aus **Bild 1** zwischen dem Schaubild der Funktion $f(x) = 0{,}5x + 1$; $x \in [a; b]$ und der x-Achse geometrisch für die gegebenen Intervalle I:

a) $I_1 = [0; 4]$ b) $I_2 = [0; 2]$ c) $I_3 = [2; 4]$

Lösung:

a) $A_1 = A_{Rechteck} + A_{Dreieck} = 4 \cdot 1 + \frac{1}{2} \cdot 4 \cdot 2 = \mathbf{8\ FE}$

b) $A_2 = A_{Rechteck} + A_{Dreieck} = 2 \cdot 1 + \frac{1}{2} \cdot 2 \cdot 1 = \mathbf{3\ FE}$

c) $A_3 = A_1 - A_2 = 8 - 3 = \mathbf{5\ FE}$

Die Flächeninhaltsfunktion F(b) berechnet die Fläche zwischen dem Schaubild der Funktion f und der x-Achse in den Grenzen von 0 bis b. Entsprechend erhält man für die Fläche im Intervall [0; a] die Flächeninhaltsfunktion F(a).

Die gesuchte Fläche erhält man, indem man vom größeren Flächeninhalt F(b) den kleineren Flächeninhalt F(a) subtrahiert **(Bild 1)**.

Die Flächenberechnung lässt sich auch mit dem bestimmten Integral

$$A = \int_a^b f(x)dx = [F(x)]_a^b = F(b) - F(a); \quad f(x) \geq 0$$

in fünf Schritten vornehmen **(Bild 2)**.

Beispiel 2: Flächeninhalt mit dem bestimmten Integral

Berechnen Sie den Inhalt der Fläche von Beispiel 1c unter Verwendung des bestimmten Integrals mithilfe der Integrationsschritte von **Bild 2**.

Lösung:

1. Eine Stammfunktion von $f(x) = \frac{1}{2}x + 1$ ist $F(x) = \frac{1}{4}x^2 + x$
2. Obere Grenze b = 4 einsetzen: $F(4) = \frac{1}{4}(4)^2 + 4 = 8$
3. Untere Grenze a = 2 einsetzen: $F(2) = \frac{1}{4}(2)^2 + 2 = 3$
4. Differenz: $F(b) - F(a) = F(4) - F(2) = 8 - 3 = 5$
5. Ergebnis: **Flächeninhalt A = 5 FE**, da $f(x) \geq 0$ für alle $x \in [2; 4]$

oder in Kurzform:

$$A = \int_a^b f(x)dx = \int_2^4 (0{,}5x + 1)dx$$
$$= \left[\tfrac{1}{4}x^2 + x\right]_2^4 = \left[\tfrac{1}{4} \cdot (4)^2 + 4 - \left(\tfrac{1}{4} \cdot (2)^2 + 2\right)\right]$$
$$= [4 + 4 - (1 + 2)] = [8 - 3] = \mathbf{5\ FE}$$

$\int_a^b f(x)dx$ heißt bestimmtes Integral von f über [a; b]. Sprich: „Integral von a bis b von f von x nach dx"

$$A = F(b) - F(a) = \int_a^b f(x)dx$$

f(x)	Integrandenfunktion
dx	Integrationsvariable, hier x
a	untere Grenze; b obere Grenze
F(b)	Fläche im Intervall [0; b]
F(a)	Fläche im Intervall [0; a]
A	Fläche im Intervall [a; b] für $f(x) \geq 0$

Das bestimmte Integral ist eine reelle Zahl, während das unbestimmte Integral eine Menge von Funktionen darstellt.

Das bestimmte Integral liefert einen Zahlenwert, der in diesem Fall (Beispiel 2) als Fläche gedeutet werden kann, da das Schaubild von f im verwendeten Intervall über der x-Achse verläuft.

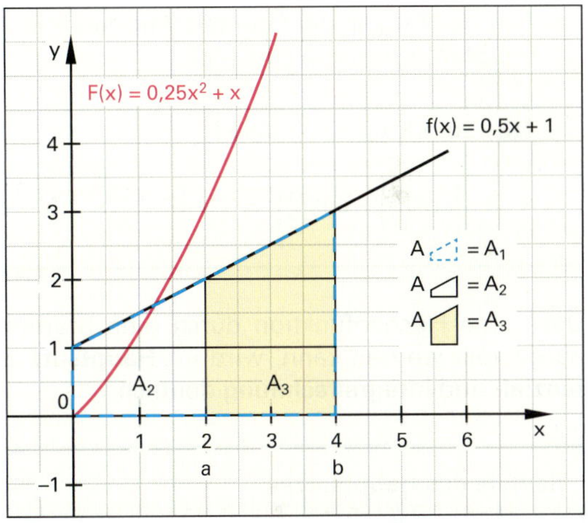

Bild 1: Flächenberechnung im Intervall

Vorgehensweise:

1. Bestimmung einer Stammfunktion F(x), wenn dies möglich ist.
2. Einsetzen der oberen Grenze b in $F(x) \rightarrow F(b)$.
3. Einsetzen der unteren Grenze a in $F(x) \rightarrow F(a)$.
4. Berechnung der Differenz $F(b) - F(a)$.
5. Ist $f(x) \geq 0$ für $x \in [a; b]$, dann ist $A = F(b) - F(a)$ die Maßzahl für die Fläche.

Bild 2: Integrationsschritte

Der Flächeninhalt zwischen dem Schaubild von f und der x-Achse im Intervall [a; b] kann mit der Flächeninhaltsfunktion F bestimmt werden.

5.3.2 „Krummlinig" begrenzte Fläche

Der Inhalt einer „krummlinig" begrenzten Fläche lässt sich auch nach unten und oben abschätzen.

Beispiel 1: Abschätzung

a) In welchem Bereich liegt die Maßzahl für den Flächeninhalt der markierten Fläche von **Bild 1**?

b) Geben Sie einen Maximalwert A_{max} und einen Minimalwert A_{min} an.

c) Zeigen Sie, dass der genaue Flächeninhalt innerhalb dieser Grenzen liegt.

Lösung:

a) $A_{min} \approx 2{,}6 \cdot 0{,}5 = \mathbf{1{,}3}$;

$A_{max} \approx 3 \cdot 1{,}5 = \mathbf{4{,}5}$

b) $A_{max} = f_{max}(t) \cdot h = 3 \cdot \sin\left(\frac{\pi}{2}\right) \cdot \frac{\pi}{6} = \frac{\pi}{2} \approx \mathbf{1{,}5707}$

$A_{min} = f_{min}(t) \cdot h = 3 \cdot \sin\left(\frac{\pi}{3}\right) \cdot \frac{\pi}{6} = 3 \cdot \sqrt{\frac{3}{2}} \cdot \frac{\pi}{6} = \frac{\sqrt{3}}{4}\pi$

$\approx \mathbf{1{,}360}$

$A_{min} \leq A_{genaue\ Fläche} \leq A_{max} \Rightarrow 1{,}360 \leq A \leq 1{,}5708$

c) Aus der Tabelle der Grundfunktionen finden wir die Stammfunktion zu sin(x):

$$\int_{\frac{\pi}{3}}^{\frac{\pi}{2}} (3 \cdot \sin x)dx = -3 \cdot [\cos x]_{\frac{\pi}{3}}^{\frac{\pi}{2}}$$

$$= -3 \cdot \left[\cos\left(\frac{\pi}{2}\right) - \cos\left(\frac{\pi}{3}\right)\right] = -3 \cdot \left[0 - \frac{1}{2}\right] = \mathbf{1{,}5}$$

Dass eine Flächenfunktion durch eine Stammfunktion dargestellt werden kann, wird im **Hauptsatz der Differenzial- und Integralrechnung** deutlich.

Beweis des Hauptsatzes:

Es ist $\int_x^{x+h} f(t)dt = [F(t)]_x^{x+h} = F(x+h) - F(x) \mid (h > 0)$;

f stetig in [a; b]

Abschätzung:

$f_{min}(t)$: kleinster f-Wert; $f_{max}(t)$: größter f-Wert;

$f_{min}(t) \cdot h \leq F(x+h) - F(x) \leq f_{max}(t) \cdot h \mid : h \ (h > 0)$;

$t \in [x; x+h]$

$$f_{min}(t) \leq \frac{F(x+h) - F(x)}{h} \leq f_{max}(t)$$

$$\lim_{h \to 0} f(t) \leq \lim_{h \to 0} \frac{F(x+h) - F(x)}{h} \leq \lim_{h \to 0} f(t+h)$$

$$\Rightarrow f(x) \leq \lim_{h \to 0} \frac{F(x+h) - F(x)}{h} \leq f(x)$$

$$\Rightarrow \text{mit} \lim_{h \to 0} \frac{F(x+h) - F(x)}{h} = F'(x) \text{ folgt:}$$

Falls f stetig ist, ist F'(x) = f(x).

Hauptsatz der Differenzial- und Integralrechnung:

Ist F(x) irgendeine Stammfunktion der stetigen Funktion f(x), so ist

$$\int_a^b f(x)dx = [F(x) + C]_a^b = F(b) + C - (F(a) + C)$$

$$\int_a^b f(x)dx = F(b) - F(a);$$

d. h. die Integrationskonstante c kann beim bestimmten Integral weggelassen werden.

Aus dem Hauptsatz folgt:

Ist $\int_a^b f(x)dx = [F(x)]_a^b = F(b) - F(a)$, dann ist F(x) eine Stammfunktion von f(x) und es gilt: F'(x) = f(x)

Existenz des Integrals:

f ist stetig auf [a; b] → f ist integrierbar auf [a; b].

Mithilfe von Beispiel 1 und **Bild 1** kann der Beweis des Satzes nachvollzogen werden.

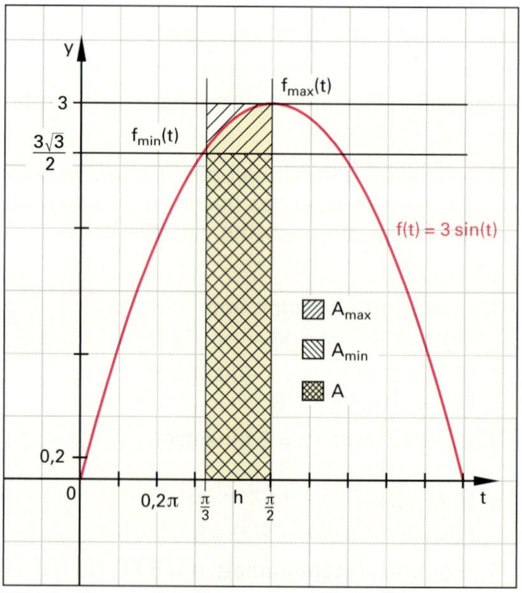

Bild 1: „Krummlinig" begrenzte Fläche (Hauptsatz der Differenzial- und Integralrechnung)

Damit ist gezeigt, dass die gesuchte Flächenfunktion F eine Stammfunktion von f ist. Die Flächenfunktion F(t) beschreibt den Flächeninhalt von f(t) und ist eine Stammfunktion von f(t).

Überprüfen Sie Ihr Wissen!

Beispielaufgaben

Einführung in die Integralrechnung

1. Welche Wegstrecke legt ein PKW zurück, wenn er in 8 s von 36 km/h auf 108 km/h konstant beschleunigt?

Stammfunktionen

1. Geben Sie jeweils zwei verschiedene Stammfunktionen an:

a) $f(x) = 3$ **b)** $f(x) = x$

c) $f(x) = 2x^3 - 3x + 12$ **d)** $f(x) = x^{-2}$

e) $f(x) = (-4x)^2$ **f)** $f(x) = (5 - 2x)^2$

2. Bestimmen Sie:

a) $\int x\,dx$ **b)** $\int \sqrt{x}\,dx$

c) $\int dx$ **d)** $\int x^{-2}dx$

e) $\int x^{1-2n}dx$ **f)** $\int -0{,}5 \cdot x^{n-1}\,dx$

3. Geben Sie jeweils alle Stammfunktionen an.

a) $\int \cos(x)dx$ **b)** $f(x) = \sin(x)$

c) $\int (\sin(x) - 1)dx$ **d)** $\int 2 \cdot e^x dx$

„Krummlinig" begrenzte Fläche

1. a) Bestimmen Sie die Integralfunktion $\int_a^x f(t)\,dt$ und

b) Bestätigen Sie den Hauptsatz der Integral- und Differenzialrechnung für die Funktion $f(t) = 2t - 3$.

Lösungen Beispielaufgaben

Einführung in die Integralrechnung

1. Gesamtfläche A = Rechteck + Dreieck = 160 FE

$A \triangleq s \Rightarrow s = 160$ m.

Stammfunktionen

1. a) $F(x) = 3x + C \wedge C \in \{0; 1\}$

b) $F(x) = \frac{1}{2}x^2 + C \wedge C \in \{0; 1\}$

c) $F(x) = \frac{1}{2}x^4 - \frac{3}{2}x^2 + 12x + C \wedge C \in \{0; 1\}$

d) $F(x) = -x^{-1} + C;\ C \in \{0; 1\}$

e) $F(x) = \frac{16}{3}x^3 + C;\ C \in \{0; 1\}$

f) $F(x) = 25x - 10x^2 + \frac{4}{3}x^3 + C;\quad C \in \{0; 1\}$

2. a) $\frac{1}{2}x^2 + C$ **b)** $\frac{2}{3}x^{\frac{3}{2}} + C$

c) $x + C$ **d)** $-x^{-1} + C$

e) $\frac{1}{2-2n}x^{2-2n} + C$ **f)** $-\frac{1}{2n}x^n$

3. a) $\sin(x) + C$ **b)** $-\cos(x) + C$

c) $-(\cos(x) + x) + C$ **d)** $2 \cdot e^x + C$

Krummlinig begrenzte Fläche

1. a) $\int_a^x f(t)\,dt = [F(t)]_a^x = [F(x) - F(a)]$ mit

b) $F(t) = t^2 - 3t$ folgt:

$[x^2 - 3x - (a^2 - 3a)]$,

denn $[x^2 - 3x - (a^2 - 3a)]' = 2x - 3$

Übungsaufgaben

Aufstellen der Flächeninhaltsfunktion

1. Bestimmen Sie den Flächeninhalt zwischen dem Schaubild von g: $g(x) = 0{,}25x + 2;\ x \in [0; 4]$ und der x-Achse und dem angegebenen Bereich **(Bild 1)**:

a) mithilfe von Rechteck und Dreieck,

b) indem Sie zunächst die Flächeninhaltsfunktion F(x) bestimmen.

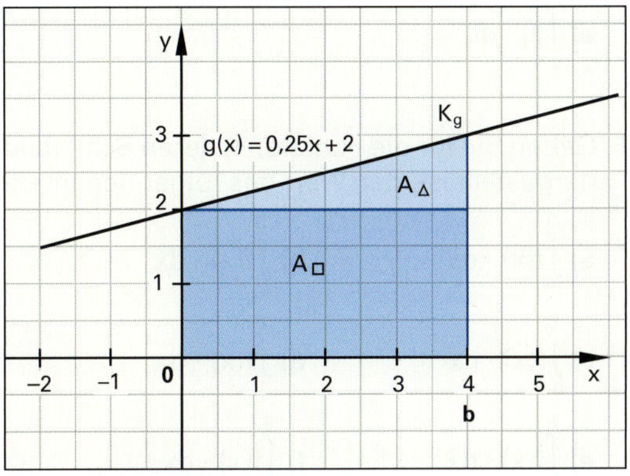

Bild 1: Flächeninhalt von 0 bis b

2. Bestimmen Sie den Flächeninhalt zwischen dem Schaubild von g: $g(x) = 0{,}5x + 1$; $x \in [2; 4]$ und der x-Achse und dem angegebenen Bereich **(Bild 1)**:

a) mithilfe von Rechteck und Dreieck,

b) indem Sie zunächst die Flächeninhaltsfunktion $F(x)$ bestimmen.

Integralregeln

3. Berechnen Sie unter Verwendung der Integrationsregeln die folgenden Integrale:

a) $\int_0^{\frac{\pi}{4}} \sin x \cdot dx + \int_{\frac{\pi}{4}}^{\frac{\pi}{2}} \sin x \cdot dx$

b) $\int_{-\frac{\pi}{2}}^{0} \sin x \cdot dx + \int_0^{\frac{\pi}{2}} \sin x \cdot dx$

c) $\int_{-\frac{\pi}{4}}^{0} \cos x \cdot dx + \int_0^{\frac{\pi}{4}} \cos x \cdot dx$

d) $\int_{-\frac{\pi}{2}}^{\frac{\pi}{4}} \cos x \cdot dx + \int_{\frac{\pi}{4}}^{\frac{\pi}{2}} \cos x \cdot dx$

4. Schreiben Sie als ein einziges Integral:

a) $\int_0^3 \sqrt{x} \cdot dx - \int_5^3 \sqrt{x} \cdot dx$ **b)** $\int_{-2}^{0} 2x^2 \cdot dx - \int_2^0 2x^2 \cdot dx$

c) $\int_0^{\pi} \sin u \cdot du - \int_{-\pi}^{2\pi} \sin u \cdot du - \int_{2\pi}^{\pi} \sin t \cdot dt$

Integralwert als Flächeninhalt

5. Deuten Sie die folgenden Integrale anhand einer geometrischen Figur als Flächeninhalt und berechnen Sie diesen.

a) $\int_1^3 x \cdot dx$ **b)** $\int_0^3 2 \cdot dx$

c) $\int_{-2}^{1} du$ **d)** $\int_1^4 (0{,}5s + 1) \cdot ds$

e) $\int_{-2}^{0} |t| \cdot dt$

6. Geben Sie für die Funktion f, deren Schaubild in **Bild 2** dargestellt ist, den Wert des folgenden Integrals an.

a) $\int_0^3 f(x) \cdot dx$ **b)** $\int_4^6 f(x) \cdot dx$

c) $\int_0^8 f(x) \cdot dx$ **d)** $\int_{-2}^{0} f(x) \cdot dx$

e) $\int_4^8 f(x) \cdot dx$ **f)** $\int_{-2}^{8} f(x) \cdot dx$

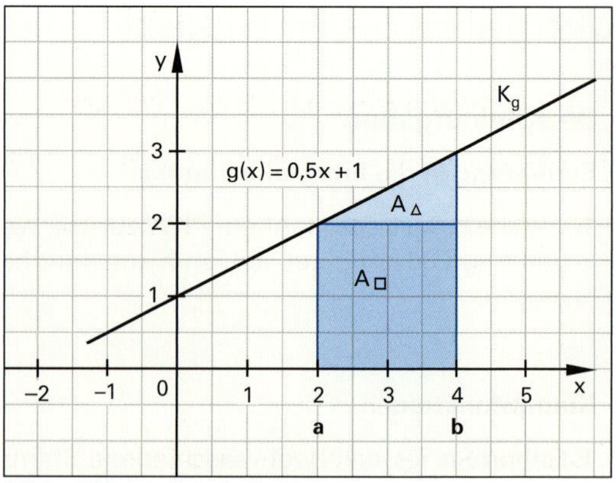

Bild 1: Flächeninhaltsfunktion

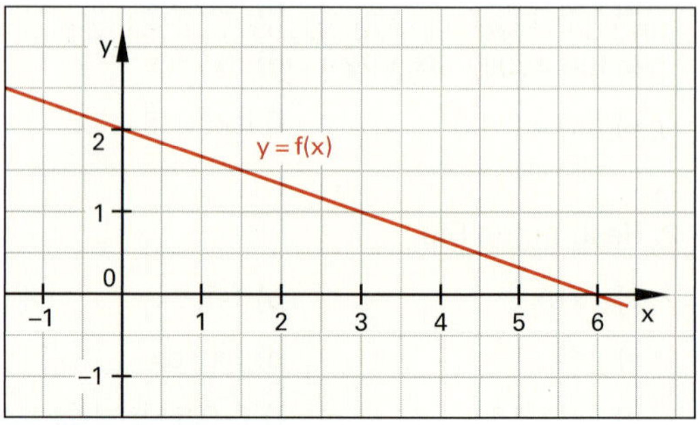

Bild 2: Schaubild zu Aufgabe 6

Lösungen Übungsaufgaben

1. a) $A = A_{\square} + A_{\triangle} = 10$ FE

b) $F(x) = \frac{1}{8}x^2 + 2x$; $A(4) = 10$ FE

2. a) $A = A_{\square} + A_{\triangle} = 5$ FE

b) $F_2(x) = \frac{1}{4} \cdot (x^2 - 2^2) + (x - 2)$; $A_2(4) = 5$ FE

3. a) 1 **b)** 0 **c)** $\sqrt{2}$ **d)** 2

4. a) $\int_0^5 \sqrt{x} \cdot dx = \frac{10}{3}\sqrt{5}$ **b)** $\int_{-2}^{2} 2x^2 \cdot dx = \frac{32}{3}$

c) $\int_{\pi}^{2\pi} \sin t \cdot dt = 2$

5. a) A = 4 FE ⇒ Trapezfläche mit h = 2 und m = 2

b) A = 6 FE ⇒ Rechteckfläche mit h = 2 und b = 3

c) A = 3 FE ⇒ Rechteckfläche mit h = 1 und b = 3

d) Trapezfläche $A = \frac{27}{4}$ FE mit $h = \frac{9}{4}$ und b = 3

e) A = 2 FE ⇒ Dreiecksfläche mit h = 2 und b = 2

6. a) $\frac{9}{2}$ **b)** $\frac{2}{3}$ **c)** $\frac{16}{3}$

d) $\frac{14}{3}$ **e)** 0 **f)** 10

5.4 Berechnung von Flächeninhalten

5.4.1 Integralwert und Flächeninhalt

Bestimmte Integrale geben als Ergebnis immer eine Zahl an, den Integralwert. Wie man den Inhalt einer Fläche mit dem bestimmten Integral berechnet, zeigen wir an den folgenden Beispielen.

Beispiel 1: Schaubild über der x-Achse

Gegeben ist die Funktion $f(x) = \frac{1}{2}x^2 + 1;\ x \in [-1; 2]$.

Bestimmen Sie den Integralwert

$\int_a^b f(x)dx;\quad x \in [a; b]$

und den Flächeninhalt A, den das Schaubild von f mit der x-Achse einschließt.

Lösung:

$$\int_{-1}^{2}\left(\frac{1}{2}x^2 + 1\right)dx = \left[\frac{1}{6}x^3 + x\right]_{-1}^{2}$$

$$= \left[\frac{1}{6}(2)^3 + 2 - \left(\frac{1}{6}\cdot(-1)^3 + (-1)\right)\right] = \frac{4}{3} + 3 + \frac{1}{6} = \mathbf{4{,}5}$$

A = 4,5 FE

Der Wert des Integrals ist positiv, da das Schaubild von f über der x-Achse verläuft **(Bild 1)**. Der Integralwert entspricht in diesem Fall dem Flächeninhalt.

Verläuft das Schaubild ausschließlich über der x-Achse, so entspricht der Integralwert I dem Flächeninhalt.

Beispiel 2: Schaubild unter der x-Achse

Bestimmen Sie:

a) den Wert des bestimmten Integrals $\int_1^3 f(x)dx$ mit $f(x) = x^2 - 4x + 3$.

b) Den Flächeninhalt A, den das Schaubild von f mit der x-Achse einschließt.

Lösung:

a) $\int_1^3 (x^2 - 4x + 3)dx = \left[\frac{1}{3}x^3 - 2x^2 + 3x\right]_1^3$

$= \left[9 - 18 + 9 - \left(\frac{1}{3} - 2 + 3\right)\right] = -\frac{4}{3}$

b) $A = \left|-\frac{4}{3}\right| = \frac{4}{3}$ **FE**

Der Wert des Integrals ist negativ, da das Schaubild von f unterhalb der x-Achse verläuft.

Verläuft das Schaubild ausschließlich unter der x-Achse, so entspricht der negierte Integralwert dem Flächeninhalt A.

Für $f(x) > 0$ gilt: $A = \int_a^b f(x)dx$

Für $f(x) < 0$ gilt: $A = -\int_a^b f(x)dx$

A	vom Schaubild und der x-Achse begrenzte Fläche
a, b	(untere, obere) Integrationsgrenzen
f(x)	zu integrierende Funktion
$\int_a^b f(x)dx$	Integralwert

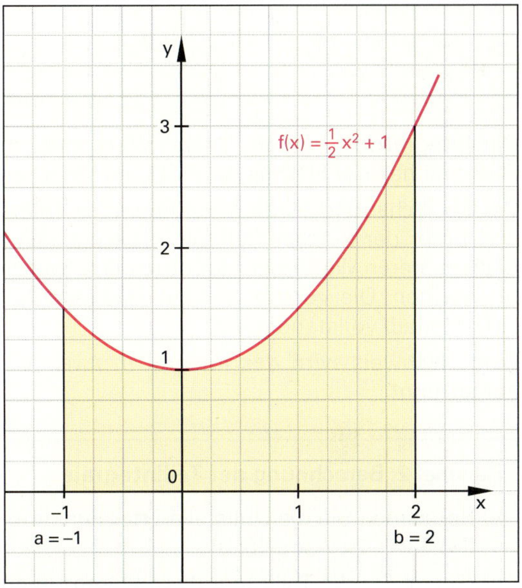

Bild 1: Schaubild über der x-Achse

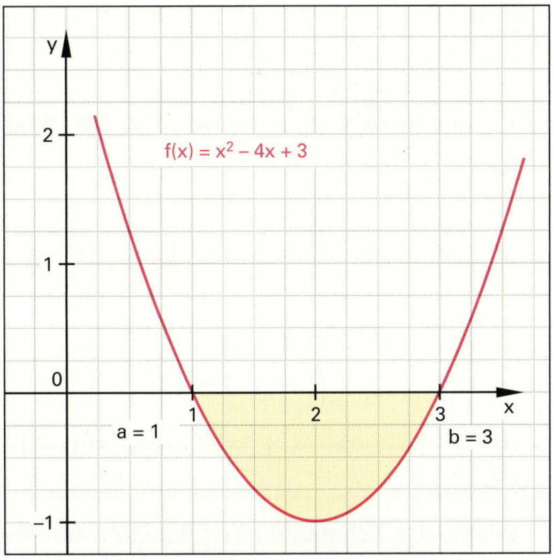

Bild 2: Schaubild unter der x-Achse

Anschaulich wird die Bedeutung dieses Wertes in **Bild 2**. Der negierte Integralwert entspricht der Fläche zwischen dem Schaubild von f und der x-Achse in den angegebenen Grenzen.

5.4.2 Flächen für Schaubilder mit Nullstellen

Verläuft das Schaubild einer Funktion über und unter der x-Achse, so heben sich positive und „negative" Flächenanteile ganz oder teilweise auf. In diesem Fall sagt der Integralwert nichts mehr über den Flächeninhalt aus.

Beispiel 1: Integralwertberechnung

Berechnen Sie den Wert des Integrals **Bild 1**

$\int_0^3 (x^2 - 2x)dx.$

Lösung:

$\int_0^3 (x^2 - 2x)dx = \left[\frac{1}{3}x^3 - x^2\right]_0^3$

$= \left[\frac{1}{3}(3)^3 - (3)^2 - \left(\frac{1}{3} \cdot (0)^3 - (0)^2\right)\right] = \mathbf{0}$

Der Integralwert ist null. Dieser Wert kann nicht dem Flächeninhalt der Flächen A_1 und A_2 entsprechen **(Bild 1)**.

Da das Schaubild in dem vorliegenden Intervall über und unter der x-Achse verläuft, ergeben sich zwei Teilflächen, deren Werte sich nur durch ihre Vorzeichen unterscheiden. Die vorkommenden Flächenanteile heben sich deshalb vollständig auf.

Zum Nachweis wird das Integral in zwei Teilintegrale aufgetrennt.

Beispiel 2: Berechnung der Teilintegrale

a) Berechnen Sie die Nullstellen der Funktion $f(x) = x^2 - 2x \wedge x \in [0; 3]$

b) Geben Sie die Teilintegrale mit Grenzen an und berechnen Sie diese.

Lösung:

a) $f(x) = 0 \Leftrightarrow x^2 - 2x = 0 \Leftrightarrow x \cdot (-2) = 0$

$\Leftrightarrow x = 0 \vee x = 2$

b) Intervall 1: $x \in [0; 2]$ Intervall 2: $x \in [2; 3]$

$\int_0^2 f(x)dx = \left[\frac{1}{3}x^3 - x^2\right]_0^2$

$= \left[\frac{1}{3}(2)^3 - (2)^2 - \left(\frac{1}{3} \cdot (0)^3 - (0)^2\right)\right] = \frac{8}{3} - 4 = \mathbf{-\frac{4}{3}}$

$\int_2^3 f(x)dx = \left[\frac{1}{3}x^3 - x^2\right]_2^3$

$= \left[\frac{1}{3}(3)^3 - (3)^2 - \left(\frac{1}{3} \cdot (2)^3 - (2)^2\right)\right] = 0 - \left(-\frac{4}{3}\right) = \mathbf{\frac{4}{3}}$

Verläuft das Schaubild einer Funktion oberhalb und unterhalb der x-Achse, so müssen die einzelnen Flächenstücke getrennt berechnet werden.

Dazu muss das Integrationsintervall an den Nullstellen der Funktion unterteilt werden. Die Gesamtfläche ist dann die Summe der Beträge der Teilintegrale.

Bei der Flächenberechnung muss das Integrationsintervall an den Nullstellen der Funktion aufgeteilt werden in Teilintervalle $[a; x_1]; [x_1; x_2]; [x_2; x_3]; \dots ; [x_n; b]$.

Die Gesamtfläche ist dann die Summe der Beträge aller Teilintegrale.

$$A = \left|\int_a^{x_1} f(x)dx\right| + \left|\int_{x_1}^{x_2} f(x)dx\right| + \dots + \left|\int_{x_n}^{b} f(x)dx\right|$$

$[a; b]$ Integrationsintervall

$x_1, x_2, x_3, \dots, x_n$ Nullstellen der Funktion f

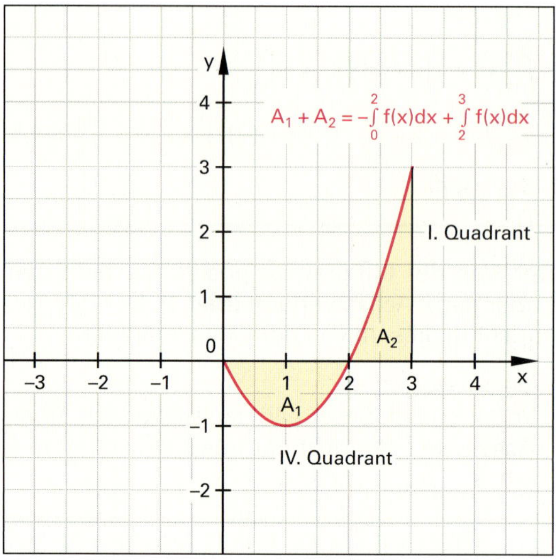

Bild 1: Flächen ober- und unterhalb der x-Achse

Beispiel 3: Gesamtfläche

Berechnen Sie die Gesamtfläche von **Beispiel 2**.

Lösung:

1. Mit Integralwert:

$A = -\left(-\frac{4}{3}\right) + \frac{4}{3} = \mathbf{\frac{8}{3}\ FE}$

2. Mit Betrag:

$A = \left|-\frac{4}{3}\right| + \left|\frac{4}{3}\right| = \mathbf{\frac{8}{3}\ FE}$

Bei der Flächenberechnung darf nie über die Nullstellen (der x-Achse) hinwegintegriert werden, wenn das Schaubild von f die x-Achse schneidet.

5.4.3 Musteraufgabe zur Flächenberechnung

Anhand der **Tabelle 1** kann die Vorgehensweise bei der Flächenberechnung gezeigt werden.

Beispiel 1: Flächenberechnung

Berechnen Sie die Fläche, die vom Schaubild der Funktion f mit $f(x) = x^3 - 5x^2 + 2x + 8 \wedge x \in \mathbb{R}$ und der x-Achse begrenzt wird.

Lösung:

Schritt 1:

Nullstellen von f bestimmen und die Grenzen der Teilintervalle festlegen

$$f(x) = 0 \quad \Leftrightarrow x^3 - 5x^2 + 2x + 8 = 0$$
$$\Leftrightarrow (x + 1)(x - 2)(x - 4) = 0$$
$$\Leftrightarrow x_1 = -1 \vee x_2 = 2 \vee x_3 = 4$$

Gesamtintervall: $x \in [a; b] = [-1; 4]$;
Intervall 1: $x \in [a; x_1] = [-1; 2]$;
Intervall 2: $x \in [x_1; b] = [2; 4]$.

Schritt 2:

Überprüfen der Funktionswerte

Wählen Sie einen x-Wert in den Teilintervallen:

Intervall 1: z. B. $x = 0 \in [-1; 2]$; $\rightarrow f(0) = 8 > 0$

Intervall 2: z. B. $x = 3 \in [2; 4]$; $\rightarrow f(3) = -4 < 0$

Vorzeichen beachten!

Schritt 3:

Berechnung aller Teilflächen

$$A_1 = \int_{-1}^{2}(x^3 - 5x^2 + 2x + 8)dx = \left[\frac{1}{4}x^4 - \frac{5}{3}x^3 + x^2 + 8 \cdot x\right]_{-1}^{2}$$
$$= \left[\frac{1}{4}(2)^4 - \frac{5}{3}(2)^3 + (2)^2 + 8 \cdot (2) - \left(\frac{1}{4}(-1)^4 - \frac{5}{3}(-1)^3 + (-1)^2 + 8 \cdot (-1)\right)\right]$$
$$= 4 - \frac{40}{3} + 4 + 16 - \left(\frac{1}{4} + \frac{5}{3} + 1 - 8\right) = \frac{32}{3} - \left(-\frac{61}{12}\right) = \mathbf{\frac{63}{4}}$$

$$A_2 = -\int_{2}^{4}(x^3 - 5x^2 + 2x + 8)dx$$
$$= \left[-\frac{1}{4}x^4 + \frac{5}{3}x^3 - x^2 - 8 \cdot x\right]_{2}^{4}$$
$$= \left[\frac{1}{4}(4)^4 + \frac{5}{3}(4)^3 - (4)^2 - 8 \cdot (4) - \left(\frac{1}{4}(2)^4 + \frac{5}{3}(2)^3 - (2)^2 - 8 \cdot (2)\right)\right]$$
$$- 64 + \frac{320}{3} - 16 - 32 + \left(4 - \frac{40}{3} + 4 + 16\right)$$
$$= -\frac{16}{3} + \frac{32}{3} = \mathbf{\frac{16}{3}}$$

Schritt 4:

Berechnen der Gesamtfläche

$$A = A_1 + A_2 = \frac{63}{4} + \frac{16}{3} = \mathbf{\frac{253}{12}\ FE}$$

$$A \approx \mathbf{21{,}08\ FE}$$

Tabelle 1: Flächen zwischen Schaubild und x-Achse

Schritt	Vorgehensweise	Formeln, Ergebnisse
1	Berechnung aller Nullstellen im Intervall [a; b], Festlegung der Grenzen	$x_1 = a$; x_2; $x_3 = b$
2	Überprüfung der Funktionswerte in den Intervallen zwischen den Nullstellen auf ihre Vorzeichen.	$x \in]x_1; x_2[$: $f(x) > 0$ $x \in]x_2; x_3[$: $f(x) < 0$
3	Berechnung aller Teilflächen von Nullstelle zu Nullstelle	$A_1 = +\int_a^{x_2} f(x)dx$ $A_2 = -\int_{x_2}^{b} f(x)dx$
4	Gesamtfläche als Summe der Beträge aller Teilintegrale angeben.	$A = A_1 + A_2$

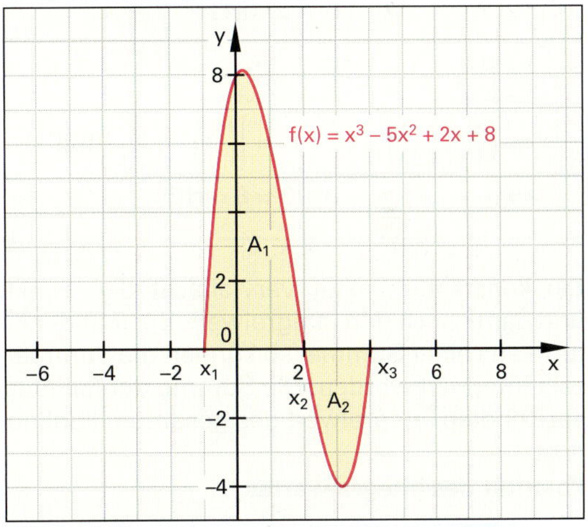

Bild 1: Flächen ober- und unterhalb der x-Achse

Beispiel 2: Vergleich der Fläche mit dem Integralwert

a) Vergleichen Sie das Ergebnis von **Beispiel 1** mit dem Integralwert $\int_{-1}^{4} f(x)dx$.

b) Zeichnen Sie das Schaubild der Funktion f.

Lösung:

a) $$\int_{-1}^{4}(x^3 - 5x^2 + 2x + 8)dx$$
$$= \left[\frac{1}{4}x^4 - \frac{5}{3}x^3 + x^2 + 8 \cdot x\right]_{-1}^{4}$$
$$= \left[\frac{1}{4}(4)^4 - \frac{5}{3}(4)^3 + (4)^2 + 8 \cdot (4) - \left(\frac{1}{4}(-1)^4 - \frac{5}{3}(-1)^3 + (-1)^2 + 8 \cdot (-1)\right)\right]$$
$$= 64 - \frac{320}{3} + 16 + 32 - \left(\frac{1}{4} + \frac{5}{3} + 1 - 8\right)$$
$$= \frac{16}{3} - \left(-\frac{61}{12}\right) = \mathbf{\frac{125}{12}} < A$$

b) **Bild 1**

5.4.4 Regeln zur Vereinfachung bei Flächen

Das Berechnen von bestimmten Integralen ist im Vergleich zum Differenzieren meist mit mehr Aufwand verbunden.

Folgende Regeln werden beim Integrieren angewendet:

Faktorregel und Summenregel

Beispiel 1:

Faktorregel

Zeigen Sie, dass gilt:

a) $\int_0^2 \frac{1}{2} \cdot x\,dx = \frac{1}{2} \cdot \int_0^2 x\,dx$

Summenregel

Mit $f(x) = x^2$, $g(x) = 2x$ und $h(x) = x^2 + 2x$

b) $\int_{-1}^2 x^2\,dx + \int_{-1}^2 2x\,dx = \int_{-1}^2 (x^2 + 2x)\,dx$

Lösung:

a) $\int_0^2 \frac{1}{2} \cdot x\,dx = \left[\frac{1}{2} \cdot \frac{x^2}{2}\right]_0^2 = \frac{1}{2} \cdot \left[\frac{x^2}{2}\right]_0^2 = \frac{1}{2} \cdot \int_0^2 x\,dx$

b) $\left[\frac{x^3}{3}\right]_{-1}^2 + \left[x^2\right]_{-1}^2 = \left[\frac{x^3}{3} + x^2\right]_{-1}^2$

$\Leftrightarrow \left(\frac{8}{3}\right) - \left(-\frac{1}{3}\right) + (4 - 1) = \left[\left(\frac{20}{3}\right) - \left(\frac{2}{3}\right)\right]$ **(Bild 1)**

$\Leftrightarrow$ $3 + 3 = \mathbf{6}$ (erfüllt)

Ein konstanter Faktor vervielfacht den Funktionswert und damit auch den Integralwert. Besteht der Funktionsterm aus einer Summe, so können die Summanden einzeln integriert werden. Die Summe der Teilintegrale entspricht dem Integralwert des gesamten Funktionsterms.

Regel 1: Faktorregel

Ein konstanter Faktor k bleibt beim Integrieren erhalten.

$$\int_a^b k \cdot f(x)\,dx = k \cdot \int_a^b f(x)\,dx$$

k konstanter Faktor f(x) Integrand

Regel 2: Summenregel

Eine endliche Summe (Differenz) von Funktionstermen kann gliedweise integriert werden.

$$\int_a^b \left(f_1(x) \pm f_2(x) \pm \ldots \pm f_n(x)\right)dx$$
$$= \int_a^b f_1(x)\,dx \pm \int_a^b f_2(x)\,dx \pm \ldots \pm \int_a^b f_n(x)\,dx$$

$f_1(x)$, $f_2(x)$, ... $f_n(x)$ Funktionsterme

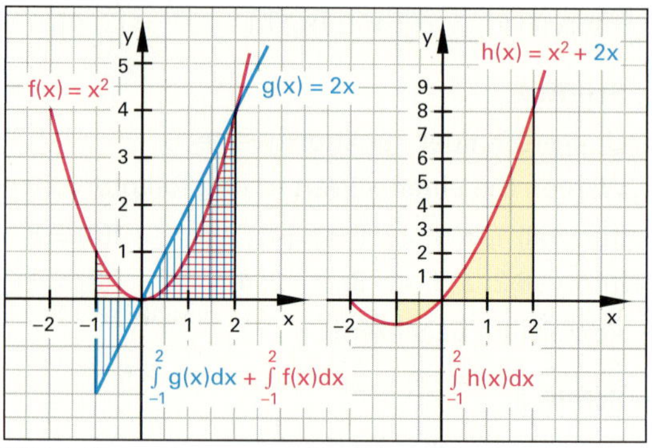

Bild 1: Summierung von Funktionstermen

Polarität des Integralwertes

Beispiel 2: Polarität des Integralwerts

Bestimmen Sie:

a) $\int_{-2}^{-1} x\,dx$ b) $\int_1^2 x\,dx$ c) $\int_{-2}^{1} -\frac{1}{3}x^3\,dx$ d) $\int_1^2 -\frac{1}{3}x^3\,dx$

Lösung: **(Bild 2)**

a) $\int_{-2}^{-1} x\,dx = \left[\frac{x^2}{2}\right]_{-2}^{-1} = \left[\frac{1}{2} - 2\right] = -\frac{3}{2} < \mathbf{0}$

b) $\int_1^2 x\,dx = \left[\frac{x^2}{2}\right]_1^2 = \left[2 - \frac{1}{2}\right] = \frac{3}{2} > \mathbf{0}$

c) $\int_{-2}^{-1} -\frac{1}{3}x^3\,dx = \left[-\frac{x^4}{12}\right]_{-2}^{-1} = -\left[\frac{1}{12} - \frac{16}{12}\right] = \frac{5}{4} > \mathbf{0}$

d) $\int_1^2 -\frac{1}{3}x^3\,dx = \left[-\frac{x^4}{12}\right]_1^2 = -\left[\frac{4}{3} - \frac{1}{12}\right] = -\frac{5}{4} < \mathbf{0}$

Je nachdem, welches Vorzeichen der Integralwert hat, spricht man von der Polarität des Integralwertes.

Regel 3: Polarität des Integralwertes

Die Polarität des Integralwertes ist abhängig von der Polarität des Funktionswertes f(x) mit $x \in [a; b]$ und $b - a > 0$.

$$f(x) \geq 0 \text{ für } x \in [a; b] \Rightarrow \int_a^b f(x)\,dx \geq 0$$
$$f(x) \leq 0 \text{ für } x \in [a; b] \Rightarrow \int_a^b f(x)\,dx \leq 0$$

[a; b] Integrationsintervall

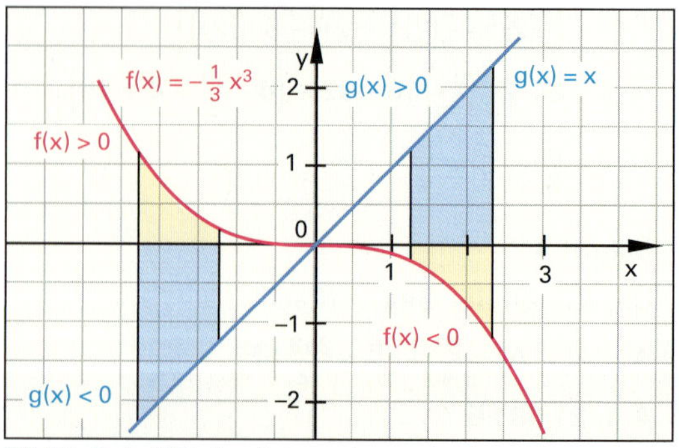

Bild 2: Polarität des Integralwertes

Tausch der Integrationsgrenzen

Für das händische Rechnen ist es manchmal einfacher, wenn die Grenzen vertauscht werden.

Beispiel 1: Grenzen vertauschen

Bestimmen Sie:

a) $\int_0^1 3x^2\,dx$ b) $\int_1^0 3x^2\,dx$

Lösung:

a) $\int_0^1 3x^2\,dx = [x^3]_0^1 = [1 - (0)] = \mathbf{1}$

b) $\int_1^0 3x^2\,dx = [x^3] = [0 - (1)]_1^0 = \mathbf{-1}$

Das Vertauschen der Grenzen beim bestimmten Integral ändert das Vorzeichen des Integralwertes **(Bild 1)**. Diese Eigenschaft kann bei der Berechnung von Flächeninhalten angewendet werden.

Regel 4: Vertauschung der Grenzen

Eine Vertauschung der Integrationsgrenzen bewirkt einen Vorzeichenwechsel des Integralwertes.

$$\int_a^b f(x)dx = -\int_b^a f(x)dx$$

a „untere" Integrationsgrenze

b „obere" Integrationsgrenze

Trennen von Integralen

Oft ist es sinnvoll, Integrale in Teilintegrale aufzutrennen.

Regel 5: Auftrennung des Integrationsintervalls

Für jede Stelle c aus dem Integrationsintervall [a; b] gilt:

$$\int_a^c f(x)dx + \int_c^b f(x)dx = \int_a^b f(x)dx;\ a \le c \le b$$

c Stelle im Integrationsintervall [a; b]

Beispiel 2: Auftrennung des Integrals (Bild 2)

Zeigen Sie, dass für $f(x) = \sin(x) \wedge x \in [0; \pi]$ gilt:

a) $\int_0^{\frac{\pi}{4}} \sin x\,dx + \int_{\frac{\pi}{4}}^{\pi} \sin x\,dx = \int_0^{\pi} \sin x\,dx$

b) $\int_0^c f(x)dx + \int_c^b f(x)dx = \int_a^b f(x)dx \wedge c \in [a; b]$

Lösung:

a) $[-\cos x]_0^{\frac{\pi}{4}} + [-\cos x]_{\frac{\pi}{4}}^{\pi} = [-\cos x]_0^{\pi}$

$\Leftrightarrow \left[-\frac{1}{2} + 1\right] + \left[1 - \left(-\frac{1}{2}\right)\right] = [-(-1) - (-1)]$

$= 1 + 1 = 2$ **wahr!**

b) $\int_a^c f(x)dx + \int_c^b f(x)dx = \int_a^b f(x)dx$

$\Leftrightarrow [F(x)]_a^c + [F(x)]_c^b = [F(x)]_a^b$

$\Leftrightarrow [F(c) - F(a)] + [F(b) - F(c)]$

$= [F(b) - F(a)]$ **wahr!**

Ebenfalls bei der Flächenberechnung müssen Integrale in Teilintegrale aufgetrennt werden, wenn die Funktionswerte ihr Vorzeichen ändern, wie z. B. bei Nullstellen.

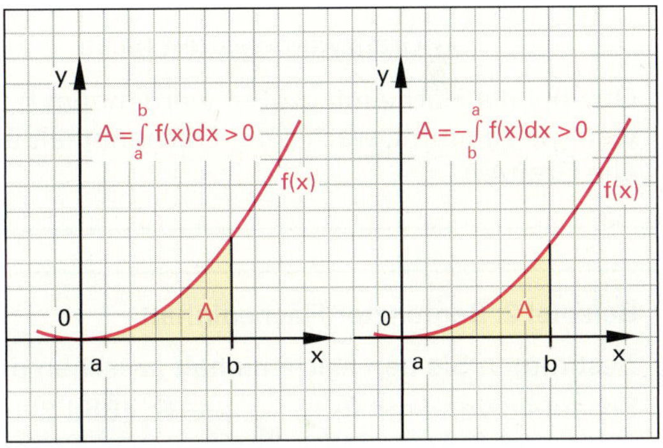

Bild 1: Grenzen vertauschen

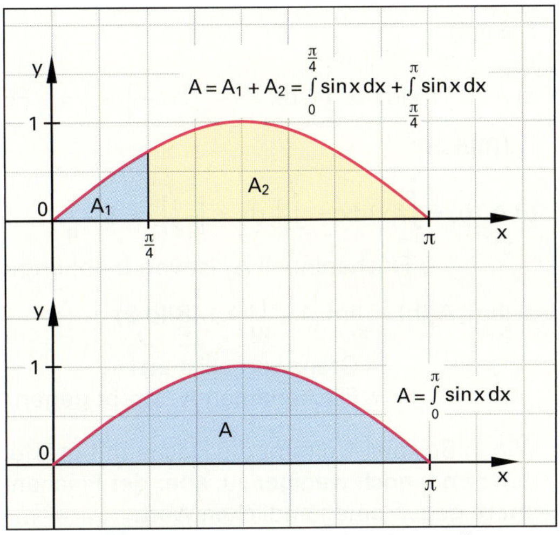

Bild 2: Auftrennung des Integrationsintervalls

5.4.5 Integrieren mit variabler Grenze

Bisher wurden nur Integrale über abgeschlossene Intervalle [a; b] berechnet. Wenn die obere Grenze b nicht mehr fest, sondern variabel wird, ändert sich der Flächeninhalt in Abhängigkeit mit dieser Grenze. Hier wird nun untersucht, ob man einer bis „ins Unendliche reichenden" Fläche einen endlichen Flächeninhalt zuordnen kann oder nicht.

Beispiel 1: Unbegrenzter Flächeninhalt

Bestimmen Sie den Flächeninhalt zwischen dem Schaubild von f mit $f(x) = \frac{1}{x}$; $x \in \mathbb{R}_+^*$ **(Bild 1)** und der x-Achse a) im Intervall $x \in [1; 3]$,

b) $x \in [1; b]$

c) Welcher Flächeninhalt ergibt sich für $b \to \infty$?

Lösung:

a) $A_1 = \int_1^3 f(x)dx = \int_1^3 \frac{1}{x}dx = [\ln(x)]_1^3$

$= \ln(3) - \ln(1) = \mathbf{\ln(3) \approx 1{,}099\ FE}$ **(Bild 1)**

b) $A_2(b) = \int_1^b f(x)dx = \int_1^b \frac{1}{x}dx = [\ln(x)]_1^b$

$= \ln(b) - \ln(1) = \mathbf{\ln(b)}$

→ Flächeninhalt von b abhängig!

c) $\lim\limits_{b\to\infty} A_2(b) = \lim\limits_{b\to\infty} \ln(b) \to \infty$

→ Grenzwert existiert nicht!

Obwohl die Fläche mit größer werdendem b immer weniger zunimmt, wächst der Flächeninhalt über alle Grenzen.

Beispiel 2: Begrenzter Flächeninhalt

Bestimmen Sie den Flächeninhalt zwischen dem Schaubild von f mit $f(x) = \frac{1}{x^2}$; $x \in \mathbb{R}_+^*$ **(Bild 2)** und der x-Achse im Intervall a) $x \in [1; 3]$,

b) $x \in [1; b]$

c) Welcher Flächeninhalt ergibt sich für $b \to \infty$?

Lösung:

a) $A_1 = \int_1^3 f(x)dx = \int_1^3 \frac{1}{x^2}dx = \left[-\frac{1}{x}\right]_1^3 = -\frac{1}{3} + \frac{1}{1} = \frac{2}{3}$ FE **(Bild 2)**

b) $A_2(b) = \int_1^b f(x)dx = \int_1^b \frac{1}{x^2}dx = \left[-\frac{1}{x}\right]_1^b = 1 - \frac{1}{b}$

→ Flächeninhalt A_2 ist von b abhängig!

c) $\lim\limits_{b\to\infty} A_3(b) = \lim\limits_{b\to\infty}\left(1 - \frac{1}{b}\right) = 1$ **(Bild 3)**

→ Grenzwert existiert!

⇒ Flächeninhalt A_3 strebt gegen 1 FE

Wie in Beispiel 1 nimmt die Fläche mit größer werdendem b noch weniger zu, aber der Flächeninhalt strebt gegen einen endlichen Wert.

Uneigentliches Integral

Ist f eine auf dem Intervall]a; ∞[stetige Funktion und existiert der Grenzwert

$$\lim_{b\to\infty} \int_a^b f(x)dx,$$

dann nennt man diesen Grenzwert **uneigentliches Integral von f über]a; ∞[.** Entsprechend ist auch das uneigentliche Integral mit variabler unterer Grenze festgelegt.

a	untere Grenze	b	(variable) obere Grenze
f	Funktion	$\lim\limits_{b\to\infty}$	Grenzwert für b gegen unendich

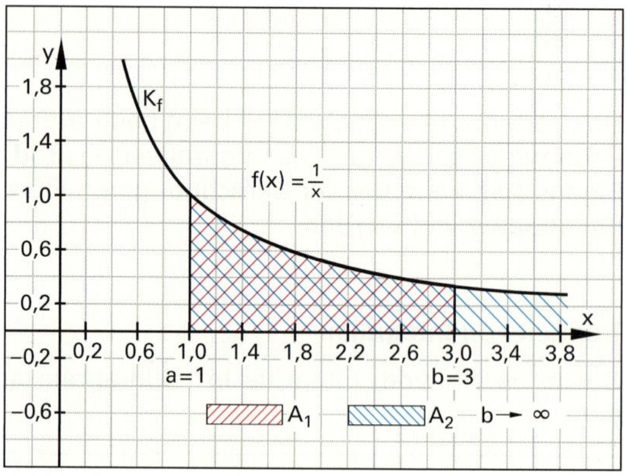

Bild 1: Flächeninhalt $A_2 \to \infty$ für $b \to \infty$

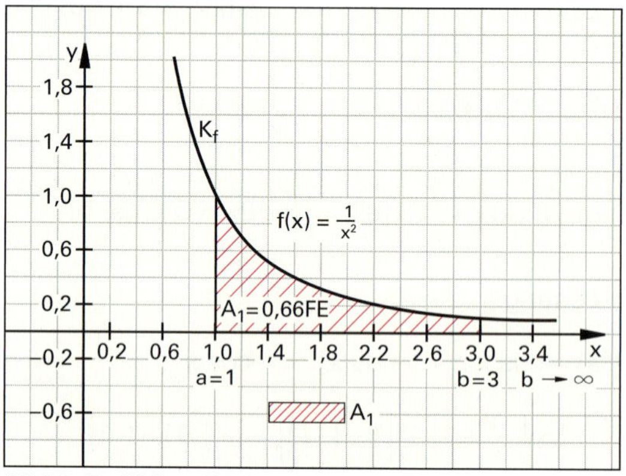

Bild 2: Endlicher Flächeninhalt A_2 für $b \to \infty$

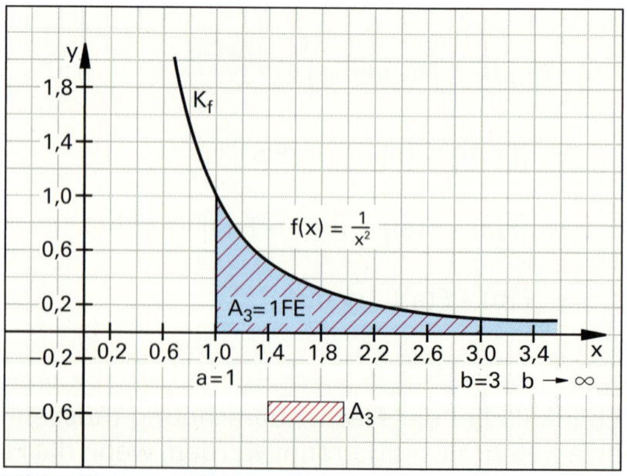

Bild 3: Flächeninhalt A_3 für $b \to \infty$

5.4.6 Vermischte Aufgaben zur Flächenberechnung

Beispiel 1:

Berechnen Sie den Inhalt der markierten Fläche.

a) $f(x) = 0{,}5x^2$; $x \in [0; 2]$ **(Bild 1)**

b) $f(x) = x^{-2}$; $x \in [0{,}5; 2]$ **(Bild 2)**

Lösungen:

Man berechnet zunächst die Fläche zwischen dem Schaubild und der x-Achse und kann dann über das Rechteck den gesuchten Flächeninhalt berechnen.

a) $\int\limits_0^2 0{,}5x^2\,dx = \left[\frac{1}{6}x^3\right]_0^2 = \frac{4}{3} - 0 = \mathbf{\frac{4}{3}};$

$A_R = 2 \cdot f(2) = 2 \cdot 2 = 4$

$\mathbf{A = 4 - \frac{4}{3} = \frac{8}{3}}$

b) $\int\limits_{0{,}5}^2 \frac{1}{x^2}\,dx = \left[-\frac{1}{x}\right]_{0{,}5}^2 = -\frac{1}{2} - \left(-\frac{1}{0{,}5}\right) = \mathbf{\frac{3}{2}};$

$A_R = 1{,}5 \cdot f(0{,}5) = 1{,}5 \cdot 4 = 6$

$\mathbf{A = 6 - \frac{3}{2} = \frac{9}{2}}$

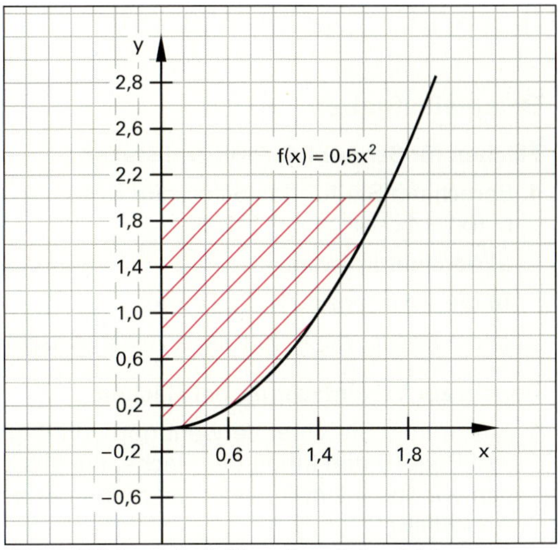

Bild 1: Flächeninhalt über dem Schaubild

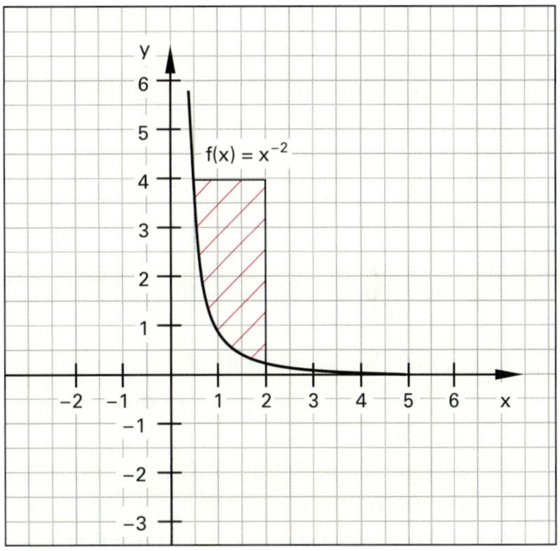

Bild 2: Flächeninhalt über dem Schaubild

Beispiel 2:

Berechnen Sie den Inhalt der Fläche zwischen dem Schaubild von f und der Normalen im Wendepunkt von f mit $f(x) = -x^3 + x$; $x \in \mathbb{R}$ **(Bild 3)**.

Lösungen:

1. Bestimmung des Wendepunktes einschließlich seiner Tangenten- und Normalensteigung:
   $f'(x) = -3x^2 + 1$; $f''(x) = -6x$; $f'''(x) = -6 \neq 0$;
   $f''(x) = 0 \wedge f'''(x) \neq 0 \Rightarrow -6x = 0 \Leftrightarrow x = 0$;
   $f'(0) = -3 \cdot 0^2 + 1 = 1 \Rightarrow W\,(0|0)$; $m_t = 1$;
   $m_n = -\frac{1}{m_t} = -1$

2. Normalengleichung ist eine Ursprungsgerade mit der Gleichung: $n(x) = -x$; $x \in \mathbb{R}$

3. Schnittstellen von f(x) und n(x):
   $f(x) = n(x) \Leftrightarrow -x^3 + x = -x \Leftrightarrow -x \cdot (x^2 - 2) = 0$
   $\Leftrightarrow x = -\sqrt{2} \vee x = 0 \vee x = \sqrt{2}$

4. Flächenberechnung:

Aus Symmetriegründen kann ein vereinfachter Ansatz gemacht werden:

$$A = 2 \cdot \int\limits_0^{\sqrt{2}} (f(x) - n(x)) \cdot dx = 2 \cdot \int\limits_0^{\sqrt{2}} (\;) \cdot dx$$

$$= 2 \cdot \left[-\frac{1}{4}x^4 + x^2\right]_0^{\sqrt{2}} = 2 \cdot \left[-\frac{1}{4}\left(\sqrt{2}\right)^4 + \left(\sqrt{2}\right)^2 - 0\right]$$

$$= 2 \cdot [-1 + 2 - 0) = 2(\text{FE})$$

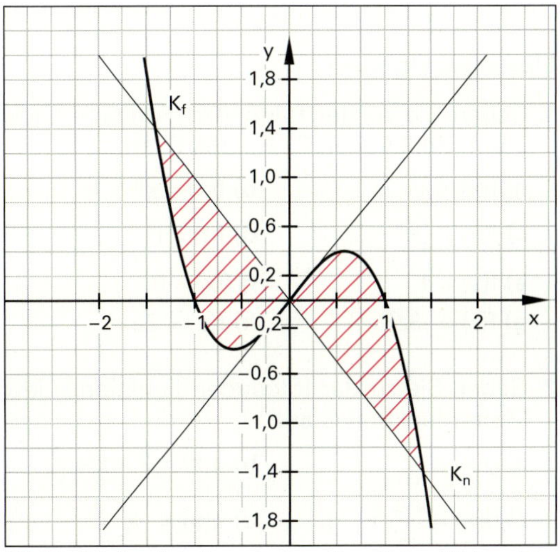

Bild 3: Flächeninhalt zwischen den Schaubildern K_f und K_n

Überprüfen Sie Ihr Wissen!

Beispielaufgaben

Flächen für Schaubilder mit Nullstellen

1. Berechnen Sie für das Schaubild K_f von f: $f(x) = 4x - x^2 \wedge x \in [-1; 5]$

a) den Integralwert,

b) die Teilintegrale T_1, T_2, T_3 und

c) die Fläche, die K_f mit der x-Achse einschließt.

Regeln zur Vereinfachung bei Flächen

1. Bestimmen Sie unter Verwendung von Regel 4 und Regel 5 den Inhalt der Fläche, die das Schaubild von $f(x) = \sin(x) \wedge x \in [-\pi; \pi]$ mit der x-Achse einschließt.

Integrieren mit variabler Grenze

1. Bestimmen Sie die obere Grenze b so, dass die Fläche zwischen dem Schaubild von f und der x-Achse für $f(x) = 2 \cdot e^{-x}$; $x \in R_+$ **(Bild 1)** den Flächeninhalt A = 1 FE hat.

Vermischte Aufgaben zur Flächenberechnung

1. Bestimmen Sie die untere Grenze a bzw. die obere Grenze b.

a) $\int_a^5 x^2\,dx = 39$ **b)** $\int_3^b 3 \cdot x^3\,dx = 408$ **c)** $\int_a^{12} \frac{1}{x^2}\,dx = 0{,}25$

2. Gegeben ist die Funktion f mit $f(x) = x(x-3)^2 \wedge x \in \mathbb{R}$.

Berechnen Sie den Inhalt der Fläche

a) die das Schaubild von f mit der x-Achse einschließt

b) zwischen dem Schaubild von f und der x-Achse über dem Intervall [0; 4]

c) die das Schaubild von f und die Gerade g(x) = x einschließt

d) die vom Schaubild von f, der Normalen in W (2|2) und der x-Achse begrenzt wird.

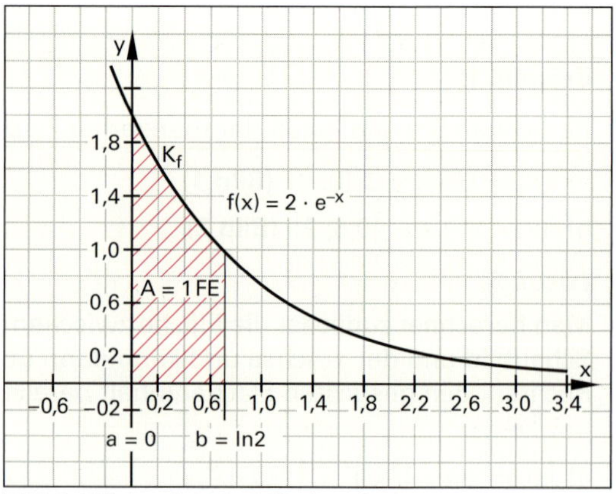

Bild 1: Flächeninhalt A für b → ln 2

Lösungen Beispielaufgaben

Flächen für Schaubilder mit Nullstellen

1. a) 6 **b)** $T_1 = \frac{-7}{3}$; $T_2 = \frac{32}{3}$; $T_3 = -\frac{7}{3}$

c) $A = \frac{46}{3}$ FE = 15,33 FE

Regeln zur Vereinfachung bei Flächen

1. $A = -\int_{-\pi}^{0} \sin x\,dx + \int_{0}^{\pi} \sin x\,dx$

$= [\cos x]_{-\pi}^{0} + [\cos x]_{\pi}^{0}$

$= [1 - (-1)] + [1 - (-1)] = 4$

Integrieren mit variabler Grenze

1. $\int_0^b f(x)dx = 1 \Leftrightarrow$ **b = ln 2** (Bild 1)

Vermischte Aufgaben zur Flächenberechnung

1. a) a = 2 **b)** b = 5 **c)** a = 3

2. a) A = 6,75 FE **b)** A = 8 FE

c) A = 2,75 FE **d)** A = 5,56 FE

Übungsaufgaben

1. Geben Sie zu der folgenden Funktion f jeweils drei Stammfunktionen F_1, F_2 und F_3 an.

a) $f(x) = x^3$ **b)** $f(x) = x^n$

c) $f(x) = \frac{1}{4}x^4 - \sqrt{3}$ **d)** $f(t) = t^8$

e) $f(s) = 4$ **f)** $f(x) = 0$

g) $f(z) = -3z^2$ **h)** $f(a) = 2ax^4$

2. Geben Sie zu der folgenden Funktion g jeweils eine Stammfunktion G an.

a) $g(x) = \frac{1}{x^2}$ **b)** $g(x) = 2 + x + \frac{1}{x^2}$

c) $g(x) = \frac{x^5 + 2}{x^2}$ **d)** $g(x) = \sqrt{x}$

e) $g(x) = \frac{1}{\sqrt{x}}$ **f)** $g(x) = \frac{\sqrt{x} - 2}{\sqrt{x}}$

Lösungen Übungsaufgaben

1. a) $F_1(x) = \frac{1}{4}x^4$; $F_2(x) = \frac{1}{4}x^4 \pm 1$

b) $F_1(x) = \frac{1}{n+1}x^{n+1}$; $F_{2,3}(x) = \frac{1}{n+1}x^{n+1} \pm 1$

c) $F_1(x) = \frac{1}{20}x^5 - \sqrt{3}x$; $F_{2,3}(x) = \frac{1}{20}x^5 - \sqrt{3}x \pm 1$

d) $F_1(t) = \frac{1}{9}t^9$; $F_2(t) = \frac{1}{9}t^9 \pm 1$

e) $F_1(s) = 4s$; $F_{2,3}(s) = 4s \pm 1$

f) $F_1(x) = 0$; $F_2(x) = 1$; $F_3(x) = -1$

g) $F_1(z) = -z^3$; $F_{2,3}(z) = -z^3 \pm 1$

h) $F_1(a) = a^2x^4$; $F_{2,3}(a) = a^2x^4 \pm 1$

2. a) $G(x) = -\frac{1}{x}$ **b)** $G(x) = 2x + \frac{1}{2}x^2 - \frac{1}{x}$

c) $G(x) = \frac{x^4}{4} - \frac{2}{x}$ **d)** $G(x) = \frac{2}{3}x^{\frac{3}{2}}$

e) $G(x) = 2\sqrt{x}$ **f)** $G(x) = (\sqrt{x} - 2)^2$

3. Geben Sie eine Stammfunktion von f an.

a) $f(x) = (x-3)^2$ **b)** $f(x) = 2(x+1)(x-3)$

c) $f(x) = (x^2-1)^2$ **d)** $f(x) = \left(\frac{1}{4}x^4\right)^2$

e) $f(x) = 2(x+3)^2$ **f)** $f(a) = (x-3)^2$

4. Berechnen Sie die Integralwerte.

a) $\int_1^4 2x\,dx$ **b)** $\int_2^3 \sqrt{3}\,dx$

c) $\int_1^3 2x^3\,dx$ **d)** $\int_1^2 -\frac{1}{x^2}\,dx$

e) $\int_0^1 z^2\,dz$ **f)** $\int_0^3 \sqrt{2}\,t^2\,dt$

g) $\int_{-3}^2 s^3\,ds$ **h)** $\int_{-1}^2 (s-1)^2\,ds$

5. Berechnen Sie den Wert der Integrale und geben Sie die jeweils verwendete Regel an.

a) $\int_{-1}^4 2x^3\,dx$ **b)** $\int_1^3 (2x^2-3x)\,dx$

c) $\int_{-2}^2 (4x^3-3x^2+2)\,dx$

6. Berechnen Sie die Integrale. Achten Sie auf die Integrationsvariable.

a) $\int_0^1 (1+ax)\,dx$ **b)** $\int_0^1 (1+ax)\,da$ **c)** $\int_0^1 (1+ax)\,dt$

7. Bestimmen Sie jeweils den Integralwert

a) $\int_0^2 (3x^4+4x^3)\,dx$

b) $3\cdot\int_0^2 x^4\,dx + 4\cdot\int_0^2 x^3\,dx$

c) Welche Erkenntnisse erhalten Sie beim Vergleich der beiden Rechenwege?

8. Vereinfachen Sie zuerst und berechnen Sie dann.

a) $\int_0^2 (x^2+2x+1)\,dx + \int_2^3 (x^2+2x+1)\,dx$

b) $\int_{-2}^0 (2x^2+4x-3)\,dx + \int_0^2 (2x^2+4x-3)\,dx$

c) $\int_{-3}^{-2} (2-x+0{,}5x^2)\,dx + \int_{-2}^2 (2-x+0{,}5x^2)\,dx$

9. Berechnen Sie den Wert a so, dass gilt:

a) $\int_0^a 0{,}5x^2\,dx = 4$ **b)** $\int_0^2 (ax^2-a)\,dx = -2$

c) $\int_{-1}^1 (a-x^3)\,dx = 4$ **d)** $\int_0^2 (2ax-a)\,dx = 2$

Lösungen Übungsaufgaben

3. a) $F(x) = \frac{1}{3}(x-3)^3$

b) $F(x) = \frac{2}{3}x^3 - 2x^2 - 6x$

c) $F(x) = \frac{1}{5}x^5 - \frac{2}{3}x^3 + x$

d) $F(x) = \frac{1}{144}x^9$

e) $F(x) = \frac{2}{3}(x+3)^3$

f) $F(a) = a\cdot(x-3)^2$

4. a) 15 **b)** $F(x) = \sqrt{3}$

c) 40 **d)** $-\frac{1}{2}$

e) $\frac{1}{3}$ **f)** $9\cdot\sqrt{2}$

g) $-\frac{65}{4}$ **h)** 3

5. a) $\frac{255}{2}$; Faktor- und Potenzregel.

b) $\frac{16}{3}$; Potenz-, Faktor- und Summenregel.

c) –8; Potenz-, Faktor- und Summenregel.

6. a) $1+\frac{a}{2}$ **b)** $1+\frac{x}{2}$

c) $1+ax$

7. a) $\int_0^2 (3x^4+4x^3)\,dx = \left[\frac{3}{5}x^5 + x^4\right]_0^2$

$= \frac{96}{5} + 16 = \frac{176}{5}$

b) $3\cdot\int_0^2 (x^4)\,dx + 4\int_0^2 (x^3)\,dx = 3\left[\frac{1}{5}x^5\right]_0^2 + 4\left[\frac{1}{4}x^4\right]_0^2$

$= \frac{3\cdot 32}{5} + 4\cdot\frac{16}{4} = \frac{176}{5}$

c) Der erste Weg ist schneller und kürzer.

8. a) $\int_0^3 (x^2+2x+1)\,dx = 21$

b) $\int_{-2}^2 (2x^2+4x-3)\,dx = -\frac{4}{3}$

c) $\int_{-3}^2 (2-x+0{,}5x^2)\,dx = \frac{55}{3}$

9. a) $a = 2\cdot\sqrt[3]{3}$ **b)** $a = -3$

c) $a = 2$ **d)** $a = 1$

5.5 Flächenberechnungen zwischen Schaubildern

5.5.1 Flächenberechnung im Intervall

Zwei Schaubilder begrenzen in einem Intervall [a; b] eine Fläche **(Bild 1)**. Diese Fläche kann als Differenz der Flächen zwischen dem „oberen" Schaubild und der x-Achse und dem „unteren" Schaubild und der x-Achse bestimmt werden **(Bild 2)**.

Die Fläche zwischen dem oberen Schaubild und der x-Achse ergibt den größeren Flächeninhalt A_1, die Fläche zwischen dem unteren Schaubild und der x-Achse den kleineren Flächeninhalt A_2, jeweils über dem Intervall [a; b].

Der gesuchte Flächeninhalt A ist somit die Differenz dieser beiden Flächeninhalte:

$$A = A_1 - A_2$$

Gilt für zwei stetige Funktionen $f(x) \geq g(x)$ für $x \in [a; b]$, dann folgt für den Inhalt A der Fläche zwischen dem „oberen" Schaubild von f und dem „unteren" Schaubild von g über dem Intervall [a; b]:

$$A = \int_a^b (\text{Oberkurve} - \text{Unterkurve})\, d(x)$$

$$= \int_a^b f(x)dx - \int_a^b g(x)dx = \int_a^b (f(x) - g(x))dx$$

$$= A_1 - A_2$$

$$A = A_1 - A_2 = \int_a^b f(x)dx - \int_a^b g(x)dx$$

$$A = \int_a^b (f(x) - g(x))dx;\ f(x) \geq g(x)$$

f(x)	Funktion des „oberen" Schaubildes
g(x)	Funktion des „unteren" Schaubildes
A_1	„obere" Fläche; A_2 „untere" Fläche
A	Differenzfläche (gesuchte Fläche)

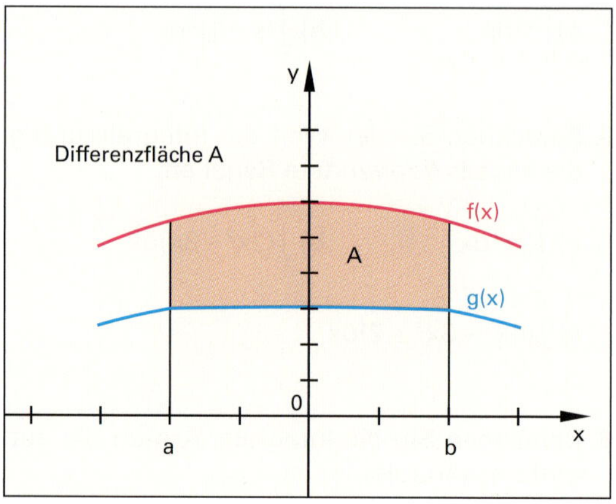

Bild 1: Flächenzusammensetzung

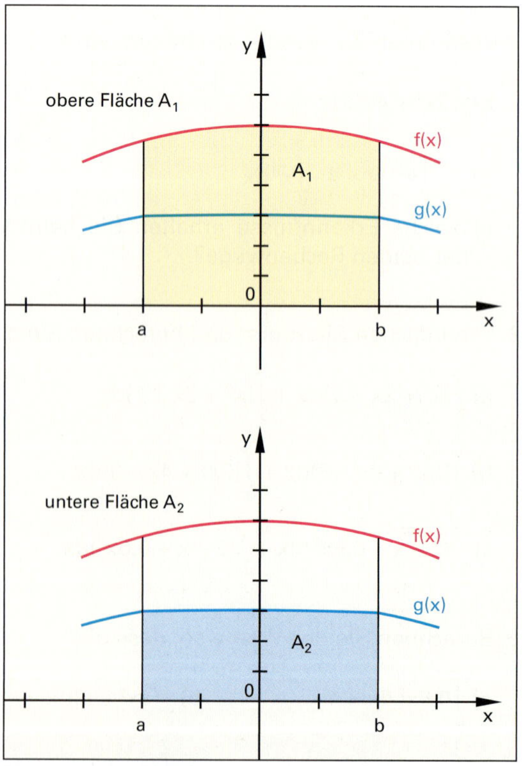

Bild 2: Fläche zwischen oberem und unterem Schaubild

5.5.2 Flächen zwischen zwei Schaubildern

Wenn sich die Schaubilder von f und g im Intervall [a; b] berühren oder schneiden, begrenzen sie eine oder mehrere Flächen **(Bild 1, folgende Seite)**. Jede dieser Flächen lässt sich wiederum aus der Differenz der Flächen zwischen dem jeweils oberen Schaubild und der x-Achse und dem unteren Schaubild und der x-Achse bestimmen.

Für den Fall, dass sich die Schaubilder schneiden **(Bild 1, folgende Seite)**, gilt teilweise $f(x) \geq g(x)$ und teilweise $f(x) \leq g(x)$ **(Bild 1, folgende Seite)**.

Zur Bestimmung des Flächeninhalts muss also vorher untersucht werden, in welchen Teilintervallen $f(x) \geq g(x)$ und in welchen $f(x) \leq g(x)$ gilt **(Bild 2, folgende Seite)**.

Beispiel 1: Flächenberechnung zwischen zwei Schaubildern

Gegeben sind die Funktionen f und g mit

$f(x) = x^3 - 9x^2 + 24x - 16$ und

$g(x) = -0{,}5x^2 + 3x - 2{,}5 \wedge x \in \mathbb{R}$

a) Berechnen Sie die Schnittstellen von f und g.

b) Geben Sie die Teilintervalle an. Benennen Sie das obere und das untere Schaubild.

c) Berechnen Sie den von den beiden Schaubildern eingeschlossenen Flächeninhalt.

Lösung:

a) $f(x) = g(x)$

$\Leftrightarrow x^3 - 9x^2 + 24x - 16 = -0{,}5x^2 + 3x - 2{,}5$

$\Leftrightarrow x^3 - 8{,}5x^2 + 21x - 13{,}5 = 0$

$\Leftrightarrow x_{s1} = 1 = a \vee x_{s2} = 3 = c \vee x_{s3} = 4{,}5 = b$

b) Intervall: $[1; 3] \rightarrow f(2) = 4;\ g(2) = 1{,}5$

$\Rightarrow f(x) \geq g(x)$ für $x \in [1; 3]$

Intervall: $[3; 4{,}5] \rightarrow f(4) = 0;\ g(4) = 1{,}5$

$\Rightarrow f(x) \leq g(x)$ für $x \in [3; 4{,}5]$

c) $A = A_1 + A_2$

$$= \int_a^c (f(x) - g(x))dx + \int_c^b (g(x) - f(x))dx$$

$$A_1 = \int_1^3 (x^3 - 8{,}5x^2 + 21x - 13{,}5)dx$$

$$= \left[\tfrac{1}{4}x^4 - \tfrac{17}{6}x^3 + \tfrac{21}{2}x^2 - \tfrac{27}{2}x\right]_1^3$$

$$= \frac{81}{4} - \frac{17 \cdot 27}{6} + \frac{189}{2} - \frac{81}{2} - \left(\frac{1}{4} - \frac{17}{6} + \frac{21}{2} - \frac{27}{2}\right)$$

$$= -\frac{9}{4} - \left(-\frac{67}{12}\right) = \mathbf{\frac{10}{3}\ FE}$$

$$A_2 = \int_3^4 (-x^3 + 8{,}5x^2 - 21x + 13{,}5)dx$$

$$= \left[-\tfrac{1}{4}x^4 + \tfrac{17}{6}x^3 - \tfrac{21}{2}x^2 + \tfrac{27}{2}x\right]_3^4$$

$$= -64 + \frac{17 \cdot 64}{6} - \frac{21 \cdot 16}{2} + \frac{108}{2}$$

$$- \left(-\frac{81}{4} + \frac{17 \cdot 27}{6} - \frac{21 \cdot 9}{2} + \frac{81}{2}\right)$$

$$= \frac{10}{3} - \left(\frac{9}{4}\right) = \frac{13}{2}\ FE$$

$$A = A_1 + A_2 = \mathbf{\frac{53}{12}\ FE}$$

Für zwei stetige Funktionen über dem Intervall [a; b] gilt:

$f(x) \geq g(x)$ für $x \in [x_{s1}; x_{s2}]$

Für den Inhalt A der Fläche zwischen dem „oberen" Schaubild von f und dem „unteren" Schaubild von g folgt:

$$A_1 = \int_a^c (f(x) - g(x))dx;\ A_2 = \int_c^b g(x) - f(x)dx$$

$$A = A_1 + A_2$$

[a; c] Intervallgrenzen für A_1
[c; b] Intervallgrenzen für A_2
A_1 Fläche 1
A_2 Fläche 2
A Gesamtfläche

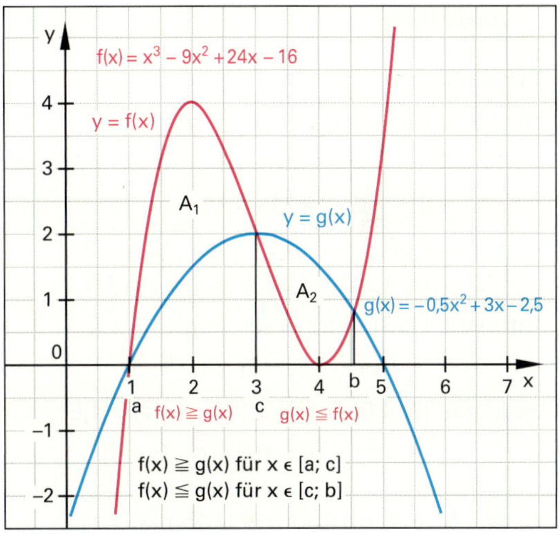

Bild 1: Schaubilder von f und g

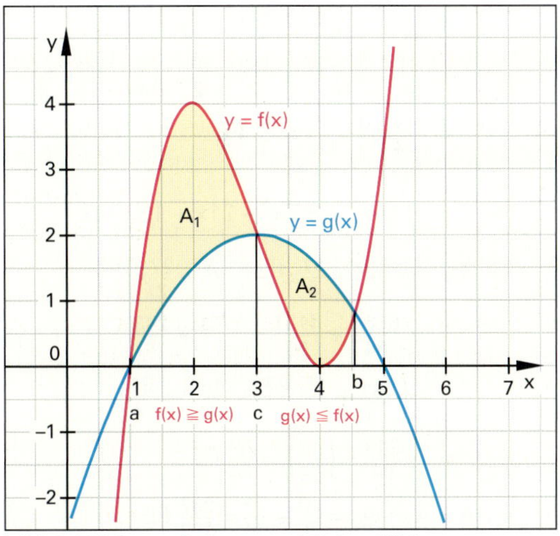

Bild 2: Fläche zwischen zwei Schaubildern

5.5.3 Flächenberechnung mit der Differenzfunktion

Die Differenzfunktion d mit $d(x) = f(x) - g(x)$ gibt für jedes $x \in [a; b]$ die Differenz der Funktionswerte beider Funktionen an. Die Schnittpunkte von f und g entsprechen den Nullstellen von d **(Bild 1 und Bild 2)**. Die Fläche, die die beiden Schaubilder von f und g einschließen, entspricht der Fläche zwischen dem Schaubild von d und der x-Achse **(Bild 2)**.

Beispiel 1: Flächenberechnung mithilfe der Differenzfunktion

Gegeben sind die Funktionen f und g mit
$f(x) = x^3 - 9x^2 + 24x - 16;$
$g(x) = -0{,}5x^2 + 3x - 2{,}5; \quad x \in \mathbb{R}$

a) Bestimmen Sie die Gleichung der Differenzfunktion $d(x) = f(x) - g(x)$.

b) Untersuchen Sie die Differenzfunktion auf Nullstellen und geben Sie die Teilintervalle an.

c) Berechnen Sie den Flächeninhalt, den das Schaubild der Differenzfunktion mit der x-Achse einschließt.

Lösung:

a) $d(x) = f(x) - g(x)$

$= x^3 - 9x^2 + 24x - 16 - (-0{,}5x^2 + 3x - 2{,}5)$

$= x^3 - 8{,}5x^2 + 21x - 13{,}5$

$= 0 \Leftrightarrow x^3 - 8{,}5x^2 + 21x - 13{,}5 = 0$

$\Leftrightarrow x_{s1} = 1 \vee x_{s2} = 3 \vee x_{s3} = 4{,}5$

Intervall: $[1; 3] \rightarrow f(2) = 4; \quad g(2) = 1{,}5$

$\Rightarrow f(x) \geq g(x)$ für $x \in [1; 3]$

Intervall: $[3; 4{,}5] \rightarrow f(4) = 0; \quad g(4) = 1{,}5$

$\Rightarrow f(x) \leqq g(x)$ für $x \in [3; 4{,}5]$

b) $A = A_1 + A_2 = \int_a^c d(x)dx + \left|\int_c^b d(x)dx\right|$

$$A_1 = \int_1^3 (x^3 - 8{,}5x^2 + 21x - 13{,}5)dx$$

$$= \left[\tfrac{1}{4}x^4 - \tfrac{17}{6}x^3 + \tfrac{21}{2}x^2 - \tfrac{27}{2}x\right]_1^3$$

$$= \frac{81}{4} - \frac{17 \cdot 27}{6} + \frac{189}{2} - \frac{81}{2} - \left(\frac{1}{4} - \frac{17}{6} + \frac{21}{2} - \frac{27}{2}\right)$$

$$= -\frac{9}{4} - \left(-\frac{67}{12}\right) = \mathbf{\frac{10}{3}\ FE}$$

$$A_2 = \left|\int_3^{4,5} (-x^3 + 8{,}5x^2 - 21x + 13{,}5)dx\right|$$

$$= \left|\left[-\tfrac{1}{4}x^4 + \tfrac{17}{6}x^3 - \tfrac{21}{2}x^2 + \tfrac{27}{2}x\right]_3^{4,5}\right|$$

$$= \left|-\frac{6561}{64} + \frac{4131}{16} - \frac{1701}{8} + \frac{243}{4} - \left(-\frac{81}{4} + \frac{17 \cdot 27}{6} - \frac{21 \cdot 9}{2} + \frac{81}{2}\right)\right|$$

$$= \left|-\frac{243}{64} - \left(-\frac{9}{4}\right)\right| = \frac{99}{64}\ \text{FE}$$

$$\Rightarrow A = A_1 + A_2 = \frac{10}{3} + \frac{99}{64} = \mathbf{\frac{937}{192}\ FE}$$

Hat das Schaubild der Differenzfunktion d mit $d(x) = f(x) - g(x)$ im Intervall $[a; b]$ die Nullstellen $x_1 = a$, $x_2 = c$, $x_3 = b$ und gilt

$d(x) \geq 0$ für $x \in [a; c]$

$d(x) \leq 0$ für $x \in [c; b]$

dann folgt für den Inhalt A der Fläche zwischen dem Schaubild von d und der x-Achse

$A = A_1 + A_2$ mit

$A_1 = \left|\int_a^c d(x)da\right|; \quad A_2 = \left|\int_c^b d(x)dx\right|$

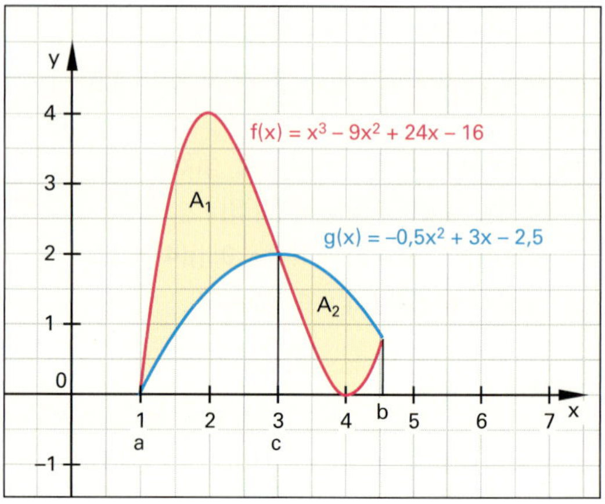

Bild 1: Flächen zwischen zwei Schaubildern

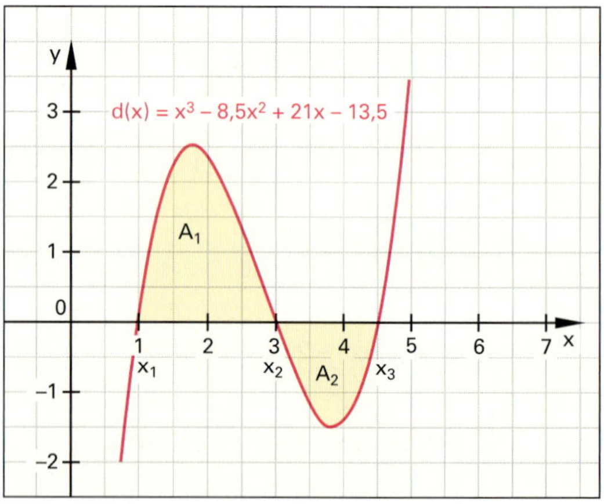

Bild 2: Flächen zwischen Schaubild von d und der x-Achse

Mithilfe der Differenzfunktion d kann die Flächenberechnung zwischen zwei Schaubildern auf eine Flächenberechnung zwischen dem Schaubild von d und der x-Achse zurückgeführt werden.

5.5.4 Musteraufgabe zu gelifteten Schaubildern

Liegen die zu berechnenden Flächenteile im zu integrierenden Intervall sowohl oberhalb als auch unterhalb der x-Achse, scheint die Flächenberechnung schwieriger. Die **Tabelle 1** zeigt für diese Anwendung die Lösungsschritte.

Beispiel 1: Flächenberechnung

Berechnen Sie den Inhalt der Fläche, die von den Schaubildern der Funktionen f und g zwischen den **ersten beiden positiven** Schnittstellen eingeschlossen wird für $f(x) = \sin x$ und $g(x) = \cos x \wedge x \in [0; 2\pi]$.

Es gilt: $|\sin(x)| = \sqrt{1 - \cos^2 x}$.

$\sin^2 x + \cos^2 x = 1$

$\sin^2 x = 1 - \cos^2 x$

$|\sin x| = \sqrt{1 - \cos^2 x}$

Lösung:

Schritt 1: Schnittstellen von f und g bestimmen

$f(x) = g(x) \Leftrightarrow \sin x = \cos x$

$\sin^2 x = \cos^2 x$

von $\sin^2 x + \cos^2 x = 1 \Rightarrow \sin^2 x = 1 - \cos^2 x$

$\Rightarrow (1 - \cos^2 x) = \cos^2 x$

$\Rightarrow \cos^2 x = \frac{1}{2} \Rightarrow |\cos x| = \frac{\sqrt{2}}{2}$

$\Rightarrow x_{s1} = \frac{\pi}{4} \vee x_{s2} = \frac{5\pi}{4} \in [0; 2\pi]$

Schritt 2: Überprüfen auf kleinste Funktionswerte

Für beide Funktionen gilt:

$W = \{y | -1 \leq y \leq 1\}_{\mathbb{R}}$, das bedeutet, dass die eingeschlossene Fläche sowohl über als auch unter der x-Achse liegt.

Schritt 3: Anhebung der Schaubilder (Bild 1)

$f^*(x) = \sin x + 2,\ g^*(x) = \cos x + 2 \wedge x \in [0; 2\pi]$

aus $f^*(x) - g^*(x) = \sin x + 2 - (\cos x + 2)$

$= \sin x - \cos x$ folgt:

$f^*(x) - g^*(x) = f(x) - g(x)$

Schritt 4: Berechnen des Flächeninhalts

$$A = \int_{\frac{\pi}{4}}^{\frac{5\pi}{4}} ((\sin x + 2) - (\cos x + 2))dx$$

$$= [-\cos x - \sin x]_{\frac{\pi}{4}}^{\frac{5\pi}{4}}$$

$$= -\left[\cos\left(\frac{5\pi}{4}\right) + \sin\left(\frac{5\pi}{4}\right) - \left(\cos\left(\frac{\pi}{4}\right) + \sin\left(\frac{\pi}{4}\right)\right)\right]$$

$$= -\left[\frac{\sqrt{2}}{2} - \frac{\sqrt{2}}{2} - \left(\frac{\sqrt{2}}{2} + \frac{\sqrt{2}}{2}\right)\right] = \mathbf{2\sqrt{2}\ FE}$$

Unabhängig vom Verlauf zweier Schaubilder gilt für die eingeschlossene Fläche immer

$$\int_{x_1}^{x_2} (f(x) - g(x))dx \text{ und}$$

$$f(x) \geq g(x);\ x \in [x_1; x_2]$$

Tabelle 1: Flächen zwischen Schaubildern

Schritt	Was ist zu tun?	Ergebnis
1	Berechne alle Schnittstellen im gegebenen Intervall [a; b]; Festlegung der Grenzen.	$x_1 = a;\ x_2 = b$
2	Kleinste Funktionswerte der unteren Funktion im Intervall zwischen den Schnittstellen suchen.	$g(x) \leq f(x)$ für $x \in]a; b[$ und $g_{min}(x) = -1 < 0$
3	Anheben beider Schaubilder um eine Konstante k ($k > 0$) so, dass $g_{min} > 0$ wird.	$f^*(x) = \sin x + k$ und $g^*(x) = \cos x + k$ für $k > 0$ $\wedge\ x \in [a; b]$
4	Berechne alle Teilflächen von Schnittstelle zu Schnittstelle.	$A = \int_a^b (f(x) + k - (g(x) + k))dx = \int_a^b (f(x) - g(x))dx$

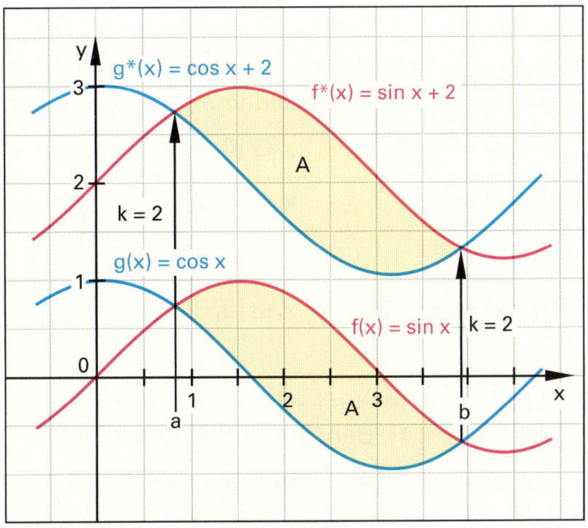

Bild 1: Flächenverschiebung über die x-Achse

Überprüfen Sie Ihr Wissen!

Beispielaufgaben

Flächenberechnung im Intervall

1. Geben Sie den Ansatz für die Berechnung des Flächeninhalts zwischen den Schaubildern der gegebenen Funktionen an.

a) $f(x) \leq g(x)$ für $x \in [c; d]$

b) $h(x) \geq k(x)$ für $x \in [a; b]$

c) Drücken Sie den Inhalt der Flächen mithilfe von Stammfunktionen aus.

2. Bestimmen Sie den Inhalt der Fläche zwischen den Schaubildern von f und g im angegebenen Intervall.

a) $f(x) = 0{,}5x^2 + 1$; $g(x) = x + 2$ jeweils für $x \in [0; 2]$

b) $f(x) = -x^3 + 3x$; $g(x) = 2x$; $x \in [-1; 1]$

Geliftete Schaubilder

1. Bestimmen Sie den Flächeninhalt von Beispiel 1 mithilfe der Differenzfunktion.

Lösungen Beispielaufgaben

Flächenberechnungen im Intervall

1. a) $A_1 = \int_c^d (g(x) - f(x))dx$

b) $A_2 = \int_a^b (h(x) - k(x))dx$

c) $A_1 = [G(x) - F(x)]_c^d$; $A_2 = [H(x) - K(x)]_a^b$

2. a) $A = \int_0^2 (g(x) - f(x))dx = \left[\frac{1}{2}x^2 + 2x - \frac{1}{6}x^3 - x\right]_0^2$

$= 4 - \frac{4}{3} = \frac{8}{3}$ FE

b) $A = -\int_{-1}^0 (f(x) - g(x))dx + \int_0^1 (f(x) - g(x))dx$

$= \frac{1}{4} + \frac{1}{4} = \frac{1}{2}$ FE

Geliftete Schaubilder

1. $d(x) = \sin x - \cos x$, $x_{s1} = a = \frac{\pi}{4}$, $x_{s2} = b = \frac{5\pi}{4}$

folgt: $A = \int_{\frac{\pi}{4}}^{\frac{5\pi}{4}} d(x)dx$

$= [-\cos x - \sin x]_{\frac{\pi}{4}}^{\frac{5\pi}{4}}$

$= 2\sqrt{2}$ FE

Übungsaufgaben

1. Geben Sie jeweils den Ansatz zur Berechnung des Inhalts der Fläche A **(Bild 1, folgende Seite)** an und schraffieren Sie die Fläche, wenn

a) die Fläche von den Schaubildern von f und g eingeschlossen wird,

b) die Fläche von den Schaubildern von f, g und der x-Achse begrenzt wird,

c) die Fläche von den Schaubildern von f und g über dem Intervall [3; 5] begrenzt wird.

2. Zeichnen und berechnen Sie den Inhalt der Fläche zwischen dem Schaubild von f und der x-Achse.

a) $f(x) = -\frac{1}{4}x^2$; $x \in [0; 4]$

b) $f(x) = \frac{1}{2}x^3 - 2x$; $x \in [0; 2]$

c) $f(x) = x^2 + 1$; $x \in [-2; 2]$

d) $f(x) = \frac{1}{2}x^3 - 2x$; $x \in [0; 3]$

3. Das Schaubild von f schließt mit der x-Achse eine Fläche ein, $D = \mathbb{R}$. Berechnen Sie deren Inhalt.

a) $f(x) = \frac{1}{2}x^2 - 2x$ **b)** $f(x) = (x - 2)^2 - 4$

c) $f(x) = x^3 - 4x$ **d)** $f(x) = x(3 - x^2)$

Lösungen Übungsaufgaben

1. a) $\int_{x_1}^3 (f(x) - g(x))dx$

b) $\int_{-2}^{x_1} f(x)dx + \int_{x_1}^3 g(x)dx$

c) $\int_3^5 (f(x) - g(x))dx$

2. a) $A = 5\frac{1}{3}$ FE

b) $A = 2$ FE

c) $A = 9{,}\overline{3}$ FE

d) $A = 5{,}125$ FE

3. a) $A = 5\frac{1}{3}$ FE

b) $A = 10\frac{2}{3}$ FE

c) $A = 8$ FE

d) $A = 4{,}5$ FE

4. Berechnen Sie den Inhalt der Fläche zwischen dem Schaubild von f und der x-Achse.

a) $f(x) = 2 \cdot \sin(x);$ $x \in [0; \pi]$

b) $f(x) = \cos(x);$ $x \in \left[-\frac{\pi}{6}; \frac{\pi}{6}\right]$

5. Berechnen Sie den Inhalt der Fläche, die vom Schaubild der Funktion f und der x-Achse im angegebenen Quadranten eingeschlossen wird ($D = \mathbb{R}$).

a) $f(x) = \frac{1}{2}x^2 - 4;$ im 4. Quadrant

b) $f(x) = -\frac{1}{4}x^3 + 4x;$ im 3. Quadrant

c) $f(x) = \frac{1}{4}x^3 - 2x;$ im 2. Quadrant

6. Welchen Inhalt hat die Fläche, die vom Schaubild von f, der x-Achse und der angegebenen Geraden g begrenzt wird ($D = \mathbb{R}$)?

a) $f(x) = \frac{1}{2}x + 3;$ g: $x = 0$

b) $f(x) = -\frac{1}{2}x + 2;$ g: $x = -2$

c) $f(x) = -x^3 + 3x + 1;$ g: $x \geq 1;$
1. Quadrant

7. Berechnen Sie den Inhalt der Fläche, die von den Schaubildern von f und g begrenzt wird.

a) $f(x) = 0{,}5x^2;$ $g(x) = x + 4$

b) $f(x) = 0{,}5x^2 + x + 2;$ $g(x) = 2x + 6$

c) $f(x) = -0{,}5x^2 + 3x;$ $g(x) = x^2$

d) $f(x) = -x^3 + 4x^2;$ $g(x) = x^2$

e) $f(x) = x^3 - 2x;$ $g(x) = 2x$

f) $f(x) = -2x^2 + 8x - 3;$ $g(x) = x^2 - 4x + 6$

8. Berechnen Sie den Flächeninhalt, der von den Schaubildern in **Bild 2** begrenzt wird.

9. Bestimmen Sie den Inhalt der Fläche zwischen dem Schaubild von f mit der Gleichung

a) $y = \frac{1}{4}x^4 - 2x^2 + 4$ und
der Tangente im Hochpunkt H.

b) $y = -\frac{1}{3}x^3 + 2x$ und
der Normalen im Wendepunkt W.

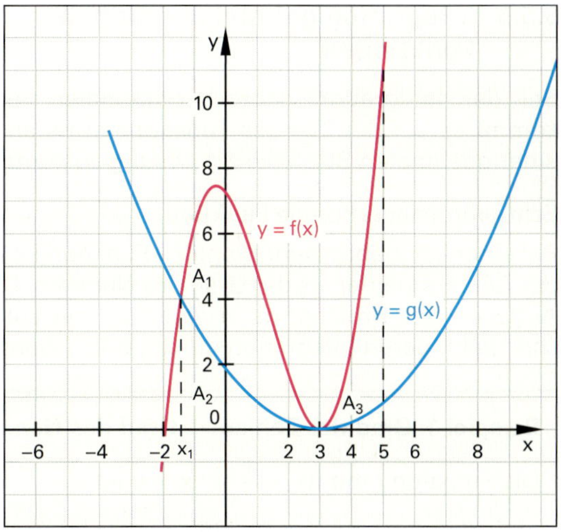

Bild 1: Flächenaufteilung

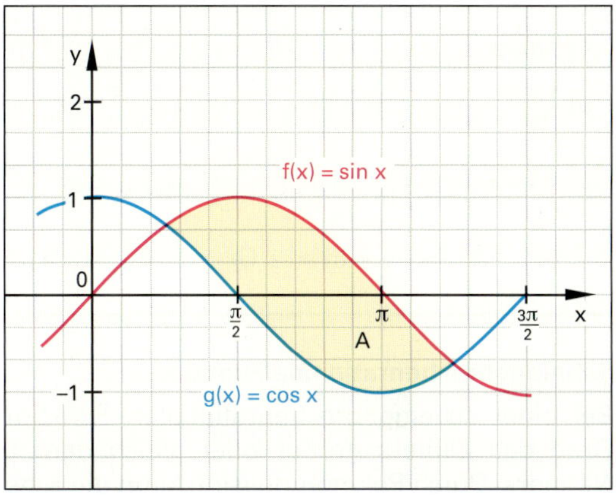

Bild 2: Fläche zwischen zwei Schaubildern

Lösungen Übungsaufgaben

4. a) = 4 FE
b) A = 1 FE

5. a) $A = \frac{16}{3}\sqrt{2}$ FE
b) A = 16 FE
c) A = 4 FE

6. a) A = 9 FE
b) A = 9 FE
c) A = 1,808 FE

7. a) A = 18 FE **b)** A = 18 FE
c) A = 2 FE **d)** A = 6,75 FE
e) A = 8 FE **f)** A = 4 FE

8. $A = 2\sqrt{2}$ FE

9. a) A = 12,067 FE
b) $A = \frac{75}{8} = 9{,}375$ FE

5.5.5 Integration gebrochenrationaler Funktionen

Bei der Integration gebrochenrationaler Funktionen kommt es auf den Typ des Funktionsterms an, um mit einer geeigneten Strategie zur Lösung zu kommen.

Echtgebrochenrationale Funktion

Bei einer echtgebrochenrationalen Funktion ist der Grad des Zählers kleiner als der Grad des Nenners. Durch das Aufteilen des Bruchterms in eine Summe von Teilbrüchen kann deren Integration durchgeführt werden.

Beispiel 1: Grad des Zählers < Grad des Nenners

Die Funktion f mit $f(x) = \frac{1+x}{x^2}$; $x \neq 0$ ist

a) in eine Summe von Bruchtermen zu zerlegen und

b) die Integralfunktion zu bilden.

Lösung:

a) $\frac{1+x}{x^2} = \frac{1}{x^2} + \frac{x}{x^2} = x^{-2} + \frac{1}{x} \Rightarrow f(x) = \frac{1+x}{x^2} = x^{-2} + \frac{1}{x}$

b) $\int \frac{1+x}{x^2}\,dx = \int \left(x^{-2} + \frac{1}{x}\right)dx = \frac{x^{-1}}{-1} + \ln|x| + C$

$= -\frac{1}{x} + \ln|x| + C$

Scheingebrochenrationale Funktion

Bei einer scheingebrochenrationalen Funktion ist der Grad des Zählers größer oder gleich dem Grad des Nenners. Durch Polynomdivision kann die scheingebrochenrationale Funktion in eine ganzrationale Funktion und eine echtgebrochenrationale Funktion zerlegt werden. Dann kann von diesen Funktionstermen die Integralfunktion gebildet werden.

Beispiel 2: Grad des Zählers ≥ Grad des Nenners

Die Funktion $f(x) = \frac{x^2+4x}{x-2}$; $x \neq 2$, ist die Integralfunktion zu bilden.

Lösung:

1. Polynomdivision

$$\frac{x^2+4x}{x-2} = (x^2+4x) : (x-2) = \underbrace{x+6}_{\text{ganzrationale Funktion}} + \underbrace{\frac{12}{x-2}}_{\text{echtgebrochen-rationale Funktion}}$$

$$\begin{array}{l} -(x^2-2x) \\ \hline \quad 6x \\ \quad -(6x-12) \\ \hline \qquad 12 \end{array}$$

$\Rightarrow f(x) = \frac{x^2+4x}{x-2} = x + 6 + 12 \cdot \frac{1}{x-2}$

2. Integralfunktion

$\int \frac{x^2+4x}{x-2}\,dx = \int \left(x + 6 + 12 \cdot \frac{1}{x-2}\right)dx$

$= \frac{x^2}{2} + 6x + 12\ln|x-2| + C$

$$\int \frac{Z(x)}{N(x)}\,dx = \int \left(a \cdot x^n + b \cdot x^{n-1} + \ldots + \frac{d}{N(x)}\right)dx$$
$$= \frac{a \cdot x^{n+1}}{n+1} + \frac{b \cdot x^n}{n} + \ldots + d \cdot \ln|N(x)| + C;$$
$C \in \mathbb{R}$

$$\int \frac{f'(x)}{f(x)}\,dx = \ln|f(x)| + C;\; C \in \mathbb{R}$$

Z(x) Zählerpolynom
N(x) Nennerpolynom
C Integrationskonstante

Zählerpolynom ist die Ableitung des Nennerpolynoms

Der Hauptsatz der Differenzial- und Integralrechnung besagt: $F(x) = \int f(x)dx \Leftrightarrow F'(x) = f(x)$.

Aus der Differenzialrechnung ist bekannt, dass für die Funktion $f(x) = \ln(x)$ für die 1. Ableitung $f'(x) = \frac{1}{x}$ gilt.

Deshalb muss gelten:

$\int \frac{1}{x}\,dx = \int \frac{dx}{x} = \ln|x| + C$

Daraus kann gefolgert werden:

$\int \frac{f'(x)}{f(x)}\,dx = \int \frac{df(x)}{f(x)} = \ln|f(x)| + C$

Beispiel 3: Zählerpolynom ist die Ableitung des Nennerpolynoms

Bilden Sie von der Funktion f mit

$f(x) = \frac{2x+2}{x^2+2x+1}$; $x \neq -1$

die Integralfunktion.

Lösung:

Die 1. Ableitung des Nennerpolynoms ist das Zählerpolynom;

$Z(x) = 2x + 2$

$N(x) = x^2 + 2x + 1;$

$N'(x) = 2x + 2 = Z(x)$

2. Integralfunktion:

Es liegt die Form $\int \frac{f'(x)}{f(x)}\,dx$ vor, deshalb gilt:

$\int \frac{2x+2}{x^2+2x+1}\,dx = \ln|(x^2+2x+1)| + C$

5.6 Numerische Integration

Gibt es für eine Funktion keine Stammfunktion, so muss man die Fläche numerisch (näherungsweise) berechnen. Eine einfache näherungsweise Berechnung kann mithilfe von Rechtecken oder Trapezen erfolgen.

5.6.1 Streifenmethode mit Rechtecken

Die Fläche zwischen der Kurve und der x-Achse in einem bestimmten Bereich [a; b] wird in Rechtecke mit jeweils gleicher Breite aufgeteilt **(Bild 1)**. Die Summe der Rechteckflächen unter der Kurve nennt man Untersumme, die Summe der Rechteckflächen über der Kurve Obersumme.

Der Wert der Untersumme ist kleiner, der Wert der Obersumme größer als der tatsächliche Flächenwert.

Untersumme $U_n \leq$ Fläche $A \leq$ Obersumme O_n

Beispiel 1: Ober- und Untersumme mit 2 Rechtecken

Bestimmen Sie die Fläche zwischen dem Schaubild der Funktion $f(x) = x^2$; $x \in [0; 2]$ und der x-Achse mithilfe von zwei Rechtecken

a) mit der Obersumme b) mit der Untersumme.

Lösung:

Rechteckbreite $\Delta x = 1$

a) $O_2 = \Delta x \cdot [f(\Delta x) + f(2 \cdot \Delta x)] = 1 \cdot [f(1) + f(2)]$
$= 1 \cdot [1 + 4] = 5$

b) $U_2 = \Delta x \cdot [0 + f(\Delta x)] = 1 \cdot [f(0) + f(1)]$
$= 1 \cdot [0 + 1] = 1$

Die Abweichung zwischen Ober- und Untersumme ist groß, da die Unterteilung des Intervalls in zwei Rechtecke sehr grob ist. Deshalb wird im folgenden Beispiel die Unterteilung verdoppelt.

Beispiel 2: Ober- und Untersumme mit 4 Rechtecken

Bestimmen Sie die Fläche zwischen dem Schaubild der Funktion $f(x) = x^2 \wedge x \in [0; 2]$ und der x-Achse. Näherungsweise mithilfe von vier Rechtecken gleicher Breite **(Bild 2)**:

a) mit der Obersumme b) mit der Untersumme

Lösung: Rechteckbreite $\Delta x = 0{,}5$

a) $O_4 = \Delta x \cdot [f(\Delta x) + f(2 \cdot \Delta x) + f(3 \cdot \Delta x) + f(4 \cdot \Delta x)]$

$= \frac{1}{2} \cdot \left[f\left(\frac{1}{2}\right) + f(1) + f\left(\frac{3}{2}\right) + f(2)\right]$

$= \frac{1}{2} \cdot \left[\left(\frac{1}{4}\right) + 1 + \left(\frac{9}{4}\right) + (4)\right] = \mathbf{\frac{15}{4}}$

b) $U_4 = \Delta x \cdot [f(0 \cdot \Delta x) + f(\Delta x) + f(2 \cdot \Delta x) + f(3 \cdot \Delta x)]$

$= \frac{1}{2} \cdot f(0) + f\left(\frac{1}{2}\right) + f(1) + f\left(\frac{3}{2}\right)$

$= \frac{1}{2} \cdot \left[0 + \left(\frac{1}{4}\right) + 1 + \left(\frac{9}{4}\right)\right] = \mathbf{\frac{7}{4}}$

$$U_n = \Delta x \cdot [f(x_0) + f(x_1) + \ldots + f(x_{n-1})] = \sum_{i=0}^{n-1} f(x_i) \cdot \Delta x$$

$$O_n = \Delta x \cdot [f(x_1) + f(x_2) + \ldots + f(x_n)] = \sum_{i=1}^{n} f(x_i) \cdot \Delta x$$

im Intervall $x \in [0; b]$ gilt $\Delta x = \frac{b-a}{n} = \frac{b}{n}$

U_n	Untersumme	O_n	Obersumme
n	Anzahl der Rechtecke	Δx	Breite eines Rechtecks
$f(x_i)$	Höhe des Rechtecks an der x_i-ten Stelle		

$$\lim_{n \to \infty} U_n = \lim_{n \to \infty} \left(\sum_{i=0}^{n-1} f(x_i) \cdot \Delta x \right) = \int_0^b f(x)dx$$

$$\lim_{n \to \infty} O_n = \lim_{n \to \infty} \left(\sum_{i=1}^{n} f(x_i) \cdot \Delta x \right) = \int_0^b f(x)dx$$

Genauigkeit ist erreicht, wenn gilt:
$\lim_{n \to \infty} (O_n - U_n) = 0 \Rightarrow$ Untersumme = Obersumme

Wenn U = O = A, dann schreibt man $A = \int_a^b f(x)dx$.

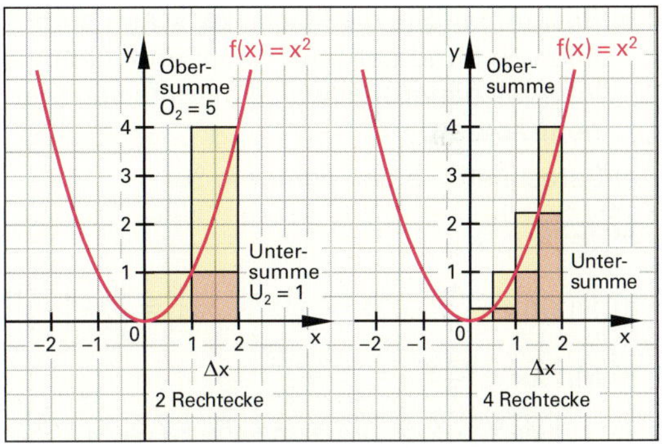

Bild 1: Unter- und Obersumme mit Rechtecken

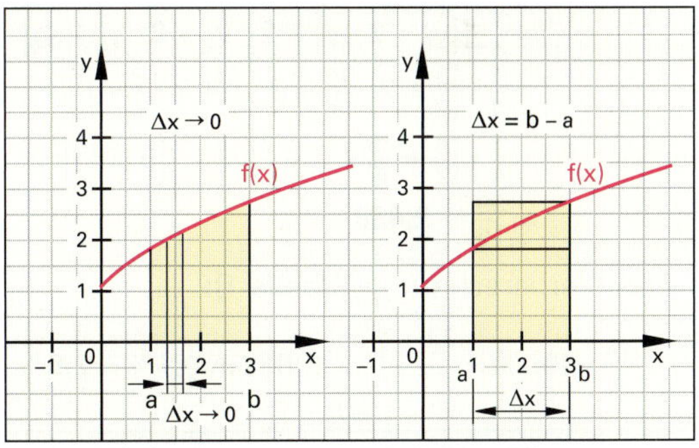

Bild 2: Flächenberechnung mit Fehlerdifferenz

Je größer die Anzahl der Rechtecke, desto kleiner wird die Fehlerdifferenz zwischen O_n und U_n **(Bild 2)**. Der Wert für die Fläche wird sehr genau, wenn die Anzahl n der Rechtecke gegen unendlich (∞), d. h. die Breite $\Delta x \to 0$ geht.

Wenn der Grenzwert der Untersumme gleich dem Grenzwert der Obersumme ist, stellt dieser Grenzwert ein Maß für die Fläche dar.

5.6.2 Flächenberechnung mit Trapezen

Die Näherungswerte mithilfe der Streifenmethode lassen sich verbessern, wenn man die Rechtecke durch Trapeze ersetzt. Dies erfordert jedoch einen etwas größeren Aufwand bei der Berechnung der Trapezsummen.

In der Regel reicht für die Genauigkeit (siehe auch Tabelle 1) eine endliche Anzahl von Trapezen aus.

Flächenberechnung mit Sehnentrapezen

Die Kurvenpunkte benachbarter Streifenstellen x_0, x_1, ..., x_n werden durch eine Gerade (Sehne) miteinander verbunden **(Bild 1)**. Die mittlere Höhe des jeweiligen Trapezes ergibt sich aus den gemittelten benachbarten Funktionswerten y_1, y_2 **(Bild 2)**. Zur Vereinfachung der Rechnung verwenden wir für f(x) die Schreibweise y. Die Breite Δx der Trapeze (Streifenbreite) ergibt sich durch die Differenz der Intervallgrenzen dividiert durch die Anzahl der verwendeten Trapeze.

Beispiel 1: Flächenberechnung mit Sehnentrapezen

Gegeben ist die Funktion f mit

$f(x) = \frac{1}{2}x^3 - \frac{15}{4}x^2 + \frac{31}{4}x - 3 \qquad x \in [1; 3].$

a) Berechnen Sie $\int_1^3 f(x)dx$.

b) Bestimmen Sie die Fläche zwischen dem Schaubild von f und der x-Achse im angegebenen Intervall näherungsweise mithilfe von vier Sehnentrapezen.

c) Berechnen Sie den Fehler in %.

Lösung:

a) $\int_1^3 f(x)dx = \left[\frac{1}{8}x^4 - \frac{5}{4}x^3 + \frac{31}{8}x^2 - 3x\right]_1^3 = \left[\frac{9}{4} - \left(-\frac{1}{4}\right)\right] = \mathbf{\frac{5}{2}}$

b) Mit $\Delta x = \frac{b-a}{n} = \frac{3-1}{4} = \frac{1}{2}$

$\Rightarrow x_0 = 1;\ x_1 = 1{,}5;\ x_2 = 2;\ x_3 = 2{,}5;\ x_4 = 3$

$$S_4 = \Delta x \cdot \left[\frac{y_0 + y_1}{2} + \frac{y_1 + y_2}{2} + \frac{y_2 + y_3}{2} + \frac{y_3 + y_4}{2}\right]$$

$$= \frac{1}{4} \cdot [y_0 + 2 \cdot y_1 + 2 \cdot y_2 + 2 \cdot y_3 + y_4]$$

$$= \frac{1}{4} \cdot \left[\frac{3}{2} + 2 \cdot \frac{15}{8} + 2 \cdot \frac{3}{2} + 2 \cdot \frac{3}{4} + 0\right]$$

$$= \frac{1}{4} \cdot \left[\frac{3}{2} + \frac{15}{4} + 3 + \frac{3}{2}\right] = \frac{1}{4} \cdot \left[6 + \frac{15}{4}\right]$$

$$= \frac{39}{16} \approx \mathbf{2{,}438}$$

c) Fehlerberechnung **(Tabelle 1)**:

$$\frac{\Delta A}{A} \cdot 100\,\% = \frac{2{,}5 - \frac{39}{16}}{2{,}5} \cdot 100\,\% = \frac{100}{40}\,\% = \mathbf{2{,}5\,\%}$$

Tabelle 1: Fehler

Art	Formel	Beispiel 1
absolut	$\Delta A = S_n - A$	$S_4 = 2{,}438;\ A = 2{,}5$
relativ	$\frac{\Delta A}{A}$	$\frac{\Delta A}{A} = 0{,}025$
prozentual	$\frac{\Delta A}{A} \cdot 100\,\%$	2,5 %

Trapezfläche:

Trapezfläche = Breite · mittlere Höhe
$= \Delta x \cdot h$

$$A_{Trapez} = \Delta x \cdot \frac{f(x_i) + f(x_{i+1})}{2} = \Delta x \cdot \frac{y_i + y_{i+1}}{2}$$

Sehnentrapezregel:

$$S_n = \frac{b-a}{n} \cdot \left[\frac{y_0 + y_1}{2} + \frac{y_1 + y_2}{2} + \ldots + \frac{y_{n-2} + y_{n-1}}{2} + \frac{y_{n-1} + y_n}{2}\right]$$

$$S_n = \frac{b-a}{2n} \cdot [y_0 + 2 \cdot y_1 + 2 \cdot y_2 + \ldots + 2 \cdot y_{n-1} + y_n]$$

n	Anzahl der Sehnentrapeze
s_n	Summe für n Sehnentrapeze
Δx	Breite des Trapezes
$\frac{y_1 + y_2}{2}$	mittlere Höhe
a	untere Grenze
A	Flächeninhalt
b	obere Grenze

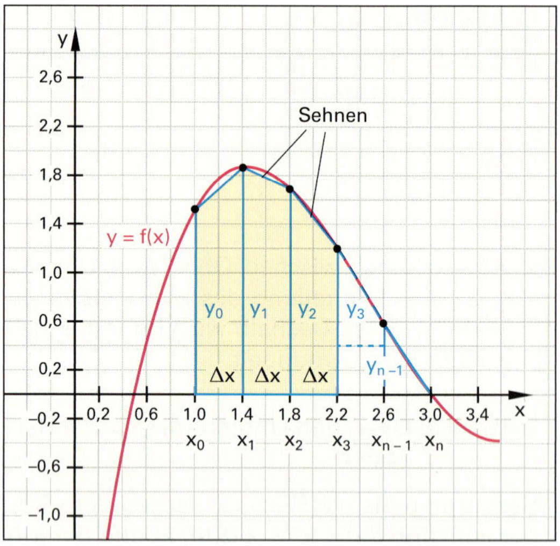

Bild 1: Flächenaufteilung in Sehnentrapeze

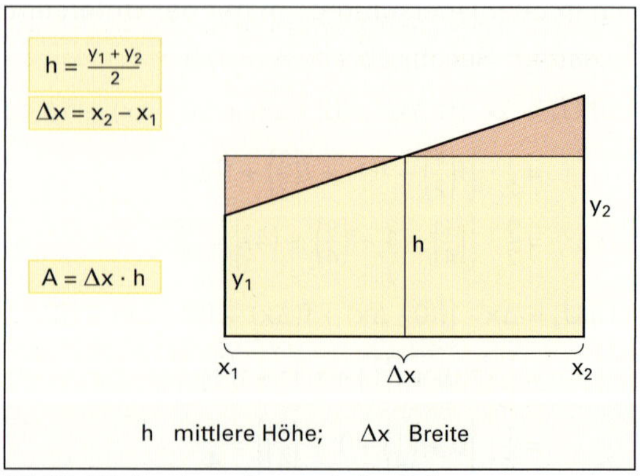

Bild 2: Flächenberechnung beim Sehnentrapez

Flächenberechnung mit Tangententrapezen

Die Tangenten t an das Schaubild in den ungeradzahligen Streifenstellen x_1, x_3, ..., x_{n-1} bilden nun die obere Seite der Trapeze **(Bild 1)**. Die Funktionswerte y an diesen Stellen entsprechen der rechnerischen Höhe h des jeweiligen Trapezes. Die Breite der Trapeze ist nun gleich der doppelten Streifenbreite **(Bild 2)**.

Beispiel 1: Flächenberechnung mit Tangententrapezen

Gegeben ist die Funktion

$f(x) = \frac{1}{2}x^3 - \frac{15}{4}x^2 + \frac{31}{4}x - 3 \wedge x \in [1; 3]$

a) Berechnen Sie $\int_1^3 f(x)dx$.

b) Bestimmen Sie die Fläche zwischen dem Schaubild von f im angegebenen Intervall näherungsweise mithilfe von vier Tangententrapezen.

c) Berechnen Sie den Fehler in %.

Lösung:

a) $\int_1^3 f(x)dx = \left[\frac{1}{8}x^4 - \frac{5}{4}x^3 + \frac{31}{8}x^2 - 3x\right]_1^3 = \left[\frac{9}{4} - \left(-\frac{1}{4}\right)\right] = \mathbf{\frac{5}{2}}$

b) Mit $2 \cdot \Delta x = 2 \cdot \frac{b-a}{n} = 2 \cdot \frac{3-1}{4} = 1$

und $x_1 = 1{,}5$; $x_3 = 2{,}5$ folgt:

$T_4 = 2 \cdot \Delta x \cdot [y_1 + y_3] = 2 \cdot \frac{1}{2} \cdot \left[\frac{15}{8} + \frac{3}{4}\right]$

$= 1 \cdot \left[\frac{15+6}{8}\right] = \frac{21}{8}$

$\Rightarrow \mathbf{T_4 = 2{,}625}$

c) Fehlerberechnung:

$\frac{\Delta A}{A} \cdot 100\,\% = \frac{2{,}625 - 2{,}5}{2{,}5} \cdot 100\,\% = \frac{1}{20} \cdot 100\,\% = \mathbf{5\,\%}$

Verwendet man für die numerische Flächenberechnung die Obersumme von vier Rechtecken, so gilt:

$O_4 = \Delta x \cdot \left(f_1(x_1) + f_2(x_2) + f_3(x_3) + f_4(x_4)\right)$.

Beispiel 2: Vergleich mit Rechtecken

Berechnen Sie die Fläche zwischen dem Schaubild von f mit

$f(x) = \frac{1}{2}x^3 - \frac{15}{4}x^2 + \frac{31}{4}x - 3 \wedge x \in [1; 3]$

näherungsweise mit vier Rechtecken und vergleichen Sie das Ergebnis mit dem Ergebnis von Beispiel 1.

Lösung:

$\Delta x = 0{,}5$

$O_4 = \frac{b-a}{4} \cdot [y_1 + y_2 + y_3 + y_4]$

$= \frac{2}{4} \cdot \left[\frac{15}{8} + \frac{3}{2} + \frac{3}{4} + 0\right]$

$= \frac{1}{2} \cdot \frac{33}{8} = \frac{33}{16} \Rightarrow \mathbf{O_4 \approx 2{,}0625}$

Fehlerberechnung:

$\frac{\Delta A}{A} \cdot 100\,\% = \frac{2{,}5 - 2{,}0625}{2{,}5} \cdot 100\,\% = \frac{35}{2}\,\% = \mathbf{17{,}5\,\%}$

Trapezformel:

Trapezfläche = Breite · mittlere Höhe

$A_{Trapez} = 2 \cdot \Delta x \cdot f(x_i)$ und

$i = 1; 3; 5; ...; (n-1)$

mit $\Delta x = \frac{b-a}{n}$ und $f(x_i) = y_i$

Tangententrapezregel:

$T_n = 2 \cdot \frac{b-a}{n} \cdot [y_1 + y_3 + y_5 + ... + y_{n-3} + y_{n-1}]$

n	Anzahl der Trapeze: n ist geradzahlig
a, b	Intervallgrenzen
$2 \cdot \Delta x$	Breite des Trapezes
$\frac{y_1 + y_2}{2}$	mittlere Höhe
y_i	Funktionswerte (Höhen der Trapeze)

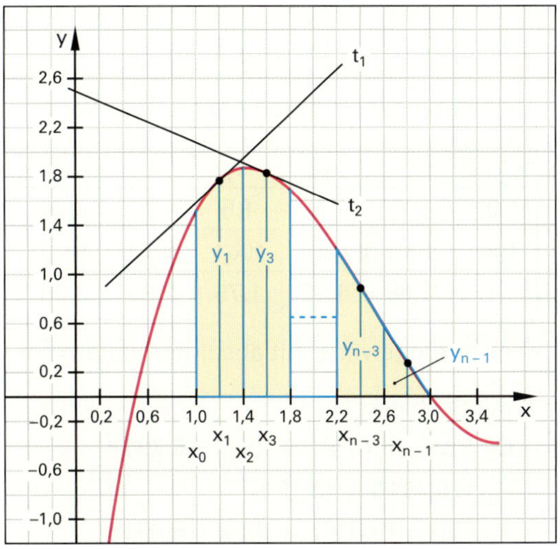

Bild 1: Flächenaufteilung in Tangententrapeze

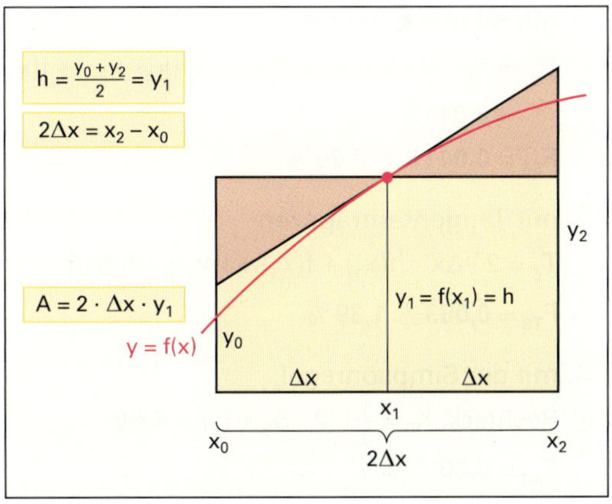

Bild 2: Flächenberechnung beim Tangententrapez

Die Flächenberechnung mit Trapezen ist viel genauer als die mit Rechtecken.

5.6.3 Flächenberechnung mit Näherungsverfahren

Die numerische Berechnung von Integralen wird in der Technik eingesetzt, und zwar wenn für die zu integrierende Funktion f

1. keine Stammfunktion existiert oder
2. keine Stammfunktion bekannt ist, obwohl sie existiert.

Eine Fehlerabschätzung ist nur dann sinnvoll, wenn das exakte Ergebnis bekannt ist. Die auftretenden Rundungsfehler werden geringer, je größer die verwendete Stellenzahl gewählt wird.

Simpsonregel:

$$K_n = \frac{1}{3} \cdot (2 \cdot S_n + T_n)$$

Keplersche Fassregel:

$$K_2 = \frac{b-a}{6} \cdot \left[f(a) + 4 \cdot f\left(\frac{a+b}{2}\right) + f(b)\right]$$

S_n Fläche von n Sehnentrapezen
T_n Fläche von n Tangententrapezen
K_n Fläche von n Trapezen nach der Simpsonregel
K_2 Fläche von 2 Trapezen nach der Simpsonregel

Beispiel 1: Vergleich der Näherungsverfahren

$f(x) = \frac{1}{3}(x^2 + 3)$; $x \in [0; 3]$ **(Bild 1)**

Bestimmen Sie das Integral exakt und näherungsweise mit den vorgestellten Verfahren und führen Sie eine Fehlerabschätzung durch.

Lösung:

a) Genauer Wert: $\frac{1}{3} \cdot \int_0^3 (x^2 + 3)dx = \mathbf{6}$

b) Näherungsberechnung mit 6 Streifen: $\Delta x = \mathbf{0{,}5}$

$x_0 = a$	x_1	x_2	x_3	x_4	x_5	x_6
0	0,5	1	1,5	2	2,5	3
$f(x_0)$	$f(x_1)$	$f(x_2)$	$f(x_3)$	$f(x_4)$	$f(x_5)$	$f(x_6)$
1	1,08	1,33	1,75	2,33	3,08	4

c) Näherungswerte mit absolutem/relativem Fehler:

1. mit Rechtecken

$O_6 = \Delta x \cdot [f(x_0) + ... + f(x_6)] = \mathbf{6{,}791\overline{6}}$

$\mathbf{F_{O6} = 0{,}791\overline{6} \mathrel{\hat{=}} 13{,}19\,\%}$

$U_6 = \Delta x \cdot [f(x_0) + ... + f(x_5)] = \mathbf{5{,}291\overline{6}}$

$\mathbf{F_{U6} = 0{,}708\overline{3} \mathrel{\hat{=}} 11{,}81\,\%}$

2. mit Sehnentrapezen

$S_6 = \frac{\Delta x}{2} \cdot \left[(f(x_0) + f(x_n)) + 2 \cdot (f(x_1) + ... + f(x_5))\right] = \mathbf{6{,}041\overline{6}}$

$\mathbf{F_{S6} = 0{,}041\overline{6} \mathrel{\hat{=}} 0{,}69\,\%}$

3. mit Tangententrapezen

$T_6 = 2 \cdot \Delta x \cdot [f(x_1) + f(x_3) + f(x_5)] = \mathbf{5{,}91\overline{6}}$

$\mathbf{F_{T6} = 0{,}08\overline{3} \mathrel{\hat{=}} 1{,}39\,\%}$

4. mit der Simpsonregel

Rechteck: $K_6 = \frac{1}{3} \cdot (2 \cdot S_6 + T_6) = \mathbf{6{,}00}$

$\mathbf{F_{K6} = 0{,}00 \mathrel{\hat{=}} 0\,\%}$

5. Keplersche Fassregel

$K_2 = \frac{b-a}{6} \cdot \left(f(x_0) + 4 \cdot f\left(\frac{a+b}{2}\right) + f(x_6)\right) = \mathbf{6{,}00}$

$\mathbf{F_{K2} = 0{,}0 \mathrel{\hat{=}} 0\,\%}$

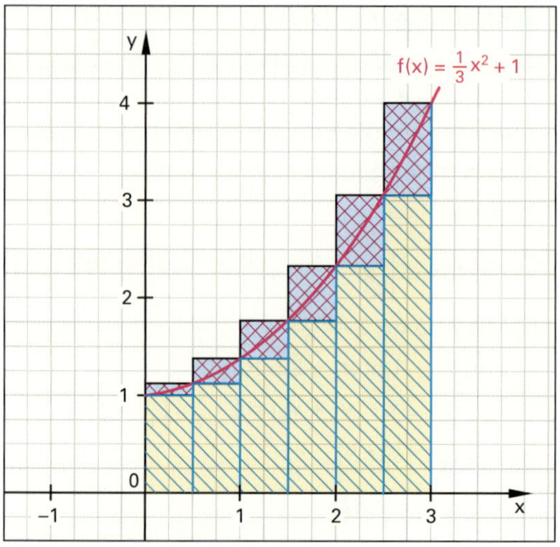

Bild 1: Fläche mit 6 Fehlerrechtecken

Eine Fehlerabschätzung mit doppelter Streifenzahl (12 Streifen **Bild 2**) ergibt einen kleineren Fehler und damit einen genaueren Flächeninhalt.

$O_{12} = \Delta x \cdot [f(x_0) + ... + f(x_{12})] = \mathbf{6{,}385;}$

$\mathbf{F_{O12} = 0{,}385 \mathrel{\hat{=}} 6{,}41\,\%}$

$U_6 = \Delta x \cdot [f(x_0) + ... + f(x_{11})] = \mathbf{5{,}635;}$

$\mathbf{F_{U12} = 0{,}365 \mathrel{\hat{=}} 6{,}08\,\%}$

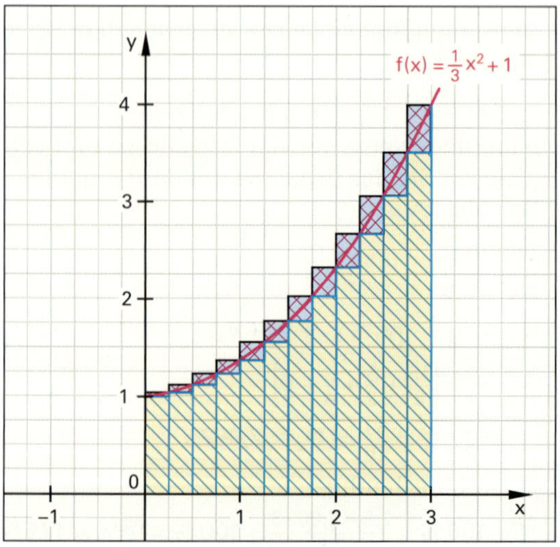

Bild 2: Fläche mit 12 Fehlerrechtecken

5.7 Volumenberechnung

5.7.1 Rotation um die x-Achse

Bei der Berechnung von Rauminhalten von Körpern geht man mit derselben Überlegung vor wie bei der Berechnung von Flächeninhalten. Statt die Fläche zwischen dem Schaubild von f und der x-Achse in rechteckförmige Streifen gleicher Breite aufzuteilen, wird nun der Körper in Scheiben gleicher Dicke Δx aufgeteilt. Wenn die Fläche zwischen dem Schaubild einer linearen Funktion f und der x-Achse im Intervall [0; b] um die x-Achse rotiert, entsteht der Rotationskörper (Kegel) in **Bild 1**.

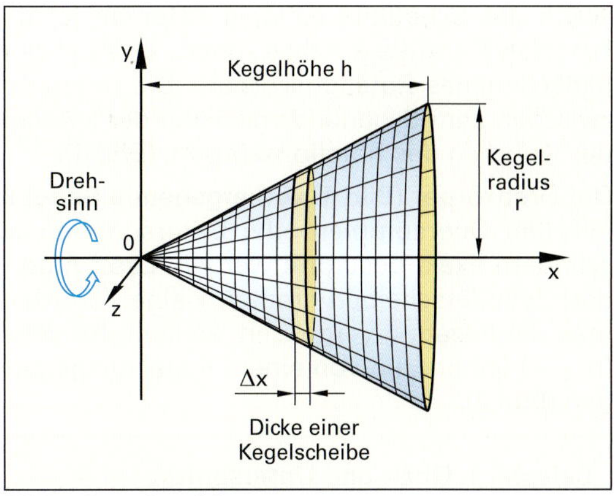

Bild 1: Rotationskörper

Beispiel 1: Kegelvolumen geometrisch

Bestimmen Sie den Rauminhalt eines Kegels mit dem Radius r = 3 cm und der Höhe h = 6 cm mit der Formel $V = \frac{1}{3} \cdot G \cdot h$.

Lösung:

$V_{Kegel} = \frac{1}{3} \cdot G \cdot h = \frac{1}{3} \cdot r^2 \cdot \pi \cdot h$

$= \frac{1}{3} \cdot 9 \cdot cm^2 \cdot \pi \cdot 6 \cdot cm = \mathbf{18\,\pi\,cm^3}$.

$V_{Kegel} \approx \mathbf{56{,}5\ cm^3}$

Das Volumen dieses Kegels kann man näherungsweise mit Kreisscheiben bestimmen.

Beispiel 2: Kegelvolumen näherungsweise

Das Schaubild von $f(x) = 0{,}5x \wedge x \in [0; 6]$ rotiert um die x-Achse. Berechnen Sie das Volumen des entstehenden Kegels näherungsweise mit vier Kreisscheiben

a) mithilfe der Volumenuntersumme V_U **(Bild 2)** und

b) mithilfe der Volumenobersumme V_O **(Bild 3)**.

Lösung:

Die Dicke Δx der Kreisscheiben beträgt jeweils

$\Delta x = \frac{b-a}{n} = \frac{6}{4} = \frac{3}{2} = 1{,}5$

a) $V_U = V_O + V_1 + V_2 + V_3$

$= [f^2(0) + f^2(1{,}5) + f^2(3) + f^2(4{,}5)] \cdot \Delta x \cdot \pi$

$= \pi \cdot \Delta x \cdot \left[0 + \frac{9}{16} + \frac{9}{4} + \frac{81}{16}\right] = \frac{126}{16} \cdot \frac{3}{2} \cdot \pi\,VE$

$= \mathbf{\frac{189}{16}}\pi\ \mathbf{VE} \approx \mathbf{37{,}1\ VE}$

b) $V_O = V_1 + V_2 + V_3 + V_4$

$= [f^2(1{,}5) + f^2(3) + f^2(4{,}5) + f^2(6)] \cdot \Delta x \cdot \pi$

$= \pi \cdot \Delta x \cdot \left[\frac{9}{16} + \frac{9}{4} + \frac{81}{16} + 9\right] = \left[\frac{189}{16} + 9\right] \cdot \pi\,VE$

$= \mathbf{\frac{333}{16}}\pi\ \mathbf{VE} \approx \mathbf{65{,}4\ VE}$

Der genaue Wert des Kegelvolumens liegt zwischen der Volumenuntersumme und der Volumenobersumme.

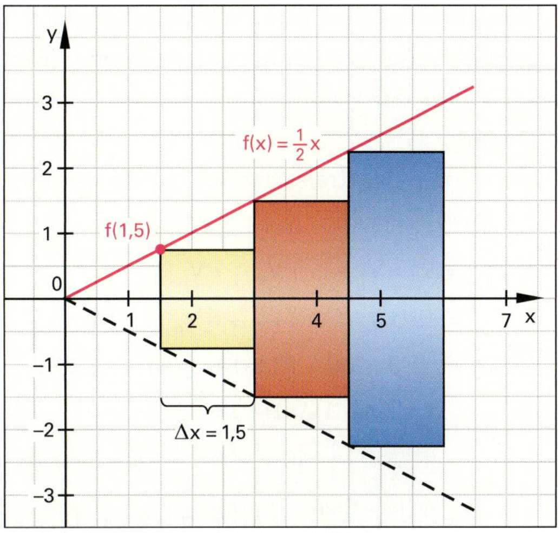

Bild 2: Zylinderscheiben mit Untersummen

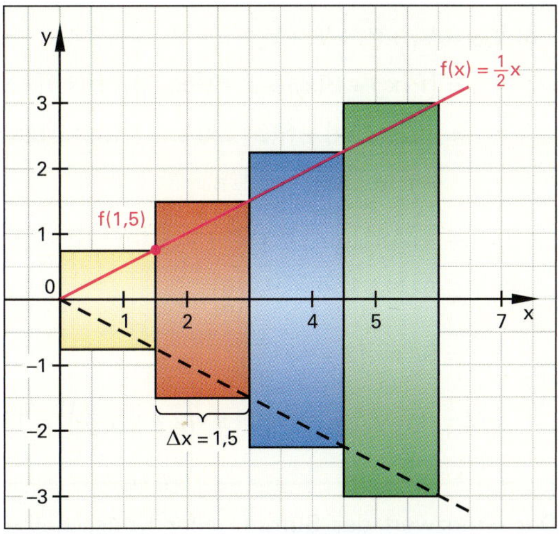

Bild 3: Zylinderscheiben mit Obersummen

Für die näherungsweise Berechnung des Kegelvolumens mit Ober- und Untersummen gilt:

$V_{Untersumme} \leq V_{Kegel} \leq V_{Obersumme}$

Wenn das Schaubild einer im Intervall [a; b] stetigen Funktion f um die x-Achse rotiert, erzeugt es die Mantelfläche eines Rotationskörpers. Die rotierende Fläche zwischen dem Schaubild von f und der x-Achse erzeugt das Volumen des Rotationskörpers **(Bild 1)**.

Der Drehkörper **(Bild 1, vorhergehende Seite)** kann mithilfe der Obersummen oder Untersummen von Kreiszylindern exakt bestimmt werden. Lässt man die Höhe der Zylinderscheiben immer kleiner werden, indem man die Anzahl n vergrößert, so kann für sehr große n ($n \to \infty$) annähernd von einem Kegel ausgegangen werden **(Bild 2)**.

Beispiel 1: Ober- und Untersumme

Das Schaubild von $f(x) = 0{,}5x \wedge x \in [0; 6]$ rotiert um die x-Achse. Berechnen Sie das Volumen des entstehenden Kegels mit n Kreisscheiben:

a) mithilfe der Volumenuntersumme V_{Un} **(Bild 1)** und

b) mithilfe der Volumenobersumme V_{On} **(Bild 2)**.

Lösung:

Die Höhe h der Kreisscheiben beträgt jeweils

$$\Delta x = \frac{b-a}{n} = \frac{6}{n}$$

a)
$$\begin{aligned} V_{Un} &= V_0 + V_1 + \ldots + V_{n-2} + V_{n-1} \\ &= [f^2(x_0) + f^2(x_1) + \ldots + f^2(x_{n-2}) + f^2(x_{n-1})] \cdot \Delta x \cdot \pi \\ &= [f^2(0 \cdot \Delta x) + f^2(\Delta x) + \ldots + f^2((n-2)\Delta x) \\ &\quad + f^2((n-1)\Delta x)] \cdot \Delta x^3 \\ &= \pi \cdot \Delta x^3 \cdot \frac{1}{4} \cdot [0 + 1^2 + \ldots + (n-2)^2 + (n-1)^2] \\ &= \frac{n \cdot (n-1)(2n-1)}{4 \cdot 6} \cdot \left(\frac{6}{n}\right)^3 \cdot \pi = 9 \cdot \pi \cdot \left(2 - \frac{3}{n} + \frac{1}{n^2}\right) \end{aligned}$$

$$\Rightarrow \mathbf{V} = \lim_{n\to\infty} V_{Un} = \lim_{n\to\infty}\left(9 \cdot \pi \cdot \left(2 - \frac{3}{n} + \frac{1}{n^2}\right)\right) = \mathbf{18 \cdot \pi\,VE}$$

b)
$$\begin{aligned} V_{On} &= V_1 + V_2 + V_3 + V_4 + \ldots + V_n \\ &= [f^2(x_1) + f^2(x_2) + \ldots + f^2(x_{n-1}) + f^2(x_n)] \cdot \Delta x \cdot \pi \\ &= [f^2(1 \cdot \Delta x) + f^2(2 \cdot \Delta x) + \ldots f^2((n-1)\Delta x) \\ &\quad + f^2(n \cdot \Delta x)] \cdot \Delta x^3 \cdot \pi \\ &= \pi \cdot \Delta x^3 \cdot \frac{1}{4} \cdot [1^2 + 2^2 + \ldots + (n-1)^2 + (n)^2] \\ &= \frac{n \cdot (n+1)(2n+1)}{4 \cdot 6} \cdot \left(\frac{6}{n}\right) \cdot \pi \\ &= 9 \cdot \pi \cdot \left(2 + \frac{3}{n} + \frac{1}{n^2}\right) \end{aligned}$$

$$\Rightarrow \mathbf{V} = \lim_{n\to\infty} V_{On} = \lim_{n\to\infty}\left(9 \cdot \pi \cdot \left(2 + \frac{3}{n} + \frac{1}{n^2}\right)\right) = \mathbf{18 \cdot \pi\,VE}$$

Der Grenzwert der Summe aller Kreisscheiben, unabhängig ob Ober- oder Untersumme, ergibt exakt das Volumen eines Kegels mit den entsprechenden Abmessungen.

Wenn der Grenzwert der Volumenuntersumme gleich dem Grenzwert der Volumenobersumme ist, dann stellt dieser Grenzwert ein Maß für das Volumen des Rotationskörpers dar.

$$\begin{aligned} V_{Un} &= \pi \cdot \left[(f(x_0))^2 + (f(x_1))^2 + \ldots + (f(x_{n-1}))^2\right] \cdot \Delta x \\ &= \pi \cdot \sum_{i=0}^{n-1} [f(x_i)]^2 \cdot \Delta x = \sum_{i=0}^{n-1} V_i \end{aligned}$$

$$\begin{aligned} V_{On} &= \pi \cdot \left[(f(x_1))^2 + (f(x_2))^2 + \ldots + (f(x_n))^2\right] \cdot \Delta x \\ &= \pi \cdot \sum_{i=1}^{n} [f(x_i)]^2 \cdot \Delta x = \sum_{i=1}^{n} V_i \end{aligned}$$

Im Intervall $x \in [a; b]$ gilt für $\Delta x = \frac{b-a}{n}$

$$V_x = \lim_{n\to\infty} V_{U_n} = \lim_{n\to\infty} V_{O_n} = \pi \cdot \int_a^b [f(x_i)]^2 dx$$

V_{Un}	Volumenuntersumme
V_{On}	Volumenobersumme
V_x	Volumen des Körpers um die x-Achse
n	Anzahl der Zylinder
$f(x_i)$	Radius des i-ten Zylinders
Δx	Höhe eines Zylinders

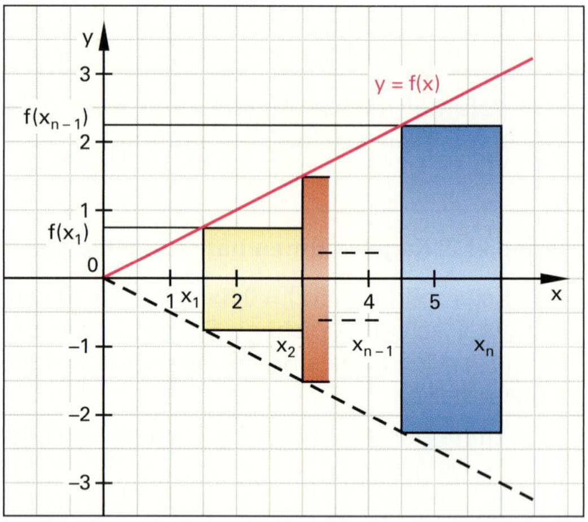

Bild 1: Zylinderscheiben mit Untersummen

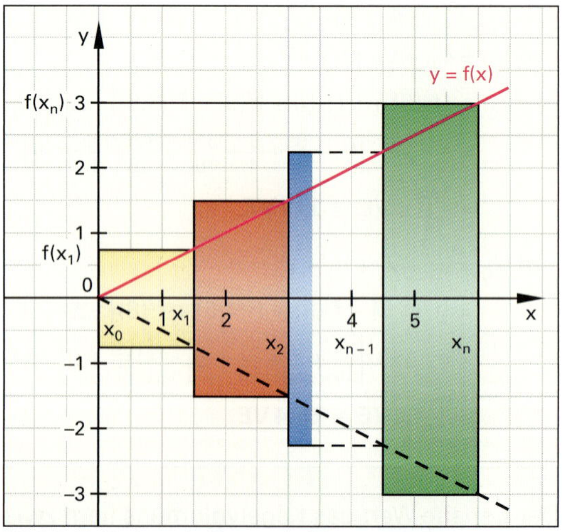

Bild 2: Zylinderscheiben mit Obersummen

Anwendungsbeispiele

Mithilfe der Rotation um die x-Achse können nun die Volumina von wichtigen Körpern der Stereometrie sowie von praktischen Anwendungen bestimmt werden.

Beispiel 1: Trinkgefäß

Das Schaubild von $f(x) = \frac{3}{2}\sqrt{x} \wedge x \in [0; 5]$ **(Bild 1)** rotiert um die x-Achse.

Berechnen Sie das Volumen des entstehenden Rotationskörpers.

Lösung:

Mit den Grenzen a = 0 und b = 5 lautet der Ansatz:

$$V_x = \pi \cdot \int_a^b [f(x)]^2 dx = \pi \cdot \int_0^5 \left[\frac{3}{2}\sqrt{x}\right]^2 dx = \pi \cdot \int_0^5 \frac{9}{4} \cdot x \cdot dx$$

$$= \pi \cdot \frac{9}{4}\left[\frac{1}{2} \cdot x^2\right]_0^5 = \frac{9}{8} \cdot \pi \cdot [25 - (0)] = \mathbf{\frac{225}{8}} \cdot \pi\,\mathbf{VE}$$

$$\Rightarrow V_x \approx \mathbf{88{,}357\ VE}$$

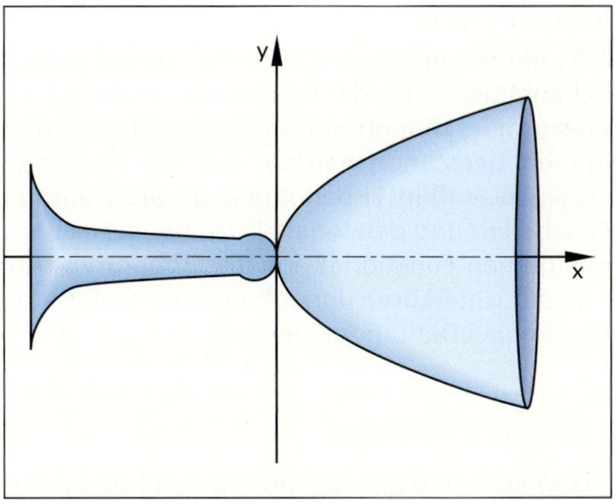

Bild 1: Rotationskörper um die x-Achse

Durch entsprechende Wahl der Integrationsgrenzen kann das Volumen eines Drehkörpers den praktischen Gegebenheiten angepasst werden. In der Regel haben Trinkgefäße eine Eichmarke mit normiertem Rauminhalt, an der das Fassungsvermögen abgelesen werden kann.

Beispiel 2: Grenzen berechnen

Der Drehkörper **Bild 1** soll zwei Eichmarken erhalten. Berechnen Sie die Stellen für jeweils

a) 25 VE **(Bild 2)** und b) 50 VE **(Bild 3)**.

Lösung:

Die untere Grenze 0 ist fest, die oberen Grenzen a, b sind jeweils gesucht.

a) Mit $V_x = 25$ VE folgt: $\pi \cdot \int_0^a [f(x)]^2 dx = 25$

$$\Leftrightarrow \pi \cdot \frac{9}{4}\left[\frac{1}{2} \cdot x^2\right]_0^a = 25$$

$$\Leftrightarrow \left[\frac{1}{2} \cdot x^2\right]_0^a = \frac{100}{9 \cdot \pi}$$

$$\Leftrightarrow a^2 - (0) = \frac{200}{9 \cdot \pi}$$

$$\Leftrightarrow |a| = \frac{10}{3}\sqrt{\frac{2}{\pi}}$$

$\Rightarrow$ **a** $\approx$ **2,66 LE**, da $a > 0$ laut Definition.

b) Mit $V_x = 50$ VE folgt: $\pi \cdot \int_0^b [f(x)]^2 dx = 50$

$$\Leftrightarrow \pi \cdot \frac{9}{4}\left[\frac{1}{2} \cdot x^2\right]_0^b = 50$$

$$\Leftrightarrow \left[\frac{1}{2} \cdot x^2\right]_0^b = \frac{200}{9 \cdot \pi}$$

$$\Leftrightarrow b^2 - (0) = \frac{400}{9 \cdot \pi}$$

$$\Leftrightarrow |b| = \frac{20}{3}\sqrt{\frac{1}{\pi}}$$

$\Rightarrow$ **b** $\approx$ **3,761 LE**, da $b > 0$ laut Definition.

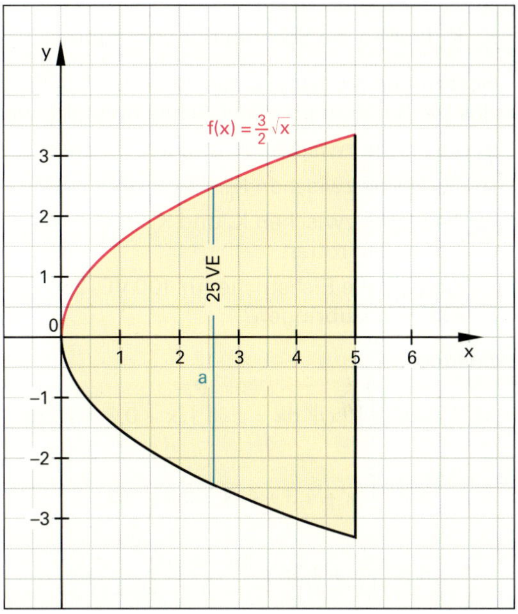

Bild 2: Eichmaß beim Drehkörper um die x-Achse

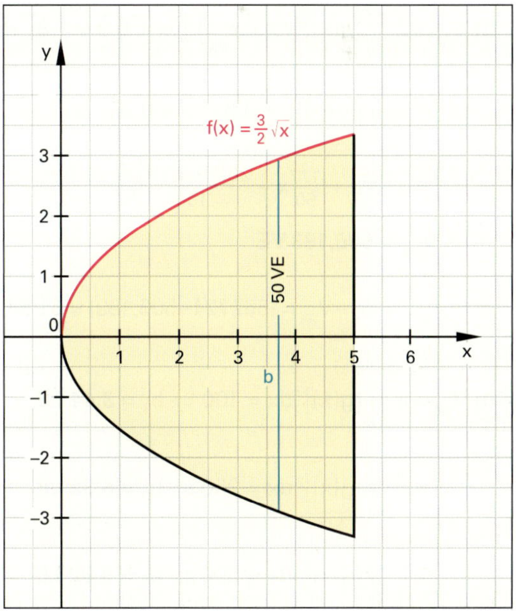

Bild 3: Eichmaß beim Drehkörper um die x-Achse

Musteraufgabe

Mit den Grundlagen der Flächenberechnung zwischen Schaubildern und der Volumenberechnung von Rotationskörpern können nun umfangreichere Aufgabenstellungen berechnet werden. Für die Herstellung eines Trinkglases **(Bild 1)** benötigt man die Volumina für den Glasbedarf und den Inhalt. Dazu bedarf es der Wahl von geeigneten Funktionen für die Oberkurve (Außenhaut) und der Unterkurve (Innenhaut) des Gefäßes und deren maximalen Definitionsmengen.

Beispiel 1: Trinkglas

Gegeben sind die Funktionen von f und g mit

$f(x) = \sqrt{x + 0{,}3} + 2 \wedge x \in [0;\, 10]$ und

$g(x) = \sqrt{x + 0{,}3} + 1{,}8 \wedge x \in [0{,}5;\, 10]$

K_f, K_g heißen die Schaubilder von f und g.

Bestimmen Sie jeweils das Volumen des Körpers, das bei Rotation um die x-Achse entsteht, wenn

a) die Fläche zwischen K_f und der x-Achse,

b) die Fläche zwischen K_g,

c) die Fläche zwischen K_f und K_g in den angegeben Intervallen rotiert.

d) Wo sind die Eichstriche für 100 VE, 250 VE und 500 VE anzubringen?

Lösung:

a) $$V_{fx} = \pi \cdot \int_a^b [f(x)]^2 dx = \pi \cdot \int_0^{10} [\sqrt{x + 0{,}3} + 2]^2 dx$$

$$= \pi \cdot \int_0^{10} \left(x + 4{,}3 + 4\sqrt{x + 0{,}3}\right) \cdot dx$$

$$= \pi \cdot \left[\frac{x^2}{2} + 4{,}3x + \frac{8(x + 0{,}3)^{\frac{3}{2}}}{3}\right]_0^{10}$$

$\Rightarrow$ $\mathbf{V_{fx} \approx 567{,}724\ VE}$

b) $$V_{gx} = \pi \cdot \int_c^d [g(x)]^2 dx = \pi \cdot \int_{0{,}5}^{10} [\sqrt{x + 0{,}3} + 1{,}8]^2 dx$$

$$= \pi \cdot \int_{0{,}5}^{10} \left(x + \frac{177}{50} + 3{,}6 \cdot \sqrt{x + 0{,}3}\right) \cdot dx$$

$$= \pi \cdot \left[\frac{x^2}{2} + \frac{177}{50}x + \frac{36(x + 0{,}3)^{\frac{3}{2}}}{15}\right]_{0{,}5}^{10}$$

$\Rightarrow$ $\mathbf{V_{gx} \approx 506{,}183\ VE}$

c) $V_{Material} = F_{fx} - V_{gx} = (567{,}724 - 506{,}183) = \mathbf{61{,}541\ VE}$

d) $$V_{gx} = \pi \cdot \int_{0{,}5}^{d_1} [g(x)]^2 dx = 100 \Leftrightarrow b_1 = \mathbf{3{,}44\ LE}$$

$$= \pi \cdot \int_{0{,}5}^{d_2} [g(x)]^2 dx = 250 \Leftrightarrow b_2 = \mathbf{6{,}32\ LE}$$

$$= \pi \cdot \int_{0{,}5}^{d_3} [g(x)]^2 dx = 500 \Leftrightarrow b_3 = \mathbf{9{,}92\ LE}$$

$$V_{Differenz} = V_{Außen} - V_{Innen} = V_{fx} - V_{gx}$$

Bei unterschiedlichen Intervallen [a; b] für f und [c; d] für g gilt:

$$V_{Differenz} = \pi \cdot \int_a^b [f(x)]^2 dx - \pi \cdot \int_c^d [g(x)]^2 dx \wedge f(x) \geq g(x)$$

Bei gleichen Intervallen [a; b] für f und g gilt:

$$V_{Differenz} = \pi \cdot \int_a^b \left([f(x)]^2 - [g(x)]^2\right) dx \wedge f(x) \geq g(x)$$

$V_{Differenz}$ Materialvolumen

$V_{Außen}$ Außenvolumen

V_{Innen} Innenvolumen

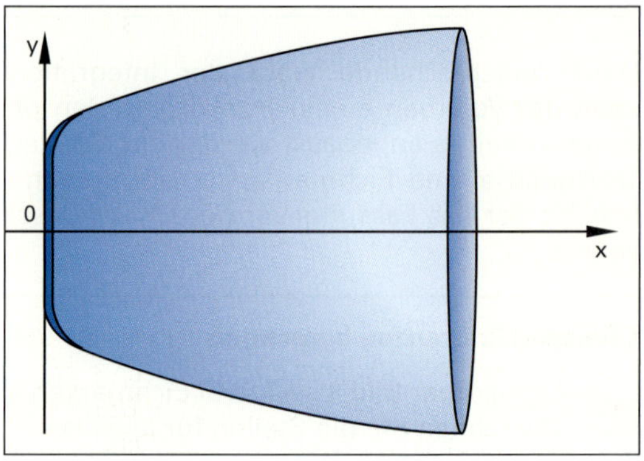

Bild 1: Trinkglas

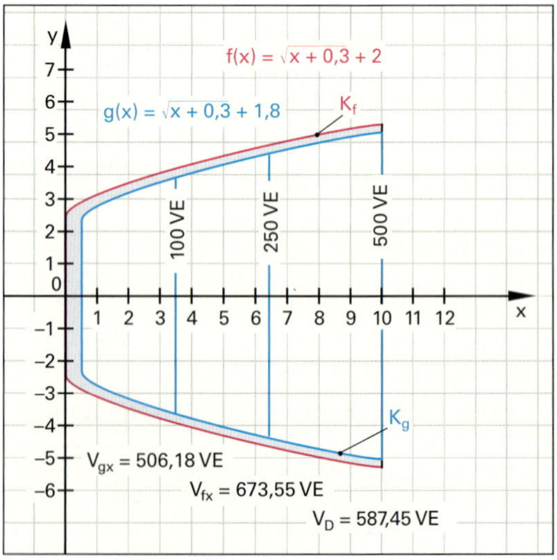

Bild 2: Verlauf der Schaubilder

Rotiert die Differenzfläche zwischen den Schaubildern der in [a; b] stetigen Funktionen von f und g um die x-Achse, so entsteht ein Rotationskörper mit dem Rauminhalt $V_{Differenz}$. Dieses Volumen entspricht dem Volumen des verwendeten Materials.

5.7.2 Rotation um die y-Achse

Ist eine Funktion f im Intervall [a; b] umkehrbar, kann ihr Schaubild auch um die y-Achse rotieren. Die Mantelfläche erzeugt bei der Rotation ebenfalls einen Rotationskörper **(Bild 1)**.

$$V_y = \pi \cdot \int_{y_1 = c}^{y_2 = d} \left(\bar{f}(y)\right)^2 dy = \pi \cdot \int_{y_1 = c}^{y_2 = d} x^2 dy$$

c	untere Integrationsgrenze
o	obere Integrationsgrenze
$\bar{f}(y)$	Umkehrfunktion
V_y	Rotationsvolumen

Beispiel 1: Weinkelch

Der Weinkelch wird durch das Schaubild der Funktion $f(x) = \frac{2}{3}x^2 \wedge x \in [0; 4]$ **(Bild 2)** beschrieben, welches um die y-Achse rotiert. Berechnen Sie das Volumen des Inhalts des Weinkelches.

Lösung:

Ansatz für das Volumen:

$$V_y = \pi \cdot \int_c^d [\bar{f}(y)]^2 dy \text{ mit } c = f(0) = 0 \text{ und } d = f(4) = \frac{32}{3}$$

Die Umkehrfunktion:

$\bar{f}$ von f ist: $\bar{f}(y) = x = \sqrt{\frac{3}{2}y} \wedge y \in \left[0; \frac{32}{3}\right]$

$$V_y = \pi \cdot \int_0^{\frac{32}{3}} [x]^2 dy = \pi \cdot \int_0^{\frac{32}{3}} \frac{3}{2} \cdot y \cdot dy = \pi \cdot \left[\frac{3 \cdot y^2}{4}\right]_0^{\frac{32}{3}}$$

$$= \pi \cdot \frac{3}{4} \cdot \left[\left(\frac{32}{3}\right)^2 - 0\right] = \mathbf{\frac{256}{3}} \cdot \pi \textbf{ VE} \Rightarrow V_y \approx \mathbf{268{,}083\ VE}$$

Wie beim Beispiel „Weinkelch" kann das Volumen für verschiedene Flüssigkeitsstände durch eine variable Integrationsgrenze berechnet werden. Damit ist eine Skalierung für beliebige Volumina möglich.

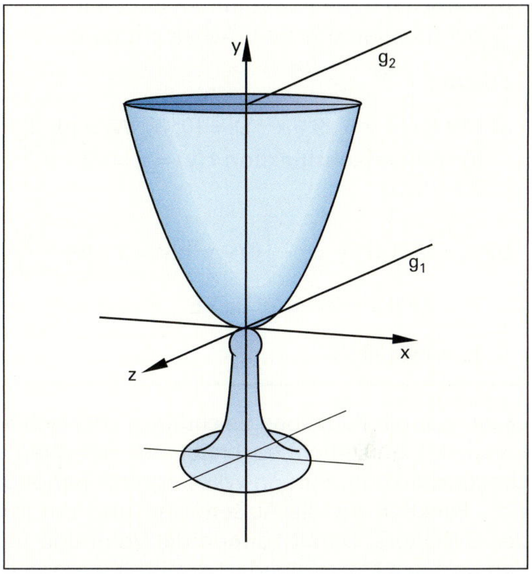

Bild 1: Rotationskörper um die y-Achse (Weinkelch)

Beispiel 2: Berechnung der Eichmarken

Der Rotationskörper von Beispiel 1 soll zwei Eichmarken **(Bild 2)** erhalten.

Berechnen Sie jeweils die Höhen h_1 und h_2 mit fester unterer Grenze, c = 0, bei denen der Inhalt des Weinkelchs

a) 125 VE b) 250 VE beträgt.

Lösung:

a) Mit $V_y = 125$ VE folgt: $\pi \cdot \int_c^{h_1} [\bar{f}(y)]^2 dy = 125$

$$\Leftrightarrow \pi \cdot \int_0^{h_1} \left(\frac{3 \cdot y}{2}\right) dy = 125 \Leftrightarrow \pi \cdot \frac{3}{4} [y^2]_0^{h_1} = 125.$$

$$\Leftrightarrow h_1^2 = \frac{500}{3 \cdot \pi} \Rightarrow \mathbf{h_1} = \sqrt{\frac{500}{3 \cdot \pi}} = \mathbf{7{,}28\ LE}$$

b) Mit $V_y = 125$ VE folgt: $\pi \cdot \int_c^{h_2} [\bar{f}(y)]^2 dy = 250$

$$\Leftrightarrow \pi \cdot \int_0^{h_2} \frac{3 \cdot y}{2} dy = 250 \Leftrightarrow \pi \cdot \frac{3}{4} [y^2]_0^{h_2} = 250$$

$$\Leftrightarrow h_2^2 = \frac{1000}{3 \cdot \pi} \Rightarrow \mathbf{h_2} = \sqrt{\mathbf{\frac{1000}{3 \cdot \pi}}} \approx \mathbf{10{,}30\ LE}$$

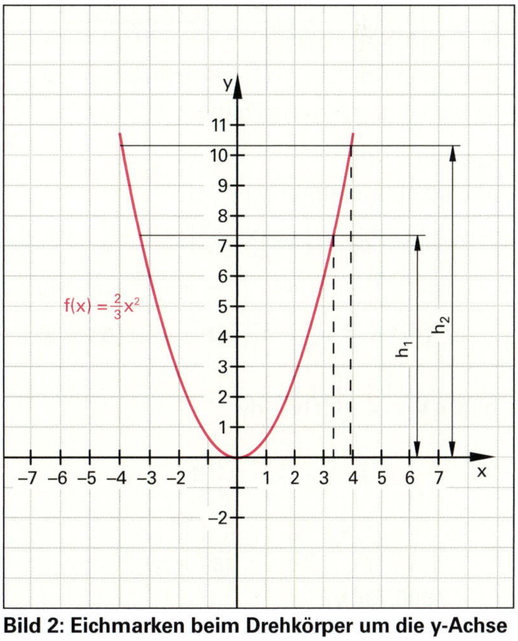

Bild 2: Eichmarken beim Drehkörper um die y-Achse

Musteraufgaben

Bei der Berechnung des Rotationsvolumens um die y-Achse **(Bild 1)** muss der Funktionswert der Umkehrfunktion $x = \bar{f}(y)$ quadriert und dann entsprechend integriert werden. Falls im Funktionsterm nur x^2 vorkommt, so entspricht die nach x^2 umgestellte Gleichung der quadrierten Umkehrfunktion (Beispiel 1b).

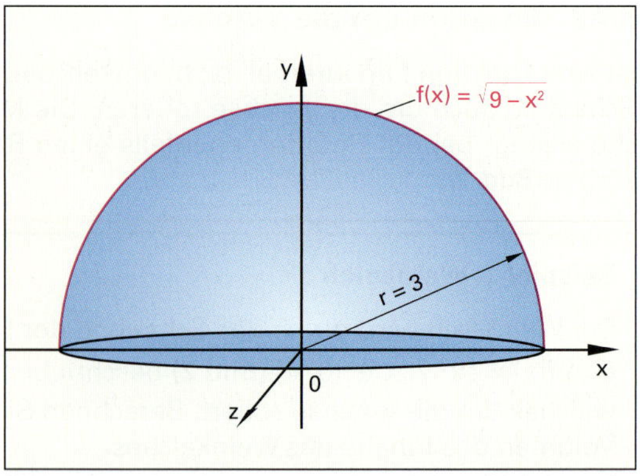

Bild 1: Rotationskörper um die y-Achse (Halbkugel)

Beispiel 1: Halbkugel

Das Schaubild der Funktion $f(x) = \sqrt{9 - x^2} \wedge x \in [0; 3]$ beschreibt einen Viertelkreis. Lässt man seine Fläche um die y-Achse rotieren, so entsteht eine Halbkugel **(Bild 1)**.

a) Bestimmen Sie die Umkehrfunktion.

b) Berechnen Sie das Volumen der Halbkugel, die bei Rotation um die y-Achse entsteht.

Lösung:

a) Mit $f(x) = y = \sqrt{9 - x^2}$; $D_f = [0; 3]$; $W_f = [0; 3]$ folgt für die Umkehrfunktion $\bar{f}(y) = x = \sqrt{9 - y^2} \wedge x, y \in [0; 3]$.

b) $V_y = \pi \cdot \int_0^3 x^2\,dy = \pi \cdot \int_0^3 (9 - y^2)dy = \pi \cdot \left[9y - \frac{y^3}{3}\right]_0^3$

$= \frac{\pi}{3} \cdot [81 - 27] = 18 \cdot \pi\,\text{VE}$

$\Rightarrow V_y =$ **56,549 VE**

Lässt sich die Funktionsgleichung nicht nach x^2 wie im Beispiel 1 umstellen, so bleibt nur der Weg über die Umkehrfunktion. Für ein Wassergefäß benötigt man je eine Funktion für die Außenwand und die Innenwand des Behälters. Damit können die Volumina für den Inhalt und den Materialbedarf ermittelt werden **(Bild 2)**.

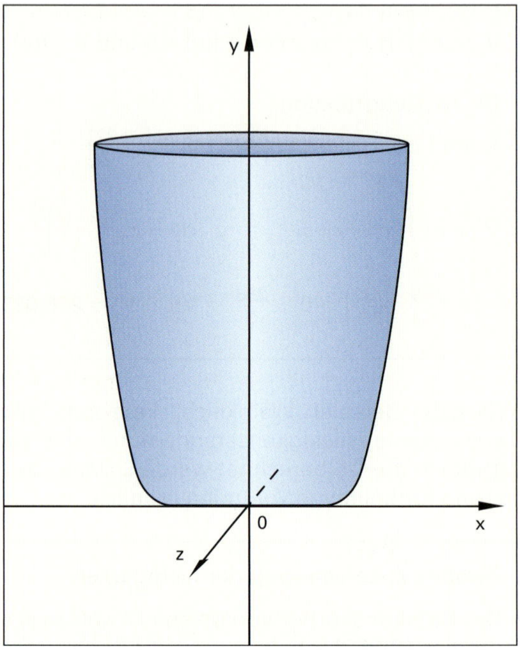

Bild 2: Rotationskörper um die y-Achse (Wassergefäß)

Beispiel 2: Wassergefäß

Gegeben sind die Gleichungen der Funktionen

f_a: $y = (x - 4)^2 \wedge x \in [4; 9]$ **(Bild 3)**

f_i: $y = \left(x - \frac{15}{4}\right)^2 + 0{,}25 \wedge x \in [4; 8{,}72]$.

a) Bestimmen Sie die Umkehrfunktion $\bar{f}(y_i)$.

b) Berechnen Sie das Volumen V_{y_i}.

Lösung:

a) Umkehrfunktion $\bar{f}(y_i)$

$y_i = \left(x - \frac{15}{4}\right)^2 + \frac{1}{4} \Leftrightarrow \left(x - \frac{15}{4}\right)^2 = y_i - \frac{1}{4}$

$\Leftrightarrow \left|x - \frac{15}{4}\right| = \frac{1}{2} \cdot \sqrt{4y_i - 1} \Rightarrow \mathbf{x = \frac{15}{4} + \frac{1}{2} \cdot \sqrt{4y_i - 1}}$

$\Rightarrow \mathbf{\bar{f}(y_i) = \frac{15}{4} + \frac{1}{2} \cdot \sqrt{4y_i - 1}} \wedge \mathbf{y_i \in [0{,}25; 25]}$

b) Mit $V_{y_i} = \pi \cdot \int_c^d [f_i(y)]^2\,dy$

$= \pi \cdot \int_{0{,}3125}^{25} \left[\frac{15}{4} + \frac{1}{2} \cdot \sqrt{4y - 1}\right]^2 dy$

$= \pi \cdot \left[\frac{5(4y - 1)^{\frac{3}{2}}}{8} + \frac{y^2}{2} + \frac{221 \cdot y}{16}\right]_{0{,}3125}^{25}$

= **3 986,736 VE**

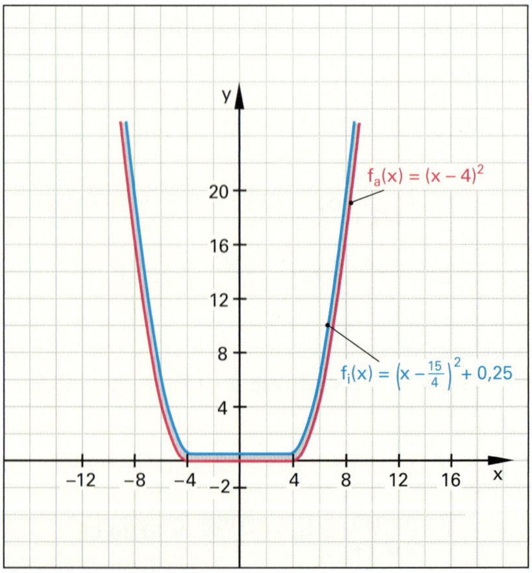

Bild 3: Wassergefäß

Herleitung der Formel für V_y

Das Rotationsvolumen eines Drehkörpers um die y-Achse **(Bild 1)** kann ebenfalls mithilfe der Obersummen oder Untersummen von Kreiszylindern exakt bestimmt werden. Die Radien der n Zylinderscheiben entsprechen den jeweiligen x-Werten, ihre konstante Dicke ist Δy **(Bild 2)**.

Zum Vergleich gehen wir vom gleichen Beispiel aus, wie bei der Drehung um die x-Achse.

Für sehr große n ($n \to \infty$) werden die Zylinderscheiben immer dünner, sodass annähernd von einem Kegel ausgegangen werden kann **(Bild 2)**.

Beispiel 1: Ober- und Untersumme

Das Schaubild von $f(x) = 0{,}5x \wedge x \in [0; 6]$ rotiert um die y-Achse. Berechnen Sie das Volumen des entstehenden Kegels mit n Kreisscheiben:

a) mit der Kegelformel,
b) mit der Volumenuntersumme V_{Un} **(Bild 2)** und
c) mit der Volumenobersumme V_{On} **(Bild 2)**.

Lösung:

a) $V_{Kegel} = \frac{1}{3} \cdot G \cdot h = \frac{1}{3} r^2 \cdot \pi \cdot h = \frac{1}{3} \cdot 6^2 \cdot \pi \cdot 3$

$= \mathbf{36\,\pi\ VE}$

Die Höhe h der Kreisscheiben beträgt jeweils $\Delta y = \frac{d-c}{n} = \frac{3}{n}$; der Radius r_i der i-ten Scheibe $r_i = \bar{f}(y_i) = x_i$

b) $V_{Un} = V_0 + V_1 + \ldots + V_{n-2} + V_{n-1}$

$= \left[\bar{f}^2(y_0) + \bar{f}^2(y_1) + \ldots + \bar{f}^2(y_{n-2}) + \bar{f}^2(y_{n-1})\right] \cdot \Delta y \cdot \pi$

$= \bar{f}^2(0 \cdot \Delta y) + \bar{f}^2(\Delta y) + \ldots + \bar{f}^2(n-2)\Delta y + \bar{f}^2\left((n-2)\Delta y\right) \cdot \Delta y$

$= \pi \cdot \Delta y^3 \cdot 4 \cdot \left[0 + 1^2 + \ldots + (n-2)^2 + (n-1)^2\right]$

$= \frac{4 \cdot n \cdot (n-1)(2n-1)}{6} \cdot \left(\frac{3}{n}\right)^3 \cdot \pi$

$= 18 \cdot \pi \cdot \left(2 - \frac{3}{n} + \frac{1}{n^2}\right)$

$\Rightarrow \mathbf{V} = \lim\limits_{n \to \infty} V_{Un} = \lim\limits_{n \to \infty}\left(18 \cdot \pi \cdot \left(2 - \frac{3}{n} + \frac{1}{n^2}\right)\right)$

$= \mathbf{36 \cdot \pi\ VE}$

c) $V_{On} = V_1 + V_2 + \ldots + V_{n-1} + V_n$

$= \left[f^2(y_1) + \bar{f}^2(y_2) + \ldots + \bar{f}^2(y_{n-1}) + \bar{f}^2(y_n)\right] \cdot \Delta y \cdot \pi$

$= \left[\bar{f}^2(1 \cdot \Delta y) + \bar{f}^2(2 \cdot \Delta y) + \ldots + \bar{f}^2\left((n-1)\Delta y\right) + \bar{f}^2(n \cdot \Delta y)\right] \cdot \Delta y \cdot \pi$

$= \pi \cdot \Delta y^3 \cdot 4 \cdot \left[1^2 + 2^2 + \ldots + (n-1)^2 + (n)^2\right]$

$= \frac{4 \cdot n \cdot (n+1)(2n+1)}{6} \cdot \left(\frac{3}{n}\right)^3 \cdot \pi$

$= 18 \cdot \pi \cdot \left(2 + \frac{3}{n} + \frac{1}{n^2}\right)$

$\Rightarrow \mathbf{V} = \lim\limits_{n \to \infty} V_{On} = \lim\limits_{n \to \infty}\left(18 \cdot \pi \cdot \left(2 + \frac{3}{n} + \frac{1}{n^2}\right)\right)$

$= \mathbf{36 \cdot \pi\ VE}$

Formeln und Ergebnisse

$$V_{Un} = \pi \cdot \left[\left(\bar{f}(y_0)\right)^2 + \left(\bar{f}(y_1)\right)^2 + \ldots + \left(\bar{f}(y_{n-1})\right)^2\right] \cdot \Delta y = \pi \cdot \sum_{i=0}^{n-1} \left[\bar{f}(y_i)\right]^2 \cdot \Delta y = \sum_{i=0}^{n-1} V_{iy}$$

$$V_{On} = \pi \cdot \left[\left(\bar{f}(y_1)\right)^2 + \left(\bar{f}(y_2)\right)^2 + \ldots + \left(\bar{f}(y_n)\right)^2\right] \cdot \Delta y = \pi \cdot \sum_{i=1}^{n} \left[\bar{f}(y_i)\right]^2 \cdot \Delta y = \pi \cdot \sum_{i=1}^{n} [x_i]^2 \cdot \Delta y = \sum_{i=1}^{n} V_i$$

Im Intervall $y \in [c; d]$ gilt für

$$\Delta y = \frac{d-c}{n} \quad \text{und} \quad \bar{f}(y_i) = x_i$$

$$\lim_{n \to \infty} V_{Un} = \lim_{n \to \infty} V_{On} = \pi \cdot \int_c^d \left[\bar{f}(y_i)\right]^2 dy = \pi \cdot \int_c^d x^2\, dy$$

V_{Un}	Volumenuntersumme
V_{On}	Volumenobersumme
n	Anzahl der Zylinder
$\bar{f}(y_i)$	Funktionswert der Umkehrfunktion ≙ Radius des i-ten Zylinders
Δy	Höhe eines Zylinders

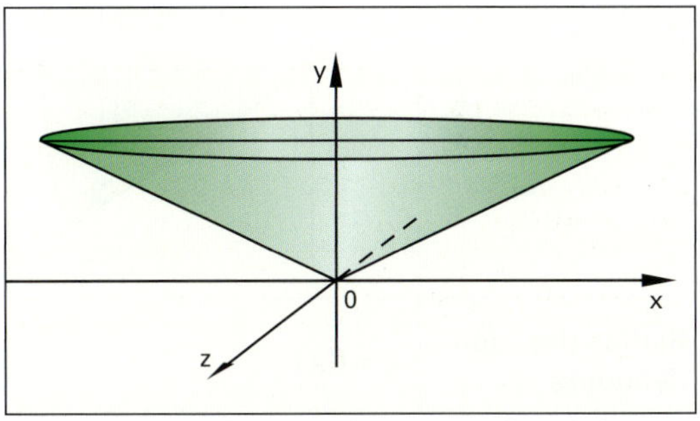

Bild 1: Kegel als Rotationskörper um die y-Achse

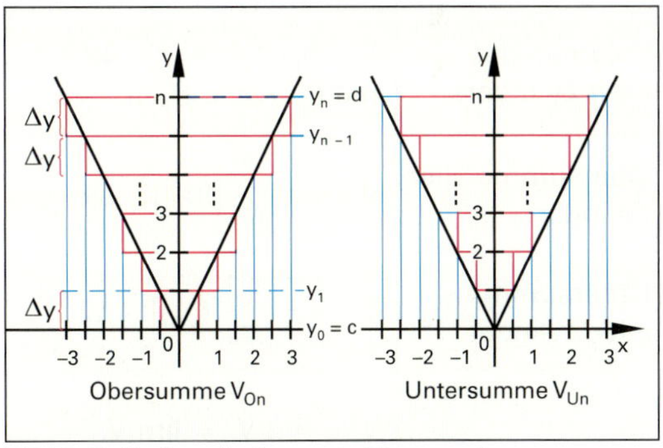

Bild 2: Zylinderscheiben mit Ober- und Untersummen

Bei der Rotation um die y-Achse wird als r_i der zu jeder y_i-Stelle gehörige x_i-Wert eingesetzt. Dies ist der Funktionswert der zugehörigen Umkehrfunktion $\bar{f}(y_i)$.

5.7.3 Zusammenfassung von Rotationskörperarten

Tabelle 1: Rotationskörper

Angaben	Rotation um die x-Achse	Rotation um die y-Achse
Schaubild-Fläche	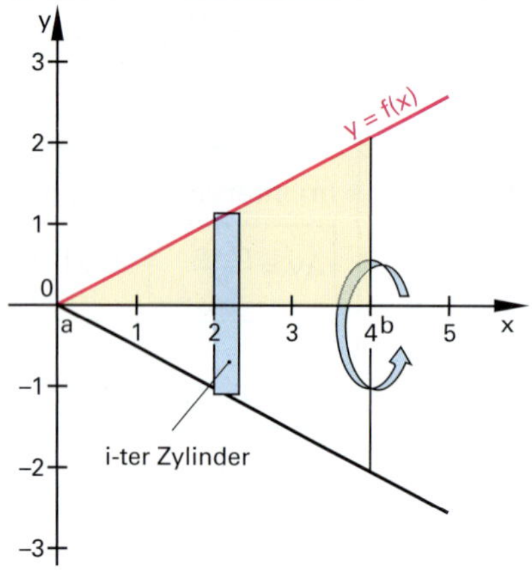	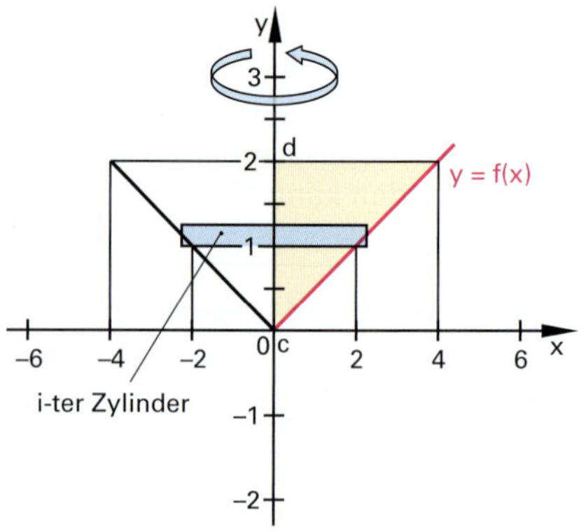
Rotationskörper	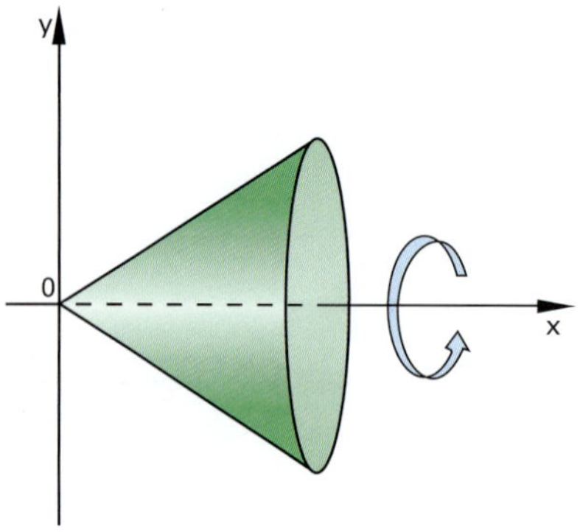	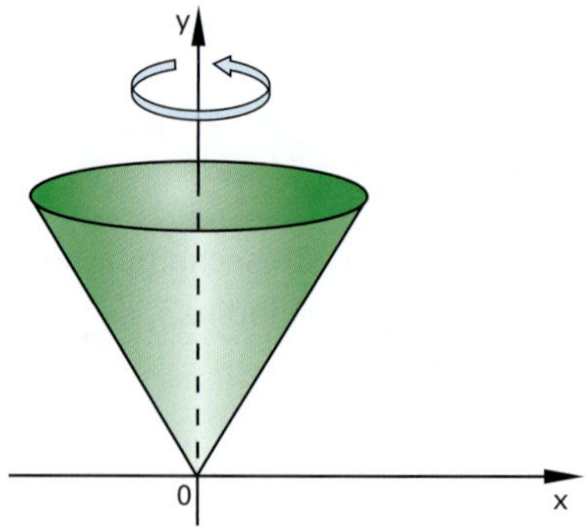
Radius des i-ten Zylinders	$r_i = f(x_i)$	$\overline{r}_i = \overline{f}(y_i)$
Grundfläche des i-ten Zylinders	$A_i = \pi \cdot r_i^2 = \pi \cdot [f(x_i)]^2$	$A_i = \pi \cdot \overline{r}_i^2 = \pi \cdot [\overline{f}(y_i)]^2$
Volumen des i-ten Zylinders	$V_i = A_i \cdot h_x = \pi \cdot r_i^2 \cdot \Delta x = \pi \cdot [f(x_i)]^2 \cdot \Delta x$ mit $h_x = \Delta x = b - a$	$V_{iy} = A_i \cdot h_x = \pi \cdot \overline{r}_i^2 \cdot \Delta y = \pi \cdot [\overline{f}(y_i)]^2 \cdot \Delta y$ mit $h_y = \Delta y = d - c$
Obersumme aller Zylinder	$V_{Ox} = \pi \cdot \sum_{i=1}^{n} [f(x_i)]^2 \cdot \Delta x$	$V_{Oy} = \pi \cdot \sum_{i=1}^{n} [\overline{f}(y_i)]^2 \cdot \Delta y$
Untersumme aller Zylinder	$V_{Ux} = \pi \cdot \sum_{i=0}^{n-1} [f(x_i)]^2 \cdot \Delta x$	$V_{Uy} = \pi \cdot \sum_{i=0}^{n-1} [\overline{f}(y_i)]^2 \cdot \Delta y$
Volumen des Rotationskörpers	$V_x = \lim_{n \to \infty} V_O = \lim_{n \to \infty} V_U$ $V_x = \pi \cdot \int_{x_1 = a}^{x_2 = b} [f(x)]^2 dx = \pi \cdot \int_{x_1 = a}^{x_2 = b} y^2 dx$	$V_y = \lim_{n \to \infty} V_{Oy} = \lim_{n \to \infty} V_{Uy}$ $V_y = \pi \cdot \int_{y_1 = c}^{y_2 = d} [\overline{f}(x)]^2 dy = \pi \cdot \int_{y_1 = c}^{y_2 = d} x^2 dy$

V_{Ux}	Untersumme aller Rotationskörper	$f(x)$	Funktionswert von f
V_{Ox}	Obersumme aller Rotationskörper	$\overline{f}(y)$	Funktionswert von $\overline{f}$
r_i	Radius der i-ten Scheibe (y-Wert)	Δx	Scheibendicke
$\overline{r}_i$	Radius der i-ten Scheibe (x-Wert)	Δy	Scheibendicke

Überprüfen Sie Ihr Wissen!

Beispielaufgaben

Integration gebrochenrationaler Funktionen

1. Bilden Sie die Integralfunktion folgender Funktionen f:

a) $f(x) = \frac{x^3 + x^2 + 4}{2x^2}$ **b)** $f(x) = \frac{2x^2 + 5x + 2}{x^2}$

c) $f(x) = \frac{x^2 + 3x}{x - 1}$ **d)** $f(x) = \frac{x^2 - 8x + 7}{x - 8}$

e) $f(x) = \frac{(2 - x)^2}{2x + 1}$ **f)** $f(x) = \frac{4x - 8}{x^2 - 4x + 2}$

2. Bestimmen Sie das Integral

a) von $\int_1^2 \frac{1}{x^2} dx$ **(Bild 1)** und

b) von $\int_{-1}^2 \frac{1}{x + 2} dx$ **(Bild 2).**

3. Untersuchen Sie, ob der Grenzwert von $\lim_{b \to \infty} \int_1^b \frac{1}{x} dx$ existiert und deuten Sie das Ergebnis geometrisch.
Hinweis: Berechnen Sie zunächst das Integral.

Flächenberechnung mit Näherungsverfahren

1. Berechnen Sie für die folgenden Integrale die exakten Ergebnisse (sofern möglich) sowie die Näherungswerte mithilfe der in Beispiel 1 angegebenen Verfahren. Geben Sie jeweils den absoluten und relativen Fehler an.

a) $\int_0^2 \sqrt{x + 2}\, dx$; $n = 8$ **b)** $\int_0^4 2^x dx$; $n = 6$

c) $\int_0^{\frac{\pi}{4}} \cos x\, dx$; $n = 4$

2. Berechnen Sie mit der Simpsonregel:

a) $\int_0^1 \sqrt{x^2 + 1}\, dx$; $\Delta x = \frac{1}{4}$ **b)** $\int_0^{0,5} \sqrt{1 - x^2}\, dx$; $\Delta x = \frac{1}{8}$

3. Die Zahl π kann auch mit dem Integral

$$\int_{-1}^1 \frac{2}{1 + x^2} dx = 2 \cdot [\arctan x]_{-1}^1 = \pi$$

berechnet werden. Berechnen Sie π näherungsweise mithilfe von Tangententrapezen

a) $\Delta x = \frac{1}{2}$ **b)** $\Delta x = \frac{1}{4}$

Lösungen Beispielaufgaben

Integration gebrochenrationaler Funktionen

1. a) $\frac{1}{4}x^2 + \frac{1}{2}x - \frac{2}{x} + C$

b) $2x + 5 \ln |x| - \frac{2}{x} + C$

c) $\frac{1}{2}x^2 + 4x + 4 \ln |x - 1| + C$

d) $\frac{1}{2}x^2 + 7 \ln |x - 8| + C$

e) $\frac{1}{4}x^2 - \frac{9}{4}x + \frac{25}{8} \ln |2x + 1| + C$

f) $2 \ln |x^2 - 4x + 2| + C$

2. a) 0,5 **b)** ln (4)

3. Grenzwert existiert nicht.

Flächenberechnung mit Näherungsverfahren

1. a) $A = 3{,}448$; $U_8 = 3{,}374$;
$F_{U8} = F_{O8} = 0{,}072 \triangleq 2{,}1\,\%$;
$O_8 = 3{,}520$; $S_8 = 3{,}447$;
$T_8 = K_8 = 3{,}448$; $K_2 = 3{,}246$;
$F_{S8} = F_{T8} = F_{K8} \approx F_{K2} \approx 0 \triangleq 0\,\%$

b) $A = 21{,}640$; $U_6 = 17{,}024$;
$F_{U6} = 4{,}616 \triangleq 21{,}3\,\%$;
$O_6 = 27{,}024$; $F_{O6} = 5{,}38 \triangleq 24{,}9\,\%$;
$S_6 = 22{,}02$; $F_{S6} = 0{,}38 \triangleq 1{,}77\,\%$;
$T_6 = 21{,}89$; $F_{T6} = 0{,}249 \triangleq 1{,}15\,\%$;
$K_6 = 21{,}65$; $F_{K6} = 0{,}006 \triangleq 0{,}027\,\%$;
$K_2 = 22$; $F_{K2} = 0{,}36 \triangleq 1{,}66\,\%$

c) $A = 0{,}707$; $U_4 = 0{,}676$;
$F_{U4} = 0{,}031 \triangleq 4{,}4\,\%$; $O_4 = 0{,}676$;
$F_{O4} = 0{,}031 \triangleq 3{,}8\,\%$;
$S_4 = 0{,}705$; $F_{S4} = 0{,}0023 \triangleq 0{,}29\,\%$;
$T_4 = 0{,}712$; $F_{T4} = 0{,}005 \triangleq 0{,}7\,\%$;
$K_4 = 0{,}707$; $F_{K4} \approx 0 \triangleq 0\,\%$;
$K_2 = 0{,}707$; $F_{K2} = 0 \triangleq 0\,\%$

2. a) $K_4 = 1{,}148$ **b)** $K_4 = 0{,}478$

3. a) $\pi \approx 3{,}2$ **b)** $\pi \approx 3{,}162\,35$

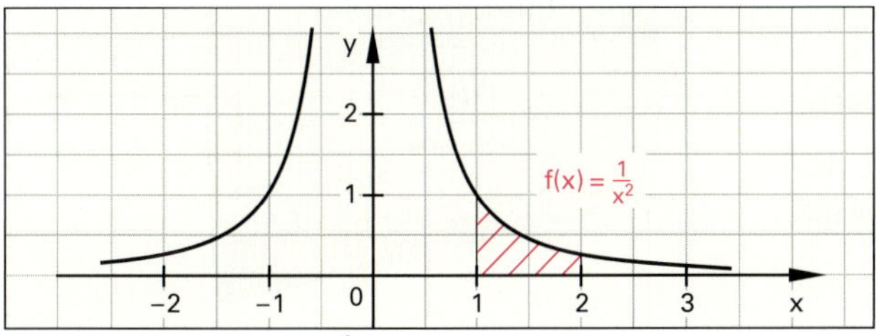

Bild 1: Graph von $f(x) = \frac{1}{x^2}$

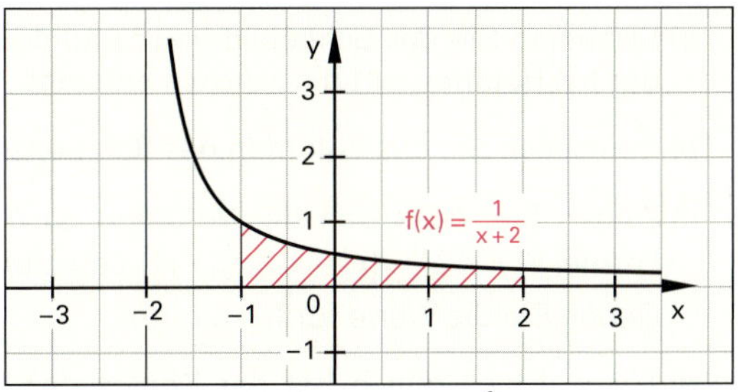

Bild 2: Graph der Funktion $f(x) = \frac{1}{x + 2}$

Beispielaufgaben

Rotation um die x-Achse

Berechnen Sie jeweils den Rauminhalt des Drehkörpers, der entsteht, wenn die Fläche zwischen dem Schaubild von f und der x-Achse über dem Intervall [a; b] um die x-Achse rotiert.

1. $f(x) = 2 - \frac{1}{2}x^2 \wedge x \in [-2; 2]$

2. $f(x) = \sqrt{x+1} \wedge x \in [-1; 3]$

3. $f(x) = -x^2 + 4 \wedge x \in [-2; 2]$

4. $f(x) = \sqrt{9 - x^2} \wedge x \in [-3; 3]$

5. $f(x) = 3 + x - x^2 \wedge x \in [-1; 2]$

Skizzieren Sie zunächst das Schaubild von f.

Rotation um die y-Achse

Berechnen Sie jeweils den Rauminhalt des Drehkörpers, der entsteht, wenn die Fläche zwischen dem Schaubild von f und der y-Achse über dem Intervall [a; b] um die y-Achse rotiert.

1. $f(x) = 2 - \frac{1}{2}x^2 \wedge x \in [0; 2]$

2. $f(x) = \sqrt{x+2} \wedge x \in [-2; 2]$

3. $f(x) = -x^2 + 9 \wedge x \in [0; 3]$

4. $f(x) = \sqrt{4 - x^2} \wedge x \in [0; 2]$

Skizzieren Sie zuerst die Schaubilder und stellen Sie zunächst die Gleichungen nach x^2 um.

5. Berechnen Sie von Beispiel 2

a) die Umkehrfunktion für die Außenwand des Drehkörpers

b) das Volumen V_{ya}, das entsteht, wenn die Fläche zwischen dem Schaubild von f_a und der y-Achse über dem Intervall [c; d] um die y-Achse rotiert

c) den Materialverbrauch.

Übungsaufgaben

Drehung um die x-Achse

1. Gegeben ist die Funktion $f(x) = \frac{1}{4}x + 2; \quad x \in [0; 10]$.

a) Skizzieren Sie das Schaubild von f und den Körper, der bei Rotation um die x-Achse entsteht.

b) Berechnen Sie das Volumen des Rotationskörpers.

c) Zeigen Sie, dass sich das Volumen auch mit der Formel $V_x = \frac{\pi \cdot h}{3} \cdot (r_1^2 + r_1 \cdot r_2 + r_2^2)$ berechnen lässt. Geben Sie die Werte für h, r_1, r_2 an.

d) Für welche Höhe h hat der Körper das Volumen 300 VE?

Lösungen Beispielaufgaben

Rotation um die x-Achse

1. $V_x = \frac{128 \cdot \pi}{15} \approx 26{,}8$ VE

2. $V_x = 8\pi \approx 25{,}13$ VE

3. $V_x = \frac{512 \cdot \pi}{15} \approx 107{,}23$ VE

4. $V_x = 36\pi \approx 113{,}09$ VE

5. $V_x = \frac{201 \cdot \pi}{10} \approx 63{,}14$ VE

Rotation um die y-Achse

1. $x^2 = 2 \cdot (2 - y)$,
$V_y = 4 \cdot \pi$ VE $= 12{,}57$ VE

2. $x^2 = (y^2 - 2)^2$,
$V_y = \frac{56}{15} \cdot \pi$ VE $= 11{,}73$ VE

3. $x^2 = 9 - y$,
$V_y = \frac{81}{2} \cdot \pi$ VE $= 127{,}23$ VE

4. $x^2 = 4 - y^2$,
$V_y = \frac{16}{3} \cdot \pi$ VE $= 16{,}76$ VE

5. a) $\bar{f}_a(y) = x = (4 + \sqrt{y_a})$

b) $V_{ya} = \frac{8275 \cdot \pi}{6} \approx 4332{,}78$ VE

c) $V_{Mat} = V_{ya} - V_{yi} = 346$ VE

Lösungen Übungsaufgaben

1. a) Bild 1

b) $V_x = 348{,}19$ VE

c) Mit $h = 10$, $r_1 = \frac{9}{2}$, $r_2 = 2$ folgt
$V_x = 348{,}19$ VE

d) $h = 8{,}61$

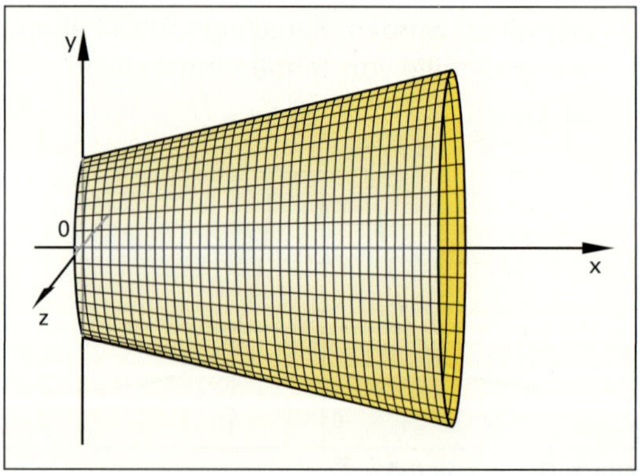

Bild 1: Kegelstumpf als Rotationskörper

Drehung um die x-Achse

2. Durch die Drehung der Fläche zwischen dem Schaubild der Funktion $f(x) = \sqrt{9 - x^2}$; $x \in [2; 3]$ und der x-Achse entsteht ein Rotationskörper.

a) Welche Art von Körper entsteht? Skizzieren Sie den Körper.

b) Welches Volumen hat der entstehende Körper?

c) Berechnen Sie das Volumen mit der Formel für den Kugelabschnitt

$$V_{\text{Kugelabschnitt}} = \frac{\pi \cdot h^2}{3} \cdot (3 \cdot r - h).$$

Drehung um die y-Achse

3. Das Schaubild von f in Aufgabe 1 rotiert im Bereich [–2; 10] um die y-Achse. Berechnen Sie:

a) die Umkehrfunktion $\bar{f}$ von f und geben Sie die Definitions- und Wertemenge von $\bar{f}$ an.

b) das Volumen des Drehkörpers.

c) das Volumen mit der Formel für den Kegel.

4. Rotiert die Fläche zwischen dem Schaubild von f mit $f(x) = \sqrt{x^2 - 1{,}5^2}$; $x \in [1{,}5; 3{,}9]$ um die y-Achse, so entsteht ein Trichter **(Bild 3)**.

a) Welches Volumen hat der Trichter?

b) Bestimmen Sie die Formel für das Trichtervolumen in Abhängigkeit von der Höhe h.

c) Wie hoch muss der Trichter sein, damit er 300 VE fassen kann?

Zeitintegral der Geschwindigkeit

5. Ein Reisebus fährt auf der Autobahn in zwei Stunden mit stetig wechselnder Geschwindigkeit $v(t) = 70 + 40t - 20t^2$; t in h; v(t) in $\frac{km}{h}$ **(Bild 1)**.
Welche Gesamtstrecke legt der Bus zurück?

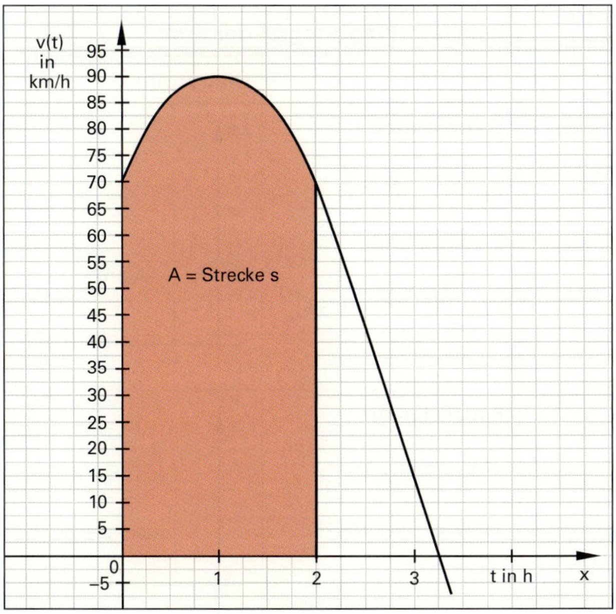

Bild 1: Zeitlicher Geschwindigkeitsverlauf

Lösungen Übungsaufgaben

2. a) Kugelabschnitt

b) Bild 2 $V_x = \frac{8}{3} \cdot \pi$ VE = 8,378 VE

c) $V_{KA} = 2{,}\overline{6} \cdot \pi$ VE = 8,378 VE

3. a) $\bar{f}(y) = 4y - 8$; $D_{\bar{f}} = [2; 4{,}5]$, $W_{\bar{f}} = [0; 10]$

b) $V_y = \frac{250}{3} \cdot \pi$ VE = 261,799 VE

c) $V_{Kegel} = \frac{\pi \cdot r^2 \cdot h}{3} = \frac{250 \cdot \pi}{3}$ VE $\approx$ 261,8 VE

4. a) V_y = 74,305 VE

b) $V_y(h) = \frac{\pi \cdot h}{12} \cdot (4h^2 + 27)$

c) h = 14,04 LE

Zeitintegral der Geschwindigkeit

5. $s = \int_{t_1}^{t_2} v(t)dt = \int_0^2 (70 + 40t - 20t^2) \cdot dt = \frac{500}{3}$

$\Rightarrow s = 166{,}\overline{6}$ km

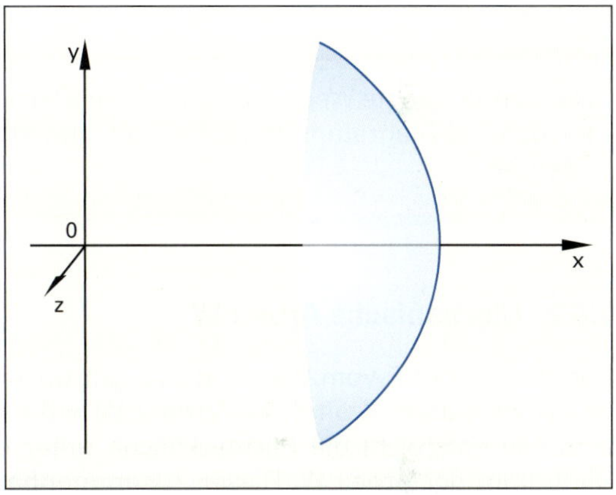

Bild 2: Kugelabschnitt als Rotationskörper

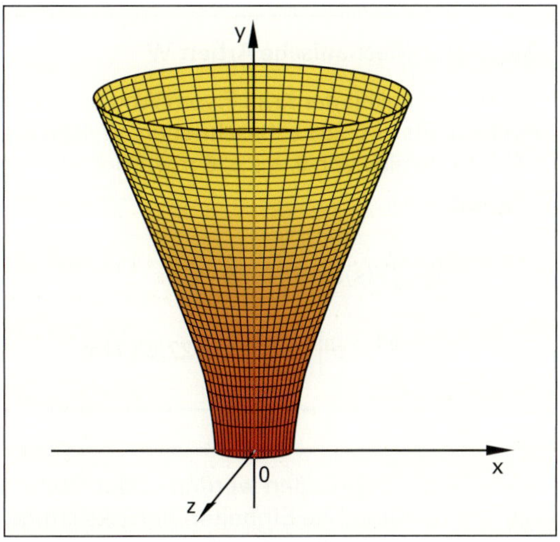

Bild 3: Trichter als Rotationskörper

5.8 Anwendungen der Integralrechnung

5.8.1 Zeitintegral der Geschwindigkeit

Die Geschwindigkeit v hängt von der Zeit t ab. Für die Berechnung des Weges s gilt bei konstanter Geschwindigkeit $s = v \cdot t$. Dieses Produkt entspricht der Rechteckfläche unter dem v-t-Diagramm. Je nach Verlauf der Geschwindigkeit v gelten die in **Tabelle 1** angegebenen Ansätze zur Bestimmung der Wegstrecke s.

Beispiel 1: Freier Fall

Ein Fallschirmspringer fliegt nach dem Absprung aus dem Flugzeug 5 Sekunden lang mit geschlossenem Fallschirm im freien Fall und $g = 9{,}81\ \frac{m}{s^2}$ nach unten.

Berechnen Sie den zurückgelegten Weg.

Lösung:

$$s = \int_0^{t_1} v(t)dt = \int_0^5 g \cdot t\,dt = \left[\frac{1}{2} \cdot g \cdot t^2\right]_0^5$$

$$= \frac{g}{2}[25 - 0] = \mathbf{122{,}63\ m}$$

Der zurückgelegte Weg s entspricht der Fläche A unter dem v-t-Diagramm in den jeweils angegebenen Grenzen.

Tabelle 1: Zeitintegrale der Geschwindigkeit

Formeln	Diagramm
v konstant: $s = \int_{t_1}^{t_2} v\,dt$ mit $v = \text{konstant}$ $s = \int_{t_1}^{t_2} v\,dt = v \cdot [t]_{t_1}^{t_2}$ $\Rightarrow s = v \cdot [t_2 - t_1]$	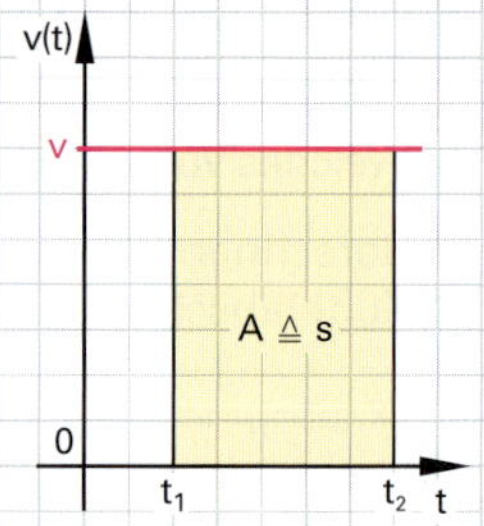
v linear: $s = \int_0^{t_1} v(t)dt$ mit $v(t) = g \cdot t$ $s = \int_0^{t_1} g \cdot t\,dt$ $= \frac{1}{2} \cdot g \cdot [t^2]_0^{t_1}$ $\Rightarrow s = \frac{1}{2} \cdot g \cdot t_1^2$	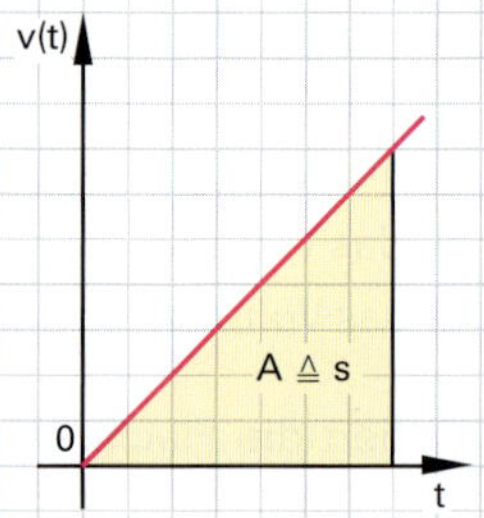
v nichtlinear: $\Delta s = v(t) \cdot \Delta t$ $\Rightarrow s = \int_{t_1}^{t_2} v(t)dt$	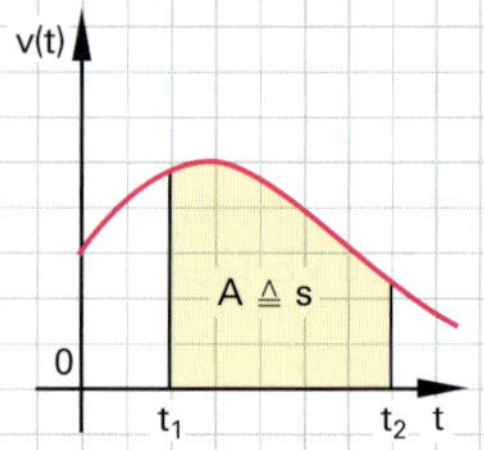

5.8.2 Mechanische Arbeit W

Hängt die Kraft F vom Weg s ab, so gilt für die Arbeit W bei konstanter Kraft F die Formel $W = F \cdot s$. In diesem Fall entspricht die Rechteckfläche unter dem F-s-Diagramm der Arbeit W. Dieser Zusammenhang ist in **Tabelle 2** dargestellt.

Beispiel 2: Mechanische Arbeit W

Die Abhängigkeit der Kraft F vom Weg s ist durch die Funktion $F(s) = 0{,}25 \cdot s^2$ beschrieben. Welche Arbeit wird im Bereich von $0 \leq s \leq 6$ m verrichtet?

Lösung:

$$W = \int_{s_1}^{s_2} F(s)ds = \int_1^6 0{,}25 \cdot s^2 ds$$

$$= \left[\frac{1}{12} \cdot s^3\right]_1^6 = \frac{215}{12} = \mathbf{122{,}63\ Nm}$$

Aus Übersichtsgründen werden in der Rechnung nur die Maßzahlen ohne Einheiten berücksichtigt.

Tabelle 2: Wegintegral der Kraft

Formeln	Diagramm
F konstant: $W = \int_{s_1}^{s_2} F \cdot ds$ mit $F = \text{konstant}$ $W = \int_{s_1}^{s_2} F \cdot ds = [F \cdot s]_{s_1}^{s_2}$ $\Rightarrow W = F \cdot [s_2 - s_1]$	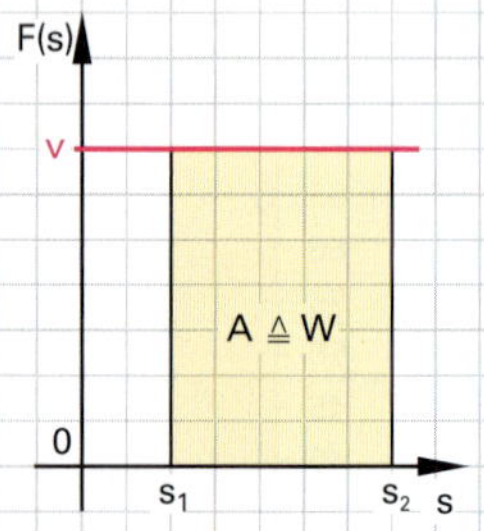
F nichtlinear: $\Delta W = F(s) \cdot \Delta s$ $\Rightarrow W = \int_{s_1}^{s_2} F(s)ds$	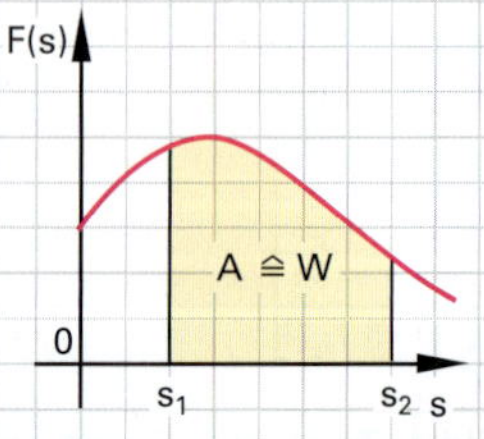

5.8.3 Schüttung von Flüssigkeiten

Die Schüttung einer Flüssigkeit S hängt von der Zeit t ab. Für die Berechnung der geflossenen Menge V gilt bei konstanter Schüttung S die Formel $V = S \cdot t$. Dieses Produkt entspricht der Rechteckfläche unter dem S-t-Diagramm. Je nach Verlauf der Schüttung S gelten die in **Tabelle 1** angegebenen Ansätze zur Bestimmung der geflossenen Flüssigkeitsmenge V.

Beispiel 1: Füllung eines Öltanks

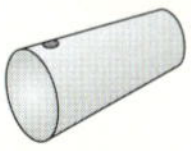

Berechnen Sie die in einen Tank geflossene Ölmenge V, wenn die Ölmenge über der Zeit $0 \leq t \leq 12$ min durch $S(t) = 300 \cdot (1 - e^{-t})$ in $\frac{\ell}{\text{min}}$ gegeben ist.

Lösung:

$$V = \int_{t_1}^{t_2} S(t)dt = \int_0^{12} 300 \cdot (1 - e^{-t})dt = 300 \cdot [t + e^{-t}]_0^{12}$$

$$= 300 \cdot [12 + e^{-12} - (0 + 1)] = 300 \cdot \left[11 + \frac{1}{e^{12}}\right]$$

$\Rightarrow$ **V = 3300 ℓ**

Das Volumen der geflossenen Wassermenge V entspricht der Fläche unter dem S-t-Diagramm in dem entsprechenden Zeitintervall.

Aus Übersichtsgründen werden in der Rechnung nur die Maßzahlen ohne Einheiten berücksichtigt.

Tabelle 1: Schüttungsintegrale

Formeln	Diagramm
S konstant: $V = \int_{t_1}^{t_2} S(t)dt$ mit $S(t) = S$ = konstant $V = \int_{t_1}^{t_2} S \cdot dt = [S \cdot t]_{t_1}^{t_2}$ $\Rightarrow V = S \cdot [t_2 - t_1]$	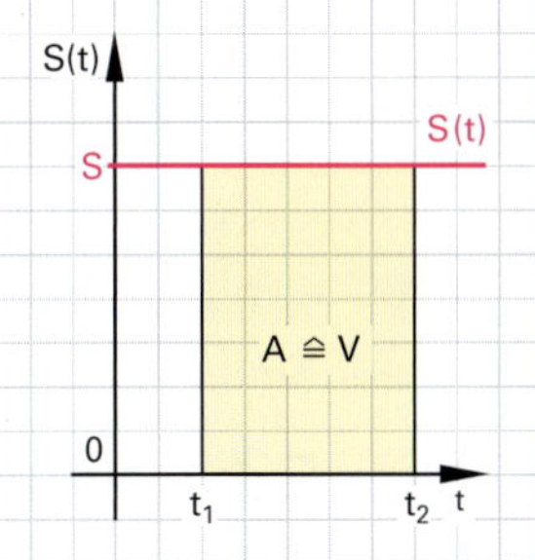
S nichtlinear: $\Delta V = S(t) \cdot \Delta t$ $\Rightarrow V = \int_{t_1}^{t_2} S(t)dt$	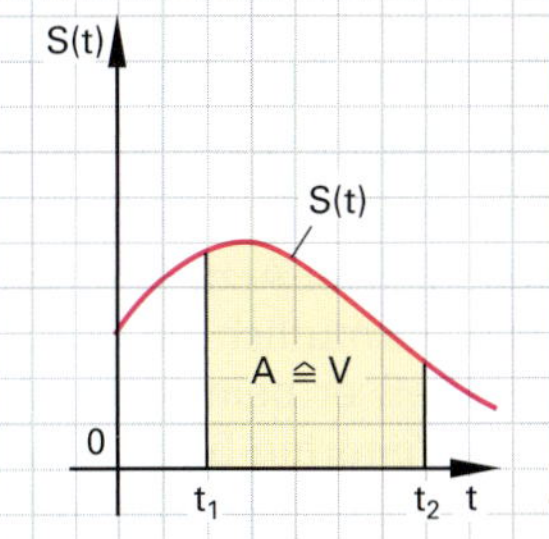

5.8.4 Mittelwertsberechnungen

Mittelwerte werden in der Praxis häufig gebildet, z. B. beim Feststellen der mittleren Tagestemperatur.

Ist aufgrund einer Messung eine brauchbare Funktion bekannt, so kann mithilfe der Flächenberechnung der Mittelwert $\overline{m}$ bestimmt werden **(Tabelle 2)**.

Beispiel 2: Schüttung einer Wasserquelle

Die Schüttung S einer Quelle hängt von der Zeit t ab. Messungen in einem Zeitraum $0 \leq t \leq 6$ Tage ergaben $S(t) = 3 \cdot e^{-0{,}5 \cdot t} \left(\frac{m^3}{s}\right)$.

Bestimmen Sie den Mittelwert $\overline{S}$ der Schüttung in dem angegebenen Zeitraum **(Tabelle 2)**.

Lösung:

$$\overline{S} = \frac{1}{t_2 - t_1} \cdot \int_{t_1}^{t_2} S(t)\,dt = \frac{1}{6} \cdot \int_0^6 3 \cdot e^{-0{,}5 \cdot t} \cdot dt$$

$$= \frac{1}{2} \cdot [(-2)e^{-0{,}5 \cdot t}]_0^6$$

$$= -[e^{-3} - 1] = (1 - e^{-3})$$

Der Mittelwert der Schüttung ist $\mathbf{\overline{S} = 0{,}95\ \frac{m^3}{s}}$.

Wird die Fläche zwischen dem Schaubild einer Funktion f und der x-Achse über dem Intervall [a; b] auf ein flächengleiches Rechteck „eingeebnet", dann ist die Höhe dieses Rechtecks der Mittelwert $\overline{m}$.

Der Mittelwert $\overline{m}$ ist die Höhe des Rechtecks mit der Intervallbreite b – a, das den gleichen Flächeninhalt hat wie die Fläche zwischen dem Schaubild von f und der x-Achse im [a; b].

Tabelle 2: Mittelwerte

Formeln	Diagramm
allgemein: $\overline{m} = \frac{1}{b - a} \cdot \int_a^b f(x)dx$	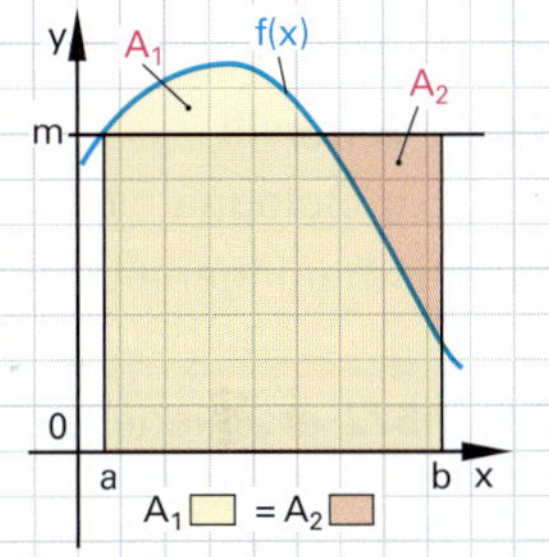
Schüttung einer Quelle: $\overline{S} = \frac{1}{t_2 - t_1} \cdot \int_{t_1}^{t_2} S(t)dt$	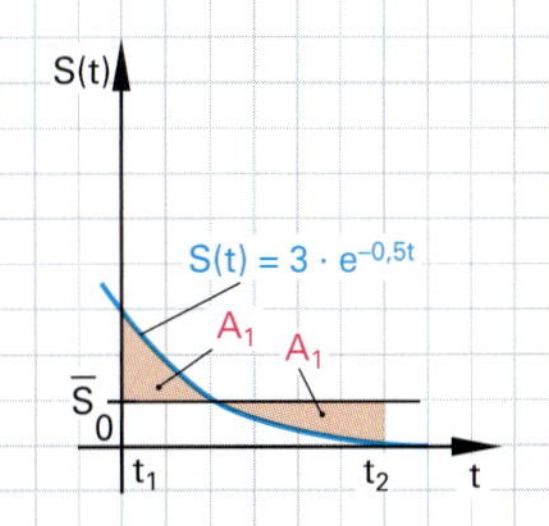

f(x)	Funktionswert
[a; b]	Funktionsintervall
$\overline{m}$	Mittelwert der Funktionswerte
$[t_1; t_2]$	Zeitintervall
$\overline{S}$	Mittelwert der Schüttung
S(t)	Schüttungsfunktion
$t_1 - t_2$	Intervallbreite

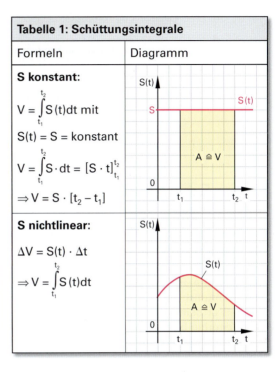

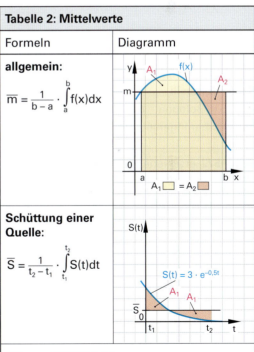

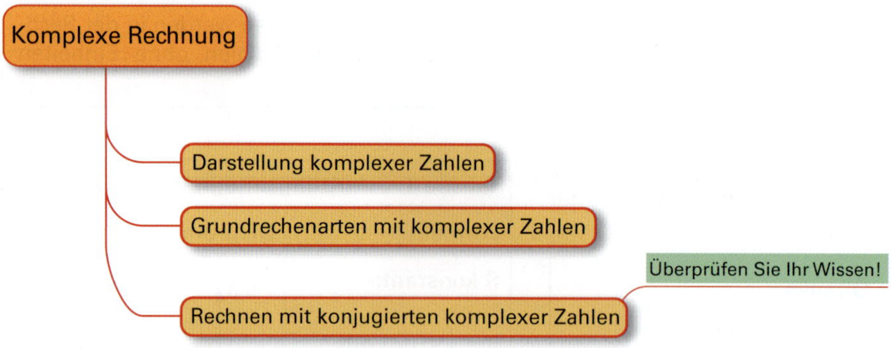

Kleiner Exkurs in die Geschichte der komplexen Rechnung

Gerolamo Cardano (lat. Hieronymus Cardanus)

∗ 24. September 1501 in Pavia,
† 21. September 1576 in Rom

Italienischer Arzt, Philosoph und Mathematiker. Er rechnete vermutlich als erster mit komplexen Zahlen. Auf sie stieß er beim Versuch, kubische Gleichungen zu lösen. Weiterhin bewies er, dass man mit negativen Zahlen ganz ähnlich wie mit gewöhnlichen Zahlen rechnen kann.

Rafael Bombelli

∗ 1526 in Bologna † 1572 vermutlich in Rom

Italienischer Ingenieur und Mathematiker

Sein 1572 erschienenes Werk Algebra (ital. L'Algebra) enthielt nicht nur negative Zahlen, sondern bereits imaginäre Zahlen, so wie Lösungstheorien zu algebraischen Gleichungen. Er verwendete wohl auch als erster die mathematische Klammerschreibweise mittels runder Klammern.

L'Algebra umfasst insgesamt fünf Bände. Die Bände IV und V erschienen erst 1929 aus seinem Nachlass heraus!

6 Komplexe Rechnung

6.1 Darstellung komplexer Zahlen

Komplexe Normalform (Rechtwinklige Koordinaten, R)

Beispiel 1: Quadratische Gleichung ohne reelle Lösungen

Berechnen Sie die Lösungen der Gleichung $0 = z^2 - 2 \cdot z + 5$ für $z \in \mathbb{R}$.

Lösung:

$L = \{\} \Rightarrow$ **reell nicht lösbar, da $\sqrt{-4}$ imaginär ist.**

Es gilt $i^2 = -1$ oder $j^2 = -1$. Die Buchstaben i, j bezeichnen die imaginäre Einheit. Somit ist $\sqrt{-1} = i$.

In der Mathematik verwendet man $i^2 = -1$, in der Technik $j^2 = -1$.

Damit ergeben sich in Beispiel 1 für $\underline{z} \in \mathbb{C}$ zwei komplexe Zahlen, die durch den Unterstrich gekennzeichnet werden. Beide haben einen reellen und einen imaginären Zahlenwert.

$\underline{z}_{1,2} = 1 \pm i \cdot 2 \Rightarrow \underline{z}_1 = 1 + i \cdot 2$ und $\underline{z}_2 = 1 - i \cdot 2$.

Beispiel 2: Komplexe Normalform

Stellen Sie die komplexen Zahlen $\underline{z}_1 = 1 + i \cdot 2$ und $\underline{z}_2 = 1 - i \cdot 2$ in der Gauß'schen Zahlenebene dar.

Lösung: **Bild 1**

Komplexe Exponentialform (Polarkoordinaten, P)

Bei der Festlegung einer komplexen Zahl sind immer zwei Angaben nötig. Für die komplexe Exponentialform benötigt man die Länge des Zeigers und den Winkel φ.

Beispiel 3: Komplexe Exponentialform

a) Berechnen Sie die komplexe Zahl $\underline{z} = 4 + i \cdot 3$ in der Exponentialform mit Betrag und Winkel.

Lösung:

$$z = \sqrt{a^2 + b^2} = \sqrt{4^2 + 3^2} = \sqrt{25} = \mathbf{5}$$

$$\varphi = \arctan \frac{b}{a} = \arctan \frac{3}{4} = \mathbf{36{,}9°}$$

$$\Rightarrow \underline{z} = z \cdot e^{i \cdot \varphi} = \mathbf{5 \cdot e^{i \cdot 36{,}9°}}$$ **Bild 2**

Der komplexe Zeiger kann also als Zeigersumme aus Realteil Re $\underline{z}$ und Imaginärteil Im $\underline{z}$ oder durch den Betrag z (Zeigerlänge) und den Winkel φ (Argument) beschrieben werden.

Beim Taschenrechner muss meist das Zeichen i dem Imaginärteil nachgestellt werden, z. B. $\underline{z} = 4 + 3i$.

Normalform	Exponentialform	
$\underline{z} = a + i \cdot b$	$\underline{z} = z \cdot e^{i \cdot \varphi}$	$\underline{z} \in \mathbb{C}$

Definition

$i^2 = -1$	$a = \mathrm{Re}(\underline{z})$	$b = \mathrm{Im}(\underline{z})$	$i = j$

a Realteil von $\underline{z}$
b Imaginärteil von $\underline{z}$
φ Phase von $\underline{z}$
$\mathbb{C}$ Menge der komplexen Zahlen
z Betrag von $\underline{z}$
i, j imaginäre Einheit

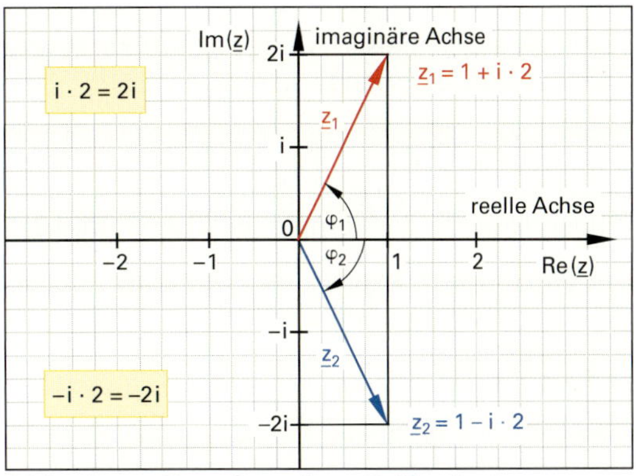

Bild 1: Darstellung komplexer Zahlen in der Gauß'schen Ebene

Tabelle 1: Umrechnungen	
Normalform in Exponentialform (R → P)	Exponentialform in Normalform (P → R)
Geg.: a; b $z = \sqrt{a^2 + b^2}$ $\varphi = \arctan \frac{b}{a}$	Geg.: z; φ $a = z \cdot \cos \varphi$ $b = z \cdot \sin \varphi$
$\underline{z} = a + i \cdot b$ $\Rightarrow \underline{z} = z \cdot e^{i \cdot \varphi}$	$\underline{z} = z \cdot e^{i \cdot \varphi}$ $\Rightarrow \underline{z} = a + i \cdot b$

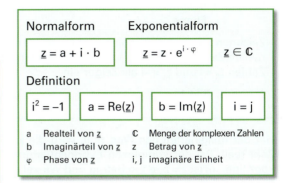

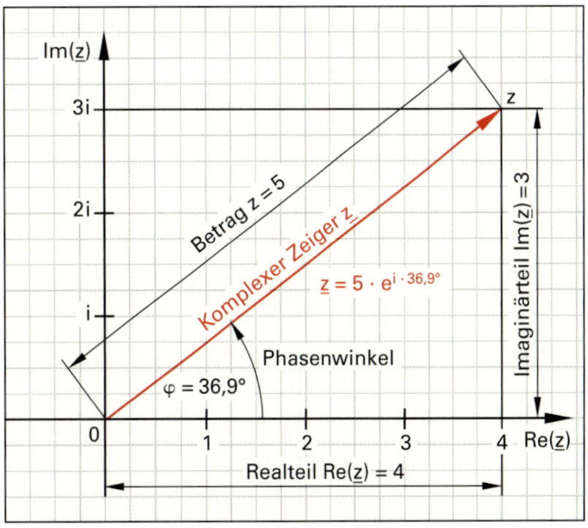

Bild 2: Exponentialform in der Gauß'schen Ebene

In der Gauß'schen Zahlenebene können reelle Zahlen, imaginäre Zahlen und komplexe Zahlen auftreten.

Beispiel 1: Besondere Zahlen in der Gauß'schen Ebene

Zeichnen Sie in eine komplexe Zahlenebene die reellen Zahlen $\underline{z}_1 = 1$, $\underline{z}_2 = -1$ und die imaginären Zahlen $\underline{z}_3 = i$ und $\underline{z}_4 = -i$ als Zeiger ein.

Lösung: **Bild 1**

Hat der Imaginärteil den Wert null, wird die komplexe Zahl reell. Bei der komplexen Exponentialform (Polarkoordinaten) ist $\underline{z} = z \cdot e^{i\varphi}$ in Betrag und Winkel getrennt.

$e^{i\varphi}$ gibt ausschließlich über den Winkel Auskunft.
$e^{i\varphi}$ hat die Zeigerlänge 1.

Dabei schreibt man $e^{i\varphi} = \cos\varphi + i \cdot \sin\varphi$ für den Winkel (Phasenlage) in der komplexen Ebene **(Bild 2)**.

Die Winkelwerte können im Gradmaß oder im Bogenmaß in rad angegeben werden.

$$e^{i \cdot 0} = 1 \text{ oder } e^{i \cdot 360°} = e^{i \cdot 2 \cdot \pi} = 1$$
$$e^{i \cdot 90°} = e^{i \cdot \left(\frac{\pi}{2}\right)} = i$$
$$e^{i \cdot 180°} = e^{i \cdot \pi} = -1$$
$$e^{i \cdot 270°} = e^{i \frac{3\pi}{2}} = -i \Rightarrow e^{i \cdot 270°} = e^{-i \cdot 90°}$$

Imaginäre Einheiten lassen sich mit der Exponentialfunktion einfach umformen **(Bild 3)**.

Beispiel 2: Rechnen mit imaginären Einheiten

Berechnen Sie i^{51} mithilfe der Umformungen **Bild 3**.

Lösung:

$$i^{51} = i^{48} \cdot i^3$$
$$= \underbrace{i^4 \cdot i^4 \cdot i^4 \cdot i^4 \cdot i^4 \cdot i^4 \cdot i^4 \cdot i^4 \cdot i^4 \cdot i^4 \cdot i^4 \cdot i^4}_{=1} \cdot \underbrace{i^3}_{=-i} = \mathbf{-i}$$

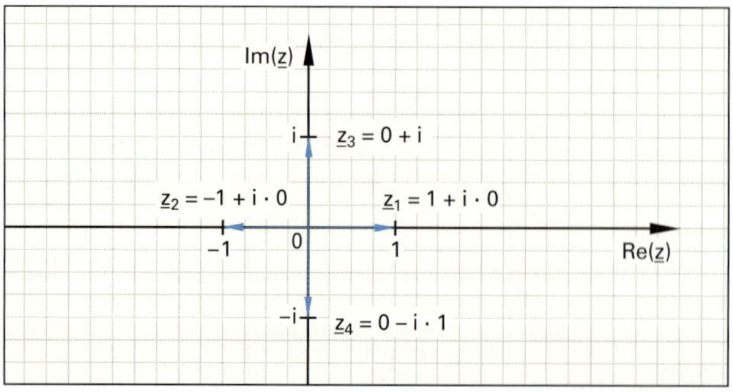

Bild 1: Reelle und imaginäre Zahlen in der komplexen Ebene

$\underline{z} = z \cdot e^{i\varphi}$ mit $e^{i\varphi} = \cos\varphi + i \cdot \sin\varphi$

Euler'sche Formel

$\underline{z}$ komplexe Zahl

$\cos\varphi = \mathrm{Re}\left(e^{i\varphi}\right) = a$

$\sin\varphi = \mathrm{Im}\left(e^{i\varphi}\right) = b$

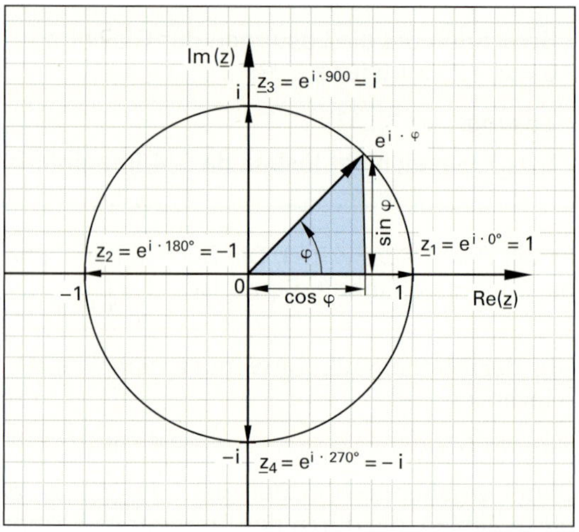

Bild 2: Darstellung in der komplexen Exponentialform

$$i = e^{i \cdot \frac{\pi}{2}} \Rightarrow i^2 = e^{i \cdot \frac{\pi}{2}} \cdot e^{i \cdot \frac{\pi}{2}} = e^{i \cdot \pi} = -1 \Rightarrow i^2 = -1$$

$i^{4n} = 1$ $i^{4n+1} = i$

$i^{4n+2} = -1$ $i^{4n+3} = -i$ $n \in \mathbb{N}$

Bild 3: Rechnen mit imaginären Einheiten

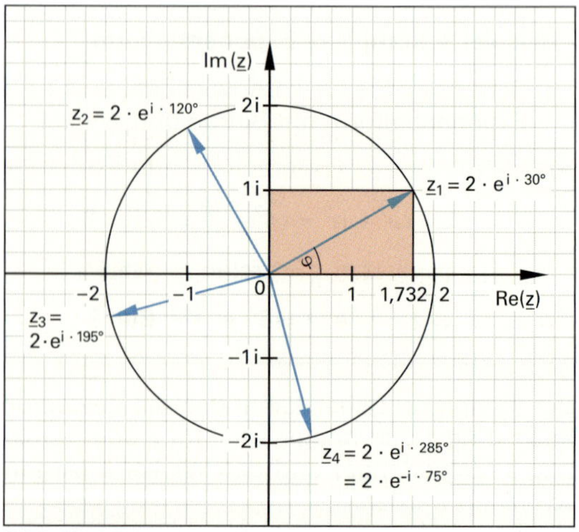

Bild 4: Addition komplexer Zahlen in Exponentialform

6.2 Grundrechenarten mit komplexen Zahlen

Addition und die Subtraktion werden mit der komplexen Normalform $\underline{z} = a \pm i \cdot b$ ausgeführt **(Tabelle 1)**.

Beispiel 1: Summe und Differenz komplexer Zahlen

Zeichnen Sie in eine komplexe Zahlenebene

a) die Summe $\underline{z}_3$ und Differenz $\underline{z}_4$ der Zahlen $\underline{z}_1 = 3{,}5 + i \cdot 1{,}5$ und $\underline{z}_2 = 1{,}5 - i \cdot 0{,}5$ ein.

b) Berechnen Sie die Zahlen $\underline{z}_3$ und $\underline{z}_4$.

Lösung: a) **Bild 1**

b) $\underline{z}_3 = (a_1 + a_2) + i \cdot (b_1 + b_2)$
$= (3{,}5 + 1{,}5) + i \cdot (1{,}5 - 0{,}5) = \mathbf{5 + i \cdot 1}$

$\underline{z}_4 = (a_1 - a_2) + i \cdot (b_1 - b_2)$
$= (3{,}5 - 1{,}5) + i \cdot (1{,}5 + 0{,}5) = \mathbf{2 + i \cdot 2}$

Die Multiplikation und Division wird meist mit der Exponentialform $\underline{z} = z \cdot e^{i \cdot \varphi}$ vorgenommen **(Tabelle 1)**. Bei der Multiplikation werden die Beträge multipliziert und die Winkel addiert, bei der Division werden die Beträge dividiert und die Winkel subtrahiert.

Beispiel 2: Zeichnen Sie in eine komplexe Zahlenebene

a) das Produkt $\underline{z}_7$ und den Quotienten $\underline{z}_8$ der Zahlen $\underline{z}_5 = 2{,}5 \cdot e^{i \cdot 30°}$ und $\underline{z}_6 = 1{,}5 \cdot e^{-i \cdot 15°}$ ein und

b) berechnen Sie die Zahlen $\underline{z}_7$ und $\underline{z}_8$.

Lösung: a) **Bild 2**

b) $\underline{z}_7 = z_5 \cdot z_6 \cdot e^{i \cdot (\varphi 5 + \varphi 6)} = 2{,}5 \cdot 1{,}5 \cdot e^{i \cdot (30° - 15°)}$
$= \mathbf{3{,}75 \cdot e^{i \cdot 15°}}$

$\underline{z}_8 = \frac{z_5}{z_6} e^{i \cdot (\varphi 5 - \varphi 6)} = \frac{2{,}5}{1{,}5} e^{i \cdot (30° - (-15°))} = \mathbf{\frac{5}{3} \cdot e^{i \cdot 45°}}$

6.3 Rechnen mit konjugiert komplexen Zahlen

Die Zahlen $\underline{z}_1 = a + i \cdot b$ und $\underline{z}_1^* = a - i \cdot b$ nennt man zueinander konjugiert komplex. Sie unterscheiden sich nur durch das Vorzeichen des Imaginärteiles. Summe und Produkt zweier konjugiert komplexer Zahlen ergeben stets eine reelle Zahl **(Tabelle 2)**.

Beispiel 3: Konjugiert komplexe Zahlen

Berechnen Sie zur komplexen Zahl $\underline{z} = 3 + i \cdot 4$ die konjugiert komplexe Zahl

a) in Normalform,

b) in Exponentialform.

Lösung:

a) $\underline{z}^* = \mathbf{3 - i \cdot 4}$ b) $z^* = \mathbf{5 \cdot e^{-i \cdot 53{,}1°}}$

Tabelle 1: Grundrechenarten mit komplexen Zahlen

Operation	Formel
$\underline{z} = \underline{z}_1 \pm \underline{z}_2$	$\underline{z} = (a_1 \pm a_2) + i(b_1 \pm b_2)$
$\underline{z} = \underline{z}_1 \cdot \underline{z}_2$	$\underline{z} = z_1 \cdot z_2 \cdot e^{i(\varphi 1 + \varphi 2)}$
$\underline{z} = \frac{\underline{z}_1}{\underline{z}_2}$	$\underline{z} = \frac{z_1}{z_2} e^{i(\varphi 1 - \varphi 2)}$

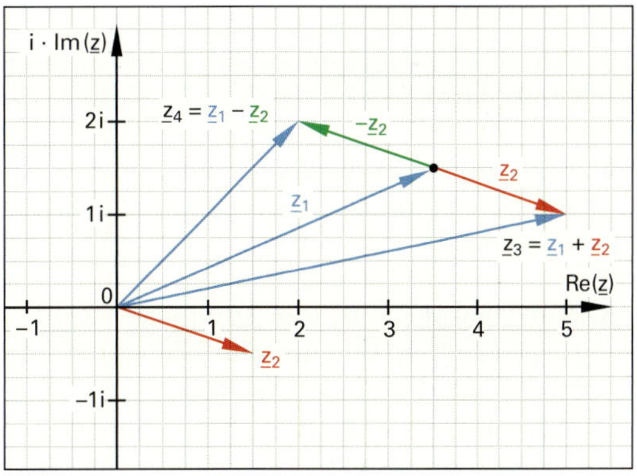

Bild 1: Summe und Differenz komplexer Zahlen

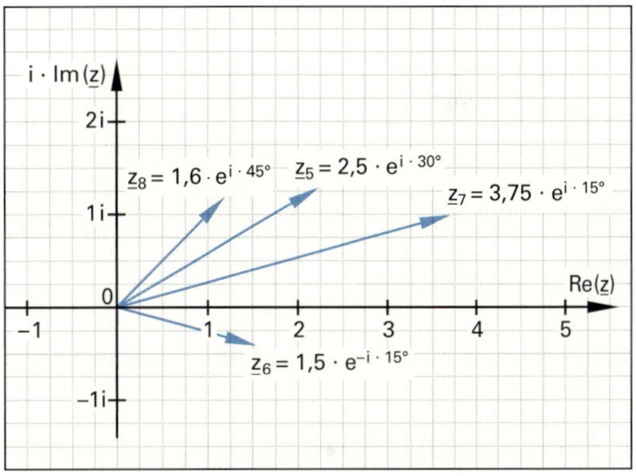

Bild 2: Produkt und Quotient komplexer Zahlen

Komplexe Zahl	$\underline{z} = a + i \cdot b = z \cdot e^{i \cdot \varphi}$
Konjugiert komplexe Zahl	$\underline{z}^* = a - i \cdot b = z \cdot e^{-i \cdot \varphi}$

Tabelle 2: Rechnen mit konjugiert komplexen Zahlen

Operation	Formel
$\underline{z} = \underline{z}_1 + \underline{z}_1^*$	$\underline{z} = (a + a) + i(b - b) = 2 \cdot a$
$\underline{z} = \underline{z}_1 \cdot \underline{z}_1^*$	$\underline{z} = (a + i \cdot b) \cdot (a - i \cdot b) = a^2 + b^2 = z^2$

Überprüfen Sie Ihr Wissen!

Beispielaufgaben

Darstellung komplexer Zahlen

1. Geben Sie den Realteil und den Imaginärteil der komplexen Zahlen $\underline{z}_1 = 2 + i \cdot 4$; $\underline{z}_2 = 3 - i \cdot 4$; $\underline{z}_3 = -4 + i \cdot 2$ an.

2. Stellen Sie die komplexen Zahlen von Aufgabe 1 in der Exponentialform dar.

3. Schreiben Sie die imaginäre Zahl i in der Exponentialform.

4. Zeichnen Sie a) die komplexe Zahl $\underline{z}_1 = 2 \cdot e^{i \cdot 30°}$ und berechnen Sie b) den Realteil und Imaginärteil von $\underline{z}_1$.

5. Zum Winkel $\varphi = 30°$ der komplexen Zahl $\underline{z}_1 = 2 \cdot e^{i \cdot 30°}$ in **Bild 4, Seite 222** werden die Winkel 90°, 165° und 255° addiert.
   a) Zeichnen Sie die drei komplexen Zahlen $\underline{z}_2$, $\underline{z}_3$ und $\underline{z}_4$ in der komplexen Zahlenebene und
   b) stellen Sie die Zahlen in Exponentialform dar.

Rechnen mit konjugiert komplexen Zahlen

1. Bilden Sie die konjugierten Zahlen zu
   a) $\underline{z}_1 = 15 + i \cdot 3$ **b)** $\underline{z}_2 = -10 + i \cdot 8$
   c) $\underline{z}_3 = 5 - i \cdot 8$ **d)** $\underline{z}_4 = -5 - i \cdot 10$

Lösungen Beispielaufgaben

Darstellung komplexer Zahlen

1. $a_1 = 2$; $b_1 = 4$; $a_2 = 3$; $b_2 = -4$; $a_3 = -4$; $b_3 = 2$

2. $\underline{z}_1 = 2 \cdot \sqrt{5} \cdot e^{i \cdot 63{,}43°}$; $\underline{z}_2 = 5 \cdot e^{-i \cdot 53{,}13°}$; $\underline{z}_3 = 2 \cdot \sqrt{5} \cdot e^{i \cdot 153{,}43°}$

3. Für i ist $z = 1$ und $\varphi = 90° \Rightarrow i = e^{i \cdot 90°}$

4. **a) Bild 4, Seite 222**
   b) $\underline{z}_1 = \sqrt{3} + i$ ($a = 1{,}732$ und $b = 1$)

5. **a) Bild 4, Seite 222**
   b) $\underline{z}_2 = 2 \cdot e^{i \cdot 120°}$, $\underline{z}_3 = 2 \cdot e^{i \cdot 195°}$, $\underline{z}_4 = 2 \cdot e^{i \cdot 285°}$

Rechnen mit konjugiert komplexen Zahlen

1. **a)** $\underline{z}_1^* = 15 - i \cdot 3$ **b)** $\underline{z}_2^* = -10 - i \cdot 8$
   c) $\underline{z}_3^* = 5 + i \cdot 8$ **d)** $\underline{z}_4^* = -5 + i \cdot 10$

Übungsaufgaben

1. Berechnen Sie die komplexen Nullstellen folgender Funktionen
   a) $y = x^2 - x + 1{,}25$
   b) $y = x^2 - 5x + 6$
   c) $y = x^2 - 3x + 3$
   mit jeweils $x \in \mathbb{C}$.

2. Berechnen Sie die Summen
   a) $(7 + i5) + (10 + i3)$
   b) $(10 - i8) + (5 + i9)$
   c) $(6 + i5) - (10 - i9)$
   d) $(a + ib) - (a - ib)$

3. Berechnen Sie
   a) $5(2 + i)$ **b)** $i(5 - i3)$
   c) $i8(3 - i2)$ **d)** $\frac{1}{3}i\left(2 - \frac{1}{2}i\right)$

4. Bestimmen Sie den Betrag der komplexen Zahlen $\underline{z}$.
   a) $\underline{z} = 5 + i3$ **b)** $\underline{z} = 6 - i7$
   c) $\underline{z} = -1 + i$ **d)** $\underline{z} = -4 + i9$
   e) $\underline{z} = \sqrt{3} + i$ **f)** $\underline{z} = \sqrt{2} + i\sqrt{2}$

Lösungen Übungsaufgaben

Darstellung komplexer Zahlen

1. **a)** $\underline{x}_1 = 0{,}5 + i$; $\underline{x}_2 = 0{,}5 - i$
   b) $x_1 = 3$; $x_2 = 2$
   c) $\underline{x}_1 = 1{,}5 + i\frac{\sqrt{3}}{2}$; $\underline{x}_2 = 1{,}5 - i0{,}866$

2. **a)** $17 + i8$ **b)** $15 + i$
   c) $-4 + i \cdot 14$ **d)** $i2b$

3. **a)** $10 + i5$ **b)** $3 + i5$
   c) $16 + i24$ **d)** $\frac{1}{6} + \frac{2}{3}i$

4. **a)** $\sqrt{34}$ **b)** $\sqrt{85}$
   c) $\sqrt{2}$ **d)** $\sqrt{97}$
   e) 2 **f)** 2

In der Mathematik verwendet man $i^2 = -1$, in der Technik $j^2 = -1$.

$X_L = 2\pi f \cdot L$ $\qquad X_C = \frac{1}{2\pi f \cdot C}$

$\underline{Z} = R + jX_L$ $\qquad Z = R - jX_C$

5. Geben Sie die Scheinwiderstände $\underline{Z}$ für f = 159,15 Hz in der komplexen Normalform an (i = j).

a)

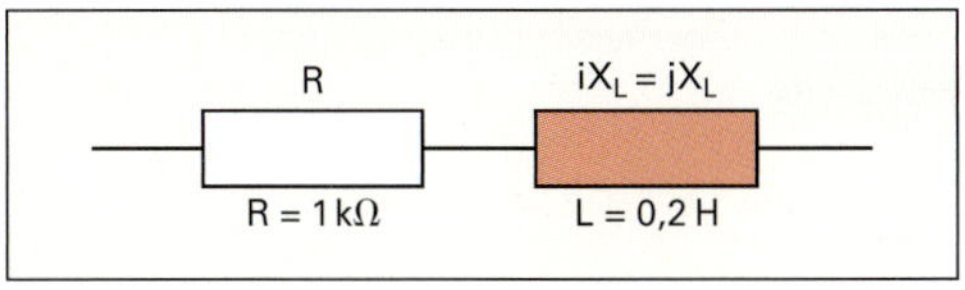

b)

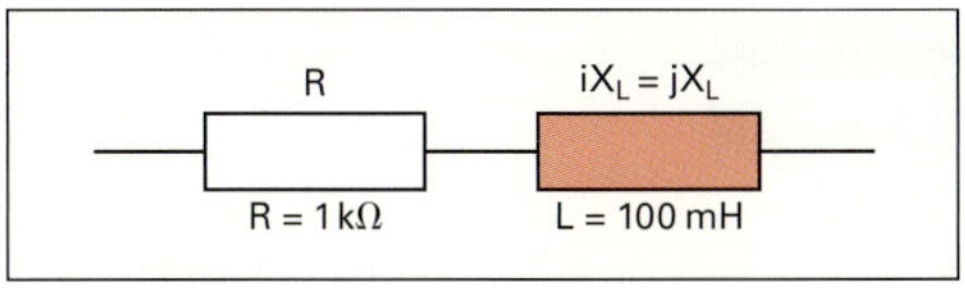

c)

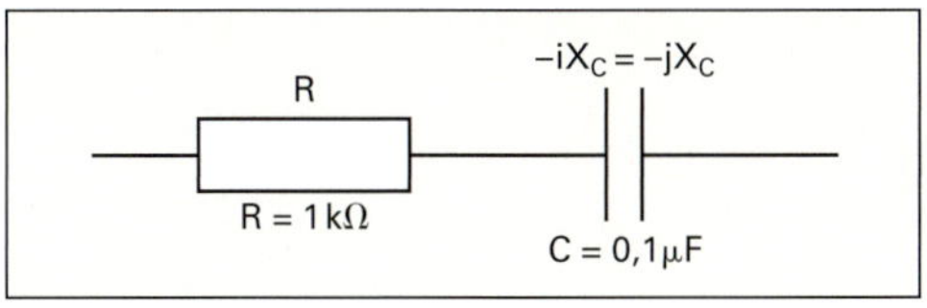

6. Wandeln Sie die komplexen Scheinwiderstände aus Aufgabe 5 in die komplexe Exponentialform um.

7. Wandeln Sie folgende Widerstandswerte in die komplexe Normalform um.

a) $\underline{Z} = 100\ \Omega \cdot e^{j60°}$ **b)** $\underline{Z} = 1\ k\Omega \cdot e^{j45°}$

c) $\underline{Z} = 10\ k\Omega \cdot e^{-j30°}$ **d)** $\underline{Z} = 200\ \Omega \cdot e^{j90°}$

e) $\underline{Z} = 0{,}1\ M\Omega \cdot e^{-j90°}$

8. Geben Sie $\underline{Z}$ in Normalform und Exponentialform an, wenn folgende Größen gegeben sind:

a) Z = 2,828 kΩ und Im($\underline{Z}$) = 2 kΩ

b) Re($\underline{Z}$) = 20 kΩ und Z = 25 kΩ

c) $\varphi = -45°$ und Re $\underline{Z}$ = 300 Ω

d) Im $\underline{Z}$ = 630 Ω und $\varphi = 82°$

9. Wandeln Sie folgende Größen in eine andere Darstellungsform um.

a) $\underline{U} = 1{,}58\ V \cdot e^{j71{,}5°}$ **b)** $\underline{I} = 0{,}2\ A + j0{,}1\ A$

c) $\underline{S} = (160 + j20)\ VA$

10. Addieren Sie die Spannungen

a) $\underline{U}_1 = (4 + j)\ V$ und $\underline{U}_2 = j5\ V$

b) $\underline{U}_1 = (3 + j2)\ V$, $\underline{U}_2 = -4\ V$, $\underline{U}_3 = 1{,}58\ V \cdot e^{j71{,}56°}$

c) $\underline{U}_1 = 2{,}828\ V \cdot e^{j45°}$ und $\underline{U}_2 = 1{,}58\ V \cdot e^{j71{,}56°}$

11. Multiplizieren Sie den Strom $\underline{I} = (2 + j)\ A$ mit dem Widerstand $\underline{Z} = 10(1 - j)\ \Omega$.

a) über die Exponentialform und

b) über die Normalform.

12. Dividieren Sie $\underline{U} = (2 + j)\ V$ durch $\underline{I} = 0{,}1(1 - j)\ A$

a) über die Exponentialform und

b) über die Normalform.

Lösungen Übungsaufgaben

5. a) $\underline{Z} = 1\ k\Omega + j200\ \Omega$

b) $\underline{Z} = 1\ k\Omega + j100\ \Omega$

c) $\underline{Z} = 1\ k\Omega - j10\ k\Omega$

6. a) $\underline{Z} = 1\ k\Omega \cdot e^{j11{,}3°}$

b) $\underline{Z} = 1\ k\Omega \cdot e^{j5{,}71°}$

c) $\underline{Z} = 10\ k\Omega \cdot e^{-j84{,}3°}$

7. a) $\underline{Z} = 50\ \Omega + j86{,}6\ \Omega$

b) $\underline{Z} = 707\ \Omega + j707\ \Omega$

c) $\underline{Z} = 8{,}66\ k\Omega + j5\ k\Omega$

d) $\underline{Z} = j200\ \Omega$

e) $\underline{Z} = -j \cdot 0{,}1\ M\Omega$

8. a) $\underline{Z} = 2{,}83\ k\Omega \cdot e^{j45°}$

b) $\underline{Z} = 25\ k\Omega \cdot e^{j36{,}87°}$

c) $\underline{Z} = 424\ \Omega \cdot e^{-j45°}$

d) $\underline{Z} = 636\ \Omega \cdot e^{j82°}$

9. a) $\underline{U} = 0{,}5\ V + j1{,}5\ V$

b) $\underline{I} = 0{,}22\ A \cdot e^{j26{,}57}$

c) $\underline{S} = 161{,}25\ VA \cdot e^{j7{,}13°}$

10. a) $\underline{U} = 4\ V + j6\ V$

b) $\underline{U} = -0{,}5\ V + j3{,}5\ V$

c) $\underline{U} = 4{,}3\ V \cdot e^{j54{,}50°}$

11. a) $\underline{U} = 31{,}61\ V \cdot e^{-j18{,}5°}$

b) $\underline{U} = (30 - j10)\ V$

12. a) $\underline{Z} = 15{,}8\ \Omega \cdot e^{j71{,}6°}$

b) $\underline{Z} = (5 + j15)\ \Omega$

Vektorrechnung

Welche Kompetenzen werden gefördert?

	A
1	Vektoren in Ebene und Raum anwenden
2	Arbeiten mit Vektoren
3	Unterschied zwischen Skalar- und Vektorprodukt verstehen
4	Räumlich mit Vektoren arbeiten
5	Mit Ebenen arbeiten

- Der Vektorbegriff
- Darstellung von Vektoren im Raum
  - Überprüfen Sie Ihr Wissen!
- Verknüpfungen von Vektoren
  - Vektoraddition
  - Verbindungsvektor, Vektorsubtraktion
  - Skalare Multiplikation, S-Multiplikation
    - Überprüfen Sie Ihr Wissen!
  - Einheitsvektor
    - Überprüfen Sie Ihr Wissen!
  - Teilen von Strecken
  - Skalarprodukt
    - Überprüfen Sie Ihr Wissen!
- Lineare Abhängigkeit von Vektoren
  - Zwei Vektoren im Raum
  - Drei Vektoren im Raum
  - Vier Vektoren im Raum
    - Überprüfen Sie Ihr Wissen!
  - Basisvektoren
  - Orthogonale Projektion
- Lotvektoren
  - Lotvektoren zu einem einzelnen Vektor
  - Lotvektoren einer Ebene
    - Überprüfen Sie Ihr Wissen!
- Vektorprodukt
  - Überprüfen Sie Ihr Wissen!
- Vektorgleichung einer Geraden im Raum
- Orthogonale Projektion von Punkten und Geraden auf eine Koordinatenebene
  - Überprüfen Sie Ihr Wissen!
- Gegenseitige Lage von Geraden
  - Überprüfen Sie Ihr Wissen!
- Abstandsberechnungen
  - Abstand Punkt-Gerade und Lotfußpunkt
  - Kürzester Abstand zweier windschiefer Geraden
  - Abstand zwischen parallelen Geraden
    - Überprüfen Sie Ihr Wissen!
- Ebenengleichung
  - Vektorielle Parameterform der Ebene
  - Vektorielle Dreipunkteform einer Ebene
  - Parameterfreie Normalenform
    - Überprüfen Sie Ihr Wissen!
- Ebene-Punkt
  - Punkt P liegt in der Ebene E
  - Abstand eines Punktes P zur Ebene E
- Ebene-Gerade
  - Gerade parallel zur Ebene
  - Gerade liegt in der Ebene
  - Gerade schneidet Ebene
- Lagebezeichnung von Ebenen
  - Parallele Ebenen
  - Sich schneidende Ebenen
  - Schnittwinkel zwischen zwei Ebenen
    - Überprüfen Sie Ihr Wissen!

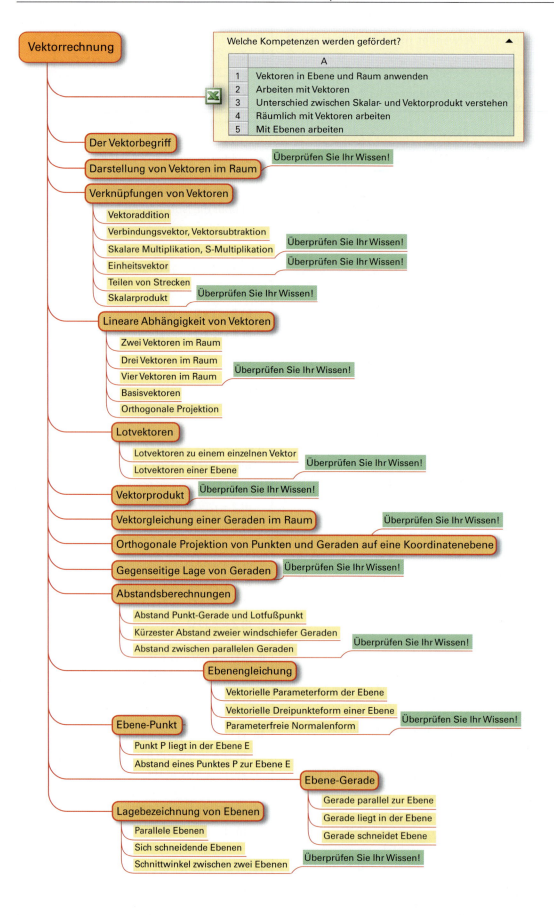

7 Vektorrechnung

7.1 Der Vektorbegriff

In der Natur unterscheidet man physikalische Größen, die keine Richtung haben, z. B. Masse oder Temperatur, von Größen, die eine Richtung haben, z. B. Kraft oder Weg.

Vektoren[1] haben einen Betrag und eine Richtung.

Die Aussage „Der Turm ist einen Kilometer entfernt" wird erst durch einen Zusatz „im Süden", „im Westen" oder „auf der Spitze des Berges" eindeutig definiert. Größen, die ohne Richtungsangabe vollständig definiert sind, z. B. eine Temperatur von 25 °C, nennt man Skalare[2].

Skalare bestehen aus einem Zahlenwert.

Im Unterschied zu einem Skalar stellt man einen Vektor durch einen Pfeil dar. Auch sein Formelzeichen wird mit einem Pfeil versehen, z. B. Kraft $\vec{F}$, Weg $\vec{s}$ oder Geschwindigkeit $\vec{v}$ **(Tabelle 1, Bild 1)**.

Auf zwei unterschiedliche Massen wirken unterschiedliche Kräfte zur Erde **(Bild 2)**. Zwar haben die Kraftvektoren dieselbe Richtung, aber deren Beträge unterscheiden sich.

Der Betrag eines Vektors ist seine Zeigerlänge.

Gibt man nur den Betrag eines Vektors an, kann man das Formelzeichen mit Betragsstrichen versehen oder den Pfeil über dem Formelzeichen weglassen, z. B. $F_1 = 15$ N oder $F_2 = 20$ N (Bild 2).

Flugzeuge, die in unterschiedliche Richtungen fliegen oder die mit unterschiedlichen Geschwindigkeiten unterwegs sind, haben verschiedene Geschwindigkeitsvektoren (Bild 1). Stimmen jedoch wie bei den Flugzeugen C und D Richtung und Geschwindigkeitsbetrag überein, besitzen beide Flugzeuge denselben Geschwindigkeitsvektor, z. B. $\vec{v}_3$.

Alle Pfeile gleicher Richtung und gleicher Länge im Raum stellen den gleichen Vektor dar.

Damit ist ein einzelner Pfeil nur ein Stellvertreter (Repräsentant) eines Vektors, also von unendlich vielen, parallelgleichen Pfeilen.

[1] von lat. vector = Träger, Fahrer, Fahrgast

[2] von lat. scala = Skala, Leiter, Treppe

$|\vec{a}| = a \quad a > 0$

$\vec{a}$ Vektor $\vec{a}$

$a, |\vec{a}|$ Betrag, Zeigerlänge von $\vec{a}$ in LE

Tabelle 1: Eigenschaften physikalischer Größen		
Eigenschaft	Vektoren	Skalare
Darstellung	Zeiger, Pfeil	Wert und Einheit
besondere Merkmale	Sie besitzen eine Richtung und einen Betrag (Zeigerlänge).	Sie sind richtungsunabhängig. Sie haben nur einen Zahlenwert.
Beispiele	Kraft $\vec{F}$ Weg $\vec{s}$ Geschwindigkeit $\vec{v}$ Kraftmoment $\vec{M}$ Spannung $\vec{U}$	Masse m Temperatur ϑ Zeit t

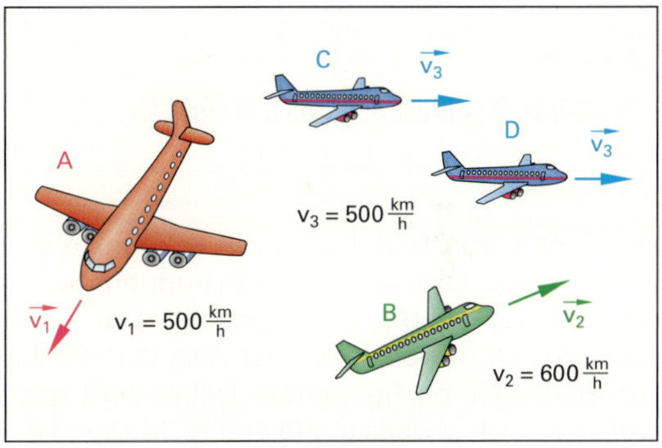

Bild 1: Geschwindigkeitsvektoren

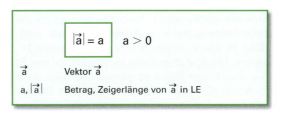

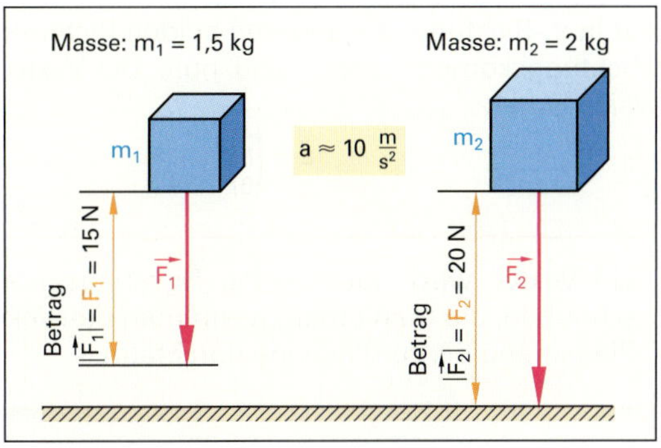

Bild 2: Kraftvektoren mit Beträgen

7.2 Darstellung von Vektoren im Raum

Um Vektoren im Raum darstellen zu können, verwendet man ein kartesisches[1] Koordinatensystem mit den drei Koordinatenachsen x_1-Achse, x_2-Achse und x_3-Achse **(Bild 1)**. Die x_2-Achse und x_3-Achse liegen in der Blattebene. Die x_1-Achse steht senkrecht auf der Blattebene. Sie wird in der Regel so gezeichnet, dass die Winkel zur x_2-Achse 45° bzw. 135° betragen. Die Skalierung wird auf der x_1-Achse verkürzt angebracht. Beträgt 1 LE (eine Längeneinheit) der x_2-Achse und x_3-Achse jeweils 1 cm, so ist 1 LE auf der x_1-Achse nur $\frac{1}{\sqrt{2}}$ cm = 0,707 cm. Das entspricht der Diagonalen eines Rechtecks auf einem karierten Blatt.

Der Ursprung des Koordinatensystems ist der Punkt O (0|0|0).

Alle anderen Punkte werden entsprechend ihrer Position angegeben, z. B. A (3|0|0), P (3|5|0) oder Q (0|5|0) (Bild 1).

Punkte im Raum werden durch ihre Position, d. h. durch Koordinatenwerte angegeben.

Beispiel 1: Koordinatendarstellung

Geben Sie die Punkte R, S, T und U aus **Bild 1** mit Koordinatenwerten an.

Lösung:

R (3|0|3), S (3|5|4), T (0|5|4), U (0|0|3)

Die Punkte aus Bild 1 sind die Eckpunkte eines Geräteschuppens. Die Kanten des Schuppens werden durch die Vektoren $\vec{a}$ bis $\vec{e}$ dargestellt. Um einen Vektor, z. B. $\vec{a}$ zu beschreiben, wird der Weg vom Pfeilanfang bis zur Pfeilspitze nachgefahren. Dabei wird geprüft, wieweit man sich jeweils in die drei Richtungen der Koordinatenachsen bewegt hat. Beim Nachfahren des Vektors $\vec{a}$ bewegt man sich vom Pfeilbeginn bis zum Pfeilende nur in x_1-Richtung, die anderen beiden Richtungsanteile (Richtungskomponenten) sind null. Die Vektorschreibweise lautet:

$$\vec{a} = \begin{pmatrix} 3 \\ 0 \\ 0 \end{pmatrix}$$

Ein Vektor wird durch seine Richtungsanteile beschrieben, die man erhält, wenn man den Vektor von Pfeilanfang bis zu Pfeilende durchfährt.

[1] benannt nach Descartes, franz. Mathematiker

Punkt A: $A\,(a_1|a_2|a_3)$

Vektor $\vec{c}$: $\vec{c} = \begin{pmatrix} c_1 \\ c_2 \\ c_3 \end{pmatrix}$

a_1; a_2; a_3 Koordinatenwerte des Raumpunktes A

c_1; c_2; c_3 Richtungsanteile (Komponenten) des Vektors $\vec{c}$

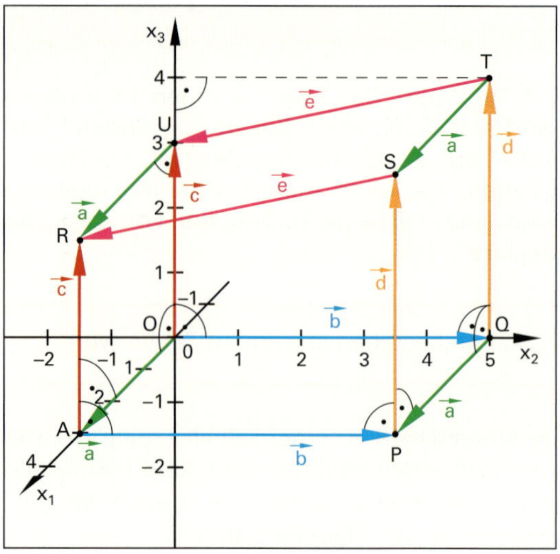

Bild 1: Punkte und Vektoren im Raum

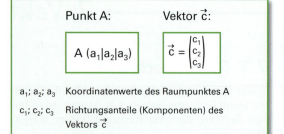

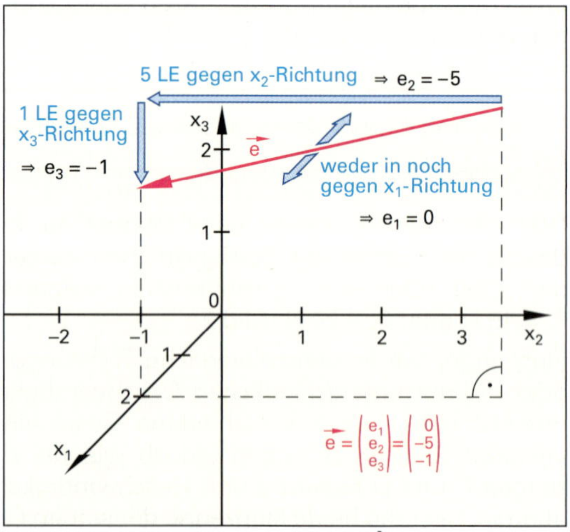

Bild 2: Komponenten des Vektors $\vec{e}$

Beispiel 2: Vektorschreibweise

Geben Sie die Vektoren $\vec{b}$, $\vec{c}$ und $\vec{d}$ aus **Bild 1** in Vektorschreibweise an.

Lösung:

$$\vec{b} = \begin{pmatrix} 0 \\ 5 \\ 0 \end{pmatrix};\ \vec{c} = \begin{pmatrix} 0 \\ 0 \\ 3 \end{pmatrix};\ \vec{d} = \begin{pmatrix} 0 \\ 0 \\ 4 \end{pmatrix}$$

Beim Durchfahren des Vektors $\vec{e}$ bewegt man sich um 5 LE nach links und um 1 LE nach unten, d. h. jeweils entgegengesetzt zu den zugehörigen Koordinatenrichtungen **(Bild 1** und **Bild 2, vorhergehende Seite)**. Deshalb sind die Richtungsanteile negativ:

$$\vec{e} = \begin{pmatrix} 0 \\ -5 \\ -1 \end{pmatrix}$$

Richtungsanteile (Komponenten) eines Vektors, die entgegen der Koordinatenachsen gerichtet sind, haben ein negatives Vorzeichen.

Der Vektor $\vec{e}$ kann auch als Vektor zwischen den Punkten S und R oder den Punkten U und T ausgedrückt werden: $\vec{e} = \overrightarrow{SR} = \overrightarrow{TU}$.

Ein Pfeil des Vektors $\vec{a}$ beginnt im Koordinatenursprung und endet mit der Pfeilspitze im Punkt A **(Bild 1)**. Die Werte der Richtungskomponenten von $\vec{a}$ stimmen dann mit den Koordinatenwerten von A überein, d. h. $\vec{a}$ beschreibt den Ort des Punktes A eindeutig. Den Vektor $\vec{a}$ nennt man deshalb Ortsvektor.

Ein Ortsvektor beginnt im Ursprung des Koordinatensystems und seine Richtungskomponenten geben den Ort (Punkt) an, an welchem er endet.

Betrag eines Vektors

Um die Länge eines Vektors zu berechnen, addiert man zunächst zwei der Richtungsanteile geometrisch mithilfe des Satzes von Pythagoras, z. B.

(1): $\quad x^2 = a_1^2 + a_2^2$

(Bild 1). Die dritte Richtungskomponente a_3 steht senkrecht auf der Strecke x. Für die Zeigerlänge a kann deshalb wieder der Satz des Pythagoras angewendet werden:

(2): $\quad a^2 = x^2 + a_3^2$

In diese Formel wird nun die erste Gleichung für x^2 eingesetzt:

(2) in (1): $\quad a^2 = a_1^2 + a_2^2 + a_3^2$

Durch Radizieren erhält man den Betrag von $\vec{a}$:

$$a = \sqrt{a_1^2 + a_2^2 + a_3^2}$$

Beispiel 1:

Berechnen Sie den Betrag von $\vec{a}$ aus **Bild 1**.

Lösung:

$a = \sqrt{3^2 + 4^2 + 4^2} = \sqrt{41} = \mathbf{6{,}4}$

Der Betrag eines Vektors ist die Wurzel der Summe aus den Quadraten der Richtungskomponenten.

$$\overrightarrow{OA} = \vec{a} = \begin{pmatrix} a_1 \\ a_2 \\ a_3 \end{pmatrix}$$

$$a = \sqrt{a_1^2 + a_2^2 + a_3^2} \qquad a > 0$$

$\overrightarrow{OA}$, $\vec{a}$ Ortsvektor zum Punkt A (a_1, a_2, a_3)

a, $|\vec{a}|$ Betrag des Vektors $\vec{a}$

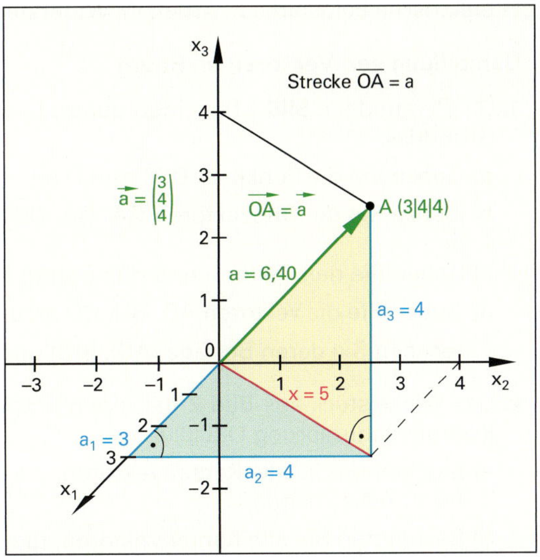

Bild 1: Ortsvektor und Betrag

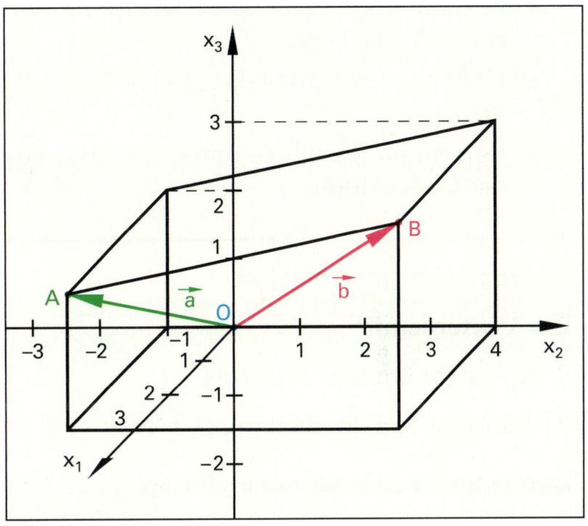

Bild 2: Prisma

Beispiel 2:

Bestimmen Sie die Ortsvektoren zu den Punkten A und B aus **Bild 2** und berechnen Sie deren Beträge.

Lösung:

$\vec{a} = \overrightarrow{OA} = \begin{pmatrix} 3 \\ -1 \\ 2 \end{pmatrix}$; $\vec{b} = \overrightarrow{OB} = \begin{pmatrix} 3 \\ 4 \\ 3 \end{pmatrix}$

$a = \sqrt{3^2 + (-1)^2 + 2^2} = \sqrt{9 + 1 + 4} = \sqrt{14} = \mathbf{3{,}74}$

$b = \sqrt{3^2 + 4^2 + 3^2} = \sqrt{9 + 16 + 9} = \sqrt{34} = \mathbf{5{,}83}$

Überprüfen Sie Ihr Wissen!

Beispielaufgaben

Der Vektorbegriff

1. Wodurch unterscheidet sich ein Vektor von einem Skalar?
2. Ordnen Sie folgende physikalische Größen nach Vektoren und nach Skalaren: elektrischer Strom I, Beschleunigung a, Wärmemenge Q, Frequenz f, elektrische Feldstärke E, Arbeit W, Widerstand R.

Darstellung von Vektoren im Raum

1. Die Pyramide in **Bild 1** hat einen quadratischen Grundriss.
   a) Geben Sie die Punkte A, B, C und D an.
   b) Geben Sie die Ortsvektoren $\overrightarrow{OA}$, $\overrightarrow{OB}$, $\overrightarrow{OC}$ und $\overrightarrow{OD}$ an.
   c) Geben Sie den Vektor $\vec{h}$ und den Betrag h an.
   d) Geben Sie die Vektoren $\overrightarrow{AD}$, $\overrightarrow{BD}$, $\overrightarrow{CD}$ an und berechnen Sie deren Beträge $|\overrightarrow{AD}|$, $|\overrightarrow{BD}|$ und $|\overrightarrow{CD}|$.
2. Das Winkelstück aus **Bild 2** hat einen Eckpunkt im Koordinatenursprung O (0|0|0).
   a) Bestimmen Sie alle Kantenvektoren, die parallel zur x_3-Achse liegen.
   b) Bestimmen Sie alle Kantenvektoren, die parallel zur x_1-Achse liegen.
   c) Bestimmen Sie alle Kantenvektoren, die parallel zur x_2-Achse liegen.
   d) Geben Sie die Ortsvektoren zu diesen Punkten an.
   e) Berechnen Sie die Zeigerlängen (Beträge) dieser Ortsvektoren.

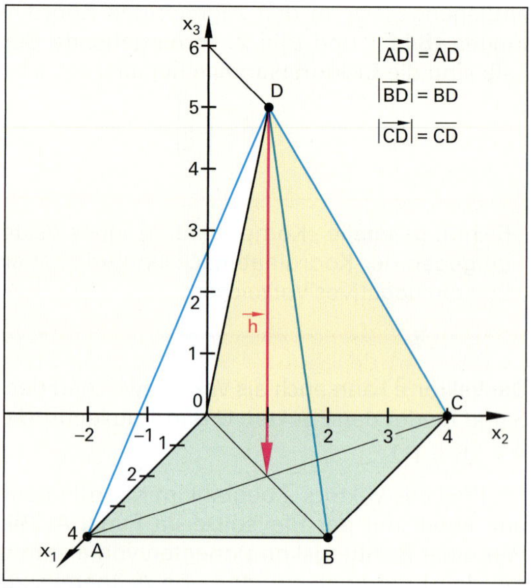

Bild 1: Pyramide

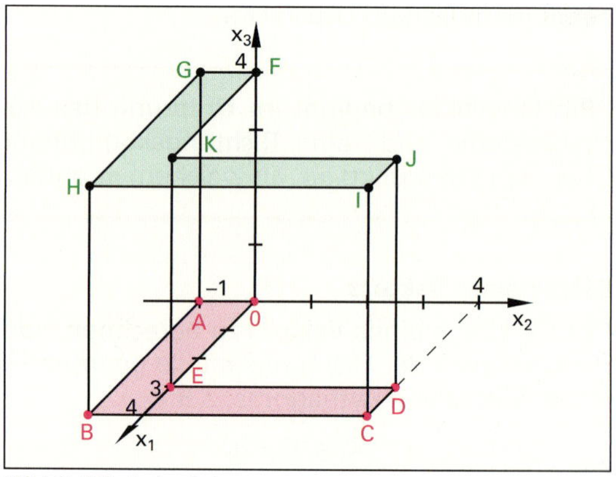

Bild 2: Winkelstück

Lösungen Beispielaufgaben

Der Vektorbegriff

1. Ein Vektor hat eine Richtung.
2. Vektoren: $\vec{I}$, $\vec{a}$, $\vec{E}$; Skalare: Q, f, W, R

Darstellung von Vektoren im Raum

1. **a)** A (4|0|0); B (4|4|0); C (0|4|0); D (2|2|6)
   b) $\overrightarrow{OA} = \begin{pmatrix}4\\0\\0\end{pmatrix}$; $\overrightarrow{OB} = \begin{pmatrix}4\\4\\0\end{pmatrix}$; $\overrightarrow{OC} = \begin{pmatrix}0\\4\\0\end{pmatrix}$; $\overrightarrow{OD} = \begin{pmatrix}2\\2\\6\end{pmatrix}$
   c) $\vec{h} = \begin{pmatrix}0\\0\\-6\end{pmatrix}$; h = 6
   d) $\overrightarrow{AD} = \begin{pmatrix}-2\\2\\6\end{pmatrix}$; $\overrightarrow{BD} = \begin{pmatrix}-2\\-2\\6\end{pmatrix}$; $\overrightarrow{CD} = \begin{pmatrix}2\\-2\\6\end{pmatrix}$;
   $|\overrightarrow{AD}| = |\overrightarrow{BD}| = |\overrightarrow{CD}| = 2\sqrt{11} = 6{,}63$
2. **a)** $\overrightarrow{OF} = \overrightarrow{AG} = \overrightarrow{BH} = \overrightarrow{CI} = \overrightarrow{DJ} = \overrightarrow{EK} = \begin{pmatrix}0\\0\\4\end{pmatrix}$

Lösungen Beispielaufgaben

2. **b)** $\overrightarrow{OE} = \overrightarrow{KF} = \begin{pmatrix}3\\0\\0\end{pmatrix}$; $\overrightarrow{AB} = \overrightarrow{GH} = \begin{pmatrix}4\\0\\0\end{pmatrix}$;
   $\overrightarrow{JI} = \overrightarrow{DC} = \begin{pmatrix}1\\0\\0\end{pmatrix}$
   c) $\overrightarrow{AO} = \overrightarrow{GF} = \begin{pmatrix}1\\0\\0\end{pmatrix}$; $\overrightarrow{ED} = \overrightarrow{KJ} = \begin{pmatrix}4\\0\\0\end{pmatrix}$;
   $\overrightarrow{HI} = \overrightarrow{BC} = \begin{pmatrix}5\\0\\0\end{pmatrix}$
   d) $\vec{a} = \begin{pmatrix}0\\-1\\0\end{pmatrix}$; $\vec{b} = \begin{pmatrix}4\\-1\\0\end{pmatrix}$; $\vec{c} = \begin{pmatrix}4\\4\\0\end{pmatrix}$; $\vec{d} = \begin{pmatrix}3\\4\\0\end{pmatrix}$;
   $\vec{e} = \begin{pmatrix}3\\0\\0\end{pmatrix}$; $\vec{f} = \begin{pmatrix}0\\0\\4\end{pmatrix}$; $\vec{g} = \begin{pmatrix}0\\-1\\4\end{pmatrix}$; $\vec{h} = \begin{pmatrix}4\\-1\\4\end{pmatrix}$;
   $\vec{i} = \begin{pmatrix}4\\4\\4\end{pmatrix}$; $\vec{j} = \begin{pmatrix}3\\4\\4\end{pmatrix}$; $\vec{k} = \begin{pmatrix}3\\0\\4\end{pmatrix}$
   e) a = 1; b = 4,12; c = 5,66; d = 5; e = 3; f = 4; g = 4,12; h = 5,74; i = 6,93; j = 6,40; k = 5

7.3 Verknüpfungen von Vektoren

7.3.1 Vektoraddition

Eine Fähre überquert einen Fluss mit der Geschwindigkeit $\vec{v}_1$ mit $v_1 = 5\,\frac{m}{s}$ **(Bild 1)**. Der Fluss hat die Strömungsgeschwindigkeit $\vec{v}_2$ mit $v_2 = 3\,\frac{m}{s}$. Um nicht flussabwärts getrieben zu werden, steuert die Fähre leicht gegen die Flussströmung.

Die Summe der Vektoren $\vec{v}_1$ und $\vec{v}_2$ erhält man, indem man den Anfangspunkt eines Vektors, z. B. $\vec{v}_2$, an den Endpunkt des anderen anfügt. Der Summenvektor zeigt dann vom Anfangspunkt von $\vec{v}_1$ zum Endpunkt von $\vec{v}_2$. Diese Art der Summenbildung heißt geometrische Addition.

> Vektoren werden geometrisch addiert.

Man schreibt: $\vec{v}_{ges} = \vec{v}_1 + \vec{v}_2$ oder $\vec{v}_2 + \vec{v}_1$

$$\vec{a} + \vec{b} = \begin{pmatrix} a_1 \\ a_2 \\ a_3 \end{pmatrix} + \begin{pmatrix} b_1 \\ b_2 \\ b_3 \end{pmatrix} = \begin{pmatrix} a_1 + b_1 \\ a_2 + b_2 \\ a_3 + b_3 \end{pmatrix}$$

$$\vec{a} + (-\vec{a}) = \vec{0} \qquad \vec{0} = \begin{pmatrix} 0 \\ 0 \\ 0 \end{pmatrix} \qquad |\vec{0}| = 0 \qquad \vec{0} \neq 0$$

$\vec{0}$ Nullvektor

$-\vec{a}$ Gegenvektor zum Vektor $\vec{a}$

Beispiel 1: Geometrische Addition

Berechnen Sie mithilfe des Satzes von Pythagoras den Betrag der Geschwindigkeitssumme in **Bild 1**.

Lösung:

$v_{ges} = \sqrt{5^2 - 3^2}\,\frac{m}{s} = \mathbf{4\,\frac{m}{s}}$

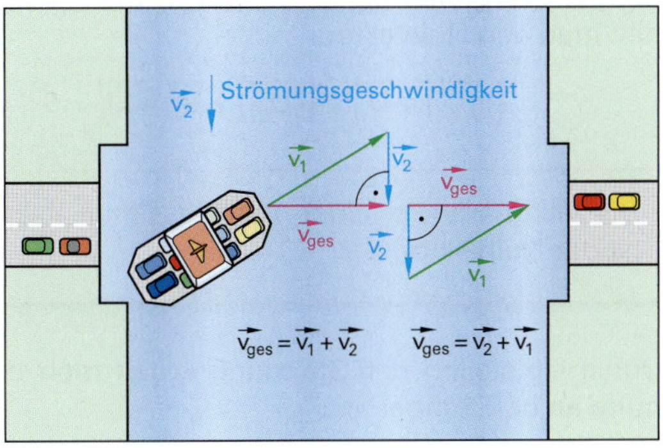

Bild 1: Fähre

Addiert man die Vektoren $\vec{a}$ und $\vec{b}$ im **Bild 2**, gelangt man an den Punkt C (0|4|3). Im Punkt C endet der Ortsvektor $\vec{c}$. Die Richtungskomponenten von $\vec{c}$ erhält man, indem man jeweils die Werte gleicher Richtungskomponenten von $\vec{a}$ und $\vec{b}$ addiert. Es gilt:

$$\vec{c} = \vec{a} + \vec{b} = \begin{pmatrix} 3 \\ 4 \\ 1 \end{pmatrix} + \begin{pmatrix} -3 \\ 0 \\ 2 \end{pmatrix} = \begin{pmatrix} 3-3 \\ 4+0 \\ 1+2 \end{pmatrix} = \begin{pmatrix} 0 \\ 4 \\ 3 \end{pmatrix}$$

Allgemein gilt dann:

$$\vec{c} = \begin{pmatrix} a_1 \\ a_2 \\ a_3 \end{pmatrix} + \begin{pmatrix} b_1 \\ b_2 \\ b_3 \end{pmatrix} = \begin{pmatrix} a_1 + b_1 \\ a_2 + b_2 \\ a_3 + b_3 \end{pmatrix}$$

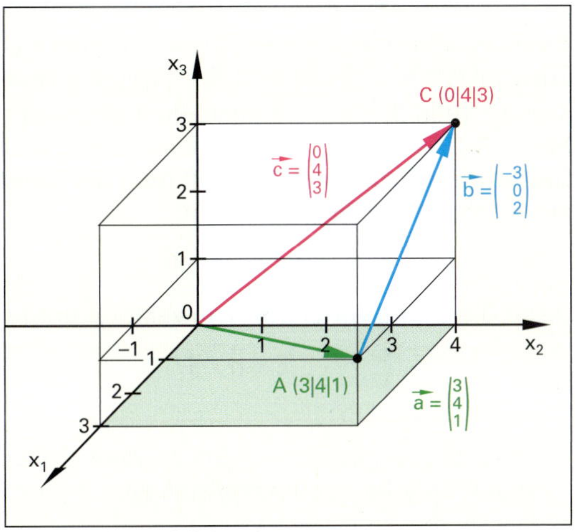

Bild 2: Vektoraddition

Gegenvektor und Nullvektor

Der Ortsvektor $\vec{a}$ endet im Punkt A (0|4|3) **(Bild 3)**. Der Vektor $\vec{b}$ verläuft vom Punkt A zurück zum Koordinatenursprung. Da $\vec{b}$ die gleiche Länge wie $\vec{a}$ hat, aber genau in entgegengesetzter Richtung verläuft, heißt er Gegenvektor. Es gilt: $\vec{b} = -\vec{a}$.

> Addiert man $\vec{a}$ und seinen Gegenvektor $-\vec{a}$, erhält man den Nullvektor $\vec{0}$.

Der Nullvektor hat den Betrag null, seine Richtung ist nicht definiert (festgelegt).

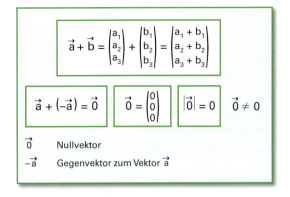

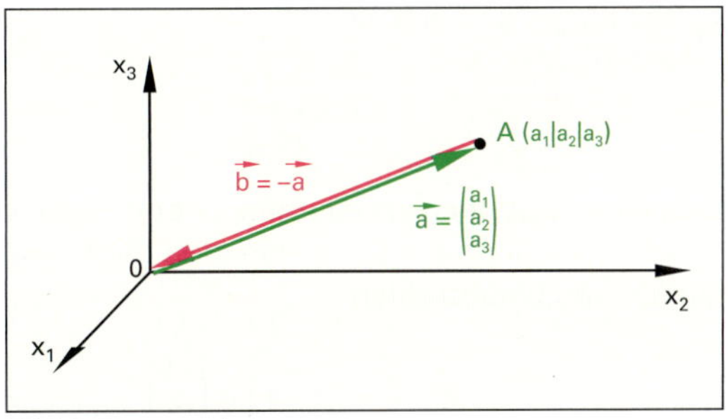

Bild 3: Gegenvektor

Gleichheit von Vektoren

Nur wenn die Beträge und die Richtungen von zwei Vektoren gleich sind, dann sind auch die Vektoren gleich **(Bild 1)**. Damit besitzen auch beide dieselben Richtungskomponenten.

> Bei gleichen Vektoren stimmen alle drei Richtungskomponenten überein.

Für $\vec{a} = \vec{b}$ gilt: $a_1 = b_1$, $a_2 = b_2$, $a_3 = b_3$

geschlossene Vektorkette: $\vec{a} + \vec{b} + ... + \vec{n} = \vec{0}$

Vektorketten

Eine Taschenlampe enthält zwei Batterien, die hintereinander geschaltet sind **(Bild 2)**. Addiert man alle Spannungen für genau einen Umlauf in Stromrichtung, erhält man den Nullvektor:

$$\left(-\overrightarrow{U_{01}}\right) + \overrightarrow{U_{i1}} + \left(-\overrightarrow{U_{02}}\right) + \overrightarrow{U_{i2}} + \overrightarrow{U_L} = \vec{0}$$

> Die Vektorsumme einer geschlossenen Vektorkette ist der Nullvektor $\vec{0}$.

Durch Umstellen der Gleichung erhält man die Spannung an der Lampe:

$$\overrightarrow{U_L} = \overrightarrow{U_{01}} + \overrightarrow{U_{02}} - \overrightarrow{U_{i1}} - \overrightarrow{U_{i2}}$$

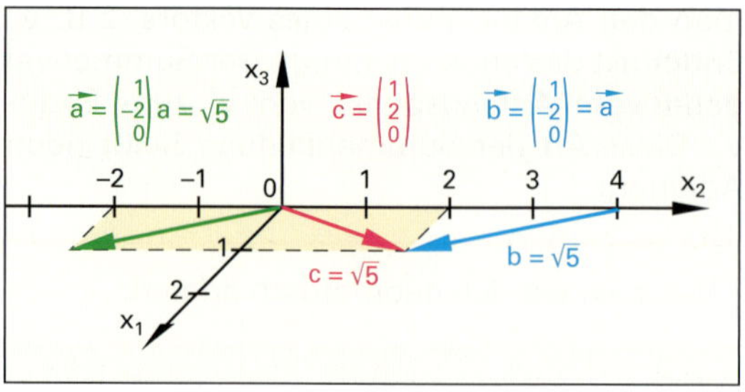

Bild 1: Gleichheit von Vektoren

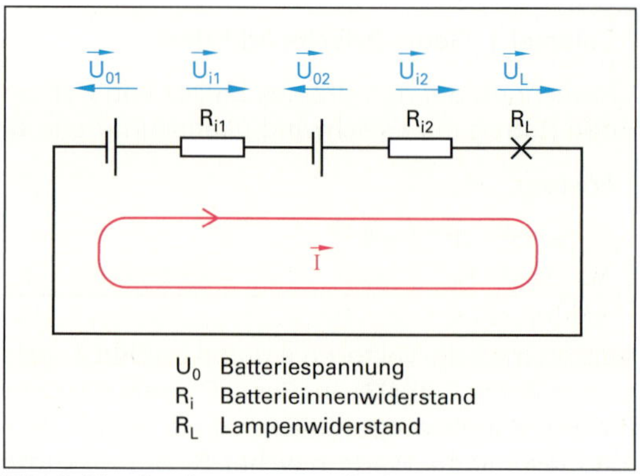

Bild 2: Taschenlampenstromkreis

7.3.2 Verbindungsvektor, Vektorsubtraktion

Zwei Leuchttürme auf einer Insel befinden sich an den Endpunkten A (2|2|0,5) und B (1|4|1) der Ortsvektoren $\vec{a}$ und $\vec{b}$ **(Bild 3)**. Eine Längeneinheit entspricht hundert Meter (1 LE = 100 m). Um die Entfernung c zwischen den Leuchttürmen zu ermitteln, stellt man die Gleichung für die geschlossene Vektorkette auf:

$$\vec{a} + \vec{c} - \vec{b} = \vec{0}$$

Diese Gleichung wird nach dem Vektor $\vec{c}$ umgestellt:

$$\vec{c} = \vec{b} - \vec{a}$$

> Der Verbindungsvektor zwischen zwei Ortsvektoren verläuft zwischen deren Pfeilspitzen.

$$\vec{c} = \overrightarrow{AB} = \vec{b} - \vec{a} = \begin{pmatrix}b_1 - a_1\\b_2 - a_2\\b_3 - a_3\end{pmatrix}$$

$\vec{c}$ Verbindungsvektor

Durchläuft man den Vektor $\vec{c}$, bewegt man sich 1 LE gegen x_1-Richtung, 2 LE in x_2-Richtung und 0,5 LE in x_3-Richtung. Für $\vec{c}$ gilt also:

$$\vec{c} = \begin{pmatrix}-1\\2\\0,5\end{pmatrix}$$

Dasselbe Ergebnis erhält man, wenn man die Richtungskomponenten von $\vec{a}$ von den Richtungskomponenten von $\vec{b}$ subtrahiert:

$$\vec{b} - \vec{a} = \begin{pmatrix}1-2\\4-2\\1-0,5\end{pmatrix} = \begin{pmatrix}-1\\2\\0,5\end{pmatrix}$$

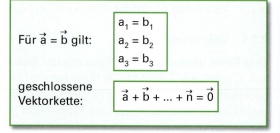

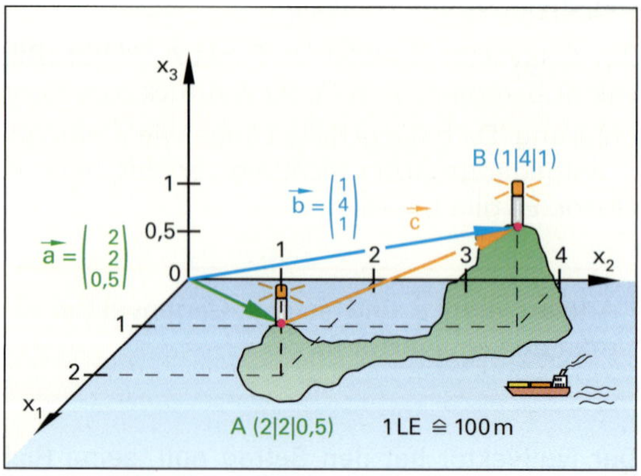

Bild 3: Vektorsubtraktion

Die Richtungskomponenten eines Verbindungsvektors sind gleich den Differenzen der Richtungskomponenten der voneinander zu subtrahierenden Vektoren.

Zur Berechnung der Entfernung der beiden Leuchttürme muss der Betrag c des Vektors $\vec{c}$ gebildet werden:

$c = \sqrt{(-1)^2 + 2^2 + 0{,}5^2} = \sqrt{1 + 4 + 0{,}25} = \sqrt{5{,}25} = 2{,}291$ LE

Da eine Längeneinheit 100 m beträgt, muss das Rechenergebnis mit 100 multipliziert werden:

$$c = 2{,}291 \cdot 100 \text{ m} = 229{,}1 \text{ m}$$

Die Leuchttürme sind 229 m voneinander entfernt.

7.3.3 Skalare Multiplikation, S-Multiplikation

Eine Seilbahn fährt zur Bergstation hinauf **(Bild 2)**. Sie befindet sich im Punkt A, bei welchem Sie ein Viertel der Fahrstrecke zurückgelegt hat. Setzt man vier Pfeile des Vektors $\vec{a}$ hintereinander, erhält man $\vec{b}$.

Es gilt:

$$\vec{b} = \vec{a} + \vec{a} + \vec{a} + \vec{a} = 4 \cdot \vec{a}$$

Bei der S-Multiplikation wird ein Skalar m mit einem Vektor $\vec{a}$ multipliziert.

Zerlegt man die Vektoren $\vec{a}$ und $\vec{b}$ in ihre Richtungskomponenten, erkennt man, dass jede Richtungskomponente von $\vec{b}$ um das Vierfache größer ist als die entsprechende Richtungskomponente von $\vec{a}$.

Multipliziert man einen Vektor mit einem Skalar m, wird jede Richtungskomponente mit m multipliziert.

Beispiel 1: Zeigerlängen von $\vec{a}$ und $\vec{b}$

Berechnen Sie die Beträge der Vektoren $\vec{a}$ und $\vec{b}$ aus **Bild 1**.

Lösung:

$a = \sqrt{0{,}25 + 2{,}25 + 4} = \sqrt{6{,}5} = \mathbf{2{,}55\ LE}$

$b = \sqrt{4 + 36 + 64} = \sqrt{104} = \sqrt{16 \cdot 6{,}5} = 4 \cdot \sqrt{6{,}5}$

$= \mathbf{10{,}2\ LE}$

Die Rechnung zeigt, dass sich auch der Betrag vervierfacht hat.

Für die skalare Multiplikation (S-Multiplikation) sind Rechengesetze anwendbar **(Tabelle 1)**.

$$\vec{b} = m \cdot \vec{a} = \begin{pmatrix} m \cdot a_1 \\ m \cdot a_2 \\ m \cdot a_3 \end{pmatrix} \qquad b = |m \cdot \vec{a}| = m \cdot a$$

m Verlängerungsfaktor oder Verkürzungsfaktor

$m \cdot \vec{a}$ Skalare Multiplikation, S-Multiplikation

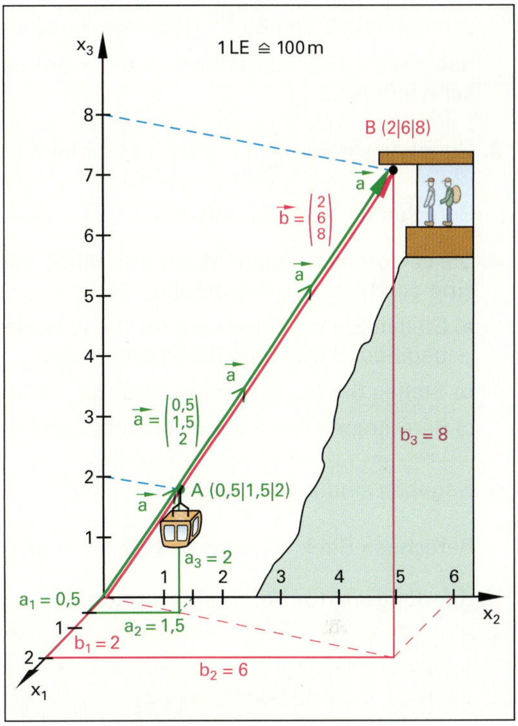

Bild 1: Seilbahn ohne Durchhang

Tabelle 1: Rechengesetze zur S-Multiplikation

Gesetz	Gleichung
Kommutativgesetz	$m \cdot \vec{a} = \vec{a} \cdot m$
Assoziativgesetz	$m \cdot (n \cdot \vec{a}) = (m \cdot n) \cdot \vec{a}$
Distributivgesetz	$m \cdot (\vec{a} + \vec{b}) = m \cdot \vec{a} + m \cdot \vec{b}$ $(m + n) \cdot \vec{a} = m \cdot \vec{a} + n \cdot \vec{a}$

Beispiel 2:

Wird der Vektor $\vec{b} = \begin{pmatrix} 2 \\ 6 \\ 8 \end{pmatrix}$ mit dem Faktor $m = \frac{1}{5}$ verkürzt, entsteht der Vektor $\vec{c}$. Berechnen Sie $\vec{c}$.

Lösung:

$$\vec{c} = \frac{1}{5} \cdot \vec{b} = 0{,}2 \cdot \begin{pmatrix} 2 \\ 6 \\ 8 \end{pmatrix} = \begin{pmatrix} 0{,}2 \cdot 2 \\ 0{,}2 \cdot 6 \\ 0{,}2 \cdot 8 \end{pmatrix} = \begin{pmatrix} \mathbf{0{,}4} \\ \mathbf{1{,}2} \\ \mathbf{1{,}6} \end{pmatrix}$$

Überprüfen Sie Ihr Wissen!

Beispielaufgaben

Vektoraddition

1. Warum lassen sich bei der Vektoraddition nicht einfach die Beträge der Vektoren addieren?

2. Ein Drachenflieger fliegt mit konstanter Geschwindigkeit von 30 $\frac{km}{h}$ geradeaus und sinkt dabei um 2,17 $\frac{m}{s}$. Berechnen Sie die Gesamtgeschwindigkeit.

3. Gegeben sind $\vec{a} = \begin{pmatrix} 3 \\ -4 \\ 2,4 \end{pmatrix}$, $\vec{b} = \begin{pmatrix} -2,3 \\ -3,1 \\ 1,2 \end{pmatrix}$ und $\vec{c} = \begin{pmatrix} -4 \\ 2,2 \\ -5 \end{pmatrix}$.

Berechnen Sie die Summen $\vec{a} + \vec{b}$, $\vec{a} + \vec{c}$, $\vec{b} + \vec{c}$.

4. Die Vektoren im Treppenhaus aus **Bild 1** bilden eine geschlossene Vektorkette,

a) Stellen Sie die Gleichung für die Vektorkette beginnend im Punkt D allgemein auf.

b) Stellen Sie die Gleichung nach $\overrightarrow{DE} = \vec{h}$ um.

c) Berechnen Sie den Vektor $\vec{h}$ und seinen Betrag h.

5. Gegeben sind $\vec{a} = \begin{pmatrix} 4 + x \\ 5 \\ 3z \end{pmatrix}$ und $\vec{b} = \begin{pmatrix} 7 \\ 2,5y \\ 9 \end{pmatrix}$.

Berechnen Sie x, y und z, sodass $\vec{a} = \vec{b}$ gilt.

Verbindungsvektor, Vektorsubtraktion

1. Gegeben sind

$\vec{a} = \begin{pmatrix} 3 \\ -4 \\ 2,4 \end{pmatrix}$, $\vec{b} = \begin{pmatrix} -2,3 \\ -3,1 \\ 1,2 \end{pmatrix}$ und $\vec{c} = \begin{pmatrix} -4 \\ 2,2 \\ -5 \end{pmatrix}$

Berechnen Sie die Differenzen $\vec{a} - \vec{b}$, $\vec{a} - \vec{c}$, $\vec{b} - \vec{c}$.

2. Berechnen Sie vom Dreieck in **Bild 2** die Vektoren der Seiten $\overrightarrow{AB}$, $\overrightarrow{BC}$ und $\overrightarrow{AC}$ sowie deren Beträge, also die Strecken $\overline{AB}$, $\overline{BC}$ und $\overline{AC}$.

3. Ein Parallelogramm ABCD hat die Punkte A (3|0|−3), B (1|1|1) und C (0|0|6).

a) Berechnen Sie den Punkt D.

b) Berechnen Sie die Seitenlängen.

c) Berechnen Sie die Längen beider Diagonalen.

4. Ein Dreieck hat die Punkte A (2|0|2), B (1|5|1) und C (−1|2|3).

a) Zeichnen Sie das Dreieck in ein Koordinatensystem,

b) berechnen Sie die Seitenlängen.

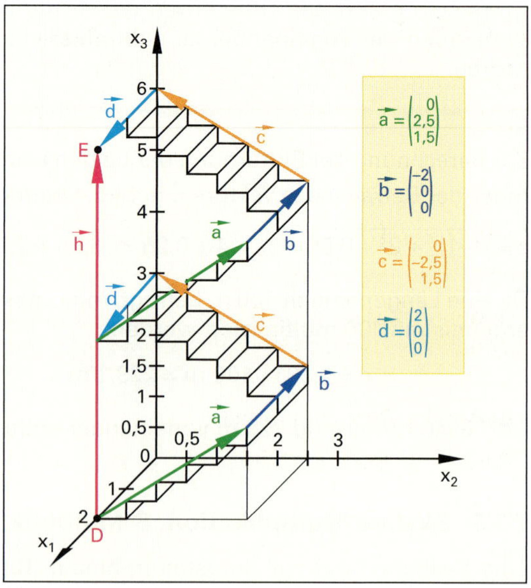

Bild 1: Treppenhaus

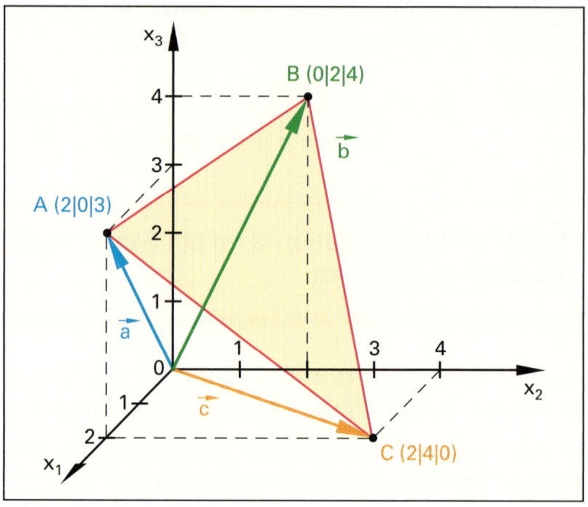

Bild 2: Dreieck ABC

Lösungen Beispielaufgaben

Vektoraddition

1. Vektoren werden geometrisch addiert.

2. $v = 31 \frac{km}{h}$

3. $\begin{pmatrix} 0,7 \\ -7,1 \\ 3,6 \end{pmatrix}$; $\begin{pmatrix} -1 \\ -1,8 \\ -2,6 \end{pmatrix}$; $\begin{pmatrix} -6,3 \\ -0,9 \\ -3,8 \end{pmatrix}$

4. a) $\vec{a} + \vec{b} + \vec{c} + \vec{d} + \vec{a} + \vec{b} + \vec{c} + \vec{d} - \vec{h} = \vec{0}$

b) $\vec{h} = \vec{a} + \vec{b} + \vec{c} + \vec{d} + \vec{a} + \vec{b} + \vec{c} + \vec{d}$

c) $\vec{h} = \begin{pmatrix} 0 \\ 0 \\ 6 \end{pmatrix}$; h = 6

5. x = 3; y = 2; z = 3

Verbindungsvektor, Vektorsubtraktion

1. $\begin{pmatrix} 5,3 \\ -0,9 \\ 1,2 \end{pmatrix}$; $\begin{pmatrix} 7 \\ -6,2 \\ 7,4 \end{pmatrix}$; $\begin{pmatrix} 1,7 \\ -5,3 \\ 6,2 \end{pmatrix}$

2. $\begin{pmatrix} -2 \\ 2 \\ 1 \end{pmatrix}$; $\begin{pmatrix} 2 \\ 2 \\ -4 \end{pmatrix}$; $\begin{pmatrix} 0 \\ 4 \\ -3 \end{pmatrix}$; 3; 4,9; 5

3. a) D (2|−1|2) **b)** 4,58; 5,2 **c)** 9,49; 2,45

4. b) 5,2; 4,12; 3,74

7.3.4 Einheitsvektor

Der Ortsvektor $\vec{a}$ beschreibt den geradlinigen Aufstieg zum Gipfelkreuz im Punkt A (−1|2|2) eines Berges **(Bild 1)**. Eine Längeneinheit beträgt 1 km. Um festzustellen, welche Höhe man nach 1 km Wegstrecke erreicht hat, benötigt man den Einheitsvektor $\vec{a^0}$ mit dem Betrag $a^0 = 1$ längs zum Vektor $\vec{a}$ (Bild 1).

Einheitsvektoren haben den Betrag 1.

Um den Verkürzungsfaktor von $\vec{a}$ auf $\vec{a^0}$ zu erhalten, berechnet man den Betrag a des Vektors $\vec{a}$.

Beispiel 1: Betragsbildung

Berechnen Sie den Betrag des Vektors $\vec{a}$ (Bild 1).

Lösung:

$a = \sqrt{1 + 4 + 4} = \sqrt{9} = \mathbf{3\ LE}$

Die gesamte Wegstrecke beträgt 3 km und ist somit drei Mal so lang wie a^0. Es gilt:

$$\vec{a} = 3 \cdot \vec{a^0}$$

Beispiel 2: Einheitsvektor

Berechnen Sie den Vektor $\vec{a^0}$.

Lösung:

$$\vec{a^0} = \frac{1}{3} \cdot \vec{a} = \frac{1}{3} \cdot \begin{pmatrix} -1 \\ 2 \\ 2 \end{pmatrix} = \begin{pmatrix} \mathbf{-0{,}33} \\ \mathbf{0{,}67} \\ \mathbf{0{,}67} \end{pmatrix}$$

Die x_3-Komponente gibt die Höhe an. Nach 1 km Wegstrecke wurden also 670 m Höhe erreicht.

Die Einheitsvektoren der Koordinatenachsen nennt man $\vec{e_1}$, $\vec{e_2}$ und $\vec{e_3}$ **(Bild 2)**. Jeder Vektor kann mithilfe dieser Vektoren ausgedrückt werden, z. B. Vektor $\vec{a}$ in Bild 2.

Allgemein gilt:

$\vec{a} = a_1 \cdot \vec{e_1} + a_2 \cdot \vec{e_2} + a_3 \cdot \vec{e_3}$ oder:

$$\vec{a} = a_1 \cdot \begin{pmatrix} 1 \\ 0 \\ 0 \end{pmatrix} + a_2 \cdot \begin{pmatrix} 0 \\ 1 \\ 0 \end{pmatrix} + a_3 \cdot \begin{pmatrix} 0 \\ 0 \\ 1 \end{pmatrix}$$

Beispiel 3: Einheitsvektor mit Betrag

Bestimmen Sie den Einheitsvektor und dessen Betrag vom Vektor $\vec{b} = \begin{pmatrix} 3 \\ 0 \\ 4 \end{pmatrix}$.

Lösung:

$b = \sqrt{3^2 + 0^2 + 4^2} = \sqrt{25} = 5$

$$\vec{b^0} = \frac{1}{5} \cdot \begin{pmatrix} 3 \\ 0 \\ 4 \end{pmatrix} = \begin{pmatrix} 0{,}2 \cdot 3 \\ 0{,}2 \cdot 0 \\ 0{,}2 \cdot 4 \end{pmatrix} = \begin{pmatrix} 0{,}6 \\ 0 \\ 0{,}8 \end{pmatrix}$$

$b^0 = \sqrt{0{,}6^2 + 0^2 + 0{,}8^2} = \sqrt{0{,}36 + 0{,}64} = \sqrt{1} = \mathbf{1}$

$$\vec{a^0} = \frac{\vec{a}}{a} \qquad a^0 = 1$$

$$\vec{e_1} = \begin{pmatrix} 1 \\ 0 \\ 0 \end{pmatrix} \quad \vec{e_2} = \begin{pmatrix} 0 \\ 1 \\ 0 \end{pmatrix} \quad \vec{e_3} = \begin{pmatrix} 0 \\ 0 \\ 1 \end{pmatrix}$$

$$\vec{a} = a_1 \cdot \vec{e_1} + a_2 \cdot \vec{e_2} + a_3 \cdot \vec{e_3}$$

$$\vec{a} = a_1 \cdot \begin{pmatrix} 1 \\ 0 \\ 0 \end{pmatrix} + a_2 \cdot \begin{pmatrix} 0 \\ 1 \\ 0 \end{pmatrix} + a_3 \cdot \begin{pmatrix} 0 \\ 0 \\ 1 \end{pmatrix}$$

$\vec{a^0}$ Einheitsvektor des Vektors $\vec{a}$

$\vec{e_1}, \vec{e_2}, \vec{e_3}$ Einheitsvektoren der Koordinatenachsen

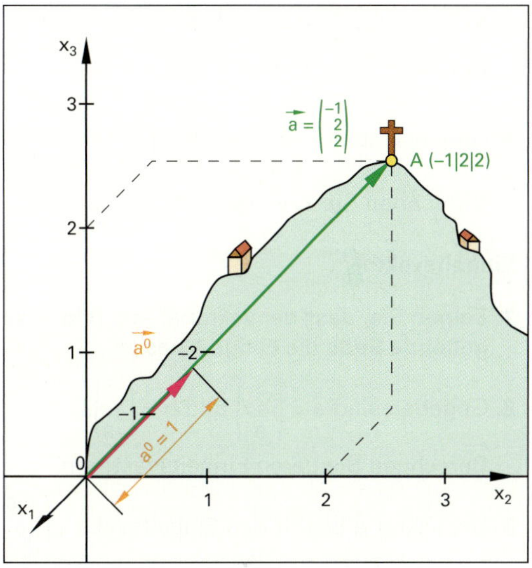

Bild 1: Einheitsvektor eines Vektors

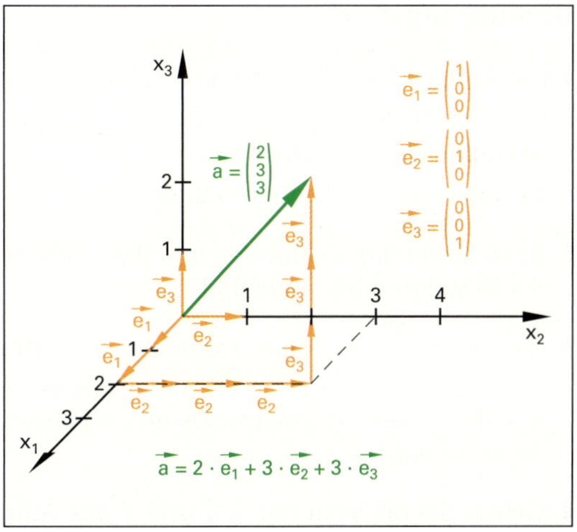

Bild 2: Einheitsvektoren der Koordinatenachsen

Überprüfen Sie Ihr Wissen!

Beispielaufgaben

Skalare Multiplikation, S-Multiplikation

1. Gegeben sind die Punkte A (1|2|3) und B (5|6|5)

a) Berechnen Sie den Betrag des Vektors $\vec{c} = 2 \cdot \overrightarrow{AB}$.

b) Berechnen Sie den Betrag des Vektors $\vec{d} = \frac{1}{3} \cdot \overrightarrow{AB}$.

2. Gegeben sind $\vec{a} = \begin{pmatrix} 3{,}6 \\ -12 \\ 9 \end{pmatrix}$ und $\vec{b} = \begin{pmatrix} 2{,}4 \\ 16 \\ -8 \end{pmatrix}$.

Berechnen Sie:

a) $\vec{c} = \frac{1}{3} \cdot \vec{a} - \frac{1}{4} \cdot \vec{b}$

b) $\vec{d} = 2{,}5 \cdot (\vec{a} + \vec{b})$

c) $\vec{e} = \frac{1}{2} \cdot (\vec{a} + 2 \cdot \vec{b})$

d) $\vec{f} = \frac{1}{2} \cdot (\vec{a} + \vec{b}) - \frac{1}{3} \cdot \vec{a}$

3. Stellen Sie nach $\vec{c}$ um:

a) $\vec{a} - 2 \cdot \vec{c} + \frac{1}{4} \cdot \vec{b} = \vec{c} - \frac{3}{4} \cdot \vec{b} - 4 \cdot \vec{a}$

b) $2 \cdot (\vec{c} - \vec{a}) = -1 \cdot (\vec{b} + \vec{c} + \vec{a}) + 4 \cdot \vec{b}$

4. Gegeben sind $\vec{a} = \begin{pmatrix} 4 \\ 3 \\ 2 \end{pmatrix}$ und $\vec{b} = \begin{pmatrix} x \\ 3y \\ 4z \end{pmatrix}$.

Berechnen Sie x, y und z für $\vec{b} = 2\vec{a}$.

Einheitsvektor

1. Zeigen Sie, dass der Vektor $\vec{a^0}$ aus **Bild 1, vorhergehende Seite** die Länge 1 besitzt.

2. Gegeben sind $\vec{a} = \begin{pmatrix} 6 \\ -12 \\ 9 \end{pmatrix}$ und $\vec{b} = \begin{pmatrix} -4 \\ 16 \\ -8 \end{pmatrix}$.

Berechnen Sie deren Einheitsvektoren.

3. Der Vektor $\vec{a}$ besitzt den Einheitsvektor $\begin{pmatrix} 0{,}6 \\ 0 \\ -0{,}8 \end{pmatrix}$.

Berechnen Sie $\vec{a}$, wenn seine Zeigerlänge 7 LE beträgt.

Übungsaufgaben

1. Die Raumpunkte A und P bis V sind Eckpunkte des Prismas aus **Bild 1**.

a) Geben Sie alle Punkte an.

b) Geben Sie die Kantenvektoren $\vec{a}$ bis $\vec{f}$ an.

2. Bestimmen Sie die Beträge und die Einheitsvektoren der Vektoren $\vec{a}$ bis $\vec{f}$ aus Bild 1.

3. Die Vektoren der Raumdiagonalen aus **Bild 2** sind $\vec{x} = \overrightarrow{SQ}$, $\vec{y} = \overrightarrow{AU}$ und $\vec{z} = \overrightarrow{VP}$. Geben Sie die Raumdiagonalen in Vektorschreibweise an und berechnen Sie deren Längen.

4. Geben Sie die Vektoren $\vec{x}$, $\vec{y}$ und $\vec{z}$ aus Aufgabe 3 in Abhängigkeit der Kantenvektoren an.

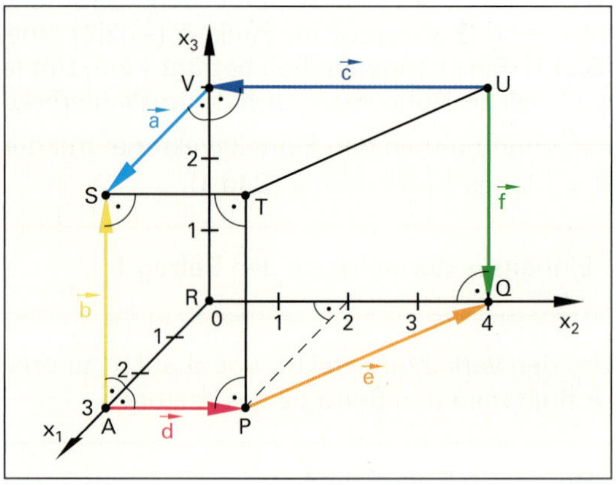

Bild 1: Prisma

Lösungen Beispielaufgaben

Skalare Multiplikation, S-Multiplikation

1. a) 12 **b)** 2

2. a) $\begin{pmatrix} 0{,}6 \\ -8 \\ 5 \end{pmatrix}$ **b)** $\begin{pmatrix} 15 \\ 10 \\ 2{,}5 \end{pmatrix}$ **c)** $\begin{pmatrix} 4{,}2 \\ 10 \\ -3{,}5 \end{pmatrix}$ **d)** $\begin{pmatrix} 1{,}8 \\ 6 \\ -2{,}5 \end{pmatrix}$

3. a) $\frac{1}{3} \cdot (5\vec{a} + \vec{b})$ **b)** $\frac{1}{3}\vec{a} + \vec{b}$

4. x = 8; y = 2; z = 1

Einheitsvektor

1. $a^0 = 1$

2. $\vec{a^0} = \begin{pmatrix} 0{,}37 \\ -0{,}74 \\ 0{,}56 \end{pmatrix}$ $\vec{b^0} = \begin{pmatrix} -0{,}22 \\ 0{,}87 \\ -0{,}44 \end{pmatrix}$

3. $\vec{a} = \begin{pmatrix} 4{,}2 \\ 0 \\ -5{,}6 \end{pmatrix}$

Lösungen Übungsaufgaben

1. a) A (3|0|0); P (3|2|0); Q (0|4|0); R (0|0|0); S (3|0|3); T (3|2|3); U (0|4|3); V (0|0|3)

b) $\vec{a} = \begin{pmatrix} 3 \\ 0 \\ 0 \end{pmatrix}$; $\vec{b} = \begin{pmatrix} 0 \\ 0 \\ 3 \end{pmatrix}$; $\vec{c} = \begin{pmatrix} 0 \\ -4 \\ 0 \end{pmatrix}$;

$\vec{d} = \begin{pmatrix} 0 \\ 2 \\ 0 \end{pmatrix}$; $\vec{e} = \begin{pmatrix} -3 \\ 2 \\ 0 \end{pmatrix}$; $\vec{f} = \begin{pmatrix} 0 \\ 0 \\ -3 \end{pmatrix}$

2. a) a = 3; b = 3; c = 4; d = 2; e = 3,6; f = 3

$\vec{a^0} = \begin{pmatrix} 1 \\ 0 \\ 0 \end{pmatrix}$; $\vec{b^0} = \begin{pmatrix} 0 \\ 0 \\ 1 \end{pmatrix}$; $\vec{c^0} = \begin{pmatrix} 0 \\ -1 \\ 0 \end{pmatrix}$; $\vec{d^0} = \begin{pmatrix} 0 \\ 1 \\ 0 \end{pmatrix}$;

$\vec{e^0} = \begin{pmatrix} -0{,}83 \\ 0{,}56 \\ 0 \end{pmatrix}$; $\vec{f^0} = \begin{pmatrix} 0 \\ 0 \\ -1 \end{pmatrix}$

3. $\vec{x} = \begin{pmatrix} -3 \\ 4 \\ -3 \end{pmatrix}$; $\vec{y} = \begin{pmatrix} -3 \\ 4 \\ 3 \end{pmatrix}$; $\vec{z} = \begin{pmatrix} 3 \\ 2 \\ -3 \end{pmatrix}$;

x = y = 5,83; z = 4,69

4. $\vec{x} = -\vec{b} + \vec{d} + \vec{e}$; $\vec{y} = \vec{d} + \vec{e} - \vec{f}$; $\vec{z} = \vec{a} - \vec{b} + \vec{d}$

5. Welcher mathematische Zusammenhang besteht im **Bild 1, vorhergehende Seite** zwischen den Vektoren $\vec{b}$ und $\vec{f}$ und den Vektoren $\vec{c}$ und $\vec{d}$?

6. Berechnen Sie die Beträge und die Einheitsvektoren von folgenden Vektoren:

$$\vec{a} = \begin{pmatrix} 2 \\ 0 \\ 3 \end{pmatrix};\ \vec{b} = \begin{pmatrix} 0 \\ -8 \\ 6 \end{pmatrix};\ \vec{c} = \begin{pmatrix} 1 \\ -4 \\ 8 \end{pmatrix};\ \vec{d} = \begin{pmatrix} -4 \\ 4 \\ 2 \end{pmatrix};\ \vec{e} = \begin{pmatrix} -7 \\ 0 \\ 11 \end{pmatrix};\ \vec{f} = \begin{pmatrix} -1 \\ 0 \\ 0{,}5 \end{pmatrix}$$

7. Berechnen Sie aus den Vektoren aus Aufgabe 6:

a) $\vec{u} = \vec{a} + \vec{b} + \vec{c}$
b) $\vec{v} = \vec{d} - \vec{e} + \vec{f}$
c) $\vec{w} = 2\vec{a} - \vec{b} + 0{,}5 \cdot \vec{d}$
d) $\vec{x} = -2\vec{d} - \left(\vec{e} + 2\vec{f}\right)$
e) $\vec{y} = 3 \cdot \left(\vec{a} - 2\vec{b}\right) + \vec{c}$
f) $\vec{z} = 0{,}25 \cdot \vec{d} - 2\left(\vec{e} - \vec{f}\right)$

8. Die Punkte A bis D sind die Eckpunkte des Vierecks aus **Bild 1**.

a) Geben Sie die Ortsvektoren der Eckpunkte an.

b) Berechnen Sie die Vektoren der Seiten: $\overrightarrow{AB}$, $\overrightarrow{BA}$, $\overrightarrow{BC}$, $\overrightarrow{CB}$, $\overrightarrow{CD}$, $\overrightarrow{DC}$, $\overrightarrow{DA}$ und $\overrightarrow{AD}$.

c) Berechnen Sie die Längen der Seiten AB, BC, CD und DA.

9. Der First des Hausdaches in **Bild 2** hat die Eckpunkte A (2|3|9) und B (−13|23|9). Eine Längeneinheit beträgt einen Meter. Im Punkt P, der einen Meter vom Punkt A entfernt ist, wird eine Antenne montiert. Berechnen Sie die Koordinaten des Punktes P.

10. Der Vektor $\vec{a} = \begin{pmatrix} a_1 \\ 4 \\ a_3 \end{pmatrix}$ hat den Einheitsvektor $\vec{a^0} = \begin{pmatrix} \frac{1}{9} \\ c \\ \frac{4}{9} \end{pmatrix}$ mit $c > 0$.

a) Bestimmen Sie die Unbekannte c.

b) Berechnen Sie den Vektor $\vec{a}$.

c) Geben Sie die Länge des Vektors $\vec{a}$ an.

11. Der Vektor $\vec{a} = \begin{pmatrix} 4 \\ x \\ x^2 \end{pmatrix}$ mit $x > 0$ hat den Betrag 6. Berechnen Sie den Einheitsvektor $\vec{a^0}$.

12. Die Vektoren $\vec{a} = \begin{pmatrix} -1 \\ 1 \\ 1 \end{pmatrix}$, $\vec{b} = \begin{pmatrix} 1 \\ 4 \\ -2 \end{pmatrix}$, $\vec{c} = m \cdot \begin{pmatrix} 0 \\ -29 \\ 2 \end{pmatrix}$ und der Einheitsvektor $\vec{d^0} = \begin{pmatrix} 0 \\ 6x \\ 8x \end{pmatrix}$ mit $x > 0$ bilden eine geschlossene Vektorkette. Berechnen Sie m.

Lösungen Übungsaufgaben

5. $\vec{b} = -\vec{f}$ und $\vec{c} = -2 \cdot \vec{d}$

6. a = 3,6; b = 10; c = 9; d = 6; e = 13,04; f = 1,12

$$\vec{a^0} = \begin{pmatrix} 0{,}56 \\ 0 \\ 0{,}83 \end{pmatrix};\ \vec{b^0} = \begin{pmatrix} 0 \\ -0{,}8 \\ 0{,}6 \end{pmatrix};\ \vec{c^0} = \begin{pmatrix} 0{,}11 \\ -0{,}44 \\ 0{,}89 \end{pmatrix};\ \vec{d^0} = \begin{pmatrix} -0{,}67 \\ 0{,}67 \\ 0{,}33 \end{pmatrix};$$

$$\vec{e^0} = \begin{pmatrix} -0{,}54 \\ 0 \\ 0{,}84 \end{pmatrix};\ \vec{f^0} = \begin{pmatrix} -0{,}89 \\ 0 \\ 0{,}45 \end{pmatrix}$$

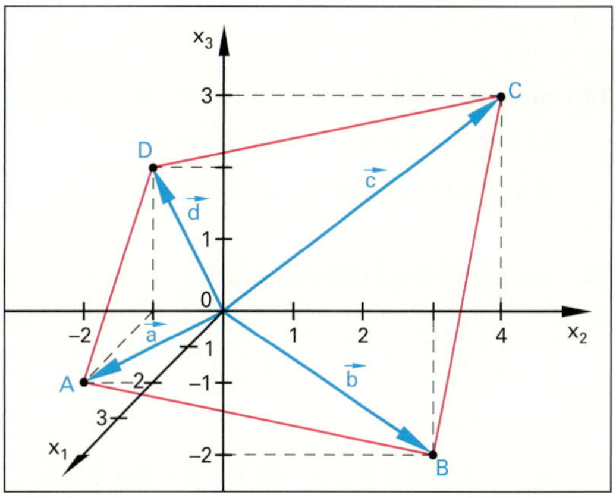

Bild 1: Viereck

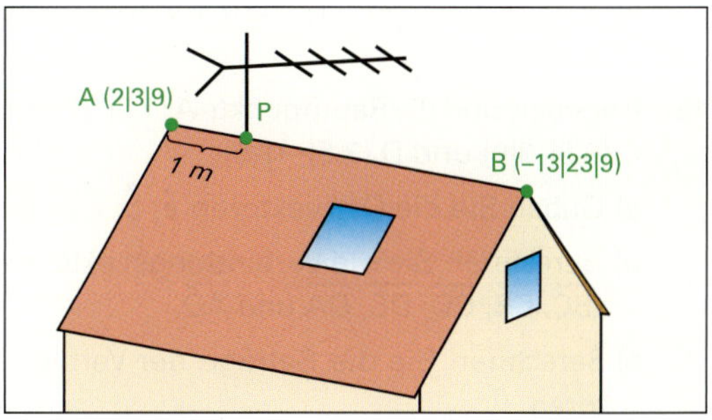

Bild 2: Hausdach

Lösungen Übungsaufgaben

7. $\vec{u} = \begin{pmatrix} 3 \\ -12 \\ 17 \end{pmatrix};\ \vec{v} = \begin{pmatrix} 2 \\ 4 \\ -8{,}5 \end{pmatrix};\ \vec{w} = \begin{pmatrix} 2 \\ 10 \\ 1 \end{pmatrix};\ \vec{x} = \begin{pmatrix} 17 \\ -8 \\ -16 \end{pmatrix};$

$\vec{y} = \begin{pmatrix} 7 \\ 44 \\ -19 \end{pmatrix};\ \vec{z} = \begin{pmatrix} 11 \\ 1 \\ -20{,}5 \end{pmatrix}$

8. a) $\vec{a} = \begin{pmatrix} 2 \\ -1 \\ 0 \end{pmatrix};\ \vec{b} = \begin{pmatrix} 0 \\ 3 \\ -2 \end{pmatrix};\ \vec{c} = \begin{pmatrix} 0 \\ 4 \\ 3 \end{pmatrix};\ \vec{d} = \begin{pmatrix} 0 \\ -1 \\ 2 \end{pmatrix}$

b) $\overrightarrow{AB} = \begin{pmatrix} -2 \\ 4 \\ -2 \end{pmatrix};\ \overrightarrow{BA} = \begin{pmatrix} 2 \\ -4 \\ 2 \end{pmatrix};\ \overrightarrow{BC} = \begin{pmatrix} 0 \\ 1 \\ 5 \end{pmatrix};\ \overrightarrow{CB} = \begin{pmatrix} 0 \\ -1 \\ -5 \end{pmatrix}$

c) $\overrightarrow{CD} = \begin{pmatrix} 0 \\ -5 \\ -1 \end{pmatrix};\ \overrightarrow{DC} = \begin{pmatrix} 0 \\ 5 \\ 1 \end{pmatrix};\ \overrightarrow{DA} = \begin{pmatrix} 2 \\ 0 \\ -2 \end{pmatrix};\ \overrightarrow{AD} = \begin{pmatrix} -2 \\ 0 \\ 2 \end{pmatrix};$

$\overline{AB} = 4{,}9;\ \overline{BC} = 5{,}1;\ \overline{CD} = 5{,}1;\ \overline{DA} = 2{,}83$

9. P (1,4|3,8|9)

10. a) $c = \frac{8}{9}$ **b)** $\vec{a} = \begin{pmatrix} 0{,}5 \\ 4 \\ 2 \end{pmatrix}$ **c)** a = 4,5

11. $\vec{a^0} = \begin{pmatrix} 0{,}\overline{6} \\ 0{,}\overline{3} \\ 0{,}\overline{6} \end{pmatrix}$

12. m = 0,2

Übungsaufgaben

13. **a)** Geben Sie alle Vektoren aus **Bild 1** an.

b) Berechnen Sie deren Beträge.

c) Berechnen Sie alle Einheitsvektoren.

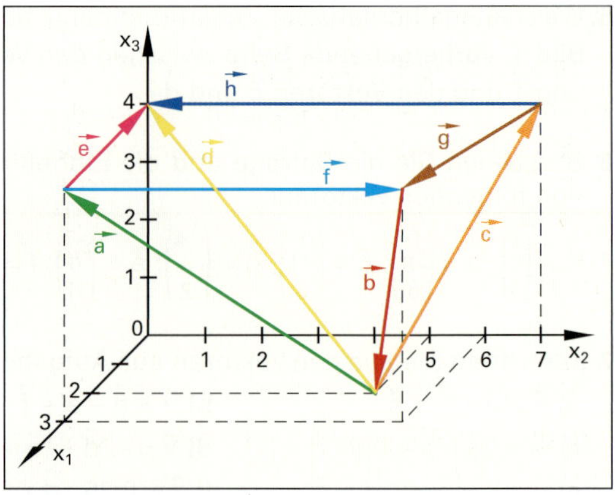

Bild 1: Pyramide

14. Gegeben sind die Vektoren:

$\vec{a} = \begin{pmatrix}-2\\9\\1\end{pmatrix}$, $\vec{b} = \begin{pmatrix}2\\-9\\1\end{pmatrix}$, $\vec{c} = \begin{pmatrix}-1\\4\\-1\end{pmatrix}$, $\vec{d} = \begin{pmatrix}-2\\2\\-1\end{pmatrix}$, $\vec{e} = \begin{pmatrix}-5\\4\\13\end{pmatrix}$

Berechnen Sie:

a) $\vec{z} = \vec{a} + \vec{b} + \vec{c} + \vec{d}$ **b)** $\vec{z} = \vec{a} - \vec{b} + \vec{c} - \vec{d}$

c) $\vec{z} = \vec{a} + \vec{b} + \vec{d} + \vec{e}$ **d)** $\vec{z} = \frac{\vec{a}}{2} + \vec{b} + \frac{\vec{c}}{2} + \vec{d}$

e) $\vec{z} = -2\vec{a} + \vec{b} + 3\vec{d}$ **f)** $\vec{z} = \vec{a} + 1{,}2\vec{b} + \vec{c} - 0{,}8\vec{d}$

15. Gegeben sind die Raumpunkte A (1,5|1|2), B (2,5|–2|4), C (0,5|–3|0) und D (3,5|–1|–5).

a) Geben Sie die Ortsvektoren $\vec{a}$, $\vec{b}$, $\vec{c}$ und $\vec{d}$ an.

b) Berechnen Sie die Verbindungsvektoren $\overrightarrow{AB}$, $\overrightarrow{BA}$, $\overrightarrow{BC}$, $\overrightarrow{CB}$, $\overrightarrow{CD}$, $\overrightarrow{DC}$, $\overrightarrow{DA}$ und $\overrightarrow{AD}$.

c) Berechnen Sie die Beträge der Verbindungsvektoren.

d) Berechnen Sie den Umfang des Vierecks ABCD.

e) Zeichnen Sie das Dreieck ABC.

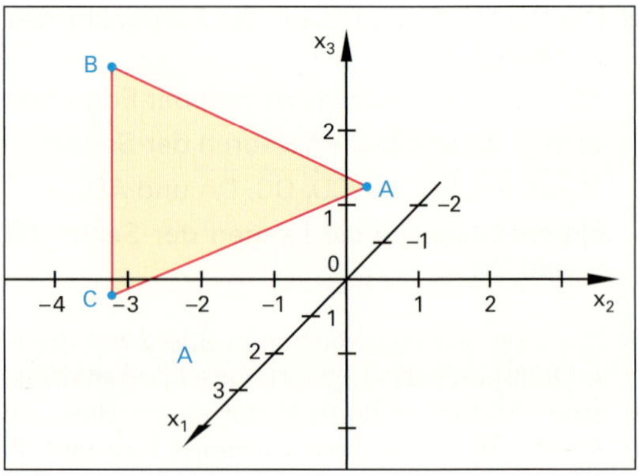

Bild 2: Dreieck ABC

16. Berechnen Sie die Einheitsvektoren der Vektoren

$\vec{a} = \begin{pmatrix}-2\\2\\1\end{pmatrix}$, $\vec{b} = \begin{pmatrix}4\\-3\\0\end{pmatrix}$, $\vec{c} = \begin{pmatrix}-2\\4\\-4\end{pmatrix}$, $\vec{d} = \begin{pmatrix}-6\\0\\-8\end{pmatrix}$

Lösungen Übungsaufgaben

13. **a)** $\vec{a} = \begin{pmatrix}1\\-5\\4\end{pmatrix}$; $\vec{b} = \begin{pmatrix}-1\\-1\\-4\end{pmatrix}$; $\vec{c} = \begin{pmatrix}-2\\2\\4\end{pmatrix}$; $\vec{d} = \begin{pmatrix}-2\\-5\\4\end{pmatrix}$;

$\vec{e} = \begin{pmatrix}-3\\0\\0\end{pmatrix}$; $\vec{f} = \begin{pmatrix}0\\6\\0\end{pmatrix}$; $\vec{g} = \begin{pmatrix}3\\-1\\0\end{pmatrix}$; $\vec{h} = \begin{pmatrix}0\\-7\\0\end{pmatrix}$

b) a = 6,48; b = 4,24; c = 4,9; d = 6,71; e = 3; f = 6; g = 3,16; h = 7

c) $\vec{a}^0 = \begin{pmatrix}0{,}15\\-0{,}77\\0{,}62\end{pmatrix}$; $\vec{b}^0 = \begin{pmatrix}-0{,}236\\-0{,}236\\-0{,}944\end{pmatrix}$; $\vec{c}^0 = \begin{pmatrix}-0{,}20\\0{,}20\\0{,}41\end{pmatrix}$;

$\vec{d}^0 = \begin{pmatrix}-0{,}30\\-0{,}75\\0{,}60\end{pmatrix}$; $\vec{e}^0 = \begin{pmatrix}-1\\0\\0\end{pmatrix}$; $\vec{f}^0 = \begin{pmatrix}0\\1\\0\end{pmatrix}$;

$\vec{g}^0 = \begin{pmatrix}0{,}95\\-0{,}32\\0\end{pmatrix}$; $\vec{h}^0 = \begin{pmatrix}0\\-1\\0\end{pmatrix}$

14. **a)** $\begin{pmatrix}-3\\6\\0\end{pmatrix}$ **b)** $\begin{pmatrix}-3\\20\\0\end{pmatrix}$ **c)** $\begin{pmatrix}-7\\6\\14\end{pmatrix}$

Lösungen Übungsaufgaben

14. **d)** $\begin{pmatrix}-1{,}5\\0{,}5\\0\end{pmatrix}$ **e)** $\begin{pmatrix}0\\-42\\11\end{pmatrix}$ **f)** $\begin{pmatrix}3{,}4\\-1\\-9{,}2\end{pmatrix}$

15. **a)** $\vec{a} = \begin{pmatrix}1{,}5\\1\\2\end{pmatrix}$; $\vec{b} = \begin{pmatrix}2{,}5\\-2\\4\end{pmatrix}$; $\vec{c} = \begin{pmatrix}0{,}5\\-3\\0\end{pmatrix}$; $\vec{d} = \begin{pmatrix}3{,}5\\-1\\-5\end{pmatrix}$

b) $\overrightarrow{AB} = \begin{pmatrix}1\\-3\\2\end{pmatrix}$; $\overrightarrow{BA} = \begin{pmatrix}-1\\3\\-2\end{pmatrix}$; $\overrightarrow{BC} = \begin{pmatrix}-2\\-1\\-4\end{pmatrix}$;

$\overrightarrow{CB} = \begin{pmatrix}2\\1\\4\end{pmatrix}$; $\overrightarrow{CD} = \begin{pmatrix}3\\2\\-5\end{pmatrix}$; $\overrightarrow{DC} = \begin{pmatrix}-3\\-2\\5\end{pmatrix}$;

$\overrightarrow{DA} = \begin{pmatrix}-2\\2\\7\end{pmatrix}$; $\overrightarrow{AD} = \begin{pmatrix}2\\-2\\-7\end{pmatrix}$

c) $|\overrightarrow{AB}| = |\overrightarrow{BA}| = 3{,}74$; $|\overrightarrow{BC}| = |\overrightarrow{CB}| = 4{,}58$;

$|\overrightarrow{CD}| = |\overrightarrow{DC}| = 6{,}16$; $|\overrightarrow{DA}| = |\overrightarrow{AD}| = 7{,}55$

d) U = 22,03

e) Bild 2

16. $\vec{a}^0 = \begin{pmatrix}-0{,}\overline{6}\\0{,}\overline{6}\\0{,}\overline{3}\end{pmatrix}$; $\vec{b}^0 = \begin{pmatrix}0{,}8\\-0{,}6\\0\end{pmatrix}$;

$\vec{c}^0 = \begin{pmatrix}-0{,}\overline{3}\\0{,}\overline{6}\\-0{,}\overline{6}\end{pmatrix}$; $\vec{d}^0 = \begin{pmatrix}-0{,}6\\0\\-0{,}8\end{pmatrix}$

7.3.5 Teilen von Strecken

7.3.5.1 Strecke, Mittelpunkt

Der Pilot eines Flugzeuges wird vom Bordcomputer aufgefordert tiefer zu fliegen, um einem anderen Flugzeug auszuweichen. Auf der Strecke von Punkt A bis zu Punkt B senkt der Pilot das Flugzeug von einer Höhe von 9 km auf die Höhe von 8 km, also um 1000 Höhenmeter ab (**Bild 1**, 1 LE ≙ 1 km).

$$\overrightarrow{AB} = \vec{b} - \vec{a}$$

$$M\,(m_1|m_2|m_3)$$

$$\vec{m} = \frac{\vec{a} + \vec{b}}{2} = \begin{pmatrix} m_1 \\ m_2 \\ m_3 \end{pmatrix}$$

$\overrightarrow{AB}$	Streckenvektor (Verbindungsvektor)
$\lvert\overrightarrow{AB}\rvert$	Betrag des Vektors $\overrightarrow{AB}$
$\overline{AB}$	Länge der Strecke AB
$\vec{m}$	Ortsvektor zum Mittelpunkt M
M	Mittelpunkt von $\overline{AB}$

Beispiel 1: Streckenlänge

Berechnen Sie die Länge der Strecke von A nach B.

Lösung:

Vektor für die Strecke

$$\overrightarrow{AB} = \vec{b} - \vec{a} = \begin{pmatrix} 1-1 \\ 8-0 \\ 8-9 \end{pmatrix} = \begin{pmatrix} 0 \\ 8 \\ -1 \end{pmatrix}$$

Betrag des Vektors $|\overrightarrow{AB}| = \sqrt{0 + 64 + 1} = \sqrt{65}$

Streckenlänge $\overline{AB}$ = **8,062 km**

Um den Ortsvektor $\vec{m}$ zum Mittelpunkt der Strecke zu erhalten, bildet man die Vektorkette am Dreieck 0AM und stellt die Gleichung nach $\vec{m}$ um:

$$\vec{a} + \frac{1}{2} \cdot (\vec{b} - \vec{a}) - \vec{m} = \vec{0} \qquad | + \vec{m}$$

$$\vec{m} = \vec{a} + \frac{1}{2} \cdot \vec{b} - \frac{1}{2} \cdot \vec{a}$$

$$\vec{m} = \frac{1}{2} \cdot \vec{a} + \frac{1}{2} \cdot \vec{b}$$

$$\vec{m} = \frac{1}{2} \cdot (\vec{a} + \vec{b})$$

$$\vec{m} = \frac{\vec{a} + \vec{b}}{2}$$

Beispiel 2: Streckenmittelpunkt

Berechnen Sie den Mittelpunkt der Strecke AB.

Lösung:

$$\vec{m} = \frac{1}{2} \cdot \begin{pmatrix} 1+1 \\ 0+8 \\ 9+8 \end{pmatrix} = \frac{1}{2} \cdot \begin{pmatrix} 2 \\ 8 \\ 17 \end{pmatrix} = \begin{pmatrix} 1 \\ 4 \\ 8{,}5 \end{pmatrix}; \quad \mathbf{M\,(1|4|8{,}5)}$$

Um zu berechnen, welche Höhe das Flugzeug nach einem geflogenen Kilometer Flugstrecke vom Punkt A aus noch hat, muss der Einheitsvektor des Vektors $\overrightarrow{AB}$ gebildet werden:

$$\overrightarrow{AB^0} = \frac{\overrightarrow{AB}}{|\overrightarrow{AB}|}$$

$$\overrightarrow{AB^0} = \frac{1}{\sqrt{65}} \cdot \begin{pmatrix} 0 \\ 8 \\ -1 \end{pmatrix} = \begin{pmatrix} 0 \\ 0{,}992 \\ -0{,}124 \end{pmatrix}$$

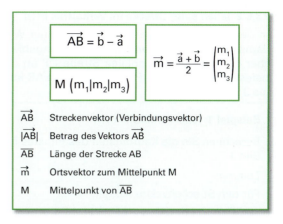

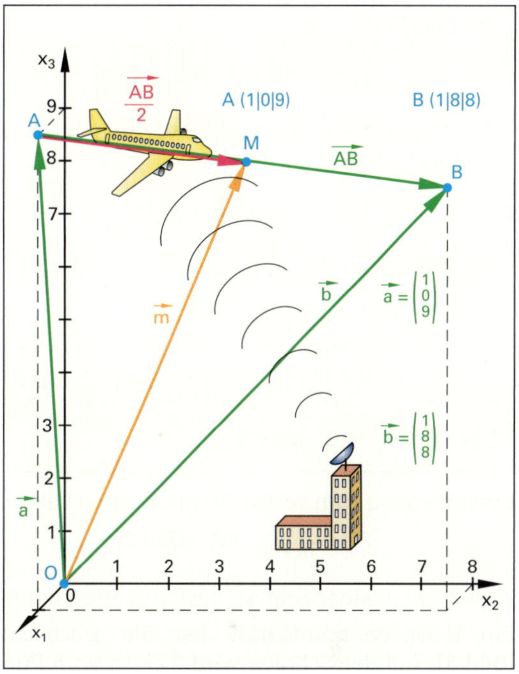

Bild 1: Strecke mit Mittelpunkt

Beispiel 3: Streckenabschnitt

Berechnen Sie die Flughöhe auf der Strecke AB 1000 m vom Punkt A entfernt.

Lösung:

Erreichter Raumpunkt

$$\vec{c} = \vec{a} + \overrightarrow{AB^0} = \begin{pmatrix} 1 \\ 0 \\ 9 \end{pmatrix} + \begin{pmatrix} 0 \\ 0{,}992 \\ -0{,}124 \end{pmatrix} = \begin{pmatrix} 1 \\ 0{,}992 \\ 8{,}876 \end{pmatrix}$$

$c_3 = 8{,}876 \Rightarrow$ Höhe h = **8876 m**

7.3.5.2 Teilen einer Strecke im Verhältnis m:n

In der Altstadtgasse befindet sich an einer Wand eine Lampe **(Bild 1)**. Sie ist an dem Stab AB angebracht, welcher mithilfe der horizontalen Strebe QP an der Wand befestigt ist. Der Punkt P teilt die Strecke AB im Verhältnis 3:2.

Beispiel 1: Teilerverhältnis m:n

Berechnen Sie die Koordinaten des Punktes P aus Bild 1.

Lösung:

Für den Streckenvektor $\overrightarrow{AB}$ gilt:

$$\overrightarrow{AB} = \vec{b} - \vec{a} = \begin{pmatrix} 4-4 \\ 1{,}5-0 \\ 4-2 \end{pmatrix} = \begin{pmatrix} 0 \\ 1{,}5 \\ 2 \end{pmatrix}$$

Seine Länge ist: $|\overrightarrow{AB}| = \sqrt{0^2 + 1{,}5^2 + 2^2} = \sqrt{6{,}25} = 2{,}5$

Der Stab AB ist 2,5 m lang. Er wird insgesamt in m + n = 5 Teile jeweils von der Länge 0,5 m unterteilt. Ein Teilvektor heißt:

$$\frac{1}{m+n} \cdot \overrightarrow{AB} = \frac{1}{5} \cdot \begin{pmatrix} 0 \\ 1{,}5 \\ 2 \end{pmatrix} = \begin{pmatrix} 0 \\ 0{,}3 \\ 0{,}4 \end{pmatrix}$$

Den Punkt A und den Punkt B verbinden 3 dieser Teilvektoren, d. h. m = 3. Es gilt:

$$\overrightarrow{AP} = \frac{m}{m+n} \cdot \overrightarrow{AB} = \frac{3}{5} \cdot \begin{pmatrix} 0 \\ 1{,}5 \\ 2 \end{pmatrix} = \begin{pmatrix} 0 \\ 0{,}9 \\ 1{,}2 \end{pmatrix}.$$

Der Ortsvektor $\vec{p}$ zum Punkt P ist: $\vec{p} = \vec{a} + \overrightarrow{AP}$.

Somit gilt: $\vec{p} = \vec{a} + \frac{m}{m+n} \cdot \overrightarrow{AB}$

$$\vec{p} = \begin{pmatrix} 4 \\ 0 \\ 2 \end{pmatrix} + \frac{3}{5} \cdot \begin{pmatrix} 0 \\ 1{,}5 \\ 2 \end{pmatrix} = \begin{pmatrix} 4 \\ 0 \\ 2 \end{pmatrix} + \begin{pmatrix} 0 \\ 0{,}9 \\ 1{,}2 \end{pmatrix} = \begin{pmatrix} 4 \\ 0{,}9 \\ 3{,}2 \end{pmatrix}$$

Der Punkt P ist **P (4|0,9|3,2)**.

Entsprechend zum Vektor $\overrightarrow{AP}$ gilt für den Vektor $\overrightarrow{PB}$

$$\overrightarrow{PB} = \frac{n}{m+n} \cdot \overrightarrow{AB} \quad \textbf{(Bild 2)}$$

7.3.5.3 Teilen einer Strecke nach m Längeneinheiten

Ein Wochenendbungalow hat die Dachschräge AB **(Bild 3)**. Auf der Schräge wird 2,60 m vom Punkt A entfernt im Punkt P eine Satellitenantenne montiert.

Beispiel 2: Teilen nach m Längeneinheiten (LE)

Berechnen Sie die Koordinaten des Punktes P aus Bild 3.

Lösung:

Für den Streckenvektor $\overrightarrow{AB}$ gilt:

$$\overrightarrow{AB} = \vec{b} - \vec{a} = \begin{pmatrix} 0-0 \\ 8-2 \\ 5{,}5-3 \end{pmatrix} = \begin{pmatrix} 0 \\ 6 \\ 2{,}5 \end{pmatrix}$$

Seine Länge ist: $|\overrightarrow{AB}| = \sqrt{0^2 + 6^2 + 2{,}5^2} = \sqrt{42{,}25} = 6{,}5$

Das Dach AB ist 6,5 m lang. Der Einheitsvektor längs der Dachneigung hat die Längeneinheit 1 LE. Es gilt:

$$\overrightarrow{AB}^0 = \frac{\overrightarrow{AB}}{|\overrightarrow{AB}|} = \frac{1}{6{,}5} \cdot \begin{pmatrix} 0 \\ 6 \\ 2{,}5 \end{pmatrix} = \begin{pmatrix} 0 \\ \frac{60}{65} \\ \frac{25}{65} \end{pmatrix} = \begin{pmatrix} 0 \\ \frac{12}{13} \\ \frac{5}{13} \end{pmatrix}$$

Der Punkt P ist m = 2,6 LE vom Punkt A entfernt.

Teilen der Strecke AB durch den Punkt P im Verhältnis m:n	Teilen der Strecke AB durch den Punkt P von A nach m Längeneinheiten
$\vec{p} = \vec{a} + \frac{m}{m+n} \cdot \overrightarrow{AB}$	$\vec{p} = \vec{a} + m \cdot \overrightarrow{AB}^0$

$\overrightarrow{AB}$ Streckenvektor
$\vec{a}, \vec{p}$ Ortsvektoren der Punkte A und P
m, n Faktoren

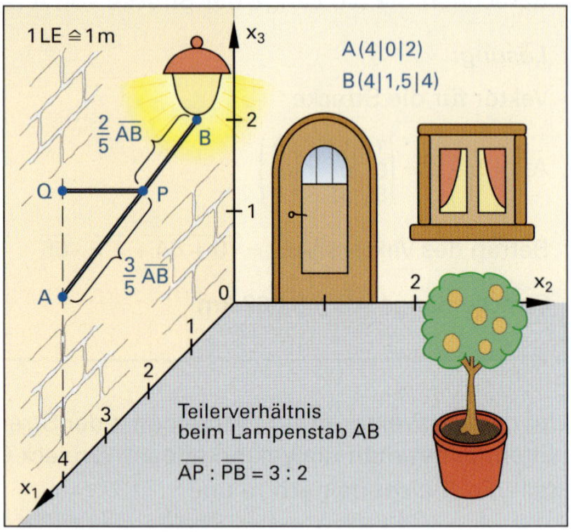

Bild 1: Lampenhalterung

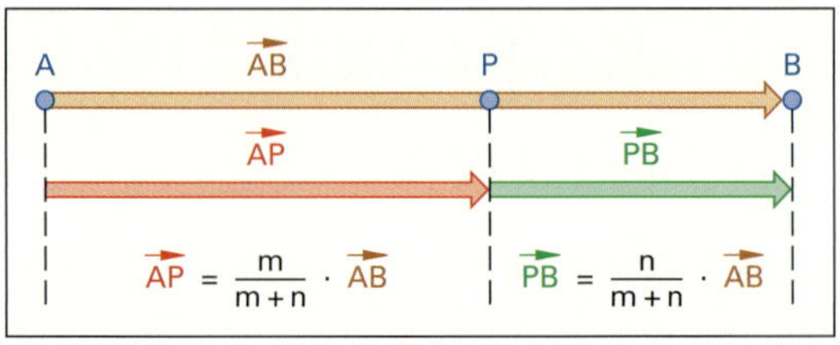

Bild 2: Teilen der Strecke A im Verhältnis m:n

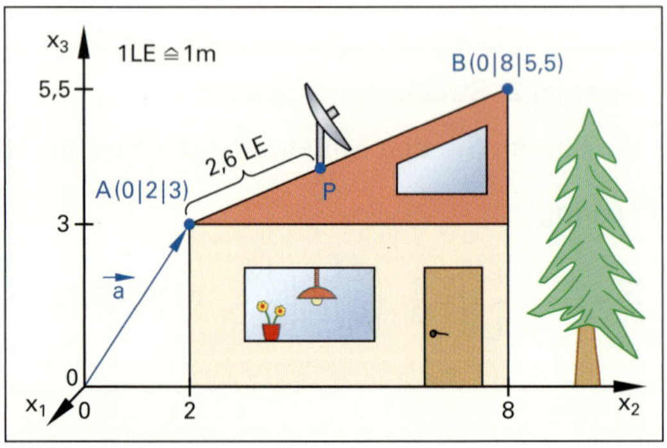

Bild 3: Dachantenne

Fortsetzung Beispiel 2:

Für P gilt: $\vec{p} = \vec{a} + m \cdot \overrightarrow{AB}^0$

$$\vec{p} = \begin{pmatrix} 0 \\ 2 \\ 3 \end{pmatrix} + 2{,}6 \cdot \begin{pmatrix} 0 \\ \frac{12}{13} \\ \frac{5}{13} \end{pmatrix} = \begin{pmatrix} 0 \\ 2 \\ 3 \end{pmatrix} + \begin{pmatrix} 0 \\ 2{,}4 \\ 1 \end{pmatrix} = \begin{pmatrix} 0 \\ 4{,}4 \\ 4 \end{pmatrix}$$

Für den Punkt P erhält man **P (0|4,4|4)**.

Überprüfen Sie Ihr Wissen!

Beispielaufgaben

Strecke, Mittelpunkt

1. Berechnen Sie die Höhe des Flugzeuges aus **Bild 1.**
   a) nach $\frac{2}{3}$ der Wegstrecke,
   b) 5 km vom Punkt A entfernt.

2. Berechnen Sie den Mittelpunkt zwischen A $(1|-2|0)$ und B $(-1|12|-8)$.

3. Die Strecke AB mit A $(3|-2|2)$ hat den Mittelpunkt M $(4|1|-2)$. Berechnen Sie den Punkt B.

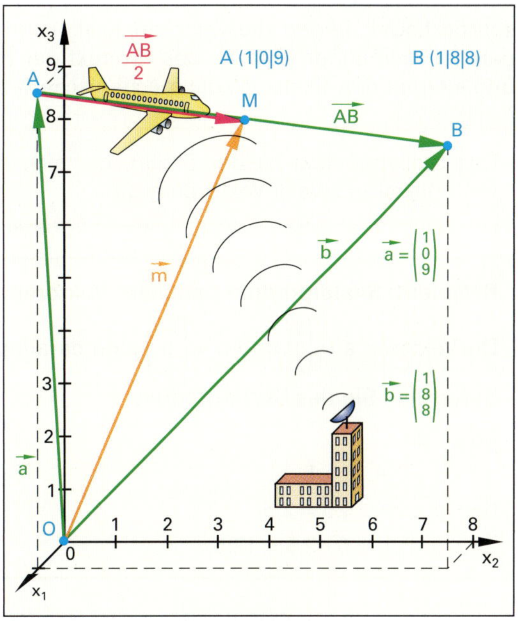

Bild 1: Strecke mit Mittelpunkt

Lösungen Beispielaufgaben

Strecke, Mittelpunkt

1. **a)** h = 8333 m
   b) 8380 m

2. M $(0|5|-4)$

3. B $(5|4|-6)$

Übungsaufgaben

1. Die Punkte A $(1|0|1)$ und B $(0|1|1)$ liegen auf der Raumgeraden g **(Bild 2)**. Berechnen Sie den Abstand zwischen A und B sowie den Mittelpunkt M.

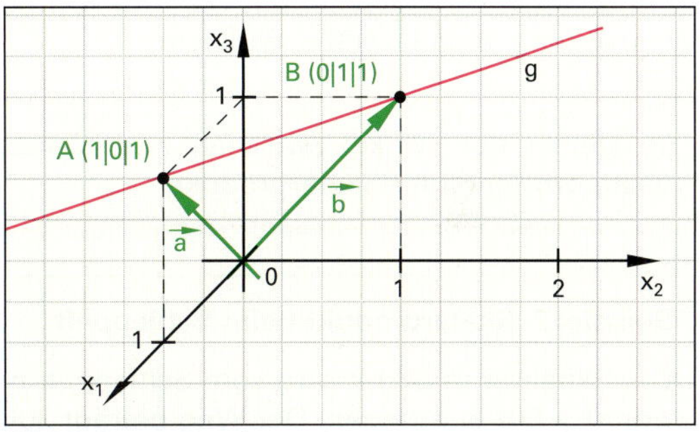

Bild 2: Raumgerade

2. Auf der Stange **Bild 3** sollen fünf Lampen in gleichmäßigen Abständen aufgehängt werden. Berechnen Sie die Aufhängepunkte B, C und D.

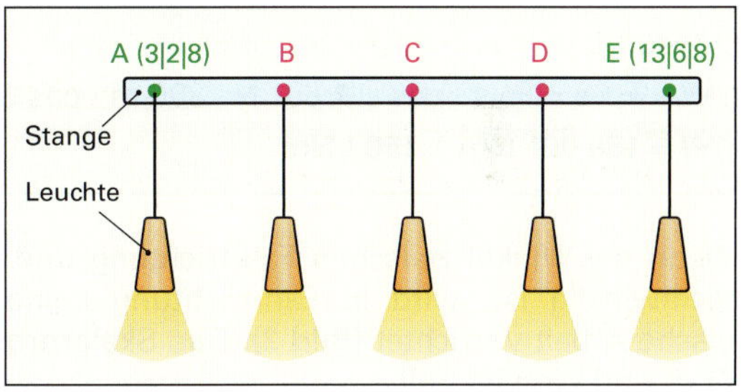

Bild 3: Leuchten

3. Gegeben ist das Dreieck ABC **(Bild 4).**
   a) Berechnen Sie die Seitenmittelpunkte P, Q, R.
   b) Berechnen Sie die Seitenhalbierenden.
   c) Zeigen Sie mithilfe einer geschlossenen Vektorkette, dass sich die Seitenhalbierenden im Verhältnis 2 : 1 schneiden.

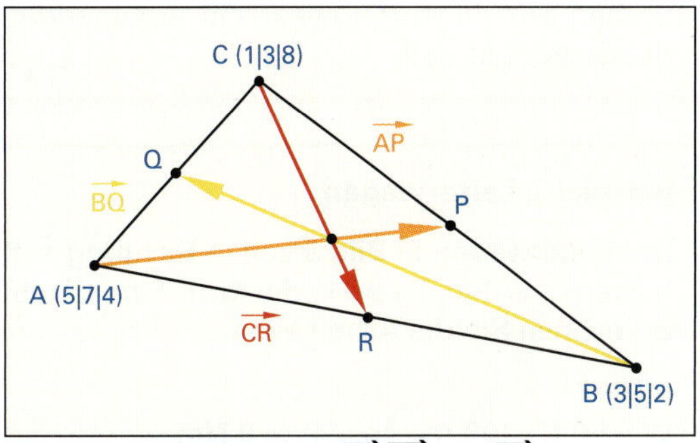

Bild 4: Seitenhalbierende $\overrightarrow{AP}$, $\overrightarrow{BQ}$ und $\overrightarrow{CR}$

Lösungen Übungsaufgaben

1. $|\overrightarrow{AB}| = 1{,}414$; M $\left(\frac{1}{2}\middle|\frac{1}{2}\middle|1\right)$

2. C $(8|4|8)$; B $(5{,}5|3|8)$; D $(10{,}5|5|8)$

3. **a)** P (2|4|5); Q (3|5|6); R (4|6|3)
   b) $\overrightarrow{AP} = \begin{pmatrix}-3\\-3\\1\end{pmatrix}$; $\overrightarrow{BQ} = \begin{pmatrix}0\\0\\4\end{pmatrix}$; $\overrightarrow{CR} = \begin{pmatrix}3\\3\\-5\end{pmatrix}$
   c) $\frac{2}{3}\overrightarrow{AP} - \frac{2}{3}\overrightarrow{BQ} + \overrightarrow{BA} = \vec{0}$

7.3.6 Skalarprodukt

Verläuft beim Wasserski das Zugseil parallel zur Wasseroberfläche, liegen die Vektoren Kraft $\vec{F}$ und Weg $\vec{s}$ parallel zueinander **(Bild 1)**. Das Produkt der Beträge F und s ergibt den Skalar W, die mechanische Arbeit.

Das Skalarprodukt ist der Skalar, der sich aus der Multiplikation zweier Vektoren ergibt.

$$\vec{a} \circ \vec{b} = a \cdot b \cdot \cos \varphi$$

Bei $\vec{a} \parallel \vec{b}$: $\vec{a} \circ \vec{b} = a \cdot b$

Bei $\vec{a} \perp \vec{b}$: $\vec{a} \circ \vec{b} = 0$

$\vec{a}, \vec{b}$	Vektoren
a, b	Beträge der Vektoren $\vec{a}$ und $\vec{b}$
φ	eingeschlossener Winkel von $\vec{a}$ und $\vec{b}$
$\circ$	Operator für die skalare Multiplikation
$\vec{a} \circ \vec{b}$	Skalarprodukt aus $\vec{a}$ und $\vec{b}$

Beispiel 1: Skalarprodukt paralleler Vektoren

Die Vektoren $\vec{a} = \begin{pmatrix} 3 \\ 0 \\ 4 \end{pmatrix}$ und $\vec{b} = \begin{pmatrix} 1{,}5 \\ 0 \\ 2 \end{pmatrix}$ sind parallel.

Berechnen Sie das Skalarprodukt.

Lösung:

$a = \sqrt{9 + 0 + 16} = 5$

$b = \sqrt{4 + 0 + 2{,}25} = 2{,}5$

$\vec{a} \circ \vec{b} = a \cdot b = 5 \cdot 2{,}5 = \mathbf{12{,}5}$

Beim Schlepplift am Skihang hat die Kraft $\vec{F}$ eine andere Richtung als der Weg $\vec{s}$ **(Bild 2)**. Bei der Berechnung der mechanischen Arbeit W ist nur die Kraftkomponente in Wegrichtung, also $F \cdot \cos \varphi$, wirksam.

Je kleiner der Winkel zwischen zwei Vektoren ist, desto größer ist ihr Skalarprodukt.

Beispiel 2: Skalarprodukt beim Schlepplift

Der Skifahrer in **Bild 2** wird vom Schlepplift mit der Kraft F = 601 N gezogen. Der Weg beträgt 300 m. Berechnen Sie das Skalarprodukt, wenn der Winkel zwischen den Vektoren 33,7° beträgt.

Lösung:

$W = \vec{F} \circ \vec{s} = F \cdot s \cdot \cos \varphi = 601\ \text{N} \cdot 300\ \text{m} \cdot \cos 33{,}7°$

$W = 150\,001\ \text{Nm} = \mathbf{150\ kNm}$.

Wenn der Winkel zwischen Fahrtrichtung und Zugkraft rechtwinklig ist, wird in Fahrtrichtung keine mechanische Arbeit verrichtet **(Bild 3)**. Das Skalarprodukt aus Kraft und Weg ist null.

Stehen zwei Vektoren senkrecht aufeinander, ist ihr Skalarprodukt null.

Beispiel 3: Leiterwagen

Der Leiterwagen in **Bild 3** soll in Richtung $\vec{s}$ 100 m bewegt werden. Es wirkt die Kraft $\vec{F}$ mit F = 50 N. Berechnen Sie die Arbeit W.

Lösung:

$W = 50\ \text{N} \cdot 100\ \text{m} \cdot \cos 90° = \mathbf{0\ Nm}$

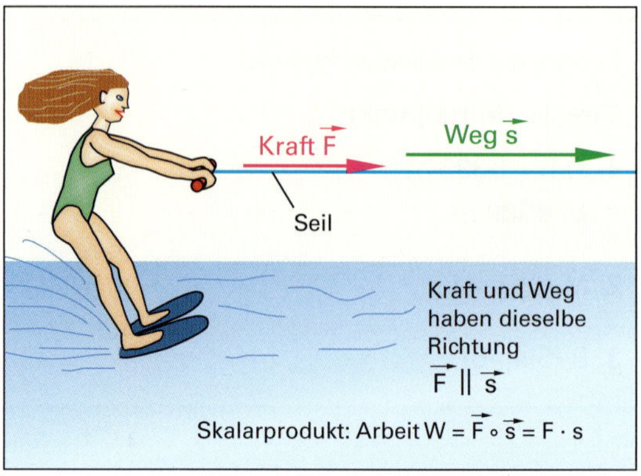

Bild 1: Skalarprodukt von parallelen Vektoren

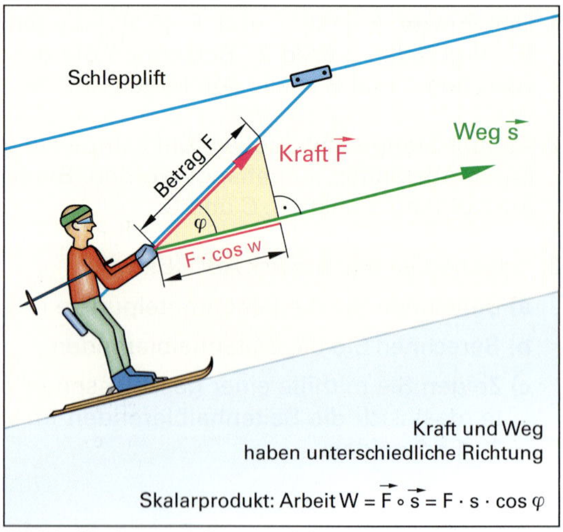

Bild 2: Skalarprodukt von nicht parallelen Vektoren

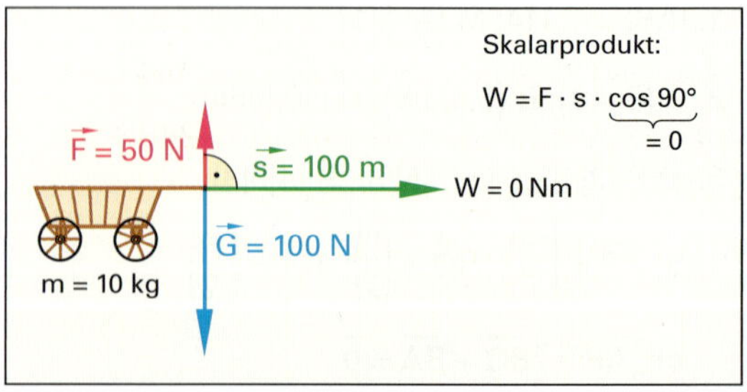

Bild 3: Skalarprodukt orthogonaler Vektoren

Zur Berechnung des Skalarproduktes mit Raumvektoren zerlegt man die Vektoren $\vec{a}$ und $\vec{b}$ in ihre zu den Koordinatenachsen parallele Komponenten **(Bild 1)**.

Es gilt :

$$\vec{a} = \vec{a}_1 + \vec{a}_2 + \vec{a}_3 \text{ und } \vec{b} = \vec{b}_1 + \vec{b}_2 + \vec{b}_3$$

Man bildet das Skalarprodukt:

$$\vec{a} \circ \vec{b} = (\vec{a}_1 + \vec{a}_2 + \vec{a}_3) \circ (\vec{b}_1 + \vec{b}_2 + \vec{b}_3)$$

$$= \underbrace{\vec{a}_1 \circ \vec{b}_1}_{= a_1 \cdot b_1\text{, da parallel}} + \underbrace{\vec{a}_1 \circ \vec{b}_2 + \vec{a}_1 \circ \vec{b}_3 + \vec{a}_2 \circ \vec{b}_1}_{= 0\text{, da senkrechte Paare}} + \underbrace{\vec{a}_2 \circ \vec{b}_2}_{= a_2 \cdot b_2\text{, da parallel}}$$

$$+ \underbrace{\vec{a}_2 \circ \vec{b}_3 + \vec{a}_3 \circ \vec{b}_1 + \vec{a}_3 \circ \vec{b}_2}_{= 0\text{, da senkrechte Paare}} + \underbrace{\vec{a}_3 \circ \vec{b}_3}_{= a_3 \cdot b_3\text{, da parallel}}$$

Durch Ausmultiplizieren erhält man neun Skalarprodukte, die entweder durch parallele oder orthogonale Vektoren gebildet werden. Sind die Vektoren orthogonal, ist das Skalarprodukt null, sind sie parallel, ist das Skalarprodukt das Produkt der Beträge. Somit gilt:

$$\vec{a} \circ \vec{b} = a_1 \cdot b_1 + a_2 \cdot b_2 + a_3 \cdot b_3$$

Beispiel 1: Skalarprodukt

Berechnen Sie das Skalarprodukt aus **Bild 1**.

Lösung:

$$\vec{a} \circ \vec{b} = \begin{pmatrix} 4{,}5 \\ 6 \\ 5 \end{pmatrix} \circ \begin{pmatrix} 6 \\ 8 \\ 0 \end{pmatrix}$$

$$\vec{a} \circ \vec{b} = 4{,}5 \cdot 6 + 6 \cdot 8 + 5 \cdot 0 = 27 + 48 + 0 = \mathbf{75}$$

Stellt man die Formel der vorhergehenden Seite nach dem Winkel φ um und setzt die neu gewonnene Formel für das Skalarprodukt ein, lässt sich der eingeschlossene Winkel zwischen zwei Vektoren berechnen. Es gilt:

$$\cos \varphi = \frac{\vec{a} \circ \vec{b}}{a \cdot b}$$

$$\Rightarrow \varphi = \arccos \frac{\vec{a} \circ \vec{b}}{a \cdot b}$$

Beispiel 2: Winkel zwischen zwei Vektoren

Berechnen Sie den Winkel φ aus **Bild 1**.

Lösung:

$$\cos \varphi = \frac{75}{\sqrt{81{,}25} \cdot 10} = 0{,}83205$$

$$\varphi = \arccos 0{,}83205 = \mathbf{33{,}69°}$$

$$\vec{a} \circ \vec{b} = a_1 \cdot b_1 + a_2 \cdot b_2 + a_3 \cdot b_3$$

$$\begin{pmatrix} a_1 \\ a_2 \\ a_3 \end{pmatrix} \circ \begin{pmatrix} b_1 \\ b_2 \\ b_3 \end{pmatrix} = a_1 \cdot b_1 + a_2 \cdot b_2 + a_3 \cdot b_3$$

$$\cos \varphi = \frac{\vec{a} \circ \vec{b}}{a \cdot b}$$

φ eingeschlossener Winkel von $\vec{a}$ und $\vec{b}$; $\varphi = \sphericalangle(\vec{a}, \vec{b})$

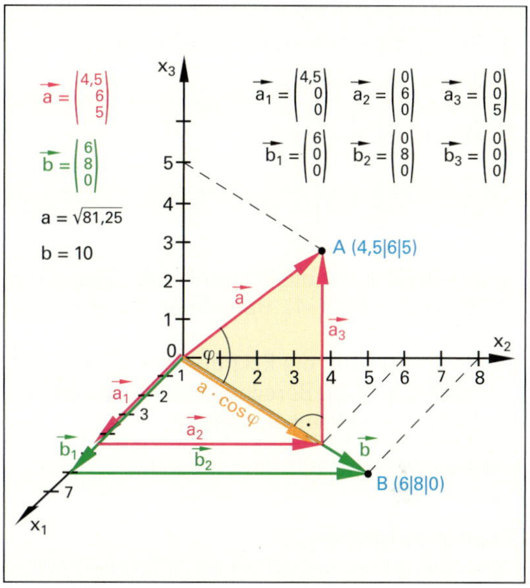

Bild 1: Skalarproduktberechnung im Raum

Beispiel 3: Skalarprodukt

Wie muss die Länge a des Vektors $\vec{a}$ aus **Bild 1** bei Beibehaltung der Richtung verändert werden, wenn das Skalarprodukt $\vec{a} \circ \vec{b}$ = 150 beträgt?

Lösung:

Der Ansatz $\vec{a} \circ \begin{pmatrix} 6 \\ 8 \\ 0 \end{pmatrix} = 150$ führt nicht weiter, da durch einen Vektor nicht dividiert werden kann!

Ansatz:

$$(m \cdot \vec{a}) \circ \vec{b} = \left(m \cdot \begin{pmatrix} 4{,}5 \\ 6 \\ 5 \end{pmatrix} \right) \circ \vec{b} = \begin{pmatrix} 4{,}5 \cdot m \\ 6 \cdot m \\ 5 \cdot m \end{pmatrix} \circ \vec{b}$$

$$= 150$$

$$\begin{pmatrix} 4{,}5 \cdot m \\ 6 \cdot m \\ 5 \cdot m \end{pmatrix} \circ \begin{pmatrix} 6 \\ 8 \\ 0 \end{pmatrix} = 18 \cdot m + 48 \cdot m = 75 \cdot m = 150$$

$$m = 2.$$

Die Länge a muss verdoppelt werden.

$$a = 2 \cdot \sqrt{81{,}25} = \sqrt{325} = 5 \cdot \sqrt{13} = 18{,}028$$

Überprüfen Sie Ihr Wissen!

Beispielaufgaben

Skalarprodukt

1. Berechnen Sie die Skalarprodukte der Vektoren

a) $\vec{a} = \begin{pmatrix} 2,5 \\ -3 \\ 1 \end{pmatrix}$; $\vec{b} = \begin{pmatrix} 4 \\ 0,5 \\ -1,5 \end{pmatrix}$

b) $\vec{c} = \begin{pmatrix} 3 \\ -5 \\ 4 \end{pmatrix}$; $\vec{d} = \begin{pmatrix} 11 \\ 16 \\ 12 \end{pmatrix}$

2. Berechnen Sie die eingeschlossenen Winkel der Vektorpaare aus Aufgabe 1.

3. Überprüfen Sie, ob folgende Vektoren senkrecht zueinander stehen.

a) $\vec{a} = \begin{pmatrix} 3 \\ -5 \\ 4 \end{pmatrix}$; $\vec{b} = \begin{pmatrix} 1,3 \\ 12 \\ 4 \end{pmatrix}$

b) $\vec{c} = \begin{pmatrix} 3 \\ -5 \\ 4 \end{pmatrix}$; $\vec{d} = \begin{pmatrix} -4 \\ -0,4 \\ 2,5 \end{pmatrix}$

4. Ein Dreieck hat die Eckpunkte A (2|–2|–1), B (–2|0|–5) und C (6|–1|–1). Berechnen Sie die Innenwinkel.

5. Ein Dreieck hat die Eckpunkte A (3|–4|1), B (5|6|–3) und C $(7|-1|c_3)$. Berechnen Sie c_3 so, dass im Punkt B ein rechter Winkel entsteht.

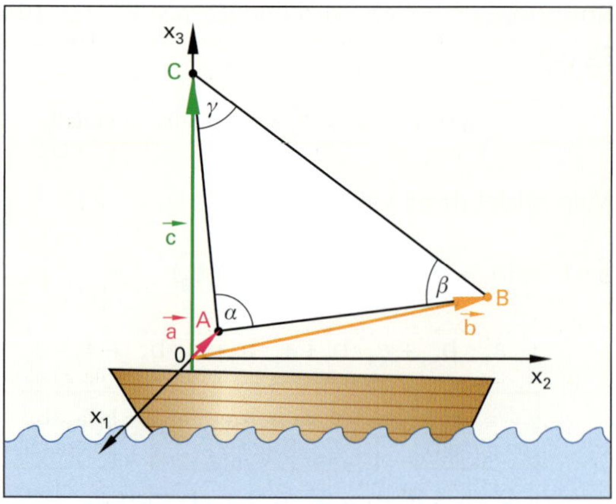

Bild 1: Segelboot

3. Das Segel des Segelschiffes in **Bild 1** bildet ein Dreieck mit den Punkten A (0|0,5|0,5), B (–0,5|6,5|1) und C (0|0|5).

a) Berechnen Sie die Kantenlängen des Segels.

b) Berechnen Sie die Winkel α, β und γ.

4. Ein Dreieck hat die Eckpunkte A (7|3|4), B (3|5|0) und C (11|4|4). Berechnen Sie die Seitenlängen und die Innenwinkel.

Übungsaufgaben

1. Prüfen Sie, ob folgende Vektoren orthogonal sind:

a) $\vec{a} = \begin{pmatrix} 2 \\ 0 \\ 3 \end{pmatrix}$ und $\vec{b} = \begin{pmatrix} 0 \\ -8 \\ 6 \end{pmatrix}$

b) $\vec{a} = \begin{pmatrix} 2,5 \\ 1 \\ -4 \end{pmatrix}$ und $\vec{b} = \begin{pmatrix} -2 \\ 9 \\ 1 \end{pmatrix}$

c) $\vec{a} = \begin{pmatrix} 1,3 \\ -4 \\ 1 \end{pmatrix}$ und $\vec{b} = \begin{pmatrix} 5 \\ 2 \\ 1,5 \end{pmatrix}$

d) $\vec{a} = \begin{pmatrix} 2,2 \\ 0 \\ -3 \end{pmatrix}$ und $\vec{b} = \begin{pmatrix} 8 \\ -8 \\ 5,5 \end{pmatrix}$

2. Berechnen Sie das Skalarprodukt und den eingeschlossenen Winkel folgender Vektoren:

a) $\vec{a} = \begin{pmatrix} 2 \\ 0 \\ 3 \end{pmatrix}$ und $\vec{b} = \begin{pmatrix} 1 \\ -8 \\ 6 \end{pmatrix}$

b) $\vec{a} = \begin{pmatrix} 2,5 \\ 2 \\ -4 \end{pmatrix}$ und $\vec{b} = \begin{pmatrix} -2 \\ 9 \\ 2 \end{pmatrix}$

c) $\vec{a} = \begin{pmatrix} 3 \\ -4 \\ 10 \end{pmatrix}$ und $\vec{b} = \begin{pmatrix} 5 \\ 2 \\ 1,5 \end{pmatrix}$

d) $\vec{a} = \begin{pmatrix} 7 \\ 0 \\ -3 \end{pmatrix}$ und $\vec{b} = \begin{pmatrix} 8 \\ -8 \\ 9 \end{pmatrix}$

Lösungen Beispielaufgaben

Skalarprodukt

1. a) 7 **b)** 1

2. a) 66,19° **b)** 89,65°

3. a) nein **b)** ja

4. α = 124,5°; β = 22,2°; γ = 33,3°

5. –19,5

Lösungen Übungsaufgaben

1. a) $\vec{a} \not\perp \vec{b}$ **b)** $\vec{a} \perp \vec{b}$
c) $\vec{a} \perp \vec{b}$ **d)** $\vec{a} \not\perp \vec{b}$

2. a) 20; 56,56° **b)** 5; 84,06°
c) 22; 69,39° **d)** 29; 74,74°

3. a) 6,04; 4,53; 7,65
b) 91,6°; 36,3°; 52,2°

4. 6; 9; 4,12 und 124,5°; 22,2°; 33,3°

5. Das Segelschiff **(Bild 1)** legt den Weg $\vec{s}$ zurück. Es wird dabei von der Windkraft $\vec{F}$ angetrieben.

a) Berechnen Sie die mechanische Arbeit W, welche bei der Fahrt verrichtet wird.

b) Ermitteln Sie rechnerisch den Winkel zwischen Windrichtung und Fahrtrichtung.

c) Welche Entfernung legt das Segelschiff zurück?

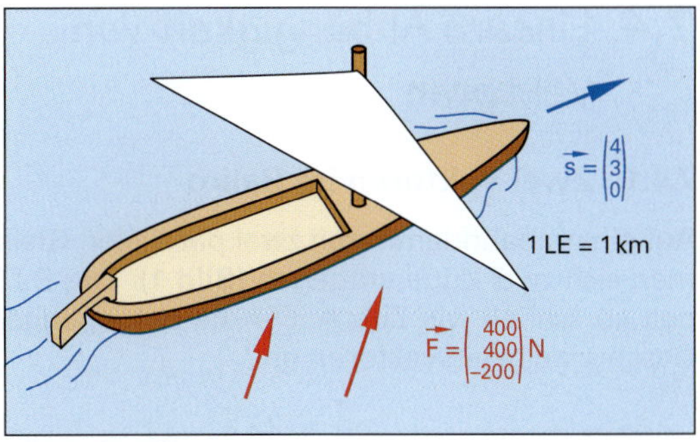

Bild 1: Segelboot

6. Ein Dreieck hat die Eckpunkte A (2|3|2), B (0|2|0) und C (–3|–4|6).

a) Zeigen Sie, dass das Dreieck rechtwinklig ist.

b) Bestimmen Sie die anderen beiden Winkel des Dreiecks.

c) Berechnen Sie den Punkt D, sodass aus dem Dreieck ein Viereck wird.

7. Der Wagen aus **Bild 2** wird mit der Kraft F vom Punkt 0 (0|0|0) zum Punkt S (0|99,5|10) gezogen. Die Einheit des Weges ist Meter m, die Einheit der Kraft ist Newton N.

a) Berechnen Sie die Weglänge s.

b) Berechnen Sie den Betrag F der Kraft $\vec{F}$.

c) Berechnen Sie mithilfe des Skalarprodukts $W = \vec{F} \circ \vec{s}$ die mechanische Arbeit W.

d) Unter welchem Winkel φ gegenüber der Strecke wird der Wagen nach oben gezogen?

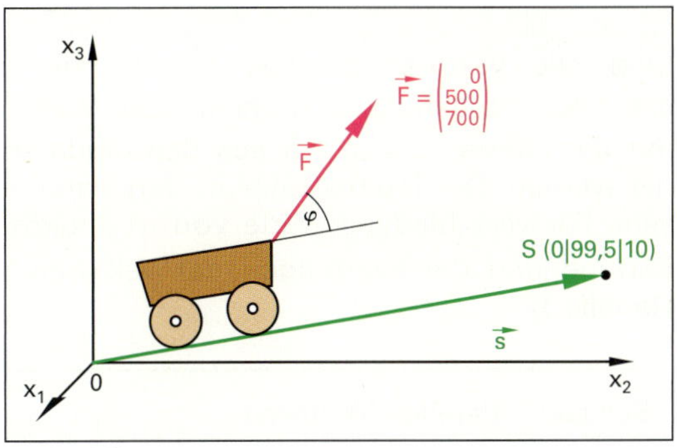

Bild 2: Wagen

8. Das Profil eines Deiches ist trapezförmig **(Bild 3)**. Die Kanten des Deiches (Trapez) sind die Vektoren

$$\vec{a} = \begin{pmatrix} 8 \\ 15 \\ 6 \end{pmatrix};\ \vec{b},\ \vec{c} = \begin{pmatrix} 16 \\ 30 \\ 0 \end{pmatrix} \text{ und } \vec{d}.$$

1 Längeneinheit entspricht 1 m. Berechnen Sie

a) die Gesamtbreite c des Deiches,

b) die Kanten $\vec{d}$ und $\vec{b}$,

c) die Anstiegswinkel der Deichflanken,

d) Umfang und Flächeninhalt des Deichprofils,

e) das Gewicht von 100 m Länge des Deiches, wenn die Dichte 3 t je Kubikmeter beträgt.

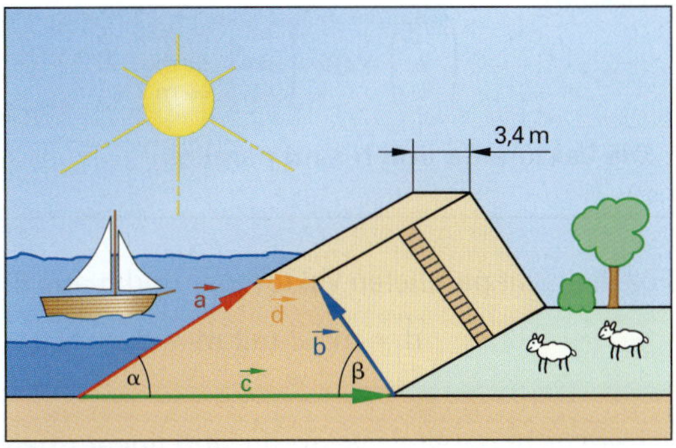

Bild 3: Deichprofil

Lösungen Übungsaufgaben

5. a) W = 2,8 MNm

b) 21°

c) 5 km

6. a) $\overrightarrow{AB} \circ \overrightarrow{BC} = 0 \Rightarrow \beta = 90°$

b) $\alpha = 71{,}6°$; $\gamma = 18{,}4°$

c) D (–1|–3|8)

Lösungen Übungsaufgaben

7. a) 100 m **b)** 860 N

c) 56 750 Nm **d)** 48,7°

8. a) 34 m

b) $\vec{d} = \begin{pmatrix} 1{,}6 \\ 3 \\ 0 \end{pmatrix}$, $\vec{b} = \begin{pmatrix} -6{,}4 \\ -1{,}2 \\ 6 \end{pmatrix}$

c) 19,44°; $\beta = 23{,}8°$

d) U = 70,29 m; A = 112,2 m²

e) G = 366 600 t

7.4 Lineare Abhängigkeit von Vektoren

7.4.1 Zwei Vektoren im Raum

Auf einem Bahndamm mit zwei parallelen Gleisen kommen sich zwei Züge entgegen **(Bild 1)**. Zug B fährt doppelt so schnell wie Zug A. Für die entgegengerichteten Geschwindigkeitsvektoren gilt:

$$\vec{b} = -2 \cdot \vec{a}$$

Parallele Vektoren heißen auch kollinear.

Sind zwei Vektoren parallel, so sind sie voneinander linear abhängig, d.h. einer der Vektoren kann mit der Formel $\vec{b} = m \cdot \vec{a}$ aus dem anderen berechnet werden. Der Multiplikator m darf dabei nicht null sein. Für verschiedene Werte von m ändern sich die Beträge und die Richtungen der Vektoren $\vec{a}$ und $\vec{b}$ **(Tabelle 1)**.

Beispiel 1: Parallele Vektoren

Zeigen Sie, dass $\vec{a} = \begin{pmatrix} 0{,}3 \\ -0{,}4 \\ -1 \end{pmatrix}$ und $\vec{b} = \begin{pmatrix} -1{,}5 \\ 2 \\ 5 \end{pmatrix}$ parallel sind.

Lösung:

$$\begin{pmatrix} -1{,}5 \\ 2 \\ 5 \end{pmatrix} = m \cdot \begin{pmatrix} 0{,}3 \\ -0{,}4 \\ -1 \end{pmatrix} \begin{matrix} \Rightarrow m = -5 \\ \Rightarrow m = -5 \\ \Rightarrow m = -5 \end{matrix}$$

Die Vektoren $\vec{a}$ und $\vec{b}$ sind parallel.

Für die nicht parallelen Vektoren $\vec{c}$ und $\vec{d}$ aus **Bild 2** gilt:

$$\vec{d} \neq m \cdot \vec{c} \text{ mit } m \neq 0$$

Zwei nicht parallele Vektoren sind linear unabhängig bzw. nicht kollinear.

Beispiel 2: Linear unabhängige Vektoren

Zeigen Sie, dass die Vektoren $\vec{c} = \begin{pmatrix} 1 \\ 2 \\ 1 \end{pmatrix}$ und $\vec{d} = \begin{pmatrix} 2 \\ 4 \\ -2 \end{pmatrix}$ nicht kollinear (linear unabhängig) sind.

Lösung:

$$\begin{pmatrix} 2 \\ 4 \\ -2 \end{pmatrix} = m \cdot \begin{pmatrix} 1 \\ 2 \\ 1 \end{pmatrix} \begin{matrix} \Rightarrow m = 2 \\ \Rightarrow m = 2 \\ \Rightarrow m = -2 \end{matrix}$$

Es gibt keinen gemeinsamen Wert m für alle drei Richtungskomponenten.

Die Vektoren $\vec{c}$ und $\vec{d}$ sind linear unabhängig, also nicht kollinear.

$$\boxed{\vec{a} = m \cdot \vec{b}} \quad m \in \mathbb{R}\setminus\{0\}$$

$\vec{a}$, $\vec{b}$ parallele (kollineare) Vektoren
m Faktor (Skalar)

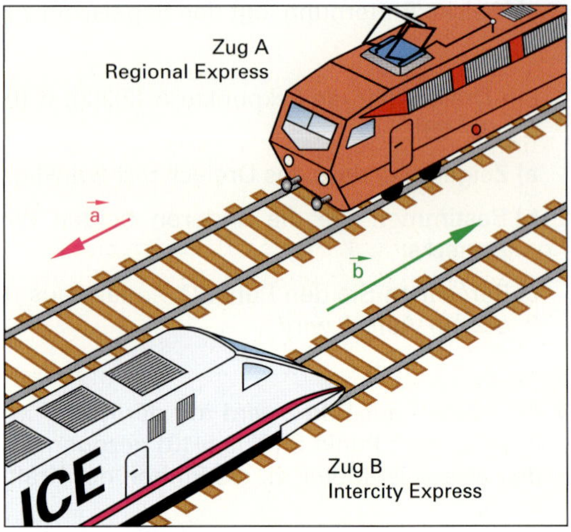

Bild 1: Parallele (kollineare) Vektoren

Tabelle 1: Abhängigkeiten paralleler Vektoren $\vec{b} = m \cdot \vec{a}$

Fall	Richtungen von $\vec{a}$ und $\vec{b}$	Beträge von $\vec{a}$ und $\vec{b}$
$-\infty < m < -1$	entgegengerichtet	$b > a$
$m = -1$; $\vec{a} = -\vec{b}$	entgegengerichtet	$b = a$
$-1 < m < 0$	entgegengerichtet	$b < a$
$0 < m < 1$	gleiche Richtung	$b < a$
$m = 1$; $\vec{a} = \vec{b}$	gleiche Richtung	$b = a$
$1 < m < \infty$	gleiche Richtung	$b > a$

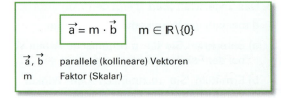

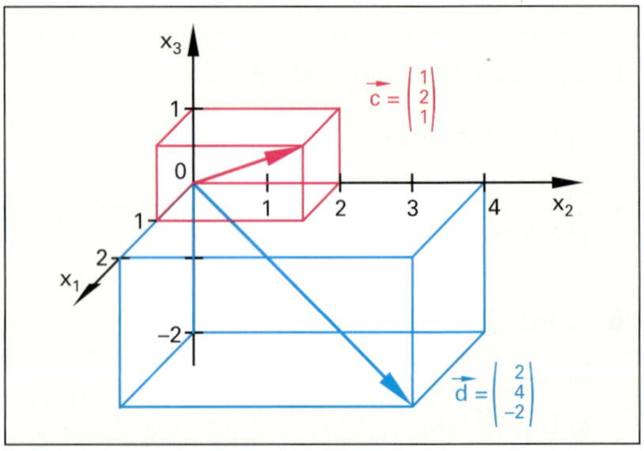

Bild 2: Linear unabhängige Vektoren

7.4.2 Drei Vektoren im Raum

Auf einem Hausdach befinden sich sechs Solarmodule mit den Kantenvektoren $\vec{a}$ und $\vec{b}$. Sie bilden zusammen ein Solarfeld **(Bild 1)**. Der Vektor $\vec{c}$ ist der Diagonalenvektor des Solarfeldes. Es gilt:

$$\vec{c} = 3 \cdot \vec{a} + 2 \cdot \vec{b} = 3 \cdot \begin{pmatrix} 0 \\ 1 \\ 0 \end{pmatrix} + 2 \cdot \begin{pmatrix} -1 \\ 0 \\ 1 \end{pmatrix} = \begin{pmatrix} 0-2 \\ 3+0 \\ 0+2 \end{pmatrix} = \begin{pmatrix} -2 \\ 3 \\ 2 \end{pmatrix}$$

$$\boxed{\vec{c} = m \cdot \vec{a} + n \cdot \vec{b}} \quad m \text{ und } n \in \mathbb{R}\setminus\{0\}$$

$\vec{a}, \vec{b}, \vec{c}$ komplanare (linear abhängige) Vektoren
m, n Faktoren

Drei Vektoren unterschiedlicher Richtung heißen komplanar, wenn sie in einer Ebene liegen.

Komplanare (von lat. communis = gemeinsam und planum = Ebene) Vektoren sind voneinander linear abhängig, d. h. einer der Vektoren, z. B. $\vec{c}$, kann mit der Formel $\vec{c} = m \cdot \vec{a} + n \cdot \vec{b}$ aus den beiden anderen berechnet werden. Die Multiplikatoren m und n dürfen dabei nicht null sein. Für verschiedene Werte von m und n ändern sich Richtung und Länge des Vektors $\vec{c}$ in der durch $\vec{a}$ und $\vec{b}$ festgelegten Ebene.

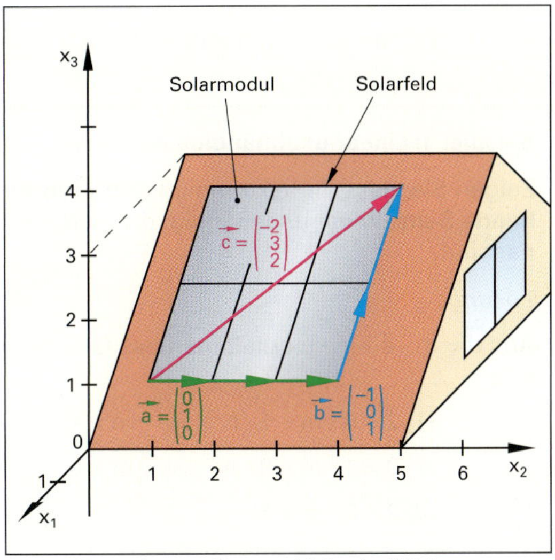

Bild 1: Komplanare (linear abhängige) Vektoren

Beispiel 1: Linear abhängige Vektoren

Zeigen Sie, dass $\vec{a} = \begin{pmatrix} 5 \\ 7 \\ 3 \end{pmatrix}$, $\vec{b} = \begin{pmatrix} 3 \\ 1 \\ 3 \end{pmatrix}$ und $\vec{c} = \begin{pmatrix} 2 \\ 6 \\ 0 \end{pmatrix}$ in einer Ebene liegen.

Lösung:

$$\vec{c} = m \cdot \vec{a} + n \cdot \vec{b}$$

$$\begin{pmatrix} 2 \\ 6 \\ 0 \end{pmatrix} = m \cdot \begin{pmatrix} 5 \\ 7 \\ 3 \end{pmatrix} + n \cdot \begin{pmatrix} 3 \\ 1 \\ 3 \end{pmatrix}$$

Man sieht, dass man $\vec{c}$ erhält, wenn man $\vec{b}$ von $\vec{a}$ subtrahiert. Damit ist die Gleichung für m = 1 und n = –1 für alle drei Richtungskomponenten erfüllt.

Die Vektoren sind für m = 1 und n = –1 komplanar.

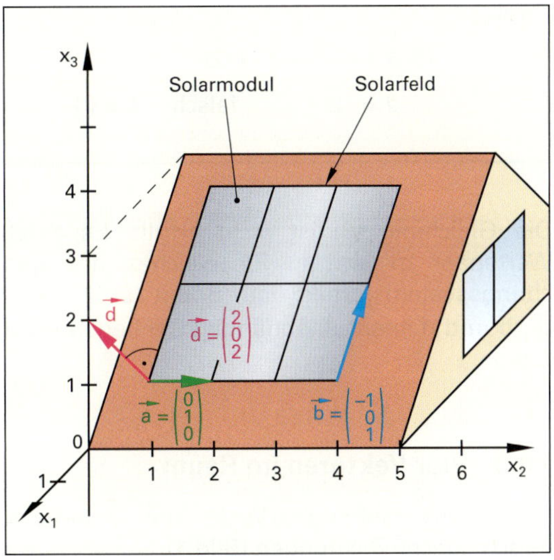

Bild 2: Linear unabhängige Vektoren

Die Vektorgleichung aus dem Beispiel 1 lässt sich als lineares Gleichungssystem mit *drei Gleichungen* ausdrücken, welches nur *zwei Unbekannte* enthält.

$$\left.\begin{array}{ll} (1) & 2 = 5\,m + 3\,n \\ (2) & 6 = 7\,m + n \\ (3) & 0 = 3\,m + 3\,n \end{array}\right\} (1) - (3)$$

Damit ist das Gleichungssystem überbestimmt. Aus zwei der drei Gleichungen berechnet man die Unbekannten m und n und setzt die berechneten Werte in die dritte Gleichung ein.

(1) – (3): $2 = 2\,m$

$m = 1$ (4)

(4) in (3): $0 = 3 + 3\,n$

$n = -1$ (5)

Ist diese Gleichung, hier (2) erfüllt, sind die Vektoren komplanar, ist die dritte Gleichung nicht erfüllt, sind die Vektoren linear unabhängig.

(4), (5) in (2): $6 = 7 \cdot 1 + (-1)$

$6 = 6$ Bedingung erfüllt

Der Vektor $\vec{d}$ steht senkrecht zum Solarfeld **(Bild 2, vorhergehende Seite)**. Er kann nicht als Linearkombination aus den Vektoren $\vec{a}$ und $\vec{b}$ gebildet werden. Die Vektoren sind linear unabhängig.

Drei Vektoren verschiedener Richtung sind linear unabhängig, wenn sie nicht in einer Ebene liegen.

Für linear unabhängige Vektoren gilt:

$$\vec{d} \neq m \cdot \vec{a} + n \cdot \vec{b} \text{ mit } m \neq 0 \text{ und } n \neq 0$$

Beispiel 1: Linear unabhängige Vektoren

Zeigen Sie, dass die Vektoren im **Bild 2, vorhergehende Seite**, linear unabhängig, d. h. nicht komplanar sind.

Lösung:

Aus $\vec{d} = m \cdot \vec{a} + n \cdot \vec{b}$ erhält man das Gleichungssystem:

$$(1)\ 2 = 0 \cdot m - 1 \cdot n \quad \Rightarrow \quad n = -2$$

$$(2)\ 0 = 1 \cdot m + 0 \cdot n \quad \Rightarrow \quad m = 0$$

$$(3)\ 2 = 0 \cdot m + 1 \cdot n$$

Aus den Gleichungen (1) und (2) erhält man das Wertepaar $m = 0$ und $n = -2$.

Setzt man diese Werte in Gleichung (3) ein, ergibt sich:

$$(3)\ 2 = 0 \cdot 0 + 1 \cdot (-2)$$

$$2 = -2 \quad \text{falsch} \quad \mathbf{L = \{\,\}}$$

Die Gleichung (3) ist nicht erfüllt. Es existiert kein Wertepaar m und n, für welches das ganze Gleichungssystem erfüllt ist. Somit sind die Vektoren $\vec{a}$, $\vec{b}$ und $\vec{d}$ linear unabhängig. Sie liegen nicht in einer Ebene.

7.4.3 Vier Vektoren im Raum

Drei linear unabhängige Vektoren $\vec{a}$, $\vec{b}$ und $\vec{c}$ haben unterschiedliche Richtungen **(Bild 1)**.

Mit der Vektorgleichung (Linearkombination)

$$\vec{d} = l \cdot \vec{a} + m \cdot \vec{b} + n \cdot \vec{c}$$

erhält man jeden beliebigen Vektor im Raum.

Vier Vektoren unterschiedlicher Richtung sind im dreidimensionalen Raum immer linear abhängig.

$$\vec{d} = l \cdot \vec{a} + m \cdot \vec{b} + n \cdot \vec{c}$$

l, m und $n \in \mathbb{R}\setminus\{0\}$

$\vec{a}, \vec{b}, \vec{c}, \vec{d}$ linear abhängige Vektoren
l, m, n Faktoren

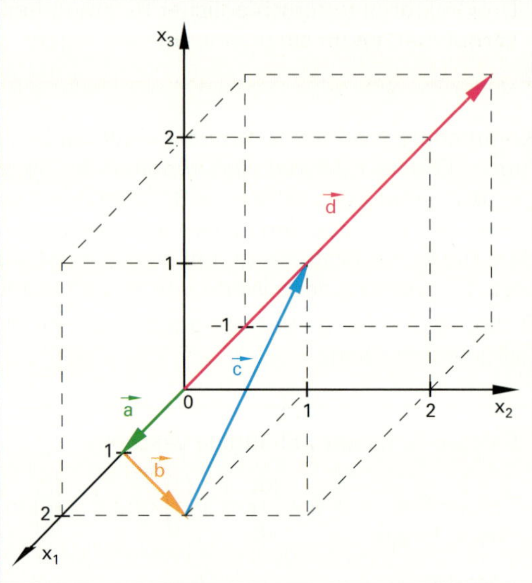

Bild 1: Linear abhängige Vektoren im Raum

Aus diesem Grund benötigt man nur die drei Koordinatenachsen mit ihren Basisvektoren, um jeden Raumvektor darstellen zu können.

Beispiel 2: Vier Vektoren im Raum

Zeigen Sie, dass die Vektoren im **Bild 1** für $l = -2$, $m = 1$ und $n = 1$ linear abhängig sind.

Lösung:

Aus der Zeichnung werden die Vektoren abgelesen:

$$\vec{a} = \begin{pmatrix} 1 \\ 0 \\ 0 \end{pmatrix}, \vec{b} = \begin{pmatrix} 1 \\ 1 \\ 0 \end{pmatrix}, \vec{c} = \begin{pmatrix} 0 \\ 1 \\ 2 \end{pmatrix} \text{ und } \vec{d} = \begin{pmatrix} -1 \\ 2 \\ 2 \end{pmatrix}$$

Es gilt:

$$\vec{d} = -2 \cdot \vec{a} + \vec{b} + \vec{c} = -2 \cdot \begin{pmatrix} 1 \\ 0 \\ 0 \end{pmatrix} + \begin{pmatrix} 1 \\ 1 \\ 0 \end{pmatrix} + \begin{pmatrix} 0 \\ 1 \\ 2 \end{pmatrix}$$

$$= \begin{pmatrix} -2 + 1 + 0 \\ 0 + 1 + 1 \\ 0 + 0 + 2 \end{pmatrix}$$

$$\vec{d} = \begin{pmatrix} -1 \\ 2 \\ 2 \end{pmatrix}$$ **Die Vektoren sind linear abhängig.**

Überprüfen Sie Ihr Wissen!

Beispielaufgaben

Zwei Vektoren im Raum

1. Welche Bedeutung hat die Eigenschaft kollinear?

2. Sind alle kollinearen Vektoren gleichgerichtet?

3. Welche Bedeutung hat die Eigenschaft linear unabhängig?

Drei Vektoren im Raum

1. Welche Bedeutung hat die Eigenschaft komplanar?

2. Gegeben sind $\vec{a} = \begin{pmatrix} 4 \\ 4 \\ -4 \end{pmatrix}$, $\vec{b} = \begin{pmatrix} 1 \\ -3 \\ 2 \end{pmatrix}$ und $\vec{c} = \begin{pmatrix} 4 \\ -4 \\ 2 \end{pmatrix}$.

Für welche Werte m und n sind die Vektoren komplanar; $\vec{c} = m \cdot \vec{a} + n \cdot \vec{b}$.

Vier Vektoren im Raum

1. Prüfen Sie, ob folgende Vektoren parallel sind:

a) $\vec{a} = \begin{pmatrix} 3{,}6 \\ -6 \\ 7{,}2 \end{pmatrix}$, $\vec{b} = \begin{pmatrix} -3 \\ 5 \\ -6 \end{pmatrix}$ **b)** $\vec{a} = \begin{pmatrix} 6 \\ -10 \\ -12 \end{pmatrix}$, $\vec{b} = \begin{pmatrix} -3 \\ 5 \\ -6 \end{pmatrix}$

2. Prüfen Sie, ob folgende Vektoren in einer Ebene liegen:

a) $\vec{a} = \begin{pmatrix} 6 \\ 9 \\ 12 \end{pmatrix}$, $\vec{b} = \begin{pmatrix} 2 \\ 1 \\ -1 \end{pmatrix}$, $\vec{c} = \begin{pmatrix} 8 \\ 6 \\ 1 \end{pmatrix}$

b) $\vec{a} = \begin{pmatrix} 3 \\ 4 \\ 2 \end{pmatrix}$, $\vec{b} = \begin{pmatrix} 2 \\ -2 \\ 4 \end{pmatrix}$, $\vec{c} = \begin{pmatrix} 6 \\ 6 \\ 3 \end{pmatrix}$

Lösungen Beispielaufgaben

Zwei Vektoren im Raum

1. Parallel.

2. Nein, auch entgegengerichtet möglich.

3. Nicht parallel, nicht kollinear.

Drei Vektoren im Raum

1. In einer Ebene liegend.

2. m = 0,5 und n = 2.

Vier Vektoren im Raum

1. a) parallel
b) linear unabhängig

2. a) in einer Ebene
b) nicht in einer Ebene

Übungsaufgaben

1. Prüfen Sie, ob folgende Vektoren parallel sind.

a) $\vec{a} = \begin{pmatrix} -2 \\ 3 \\ 4 \end{pmatrix}$ und $\vec{b} = \begin{pmatrix} -0{,}25 \\ 0{,}375 \\ 0{,}8 \end{pmatrix}$ **b)** $\vec{a} = \begin{pmatrix} 12 \\ -6 \\ 24 \end{pmatrix}$ und $\vec{b} = \begin{pmatrix} -2 \\ 1 \\ -4 \end{pmatrix}$

c) $\vec{a} = \begin{pmatrix} -2{,}6 \\ 0 \\ 6{,}5 \end{pmatrix}$ und $\vec{b} = \begin{pmatrix} -2 \\ 0 \\ 5 \end{pmatrix}$ **d)** $\vec{a} = \begin{pmatrix} 2 \\ 0 \\ -3 \end{pmatrix}$ und $\vec{b} = \begin{pmatrix} 8 \\ 0 \\ 12 \end{pmatrix}$

2. Prüfen Sie, ob die Vektoren $\vec{a}$ und $\vec{b}$ parallel sind.

a) $\vec{a} = \begin{pmatrix} 1{,}1 \\ 2{,}2 \\ -3{,}3 \end{pmatrix}$; $\vec{b} = \begin{pmatrix} -4 \\ -8 \\ 12 \end{pmatrix}$ **b)** $\vec{a} = \begin{pmatrix} 1{,}3 \\ 1{,}2 \\ 1{,}7 \end{pmatrix}$; $\vec{b} = \begin{pmatrix} 0{,}91 \\ 0{,}841 \\ 1{,}19 \end{pmatrix}$

c) $\vec{a} = \begin{pmatrix} 7{,}5 \\ -2{,}5 \\ 1{,}5 \end{pmatrix}$; $\vec{b} = \begin{pmatrix} -4{,}5 \\ 1{,}5 \\ -0{,}9 \end{pmatrix}$ **d)** $\vec{a} = \begin{pmatrix} 1{,}5 \\ 0{,}9 \\ 4{,}5 \end{pmatrix}$; $\vec{b} = \begin{pmatrix} 10{,}5 \\ 6{,}3 \\ 31{,}5 \end{pmatrix}$

3. Prüfen Sie, ob folgende Vektoren in einer Ebene liegen, d. h. ob sie komplanar sind.

a) $\vec{a} = \begin{pmatrix} 2 \\ 2 \\ 3 \end{pmatrix}$, $\vec{b} = \begin{pmatrix} 1 \\ -8 \\ 6 \end{pmatrix}$ und $\vec{c} = \begin{pmatrix} 7 \\ -20 \\ 24 \end{pmatrix}$

b) $\vec{a} = \begin{pmatrix} 3 \\ 10 \\ 4 \end{pmatrix}$, $\vec{b} = \begin{pmatrix} -2 \\ -8 \\ -3 \end{pmatrix}$ und $\vec{c} = \begin{pmatrix} 20 \\ 60 \\ 25 \end{pmatrix}$

4. Prüfen Sie, ob die Vektoren in einer Ebene liegen.

a) $\vec{a} = \begin{pmatrix} 1{,}2 \\ 1{,}3 \\ -2 \end{pmatrix}$; $\vec{b} = \begin{pmatrix} 2 \\ 4{,}4 \\ 6 \end{pmatrix}$ und $\vec{c} = \begin{pmatrix} 3{,}4 \\ 4{,}8 \\ -1 \end{pmatrix}$

b) $\vec{a} = \begin{pmatrix} -72 \\ 144 \\ 90 \end{pmatrix}$; $\vec{b} = \begin{pmatrix} 32 \\ -8 \\ 96 \end{pmatrix}$ und $\vec{c} = \begin{pmatrix} -32 \\ 50 \\ 6 \end{pmatrix}$

c) $\vec{a} = \begin{pmatrix} 91 \\ -13 \\ 39 \end{pmatrix}$; $\vec{b} = \begin{pmatrix} 51 \\ 187 \\ 119 \end{pmatrix}$ und $\vec{c} = \begin{pmatrix} 10 \\ 10 \\ 10 \end{pmatrix}$

Lösungen Übungsaufgaben

1. a) $\vec{a} \nparallel \vec{b}$
b) $\vec{a} \parallel \vec{b}$
c) $\vec{a} \parallel \vec{b}$
d) $\vec{a} \nparallel \vec{b}$

2. a) parallel **b)** nicht parallel
c) parallel **d)** parallel

3. a) komplanar **b)** komplanar

4. a) komplanar **b)** komplanar
c) komplanar

7.4.4 Basisvektoren

7.4.4.1 Eigenschaften von linear unabhängigen Vektoren

Linear unabhängig sind Vektoren, wenn ein Vektor nicht durch die anderen darstellbar ist. Andernfalls nennt man sie linear abhängig.

Beispiel 1: Lineare Abhängigkeit

Gegeben sind die Vektoren:

$\vec{a} = \begin{pmatrix} -1 \\ -3 \\ 4 \end{pmatrix}$; $\vec{b} = \begin{pmatrix} 2 \\ 2 \\ 3 \end{pmatrix}$; $\vec{c} = \begin{pmatrix} -2 \\ 1 \\ -5 \end{pmatrix}$; $\vec{d} = \begin{pmatrix} 3 \\ -4 \\ 5 \end{pmatrix}$

a) Zeigen Sie, dass die Vektoren $\vec{a}$, $\vec{b}$, $\vec{c}$ eine Basis des $\mathbb{R}^3$ bilden.

b) Ist der Vektor $\vec{d}$ als Linearkombination der Vektoren $\vec{a}$, $\vec{b}$, $\vec{c}$ darstellbar?

Lösung:

a) Als erster Schritt ist die lineare Unabhängigkeit der Vektoren $\vec{a}$, $\vec{b}$, $\vec{c}$, $\vec{d}$ zu überprüfen. Da die Vektoren alle aus dem dreidimensionalen Vektorraum stammen, können vier Vektoren daraus nur linear abhängig sein.

Die Bestätigung ergibt mit dem Ansatz:

$r_1 \cdot \vec{a} + r_2 \cdot \vec{b} + r_3 \cdot \vec{c} + r_4 \cdot \vec{d} = \vec{0}$; $r_1, r_2, r_3, r_4 \in \mathbb{R}$

Wir wählen die ersten drei Vektoren $\vec{a}$, $\vec{b}$, $\vec{c}$ aus und prüfen erneut auf lineare Unabhängigkeit.

Ansatz:

$r_1 \cdot \vec{a} + r_2 \cdot \vec{b} + r_3 \cdot \vec{c} = \vec{0}$;

$$\Leftrightarrow r_1 \cdot \begin{pmatrix} -1 \\ -3 \\ 4 \end{pmatrix} + r_2 \cdot \begin{pmatrix} 2 \\ 2 \\ 3 \end{pmatrix} + r_3 \cdot \begin{pmatrix} -2 \\ 1 \\ -5 \end{pmatrix} = \begin{pmatrix} 0 \\ 0 \\ 0 \end{pmatrix}$$

$$\begin{array}{c} r_1\; r_2\; r_3 \\ \Leftrightarrow \left(\begin{array}{ccc|c} -1 & 2 & -2 & 0 \\ -3 & 2 & 1 & 0 \\ 4 & 3 & -5 & 0 \end{array}\right) \end{array} \Leftrightarrow \begin{array}{c} r_1\; r_2\; r_3 \\ \left(\begin{array}{ccc|c} -1 & 2 & -2 & 0 \\ 0 & -4 & 7 & 0 \\ 0 & 0 & 6{,}25 & 0 \end{array}\right) \end{array} \Leftrightarrow \begin{array}{c} r_1\; r_2\; r_3 \\ \left(\begin{array}{ccc|c} 1 & 0 & 0 & 0 \\ 0 & 1 & 0 & 0 \\ 0 & 0 & 1 & 0 \end{array}\right) \end{array}$$

$\Rightarrow L = \{(0|0|0)\}$

Die Vektoren $\vec{a}$, $\vec{b}$, $\vec{c}$ sind linear unabhängig.

b) Darstellung des Vektors $\vec{d}$ als Linearkombination:

$r_1 \cdot \vec{a} + r_2 \cdot \vec{b} + r_3 \cdot \vec{c} = \vec{d}$.

$$r_1 \cdot \begin{pmatrix} -1 \\ -3 \\ 4 \end{pmatrix} + r_2 \cdot \begin{pmatrix} 2 \\ 2 \\ 3 \end{pmatrix} + r_3 \cdot \begin{pmatrix} -2 \\ 1 \\ -5 \end{pmatrix} = \begin{pmatrix} 3 \\ -4 \\ 5 \end{pmatrix}$$

$$\begin{array}{c} r_1\; r_2\; r_3 \\ \Leftrightarrow \left(\begin{array}{ccc|c} -1 & 2 & -2 & 3 \\ -3 & 2 & 1 & -4 \\ 4 & 3 & -5 & 5 \end{array}\right) \end{array} \Leftrightarrow \begin{array}{c} r_1\; r_2\; r_3 \\ \left(\begin{array}{ccc|c} -1 & 2 & -2 & 3 \\ 0 & -4 & 7 & -13 \\ 0 & 11 & -13 & 17 \end{array}\right) \end{array}$$

$$\begin{array}{c} r_1\; r_2\; r_3 \\ \Leftrightarrow \left(\begin{array}{ccc|c} -1 & 2 & -2 & 3 \\ 0 & -4 & 7 & -13 \\ 0 & 0 & 6{,}25 & -18{,}75 \end{array}\right) \end{array} \Leftrightarrow \begin{array}{c} r_1\; r_2\; r_3 \\ \left(\begin{array}{ccc|c} 1 & 0 & 0 & -1 \\ 0 & 1 & 0 & -2 \\ 0 & 0 & 1 & -3 \end{array}\right) \end{array}$$

Die Lösung $L = \{(-1|-2|-3)\}$ bedeutet, dass der Vektor $\vec{d}$ als Linearkombination darstellbar ist in der Form:

$$\vec{d} = (-1) \cdot \begin{pmatrix} -1 \\ -3 \\ 4 \end{pmatrix} + (-2) \cdot \begin{pmatrix} 2 \\ 2 \\ 3 \end{pmatrix} + (-3) \cdot \begin{pmatrix} -2 \\ 1 \\ -5 \end{pmatrix} = \begin{pmatrix} 3 \\ -4 \\ 5 \end{pmatrix}$$

Die Koeffizienten r_1, r_2, r_3 der Basisvektoren entsprechen den Koordinaten des Vektors $\vec{d}$.

Lineare Unabhängigkeit von n Vektoren

- Die Vektoren $\vec{a_1}, \vec{a_2}, \dots \vec{a_n}$ heißen linear unabhängig, wenn die Linearkombination $r_1 \cdot \vec{a_1} + r_2 \cdot \vec{a_2} + \dots + r_n \cdot \vec{a_n} = \vec{0}$ **nur** die triviale Lösung $L = (0|0| \dots 0|0)$ besitzt, d.h. alle r_i ($i = 1 \dots n$) gleich null sind ($r_i = 0$).

  Ist mindestens ein r_i ($i = 1, 2, \dots, n$) ungleich null $r_i \neq 0$, so sind die Vektoren $\vec{a_1}$, $\vec{a_2}, \dots \vec{a_n}$ linear abhängig.
- Linear unabhängige Vektoren haben im Anschauungsraum unterschiedliche Richtungen (ohne Gegenrichtung).
- Der Nullvektor ist immer linear abhängig.

Basisvektoren

- Sind die n Vektoren $\vec{b_1}, \vec{b_2}, \dots, \vec{b_n}$ linear unabhängig, dann bilden sie eine Basis des Vektorraumes $\mathbb{R}^n$.
- Da $\mathbb{R}^n$ n-Komponenten hat, hat der Vektorraum die Dimension n.
- Jeder Vektor $\vec{x} \in \mathbb{R}^n$ ist eindeutig mit diesen Basisvektoren in der Form $\vec{x} = r_1 \cdot \vec{b_1} + r_2 \cdot \vec{b_2} + \dots + r_n \cdot \vec{b_n}$ darstellbar.

  Basisdarstellung: $B = \{\vec{b_1}, \vec{b_2}, \dots, \vec{b_n}\}$

  Dimension von B: $\dim(B) = n$

Beispiel 2: Untersuchung auf Basiseigenschaften

Untersuchen Sie, ob die Vektoren $\vec{a}$, $\vec{b}$, $\vec{c}$ eine Basis des dreidimensionalen Vektorraums $\mathbb{R}^3$ bilden.

$\vec{a} = \begin{pmatrix} 1 \\ 3 \\ -4 \end{pmatrix}$; $\vec{b} = \begin{pmatrix} 2 \\ 2 \\ 3 \end{pmatrix}$; $\vec{c} = \begin{pmatrix} 3 \\ 1 \\ 10 \end{pmatrix}$

Lösung:

Untersuchung auf lineare Unabhängigkeit:

Ansatz: $r_1 \cdot \vec{a} + r_2 \cdot \vec{b} + r_3 \cdot \vec{c} = \vec{0}$; $r_1, r_2, r_3 \in \mathbb{R}$

$$r_1 \cdot \begin{pmatrix} 1 \\ 3 \\ -4 \end{pmatrix} + r_2 \cdot \begin{pmatrix} 2 \\ 2 \\ 3 \end{pmatrix} + r_3 \cdot \begin{pmatrix} 3 \\ 1 \\ 10 \end{pmatrix} = \begin{pmatrix} 0 \\ 0 \\ 0 \end{pmatrix}$$

$$\begin{array}{c} r_1\; r_2\; r_3 \\ \Leftrightarrow \left(\begin{array}{ccc|c} 1 & 2 & 3 & 0 \\ 3 & 2 & 1 & 0 \\ -4 & 3 & 10 & 0 \end{array}\right) \end{array} \Leftrightarrow \begin{array}{c} r_1\; r_2\; r_3 \\ \left(\begin{array}{ccc|c} 1 & 2 & 3 & 0 \\ 0 & -4 & -8 & 0 \\ 0 & 11 & 22 & 0 \end{array}\right) \end{array} \Leftrightarrow \begin{array}{c} r_1\; r_2\; r_3 \\ \left(\begin{array}{ccc|c} 1 & 2 & 3 & 0 \\ 0 & -4 & -8 & 0 \\ 0 & 0 & 0 & 0 \end{array}\right) \end{array}$$

$$\begin{array}{c} r_1\; r_2\; r_3 \\ \Leftrightarrow \left(\begin{array}{ccc|c} 1 & 2 & 3 & 0 \\ 0 & 1 & 2 & 0 \\ 0 & 0 & 0 & 0 \end{array}\right) \end{array}$$

Bei der Matrix wird eine Zeile gleich null. Damit hat das LGS beliebig viele Lösungselemente.

Dies bedeutet, dass die Vektoren $\vec{a}$, $\vec{b}$, $\vec{c}$ nicht linear unabhängig sind. Folglich sind die Vektoren linear abhängig und bilden damit keine Basis des Vektorraums $\mathbb{R}^3$.

7.4.4.2 Koordinatendarstellung von Vektoren

Ist $B = \{\vec{e_1}, \vec{e_2}, \vec{e_3}\}$ eine Basis aus den Einheitsvektoren des $\mathbb{R}^3$, dann lässt sich jeder Vektor $\vec{x}$ darstellen in der Form:

$$\vec{x} = x_1 \cdot \vec{e_1} + x_2 \cdot \vec{e_2} + x_3 \cdot \vec{e_3}$$

$$\text{mit } \vec{e_1} = \begin{pmatrix}1\\0\\0\end{pmatrix};\ \vec{e_2} = \begin{pmatrix}0\\1\\0\end{pmatrix};\ \vec{e_3} = \begin{pmatrix}0\\0\\1\end{pmatrix}$$

$$\text{bzw. } \begin{pmatrix}x_1\\x_2\\x_3\end{pmatrix} = r_1 \cdot \begin{pmatrix}1\\0\\0\end{pmatrix} + r_2 \cdot \begin{pmatrix}0\\1\\0\end{pmatrix} + r_3 \cdot \begin{pmatrix}0\\0\\1\end{pmatrix} \Leftrightarrow \begin{pmatrix}r_1\\r_2\\r_3\end{pmatrix}$$

Als Ergebnis erhält man $x_1 = r_1 \wedge x_2 = r_2 \wedge x_3 = r_3$.

Dies bedeutet, dass die Komponenten r_1, r_2, r_3 der Basisvektoren $\vec{e_1}, \vec{e_2}, \vec{e_3}$ den Koordinaten des Vektors $\vec{x}$ entsprechen.

Beispiel 1: Basis mit Einheitsvektoren

Berechnen Sie die Koordinaten des Vektors $\vec{x}$ bezüglich der Basis $B = \{\vec{e_1}, \vec{e_2}, \vec{e_3}\}$ mit

$$\vec{e_1} = \begin{pmatrix}1\\0\\0\end{pmatrix};\ \vec{e_2} = \begin{pmatrix}0\\1\\0\end{pmatrix};\ \vec{e_3} = \begin{pmatrix}0\\0\\1\end{pmatrix};\ \vec{x} = \begin{pmatrix}7\\5\\1\end{pmatrix}$$

Lösung: (Bild 1)

$$\begin{pmatrix}7\\5\\1\end{pmatrix} = x_1 \cdot \begin{pmatrix}1\\0\\0\end{pmatrix} + x_2 \cdot \begin{pmatrix}0\\1\\0\end{pmatrix} + x_3 \cdot \begin{pmatrix}0\\0\\1\end{pmatrix} \Leftrightarrow \begin{pmatrix}7\\5\\1\end{pmatrix} = \begin{pmatrix}x_1\\x_2\\x_3\end{pmatrix}$$

$$\Leftrightarrow \begin{array}{l} x_1 = 7\\ \wedge\ x_2 = 5\\ \wedge\ x_3 = 1 \end{array}$$

Der Vektor $\vec{x}$ hat im Koordinatensystem $\{0; \vec{e_1}; \vec{e_2}; \vec{e_3}\}$ die Koordinatendarstellung

$$\boldsymbol{\vec{x} = 7 \cdot \vec{e_1} + 5 \cdot \vec{e_2} + 1 \cdot \vec{e_3}}$$

Beispiel 2: Beliebige Basisvektoren

Berechnen Sie die Koordinaten des Vektors $\vec{x}$ bezüglich der Basis $B = \{\vec{b_1}, \vec{b_2}, \vec{b_3}\}$ mit

$$\vec{b_1} = \begin{pmatrix}1\\2\\1\end{pmatrix};\ \vec{b_2} = \begin{pmatrix}-1\\1\\2\end{pmatrix};\ \vec{b_3} = \begin{pmatrix}2\\0\\-1\end{pmatrix};\ \vec{x} = \begin{pmatrix}7\\5\\1\end{pmatrix}$$

Lösung:

$$\vec{x} = x_1^* \cdot \vec{b_1} + x_2^* \cdot \vec{b_2} + x_3^* \cdot \vec{b_3}$$

$$\begin{pmatrix}7\\5\\1\end{pmatrix} = x_1^* \cdot \begin{pmatrix}1\\2\\1\end{pmatrix} + x_2^* \cdot \begin{pmatrix}-1\\1\\2\end{pmatrix} + x_3^* \cdot \begin{pmatrix}2\\0\\-1\end{pmatrix}$$

$$\begin{array}{ccc} x_1^*\ x_2^*\ x_3^* & x_1^*\ x_2^*\ x_3^* & x_1^*\ x_2^*\ x_3^* \end{array}$$

$$\Leftrightarrow \left(\begin{array}{ccc|c} 1 & -1 & 2 & 7\\ 2 & 1 & 0 & 5\\ 1 & 2 & -1 & 1 \end{array}\right) \Leftrightarrow \left(\begin{array}{ccc|c} 3 & 3 & 0 & 9\\ 2 & 1 & 0 & 5\\ 1 & 2 & -1 & 1 \end{array}\right) \Leftrightarrow \left(\begin{array}{ccc|c} -3 & 0 & 0 & -6\\ 2 & 1 & 0 & 5\\ -3 & 0 & -1 & -9 \end{array}\right) (:3)$$

$$x_1^*\ x_2^*\ x_3^*$$

$$\Leftrightarrow \left(\begin{array}{ccc|c} -1 & 0 & 0 & -2\\ 0 & 1 & 0 & 1\\ 0 & 0 & -1 & -3 \end{array}\right) \Leftrightarrow \begin{array}{l} x_1^* = 2\\ \wedge\ x_2^* = 1\\ \wedge\ x_3^* = 3 \end{array}$$

Der Vektor $\vec{x}$ hat im Koordinatensystem $\{0; \vec{b_1}; \vec{b_2}; \vec{b_3}\}$ die Koordinatendarstellung

$$\boldsymbol{\vec{x} = 2 \cdot \vec{b_1} + 1 \cdot \vec{b_2} + 3 \cdot \vec{b_3}}$$

Koordinatendarstellung von Vektoren

Ist $B = \{\vec{b_1}, \vec{b_2}, \vec{b_3}\}$ eine Basis des $\mathbb{R}^3$, dann gilt für jeden Vektor $\vec{x}$: $\vec{x} = x_1^* \cdot \vec{b_1} + x_2^* \cdot \vec{b_2} + x_3^* \cdot \vec{b_3}$.

Mit $\vec{x} = \begin{pmatrix}x_1\\x_2\\x_3\end{pmatrix}$ folgt:

Darstellung als Vektorgleichung und LGS:

$$\begin{pmatrix}x_1\\x_2\\x_3\end{pmatrix} = x_1^* \cdot \begin{pmatrix}b_{11}\\b_{12}\\b_{13}\end{pmatrix} + x_2^* \cdot \begin{pmatrix}b_{21}\\b_{22}\\b_{23}\end{pmatrix} + x_3 \cdot \begin{pmatrix}b_{31}\\b_{32}\\b_{33}\end{pmatrix}$$

$$\Leftrightarrow \left\{\begin{array}{l} x_1^* \cdot b_{11} + x_2^* \cdot b_{21} + x_3^* \cdot b_{31} = x_1\\ x_1^* \cdot b_{12} + x_2^* \cdot b_{22} + x_3^* \cdot b_{32} = x_2\\ x_1^* \cdot b_{13} + x_2^* \cdot b_{23} + x_3^* \cdot b_{33} = x_3 \end{array}\right\}$$

x_1^*, x_2^*, x_3^* Koordinaten des Vektors $\vec{x}$ bezüglich der Basis B.

Tabelle 1: Vektordarstellung bei unterschiedlicher Basis

Basis	$B = \{\vec{b_1}, \vec{b_2}, \vec{b_3}\}$	$B = \{\vec{e_1}, \vec{e_2}, \vec{e_3}\}$
Dimension	3	3
Vektordarstellung $\vec{x}$ =	$x_1^* \cdot \vec{b_1} + x_2^* \cdot \vec{b_2} + x_3^* \cdot \vec{b_3}$	$x_1 \cdot \vec{e_1} + x_2 \cdot \vec{e_2} + x_3 \cdot \vec{e_3}$
Koordinaten bzgl. B	x_1^*, x_2^*, x_3^*	x_1, x_2, x_3

Merke:

Koordinaten beziehen sich immer auf die jeweils angewendeten Basisvektoren!

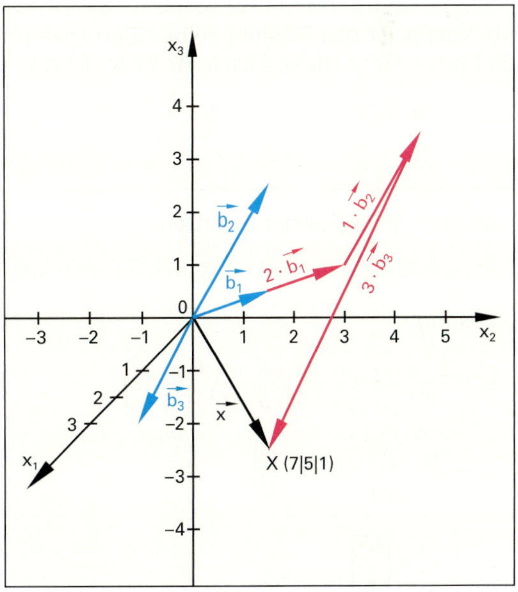

Bild 1: Koordinatendarstellung des Vektors $\vec{x}$

7.5 Orthogonale Projektion

Der Zeiger einer Sonnenuhr, Vektor $\vec{b}$, wird an einem Sommertag mittags um 12.00 Uhr von senkrecht einfallenden parallelen Sonnenstrahlen getroffen **(Bild 1)**. Der Schatten fällt auf den Markierungsvektor $\vec{a}$ um 12.00 Uhr. Den Schattenvektor erhält man durch orthogonale Projektion des Sonnenuhrzeigers auf die 12-Uhr-Markierungslinie.

Der durch orthogonale Projektion gewonnene Vektor $\vec{b}_a$ ist das senkrechte Abbild des Vektors $\vec{b}$ auf den Vektor $\vec{a}$.

$$\vec{b}_a = \frac{\vec{a} \circ \vec{b}}{a^2} \cdot \vec{a} \qquad b_a = \frac{\vec{a} \circ \vec{b}}{a} \qquad \vec{b}_a^0 = \frac{\vec{a}}{a}$$

$\vec{b}_a$ orthogonale Projektion des Vektors $\vec{b}$ auf den Vektor $\vec{a}$

b_a Betrag (Zeigerlänge) von $\vec{b}_a$

$\vec{b}_a^0$ Einheitsvektor (Richtung) von $\vec{b}_a$

Betrag des Vektors $\vec{b}_a$

Die Vektoren $\vec{b}$ und $\vec{b}_a$ bilden zusammen mit der Projektionslinie ein rechtwinkeliges Dreieck **(Bild 2)**. Für die Seitenlänge b_a gilt:

$$b_a = b \cdot \cos \varphi.$$

Stellt man die Gleichung für das Skalarprodukt von $\vec{a}$ und $\vec{b}$ auf, kann $b \cdot \cos \varphi$ durch b_a ersetzt werden:

$$\vec{a} \circ \vec{b} = a \cdot b \cdot \cos \varphi$$

$$\vec{a} \circ \vec{b} = a \cdot b_a$$

Durch Umstellen erhält man die Zeigerlänge b_a:

$$b_a = \frac{\vec{a} \circ \vec{b}}{a}$$

Richtung des Vektors $\vec{b}_a$

Die Vektoren $\vec{b}_a$ und $\vec{a}$ haben dieselbe Richtung. Ihre Einheitsvektoren sind deshalb identisch:

$$\vec{b}_a^0 = \vec{a}^0 = \frac{\vec{a}}{a}$$

Berechnung von $\vec{b}_a$

Ein Vektor ist das Produkt seines Betrages und seines Einheitsvektors **(siehe Abschnitt 7.3.4)**. Es gilt:

$$\vec{b}_a = b_a \cdot \vec{b}_a^0 = \frac{\vec{a} \circ \vec{b}}{a} \cdot \frac{\vec{a}}{a} = \frac{\vec{a} \circ \vec{b}}{a^2} \cdot \vec{a}$$

Beispiel 1: Projizierter Schatten

Berechnen Sie den Vektor $\vec{b}_a$ aus $\vec{a}$ und $\vec{b}$ von **Bild 1.**

Lösung:

$$\vec{b}_a = \frac{\vec{a} \circ \vec{b}}{a^2} \cdot \vec{a} = \frac{6 \cdot 4{,}5 + 8 \cdot 6 + 0 \cdot 5}{6^2 + 8^2 + 0^2} \cdot \begin{pmatrix} 6 \\ 8 \\ 0 \end{pmatrix}$$

$$= \frac{75}{100} \cdot \begin{pmatrix} 6 \\ 8 \\ 0 \end{pmatrix} = 0{,}75 \cdot \begin{pmatrix} 6 \\ 8 \\ 0 \end{pmatrix}$$

$$\Rightarrow \vec{b}_a = \begin{pmatrix} \mathbf{4{,}5} \\ \mathbf{6} \\ \mathbf{0} \end{pmatrix}$$

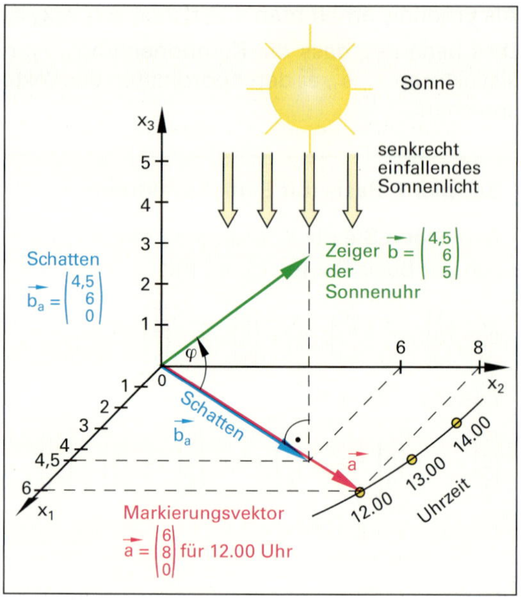

Bild 1: Sonnenuhr

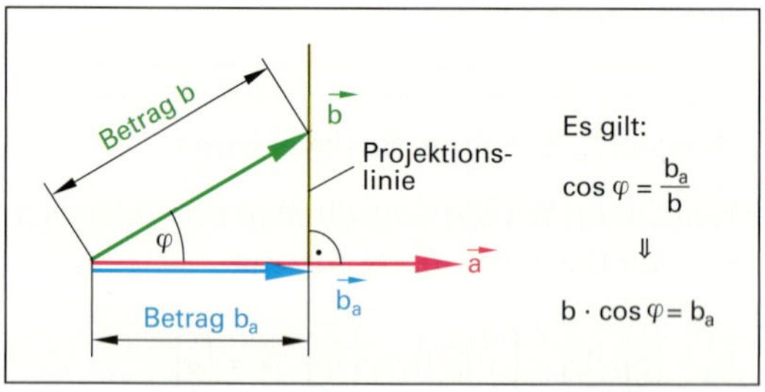

Bild 2: Zeigerlänge der orthogonalen Projektion

Beispiel 2: Dreiecksfläche

Der Zeiger $\vec{b}$ der Sonnenuhr und sein Schattenvektor $\vec{b}_a$ in **Bild 1** bilden mit dem Sonnenstrahl, der die Vektorspitzen berührt, ein Dreieck. Berechnen Sie dessen Flächeninhalt.

Lösung:

Die Dreiecksfläche ist $A = \frac{1}{2} \cdot g \cdot h$

wobei $g = b_a$ und $h = b_3$

$b_a = |\vec{b}_a| = \sqrt{4{,}5^2 + 6^2 + 0^2} = \sqrt{20{,}25 + 36}$

$b_a = \sqrt{56{,}25} = 7{,}5$ und $b_3 = 5$

$A = \frac{1}{2} \cdot 7{,}5 \cdot 5 = \mathbf{18{,}75}$

Überprüfen Sie Ihr Wissen!

Beispielaufgaben

1. Berechnen Sie Länge und Einheitsvektor des Schattens von **Bild 1, vorhergehende Seite** aus den Vektoren $\vec{a}$ und $\vec{b}$.

2. Gegeben ist das Parallelogramm aus **Bild 1** mit A (3|2|1), B (3|7|–4) und C (1|11|–8).

a) Berechnen Sie die Seitenvektoren.

b) Ermitteln Sie den Punkt D.

c) Berechnen Sie mithilfe der orthogonalen Projektion den Punkt E und die Höhe h.

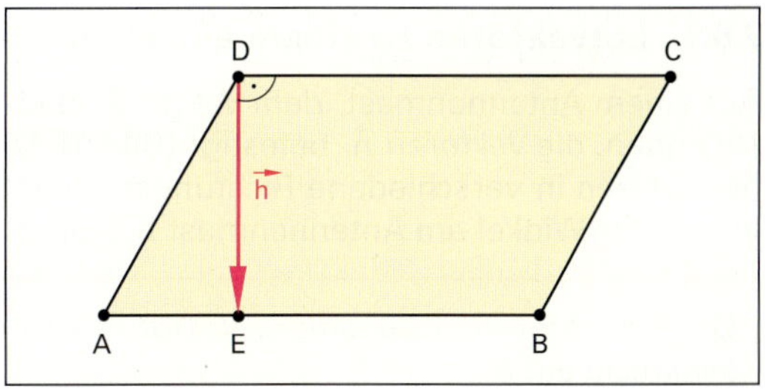

Bild 1: Parallelogramm

Übungsaufgaben

1. Beim Parallelogramm aus **Bild 2** wird der Seitenvektor $\overrightarrow{AD}$ auf den Seitenvektor $\overrightarrow{AB}$ orthogonal projiziert. Berechnen Sie die orthogonale Projektion sowie die Höhe und Fläche des Parallelogramms.

2. Bestimmen Sie drei Lotvektoren unterschiedlicher Richtung zum Vektor $\vec{a} = \begin{pmatrix} 2 \\ 2 \\ 3 \end{pmatrix}$.

3. Ein Flugzeug (Vektor $\vec{a}$, **Bild 3**) hebt von der Startbahn (Vektor $\vec{s}$) ab. 1 LE entspricht 100 m. Berechnen Sie

a) die Länge des Flugzeuges und der Startbahn,

b) den Schatten auf der Startbahn (Vektor $\vec{a}_S$, orthogonale Projektion),

c) die Länge des Schattens,

d) den Abflugwinkel.

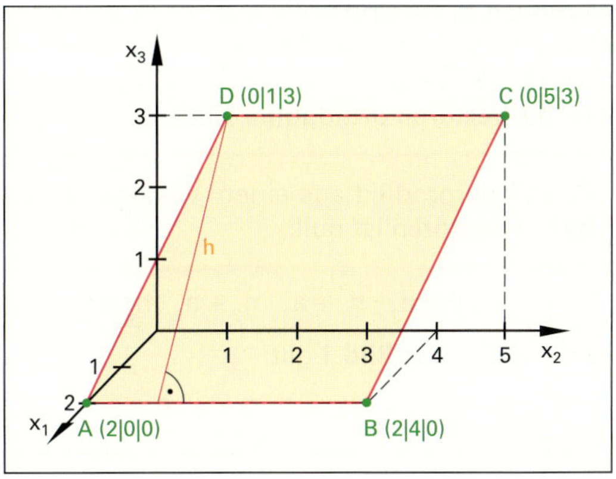

Bild 2: Parallelogramm

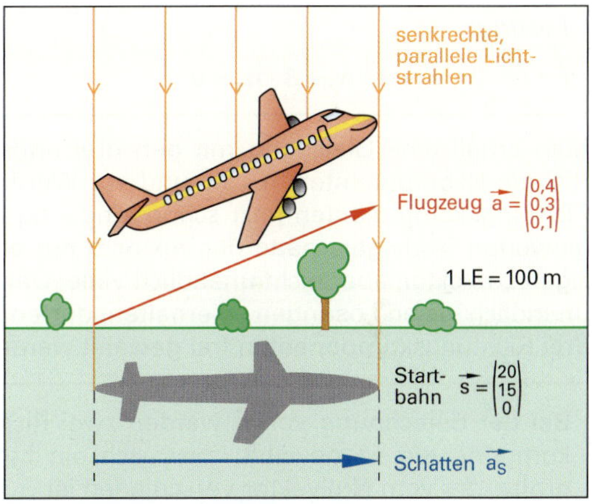

Bild 3: Abheben eines Flugzeugs

Lösungen Beispielaufgaben

1. $b_a = 7{,}5$ und $\vec{b}_a^{\,0} = \begin{pmatrix} 0,6 \\ 0,8 \\ 0 \end{pmatrix}$

2. a) $\overrightarrow{AB} = \overrightarrow{CD} = \begin{pmatrix} 0 \\ 5 \\ -5 \end{pmatrix}$, $\overrightarrow{AD} = \overrightarrow{BC} = \begin{pmatrix} -2 \\ 4 \\ -4 \end{pmatrix}$

b) D (1|6|–3)

c) E (3|6|–3), h = 2

Lösungen Übungsaufgaben

1. $\overrightarrow{AD_{AB}} = \begin{pmatrix} 0 \\ 1 \\ 0 \end{pmatrix}$, h = 3,6 LE; A = 14,42 FE

2. $\begin{pmatrix} 1 \\ -1 \\ 0 \end{pmatrix}$; $\begin{pmatrix} 3 \\ 0 \\ -2 \end{pmatrix}$; $\begin{pmatrix} 0 \\ -3 \\ 2 \end{pmatrix}$

Lösungen Übungsaufgaben

3. a) a = 51 m; s = 2,5 km

b) $\vec{a}_S = \begin{pmatrix} 0,4 \\ 0,3 \\ 0 \end{pmatrix}$

c) 50 m

d) 11,4°

7.6 Lotvektoren

7.6.1 Lotvektoren zu einem einzelnen Vektor

Auf einem Antennenmast, dem Vektor $\vec{a}$, sind mehrere Antennen, die Vektoren $\vec{n}$, befestigt **(Bild 1)**. Die Antennen weisen in verschiedene Richtungen, sind aber alle im rechten Winkel am Antennenmast befestigt.

Die Lotvektoren $\vec{n}$ zu einem Vektor $\vec{a}$ stehen alle senkrecht auf $\vec{a}$.

Der Vektor $\vec{a}$ besitzt damit unendlich viele Lotvektoren. Alle Lotvektoren von $\vec{a}$ können in eine Ebene gelegt werden, d.h. sie sind untereinander kollinear oder komplanar. Um einen Lotvektor von $\vec{a}$ zu berechnen, bildet man das Skalarprodukt von $\vec{a}$ und $\vec{n}$, welches null ist, weil die Vektoren orthogonal sind.

Das Skalarprodukt aus einem Vektor und einem seiner Lotvektoren ist null.

$$\vec{a} \circ \vec{n} = a_1 \cdot n_1 + a_2 \cdot n_2 + a_3 \cdot n_3 = 0$$

Für $\vec{a}$ und $\vec{n_4}$ aus **Bild 1** gilt:

$$\vec{a} \circ \vec{n} = 0 \cdot (-1) + 0 \cdot 2 + 4 \cdot 0 = 0$$

Beispiel 1: Skalarprodukt

Bilden Sie das Skalarprodukt des Vektors $\vec{b}$ aus **Bild 2** und einem beliebigen Lotvektor $\vec{n}$.

Lösung:

$\vec{b} \circ \vec{n} = \mathbf{2 \cdot n_1 + 3 \cdot n_2 + 3 \cdot n_3 = 0}$

Man erhält eine Gleichung mit den drei unbekannten Richtungskomponenten n_1, n_2 und n_3. Würden diese Richtungskomponenten jetzt schon eindeutig mit Zahlenwerten festliegen, hätte der Vektor $\vec{b}$ nur einen einzigen Lotvektor, aber nicht unendlich viele. Um eine der unendlich vielen Lösungen zu erhalten, dürfen zwei der drei Richtungskomponenten frei gewählt werden.

Bei der Berechnung von $\vec{n}$ werden zwei Richtungskomponenten so gewählt, dass sich ein Lotvektor ergibt, der vom Nullvektor verschieden ist.

Für den Vektor $\vec{b}$ müssen also zwei Komponenten, z.B. n_1 und n_2, frei gewählt werden, wobei höchstens eine davon null sein darf.

Beispiel 2: Lotvektor

Berechnen Sie einen Lotvektor des Vektors $\vec{b}$ aus **Bild 2**.

Lösung:

Frei gewählt wird $n_1 = 0$ und $n_2 = 1$. Man erhält:

$\vec{b} \circ \vec{n} = 2 \cdot 0 + 3 \cdot 1 + 3 \cdot n_3 = 0$

$3 \cdot n_3 = -3 \Rightarrow n_3 = -1$ Für $\vec{n}$ gilt dann: $\mathbf{n} = \begin{pmatrix} \mathbf{0} \\ \mathbf{1} \\ \mathbf{-1} \end{pmatrix}$

$$\vec{a} \circ \vec{n} = 0$$

$\vec{n}$ Lotvektor zum Vektor $\vec{a}$

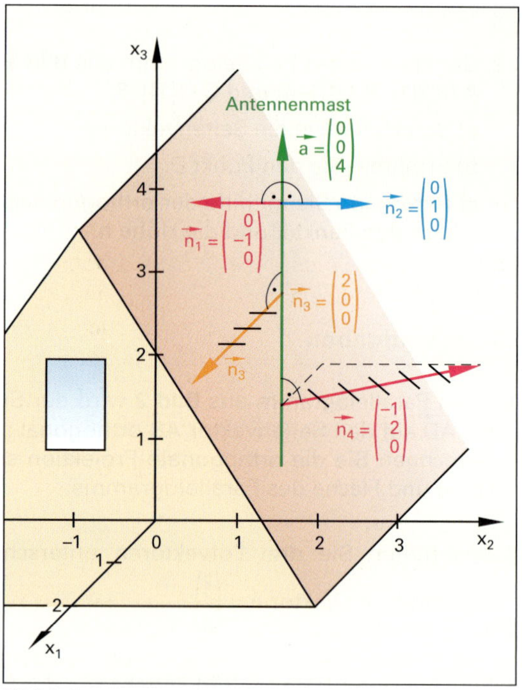

Bild 1: Antennenmast

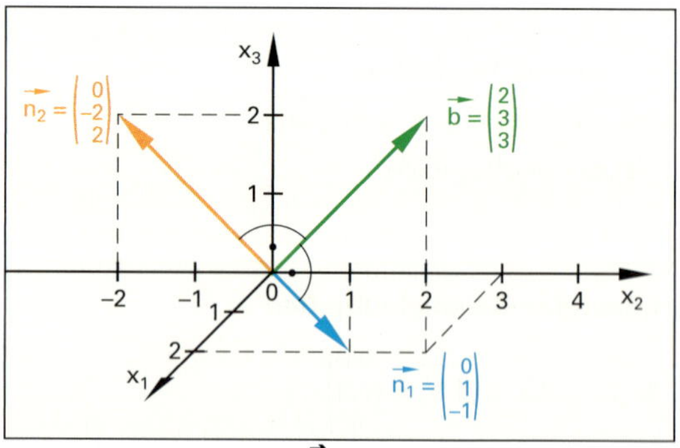

Bild 2: Lotvektoren von $\vec{b}$

Beispiel 3: Lotvektor zu $\vec{b}$

Berechnen Sie einen Lotvektor zu $\vec{b}$ aus **Bild 2** mit $n_1 = 3$.

Lösung:

Frei gewählt: $n_2 = 1$

$\Rightarrow \vec{b} \circ \vec{n} = 2 \cdot 3 + 3 \cdot 1 + 3n_3 = 0$

$6 + 3 + 3n = 0$

$n_3 = -3$

$\Rightarrow \vec{\mathbf{n}} = \begin{pmatrix} \mathbf{3} \\ \mathbf{1} \\ \mathbf{-3} \end{pmatrix}$

7.6.2 Lotvektoren einer Ebene

Längs zu einem geraden Straßenabschnitt verläuft der Vektor $\vec{a}$ und quer dazu der Vektor $\vec{b}$ **(Bild 1)**. Die Vektoren $\vec{a}$ und $\vec{b}$ spannen somit die Straßenebene auf. Senkrecht auf dieser Ebene E stehen die Straßenbegrenzungspfosten $\vec{n}_1$ und der Beleuchtungsmast $\vec{n}_2$. Die Vektoren $\vec{n}_1$ und $\vec{n}_2$ sind Lotvektoren der Straßenebene.

Die Lotvektoren $\vec{n}$ einer Ebene stehen alle senkrecht auf den beiden Vektoren, die die Ebene aufspannen.

Die Ebene E besitzt damit unendlich viele Lotvektoren. Alle diese Lotvektoren verlaufen parallel, d. h. sie sind kollinear. Um einen Lotvektor der Ebene, die durch $\vec{a}$ und $\vec{b}$ aufgespannt ist, zu berechnen, bildet man sowohl das Skalarprodukt von $\vec{a}$ und $\vec{n}$ als auch das Skalarprodukt von $\vec{b}$ und $\vec{n}$. Beide Skalarprodukte sind null.

$$\vec{a} \circ \vec{n} = a_1 \cdot n_1 + a_2 \cdot n_2 + a_3 \cdot n_3 = 0$$
$$\vec{b} \circ \vec{n} = b_1 \cdot n_1 + b_2 \cdot n_2 + b_3 \cdot n_3 = 0$$

Sind die Vektoren $\vec{a}$ und $\vec{b}$ bekannt, erhält man für die drei unbekannten Richtungskomponenten n_1, n_2 und n_3 ein lineares Gleichungssystem mit zwei Gleichungen. Dies liegt daran, dass es unendlich viele parallele Lotvektoren gibt. Da zwei Gleichungen vorhanden sind, darf nur eine Richtungskomponente frei gewählt werden.

Bei der Berechnung von $\vec{n}$ wird eine Richtungskomponente so gewählt, dass sich ein Lotvektor ergibt, der vom Nullvektor verschieden ist.

Beispiel 1: Lotvektor

Berechnen Sie einen Lotvektor zur Straßenebene aus **Bild 1**.

Lösung:

$\vec{a} \circ \vec{n} = 5 \cdot n_1 + 0 \cdot n_2 + 0 \cdot n_3 = 0 \quad \Rightarrow n_1 = 0$

$\vec{b} \circ \vec{n} = 0 \cdot n_1 + 5 \cdot n_2 + 0 \cdot n_3 = 0 \quad \Rightarrow n_2 = 0$

Die Richtungskomponente n_3 muss frei gewählt werden, z. B. $n_3 = 1$.

Für n_3 gilt: $\boldsymbol{\vec{n}} = \begin{pmatrix} 0 \\ 0 \\ 1 \end{pmatrix}$

oder

für $n_3 = 4$ gilt: $\boldsymbol{\vec{n}} = \begin{pmatrix} 0 \\ 0 \\ 4 \end{pmatrix}$

$\vec{n} = \begin{pmatrix} 0 \\ 0 \\ n_3 \end{pmatrix}$ hat unendlich viele Lösungen.

$\vec{a} \circ \vec{n} = 0$
$\vec{b} \circ \vec{n} = 0$
$\quad \vec{a}^0 \neq \vec{b}^0$

$\vec{a}, \vec{b}$ zwei Vektoren, die eine Ebene aufspannen

$\vec{n}$ beliebiger Lotvektor der Ebene

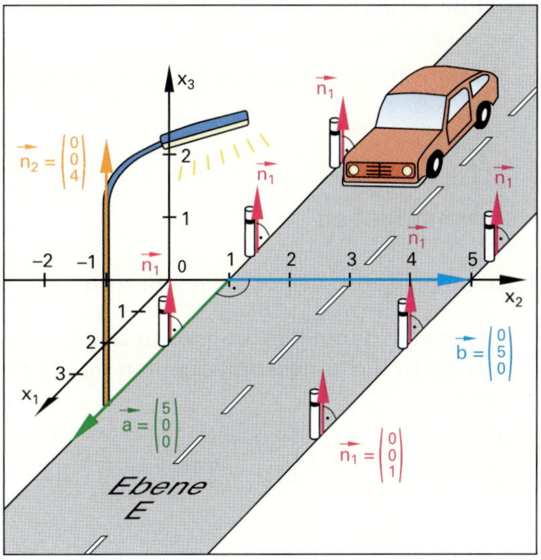

Bild 1: Straßenpfosten und Beleuchtung

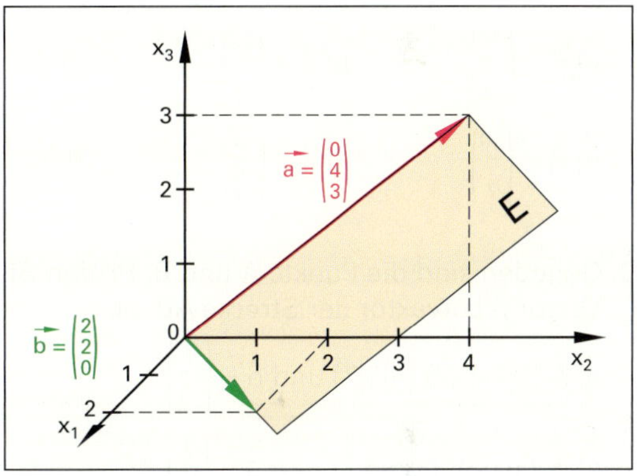

Bild 2: Ebene im Raum

Beispiel 2: Lotvektor

Berechnen Sie zwei Lotvektoren der Ebene in **Bild 2**.

Lösung:

$\vec{a} \circ \vec{n} = 0 \cdot n_1 + 4 \cdot n_2 + 3 \cdot n_3 = 0 \quad (1)$

$\vec{b} \circ \vec{n} = 2 \cdot n_1 + 2 \cdot n_2 + 0 \cdot n_3 = 0 \quad (2)$

Gewählt wird z. B. $n_2 = 3$ und man erhält:

- aus Gleichung (1): $n_3 = -4$
- aus Gleichung (2): $n_1 = -3$

Für $\vec{n}$ gilt dann z. B.: $\boldsymbol{\vec{n}} = \begin{pmatrix} -3 \\ 3 \\ -4 \end{pmatrix}$ **oder** $\boldsymbol{\vec{n}} = \begin{pmatrix} -6 \\ 6 \\ -8 \end{pmatrix}$

Überprüfen Sie Ihr Wissen!

Beispielaufgaben

Lotvektoren einer Ebene

1. Die Vektoren $\vec{a} = \begin{pmatrix} -2 \\ 2 \\ 2 \end{pmatrix}$ und $\vec{b} = \begin{pmatrix} 3 \\ 2 \\ 1 \end{pmatrix}$ liegen in einer Ebene E.

a) Berechnen Sie den Lotvektor $\vec{n}$, der die Komponente $n_3 = 5$ enthält.

b) Berechnen Sie die Lotvektoren $\vec{n}$ mit der Länge $\sqrt{168}$.

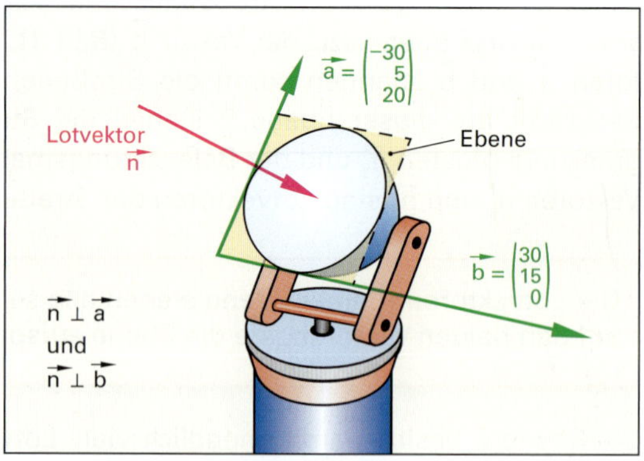

Bild 1: Spiegelteleskop

Übungsaufgaben

1. Gegeben ist der Vektor $\vec{a} = \begin{pmatrix} 3 \\ 0 \\ 4 \end{pmatrix}$. Berechnen Sie die Lotvektoren $\vec{n}$, deren Richtungskomponenten $n_2 = 0$ sind und deren Richtungskomponenten n_1 folgende Werte haben:

a) $n_1 = -4$ **b)** $n_1 = -2$ **c)** $n_1 = 4$

d) $n_1 = 8$ **e)** $n_1 = 12$ **f)** $n_1 = 14$

2. Gegeben ist der Vektor $\vec{a} = \begin{pmatrix} -3 \\ 2 \\ 4 \end{pmatrix}$. Prüfen Sie, ob folgende Vektoren Lotvektoren vom Vektor $\vec{a}$ sind.

a) $\vec{n} = \begin{pmatrix} 3 \\ -2 \\ -4 \end{pmatrix}$ **b)** $\vec{n} = \begin{pmatrix} 12 \\ 2 \\ 8 \end{pmatrix}$ **c)** $\vec{n} = \begin{pmatrix} 0 \\ 1 \\ -0{,}5 \end{pmatrix}$

d) $\vec{n} = \begin{pmatrix} 10 \\ 1 \\ 7 \end{pmatrix}$ **e)** $\vec{n} = \begin{pmatrix} -3 \\ -2 \\ -1 \end{pmatrix}$ **f)** $\vec{n} = \begin{pmatrix} 13 \\ 1{,}5 \\ 9 \end{pmatrix}$

3. Gegeben sind die Punkte A und B. Prüfen Sie, ob der Vektor $\vec{n}$ Lotvektor der Strecke AB ist.

a) A (2|1|6), B (4|3|7) und $\vec{n} = \begin{pmatrix} 3 \\ -2 \\ -4 \end{pmatrix}$

b) A (1|1|4), B (7|3|4) und $\vec{n} = \begin{pmatrix} 2 \\ 12 \\ -7 \end{pmatrix}$

c) A (−4|8|9), B (4|6|7) und $\vec{n} = \begin{pmatrix} -3 \\ -13 \\ -1 \end{pmatrix}$

4. Das Spiegelteleskop aus **Bild 1** ist nach der Fläche ausgerichtet, die die Vektoren $\vec{a}$ und $\vec{b}$ aufspannen. Auf die Fläche senkrecht auftreffende Lichtwellen, hier der Lotvektor $\vec{n}$, werden empfangen. Berechnen Sie den Lotvektor $\vec{n}_{15}$ mit der Länge 15.

5. Berechnen Sie beide Einheitslotvektoren zur Ebene, in welcher die Vektoren $\vec{a}$ und $\vec{b}$ liegen.

a) $\vec{a} = \begin{pmatrix} 2 \\ -3 \\ 4 \end{pmatrix}$; $\vec{b} = \begin{pmatrix} 1 \\ 2 \\ 2 \end{pmatrix}$

b) $\vec{a} = \begin{pmatrix} -3 \\ 6 \\ 6 \end{pmatrix}$; $\vec{b} = \begin{pmatrix} 1 \\ -2 \\ -2 \end{pmatrix}$

Lösungen Beispielaufgaben

Lotvektoren einer Ebene

1. a) $\vec{n} = \begin{pmatrix} 1 \\ -4 \\ 5 \end{pmatrix}$

b) $\vec{n} = \begin{pmatrix} 2 \\ -8 \\ 10 \end{pmatrix}$; $\vec{n} = \begin{pmatrix} -2 \\ 8 \\ -10 \end{pmatrix}$

Lösungen Übungsaufgaben

1. a) $\vec{n} = \begin{pmatrix} -4 \\ 0 \\ 3 \end{pmatrix}$ **b)** $\vec{n} = \begin{pmatrix} -2 \\ 0 \\ 1{,}5 \end{pmatrix}$

c) $\vec{n} = \begin{pmatrix} 4 \\ 0 \\ -3 \end{pmatrix}$ **d)** $\vec{n} = \begin{pmatrix} 8 \\ 0 \\ -6 \end{pmatrix}$

e) $\vec{n} = \begin{pmatrix} 12 \\ 0 \\ -9 \end{pmatrix}$ **f)** $\vec{n} = \begin{pmatrix} 14 \\ 0 \\ -10{,}5 \end{pmatrix}$

2. a) nein **b)** ja **c)** ja

a) ja **b)** nein **c)** ja

3. a) erfüllt

b) nicht erfüllt

c) erfüllt

4. $\vec{n}_{15} = \begin{pmatrix} -5 \\ 10 \\ -10 \end{pmatrix}$

5. a) $\vec{n}^0 = \pm\frac{1}{\sqrt{5}}\begin{pmatrix} -2 \\ 0 \\ 1 \end{pmatrix}$

b) $\vec{a} \parallel \vec{b} \Rightarrow$ es gibt keine Lösung.

7.7 Vektorprodukt

Beim Rad fahren nimmt der Pedalarm bei jeder Umdrehung eine Lage ein, bei der das Kraftmoment $\vec{M}$ maximal ist **(Bild 1)**. Die Kraft $\vec{F}$ des Fußes wirkt dann genau senkrecht zum Hebelarm $\vec{r}$. Der Vektor $\vec{M}$ ist das Vektorprodukt aus Hebelarm $\vec{r}$ und Kraft $\vec{F}$ und steht senkrecht zu $\vec{r}$ und $\vec{F}$.

> Die Vektoren $\vec{r}$, $\vec{F}$ und ihr Vektorprodukt $\vec{M}$ bilden in dieser Reihenfolge ein Rechtssystem.

Hält man also die rechte Hand so, dass die gekrümmten Finger die Drehrichtung beschreiben, zeigt der abgespreizte Daumen in dieselbe Richtung wie das Vektorprodukt $\vec{M}$ **(Bild 1)**. Zur Unterscheidung vom Skalarprodukt wird der Operator der Multiplikation beim Vektorprodukt als Kreuz dargestellt ($\vec{r} \times \vec{F}$).

> Das Vektorprodukt $\vec{M}$ heißt auch Kreuzprodukt.

Stehen die Vektoren $\vec{r}$ und $\vec{F}$ senkrecht aufeinander, ergibt das Produkt ihrer Beträge $r \cdot F$ den Betrag M des Vektors $\vec{M}$.

Beispiel 1:

Im **Bild 1** beträgt der Hebelarm 20 cm und die Kraft 400 N. Berechnen Sie den Betrag des Kraftmomentes.

Lösung:

$M = r \cdot F = 0{,}2\ \text{m} \cdot 400\ \text{N} = \mathbf{80\ Nm}$

Beim Lösen einer Schraube wirkt die Kraft $\vec{F}$ nicht im rechten Winkel zum Hebelarm **(Bild 2)**. Der wirksame Hebelarm $r \cdot \sin\varphi$ zeigt von der Drehachse senkrecht auf die Kraft $\vec{F}$. Je kleiner der Winkel φ in **Bild 2** ist, desto kleiner wird der wirksame Hebelarm und desto kleiner wird der Betrag M des Kraftmomentes.

Beispiel 2:

Berechnen Sie den Betrag M des Vektorproduktes $\vec{M}$ für r = 20 cm, F = 100 N und $\varphi = 64°$.

Lösung:

$M = r \cdot F \cdot \sin\varphi = 0{,}2\ \text{m} \cdot 100\ \text{N} \cdot 0{,}9 = \mathbf{18\ Nm}$

Die Strecke $r \cdot \sin\varphi$ ist die Höhe des Parallelogramms, bei dem die Zeigerlängen r und F die Seiten bilden.

> Der Betrag M des Vektorproduktes $\vec{M}$ ist gleich der Fläche des Parallelogramms, das die Vektoren $\vec{r}$ und $\vec{F}$ aufspannen.

Ist der Winkel zwischen Hebelarm und Kraft null, entsteht kein Kraftmoment **(Bild 3)**. Das Vektorprodukt ist der Nullvektor und dessen Betrag ist null.

$\vec{a} \times \vec{b} = \vec{c}$ beim Kraftmoment (Drehmoment): $\vec{r} \times \vec{F} = \vec{M}$

$c = |\vec{a} \times \vec{b}| = a \cdot b \cdot \sin\varphi$ beim Kraftmoment $M = r \cdot F \cdot \sin\varphi$

Bei $\vec{a} \perp \vec{b}$ gilt: $c = |\vec{a} \times \vec{b}| = a \cdot b$

Bei $\vec{a} \parallel \vec{b}$ gilt: $c = |\vec{a} \times \vec{b}| = 0$

a, b, c	Beträge der Vektoren $\vec{a}$, $\vec{b}$, $\vec{c}$
φ	Winkel zwischen $\vec{a}$ und $\vec{b}$
$\times$	Operator für Vektorprodukt
$\vec{a} \times \vec{b}$	Vektorprodukt aus $\vec{a}$ und $\vec{b}$

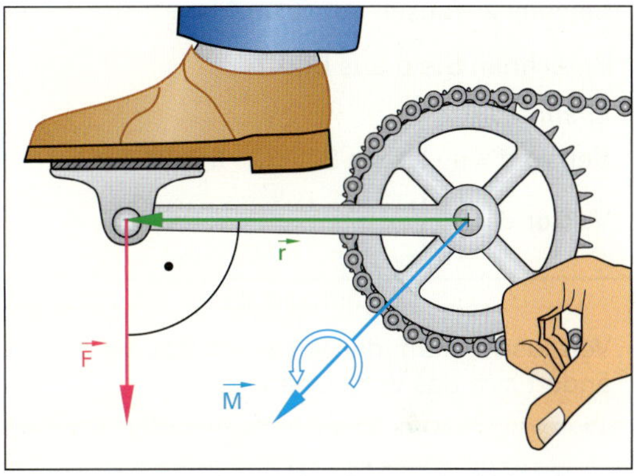

Bild 1: Vektorprodukt bei orthogonalen Vektoren

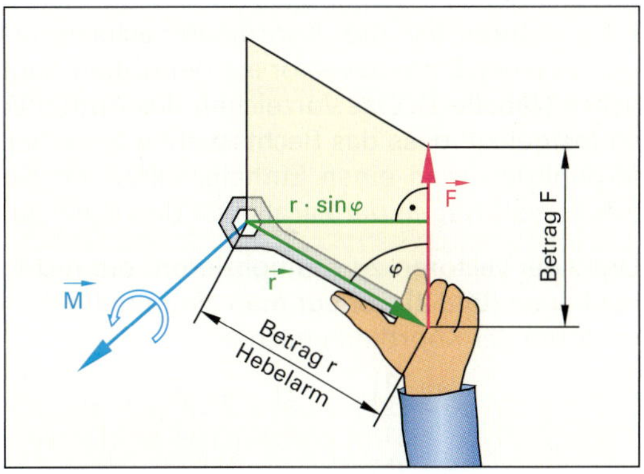

Bild 2: Vektorprodukt bei nicht orthogonalen Vektoren

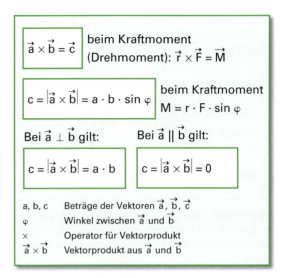

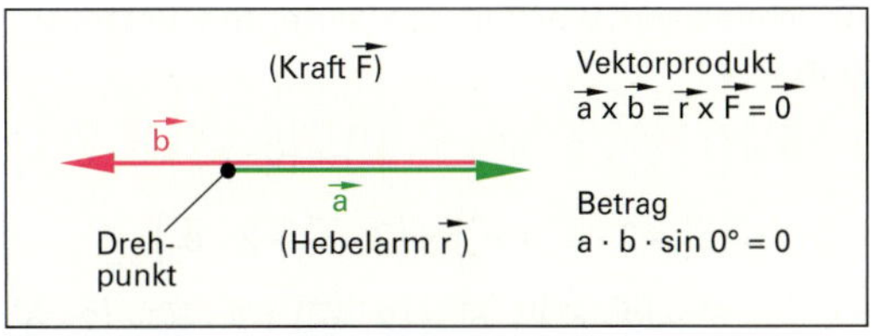

Bild 3: Vektorprodukt paralleler Vektoren

> Das Vektorprodukt paralleler Vektoren ist der Nullvektor.

Zeigt ein Vektor $\vec{a}$ in x_1-Richtung und ein Vektor $\vec{b}$ in x_2-Richtung, so zeigt ihr Vektorprodukt in x_3-Richtung **(Bild 1)**.

Beispiel 1: Vektorprodukt

In **Bild 1** ist $\vec{a} = \begin{pmatrix}2\\0\\0\end{pmatrix}$ und $\vec{b} = \begin{pmatrix}0\\1{,}5\\0\end{pmatrix}$. Berechnen Sie $\vec{c}$.

Lösung:

Betrag $c = a \cdot b \cdot \sin 90° = 2 \cdot 1{,}5 \cdot 1 = 3$

Vektor $\vec{c} = \begin{pmatrix}0\\0\\3\end{pmatrix}$

Vertauscht man im Vektorprodukt die Vektoren $\vec{a}$ und $\vec{b}$, ändert sich die Drehrichtung des Rechtssystems. Das Vektorprodukt zeigt in die entgegengesetzte Richtung **(Bild 1)**.

Beispiel 2: Tausch von $\vec{a}$ und $\vec{b}$

Berechnen Sie $\vec{d}$ aus **Bild 1**.

Lösung:

Betrag $d = a \cdot b \cdot \sin 90° = 2 \cdot 1{,}5 \cdot 1 = 3$

Vektor $\vec{d} = \begin{pmatrix}0\\0\\-3\end{pmatrix}$

Vertauscht man die Vektoren des Vektorproduktes, ändert sich das Vorzeichen.

Somit gilt: $\vec{a} \times \vec{b} = -(\vec{b} \times \vec{a})$

Bildet man das Vektorprodukt aus jeweils zwei Einheitsvektoren der drei Koordinatenachsen, erhält man immer einen Einheitsvektor auf der dritten Koordinatenachse **(Tabelle 1)**. Das Vorzeichen des dritten Vektors ist so festgelegt, dass das Rechtssystem eingehalten wird. Multipliziert man einen Einheitsvektor mit sich selbst, erhält man wegen der Parallelität den Nullvektor.

Um zwei Vektoren zu multiplizieren, die nicht orthogonal liegen **(Bild 2)**, zerlegt man sie mithilfe der Einheitsvektoren der Koordinatenachsen:

$$\vec{a} = \begin{pmatrix}1\\2\\1\end{pmatrix} = 1 \cdot \vec{e}_1 + 2 \cdot \vec{e}_2 + 1 \cdot \vec{e}_3$$

$$\vec{b} = \begin{pmatrix}0\\2\\2\end{pmatrix} = 0 \cdot \vec{e}_1 + 2 \cdot \vec{e}_2 + 2 \cdot \vec{e}_3$$

Anschließend werden die zerlegten Vektoren multipliziert:

$$\vec{a} \times \vec{b} = (1 \cdot \vec{e}_1 + 2 \cdot \vec{e}_2 + 1 \cdot \vec{e}_3) \times (0 \cdot \vec{e}_1 + 2 \cdot \vec{e}_2 + 2 \cdot \vec{e}_3)$$

$$= (\vec{e}_1 + 2 \cdot \vec{e}_2 + \vec{e}_3) \times (2 \cdot \vec{e}_2 + 2 \cdot \vec{e}_3)$$

$$= \underbrace{\vec{e}_1 \times (2 \cdot \vec{e}_2)}_{2 \cdot \vec{e}_3} + \underbrace{\vec{e}_1 \times (2 \cdot \vec{e}_3)}_{-2 \cdot \vec{e}_2} + \underbrace{2 \cdot \vec{e}_2 \times (2 \cdot \vec{e}_2)}_{\vec{0}\text{, da parallel}}$$

$$+ \underbrace{2 \cdot \vec{e}_2 \times (2 \cdot \vec{e}_3)}_{4 \cdot \vec{e}_1} + \underbrace{\vec{e}_3 \times (2 \cdot \vec{e}_2)}_{-2 \cdot \vec{e}_1} + \underbrace{\vec{e}_3 \times (2 \cdot \vec{e}_3)}_{\vec{0}\text{, da parallel}}$$

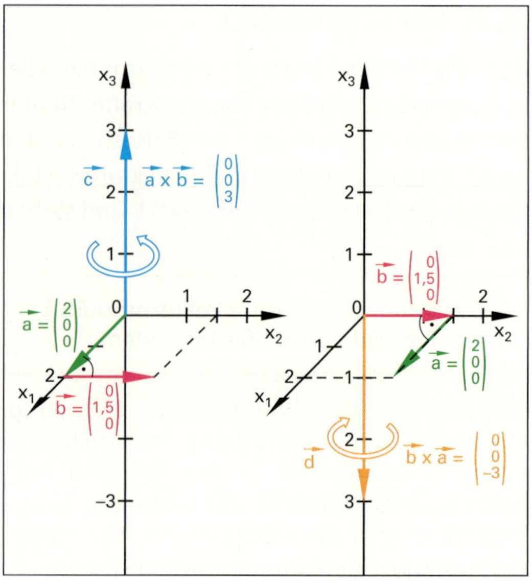

Bild 1: Tausch der Vektoren des Vektorprodukts

Tabelle 1: Vektorprodukte der Einheitsvektoren der Koordinatenachsen			
Vektorprodukt	Ergebnis	Vektorprodukt	Ergebnis
$\vec{e}_1 \times \vec{e}_2$	$\vec{e}_3$	$\vec{e}_2 \times \vec{e}_1$	$-\vec{e}_3$
$\vec{e}_2 \times \vec{e}_3$	$\vec{e}_1$	$\vec{e}_3 \times \vec{e}_2$	$-\vec{e}_1$
$\vec{e}_3 \times \vec{e}_1$	$\vec{e}_2$	$\vec{e}_1 \times \vec{e}_3$	$-\vec{e}_2$
Einheitsvektor mit sich selbst multipliziert			
$\vec{e}_1 \times \vec{e}_1$	$\vec{0}$	$\vec{e}_3 \times \vec{e}_3$	$\vec{0}$

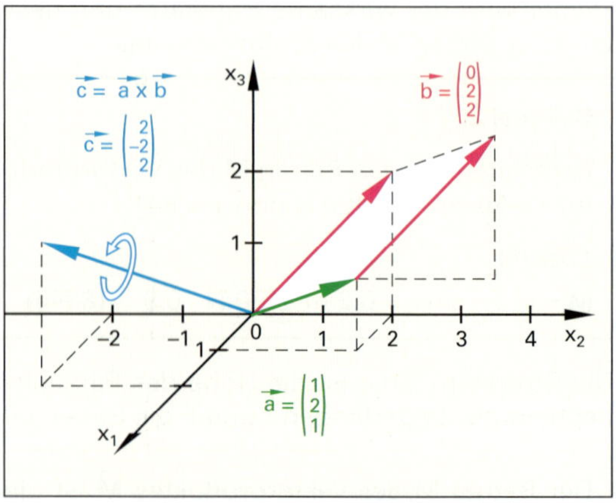

Bild 2: Vektorprodukt nicht orthogonaler Vektoren

Die durch Ausmultiplizieren entstandenen Teilprodukte werden mithilfe der **Tabelle 1** berechnet. Man erhält:

$$\vec{a} \times \vec{b} = 4 \cdot \vec{e}_1 + (-2) \cdot \vec{e}_1 + (-2) \cdot \vec{e}_2 + 2 \cdot \vec{e}_3$$
$$= 2 \cdot \vec{e}_1 - 2 \cdot \vec{e}_2 + 2 \cdot \vec{e}_3$$
$$= \begin{pmatrix} 2 \\ -2 \\ 2 \end{pmatrix}$$

Der Vektor $\vec{c} = \vec{a} \times \vec{b}$ steht senkrecht zum Parallelogramm, welches von den Vektoren $\vec{a}$ und $\vec{b}$ aufgespannt wird **(Bild 2, vorhergehende Seite)**.

Verallgemeinert man die eben durchgeführte Rechnung mit den Vektoren

$$\vec{a} = a_1 \cdot \vec{e}_1 + a_2 \cdot \vec{e}_2 + a_3 \cdot \vec{e}_3 \quad \text{und}$$
$$\vec{b} = b_1 \cdot \vec{e}_1 + b_2 \cdot \vec{e}_2 + b_3 \cdot \vec{e}_3$$

erhält man die Gleichung:

$$\vec{a} \times \vec{b} = \begin{pmatrix} a_2b_3 - a_3b_2 \\ a_3b_1 - a_1b_3 \\ a_1b_2 - a_2b_1 \end{pmatrix}$$

$$\vec{a} \times \vec{b} = (a_2b_3 - a_3b_2) \cdot \vec{e}_1 + (a_3b_1 - a_1b_3) \cdot \vec{e}_2 + (a_1b_2 - a_2b_1) \cdot \vec{e}_3$$

$$\vec{a} \times \vec{b} = \begin{pmatrix} a_2b_3 - a_3b_2 \\ a_3b_1 - a_1b_3 \\ a_1b_2 - a_2b_1 \end{pmatrix}$$

Parallelogrammfläche:

$$A_{Par} = |\vec{a} \times \vec{b}|$$

A_{Par}	Fläche des Parallelogramms, das durch $\vec{a}$ und $\vec{b}$ aufgespannt wird
a_1, a_2, a_3	Richtungskomponenten des Vektors $\vec{a}$
b_1, b_2, b_3	Richtungskomponenten des Vektors $\vec{b}$
$\vec{e}_1, \vec{e}_2, \vec{e}_3$	Einheitsvektoren der Koordinatenachsen

Beispiel 1:

Berechnen Sie das Vektorprodukt $\vec{a} \times \vec{b}$ der Vektoren

$\vec{a} = \begin{pmatrix} 2 \\ -4 \\ 3 \end{pmatrix}$ und $\vec{b} = \begin{pmatrix} -1 \\ 5 \\ 0{,}5 \end{pmatrix}$.

Lösung:

$$\vec{a} \times \vec{b} = \begin{pmatrix} (-4) \cdot 0{,}5 - 3 \cdot 5 \\ 3 \cdot (-1) - 2 \cdot 0{,}5 \\ 2 \cdot 5 - (-4) \cdot (-1) \end{pmatrix} = \begin{pmatrix} -2 - 15 \\ -3 - 1 \\ 10 - 4 \end{pmatrix} = \begin{pmatrix} \mathbf{-17} \\ \mathbf{-4} \\ \mathbf{6} \end{pmatrix}$$

Mithilfe der im Formelkasten angegebenen Formel für A_{Par} lassen sich einfach und schnell die Flächeninhalte von Parallelogrammen sowie Dreiecken berechnen.

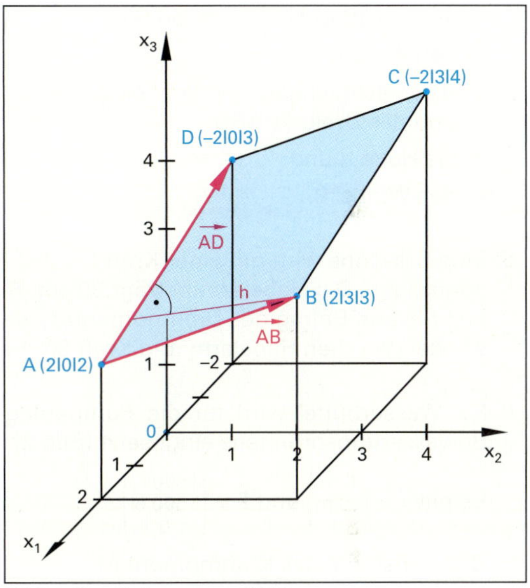

Bild 1: Parallelogramm ABCD

Beispiel 2: Parallelogrammfläche

Berechnen Sie den Flächeninhalt des Parallelogramms ABCD aus **Bild 1.**

Lösung:

Das Parallelogramm ABCD wird durch die Vektoren $\overrightarrow{AB}$ und $\overrightarrow{AD}$ aufgespannt $\Rightarrow A_{Par} = |\overrightarrow{AB} \times \overrightarrow{AD}|$

$$\overrightarrow{AB} = \vec{b} - \vec{a} = \begin{pmatrix} 0 \\ 3 \\ 1 \end{pmatrix}; \quad \overrightarrow{AD} = \vec{d} - \vec{a} = \begin{pmatrix} -4 \\ 0 \\ 1 \end{pmatrix}$$

$$\overrightarrow{AB} \times \overrightarrow{AD} = \begin{pmatrix} 0 \\ 3 \\ 1 \end{pmatrix} \times \begin{pmatrix} -4 \\ 0 \\ 1 \end{pmatrix} = \begin{pmatrix} 3 - 0 \\ -4 - 0 \\ 0 + 12 \end{pmatrix} = \begin{pmatrix} 3 \\ -4 \\ 12 \end{pmatrix}$$

$$A_{Par} = |\overrightarrow{AB} \times \overrightarrow{AD}| = \left|\begin{pmatrix} 3 \\ -4 \\ 12 \end{pmatrix}\right|$$

$$A_{Par} = \sqrt{3^2 + (-4)^2 + 12^2} = \sqrt{9 + 16 + 144} = \sqrt{169}$$

$$A_{Par} = \mathbf{13\ FE}$$

Beispiel 3: Parallelogrammfläche

Berechnen Sie den Flächeninhalt A_{Par} über die Höhe h des Parallelogramms.

Lösung:

$$|\overrightarrow{AB}| = \sqrt{10}; \quad |\overrightarrow{AD}| = \sqrt{17}$$

$$\overrightarrow{AB} \circ \overrightarrow{AD} = 0 \cdot (-4) + 3 \cdot 0 + 1 \cdot 1 = 1$$

$$\cos \alpha = \frac{\overrightarrow{AB} \circ \overrightarrow{AD}}{|\overrightarrow{AB}| \cdot |\overrightarrow{AD}|} = \frac{1}{\sqrt{170}} \Rightarrow \alpha = 85{,}6°$$

$$h = |\overrightarrow{AB}| \cdot \sin \alpha = 3{,}153$$

$$A_{Par} = g \cdot h = |\overrightarrow{AD}| \cdot h = \mathbf{13\ FE}$$

Überprüfen Sie Ihr Wissen!

Beispielaufgaben

Vektorprodukt

1. Gegeben sind die Vektoren

$\vec{a} = \begin{pmatrix} 2 \\ 3 \\ 5 \end{pmatrix}$, $\vec{b} = \begin{pmatrix} -1 \\ 4 \\ 2 \end{pmatrix}$ und $\vec{c} = \begin{pmatrix} 2 \\ -3 \\ 7 \end{pmatrix}$

Berechnen Sie die Vektorprodukte $\vec{a} \times \vec{b}$, $\vec{a} \times \vec{c}$, $\vec{b} \times \vec{c}$ und $\vec{c} \times \vec{b}$.

2. Zeigen Sie mithilfe des Vektorprodukts, dass die Vektoren $\vec{a} = \begin{pmatrix} 3 \\ -9 \\ 6 \end{pmatrix}$ und $\vec{b} = \begin{pmatrix} -4 \\ 12 \\ -8 \end{pmatrix}$ parallel sind.

3. Ein Parallelogramm hat die Seitenvektoren

$\overrightarrow{AB} = \begin{pmatrix} 1 \\ 4 \\ 1 \end{pmatrix}$ und $\overrightarrow{AD} = \begin{pmatrix} -1 \\ 2 \\ 4 \end{pmatrix}$. Berechnen Sie die Fläche.

4. Gegeben sind die Punkte A, B und C eines Parallelogramms **(Bild 1)**. Berechnen Sie

a) den Punkt D,

b) den Flächeninhalt des Parallelogramms ABCD und des Dreiecks ABD,

c) die Höhe h und

d) den Winkel β.

5. Eine Schraube wird mit einer Kraft F = 250 N angezogen. Der Hebelarm beträgt 30 cm. Berechnen Sie den Betrag des Drehmomentes, wenn der Winkel zwischen Hebelarm und Kraft 80° beträgt.

6. Ein Wasserbüffel wird für die Pumpanlage eines Bewässerungsbrunnens eingesetzt **(Bild 2)**.

Es gilt $\vec{r} = \begin{pmatrix} 6\text{ m} \\ -6\text{ m} \\ 0 \end{pmatrix}$ und $\vec{F} = \begin{pmatrix} 1500\text{ N} \\ 1500\text{ N} \\ 0 \end{pmatrix}$.

Berechnen Sie das Kraftmoment $\vec{M}$.

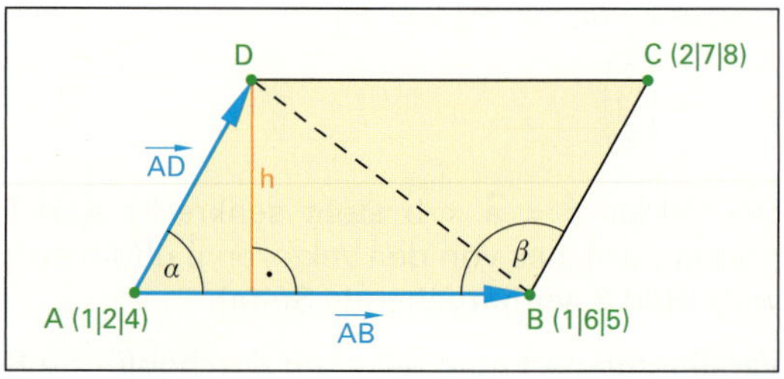

Bild 1: Parallelogramm

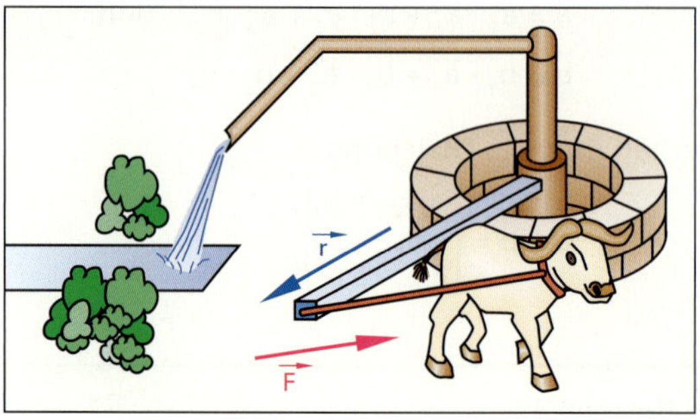

Bild 2: Wasserbüffel

Übungsaufgaben

1. Berechnen Sie das Vektorprodukt $\vec{a} \times \vec{b}$.

a) $\vec{a} = \begin{pmatrix} 2 \\ -3 \\ 4 \end{pmatrix}$; $\vec{b} = \begin{pmatrix} 1 \\ 2 \\ 2 \end{pmatrix}$

b) $\vec{a} = \begin{pmatrix} -3 \\ 6 \\ 6 \end{pmatrix}$; $\vec{b} = \begin{pmatrix} 1 \\ -2 \\ -2 \end{pmatrix}$

c) $\vec{a} = \begin{pmatrix} 3 \\ -5 \\ 7 \end{pmatrix}$; $\vec{b} = \begin{pmatrix} 11 \\ 9 \\ 13 \end{pmatrix}$

d) $\vec{a} = \begin{pmatrix} -2 \\ -3 \\ 2 \end{pmatrix}$; $\vec{b} = \begin{pmatrix} 0{,}5 \\ 1{,}5 \\ 1 \end{pmatrix}$

Lösungen Beispielaufgaben

Vektorprodukt

1. $\vec{a} \times \vec{b} = \begin{pmatrix} -14 \\ -9 \\ 11 \end{pmatrix}$; $\vec{a} \times \vec{c} = \begin{pmatrix} 36 \\ -4 \\ -12 \end{pmatrix}$;

$\vec{b} \times \vec{c} = \begin{pmatrix} 34 \\ 11 \\ -5 \end{pmatrix}$; $\vec{c} \times \vec{b} = \begin{pmatrix} -34 \\ -11 \\ 5 \end{pmatrix}$

2. $\vec{a} \times \vec{b} = \vec{0}$

3. A = 16,03 FE

4. a) D (2|3|7)

b) A_P = 11,75 FE, A_D = 5,87 FE

c) h = 2,85 LE

d) $\alpha = 59{,}2° \Rightarrow \beta = 120{,}8°$

5. M = 73,86 Nm

6. $\vec{M} = \begin{pmatrix} 0 \\ 0 \\ 18000\text{ N} \end{pmatrix} = 18000\text{ N} \cdot \begin{pmatrix} 0 \\ 0 \\ 1 \end{pmatrix}$

Lösungen Übungsaufgaben

1. a) $\begin{pmatrix} -14 \\ 0 \\ 7 \end{pmatrix}$ **b)** $\begin{pmatrix} 0 \\ 0 \\ 0 \end{pmatrix} = \vec{0}$ **c)** $\begin{pmatrix} -2 \\ 38 \\ 82 \end{pmatrix}$ **d)** $\begin{pmatrix} -6 \\ 3 \\ -1{,}5 \end{pmatrix}$

2. Berechnen Sie das Vektorprodukt von:

a) $\vec{a} = \begin{pmatrix} -2 \\ -1 \\ 2 \end{pmatrix}, \vec{b} = \begin{pmatrix} 5 \\ 3 \\ 8 \end{pmatrix}$

b) $\vec{a} = \begin{pmatrix} 2 \\ 6 \\ 4 \end{pmatrix}, \vec{b} = \begin{pmatrix} -2 \\ 1 \\ -4 \end{pmatrix}$

c) $\vec{a} = \begin{pmatrix} 2 \\ 1 \\ 2 \end{pmatrix}, \vec{b} = \begin{pmatrix} 5 \\ 3 \\ 8 \end{pmatrix}$

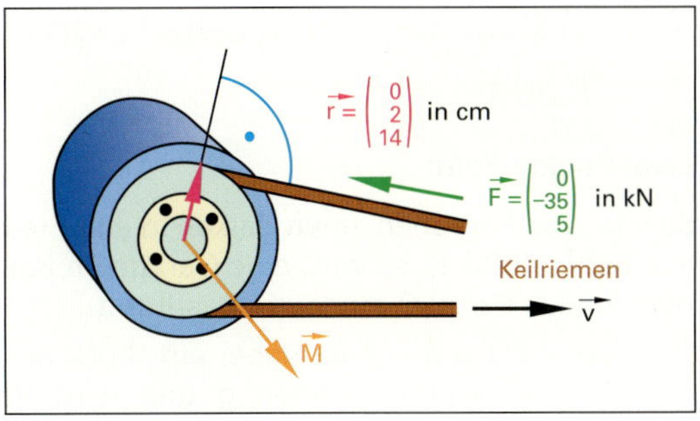

Bild 1: Lichtmaschine

3. Die Lichtmaschine in **Bild 1** wird mit der Kraft $\vec{F}$ über einen Keilriemen angetrieben. Berechnen Sie den Betrag M des Kraftmoments $\vec{M}$.

4. Der Kolben in **Bild 2** treibt über eine Gelenkstange ein Rad an. Berechnen Sie das Kraftmoment $\vec{M}$.

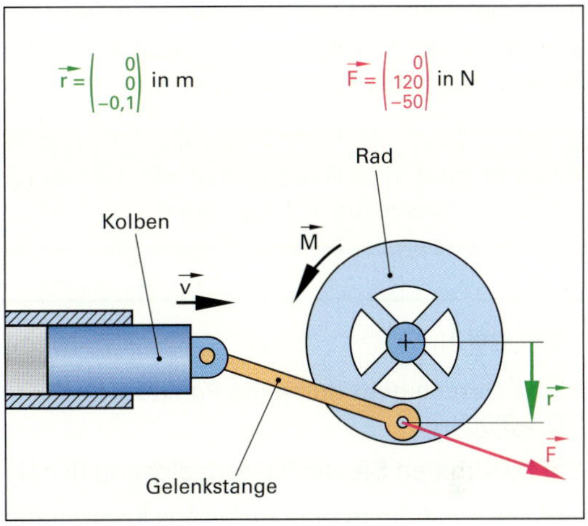

Bild 2: Radantrieb

5. Berechnen Sie den Flächeninhalt des Parallelogramms aus **Bild 3** mithilfe des Vektorprodukts. Das Parallelogramm beinhaltet die Fläche OAS der abgebildeten Pyramide mit quadratischer Grundfläche. Die Kantenlänge der Grundfläche beträgt 3 und die Höhe der Pyramide beträgt 6.

6. a) Gegeben ist die Pyramide OABCS aus Bild 3. Zeigen Sie mithilfe des Vektorprodukts, dass die Grundfläche der Pyramide 9 Flächeneinheiten besitzt.

b) Berechnen Sie das Volumen V der Pyramide.

c) Berechnen Sie mithilfe des Vektorprodukts die Mantelfläche M der Pyramide.

7. Der Vektor $\vec{a} = \begin{pmatrix} 0 \\ 12 \\ 5 \end{pmatrix}$ und der Vektor $\vec{b}$ schließen einen Winkel von 27,605° ein. Der Betrag ihres Vektorproduktes ist 150,6. Berechnen Sie den Vektor $\vec{b}$, wenn er parallel zur x_1x_2-Ebene liegt und seine Richtungskomponenten positive Werte haben.

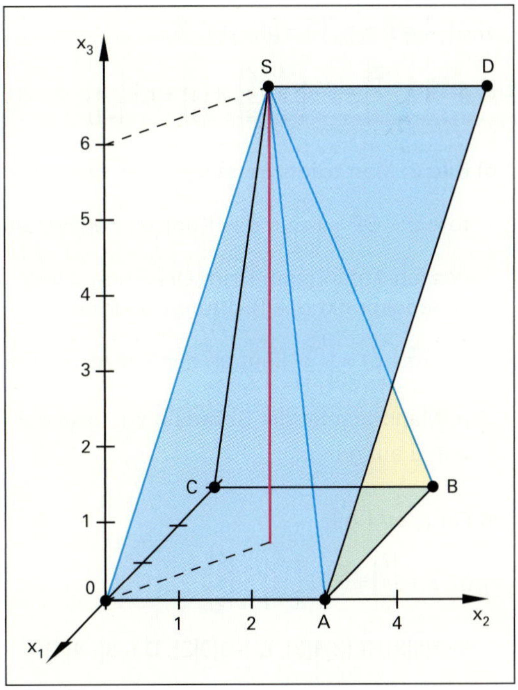

Bild 3: Parallelogramm und Pyramide

Lösungen Übungsaufgaben

2. a) $\begin{pmatrix} -14 \\ 26 \\ -1 \end{pmatrix}$ **b)** $\begin{pmatrix} -28 \\ 0 \\ 14 \end{pmatrix}$ **c)** $\begin{pmatrix} 2 \\ -6 \\ 1 \end{pmatrix}$

3. 500 Nm

4. $\begin{pmatrix} 12\ \text{Nm} \\ 0 \\ 0 \end{pmatrix}$

5. A = 4 FE

6. a) 9 FE **b)** 18 VE **c)** 37,1 FE

7. $\vec{b} = \begin{pmatrix} 7 \\ 24 \\ 0 \end{pmatrix}$

7.8 Vektorgleichung einer Geraden im Raum

Zwei-Punkte-Form

So wie zwei Personen einen Balken in einer festen Position halten **(Bild 1)**, so wird eine Gerade im Raum durch zwei Punkte P und Q eindeutig bestimmt.

Der Vektor $\overrightarrow{PQ} = \vec{q} - \vec{p}$ ist dabei ein Stück der durch P und Q bestimmten Geraden g und wird Richtungsvektor $\vec{u}$ genannt. Der Richtungsvektor $\vec{u}$ ist ein freier Vektor, dessen Lage durch die Ortsvektoren $\overrightarrow{OP}$ und $\overrightarrow{OQ}$ im Raum bestimmt wird. Somit ist die Vektorgleichung einer Geraden im Raum eine Addition von einem Ortsvektor, auch Stützvektor genannt und einem Richtungsvektor. Durch Verlängerung oder Verkürzung von $\overrightarrow{PQ}$ durch den Parameter r **(Bild 2)** erhält man von Punkt P aus jeden Geradenpunkt X.

Jedem Wert $r \in \mathbb{R}$ ist genau ein Geradenpunkt X oder ein Ortsvektor $\vec{x}$ zugeordnet.

Beispiel 1:

Eine Gerade geht durch die Punkte P (2|4|3) und Q (–3|0|2).

a) Bestimmen Sie die Vektorgleichung der Geraden.

b) Zeichnen Sie in ein räumliches Koordinatensystem die Gerade g ein.

c) Bestimmen Sie die Punkte A bis D der Geraden g für $r_1 = -1$, $r_2 = 0$, $r_3 = 1$ und $r_4 = 2$.

Lösung:

a) g: $\vec{x} = \vec{p} + r \cdot (\vec{q} - \vec{p})$; $r \in \mathbb{R}$

$$\textbf{g: } \vec{x} = \begin{pmatrix} 2 \\ 4 \\ 3 \end{pmatrix} + r \cdot \begin{pmatrix} -3-2 \\ 0-4 \\ 2-3 \end{pmatrix} = \begin{pmatrix} 2 \\ 4 \\ 3 \end{pmatrix} + r \cdot \begin{pmatrix} -5 \\ -4 \\ -1 \end{pmatrix}$$

b) Bild 2: Man trägt zuerst den Pfeil des Stützvektors $\vec{p} = \overrightarrow{OP} = \begin{pmatrix} 2 \\ 4 \\ 3 \end{pmatrix}$ in das Koordinatensystem ein, dessen Anfangspunkt im Ursprung 0 liegt. Der Anfangspunkt des Richtungsvektors $\vec{u} = (\vec{q} - \vec{p}) = \begin{pmatrix} -5 \\ -4 \\ -1 \end{pmatrix}$ liegt an der Spitze des Pfeils von $\vec{p}$. Man zeichnet die Gerade g so, dass der Pfeil von $\vec{u}$ auf g liegt.

c) Für $r_1 = -1$ gilt

$$g: \vec{x} = \begin{pmatrix} 2 \\ 4 \\ 3 \end{pmatrix} + (-1) \begin{pmatrix} -5 \\ -4 \\ 1 \end{pmatrix} = \begin{pmatrix} 7 \\ 8 \\ 2 \end{pmatrix}$$

A (7|8|2), B (2|4|3), C (–3|0|2), D (–8|–4|1)

Zwei-Punkte-Form:

$$g: \vec{x} = \overrightarrow{OP} + r \cdot (\overrightarrow{OQ} - \overrightarrow{OP}) = \vec{p} + r \cdot \overrightarrow{PQ}$$

Punkt-Richtungs-Form: Richtungsvektor:

$$g: \vec{x} = \vec{p} + r \cdot \vec{u} \qquad \vec{u} = \overrightarrow{PQ} = \vec{q} - \vec{p}$$

g	Gerade g	$\vec{u}$	Richtungsvektor
r	Parameter, $r \in \mathbb{R}$	$\vec{x}$	Ortsvektor zum Punkt X
$\vec{p} = \overrightarrow{OP}$	Stützvektor	$\overrightarrow{OP}$	Ortsvektor zum Punkt P
P	Stützpunkt, Aufpunkt	$\overrightarrow{OQ}$	Ortsvektor zum Punkt Q

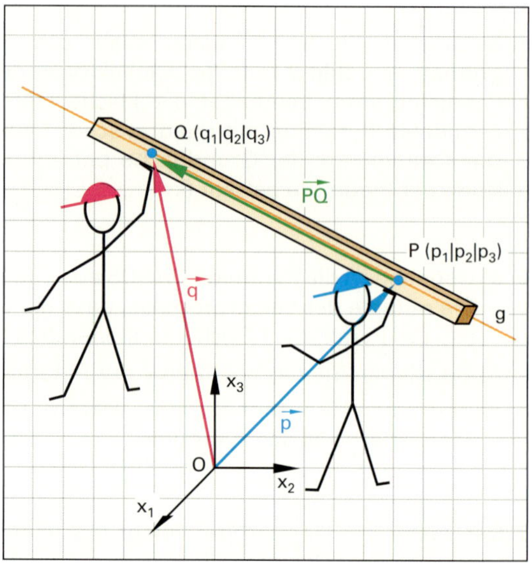

Bild 1: Eine Gerade im Raum

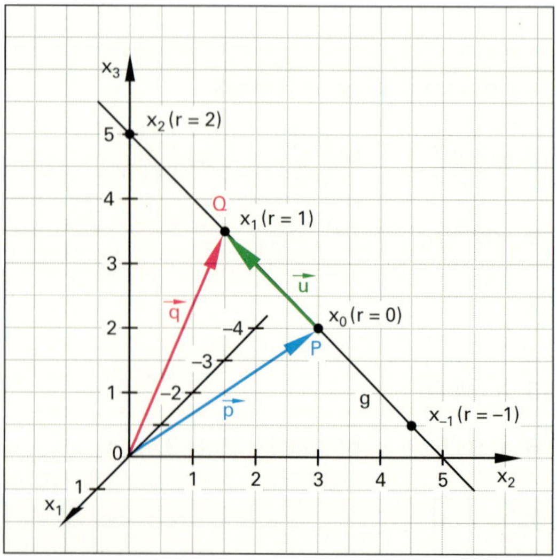

Bild 2: Die Gerade g

Punkt-Richtungs-Form

Wenn der Richtungsvektor in die Zwei-Punkte-Form der Geradengleichung eingesetzt wird, erhält man die Punkt-Richtungs-Form der Geradengleichung. Die Vektorgleichung der Geraden aus dem vorhergehenden Beispiel lautet in der Punkt-Richtungs-Form dann:

$$g: \vec{x} = \vec{p} + r \cdot \vec{u} = \begin{pmatrix} 2 \\ 4 \\ 3 \end{pmatrix} + r \cdot \begin{pmatrix} -5 \\ -4 \\ -1 \end{pmatrix}; \quad r \in \mathbb{R}$$

Punktprobe einer Geraden

Mit der Punktprobe wird überprüft, ob ein beliebiger Punkt auf einer gegebenen Geradengleichung liegt. Dazu wird der Ortsvektor des Punktes in die Geradengleichung für $\vec{x}$ eingesetzt.

Beispiel 1:

$$g: \vec{x} = \begin{pmatrix} 3 \\ 5 \\ 3 \end{pmatrix} + r \cdot \begin{pmatrix} -6 \\ -2 \\ -1 \end{pmatrix}; \quad r \in \mathbb{R}$$

a) Zeichnen Sie die Gerade g in ein räumliches Koordinatensystem ein.

b) Liegen die Punkte C (–6|2|1,5) und D (1|3|1) auf der Geraden g?

Lösung:

a) **Bild 1**

b) Punktprobe für C:

$$\vec{c} = \vec{p} + r \cdot \vec{u}$$

$$g: \begin{pmatrix} -6 \\ 2 \\ 1{,}5 \end{pmatrix} = \begin{pmatrix} 3 \\ 5 \\ 3 \end{pmatrix} + r \cdot \begin{pmatrix} -6 \\ -2 \\ -1 \end{pmatrix} \quad \begin{matrix} (1) \\ (2) \\ (3) \end{matrix}$$

$$\left.\begin{matrix} (1)\ -6 = 3 + r\,(-6) \Rightarrow r = 1{,}5 \\ (2)\ \ 2 = 5 + r\,(-2) \Rightarrow r = 1{,}5 \\ (3)\ 1{,}5 = 3 + r\,(-1) \Rightarrow r = 1{,}5 \end{matrix}\right\} \text{erfüllt}$$

Punkt C liegt auf der Geraden g.

Punktprobe für D:

$$\vec{d} = \vec{p} + r \cdot \vec{u}$$

$$g: \begin{pmatrix} 1 \\ 3 \\ 1 \end{pmatrix} = \begin{pmatrix} 3 \\ 5 \\ 3 \end{pmatrix} + r \cdot \begin{pmatrix} -6 \\ -2 \\ -1 \end{pmatrix} \quad \left.\begin{matrix} \Rightarrow r = \frac{1}{3} \\ \Rightarrow r = 1 \\ \Rightarrow r = 2 \end{matrix}\right\} \text{nicht erfüllt}$$

Punkt D liegt nicht auf der Geraden g.

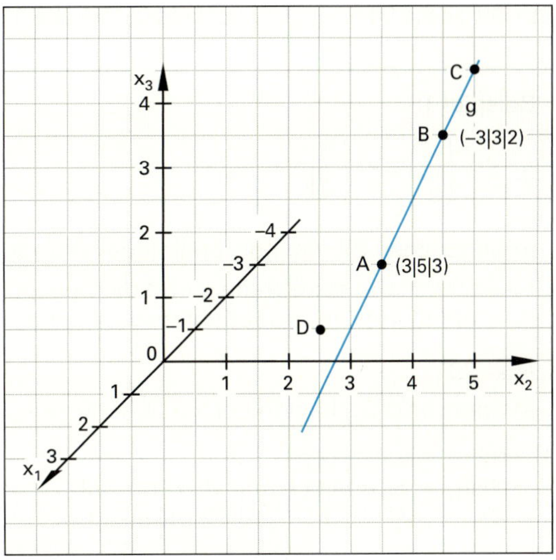

Bild 1: Die Gerade g im Raum

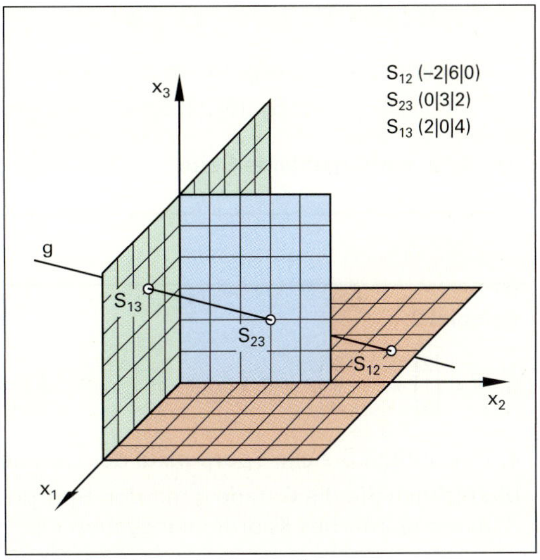

Bild 2: Gerade g mit Spurpunkten

Spurpunkte einer Geraden

Spurpunkte nennt man die Schnittpunkte (Durchstoßpunkte) einer Geraden mit den Koordinatenebenen.

Zum Beispiel wenn eine Gerade die

- x_1x_2-Ebene durchstößt, muss $x_3 = 0$ sein,
- x_2x_3-Ebene durchstößt, muss $x_1 = 0$ sein,
- x_3x_1-Ebene durchstößt, muss $x_2 = 0$ sein.

Es gibt maximal 3 Spurpunkte je Gerade **(Tabelle 1** und **Bild 2)**.

Tabelle 1: Spurpunkte einer Geraden im Raum

Ebene	Rechenweg	Spurpunkt
x_2x_3	$\begin{pmatrix} 0 \\ x_2 \\ x_3 \end{pmatrix} = \begin{pmatrix} p_1 \\ p_2 \\ p_3 \end{pmatrix} + r \cdot \begin{pmatrix} u_1 \\ u_2 \\ u_3 \end{pmatrix}$	S_{23} $(0\|x_2\|x_3)$
x_1x_3	$\begin{pmatrix} x_1 \\ 0 \\ x_3 \end{pmatrix} = \begin{pmatrix} p_1 \\ p_2 \\ p_3 \end{pmatrix} + r \cdot \begin{pmatrix} u_1 \\ u_2 \\ u_3 \end{pmatrix}$	S_{13} $(x_1\|0\|x_3)$
x_1x_2	$\begin{pmatrix} x_1 \\ x_2 \\ 0 \end{pmatrix} = \begin{pmatrix} p_1 \\ p_2 \\ p_3 \end{pmatrix} + r \cdot \begin{pmatrix} u_1 \\ u_2 \\ u_3 \end{pmatrix}$	S_{12} $(x_1\|x_2\|0)$

Es gibt sechs Lösungsmöglichkeiten **(Tabelle 1)**.

Beispiel 1:

g: $\vec{x} = \begin{pmatrix} -1 \\ 4{,}5 \\ 1 \end{pmatrix} + r \cdot \begin{pmatrix} 2 \\ -3 \\ 2 \end{pmatrix} \quad r \in \mathbb{R}$

a) Bestimmen Sie die Spurpunkte der Geraden g

b) Zeichnen Sie die Gerade g und die Spurpunkte in ein räumliches Koordinatensystem ein.

Lösung:

a) Spurpunkt S_{12} liegt in der x_1x_2-Ebene $\Rightarrow x_3 = 0$

$$\begin{matrix} (1) \\ (2) \\ (3) \end{matrix} \; \overrightarrow{s_{12}} = \begin{pmatrix} x_1 \\ x_2 \\ 0 \end{pmatrix} = \begin{pmatrix} -1 \\ 4{,}5 \\ 1 \end{pmatrix} + r \cdot \begin{pmatrix} 2 \\ -3 \\ 2 \end{pmatrix} \Rightarrow r = -0{,}5$$

r in die Geradengleichung g einsetzen.

$$\overrightarrow{s_{12}} = \begin{pmatrix} x_1 \\ x_2 \\ 0 \end{pmatrix} = \begin{pmatrix} -1 \\ 4{,}5 \\ 1 \end{pmatrix} + (-0{,}5) \cdot \begin{pmatrix} 2 \\ -3 \\ 2 \end{pmatrix} = \begin{pmatrix} -2 \\ 6 \\ 0 \end{pmatrix}$$

Man erhält den Spurpunkt in der x_1x_2-Ebene.

S_{12} (–2|6|0) sowie: S_{23} (0|3|2) und S_{13} (2|0|4).

b) **Bild 2, vorhergehende Seite**

Beispiel 2:

g: $\vec{x} = \begin{pmatrix} 2 \\ 1 \\ 2 \end{pmatrix} + r \cdot \begin{pmatrix} 0 \\ 3 \\ -1 \end{pmatrix}; \quad r \in \mathbb{R}$

a) Bestimmen Sie alle Spurpunkte der Geraden g.

b) Zeichnen Sie die Gerade g mit den Spurpunkten in ein räumliches Koordinatensystem ein.

Lösung:

$$\text{a)} \begin{matrix} (1) \\ (2) \\ (3) \end{matrix} \text{g: } \begin{pmatrix} 0 \\ x_2 \\ x_3 \end{pmatrix} = \begin{pmatrix} 2 \\ 1 \\ 2 \end{pmatrix} + r \cdot \begin{pmatrix} 0 \\ 3 \\ -1 \end{pmatrix}, 0 = 2 + 0 \Rightarrow \mathbf{L = \{\,\}}$$

Es gibt keinen Spurpunkt in der x_2x_3-Ebene.

Werden $x_2 = 0$ und $x_3 = 0$ gesetzt

erhält man die Spurpunkte $S_{13}\left(2|0|\frac{7}{3}\right)$, S_{12} (2|7|0)

b) **Bild 1**

Beispiel 3:

g: $\vec{x} = \begin{pmatrix} 0 \\ 4 \\ 3 \end{pmatrix} + r \cdot \begin{pmatrix} 0 \\ -3 \\ -1 \end{pmatrix}; \quad r \in \mathbb{R}$

a) Bestimmen Sie die Spurpunkte der Geraden g.

Tabelle 1: Lösungsfälle für Spurpunkte

Fall	Zahl der Spurpunkte	Erklärung
1	3 Spurpunkte	Die Gerade schneidet alle Koordinatenebenen.
2	2 Spurpunkte	Die Gerade ist zu genau einer Koordinatenebene parallel.
3	1 Spurpunkt	Die Gerade ist zu genau einer Koordinatenachse parallel.
4	1 Spurpunkt auf einer Koordinatenachse und eine Geradengleichung in der Koordinatenebene.	Die Gerade liegt in einer Koordinatenebene und ist parallel zu einer Koordinatenachse.
5	2 Spurpunkte auf den Koordinatenachsen und eine Geradengleichung in der Koordinatenebene.	Die Gerade liegt in einer Koordinatenebene und ist nicht parallel zu einer Koordinatenachse.
6	Koordinatenursprung S ≡ O (0|0|0)	Die Gerade liegt auf einer Koordinatenachse.

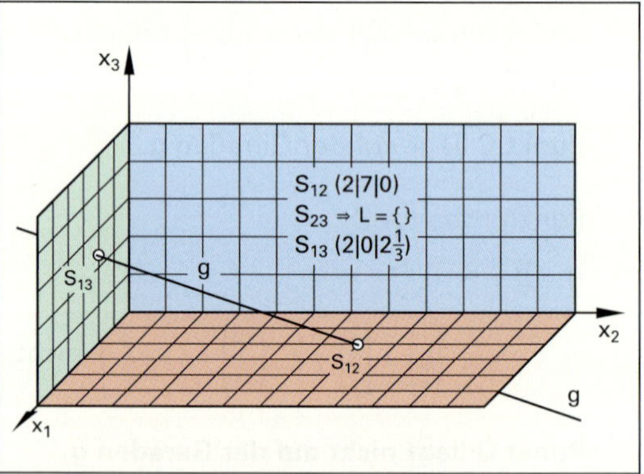

Bild 1: Gerade g parallel zur x_2x_3-Ebene

Fortsetzung Beispiel 3:

b) Zeichnen Sie die Gerade g mit den Spurpunkten in ein räumliches Koordinatensystem ein.

c) Wie kann man schon an der Geradengleichung g erkennen, dass die Gerade g in der x_2x_3-Ebene liegt?

Fortsetzung Beispiel 3, vorhergehende Seite

Lösung:

a) g: $\vec{x} = \vec{p} + r \cdot \vec{u}$

$$\begin{matrix}(1)\\(2)\\(3)\end{matrix}\; g: \begin{pmatrix}0\\x_2\\x_3\end{pmatrix} = \begin{pmatrix}0\\4\\3\end{pmatrix} + r \cdot \begin{pmatrix}0\\-3\\-1\end{pmatrix}$$

(1) $0 = 0$

(2) $x_2 = 4 - 3r \Rightarrow r = -\frac{1}{3}(-4 + x_2)$

(3) $x_3 = 3 - r \Rightarrow r = -(-3 + x_3)$

(2) = (3)

$-\frac{1}{3}(-4 + x_2) = -(-3 + x_3)$

$\mathbf{x_2 = 3x_3 - 5}$ **und** $\mathbf{x_1 = 0}$

Die Lösung stellt eine Gerade in der x_2x_3-Ebene dar. Nachdem jeweils $x_2 = 0$ und $x_3 = 0$ gesetzt werden, erhält man folgende Spurpunkte:

S_{12} (0|–5|0), S_{13} $\left(0|0|1\frac{2}{3}\right)$

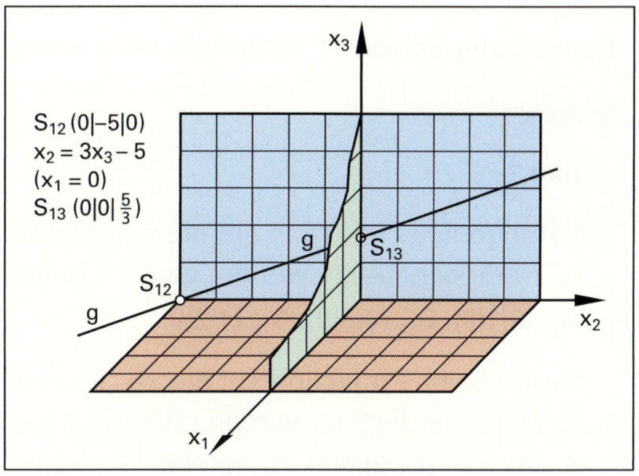

Bild 1: Gerade g auf der x_2x_3-Ebene

Fortsetzung Beispiel 3, vorhergeh. Seite

b) **Bild 1**

c) Alle x_1-Komponenten vom Stütz- und vom Richtungsvektor der Geraden g liegen in der x_2x_3-Ebene ($p_1 = u_1 = 0$).

7.9 Orthogonale Projektion von Punkten und Geraden auf eine Koordinatenebene

Orthogonale Projektion von Punkten

Ein Punkt im Raum lässt sich senkrecht auf eine Koordinatenebene oder eine Koordinatenachse projizieren **(Tabelle 1)**.

Als Parallelprojektion bezeichnet man eine Projektion, bei der alle Projektionsstrahlen parallel verlaufen. Die Richtung der Projektionsstrahlen nennt man die Projektionsrichtung. Schneiden die Projektionsstrahlen die Bildebene rechtwinklig, so nennt man die Parallelprojektion rechtwinklig oder orthogonal.

Ein praktisches Beispiel für die rechtwinklige Parallelprojektion ist die Darstellung eines Körpers in Vorder-, Drauf- und Seitenansicht, wie sie in der Technik üblich ist **(Bild 2)**.

Im Folgenden kommen nur rechtwinklige Parallelprojektionen vor und die Bildebenen sind die Koordinatenebenen.

Beispiel 1: Projektionen des Dreiecks ABC

Ein Dreieck besteht aus den Punkten A (3|1|2), B (3|5|4) und C (1|2|4).

a) Zeichnen Sie das Dreieck in ein räumliches Koordinatensystem ein.

b) Das Dreieck wird orthogonal auf die Koordinatenebenen projiziert. Geben Sie die Bildpunkte von A, B und C an.

c) Zeichnen Sie die Bildflächen.

Tabelle 1: Orthogonale Projektion des Punktes A ($a_1|a_2|a_3$) (Bild 2)

Art	Projektionspunkt
Projektion auf die x_1x_2-Ebene	A_{12} ($a_1|a_2|0$)
Projektion auf die x_2x_3-Ebene	A_{23} ($0|a_2|a_3$)
Projektion auf die x_1x_3-Ebene	A_{13} ($a_1|0|a_3$)
Projektion auf die x_1-Achse	A_1 ($a_1|0|0$)
Projektion auf die x_2-Achse	A_2 ($0|a_2|0$)
Projektion auf die x_3-Achse	A_3 ($0|0|a_3$)

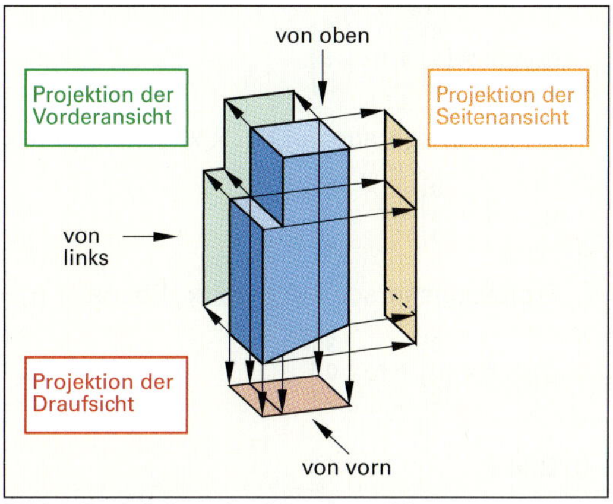

Bild 2: Drei-Seiten-Ansicht eines Körpers

Fortsetzung Beispiel 1, vorhergehende Seite

Lösung:

a) **Bild 1**

b) Orthogonale Projektion auf die x_1x_2-Ebene. Die x_3-Werte der Punkte werden gleich null gesetzt.
A_{12} (3|1|0), B_{12} (3|5|0), C_{12} (1|2|0)

Orthogonale Projektion auf die x_2x_3-Ebene. Die x_1-Werte der Punkte werden gleich null gesetzt.
A_{23} (0|1|2), B_{23} (0|5|4), C_{23} (0|2|4)

Orthogonale Projektion auf die x_1x_3-Ebene: Die x_2-Werte der Punkte werden gleich null gesetzt.
A_{13} (3|0|2), B_{13} (3|0|4), C_{13} (1|0|4)

c) **Bild 1**

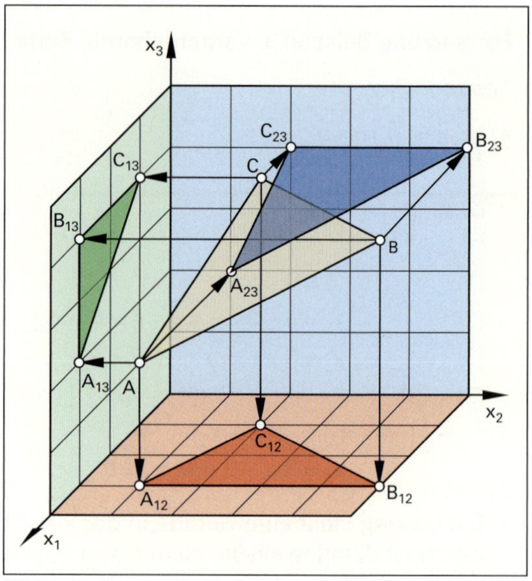

Bild 1: Orthogonale Projektion in die Koordinatenebenen

Orthogonale Projektion von Geraden

Nicht nur Punkte, sondern auch eine Gerade im Raum kann auf die Koordinatenebenen projiziert werden. Um die Projektion der Geraden g in der x_1x_2-Ebene darzustellen, wird bei der Geraden g beim Stützvektor $\vec{p_3} = 0$ und beim Richtungsvektor $\vec{u_3} = 0$ gesetzt **(Tabelle 1)**.

Tabelle 1: Orthogonale Projektion von Geraden

Art	Projektionsgerade
Projektion auf die x_1x_2-Ebene	$g\colon \vec{x} = \begin{pmatrix} p_1 \\ p_2 \\ 0 \end{pmatrix} + r \cdot \begin{pmatrix} u_1 \\ u_2 \\ 0 \end{pmatrix}$
Projektion auf die x_2x_3-Ebene	$g\colon \vec{x} = \begin{pmatrix} 0 \\ p_2 \\ p_3 \end{pmatrix} + r \cdot \begin{pmatrix} 0 \\ u_2 \\ u_3 \end{pmatrix}$
Projektion auf die x_1x_3-Ebene	$g\colon \vec{x} = \begin{pmatrix} p_1 \\ 0 \\ p_3 \end{pmatrix} + r \cdot \begin{pmatrix} u_1 \\ 0 \\ u_3 \end{pmatrix}$

Beispiel 1: Projektionsgerade

$$g\colon \vec{x} = \begin{pmatrix} 0 \\ 3 \\ 2 \end{pmatrix} + r \cdot \begin{pmatrix} 3 \\ -3 \\ -2 \end{pmatrix}; \quad r \in \mathbb{R}$$

a) Bestimmen Sie von der Geraden g die Projektionsgeraden auf allen drei Koordinatenebenen.

b) Zeichnen Sie die Gerade g und die Projektionsgeraden g_{12}, g_{23} und g_{13} in ein räumliches Koordinatensystem ein.

Lösung:

a) Projektionsgerade auf der x_1x_2-Ebene $\Rightarrow p_3 = u_3 = 0$

$$g_{12}\colon \vec{\mathbf{x}} = \begin{pmatrix} \mathbf{0} \\ \mathbf{3} \\ \mathbf{0} \end{pmatrix} + \mathbf{r} \cdot \begin{pmatrix} \mathbf{3} \\ \mathbf{-3} \\ \mathbf{0} \end{pmatrix}$$

Projektionsgerade auf der x_2x_3-Ebene $\Rightarrow p_1 = u_1 = 0$

$$g_{23}\colon \vec{\mathbf{x}} = \begin{pmatrix} \mathbf{0} \\ \mathbf{3} \\ \mathbf{2} \end{pmatrix} + \mathbf{r} \cdot \begin{pmatrix} \mathbf{0} \\ \mathbf{-3} \\ \mathbf{-2} \end{pmatrix}$$

Projektionsgerade auf der x_1x_3-Ebene $\Rightarrow p_2 = u_2 = 0$

$$g_{13}\colon \vec{\mathbf{x}} = \begin{pmatrix} \mathbf{0} \\ \mathbf{0} \\ \mathbf{2} \end{pmatrix} + \mathbf{r} \cdot \begin{pmatrix} \mathbf{3} \\ \mathbf{0} \\ \mathbf{-2} \end{pmatrix}$$

b) **Bild 2**

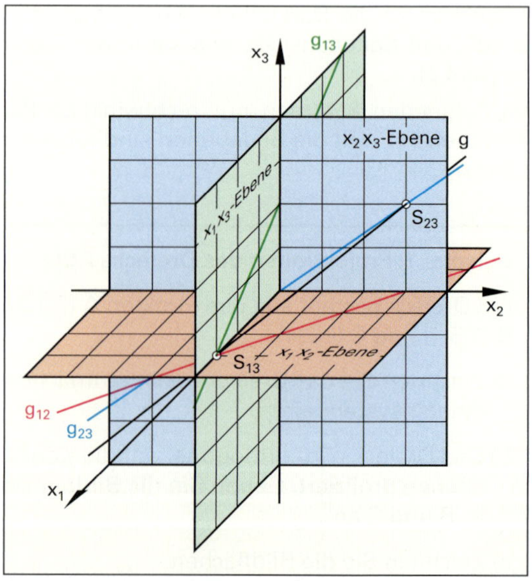

Bild 2: Gerade g mit Projektionsgeraden

Überprüfen Sie Ihr Wissen!

Beispielaufgaben

Vektorgleichung einer Geraden im Raum

Zwei-Punkte-Form

1. Eine Gerade g geht durch die Punkte P_1 (0|4|2,5) und P_2 (9|7|4).

a) Bestimmen Sie die Vektorgleichung der Geraden g.

b) Für welche Parameter r_1, r_2 und r_3 ergeben sich die Punkte A (0|4|2,5), B (18|10|5,5) und C (−27|−5|−2)?

Punkt-Richtungs-Form

1. Ein Dreieck hat die Ecken A (−3|−4|5), B (3|6|−4) und C (1|3|2). Stellen Sie die Geradengleichungen g, h und i durch die Dreieckseiten auf.

2. Durch P (2|−5|−3) gehen Geraden g, h und i mit den folgenden Richtungsvektoren:

$$\vec{u} = \begin{pmatrix} 1 \\ 0 \\ -3 \end{pmatrix} \quad \vec{v} = \begin{pmatrix} 3 \\ 5 \\ 0 \end{pmatrix} \quad \vec{w} = \begin{pmatrix} -3 \\ 4 \\ 1 \end{pmatrix}.$$

a) Stellen Sie die Geradengleichungen auf.

b) Zeichnen Sie die Geraden g, h und i in ein räumliches Koordinatensystem ein mit folgenden Abmessungen:

x_1-Achse mit $-4 \leq x_1 \leq 16$

x_2-Achse mit $-8 \leq x_2 \leq 2$

x_3-Achse mit $-8 \leq x_3 \leq 2$

3. Gegeben sind die Punkte A (2|7|−2), B (5|4|1) und D (−4|3t + 1|−8).

a) Bestimmen Sie die Gleichung der Geraden g durch die Punkte A und B.

b) Mit der Punktprobe können auch Punkte mit unvollständiger Parameterangabe ermittelt werden. Bestimmen Sie t so, dass der Punkt D auf der Geraden g liegt.

Spurpunkte einer Geraden

1. Gegeben ist die Gerade

$$g: \vec{x} = \begin{pmatrix} 4 \\ 3 \\ -3 \end{pmatrix} + r \cdot \begin{pmatrix} 4 \\ -2 \\ 6 \end{pmatrix}; \quad r \in \mathbb{R}$$

a) Berechnen Sie alle Spurpunkte der Geraden g.

b) Zeichnen Sie die Gerade mit den Spurpunkten in ein räumliches Koordinatensystem ein.

2. Gegeben ist die Gerade

$$g: \vec{x} = \begin{pmatrix} 2 \\ 7 \\ -2 \end{pmatrix} + r \cdot \begin{pmatrix} 3 \\ -3 \\ 3 \end{pmatrix}; \quad r \in \mathbb{R}$$

a) Zeigen Sie, dass die Punkte S_{23} (0|9|−4) und S_{13} (9|0|5) Spurpunkte der Geraden g sind.

b) Berechnen Sie die Koordinaten des dritten Spurpunktes S_{12}.

3. Gegeben ist die Gerade g:

$$\vec{x} = \begin{pmatrix} -4 \\ 4 \\ 2 \end{pmatrix} + r \cdot \begin{pmatrix} 0 \\ -2 \\ 1 \end{pmatrix}; \quad r \in \mathbb{R}$$

a) Berechnen Sie die Spurpunkte der Geraden g in den Koordinatenebenen.

b) Welche besondere Lage hat die Gerade g im Koordinatensystem?

Lösungen Beispielaufgaben

Vektorgleichung einer Geraden im Raum

Zwei-Punkte-Form

1. a) $g: \vec{x} = \begin{pmatrix} 0 \\ 4 \\ 2{,}5 \end{pmatrix} + r \cdot \begin{pmatrix} 9 \\ 3 \\ 1{,}5 \end{pmatrix}; \quad r \in \mathbb{R}$

b) $r_1 = 0; \quad r_2 = 2; \quad r_3 = -3$

Punkt-Richtungs-Form

1. $g: \vec{x} = \begin{pmatrix} 3 \\ 6 \\ -4 \end{pmatrix} + r \cdot \begin{pmatrix} -2 \\ -3 \\ 6 \end{pmatrix}; \quad r \in \mathbb{R}$

$h: \vec{x} = \begin{pmatrix} 1 \\ 3 \\ 2 \end{pmatrix} + s \cdot \begin{pmatrix} -4 \\ -7 \\ 3 \end{pmatrix}; \quad s \in \mathbb{R}$

$i: \vec{x} = \begin{pmatrix} -3 \\ -4 \\ 5 \end{pmatrix} + t \cdot \begin{pmatrix} 6 \\ 10 \\ -9 \end{pmatrix}; \quad t \in \mathbb{R}$

2. a) $g: \vec{x} = \begin{pmatrix} 2 \\ -5 \\ -3 \end{pmatrix} + r \cdot \begin{pmatrix} 1 \\ 0 \\ -3 \end{pmatrix}; \quad r \in \mathbb{R}$

$h: \vec{x} = \begin{pmatrix} 2 \\ -5 \\ -3 \end{pmatrix} + s \cdot \begin{pmatrix} 3 \\ 5 \\ 0 \end{pmatrix}; \quad s \in \mathbb{R}$

$i: \vec{x} = \begin{pmatrix} 2 \\ -5 \\ -3 \end{pmatrix} + t \cdot \begin{pmatrix} -3 \\ 4 \\ 1 \end{pmatrix}; \quad t \in \mathbb{R}$

3. a) $g: \vec{x} = \begin{pmatrix} 2 \\ 7 \\ -2 \end{pmatrix} + r \cdot \begin{pmatrix} 3 \\ -3 \\ 3 \end{pmatrix}; \quad r \in \mathbb{R}$

b) $t = 4 \Rightarrow$ D (−4|13|−8)

Spurpunkte einer Geraden

1. a) S_{12} (6|2|0); S_{23} (0|5|−9); S_{13} (10|0|6)

b) siehe Löser

2. a) $S_{23} \in g$; $S_{13} \in g$

b) S_{12} (4|5|0)

3. a) S_{12} (−4|8|0), S_{23} existiert nicht $\Rightarrow L = \{\}$, S_{13} (−4|0|4)

b) g || x_2x_3-Ebene

Beispielaufgaben

Orthogonale Projektion von Punkten und Geraden auf eine Koordinatenebene

1. Gegeben sind die Punkte A (3|2|8), B (12|11|8), C (10|13|8) und D (1|4|8) einer ebenen Fläche.

a) Bestimmen Sie die senkrechte Projektion der Punkte A, B, C und D auf die x_1x_2-Ebene.

b) Die Punkte A, B, C, D und A_{12}, B_{12}, C_{12}, D_{12} sind die Eckpunkte eines Quaders. Zeichnen Sie den Quader in ein räumliches Koordinatensystem ein.

2. Gegeben sind die Punkte A (6|3|5), B_{12} (10|9|0), C_{23} (0|10|5), D (3|4|5), B_{13} (10|0|5) und C_{12} (7|10|0).

a) Geben Sie alle 4 Punkte der Fläche ABCD an.

b) Zeichnen Sie die Fläche ABCD mit allen Projektionen in ein räumliches Koordinatensystem ein.

c) Welche besondere Lage hat die Fläche ABCD?

3. Gegeben sind die Punkte A (1|2|0), B (8|8|0), C (3|10|0) und S (2|6|8).

a) Das Dreieck ABC und der Punkt S bilden eine Pyramide. Zeichnen Sie die Pyramide in ein räumliches Koordinatensystem ein.

b) Berechnen Sie die Vektoren $\overrightarrow{AB}$ und $\overrightarrow{AS}$.

c) Geben Sie die Gleichung der Geraden g an, die durch die Punkte B und S geht.

d) Die senkrechte Parallelprojektion der Geraden g auf die x_1x_2-Ebene sei g_{12}, die des Punktes S sei S_{12}. Geben Sie eine Gleichung g_{12} und die Koordinaten von S_{12} an und zeichnen Sie g_{12} und S_{12} in das Koordinatensystem ein.

e) Die Grundfläche der Pyramide soll durch Spiegelung des Punktes B an S_{12} in ein Parallelogramm ABCD umgewandelt werden. Berechnen Sie die Koordinaten des Punktes D.

4. Gegeben sind Punkt A (−2|2|6) und die Geraden

$$g: \vec{x} = \begin{pmatrix}6\\2\\2\end{pmatrix} + r \cdot \begin{pmatrix}2\\0\\-1\end{pmatrix} \text{ und } h: \vec{x} = \begin{pmatrix}0\\0\\7\end{pmatrix} + s \cdot \begin{pmatrix}-2\\-1\\2\end{pmatrix};\ r, s \in \mathbb{R}$$

a) Untersuchen Sie, ob A auf g und ob A auf h liegt.

b) Bestimmen Sie alle Spurpunkte von g in den Koordinatenebenen. Welche besondere Lage hat g im Koordinatensystem? (Begründung)

c) Die Gerade g wird achsenparallel auf jede der Koordinatenebenen projiziert. Untersuchen Sie für jede Projektion, ob sie zu einer Koordinatenachse oder zur Geraden g parallel ist.

d) Stellen Sie die Gerade g und ihre Projektionen auf die Koordinatenebenen in einem dreidimensionalen Koordinatensystem dar.

Lösungen Beispielaufgaben

Orthogonale Projektion von Punkten und Geraden auf eine Koordinatenebene

1. a) A_{12} (3|2|0), B_{12} (12|11|0), C_{12} (10|13|0), D_{12} (1|4|0)

b) siehe Löser

2. a) A (6|3|5), B (10|9|5), C (7|10|5), D (3|4|5)

b) siehe Löser

c) Fläche ABCD || zur x_1x_2-Ebene

3. a) siehe Löser

b) $\overrightarrow{AB} = \begin{pmatrix}7\\6\\0\end{pmatrix}$, $\overrightarrow{AS} = \begin{pmatrix}1\\4\\8\end{pmatrix}$

c) $g: \vec{x} = \begin{pmatrix}8\\8\\0\end{pmatrix} + r \cdot \begin{pmatrix}-6\\-2\\8\end{pmatrix}$

d) $g_{12}: \vec{x} = \begin{pmatrix}8\\8\\0\end{pmatrix} + s \begin{pmatrix}-6\\-2\\0\end{pmatrix};\quad r, s \in \mathbb{R};$

S_{12} (2|6|0)

e) D (−4|4|0)

4. a) A liegt auf g aber nicht auf h.

b) S_{12} (10|2|0), S_{23} (0|2|5), $S_{13} \Rightarrow L = \{\}$
g || x_1x_3-Ebene, weil es keinen Spurpunkt in der x_1x_3-Ebene gibt.

c) Gerade g_{12} || x_1-Achse,
Gerade g_{23} || x_3-Achse
und Gerade g_{13} || zur Geraden g.

d) siehe Löser

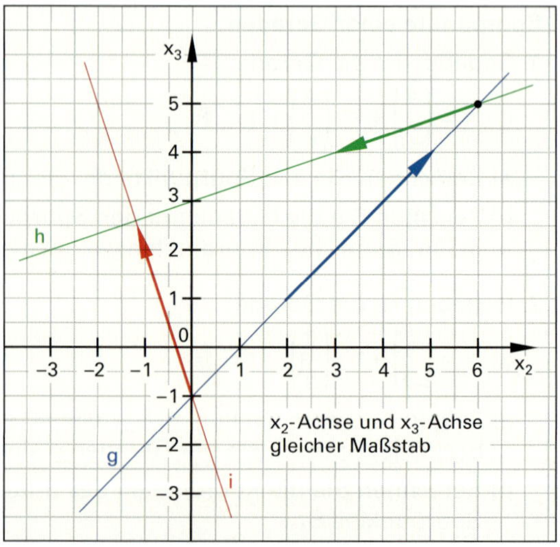

Bild 1: Vektoren im $\mathbb{R}^2$ (x_2x_3-Ebene)

Übungsaufgaben

Vektoren im $\mathbb{R}^2$ (x_2x_3-Ebene)

Die Darstellung von Vektoren in einem kartesischen Koordinatensystem der Ebene ermöglicht es, die Längen und Winkel aus der Zeichnung abzulesen und somit die eigene Rechnung zu überprüfen.

1. Die Punkte A (0|−2|−1,5) und B (0|2,5|1) sind Elemente der Geraden g.

a) Bestimmen Sie die Vektorgleichung der Geraden g.

b) Für welche Parameter r_1, r_2 und r_3 ergeben sich die Punkte $C\left(0\left|\frac{1}{4}\right|-\frac{1}{4}\right)$, D (0|4,75|2,25) und E (0|7|3,5)?

c) Überprüfen Sie, ob der Punkt F (0|3,5|1,5) auf der Geraden g liegt.

d) Zeichnen Sie die Gerade g und alle Punkte in ein Koordinatensystem der Ebene ein und überprüfen Sie Ihre Ergebnisse anhand der Zeichnung. Maßstab: x_2-Achse mit $-4 \le x_2 \le 8$

x_3-Achse mit $-3 \le x_3 \le 5$

e) Geben Sie die Funktionsgleichung der Form $y = mx + t$ der Geraden g an.

2. Gegeben sind die Geraden g: $\vec{x} = \begin{pmatrix}0\\2\\1\end{pmatrix} + r \cdot \begin{pmatrix}0\\3\\3\end{pmatrix}$,

h: $\vec{x} = \begin{pmatrix}0\\6\\5\end{pmatrix} + s \cdot \begin{pmatrix}0\\-3\\-1\end{pmatrix}$ und i: $\vec{x} = \begin{pmatrix}0\\0\\-1\end{pmatrix} + t \cdot \begin{pmatrix}0\\-1,2\\3,6\end{pmatrix}$.

a) Warum liegen die Geraden in der x_2x_3-Ebene?

b) Berechnen Sie $g \cap i$ ergibt A, $g \cap h$ ergibt B und $i \cap h$ ergibt C **(Bild 1, vorhergehende Seite)**.

c) Die Punkte A, B und C ergeben ein Dreieck. Berechnen Sie alle Winkel des Dreiecks.

d) Welchen Flächeninhalt hat das Dreieck?

e) Die Gerade j ist parallel zur Geraden h, schneidet die Gerade g im Punkte D und die Gerade i im Punkte E. Bestimmen Sie die Gerade j so, dass die Strecke $\overline{AE}$ halb so groß ist wie die Strecke $\overline{AC}$.

f) Zeigen Sie, dass der Schnittpunkt der Geraden j und g der Mittelpunkt der Strecke $\overline{AB}$ ist.

g) In welchem Verhältnis stehen die Flächen A_{ABC} und A_{ADE} zueinander?

Vektoren im $\mathbb{R}^3$ (Raum)

3. Ein Dreieck ist durch folgende Punkte festgelegt:
A (2|4|−1), B (−4|−1|3) , C (2|−3|−1).

a) Berechnen Sie die Gleichung der Geraden g, die durch C geht und auf $\overline{AB}$ senkrecht steht!

b) Zeichnen Sie das Dreieck in ein räumliches Koordinatensystem ein. Wählen Sie einen geeigneten Maßstab.

4. Die Gerade g geht durch die Punkte A (2|6|9) und B (−4|−1|15), die Gerade h geht durch den Punkt C (4|12|18) und ist parallel zu g.

a) Berechnen Sie den Abstand d der Geraden g und h.

b) Berechnen Sie eine Gleichung der Geraden i, die parallel zu g und h ist und mit g und h in einer Ebene liegt.

c) Berechnen Sie die Spurpunkte in der x_1x_3-Ebene für die Geraden g, h und i. Überprüfen Sie, ob der Spurpunkt der Geraden i in der Mitte $\overrightarrow{m_{13}}$ zwischen den Spurpunkten der Geraden g und h liegt.

Lösungen Übungsaufgaben

1. a) g: $\vec{x} = \begin{pmatrix}0\\-2\\-1,5\end{pmatrix} + r \cdot \begin{pmatrix}0\\4,5\\2,5\end{pmatrix}$; $r \in \mathbb{R}$

b) $r_1 = 0,5$; $r_2 = 1,5$; $r_3 = 2$

c) $F \notin g$

d) siehe Löser

e) $x_3 = \frac{10}{18}x_2 - \frac{7}{18}$

2. a) Richtungskomponente $x_1 = 0$

b) A (0|0|−1), B (0|6|5), C (0|−1,2|2,6)

c) $\alpha = 63,4°$; $\beta = 26,6°$; $\gamma = 90°$

d) $A_{ABC} = 14,4$

e) j: $\vec{x} = \begin{pmatrix}0\\-0,6\\0,8\end{pmatrix} + u \cdot \begin{pmatrix}0\\-3\\-1\end{pmatrix}$; $u \in \mathbb{R}$

f) $M \equiv D$

g) $\frac{A_{ABC}}{A_{ADE}} = 4$

3. a) g: $\vec{x} = \begin{pmatrix}2\\-3\\-1\end{pmatrix} + r \cdot \begin{pmatrix}-7,5\\13\\5\end{pmatrix}$; $r \in \mathbb{R}$

b) siehe Löser

4. a) d = 11 LE

b) i: $\vec{x} = \begin{pmatrix}3\\9\\13,5\end{pmatrix} + t \cdot \begin{pmatrix}-6\\-7\\6\end{pmatrix}$; $t \in \mathbb{R}$

c) $\overrightarrow{s_{g13}} = \frac{11}{7} \cdot \begin{pmatrix}-2\\0\\9\end{pmatrix}$, $\overrightarrow{s_{h13}} = \frac{22}{7} \cdot \begin{pmatrix}-2\\0\\9\end{pmatrix}$,

$\overrightarrow{s_{i13}} = \overrightarrow{m_{13}} = \frac{1}{7} \cdot \begin{pmatrix}-33\\0\\148,5\end{pmatrix} = \frac{33}{7 \cdot 2} \cdot \begin{pmatrix}-2\\0\\9\end{pmatrix}$

7.10 Gegenseitige Lage von Geraden

Zwei im Raum liegende Geraden haben die Gleichungen

$$g: \vec{x} = \vec{p} + r \cdot \vec{u}, \; h: \vec{x} = \vec{q} + s \cdot \vec{v}.$$

Es gibt vier Möglichkeiten, wie sie zueinander liegen:

- sie sind parallel zueinander,
- sie fallen zusammen (sind identisch),
- sie schneiden sich oder
- die Geraden sind windschief zueinander.

Windschiefe Geraden verlaufen ohne Schnittpunkt schräg zueinander.

Parallelitätsbedingung

$$\vec{u} = m \cdot \vec{v}$$

$\vec{u}$ Richtungsvektor von der Geraden g

$\vec{v}$ Richtungsvektor von der Geraden h

m Parameter, $m \in \mathbb{R}^*$

Parallele Geraden

Parallele Geraden findet man häufig in der Natur und in der Technik. Zwei parallele Bäume oder Eisenbahnschienen, zwei parallel laufende Kanten an einem Gebäude oder vier parallele Freileitungen, die von Haus zu Haus gespannt sind (**Bild 1**, der Durchhang der Leitungen wird vernachlässigt).

Die Richtungen der einzelnen Leitungen sind gleich. Auf die Punkt-Richtungs-Form (Parameterform) der Geradengleichung übertragen, heißt das, dass die Richtungsvektoren kollinear sein müssen.

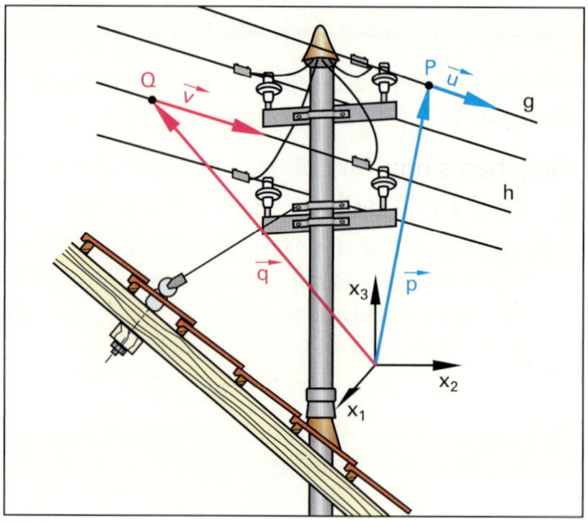

Bild 1: Parallele Freileitungen

Parallelitätsbedingung:
Zwei Geraden sind parallel, wenn die Richtungsvektoren $\vec{u}$ und $\vec{v}$ kollinear sind.

Beispiel 1:

a) Gibt es für die Geraden

$$g: \vec{x} = \begin{pmatrix} 2 \\ -2 \\ 3 \end{pmatrix} + r \cdot \begin{pmatrix} 3 \\ 4 \\ 1 \end{pmatrix} \text{ und}$$

$$h: \vec{x} = \begin{pmatrix} -4 \\ 1 \\ 0 \end{pmatrix} + s \cdot \begin{pmatrix} -6 \\ -8 \\ -2 \end{pmatrix}; \quad r, s \in \mathbb{R}$$

einen Parameter m, der die Parallelitätsbedingung erfüllt?

b) Zeichnen Sie in ein räumliches Koordinatensystem die beiden Geraden g und h ein.

Lösung:

a) durch Einsetzen von $\vec{u}$ und $\vec{v}$ in die Parallelitätsbedingung $\vec{u} = m \cdot \vec{v}$

$$\begin{matrix}(1)\\(2)\\(3)\end{matrix} \quad \begin{pmatrix} 3 \\ 4 \\ 1 \end{pmatrix} = m \cdot \begin{pmatrix} -6 \\ -8 \\ -2 \end{pmatrix}$$

und Lösen des Gleichungssystems

$$\left.\begin{matrix} (1) & 3 = m \cdot (-6) \Rightarrow m = -0{,}5 \\ (2) & 4 = m \cdot (-8) \Rightarrow m = -0{,}5 \\ (3) & 1 = m \cdot (-2) \Rightarrow m = -0{,}5 \end{matrix}\right\} \mathbf{m = -0{,}5} \Rightarrow g \parallel h$$

b) **Bild 2**

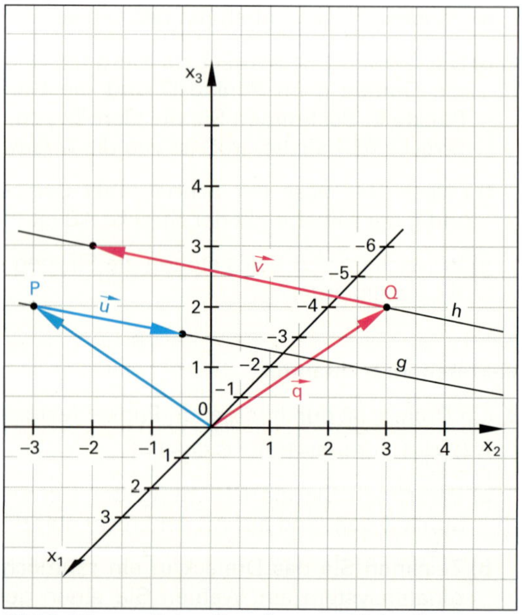

Bild 2: Die parallelen Geraden g und h im Raum

Identische Geraden

Ein Sonderfall der Parallelität ist das Zusammenfallen zweier Geraden, man sagt, sie sind identisch. Wie aus **Bild 1** hervorgeht, ist die Parallelitätsbedingung $\vec{u} = m \cdot \vec{v}$ erfüllt. Zusätzlich stellen g und h dieselbe Gerade dar. Wenn wir nun g und h gleichsetzen, müssen unendlich viele Punkte der Geraden die Lösung sein.

Gleichheitsbedingung:
Zwei Geraden sind gleich, wenn die Vektorengleichung $\vec{x_g} = \vec{x_h}$ unendlich viele Lösungen hat.

Beispiel 1:

Gegeben sind:

g: $\vec{x} = \vec{p} + r \cdot \vec{u}$ und h: $\vec{x} = \vec{q} + s \cdot \vec{v}$

g: $\vec{x} = \begin{pmatrix} 4 \\ 2 \\ -2 \end{pmatrix} + r \cdot \begin{pmatrix} 1 \\ 2 \\ 3 \end{pmatrix}$ h: $\vec{x} = \begin{pmatrix} 5 \\ 4 \\ 1 \end{pmatrix} + s \cdot \begin{pmatrix} 2 \\ 4 \\ 6 \end{pmatrix}$; $r, s \in \mathbb{R}$

a) Zeigen Sie, dass g und h identisch sind.

b) Zeichnen Sie die Geraden g und h in ein räumliches Koordinatensystem ein.

Lösung:

a) g und h in die Gleichheitsbedingung einsetzen und das Gleichungssystem lösen.

$$\vec{x_g} = \vec{x_h}$$

(1) $4 + r = 5 + 2s \Rightarrow r = 2s + 1$

(2) $2 + 2r = 4 + 4s \Rightarrow r = 2s + 1$

(3) $-2 + 3r = 1 + 6s \Rightarrow r = 2s + 1$

Das Ergebnis $r = 2s + 1$ zeigt, dass für ein beliebiges s ein entsprechendes r existiert. Das Gleichungssystem hat unendlich viele Lösungen, **die Geraden sind identisch**.

b) **Bild 2**

Beispiel 2:

Lösen Sie die Aufgabe von Beispiel 1, indem Sie zuerst die Geraden g und h auf Parallelität überprüfen.

a) Parallelitätsbedingung

$\vec{u} = m \cdot \vec{v}$

$$\begin{pmatrix} 1 \\ 2 \\ 3 \end{pmatrix} = m \cdot \begin{pmatrix} 2 \\ 4 \\ 6 \end{pmatrix} \begin{matrix} \Rightarrow m = 0{,}5 \\ \Rightarrow m = 0{,}5 \\ \Rightarrow m = 0{,}5 \end{matrix} \Bigg\} \mathbf{m = 0{,}5 \Rightarrow g \parallel h}$$

b) Bei Gleichheit der Geraden liegen die Stützpunkte P und Q auf der gemeinsamen Geraden.
Um dies zu überprüfen, setzt man den Stützvektor der einen Geradengleichung in die andere Gleichung ein und löst das Gleichungssystem.

$\vec{q} = \vec{p} + r \cdot \vec{u}$

$$\begin{matrix} (1) \\ (2) \\ (3) \end{matrix} \begin{pmatrix} 5 \\ 4 \\ 1 \end{pmatrix} = \begin{pmatrix} 4 \\ 2 \\ -2 \end{pmatrix} + r \cdot \begin{pmatrix} 1 \\ 2 \\ 3 \end{pmatrix} \begin{matrix} \Rightarrow r = 1 \\ \Rightarrow r = 1 \\ \Rightarrow r = 1 \end{matrix} \Bigg\} \mathbf{r = 1 \Rightarrow g = h}$$

Gleichheitsbedingung

$$\vec{x_g} = \vec{x_h}$$
$$\vec{p} + r \cdot \vec{u} = \vec{q} + s \cdot \vec{v}$$

$\vec{p}$ Stützvektor von der Geraden g

$\vec{q}$ Stützvektor von der Geraden h

$\vec{u}$ Richtungsvektor von der Geraden g

$\vec{v}$ Richtungsvektor von der Geraden h

r, s Parameter der Geradengleichungen $r, s \in \mathbb{R}$

Zwei Geraden sind gleich, wenn

a) die Parallelitätsbedingung erfüllt ist **und**

b) der Stützpunkt P von g auf h liegt **oder** der Stützpunkt Q von h auf g liegt.

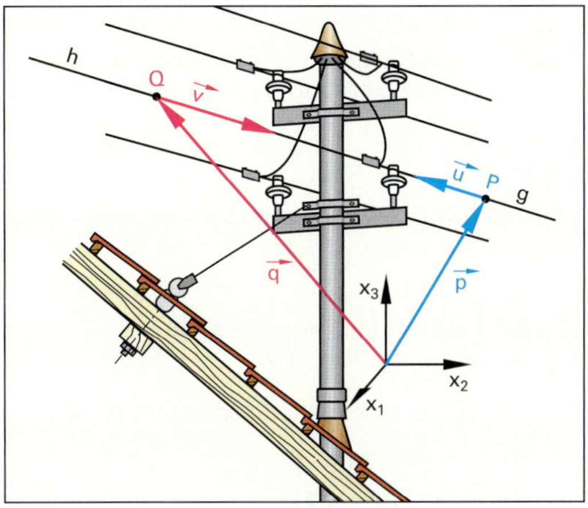

Bild 1: Gleiche oder identische Freileitungen

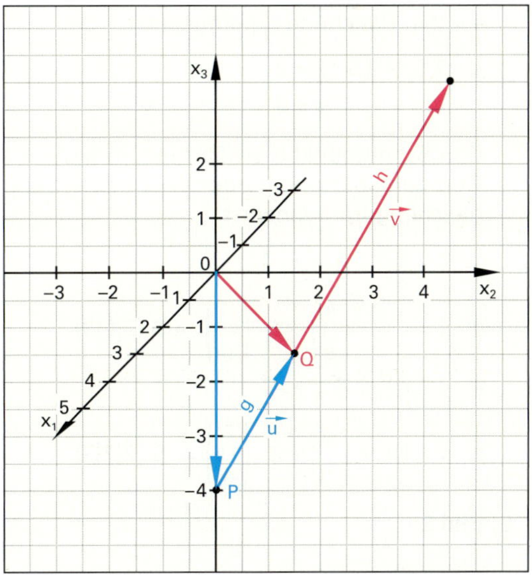

Bild 2: Die identischen Geraden g und h im Raum

Schnittpunkt und Schnittwinkel zweier Geraden

Die Kirchturmspitze in **Bild 1** besteht aus verschiedenen Dreiecksflächen, deren Kanten man als Geradengleichungen

$$g: \vec{x} = \vec{p} + r \cdot \vec{u} \text{ und}$$

$$h: \vec{x} = \vec{q} + s \cdot \vec{v}$$

ausdrücken kann.

Die Turmspitze entspricht dem Schnittpunkt S der Geraden. Um den Schnittpunkt zu berechnen, werden die Geradengleichungen von g und h gleichgesetzt. Diese Vektorgleichung hat dann genau eine Lösung, den Schnittpunkt.

Bedingung für den Schnittpunkt:

Die Vektorgleichung
$\vec{x}_g = \vec{x}_h$, d. h.
$\vec{p} + r \cdot \vec{u} = \vec{q} + s \cdot \vec{v}$
hat genau eine Lösung.

$\vec{p}$ Stützvektor der Geraden g
$\vec{q}$ Stützvektor der Geraden h
$\vec{u}$ Richtungsvektor der Geraden g
$\vec{v}$ Richtungsvektor der Geraden h
r, s Parameter der Geradengleichungen

Beispiel 1:

Bestimmen Sie

a) den Schnittpunkt der Geraden.

$$g: \vec{x} = \begin{pmatrix} 4 \\ -1 \\ 3 \end{pmatrix} + r \cdot \begin{pmatrix} -1 \\ 1{,}5 \\ 0 \end{pmatrix}; \; r \in \mathbb{R}$$

$$h: \vec{x} = \begin{pmatrix} -2 \\ 1 \\ -3 \end{pmatrix} + s \cdot \begin{pmatrix} 2 \\ 0{,}5 \\ 3 \end{pmatrix}; \; s \in \mathbb{R}$$

b) Zeichnen Sie in ein räumliches Koordinatensystem die Geraden g und h ein.

Lösung:

a) Durch Gleichsetzen der Geradengleichungen

$$\vec{x}_g = \vec{x}_h$$

$$\begin{matrix} (1) \\ (2) \\ (3) \end{matrix} \quad \begin{pmatrix} 4 \\ -1 \\ 3 \end{pmatrix} + r \cdot \begin{pmatrix} -1 \\ 1{,}5 \\ 0 \end{pmatrix} = \begin{pmatrix} -2 \\ 1 \\ -3 \end{pmatrix} + s \cdot \begin{pmatrix} 2 \\ 0{,}5 \\ 3 \end{pmatrix}$$

und Lösen des Gleichungssystems erhält man

(1) $-r - 2s = -6$

(2) $1{,}5r - 0{,}5s = 2$

(3) $-3s = -6$

$\mathbf{s = 2}$

s = 2 in Gleichung (2) eingesetzt

$1{,}5r - 0{,}5 \cdot 2 = 2$

$\mathbf{r = 2}$

Den Schnittpunkt S erhält man, indem r = 2 in die Geradengleichung g oder s = 2 in die Geradengleichung für h einsetzt.

$$g: \vec{x} = \overrightarrow{OS} = \vec{p} + 2 \cdot \vec{u}$$

$$g: \vec{x} = \overrightarrow{OS} = \begin{pmatrix} 4 \\ -1 \\ 3 \end{pmatrix} + 2 \cdot \begin{pmatrix} -1 \\ 1{,}5 \\ 0 \end{pmatrix} \Rightarrow \mathbf{S\,(2|2|3)}$$

$$h: \vec{x} = \overrightarrow{OS} = \vec{q} + 2 \cdot \vec{v}$$

$$h: \vec{x} = \overrightarrow{OS} = \begin{pmatrix} -2 \\ 1 \\ -3 \end{pmatrix} + 2 \cdot \begin{pmatrix} 2 \\ 0{,}5 \\ 3 \end{pmatrix} \Rightarrow \mathbf{S\,(2|2|3)}$$

b) **Bild 2**

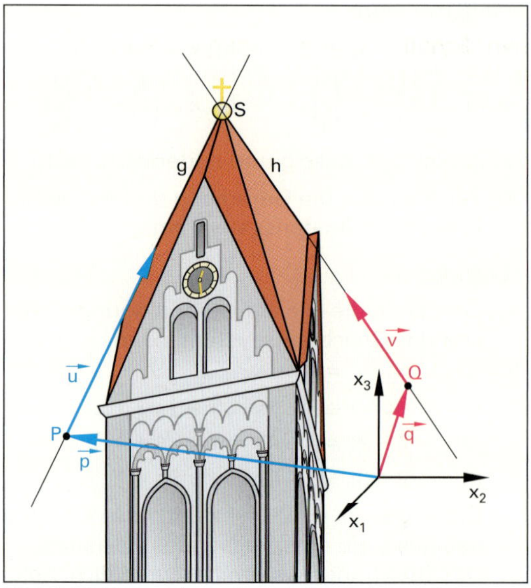

Bild 1: Die Turmspitze als Schnittpunkt zweier Geraden

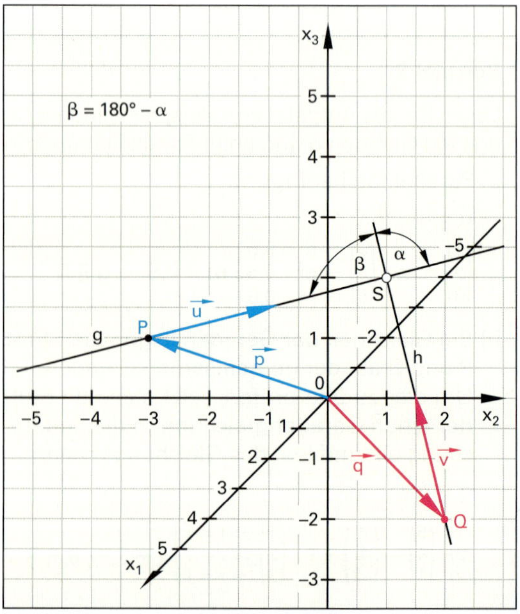

Bild 2: Schnittpunkt zweier Geraden

Beispiel 1:

Berechnen Sie den Schnittwinkel der Geraden g und h vom Beispiel vorhergehender Seite.

Lösung:

Wie man aus **Bild 2**, (Beispiel) **vorhergehender Seite** erkennen kann, bilden die Richtungsvektoren $\vec{u}$ und $\vec{v}$ der Geradengleichungen g und h den Winkel im Schnittpunkt.

$$\cos\alpha = \frac{\vec{u}\circ\vec{v}}{u\cdot v} = \frac{\begin{pmatrix}-1\\1{,}5\\0\end{pmatrix}\circ\begin{pmatrix}2\\0{,}5\\3\end{pmatrix}}{\sqrt{3{,}25}\cdot\sqrt{13{,}25}} = -0{,}1905 \Rightarrow \alpha = \mathbf{101^\circ}$$

$$\beta = \mathbf{79^\circ}$$

Schnittwinkel α zweier sich schneidender Geraden:

$$\cos\alpha = \frac{\vec{u}\circ\vec{v}}{u\cdot v}$$

$$\beta = 180^\circ - \alpha$$

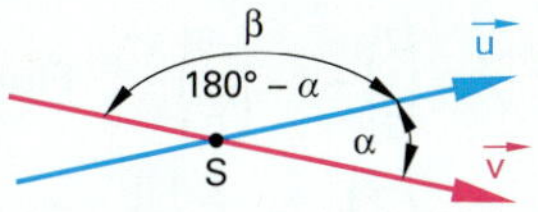

$\vec{u}$	Richtungsvektor der Geraden g
$\vec{v}$	Richtungsvektor der Geraden h
u, v	Beträge der Richtungsvektoren
α, β	eingeschlossene Winkel zwischen $\vec{u}$ und $\vec{v}$
S	Schnittpunkt

Beim Schnitt zweier Geraden ergeben sich immer zwei Winkel, die sich zu 180° ergänzen. In der Regel wird der spitze Winkel (kleinerer Wert) als Schnittwinkel bezeichnet.

Zusammenfassung

Geraden können parallel, identisch sein, sich schneiden oder windschief sein. Zur Bestimmung der Lage ist eine systematische Vorgehensweise erforderlich **(Tabelle 1)**.

Tabelle 1: Bestimmung der gegenseitigen Lage zweier Geraden im Raum

Geradengleichungen	g: $\vec{x} = \vec{p} + r\cdot\vec{u}$; $r \in \mathbb{R}$ h: $\vec{x} = \vec{q} + s\cdot\vec{v}$; $s \in \mathbb{R}$			
1. Schritt:	$\vec{u}$ und $\vec{v}$ sind linear abhängig. $\vec{u} = m\cdot\vec{v}$ — Ja		Nein	
2. Schritt:	Q ist ein Punkt der Geraden g $\vec{q} = \vec{p} + r\cdot\vec{u}$ — Ja	Nein	Die Vektorengleichung $\vec{x_g} = \vec{x_h}$ hat nur eine Lösung. — Ja	Nein
Lösungsmöglichkeiten:	g und h sind identisch g ≡ h 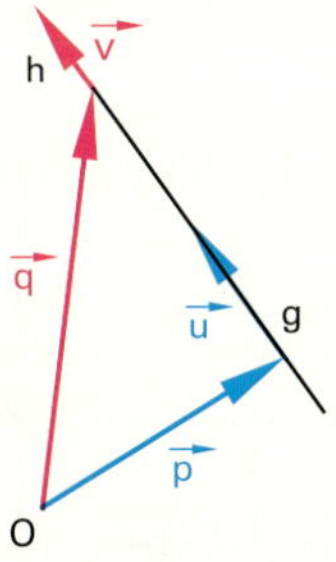 **identisch:** $\vec{x_g} = \vec{x_h}$ unendlich viele Lösungen	g und h sind zueinander parallel g ∥ h 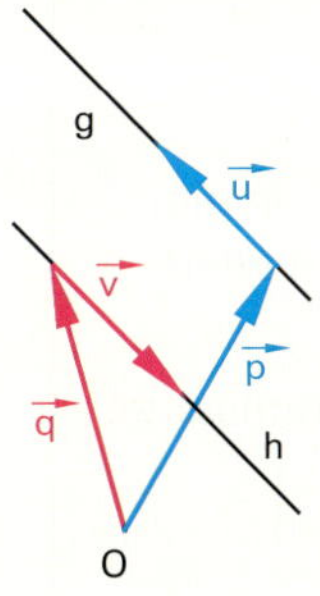 **parallel:** $\vec{x_g} = \vec{x_h}$ keine Lösungen	g und h schneiden sich im Schnittpunkt S 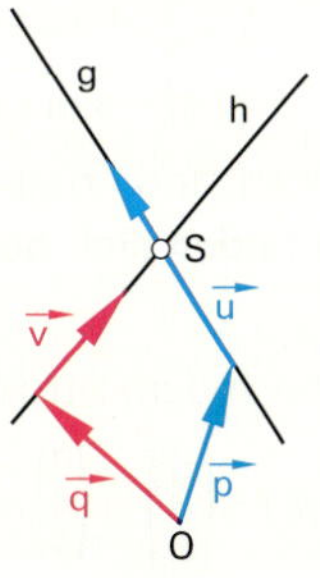 **sich schneidend:** $\vec{x_g} = \vec{x_h}$ nur eine Lösung	g und h sind windschief zueinander 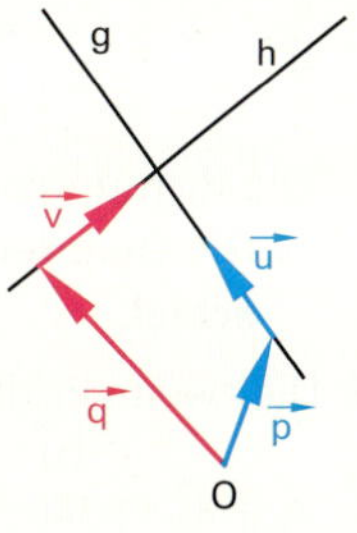 **windschief:** $\vec{x_g} = \vec{x_h}$ keine Lösung

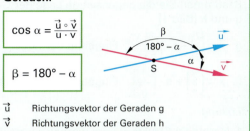

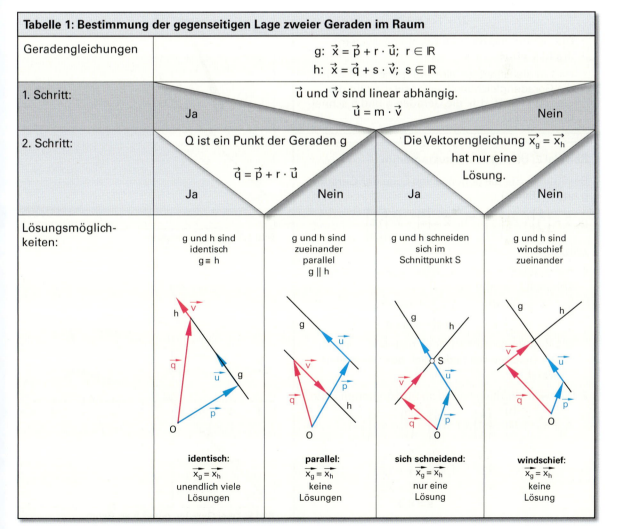

Beispiel 1:

Bestimmen Sie die gegenseitige Lage der Geraden g und h **(Bild 1).**

g: $\vec{x} = \begin{pmatrix} 7 \\ 1 \\ 3 \end{pmatrix} + r \cdot \begin{pmatrix} -6 \\ -2 \\ 0 \end{pmatrix}$ Flugbahn der Kugel

h: $\vec{x} = \begin{pmatrix} -2 \\ 8 \\ 3 \end{pmatrix} + s \cdot \begin{pmatrix} 4 \\ -12 \\ 0 \end{pmatrix}$ Flugbahn der Tonscheibe

Lösung:

1. Nach dem Struktogramm werden zuerst die Richtungsvektoren auf lineare Abhängigkeit geprüft.

$$\vec{u} = m \cdot \vec{v} \Rightarrow \begin{pmatrix} -6 \\ -2 \\ 0 \end{pmatrix} = m \cdot \begin{pmatrix} 4 \\ -12 \\ 0 \end{pmatrix} \quad \begin{matrix} \Rightarrow \mathbf{m = -1{,}5} \\ \Rightarrow \mathbf{m = \frac{1}{6}} \end{matrix}$$

Die Richtungsvektoren sind linear unabhängig.

⇒ **Die Geraden schneiden sich oder sind windschief.**

2. Die zweite Prüfung nach dem Struktogramm lautet:

$$\vec{x_g} = \vec{x_h} \Rightarrow \begin{matrix} (1) \\ (2) \\ (3) \end{matrix} \quad \begin{pmatrix} 7 \\ 1 \\ 3 \end{pmatrix} + r \cdot \begin{pmatrix} -6 \\ -2 \\ 0 \end{pmatrix} = \begin{pmatrix} -2 \\ 8 \\ 3 \end{pmatrix} + s \cdot \begin{pmatrix} 4 \\ -12 \\ 0 \end{pmatrix}$$

$$\begin{aligned} (1) \quad 7 - 6r &= -2 + 4s \\ +6r + 4s &= +9 \\ (2) \quad 1 - 2r &= 8 - 12s \\ -2r + 12s &= +7 \end{aligned}$$

Die Lösung des linearen Gleichungssystems ergibt s = 0,75, r = 1.

r = 1 in die Geradengleichung g und s = 0,75 in die Geradengleichung h eingesetzt ergibt den gleichen Punkt, d. h. die Geraden g und h schneiden sich in D (1|–1|3).

Beispiel 2: Übung zum Struktogramm

Bestimmen Sie die gegenseitige Lage der Geraden g und h. **(Bild 2)**

g: $\vec{x} = \begin{pmatrix} 4 \\ -1 \\ 3 \end{pmatrix} + r \cdot \begin{pmatrix} -2 \\ 3 \\ 0 \end{pmatrix}$ h: $\vec{x} = \begin{pmatrix} 2 \\ 4 \\ 2 \end{pmatrix} + s \cdot \begin{pmatrix} 2 \\ 1{,}5 \\ 2{,}5 \end{pmatrix}$

Lösung:

1. Zuerst werden die Richtungsvektoren auf lineare Abhängigkeit geprüft.

$$\vec{u} = m \cdot \vec{v} \Rightarrow \begin{pmatrix} -2 \\ 3 \\ 0 \end{pmatrix} = m \cdot \begin{pmatrix} 2 \\ 1{,}5 \\ 2{,}5 \end{pmatrix} \quad \begin{matrix} \Rightarrow \mathbf{m = -1} \\ \Rightarrow \mathbf{m = 2} \\ \Rightarrow \mathbf{m = 0} \end{matrix}$$

Die Richtungsvektoren sind linear unabhängig.

⇒ **Die Geraden schneiden sich oder sind windschief.**

2. Die zweite Prüfung nach dem Struktogramm lautet:

$$\vec{x_g} = \vec{x_h} \Rightarrow \begin{matrix} (1) \\ (2) \\ (3) \end{matrix} \quad \begin{pmatrix} 4 \\ -1 \\ 3 \end{pmatrix} + r \cdot \begin{pmatrix} -2 \\ 3 \\ 0 \end{pmatrix} = \begin{pmatrix} 2 \\ 4 \\ 2 \end{pmatrix} + s \cdot \begin{pmatrix} 2 \\ 1{,}5 \\ 2{,}5 \end{pmatrix}$$

$$\begin{aligned} (1) \quad 4 - 2r &= 2 + 2s \\ (2) \quad -1 + 3r &= 4 + 1{,}5s \\ (3) \quad 3 &= 2 + 2{,}5s \\ \mathbf{s} &\mathbf{= 0{,}4} \end{aligned}$$

Fortsetzung Beispiel 2:

s = 0,4 in Gleichung (2) eingesetzt ergibt:

$$\begin{aligned} (2) \quad -1 + 3r &= 4 + 1{,}5 \cdot 0{,}4 \\ 3r &= 5{,}6 \\ r &= \frac{56}{30} = \frac{28}{15} \end{aligned}$$

Probe:

s = 0,4 und $r = \frac{28}{15}$ in Gleichung (1) einsetzen.

$$\begin{aligned} (1) \quad 4 - 2r &= 2 + 2s \\ 4 - \frac{2 \cdot 28}{15} &= 2 + 2 \cdot 0{,}4 \\ 0{,}266 &\neq 2{,}8 \end{aligned}$$

Das Gleichungssystem hat keine Lösung.

⇒ **Die Geraden g und h sind windschief.**

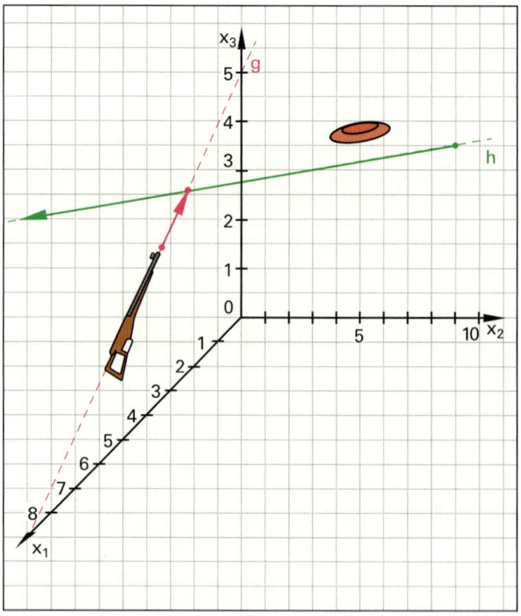

Bild 1: Tontaubenschießen

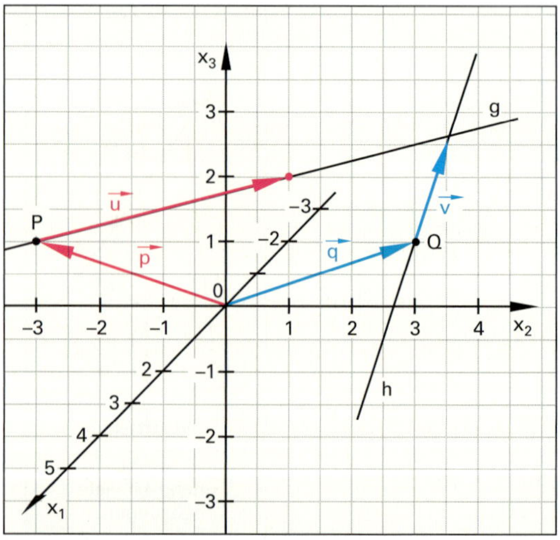

Bild 2: Zwei Geraden g und h im Raum

Überprüfen Sie Ihr Wissen!

Beispielaufgaben

Gegenseitige Lage von Geraden

Parallele Geraden

1. Untersuchen Sie das Geradenpaar

$$g: \vec{x} = \begin{pmatrix} 3 \\ 5{,}5 \\ 1 \end{pmatrix} + r \cdot \begin{pmatrix} 4 \\ -3 \\ 6 \end{pmatrix} \quad h: \vec{x} = \begin{pmatrix} 5 \\ -2 \\ 4 \end{pmatrix} + s \cdot \begin{pmatrix} -6 \\ 4{,}5 \\ -9 \end{pmatrix};$$

$r, s \in \mathbb{R}$

a) auf Parallelität und

b) zeichnen Sie die Geraden g und h in ein räumliches Koordinatensystem ein.

2. Eine Gerade g geht durch die Punkte A (–3|–4|5) und B (1|3|2). Eine zweite Gerade h mit der folgenden Gleichung ist auf Parallelität zu prüfen.

$$h: \vec{x} = \begin{pmatrix} 2 \\ 4 \\ 1 \end{pmatrix} + s \cdot \begin{pmatrix} 1{,}6 \\ 2{,}8 \\ -1{,}2 \end{pmatrix}; \quad s \in \mathbb{R}$$

Identische Geraden

1. Untersuchen Sie das folgende Geradenpaar auf Gleichheit

$$g: \vec{x} = \begin{pmatrix} 3 \\ 5{,}5 \\ -1 \end{pmatrix} + r \cdot \begin{pmatrix} 4 \\ -3 \\ 6 \end{pmatrix}; \quad h: \vec{x} = \begin{pmatrix} 13 \\ -2 \\ 14 \end{pmatrix} + s \cdot \begin{pmatrix} -6 \\ 4{,}5 \\ -9 \end{pmatrix}$$

2. Untersuchen Sie das folgende Geradenpaar auf Parallelität und Gleichheit

$$g: \vec{x} = \begin{pmatrix} 2 \\ 8 \\ 0 \end{pmatrix} + r \cdot \begin{pmatrix} 0 \\ -4 \\ 10 \end{pmatrix}; \quad h: \vec{x} = \begin{pmatrix} 1 \\ 4 \\ 0 \end{pmatrix} + s \cdot \begin{pmatrix} 0 \\ 0{,}8 \\ -2 \end{pmatrix}$$

Schnittpunkt und Schnittwinkel zweier Geraden

1. a) Zeigen Sie, dass sich die Geraden g und h schneiden

$$g: \vec{x} = \begin{pmatrix} -4 \\ 8 \\ 0 \end{pmatrix} + r \cdot \begin{pmatrix} 3 \\ -2 \\ 0 \end{pmatrix} \quad h: \vec{x} = \begin{pmatrix} -4 \\ 0 \\ 4 \end{pmatrix} + t \cdot \begin{pmatrix} 3 \\ 0 \\ -1 \end{pmatrix};$$

$r, s \in \mathbb{R}$

b) Berechnen Sie die Koordinaten des Schnittpunktes und den spitzen Schnittwinkel zwischen diesen Geraden.

c) Zeichnen Sie die Geraden g und h in ein dreidimensionales Koordinatensystem ein.

2. Die Gerade g mit dem Stützvektor $\vec{p} = \begin{pmatrix} 2 \\ 4 \\ 5 \end{pmatrix}$ geht durch den Punkt A (3|7|7).

Die Gerade h geht durch den Punkt B (3|1|0) und hat den Richtungsvektor $\vec{v} = \begin{pmatrix} -2 \\ 0 \\ 3 \end{pmatrix}$ **(Bild 1).**

a) Bestimmen Sie die Geradengleichung von g und h.

b) Welche Lage haben die Geraden zueinander?

Lösungen Beispielaufgaben

Gegenseitige Lage von Geraden

Parallele Geraden

1. a) g || h

b) siehe Löser

2. $g: \vec{x} = \begin{pmatrix} 1 \\ 3 \\ 2 \end{pmatrix} + r \cdot \begin{pmatrix} -4 \\ -7 \\ 3 \end{pmatrix}$; g || h

Identische Geraden

1. g = h

2. g || h, g ≠ h

Schnittpunkt und Schnittwinkel zweier Geraden

1. a) $\vec{x_g} = \vec{x_h}$, t = 4, r = 4

b) S (8|0|0); $\alpha = 37{,}9°$

c) siehe Löser

2. a) $g: \vec{x} = \begin{pmatrix} 2 \\ 4 \\ 5 \end{pmatrix} + r \cdot \begin{pmatrix} 1 \\ 3 \\ 2 \end{pmatrix};$

$h: \vec{x} = \begin{pmatrix} 3 \\ 1 \\ 0 \end{pmatrix} + s \cdot \begin{pmatrix} -2 \\ 0 \\ 3 \end{pmatrix}$

b) S (1|1|3); $\alpha = 72{,}8°$

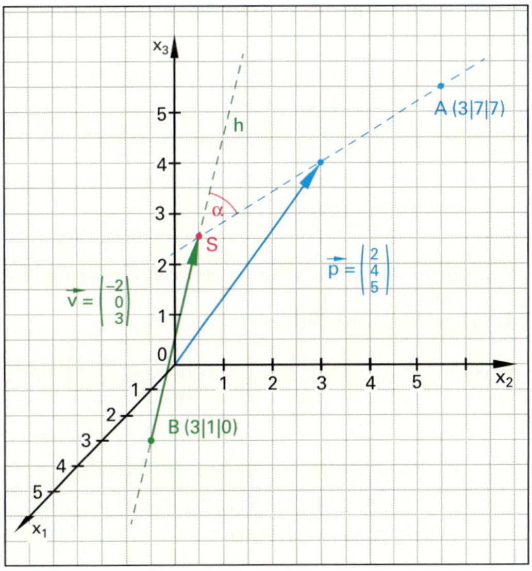

Bild 1: Schnittpunkt und Schnittwinkel

Beispielaufgaben

Schnittpunkt und Schnittwinkel zweier Geraden

3. Prüfen Sie, welche der folgenden Geraden sich schneiden.

a) Berechnen Sie Schnittpunkte und Schnittwinkel aller Geraden.

b) Zeichnen Sie die Geraden in ein räumliches Koordinatensystem ein (1 LE ≙ 1 cm).

$$g\colon \vec{x} = \begin{pmatrix}3\\4\\8\end{pmatrix} + r \cdot \begin{pmatrix}-2\\-1\\-3\end{pmatrix};\quad r \in \mathbb{R}$$

$$h\colon \vec{x} = \begin{pmatrix}2\\-4\\8\end{pmatrix} + s \cdot \begin{pmatrix}-1\\2\\-2\end{pmatrix};\quad s \in \mathbb{R}$$

$$i\colon \vec{x} = \begin{pmatrix}3\\1\\4\end{pmatrix} + t \cdot \begin{pmatrix}-2\\-1{,}5\\0\end{pmatrix};\quad t \in \mathbb{R}$$

4. Ein Dreieck ABC wird durch zwei von A (3|–1|0) ausgehende Vektoren bestimmt **(Bild 1)**.

$$\overrightarrow{AC} = \begin{pmatrix}2\\2\\8\end{pmatrix},\quad \overrightarrow{AB} = \begin{pmatrix}0\\7\\0\end{pmatrix}$$

Im Dreieck schneiden sich die drei Seitenhalbierenden im Schwerpunkt H. Berechnen Sie die Koordinaten des Schwerpunktes.

Abstand Punkt-Gerade und Lotfußpunkt

1. Die Gleichung einer Geraden g lautet:

$$g\colon \vec{x} = \vec{p} + r \cdot \vec{u} = \begin{pmatrix}1\\0\\1\end{pmatrix} + r \cdot \begin{pmatrix}2\\5\\2\end{pmatrix};\quad r \in \mathbb{R}$$

a) Wie groß ist der Abstand d des Punktes Q (5|3|–2) von dieser Geraden?

b) Zeichnen Sie die Lösung in ein räumliches Koordinatensystem ein.

2. Die Gleichung einer Geraden g lautet:

$$g\colon \vec{x} = \begin{pmatrix}-3\\3\\5\end{pmatrix} + r \cdot \begin{pmatrix}4\\-7\\-7\end{pmatrix};\quad r \in \mathbb{R}$$

a) Welchen Abstand hat der Punkt A (2|1|–3) von der Geraden g?

b) Berechnen Sie den Lotfußpunkt F.

c) Zeichnen Sie die Lösung in ein räumliches Koordinatensystem ein.

Kürzester Abstand zweier windschiefer Geraden

1. Gegeben sind die Geraden g und h.

$$g\colon \vec{x} = \begin{pmatrix}1\\-2\\1\end{pmatrix} + r \cdot \begin{pmatrix}2\\6\\8\end{pmatrix};\quad h\colon \vec{x} = \begin{pmatrix}1\\0\\6\end{pmatrix} + s \cdot \begin{pmatrix}0\\-3\\-1\end{pmatrix}\quad r, s \in \mathbb{R}$$

a) Berechnen Sie den Abstand d zwischen den windschiefen Geraden g und h.

b) Zeichnen Sie die Lösung in ein räumliches Koordinatensystem ein.

Lösungen Beispielaufgaben

Schnittpunkt und Schnittwinkel zweier Geraden

3. a) $\vec{x}_g \cap \vec{x}_h$; S_1 (–1|2|2); $\alpha = 57{,}7°$;

Rest windschief

b) siehe Löser

4. S $(3{,}\overline{6}|2|2{,}\overline{6})$

Abstand Punkt-Gerade und Lotfußpunkt

1. a) $d = \sqrt{\frac{833}{33}} = 5{,}02$

b) siehe Löser

2. a) $d = \frac{1}{19}\sqrt{7923} = 4{,}68$ LE

b) $F\left(\frac{3}{19}\middle|-\frac{48}{19}\middle|-\frac{10}{19}\right)$

c) siehe Löser

Kürzester Abstand zweier windschiefer Geraden

1. a) $d = \sqrt{\frac{91}{49}} = 1{,}36$

b) siehe Löser

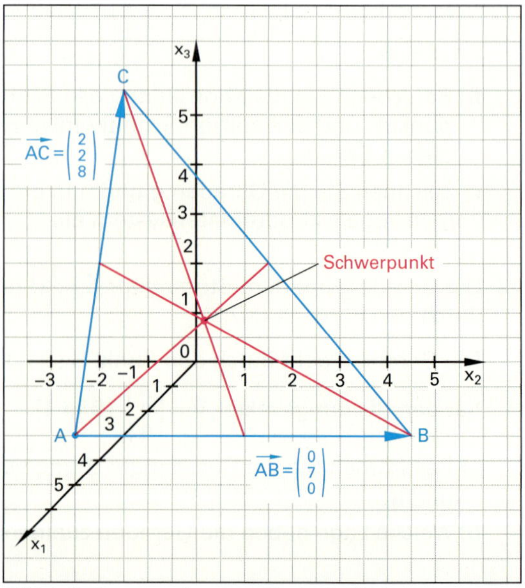

Bild 1: Schwerpunkt einer Dreiecksfläche

7.11 Abstandsberechnungen

7.11.1 Abstand Punkt-Gerade und Lotfußpunkt

Den kürzesten Abstand d des Punktes A $(a_1|a_2|a_3)$ von der Geraden g: $\vec{x} = \vec{p} + r \cdot \vec{u}$ kann man mit zwei Lösungswegen ermitteln.

Lösungsweg 1:

1. Schritt: Zuerst wird die Gleichung für den Vektor $\overrightarrow{AF} = \vec{d}$ aufgestellt **(Bild 1)**.

(1) $\vec{d} = \vec{f} - \vec{a}$

$\vec{d} = (\vec{p} + r \cdot \vec{u}) - \vec{a}$

2. Schritt: Der Vektor $\vec{d}$ muss senkrecht auf dem Richtungsvektor $\vec{u}$ stehen, um die kürzeste Entfernung des Punktes A von der Geraden g zu erhalten. Das Skalarprodukt von $\vec{d}$ und $\vec{u}$ muss also null ergeben. Somit erhält man ein Gleichungssystem mit zwei Unbekannten.

(2) $\vec{d} \circ \vec{u} = 0$

3. Schritt: Durch Lösen des Gleichungssystems erhält man r und $\vec{d}$.

(1) in (2) $\vec{d} \circ \vec{u} = [(\vec{p} + r \cdot \vec{u}) - \vec{a}] \circ \vec{u} = 0$

4. Schritt: Der Betrag von $\vec{d}$ ist dann der kürzeste Abstand des Punktes A von der Geraden g.

Der Lotfußpunkt ergibt sich aus der Gleichung

$$\vec{f} = \vec{a} + \vec{d}$$

g: $\vec{x} = \vec{p} + r \cdot \vec{u};\ r \in \mathbb{R}$

$\overrightarrow{AF} = \vec{d} = (\vec{p} + r \cdot \vec{u}) - \vec{a}$

$\vec{d} \circ \vec{u} = 0$

$d = \overline{AF}$

$\vec{f} = \vec{a} + \vec{d}$

g	Gerade g
$\overrightarrow{AF}$	Vektor mit kürzestem Abstand von A auf g.
d	Kürzester Abstand vom Punkt A zur Geraden g
F	Lotfußpunkt
$\vec{f}$	Ortsvektor zum Lotfußpunkt F
$\vec{a}$	Ortsvektor zum Punkt A

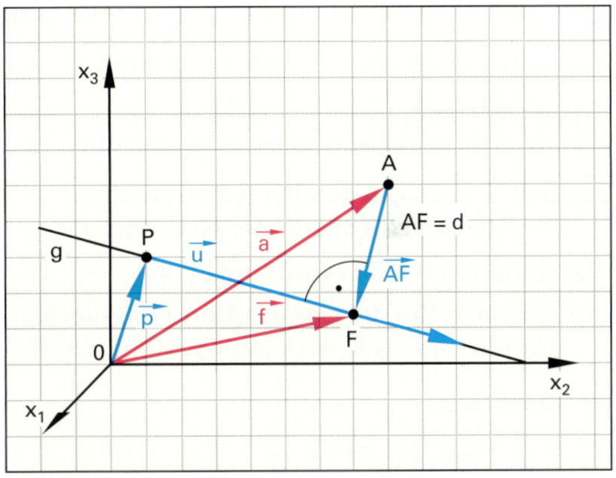

Bild 1: Kürzester Abstand d Punkt-Gerade

Beispiel 1: Abstand Punkt-Gerade

Gegeben ist die Gerade g: $\vec{x} = \begin{pmatrix}1\\0\\1\end{pmatrix} + r \cdot \begin{pmatrix}2\\5\\2\end{pmatrix}$ und der Punkt A (–3|–5|1).

a) Wie groß ist der kürzeste Abstand zwischen der Geraden g und dem Punkt A?

b) Zeichnen Sie die Aufgabenstellung und die Lösung in ein Koordinatensystem ein.

Lösung:

a) $\vec{d} \circ \vec{u} = [(\vec{p} + r \cdot \vec{u}) - \vec{a}] \circ \vec{u} = 0$

$$0 = \left[\begin{pmatrix}1\\0\\1\end{pmatrix} + r \cdot \begin{pmatrix}2\\5\\2\end{pmatrix} - \begin{pmatrix}-3\\-5\\1\end{pmatrix}\right] \circ \begin{pmatrix}2\\5\\2\end{pmatrix}$$

$0 = 33 + 33r \qquad r = -1$

r in die Geradengleichung g eingesetzt ergibt den Lotfußpunkt F.

$$\vec{f} = \vec{p} + r \cdot \vec{u} = \begin{pmatrix}1\\0\\1\end{pmatrix} + (-1) \cdot \begin{pmatrix}2\\5\\2\end{pmatrix} = \begin{pmatrix}-1\\-5\\-1\end{pmatrix}$$

Der Vektor vom Punkt zur Geraden g ergibt sich aus der Formel $\vec{d} = \vec{f} - \vec{a}$.

$$\vec{d} = \begin{pmatrix}-1\\-5\\-1\end{pmatrix} - \begin{pmatrix}-3\\-5\\1\end{pmatrix} = \begin{pmatrix}2\\0\\-2\end{pmatrix}$$

$|\vec{d}| = \sqrt{2^2 + 0^2 + 2^2} = \sqrt{8} = \mathbf{2{,}83}$

b) **Bild 2**

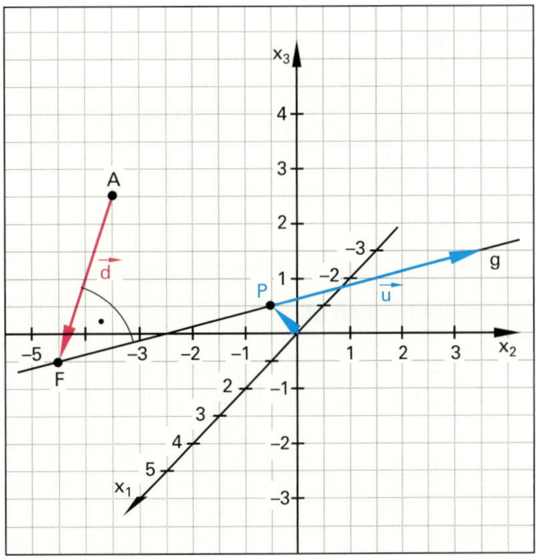

Bild 2: Lotfußpunkt F und der kürzeste Abstand d

Lösungsweg 2:

Die orthogonale Projektion wurde im Kapitel 3.5 behandelt, sie erleichtert die Berechnung des kürzesten Abstandes von einem Punkt zu einer Geraden.

Der Vektor $\overrightarrow{PF}$ ist die orthogonale Projektion vom Vektor $\overrightarrow{PA}$ auf den Richtungsvektor $\vec{u}$.

Es gilt:

$$\overrightarrow{PF} = \frac{\overrightarrow{PA} \circ \vec{u}}{u^2} \cdot \vec{u} \quad \text{mit}$$

$$\overrightarrow{PA} = \vec{a} - \vec{p} \quad \text{ergibt sich}$$

(1) $$\overrightarrow{PF} = \frac{(\vec{a} - \vec{p}) \circ \vec{u}}{u^2} \cdot \vec{u} \quad \textbf{(Bild 1)}$$

Der Abstandsvektor $\vec{d}$ ist der Verbindungsvektor von $\overrightarrow{PA}$ und $\overrightarrow{PF}$.

Es gilt:

(2) $$\vec{d} = -\overrightarrow{PA} + \overrightarrow{PF} = -(\vec{a} - \vec{p}) + \overrightarrow{PF} = (\vec{p} - \vec{a}) + \overrightarrow{PF}$$

(1) in (2) $$\vec{d} = \vec{p} - \vec{a} + \frac{(\vec{a} - \vec{p}) \circ \vec{u}}{u^2} \cdot \vec{u}$$

Beispiel 1: Abstand Punkt-Gerade, Lotfußpunkt

Die Gleichung einer Geraden g lautet:

$$g\colon \vec{x} = \begin{pmatrix} -1 \\ -1 \\ -1 \end{pmatrix} + r \cdot \begin{pmatrix} 1 \\ 2 \\ -2 \end{pmatrix}; \quad r \in \mathbb{R}$$

a) Bestimmen Sie den kürzesten Abstand d des Punktes A (–2|3|4) von der Geraden g.

b) Geben Sie den Lotfußpunkt F an.

c) Zeichnen Sie die Gerade g und alle Vektoren in ein räumliches Koordinatensystem ein.

Lösung:

a) $$\vec{d} = \vec{p} - \vec{a} + \frac{(\vec{a} - \vec{p}) \circ \vec{u}}{u^2} \cdot \vec{u}$$

$$\vec{d} = \begin{pmatrix} -1-(-2) \\ -1-3 \\ -1-4 \end{pmatrix} + \frac{\begin{pmatrix} -2-(-1) \\ 3-(-1) \\ 4-(-1) \end{pmatrix} \circ \begin{pmatrix} 1 \\ 2 \\ -2 \end{pmatrix}}{(\sqrt{9})^2} \cdot \begin{pmatrix} 1 \\ 2 \\ -2 \end{pmatrix}$$

$$\vec{d} = \begin{pmatrix} 1 \\ -4 \\ -5 \end{pmatrix} + \frac{-3}{9} \cdot \begin{pmatrix} 1 \\ 2 \\ -2 \end{pmatrix}$$

$$\vec{d} = \frac{1}{3} \cdot \begin{pmatrix} 3 \\ -12 \\ -15 \end{pmatrix} - \frac{1}{3} \cdot \begin{pmatrix} 1 \\ 2 \\ -2 \end{pmatrix}$$

$$\vec{d} = \frac{1}{3} \cdot \begin{pmatrix} 2 \\ -14 \\ -13 \end{pmatrix}$$

$$d = \sqrt{41} = \mathbf{6{,}40\ LE}$$

b) $$\vec{f} = \vec{a} + \vec{d} = \begin{pmatrix} -2 \\ 3 \\ 4 \end{pmatrix} + \frac{1}{3} \cdot \begin{pmatrix} 2 \\ -14 \\ -13 \end{pmatrix} = \frac{1}{3} \cdot \begin{pmatrix} -4 \\ -5 \\ -1 \end{pmatrix}$$

$$\mathbf{F\left(-\tfrac{4}{3}\middle|-\tfrac{5}{3}\middle|-\tfrac{1}{3}\right)}$$

c) **Bild 2**

$$\vec{d} = \vec{p} - \vec{a} + \frac{(\vec{a} - \vec{p}) \circ \vec{u}}{u^2} \cdot \vec{u}$$

$$d = \sqrt{d_1^2 + d_2^2 + d_3^2} \qquad \vec{f} = \vec{a} + \vec{d}$$

d	kürzester Abstand vom Punkt zur Geraden
$\vec{d}$	Abstandsvektor
$\vec{f}$	Ortsvektor zum Lotfußpunkt F
$\vec{u}$	Richtungsvektor der Geraden g
u	Länge des Richtungsvektors $\vec{u}$
$\vec{p}$	Stützvektor der Geraden g
$\vec{a}$	Ortsvektor zum Punkt A

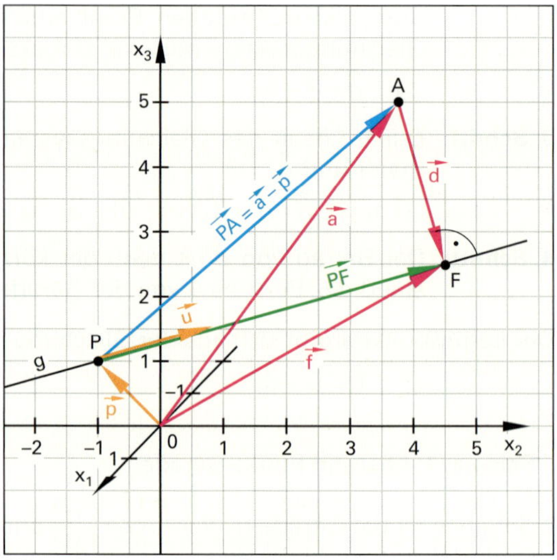

Bild 1: Abstand Punkt-Gerade

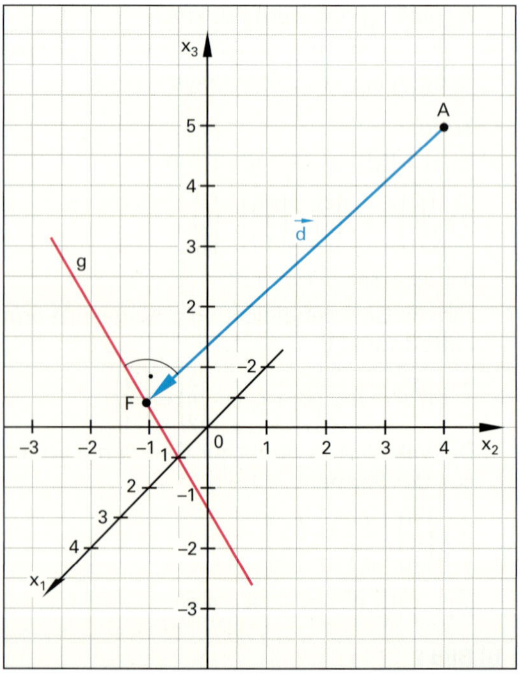

Bild 2: Lotfußpunkt F und der kürzeste Abstand d

7.11.2 Kürzester Abstand zweier windschiefer Geraden

Gegeben sind zwei windschiefe Geraden g und h.

(1) $g: \vec{x} = \vec{p} + r \cdot \vec{u};\ r \in \mathbb{R}$

(2) $h: \vec{x} = \vec{q} + s \cdot \vec{v};\ r \in \mathbb{R}$

Der kürzeste Abstand von g und h ist der Betrag des Vektors $\vec{d}$ mit $A \in g$ und $B \in h$ **(Bild 1)**.

$$A \in g \Rightarrow \vec{a} = \vec{p} + r \cdot \vec{u}$$
$$B \in h \Rightarrow \vec{b} = \vec{q} + s \cdot \vec{v}$$

(3) Vektor $\vec{d}$: $\vec{d} = \vec{b} - \vec{a}$

Um den kürzesten Abstand zwischen den Geraden g und h zu ermitteln, muss der Vektor $\overrightarrow{AB}$ auf den Richtungsvektoren $\vec{u}$ und $\vec{v}$ senkrecht (orthogonal) stehen. Das Skalarprodukt von $\vec{d} \circ \vec{u}$ und $\vec{d} \circ \vec{v}$ muss also jeweils null ergeben. Daraus ergibt sich folgendes Gleichungssystem:

(4) $(\vec{b} - \vec{a}) \circ \vec{u} = [(\vec{q} + s \cdot \vec{v}) - (\vec{p} + r \cdot \vec{u})] \circ \vec{u} = 0$

(5) $(\vec{b} - \vec{a}) \circ \vec{v} = [(\vec{q} + s \cdot \vec{v}) - (\vec{p} + r \cdot \vec{u})] \circ \vec{v} = 0$

Nachdem das lineare Gleichungssystem (LGS) gelöst ist, erhält man r und s und damit auch die Ortsvektoren $\vec{a}$ und $\vec{b}$.

Die Ortsvektoren $\vec{a}$ und $\vec{b}$ in die Gleichung (3) eingesetzt, ergibt den Vektor $\vec{d}$.

Der Betrag von $\vec{d}$ ist der Abstand d zwischen den windschiefen Geraden.

$$(\vec{b} - \vec{a}) \circ \vec{u} = [(\vec{q} + s \cdot \vec{v}) - (\vec{p} + r \cdot \vec{u})] \circ \vec{u} = 0$$
$$(\vec{b} - \vec{a}) \circ \vec{v} = [(\vec{q} + s \cdot \vec{v}) - (\vec{p} + r \cdot \vec{u})] \circ \vec{v} = 0$$
$$\vec{d} = \vec{b} - \vec{a} = \overrightarrow{AB}$$
$$d = |\overrightarrow{AB}|$$

g: $\vec{x} = \vec{p} + r \cdot \vec{u}$ Gerade g
h: $\vec{x} = \vec{q} + s \cdot \vec{v}$ Gerade h
A Punkt auf der Geraden g
B Punkt auf der Geraden h
$\vec{d}$ Abstandsvektor zwischen den Geraden g und h
d Abstand zwischen den Geraden g und h

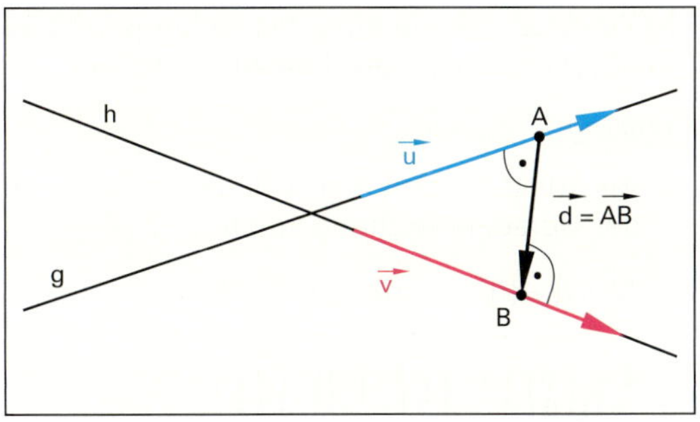

Bild 1: Kürzester Abstand zweier windschiefer Geraden

Beispiel 1:

Kürzester Abstand zweier windschiefer Geraden

$g: \vec{x} = \begin{pmatrix}5\\2\\4\end{pmatrix} + r \cdot \begin{pmatrix}3\\0\\3\end{pmatrix};\ h: \vec{x} = \begin{pmatrix}0\\1\\3\end{pmatrix} + s \cdot \begin{pmatrix}0\\3\\0\end{pmatrix};\quad r, s \in \mathbb{R}$

a) Berechnen Sie den kürzesten Abstand d zwischen den windschiefen Geraden g und h.

b) Zeichnen Sie die Aufgabenstellung in ein räumliches Koordinatensystem ein.

Lösung:

a) $[(\vec{q} + s \cdot \vec{v}) - (\vec{p} + r \cdot \vec{u})] \circ \vec{u} = 0$

$$\left[\begin{pmatrix}0\\1\\3\end{pmatrix} + s \cdot \begin{pmatrix}0\\3\\0\end{pmatrix} - \begin{pmatrix}5\\2\\4\end{pmatrix} - r \cdot \begin{pmatrix}3\\0\\3\end{pmatrix}\right] \circ \begin{pmatrix}3\\0\\3\end{pmatrix} = 0$$

$$\left[\begin{pmatrix}0-5\\1-2\\3-4\end{pmatrix} + s \cdot \begin{pmatrix}0\\3\\0\end{pmatrix} - r \cdot \begin{pmatrix}3\\0\\3\end{pmatrix}\right] \circ \begin{pmatrix}3\\0\\3\end{pmatrix} = 0$$

$$-15 - 9r - 3 - 9r = 0$$
$$\mathbf{r = -1}$$

$[(\vec{q} + s \cdot \vec{v}) - (\vec{p} + r \cdot \vec{u})] \circ \vec{v} = 0$

$$\left[\begin{pmatrix}0\\1\\3\end{pmatrix} + s \cdot \begin{pmatrix}0\\3\\0\end{pmatrix} - \begin{pmatrix}5\\2\\4\end{pmatrix} - r \cdot \begin{pmatrix}3\\0\\3\end{pmatrix}\right] \circ \begin{pmatrix}0\\3\\0\end{pmatrix} = 0 \Rightarrow \mathbf{s = \frac{1}{3}}$$

$$g: \vec{a} = \begin{pmatrix}5\\2\\4\end{pmatrix} + (-1) \cdot \begin{pmatrix}3\\0\\3\end{pmatrix} = \begin{pmatrix}2\\2\\1\end{pmatrix} \Rightarrow \mathbf{A\ (2|2|1)}$$

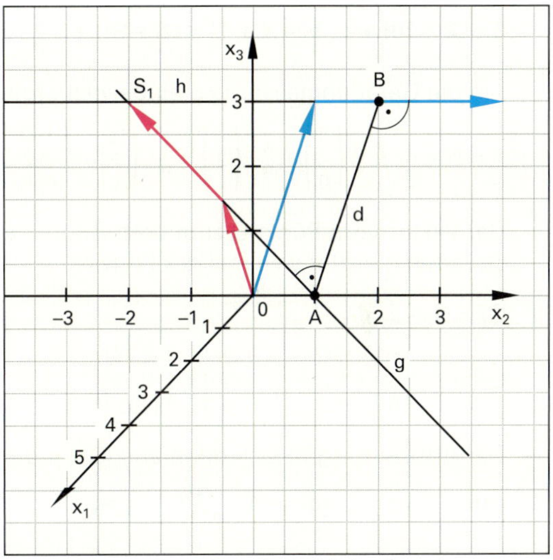

Bild 2: Abstand zweier windschiefer Geraden

Fortsetzung Beispiel 1:

$$h: \vec{b} = \begin{pmatrix}0\\1\\3\end{pmatrix} + \frac{1}{3} \cdot \begin{pmatrix}0\\3\\0\end{pmatrix} = \begin{pmatrix}0\\2\\3\end{pmatrix} \Rightarrow \mathbf{B\ (0|2|3)}$$

$$\vec{d} = \vec{b} - \vec{a} = \begin{pmatrix}0-2\\2-2\\3-1\end{pmatrix} = \begin{pmatrix}-2\\0\\2\end{pmatrix} \Rightarrow \mathbf{|\vec{d}| = \sqrt{8}}$$

b) **Bild 2**

7.11.3 Abstand zwischen parallelen Geraden

Zwei parallele Geraden g und h haben in ihrem gesamten Verlauf den gleichen Abstand. Die Geraden zeigen die Flugbahnen von zwei Flugzeugen **(Bild 1)**. Zur Berechnung des kürzesten Abstands nimmt man einen beliebigen Punkt einer Geraden und berechnet den Abstand zur anderen Geraden **(Bild 1)**. Der Rechenweg ist gleich wie im Kapitel „Abstand Punkt-Gerade".

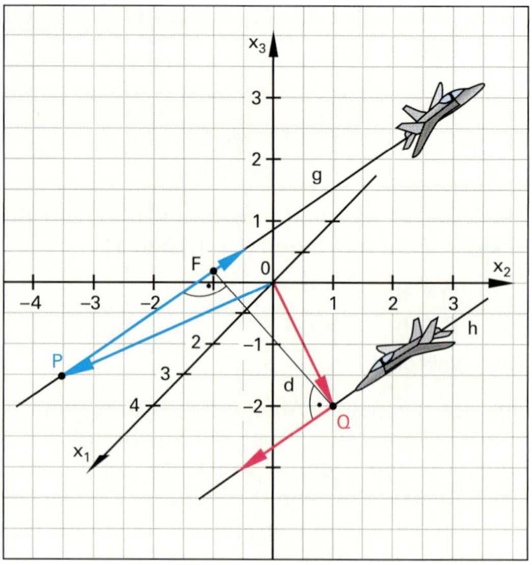

Bild 1: Abstand zwischen parallelen Geraden

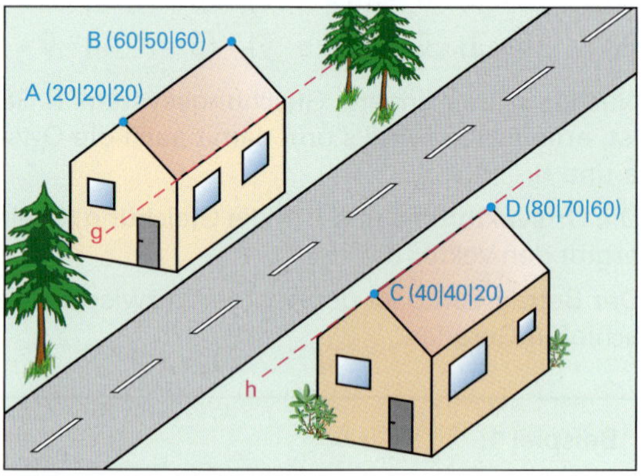

Bild 2: Zwei parallele Häuser

Beispiel 1: Abstandsberechnung

Die Geraden g und h sind parallel.

$$g: \vec{x} = \begin{pmatrix}3\\-2\\0\end{pmatrix} + r \cdot \begin{pmatrix}-2\\2\\1\end{pmatrix}; \quad h: \vec{x} = \begin{pmatrix}4\\3\\0\end{pmatrix} + s \cdot \begin{pmatrix}1\\-1\\-0{,}5\end{pmatrix}; \quad r, s \in \mathbb{R}$$

a) Bestimmen Sie den Abstand d zwischen den Geraden. g: $\vec{x} = \vec{p} + r \cdot \vec{u}$; h: $\vec{x} = \vec{q} + s \cdot \vec{v}$.

b) Zeichnen Sie die Aufgabenstellung mit Lösung in ein räumliches Koordinatensystem ein.

Lösung:

a) Als Punkt A wählt man z. B. den Stützpunkt Q aus der Geradengleichung von h ⇒ Q (4|3|0)

$$\overrightarrow{AF} \circ \vec{u} = [(\vec{p} + r \cdot \vec{u}) - \vec{a}] \circ \vec{u} = 0$$

$$0 = \left[\begin{pmatrix}3\\-2\\0\end{pmatrix} + r \cdot \begin{pmatrix}-2\\2\\1\end{pmatrix} - \begin{pmatrix}4\\3\\0\end{pmatrix}\right] \circ \begin{pmatrix}-2\\2\\1\end{pmatrix}$$

$$= \left[\begin{pmatrix}-1\\-5\\0\end{pmatrix} + r \cdot \begin{pmatrix}-2\\2\\1\end{pmatrix}\right] \circ \begin{pmatrix}-2\\2\\1\end{pmatrix}$$

$$0 = (2 - 10) + r \cdot (4 + 4 + 1) = -8 + 9r; \quad r = \frac{8}{9}$$

r in die Geradengleichung g eingesetzt ergibt $\vec{f}$.

$$\vec{f} = \vec{p} + r \cdot \vec{u} = \begin{pmatrix}3\\-2\\0\end{pmatrix} + \frac{8}{9} \cdot \begin{pmatrix}-2\\2\\1\end{pmatrix} = \frac{1}{9} \cdot \begin{pmatrix}11\\-2\\8\end{pmatrix} = \begin{pmatrix}1{,}22\\-0{,}22\\0{,}89\end{pmatrix}$$

Der Vektor vom Punkt Q zum Lotfußpunkt der Geraden g ergibt sich aus der Formel

$$\overrightarrow{QF} = \vec{f} - \vec{a}.$$

$$\overrightarrow{QF} = \frac{1}{9} \cdot \begin{pmatrix}11\\-2\\8\end{pmatrix} - \begin{pmatrix}4\\3\\0\end{pmatrix} = \frac{1}{9} \cdot \begin{pmatrix}-25\\-29\\8\end{pmatrix} = \begin{pmatrix}-2{,}78\\-3{,}22\\0{,}89\end{pmatrix}$$

Der Abstand ergibt sich dann aus $|\overrightarrow{QF}| = d$.

$$|\overrightarrow{QF}| = \frac{1}{9}\sqrt{25^2 + 29^2 + 8^2} = \sqrt{\frac{170}{9}} = \mathbf{4{,}35}$$

b) **Bild 1**

Beispiel 2: Abstandsberechnung mit dem 2. Lösungsweg

Zwei Häuser stehen sich parallel gegenüber **(Bild 2)**. Bestimmen Sie den Abstand zwischen der Dachkante (Gerade g) und dem Giebel des kleinen Hauses (Gerade h).

Fortsetzung Beispiel 2:

Lösung:

$$g: \vec{x} = \vec{a} + r \cdot (\vec{b} - \vec{a}) = \begin{pmatrix}20\\20\\20\end{pmatrix} + r \cdot \begin{pmatrix}60-20\\50-20\\60-20\end{pmatrix}$$

$$g: \vec{x} = \begin{pmatrix}20\\20\\20\end{pmatrix} + r \cdot \begin{pmatrix}40\\30\\40\end{pmatrix}$$

$\vec{x} = \vec{p} + r \cdot \vec{u}$; Punkt C gewählt

$$\vec{d} = \vec{p} - \vec{c} + \frac{(\vec{c} - \vec{p}) \circ \vec{u}}{u^2} \cdot \vec{u}$$

$$\vec{d} = \begin{pmatrix}20\\20\\20\end{pmatrix} - \begin{pmatrix}40\\40\\20\end{pmatrix} + \frac{\begin{pmatrix}40-20\\40-20\\20-20\end{pmatrix} \circ \begin{pmatrix}40\\30\\40\end{pmatrix}}{1600 + 900 + 1600} \cdot \begin{pmatrix}40\\30\\40\end{pmatrix}$$

$$\vec{d} = \begin{pmatrix}-20\\-20\\0\end{pmatrix} + \frac{\begin{pmatrix}20\\20\\0\end{pmatrix} \circ \begin{pmatrix}40\\30\\40\end{pmatrix}}{4100} \cdot \begin{pmatrix}40\\30\\40\end{pmatrix}$$

$$\vec{d} = \begin{pmatrix}-20\\-20\\0\end{pmatrix} + \frac{800 + 600}{4100} \cdot \begin{pmatrix}40\\30\\40\end{pmatrix}$$

$$\vec{d} = \begin{pmatrix}-6{,}34\\-9{,}76\\13{,}66\end{pmatrix} \Rightarrow \mathbf{d = 17{,}95}$$

Überprüfen Sie Ihr Wissen!

Beispielaufgaben

Abstand zwischen parallelen Geraden

1. Berechnen Sie den Abstand zweier Hochspannungsleiter, die durch die Geraden g und h dargestellt werden **(Bild 1)**.

$$g: \vec{x} = \begin{pmatrix}4\\3\\1\end{pmatrix} + r \cdot \begin{pmatrix}4\\3\\4\end{pmatrix} \quad h: \vec{x} = \begin{pmatrix}9\\0{,}5\\3\end{pmatrix} + s \cdot \begin{pmatrix}2\\1{,}5\\2\end{pmatrix}; \quad r, s \in \mathbb{R}$$

2. Der Abstand eines Punktes zu einer Geraden kann in einem räumlichen Koordinatensystem wegen der perspektivischen Verzerrung nicht abgelesen werden. In dieser Aufgabe liegt die Gerade g und der Punkt Q (4|5|0) in der x_1x_2-Ebene.

$$g: \vec{x} = \begin{pmatrix}5\\1\\0\end{pmatrix} + r \cdot \begin{pmatrix}-4\\1\\0\end{pmatrix}; \quad r \in \mathbb{R}$$

a) Zeichnen Sie die Aufgabenstellung in ein zweidimensionales Schaubild (x_1x_2-Ebene) ein und ermitteln Sie zeichnerisch den Abstand zwischen Q und der Geraden g.

b) Berechnen Sie den Abstand zwischen Q und der Geraden g und vergleichen Sie sie mit der zeichnerischen Lösung.

3. Gegeben ist die Gerade g.

$$g: \vec{x} = \begin{pmatrix}0\\6\\2\end{pmatrix} + r \cdot \begin{pmatrix}0\\-3\\1\end{pmatrix}; \quad r \in \mathbb{R}$$

a) Welche besondere Lage hat die Gerade g?

b) Wie groß ist der Abstand der Geraden g vom Ursprung O (0|0|0)? Lösen Sie diese Aufgabe rechnerisch und zeichnerisch.

4. Berechnen Sie den Abstand des Ursprungs O (0|0|0) von der Geraden g.

$$g: \vec{x} = \begin{pmatrix}8\\5\\-2\end{pmatrix} + r \cdot \begin{pmatrix}2\\-2\\0\end{pmatrix}; \quad r \in \mathbb{R}$$

Lösungen Beispielaufgaben

Abstand zwischen parallelen Geraden

1. d = 5

2. a) siehe Löser

b) $|\overrightarrow{QF}| = d = \sqrt{13{,}24} = 3{,}64$

3. a) g liegt in der x_2x_3-Ebene

b) $|\overrightarrow{QF}| = d = \sqrt{14{,}4} = 3{,}79$

4. $|\overrightarrow{QF}| = d = \sqrt{88{,}5} = 9{,}41$

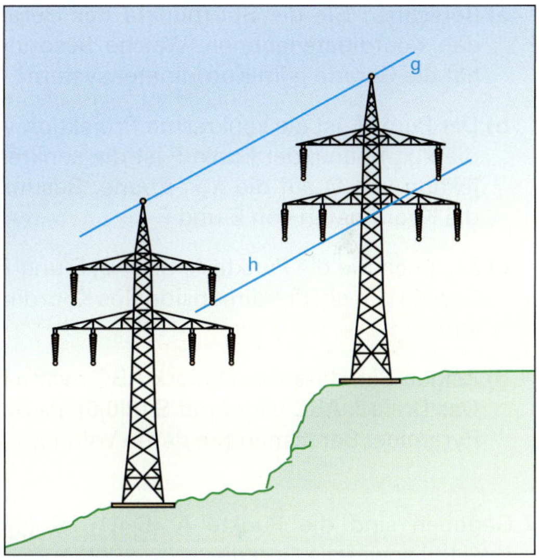

Bild 1: Abstand zweier Hochspannungsleitungen

Übungsaufgaben

1. Eine Gerade g geht durch die Punkte A (6|2,5|5) und B (9|–0,5|11). Eine zweite Gerade h, die durch die Punkte C (7|2,5|5) und D (1|7|–4) geht, ist auf Parallelität zu g zu prüfen.

2. Wie muss a ∈ ℝ und b ∈ ℝ gewählt werden, damit die Geraden g und h gleich sind?

$$g: \vec{x} = \begin{pmatrix}3\\5{,}5\\-1\end{pmatrix} + r \cdot \begin{pmatrix}a\\-3\\6\end{pmatrix}; \quad h: \vec{x} = \begin{pmatrix}13\\-2\\2b\end{pmatrix} + s \cdot \begin{pmatrix}-6\\4{,}5\\-9\end{pmatrix}$$

3. Wählen Sie a ∈ ℝ und b ∈ ℝ so, dass die Geraden g und h parallel sind.

$$g: \vec{x} = \begin{pmatrix}b\\8\\0\end{pmatrix} + r \cdot \begin{pmatrix}0\\2a\\5\end{pmatrix}; \quad h: \vec{x} = \begin{pmatrix}1\\4\\0\end{pmatrix} + s \cdot \begin{pmatrix}0\\0{,}4\\a\end{pmatrix}$$

4. Berechnen Sie a ∈ ℝ so, dass sich die Geraden g und h schneiden. Berechnen Sie auch den Schnittpunkt.

$$g: \vec{x} = \begin{pmatrix}7\\-2\\a\end{pmatrix} + r \cdot \begin{pmatrix}2\\3\\1\end{pmatrix}; \quad h: \vec{x} = \begin{pmatrix}2a\\-6\\-1\end{pmatrix} + s \cdot \begin{pmatrix}1\\1\\2\end{pmatrix}$$

Lösungen Übungsaufgaben

1. g zu h nicht parallel

2. a = 4, b = 7

3. a = 1 oder a = –1, b ∈ ℝ

4. a = 2 und S (5|–5|1)

5. Gegeben sind die Punkte A (3|2|8), B (12|11|8), C (10|13|8) und D (1|4|8).

a) Durch senkrechte Projektion der Punkte A, B, C und D auf die x_1x_2-Ebene entstehen die Bildpunkte A', B', C' und D'. Geben Sie die Koordinaten dieser Punkte an.

Die Punkte A, B, C, D und A', B', C', D' sind die Eckpunkte eines Quaders. Zeichnen Sie den Quader in ein räumliches Koordinatensystem ein.

b) Schneiden sich die Raumdiagonalen CA' und AC'? Geben Sie gegebenenfalls die Koordinaten des Schnittpunktes an und berechnen Sie den Schnittwinkel dieser Raumdiagonalen. Zeichnen Sie die Raumdiagonalen in die Zeichnung ein.

6. Gegeben sind die Punkte A (−4|8|0), B (−4|0|4), C (−4|0|0) und D (5|2|1) sowie die Gerade

$$g\colon \vec{x} = \begin{pmatrix} -4 \\ 4 \\ 2 \end{pmatrix} + r \cdot \begin{pmatrix} 0 \\ -2 \\ 1 \end{pmatrix};\ r \in \mathbb{R}.$$

a) Berechnen Sie die Spurpunkte der Geraden g in den Koordinatenebenen. Welche besondere Lage hat die Gerade g im Koordinatensystem?

b) Der Punkt E ist die senkrechte Projektion von D auf die x_1x_3-Ebene, der Punkt F ist die senkrechte Projektion von D auf die x_1x_2-Ebene. Bestimmen Sie die Koordinaten von E und F.

c) Zeichnen Sie die Punkte A, B, C, D, E und F und die Gerade g in ein dreidimensionales Koordinatensystem.

d) Zeigen Sie, dass das Dreieck ABC rechtwinklig ist. Das Dreieck ABC bildet mit S (8|0|0) als Spitze eine Pyramide. Berechnen Sie deren Volumen.

7. Gegeben sind die Punkte A (5|4|1), B (0|4|1) und C (0|1|5) sowie die Gerade

$$g\colon \vec{x} = \begin{pmatrix} 2 \\ 0 \\ 0 \end{pmatrix} + r \cdot \begin{pmatrix} 2 \\ 1 \\ 0 \end{pmatrix};\quad r \in \mathbb{R}$$

a) Zeigen Sie, dass C nicht auf der Geraden durch A und B liegt.

b) Zeigen Sie, dass das Dreieck ABC gleichschenklig und rechtwinklig ist.

c) Berechnen Sie die Koordinaten der Schnittpunkte der Geraden g mit den Koordinatenebenen und beschreiben Sie die besondere Lage von g bezüglich der Koordinatenebenen.

d) Die senkrechte Parallelprojektion von g auf die x_1x_3-Ebene sei die Gerade g_{13}. Geben Sie die Gleichung für g_{13} an.

e) Unter welchem Winkel schneidet g die x_1-Achse?

f) Stellen Sie alle Ergebnisse in einem räumlichen Koordinatensystem dar.

8. Gegeben sind die Geraden

$$g\colon \vec{x} = \begin{pmatrix} 10 \\ 2 \\ -10 \end{pmatrix} + r \cdot \begin{pmatrix} 2 \\ 0{,}5 \\ -3 \end{pmatrix};\ r \in \mathbb{R} \text{ und}$$

$$h\colon \vec{x} = \begin{pmatrix} 4 \\ -1 \\ 6 \end{pmatrix} + s \cdot \begin{pmatrix} 0 \\ -2 \\ 6 \end{pmatrix};\ s \in \mathbb{R}.$$

a) Überprüfen Sie die gegenseitige Lage der Geraden g und h.

b) Zwischen welchem Punkt A auf der Geraden g und Punkt B auf der Geraden h liegt der kürzeste Abstand?

c) Berechnen Sie den kürzesten Abstand zwischen den Geraden g und h.

Lösungen Übungsaufgaben

5. a) A' (3|2|0), B' (12|11|0), C' (10|13|0), D' (1|4|0)

b) S (6,5|7,5|4), $\alpha = 117°$

6. a) $S_{12} \equiv$ A (−4|8|0), $S_{13} \equiv$ B (−4|0|4), x_2x_3-Ebene keine Spurpunkte, g || x_2x_3-Ebene

b) E (5|0|1), F (5|2|0)

c) siehe Löser

d) V = 64 VE

7. a) $g_{AB}\colon \vec{x} = \begin{pmatrix} 5 \\ 4 \\ 1 \end{pmatrix} + k \cdot \begin{pmatrix} -5 \\ 0 \\ 0 \end{pmatrix}$

C liegt nicht auf g_{AB}

b) $|\overrightarrow{AB}| = 5$, $|\overrightarrow{BC}| = 5$, $|\overrightarrow{CA}| = 5 \cdot \sqrt{2}$, $\overrightarrow{AB} \circ \overrightarrow{BC} = 0$

c) S_{23} (0|−1|0), S_{13} (2|0|0), g liegt in der x_1x_2-Ebene

d) $g_{13}\colon \vec{x} = t \cdot \begin{pmatrix} 1 \\ 0 \\ 0 \end{pmatrix};\ t \in \mathbb{R}$

e) $\alpha = 26{,}6°$

f) siehe Löser

8. a) Windschiefe Geraden

b) A (3,82|0,46|−0,73), B (4|1,17|−0,5)

c) $d = \frac{10}{13}$

7.12 Ebenengleichung

Eine Ebene ist ein zweidimensionales Gebilde im Raum. Sie ist nicht begrenzt (auch wenn sie ausschnittsweise nur als Fläche dargestellt bzw. gezeichnet wird). Sie ist eindeutig festgelegt durch

- einen Punkt und zwei linear unabhängige Richtungsvektoren,
- drei Punkte, die nicht alle auf einer Geraden liegen **(Bild 1)**.

7.12.1 Vektorielle Parameterform der Ebene

Durch einen Punkt A und zwei Vektoren $\vec{u}$ und $\vec{v}$ mit $\vec{u} \nparallel \vec{v}$ ist eine Ebene E bestimmt **(Bild 2)**. Für jeden Ortsvektor $\vec{x}$, der zum Punkt X auf der Ebene E weist, gilt für zwei Parameter r und s die Parameterform (Punkt-Richtungsform) der Ebenengleichung:

$$E\colon \vec{x} = \vec{a} + r\vec{u} + s\vec{v}; \quad r, s \in \mathbb{R}.$$

Durchlaufen die Parameter r und s alle reellen Zahlen, so erhält man mit der Ebenengleichung alle Punkte der Ebene.

Beispiel 1: Parameterform

Gegeben ist die Parameterform der Ebenengleichung

$$E\colon \vec{x} = \begin{pmatrix}1\\0\\1\end{pmatrix} + r \cdot \begin{pmatrix}0\\1\\2\end{pmatrix} + s \cdot \begin{pmatrix}1\\2\\3\end{pmatrix}; \quad r, s \in \mathbb{R}.$$

a) Geben Sie die Richtungsvektoren $\vec{u}$ und $\vec{v}$ der Ebene E an.

b) Geben Sie für r = 1 und s = –1 den Punkt X der Ebene an **(Bild 2)**.

Lösung:

a) $\vec{\mathbf{u}} = \begin{pmatrix}\mathbf{0}\\\mathbf{1}\\\mathbf{2}\end{pmatrix}$; $\vec{\mathbf{v}} = \begin{pmatrix}\mathbf{1}\\\mathbf{2}\\\mathbf{3}\end{pmatrix}$

b) $\vec{x} = \begin{pmatrix}1\\0\\1\end{pmatrix} + 1 \cdot \begin{pmatrix}0\\1\\2\end{pmatrix} - 1 \cdot \begin{pmatrix}1\\2\\3\end{pmatrix} = \begin{pmatrix}0\\-1\\0\end{pmatrix}$

X (0|–1|0)

Schreibt man die Vektoren $\vec{x}$, $\vec{a}$, $\vec{u}$ und $\vec{v}$ in der Spaltenschreibweise

$$\begin{pmatrix}x_1\\x_2\\x_3\end{pmatrix} = \begin{pmatrix}a_1\\a_2\\a_3\end{pmatrix} + r \cdot \begin{pmatrix}u_1\\u_2\\u_3\end{pmatrix} + s \cdot \begin{pmatrix}v_1\\v_2\\v_3\end{pmatrix}; \quad r, s \in \mathbb{R}$$

so entspricht dies den drei Koordinatengleichungen

(1) $x_1 = a_1 + r \cdot u_1 + s \cdot v_1$

(2) $x_2 = a_2 + r \cdot u_2 + s \cdot v_2$

(3) $x_3 = a_3 + r \cdot u_3 + s \cdot v_3$

$$E\colon \vec{x} = \vec{a} + r\vec{u} + s\vec{v} \qquad r, s \in \mathbb{R}.$$

E	Bezeichnung der Ebene
$\vec{x}$	Ortsvektor zum Punkt X auf der Ebene E
$\vec{a}$	Ortsvektor zum Punkt A auf der Ebene E
$\vec{u}$, $\vec{v}$	Richtungsvektoren der Ebene E
r, s	Stauchungs- oder Streckungsfaktoren der Richtungsvektoren (Parameter)

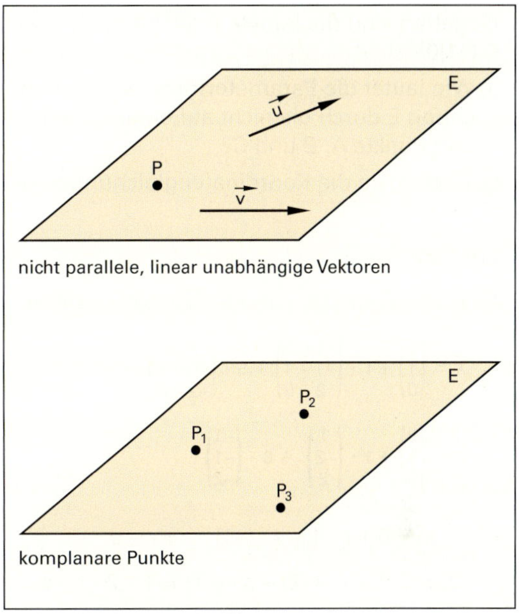

Bild 1: Festlegung der Ebene

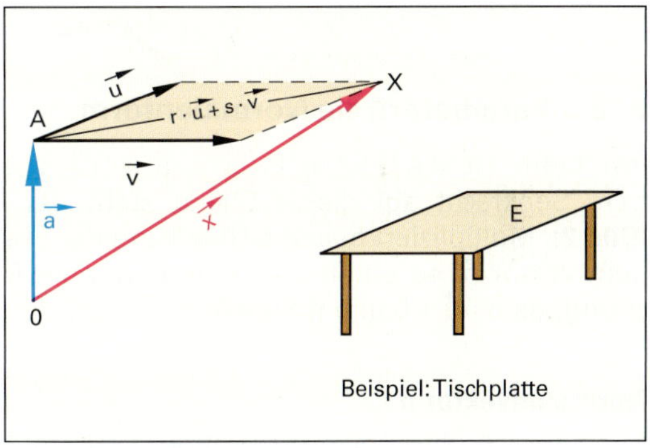

Bild 2: Punkt-Richtungsform der Ebene E

Beispiel 2: Koordinatengleichungen

Geben Sie die Koordinatengleichungen der Ebene E aus Beispiel 1 an.

Lösung:

(1) $x_1 = 1 + r \cdot 0 + s \cdot 1 = \mathbf{1 + s}$

(2) $x_2 = 0 + r \cdot 1 + s \cdot 2 = \mathbf{r + 2 \cdot s}$

(3) $x_3 = 1 + r \cdot 2 + s \cdot 3 = \mathbf{1 + 2 \cdot r + 3 \cdot s}$

7.12.2 Vektorielle Dreipunkteform einer Ebene

Die Lage einer Ebene E kann durch drei verschiedene Punkte A, B und C, die nicht auf einer Geraden liegen, festgelegt werden. Als Richtungsvektoren $\vec{u}$ und $\vec{v}$ kann man die Differenzvektoren $\overrightarrow{AB} = (\vec{b} - \vec{a})$ und $\overrightarrow{AC} = (\vec{c} - \vec{a})$ wählen **(Bild 1)**. Die Parameterform der Ebenengleichung E hat dann die Form

$$E\colon \vec{x} = \vec{a} + r \cdot (\vec{b} - \vec{a}) + s \cdot (\vec{c} - \vec{a}); \quad r, s \in \mathbb{R}$$

$$E\colon \vec{x} = \vec{a} + r \cdot (\vec{b} - \vec{a}) + s \cdot (\vec{c} - \vec{a}) \quad r, s \in \mathbb{R}.$$

E	Bezeichnung der Ebene
$\vec{x}$	Ortsvektor zum Punkt X auf der Ebene E
$\vec{a}$	Ortsvektor zum Punkt A auf der Ebene E
$\vec{b}$	Ortsvektor zum Punkt B auf der Ebene E
$\vec{c}$	Ortsvektor zum Punkt C auf der Ebene E
r, s	Stauchungs- oder Streckungsfaktoren der Richtungsvektoren (Parameter)

Beispiel 1: Ebene durch drei Punkte

Gegeben sind die Punkte A (0|1|0), B (1|–1|2) und C (–1|0|–2).

a) Wie lautet die Parameterform der Ebenengleichung E durch die nicht auf einer Geraden liegenden Punkte A, B und C?

b) Geben Sie die Koordinatengleichungen der Ebene E an.

Lösung:

a) $E\colon \vec{x} = \vec{a} + r \cdot (\vec{b} - \vec{a}) + s \cdot (\vec{c} - \vec{a}); \quad r, s \in \mathbb{R}$

$$\vec{x} = \begin{pmatrix} 0 \\ 1 \\ 0 \end{pmatrix} + r \cdot \begin{pmatrix} 1-0 \\ -1-1 \\ 2-0 \end{pmatrix} + s \cdot \begin{pmatrix} -1-0 \\ 0-1 \\ -2-0 \end{pmatrix}$$

$$\boldsymbol{\vec{x} = \begin{pmatrix} 0 \\ 1 \\ 0 \end{pmatrix} + r \cdot \begin{pmatrix} 1 \\ -2 \\ 2 \end{pmatrix} + s \cdot \begin{pmatrix} -1 \\ -1 \\ -2 \end{pmatrix}}$$

b) (1) $x_1 = 0 + r \cdot 1 + s \cdot (-1) \quad = \mathbf{r - s}$

(2) $x_2 = 1 + r \cdot (-2) + s \cdot (-1) = \mathbf{1 - 2 \cdot r - s}$

(3) $x_3 = 0 + r \cdot 2 + s \cdot (-2) \quad = \mathbf{2 \cdot r - 2 \cdot s}$

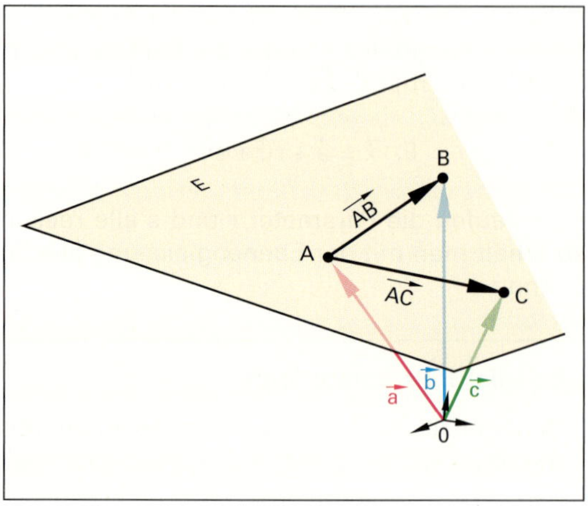

Bild 1: Ebene durch drei Punkte

7.12.3 Parameterfreie Normalenform

Im Raum ist die Ebene $E\colon \vec{x} = \vec{a} + r\vec{u} + s\vec{v}$ gegeben. Senkrecht auf dieser Ebene steht der Vektor $\vec{n}$ **(Bild 2)**. Multipliziert man die Gleichung der Ebene E mit dem Vektor $\vec{n}$, so erhält man eine parameterfreie Gleichung, da $\vec{n} \circ \vec{u} = 0$ und $\vec{n} \circ \vec{v} = 0$.

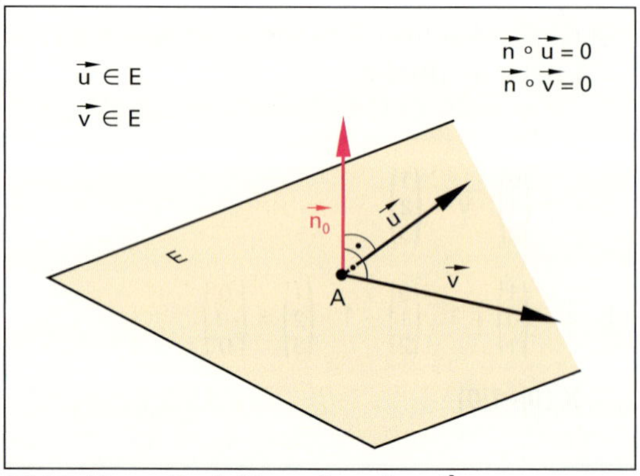

Bild 2: Ebene E mit Normalenvektor $\vec{n}$

Normalenvektor $\vec{n}$

Ein Vektor $\vec{n}$, der senkrecht (orthogonal) auf den Richtungsvektoren $\vec{u}$ und $\vec{v}$ steht, wird als Normalenvektor bezeichnet. Man erhält den Normalenvektor $\vec{n}$ entweder durch Lösen des Gleichungssystems

$$\vec{n} \circ \vec{u} = 0 \wedge \vec{n} \circ \vec{v} = 0$$

$$\begin{pmatrix} n_1 \\ n_2 \\ n_3 \end{pmatrix} \circ \begin{pmatrix} u_1 \\ u_2 \\ u_3 \end{pmatrix} = 0 \wedge \begin{pmatrix} n_1 \\ n_2 \\ n_3 \end{pmatrix} \circ \begin{pmatrix} v_1 \\ v_2 \\ v_3 \end{pmatrix} = 0$$

I $\quad n_1u_1 + n_2u_2 + n_3u_3 = 0$

II $\quad n_1v_1 + n_2v_2 + n_3v_3 = 0$

Durch Lösen des linearen Gleichungssystems erhält man den Normalenvektor $\vec{n}$.

Der Normalenvektor kann durch das Vektorprodukt (Kreuzprodukt) der Richtungsvektoren $\vec{u}$ und $\vec{v}$ gebildet werden.

$$\vec{n} = \vec{u} \times \vec{v} = \begin{pmatrix} u_2v_3 - u_3v_2 \\ u_3v_1 - u_1v_3 \\ u_1v_2 - u_2v_1 \end{pmatrix}$$

Beispiel 1: Normalenvektor

Gegeben ist die Parameterform der Ebenengleichung E

$$E:\ \vec{x} = \begin{pmatrix}1\\0\\1\end{pmatrix} + r \cdot \begin{pmatrix}0\\1\\2\end{pmatrix} + s \cdot \begin{pmatrix}1\\2\\3\end{pmatrix};\quad r, s, \in \mathbb{R}$$

Berechnen Sie einen Vektor $\vec{n}$, der senkrecht auf der Ebene E steht.

Lösung:

$$\vec{n} = \begin{pmatrix}0\\1\\2\end{pmatrix} \times \begin{pmatrix}1\\2\\3\end{pmatrix} = \begin{pmatrix}3-4\\2-0\\0-1\end{pmatrix} = \begin{pmatrix}\mathbf{-1}\\\mathbf{2}\\\mathbf{-1}\end{pmatrix}$$

$$\vec{n} = \vec{u} \times \vec{v} \qquad E:\ \vec{n} \circ (\vec{x} - \vec{a}) = 0$$

$$E:\ n_1 \cdot x_1 + n_2 \cdot x_2 + n_3 \cdot x_3 - n_0 = 0$$

E	Bezeichnung der Ebene
$\vec{n}$	Normalenvektor der Ebene
n_1, n_2, n_3	Komponenten des Normalenvektors
n_0	skalare Größe
x_1, x_2, x_3	Variablen der Ebenengleichung (Koordinaten)
$\vec{u}, \vec{v}$	Richtungsvektoren der Ebene
$\vec{a}$	Ortsvektor zu einem beliebigen Punkt A der Ebene

Parameterfreie vektorielle Normalenform

Wird die Parameterform der Ebene E mit dem Normalenvektor $\vec{n}$ der Ebene E multipliziert, so gilt:

$$\vec{x} = \vec{a} + r\vec{u} + s\vec{v} \qquad | \circ \vec{n}$$

$$\vec{n} \circ \vec{x} = \vec{n} \circ \vec{a} + \underbrace{r\vec{n} \circ \vec{u}}_{=0} + \underbrace{s\vec{n} \circ \vec{v}}_{=0}$$

$$\vec{n} \circ \vec{x} = \vec{n} \circ \vec{a} \qquad | \text{ umstellen}$$

$$\vec{n} \circ \vec{x} - \vec{n} \circ \vec{a} = 0 \qquad | \text{ ausklammern}$$

$$\mathbf{\vec{n} \circ (\vec{x} - \vec{a}) = 0}$$

Beispiel 2: Vektorielle Normalenform

Geben Sie die vektorielle Normalenform der Ebene E aus Beispiel 1 an.

Lösung:

$$\vec{n} \circ (\vec{x} - \vec{a}) = 0$$

$$\begin{pmatrix}-1\\2\\-1\end{pmatrix} \circ \left[\begin{pmatrix}x_1\\x_2\\x_3\end{pmatrix} - \begin{pmatrix}1\\0\\1\end{pmatrix}\right] = 0$$

(Der Normalenvektor $\vec{n}$ wurde in Beispiel 1 errechnet).

Parameterfreie lineare Normalenform

Schreibt man die Vektoren der Gleichung $\vec{n} \circ (\vec{x} - \vec{a}) = 0$ in der Spaltenschreibweise, gilt:

$$\begin{pmatrix}n_1\\n_2\\n_3\end{pmatrix} \circ \left[\begin{pmatrix}x_1\\x_2\\x_3\end{pmatrix} - \begin{pmatrix}a_1\\a_2\\a_3\end{pmatrix}\right] = 0$$

Wird die skalare Multiplikation ausgeführt, erhält man in den Variablen x_1, x_2 und x_3 eine lineare Normalenform der Ebenengleichung

$$n_1 \cdot x_1 + n_2 \cdot x_2 + n_3 \cdot x_3 - (n_1 \cdot a_1 + n_2 \cdot a_2 + n_3 \cdot a_3) = 0$$

Setzt man den Term

$(n_1 \cdot a_1 + n_2 \cdot a_2 + n_3 \cdot a_3) = n_0$,

folgt die Ebenengleichung in Normalenform

$$\mathbf{E:\ n_1 \cdot x_1 + n_2 \cdot x_2 + n_3 \cdot x_3 - n_0 = 0}$$

Beispiel 3: Normalenform

Normalenform der Ebenengleichung

Geben Sie die lineare Normalenform der Ebenengleichung E aus Beispiel 1 an.

Lösung:

$$E:\ n_1 \cdot x_1 + n_2 \cdot x_2 + n_3 \cdot x_3 - (n_1 \cdot a_1 + n_2 \cdot a_2 + n_3 \cdot a_3) = 0$$

$$E:\ -1 \cdot x_1 + 2 \cdot x_2 + (-1) \cdot x_3 - (-1 \cdot 1 + 2 \cdot 0 + (-1) \cdot 1) = 0$$

$$\mathbf{E:\ -x_1 + 2 \cdot x_2 - x_3 + 2 = 0}$$

Beispiel 4: Normalenform

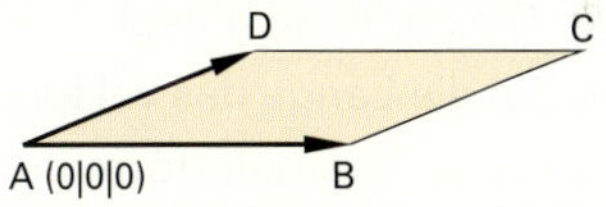

Das Parallelogramm ABCD wird von den Vektoren $\overrightarrow{AB} = \begin{pmatrix}4\\0\\0\end{pmatrix}$ und $\overrightarrow{AD} = \begin{pmatrix}1\\3\\0\end{pmatrix}$ aufgespannt.

Geben Sie die lineare Normalenform der Ebene E an, in der das Parallelogramm liegt.

Lösung:

$\vec{n} = \overrightarrow{AB} \times \overrightarrow{AD}$ und $A \in E$

$$\vec{n} = \begin{pmatrix}4\\0\\0\end{pmatrix} \times \begin{pmatrix}1\\3\\0\end{pmatrix} = \begin{pmatrix}0 \cdot 0 - 0 \cdot 3\\0 \cdot 1 - 0 \cdot 0\\4 \cdot 3 - 0 \cdot 1\end{pmatrix} = \begin{pmatrix}0\\0\\12\end{pmatrix}$$

$$\begin{pmatrix}0\\0\\12\end{pmatrix} \circ \left(\vec{x} - \begin{pmatrix}0\\0\\0\end{pmatrix}\right) = 0 \qquad E:\ 12x_3 = 0$$

Überprüfen Sie Ihr Wissen!

Beispielaufgaben

Parameterform der Ebene

1. Eine Ebene E ist durch den Punkt A (0|0|3) und die Richtungsvektoren

$\vec{u} = \begin{pmatrix} 1 \\ 1 \\ 1 \end{pmatrix}$ und $\vec{v} = \begin{pmatrix} -1 \\ 1 \\ 2 \end{pmatrix}$ bestimmt.

a) Geben Sie die Gleichung der Ebene E in Parameterform an.

b) Geben Sie für r = –1 und s = 2 den Punkt X der Ebene E.

2. Die Gleichung der Ebene E lautet

$$E\colon \vec{x} = \begin{pmatrix} 4 \\ 0 \\ 2 \end{pmatrix} + r \cdot \begin{pmatrix} -3 \\ -1 \\ 2 \end{pmatrix} + s \cdot \begin{pmatrix} -3 \\ 4 \\ -1 \end{pmatrix};\quad r, s \in \mathbb{R}$$

a) Geben Sie die Richtungsvektoren der Ebene an.

b) Geben Sie die Koordinatengleichungen der Ebene an.

c) Berechnen Sie die Punkte B, C und D der Ebene E. Der Punkt B wird erreicht für r = 0 und s = 1; für Punkt C gilt r = –1 und s = 0 und für D gilt r = –2 und s = 3.

Dreipunkteform einer Ebene

1. Erstellen Sie die Parameterform der Gleichung der Ebene E, in der die Punkte A (0|–1|1), B (–2|0|–2) und C (1|2|3) liegen.

2. Geben Sie die Parameterform einer Ebene P an, die parallel zur Ebene E aus Aufgabe 1 ist und den Punkt A (0|–1| 2) enthält.

3. Gegeben ist die Gerade g **(Bild 1)** und der Punkt P (1|–2|0).

a) Überprüfen Sie, ob P auf g liegt.

b) Berechnen Sie die Länge des Vektors $\overrightarrow{AP}$.

c) Erstellen Sie eine Parameterform der Ebenengleichung E, die sowohl die Gerade g als auch den Punkt P enthält.

d) Erstellen Sie die Gleichung einer Ebene F, die senkrecht auf E steht und durch den Ursprung verläuft.

4. Gegeben sind die parallelen Geraden

$$g\colon \vec{x} = \begin{pmatrix} 1 \\ 2 \\ 3 \end{pmatrix} + r \cdot \begin{pmatrix} 1 \\ 1 \\ 1 \end{pmatrix};\quad r \in \mathbb{R} \quad \text{und}$$

$$h\colon \vec{x} = \begin{pmatrix} 0 \\ 0 \\ 1 \end{pmatrix} + s \cdot \begin{pmatrix} 2 \\ 2 \\ 2 \end{pmatrix};\quad s \in \mathbb{R}.$$

Geben Sie eine Gleichung der Ebene E an, in der die Geraden g und h liegen.

Lösungen Beispielaufgaben

Parameterform der Ebene

1. a) $E\colon \vec{x} = \begin{pmatrix} 0 \\ 0 \\ 3 \end{pmatrix} + r \cdot \begin{pmatrix} 1 \\ 1 \\ 1 \end{pmatrix} + s \cdot \begin{pmatrix} -1 \\ 1 \\ 2 \end{pmatrix}$

b) X (–3|1|6)

2. a) $\vec{u} = \begin{pmatrix} -3 \\ -1 \\ 2 \end{pmatrix}$; $\vec{v} = \begin{pmatrix} -3 \\ 4 \\ -1 \end{pmatrix}$

b) (1) $x_1 = 4 - 3 \cdot r - 3 \cdot s$

(2) $x_2 = -r + 4 \cdot s$

(3) $x_3 = 2 + 2 \cdot r - s$

c) B (1|4|1), C (7|1|0), D (1|14|–5)

Dreipunkteform einer Ebene

1. $E\colon \vec{x} = \begin{pmatrix} 0 \\ -1 \\ 1 \end{pmatrix} + r \cdot \begin{pmatrix} -2 \\ 1 \\ -3 \end{pmatrix} + s \cdot \begin{pmatrix} 1 \\ 3 \\ 2 \end{pmatrix};\quad r, s \in \mathbb{R}$

2. $P\colon \vec{x} = \begin{pmatrix} 0 \\ -1 \\ 2 \end{pmatrix} + r \cdot \begin{pmatrix} -2 \\ 1 \\ -3 \end{pmatrix} + s \cdot \begin{pmatrix} 1 \\ 3 \\ 2 \end{pmatrix};\quad r, s \in \mathbb{R}$

3. a) $P \notin g$

b) $|\overrightarrow{AP}| = 3$ LE

c) $E\colon \vec{x} = \begin{pmatrix} 1 \\ 1 \\ 0 \end{pmatrix} + r \cdot \begin{pmatrix} 0 \\ -1 \\ 1 \end{pmatrix} + s \cdot \begin{pmatrix} 0 \\ -3 \\ 0 \end{pmatrix};\quad r, s \in \mathbb{R}$

d) $F\colon \vec{x} = r \cdot \begin{pmatrix} 0 \\ -1 \\ 1 \end{pmatrix} + s \cdot \begin{pmatrix} 1 \\ 0 \\ 0 \end{pmatrix};\quad r, s \in \mathbb{R}$

4. $E\colon \vec{x} = \begin{pmatrix} 1 \\ 2 \\ 3 \end{pmatrix} + r \cdot \begin{pmatrix} 1 \\ 1 \\ 1 \end{pmatrix} + s \cdot \begin{pmatrix} 1 \\ 2 \\ 2 \end{pmatrix};\quad r, s \in \mathbb{R}$

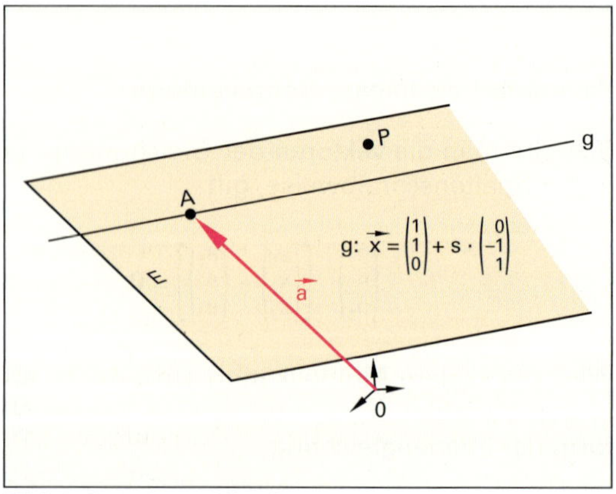

Bild 1: Gerade und Punkt

Übungsaufgaben

Ebene-Punkt

In einem kartesischen Koordinatensystem sind die Punkte A (0|3|2), B (2|0|2) und C_t (2|3|t) mit $t \in \mathbb{R}$ gegeben.

1. Setzen Sie t = 0 und bestimmen Sie eine Gleichung der Ebene E in Parameter- und Normalenform, die die Punkte A, B und C_0 enthält.
2. Berechnen Sie den Abstand des Punktes C_2 (t = 2) von der Ebene E.
3. Der Punkt C_2' ist der Spiegelpunkt des Punktes C_2 an der Ebene E. Berechnen Sie die Koordinaten des Spiegelpunktes C_2'.
4. Berechnen Sie die Koordinaten der Schnittpunkte S_1, S_2 und S_3 der Koordinatenachsen mit der Ebene E und bestimmen Sie eine Gleichung der Schnittgeraden s der Ebene E mit der x_1x_2-Ebene.
5. Berechnen Sie den Schnittwinkel φ von E und der x_1x_2-Ebene.

Ebene-Gerade

In einem kartesischen Koordinatensystem sind die Geraden

$$g: \vec{x} = \begin{pmatrix} 7{,}5 \\ 9 \\ 8 \end{pmatrix} + r\begin{pmatrix} 1 \\ 2 \\ 2 \end{pmatrix}; \quad h: \vec{x} = \begin{pmatrix} 2 \\ -3 \\ 1 \end{pmatrix} + s\begin{pmatrix} 1 \\ -2 \\ 0 \end{pmatrix}; \quad r, s \in \mathbb{R}$$

und die Ebene E: $-2x_1 - x_2 + 2x_3 - 1 = 0$ gegeben.

1. Zeigen Sie, dass die Ebene E die Gerade h enthält.
2. Zeigen Sie, dass die Gerade g parallel zur Ebene E verläuft, und bestimmen Sie den Abstand zwischen der Geraden g_8 und der Ebene E.
3. Die Gerade g und der Punkt R (–1|–2|3) spannen eine Ebene F auf. Bestimmen Sie je eine Gleichung der Ebene F in Parameter- und in Normalenform.
4. Bestimmen Sie eine Gleichung der Schnittgeraden s der Ebenen E und F.

Ebene-Ebene

In einem kartesischen Koordinatensystem sind die Gerade

$$g: \vec{x} = \begin{pmatrix} 1 \\ 2 \\ 1 \end{pmatrix} + r\begin{pmatrix} -3 \\ 2 \\ 6 \end{pmatrix} \quad \text{mit } r \in \mathbb{R}$$

und die Punkte A (0|–2|10), B (3|–4|k) und P (12|–3|0) gegeben.

1. Die Gerade h geht durch die Punkte A und B. Geben Sie eine Gleichung der Geraden h an und berechnen Sie k so, dass g und h echt parallel sind.
2. Die Gerade g schneidet die x_1x_3-Ebene in Q. Berechnen Sie die Koordinaten von Q.
3. Durch g und h wird die Ebene E aufgespannt. Bestimmen Sie je eine Gleichung der Ebene E in Parameter- und in Normalenform.
4. Berechnen Sie den Abstand des Punktes P von der Ebene E.
5. Fällen Sie von P das Lot auf E und berechnen Sie die Koordinaten des Lotfußpunktes R.
6. Die Ebene F steht senkrecht auf der Ebene E und enthält die x_3-Achse.

   Bestimmen Sie je eine Gleichung der Ebene E in Parameter- und in Normalenform.
7. Die Ebenen E und F schneiden sich in s. Berechnen Sie eine Gleichung der Schnittgeraden s.

Lösungen Übungsaufgaben

Ebene-Punkt

1. E: $\vec{x} = \begin{pmatrix} 0 \\ 3 \\ 2 \end{pmatrix} + r\begin{pmatrix} 2 \\ -3 \\ 0 \end{pmatrix} + s\begin{pmatrix} 0 \\ 3 \\ -2 \end{pmatrix}$;

   E: $3x_1 + 2x_2 + 3x_3 - 12 = 0$
2. $d = \frac{6}{\sqrt{22}}$
3. $C_2' = \left(\frac{4}{11}\middle|\frac{21}{11}\middle|\frac{4}{11}\right)$
4. S_1 (4|0|0); S_2 (0|6|0); S_3 (0|0|4);

   s: $\vec{x} = \begin{pmatrix} 4 \\ 0 \\ 0 \end{pmatrix} + t\begin{pmatrix} 2 \\ -3 \\ 0 \end{pmatrix}$
5. $\varphi = 50{,}24°$

Ebene-Gerade

1. $h \cap E$
2. $u_g \circ n_4 = 0$; d(g; E) = 3
3. F: $\vec{x} = \begin{pmatrix} 7{,}5 \\ 9 \\ 8 \end{pmatrix} + r\begin{pmatrix} 1 \\ 2 \\ 2 \end{pmatrix} + s\begin{pmatrix} -8{,}5 \\ -11 \\ -5 \end{pmatrix}$;

   F: $2x_1 - 2x_2 + x_3 - 5 = 0$
4. s: $\vec{x} = \begin{pmatrix} 1{,}5 \\ 0 \\ 2 \end{pmatrix} + t\begin{pmatrix} 1 \\ 2 \\ 2 \end{pmatrix}$

Ebene-Ebene

1. h: $\vec{x} = \begin{pmatrix} 0 \\ -2 \\ 10 \end{pmatrix} + r\begin{pmatrix} 3 \\ -2 \\ k-10 \end{pmatrix}$; $r \in \mathbb{R}$
2. Q (4|0|–5)
3. E: $\vec{x} = \begin{pmatrix} 1 \\ 2 \\ 1 \end{pmatrix} + r\begin{pmatrix} -3 \\ 2 \\ 6 \end{pmatrix} + s\begin{pmatrix} 1 \\ 4 \\ -9 \end{pmatrix}$; $r, s \in \mathbb{R}$

   E: $6x_1 + 3x_2 + 2x_3 - 14 = 0$
4. d(P; E) = 7
5. R (6|6|–2)
6. F: $\vec{x} = u\begin{pmatrix} 6 \\ 3 \\ 2 \end{pmatrix} + v\begin{pmatrix} 0 \\ 0 \\ 1 \end{pmatrix}$; F: $x_1 - 2x_2 = 0$
7. $\vec{x} = \begin{pmatrix} 0 \\ 0 \\ 7 \end{pmatrix} + t\begin{pmatrix} -4 \\ -2 \\ 15 \end{pmatrix}$; $t \in \mathbb{R}$

7.13 Ebene-Punkt

Ein Punkt P kann in einer Ebene E liegen oder sich außerhalb der Ebene befinden. Liegt er außerhalb, kann der Abstand des Punktes von der Ebene berechnet werden.

7.13.1 Punkt P liegt in der Ebene E

Mit der Gleichung der Ebene E:

$$n_1x_1 + n_2x_2 + n_3x_3 - n_0 = 0$$

wird jeder Punkt der Ebene E beschrieben. Soll überprüft werden, ob ein Punkt P $(p_1|p_2|p_3)$ in der Ebene E liegt, so werden die Koordinaten p_1, p_2 und p_3 des Punktes P in die Ebenengleichung für x_1, x_2 und x_3 eingesetzt. Entsteht eine wahre Aussage, so liegt P in E. Entsteht eine falsche Aussage, so liegt P nicht in E.

Beispiel 1: P ∈ E?

Überprüfen Sie, ob die Punkte P_1 (1|–2|0) und P_2 (1|2|3) Elemente der Ebene E $2x_1 - x_2 + x_3 - 4 = 0$ sind.

Lösung:

P_1 in E einsetzen:

$$2 \cdot 1 - 1(-2) + 1 \cdot 0 - 4 = 0$$
$$0 = 0 \text{ (wahr)} \Rightarrow \mathbf{P \in E}$$

P_2 in E einsetzen:

$$2 \cdot 1 - 1 \cdot 2 + 1 \cdot 3 - 4 = 0$$
$$-1 = 0 \text{ (falsch)} \Rightarrow \mathbf{P \notin E}$$

7.13.2 Abstand eines Punktes P zur Ebene E

Liegt ein Punkt P außerhalb der Ebene E, so interessiert der kürzeste Abstand des Punktes zur Ebene.

Hessesche Normalenform HNF

Abstände von der Ebene werden mithilfe von Normaleneinheitsvektoren $\vec{n^0}$ **(Bild 1)** gemessen.

Wird in der Normalengleichung einer Ebene E mit $\vec{n} \circ (\vec{x} - \vec{a}) = 0$ statt des Normalenvektors $\vec{n}$ der Normaleneinheitsvektor $\vec{n^0}$ benützt, so bezeichnet man diese Darstellung als hessesche Normalenform $\vec{n^0} \circ (\vec{x} - \vec{a}) = 0$ der Ebenengleichung, wobei $\vec{n^0} \circ \vec{a} > 0$ gelten muss.

Wird in der hesseschen Normalenform der Ortsvektor $\vec{x}$ durch den Ortsvektor $\vec{p}$ des Punktes P ersetzt, so erhält man den Abstand d des Punktes P von der Ebene E.

Aus dem Vorzeichen von d folgt für die Lage des Punktes P:

- d(P, E) < 0: Punkt P und Koordinatenursprung 0 liegen auf derselben Seite der Ebene E
- d(P, E) > 0: Punkt P und Koordinatenursprung 0 liegen auf verschiedenen Seiten der Ebene E
- d(P, E) = 0: Punkt P liegt in der Ebene E.

$$\vec{n^0} = \frac{1}{|\vec{n}|}\vec{n} \qquad |\vec{n^0}| = 1$$

$$\vec{n^0} \circ (\vec{x} - \vec{a}) = 0 \qquad d(P, E) = |\vec{n^0} \circ (\vec{p} - \vec{a})|$$

$\vec{n}$	Normalenvektor der Ebene
$\vec{n^0}$	Normaleneinheitsvektor
$\vec{x}$	Ortsvektor zum Punkt X auf der Ebene
$\vec{a}$	Ortsvektor zum Punkt A auf der Ebene
$\vec{p}$	Ortsvektor zum Punkt P
d(P, E)	Abstand des Punktes P von der Ebene E

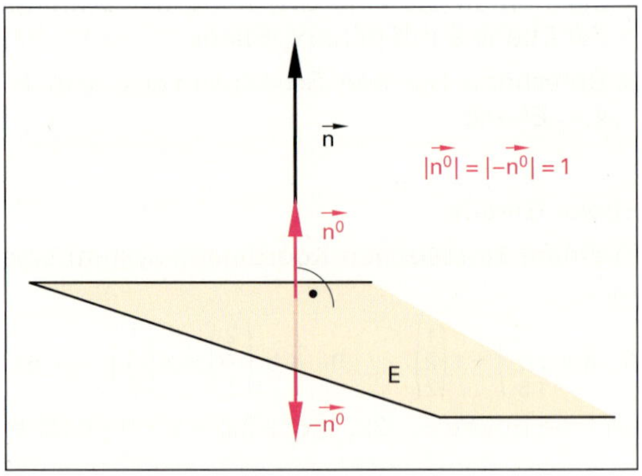

Bild 1: Normalen- und Normaleneinheitsvektor

Beispiel 2: Abstand Punkt-Ebene

Berechnen Sie den Abstand d des Punktes P (1|2|3) von der Ebene E mit $-2x_1 - x_2 + 2x_3 + 4 = 0$

Lösung:

HNF der Ebene: Das konstante Glied muss negativ sein.

$$\Rightarrow -2x_1 - x_2 + 2x_3 + 4 = 0 \qquad | \cdot (-1)$$
$$\Leftrightarrow 2x_1 + x_2 - 2x_3 - 4 = 0$$
$$\Rightarrow \vec{n} = \begin{pmatrix} 2 \\ 1 \\ -2 \end{pmatrix}$$
$$|\vec{n}| = \sqrt{2^2 + 1^2 + (-2)^2} = 3$$
$$\Rightarrow \vec{n^0} = \frac{1}{3}\begin{pmatrix} 2 \\ 1 \\ -2 \end{pmatrix}$$

$$\text{HNF: } \frac{2x_1 + x_2 - 2x_3 - 4}{3} = 0$$

$$d(P, E) = \left|\frac{2 \cdot 1 + 1 \cdot 2 - 2 \cdot 3 - 4}{3}\right| = \left|\frac{-6}{3}\right|$$
$$= |-2| = \mathbf{2\ LE}$$

7.14 Ebene-Gerade

Betrachtet man eine beliebige Ebene eines Parkhauses **(Bild 1)**, so kann bezüglich der Ebene E festgestellt werden, dass z. B.

- der Unterzug (Gerade u) parallel zur Ebene E ist,
- die Wasserablaufrinne (Gerade w) in der Ebene liegt,
- der Stützpfeiler (Gerade n) senkrecht auf der Ebene steht
- eine Strebe (Gerade s) die Ebene unter einem bestimmten Winkel schneidet.

Diese Feststellungen können auch mathematisch nachgewiesen werden.

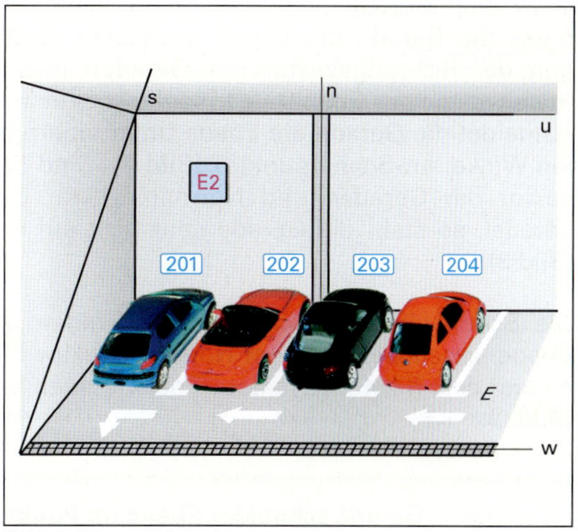

Bild 1: Ebene eines Parkhauses

7.14.1 Gerade parallel zur Ebene

Um nachzuweisen, ob eine Gerade u parallel zu einer Ebene E ist, betrachtet man den Normalenvektor $\vec{n}$ der Ebene E und den Richtungsvektor $\vec{u}$ der Geraden u. Ergibt das Skalarprodukt $\vec{n} \circ \vec{u} = 0$, so liegt die Gerade parallel zur Ebene.

Beispiel 1: Gerade parallel zur Ebene (Bild 2).

Gegeben sind die Ebene E mit

$$E\colon 3x_1 + 2x_2 + 2x_3 - 12 = 0$$

und die Gerade u mit

$$u\colon \vec{x} = \begin{pmatrix} 1 \\ 1 \\ 1 \end{pmatrix} + r \begin{pmatrix} 2 \\ -6 \\ 3 \end{pmatrix}; \quad r \in \mathbb{R}$$

Zeigen Sie, dass u || E gilt.

Lösung:

$u \parallel E \Leftrightarrow \vec{u_g} \perp \vec{n} \Rightarrow \vec{u_g} \circ \vec{n} = 0$

$\begin{pmatrix} 2 \\ -6 \\ 3 \end{pmatrix} \circ \begin{pmatrix} 3 \\ 2 \\ 2 \end{pmatrix} = 2 \cdot 3 + (-6) \cdot 2 + 3 \cdot 2 = 6 - 12 + 6 = \mathbf{0}$

$\Rightarrow \vec{\mathbf{u_g}} \perp \vec{\mathbf{n}} \qquad \Rightarrow \mathbf{u \parallel E}$

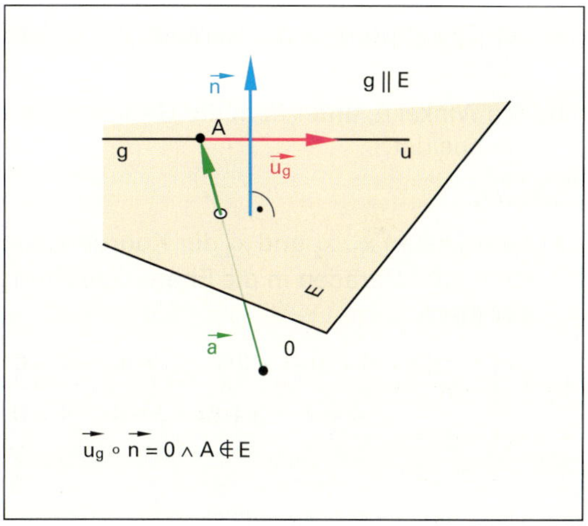

Bild 2: Gerade parallel zur Ebene

7.14.2 Gerade liegt in der Ebene

Liegt eine Gerade w in der Ebene E, so müssen Richtungsvektor $\vec{u}$ der Geraden und Normalenvektor $\vec{n}$ der Ebene senkrecht zueinander sein und der Aufpunkt A der Geraden in der Ebene liegen.

Beispiel 2: Gerade liegt in der Ebene (Bild 3).

Zeigen Sie, dass die Gerade w: $\vec{x} = \begin{pmatrix} 2 \\ 3 \\ 0 \end{pmatrix} + r \begin{pmatrix} 2 \\ -6 \\ 3 \end{pmatrix}$

in der Ebene E: $3x_1 + 2x_2 + 2x_3 - 12 = 0$ liegt.

Lösung:

$w \subset E \Leftrightarrow \vec{u_g} \circ \vec{n} = 0 \wedge A \in E$

$\vec{u_g} \circ \vec{n} = 0; \begin{pmatrix} 2 \\ -6 \\ 3 \end{pmatrix} \circ \begin{pmatrix} 3 \\ 2 \\ 2 \end{pmatrix} = 2 \cdot 3 + (-6) \cdot 2 + 3 \cdot 2$
$= 6 - 12 + 6 = \mathbf{0}$

$A \in E;\ 3 \cdot 2 + 2 \cdot 3 + 2 \cdot 0 - 12 = 0;\ 0 = 0$ (wahr)

$\Rightarrow \mathbf{w \subset E}$

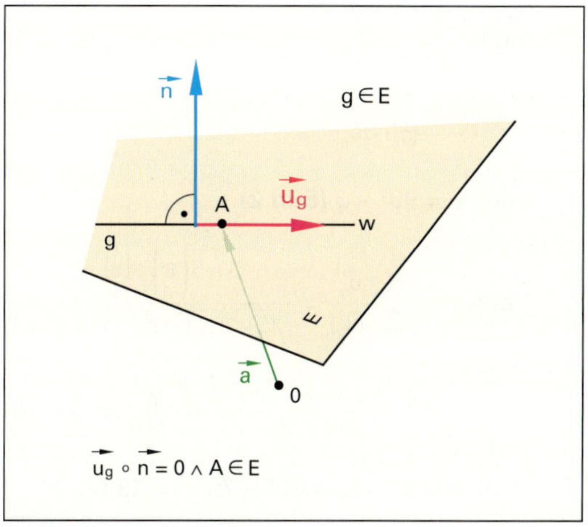

Bild 3: Gerade in der Ebene

7.14.3 Gerade schneidet Ebene

Liegt eine Gerade nicht parallel zu einer Ebene, so muss die Gerade die Ebene schneiden **(Bild 1).** Stehen der Richtungsvektor der Geraden und der Normalenvektor der Ebene nicht senkrecht zueinander, so schneidet die Gerade die Ebene unter einem bestimmten Winkel im Schnittpunkt S **(Bild 2).** Sind Richtungsvektor der Geraden und Normalenvektor der Ebene parallel, so steht die Gerade senkrecht auf der Ebene **(Bild 3).**

Die Schnittwinkel zwischen einer Geraden und einer Ebene lassen sich mit dem Normalenvektor $\vec{n}$ der Ebene und dem Richtungsvektor $\vec{u_g}$ der Geraden berechnen (Bild 2).

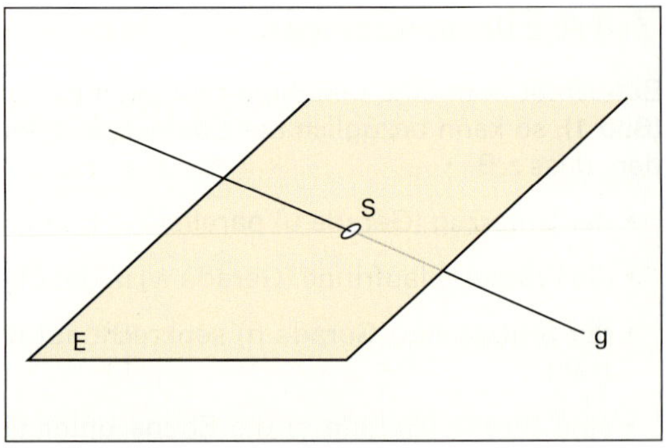

Bild 1: Schnittpunkt Gerade-Ebene

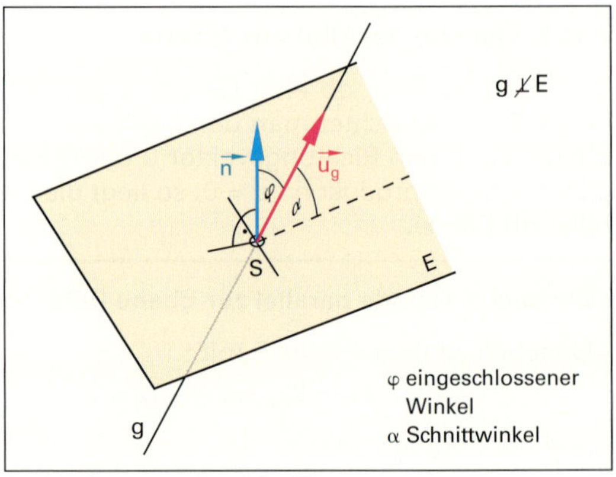

Bild 2: Gerade schneidet Ebene

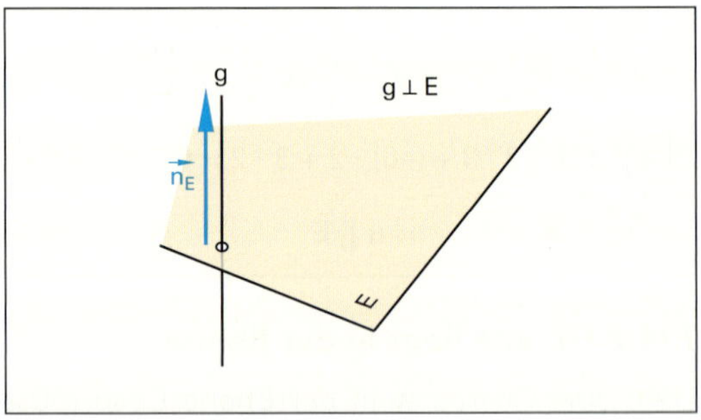

Bild 3: Gerade senkrecht zu Ebene

Beispiel 1: Gerade schneidet Ebene im Punkt S

Die Gerade g mit g: $\vec{x} = \begin{pmatrix} 2 \\ -1 \\ 3 \end{pmatrix} + r\begin{pmatrix} 1 \\ 2 \\ 4 \end{pmatrix}$; $r \in \mathbb{R}$

schneidet die Ebene E $2x_1 + 3x_2 - x_3 - 4 = 0$.

Berechnen Sie

a) den Schnittpunkt S der Geraden g mit der Ebene E und

b) den Winkel α, unter dem die Gerade g die Ebene E schneidet.

Lösung:

a) Koordinaten x_1, x_2 und x_3 der Koordinatengleichung der Geraden in die Ebenengleichung einsetzen.

$$\text{g in E: } 2(2 + r) + 3(-1 + 2r) - (3 + 4r) - 4 = 0$$

$$4 + 2r - 3 + 6r - 3 - 4r - 4 = 0$$

$$r = \frac{3}{2}$$

$$\text{r in g: } \vec{x} = \begin{pmatrix} 2 \\ -1 \\ 3 \end{pmatrix} + \frac{3}{2}\begin{pmatrix} 1 \\ 2 \\ 4 \end{pmatrix} = \begin{pmatrix} 3,5 \\ 2 \\ 9 \end{pmatrix} \Rightarrow \mathbf{S\ (3,5|2|9)}$$

b) Erst wird der Winkel φ zwischen dem Normalenvektor $\vec{n_E}$ der Ebene und dem Richtungsvektor $\vec{u_g}$ der Geraden errechnet. Für den Schnittwinkel α gilt:

$$\sin\alpha = \frac{\vec{n_E} \circ \vec{u_g}}{|\vec{n_E}| \cdot |\vec{u_g}|}$$

oder $\alpha = 90° - \varphi$ **(Bild 2).**

$$\cos\varphi = \frac{\vec{n_E} \circ \vec{u_g}}{|\vec{n_E}| \cdot |\vec{u_g}|} = \frac{\begin{pmatrix} 2 \\ 3 \\ -1 \end{pmatrix} \circ \begin{pmatrix} 1 \\ 2 \\ 4 \end{pmatrix}}{\sqrt{2^2 + 3^2 + (-1)^2} \cdot \sqrt{1^2 + 2^2 + 4^2}}$$

$$= \frac{2 \cdot 1 + 3 \cdot 2 + (-1) \cdot 4}{\sqrt{14} \cdot \sqrt{21}} = \frac{4}{\sqrt{294}} \Rightarrow \varphi = 76,5°$$

$$\alpha = 90° - \varphi = 90° - 76,5° = \mathbf{13,5°}$$

Beispiel 2: Gerade senkrecht auf der Ebene

Gesucht ist eine Gerade g, die den Punkt P (0|1|–2) enthält und senkrecht auf der Ebene E mit

E: $-2x_1 + 3x_2 + 1x_3 - 4 = 0$ steht.

Lösung:

Richtungsvektor $\vec{u_g} \parallel \vec{n_E} \wedge P \in g$

$$\mathbf{g:}\ \vec{x} = \begin{pmatrix} 0 \\ 1 \\ -2 \end{pmatrix} + r\begin{pmatrix} -2 \\ 3 \\ 1 \end{pmatrix};\ r \in \mathbb{R}$$

7.15 Lagebezeichnung von Ebenen

Betrachtet man die verschiedenen Ebenen eines Parkhauses, so kann festgestellt werden, dass Ebenen parallel zueinander sind oder sich schneiden **(Bild 1)**.

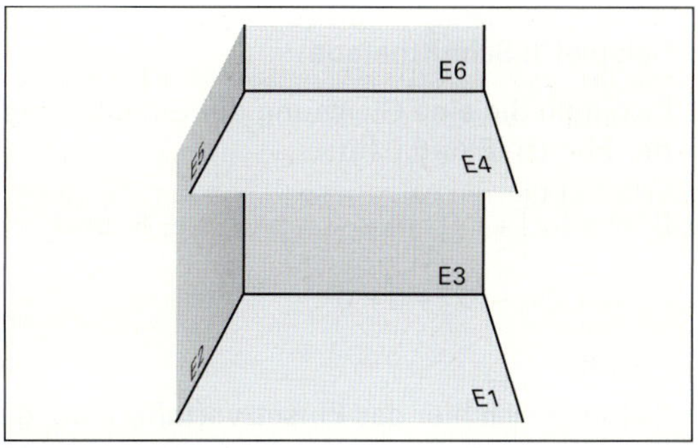

Bild 1: Parkhaus

7.15.1 Parallele Ebenen

Zwei Ebenen E und F sind parallel, wenn ihre Normalenvektoren $\vec{n}_E$ und $\vec{n}_F$ linear abhängig (parallel) sind und ein beliebiger Punkt der Ebene E nicht in der Ebene F liegt **(Bild 2)**.

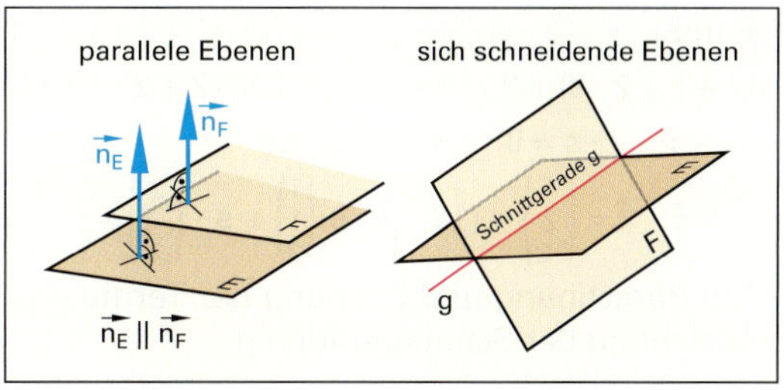

Bild 2: Parallele Ebenen und sich schneidende Ebenen

Beispiel 1: Parallele Ebenen

Zeigen Sie, dass die Ebene

$$E:\ x = \begin{pmatrix} 2 \\ 0 \\ -1 \end{pmatrix} + r \cdot \begin{pmatrix} 0 \\ 1 \\ 1 \end{pmatrix} + s \cdot \begin{pmatrix} 1 \\ -2 \\ -4 \end{pmatrix};\quad r, s \in \mathbb{R}$$

zur Ebene F: $2x_1 - x_2 + x_3 - 5 = 0$ parallel ist.

Lösung:

$E \parallel F \Leftrightarrow \vec{n}_E = s \cdot \vec{n}_F;\ s \in \mathbb{R}$

$$\vec{n}_E = \begin{pmatrix} 0 \\ 1 \\ 1 \end{pmatrix} \times \begin{pmatrix} 1 \\ -2 \\ -4 \end{pmatrix} = \begin{pmatrix} -2 \\ 1 \\ -1 \end{pmatrix};\quad \vec{n}_F = \begin{pmatrix} 2 \\ -1 \\ 1 \end{pmatrix}$$

$\vec{n}_E = -\vec{n}_F \Rightarrow \vec{n}_E \parallel \vec{n}_F$

Punkt A (2|0|–1) in F einsetzen:

$2(2) - 0 + (-1) - 5 = 0$

$-2 = 0$ falsch

$\Rightarrow$ **Ebene E ist parallel zur Ebene F**

Identische Ebenen liegen vor, wenn gilt:

$\vec{n}_E = s \cdot \vec{n}_F;\quad s \in \mathbb{R} \wedge (A_F \in E \vee A_E \in F)$

Beispiel 2: Identische Ebenen

Zeigen Sie, dass die Ebene E aus Beispiel 1 und die Ebene F: $2x_1 - x_2 + x_3 - 3 = 0$ identische Ebenen sind.

Lösung:

Aus Beispiel 1: $\vec{n}_E = \begin{pmatrix} -2 \\ 1 \\ -1 \end{pmatrix};\quad \vec{n}_F = \begin{pmatrix} 2 \\ -1 \\ 1 \end{pmatrix}$

$\vec{n}_E = -\vec{n}_F \Rightarrow \vec{n}_E \parallel \vec{n}_F$

Punkt A (2|0|–1) in F:

$2(2) - 0 + (-1) - 3 = 0$

$0 = 0$ wahr

$\Rightarrow$ **Die Ebene E ist identisch mit der Ebene F**

7.15.2 Sich schneidende Ebenen

Sind zwei Ebenen nicht parallel, so schneiden sie einander in einer Geraden g **(Bild 2)**. Dies ist genau dann der Fall, wenn ihre Normalenvektoren linear unabhängig sind. Also $\vec{n}_E \neq r \cdot \vec{n}_F;\ r \in \mathbb{R}$. Um die Schnittgerade der Ebenen zu berechnen, kommt es darauf an, in welcher Form die Ebenengleichungen vorliegen **(Tabelle 1)**.

Tabelle 1: Berechnung der Schnittgeraden g: $\vec{x} = \vec{p} + t \cdot \vec{u}_g$

Gleichungsform der Ebenen	Bestimmung der Schnittgeraden
Beide Ebenen in Parameterform. E: $\vec{x} = \vec{a} + r_1\vec{u}_1 + s_1\vec{v}_1$ F: $\vec{x} = \vec{b} + r_2\vec{u}_2 + s_2\vec{v}_2$	$E \cap F$: $\vec{x}_E = \vec{x}_F$ $\vec{a} + r_1\vec{u}_1 + s_1\vec{v}_1$ $= \vec{b} + r_2\vec{u}_2 + s_2\vec{v}_2$ r_1 und s_1 werden durch r_2 dargestellt. Einsetzen von r_1 und s_1 in E liefert die Gleichung von g mit dem Parameter t.
Eine Ebene in Parameterform, die andere in Normalenform E: $\vec{x} = \vec{a} + r\vec{u} + s\vec{v}$ F: $\vec{n} \circ (\vec{x} - \vec{b}) = 0$	$E \cap F$: $\vec{x}_E$ in F einsetzen $\vec{n} \circ (\vec{a} + r\vec{u} + s\vec{v}) - \vec{n} \circ \vec{b} = 0$ r wird durch s ausgedrückt und in E eingesetzt. Dies ergibt die Schnittgerade g.
Beide Ebenen in Normalenform. E: $n_1x_1 + n_2x_2 + n_3x_3 - n_0 = 0$ F: $n_1x_1 + n_2x_2 + n_3x_3 - n_0 = 0$	$E \cap F$: Es werden zwei Punkte P und Q der Schnittgeraden bestimmt. Setzt man in beide Gleichungen $x_1 = 0$, erhält man P $(0 \mid p_2 \mid p_3)$. Setzt man in beide Gleichungen $x_2 = 0$, erhält man Q $(q_1 \mid 0 \mid q_3)$. g: $\vec{x} = \vec{p} + t\overrightarrow{PQ};\quad t \in \mathbb{R}$

Beispiel 1: Schnittgerade

Ermitteln Sie eine Gleichung der Schnittgeraden g der Ebenen E und F für:

E: $\vec{x} = \begin{pmatrix} 1 \\ 2 \\ -2 \end{pmatrix} + r \cdot \begin{pmatrix} 1 \\ 1 \\ 2 \end{pmatrix} + s \cdot \begin{pmatrix} 2 \\ -1 \\ 1 \end{pmatrix}$; $r, s \in \mathbb{R}$ und

F: $x_1 + 2x_2 - 2x_3 + 3 = 0$

Lösung:

Es bietet sich hier das Einsetzverfahren an, denn die Koordinatengleichung der Parameterform kann einfach in die Normalengleichung eingesetzt werden.

E in F:

$(1 + r + 2 \cdot s) + 2 \cdot (2 + r - s) - 2 \cdot (-2 + 2 \cdot r + s) + 3 = 0$

$12 - r - 2 \cdot s = 0;\; r = 12 - 2 \cdot s$

r in E: $\vec{x} = \begin{pmatrix} 1 \\ 2 \\ -2 \end{pmatrix} + (12 - 2 \cdot s)\begin{pmatrix} 1 \\ 1 \\ 2 \end{pmatrix} + s \cdot \begin{pmatrix} 2 \\ -1 \\ 1 \end{pmatrix}$

Die Berechnung und Ordnung der Terme ergibt die Gleichung der Schnittgeraden g.

g: $\vec{x} = \begin{pmatrix} 13 \\ 14 \\ 22 \end{pmatrix} + s \cdot \begin{pmatrix} 0 \\ -3 \\ -3 \end{pmatrix}$; $s \in \mathbb{R}$

Beispiel 2: Lagebeziehungen

Untersuchen Sie, welche Lage
a) die Ebene E relativ zur Ebene F hat,
b) die Ebene F relativ zur Ebene G einnimmt.

E: $\vec{x} = \begin{pmatrix} 1 \\ 2 \\ -2 \end{pmatrix} + r \cdot \begin{pmatrix} 1 \\ 1 \\ 2 \end{pmatrix} + s \cdot \begin{pmatrix} 2 \\ -1 \\ 1 \end{pmatrix}$; $r, s \in \mathbb{R}$

F: $x_1 + x_2 - x_3 - 6 = 0$

G: $x_1 + 2x_2 - 4 = 0$

Lösung:

a) $E \cap F \Rightarrow$ E in F

$(1 + r + 2 \cdot s) + (2 + r - s) - (-2 + 2 \cdot r + s) - 6 = 0$

$-1 = 0$ (falsch)

$\Rightarrow$ **E und F liegen parallel zueinander**

b) $F \cap G$; $\vec{n}_F \neq s \cdot \vec{n}_G$

$\Rightarrow$ **es existiert eine Schnittgerade.**

Es werden zwei Punkte P und Q der Geraden berechnet.

P: Setze in F und G $x_1 = 0$ ein

1) $x_2 - x_3 - 6 = 0$

2) $2x_2 - 4 = 0 \Rightarrow x_2 = 2 \Rightarrow x_3 = -4$; P (0|2|−4)

Q: Setze in F und G $x_2 = 0$ ein

1) $x_1 - x_3 - 6 = 0$

2) $x_1 - 4 = 0 \Rightarrow x_1 = 4 \Rightarrow x_3 = 2$; Q (4|0|2)

g: $\vec{x} = \vec{p} + r \cdot \overrightarrow{PQ} = \begin{pmatrix} 0 \\ 2 \\ -4 \end{pmatrix} + r \cdot \begin{pmatrix} 4 \\ -2 \\ 6 \end{pmatrix}$; $r \in \mathbb{R}$

$$\cos \varphi = \frac{\vec{n}_E \circ \vec{n}_F}{|\vec{n}_E| \cdot |\vec{n}_F|}$$

$\vec{n}_E$, $\vec{n}_F$	Normalenvektoren
φ	Schnittwinkel
$\lvert\vec{n}_E\rvert$, $\lvert\vec{n}_F\rvert$	Beträge (Längen) der Normalenvektoren

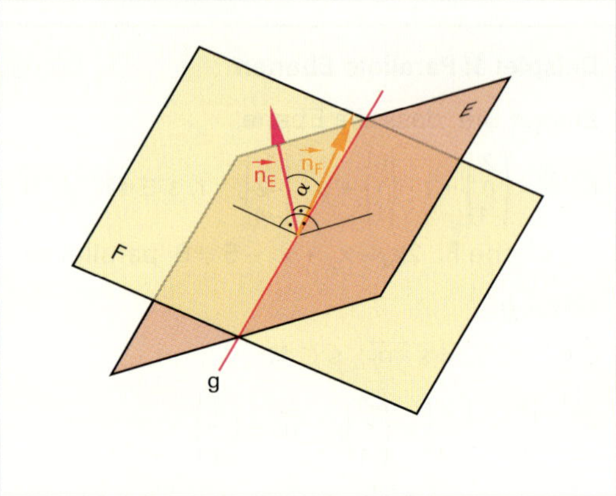

Bild 1: Schnittwinkel zweier Ebenen

7.15.3 Schnittwinkel zwischen zwei Ebenen

Unter dem Schnittwinkel zweier Ebenen E und F versteht man den Schnittwinkel zweier Lote dieser Ebenen **(Bild 1)**.

Beispiel 1: Schnittwinkel

Berechnen Sie den Schnittwinkel zwischen den Ebenen E und F

E: $-2x_1 + x_2 + 2x_3 - 2 = 0$ und

F: $x_2 + x_3 - 6 = 0$

Lösung:

Normalenvektor der Ebene E:

$\vec{n}_E = \begin{pmatrix} -2 \\ 1 \\ 2 \end{pmatrix}$

Normalenvektor der Ebene F:

$\vec{n}_F = \begin{pmatrix} 0 \\ 1 \\ 1 \end{pmatrix}$

Berechnung des Winkels f:

$$\cos \varphi = \frac{\begin{pmatrix} -2 \\ 1 \\ 2 \end{pmatrix} \circ \begin{pmatrix} 0 \\ 1 \\ 1 \end{pmatrix}}{\sqrt{4 + 1 + 4} \cdot \sqrt{1 + 1}} = \frac{3}{3 \cdot \sqrt{2}} = \frac{\sqrt{2}}{2}$$

$\Rightarrow \varphi =$ **45°**

Überprüfen Sie Ihr Wissen!

Beispielaufgaben

Abstand eines Punktes P zur Ebene E

1. Gegeben sind die Ebene E: $2x_1 - x_2 + 3x_3 - 4 = 0$ und die Punkte P (1|2|3) und Q (2|0|0).

a) Erstellen Sie die hessesche Normalenform.

b) Berechnen Sie die Abstände der Punkte P und Q von der Ebene E.

c) Wie weit ist die Ebene E vom Ursprung 0 entfernt?

Ebene-Gerade

1. Überprüfen Sie die Lage der Geraden g und der Ebene E, wenn gilt:

g: $\vec{x} = \begin{pmatrix}1\\0\\1\end{pmatrix} + s\begin{pmatrix}1\\0\\3\end{pmatrix}$; $s \in \mathbb{R}$ und

E: $-3x_1 + x_2 + x_3 - 6 = 0$

2. Geben Sie eine Parameterform und eine Normalenform der Ebene E an, die von der Geraden g: $\vec{x} = \begin{pmatrix}1\\0\\1\end{pmatrix} + s\begin{pmatrix}1\\0\\3\end{pmatrix}$ und dem Punkt P (2|1|0) aufgespannt wird.

3. Die Gerade g: $\vec{x} = \begin{pmatrix}-4\\-4\\1\end{pmatrix} + s\begin{pmatrix}2\\0\\-1\end{pmatrix}$ $s \in \mathbb{R}$ schneidet die Ebene E: $3x_1 + x_2 - 4x_3 = 0$ **(Bild 1)**.

a) Geben Sie den Normalenvektor der Ebene E an.

b) Berechnen Sie den Schnittpunkt S von der Ebene E und der Geraden g.

c) Berechnen Sie den Schnittwinkel α, unter dem die Gerade g die Ebene E schneidet.

4. Untersuchen Sie die Lage der Geraden g mit

g: $\vec{x} = \begin{pmatrix}6\\-3\\1\end{pmatrix} + s\begin{pmatrix}-2\\3\\1\end{pmatrix}$ und der Ebene E mit

E: $3x_1 + 4x_2 - 2x_3 - 4 = 0$

und geben Sie, falls vorhanden, den Schnittpunkt S und den Schnittwinkel α an.

5. In einem kartesischen Koordinatensystem sind die Ebene E mit E: $2x_1 - 3x_2 - x_3 + 10 = 0$, der Punkt P (–1|0|8) und die Geradenschar g_a mit

g_a: $\vec{x} = \begin{pmatrix}2\\0\\2\end{pmatrix} + s\begin{pmatrix}2\\a\\1\end{pmatrix}$ gegeben.

a) Zeigen Sie, dass die Ebene E den Punkt P enthält.

b) Untersuchen Sie, ob es Werte für a gibt, für welche die zugehörige Gerade senkrecht auf der Ebene E steht.

c) Zeigen Sie, dass für a = 1 die zugehörige Gerade g_1 parallel zur Ebene E verläuft.

Lösungen Beispielaufgaben

Abstand eines Punktes P zur Ebene E

1. a) Betrag des Normalenvektors

$$|\vec{n}| = \left|\begin{pmatrix}2\\-1\\3\end{pmatrix}\right| = \sqrt{2^2 + (-1)^2 + 3^2} = \sqrt{14}$$

$$\text{HNF: } \frac{2x_1 - x_2 + 3x_3 - 4}{\sqrt{14}} = 0$$

b) Koordinaten des Punktes P einsetzen

$d(P, E) = \frac{5}{\sqrt{14}}$; $d(Q, E) = 0$; $Q \in E$

c) Koordinaten des Ursprungs einsetzen

$d(0, E) = \left|\frac{-4}{\sqrt{14}}\right| = \frac{4}{\sqrt{14}}$

Ebene-Gerade

1. $g \parallel E$; $g \notin E$

2. E: $\vec{x} = \begin{pmatrix}1\\0\\1\end{pmatrix} + s \cdot \begin{pmatrix}1\\0\\3\end{pmatrix} + t \cdot \begin{pmatrix}1\\1\\-1\end{pmatrix}$; $s, t \in \mathbb{R}$

E: $-3x_1 + 4x_2 + x_3 + 2 = 0$

3. a) $\vec{n} = \begin{pmatrix}3\\1\\-4\end{pmatrix}$

b) S (0|–4|–1);

$\alpha = 61°$

4. S (6|–3|1);

$\alpha = 11{,}45°$

5. a) $P \in E$

b) $\vec{n_E} \neq s \cdot \vec{u_g}$

c) $\vec{n_E} \circ \vec{u_g} = 0$

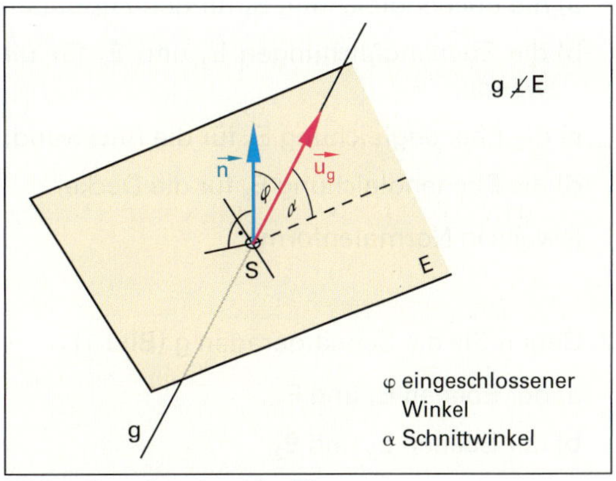

Bild 1: Gerade schneidet Ebene

Beispielaufgaben

Fortsetzung Aufgabe 5:

d) Berechnen Sie den Abstand d der Geraden g_1 von E.

e) Berechnen Sie die Schnittpunkte der Ebene E mit den Koordinatenachsen.

f) Berechnen Sie für a = 0 den Schnittpunkt S von g_0 und E.

g) Berechnen Sie den Schnittwinkel zwischen g_0 und E.

Lagebezeichnung von Ebenen

1. Gegeben ist die Ebene

$$E:\ \vec{x} = \begin{pmatrix}1\\2\\-2\end{pmatrix} + r\cdot\begin{pmatrix}1\\1\\2\end{pmatrix} + s\cdot\begin{pmatrix}0\\-2\\3\end{pmatrix}$$

a) Geben Sie die Normalenform der Ebene E an.

b) Geben Sie die Gleichung einer Ebene F an, die parallel zur Ebene E ist und durch den Ursprung geht.

c) Unter welchem Winkel schneiden sich die Ebene E und die Ebene G: $-2x_1 + 2x_2 - x_3 - 5 = 0$?

2. Untersuchen Sie, welche Lage die Ebene E relativ zur Ebene F einnimmt. Es gilt:

$$E:\ 3x_1 + 3x_2 - 3x_3 - 15 = 0$$

$$F:\ \vec{x} = \begin{pmatrix}1\\2\\-2\end{pmatrix} + r\cdot\begin{pmatrix}1\\1\\2\end{pmatrix} + s\cdot\begin{pmatrix}2\\-1\\1\end{pmatrix};\quad r, s, \in \mathbb{R}$$

Lösungen Beispielaufgaben

Ebene-Gerade

zu Aufgabe 5

d) $d = \frac{12}{\sqrt{14}}$

e) $S_1\ (-5|0|0)$; $S_2\ \left(0\left|\frac{10}{3}\right|0\right)$; $S_3\ (0|0|10)$

f) $S\ (-6|0|-2)$

g) $\alpha = 21°$

Lagebezeichnung von Ebenen

1. a) $E:\ -7x_1 + 3x_2 + 2x_3 + 5 = 0$

b) $F:\ -7x_1 + 3x_2 + 2x_3 = 0$

c) $\varphi = 40{,}36°$

2. Die Ebenen sind identisch

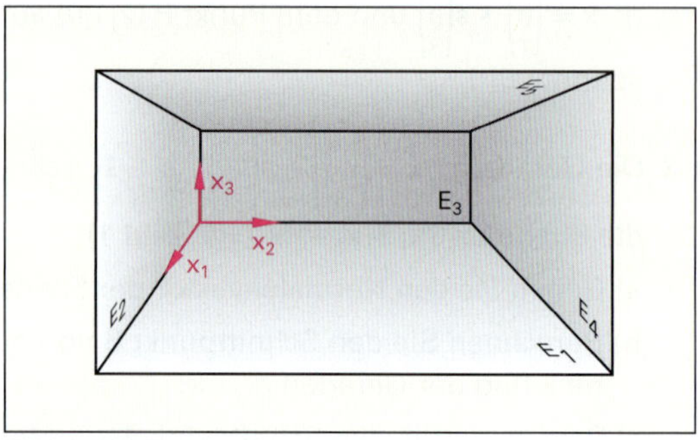

Bild 1: Flächen in einem Raum

Übungsaufgaben

1. Ein Saal **(Bild 1)** hat die Maße l = 16 m; b = 8 m und h = 4 m.

Erstellen Sie für diesen Saal

a) die Ebenengleichung E_1 für den Fußboden,

b) die Ebenengleichungen E_2 und E_4 für die Seitenwände,

c) die Ebenengleichung E_3 für die Rückwand,

d) die Ebenengleichung E_5 für die Decke,

jeweils in Normalenform.

2. Geben Sie die Schnittgeraden g (Bild 1)

a) der Ebenen E_1 und E_2,

b) der Ebenen E_2 und E_3,

c) der Ebenen E_4 und E_5 an.

Lösungen Übungsaufgaben

1. a) E_1: $x_3 = 0$

b) E_2: $x_2 = 0$;
E_4: $x_2 - 8 = 0$

c) E_3: $x_1 = 0$

d) E_5: $x_3 - 4 = 0$

2. a) $E_1 \cap E_2$: g_{12}: $\vec{x} = r\cdot\begin{pmatrix}1\\0\\0\end{pmatrix}$,

b) $E_2 \cap E_3$: g_{23}: $\vec{x} = r\cdot\begin{pmatrix}0\\0\\1\end{pmatrix}$;

c) $E_4 \cap E_5$: g_{45}: $\vec{x} = \begin{pmatrix}0\\8\\4\end{pmatrix} + r\cdot\begin{pmatrix}1\\0\\0\end{pmatrix}$; $r \in \mathbb{R}$

3. Eine Garage mit Pultdach ist festgelegt durch die Eckpunkte A, B, C, D, E, F, G und H **(Bild 1)**. Die Garage ist vorne 4 m und hinten 3 m hoch.

a) Geben Sie eine Gleichung der „Torebene" E_T durch A, B und E in Parameterform und Normalenform an.

b) Bestimmen Sie die Gleichung der „Dachebene" E_D durch F, G und H.

c) Welchen Neigungswinkel hat E_D gegen die x_1x_2-Ebene?

4. Die Punkte O (0|0|0), A (6|0|0), B (0|6|0), C (0|0|6) und F (6|6|6) sind Eckpunkte eines Würfels (Bild 1). Für eine Ebenenschar gilt die Gleichung

E_r: $x_1 + x_2 + x_3 - 3(r + 1) = 0$.

a) Die Ebene E_2 schneidet die Koordinatenachsen in den Punkten S_1, S_2 und S_3. Berechnen Sie diese Koordinaten.

b) Durch die Ebene E_2 wird der Würfel in einem regelmäßigen Sechseck geschnitten. Die Eckpunkte des Sechsecks liegen auf den Seiten des Dreiecks $S_1S_2S_3$. Geben Sie die Koordinaten der in der x_2x_3-Ebene liegenden Eckpunkte des Sechsecks an.

c) Die Ebenen E_r sind zueinander parallel. In welcher dieser Ebenen liegt der Ursprung O?

d) Für welche Werte von r schneidet E_r den Würfel in ein Dreieck?

5. In einem kartesischen Koordinatensystem sind der Punkt P (–1|0|8), die Gerade g_a: $\vec{x} = \begin{pmatrix} 2 \\ 0 \\ 2 \end{pmatrix} + r \cdot \begin{pmatrix} 2 \\ a \\ 1 \end{pmatrix}$; $r, a \in \mathbb{R}$

und die Ebene E: $2x_1 - 3x_2 - x_3 + 10 = 0$ gegeben.

a) Zeigen Sie, dass die Ebene E den Punkt P enthält.

b) Für welche Werte von a steht g_a senkrecht auf E?

c) Für welche Werte von a verläuft die Gerade g_a parallel zu E?

6. Gegeben sind die Ebenen E: $3x_1 - 5x_2 + 2x_3 - 8 = 0$

und F: $\begin{pmatrix} 4 \\ 6 \\ 9 \end{pmatrix} \circ \left(\vec{x} - \begin{pmatrix} -4 \\ 0 \\ -9 \end{pmatrix}\right) = 0$

a) Wie verhält sich g: $\vec{x} = \begin{pmatrix} 1 \\ 2 \\ -2 \end{pmatrix} + s \cdot \begin{pmatrix} 8 \\ 2 \\ -7 \end{pmatrix}$; $s \in \mathbb{R}$

bezüglich der Ebene E?

b) Berechnen Sie den Schnittwinkel φ zwischen g und der Ebene F.

c) Stellen Sie die Gleichung der Schnittgeraden zwischen den Ebenen E und F auf.

d) Berechnen Sie den Schnittwinkel α, unter dem sich die Ebenen E und F schneiden.

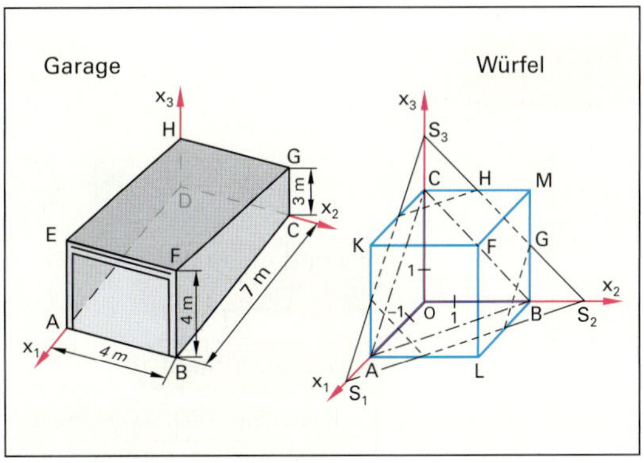

Bild 1: Garage und Würfel

7. Die Punkte A (4|1|–1), B (6|3|0) und C_k (0|k|2) sowie die Gerade

g: $\vec{x} = \begin{pmatrix} 6 \\ 3 \\ 0 \end{pmatrix} + r \cdot \begin{pmatrix} -2 \\ 1 \\ 2 \end{pmatrix}$; $r \in \mathbb{R}$ sind gegeben.

a) Geben Sie die Gleichung der Ebenen E_k in Normalenform an, die durch die Punkte A, B, C_k festgelegt sind.

b) Bestimmen Sie k jeweils so, dass die entsprechende Ebene aus der Menge E_k parallel zur Geraden g verläuft, zur Geraden g senkrecht steht.

Lösungen Übungsaufgaben

3. a) E_T: $x_1 - 7 = 0$;

E_T: $\vec{x} = \begin{pmatrix} 7 \\ 0 \\ 0 \end{pmatrix} + r \cdot \begin{pmatrix} 0 \\ 1 \\ 0 \end{pmatrix} + s \cdot \begin{pmatrix} 0 \\ 0 \\ 1 \end{pmatrix}$; $r, s \in \mathbb{R}$

b) E_D: $x_1 - 7x_3 + 21 = 0$

c) $\alpha = 8{,}13°$

4. a) S_1 (9|0|0); S_2 (0|9|0); S_3 (0|0|9)

b) G (0|6|3); H (0|3|6)

c) r = –1

d) r = 1

5. a) $P \in E$ **b)** g_a nicht $\perp$ E **c)** a = 1

6. a) g parallel E

b) $\varphi = 8{,}8°$

c) $\vec{x} = \begin{pmatrix} 2 \\ -4 \\ -9 \end{pmatrix} + s \cdot \begin{pmatrix} 3 \\ 1 \\ -2 \end{pmatrix}$

d) $\alpha = 90°$

7. a) E_k: $(7 - k)x_1 - 10x_2 + (6 - 2k)x_3 + 6k - 5 = 0$

b) $g \parallel E_k$: k = –8; $g \perp E_k$: k = –13

Stochastik

Welche Kompetenzen werden gefördert?

	A
1	Anwendungen der Stochastik zuordnen
2	Zufallsexperimente auswerten
3	Ereignisarten beurteilen
4	Häufigkeiten und Wahrscheinlichkeiten unterscheiden
5	Wahrscheinlichkeiten berechnen
6	Durchschnitte und Erwartungswerte berechnen
7	mit Varianz und Standardabweichung rechnen
8	Bernoulli-Experimente auswerten

- **Anwendungen der Stochastik**
- **Zufallsexperiment**
  - Einstufige Zufallsexperimente
  - Mehrstufige Zufallsexperimente – Überprüfen Sie Ihr Wissen!
- **Ereignisse**
  - Ereignisarten
  - Logische Verknüpfung von Ereignissen – Überprüfen Sie Ihr Wissen!
- **Häufigkeit und Wahrscheinlichkeit**
  - Häufigkeiten
  - Statistische Wahrscheinlichkeit – Überprüfen Sie Ihr Wissen!
- **Klassische Wahrscheinlichkeit**
  - Wahrscheinlichkeit von verknüpften Elementarereignissen
  - Wahrscheinlichkeit von verknüpften Ereignissen – Überprüfen Sie Ihr Wissen!
  - Baumdiagramm
  - Pfadregeln bei mehrstufigen Zufallsexperimenten – Überprüfen Sie Ihr Wissen!
- **Bedingte Wahrscheinlichkeit** – Überprüfen Sie Ihr Wissen!
  - Unabhängige und abhängige Ereignisse
  - Zusammenhang zwischen Baumdiagramm und Vierfeldertafel
  - Inverses Baumdiagramm – Überprüfen Sie Ihr Wissen!
- **Wahrscheinlichkeitsberechnung mit Gesetzen der Kombinatorik**
  - Geordnete Stichprobe mit Zurücklegen
  - Geordnete Stichprobe ohne Zurücklegen – Überprüfen Sie Ihr Wissen!
  - Ungeordnete Stichprobe ohne Zurücklegen
  - Ungeordnete Stichprobe mit Zurücklegen – Überprüfen Sie Ihr Wissen!
  - Zusammenfassung Stichproben
- **Durchschnitt und Erwartungswert**
  - Zufallsvariable – Überprüfen Sie Ihr Wissen!
  - Wahrscheinlichkeitsfunktion – Überprüfen Sie Ihr Wissen!
  - Erwartungswert einer Zufallsvariablen
  - Faires und unfaires Gewinnspiel – Überprüfen Sie Ihr Wissen!
- **Varianz und Standardabweichung** – Überprüfen Sie Ihr Wissen!
- **Bernoulli-Ketten** – Überprüfen Sie Ihr Wissen!

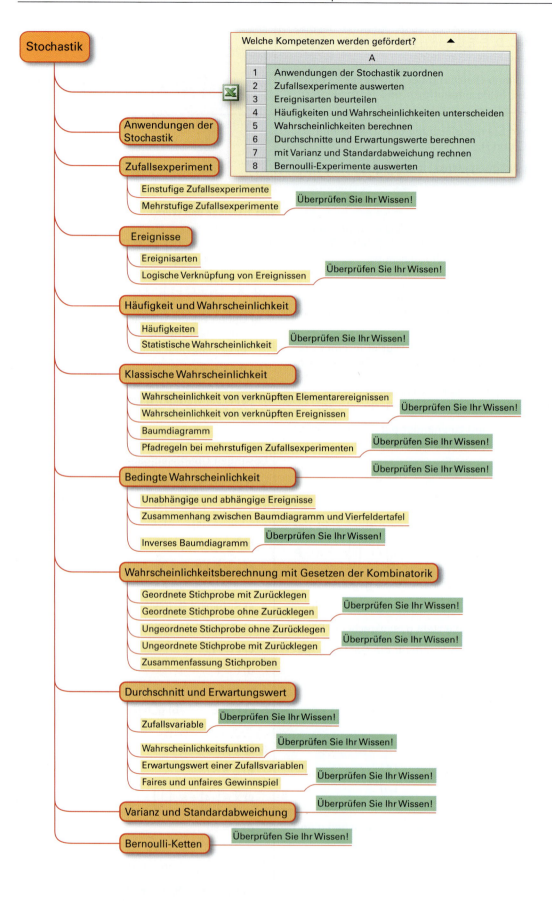

8 Stochastik

8.1 Anwendungen der Stochastik

Der Begriff Stochastik (von griech. stochasmos = Vermutung) bedeutet *Kunst des Mutmaßens.*

Die Stochastik beinhaltet das Berechnen von Häufigkeiten und Wahrscheinlichkeiten, die vom Zufall abhängen. Mit ihrer Hilfe lassen sich unter anderem die Gewinnchancen bei Glücksspielen berechnen, z. B. die Wahrscheinlichkeiten P (P von franz. probabilité = Wahrscheinlichkeit) für die Gewinnstufen beim Lotto **(Bild 1 und Tabelle 1).**

> Stochastik ist die mathematische Beschreibung von Vorgängen mit zufälligen Ausgängen.

Mit der Stochastik werden statistische Erhebungen mathematisch ausgewertet und Prognosen und Hochrechnungen erstellt, z. B. für das Erkrankungsrisiko bei bestimmten Krankheiten oder für den Ausgang einer Landtagswahl. Zur Veranschaulichung dieser Prognosen verwendet man verschiedene Diagramme **(Tabelle 2).**

Beispiel 1: Gewinnchancen im Lotto

Stellen Sie die Verteilung der Gewinnchancen im Lotto von Tabelle 1 in einem Kreisdiagramm dar.

Lösung:

Alle Gewinne betragen 1,86401% $\triangleq$ 360°

3 Richtige: $360° \cdot 1{,}765 : 1{,}86401 = 340{,}9°$

4 Richtige: $360° \cdot 0{,}097 : 1{,}86401 = 18{,}7°$

5 Richtige: $360° \cdot 0{,}002 : 1{,}86401 = 0{,}4°$

6 Richtige: $360° \cdot 0{,}00001 : 1{,}86401 = 0{,}002°$

Diagramm siehe **Bild 2.**

Banken und Versicherungen benutzen stochastische Verfahren, um z. B. Beiträge von Versicherungen, Rückerstattungsbeträge bei Nichtanspruchnahme oder Zinsen bei Kapitalanlagen zu ermitteln. Auch die Industrie bedient sich der Stochastik, z. B. bei Fehleranalysen und der Qualitätssicherung von Produkten oder bei der Optimierung der Preise von Produkten.

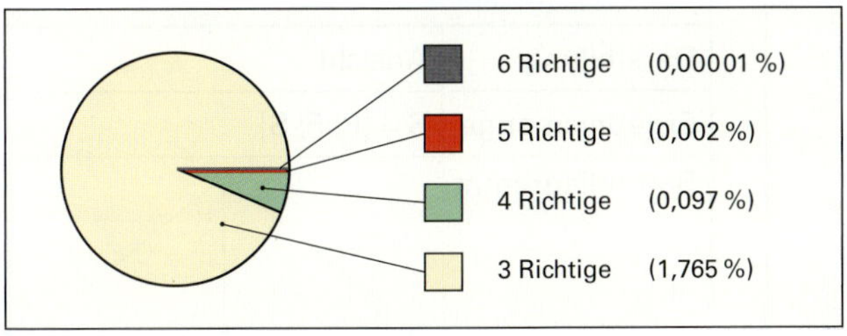

Bild 2: Kreisdiagramm Gewinnchancen im Lotto

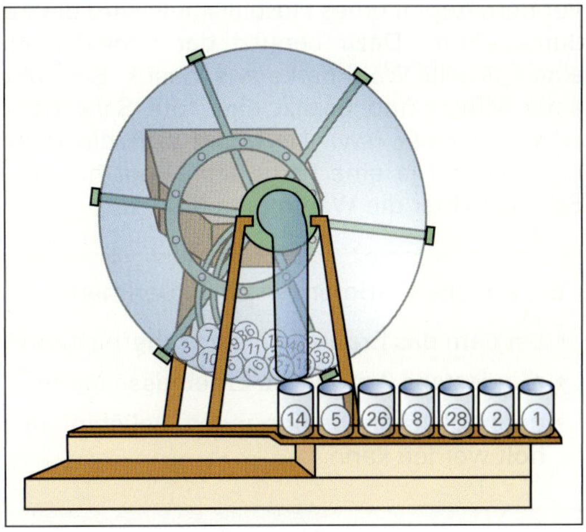

Bild 1: Ziehung der Lottozahlen

Tabelle 1: Gewinnchancen im Lotto

Anzahl der Richtigen	3	4	5	6
Wahrscheinlichkeit P	1,765 %	0,097 %	0,002 %	0,00001 %

Die Berechnung der Wahrscheinlichkeitswerte erfolgt im Abschnitt 8.7.3

Tabelle 2: Diagrammarten

Art	Darstellung
Histogramm, Balkendiagramm (zweidimensional), Säulendiagramm (dreidimensional)	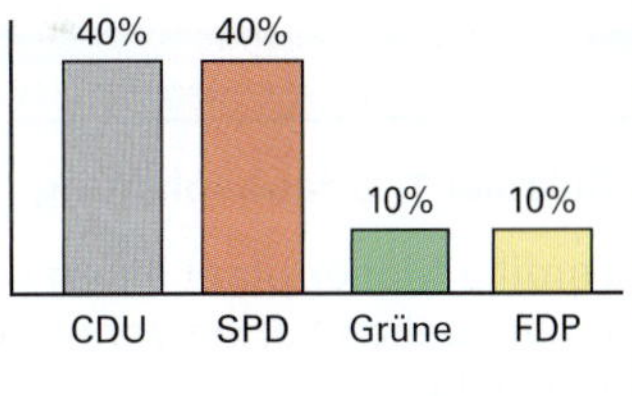
Kreisdiagramm (zweidimensional), Kuchendiagramm (dreidimensional)	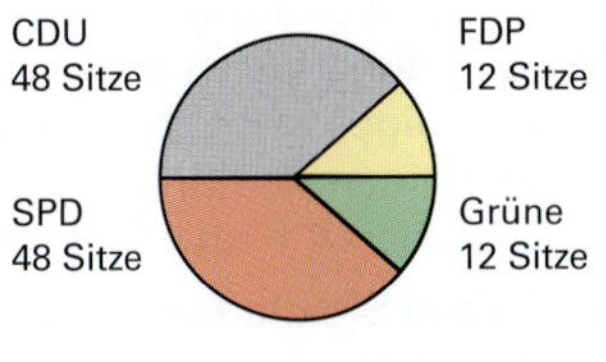
Liniendiagramm	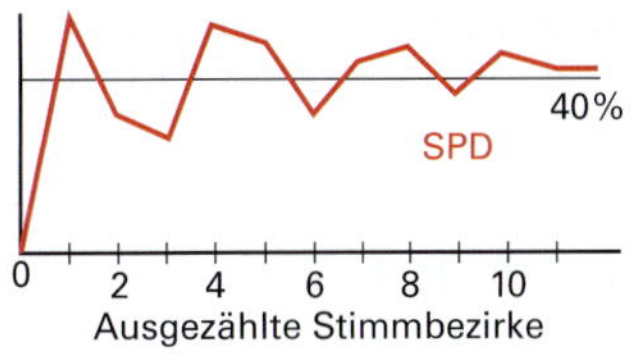

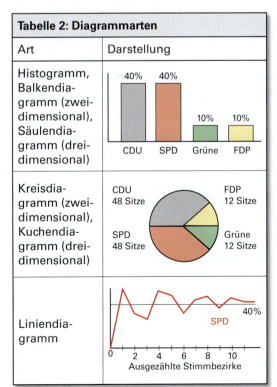

8.2 Zufallsexperiment

8.2.1 Einstufige Zufallsexperimente

Vor dem Anpfiff eines Fußballspiels wird die Seitenwahl durchgeführt. Dazu benutzt der Schiedsrichter meist eine spezielle Wählmarke aus Plastik. Sie hat die Form einer Münze und besitzt eine rote Seite (rt) und eine schwarze Seite (sw). Nachdem sich die Mannschaftskapitäne auf je eine Farbe festgelegt haben, wirft der Schiedsrichter die Wählmarke **(Bild 1).**

Ein Zufallsexperiment ist ein Experiment,

- bei dem das Ergebnis nicht vorherbestimmbar ist,
- mindestens 2 mögliche Ergebnisse hat und
- unter gleichen Bedingungen beliebig oft wiederholt werden kann.

Da zur Seitenwahl die Wählmarke nur einmal geworfen wird, spricht man von einem einstufigen Zufallsexperiment. Das Zufallsexperiment *Werfen der Wählmarke* hat die zwei möglichen Ergebnisse Rot (rt) und Schwarz (sw).

Den Ausgang eines Zufallsexperiments nennt man Ergebnis.

Die Ergebnisse Rot und Schwarz können in einer Ergebnismenge S oder in einem Baumdiagramm dargestellt werden **(Tabelle 1)**. Die Ergebnismenge S enthält alle möglichen Ergebnisse eines Zufallsexperimentes. Die Mächtigkeit |S|, d. h. die Anzahl der Ergebnisse, ist 2.

Wird ein Zufallsexperiment durchgeführt, tritt genau ein Ergebnis der Ergebnismenge S ein.

Beispiel 1: Urlaubsplanung

Familie Müller plant einen Urlaub in der Toskana. Ihnen stehen Ferienwohnungen in drei Städten zur Auswahl:

Die erste Wohnung in Pisa (P), die zweite in Florenz (F) und die dritte in Siena (S). Da sich die Familie nicht einigen kann, kommt es zur Auslosung. Sie ziehen einen von drei Zetteln, die sie zuvor mit den Buchstaben P, F und S beschriftet haben **(Bild 2)**.

a) Geben Sie die Ergebnismenge und deren Mächtigkeit an.

b) Zeichnen Sie ein Baumdiagramm.

Lösung:

a) **Tabelle 2, |S| = 3;**

b) **Tabelle 2.**

$S = \{e_1; e_2; e_3; ... e_n\}$ $|S| = n$ $n \in \mathbb{N}$

S Ergebnismenge, Ergebnisraum; e Ergebnis $i \in \mathbb{N}$

n Anzahl der Ergebnisse, Mächtigkeit von S

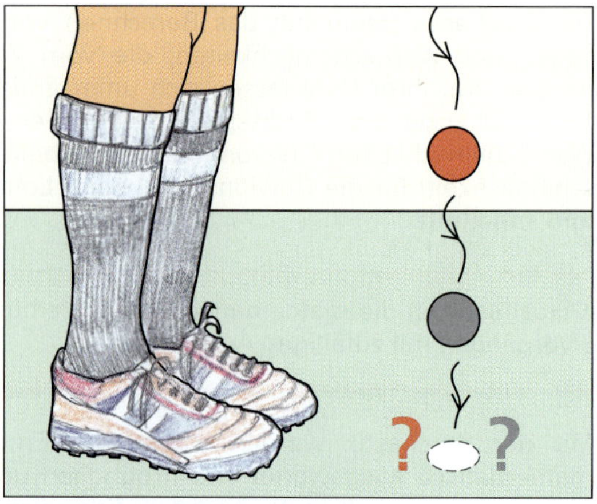

Bild 1: Seitenwahl beim Fußball

Tabelle 1: Werfen der Wählmarke	
Darstellung	Ansicht
Ergebnismenge	S = {rt; sw}
Baumdiagramm	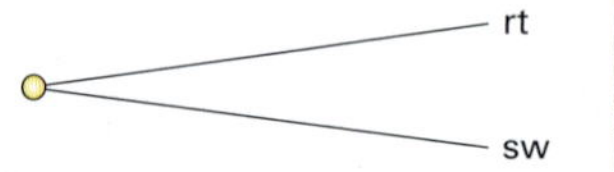 rt sw Wurzel Pfade Ergebnisse

Bild 2: Wahl des Urlaubsortes

Tabelle 2: Auslosen des Urlaubsortes in der Toskana	
Darstellung	Ansicht
Ergebnismenge	S = {P; F; S}
Baumdiagramm	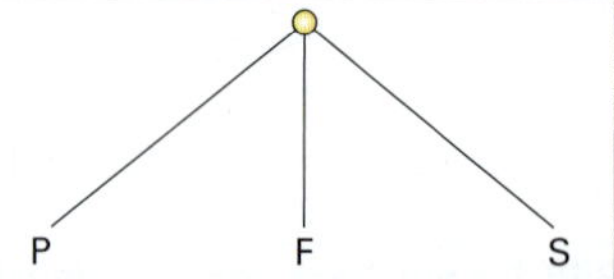 P F S

8.2.2 Mehrstufige Zufallsexperimente

Wird ein Zufallsexperiment einmal wiederholt, spricht man von einem zweistufigen Zufallsexperiment.

Beispiel 1: Zweimaliges Werfen einer Münze

Eine 2-EURO-Münze wird zweimal nacheinander zu Boden geworfen. a) Geben Sie für die Ansicht der oben liegenden Seite die Ergebnismenge S an und zeichnen Sie ein Baumdiagramm. b) Bestimmen Sie die Mächtigkeit |S|.

Lösung: a) **Tabelle 1;** b) **|S| = 4**

Ein Lehrer unterrichtet in einer Klasse 15 Schülerinnen (w) und 11 Schüler (m). Bei der Frage nach dem Geschlecht beim einmaligen Aufrufen einer Person hat die Ergebnismenge S = {w; m} nur 2 Elemente, obwohl die Anzahl von Schülerinnen (w) und Schülern (m) jeweils größer ist. |S| = 2.

Beispiel 2: Dreimaliges Auswählen einer Person

Der Lehrer lässt 3 Aufgaben an der Tafel vorrechnen und wählt dazu nacheinander 3 Namen aus der Klassenliste zufällig aus. a) Geben Sie für das Geschlecht die Ergebnismenge S an und zeichnen Sie ein Baumdiagramm. b) Bestimmen Sie die Mächtigkeit |S|.

Lösung: a) **Tabelle 2;** b) **|S| = 8**

Da der Lehrer drei Mal zufällig wählt, spricht man von einem dreistufigen Zufallsexperiment. Im Gegensatz zum Experiment *2-Euro-Münze* wird die Auswahl der Namen nicht jedes Mal unter gleichen Auswahlmöglichkeiten getroffen, da sich mit jedem ausgewählten Namen die Schülerzahl verringert.

Dasselbe trifft auch zu, wenn man z. B. 3 Gummibärchen nacheinander per Zufall aus einer vollen Tüte entnimmt. In der Stochastik nennt man einen solchen Vorgang *Ziehen ohne Zurücklegen.* Dabei muss unterschieden werden, ob man die 3 Gummibärchen nacheinander oder gleichzeitig aus der Tüte entnimmt. Bei gleichzeitiger Entnahme sind die Ergebnisse ungeordnet, d. h. die Reihenfolge ist egal. Unterscheidet man dabei zwischen gelben (ge) und nicht gelben ($\overline{ge}$) Gummibärchen, erhält man die Ergebnismenge:

$S = \{(ge, ge, ge); (ge, ge, \overline{ge}); (ge, \overline{ge}, \overline{ge}); (\overline{ge}, \overline{ge}, \overline{ge})\}$

Es gibt auch mehrstufige Zufallsexperimente, die mit Eintreten eines bestimmten Ergebnisses vorzeitig beendet werden, z. B. beim Mensch-Ärgere-Dich-Nicht.

Beispiel 3: Mensch-Ärgere-Dich-Nicht

Beim Mensch-Ärgere-Dich-Nicht muss zu Spielbeginn eine Sechs (6) gewürfelt werden, damit die erste Spielfigur eingesetzt werden darf **(Bild 1).** Ist die gewürfelte Augenzahl nicht sechs ($\overline{6}$), bleiben die Spielfiguren im Ablagefeld stehen. Man hat drei Wurfversuche mit dem Würfel. Geben Sie für das dreimalige Würfeln zu Beginn des Spiels die Ergebnismenge S an und zeichnen Sie ein Baumdiagramm.

Lösung: **Tabelle 3**

Tabelle 1: Zweistufiges Zufallsexperiment

Darstellung	Ansicht
Ergebnismenge	S = {WW; WZ; ZW; ZZ}
Baumdiagramm W = Wappen Z = Zahl	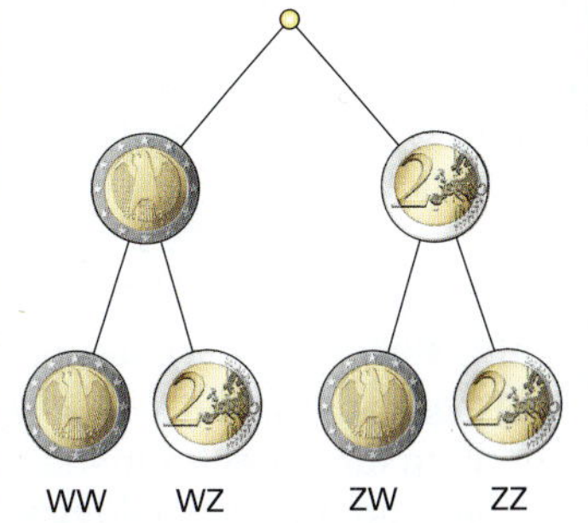

Tabelle 2: Dreistufiges Zufallsexperiment

Darstellung	Ansicht
Ergebnismenge	S = {mmm; mmw; mwm; mww; wmm; wmw; wwm; www}
Baumdiagramm m = männlich w = weiblich	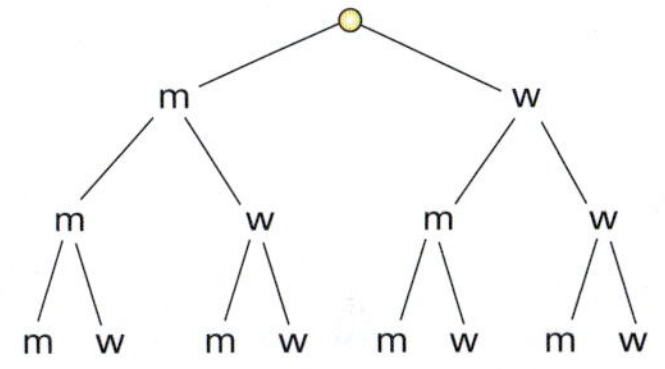

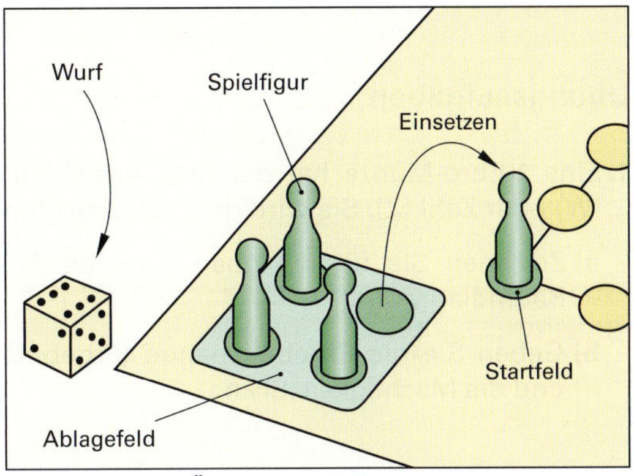

Bild 1: Mensch-Ärgere-Dich-Nicht

Tabelle 3: Zufallsexperiment mit unbestimmter Stufigkeit

Darstellung	Ansicht
Ergebnismenge	$S = \{6; \overline{6}6; \overline{6}\,\overline{6}6; \overline{6}\,\overline{6}\,\overline{6}\}$
Baumdiagramm 6 = Sechs $\overline{6}$ = keine Sechs	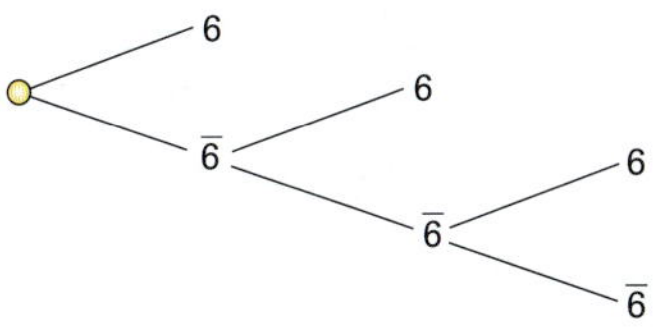

Überprüfen Sie Ihr Wissen!

Beispielaufgaben

Anwendungen der Stochastik

1. Nennen Sie fünf Einsatzbereiche der Stochastik.

2. Bei den Landtagswahlen 2006 in Baden-Württemberg entfielen die Stimmen auf die Parteien wie folgt:

CDU 44,2 %; SPD 25,2 %; Grüne 11,7 %; FDP 10,7 %; WASG 3,1 %; REP 2,5 %.

a) Erstellen Sie dazu das passende Histogramm.

b) Erstellen Sie ein Kreisdiagramm der Sitzverteilung für angenommene 132 Sitze unter Berücksichtigung der 5 %-Klausel, d. h. nur Parteien über 5 % erhalten Sitze.

Hinweis: Die Sitz-Anteile müssen für die Parteien > 5 % prozentual neu berechnet werden.

Einstufige Zufallsexperimente

1. Eine 1-Euro-Münze fällt zu Boden. Entweder man sieht man dort Wappen (W) oder Zahl (Z). Geben Sie die Ergebnismenge S an und zeichnen Sie ein Baumdiagramm.

2. Beim Mensch-Ärgere-Dich-Nicht wirft Monika im Spielverlauf einen Würfel. Geben Sie die Ergebnismenge S und deren Mächtigkeit an und zeichnen Sie ein Baumdiagramm.

Lösungen Beispielaufgaben

Anwendungen der Stochastik

1. Glücksspiele, Wahlprognosen, Unfallrisiko, Versicherungsbeiträge, Qualitätsmanagement.

2. a) Diagramm siehe Lösungsbuch.

b) Sitzverteilung: CDU 64 Sitze; SPD 36 Sitze; Grüne 17 Sitze; FDP 15 Sitze; Diagramm siehe Lösungsbuch.

Einstufige Zufallsexperimente

1. $S = \{W; Z\}$
Baumdiagramm

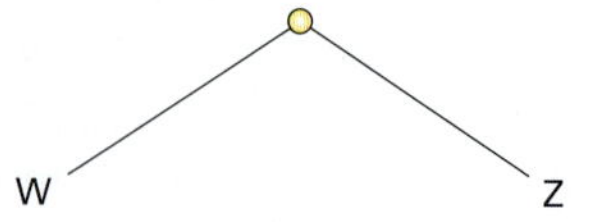

2. $S = \{1; 2; 3; 4; 5; 6\}$
$|S| = 6$
Baumdiagramm

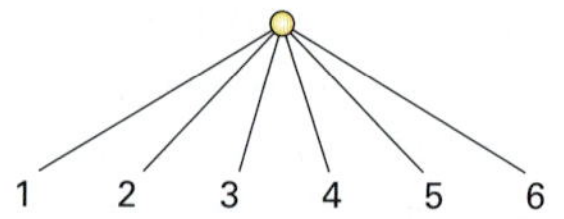

Übungsaufgaben

1. Eine 1-Euro-Münze hat die zwei Ansichten Wappen (W) oder Zahl (Z). Sie wird dreimal geworfen.

a) Zeichnen Sie für die oben liegende Ansicht ein Baumdiagramm.

b) Geben Sie die Ergebnismenge (Ergebnisraum) S und die Mächtigkeit $|S|$ an.

2. a) Zeichnen Sie ein Baumdiagramm für Augenzahlfolge beim zweimaligen Werfen eines Würfels.

b) Geben Sie die Mächtigkeit der Ergebnismenge an.

3. Die Sektoren der beiden Glücksräder aus **Bild 1** enthalten Buchstaben, aus denen Worte gebildet werden. Dazu werden die Glücksräder gedreht und zufällig gestoppt. Ein Wort ist gebildet, wenn jeder Pfeil eindeutig einem Sektor zuzuordnen ist.

a) Zeichnen Sie ein Baumdiagramm.

b) Geben Sie die Ergebnismenge an.

c) Geben Sie die Anzahl der möglichen Worte an.

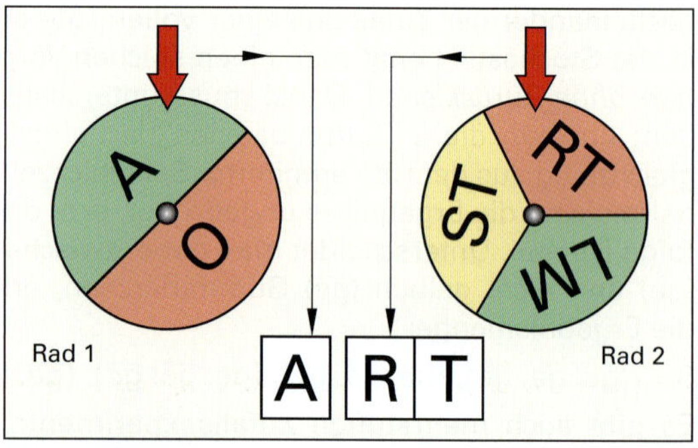

Bild 1: Glücksräder

Lösungen Übungsaufgaben

1. a) siehe Lösungsbuch

b) $S = \{WWW; WWZ; WZW; WZZ; ZWW; ZWZ; ZZW; ZZZ\}$ und $|S| = 8$

2. a) siehe Lösungsbuch **b)** $|S| = 36$

3. a) siehe Lösungsbuch

b) $S = \{ALM; ART; AST; OLM; ORT; OST\}$

c) $n = |S| = 6$

4. In einer Urne liegen vier blaue (bl) Kugeln und eine gelbe (ge) Kugel **(Bild 1)**. Drei Kugeln werden zufällig gezogen. Zeichnen Sie ein Baumdiagramm und geben Sie die Ergebnismenge an, wenn

a) jede gezogene Kugel wieder zurückgelegt wird,

b) die gezogenen Kugeln nicht zurückgelegt werden,

c) alle drei Kugeln gleichzeitig entnommen werden.

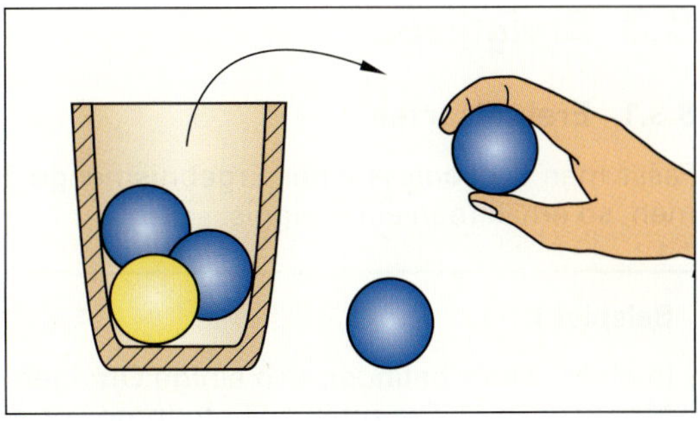

Bild 1: Ziehen von 3 Kugeln

5. Eine Urne enthält 4 Kugeln. Ihre Farben sind blau (bl) und weiß (ws). Es werden zwei Kugeln ohne Zurücklegen zufällig gezogen. Die Ergebnismenge lautet:

S = {(bl, ws); (bl, bl); (ws, bl)}.

a) Geben Sie die Mächtigkeit der Ergebnismenge an.

b) Wie viele Kugeln von jeder Farbe lagen vor dem Ziehen in der Urne?

c) Zeichnen Sie ein Baumdiagramm.

6. Eine Urne enthält rote (rt), grüne (gn) und gelbe (ge) Kugeln. Das zufällige Ziehen von Kugeln führt zu der Ergebnismenge:

S = {(ge, ge, gn); (ge, ge, rt); (ge, gn, ge); (ge, gn, gn); (ge, gn, rt); (ge, rt, ge); (ge, rt, gn); (gn, ge, ge); (gn, ge, gn); (gn, ge, rt); (gn, gn, ge); (gn, gn, rt); (gn, rt, ge); (gn, rt, gn); (rt, ge, ge); (rt, ge, gn); (rt, gn, ge); (rt, gn, gn)}.

a) Wie oft wurde gezogen?

b) Wurde mit oder ohne Zurücklegen gezogen?

c) Wie viele rote, grüne und gelbe Kugeln befanden sich vor dem Ziehen in der Urne?

d) Geben Sie die Mächtigkeit der Ergebnismenge an.

e) Zeichnen Sie ein Baumdiagramm.

7. Beim Tennisturnier in Wimbledon gewinnt ein Spieler eine Tennispartie (match), sobald er drei Sätze gewonnen (g) hat, d.h. er kann sich zwei nicht gewonnene Sätze ($\bar{g}$) erlauben.

a) Zeichnen Sie ein Baumdiagramm.

b) Geben Sie die Ergebnismenge an.

c) Geben Sie die Mächtigkeit der Ergebnismenge an.

Lösungen Übungsaufgaben

4. a) Baumdiagramm

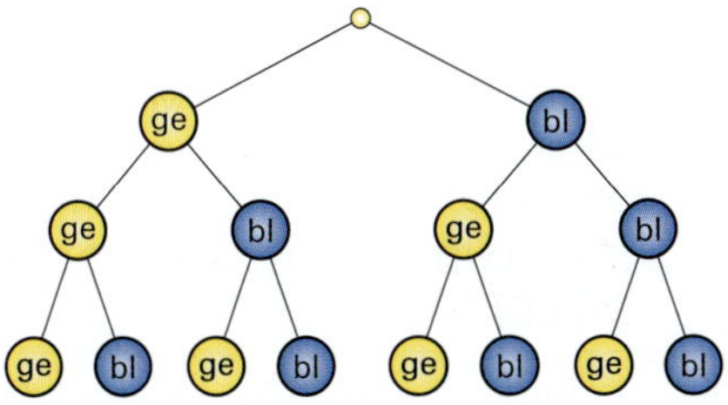

S = {(ge, ge, ge); (ge, ge, bl); (ge, bl, ge); (ge, bl, bl); (bl, ge, ge); (bl, ge, bl); (bl, bl, ge); (bl, bl, bl)}

Lösungen Übungsaufgaben

4. b) Baumdiagramm

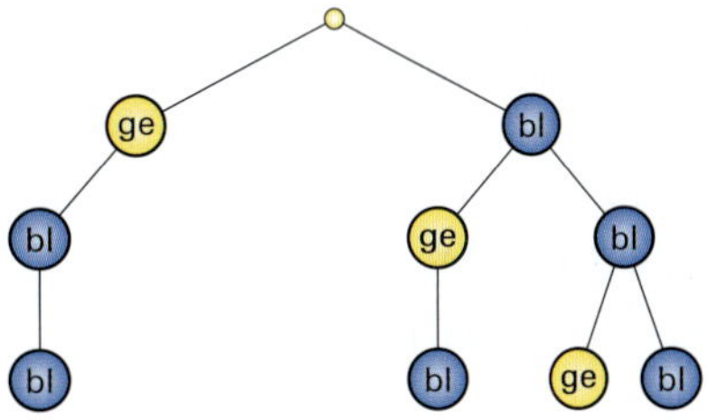

S = {(ge, bl, bl); (bl, ge, bl) (bl, bl, ge); (bl, bl, bl)}

c) Baumdiagramm siehe b), aber ungeordnet, da alle Kugeln gleichzeitig entnommen werden.
S = {(ge, bl, bl); (bl, bl, bl)}

5. a) |S| = 3

b) 3 blaue und 1 weiße Kugel

c) Baumdiagramm

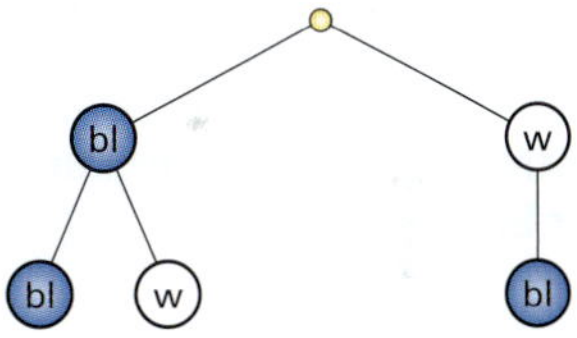

6. a) drei Mal

b) ohne Zurücklegen

c) 2 gelbe, 2 grüne, 1 rote Kugel

d) |S| = 18

e) Baumdiagramm siehe Lösungsbuch

7. a) Baumdiagramm siehe Lösungsbuch

b) $S = \{ggg;\ gg\bar{g}g;\ gg\bar{g}\bar{g}g;\ gg\bar{g}\bar{g}\bar{g};\ g\bar{g}gg;$
$g\bar{g}g\bar{g}g;\ g\bar{g}g\bar{g}\bar{g};\ g\bar{g}\bar{g}gg;\ g\bar{g}\bar{g}g\bar{g};\ g\bar{g}\bar{g}\bar{g};$
$\bar{g}ggg;\ \bar{g}gg\bar{g}g;\ \bar{g}gg\bar{g}\bar{g};\ \bar{g}g\bar{g}gg;\ \bar{g}g\bar{g}g\bar{g};$
$\bar{g}g\bar{g}\bar{g};\ \bar{g}\bar{g}ggg;\ \bar{g}\bar{g}gg\bar{g};\ \bar{g}\bar{g}g\bar{g};\ \bar{g}\bar{g}\bar{g}\}$

c) |S| = 20

8.3 Ereignisse

8.3.1 Ereignisarten

Fasst man Ergebnisse einer Ergebnismenge S zusammen, so erhält man ein Ereignis.

Beispiel 1:

In einer Schale befinden sich einige Orangen O und Mandarinen M. Die zufällige Entnahme von zwei Früchten führt zur Ergebnismenge

$$S = \{OO; OM; MO; MM\}.$$

Ermitteln Sie folgende Ereignisse:

a) E_1: Die entnommenen Früchte sind von derselben Sorte.

b) E_2: Die entnommenen Früchte enthalten mindestens eine Orange.

Lösung:

a) $\mathbf{E_1 = \{OO; MM\}}$

b) $\mathbf{E_2 = \{OO; OM; MO\}}$

Die Ereignisse E_1 und E_2 sind Teilmengen der Ergebnismenge S. Man schreibt:

$$E_1 \subset S \text{ und } E_2 \subset S.$$

Jede Teilmenge der Ergebnismenge S ist ein Ereignis.

Ereignisse werden nach Ereignisarten unterschieden, z. B. beim einmaligen Wurf eines Würfels mit der Ergebnismenge

$$S = \{1; 2; 3; 4; 5; 6\}$$ **(Tabelle 1).**

Das *sichere Ereignis* E_1 tritt bei jedem Ausführen des Zufallsexperimentes ein. Es enthält alle Elemente (Ergebnisse) der Ergebnismenge

$$S \Rightarrow E_1 = S.$$

Ein *Gegenereignis* $\overline{E}_2$ enthält nur die Ergebnisse von S, die im Ereignis E_2 fehlen (Tabelle 1). Addiert man die Ergebnisse eines beliebigen Ereignisses E und die Ergebnisse von $\overline{E}$, erhält man alle Ergebnisse von S. Man schreibt:

$$E \cup \overline{E} = S.$$

Ein *Elementarereignis* enthält nur ein einzelnes Ergebnis.

Ein *unmögliches Ereignis,* z. B. E_4, tritt nie ein (Tabelle 1). Bei der Beschreibung von Gegenereignissen ist auf exakte Formulierungen zu achten **(Tabelle 2).** Die Beispiele in Tabelle 2 enthalten keine Auswahl, wie Werfen oder Ziehen, die Reihenfolge spielt bei den Ergebnissen keine Rolle.

$E \subset S$ $\qquad$ $E \cup \overline{E} = S$ $\qquad$ $\overline{E} = S \setminus E$

E	Ereignis, Menge von Ergebnissen (Elementarereignissen)
S	Ergebnismenge, Ereignisraum
$\overline{E}$	Gegenereignis von E, Restmenge von S ohne E
$\subset$	Teilmengenoperator
$\cup$	Vereinigungsmengenoperator
$\setminus$	Restmengenoperator

Tabelle 1: Ereignisarten beim einmaligen Würfeln

Ereignisart	Formulierung	Ansicht	Formeln
Sicheres Ereignis	E_1: Die Augenzahl ist kleiner als 7.	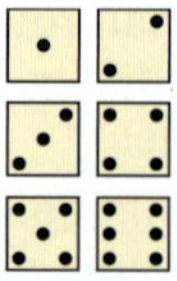	$E_1 = \{1; 2; 3; 4; 5; 6\}$ $E_1 = S$
Teilmengenereignis	E_2: Die Augenzahl ist größer als 4.		$E_2 = \{5; 6\}$ $E_2 \subset S$
Gegenereignis	$\overline{E}_2$: Die Augenzahl ist höchstens 4.	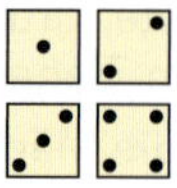	$\overline{E}_2 = \{1; 2; 3; 4\}$ $\overline{E}_2 = S \setminus E_2$
Elementarereignis	E_3: Die Augenzahl ist 4.		$E_3 = \{4\}$
Unmögliches Ereignis	E_4: Die Augenzahl ist größer als 6.	Keine Ansicht möglich.	$E_4 = \{\,\}$ $E_4 = \varnothing$

Tabelle 2: Formulierungen für die Gegenereignisse

Ereignis für 4 Elemente	Formulierung für $\overline{E}$
E_1: Höchstens 2 von 4 Handys sind defekt (D). $E_1 = \{\overline{D}\,\overline{D}\,\overline{D}\,\overline{D}; \overline{D}\,\overline{D}\,\overline{D}\,D; \overline{D}\,\overline{D}\,DD\}$	$\overline{E}_1$: Mindestens 3 von 4 Handys sind defekt. $\overline{E}_1 = \{\overline{D}\,DDD; DDDD\}$
E_2: 1, 2 oder 3 von 4 Handtaschen sind schwarz (s). $E_2 = \{s\,\overline{s}\,\overline{s}\,\overline{s}; s\,s\,\overline{s}\,\overline{s}; s\,s\,s\,\overline{s}\}$	$\overline{E}_2$: Keine oder alle Handtaschen sind schwarz. $\overline{E}_2 = \{\overline{s}\,\overline{s}\,\overline{s}\,\overline{s}; ssss\}$

8.3.2 Logische Verknüpfung von Ereignissen

Beispiel 1: Instrumentenbesetzung

In einer Musikgruppe besteht die Instrumentenbesetzung aus einer Querflöte (Q), einer Gitarre (G), einer Bassgitarre (B), einem Klavier (K) und einem Schlagzeug (S).

Gegeben sind die Ereignisse:

E_1: Das Instrument hat Saiten. $\Leftrightarrow E_1 = \{G; B; K\}$

E_2: Das Instrument ist keine Gitarre.
$\Leftrightarrow E_2 = \{Q; K; S\}$

Ermitteln Sie E_3: Das Instrument hat Saiten **und** ist keine Gitarre.

Lösung: $\mathbf{E_3 = \{K\}}$

Das Ereignis E_3 trifft nur auf das Klavier zu. Es ist die Schnittmenge der Ereignisse E_1 und E_2. Man schreibt:

$$E_3 = E_1 \cap E_2.$$

Die Ereignisse können auch anders miteinander verknüpft werden, z. B.:

E_4: Das Instrument hat Saiten **oder** ist keine Gitarre.

$E_4 = \{Q; G; B; K; S\}$

E_4 ist die Vereinigungsmenge von E_1 und E_2, man schreibt: $E_4 = E_1 \cup E_2$.

Die verschiedenen Mengenverknüpfungen von E_1 mit E_2 werden mithilfe der booleschen[1] Algebra beschrieben **(Tabelle 1)**. Grafisch werden die Verknüpfungen mit Venn[2]-Diagrammen dargestellt. Im Venn-Diagramm werden die Ereignisse E_1 und E_2 als sich überschneidende Kreise oder Ovale dargestellt. Dabei entstehen vier Felder:

- $E_1 \cap E_2$ (die Schnittmenge von E_1 mit E_2),
- $E_1 \backslash E_2 = E_1 \cap \overline{E}_2$ (Teil von E_1 ohne Elemente von E_2),
- $E_2 \backslash E_1 = \overline{E}_1 \cap E_2$ (Teil von E_2 ohne Elemente von E_1),
- $\overline{E}_1 \cap \overline{E}_2$ (Fläche außerhalb der Kreise oder Ovale).

Das Gegenereignis $\overline{E}_1$ wird durch die 2 Felder dargestellt, die sich außerhalb von E_1 befinden und das Gegenereignis $\overline{E}_2$ wird durch die 2 Felder dargestellt, die sich außerhalb von E_2 befinden.

Beispiel 2: Instrumentenbesetzung

Für die Instrumentenbesetzung aus Beispiel 1 gelten folgende Ereignisse:

E_1: Das Instrument hat Tasten oder Klappen.

E_2: Das Instrument steht beim Spielen auf dem Boden.

a) Zeichnen Sie ein Venn-Diagramm.

b) Formulieren Sie $\overline{E}_1 \cap \overline{E}_2$ mit Worten und geben Sie die Gleichung an.

Lösung:

a) **Bild 1**

b) **Das Instrument hat weder Tasten noch Klappen und steht beim Spielen nicht auf dem Boden.**

$$\mathbf{\overline{E}_1 \cap \overline{E}_2 = \{G; B\}}$$

Tabelle 1: Ereignisarten beim einmaligen Würfeln

Formulierung	Ansicht, Venn-Diagramm	Formeln
UND-Verknüpfungen (Schnittmengen)		
Das Instrument hat Saiten und ist keine Gitarre.	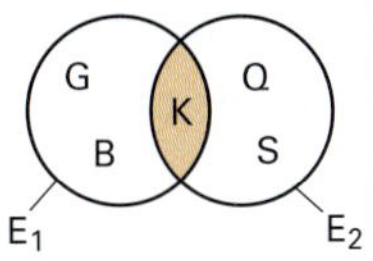	$E_1 \cap E_2 = \{K\}$
Das Instrument hat keine Saiten und ist eine Gitarre. (unmögliches Ereignis)	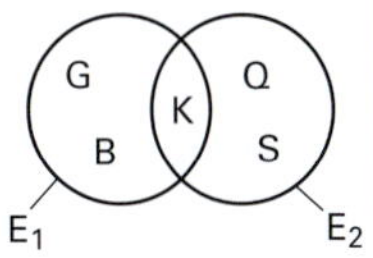	$\overline{E}_1 \cap \overline{E}_2 = \{\}$; $\overline{E}_1 \cap \overline{E}_2 = \varnothing$; leere Menge
Das Instrument hat Saiten und ist eine Gitarre.	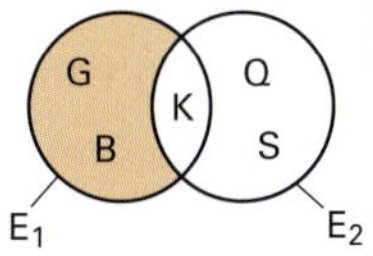	$E_1 \cap \overline{E}_2 = \{G; B\}$; $E_1 \backslash E_2$
Das Instrument hat keine Saiten und ist keine Gitarre.	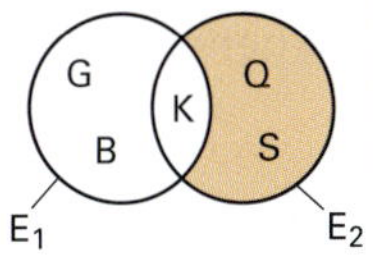	$\overline{E}_1 \cap E_2 = \{Q; S\}$; $E_2 \backslash E_1$
ODER-Verknüpfungen (Vereinigungsmengen)		
Das Instrument hat Saiten oder ist keine Gitarre.	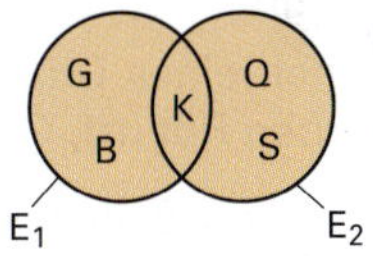	$E_1 \cup E_2 = \{G; B; K; Q; S\}$
Das Instrument hat keine Saiten oder ist eine Gitarre.	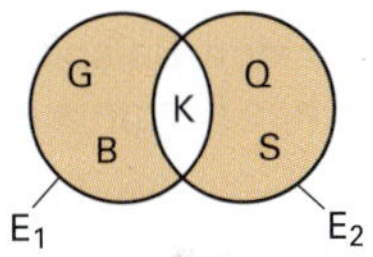	$\overline{E}_1 \cup \overline{E}_2 = \{G; B; Q; S\}$
Das Instrument hat Saiten oder ist eine Gitarre.	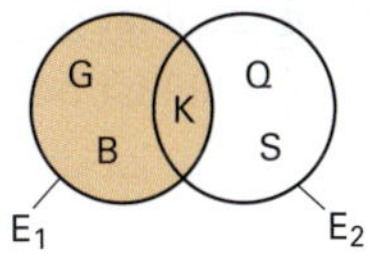	$E_1 \cup \overline{E}_2 = \{G; B; K\}$
Das Instrument hat keine Saiten oder ist keine Gitarre.	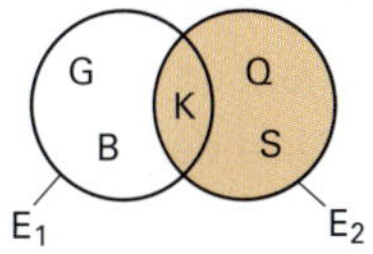	$\overline{E}_1 \cup E_2 = \{K; Q; S\}$
Operatoren: ∩ UND ∪ ODER \ OHNE		

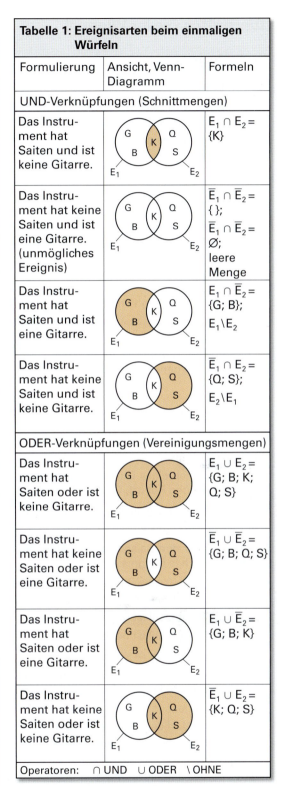

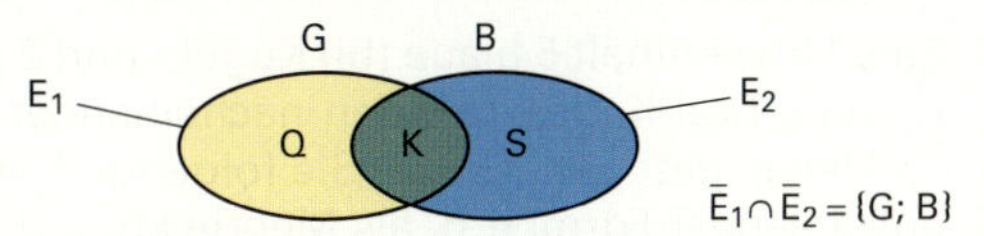

Bild 1: Venn-Diagramm zu Beispiel 2

[1] George Boole, engl. Mathematiker und Philosoph 1815–1864

[2] John Venn, engl. Mathematiker 1834–1923

Überprüfen Sie Ihr Wissen!

Beispielaufgaben

Ereignisarten

1. Ein Würfel wird zwei Mal hintereinander geworfen. Stellen Sie die Ereignisse E als Mengen dar:
   - **a)** E_1: Die Augensumme ist 6.
   - **b)** E_2: Die Augensumme ist gerade und größer 9.
   - **c)** E_3: Die erste Augenzahl ist mehr als 3 größer als die zweite Augenzahl.
2. Formulieren Sie die Gegenereignisse $\overline{E}$ und geben Sie diese als Menge an.
   - **a)** E_1: Höchstens einer von 3 Äpfeln ist rot (rt).
   - **b)** E_2: Mehr als 2 von 4 Computerspielen sind teuer (t).

Logische Verknüpfung von Ereignissen

1. Ein Würfel wird drei Mal nacheinander geworfen. Geben Sie die Menge $E_1 \cap E_2$ an mit
   E_1: Die Augensumme ist 15
   E_2: Es wurde genau eine 5 gewürfelt.

Lösungen Übungsaufgaben

Ereignisarten

1. **a)** $E_1 =$ 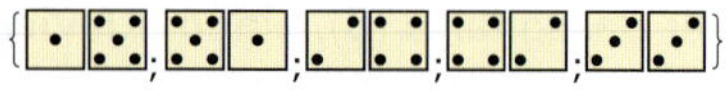
   b) $E_2 =$ 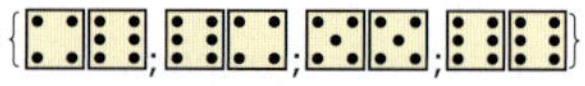
   c) $E_3 =$ 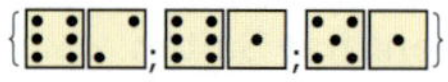

2. **a)** $\overline{E}_1$ = Mindestens 2 von 3 Äpfeln sind rot.
   $\overline{E}_1 = \{(rt, rt, \overline{rt}); (rt, rt, rt)\}$
   b) $\overline{E}_2$: Höchstens 1 von 4 Computerspielen ist nicht teuer.
   $\overline{E}_2 = \{ttt\overline{t}; tttt\}$

Logische Verknüpfung von Ereignissen

1. $E_1 \cap E_2 = \{(6|4|5); (6|5|4); (5|6|4); (5|4|6); (4|6|5); (4|5|6)\}$

Übungsaufgaben

1. Geben Sie alle möglichen Elementarereignisse an
   - **a)** beim Würfeln,
   - **b)** beim Drehen eines Glücksrades mit drei Sektoren in den Farben Rot (rt), Gelb (ge) und Grün (gn).
2. Geben Sie zu den Beispielen aus Aufgabe 1 jeweils das sichere Ereignis an.
3. Geben Sie zu den Beispielen aus Aufgabe 1 jeweils ein unmögliches Ereignis an.
4. Geben Sie beim einmaligen Würfel die Gegenereignisse in der Mengenschreibweise an.
   - **a)** E_1: Die Augenzahl ist gerade.
   - **b)** E_2: Die Augenzahl ist höchstens 4.
   - **c)** E_3: Die Augenzahl ist größer als 3.
5. Ein Würfel wird zwei Mal nacheinander geworfen. Geben Sie folgende Ereignisse als Menge an.
   - **a)** E_1: Die Augensumme ist gerade und mindestens 8.
   - **b)** E_2: Das Produkt der Augenzahlen ist größer als 15.
   - **c)** E_3: Die Differenz der Augenzahlen ist ungerade und mindestens 3.
   - **d)** E_4: Die zweite Zahl ist mindestens um 2 größer als die erste Zahl.
6. Eine Urne enthält 5 blaue (bl) Kugeln und 2 gelbe (ge) Kugeln. Drei Kugeln werden nacheinander ohne Zurücklegen gezogen. Geben Sie folgende Ereignisse in aufzählender Form, d. h. als Menge an.
   - **a)** E_1: Die erste und dritte Kugel haben dieselbe Farbe.
   - **b)** E_2: Mindestens 2 der Kugeln sind gelb.
   - **c)** E_3: Die zweite Kugel ist rot.

Lösungen Übungsaufgaben

1. **a)** {1}, {2}, {3}, {4}, {5}, {6}
   b) {rt}, {ge}, {gn}

2. **a)** S = {1; 2; 3; 4; 5; 6}
   b) S = {(rt); (ge); (gn)}

3. Würfeln einer Null. Sektor mit der Farbe Blau.

4. **a)** $\overline{E}_1 = \{1; 3; 5\}$
   b) $\overline{E}_2 = \{5; 6\}$
   c) $\overline{E}_3 = \{1; 2; 3\}$

5. **a)** $E_1 = \{(4|4); (4|6); (5|5); (6|4); (6|6)\}$
   b) $E_2 = \{(3|6); (4|4); (4|5); (4|6); (5|4); (5|5); (5|6); (6|3); (6|4); (6|5); (6|6)\}$
   c) $E_3 = \{(1|4); (1|6); (2|5); (3|6); (4|1); (5|2); (6|3); (6|1)\}$
   d) $E_4 = \{(1|3); (1|4); (1|5); (1|6); (2|4); (2|5); (2|6); (3|5); (3|6); (4|6)\}$

6. **a)** $E_1 = \{(bl, ge, bl); (ge, bl, ge)\}$
   b) $E_2 = \{(bl, bl, ge); (bl, ge, bl); (bl, ge, ge); (ge, bl, bl); (ge, bl, ge); (ge, ge, bl)\}$
   c) $E_3 = \{\,\}$

7. Ein Lebensmittelhändler kontrolliert Obst, indem er immer 5 Stück gleichzeitig entnimmt und ohne Berücksichtigung der Reihenfolge aus einer Kiste prüft. Formulieren Sie die Gegenereignisse in Worten und geben Sie diese als Menge an.

a) E_1: Mindestens 3 von 5 Bananen sind unreif ($\bar{r}$).

b) E_2: Weniger als 4 von 5 Äpfeln sind rot (rt).

c) E_3: Mehr als 3 von 5 Orangen sind nicht faul ($\bar{f}$).

8. In einem Park gibt es unter anderen folgende Tiere zu sehen: Eichhörnchen (E), Igel (I), Taube (T), Uhu (U), Fledermaus (F) und Nachtfalter (N). Folgende Ereignisse werden festgelegt.

E_1: Das Tier ist kann fliegen.

E_2: Das Tier ist nachtaktiv.

E_3: Das Tier ist ein Säugetier.

a) Zeichnen Sie jeweils die Venn-Diagramme für E_1 und E_2, E_2 und E_3, E_1 und E_3.

b) Beschreiben Sie jeweils in Worten und als Menge die Verknüpfung $E_1 \cap E_2$, $E_1 \cap E_3$, $\overline{E}_1 \cap E_2$, $\overline{E}_2 \cap \overline{E}_3$, $E_2 \cup E_3$, $\overline{E}_1 \cup E_3$, $\overline{E}_2 \cup \overline{E}_3$ und $\overline{E_2 \cup E_3}$.

9. Auf dem Weg im Labyrinth **Bild 1** gelten folgende Ereignisse:

E_1: Der Weg führt zur Schatztruhe.

E_2: Es wird immer abwechselnd abgezweigt.

Bilden Sie die Mengen: $E_1 \cap E_2$, $E_1 \cap \overline{E}_2$

10. Johanna geht zu Fuß zur Arbeit. Auf dem Weg überquert sie nacheinander drei Ampeln.

a) Zeichnen Sie ein Baumdiagramm für die angezeigten Farben Rot (rt) und Grün (gn) der Ampeln.

Es gelten folgende Ereignisse

E_1: Die zweite Ampel zeigt Rot an.

E_2: Höchstens eine Ampel zeigt Grün an.

b) Bilden Sie die Mengen $E_1 \cap E_2$ sowie $\overline{E}_1 \cup \overline{E}_2$

c) Formulieren Sie mit Worten die Menge $\overline{E}_1 \cup \overline{E}_2$.

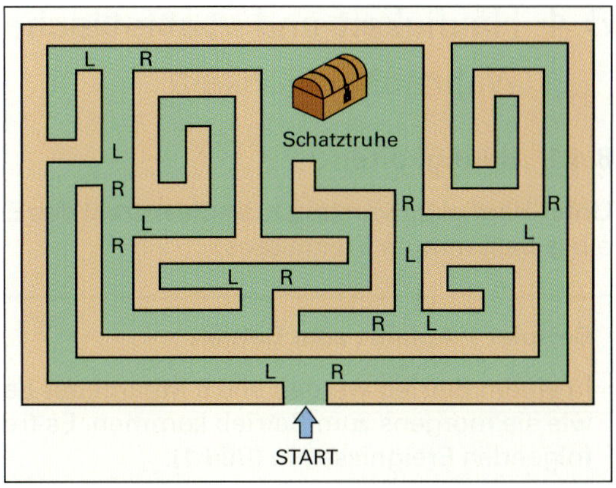

Bild 1: Labyrinth

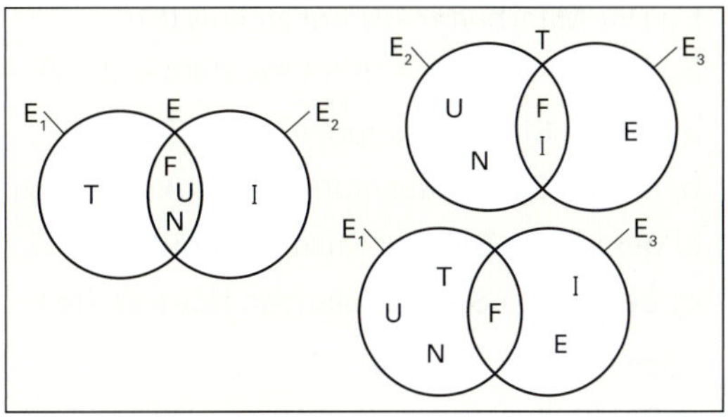

Bild 2: Venndiagramme

Lösungen Beispielaufgaben

7. a) $\overline{E}_1$: Höchstens 2 von 5 Bananen sind unreif.

$\overline{E}_1 = \{\bar{r}\bar{r}rrr; \bar{r}rrrr; rrrrr\}$

b) $\overline{E}_2$: Mindestens 3 von 5 Äpfeln sind rot (rt).

$\overline{E}_2 = \{(rt, rt, rt, \overline{rt}, \overline{rt}); (rt, rt, rt, rt, \overline{rt}); (rt, rt, rt, rt, rt)\}$

c) $\overline{E}_3$: Mindestens 2 von 5 Orangen sind nicht faul.

$\overline{E}_3 = \{\bar{f}\bar{f}fff; \bar{f}\bar{f}\bar{f}ff; \bar{f}\bar{f}\bar{f}\bar{f}f; \bar{f}\bar{f}\bar{f}\bar{f}\bar{f}\}$

Lösungen Beispielaufgaben

8. a) Bild 2

b) Das Tier kann fliegen und ist nachtaktiv, {U; F; N}.

Das Tier kann fliegen und ist ein Säugetier, {F}.

Das Tier kann nicht fliegen und ist nachtaktiv, {I}.

Das Tier ist tagaktiv und kein Säugetier, {T}.

Das Tier ist nachtaktiv oder ein Säugetier, {E; I; U; F; N}.

Das Tier kann nicht fliegen oder ist ein Säugetier, {E; I; F}.

Das Tier kann nicht fliegen oder ist kein Säugetier, { }.

Das Tier ist weder nachtaktiv noch ein Säugetier, {T}.

9. a) $E_1 \cap E_2 = \{RLR\}$,
$E_1 \cap \overline{E}_2 = \{LRRR; LLR\}$

10. a) Baumdiagramm siehe Lösungsbuch

b) $E_1 \cap E_2 = \{rt\ rt\ rt; rt\ rt\ gn; gn\ rt\ rt\}$

$\overline{E}_1 \cup \overline{E}_2 = \{rt\ gn\ rt; rt\ gn\ gn; gn\ rt\ gn; gn\ gn\ rt; gn\ gn\ gn\}$

c) Die zweite Ampel zeigt nicht Grün, sondern Rot an oder es zeigen mindestens zwei Ampeln Grün an.

8.4 Häufigkeit und statistische Wahrscheinlichkeit

8.4.1 Häufigkeiten

Unter Häufigkeit versteht man die Anzahl des Eintretens eines bestimmten Ereignisses.

Beispiel 1: Anfahrt zum Betrieb

In einem Betrieb werden alle n Mitarbeiter befragt, wie sie morgens zum Betrieb kommen. Es treten die folgenden Ereignisse ein **(Bild 1):**

E_1: Der Mitarbeiter kommt mit dem Bus (B).

E_2: Der Mitarbeiter kommt zu Fuß (F).

E_3: Der Mitarbeiter kommt mit dem Auto (A).

a) Geben Sie die Ergebnismenge S an.

b) Geben Sie die absoluten Häufigkeiten H an.

c) Berechnen Sie den Stichprobenumfang n.

d) Berechnen Sie die relativen Häufigkeiten.

Lösung:

a) $S = \{B; F; A\}$

b) $H(E_1) = \mathbf{84}$, $H(E_2) = \mathbf{48}$, $H(E_3) = \mathbf{108}$

c) $n = 84 + 48 + 108 = \mathbf{240}$

d) $h(E_1) = \frac{84}{240} = 0{,}35 = 0{,}35 \cdot 100\,\% = \mathbf{35\,\%}$

$h(E_2) = \frac{48}{240} = 0{,}2 = 0{,}2 \cdot 100\,\% = \mathbf{20\,\%}$

$h(E_3) = \frac{108}{240} = 0{,}45 = 0{,}45 \cdot 100\,\% = \mathbf{45\,\%}$

Die absolute Häufigkeit des Eintretens eines Ereignisses, z.B. 48 Mitarbeiter kommen zu Fuß, sagt nicht viel aus, wenn die Zahl n der Stichproben nicht bekannt ist. Erst bezogen auf alle Mitarbeiter wird die Häufigkeit statistisch aussagekräftig.

Die relative Häufigkeit h ist die absolute Häufigkeit H bezogen auf die Anzahl n der Stichproben.

Dabei kann die relative Häufigkeit entweder als Dezimalzahl oder in Prozent angegeben werden:

$$h(E_2) = 0{,}2 \quad \text{oder} \quad h(E_2) = 20\,\%$$

Das Gegenereignis $\overline{E}_2$, der Mitarbeiter kommt nicht zu Fuß, ist die Restmenge, die bleibt, wenn man die Ergebnismenge S ohne E_2 betrachtet:

$$\overline{E}_2 = S \setminus E_2 = \{B; F; A\} \setminus \{F\} = \{B; A\}.$$

Die relative Häufigkeit von $\overline{E}_2$ muss dann 80 % betragen. Es gilt dann:

$$h(E_2) + h(\overline{E}_2) = 20\,\% + 80\,\% = 100\,\% = 1$$

$$h(E) = \frac{H(E)}{n} \qquad \frac{1}{100} = 1\,\%$$

$$h(E) + h(\overline{E}) = 1 \qquad 1 = 100\,\%$$

H	absolute Häufigkeit	E	Ereignis
h	relative Häufigkeit	$\overline{E}$	Gegenereignis
n	Stichprobenumfang	%	Prozent

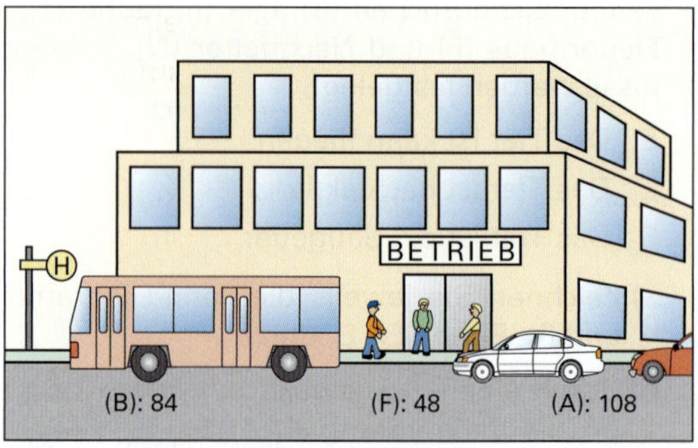

Bild 1: Umfrageergebnis aller Mitarbeiter

Tabelle 1: Häufigkeitstabelle

Ereignis	E1: Bus	E2: zu Fuß	E3: Auto	Summe
absolute Häufigkeit	84	48	108	240
relative Häufigkeit	0,35	0,2	0,45	1
rel. Häufigkeit in %	35 %	20 %	45 %	100 %

Beispiel 2: Neue Mitarbeiter

Der Betrieb aus Bild 1 stellt weitere 20 Mitarbeiter ein. Wie viele dieser Mitarbeiter werden mit dem Auto zum Betrieb kommen, wenn die relative Häufigkeit unverändert bleibt?

Lösung:

Für die neuen Mitarbeiter ist die Zahl $n = 20$.

Es gilt $H = n \cdot h(E_3) = 20 \cdot 45\,\%$

$= 20 \cdot 0{,}45 = \mathbf{9}$

Ein Mitarbeiter des Betriebes aus Bild 1 bekommt den Auftrag, in einer Häufigkeitstabelle die Ergebnisse der Befragung darzustellen **(Tabelle 1).**

Die Summe der relativen Häufigkeiten ist 1.

8.4.2 Statistische Wahrscheinlichkeit

Die statistische Wahrscheinlichkeit erhält man, wenn man ein Zufallsexperiment beliebig oft wiederholt.

Beispiel 1: Glücksrad mit gleich großen Sektoren

Beim Drehen des Glücksrads aus **Bild 1** wird folgendes Ereignis festgelegt.

E_1: Drehen auf die Zahl 3.

Dabei wird in 5 Durchgängen mit je 40 Drehungen die Häufigkeit des Ereignisses E_1 für jeden Durchgang getrennt in eine Tabelle eingetragen **(Tabelle 1)**.

a) Berechnen Sie die absoluten Häufigkeiten H_n und die relativen Häufigkeiten h_n nach jedem Durchgang.

b) Stellen Sie die relativen Häufigkeiten in Abhängigkeit von n in einem Diagramm dar.

Lösung:

a) **Tabelle 2;** b) **Bild 2**

Die relative Häufigkeit $h(E_1)$ pendelt sich zwischen den Werten 0,225 und 0,275 ein. Wiederholt man das Experiment beliebig oft, strebt die relative Häufigkeit gegen die statistische Wahrscheinlichkeit $P(E_1)$:

$$P(E_1) = \lim_{n \to \infty} \frac{H_n(E_1)}{n} = \lim_{n \to \infty} h_n(E_1) = 0{,}25$$

Der Ausdruck $\lim\limits_{n \to \infty}$ ist der Grenzwert (von Limes = römischer Grenzwall), der für h(E) erreicht wird, wenn die Anzahl n der Versuche gegen unendlich geht. Dies hat Bernoulli[1] mit dem Gesetz der großen Zahlen ausgedrückt.

Gesetz der großen Zahlen

Je häufiger ein Experiment durchgeführt wird, desto stärker nähert sich die relative Häufigkeit h des Ergebnisses an den Erwartungswert, d. h. an die Wahrscheinlichkeit des Ergebnisses.

Überträgt man das Gesetz der großen Zahlen auf das Zahlenlotto 6 aus 49, heißt das nicht, dass für eine Zahl, die lange nicht mehr gezogen wurde, die Wahrscheinlichkeit steigt, dass sie bei der nächsten Ziehung gezogen wird. Bei jeder neuen Ziehung ist die Gewinnchance für jede Kugel gleich groß wie bei allen anderen Ziehungen davor, weil die Kugeln immer unter gleichen Bedingungen gezogen werden. Das Gesetz der großen Zahlen sagt nur, dass sich im Lauf der Jahre der Quotient

$$\frac{\text{Rückstand einer säumigen Zahl}}{\text{Gesamtzahl der Ziehungen}}$$

wahrscheinlich verringert, da damit zu rechnen ist, dass sich die relative Häufigkeit für jede Kugel dem Erwartungswert $\frac{6}{49} = 0{,}122449$ annähert.

[1] Jacob Bernoulli, Schweizer Mathematiker, 1654–1705

$$P(E) = \lim_{n \to \infty} \frac{H_n(E)}{n} \qquad P(E) = \lim_{n \to \infty} h_n(E)$$

P	Wahrscheinlichkeit		E	Ereignis
n	Stichprobenumfang		lim	Grenzwert
H_n	absolute Häufigkeit		h_n	relative Häufigkeit

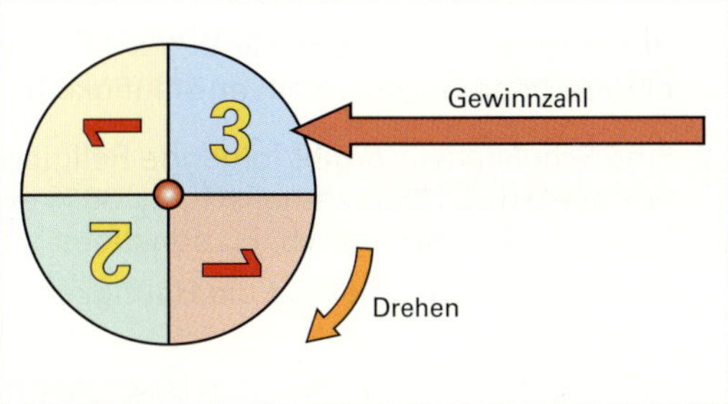

Bild 1: Glücksrad

Tabelle 1: Drehen der Zahl Drei bei je 40 Drehungen

Durchgang der Drehfolge	1	2	3	4	5
Auftreten der Zahl Drei	12	4	11	17	6

Tabelle 2: Häufigkeiten beim Drehen der Zahl Drei

Anzahl n der Drehungen	40	80	120	160	200
Absolute Häufigkeit $H_n(3)$	12	16	27	44	50
Relative Häufigkeit $h_n = \frac{H_n}{n}$	0,3	0,2	0,225	0,275	0,25

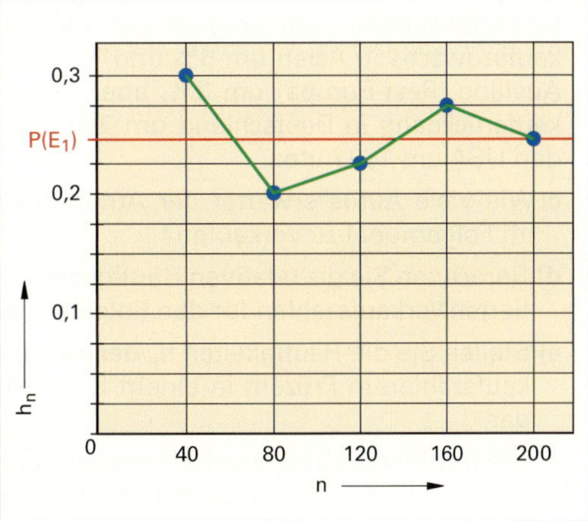

Bild 2: h_n in Abhängigkeit von n

Überprüfen Sie Ihr Wissen!

Beispielaufgaben

Häufigkeiten

1. Bei einer Verkehrszählung werden an einer Straße folgende Verkehrsmittel erfasst: 2 280 PKWs (E_1), 912 LKWs (E_2) und 456 Motorräder (E_3).
   a) Geben Sie die absoluten Häufigkeiten H an.
   b) Berechnen Sie den Stichprobenumfang.
   c) Berechnen Sie die relativen Häufigkeiten.

2. Eine Schulstatistik ergibt folgende Religionszugehörigkeiten. E_1: 38 % katholisch, E_2: 36 % evangelisch. E_3: 14 % muslimisch, E_4: sonstiges.
   a) Wie viel Prozent beträgt die Häufigkeit von Ereignis E_4?
   b) Berechnen Sie die absoluten Häufigkeiten, wenn die Schule von 650 Schülern besucht wird.

Statistische Wahrscheinlichkeit

1. Der Erwartungswert beim Würfeln einer Sechs ist $\frac{1}{6} = 0{,}1\overline{6}$.
   Beim 20-maligen Versuch würfelt Bernhard 5 Sechsen, Monika und Philipp je 4 Sechsen, Franziska 2 Sechsen und Johanna 1 Sechs.
   a) Berechnen Sie die relative Häufigkeit je Person.
   b) Zeigen Sie, dass die relative Häufigkeit für alle Würfe dem Erwartungswert näher ist als die personenbezogenen relativen Häufigkeiten.

Übungsaufgaben

1. Ein deutscher Automobilhersteller hat in einem Monat des Jahres 2013 weltweit 80400 Autos verkauft. Die Anzahl der verkauften Exemplare in den für den Hersteller bedeutendsten Regionen zeigt **Tabelle 1.**
   a) Berechnen Sie die relativen Häufigkeiten der Verkaufszahlen von Tabelle 1.
   b) Bestimmen Sie die absolute Häufigkeit H(W) der in der restlichen Welt verkauften Autos.

   Der Automobilhersteller rechnet aufgrund der Verkaufsstatistik für den Folgemonat mit einem Verkaufszuwachs in Asien um 5 % und im europäischen Ausland (Rest-Europa) um 3 %, aber mit einem Verkaufsrückgang in Deutschland um 250 Autos und in den USA um 160 Autos.

   c) Wie viele Autos erwartet der Automobilhersteller im Folgemonat zu verkaufen?
   d) Berechnen Sie die relativen Häufigkeiten der kalkulierten Verkaufszahlen für den Folgemonat.
   e) Stellen Sie die Häufigkeiten h_F der kalkulierten Verkaufszahlen in Prozent in einem Balkendiagramm dar.
   f) Wie groß ist die absolute und prozentuale Umsatzsteigerung des Automobilherstellers, wenn der Hersteller an einem Auto durchschnittlich 20000 € verdient?

Tabelle 1: Verkaufte Autos im Monat

Land	Stückzahl
Deutschland (D)	H(D) = 15678
Rest-Europa (E)	H(E) = 20100
Asien (A)	H(A) = 28140
USA (U)	H(U) = 9246

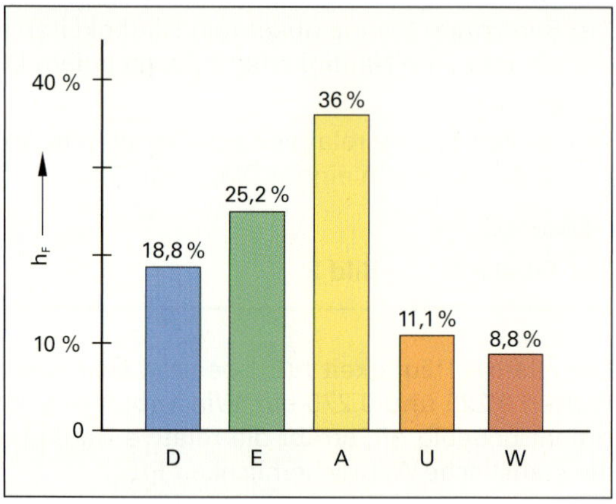

Bild 1: Kalkulierte Häufigkeitsverteilung

Lösungen Beispielaufgaben

Häufigkeiten

1. **a)** $H(E_1) = \mathbf{2280}$; $H(E_2) = \mathbf{912}$; $H(E_3) = \mathbf{456}$
   b) $n = \mathbf{3648}$
   c) $h(E_1) = \mathbf{62{,}5\,\%}$; $h(E_2) = \mathbf{25\,\%}$; $h(E_3) = \mathbf{12{,}5\,\%}$
2. **a)** $h(E_4) = \mathbf{12\,\%}$
   b) $H(E_1) = \mathbf{247}$; $H(E_2) = \mathbf{234}$; $H(E_3) = \mathbf{91}$; $H(E_4) = \mathbf{78}$

Statistische Wahrscheinlichkeit

1. **a)** $h_B = \mathbf{0{,}25}$; $h_M = h_{Ph} = \mathbf{0{,}2}$; $h_F = \mathbf{0{,}1}$; $h_J = \mathbf{0{,}05}$
   b) $h_{100} = \mathbf{0{,}16}$

Lösungen Übungsaufgaben

1. **a)** h(D) = 0,195; h(E) = 0,25; h(A) = 0,35; h(U) = 0,115
   b) H(W) = 7 236
   c) 82000
   d) $h_F(D) = 0{,}19$; $h_F(E) = 0{,}25$; $h_F(A) = 0{,}36$; $h_F(U) = 0{,}11$; $h_F(W) = 0{,}088$
   e) Bild 1
   f) U = 32000000 €; u = 2 %

8.5 Klassische Wahrscheinlichkeit

Nach dem Drehen des Glücksrades aus **Bild 1** zeigt der Ergebnispfeil auf ein Symbol. Die Ergebnismenge S enthält drei Ergebnisse e (Elementarereignisse).

$$S = \{\text{Kreis; Dreieck; Rechteck}\}$$

Die Wahrscheinlichkeiten für die verschiedenen Ergebnisse (Elementarereignisse) sind verschieden. Sie werden definiert als Quotient der Anzahl g aller günstigen Ergebnisse durch die Anzahl m aller möglichen Ergebnisse.

$$P = \frac{g}{m}$$

Für die Wahrscheinlichkeit, dass das Ergebnis das Symbol Kreis ist, gilt:

$$P(\text{Kreis}) = \frac{g}{m} = \frac{2}{5} = 0{,}4$$

Beispiel 1: Glücksrad mit gleich großen Sektoren

Berechnen Sie für das Glücksrad aus **Bild 1** die Wahrscheinlichkeiten P(Dreieck) und P(Rechteck).

Lösung:

$P(\text{Dreieck}) = \frac{1}{5} = \mathbf{0{,}2}$ und $P(\text{Rechteck}) = \frac{2}{5} = \mathbf{0{,}4}$

Die Wahrscheinlichkeit für jedes einzelne Ergebnis (Elementarereignis) liegt zwischen 0 und 1 $\Rightarrow 0 \leq P(e) \leq 1$. Summiert man alle Wahrscheinlichkeiten, erhält man:

$$P(\text{Kreis}) + P(\text{Dreieck}) + P(\text{Rechteck}) = \frac{2}{5} + \frac{1}{5} + \frac{2}{5} = \frac{5}{5} = 1$$

Die Summe der Wahrscheinlichkeiten aller Ergebnisse (Elementarereignisse) ist eins.

Für die Darstellung einer Summe verwendet man in der Mathematik häufig das Summenzeichen Σ (griechischer Großbuchstabe Sigma). Für n Ergebnisse der Ergebnismenge S gilt:

$$P(e_1) + P(e_2) + P(e_3) + \ldots + P(e_n) = \sum_{i=1}^{n} P(e_i) = 1$$

Man sagt: „Die Summe von i gleich 1 bis n aller P von e_i ist gleich 1“. Die Zahlen i sind natürliche Zahlen von 1 bis n.

Wahrscheinlichkeit von Ereignissen

Bildet man nun aus den Ergebnissen von S ein Ereignis E, z. B. E: Das Symbol hat höchstens einen rechten Winkel, die Ereignismenge E ist:

$$E = \{\text{Kreis; Dreieck}\}$$

Die Menge E ist die Vereinigungsmenge von den Mengen {Kreis} und {Dreieck}. Für die Wahrscheinlichkeit P(E) gilt:

$$P(E) = \frac{2}{5} + \frac{1}{5} = \frac{3}{5} = 0{,}6$$

Für die Wahrscheinlichkeit des Gegenereignisses $\overline{E}$, also das Symbol □ hat mindestens zwei rechte Winkel, gilt dann:

$$P(\overline{E}) = 1 - P(E) = 1 - 0{,}6 = 0{,}4.$$

Die Summe der Wahrscheinlichkeiten eines Ereignisses E und dessen Gegenereignis $\overline{E}$ ist eins.

Klassische Wahrscheinlichkeit:

$P = \frac{g}{m}$ | $0 \leq P \leq 1$ | $P(\overline{E}) = 1 - P(E)$

Elementare Summenregel:

$$P(e_1) + P(e_2) + P(e_3) + \ldots + P(e_n) = \sum_{i=1}^{n} P(e_i) = 1$$

g	Anzahl aller günstigen Ergebnisse		
m	Anzahl aller möglichen Ergebnisse		
E	Ereignis	$\overline{E}$	Gegenereignis
P	Wahrscheinlichkeit	e	Ergebnis
i; n	natürliche Zahlen	Σ	Summenzeichen

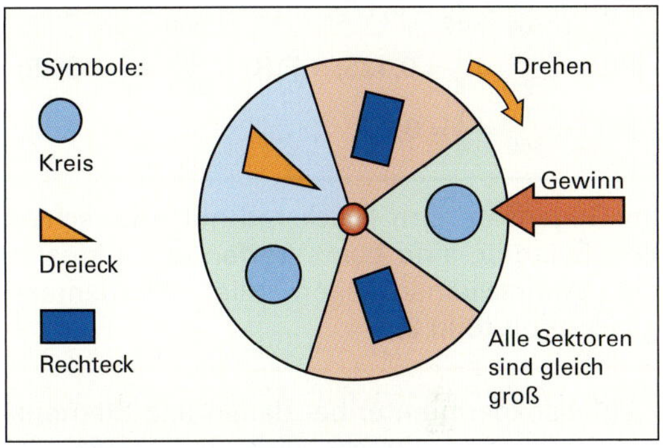

Bild 1: Glücksrad mit Symbolen

Beispiel 2: Wahrscheinlichkeiten

Berechnen Sie die Wahrscheinlichkeiten P(E) und $P(\overline{E})$ für das Ereignis

E: Das Symbol hat keine Ecken.

Lösung:

$P(E) = P\{\text{Kreis}\} = \mathbf{0{,}4}$ und

$P(\overline{E}) = 1 - 0{,}4 = \mathbf{0{,}6}$

Die klassische Wahrscheinlichkeit erfolgt durch eine rein quantitative Berechnung mit

$$P = \frac{g}{m}.$$

Dagegen ergibt sich die statische Wahrscheinlichkeit aus statistischen Erhebungen oder aus Zufallsexperimenten, welche jeweils unendlich oft durchgeführt werden müssen. Letztendlich führen sowohl die klassische als auch die statistische Wahrscheinlichkeit zum gleichen Ergebnis.

Der Ursprung der klassischen Wahrscheinlichkeit geht auf die Mathematiker Fermat[1] und Pascal[2] zurück, die von einem Adligen beauftragt waren, Gewinnchancen bei Würfelspielen zu berechnen.

[1] Pierre de Fermat, franz. Mathematiker, 1601–1665

[2] Blaise Pascal, franz. Mathematiker, 1623–1662

Das Glücksrad aus **Bild 1** hat fünf Sektoren mit verschiedenen Vierecken (Symbolen). Die Ergebnismenge S enthält die Elementarereignisse Parallelogramm (P), Quadrat (Q), Drachen (D), Rechteck (R) und Trapez (T):

$$S = \{P; Q; D; R; T\}$$

Obwohl jedes Viereck nur einmal vorkommt, haben die fünf Elementarereignisse verschieden hohe Wahrscheinlichkeiten, weil die Sektoren unterschiedlich groß sind. Zur Berechnung der Wahrscheinlichkeiten muss für die Zahl g die Anzahl der günstigen Winkeleinheiten gewählt werden und für die Zahl m die Zahl der möglichen Winkeleinheiten, also 360.

Beispiel 1: Elementarereignisse

Berechnen Sie für das Glücksrad aus **Bild 1** die Wahrscheinlichkeiten der Elementarereignisse.

Lösung:

$P(P) = \frac{63}{360} = \frac{7}{40} = \mathbf{0{,}175}$; $P(Q) = \frac{72}{360} = \frac{1}{5} = \mathbf{0{,}2}$;

$P(D) = \frac{45}{360} = \frac{1}{8} = \mathbf{0{,}125}$; $P(R) = \frac{90}{360} = \frac{1}{4} = \mathbf{0{,}25}$;

$P(T) = \frac{90}{360} = \frac{1}{4} = \mathbf{0{,}25}$

Im Gegensatz zum Glücksrad mit unterschiedlich großen Sektoren sind beim Werfen eines idealen Würfels die Wahrscheinlichkeiten aller Elementarereignisse gleich groß **(Bild 2)**.

Zufallsexperimente, bei denen alle Elementarereignisse gleich wahrscheinlich sind, heißen Laplace[1]-Experimente.

Wird zum Werfen ein nichtidealer Würfel verwendet, der bewusst so manipuliert ist, dass die Wahrscheinlichkeiten P(1) bis P(6) verschieden sind, liegt kein Laplace-Experiment mehr vor **(Tabelle 1)**.

8.5.1 Wahrscheinlichkeit von verknüpften Elementarereignissen

Für den Wurf eines manipulierten Würfels gilt z. B.:

$P(1) = \frac{1}{18}$, $P(2) = P(3) = P(4) = P(5) = \frac{1}{9}$ und $P(6) = \frac{1}{2}$.

Es gelten die beiden Ereignisse:

E_1: Die Augenzahl ist gerade.

E_2: Die Augenzahl ist kleiner als drei.

Beispiel 2: Verknüpfte Elementarereignisse

Berechnen Sie die Wahrscheinlichkeiten der Ereignisse E_1 und E_2.

Lösung:

$$P(E_1) = P(\{2\} \cup \{4\} \cup \{6\}) = P(2) + P(4) + P(6)$$
$$= \frac{1}{9} + \frac{1}{9} + \frac{1}{2} = \frac{2+2+9}{18} = \frac{13}{18} = \mathbf{0{,}7\overline{2}}$$
$$P(E_2) = P(\{1\} \cup \{2\}) = P(1) + P(2)$$
$$= \frac{1}{18} + \frac{1}{9} = \frac{3}{18} = \frac{1}{6} = \mathbf{0{,}1\overline{6}}$$

[1] Pierre-Simon Marquis de Laplace, franz. Mathematiker und Astronom, 1749–1827

für g gleiche Ergebnisse:	für m verschiedene Ergebnisse:
$P(e) = \frac{g}{m}$	$P(e) = \frac{1}{m}$
$P(e_1 \vee e_2) = P(e_1) + P(e_2)$	$P(e_1 \wedge e_2) = 0$

P(e) Wahrscheinlichkeit eines Elementarereignisses {e}

g Anzahl aller günstigen Fälle für ein Ergebnis e

m Anzahl aller möglichen Fälle für ein Ergebnis e

$\vee$; $\wedge$ Operatoren ODER; UND (bei Mengen $\cup$; $\cap$)

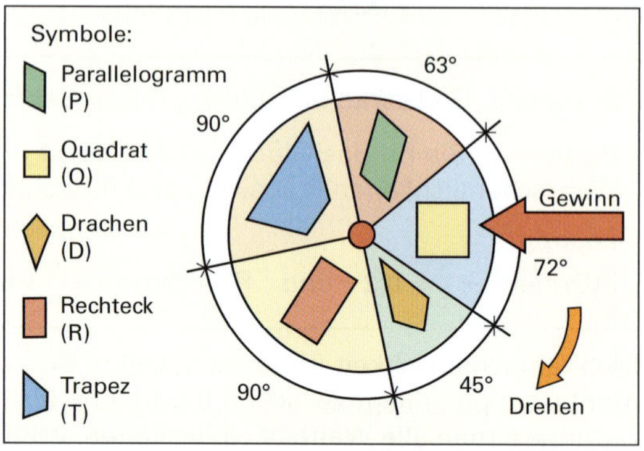

Bild 1: Glücksrad mit unterschiedlichen Sektoren

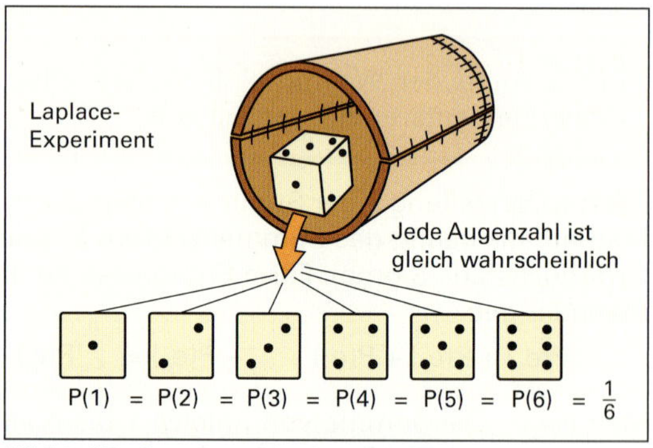

Bild 2: Werfen eines idealen Würfels

Tabelle 1: Arten von Experimenten

Art	Beispiel
Laplace-Experiment	Werfen eines idealen Würfels.
	Drehen eines Glücksrades mit gleich großen Sektoren.
kein Laplace-Experiment	Werfen eines manipulierten Würfels.
	Drehen eines Glücksrades mit verschieden großen Sektoren.

Da die Elementarereignisse verschiedene einzelne Ergebnisse enthalten, ist ihre Schnittmenge die leere Menge { }. Deren Wahrscheinlichkeit ist null:

$$P(\{e_1\} \cap \ldots \cap \{e_n\}) = P(e_1 \wedge e_2 \wedge \ldots \wedge e_n)$$
$$= P(\{\}) = 0.$$

8.5.2 Wahrscheinlichkeit von verknüpften Ereignissen

Für das Drehen des Glücksrades aus Bild 1, vorhergehende Seite, werden zwei Ereignisse festgelegt:

E_1: Das Viereck hat parallele Seitenpaare.

E_2: Das Viereck hat mindestens zwei spitze Winkel (< 90°).

Beispiel 1: Venn-Diagramm

a) Zeichnen Sie ein Venn-Diagramm für E_1 und E_2.

b) Berechnen Sie die Wahrscheinlichkeiten $P(E_1)$ und $P(E_2)$.

Lösung:

a) **Bild 1.**

b) $P(E_1) = P(P) + P(Q) + P(R) = 0{,}175 + 0{,}2 + 0{,}25$

$P(E_1) = \mathbf{0{,}625}$

$P(E_2) = P(P) + P(T) = 0{,}175 + 0{,}25 = \mathbf{0{,}425}$

Das Venn-Diagramm zeigt, dass das Element Parallelogramm (P) in beiden Ereignissen E_1 und E_2 vorkommt, d. h. es bildet die Schnittmenge der beiden Ereignisse.

$$E_1 \cap E_2 = \{P; Q; R\} \cap \{P; T\} = \{P\}$$

Für die Wahrscheinlichkeit der Schnittmenge gilt:

$$P(E_1 \cap E_2) = P(\text{Parallelogramm}) = P(P) = 0{,}175.$$

Beispiel 2: Vereinigungsmenge

Bilden Sie a) die Vereinigungsmenge $E_1 \cup E_2$ und berechnen Sie b) deren Wahrscheinlichkeit.

Lösung:

a) Vereinigungsmenge: $E_1 \cup E_2 = \mathbf{\{P; Q; R; T\}}$.

b) In der Vereinigungsmenge kommt das Element Parallelogramm P nur einmal vor. Würde man bei der Berechnung von $P(E_1 \cup E_2)$ die Wahrscheinlichkeiten der Einzelereignisse $P(E_1) = 0{,}625$ und $P(E_2) = 0{,}425$ nur addieren, so würde die Wahrscheinlichkeit P(Parallelogramm) doppelt gewertet werden und ein Gesamtwert für $P(E_1 \cup E_2)$ von größer als 1 entstehen.

Deshalb gilt:

$P(E_1 \cup E_2) = P(\{P; Q; R\}) + P(\{P; T\}) - P(P)$

$= 0{,}625 + 0{,}425 - 0{,}175 = \mathbf{0{,}875}$

Allgemein formuliert gilt der Additionssatz:

$$P(E_1 \cup E_2) = P(E_1) + P(E_2) - P(E_1 \cap E_2)$$

Auf das Subtrahieren der Wahrscheinlichkeit $P(E_1 \cap E_2)$ kann nur dann verzichtet werden, wenn die Ereignisse E_1 und E_2 keine Schnittmenge haben.

Die Wahrscheinlichkeit der Vereinigungsmenge zweier Ereignisse ist die Summe der Wahrscheinlichkeiten der Einzelereignisse abzüglich der Wahrscheinlichkeit ihrer Schnittmenge.

$P(E_1 \cap E_2) \leq P(E_1)$ $\quad$ $P(E_1 \cap E_2) \leq P(E_2)$

Satz von [1]Sylvester = Additionssatz:

$$P(E_1 \cup E_2) = P(E_1) + P(E_2) - P(E_1 \cap E_2)$$

P Wahrscheinlichkeit
E Ereignis
∩ Schnittmengenoperator
∪ Vereinigungsmengenoperator

$0 \leq P(E) \leq 1$

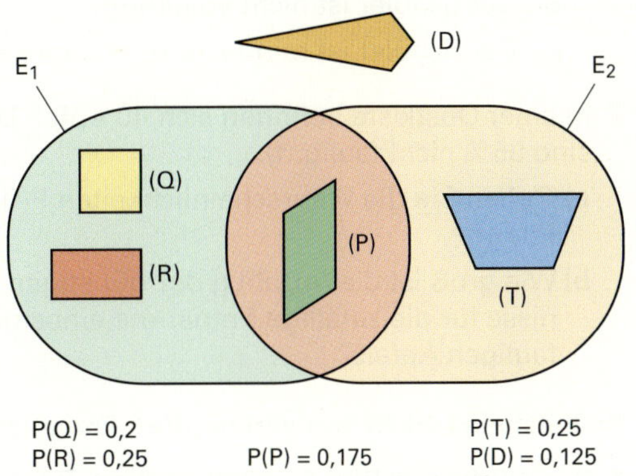

Bild 1: Venn-Diagramm für das Glücksrad mit unterschiedlichen Sektoren

Die Wahrscheinlichkeit der Restmenge {D} ist die Wahrscheinlichkeit des Gegenereignisses. Für Bild 1 gilt:

$P(D) = P(\overline{E_1 \cup E_2}) = 1 - P(E_1 \cup E_2) = 1 - 0{,}875$
$= 0{,}125.$

Beispiel 3: Satz von Sylvester

Für das Glücksrad aus Bild 1, vorhergehende Seite gelten die Ereignisse

E_1: Das Viereck hat mindestens ein paralleles Seitenpaar.

E_2: Das Viereck hat mindestens einen stumpfen Winkel.

Berechnen Sie $P(E_1 \cup E_2)$.

Lösung:

$E_1 = \{P; Q; R; T\}$ und $E_2 = \{D; P; T\}$

$P(E_1) = 1 - P(D) = 1 - 0{,}125 = 0{,}875$

$P(E_2) = 0{,}125 + 0{,}175 + 0{,}25 = 0{,}55$

$E_1 \cap E_2 = \{P; T\}$

$P(E_1 \cap E_2) = 0{,}175 + 0{,}25 = 0{,}425$

Satz von Sylvester:

$P(E_1 \cup E_2) = P(E_1) + P(E_2) - P(E_1 \cap E_2)$

$P(E_1 \cup E_2) = 0{,}875 + 0{,}55 - 0{,}425 = 1$

$E_1 \cup E_2$ tritt immer ein.

[1] James Joseph Sylvester, englischer Mathematiker, 1814–1897

Überprüfen Sie Ihr Wissen!

Beispielaufgaben

Klassische Wahrscheinlichkeit

1. In einer Schulklasse befinden sich 3 Achtzehnjährige, 15 Siebzehnjährige und 12 Sechzehnjährige.
   a) Geben Sie die Ergebnismenge S an.
   b) Berechnen Sie für die zufällige Auswahl eines Schülers die Wahrscheinlichkeiten P(18), P(17) und P(16).
   c) Bestimmen Sie die Wahrscheinlichkeiten P(E) für die Ereignisse:
      E_1: Der Schüler ist nicht volljährig.
      E_2: Der Schüler ist mindestens 17 Jahre alt.

2. In einer Obstkiste befinden sich 40 Äpfel. Davon sind 95 % nicht faulig ($\bar{f}$).
   a) Geben Sie die Wahrscheinlichkeiten P($\bar{f}$) und P(f) an.
   b) Wie groß ist die Anzahl g der günstigen Ergebnisse für die zufällige Entnahme eines nicht fauligen Apfels?

Wahrscheinlichkeit von verknüpften Ereignissen

1. Der Würfel aus **Bild 1** ist manipuliert. Berechnen Sie die Wahrscheinlichkeiten P(2) bis P(5).

2. Für den manipulierten Würfel aus Bild 1 sind folgende Ereignisse festgelegt:
   E_1: Die Augenzahl ist ungerade.
   E_2: Die Augenzahl ist größer als zwei.
   Bilden Sie die Wahrscheinlichkeiten:
   a) P(E_1) b) P(E_2)
   c) P($E_1 \cap E_2$) d) P($E_1 \cup E_2$)
   e) P($E_1 \cup E_2$) f) P(E_1)
   g) P($E_1 \cap E_2$) h) P($E_1 \cup E_2$)

Übungsaufgaben

1. Ein Sportlehrer geht mit einer Klasse von 28 Schülern ins Schwimmbad. Vier Schüler können nicht schwimmen. Der erste Schüler kommt aus der Umkleidekabine zum Becken. Mit welcher Wahrscheinlichkeit ist er Nichtschwimmer.

2. An einem Berufsschulzentrum mit 1771 Schülern besuchen 253 das Technische Gymnasium. Ein Schüler kommt ins Lehrerzimmer. Wie groß ist die Wahrscheinlichkeit, dass er nicht das Technische Gymnasium besucht.

3. Eine Umfrage ergab die Wahrscheinlichkeit von 0,218 für den Besitz eines eigenen PCs bei Zwölfjährigen. Wie groß ist die Wahrscheinlichkeit, dass ein Zwölfjähriger keinen PC besitzt.

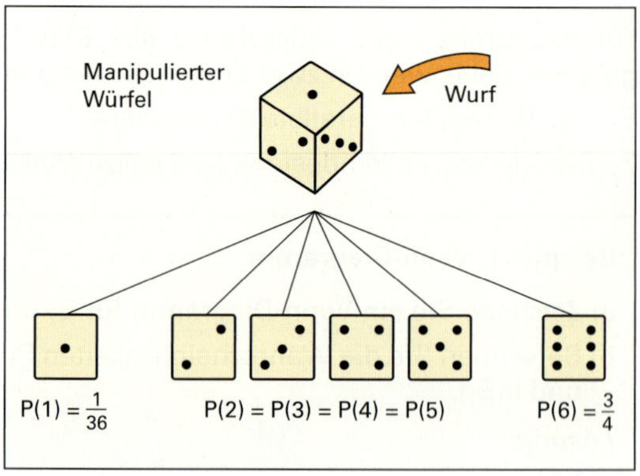

Bild 1: Nichtidealer Würfel

4. Eine statistische Erhebung unter allen Erwachsenen eines Ortes ergab, dass es 5-mal so viele Nichtraucher gibt wie es Raucher gibt.
   a) Wie groß ist die Wahrscheinlichkeit, dass ein Erwachsener nicht raucht?
   b) Wie viele erwachsene Einwohner hat der Ort, wenn davon 845 rauchen?

5. Eine Firma fertigt monatlich 30 000 Chips für Handys. Der Ausschuss beträgt 7 %.
   a) Wie groß ist die Wahrscheinlichkeit, dass ein Chip nicht defekt ist?
   b) Wie viele funktionsfähige Chips werden von der Firma im Jahr hergestellt?

Lösungen Beispielaufgaben

Klassische Wahrscheinlichkeit

1. a) S = {18; 17; 16}
   b) P(18) = 0,1; P(17) = 0,5; P(16) = 0,4
   c) P(E_1) = 0,9; P(E_2) = 0,6

2. a) P($\bar{f}$) = 0,95; P(f) = 0,05
   b) g = 38

Wahrscheinlichkeit von verknüpften Ereignissen

1. P(2) = P(3) = P(4) = P(5) = $0,0\bar{5}$

2. a) $0,13\bar{8}$ b) $0,91\bar{6}$ c) $0,\bar{1}$
   d) $0,9\bar{4}$ e) $0,0\bar{5}$ f) $0,86\bar{1}$
   g) $0,80\bar{5}$ h) $0,97\bar{2}$

Lösungen Übungsaufgaben

1. $\frac{1}{7}$ 2. $\frac{6}{7}$ 3. 0,782

4. a) $\frac{5}{6}$ b) 5070

5. a) 0,93 b) 334 800

6. In einem Geldbeutel befinden sich die in **Bild 1** abgebildeten Münzen aus vier Ländern der europäischen Währungsunion. Eine Münze wird entnommen. Berechnen Sie die Wahrscheinlichkeiten für folgende Ereignisse.

E_1: Die Münze ist aus Deutschland.

E_2: Die Münze ist nicht aus Frankreich.

E_3: Die Münze ist aus Italien oder Belgien.

E_4: Die Münze ist aus Deutschland und Frankreich.

E_5: Sie ist eine 2-Euromünze aber nicht aus Belgien.

E_6: Sie ist keine 1-Euromünze und nicht aus Italien.

E_7: Sie ist weder eine 10-Cent-Münze noch aus Belgien.

E_8: Sie ist eine 2-Cent-Münze und aus Frankreich.

E_9: Ihr Wert ist mindestens 20 Cent und weniger als 2 Euro.

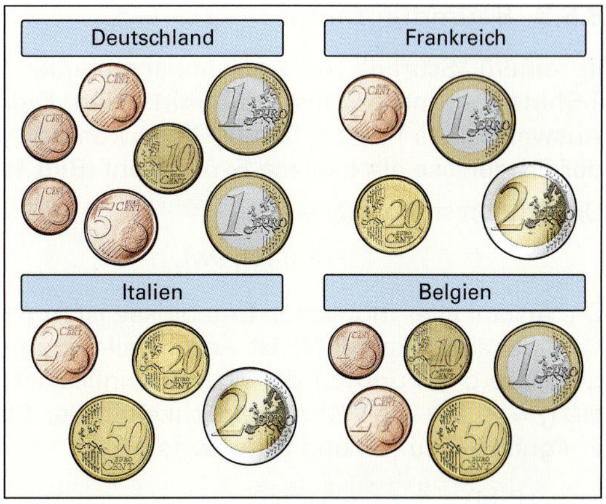

Bild 1: Münzen der Euro-Zone in einem Geldbeutel

7. In einem Schrank stehen 8 braune und 6 blaue Cappuccino-Tassen sowie 6 braune und 4 blaue Espresso-Tassen. Die Häufigkeiten zeigt die Vierfeldertafel in **Bild 2.** Für die Entnahme einer Tasse werden folgende Ereignisse definiert:

E_1: Sie ist braun. E_3: Sie ist für Cappuccino.

E_2: Sie ist blau. E_4: Sie ist für Espresso.

Berechnen Sie folgende Wahrscheinlichkeiten.

a) $P(E_1 \cap E_3)$, **b)** $P(E_2 \cap E_4)$,

c) $P(E_1)$, **d)** $P(E_2)$,

e) $P(E_4)$, **f)** $P(\overline{E}_3)$,

g) $P(E_1 \cup E_3)$, **h)** $P(E_2 \cup E_4)$,

i) $P(\overline{E}_1 \cap E_3)$, **j)** $P(\overline{E}_1 \cap \overline{E}_3)$,

k) $P(E_1 \cap E_2)$, **l)** $P(\overline{E_1 \cap E_4})$,

m) $P(\overline{E_1 \cup E_2})$

Tassen	Cappuccino (C)	Espresso (E)	Summe
braun (br)	8 	6 	14
blau(bl)	6 	4 	10
Summe	14	10	24

Bild 2: Vierfeldertafel für die Häufigkeit von Tassen

8. Berechnen Sie beim einmaligen Würfeln die Wahrscheinlichkeiten der Gegenereignisse von den Ereignissen

E_1: Die Augenzahl ist höchstens 4.

E_2: Die Augenzahl ist größer als 3.

E_3: Die Augenzahl ist mindestens 5.

E_4: Die Augenzahl ist kleiner als 5.

9. Ein Schreibwarengeschäft führt beige-braune (br) und weiße (ws) Briefumschläge für DIN A4 und C4. Für die zufällige Entnahme eines Päckchens mit Umschlägen gelten die Wahrscheinlichkeiten $P(A4) = \frac{3}{4}$, $P(ws) = \frac{2}{5}$, $P(A4 \vee ws) = \frac{4}{5}$.

a) Berechnen Sie die Wahrscheinlichkeit $P(A4 \wedge ws)$.

b) Zeichnen Sie ein Diagramm mit den Häufigkeiten, wenn es 21 Päckchen mit weißen Umschlägen für DIN A4 gibt.

Umschläge	braun	weiß	Summe
A4	24	21	45
C4	12	3	15
Summe	36	24	60

Bild 3: Vierfeldertafel Umschläge

Lösungen Übungsaufgaben

6. $P(E_1) = \frac{7}{20} = 0{,}35$; $P(E_2) = \frac{4}{5} = 0{,}8$;
$P(E_3) = \frac{9}{20} = 0{,}45$; $P(E_4) = \frac{0}{20} = 0$;
$P(E_5) = \frac{2}{20} = 0{,}1$; $P(E_6) = \frac{3}{5} = 0{,}6$;
$P(E_7) = \frac{7}{10} = 0{,}7$; $P(E_8) = \frac{1}{20} = 0{,}05$;
$P(E_9) = \frac{2}{5} = 0{,}4$

7. a) $\frac{1}{3}$ **b)** $\frac{1}{6}$ **c)** $\frac{7}{12}$ **d)** $\frac{5}{12}$
e) $\frac{5}{12}$ **f)** $\frac{5}{12}$ **g)** $\frac{5}{6}$ **h)** $\frac{2}{3}$
i) $\frac{1}{4}$ **j)** $\frac{1}{6}$ **k)** 0 **l)** $\frac{3}{4}$
m) 0

8. $P(\overline{E}_1) = \frac{1}{3} = 0{,}\overline{3}$; $P(\overline{E}_2) = \frac{1}{2} = 0{,}5$;
$P(\overline{E}_3) = \frac{1}{3} = 0{,}\overline{3}$; $P(\overline{E}_4) = \frac{2}{3} = 0{,}\overline{6}$

9. a) $\frac{7}{20}$ **b) Bild 3**

8.5.3 Baumdiagramm

In einem Schrank hängen nebeneinander 4 blaue T-Shirts (bl) und 2 schwarze T-Shirts (sw). Die zufällige Auswahl eines T-Shirts ist bei Gleichwahrscheinlichkeit der Ergebnisse ein Laplace-Experiment **(Bild 1)**.

Die Ergebnismenge S lautet:

$$S = \{bl;\ sw\}.$$

Die Anzahl aller möglichen Ergebnisse ist m = 6. Für die Wahrscheinlichkeit P(bl) ist Anzahl aller günstigen Ergebnisse g = 4 und für die Wahrscheinlichkeit P(sw) ist sie g = 2. Für die Wahrscheinlichkeiten der Elementarereignisse Blau (bl) und Schwarz (sw) gilt:

$$P(bl) = \frac{g}{m} = \frac{4}{6} = \frac{2}{3} = 0{,}\overline{6}$$

$$P(sw) = \frac{g}{m} = \frac{2}{6} = \frac{1}{3} = 0{,}\overline{3}$$

oder $P(sw) = 1 - P(bl) = 1 - \frac{2}{3} = \frac{1}{3} = 0{,}\overline{3}$

Mit den aus der Formel $P(e) = \frac{g}{m}$ berechneten Wahrscheinlichkeiten lässt sich die Wahrscheinlichkeitsverteilung in einem Baumdiagramm darstellen **(Bild 2)**.

In einem Baumdiagramm führen die Pfade jeweils zu einem der Elementarereignisse und werden mit deren Wahrscheinlichkeit beschriftet.

Beispiel 1: Zoohandlung

In einer Zoohandlung entnimmt die Verkäuferin aus einer Gruppe von Meerschweinchen zufällig ein Tier. Die Wahrscheinlichkeitsverteilung des Geschlechts zeigt **Bild 3.** Die Verkäuferin sagt zur Kundin: „In der Gruppe gibt es zwei Weibchen mehr, als es Männchen hat." Berechnen Sie

a) die Anzahl der weiblichen Tiere in der Gruppe.

b) die Anzahl der männlichen Tiere in der Gruppe.

c) die Anzahl aller Tiere.

Lösung:

Die Anzahl der Weibchen (günstige Fälle weiblich) ist g_w.

Die Anzahl der Männchen (günstige Fälle männlich) ist g_m. Es gilt: $g_m = g_w - 2$. Damit ist die Anzahl aller Tiere (alle mögliche Fälle m):

$$m = g_w + g_m = g_w + (g_w - 2) = 2g_w - 2.$$

a) Für die Wahrscheinlichkeit der Entnahme eines weiblichen Tieres gilt:

$$P(w) = \frac{4}{7} \quad \text{und} \quad P(w) = \frac{g_w}{m} = \frac{g_w}{2g_w - 2}$$

Gleichsetzen: $\frac{4}{7} = \frac{g_w}{2g_w - 2}$ $\quad | \cdot 7(2g_w - 2)$

$4(2g_w - 2) = 7g_w$ $\quad |$ Ausmultiplizieren

$8g_w - 8 = 7g_w$ $\quad | -7g_w + 8$

$g_w = \mathbf{8}$

b) $g_m = g_w - 2 \Leftrightarrow g_m = \mathbf{6}$

c) $m = g_m + g_w \Leftrightarrow m = \mathbf{14}$

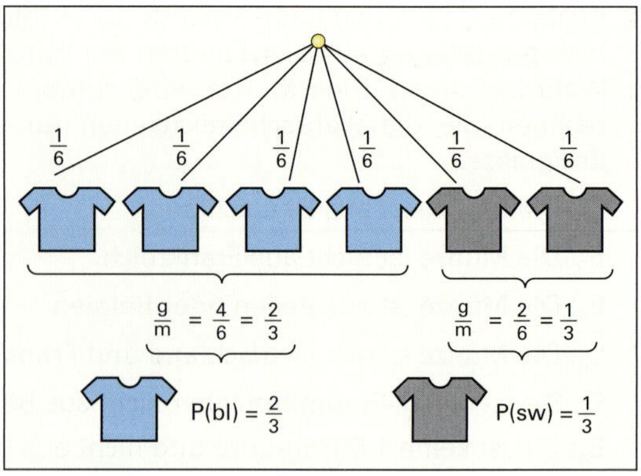

Bild 1: Auswahl eines T-Shirts

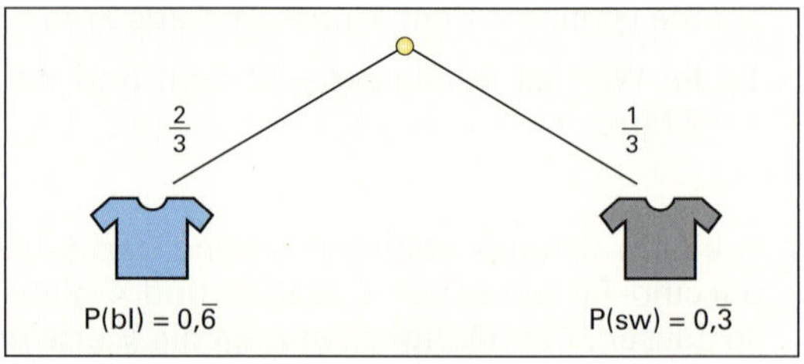

Bild 2: Baumdiagramm zu Bild 1

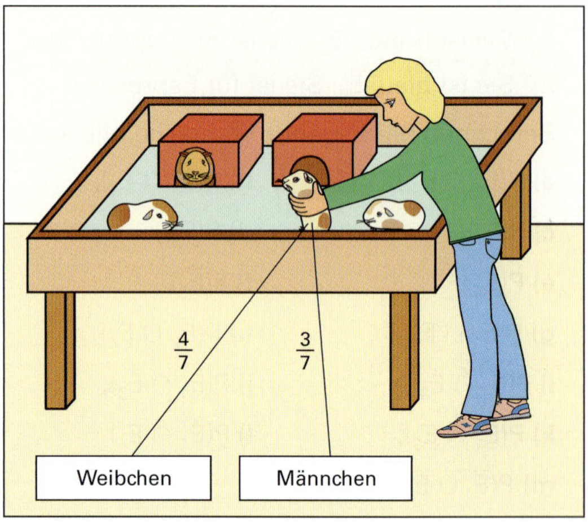

Bild 3: Entnahme eines Meerschweinchens

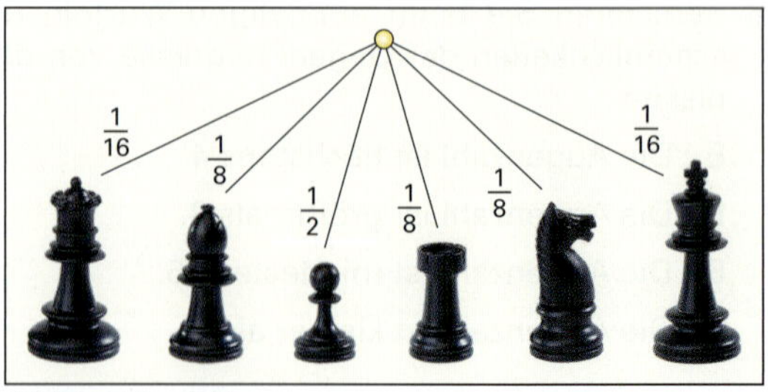

Bild 4: Schachfiguren

Ein Baumdiagramm enthält immer alle möglichen Verzweigungen, sodass man sieht, wie die Wahrscheinlichkeiten auf die einzelnen Elementarereignisse verteilt sind, z. B. bei der blinden Auswahl einer Schachfigur **(Bild 4)**. Da die Wahrscheinlichkeiten im Baumdiagramm relative oder prozentuale Größenangaben sind, lässt sich nur mit dem Baumdiagramm kein Rückschluss auf die Anzahl aller Ergebnisse bilden.

8.5.4 Pfadregeln bei mehrstufigen Zufallsexperimenten

Beispiel 1: Autoverleih

Auf dem Hof eines Autovermieters stehen 2 rote und 4 blaue Autos **(Bild 1)**. Ein Kunde leiht an zwei aufeinander folgenden Tagen je ein Auto von morgens bis abends aus. Die Farbwahl erfolgt zufällig durch den Autovermieter. Erstellen Sie ein Baumdiagramm für die Wahrscheinlichkeit der Farbkombinationen an den zwei Tagen und geben Sie die Wahrscheinlichkeitsverteilung an.

Lösung: **Bild 2**

Da das erste Auto abends wieder zurückgegeben wird, wählt der Autovermieter beide Male aus der Menge von 6 Autos aus. Die Wahrscheinlichkeiten pro Tag betragen somit immer: $P(rt) = \frac{2}{6} = \frac{1}{3}$ und $P(bl) = \frac{4}{6} = \frac{2}{3}$.

Die Wahrscheinlichkeiten P(rt, rt), P(rt, bl), P(bl, rt) und P(bl, bl) für beide Tage erhält man durch Multiplikation der Wahrscheinlichkeiten je Tag.

Pfadmultiplikationsregel:

In einem Baumdiagramm ist die Wahrscheinlichkeit für ein Ergebnis gleich dem Produkt der Wahrscheinlichkeiten längs des dazugehörigen Pfades.

Für das Ereignis E_1: „Der Kunde hat am ersten Tag ein blaues Auto geliehen" erhält man folgende Wahrscheinlichkeit:

$$P(E_1) = P(e_3 \vee e_4) = P(bl, rt) + P(bl, bl) = \frac{2}{9} + \frac{4}{9} = \frac{6}{9} = \frac{2}{3}$$

Pfadadditionsregel:

In einem Baumdiagramm ist die Wahrscheinlichkeit für ein Ereignis gleich der Summe der Wahrscheinlichkeiten der in diesem Ereignis enthaltenen Ergebnisse.

Beispiel 2: Autoverkauf

Der Autovermieter verkauft nacheinander 2 der 6 Autos aus Bild 1 an einen Kollegen. Er wählt beides Mal die Autos zufällig aus. Erstellen Sie ein Baumdiagramm für die Wahrscheinlichkeit der Farbkombinationen und geben Sie die Wahrscheinlichkeitsverteilung an.

Lösung: **Bild 3**

Wenn das erste Auto verkauft ist, erfolgt die Auswahl des zweiten Autos nur noch aus 5 der ursprünglichen 6 Autos, die Wahrscheinlichkeiten im Baumdiagramm verändern sich.

Urnenmodell

Um die Berechnung der Wahrscheinlichkeiten bei Zufallsexperimenten zu vereinfachen, versucht man, deren Aufgabenstellungen auf das Urnenmodell zu übertragen **(Tabelle 1, folgende Seite)**.

$$P(e_1) = P_1 \cdot P_2 \cdot \ldots \cdot P_n$$

$$P(e_1 \vee e_2) = P(e_1) + P(e_2)$$

$P(e_1), P(e_2)$ Wahrscheinlichkeit der Ergebnisse e_1 und e_2

P_1, P_2, P_n Wahrscheinlichkeiten längs eines Pfades; $n \in \mathbb{N}$

$\vee$ logisches Oder

Bild 1: Autovermietung

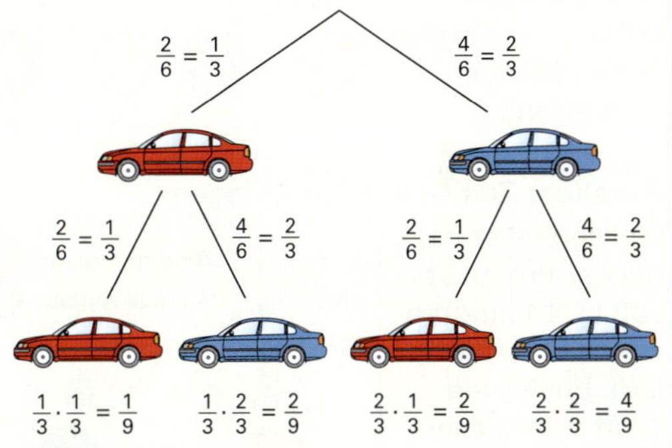

Wahrscheinlichkeitsverteilung

Ergebnis	e_1 = (rt, rt)	e_2 = (rt, bl)	e_3 = (bl, rt)	e_4 = (bl, bl)
P(e)	$\frac{1}{9}$	$\frac{2}{9}$	$\frac{2}{9}$	$\frac{4}{9}$

Bild 2: Zweimaliges Leihen mit Zurückgeben

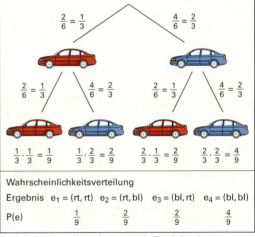

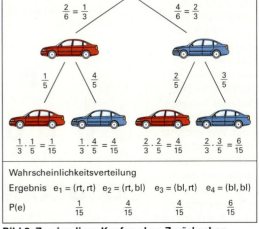

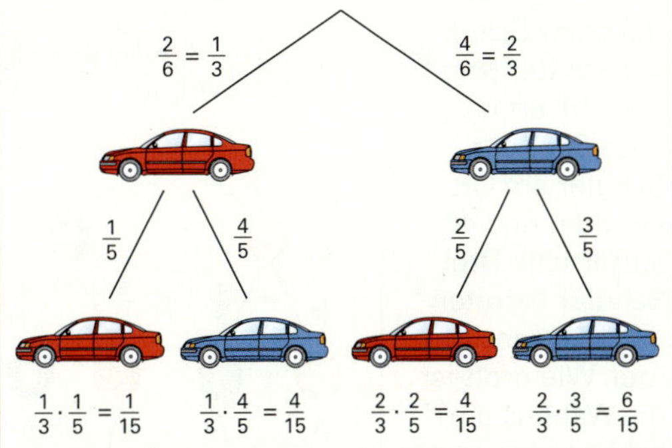

Wahrscheinlichkeitsverteilung

Ergebnis	e_1 = (rt, rt)	e_2 = (rt, bl)	e_3 = (bl, rt)	e_4 = (bl, bl)
P(e)	$\frac{1}{15}$	$\frac{4}{15}$	$\frac{4}{15}$	$\frac{6}{15}$

Bild 3: Zweimaliges Kaufen ohne Zurückgeben

Tabelle 1: Erklären von Zufallsexperimenten mit dem Urnenmodell

Zufallsexperiment	Urnenexperiment

1-maliges Ziehen

Zufallsexperiment: In einem Flughafen passieren 128 Koffer den Zoll. In 16 Koffern befinden sich meldepflichtige Waren. Der Zöllner öffnet einen Koffer. Mit welcher Wahrscheinlichkeit beinhaltet der Koffer meldepflichtige Ware?

Urnenexperiment:

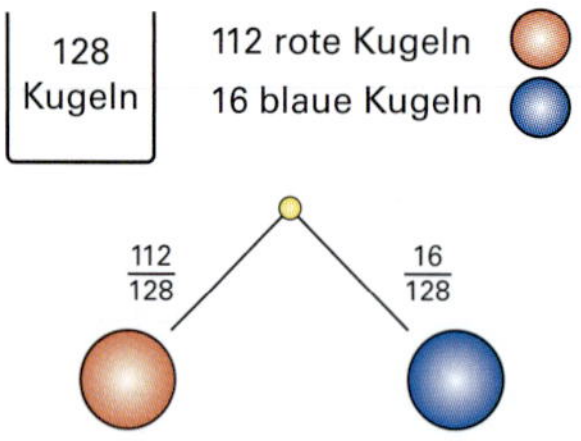

$P(bl) = \frac{16}{128} = \frac{1}{8} = 0{,}125$

2-maliges Ziehen ohne Zurücklegen

Zufallsexperiment: Ein Krankenhaus wird mit 50 Betten beliefert. Davon weisen 8 % Mängel auf. Zwei der Betten werden geprüft. Wie groß ist Wahrscheinlichkeit, dass beide Betten Mängel aufweisen?

Urnenexperiment:

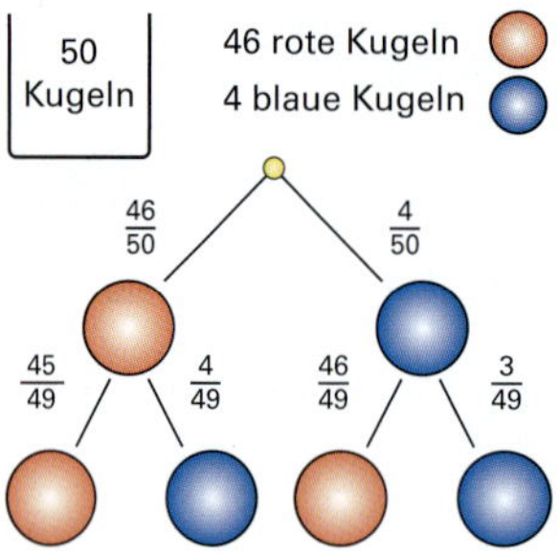

$P(bl, bl) = \frac{4}{50} \cdot \frac{3}{49} = \frac{12}{2450} = 0{,}0045$

2-maliges Ziehen mit Zurücklegen

Zufallsexperiment: Ein Hersteller hat bei der Produktion von LC-Monitoren 4 % mit Pixelfehlern. Ein Kunde kauft zwei dieser Monitore. Wie groß ist die Wahrscheinlichkeit, dass beide Monitore Pixelfehler aufweisen?

Urnenexperiment:

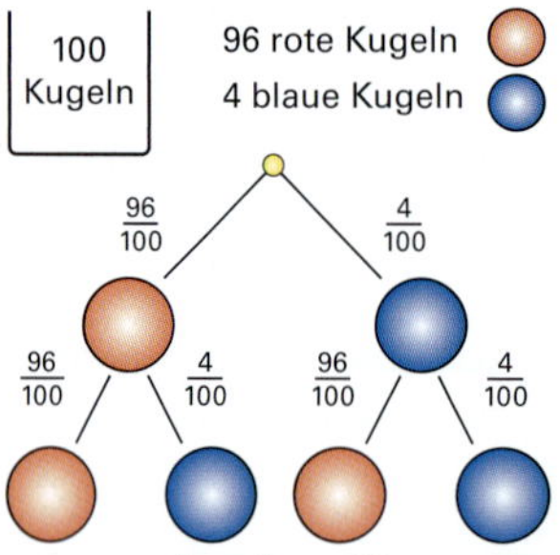

$P(bl, bl) = \frac{4}{100} \cdot \frac{4}{100} = \frac{16}{10000} = 0{,}0016$

3-maliges Ziehen mit Zurücklegen

Zufallsexperiment: Bei einer Schule wird in der Schulstatistik erfasst, dass 60 % der Schüler am Ort wohnen und 40 % außerhalb. Drei Schüler betreten das Klassenzimmer. Wie groß ist die Wahrscheinlichkeit, dass der erste und der dritte Schüler am Ort wohnen und der zweite außerhalb?

Urnenexperiment:

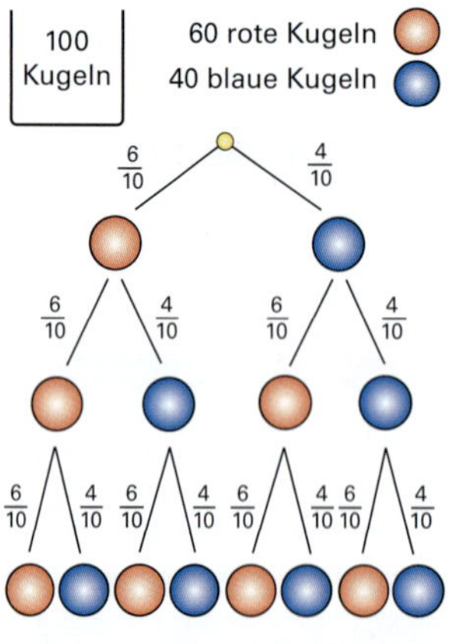

$P(rt, bl, rt) = \frac{6}{10} \cdot \frac{4}{10} \cdot \frac{6}{10} = \frac{144}{1000} = 0{,}144$

n-maliges Ziehen ohne Zurücklegen

Zufallsexperiment: Ein Skatblatt hat 32 Karten. Je 8 Karten haben die Farben Kreuz, Pik, Herz und Karo. Wie viele Karten kann man aufdecken, ohne dass die Wahrscheinlichkeit, dass alle Karten von der Farbe Herz (rot) sind, unter 5 % sinkt?

Hinweis:

Da das Aufstellen einer Gleichung sehr kompliziert ist, erfolgt ein schrittweises (stufenweises) Berechnen der Wahrscheinlichkeiten.

Urnenexperiment:

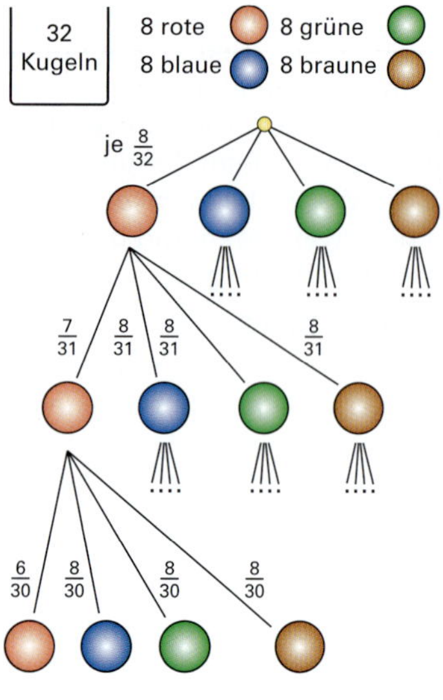

n = 1: $P(rt) = \frac{8}{32} = 0{,}25 > 5\,\%$

n = 2: $P(rt, rt) = \frac{8}{32} \cdot \frac{7}{31} = 0{,}0565 > 5\,\%$

n = 3: $P(rt, rt, rt) = \frac{8}{32} \cdot \frac{7}{31} \cdot \frac{6}{30} = 0{,}011$

$P(rt, rt, rt) < 5\,\%$

⇒ Lösung: n = 2

n-maliges Ziehen mit Zurücklegen

Zufallsexperiment: Wie oft muss man mindestens würfeln, um sagen zu können, dass mit mindestens 90-prozentiger Wahrscheinlichkeit mindestens einmal die Augenzahl 6 dabei gewesen ist?

1. Hinweis:

Über das Gegenereignis „Würfeln keiner Sechs $(\bar{6})$“ lässt sich eine Gleichung mit n im Exponenten aufstellen. Die Zahl n kann dann durch Logarithmieren der Gleichung berechnet werden.

2. Hinweis:

Teilt man eine Ungleichung durch einen negativen Wert, z. B. $\lg \frac{5}{6}$, ändert sich der Ungleichungsoperator.

Urnenexperiment:

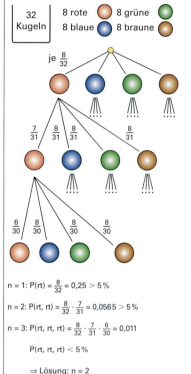

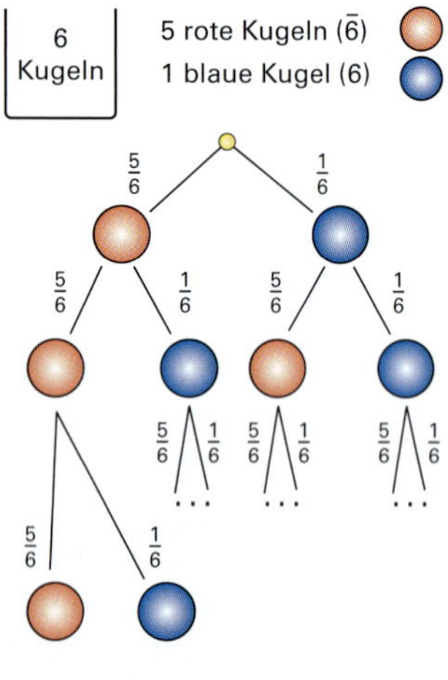

Das Würfeln des Gegenereignisses darf nur eine Wahrscheinlichkeit von höchstens 10 % = 0,1 haben.

$\Rightarrow \left(\frac{5}{6}\right)^n < 0{,}1 \quad | \lg$

$\lg \left(\frac{5}{6}\right)^n < \lg 0{,}1$

$n \cdot \lg \frac{5}{6} < \lg 0{,}1 \quad | : \lg \frac{5}{6}$

$n \geq \frac{\lg 0{,}1}{\lg \frac{5}{6}}$

$n \geq 12{,}63$

⇒ Lösung: n = 13

Überprüfen Sie Ihr Wissen!

Beispielaufgaben

Baumdiagramm

1. Beim Aufrufen eines Schülers aus einer Klasse mit m Schülern ist die Wahrscheinlichkeit für die Religionszugehörigkeit katholisch $P(ka) = \frac{1}{2}$ und für muslimisch $P(mu) = \frac{1}{6}$. Es befinden sich noch 8 evangelische Schüler (ev) in der Klasse.

a) Berechnen Sie für das Aufrufen die Wahrscheinlichkeit P(ev) und zeichnen Sie ein Baumdiagramm.

b) Wie viele katholische Schüler sind in der Klasse?

Übungsaufgaben

1. Acht Schüler fertigen eine Projektarbeit an. Das Team besteht aus 3 Schülerinnen (w) und 5 Schülern (m). Sie losen zuerst den Teamleiter und danach dessen Stellvertreter aus.

a) Zeichnen Sie für die Auslosung ein Baumdiagramm für das Geschlecht und geben Sie die Wahrscheinlichkeitsverteilung an.

b Welches Urnenexperiment liegt vor?

c) Zwei Ereignisse werden festgelegt.

E_1: Der Teamleiter ist weiblich.

E_2: Die Ausgelosten sind unterschiedlichen Geschlechts.

Bestimmen Sie $P(E_1)$, $P(E_2)$, $P(E_1 \cap E_2)$.

d) Bestimmen Sie die Wahrscheinlichkeit $P(E_1 \cup E_2)$ mithilfe des Baumdiagramms.

e) Berechnen Sie die Wahrscheinlichkeit $P(E_1 \cup E_2)$ mithilfe des Additionssatzes (Satz von Sylvester).

2. In einer Bäckerei werden Krapfen frittiert und mit Marmelade gefüllt. Jeder dritte Krapfen ist mit Orangenmarmelade (or) gefüllt, der Rest mit roter Erdbeermarmelade (rt). Johanna kauft drei Krapfen und isst sie nacheinander, um zu sehen, wie diese gefüllt sind.

a) Zeichnen Sie ein Baumdiagramm und geben Sie die Wahrscheinlichkeitsverteilung an.

b) Welches Urnenexperiment liegt vor?

c) Drei Ereignisse werden festgelegt.

E_1: Mindestens zwei Krapfen sind mit Orangenmarmelade gefüllt.

E_2: Alle drei Krapfen haben dieselbe Füllung.

E_3: Nur ein Krapfen ist mit Erdbeermarmelade gefüllt.

Bestimmen Sie $P(E_1)$, $P(E_2)$ und $P(E_3)$.

d) Bestimmen Sie $P(E_1 \cap E_2)$, $P(E_2 \cap E_3)$, $P(E_1 \cap E_3)$.

e) Bestimmen Sie $P(E_1 \cup E_2)$, $P(E_2 \cup E_3)$, $P(E_1 \cup E_3)$ mithilfe des Baumdiagramms.

f) Bestimmen Sie $P(E_1 \cup E_2)$, $P(E_2 \cup E_3)$, $P(E_1 \cup E_3)$ mithilfe des Additionssatzes (Satz von Sylvester).

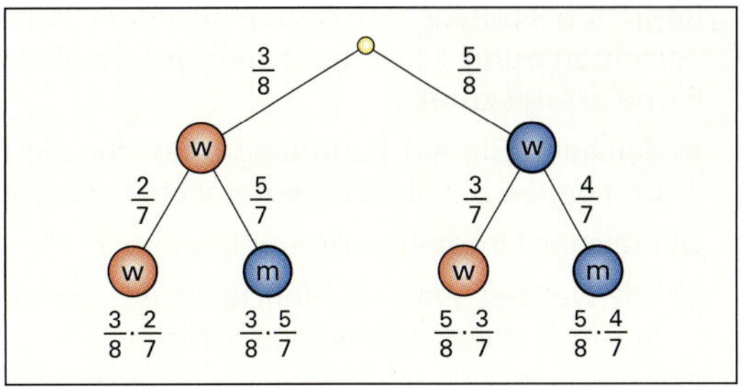

Bild 1

Lösungen Beispielaufgaben

Baumdiagramm

1. a) $P(ev) = \frac{1}{3}$;
Diagramm siehe Lösungsbuch.

b) $g_{ka} = 12$

Lösungen Übungsaufgaben

1. a) Diagramm siehe **Bild 1.**

$P(w, w) = \frac{3}{28}$; $P(w, m) = \frac{15}{56}$;

$P(m, w) = \frac{15}{56}$; $P(m, m) = \frac{5}{14}$

b) 2-maliges Ziehen ohne Zurücklegen

c) $P(E_1) = \frac{21}{56}$; $P(E_2) = \frac{15}{28}$;

$P(E_1 \cap E_2) = \frac{15}{56}$

d) $P(E_1 \cup E_2) = \frac{9}{14}$

e) $P(E_1 \cup E_2) = \frac{9}{14}$

2. a) Diagramm siehe Lösungsbuch;

$P(or, or, or) = \frac{1}{27}$;

$P(or, or, rt) = P(or, rt, or) = \frac{2}{27}$;

$P(or, rt, rt) = \frac{4}{27}$;

$P(rt, or, or) = \frac{2}{27}$;

$P(rt, or, rt) = P(rt, rt, or) = \frac{4}{27}$;

$P(rt, rt, rt) = \frac{8}{27}$

b) 3-maliges Ziehen mit Zurücklegen

c) $P(E_1) = \frac{7}{27}$; $P(E_2) = \frac{1}{3}$;

$P(E_3) = \frac{2}{9}$

d) $P(E_1 \cap E_2) = \frac{1}{27}$; $P(E_2 \cap E_3) = 0$;

$P(E_1 \cap E_3) = \frac{2}{9}$

e, f) $P(E_1 \cup E_2) = \frac{5}{9}$; $P(E_2 \cup E_3) = \frac{5}{9}$;

$P(E_1 \cup E_3) = \frac{7}{27}$

3. Auf einem Reiterhof stehen 4 schwarze (sw), 3 braune (br) und 5 weiße (ws) Ponys zum Ausreiten. An einem Regentag verleiht der Bauer nur zwei Ponys, eines vormittags und eines nachmittags. Die Auswahl der Farbe erfolgt zufällig.

a) Zeichnen Sie ein Baumdiagramm für die Farbwahl und geben Sie die Wahrscheinlichkeitsverteilung an.

b) Welches Urnenexperiment liegt vor?

c) Mit welcher Wahrscheinlichkeit ist das erste Pony braun und das zweite kein Schimmel?

An einem Sonnentag werden innerhalb weniger Minuten nacheinander alle Ponys verliehen.

d) Welches Urnenexperiment liegt vor?

e) Mit welcher Wahrscheinlichkeit werden erst alle schwarzen, dann alle braunen und zuletzt alle weißen Ponys verliehen?

4. Ein idealer Würfel wird dreimal nacheinander geworfen. Berechnen Sie die Wahrscheinlichkeiten $P(E_1)$, $P(E_2)$ und $P(E_1 \cup E_2)$ für die Ereignisse

E_1: Es wurden nur gerade Augenzahlen gewürfelt und

E_2: Die beiden ersten Augenzahlen sind jeweils 2.

5. Ein Skatblatt mit 32 Karten enthält vier Buben **(Bild 2)**. Es werden nacheinander vier Karten gezogen und aufgedeckt.

a) Zeichnen Sie ein Teildiagramm für die Wahrscheinlichkeit, dass alle vier Buben (B) gezogen wurden und berechnen Sie die Wahrscheinlichkeit P.

b) Berechnen Sie die Wahrscheinlichkeit, dass die Buben in der Reihenfolge Kreuz, Pik Herz und Karo gezogen werden.

6. Beim Spiel Kniffel werden 5 Würfel gleichzeitig geworfen. Wie groß ist die Wahrscheinlichkeit, im ersten Wurf einen Kniffel, d. h. 5 gleiche Augenzahlen zu würfeln **(Bild 4)**?

7. In einem Betrieb haben 90 % der Angestellten ein Handy. Wie viele Mitarbeiter muss man mindestens fragen, damit die Wahrscheinlichkeit mindestens 50 % beträgt, dass mindestens einer der Befragten kein Handy hat.

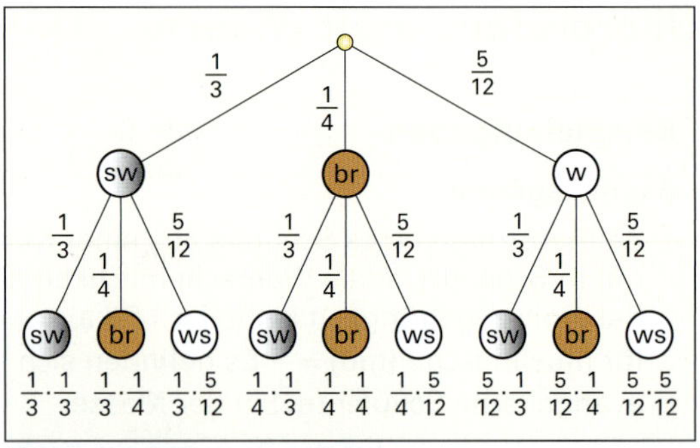

Bild 1: Baumdiagramm Ponys

Bild 2: Buben im Skatblatt

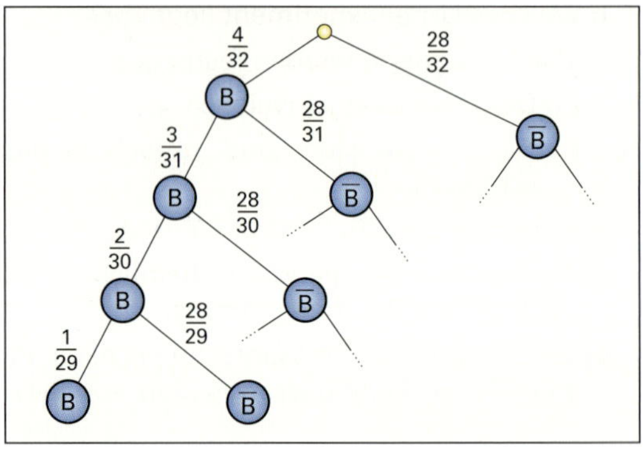

Bild 3: Diagramm Buben

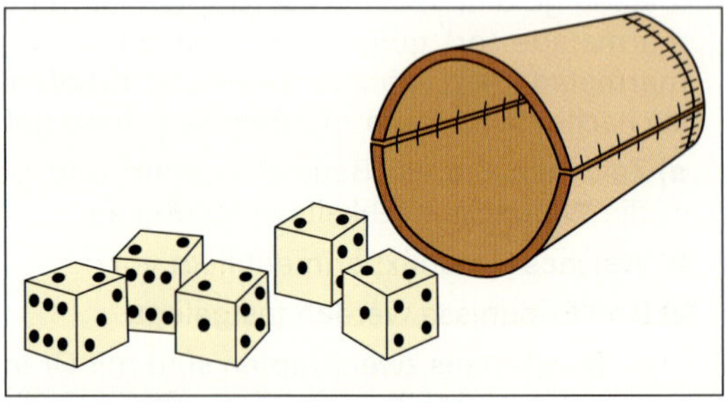

Bild 4: Kniffel mit der Augenzahl 2

Lösungen Beispielaufgaben

3. a) Diagramm siehe Lösungsbuch;

$P(sw, sw) = \frac{1}{9}$; $P(sw, br) = \frac{1}{12}$;

$P(sw, ws) = \frac{5}{36}$; $P(br, sw) = \frac{1}{12}$;

$P(br, br) = \frac{1}{16}$; $P(br, ws) = \frac{5}{48}$;

$P(ws, sw) = \frac{5}{36}$; $P(ws, br) = \frac{5}{48}$;

$P(ws, ws) = \frac{25}{144}$

b) 2-maliges Ziehen mit Zurücklegen **c)** $P = \frac{7}{48}$;

d) 12-maliges Ziehen ohne Zurücklegen

e) $P = \frac{1}{27720}$

Lösungen Beispielaufgaben

4. $P(E_1) = \frac{1}{8}$; $P(E_2) = \frac{1}{36}$; $P(E_1 \cup E_2) = \frac{5}{36}$

5. a) Bild 3 und $P = \frac{1}{35960}$

b) $\frac{1}{863040}$

6. $P = \frac{1}{1296}$ **7.** $n = 7$

8.6 Bedingte Wahrscheinlichkeit

David besitzt braune und blaue Sockenpaare teils aus Baumwolle und teils aus Schurwolle **(Bild 1).** Die Häufigkeiten zeigt die Vierfeldertafel **(Tabelle 1).** Für die Entnahme eines Paares gilt:

E_1: Das Sockenpaar ist aus Baumwolle (B).

E_2: Das Sockenpaar ist braun (br).

David ist die Deckenlampe vor dem Kleiderschrank kaputt gegangen, sodass er Braun und Blau nicht unterscheiden kann. Die Wahrscheinlichkeiten zeigt die Vierfeldertafel **(Tabelle 2).** David nimmt zufällig ein Sockenpaar aus der Schublade und fühlt mit den Fingern, dass das Sockenpaar aus Baumwolle (B) ist. Die Wahrscheinlichkeit, mit der das Sockenpaar nun z. B. braun ist, ist eine andere, als hätte er zuerst die Farbe erkannt und dann die Wahrscheinlichkeit der Wollart bestimmt.

Bedingte Wahrscheinlichkeit liegt vor, wenn man die Wahrscheinlichkeit für ein Merkmal bestimmt, wobei ein anderes bereits zutrifft.

Im Baumdiagramm **(Bild 2)** treten die bedingten Wahrscheinlichkeiten an den zweiten Teilstrecken der Pfade auf, z. B. $P_{E1}(E_2)$. Sie können entweder mithilfe der Pfadmultiplikationsregel oder mithilfe der Vierfeldertafel bestimmt werden.

Berechnung von $P_{E1}(E_2)$ mit der Pfadmultiplikationsregel

Es ist für den linken Pfad im Baumdiagramm:

$$P(E_1) \cdot P_{E1}(E_2) = P(E_1 \cap E_2) \qquad | : P(E_1)$$

$$P_{E1}(E_2) = \frac{P(E_1 \cap E_2)}{P(E_1)} \qquad \text{(Satz von Bayes)}$$

$$P_{E1}(E_2) = \frac{0{,}3}{0{,}7} = \frac{3}{7}$$

Berechnung von $P_{E1}(E_2)$ mit der Vierfeldertafel

Steht für David bereits fest, dass er ein Baumwollsockenpaar ertastet hat, ist für die Wahrscheinlichkeit $P_{E1}(E_2)$ die Anzahl aller möglichen Fälle nur noch m = 7 (Tabelle 1). Die Anzahl der günstigen Fälle sind davon 3. Es gilt:

$$P_{E1}(E_2) = \frac{g}{m} = \frac{3}{7}$$

Beispiel 1: Bedingte Wahrscheinlichkeiten

Berechnen Sie $P_{E1}(\overline{E}_2)$, $P_{\overline{E1}}(E_2)$ und $P_{\overline{E1}}(\overline{E}_2)$ mit der Vierfeldertafel.

Lösung:

$P_{E1}(\overline{E}_2) = \frac{g}{m} = \mathbf{\frac{4}{7}}$; $P_{\overline{E1}}(E_2) = \frac{g}{m} = \mathbf{\frac{1}{3}}$; $P_{\overline{E1}}(\overline{E}_2) = \frac{g}{m} = \mathbf{\frac{2}{3}}$

Tabelle 1: Vierfeldertafel für die Häufigkeiten

Socken	E_2: Braun (br)	$\overline{E}_2$: Blau (bl)	Summe
E_1: Baumwolle (B)	3	4	7
$\overline{E}_1$: Schurwolle (S)	1	2	3
Summe	4	6	10

Pfadmultiplikationsregel:

$$P(E_1 \cap E_2) = P(E_1) \cdot P_{E1}(E_2)$$

Satz von Bayes[1]:

$$P_{E1}(E_2) = \frac{P(E_1 \cap E_2)}{P(E_1)} \qquad P_{E1}(\overline{E}_2) = \frac{P(E_1 \cap \overline{E}_2)}{P(E_1)}$$

$$P_{\overline{E1}}(E_2) = \frac{P(\overline{E}_1 \cap E_2)}{P(\overline{E}_1)} \qquad P_{\overline{E1}}(\overline{E}_2) = \frac{P(\overline{E}_1 \cap \overline{E}_2)}{P(\overline{E}_1)}$$

$P(E_1) \neq 0$; $P(\overline{E}_1) \neq 0$

P Wahrscheinlichkeit E Ereignis

$P_{Em}(E_n)$ Wahrscheinlichkeit für das n-te Ereignis, wenn das m-te Ereignis eingetreten ist.

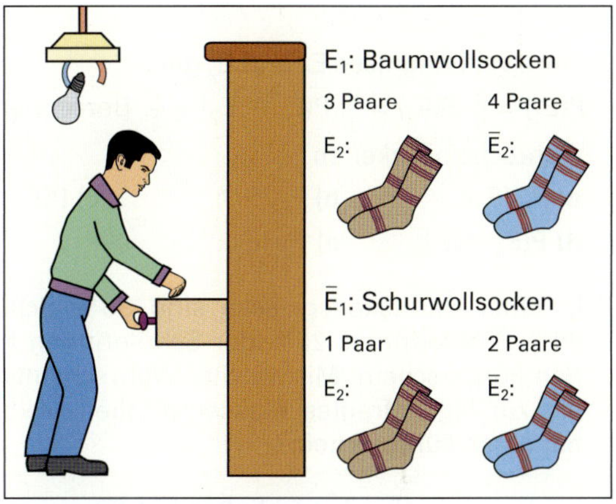

Bild 1: Häufigkeit der Socken

Tabelle 2: Vierfeldertafel für die Wahrscheinlichkeiten

Socken	E_2: Braun (br)	$\overline{E}_2$: Blau (bl)	Summe
E_1: Baumwolle (B)	$P(E_1 \cap E_2) = 0{,}3$	$P(E_1 \cap \overline{E}_2) = 0{,}4$	$P(E_1) = 0{,}7$
$\overline{E}_1$: Schurwolle (S)	$P(\overline{E}_1 \cap E_2) = 0{,}1$	$P(\overline{E}_1 \cap \overline{E}_2) = 0{,}2$	$P(\overline{E}_1) = 0{,}3$
Summe	$P(E_2) = 0{,}4$	$P(\overline{E}_2) = 0{,}6$	1

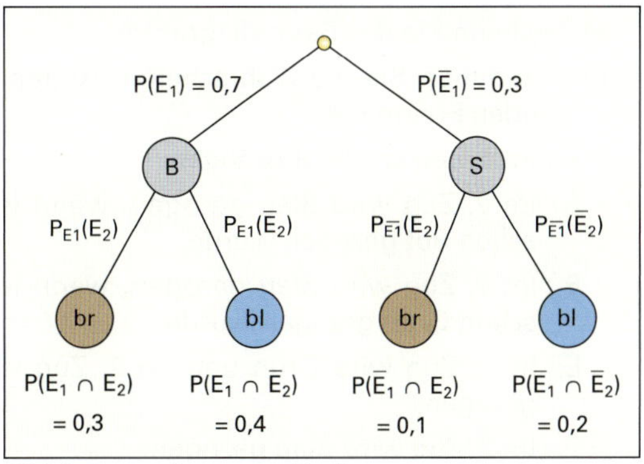

Bild 2: Baumdiagramm Sockenpaare

[1] Thomas Bayes, engl. Mathematiker, 1702–1761.

Überprüfen Sie Ihr Wissen!

Übungsaufgaben

1. In einer Pralinenschachtel befinden sich Pralinen, von denen 16 aus brauner Schokolade (br) und 8 aus weißer Schokolade (ws) bestehen. 12 braune Pralinen und 2 weiße Pralinen sind mit Marzipan (M) gefüllt, die restlichen sind mit Nougat (N) gefüllt. Erstellen Sie

a) die Vierfeldertafel für die Häufigkeiten,

b) die Vierfeldertafel für die Wahrscheinlichkeiten.

Walter entnimmt zufällig eine der Pralinen und stellt fest, dass sie braun ist. Berechnen Sie die Wahrscheinlichkeit, dass diese nicht mit Marzipan gefüllt ist.

c) mithilfe der Vierfeldertafel,

d) mithilfe des Satzes von Bayes.

2. Für zwei Ereignisse E_1 und E_2 gilt:
$P(E_1) = \frac{2}{5}$; $P(E_2) = \frac{2}{3}$; $P(E_1 \cap E_2) = \frac{1}{4}$. Berechnen Sie die Wahrscheinlichkeiten

a) $P_{E1}(E_2)$; **b)** $P_{E2}(E_1)$; **c)** $P(E_1 \cup E_2)$;
d) $P(\overline{E}_1 \cap \overline{E}_2)$; **e)** $P_{\overline{E1}}(\overline{E}_2)$.

3. In einer Berufskollegklasse sind 36 % Schüler und 64 % Schülerinnen. 25 % der Schülerinnen haben einen Führerschein. Mit welcher Wahrscheinlichkeit ist ein zufällig befragtes Klassenmitglied weiblich und hat einen Führerschein?

4. Ein Verkäufer für Autozubehör hat 80 orangefarbene (or) und 40 gelbe Warnwesten auf Lager. Von jeder Farbe kommen 60 % aus Italien (I) und 40 % aus Spanien (S).

a) Zeichnen Sie die Vierfeldertafel für die Häufigkeiten.

Ein Kunde verlangt eine Weste. Der Verkäufer wählt zufällig eine. Wie groß sind die Wahrscheinlichkeiten, dass sie

b) gelb ist und aus Italien stammt?

c) gelb ist und aus Spanien stammt?

5. In einer Urne sind 1 grüne (gn), 1 blaue (bl) und 3 rote (rt) Kugeln. Nacheinander werden 2 Kugeln ohne Zurücklegen gezogen.

a) Zeichnen Sie das Baumdiagramm.

b) Bestimmen Sie die Wahrscheinlichkeiten von folgenden Ereignissen.

E_1: Im 1. Zug wird Rot gezogen.

E_2: Im 2. Zug wird Blau gezogen, wenn im 1. Zug schon Rot gezogen wurde.

E_3: Im 2. Zug wird Blau gezogen, wenn im 1. Zug schon Grün gezogen wurde.

E_4: Im 1. Zug wird Grün und im 2. Zug wird Blau gezogen.

E_5: Im 2. Zug wird Blau gezogen.

6. Eine Familie hat 2 Kinder. Die Wahrscheinlichkeit der Ereignisse Junge (J) oder Mädchen (M) sind gleich.

Bild 1: Wellensittiche

a) Zeichnen Sie das Baumdiagramm.

Wie groß ist die Wahrscheinlichkeit, dass

b) beide Kinder Mädchen sind?

c) das zweite Kind ein Mädchen ist, wenn man weiß, dass das erste Kind ein Mädchen ist?

d) beide Kinder Mädchen sind, wenn man weiß, dass mindestens eines der Kinder ein Mädchen ist?

7. Johanna wünscht sich zum Geburtstag zwei Wellensittiche. Ihre Mutter kauft ein Männchen (m) und ein Weibchen (w). Die Tierhandlung hat blaue (bl), grüne (gn) und gelbe (ge) Tiere im Angebot **(Bild 1)**. Die Farbwahl trifft die Mutter bei beiden Tieren zufällig.

Johanna hofft auf folgende Ereignisse.

E_1: Das Männchen sollte weder gelb noch grün sein.

E_2: Die Tiere sollten nicht die Farbkombination gelb und blau haben.

Bestimmen Sie die bedingte Wahrscheinlichkeit $P_{E1}(E_2)$

a) mithilfe der Formel (Satz von Bayes).

b) ohne Formel mit einem geeigneten Diagramm.

Lösungen Übungsaufgaben

1. a), b) siehe Lösungsbuch **c), d)** $P = \frac{1}{4}$

2. a) $P_{E1}(E_2) = \frac{5}{8}$ **b)** $P_{E2}(E_1) = \frac{3}{8}$

c) $P(E_1 \cup E_2) = \frac{49}{60}$ **d)** $P(\overline{E}_1 \cap \overline{E}_2) = \frac{11}{60}$

e) $P_{\overline{E1}}(\overline{E}_2) = \frac{11}{36}$

3. $P(w, F) = 0{,}16$

4. a) siehe Lösungsbuch

b) $P(ge, I) = \frac{1}{5}$ **c)** $P(ge, S) = \frac{2}{15}$

5. a) Diagramm siehe Lösungsbuch

b) $P(E_1) = \frac{3}{5}$; $P(E_2) = \frac{1}{4}$; $P(E_3) = \frac{1}{4}$;
$P(E_4) = \frac{1}{20}$; $P(E_5) = \frac{1}{5}$

6. a) siehe Lösungsbuch **b)** $P = \frac{1}{4}$

c) $P = \frac{1}{2}$ **d)** $P = \frac{1}{3}$

7. a), b) $P_{E1}(E_2) = \frac{6}{7}$

8.6.1 Unabhängige und abhängige Ereignisse

Beispiel 1: Schachspiel

Bernhard und Reinhold spielen zwei Partien Schach. Zu Beginn jeder Partie losen sie die Farbe neu aus **(Bild 1)**.

Es werden zwei Ereignisse definiert:

E_1: Reinhold hat in der ersten Partie weiß.

E_2: Reinhold hat in der zweiten Partie weiß.

Warum sind die Ereignisse unabhängig?

Lösung:

Die Ereignisse sind unabhängig, weil vor der zweiten Partie die gleichen Bedingungen herrschen wie vor der ersten.

Hat ein erstes Ereignis E_1 keinen Einfluss auf ein zweites Ereignis E_2, so ist E_2 unabhängig von E_1.

Durch Umstellen des allgemeinen Multiplikationssatzes erhält man den Satz von Bayes:

$$P_{E1}(E_2) = \frac{P(E_1 \cap E_2)}{P(E_1)}.$$

Dem Baumdiagramm (Bild 1) entnimmt man:

$$P(E_1) = P(ws) = \frac{1}{2} = 0{,}5$$

und $$P(E_1 \cap E_2) = P(ws, ws) = \frac{1}{2} \cdot \frac{1}{2} = \frac{1}{4} = 0{,}25.$$

Somit ist: $$P_{E1}(E_2) = \frac{0{,}25}{0{,}5} = \frac{0{,}25 \cdot 4}{0{,}5 \cdot 4} = \frac{1}{2} = 0{,}5.$$

Für die Wahrscheinlichkeit $P(E_2)$ gilt:

$P(E_2) = P(ws, ws \vee sw, ws) = 0{,}25 + 0{,}25 = 0{,}5.$

Für unabhängige Ereignisse gilt: $P(E_2) = P_{E1}(E_2) = 0{,}5.$

Ist für ein Ereignis E_2 die Wahrscheinlichkeit $P(E_2)$ ohne Berücksichtigung des Ausgangs von E_1 gleich groß wie die Wahrscheinlichkeit $P_{E1}(E_2)$ mit Berücksichtigung des Ausgangs von E_1, so ist E_2 unabhängig von E_1.

Somit kann bei unabhängigen Ereignissen im Satz von Bayes $P_{E1}(E_2)$ durch $P(E_2)$ ersetzt werden. Man erhält:

$$P(E_2) = \frac{P(E_1 \cap E_2)}{P(E_1)}.$$

Durch Umstellen erhält man den speziellen Multiplikationssatz: $P(E_1 \cap E_2) = P(E_1) \cdot P(E_2) \Rightarrow 0{,}25 = 0{,}5 \cdot 0{,}5$

Zwei Ereignisse E_1 und E_2 sind unabhängig, wenn $P(E_1 \cap E_2) = P(E_1) \cdot P(E_2)$ gilt.

Beispiel 2: Schachspiel

Bernhard und Reinhold spielen wieder zwei Partien Schach. Diesmal jedoch losen sie die Farbe nur vor dem ersten Spiel aus. Danach wechseln sie die Farben (**Bild 2**).

Warum sind die Ereignisse E_1 und E_2 jetzt nicht mehr unabhängig?

Lösung:

Abhängig vom Ausgang von E_1 ist E_2 entweder ein unmögliches oder ein sicheres Ereignis.

Allgemeiner Multiplikationssatz für alle Ereignisse:

$$P(E_1 \cap E_2) = P(E_1) \cdot P_{E1}(E_2)$$

Spezieller Multiplikationssatz für unabhängige Ereignisse:

$$P(E_1 \cap E_2) = P(E_1) \cdot P(E_2)$$

Unabhängigkeit liegt vor für:

$$P_{E1}(E_2) = P(E_2)$$

P Wahrscheinlichkeit E Ereignis

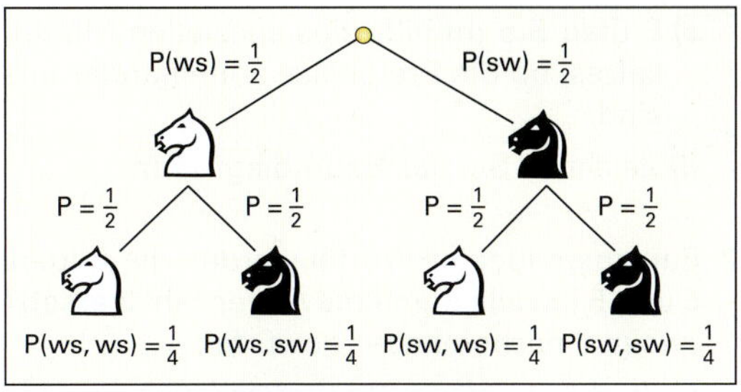

Bild 1: Unabhängigkeit der Ereignisse

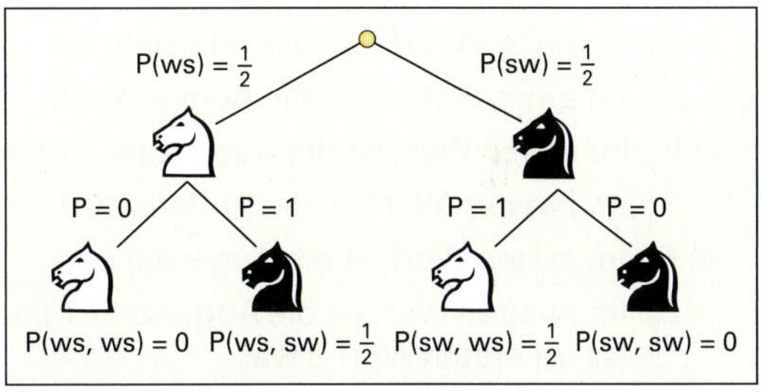

Bild 2: Abhängigkeit der Ereignisse

Aus dem Baumdiagramm (Bild 2) entnimmt man:

$P(E_1) = P(ws) = \frac{1}{2} = 0{,}5;$

$P(E_1 \cap E_2) = P(ws, ws) = \frac{1}{2} \cdot 0 = 0$ und

$P(E_2) = P(ws, ws \vee sw, ws) = 0 + \frac{1}{2} = \frac{1}{2} = 0{,}5.$

Mit dem Satz von Bayes erhält man:

$$P_{E1}(E_2) = \frac{P(E_1 \cap E_2)}{P(E_1)} = \frac{0}{0{,}5} = 0.$$

Diese Wahrscheinlichkeit kann auch aus dem Baumdiagramm (Bild 2), am zweiten Teilstück des ersten Pfades entnommen werden. Man erhält:

$$P(E_2) \neq P_{E1}(E_2).$$

Damit ist der spezielle Multiplikationssatz auch nicht erfüllt:

$$P(E_1 \cap E_2) \neq P(E_1) \cdot P(E_2)$$

$$0 \neq 0{,}5 \cdot 0{,}5$$

Ist der spezielle Multiplikationssatz für die Ereignisse E_1 und E_2 nicht erfüllt, sind die Ereignisse voneinander abhängig, d.h. es liegt bedingte Wahrscheinlichkeit vor.

Überprüfen Sie Ihr Wissen!

Übungsaufgaben

1. Bei 360 Männern (m) und 360 Frauen (w) wird der Cholesterinwert getestet. Bei 10 % der Testpersonen war der Wert nicht in Ordnung ($\overline{OK}$). Darunter befanden sich 36 Frauen.

a) Zeichnen Sie eine Vierfeldertafel mit den absoluten Häufigkeiten für die Ereignisse:

E_1: Die Testperson ist weiblich (w).

E_2: Der Cholesterinwert ist in Ordnung (OK).

b) Geben Sie aufgrund der Zahlen aus der Vierfeldertafel an, ob die Ereignisse voneinander abhängig oder unabhängig sind und begründen Sie die Antwort.

c) Prüfen Sie mithilfe des speziellen Multiplikationssatzes, ob die Ereignisse voneinander unabhängig sind.

d) Zeichnen Sie das Baumdiagramm.

2. Bei einem idealen Würfel werden die Augenzahlen 2, 4 und 5 jeweils durch die Augenzahl 3 ersetzt. Es wird zweimal nacheinander gewürfelt.

a) Zeichnen Sie das Baumdiagramm.

Prüfen Sie folgende Ereignisse auf Unabhängigkeit.

b) E_1: Im ersten Wurf ist die Augenzahl 1.

E_2: Im zweiten Wurf ist die Augenzahl 1.

c) E_3: Im ersten Wurf ist die Augenzahl 3 oder 6.

E_4: Im zweiten Wurf ist die Augenzahl 1 oder 6.

d) E_5: Im ersten Wurf ist die Augenzahl 3.

E_6: Im zweiten Wurf ist die Augenzahl 1 oder 6, falls sie im ersten Wurf 3 war.

3. Aus einem Skatblatt mit 32 Karten wird eine Karte zufällig gezogen.

a) Mit welcher Wahrscheinlichkeit ist es die Herz Dame?

b) Prüfen Sie, ob folgende Ereignisse abhängig sind:

E_1: Die Kartenfarbe ist Herz.

E_2: Der Kartenwert ist Dame.

Die erste gezogene Karte sei zufällig die Herz Dame. Eine weitere Karte wird zufällig dazugezogen.

c) Mit welcher Wahrscheinlichkeit ist es die Karo Dame?

d) Prüfen Sie, ob folgende Ereignisse abhängig sind:

E_3: Die zweite Karte hat die Farbe Karo.

E_4: Die zweite Karte hat den Kartenwert Dame.

e) Erklären Sie die verschiedenen Ergebnisse von b) und d).

4. Zwei Ereignisse E_1 und E_2 sind unabhängig voneinander. Deren Wahrscheinlichkeiten sind in der Vierfeldertafel in **Bild 1** eingetragen.

a) Ergänzen Sie die Eintragungen.

b) Wie groß ist die Häufigkeit $H(E_1 \cap \overline{E}_2)$, wenn die Häufigkeit $H(\overline{E}_1 \cap E_2) = 144$ ist?

Wahrscheinlichkeiten	E_2	$\overline{E}_2$	Summe
E_1	?	?	0,4
$\overline{E}_1$	?	?	?
Summe	0,6	?	?

Bild 1: Vierfeldertafel unabhängiger Ereignisse

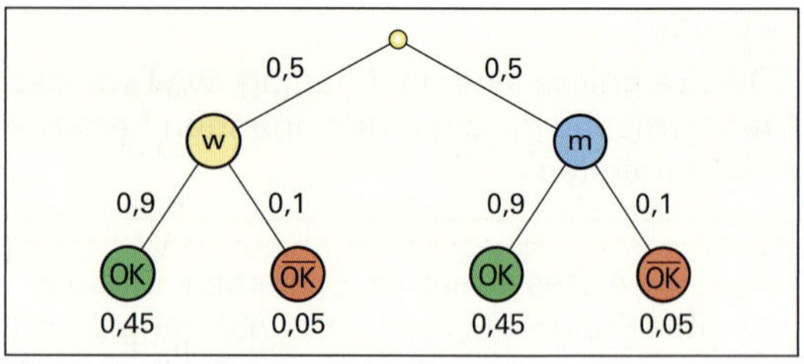

Bild 2: Baumdiagramm Cholesterin

Wahrscheinlichkeiten	E_2	$\overline{E}_2$	Summe
E_1	0,24	0,16	0,4
$\overline{E}_1$	0,36	0,24	0,6
Summe	0,6	0,4	1

Bild 3: Vierfeldertafel mit Ergebnissen

Lösungen Übungsaufgaben

1. a) Diagramm siehe Lösungsbuch

b), c) unabhängig, der prozentuale Anteil der Krankheitsfälle bei den Frauen ist gleich hoch wie der prozentuale Anteil bei den Männern.

d) Bild 2.

2. a) Diagramm siehe Lösungsbuch

b), c) unabhängig

d) abhängig

3. a) $\frac{1}{32}$ **b) unabhängig**

c) $\frac{1}{31}$ **d) abhängig**

e) Im Gegensatz zu d) ist bei b) die Wahrscheinlichkeit, eine Dame zu ziehen, bei jeder Farbe gleich, d. h. unabhängig von der Farbe.

4. a) Bild 3.

$P(\overline{E}_1) = \mathbf{0{,}6}$; $P(\overline{E}_2) = \mathbf{0{,}4}$;

$P(E_1 \cap E_2) = \mathbf{0{,}24}$; $P(E_1 \cap \overline{E}_2) = \mathbf{0{,}16}$;

$P(\overline{E}_1 \cap E_2) = \mathbf{0{,}36}$; $P(\overline{E}_1 \cap \overline{E}_2) = \mathbf{0{,}24}$;

$P(E_1 \cup \overline{E}_1) = \mathbf{1}$

b) $H(E_1 \cap \overline{E}_2) = \mathbf{64}$

8.6.2 Zusammenhang zwischen Baumdiagramm und der Vierfeldertafel

Beispiel 1: Vierfeldertafel

Eine statistische Erhebung bei Steuerpflichtigen in Deutschland ergab, dass 5 Millionen selbstständig arbeiten (Unternehmer, Handwerker, Landwirte) und 25 Millionen von nichtselbstständiger Arbeit leben (Angestellte, Arbeiter, Beamte). 7 Millionen der Steuerpflichtigen verdienen mehr als 50000 € im Jahr. Davon arbeiten 2 Millionen selbstständig.

Es liegen zwei Ereignisse vor.

E_1: Der Steuerpflichtige hat selbstständige Arbeit (S).

E_2: Das Einkommen beträgt mehr als 50000 € (>50).

a) Erstellen Sie die beiden Vierfeldertafeln mit den absoluten Häufigkeiten und den Wahrscheinlichkeiten.

b) Prüfen Sie, ob E_2 von E_1 abhängig ist, d.h. ob selbstständiges Arbeiten darauf Einfluss hat, mehr als 50000 € zu verdienen.

Lösung:

a) Vierfeldertafel Häufigkeiten ⇒ **Tabelle 1**
Vierfeldertafel Wahrscheinlichkeiten ⇒ **Tabelle 2**

b) aus Tabelle 2:

$$\left.\begin{array}{l} P(E_1 \cap E_2) = \frac{2}{30} \\ P(E_1) = \frac{5}{30} \\ P(E_2) = \frac{7}{30} \end{array}\right\} \Rightarrow P(E_1 \cap E_2) \overset{?}{=} P(E_1) \cdot P(E_2)$$

$$\frac{2}{30} \neq \frac{5}{30} \cdot \frac{7}{30}$$

⇒ Der spezielle Multiplikationssatz ist nicht erfüllt. Das Ereignis **E_2 hängt von E_1 ab.**

Tabelle 1: Vierfeldertafel für die absoluten Häufigkeiten in Millionen

Steuerpflichtige	E_2: (>50) > 50000 €	$\overline{E}_2$: ($\overline{>50}$) ≤ 50000 €	Summe
E_1: Selbstständige (S)	2	3	5
$\overline{E}_1$: Nicht Selbstständige ($\overline{S}$)	5	20	25
Summe	7	23	30

Tabelle 2: Vierfeldertafel für die Wahrscheinlichkeiten

Steuerpflichtige	E_2: (>50) > 50000 €	$\overline{E}_2$: ($\overline{>50}$) ≤ 50000 €	Summe
E_1: Selbstständige (S)	$\frac{2}{30}$	$\frac{3}{30}$	$\frac{5}{30}$
$\overline{E}_1$: Nicht Selbstständige ($\overline{S}$)	$\frac{5}{30}$	$\frac{20}{30}$	$\frac{25}{30}$
Summe	$\frac{7}{30}$	$\frac{23}{30}$	1

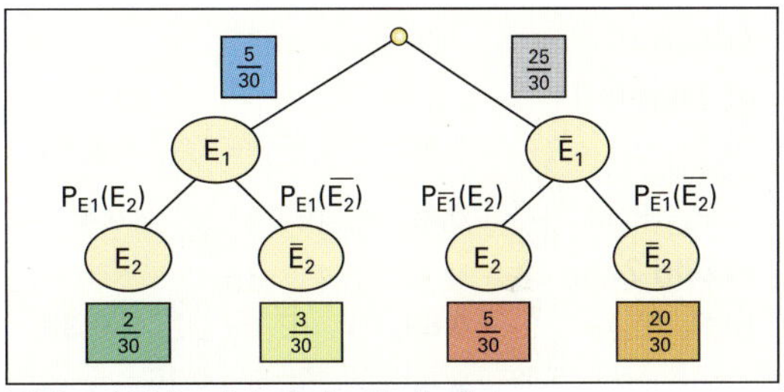

Bild 1: Abhängigkeit der Ereignisse

Beispiel 2: Baumdiagramm

a) Zeichnen Sie das Baumdiagramm zum Beispiel 1.

b) Berechnen Sie alle bedingten Wahrscheinlichkeiten mithilfe des Baumdiagrammes.

Lösung:

a) **Bild 1.**

b) $P_{E1}(E_2) = \frac{2}{30} : \frac{5}{30} = \mathbf{\frac{2}{5}}$; $P_{E1}(\overline{E}_2) = \frac{3}{30} : \frac{5}{30} = \mathbf{\frac{3}{5}}$;

$P_{\overline{E1}}(E_2) = \frac{5}{30} : \frac{25}{30} = \mathbf{\frac{1}{5}}$; $P_{\overline{E1}}(\overline{E}_2) = \frac{20}{30} : \frac{25}{30} = \frac{20}{25} = \mathbf{\frac{4}{5}}$

Beispiel 3: Unabhängigkeit der Ereignisse

a) Berechnen Sie, wie viele Nichtselbstständige mehr als 50000 € verdienen müssten, damit die Art der Erwerbstätigkeit keinen Einfluss darauf hat, mehr als 50000 € zu verdienen.

b) Zeichnen Sie dazu die Vierfeldertafel mit den absoluten Häufigkeiten und das Baumdiagramm.

Lösung:

a) $P(E_2) = P_{E1}(E_2) = \frac{2}{5} = \frac{12}{30}$

$P(E_1 \cap \overline{E}_2) = P(E_2) - P(E_1 \cap E_2) = \frac{12}{30} - \frac{2}{30} = \frac{10}{30}$

⇒ **10 Millionen Selbstständige**

b) Tabelle 3 und **Bild 2**

Tabelle 3: Vierfeldertafel für die absoluten Häufigkeiten in Millionen bei Unabhängigkeit der Ereignisse

Steuerpflichtige	E_2: (>50)	$\overline{E}_2$: ($\overline{>50}$)	Summe
E_1: Selbstständige (S)	2	3	5
$\overline{E}_1$: Nicht Selbstständige ($\overline{S}$)	10	15	25
Summe	12	18	30

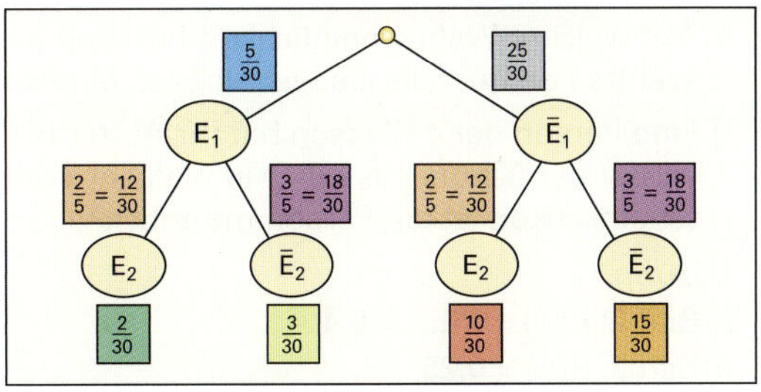

Bild 2: Unabhängigkeit der Ereignisse

Im Baumdiagramm (Bild 2) erkennt man, dass für beide Ausgänge für das erste Ereignis E_1, die Wahrscheinlichkeitsverteilungen für das zweite Ereignis E_2 gleich sind. Daran erkennt man die Unabhängigkeit der Ereignisse.

8.6.3 Inverses Baumdiagramm

Beim inversen Baumdiagramm sind die Ereignisse E_1 und E_2 vertauscht, d. h. man setzt das zweite Ereignis E_2 vor das erste Ereignis E_1 **(Bild 1)**.

Beispiel 1: Schülerumfrage Autobesitz

In 4 Klassen eines Berufskollegs befinden sich 60 Schüler (m) und 40 Schülerinnen (w). 75 % dieser Personen haben ein eigenes Auto, davon sind 51 Personen männlich.

Es liegen zwei Ereignisse vor.

E_1: Die Person ist männlich (m).

E_2: Die Person besitzt ein Auto (A).

a) Erstellen Sie die Vierfeldertafel mit den Wahrscheinlichkeiten.

b) Berechnen Sie die bedingten Wahrscheinlichkeiten für das Baumdiagramm.

c) Erstellen Sie das Baumdiagramm.

d) Berechnen Sie die bedingten Wahrscheinlichkeiten für das inverse Baumdiagramm.

e) Erstellen Sie das inverse Baumdiagramm.

Lösung:

a) **Tabelle 1**

b) $P_{E1}(E_2) = \frac{0{,}51}{0{,}6} = \mathbf{0{,}85}$; $P_{E1}(\overline{E}_2) = \frac{0{,}09}{0{,}6} = \mathbf{0{,}15}$;

$P_{\overline{E1}}(E_2) = \frac{0{,}24}{0{,}4} = \mathbf{0{,}6}$; $P_{\overline{E1}}(\overline{E}_2) = \frac{0{,}16}{0{,}4} = \mathbf{0{,}4}$

c) **Bild 2**

b) $P_{E2}(E_1) = \frac{0{,}51}{0{,}75} = \mathbf{0{,}68}$; $P_{E2}(\overline{E}_1) = \frac{0{,}24}{0{,}75} = \mathbf{0{,}32}$;

$P_{\overline{E2}}(E_1) = \frac{0{,}09}{0{,}25} = \mathbf{0{,}36}$; $P_{\overline{E2}}(\overline{E}_1) = \frac{0{,}16}{0{,}25} = \mathbf{0{,}64}$

e) **Bild 3**

Beispiel 2: Ablesen der Wahrscheinlichkeiten

a) Mit welcher Wahrscheinlichkeit ist eine Person weiblich?

b) Mit welcher Wahrscheinlichkeit hat eine Person kein Auto?

c) Mit welcher Wahrscheinlichkeit hat eine Person kein Auto und ist männlich?

d) Mit welcher Wahrscheinlichkeit hat eine ausgewählte Person, falls sie männlich ist, kein Auto?

e) Mit welcher Wahrscheinlichkeit hat eine ausgewählte Person, falls sie weiblich ist, ein Auto?

f) Eine Person der 4 Klassen hat ihr Auto ins Parkverbot der Schule gestellt. Mit welcher Wahrscheinlichkeit ist die Person männlich?

Lösung:

a) Bild 2: $P(w) = P(\overline{E}_1) = \mathbf{0{,}4}$

b) Bild 3: $P(\overline{A}) = \mathbf{0{,}25}$

c) Bild 2 oder Bild 3: $P(m \wedge \overline{A}) = P(E_1 \cap \overline{E}_2) = \mathbf{0{,}09}$

d) Bild 2: $P_{E1}(\overline{E}_2) = \frac{0{,}09}{0{,}6} = \mathbf{0{,}15}$

e) Bild 2: $P_{\overline{E1}}(E_2) = \frac{0{,}24}{0{,}4} = \mathbf{0{,}6}$

f) Bild 3: $P_{E2}(E_1) = \frac{0{,}51}{0{,}75} = \mathbf{0{,}68}$

für das inverse Baumdiagramm gilt:

$$P_{E2}(E_1) = \frac{P(E_1 \cap E_2)}{P(E_2)} \qquad P_{E2}(\overline{E}_1) = \frac{P(\overline{E}_1 \cap E_2)}{P(E_2)}$$

$$P_{\overline{E2}}(E_1) = \frac{P(E_1 \cap \overline{E}_2)}{P(\overline{E}_2)} \qquad P_{\overline{E2}}(\overline{E}_1) = \frac{P(\overline{E}_1 \cap \overline{E}_2)}{P(\overline{E}_2)}$$

$P(E_2) \neq 0$; $P(\overline{E}_2) \neq 0$

P Wahrscheinlichkeit E Ereignis

$P_{En}(E_m)$ Wahrscheinlichkeit für das m-te Ereignis, wenn das n-te Ereignis eingetreten ist.

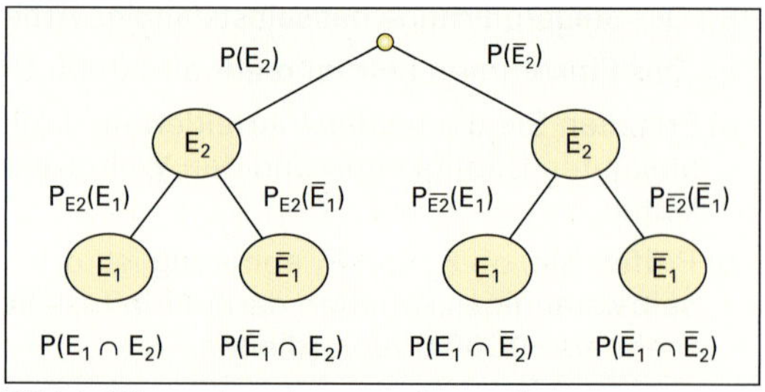

Bild 1: Allgemeines inverses Baumdiagramm

Tabelle 1: Vierfeldertafel – Wahrscheinlichkeiten

Schülerzahl	E_2: Auto (A)	$\overline{E}_2$: kein A. ($\overline{A}$)	Summe
E_1: männlich (m)	0,51	0,09	0,6
$\overline{E}_1$: weiblich (w)	0,24	0,16	0,4
Summe	0,75	0,25	1

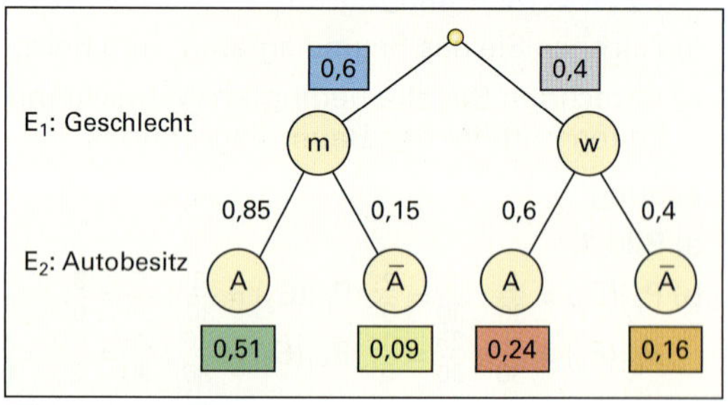

Bild 2: Baumdiagramm

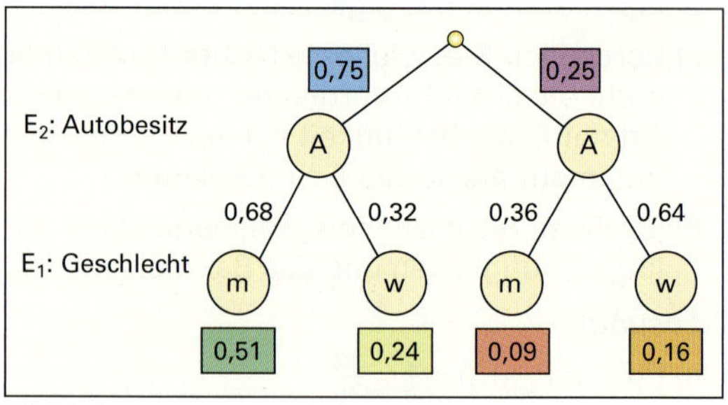

Bild 3: Inverses Baumdiagramm

Mithilfe der Baumdiagramme (Bild 2 und Bild 3) lassen sich viele Fragestellungen direkt beantworten.

Überprüfen Sie Ihr Wissen!

Übungsaufgaben

1. Ein Mädchen lässt einen Kaugummi an einem Automaten heraus **(Bild 1)**. Dieser enthält rote (rt), gelbe (ge) und grüne (gn) Kaugummis in den Geschmacksrichtungen Kirsche (K) und Zitrone (Z). Die Häufigkeiten zeigt Bild 2. Zwei Ereignisse werden festgelegt:

E_1: Der Kaugummi hat die Farbe Grün (gn),

E_2: Der Kaugummi schmeckt nach Kirsche (K).

a) Das Mädchen erhält einen grünen Kaugummi. Zeichnen Sie das Baumdiagramm und geben Sie die Wahrscheinlichkeit an, mit welcher der Kaugummi nach Kirsche schmeckt.

b) Das Mädchen schließt beim Herauslassen des ersten aller 100 Kaugummis die Augen, um die Farbe nicht zu sehen und merkt, dass er nach Kirsche schmeckt. Zeichnen Sie das inverse Baumdiagramm und geben Sie die Wahrscheinlichkeit an, mit welcher der Kaugummi grün ist.

2. In einem kleinen Fußballverein sind 80 % der Mitglieder Männer (M) und 40 % aller Mitglieder spielen aktiv (A) im Verein in verschiedenen Mannschaften Fußball.

Es sind folgende Ereignisse festgelegt:

E_1: Das Vereinsmitglied ist männlich (M).

E_2: Das Vereinsmitglied spielt aktiv (A) Fußball.

Von den weiblichen Mitgliedern (W) nehmen 30 % nicht aktiv ($\overline{A}$) am Fußballspiel teil.

a) Berechnen Sie, wie viel Prozent der Vereinsmitglieder Frauen sind und nicht aktiv Fußball spielen.

b) Stellen Sie eine Vierfeldertafel für die Ereignisse E_1 und E_2 auf.

c) Bilden Sie die Wahrscheinlichkeitsverteilung für die Ereignisse E_1 und E_2 mithilfe der Vierfeldertafel.

d) Berechnen Sie, wie viel Prozent der Männer nicht aktiv Fußball spielen.

e) Ermitteln Sie den Frauenanteil unter den aktiven Fußballspielern.

f) Wie groß ist der Männeranteil unter den nicht aktiv spielenden Vereinsmitgliedern?

g) Berechnen Sie, wie viele Mitglieder der Fußballverein hat, wenn 39 Spieler als aktive Spieler verfügbar sind.

3. Unter 12 getesteten Kindersitzen für Pkws kosten die Hälfte unter 200 € und zwei Drittel erhielten die Bestnote gut. Es gelten die Ereignisse

E_1: Der Sitz kostet unter 200 € (<200).

E_2: Der Sitz wurde mit gut bewertet (gut).

Unter den mit gut bewerteten Sitzen kosten 62,5 % über 200 €.

a) Berechnen Sie die Wahrscheinlichkeit, dass man beim Kauf eines Sitzes unter 200 € einen mit gut bewerteten Sitz erwirbt.

b) Wie groß ist dagegen die Wahrscheinlichkeit, dass man beim Kauf eines Sitzes über 200 € (>200) einen mit nicht gut ($\overline{\text{gut}}$) bewerteten Sitz erwirbt?

Zahl der Kaugummis		
Farbe	Geschmack (K)	(Z)
(gn)	15	10
(rt)	25	0
(ge)	0	50
alle	40	60

Bild 1: Kaugummiautomat

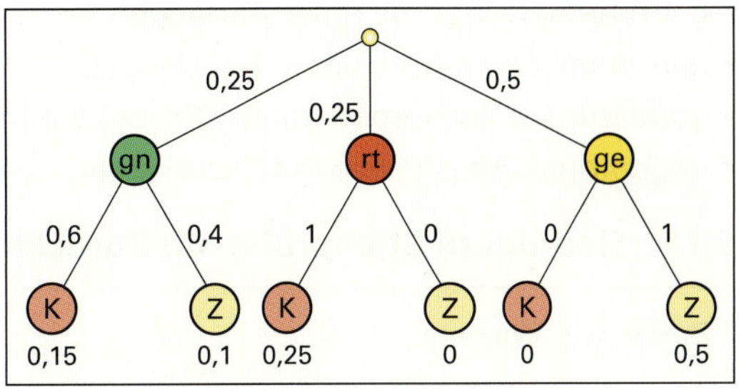

Bild 2: Baumdiagramm

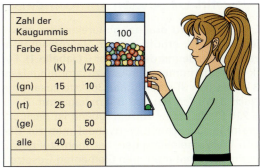

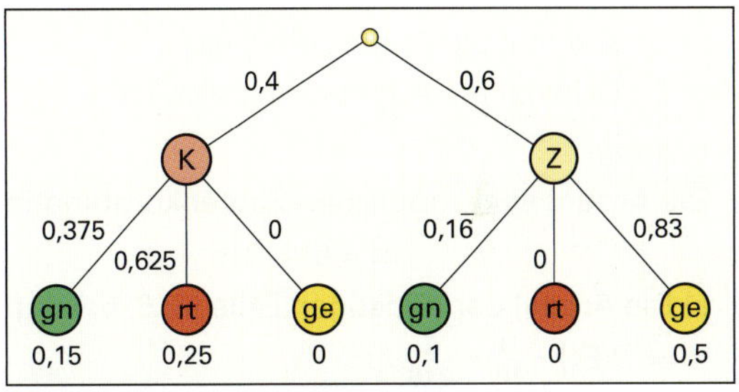

Bild 3: Inverses Baumdiagramm

Wahrscheinlichkeiten	A	$\overline{A}$	Summe
M	0,26	0,54	0,8
W	0,14	0,06	0,2
Summe	0,4	0,6	1

Bild 4: Vierfelderdiagramm Fußballverein

Lösungen Übungsaufgaben

1. a) Bild 2 $P_{E1}(E_2) = P_{gn}(K) = \mathbf{0{,}6}$

b) Bild 3 $P_{E2}(E_1) = P_K(gn) = \mathbf{0{,}375}$

2. a) $P(W \cap \overline{A}) = 6\,\%$ **b) Bild 4**

c) $P(M \cap A) = 26\,\%$; $P(M \cap \overline{A}) = 54\,\%$; $P(W \cap A) = 14\,\%$; $P(W \cap \overline{A}) = 6\,\%$

d) $P_M(\overline{A}) = 67{,}5\,\%$ **e)** $P_A(W) = 35\,\%$

f) $P_{\overline{A}}(M) = 90\,\%$ **g)** $n = 150$

3. a) $P_{<200}(gut) = 50\,\%$

b) $P_{>200}(\overline{gut}) = 16{,}67\,\%$

8.7 Wahrscheinlichkeitsberechnung mit Gesetzen der Kombinatorik

Ein Würfel wird dreimal hintereinander geworfen. Mit jedem Wurf k erhöht sich im Baumdiagramm die Anzahl der Pfade mit dem Faktor 6 **(Tabelle 1).** Für 2 Würfe (k = 2) sind immer je 6 Äste zusammengefasst und für 3 Würfe (k = 3) sind immer 36 Äste zusammengefasst. Nach 3 Würfen hat das Baumdiagramm $6 \cdot 6 \cdot 6 = 6^3 = 216$ Pfade. Da es zu zeitraubend ist riesige Baumdiagramme zu zeichnen, verwendet man zur Berechnung von Wahrscheinlichkeiten bei mehrstufigen Zufallsexperimenten mit mehreren Elementen Gesetze der Kombinatorik. Man unterscheidet dabei vier Fälle:

- geordnete Stichprobe mit Zurücklegen
- geordnete Stichprobe ohne Zurücklegen
- ungeordnete Stichprobe (ohne Zurücklegen)
- ungeordnete Stichprobe mit Zurücklegen

8.7.1 Geordnete Stichprobe mit Zurücklegen

Beispiel 1: Würfeln

Ein Würfel wird dreimal hintereinander geworfen. Wie groß ist die Wahrscheinlichkeit, dass

a) E_1: Dreimal die Augenzahl 6 ist?

b) E_2: Dreimal die Augenzahl gleich ist?

Lösung:

Die Anzahl aller möglichen Zahlenkombinationen ist

$$m = 6^3 = 216$$

a) Die Anzahl der günstigen Fälle (6; 6; 6) ist g = 1.

$\Rightarrow P(E_1) = \frac{g}{m} = \mathbf{\frac{1}{216}}$

b) Dreimal dieselbe Zahl zu würfeln ist nicht nur für die Augenzahl 6, sondern auch für die Augenzahlen 1, 2, 3, 4, 5 möglich, also sechs Mal

$\Rightarrow g = 6 \Rightarrow P(E_2) = \frac{g}{m} = \frac{6}{216} = \mathbf{\frac{1}{36}}$

Fährt man mit dem Würfeln fort, erhöht sich die Anzahl der Pfade (Anzahl aller möglichen Ergebnisse) weiter:

- im 4-ten Wurf $\Rightarrow 6^4$ Pfade (mögliche Ergebnisse),
- im 5-ten Wurf $\Rightarrow 6^5$ Pfade (mögliche Ergebnisse),
- im k-ten Wurf $\Rightarrow 6^k$ Pfade (mögliche Ergebnisse).

Überträgt man das Würfelexperiment auf das Urnenmodell, so entspricht das dem Ziehen einer von 6 verschiedenen Kugeln mit Zurücklegen **(Tabelle 2).**

Bei k Ziehungen (Stichprobenumfang) erhält man auch beim Urnenmodell $m = 6^k$ mögliche Variationen. Erhält man nun schrittweise die Zahl der Kugeln, erhält man:

- für 7 Kugeln $\Rightarrow 7^k$ Variationen,
- für 8 Kugeln $\Rightarrow 8^k$ Variationen,
- für n Kugeln $\Rightarrow n^k$ Variationen.

Beim k-maligen Ziehen (Stichprobe) mit Zurücklegen erhält man bei n verschiedenen Kugeln (Elementen) $m = n^k$ mögliche Variationen (Ergebnisse).

geordnete Stichprobe (Variation) mit Zurücklegen:

$$m = n^k \qquad P(E) = \frac{g}{m}$$

P Wahrscheinlichkeit E Ereignis

g Anzahl aller günstigen Ergebnisse (Variationen), $g \in \mathbb{N}$

m Anzahl aller möglichen Variationen, $m \in \mathbb{N}$

n Anzahl der unterscheidbaren Elemente, $n \in \mathbb{N}$

k Stichprobenumfang, $k \in \mathbb{N}$

Tabelle 1: 3-maliges Würfeln

Wurf k	Pfade m	Baumdiagramm
1	6	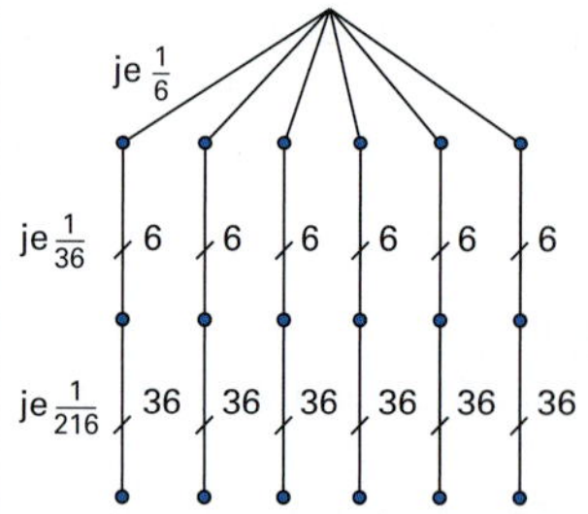
2	$6 \cdot 6 = 6^2$	
3	$6 \cdot 6 \cdot 6 = 6^3$	

Tabelle 2: Analogie Würfeln – Urnenmodell

Experiment	Urnenmodell
k-maliges Würfeln  Augenzahlen: n = 6 Variationen: $m = 6^k$	k-maliges Ziehen mit Zurücklegen 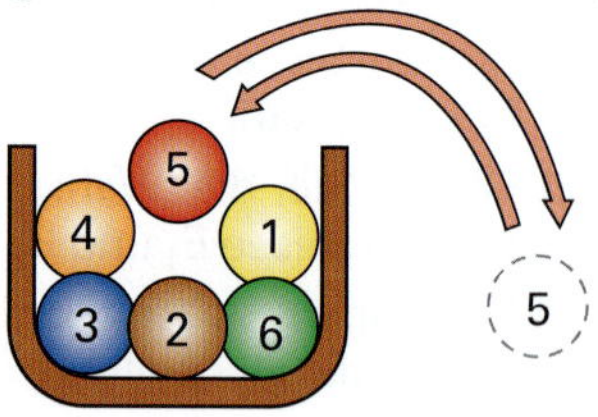 unterschiedliche Kugeln: n = 6 Variationen: $m = 6^k$

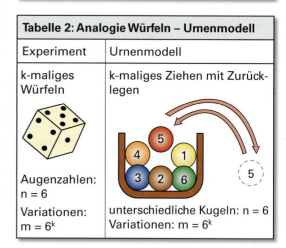

Beispiel 2: Codewort

Ein PC-Programm kann mit 3 verschiedenen vierstelligen Codeworten gestartet werden. Im Codewort können die 26 Buchstaben des Alphabets und alle 10 Ziffern verwendet werden. Wie groß ist die Wahrscheinlichkeit den Zugang zum PC-Programm auf Anhieb zu erhalten?

Lösung:

Elemente: n = 26 + 10 = 36;

Stichprobe: k = 4

mögliche Variationen: $m = 36^4 = 1\,679\,616$

günstige Ergebnisse: g = 3

Wahrscheinlichkeit: $P = \frac{g}{m} = \frac{3}{1\,679\,616} = \mathbf{\frac{1}{559\,872}}$

8.7.2 Geordnete Stichprobe ohne Zurücklegen

Beim Ziehen von Kugeln aus einer Urne ohne Zurücklegen nimmt mit jedem Zug die Anzahl n der Kugeln um 1 ab. Der Stichprobenumfang k kann also maximal so groß sein wie die Anzahl n der Kugeln. Es gilt k ≤ n.
Werden alle Kugeln gezogen, ist der Stichprobenumfang k = n. Man spricht von einer geordneten Vollerhebung oder Permutation.

> Eine Permutation ist ein geordnetes Abbild einer Menge mit allen n Elementen.

geordnete Stichprobe (Variation) ohne Zurücklegen:

Permutation ohne Wiederholung: $m = n! = 1 \cdot 2 \cdot 3 \cdot \ldots \cdot n$

Permutation mit Wiederholungen: $m = \dfrac{n!}{k_1! \cdot k_2! \cdot \ldots \cdot k_i!}$

- m Anzahl aller möglichen Permutationen, $m \in \mathbb{N}$
- n Anzahl der Elemente, $n \in \mathbb{N}$
- n! n Fakultät
- k_i Anzahl der Wiederholungen, $k \in \mathbb{N}$, $i \in \mathbb{N}$

Beispiel 1: Permutation

Bei der Auslosung zum Fußball-Halbfinale (Urnenmodell) befinden sich 4 Mannschaften im Lostopf **(Bild 1)**: Stuttgart (VfB), Hamburg (HSV), Dortmund (BVB) und München (FCB). Die Mannschaften werden den Plätzen an der Tafel Heim 1, Auswärts 1, Heim 2 und Auswärts 2 zugelost. Berechnen Sie

a) die Anzahl m aller möglichen Permutationen.

b) die Wahrscheinlichkeit für folgende Paarungen, egal, welche Paarung zuerst gezogen wurde:
 Stuttgart (VfB) – München (FCB)
 Hamburg (HSV) – Dortmund (BVB)

Lösung:

a) Das Baumdiagramm zeigt **Tabelle 1**. Die Anzahl aller möglichen Ergebnisse (Permutationen) ist
 $m = 4 \cdot 3 \cdot 2 \cdot 1 = 4!$
Die Multiplikation der natürlichen Zahlen von 1 bis 4 kürzt man ab mit 4! und heißt *Vier Fakultät*.
Es gilt: $m = 4! = $ **24**

b) Da die Reihenfolge der gelosten Paarungen egal sein soll, gibt es zwei günstige Fälle: g = 2.
Es gilt: P(VfB – FCB, HSV – BVB ∨ HSV – BVB, VfB – FCB) = $\dfrac{g}{m} = \dfrac{2}{24} = \dfrac{1}{12}$

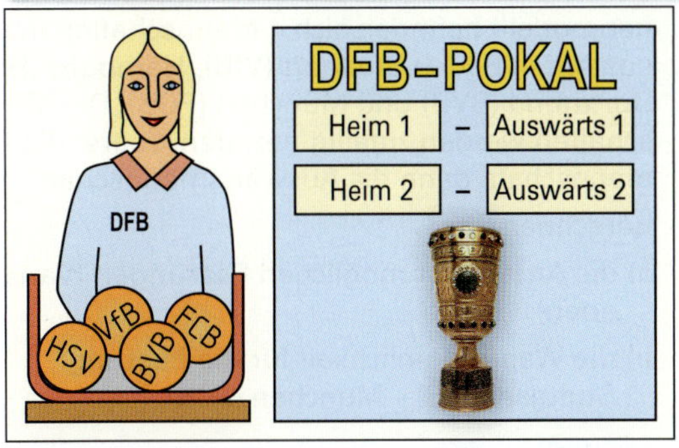

Bild 1: Zulosung auf 4 Plätze im Fußball-Halbfinale

Tabelle 1: 4-maliges Ziehen

Zug k	Pfade m	Baumdiagramm
1	4	
1	4 · 3 = 12	
3	12 · 2 = 24	
4	24 · 1 = 24	

Beginnt man die Auslosung mit n beliebigen Mannschaften, ist die Anzahl m aller möglichen Ergebnisse:
$m = n \cdot (n-1) \cdot (n-2) \cdot \ldots \cdot 3 \cdot 2 \cdot 1 = n!$

Beispiel 2: Viertelfinale und Achtelfinale

Wie viele mögliche Zulosungsvarianten (Permutationen) gibt es beim a) Viertelfinale, b) Achtelfinale?

Lösung:
n Mannschaften werden n Plätzen zugelost. m = n!
a) m = n! = 8! = **40 320** b) 16! = **20 922 789 888 000**

Permutation mit Wiederholung

In einer Urne befinden sich eine rote und drei blaue Kugeln. Sie werden alle nacheinander geordnet gezogen. Hätten alle Kugeln eine andere Farbe, gäbe es 4! = 24 Permutationen. Die drei blauen Kugeln können verschieden geordnet sein, z. B. Kugeln 1, 2 und 3 oder Kugeln 1, 2 und 4. Bei jeder dieser möglichen Anordnungen werden drei blaue Kugeln auf drei Plätze verteilt, d. h. es gibt jeweils 3! Wiederholungen. Durch diese muss die Zahl 24 geteilt werden: $m = \dfrac{4!}{3!} = \dfrac{24}{6} = 4$

Das Ergebnis ist deshalb logisch, weil die rote Kugel genau 4 verschiedene Positionen einnehmen kann, der Rest ist blau besetzt.

Beispiel 3: Permutationen mit Wiederholungen

In einer Urne sind 6 mit je einem Buchstaben beschriftete Kugeln: drei Kugeln mit N, zwei mit E und eine mit R. Alle Kugeln werden geordnet gezogen.

Berechnen Sie
a) Zahl m der möglichen Permutationen.
b) die Wahrscheinlichkeit dafür, dass sich das Wort NENNER ergibt.

Lösung:

a) $m = \dfrac{6!}{3! \cdot 2!} = \dfrac{6 \cdot 5 \cdot 4 \cdot 3 \cdot 2 \cdot 1}{3 \cdot 2 \cdot 1 \cdot 2 \cdot 1} = \dfrac{120}{2} = $ **60**

b) P(NENNER) = $\dfrac{g}{m} = \dfrac{1}{60}$

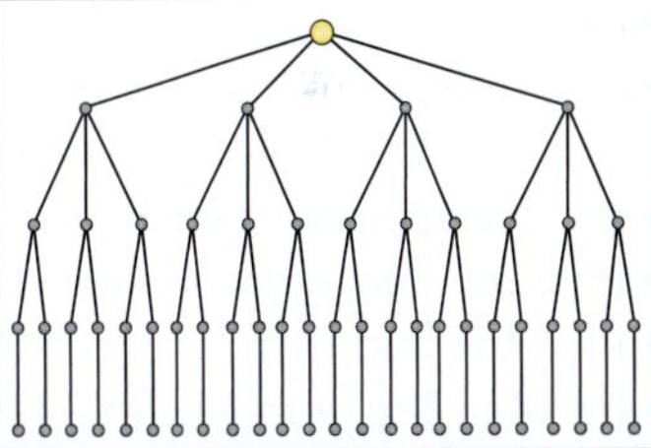

Variation

Werden beim Ziehen von Kugeln ohne Zurücklegen nur ein Teil der n Kugeln einer Urne gezogen, d. h. der Stichprobenumfang k ist kleiner als n, so spricht man von einer Variation.

Eine Variation ist eine geordnete Stichprobe von n unterscheidbaren Elementen.

Beispiel 1: Variation

Bei der Auslosung zum Fußball-Halbfinale (Urnenmodell) befinden sich 4 Mannschaften im Lostopf in **Bild 1:** Stuttgart (VfB), Hamburg (HSV), Dortmund (BVB) und München (FCB). Die Mannschaften werden zufällig gezogen, zuerst die Heimmannschaft, dann die Auswärtsmannschaft.

Berechnen Sie

a) die Anzahl der möglichen Paarungen (Variationen).

b) die Wahrscheinlichkeit für die Paarung: Stuttgart (VfB) – München (FCB)

Lösung:

a) **Tabelle 1:** $m = 4 \cdot 3 = \mathbf{12}$

b) $P(\text{VfB} - \text{FCB}) = \frac{1}{4} \cdot \frac{1}{3} = \frac{1}{12}$

(siehe Beispiel 1b, vorhergehende Seite)

Aus einer Urne mit n unterscheidbaren Kugeln werden k Kugeln ohne Zurücklegen gezogen. Für die Anzahl aller möglichen Ergebnisse (Variationen) m erhält man:

- im 1-ten Zug $\Rightarrow m = n$
- im 2-ten Zug $\Rightarrow m = n \cdot (n-1)$
- im 3-ten Zug $\Rightarrow m = n \cdot (n-1) \cdot (n-2)$
- im k-ten Zug $\Rightarrow m = n \cdot (n-1) \cdot (n-2) \cdot \ldots \cdot (n-k+1)$

Um diese Gleichung zu vereinfachen, wird sie erweitert:

$$m = n\cdot(n-1)\cdot(n-2)\cdot\ldots\cdot(n-k+1)\cdot\frac{(n-k)\cdot(n-k-1)\cdot\ldots\cdot 3\cdot 2\cdot 1}{(n-k)\cdot(n-k-1)\cdot\ldots\cdot 3\cdot 2\cdot 1}$$

$$m = \frac{n\cdot(n-1)\cdot(n-2)\cdot\ldots\cdot(n-k+1)\cdot(n-k)\cdot(n-k-1)\cdot\ldots\cdot 3\cdot 2\cdot 1}{(n-k)\cdot(n-k-1)\cdot\ldots\cdot 3\cdot 2\cdot 1}$$

$$m = \frac{n\cdot(n-1)\cdot(n-2)\cdot\ldots\cdot 3\cdot 2\cdot 1}{(n-k)\cdot(n-k-1)\cdot\ldots\cdot 3\cdot 2\cdot 1}; \qquad m = \frac{n!}{(n-k!)}$$

Beim k-maligen Ziehen (Stichprobe) ohne Zurücklegen erhält man bei n verschiedenen Kugeln (Elementen) $m = \frac{n!}{(n-k)!}$ mögliche Variationen (Ergebnisse).

Beispiel 2: Variation

Bei einem Schwimmfinale kämpfen acht Schwimmer um drei Medaillen. Berechnen Sie die Anzahl der Möglichkeiten für die Medaillenvergabe.

Lösung:

k = 3 Medaillen werden auf n = 8 Personen verteilt:

1. Weg: $m = \frac{n!}{(n-k)!} = \frac{8!}{(8-3)!} = \frac{8!}{5!} = \frac{40320}{120} = \mathbf{336}$

2. Weg: $m = n \cdot (n-1) \cdot (n-2) = 8 \cdot 7 \cdot 6 = \mathbf{336}$

geordnete Stichprobe (Variation) ohne Zurücklegen:

$$m = \frac{n!}{(n-k)!} \qquad 0! = 1$$

m Anzahl aller möglichen Variationen, $m \in \mathbb{N}$
n Anzahl der Elemente, $n \in \mathbb{N}$
k Stichprobenumfang, $k \in \mathbb{N}$

Bild 1: Auslosung einer Spielpaarung

Tabelle 1: k-maliges Ziehen mit k = 2

Zug k	Pfade m	Baumdiagramm	
1	n	m = 4	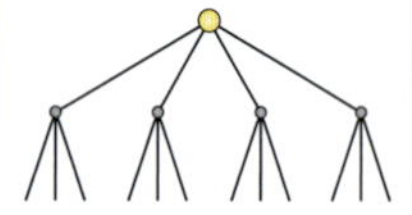
2	$n \cdot (n-k+1)$	$m = 4 \cdot 3$	

Beispiel 3: Variation

Nach einer Lebensmittelvergiftung mit Salmonellen werden 6 Personen stationär im Krankenhaus aufgenommen. Das Krankenhaus hat in der zuständigen Abteilung noch 9 freie Betten. Berechnen Sie die Zahl der möglichen Verteilungen auf die Betten.

Lösung:

k = 6 Personen werden auf n = 9 Betten verteilt:

1. Weg:
$m = \frac{n!}{(n-k)!} = \frac{9!}{(9-6)!} = \frac{9!}{3!} = \frac{362880}{6} = \mathbf{60480}$

2. Weg:
$m = n \cdot (n-1) \cdot (n-2) \cdot (n-3) \cdot (n-4) \cdot (n-5)$

$m = 9 \cdot 8 \cdot 7 \cdot 6 \cdot 5 \cdot 4 = \mathbf{60480}$

Beim k-maligen Ziehen (Stichprobe) ohne Zurücklegen ist der Stichprobenumfang $k \leq n$.

Beispiel 4: Variation – Permutation

Zeigen Sie, dass eine Permutation der Spezialfall einer Variation für k = n ist.

Lösung:

$m = \frac{n!}{(n-k)!} = \frac{n!}{(n-n)!} = \frac{n!}{0!} = \frac{n!}{1} = \mathbf{n!}$

Überprüfen Sie Ihr Wissen!

Übungsaufgaben

1. Nach dem Wechsel einer Autobatterie muss das Autoradio durch Eingabe einer vierstelligen Zahl mit je 10 Ziffern neu in Betrieb genommen werden **(Bild 1)**.

a) Wie viele Codeworte sind möglich?

b) Mit welcher Wahrscheinlichkeit ist das erste zufällig eingegebene Codewort richtig?

2. Das Alphabet enthält zusammen mit den Umlauten und dem scharfen ß 30 Buchstaben. Wie viele Worte mit drei Buchstaben könnten theoretisch gebildet werden?

3. Aus den Ziffern 1 bis 6 werden vierstellige Zahlen gebildet.

a) Wie viele verschiedene Zahlen sind möglich?

b) Wie viele Zahlen sind durch 5 teilbar?

c) Wie viele sind kleiner als 4000?

d) Wie viele bestehen nur aus geraden Ziffern?

4. Eine Urne enthält 9 gleichartige durchnummerierte Kugeln. Davon sind 2 blau, 3 rot und 4 grün. Alle Kugeln werden nacheinander gezogen. Wie viele Anordnungen sind möglich,

a) wenn nach Nummern unterschieden wird?

b) wenn nach Farben unterschieden wird?

5. Wie viele verschiedene Worte können durch Umstellen von Buchstaben bei folgenden Worten gebildet werden?

a) VARIATIONEN **b)** FÜNFZIFFRIG

6. Eine Urne enthält 9 gleichartige durchnummerierte Kugeln. Drei dieser Kugeln werden nacheinander zufällig gezogen.

a) Wie viele mögliche Variationen gibt es?

b) Wie groß ist die Wahrscheinlichkeit, dass die erste Kugel mit 1 und die zweite Kugel mit 2 beschriftet ist?

7. In der Urne A befinden sich 7 rote Kugeln, in der Urne B sieben grüne Kugeln und in der Urne C sieben blaue Kugeln. Es wird 7-mal gezogen, wobei die Auswahl der Urne bei jedem Zug zufällig erfolgt.

a) Wie viele geordnete Ergebnisse sind möglich?

b) Mit welcher Wahrscheinlichkeit sind die ersten 4 gezogenen Kugeln rot?

c) Mit welcher Wahrscheinlichkeit sind die beiden letzten Kugeln blau oder grün?

8. In einem Beach-Volleyball-Turnier gibt es an einem Tag sechs Begegnungen. In einem Wettbüro kann man auf den Sieg von Mannschaft 1 oder Mannschaft 2 tippen **(Bild 2)**.

a) Wie viele verschiedene Tipps sind möglich?

b) Berechnen Sie die Wahrscheinlichkeiten für 6, 5 und 4 richtige Tipps.

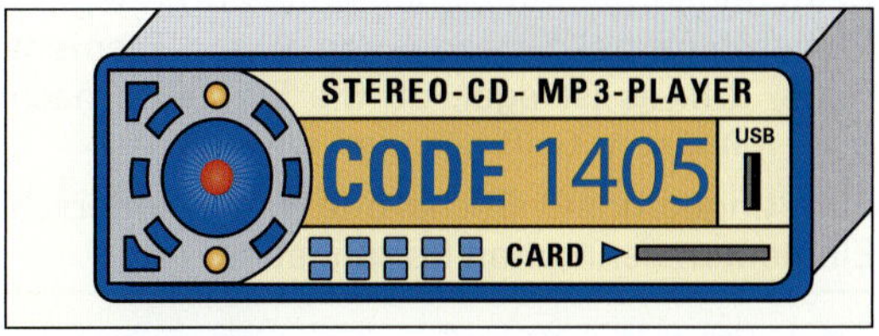

Bild 1: Autoradio

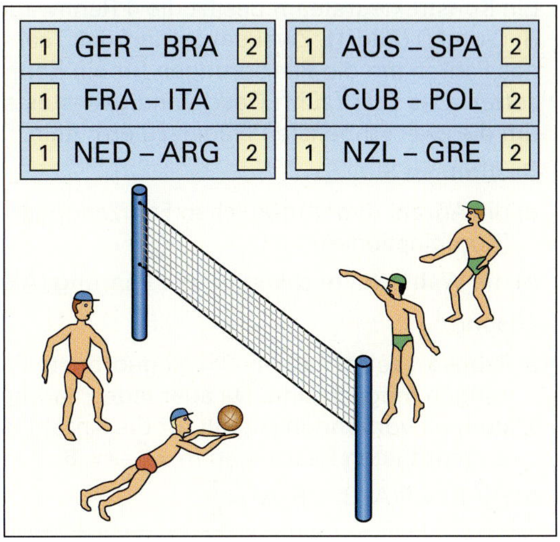

Bild 2: Beach-Volleyball

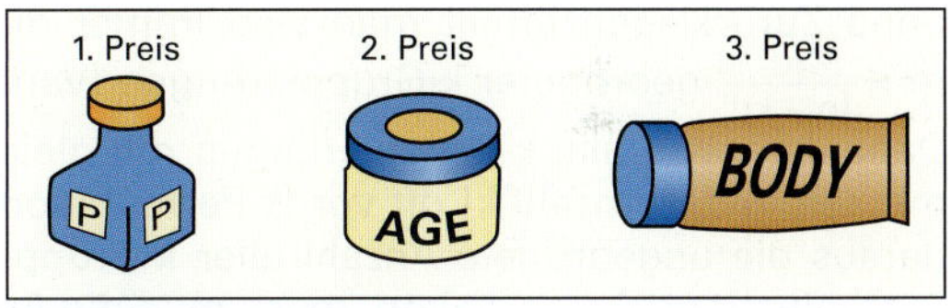

Bild 3: Preisverlosung

9. Bei einem Preisausschreiben einer Kosmetikfirma ist ein Parfüm, eine Anti-Age-Creme und eine Body-Lotion zu gewinnen **(Bild 3)**. Es gehen 144 richtige Lösungen ein, unter welchen die Preise verlost werden.

a) Auf wie viele Arten kann gelost werden?

b) Mit welcher Wahrscheinlichkeit gewinnt man einen Preis?

10. Für 28 Plätze an einem Berufskolleg gibt es 36 Bewerber. Berechnen Sie die Anzahl der möglichen Besetzungen für die 28 Plätze.

Lösungen Übungsaufgaben

1. a) 1000 **b)** 0,001 **2.** 27000

3. a) 1296 **b)** 216 **c)** 648 **d)** 81

4. a) 362880 **b)** 1260

5. a) 4989600 **b)** 831600

6. a) 504 **b)** $P(1, 2, X) = \frac{1}{72}$

7. a) 2187 **b)** $\frac{1}{81}$ **c)** $\frac{4}{9}$

8. a) 64 **b)** $P(6) = \frac{1}{64}$; $P(5) = \frac{3}{32}$; $P(4) = \frac{15}{64}$

9. a) 2924064 **b)** $P(\text{Preis}) = \frac{1}{48}$

10. $9{,}226 \cdot 10^{36}$

8.7.3 Ungeordnete Stichprobe ohne Zurücklegen

Beim ungeordneten Ziehen ohne Zurücklegen spielt die Reihenfolge bei k gezogenen von n Elementen keine Rolle, d. h. es ist egal, ob die Elemente nacheinander oder mit einem Griff gezogen werden.

Eine ungeordnete Stichprobe von n unterscheidbaren Elementen nennt man Kombination.

Beispiel 1: Kombination

Ein Konstrukteursteam besitzt die 4 Rennwagen A, B, C und D **(Bild 1).** Zwei davon darf das Team für das Fahren um die Platzierungen für ein Rennen einsetzen. Das Team führt Geschwindigkeitstests durch, um die zwei schnellsten Wägen zu ermitteln.

Bestimmen Sie

a) die Anzahl m der möglichen Fahrzeugpaarungen (Kombinationen).

b) die Wahrscheinlichkeit für die Paarung (AB).

Lösung:

a) **Tabelle 1** zeigt, dass $4 \cdot 3 = 12$ geordnete Paarungen möglich sind. Da aber jede Paarung doppelt vorhanden ist, gilt für die Anzahl der ungeordneten Paarungen $m = \frac{4 \cdot 3}{2} = \mathbf{6}$

b) $P(AB) = P(A, B \vee B, A) = \mathbf{\frac{1}{6}}$

Beim k-maligen Ziehen von Kugeln aus einer Urne ohne Zurücklegen erhält man also immer die Anzahl $m = \frac{n!}{(n-k)!}$ geordneter k-Gruppierungen (Variationen). Dabei kommen alle k-Gruppierungen mit gleichen Elementen in der Anzahl k! oft vor (k-Permutationen). Um daraus die ungeordnete Anzahl aller k-Gruppierungen (Kombinationen) zu erhalten, muss man die Anzahl der geordneten k-Gruppierungen (Variationen) durch den Faktor k! dividieren:

$m = \frac{n!}{k! \cdot (n-k)!}$ mögliche Kombinationen.

Man schreibt auch $\frac{n!}{k! \cdot (n-k)!} = \binom{n}{k}$ und nennt $\binom{n}{k}$ den Binominalkoeffizienten.

Beim k-maligen Ziehen (Stichprobe) ohne Zurücklegen erhält man bei n verschiedenen Elementen $m = \frac{n!}{k! \cdot (n-k)!}$ mögliche Kombinationen (ungeordnete Ergebnisse).

Beispiel 2: Lotto mit 6 Richtigen

Beim Lotto werden in einem Feld des Lottoscheines 6 von 49 Zahlen angekreuzt **(Bild 2).** Bei der Ziehung der Zahlen spielt die Reihenfolge keine Rolle.

Bestimmen Sie

a) die Anzahl m der möglichen Kombinationen.

b) die Wahrscheinlichkeit für 6 Richtige.

Lösung:

a) $m = \frac{n!}{k! \cdot (n-k)!} = \frac{49!}{6! \cdot (49-6)!} = \frac{49!}{6! \cdot 43!}$

$= \frac{49 \cdot 48 \cdot 47 \cdot 46 \cdot 45 \cdot 44}{6!} = \frac{10\,068\,347\,520}{720} = \mathbf{13\,983\,816}$

b) $P = \frac{1}{m} = \mathbf{\frac{1}{13\,983\,816}}$

ungeordnete Stichprobe (Kombination) ohne Zurücklegen:

Binominalkoeffizient: $m = \binom{n}{k} = \frac{n!}{k! \cdot (n-k)!}$

m Anzahl aller möglichen Kombinationen, $m \in \mathbb{N}$

n Anzahl der Elemente, $n \in \mathbb{N}$

k Stichprobenumfang, $k \in \mathbb{N}$

Bild 1: Rennwagen A, B, C und D

Tabelle 1: Rennwagenpaare

Baumdiagramm	geordnete Paare	ungeordnete Paare
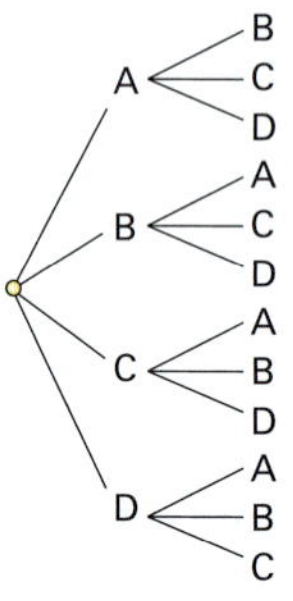	(A, B); (B, A)	(A, B) = (B, A) = (AB)
	(A, C); (C, A)	(A, C) = (C, A) = (AC)
	(A, D); (D, A)	(A, D) = (D, A) = (AD)
	(B, C); (C, B)	(B, C) = (C, B) = (BC)
	(B, D); (D, B)	(B, D) = (D, B) = (BD)
	(C, D); (D, C)	(C, D) = (D, C) = (CD)

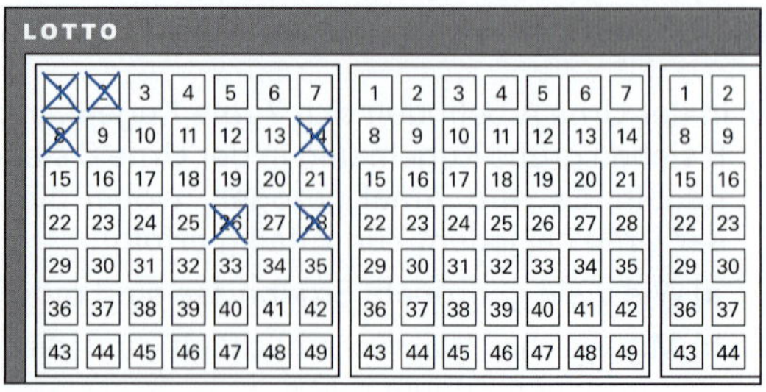

Bild 2: Lotto 6 aus 49

Beispiel 3: Klassensprecher

In einer Klasse werden 2 von 28 Schülern zum Klassensprecher und Stellvertreter gewählt. Wie viele Kombinationen m sind möglich?

Lösung:

a) $m = \frac{28!}{2! \cdot (28-2)!} = \frac{28 \cdot 27 \cdot 26!}{2! \cdot 26!} = \frac{28 \cdot 27}{2} = \mathbf{378}$

Beispiel 1: Lotto mit 3 Richtigen

Berechnen Sie

a) die Anzahl aller Möglichkeiten für 3 Richtige,

b) die Wahrscheinlichkeit für 3 Richtige.

Lösung:

a) Es müssen 3 von 6 Richtigen angekreuzt sein $\binom{6}{3}$ und es müssen 3 von 43 Falschen angekreuzt sein $\binom{43}{3}$.

Anzahl aller günstigen Möglichkeiten:

$$g = (3 \text{ aus } 6) \text{ und } (3 \text{ aus } 43) = \binom{6}{3} \cdot \binom{43}{3}$$

$$= \frac{6!}{3! \cdot (6-3)!} \cdot \frac{43!}{3! \cdot (43-3)!} = \frac{6!}{3! \cdot 3!} \cdot \frac{43!}{3! \cdot 40!}$$

$$= \frac{6 \cdot 5 \cdot 4}{3!} \cdot \frac{43 \cdot 42 \cdot 41}{3!} = \frac{6 \cdot 5 \cdot 4}{6} \cdot \frac{43 \cdot 42 \cdot 41}{6}$$

$$= 5 \cdot 4 \cdot 43 \cdot 7 \cdot 41 = \mathbf{246\,820}$$

b) $P = \frac{g}{m} = \frac{246\,820}{\binom{49}{6}} = \frac{246\,820}{13\,983\,816} = \mathbf{0{,}017\,650\,4}$

Für die Wahrscheinlichkeit für x Richtige im Lotto gilt also die Formel:

$$P = \frac{g}{m} = \frac{\binom{6}{x} \cdot \binom{43}{6-x}}{\binom{49}{6}}$$

8.7.4 Ungeordnete Stichprobe mit Zurücklegen

Beispiel 2: Schlüssel

Zwei gleiche Schlüssel S sollen auf einem Schlüsselbrett mit 3 Haken aufbewahrt werden **(Bild 1)**. Dabei können auch beide Schlüssel auf einen Haken gehängt werden. Bestimmen Sie die Anzahl m aller möglichen Anordnungen.

Lösung:

Für das 2-fache Aufhängen (k = 2) eines Schlüssels wird beide Male einer der drei Haken (n = 3) gewählt. Das Baumdiagramm zeigt **Tabelle 1.** Da die Anordnungen der beiden Schlüssel bei der Aufteilung auf zwei Haken egal ist, erhält man die Kombinationen aus Tabelle 1 ⇒ m = **6**

Die Berechnung dieser 6 Möglichkeiten erfolgt ohne Herleitung mit der Formel:

$$m = \binom{n+k-1}{k} = \frac{(n+k-1)!}{k! \cdot (n-1)!}$$

Beispiel 3: Schlüssel

Berechnen Sie die Aufgabe aus Beispiel 1 mit der angegebenen Formel.

Lösung:

$$m = \frac{(3+2-1)!}{2! \cdot (3-1)!} = \frac{4!}{2! \cdot 2!} = \frac{4 \cdot 3 \cdot 2 \cdot 1}{2 \cdot 1 \cdot 2 \cdot 1} = 3 \cdot 2 = \mathbf{6}$$

Beispiel 4: Spielfiguren

Ein Kind hat 8 Figuren auf 3 Schachteln verteilt. Berechnen Sie die Zahl aller Anordnungen.

Lösung:

$$m = \frac{(3+8-1)!}{8! \cdot (3-1)!} = \frac{10!}{8! \cdot 2!} = \frac{10 \cdot 9}{2!} = \frac{90}{2} = \mathbf{45}$$

ungeordnete Stichprobe (Kombination) mit Zurücklegen:

$$m = \binom{n+k-1}{k} = \frac{(n+k-1)!}{k! \cdot (n-1)!}$$

m Anzahl aller möglichen Kombinationen, $m \in \mathbb{N}$

n Anzahl der Elemente, $n \in \mathbb{N}$

k Stichprobenumfang, $k \in \mathbb{N}$

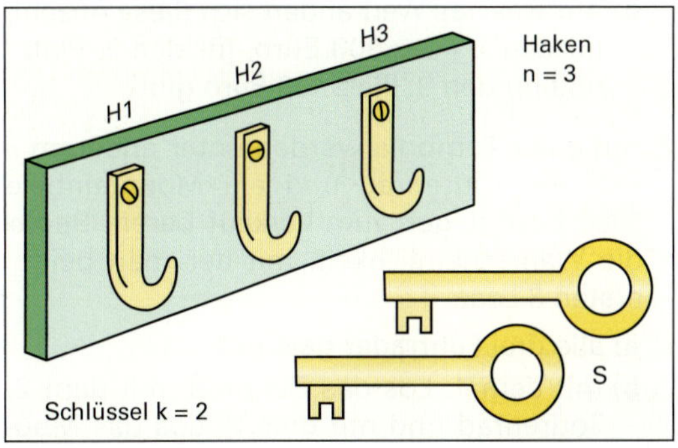

Bild 1: Schlüsselbrett

Tabelle 1: Schlüsselbrett

Baumdiagramm	geordnete Paare	ungeordnete Paare
H1 – H1	(H1, H1)	(H1, H1)
H1 – H2	(H1, H2); (H2, H1)	(H1, H2)
H1 – H3		
H2 – H1	(H1, H3); (H3, H1)	(H1, H3)
H2 – H2	(H2, H2)	(H2, H2)
H2 – H3		
H3 – H1	(H2, H3); (H3, H2)	(H2, H3)
H3 – H2		
H3 – H3	(H3, H3)	(H3, H3)

Beispiel 5: Würfel

Ein Würfel wird 2-mal nacheinander geworfen. Bestimmen Sie die Anzahl der ungeordneten Paarungen (Kombinationen)

a) durch Überlegen,

b) mit der Formel.

c) Berechnen Sie die Wahrscheinlichkeit, dass ein Pasch gewürfelt wird.

Lösung:

a) Die Anzahl der geordneten Paare (Variationen) sind $m_V = 6 \cdot 6 = 6^2 = 36$. Davon sind 6 Paare Pasch. Bei den restlichen 30 Variationen kommen immer zwei ungeordnete Paarungen (Kombinationen) doppelt vor, z. B. (1, 2) und (2, 1). Damit ist $m_K = 6 + \frac{30}{2} = 6 + 15 = \mathbf{21}$

b) $m_K = \frac{(6+2-1)!}{2! \cdot (6-1)!} = \frac{7!}{2! \cdot 5!} = \frac{7 \cdot 6}{2!} = \frac{42}{2} = \mathbf{21}$

c) Es gibt 6 verschiedene Pasch. g = 6.

$P(\text{Pasch}) = \frac{g}{m} = \mathbf{\frac{6}{21}}$

Überprüfen Sie Ihr Wissen!

Übungsaufgaben

1. Ein Bundesland veranstaltet einen Mathematikwettbewerb unter Schülern. Es nehmen 144 Schüler teil. Die drei Besten erhalten jeweils denselben Geldpreis von 200 Euro.

a) Berechnen Sie die Anzahl aller Möglichkeiten, die Geldpreise zu erhalten.

b) Auf welchen Wert ändert sich diese Anzahl, wenn es für den 1. Platz 300 Euro, für den 2. Platz 200 Euro und für den 3. Platz 100 Euro gibt?

2. Auf einer Tombola werden unter anderem ein Rennrad, ein Tourenrad und ein Mountainbike verlost. 1956 Lose liegen zum Verkauf bereit. Berechnen Sie die Wahrscheinlichkeit, mit der man beim Kauf der ersten 3 Lose

a) alle drei Fahrräder gewinnt,

b) mit dem 1. Los das Rennrad, mit dem 2. Los das Tourenrad und mit dem 3. Los das Mountainbike gewinnt.

3. Auf dem Lottoschein wird ein Tipp abgegeben. Berechnen Sie die Wahrscheinlichkeit für

a) 5 Richtige, **b)** 4 Richtige.

4. Ein Skatblatt besteht aus 32 Karten, darunter befinden sich 4 Asse. Beim Austeilen der gemischten Karten erhält der erste Spieler drei verdeckte Karten gleichzeitig. Berechnen Sie die Wahrscheinlichkeit, dass sich unter den drei Karten a) 1 Ass, b) 2 Asse und c) 3 Asse befinden.

5. In einer Abschlussklasse haben 8 Schüler ihr Handy bei D2, 6 Schüler bei D1 und 4 Schüler bei E-Plus angemeldet. Zur Abschlussprüfung haben 12 Schüler ihr Handy dabei und geben es vor der Prüfung beim aufsichtsführenden Lehrer ab.

a) Mit welcher Wahrscheinlichkeit P_1 werden 6 D2-Handys, 4 D1-Handys und 2 E-Plus Handys abgegeben?

b) Mit Eintreten der Wahrscheinlichkeit P_1 reiht der Lehrer die 12 Handys nebeneinander auf dem Lehrerpult auf. Wie groß ist die Wahrscheinlichkeit P_2, dass alle 6 D2-Handys nebeneinander liegen?

6. In einer Tüte Gummibärchen befinden sich noch 4 grüne, 6 rote und 3 orangene Gummibärchen. Mit einem Griff werden drei Gummibärchen entnommen. Berechnen Sie die Wahrscheinlichkeiten folgender Ereignisse:

a) E_1: Die Gummibärchen haben dieselbe Farbe.

b) E_2: Die Gummibärchen sind verschiedenfarbig.

c) E_3: Zwei Gummibärchen sind gleichfarbig.

7. Eine Mautstation auf einer Autobahn hat 3 Spuren für Barbezahlung **(Bild 1)**. 11 Autofahrer, die bar bezahlen, verteilen sich auf die drei Spuren.

a) Wie viele Verteilungsmöglichkeiten gibt es?

b) Wie groß ist bei Gleichverteilung die Wahrscheinlichkeit, dass 2 Spuren von je 4 Fahrern und eine Spur von 3 Fahrern benutzt werden?

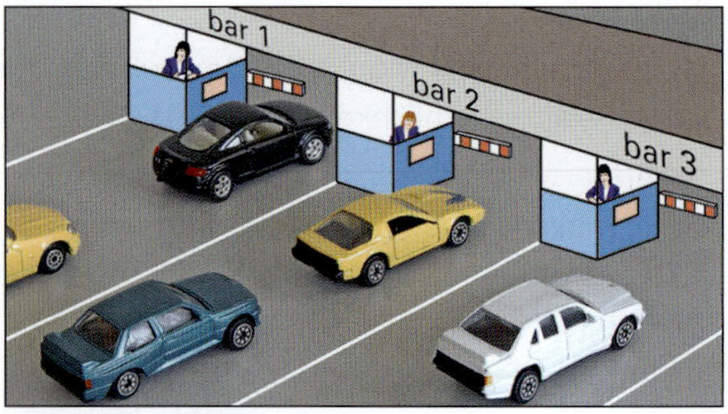

Bild 1: Mautstation

Tabelle 1: Würfelspiel Kniffel

Wurf	Beschreibung	Beispiele
Kniffel	fünf gleiche Augenzahlen	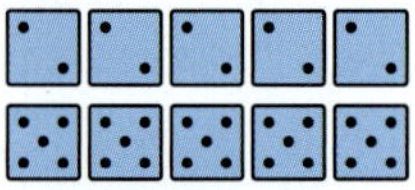
4er-Pasch	vier gleiche Augenzahlen	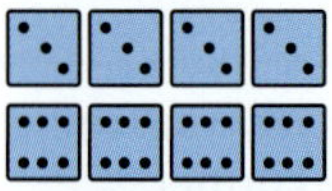
große Straße	fünf aufeinander folgende Augenzahlen	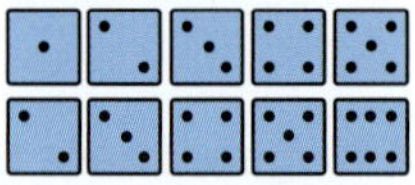

8. Eine Schule bekommt 7 neue Klassen, die jeweils eine Stunde Religion in der Woche bekommen. Die Schule hat 3 Lehrer mit der Lehrbefähigung für Religion.

a) Wie viele Verteilungsmöglichkeiten gibt es?

b) Wie groß ist bei Gleichverteilung die Wahrscheinlichkeit, dass einer der 3 Lehrer in den neuen Klassen 5 Stunden Religion unterrichtet.

9. Fünf Würfel werden einmal gleichzeitig geworfen.

a) Wie viele Zahlenkombinationen sind möglich?

Wie groß ist die Wahrscheinlichkeit,

b) einen Kniffel zu erhalten **(Tabelle 1)?**

c) einen 4er-Pasch zu erhalten?

d) eine große Straße zu erhalten?

Lösungen Übungsaufgaben

1. a) 487 344 **b)** 2 924 064

2. a) $\frac{1}{1\,245\,342\,820}$ **b)** $\frac{1}{7\,472\,056\,920}$

3. a) $\frac{258}{13\,983\,816}$ **b)** $\frac{13\,545}{13\,983\,816}$

4. a) $\frac{189}{620}$ **b)** $\frac{21}{620}$ **c)** $\frac{1}{1240}$

5. a) $\frac{30}{221}$ **b)** $\frac{1}{132}$

6. a) $\frac{25}{286}$ **b)** $\frac{36}{143}$ **c)** $\frac{261}{286}$

7. a) $m = 78$ **b)** $\frac{1}{26}$

8. a) $m = 36$ **b)** 0,25

9. a) $m = 7776$ **b)** $\frac{1}{1296}$ **c)** $\frac{25}{1296}$ **d)** $\frac{40}{1296} = \frac{5}{162}$

8.7.5 Zusammenfassung Stichproben

Beim k-maligen Ziehen aus n Elementen einer Urne unterscheidet man zwischen *geordnetem Ziehen* und *ungeordnetem Ziehen* sowie andererseits *mit Zurücklegen* und *ohne Zurücklegen* **(Tabelle 1)**.

Um Aufgaben aus der Stochastik zu lösen, muss man sich zunächst überlegen, welcher der Fälle aus Tabelle 1 vorliegt. Dabei hilft oft die Modellierung.

> Mit einem Modell, z.B. dem Urnenmodell, werden Stichprobenprobleme anschaulicher.

Es muss beachtet werden, welche der in Textaufgaben genannten Größen der Variablen k und welche der Variablen n entsprechen.

> Bei Stichproben ohne Zurücklegen ist $k \leq n$.

Um die Wahrscheinlichkeit für ein Ereignis zu bestimmen, muss neben der Anzahl aller möglichen Fälle m auch die Anzahl aller günstigen Fälle g ermittelt werden. Gelingt dies nicht mit Formeln, ist es zweckmäßig, eine Skizze, z.B. das Baumdiagramm, zu verwenden.

> Eine Skizze, z.B. das Baumdiagramm, kann helfen die Anzahl der günstigen Fälle für ein Ereignis zu bestimmen.

Bei Aufgaben, die die Worte *wenigstens* oder *mindestens* enthalten, ist es oft einfacher, zuerst die Wahrscheinlichkeit des Gegenereignisses und dann die gesuchte Wahrscheinlichkeit zu berechnen.

Beispiel 1: Lösung mit Gegenereignis

Das Glücksrad aus **Tabelle 2** mit 6 gleich großen Farbsegmenten wird 7-mal gedreht und jeweils die Farbe der Reihe nach notiert. Es soll berechnet werden, wie groß die Wahrscheinlichkeit für das Ereignis ist, dass wenigstens einmal die Farbe Rot bei den notierten Ergebnissen dabei ist.

a) Geben sie mithilfe einer geeigneten Modellierung die Art der Stichprobe an und ordnen Sie k und n dem Beispiel zu.

b) Bestimmen Sie die Anzahl m der möglichen Ergebnisse.

c) Bestimmen Sie mithilfe eines Baumdiagrammes die Anzahl der ungünstigen Ereignisse.

d) Berechnen Sie die Wahrscheinlichkeit für das Gegenereignis.

e) Berechnen Sie die Wahrscheinlichkeit für das gesuchte Ereignis.

Lösung:

a) **Würfelmodell, Tabelle 2, geordnete Stichprobe mit Zurücklegen, n = Zahl der Farben, k = Zahl der Drehungen**

b) $m = n^k = 6^7 = \mathbf{279\,936}$

c) aus **Bild 1** $\Rightarrow \overline{g} = 5^7 = \mathbf{78\,125}$

d) $P(\overline{rt}) = \dfrac{\mathbf{78\,125}}{\mathbf{279\,936}}$

e) $P(rt) = 1 - P(\overline{rt}) = 1 - \dfrac{78\,125}{279\,936} = \dfrac{201\,811}{279\,936} = \mathbf{0{,}72092}$

Tabelle 1: Formeln für Stichproben

Art	ohne Wiederholungen	mit Wiederholungen
Permutation = geordnete Stichprobe von n aus n Elementen	Anzahl m der Möglichkeiten, alle n Kugeln einer Urne mit n unterscheidbaren Kugeln geordnet ohne Zurücklegen zu ziehen. $m = n!$	Anzahl m der Möglichkeiten, alle n Kugeln einer Urne mit jeweils k gleichen Kugeln geordnet ohne Zurücklegen zu ziehen. $m = \dfrac{n!}{k_1! \cdot k_2! \cdot \ldots \cdot k_i!}$
Variation = geordnete Stichprobe von k aus n Elementen	Anzahl m der Möglichkeiten, k Kugeln geordnet aus einer Urne mit n unterscheidbaren Kugeln ohne Zurücklegen zu ziehen. $m = \dfrac{n!}{(n-k)!}$	Anzahl m der Möglichkeiten, k Kugeln geordnet aus einer Urne mit n unterscheidbaren Kugeln mit Zurücklegen zu ziehen. $m = n^k$
Kombination = ungeordnete Stichprobe von k aus n Elementen	Anzahl m der Möglichkeiten, k Kugeln ungeordnet aus einer Urne mit n unterscheidbaren Kugeln ohne Zurücklegen zu ziehen. Ziehen mit einem Griff. $m = \binom{n}{k} = \dfrac{n!}{k!(n-k)!}$	Anzahl m der Möglichkeiten, k Kugeln ungeordnet aus einer Urne mit n unterscheidbaren Kugeln mit Zurücklegen zu ziehen. $m = \dfrac{(n+k-1)!}{k! \cdot (n-1)!}$

Tabelle 2: Analogie Glücksrad – Würfelmodell

k-maliges Drehen des Rades	k-maliges Würfeln
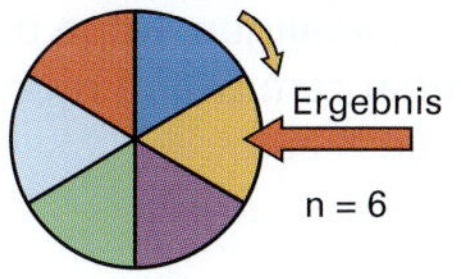	
Variationen: $m = 6^k$	Variationen: $m = 6^k$

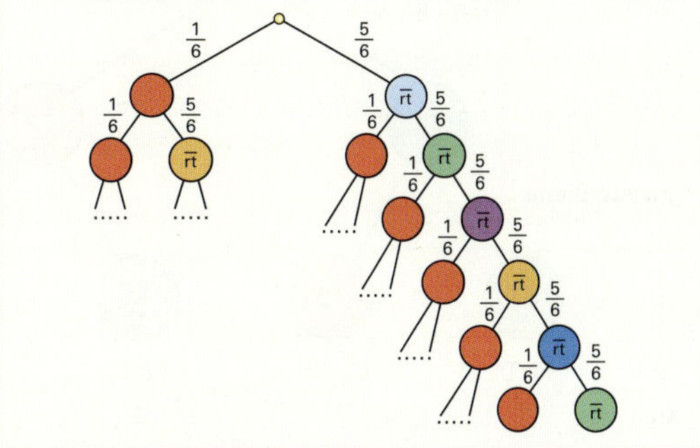

Bild 1: Baumdiagramm Glücksrad

8.8 Durchschnitt und Erwartungswert

8.8.1 Zufallsvariable

Als Zufallsvariable bezeichnet eine Funktion, die den Ergebnissen eines Zufallsexperimentes Zahlenwerte zuordnet. Zufallsvariablen werden meist mit X oder Y bezeichnet.

Beispiel 1: Torwandschießen

Bernd schießt dreimal auf eine Torwand **(Bild 1)**.

a) Die Zufallsvariable X gibt die Gesamtzahl der Treffer an. Sie wird allen entsprechenden Schießergebnissen zugeordnet. Stellen Sie die Zuordnung der Zufallsvariablen X zu allen möglichen Ergebnissen des Zufallsexperimentes Torwandschießen grafisch dar.

b) Für 3 Treffer erhält Bernd 20 €, für 2 Treffer 5 € und für einen Treffer 1 €. Trifft Bernd nicht, muss er 4 € bezahlen. Die Zufallsvariable Y beschreibt Bernds Gewinne und Verluste. Erstellen Sie eine Tabelle für die Zufallsvariable Y.

Lösung:

a) **Bild 2** b) **Tabelle 1**

Eine Zufallsvariable, z. B. X, ordnet jedem Ergebnis (Elementarereignis) e_i eines Zufallsexperimentes genau einen Zahlenwert zu.

$$X: e_i: \rightarrow X(e_i)$$

Die Funktionswerte x_i der Zufallsvariablen, z. B. die Anzahl der Treffer aus Beispiel 1, bilden die Wertemenge. Für die Treffer beim Torwandschießen aus Beispiel 1 gilt: W = {0; 1; 2; 3}.

Beispiel 1: Blüten

Zwei Bienen B fliegen bei der Nektarsuche auf zwei Tulpen T1 und T2 zu **(Bild 3)**. Die Zufallsvariable X gibt an, wie viele Tulpenblüten von den beiden Bienen zuerst besetzt werden, wobei egal ist, welche Biene sich in der jeweiligen Tulpe befindet. Zeichnen Sie das Baumdiagramm und ordnen Sie diesem die Zufallsvariable X zu.

Lösung: **Bild 4**

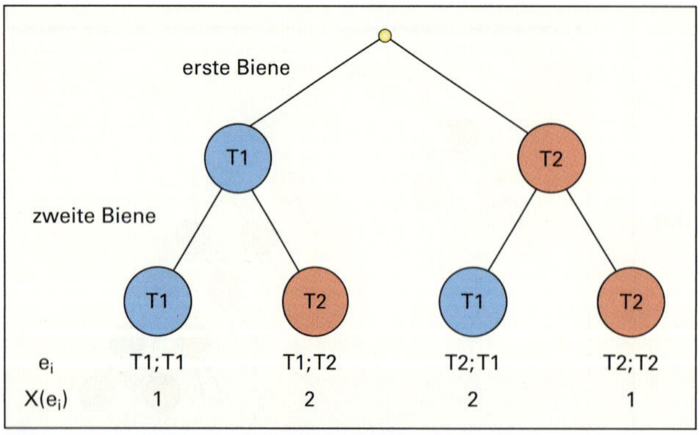

Bild 4: Baumdiagramm Nektarsuche

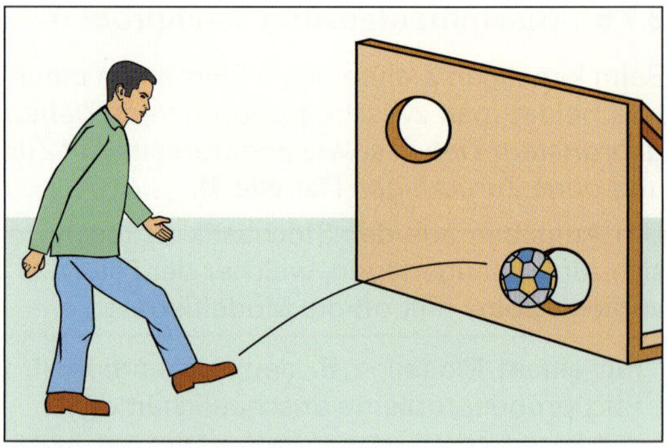

Bild 1: Torwandschießen

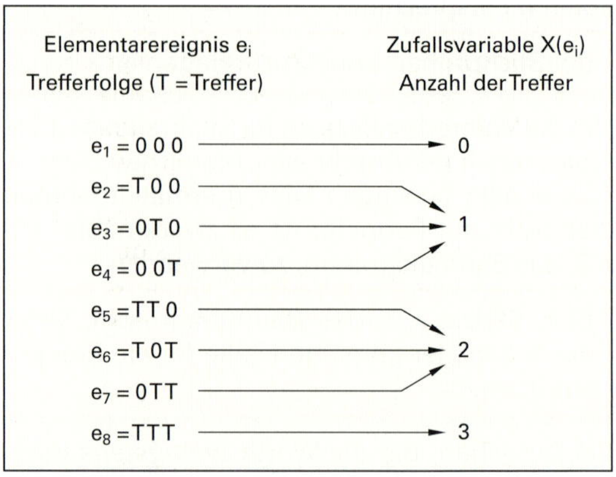

Bild 2: Zuordnung der Zufallsvariablen X zur Trefferfolge bei 3 Torschüssen

Tabelle 1: Zuordnung der Zufallsvariablen Y zur Trefferfolge bei 3 Torschüssen

Trefferfolge e_i	000	T00 0T0 00T	TT0 T0T 0TT	TTT
Zufallsvariable $Y(e_i)$	–4 €	1 €	5 €	20 €

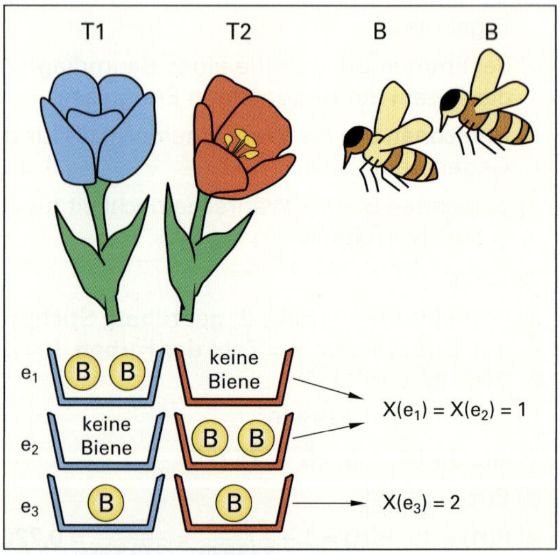

Bild 3: Besetzung der Tulpenblüten

Überprüfen Sie Ihr Wissen!

Übungsaufgaben

1. **Bild 1** zeigt ein Zufallsexperiment.

a) Um welches Zufallsexperiment handelt es sich?

b) Geben Sie Ergebnismenge und Wertemenge an und beschreiben Sie die Zuordnungsvorschrift der Zufallsvariablen mit Worten.

2. Ein Gastwirt bietet drei Gerichte an **(Bild 2)**. Zwei Gäste G1 und G2 wählen je ein Gericht aus. Für den Wirt ist es ein Zufallsexperiment.

a) Geben Sie die Ergebnismenge an.

b) Die Zufallsvariable X ordnet den bestellten Gerichten den Gesamtpreis zu. Stellen Sie diese Zuordnung in einem Baumdiagramm grafisch dar, indem Sie unter den jeweiligen Elementarereignissen die Werte x_i der Zufallsvariablen angeben.

c) Geben Sie die Wertemenge W an.

3. Bei der Produktion von Arbeitshandschuhen für die Krankenpflege finden regelmäßige Qualitätskontrollen stichprobenhaft statt. Dabei werden 0,3 % der Handschuhe in gleichmäßigen Abständen auf den Zustand geprüft **(Bild 3)**.

a) Wie viele Handschuhe werden bei einer Stichprobe entnommen?

b) Geben Sie die Ergebnismenge S an.

c) Geben Sie die Wertemenge W an.

d) Aus wie vielen Handschuhen wird bei der Qualitätskontrolle die Stichprobe entnommen?

4. Eine Urne enthält vier Kugeln, die mit den Ziffern 1, 1, 3 und 3 beschriftet sind. Es werden zwei Kugeln ohne Zurücklegen gezogen. Werden gleich beschriftete Kugeln gezogen, ordnet die Zufallsvariable Y dem Ergebnis das Produkt der gezogenen Ziffern zu, andernfalls den Wert 0. Ergänzen Sie die Tabelle in **Bild 4**.

5. Gerhard und Josef vereinbaren ein Spiel. Gerhard wirft eine Münze dreimal hintereinander mit dem Ziel, möglichst oft die Seite Zahl (Z) zu werfen. Er zahlt pro Spiel a^2 €. Er erhält von Josef für das Werfen von einmal Zahl a €, für 2-mal Zahl 3a € und für 3-mal Zahl 6a €. Die Zufallsvariable X beschreibt Gerhards Gewinn oder Verlust.

a) Stellen Sie X tabellarisch dar.

b) Für welche Werte von a gilt: $X(ZZZ) > 5$ €?

Lösungen Übungsaufgaben

1. a) Dreimaliges Werfen einer Münze
b) S = {WWW; WWZ; WZW; WZZ; ZWW; ZWZ; ZZW; ZZZ}; W = {0; 1; 2; 3}; Anzahl der geworfenen Münzseiten mit Wappen

2. a) S = {WW; WJ; WZ; JW; JJ; JZ; ZW; ZJ; ZZ}
b) Lösungsbuch **c)** W = {16; 17; 18; 19; 20}

3. a) Drei Arbeitshandschuhe
b) {EEE; EES; ESE; ESS; SEE; SES; SSE; SSS}
c) {0; 1; 2; 3} **d)** 1000

4. 1; 0; 0; 9 **5. a)** siehe Lösungsbuch **b)** $1 < a < 5$

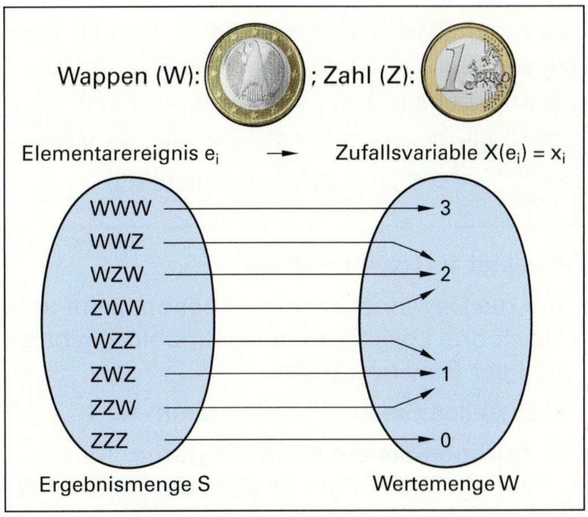

Bild 1: Zufallsvariable X

SPEISEKARTE

*

W	**Wiener Schnitzel** mit Pommes Frites und Salat	**8 €**
J	**Jägerschnitzel** mit Champignons, Pommes Frites und Salat	**10 €**
Z	**Zigeunerschnitzel** mit Paprika, Pommes Frites und Salat	**9 €**

Bild 2: Speisekarte

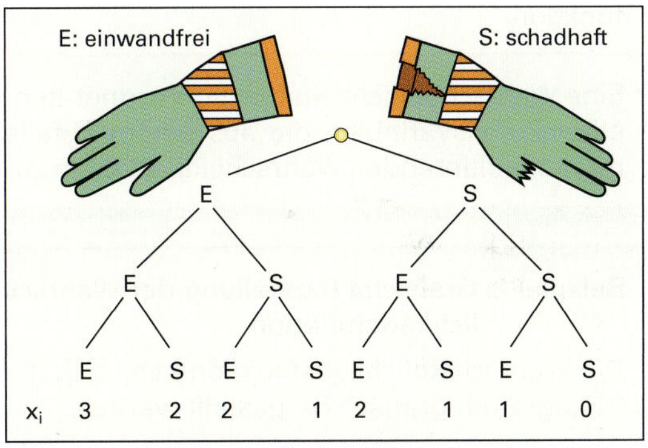

Bild 3: Qualitätskontrolle bei Arbeitshandschuhen

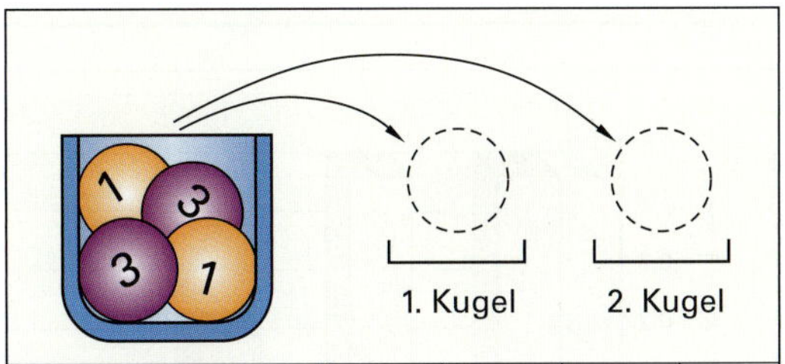

Elementarereignis e_i	(1; 1)	(1; 3)	(3; 1)	(3; 3)
Zufallsvariable $Y(e_i)$	?	?	?	?

Bild 4: Zufallsvariable Y

8.8.2 Wahrscheinlichkeitsfunktion

Bei einer Tombola werden 50 gestiftete Preise für einen guten Zweck verlost **(Bild 1)**. Den 50 Gewinnlosen (G) werden 150 Nieten (N) beigemischt. Damit ist ein gekauftes Los mit der Wahrscheinlichkeit $\frac{50}{200} = \frac{1}{4} = 0{,}25 = 25\,\%$ ein Gewinnlos (G) und mit der Wahrscheinlichkeit $\frac{150}{200} = \frac{3}{4} = 0{,}75 = 75\,\%$ eine Niete (N).

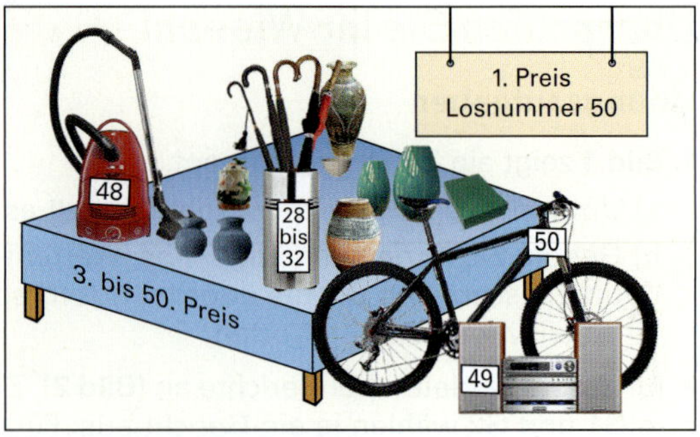

Bild 1: Preise einer Tombola

Beispiel 1: Gewinnchance

Um die Gewinnchance zu erhöhen, kauft Johanna gleich drei Lose. Die Zufallsvariable X gibt die Anzahl der Gewinnlose an.

a) Erstellen Sie ein Pfeildiagramm für X.

b) Zeichnen Sie ein Baumdiagramm für das Ziehen von drei Losen mit Angabe der Wahrscheinlichkeitsverteilung; es gilt stets P(N) = 0,75 und P(G) = 0,25.

c) Erweitern Sie das Pfeildiagramm für die Zufallsvariable X mit der Angabe der Wahrscheinlichkeiten für die einzelnen Werte von X.

Lösung:

a) **Bild 2,** b) **Bild 3,** c) **Bild 4.**

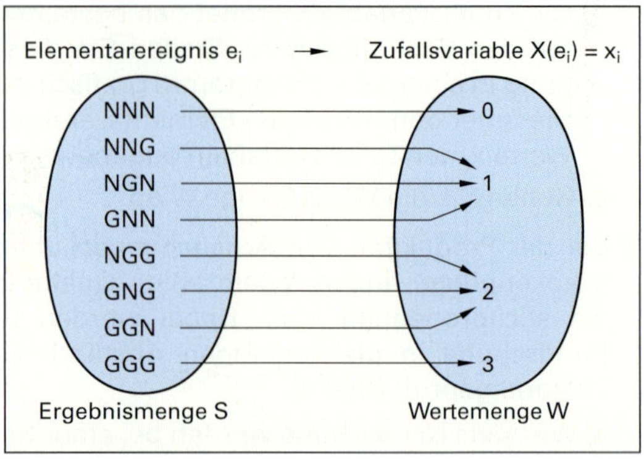

Bild 2: Zufallsvariable X

Bild 4 zeigt, dass zwei Funktionen beschrieben werden:

- Die erste Funktion X (Zufallsvariable) ordnet jedem einzelnen Ergebnis e_i des Zufallsexperimentes einen Wert x_i zu. Es gilt $x_i = X(e_i)$.
- Die zweite Funktion ordnet jedem Wert der Zufallsvariablen X die zugehörige Wahrscheinlichkeit $P(X = x_i)$ zu. Diese Funktion heißt Wahrscheinlichkeitsfunktion.

Eine Wahrscheinlichkeitsfunktion ordnet den Werten einer Zufallsvariablen die aus einem Zufallsexperiment resultierenden Wahrscheinlichkeiten zu.

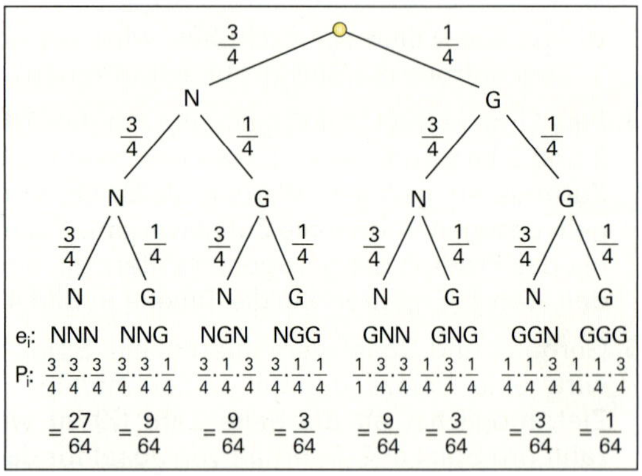

Bild 3: Baumdiagramm mit Wahrscheinlichkeitsverteilung

Beispiel 2: Grafische Darstellung der Wahrscheinlichkeitsfunktion

Die Wahrscheinlichkeitsfunktion kann z. B. in einem Histogramm grafisch dargestellt werden.

Zeichnen Sie ein Balkendiagramm, z. B. mit EXCEL.

Lösung: **Bild 5**

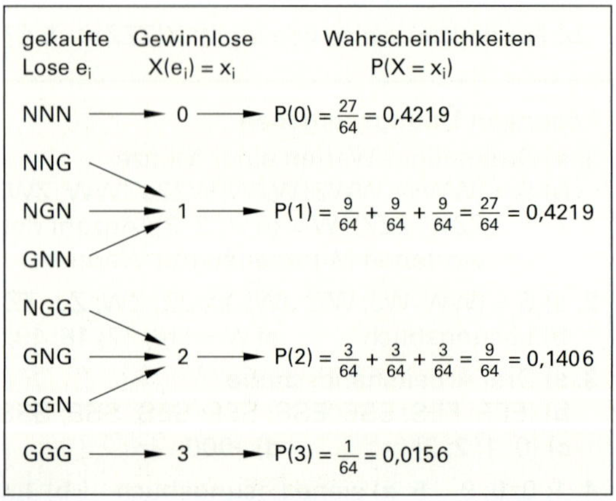

Bild 4: Wahrscheinlichkeitsfunktion $P(X = x_i)$

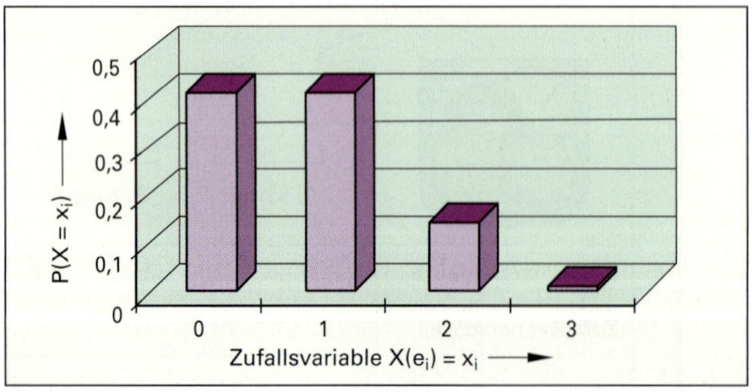

Bild 5: Histogramm

Überprüfen Sie Ihr Wissen!

Übungsaufgaben

1. Auf einem Minigolfplatz hat Franziska an der Bahn aus **Bild 1** eine durchschnittliche Trefferquote je Schlag (Wahrscheinlichkeit je Schlag) von 40 %. Sie hat drei Versuche, den Minigolfball in dem Loch am Bahnende zu platzieren und hört auf, wenn sich der Minigolfball im Loch befindet.

a) Erstellen Sie ein Baumdiagramm für das Zufallsexperiment mit den Treffern (T) und Fehlversuchen (F).

b) Bestimmen Sie die Wahrscheinlichkeiten für 0; 1; 2; und 3 Fehlversuche.

c) Welche Größe wird durch die Zufallsvariable beschrieben?

d) Stellen Sie die Wahrscheinlichkeitsfunktion in Form einer Wahrscheinlichkeitstabelle dar, indem Sie die Werte in **Tabelle 1** ergänzen.

e) Beschreiben Sie die Wahrscheinlichkeitsfunktion mit einem Pfeildiagramm.

f) Stellen Sie die Wahrscheinlichkeitsfunktion mit einem Säulendiagramm und einem Liniendiagramm grafisch dar, z. B. mithilfe von EXCEL.

2. Eine Tüte mit Paprika enthält 3 gelbe, 1 rote und 2 grüne Schoten. Es werden zufällig 3 Stück aus der Tüte entnommen. Die Zufallsvariable X gibt die Anzahl der entnommenen gelben Paprikaschoten an.

a) Erstellen Sie für das Zufallsexperiment ein Baumdiagramm mit der Wahrscheinlichkeitsverteilung.

b) Mit welcher Wahrscheinlichkeit ist $X = 0$; $X = 1$; $X = 2$ und $X = 3$?

c) Stellen Sie die Wahrscheinlichkeitsfunktion mit einem Säulendiagramm grafisch dar, z. B. mithilfe von EXCEL.

3. Philipp besitzt vier Tafeln Schokolade zu je 100 g, drei Tafeln zu je 75 g und eine Tafel mit 50 g. Er wählt zufällig zwei Tafeln aus und schenkt sie seiner Schwester. Die Zufallsvariable Y gibt das Gesamtgewicht der beiden Tafeln an.

a) Erstellen Sie ein Baumdiagramm für das Zufallsexperiment mit der Wahrscheinlichkeitsverteilung.

b) Geben Sie die Wahrscheinlichkeitsfunktion in Form einer Wertetabelle an.

c) Zeigen Sie rechnerisch, dass die Summe der Wahrscheinlichkeiten $P(Y = y_i)$ den Wert 1 ergibt.

4. Monika kauft ein. Am Stand mit Süßigkeiten sieht sie Überraschungseier aus Schokolade mit unbekanntem Inhalt. Sie liest, dass sich in jedem siebten Ei eine Märchenfigur befindet **(Bild 2).** Sie kauft für jedes ihrer vier Kinder ein Überraschungsei. Die Zufallsvariable X legt fest, wie viele Kinder eine Märchenfigur erhalten.

a) Erstellen Sie für das Zufallsexperiment ein Baumdiagramm mit Märchenfigur (M) und anderem Inhalt (A).

b) Geben Sie die Wahrscheinlichkeitsfunktion in Form einer Wertetabelle an.

Bild 1: Minigolfbahn

Tabelle 1: Wahrscheinlichkeitsfunktion

x_i	0	1	2	3
$P(X = x_i)$	?	?	?	?

Bild 2: Märchenfiguren aus Überraschungseiern

5. Vater hat 9 Milchbrötchen (M) und 3 Roggenbrötchen (R) gekauft. Er entnimmt der Tüte aus der Bäckerei „blind“ 7 Brötchen. Die Zufallsvariable Y gibt die Anzahl der entnommenen Roggenbrötchen an. Stellen Sie die Wahrscheinlichkeitsfunktion als Wertetabelle dar. Berechnen Sie dabei die Wahrscheinlichkeiten mit den Gesetzen der Kombinatorik.

Lösungen Übungsaufgaben

1. a) siehe Lösungsbuch

b) $P(0) = \frac{2}{5}$; $P(1) = \frac{6}{25}$; $P(2) = \frac{18}{125}$; $P(3) = \frac{27}{125}$

c) Anzahl der Fehlversuche bis zum ersten Treffer

d) 0,4; 0,24; 0,144; 0,216

e) und **f)** siehe Lösungsbuch

2. a) siehe Lösungsbuch

b) $P(X = 0) = 0{,}05$; $P(X = 1) = 0{,}45$; $P(X = 2) = 0{,}45$; $P(X = 3) = 0{,}05$

c) siehe Lösungsbuch

3. a) siehe Lösungsbuch

b) $P(200\text{ g}) = \frac{3}{14}$; $P(175\text{ g}) = \frac{3}{7}$; $P(150\text{ g}) = \frac{1}{4}$; $P(125\text{ g}) = \frac{3}{28}$ **c)** $P_{ges} = 1$

4. a) siehe Lösungsbuch

b) $P(0) = \frac{1296}{2401}$; $P(1) = \frac{864}{2401}$; $P(2) = \frac{216}{2401}$; $P(3) = \frac{24}{2401}$; $P(4) = \frac{1}{2401}$

5. $P(0) = \frac{1}{22}$; $P(1) = \frac{7}{22}$; $P(2) = \frac{21}{44}$; $P(3) = \frac{7}{44}$

8.8.3 Erwartungswert einer Zufallsvariablen

Beispiel 1: Blu-Ray-Rekorder

Eine Firma stellt Blu-Ray-Rekorder her. Ein Viertel der Geräte haben ein silbernes Gehäuse (si), die restlichen Geräte werden in der Farbe Blau (bl) hergestellt. Die Stiftung Warentest bestellt zu Testzwecken drei der Geräte ohne Farbangabe. Die Zufallsvariable X gibt die Anzahl der silbernen Geräte unter den bestellten an.

a) Zeichnen Sie das Baumdiagramm mit der Wahrscheinlichkeitsverteilung.

b) Geben Sie die Wahrscheinlichkeitsfunktion mithilfe einer Wahrscheinlichkeitstabelle an.

c) Wie groß ist der Erwartungswert E(x), d. h. die durchschnittliche Anzahl der silbernen Geräte von den drei bestellten Geräten?

Lösung:

a) **Bild 1,** b) **Tabelle 1**

c) $E(X) = 0 \cdot \frac{27}{64} + 1 \cdot \frac{27}{64} + 2 \cdot \frac{9}{64} + 3 \cdot \frac{1}{64}$

$= \frac{0 + 27 + 18 + 3}{64} = \frac{48}{64} = \frac{3}{4} = 0{,}75 = \mathbf{75\,\%}$

$$E(x) = x_1 \cdot P(X = x_1) + x_2 \cdot P(X = x_2) + \ldots + x_n \cdot P(X = x_n)$$

$$E(x) = \sum_{i=1}^{n} [x_i \cdot P(X = x_i)]$$

E(X) Erwartungswert der Zufallsvariablen X
x_i i-ter Wert der Zufallsvariablen, $i \in \mathbb{N}^*$
$P(X = x_i)$ Wahrscheinlichkeit des Wertes x_i

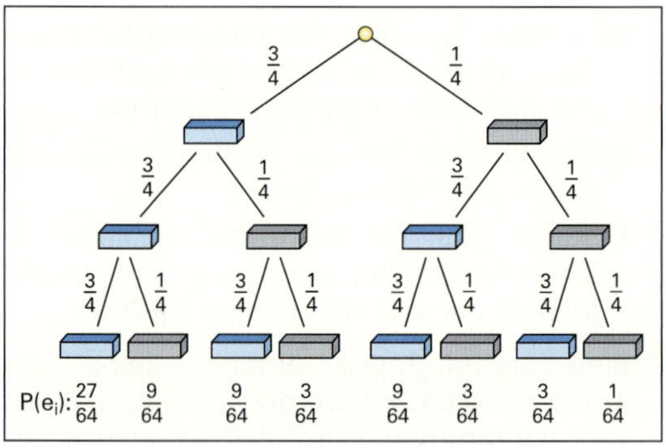

Bild 1: Baumdiagramm Blu-Ray-Rekorder

Tabelle 1: Wahrscheinlichkeitsfunktion				
x_i	0	1	2	3
$P(X = x_i)$	$\frac{27}{64}$	$3 \cdot \frac{9}{64} = \frac{27}{64}$	$3 \cdot \frac{3}{64} = \frac{9}{64}$	$\frac{1}{64}$

Da bei jedem Gerät die Wahrscheinlichkeit 25 % für die Farbe Silber besteht, nimmt der Erwartungswert mit jedem zufällig bestellten Gerät um 25 % zu. Deshalb ist der Erwartungswert bei 3 zufällig bestellten Geräten 75 % und bei 4 zufällig bestellten Geräten E(X) = 1.

Der Erwartungswert E(X) ist der zu erwartende Mittelwert von X, wobei jeder Wert x_i mit seiner Wahrscheinlichkeit $P(X = x_i)$ gewichtet wird.

Beispiel 2: Ziehen ohne Zurücklegen

Eine Urne enthält 2 orangefarbene Kugeln (or) und 3 grüne Kugeln (gn). Drei Kugeln werden zufällig ohne Zurücklegen gezogen. Die Zufallsvariable X gibt die Anzahl der gezogenen orangefarbenen Kugeln an.

a) Zeichnen Sie das Baumdiagramm mit der Wahrscheinlichkeitsverteilung.

b) Geben Sie die Wahrscheinlichkeitsfunktion mithilfe einer Wahrscheinlichkeitstabelle an.

c) Berechnen Sie den Erwartungswert E(x).

Lösung:

a) **Bild 2,** b) **Tabelle 2**

c) $E(X) = 0 \cdot 0{,}1 + 1 \cdot 0{,}6 + 2 \cdot 0{,}3 + 3 \cdot 0$

$= 0 + 0{,}6 + 0{,}6 + 0 = \mathbf{1{,}2}$

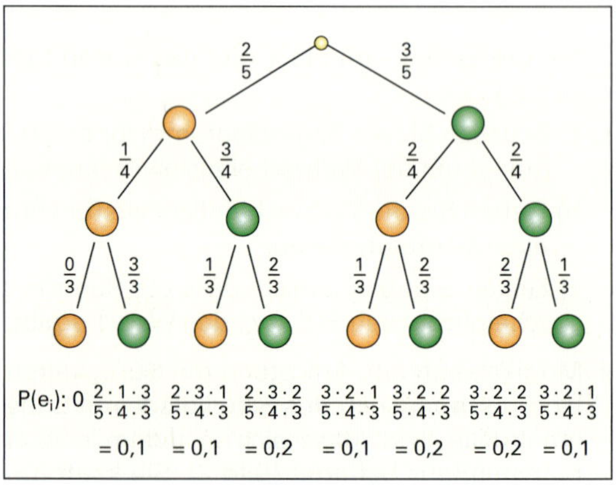

Bild 2: Baumdiagramm Urnenexperiment

Tabelle 2: Wahrscheinlichkeitsfunktion				
x_i	0	1	2	3
$P(X = x_i)$	0,1	$3 \cdot 0{,}2 = 0{,}6$	$3 \cdot 0{,}1 = 0{,}3$	0

Mit jedem Ziehen nimmt der Erwartungswert um $\frac{2}{5} = 0{,}4$ zu, d. h. bei 3 Ziehungen beträgt er $3 \cdot 0{,}4 = 1{,}2$.

8.8.4 Faires und unfaires Gewinnspiel

Beispiel 1: Häufigkeitsfunktion

Franziska und Philipp denken sich ein Spiel aus. Sie werfen eine Münze dreimal hintereinander mit dem Ziel möglichst oft Zahl zu werfen. Die Zufallsvariable X gibt die Anzahl der geworfenen Münzseiten Zahl an. Da weder bei Franziska noch bei Philipp im Mathematikunterricht die Stochastik behandelt wurde, versuchen sie, durch häufiges Wiederholen des Zufallsexperimentes die Wahrscheinlichkeiten $P(X = x_i)$ zu ermitteln.

Franziska wiederholt 200-mal das Zufallsexperiment. Philipp notiert die absoluten Häufigkeiten **(Tabelle 1).**

a) Berechnen Sie die relativen Häufigkeiten.

b) Zeichnen Sie für das Zufallsexperiment ein Baumdiagramm mit der Wahrscheinlichkeitsverteilung und stellen Sie die Wahrscheinlichkeitsfunktion in einer Tabelle dar.

c) Stellen Sie die Wahrscheinlichkeitsfunktion und die Häufigkeitsfunktion, d. h. die Funktion der relativen Häufigkeiten, in einem Liniendiagramm dar.

d) Vergleichen Sie den Mittelwert der Häufigkeiten $\overline{H}$ mit dem Erwartungswert E(X).

Lösung:

a) $h(0) = \frac{20}{200} = \mathbf{0{,}1}$; $h(1) = \frac{80}{200} = \mathbf{0{,}4}$;
$h(2) = \frac{70}{200} = \mathbf{0{,}35}$; $h(3) = \frac{30}{200} = \mathbf{0{,}15}$

b) **Bild 1** und **Tabelle 2,** c) **Bild 2.**

d)
$$\overline{H} = \frac{20 \cdot 0 + 80 \cdot 1 + 70 \cdot 2 + 30 \cdot 3}{200}$$
$$= 0 \cdot 0{,}1 + 1 \cdot 0{,}4 + 2 \cdot 0{,}35 + 3 \cdot 0{,}15$$
$$= 0 + 0{,}4 + 0{,}7 + 0{,}45 = \mathbf{1{,}55}$$
$$E(X) = 0 \cdot \frac{1}{8} + 1 \cdot \frac{3}{8} + 2 \cdot \frac{3}{8} + 3 \cdot \frac{1}{8}$$
$$= 0 + 0{,}375 + 0{,}75 + 0{,}375 = \mathbf{1{,}5}$$

Je häufiger ein Zufallsexperiment wiederholt wird, desto mehr nähert sich der Mittelwert der Häufigkeiten $\overline{H}$ dem Erwartungswert E(X). Beim dreimaligen Werfen einer Münze wird somit bei sehr vielen Durchführungen durchschnittlich 1,5-mal die Münzseite Zahl geworfen.

Beispiel 2: Faires Gewinnspiel

Beim Spiel aus Beispiel 1 vereinbaren Franziska und Philipp, dass man beim Ergebnis 3-mal Zahl (ZZZ) 70 Cent erhält und dass man bei allen anderen Ergebnissen 10 Cent bezahlen muss. Die Zufallsvariable Y gibt die Gewinne und Verluste des Zufallsexperimentes an.

a) Geben Sie y_1, y_2, y_3 und y_4 an.

b) Berechnen Sie den Erwartungswert E(Y).

Lösung:

a) $y_1 = \mathbf{0{,}7}$ €; $y_2 = \mathbf{-0{,}1}$ €; $y_3 = \mathbf{-0{,}1}$ €; $y_4 = \mathbf{-0{,}1}$ €

b) $E(Y) = \left(0{,}7 \cdot \frac{1}{8} - 0{,}1 \cdot \frac{3}{8} - 0{,}1 \cdot \frac{3}{8} - 0{,}1 \cdot \frac{1}{8}\right)$ €
$= (0{,}875 - 0{,}375 - 0{,}375 - 0{,}125)$ € $= \mathbf{0}$ €

Faires Spiel:	Für den Spieler günstiges Spiel:	Für den Spieler ungünstiges Spiel:
$E(X) = 0$	$E(X) > 0$	$E(X) < 0$

E(X) Erwartungswert der Zufallsvariablen X für die Gewinne und Verluste eines Gewinnspiels

Tabelle 1: Dreimaliges Werfen einer Münze

e_i: Anzahl der Münzseite Zahl	0	1	2	3
absolute Häufigkeiten $H(e_i)$	20	80	70	30

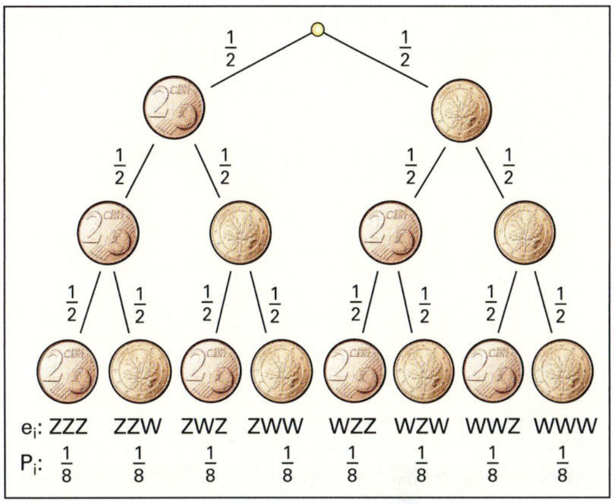

Bild 1: Dreimaliges Werfen einer Münze

Tabelle 2: Wahrscheinlichkeitsfunktion $p(X = x_i)$

x_i	0	1	2	3
$P(X = x_i)$	$\frac{1}{8}$	$3 \cdot \frac{1}{8} = \frac{3}{8}$	$3 \cdot \frac{1}{8} = \frac{3}{8}$	$\frac{1}{8}$

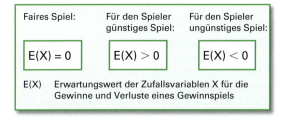

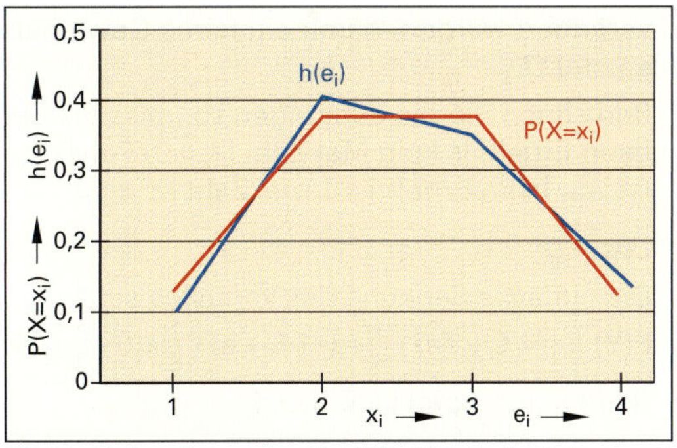

Bild 2: Liniendiagramm der Häufigkeitsfunktion und der Wahrscheinlichkeitsfunktion

Der Erwartungswert E(Y) = 0, d. h. nach vielen Spieldurchgängen ist zu erwarten, dass ein Spieler weder Gewinn noch Verlust macht. Solche Spiele nennt man faire Spiele.

Bei einem fairen Spiel ist der Erwartungswert des Gewinns gleich null (E = 0).

Beispiel 1: Unfaires Gewinnspiel

Beim Spiel aus Beispiel 2, vorhergehende Seite, verändern Franziska und Philipp die Spielregeln. Beim Ergebnis 3-mal Zahl (X = 3) erhält man 5 €, beim Ergebnis kein Mal Zahl (X = 0) müssen 4 € und bei 1-mal Zahl (X = 1) 1 € bezahlt werden. Wenn die drei Würfe genau 2-mal Zahl enthalten (X = 2), geht man leer aus **(Tabelle 1).** Die Zufallsvariable Y gibt die Gewinne und Verluste des Zufallsexperimentes an.

a) Geben Sie y_1, y_2, y_3 und y_4 an.

b) Stellen Sie Gewinn und Verlust in einem Säulendiagramm grafisch dar, z. B. mit EXCEL.

c) Berechnen Sie den Erwartungswert E(Y).

d) Erstellen Sie ein Liniendiagramm mit Gewinn, Verlust und Erwartungswert.

Lösung:

a) $y_1 = \mathbf{-4}$ €; $y_2 = \mathbf{-1}$ €; $y_3 = \mathbf{0}$; $y_4 = \mathbf{5}$ €

b) **Bild 1**

c) $E(Y) = (-4\text{ €}) \cdot \frac{1}{8} + (-1\text{ €}) \cdot \frac{3}{8} + 0 \cdot \frac{3}{8} + (5\text{ €}) \cdot \frac{1}{8}$

$= -0{,}5\text{ €} - 0{,}375\text{ €} + 0 + 0{,}625\text{ €} = \mathbf{-0{,}25}\text{ €}$

d) **Bild 2**

Tabelle 1: Zuordnung der Gewinne und Verluste zu den Spielausgängen

e_i	Spielausgang	Gewinne und Verluste des Spielers
www	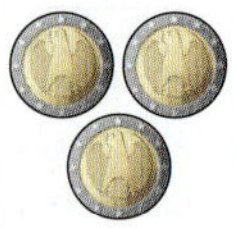	 4€ Verlust
wwz; wzw; zww		 1€ Verlust
zzw; zwz; wzz		 0€
zzz	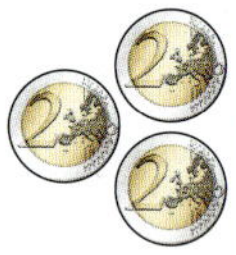	 5€ Gewinn

Das Ergebnis E(Y) = −0,25 € sagt aus, dass die Spieler damit rechnen müssen, dass sie bei jedem Spiel 25 Cent durchschnittlich verlieren.

Für den Spieler ungünstige Spiele sind unfair.

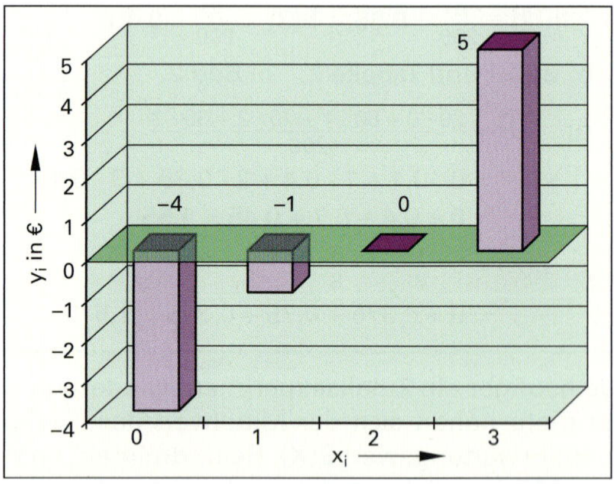

Bild 1: Säulendiagramm mit Gewinn und Verlusten

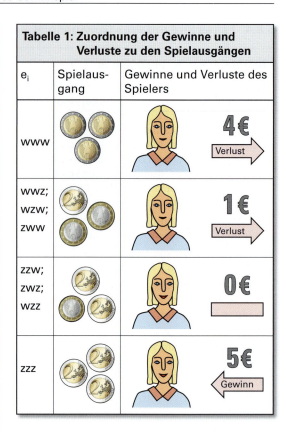

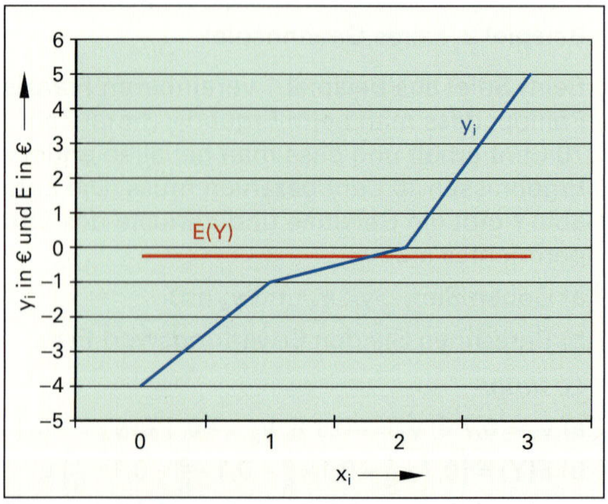

Bild 2: Liniendiagramm mit Gewinn, Verlust und Erwartungswert

Beispiel 2: Faires Gewinnspiel

Um wie viel Euro müssen die Verluste aus Beispiel 1 verändert werden, damit ein faires Gewinnspiel entsteht?

Berechnen Sie die Zahlungen so, dass die Senkung beim Ergebnis kein Mal Zahl (X = 0) 7-mal so hoch ist wie beim Ergebnis 1-mal Zahl (X = 1).

Lösung:

Die einfache Senkung des Verlustes sei a.

$E(Y) = (-4\text{ €} + 7a) \cdot \frac{1}{8} + (-1\text{ €} + a) \cdot \frac{3}{8} + 0 \cdot \frac{3}{8} + (5\text{ €}) \cdot \frac{1}{8}$

Beim fairen Spiel ist E(Y) = 0:

$0 = (-4\text{ €}) \cdot \frac{1}{8} + 7a \cdot \frac{1}{8} + (-1\text{ €}) \cdot \frac{3}{8} + a \cdot \frac{3}{8} + 5\text{ €} \cdot \frac{1}{8} \quad | \cdot 8$

$0 = -4\text{ €} + 7a - 3\text{ €} + 3a + 5\text{ €}$

$0 = -2\text{ €} + 10a$

$10a = 2\text{ €}$

$a = 0{,}2\text{ €}$

Für X = 1 gilt: $V = 1\text{ €} - 0{,}2\text{ €} =$ **80 Cent**

Für X = 0 gilt: $V = 4\text{ €} - 7 \cdot 0{,}2\text{ €} = 4\text{ €} - 1{,}4\text{ €}$

= 2,60 €

Beispiel 1: Gewinnerwartung

Der Besitzer einer Spielbank bietet folgendes Würfelspiel an. Man wirft zwei Würfel. Ist die Augensumme größer als acht, erhält der Spieler 5 €, ist die Augensumme zwölf, sind es sogar 20 € **(Tabelle 1)**. Der Spielbankbesitzer erwartet von jedem einzelnen Spiel einen durchschnittlichen Gewinn von mindestens 1 €. Er muss jetzt nur noch den dazu notwendigen Einsatz pro Spiel ausrechnen. Diesen will er dann auf ganze Euro aufrunden.

a) Berechnen Sie den Einsatz (Verlust V) für das Glücksspiel.

b) Wie groß ist der durchschnittliche Gewinn pro Spiel nach dem Aufrunden des Spieleinsatzes?

Lösung:

a) **1. Bestimmung der Zufallsvariablen X für die Gewinne und Verluste.**

Der Einsatz V wird immer gezahlt, er wird immer als Verlust berücksichtigt **(Tabelle 2)**.

2. Ermittlung der Wahrscheinlichkeiten.

Die Anzahl aller Würfelaugenvariationen zeigt **Bild 1**.

Die Anzahl der Variationen lässt sich auch mithilfe der Kombinatorik berechnen. Da es eine geordnete Stichprobe mit Zurücklegen ist, gilt:

$m = n^k = 6^2 = 36$ mögliche Variationen.

Für den Gewinn von 20 € ist g = 1, d. h.

$P(X = x_1) = \frac{1}{36}$.

Die günstigen Fälle für den Gewinn von 5 € sind in Bild 2 farbig unterlegt. Da g = 9 ist, gilt:

$P(X = x_2) = \frac{9}{36}$.

Für die restlichen Variationen gilt: $P(X = x_3) = \frac{26}{36}$.

3. Berechnung des Erwartungswertes E(X)

$$E(X) = x_1 \cdot P(X = x_1) + x_2 \cdot P(X = x_2) + x_3 \cdot P(X = x_3)$$
$$= (20\,€ - V) \cdot \frac{1}{36} + (5\,€ - V) \cdot \frac{9}{36} + (-V) \cdot \frac{26}{36}$$
$$= \frac{20\,€ - V + 9 \cdot 5\,€ - 9\,V - 26\,V}{36} = \frac{20\,€ + 45\,€ - 36\,V}{36}$$
$$= \frac{65\,€ - 36\,V}{36}$$

4. Gleichsetzen von E(X) mit der Gewinnerwartung der Bank und Berechnen des Einsatzes V.

Hat die Spielbank eine Gewinnerwartung von einem Euro, beträgt sie für den Spieler −1 €.

$$-1\,€ = \frac{65\,€ - 36\,V}{36} \quad | \cdot 36$$
$$-36\,€ = 65\,€ - 36\,V \quad | + 36\,V + 72\,€$$
$$36\,V = 101\,€ \quad | : 36$$
$$V = 2{,}805\overline{6}\,€$$

Der Spielbankbesitzer rundet auf ganze Euro auf, d. h. der Einsatz pro Spiel beträgt **3** €.

5. Bestimmung der Werte der Zufallsvariablen Y für die Gewinne und Verluste für V = 3 €.

$y_1 = 20\,€ - 3\,€ = 17\,€$; $y_2 = 5\,€ - 3\,€ = 2\,€$;

$y_3 = -3\,€$.

Tabelle 1: Würfelspiel der Spielbank

Ereignis e_i	Gewinne und Verluste
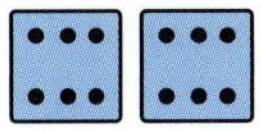 Augensumme 12	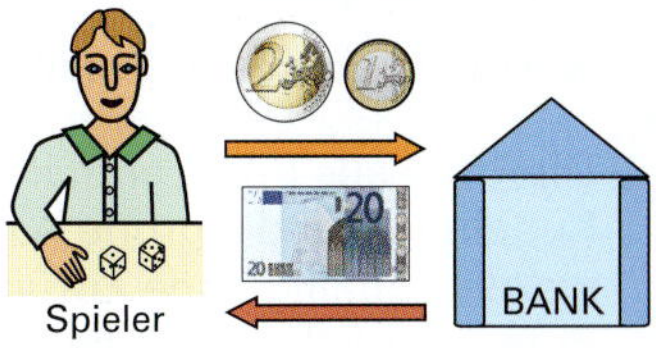
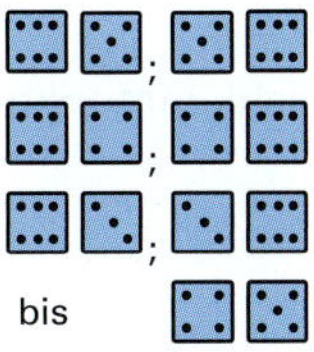	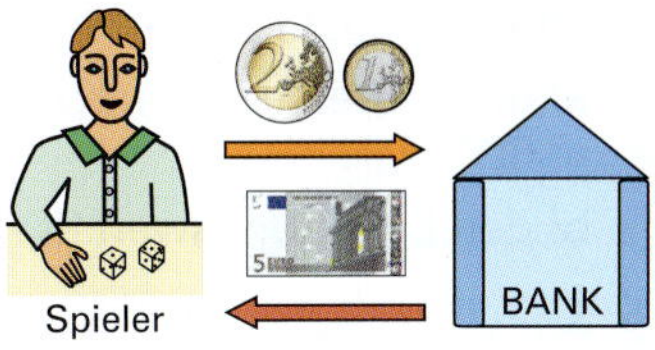
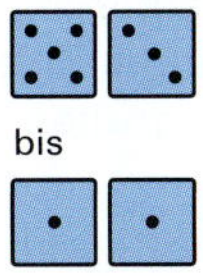	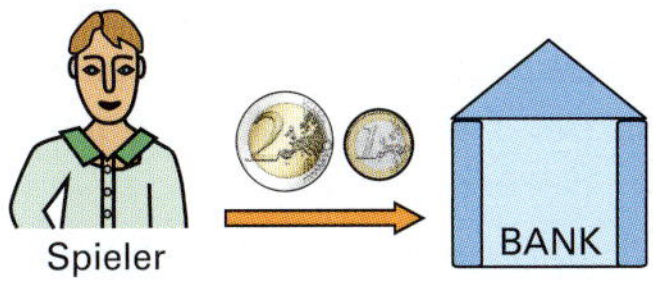

Tabelle 2: Zufallsvariable X

Augensumme der Würfel	12	9 bis 11	2 bis 8
Zufallsvariable X	$x_1 = 20\,€ - V$	$x_2 = 5\,€ - V$	$x_3 = -V$

Zwei Würfel	⚅	⚄	⚃	⚂	⚁	⚀
⚅	12	11	10	9	8	7
⚄	11	10	9	8	7	6
⚃	10	9	8	7	6	5
⚂	9	8	7	6	5	4
⚁	8	7	6	5	4	3
⚀	7	6	5	4	3	2

Bild 1: Variationen der Augensummen

6. Berechnung der Gewinnerwartung E(Y).

Da die Wahrscheinlichkeiten bei den Zufallsvariablen X und Y gleich sind, gilt:

$$E(Y) = y_1 \cdot P(X = x_1) + y_2 \cdot P(X = x_2) + y_3 \cdot P(X = x_3)$$
$$= (17\,€) \cdot \frac{1}{36} + (2\,€) \cdot \frac{9}{36} + (-3\,€) \cdot \frac{26}{36}$$
$$= \frac{17\,€ + 9 \cdot 2\,€ - 26 \cdot 3\,€}{36} = \frac{17\,€ + 18\,€ - 78\,€}{36}$$
$$= \frac{35\,€ - 78\,€}{36} = \frac{-43\,€}{36} = -1{,}19\overline{4}\,€.$$

Die Gewinnerwartung der Spielbank beträgt **$1{,}19\overline{4}$** €.

Überprüfen Sie Ihr Wissen!

Beispielaufgaben

Erwartungswert einer Zufallsvariablen

1. Die Urne aus **Bild 1** enthält 2 orangefarbene Kugeln (or) und 3 grüne Kugeln (gn). Drei Kugeln werden zufällig ohne Zurücklegen gezogen. Die Zufallsvariable Y gibt die Farbe der gezogenen grünen Kugeln an. Berechnen Sie

a) die Werte der Wahrscheinlichkeitsfunktion $P(Y = y_i)$.

b) den Erwartungswert E(Y).

2. Aus der Urne aus Bild 1 werden vier Kugeln gezogen. Die Zufallsvariable X gibt die Anzahl der gezogenen orangefarbenen und die Zufallsvariable Y die Anzahl der gezogenen grünen Kugeln an. Berechnen Sie

a) die Werte der Funktionen $P(X = x_i)$ und $P(Y = y_i)$.

b) die Erwartungswerte E(X) und E(Y).

Faires und unfaires Gewinnspiel

1. Beim 3-maligen Werfen einer Münze mit der Zufallsvariablen Y = Anzahl der geworfenen Münzseiten Zahl, erhält ein Spieler 5 € für Y = 3 und 1 € für Y = 2, muss aber 1 € für Y = 1 und 4 € für Y = 0 bezahlen.

a) Prüfen Sie, ob das Spiel fair ist.

b) Welcher Betrag muss für Y = 2 ausgezahlt werden, damit das Spiel fair ist?

2. Ein Losverkäufer hat 120 Lose. Darunter befinden sich 24 Gewinnlose. Der Rest sind Nieten. Für den Kauf eines Loses bezahlt man 2 €. Ein Gewinnlos enthält 50 Wertpunkte. Dafür kann ein Gewinn im Wert von 3 € eingelöst werden.

a) Wie viel € verdient der Losverkäufer pro Los, wenn er alle Lose verkauft hat.

Die Zufallsvariable X gibt die Zahl der gekauften Gewinnlose und die Zufallsvariable Y den gewonnenen Gegenwert in Euro an.

b) Berechnen Sie den zu erwartenden Gegenwert E(Y) für ein Los und geben Sie an, ob das Gewinnspiel fair ist.

Philipp sieht in der Losbude einen kleinen Teddybär, den man für 100 Wertpunkte einlösen kann. Er kauft nur so viele Lose, wie der Bär tatsächlich wert ist.

c) Berechnen Sie mithilfe eines Baumdiagrammes für die gekauften Gewinnlose (G) und die Nieten (N) die Gewinnwahrscheinlichkeit für den Teddybären in Prozent.

d) Berechnen Sie die Gewinnwahrscheinlichkeit von Teilaufgabe c) mit Gesetzen der Kombinatorik.

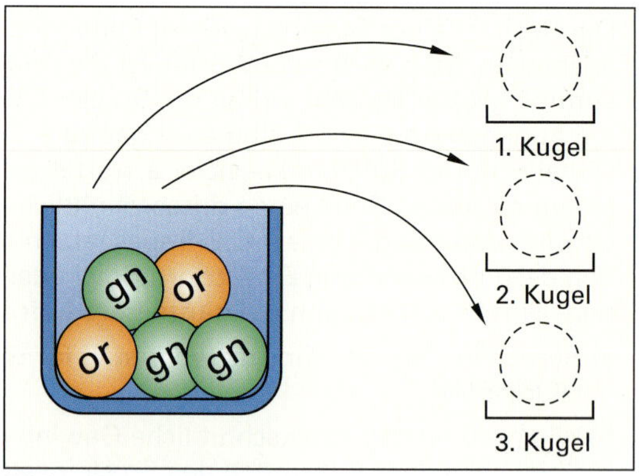

Bild 1: Urne mit 5 Kugeln

Übungsaufgaben

1. Eine Stadtverwaltung will den öffentlichen Nahverkehr fördern und subventioniert jede Jahreskarte ihrer Angestellten mit 400 € pro Person. Die entstehenden Unkosten sollen kostenneutral durch den Verkauf von Parkscheinen für den eigenen Parkplatz gedeckt werden. Die Hälfte der Angestellten beantragen einen Parkschein. Von diesen kaufen sich 20 % zusätzlich eine Jahreskarte für den öffentlichen Nahverkehr. Von den Angestellten, die keinen Parkplatz benötigen, kommen 40 % mit dem öffentlichen Nahverkehr zur Arbeit und 40 % machen von der Förderung Gebrauch. Berechnen Sie die notwendige Gebühr für einen Parkschein.

Lösungen Beispielaufgaben

Erwartungswert einer Zufallsvariablen

1. a) $P(Y = 0) = 0$; $P(Y = 1) = 0{,}3$; $P(Y = 2) = 0{,}6$; $P(Y = 3) = 0{,}1$

b) $E(Y) = 1{,}8$

2. a) $P(X = 0) = 0$; $P(X = 1) = 0{,}4$; $P(X = 2) = 0{,}6$;
$P(Y = 0) = 0$; $P(Y = 1) = 0$; $P(Y = 2) = 0{,}6$; $P(Y = 3) = 0{,}4$

b) $E(X) = 1{,}6$; $E(Y) = 2{,}4$

Faires und unfaires Gewinnspiel

1. a) für den Spieler günstig

b) $\frac{2}{3}$ €

2. a) 1,40 € **b)** E(Y) = 0,6 €; unfair

c), d) P = 10,155 %

Lösungen Übungsaufgaben

1. 240 €

2. Bei der Fußball-Europameisterschaft steht Deutschland im Halbfinale **(Bild 1)**. Die Mannschaft hat mit dem Spiel um den dritten Rang in jedem Fall noch zwei Spiele vor sich. Es ist davon auszugehen, dass die verbliebenen vier Mannschaften alle die gleiche Spielstärke besitzen. Bernd setzt auf die deutsche Mannschaft, d. h. er erhält bei jedem Sieg der Deutschen einen Euro. Die Zufallsvariable X gibt Bernds Gewinn an.

a) Erstellen Sie ein Baumdiagramm mit der Wahrscheinlichkeitsverteilung für Sieg und Niederlage der Deutschen.

b) Berechnen Sie den Erwartungswert für Bernds Gewinn.

c) Welchen Einsatz muss Bernd zahlen, dass das Spiel fair ist.

d) Berechnen Sie die oberen Teilaufgaben, wenn davon ausgegangen wird, dass Deutschland in jedem Spiel eine Siegchance von 60 % hat.

3. Familie Müller plant einen Urlaub in Lugano. Sie benötigen zwei Zimmer. Eine Pension hat gerade noch zwei Zimmer auf demselben Stockwerk frei. Die Pension hat Zimmer in drei Preiskategorien **(Tabelle 1)**. Familie Müller weiß jedoch nicht, zu welcher Preiskategorie die angebotenen Zimmer gehören.

a) Die Zufallsvariable X gibt den Gesamtpreis in Schweizer Franken (SFr) beider Zimmer an. Stellen Sie die Wahrscheinlichkeitsfunktion in einer Tabelle dar.

b) Berechnen Sie den durchschnittlichen Preis für beide Zimmer, d. h. den Erwartungswert E(X).

4. Der Gastwirt einer Trattoria bietet auf der Speisekarte drei Nudelgerichte an **(Bild 2)**. Er trägt bei jedem Gericht einen Unkostenbeitrag von 60 %. An einen Tisch setzen sich zwei Gäste, um je eines der Gerichte zu bestellen. Die Zufallsvariable X gibt den Umsatz (Gesamtpreis) für die beiden Gerichte an.

a) Berechnen Sie die Wahrscheinlichkeitsfunktion $P(X = x_i)$ und stellen sie diese tabellarisch dar.

b) Berechnen Sie den zu erwartenden Umsatz E(X) aus den beiden Gerichten.

c) Berechnen Sie den zu erwartenden Gewinn.

d) Berechnen Sie die oberen Teilaufgaben, wenn davon ausgegangen werden kann, dass die Lasagne und die Tortellini jeweils doppelt so oft wie die Spaghetti bestellt werden.

5. Eine private Krankenversicherung berechnet je Kunde durchschnittlich 360 € im Monat.

Männer (M) zahlen 16a € und Frauen (F) a^2 €. Wie viel Euro zahlen Männer und Frauen monatlich?

Tabelle 1: Zimmer in der Pension Seeblick			
Preiskategorie	126 SFr	114 SFr	162 SFr
Zimmerzahl	4	4	2

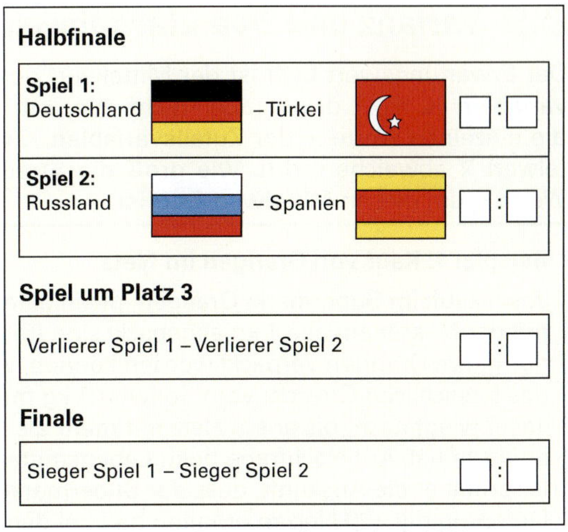

Bild 1: Halbfinale Europameisterschaft 2008

SPEISEKARTE

*

L **Lasagne** mit Champignons und Sahnesauce **9 €**

S **Spaghetti** mit Hackfleisch, Tomatensauce und Käse **7 €**

T **Tortellini** gefüllt mit Ricotta und Ricola in Tomatensauce **8 €**

Bild 2: Speisekarte

Lösungen Übungsaufgaben

2. a) siehe Lösungsbuch

b) und **c)** 1 €

d) Diagramm siehe Lösungsbuch; 1,20 €

3. a) $P(X = 252\text{ SFr}) = \frac{6}{45}$;

$P(X = 270\text{ SFr}) = \frac{16}{45}$;

$P(X = 288\text{ SFr}) = \frac{14}{45}$;

$P(X = 306\text{ SFr}) = \frac{8}{45}$;

$P(X = 324\text{ SFr}) = \frac{1}{45}$;

b) E(X) = 280,80 SFr

4. a) $P(18\text{ €}) = \frac{1}{9}$; $P(17\text{ €}) = \frac{2}{9}$; $P(16\text{ €}) = \frac{3}{9}$;

$P(15\text{ €}) = \frac{2}{9}$; $P(14\text{ €}) = \frac{1}{9}$

b) E(X) = 16 €

c) Gewinnerwartung 6,40 €

d) $P(18\text{ €}) = \frac{4}{25}$; $P(17\text{ €}) = \frac{8}{25}$; $P(16\text{ €}) = \frac{8}{25}$;

$P(15\text{ €}) = \frac{4}{25}$; $P(14\text{ €}) = \frac{1}{25}$;

E(X) = 16,40 €;

Gewinnerwartung 6,56 €

5. Mann: 320 €; Frau: 400 €

8.9 Varianz und Standardabweichung

Der Erwartungswert E(X) ist der Mittelwert der Zufallsvariablen X. E(X) drückt aber nicht aus, um wie viel die einzelnen Werte x_i der Zufallsvariablen X vom Mittelwert $\overline{x}$ abweichen, d.h. wie groß die Streuung der Werte x_i um diesen Mittelwert E(X) ist.

Beispiel 1: Kauf von Orangen im Netz

Josef kauft im Supermarkt Orangen, die in einem Netz mit der Massenangabe 1 kg abgepackt sind **(Bild 1).** Da nur ganze Orangen verpackt werden können, weicht das tatsächliche Gewicht vom Sollwert 1 kg meist ab. Josef wiegt nach, bis er ein Netz mit mehr als 1 kg erwischt hat. Auf Nachfrage beim Lebensmittelhändler erhält er die Auskunft, dass der Supermarkt eine Lieferung mit 120 Netzen erhalten hat, bei denen das Gewicht um höchstens 5 % abweicht. **Tabelle 1** zeigt die Häufigkeiten der einzelnen Massen.

a) Stellen Sie die Häufigkeiten in einem Liniendiagramm grafisch dar, z.B. mithilfe von EXCEL.

b) Berechnen Sie den Mittelwert $\overline{x}$ auf zwei Arten.

Lösung:

a) **Bild 2**

b) **1. Rechenweg:**

$$\overline{x} = \frac{H_1 \cdot x_1 + H_2 \cdot x_2 + H_3 \cdot x_3 + H_4 \cdot x_4 + H_5 \cdot x_5 + H_6 \cdot x_6 + H_7 \cdot x_7}{H_1 + H_2 + H_3 + H_4 + H_5 + H_6 + H_7}$$

$$\overline{x} = \frac{5820 + 11\,760 + 23\,760 + 30\,000 + 27\,270 + 15\,300 + 6\,180}{120}$$

$$\overline{x} = \frac{120\,090}{120} = \mathbf{1000{,}75\ g}$$

2. Rechenweg:

$h_1 = \frac{H_1}{n} = \frac{6}{120} = 0{,}05;$ $h_2 = \frac{H_2}{n} = \frac{12}{120} = 0{,}1;$

$h_3 = \frac{H_3}{n} = \frac{24}{120} = 0{,}2;$ $h_4 = \frac{H_4}{n} = \frac{30}{120} = 0{,}25;$

$h_5 = \frac{H_5}{n} = \frac{27}{120} = 0{,}225;$ $h_6 = \frac{H_6}{n} = \frac{15}{120} = 0{,}125;$

$h_7 = \frac{H_7}{n} = \frac{6}{120} = 0{,}05$

$$\overline{x} = 0{,}05 \cdot 970 + 0{,}1 \cdot 980 + 0{,}2 \cdot 990 + 0{,}25 \cdot 1000 + 0{,}225 \cdot 1010 + 0{,}125 \cdot 1020 + 0{,}05 \cdot 1030$$
$$= 48{,}5 + 98 + 198 + 250 + 227{,}25 + 127{,}5 + 51{,}5$$
$$\overline{x} = \mathbf{1000{,}75\ g}$$

Beispiel 2: Varianz s^2 und Standardabweichung s

Berechnen Sie zum obigen Beispiel

a) die Varianz s^2 und b) Standardabweichung s.

Lösung:

a) $$s^2 = 0{,}05 \cdot (970 - 1000{,}75)^2 + 0{,}1 \cdot (980 - 1000{,}75)^2 + 0{,}2 \cdot (990 - 1000{,}75)^2 + 0{,}25 \cdot (1000 - 1000{,}75)^2 + 0{,}225 \cdot (1010 - 1000{,}75)^2 + 0{,}125 \cdot (1020 - 1000{,}75)^2 + 0{,}05 \cdot (1030 - 1000)^2$$

$$s^2 = 0{,}05 \cdot (-30{,}75)^2 + 0{,}1 \cdot (-20{,}75)^2 + 0{,}2 \cdot (-10{,}75)^2 + 0{,}25 \cdot (-0{,}75)^2 + 0{,}225 \cdot 9{,}25^2 + 0{,}125 \cdot 19{,}25^2 + 0{,}05 \cdot (29{,}25)^2$$

$$s^2 = \mathbf{221{,}9375}$$

b) $s = \sqrt{221{,}9375} = \mathbf{14{,}8976}$

$\overline{x} = E(X)$ $\overline{x} = \frac{\sum_{i=1}^{n} (H_i \cdot x_i)}{n}$ $\overline{x} = \sum_{i=1}^{n} (h_i \cdot x_i)$

$s^2 = \sum_{i=1}^{n} \left(h_i \cdot (x_i - \overline{x})^2\right)$ $s = \sqrt{s^2}$

$s^2 = \sum_{i=1}^{n} \left[P(X = x_i) \cdot (x_i - E(X))^2\right]$

$\overline{x}$ Mittelwert
E Erwartungswert
H_i absolute Häufigkeit
h_i relative Häufigkeit
x_i i-ter Wert von X; $i \in \mathbb{N}^*$
n Stichprobenumfang
s^2 Varianz
s Standardabweichung
P Wahrscheinlichkeit
X Zufallsvariable

Die Varianz s^2 und die Standardabweichung s sind Maße für die Streuung der einzelnen Werte x_i einer Zufallsvariablen X um den Mittelwert $\overline{x}$ (Erwartungswert E(X)).

Bild 1: Lebensmittelwaage

Tabelle 1: Häufigkeiten der Massen

Masse x_i	970	980	990	1000	1010	1020	1030
H_i	6	12	24	30	27	15	6

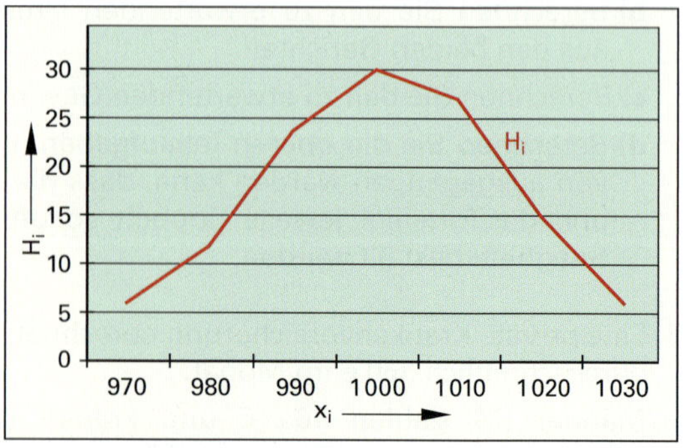

Bild 2: Häufigkeitsverteilung

Nehmen bei Erhöhung der Stichprobe n die großen Abweichungen vom Mittelwert $\overline{x}$ gegenüber den kleinen zu, so werden Varianz und Standardabweichung größer.

Bei einem Laplace-Experiment ändern sich die Varianz und die Standardabweichung nicht, sie sind immer gleich.

Beispiel 1: Gewinnwürfel

Thomas kauft in einem Möbelhaus ein. Ab einem Kaufbetrag von 300 € darf er einen Gewinnwürfel 10-mal werfen. Die Summe der Würfe wird ihm beim Einkauf vergütet. Für diesen Zweck stehen im Möbelgeschäft zwei verschiedene Würfel zur Verfügung **(Bild 1).** Thomas wählt einen davon. Alle Augenzahlen sind gleich wahrscheinlich.

a) Zeichnen Sie für beide Würfel ein Baumdiagramm und berechnen Sie jeweils den zu erwartenden Gewinn E(X).

b) Welcher Würfel ist für Thomas günstiger?

c) Wie groß ist die zu erwartende Kaufpreisermäßigung im günstigsten Fall?

d) Berechnen Sie für beide Würfel die Varianz.

e) Berechnen Sie für beide Würfel die Standardabweichung.

Lösung:

a) Baumdiagramme **Bild 2.** Gewinnerwartung pro Wurf:

1. Würfel: $E_1(X) = \sum_{i=1}^{2} [P(X = x_i) \cdot x_i]$
$= P(X = x_1) \cdot x_1 + P(X = x_2) \cdot x_2$
$= \frac{1}{2} \cdot (4\,€) + \frac{1}{2} \cdot (2\,€) = 2\,€ + 1\,€ = \mathbf{3\,€}$

2. Würfel: $E_2(X) = \sum_{i=1}^{2} [P(X = x_i) \cdot x_i]$
$= P(X = x_1) \cdot x_1 + P(X = x_2) \cdot x_2$
$= \frac{1}{2} \cdot (1€) + \frac{1}{2} \cdot (5€) = 0{,}5€ + 2{,}5€ = \mathbf{3\,€}$

b) **Keiner** der Würfel ist günstiger für Thomas. Da beide Erwartungswerte gleich groß sind, hat Thomas nach 10 Würfen eine Gewinnerwartung von 10 · 3 € = 30 €.

c) Im günstigsten Fall gibt Thomas gerade 300 € aus. Die zu erwartende Kaufpreisermäßigung beträgt dann $\frac{30\,€}{300\,€} = 0{,}1 = \mathbf{10\,\%}$.

d) Varianz

1. Würfel: $s^2 = \sum_{i=1}^{2} P\left[(X = x_i) \cdot \left((x_i - E_1(X))^2\right]\right.$
$= \frac{1}{2} \cdot (4\,€ - 3\,€)^2 + \frac{1}{2} \cdot (2\,€ - 3\,€)^2$
$= \frac{1}{2} \cdot (1\,€)^2 + \frac{1}{2} \cdot (-1\,€)^2\; s^2$
$= \frac{1}{2}\,€^2 + \frac{1}{2}\,€^2 = \mathbf{1\,€^2}$

2. Würfel: $s^2 = \sum_{i=1}^{2} P\left[(X = x_i) \cdot \left((x_i - E_2(X))^2\right]\right.$
$= \frac{1}{2} \cdot (1\,€ - 3\,€)^2 + \frac{1}{2} \cdot (5\,€ - 3\,€)^2$
$= \frac{1}{2} \cdot (-2\,€)^2 + \frac{1}{2} \cdot (2\,€)^2$
$= \frac{1}{2} \cdot 4\,€^2 + \frac{1}{2} \cdot 4\,€^2$
$= 2\,€^2 + 2\,€^2 = \mathbf{4\,€^2}$

e) Standardabweichungen

1. Würfel: $s = \sqrt{(1\,€)^2} = \mathbf{1\,€}$ **2. Würfel:** $s = \sqrt{(4\,€)^2} = \mathbf{2\,€}$

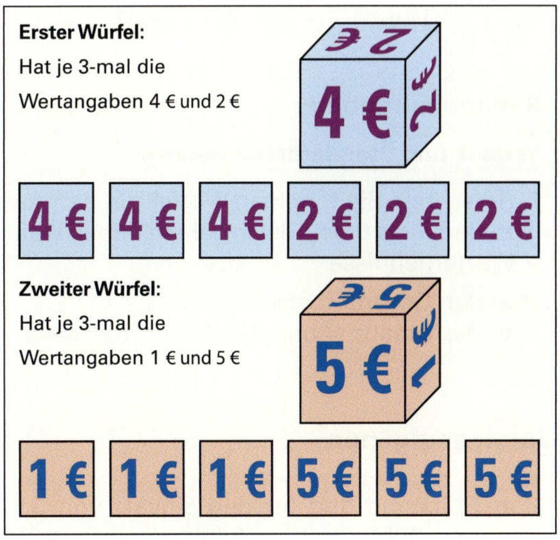

Bild 1: Würfel im Möbelhaus

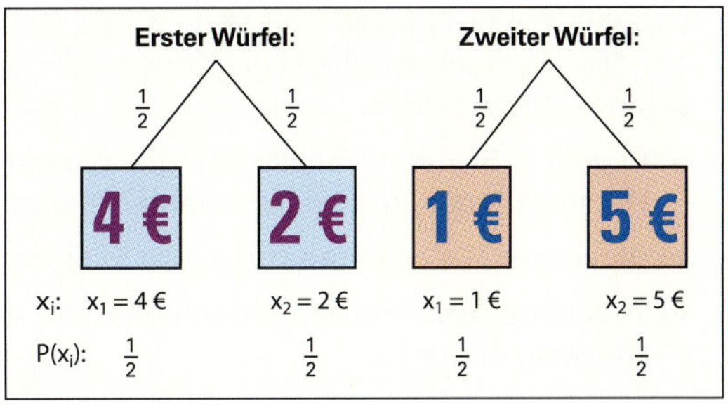

Bild 2: Baumdiagramme

Die Ergebnisse für die Standardabweichungen werden durch Bild 1 bestätigt. Egal welches Wurfergebnis beim ersten Würfel vorliegt, 4 € oder 2 €, die Differenz zum Erwartungswert E(X) = 3 beträgt immer s = 1 €. Ebenso ist es egal, welches Wurfergebnis beim zweiten Würfel vorliegt, 1 € oder 5 €, die Differenz zum Erwartungswert E(X) = 3 beträgt immer s = 2 €.

Obwohl für beide Würfel der Erwartungswert gleich ist, liegen unterschiedliche Streuungen der Werte x_i vor. Die Standardabweichung ist beim zweiten Würfel größer, weil die Streuung größer ist. Thomas hat somit zwar dieselbe Gewinnerwartung bei beiden Würfeln, entscheidet er sich aber für den zweiten Würfel mit der größeren Standardabweichung, so geht er beim Würfeln ein größeres Risiko ein. Hat er Pech und würfelt häufiger den niedrigeren Wertbetrag, fällt sein Rabatt geringer aus. Hat er aber Glück und würfelt häufiger den größeren Wertbetrag, wird sein Rabatt mit dem zweiten Würfel höher ausfallen.

Hätte das Möbelhaus einen dritten Würfel mit den Aufschriften 2 €, 3 €, 3 €, 3 €, 3 € und 4 €, so wäre der Erwartungswert (Mittelwert) wieder 3 €. Varianz und Standardabweichung wären aber kleiner als beim 1. Würfel:

$$s^2 = \frac{1}{3}\,€ \quad \text{und} \quad s = 0{,}577\,€$$

Das liegt daran, dass beim 3. Würfel weniger Werte vom Erwartungswert abweichen.

Überprüfen Sie Ihr Wissen!

Beispielaufgaben

Varianz und Standardabweichung

1. Berechnen Sie für einen Würfel mit den Augenzahlen 1 bis 6 bei Gleichwahrscheinlichkeit der Wurfergebnisse

a) den Erwartungswert E(X),

b) die Varianz s^2 und die Standardabweichung s.

Lösungen Beispielaufgaben

Varianz und Standardabweichung

1. a) E(X) = 3,5

b) $s^2 = \frac{35}{12}$; s = 1,7078

Übungsaufgaben

1. Ein Glücksrad darf für den Einsatz von 3 € gedreht werden **(Bild 1).** Die Zufallsvariable X beschreibt den durch den Pfeil angezeigten Betrag. Die Zufallsvariable Y gibt Gewinn und Verlust des Glücksspiels an. Die Wahrscheinlichkeit je Kreissektor entspricht seinem Flächenanteil.

a) Erstellen Sie eine Tabelle für die Wahrscheinlichkeitsfunktionen der Zufallsvariablen X und Y.

b) Berechnen Sie den Erwartungswert E(X) und E(Y).

c) Welcher Einsatz müsste bezahlt werden, damit das Glücksspiel fair ist.

d) Berechnen Sie die Varianz und die Standardabweichung der Zufallsvariablen Y.

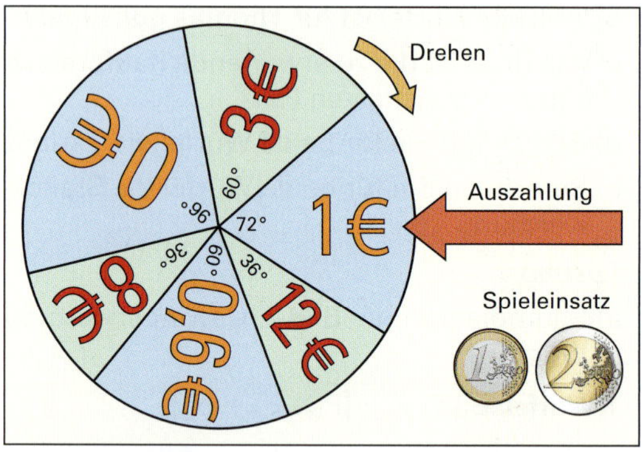

Bild 1: Glücksrad

2. Es werden Tannen als Weihnachtsbäume verkauft **(Bild 2).** Da Tannen unterschiedlich schnell wachsen, weichen die Größen von der Angabe am Preisschild meist ab. Die genaue Größenverteilung in m zeigt die Tabelle im Bild 2.

a) Die Zufallsvariable X beschreibt die Tannengröße. Stellen Sie die relativen Häufigkeiten für die Zufallsvariable X tabellarisch dar.

b) Berechnen Sie den Mittelwert $\overline{x}$.

c) Berechnen Sie Varianz und Standardabweichung.

Beim Vorjahresverkauf war die Standardabweichung für die Größe der Bäume geringer.

d) Welche Aussage kann dadurch getroffen werden.

e) Hat die geringere Standardabweichung Auswirkung auf den Mittelwert $\overline{x}$?

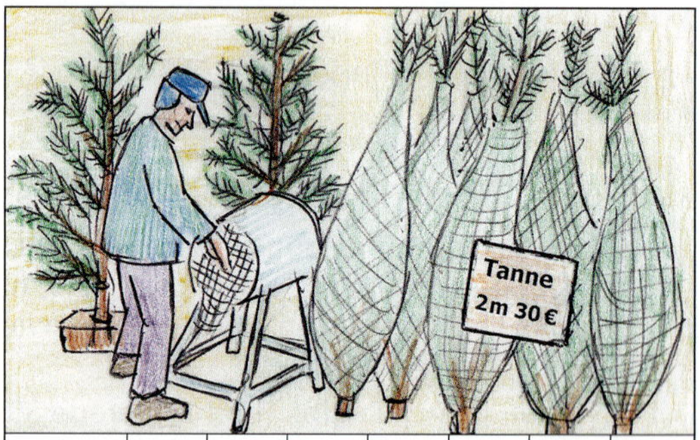

Größe x_i	1,80	1,90	2	2,10	2,20	2,30	2,40
Anzahl H_i	12	24	48	66	42	30	18

Bild 2: Weihnachtsbaumverkauf

3. Philipp möchte seinen WLAN-Router konfigurieren. Er wird vom Programm aufgefordert, das Passwort einzugeben. Doch Philipp hat das Passwort vergessen. Da Philipp aber immer dieselben Passwörter verwendet, muss es eines von fünf möglichen sein. Die Zufallsvariable X gibt die Anzahl der Passworteingaben an, bis sich das Programm öffnet.

a) Zeichnen Sie ein Baumdiagramm als Tabelle und die Wahrscheinlichkeitsfunktion von X dar.

b) Berechnen Sie den Erwartungswert von X.

c) Berechnen Sie die Standardabweichung von X.

Lösungen Übungsaufgaben

1. a) $P_1 = 0{,}2$; $P_2 = 0{,}1$; $P_3 = \frac{1}{6}$; $P_4 = 0{,}1$; $P_5 = \frac{4}{15}$; $P_6 = \frac{1}{6}$

b) E(X) = 2,8 €; E(Y) = −0,2 € **c)** 2,8 €

d) $s^2 = 14$ €^{2}; s = 3,742 €

2. a) $h_1 = 0{,}05$; $h_2 = 0{,}1$; $h_3 = 0{,}2$; $h_4 = 0{,}275$; $h_5 = 0{,}175$; $h_6 = 0{,}075$

b) $\overline{x} = 2{,}11$ m

c) $s^2 = 0{,}0239\ m^2$; s = 0,1546 m

d) geringere Streuung **e)** nein

3. a) $P(X = 1) = P(X = 2) = \ldots = P(X = 5) = \frac{1}{5}$

b) E(X) = 3 **c)** $s = \sqrt{2}$

4. Johanna will ihrer Freundin zum Geburtstag zwei Musik-CDs schenken. Im Musikladen nimmt sie fünf in die engere Auswahl **(Bild 1).** Da sie sich nicht entscheiden kann, wählt sie zufällig zwei davon aus. Die Zufallsvariable X beschreibt den Differenzbetrag der beiden CDs.

a) Geben Sie die Wahrscheinlichkeitsfunktion der Variablen X an.

b) Berechnen Sie den Erwartungswert von X.

c) Berechnen Sie die Standardabweichung von X.

Bild 1: Musik-CDs

5. Zu Jahresbeginn qualifizierten sich die 16 besten Teams aus dem ersten Durchgang beim Weltcuprennen am Königsee im Viererbob für den zweiten Durchgang **(Bild 2).** Die Streckenzeiten der Teams auf zehntel Sekunden gerundet aus dem zweiten Durchgang zeigt **Tabelle 1.** Die Variable X gibt die Streckenzeit an.

a) Berechnen Sie den Erwartungswert E(X) und die Standardabweichung.

Im ersten Durchgang erzielte die Hälfte der Teams eine Streckenzeit von 49,9 s und die andere Hälfte von 50,5 s.

c) Berechnen Sie für den ersten Durchgang den Erwartungswert E(X) und die Standardabweichung.

d) Berechnen Sie für die Summe aus erstem und zweitem Durchgang den Erwartungswert E(X) und die Standardabweichung.

Bild 2: Viererbob

Tabelle 1: Zeiten in Sekunden im zweiten Durchgang beim Viererbob

Zeit	49,6	49,7	49,8	49,9	50,0
Team	GER1	GER2 GER3	SUI1 SUI2 RUS1	RUS2 RUS3	LAT ROU1
Zeit	50,1	50,2	50,3	50,4	50,6
Team	ITA	SUI3 MON	ROU2	JPN	SUI4

6. Bei einem Springreiten wird über 10 Hindernisse, H1 bis H10, gesprungen **(Bild 3).** Die ersten 8 Reiter, R1 bis R8, verursachen an den Hindernissen Fehler **(Tabelle 2).** Die Variable X gibt an, wie viele Fehler je Hindernis verursacht wurden. Die Variable Y gibt an, wie viele Strafpunkte (4 Punkte je Fehler) ein Reiter erhalten hat. Berechnen Sie den Erwartungswert und die Standardabweichung für

a) die Variable X,

b) die Variable Y.

Bild 3: Springreiten

Tabelle 2: Fehler beim Springreiten

Hindernis	H1	H2	H3	H4	H5
Reiter	R1	R2 R3	R1 R6 R8	R2 R4 R8	R7
Hindernis	H6	H7	H8	H9	H10
Reiter		R3 R6	R4 R8	R7	R8

7. Ein Schuhladen bietet einen Herrenschuh in den Größen 41 bis 44 an. Die Verkaufshäufigkeiten der Größen 42 und 43 zeigt **Tabelle 3.** Der Mittelwert der verkauften Größen ist 42,3.

Berechnen Sie die fehlenden relativen Häufigkeiten und die Standardabweichung.

Tabelle 3: Häufigkeiten der Schuhgrößen

	Größe x_i	41	42	43	44
	h_i	?	0,4	0,3	?

Lösungen Übungsaufgaben

4. a) $P(1\,€) = \frac{2}{5}$; $P(2\,€) = \frac{3}{10}$; $P(36\,€) = \frac{1}{5}$; $P(4\,€) = \frac{1}{10}$

b) E(X) = 2 € **c)** s = 1 €

5. a) E(X) = 50 s; s = 0,27

b) E(X) = 50,2 s; s = 0,3

c) E(X) = 50,1 s; s = 0,303

6. a) E(X) = 1,6 s; s = 2,9 **b)** E(X) = 8; s = 4

7. $h_1 = 0{,}2$; $h_4 = 0{,}1$; s = 0,9

8.10 Bernoulli-Ketten

Viele Zufallsexperimente haben nur zwei Ergebnisse (Elementarereignisse), z. B. die Ergebnisse Wappen und Zahl beim Wurf einer Münze.

> Ein Zufallsexperiment mit genau zwei Ergebnissen heißt auch Bernoulli[1]-Experiment.

Hat das Bernoulli-Experiment Wurf einer Münze das Ziel Wappen zu werfen, so nennt man das Ergebnis Wappen einen Treffer (1) oder (T) und das Ergebnis Zahl eine Niete (0) oder ($\overline{T}$). Die Wahrscheinlichkeit für einen Treffer wird meist mit p und die für eine Niete mit q bezeichnet **(Bild 1)**. Es gilt:

$$q = \overline{p} = 1 - p$$

Weitere Bernoulli-Experimente zeigt **Tabelle 1**.

Wird ein Bernoulli-Experiment wiederholt, spricht man von einer Bernoulli-Kette.

Beispiel 1: Bernoulli-Kette

Ein Wurf eines Würfels mit dem Ziel die Augenzahl Sechs (1) zu würfeln wird 4-mal hintereinander durchgeführt. Die Zufallsvariable X gibt die Anzahl der Sechsen an. Zeichnen Sie ein Baumdiagramm mit den Ergebnissen Sechs (1), keine Sechs (0) und den Wahrscheinlichkeiten p und q.

Lösung: **Bild 2**

Da das Bernoulli-Experiment 4-mal durchgeführt wird, erhält man eine Bernoulli-Kette der Länge 4.

> Eine Bernoulli-Kette der Länge n besteht aus n voneinander unabhängigen Durchführungen desselben Bernoulli-Experiments.

Die Wahrscheinlichkeit in einem Pfad des Baumdiagramms der Bernoulli-Kette ist immer:

$$p^{\text{Trefferzahl}} \cdot q^{\text{Nietenzahl}}$$

Da die Anzahl der Treffer mit k bezeichnet wird, gilt $p^k \cdot q^{n-k}$. Die Zahl n – k ist die Nietenzahl, also die Anzahl der Durchführungen des Bernoulli-Experiments abzüglich der Trefferzahl. Im 4. Pfad des Baumdiagramms wird erst 2-mal eine Sechs und dann 2-mal keine Sechs gewürfelt. Die Wahrscheinlichkeit ist

$P(e_i = 1100) = \left(\frac{1}{6}\right)^2 \cdot \left(\frac{5}{6}\right)^2 = \frac{5^2}{6^4} = \frac{25}{1296}$.

Beispiel 2: Bernoulli-Kette mit k = 2 Treffern

Berechnen Sie für die Bernoulli-Kette aus Beispiel 1 die Wahrscheinlichkeit P(x = 2) für das Werfen von genau 2 Sechsen bei 4 Würfen.

Lösung:

Bei 2 Treffern ist die Pfadwahrscheinlichkeit immer $\left(\frac{1}{6}\right)^2 \cdot \left(\frac{5}{6}\right)^2 = \frac{5^2}{6^4} = \frac{25}{1296}$. Diese Wahrscheinlichkeit kommt laut Baumdiagramm aus Bild 2 dort vor, wo die Zufallsvariable X = 2 ist. Dies trifft auf 6 Pfade zu. Die Wahrscheinlichkeit P(X = 2) ist somit $6 \cdot \left(\frac{1}{6}\right)^2 \cdot \left(\frac{5}{6}\right)^2 = 6 \cdot \frac{25}{1296} = \frac{25}{216}$.

$q = \overline{p} = 1 - p$	$P(X = k) = \binom{n}{k} \cdot p^k \cdot q^{n-k}$

p	Trefferwahrscheinlichkeit je Durchführung
q	Nietenwahrscheinlichkeit je Durchführung
P	Wahrscheinlichkeit für k Treffer
X	Zufallsvariable für die Zahl der Treffer
k	Anzahl der Treffer bei jedem Ergebnis
n	Zahl der Durchführungen des Zufallsexperimentes = Länge der Bernoulli-Kette

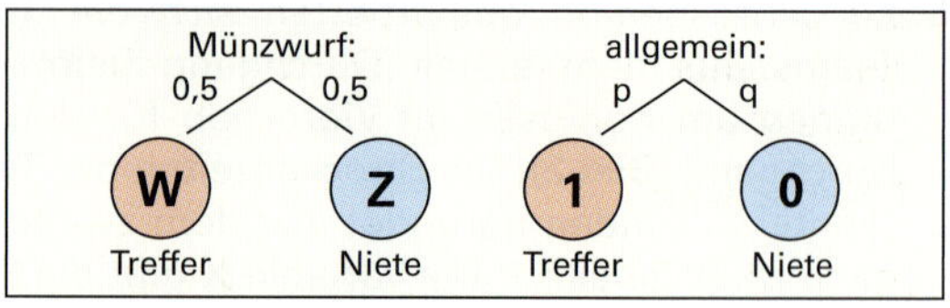

Bild 1: Bernoulli-Experiment

Tabelle 1: Bernoulli-Experimente		
Beispiel	p	q
Würfeln einer Sechs	$\frac{1}{6}$	$\frac{5}{6}$
Ziehen einer bestimmten Kugel von 5	0,2	0,8
Würfeln einer geraden Augenzahl	0,5	0,5

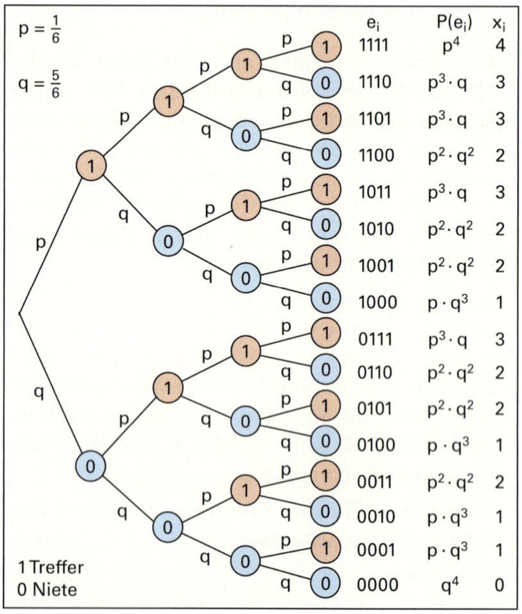

Bild 2: 4-maliges Würfeln von Sechsen

Das 6-fache Eintreten der Zufallsvariablen X mit dem Trefferwert k = 2 lässt sich mit den Gesetzen der Kombinatorik leicht ausrechnen. Würfelt man nämlich 2 Sechsen aus 4 möglichen Würfen, so gilt 2 aus 4 oder:

$$\binom{4}{2} = \frac{4!}{2! \cdot (4-2)!} = \frac{4 \cdot 3 \cdot 2 \cdot 1}{2 \cdot 1 \cdot 2 \cdot 1} = 2 \cdot 3 = 6$$

Für k Treffer (Sechsen) bei n Versuchen gilt somit:

$$P(X = k) = \binom{n}{k} \cdot p^k \cdot q^{n-k}$$

[1] Jakob Bernoulli, schweizerischer Mathematiker, 1655–1705

Ersetzt man q durch p – 1 erhält man:

$$P(X = k) = \binom{n}{k} \cdot p^k \cdot (1 - p)^{n-k}$$

Die Funktion, die mit dieser Gleichung beschrieben wird, heißt auch Binominalverteilung. Für P(X = k) schreibt man $B_{n;\,p}(k)$.

Die Wahrscheinlichkeit $P(X = k) = B_{n;\,p}(k)$ heißt Binominalverteilung mit den Parametern n und p.

Beispiel 1: Erwartungswert E(X)

Berechnen Sie den Erwartungswert zum Bild 2, vorhergehende Seite, auf 2 Arten.

Lösung:

1. Rechenweg:

$$E(X) = \sum_{i=1}^{5} [P(X = x_i) \cdot x_i] \text{ mit } P(X = 4) = \left(\frac{1}{6}\right)^4 = \frac{1}{1296}$$

$$P(X = 3) = 4 \cdot \left(\frac{1}{6}\right)^3 \cdot \left(\frac{5}{6}\right)^1 = 4 \cdot \frac{5}{1296} = \frac{20}{1296};$$

$$P(X = 2) = 6 \cdot \left(\frac{1}{6}\right)^2 \cdot \left(\frac{5}{6}\right)^2 = 6 \cdot \frac{25}{1296} = \frac{150}{1296};$$

$$P(X = 1) = 4 \cdot \left(\frac{1}{6}\right)^1 \cdot \left(\frac{5}{6}\right)^3 = 4 \cdot \frac{125}{1296} = \frac{500}{1296};$$

$$P(X = 0) = \left(\frac{5}{6}\right)^4 = \frac{625}{1296}$$

$$E(X) = \frac{1}{1296} \cdot 4 + \frac{20}{1296} \cdot 3 + \frac{150}{1296} \cdot 2 + \frac{500}{1296} \cdot 1 + \frac{625}{1296} \cdot 0$$

$$= \frac{4 + 60 + 300 + 600 + 0}{1296} = \frac{864}{1296} = \mathbf{\frac{2}{3}}$$

2. Rechenweg:

Da die Ausführung des Zufallsexperiments jedes Mal unabhängig erfolgt, ist bei jedem Wurf die Wahrscheinlichkeit $p = \frac{1}{6}$. Wird n = 4 Mal geworfen, ist der Erwartungswert E(x) viermal $\frac{1}{6}$ oder

$$E(x) = 4 \cdot \frac{1}{6} = \frac{4}{6} = \mathbf{\frac{2}{3}}$$

Allgemein gilt damit: $E(X) = n \cdot p$

Der Erwartungswert lässt sich somit bei einer Bernoulli-Kette mit n · p einfach berechnen. Ebenso gibt es für Varianz und Standardabweichung bei Bernoulli-Ketten vereinfachte Formeln. Es gilt:

$$s^2 = n \cdot p \cdot q \text{ und } s = \sqrt{n \cdot p \cdot q}$$

Beispiel 2: Standardabweichung

Berechnen Sie die Standardabweichung zum Beispiel 1 mithilfe von **Tabelle 1** auf 2 Arten.

Lösung:

1. Rechenweg:

$$s = \sqrt{n \cdot p \cdot q} \quad s = \sqrt{4 \cdot \frac{1}{6} \cdot \frac{5}{6}} = \sqrt{\frac{1}{3} \cdot \frac{5}{3}} = \mathbf{\frac{1}{3}\sqrt{5}}$$

2. Rechenweg:

Mit $s^2 = \sum_{i=1}^{5} [P(X = x_i) \cdot (x_i - E(X))^2]$ und Tabelle 1 ist

$$s^2 = \frac{1}{1296} \cdot \left(\frac{10}{3}\right)^2 + \frac{20}{1296} \cdot \left(\frac{7}{3}\right)^2 + \frac{150}{1296} \cdot \left(\frac{4}{3}\right)^2 + \frac{500}{1296} \cdot \frac{1}{3^2} + \frac{625}{1296} \cdot \left(-\frac{2}{3}\right)^2$$

$$s^2 = \frac{100}{1296 \cdot 9} + \frac{20 \cdot 49}{1296 \cdot 9} + \frac{150 \cdot 16}{1296 \cdot 9} + \frac{500 \cdot 1}{1296 \cdot 9} + \frac{625 \cdot 4}{1296 \cdot 9}$$

$$= \frac{100 + 980 + 2400 + 500 + 2500}{1296 \cdot 9} = \frac{6480}{1296 \cdot 9} = \frac{5}{9}$$

$$s = \sqrt{\frac{5}{9}} = \mathbf{\frac{1}{3}\sqrt{5}}$$

$$B_{n;\,p}(k) = P(X = k) = \binom{n}{k} \cdot p^k \cdot (1 - p)^{n-k}$$

$$E(X) = n \cdot p \qquad s^2 = n \cdot p \cdot q$$

$$s = \sigma_x = \sqrt{n \cdot p \cdot q} = \sqrt{n \cdot p \cdot (1 - p)}$$

$B_{n;\,p}$ Binominalverteilung

E(X) Erwartungswert der $B_{n;\,p}$-verteilten Zufallsvariablen

σ_x Standardabweichung bei einer Bernoulli-Kette, griechischer Kleinbuchstabe sigma σ

Bedeutung weiterer Formelzeichen siehe vorhergehende Seite.

Tabelle 1: Zahl der Sechsen beim 4-maligen Würfeln

x_i	4	3	2	1	0
$P(X = x_i)$	$\frac{1}{1296}$	$\frac{20}{1296}$	$\frac{150}{1296}$	$\frac{500}{1296}$	$\frac{625}{1296}$
E(X)	$\frac{2}{3}$				
$x_i - E(X)$	$\frac{12-2}{3} = \frac{10}{3}$	$\frac{9-2}{3} = \frac{7}{3}$	$\frac{6-2}{3} = \frac{4}{3}$	$\frac{3-2}{3} = \frac{1}{3}$	$\frac{0-2}{3} = -\frac{2}{3}$

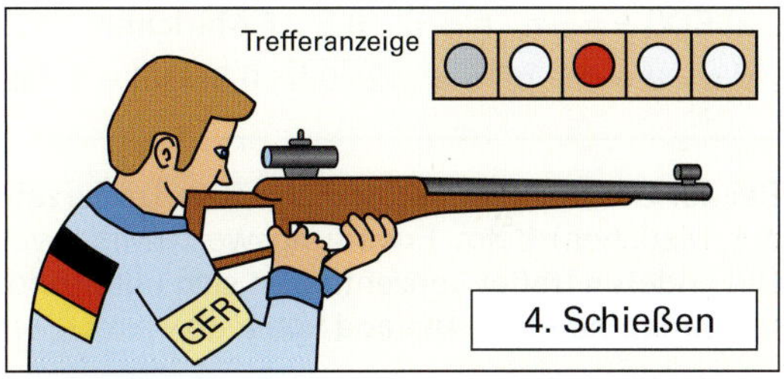

Bild 1: Biathlon

Beispiel 3: Schießen beim Biathlon

Auf der Langstrecke beim Biathlon muss 2-mal liegend und 2-mal stehend auf jeweils 5 Scheiben geschossen werden. Die Zufallsvariable X gibt die Zahl der Treffer an. Ein Schütze der deutschen Mannschaft trifft sowohl stehend als auch liegend mit einer Wahrscheinlichkeit von 80 % **(Bild 1)**.

a) Erklären Sie, weshalb es sich bei den Schussversuchen um eine Bernoulli-Kette handelt.

b) Berechnen Sie den Erwartungswert E(X) und die Standardabweichung s.

Lösung:

a) Das Zufallsexperiment hat nur die beiden Ausgänge Treffer oder kein Treffer. Da sowohl im Liegen als auch im Stehen die Trefferquote p gleich ist, wird dasselbe Zufallsexperiment 20-mal durchgeführt.

b) $E(X) = n \cdot p = 20 \cdot 0{,}8 = \mathbf{16\ Treffer}$

$s = \sqrt{n \cdot p \cdot q} = \sqrt{n \cdot p \cdot (1 - p)}$

$s = \sqrt{20 \cdot 0{,}8 \cdot (1 - 0{,}8)} = \sqrt{16 \cdot 0{,}2} = \sqrt{3{,}2}$

$= \mathbf{1{,}7889}$

Beispiel 1: Klassenteilung

Eine Berufskollegklasse hat 12 Mädchen und 12 Jungen. Für den fachpraktischen Unterricht wird die Klasse in zwei gleich große Gruppen aufgeteilt. Für die erste Gruppe werden die Personen zufällig ausgewählt. Die Zufallsvariable X gibt die Anzahl der Mädchen an.

a) Geben Sie die Werte für n, p und q an.
b) Stellen Sie eine Formel für P(X = k) auf.
c) Berechnen Sie alle Werte von P(X = k). Was fällt auf?
d) Stellen Sie $B_{n;\,p}(k) = P(X = k)$ grafisch dar.
e) Berechnen Sie den Erwartungswert $E(X) = \mu$.
f) Berechnen Sie die Standardabweichung $s = \sigma$.

Lösung:

a) n = **12**; p = **0,5**; q = **0,5**
b) $P(X = k) = \binom{12}{k} \cdot 0{,}5^k \cdot 0{,}5^{12-k} = \binom{12}{k} \cdot 0{,}5^{k+12-k}$

$P(X = k) = \boldsymbol{\binom{12}{k} \cdot 0{,}5^{12}}$

c) **Tabelle 1:** Die Werte P(X = k) sind symmetrisch zu k = 6 angeordnet.
d) **Bild 1**
e) $E(X) = \mu = n \cdot p = 12 \cdot 0{,}5 =$ **6 Mädchen**
f) $s = \sigma = \sqrt{n \cdot p \cdot q} = \sqrt{12 \cdot 0{,}5 \cdot 0{,}5} = \sqrt{3} = \mathbf{1{,}732}$

$\mu = E(X) = n \cdot p$ $\sigma = s = \sqrt{n \cdot p \cdot q}$

$\sigma = \sqrt{\mu \cdot q}$

μ Erwartungswert
σ Standardabweichung

Tabelle 1: Wahrscheinlichkeitsfunktion

k	Formel	P(X = k)	k	Formel	P(X = k)
1	$\binom{12}{1} \cdot 0{,}5^{12}$	0,0029	7	$\binom{12}{7} \cdot 0{,}5^{12}$	0,1934
2	$\binom{12}{2} \cdot 0{,}5^{12}$	0,0161	8	$\binom{12}{8} \cdot 0{,}5^{12}$	0,1208
3	$\binom{12}{3} \cdot 0{,}5^{12}$	0,0537	9	$\binom{12}{9} \cdot 0{,}5^{12}$	0,0537
4	$\binom{12}{4} \cdot 0{,}5^{12}$	0,1208	10	$\binom{12}{10} \cdot 0{,}5^{12}$	0,0161
5	$\binom{12}{5} \cdot 0{,}5^{12}$	0,1934	11	$\binom{12}{11} \cdot 0{,}5^{12}$	0,0029
6	$\binom{12}{6} \cdot 0{,}5^{12}$	0,2256	12	$\binom{12}{12} \cdot 0{,}5^{12}$	0,0002

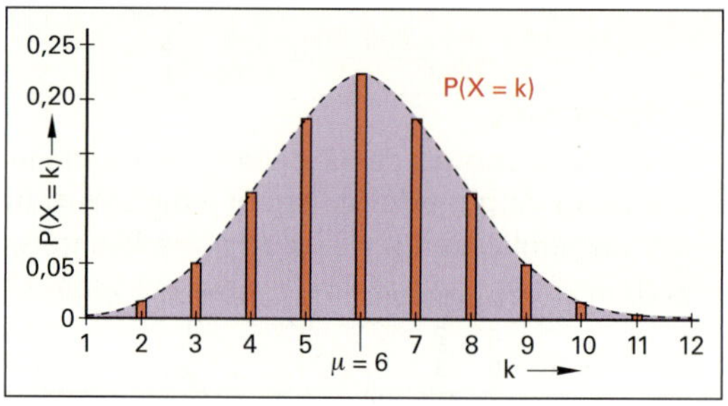

Bild 1: Wahrscheinlichkeitsfunktion

Bei der Bernoulli-Kette tritt die größte Trefferzahl (Anzahl der Mädchen) beim Erwartungswert (Mittelwert) μ auf. Die anderen Treffer konzentrieren sich um μ und nehmen mit zunehmendem Abstand von μ ab.

Beispiel 2: Schießübung

Ein Nachwuchsbiathlet hat beim Stehendschießen eine Trefferquote von nur 75 %. Bei einer Schießübung gibt er 300 Schuss ab. Stellen Sie $B_{300;\,0,75}(k)$ grafisch dar.

Lösung: **Bild 2**

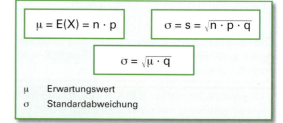

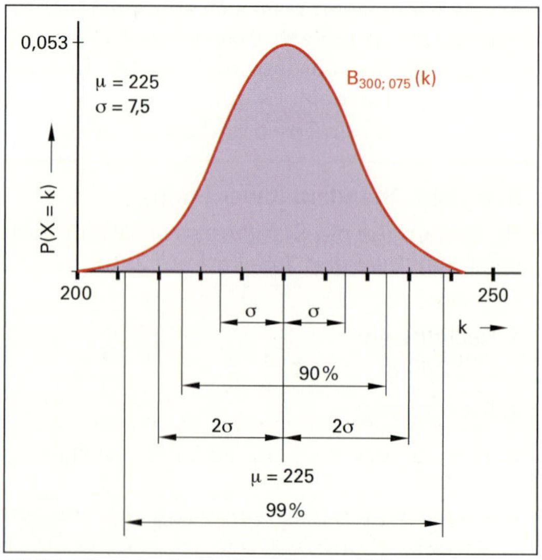

Bild 2: Binominalverteilung $B_{300;\,0,75}$ (k)

Das Schaubild beschreibt die Binominalverteilung $B_{300;\,0,75}(k)$. Der Erwartungswert ist auf der k-Achse von der Mitte aus wegen p > 0,5 nach rechts verschoben.

Im Intervall [μ – σ; μ + σ] liegen 68 % aller Treffer, im Intervall [μ – 2σ; μ + 2σ] liegen 95,5 % aller Treffer oder 99 % aller Treffer liegen im Intervall [μ – 2,58σ; μ + 2,58σ].

Tabelle 2: Sigmaregeln und Prozentregeln

Regel	Intervall	Trefferquote
1-σ-Regel	[μ – σ; μ + σ]	0,680 = 68,0 %
2-σ-Regel	[μ – 2σ; μ + 2σ]	0,955 = 95,6 %
3-σ-Regel	[μ – 3σ; μ + 3σ]	0,997 = 99,7 %
90-%-Regel	[μ – 1,64σ; μ + 1,64σ]	0,90 = 90 %
95-%-Regel	[μ – 1,96σ; μ + 1,96σ]	0,95 = 95 %
99-%-Regel	[μ – 2,58σ; μ + 2,58σ]	0,99 = 99 %

Weitere Angaben beschreiben die Regeln in **Tabelle 2.** Diese Regeln gelten für die Zufallsvariablen aller Bernoulli-Ketten der Länge n mit σ ≥ 3, d. h. für jede Binominalverteilung mit σ ≥ 3.

Überprüfen Sie Ihr Wissen!

Übungsaufgaben

1. Geben Sie zu folgenden Bernoulli-Ketten die Werte n, p und q an.

a) Ein Würfel wird 70-mal geworfen. Die Zufallsvariable X beschreibt die Anzahl der Primzahlen.

b) Der Fragebogen einer Prüfung mit 30 Fragen gibt immer 6 mögliche Antworten zum Ankreuzen vor. Immer nur eine vorgeschlagene Antwort ist richtig. Der Test wird versuchsweise zufällig angekreuzt. Die Zufallsvariable X gibt die Zahl der richtigen Antworten an.

2. a) Zeigen Sie, dass für eine Bernoulli-Kette die Trefferwahrscheinlichkeit für keinen Treffer den Wert q^n hat.

b) Erstellen Sie die Formel für die Binominalverteilung einer Bernoulli-Kette der Länge 10, wenn die Ergebnisse des Bernoulli-Experiments gleich wahrscheinlich sind.

c) Für eine binominal verteilte Zufallsvariable X ist die Wahrscheinlichkeit $P(X = n) = 0{,}031\,25$. Berechnen Sie die Zahl der Durchführungen n der Bernoulli-Kette, wenn die Ergebnisse der Bernoulli-Kette gleich wahrscheinlich sind. Berechnen Sie auch den Erwartungswert und die Standardabweichung der Zufallsvariablen X.

3. In einem Galton[1]-Brett werden Kugeln von regelmäßig angeordneten Hindernissen nach links oder nach rechts abgelenkt **(Bild 1)**. Jede einzelne Ablenkung ist ein Bernoulli-Experiment mit der gleichen Wahrscheinlichkeit für eine Ablenkung nach rechts (p) und nach links (q). Nachdem eine Kugel alle Hindernisse passiert hat, bleibt sie in einem der unten angeordneten Fächer liegen. Die Zufallsvariable X gibt die Anzahl der Kugeln in den einzelnen Fächern an.

a) Stellen Sie für das 7-reihige Galton-Brett aus Bild 1 die vereinfachte Formel für die Wahrscheinlichkeitsverteilung auf.

b) Berechnen Sie die Wahrscheinlichkeit, mit der die Kugel, die im Bild 1 unterwegs ist, im Fach 5 aufgefangen wird.

c) Berechnen Sie alle Wahrscheinlichkeiten, mit der die nächste Kugel in einem der acht Fächer landet. Erstellen Sie eine Wahrscheinlichkeitstabelle und ein Säulendiagramm.

d) Mithilfe des Pascalschen[1] Dreiecks lässt sich ein Binom siebten Grades wie folgt lösen:
$(a + b)^7 = a^7 + 7a^6b + 21a^5b^2 + 35a^4b^3 + 35a^3b^4 + 21a^2b^5 + 7ab^6 + b^7$. Zeigen Sie, dass für $a = p = 0{,}5$ und $b = q = 0{,}5$ die einzelnen Summanden der aufgelösten Formel genau den Wahrscheinlichkeiten im Säulendiagramm entsprechen.

e) Bernd baut sich das 7-reihige Galton-Brett und probiert es aus. Jedoch steht es dabei etwas schief auf seinem Schreibtisch. Dadurch ist $p = 0{,}6$.

Erstellen Sie dazu eine Wahrscheinlichkeitstabelle und zeichnen Sie ein Säulendiagramm. Wie viele von 100 Kugeln landen voraussichtlich im jeweiligen Fach?

[1] Sir Francis Galton, englischer Forscher, 1822–1911

[2] Blaise Pascal, französischer Mathematiker, Physiker und Philosoph, 1623–1662

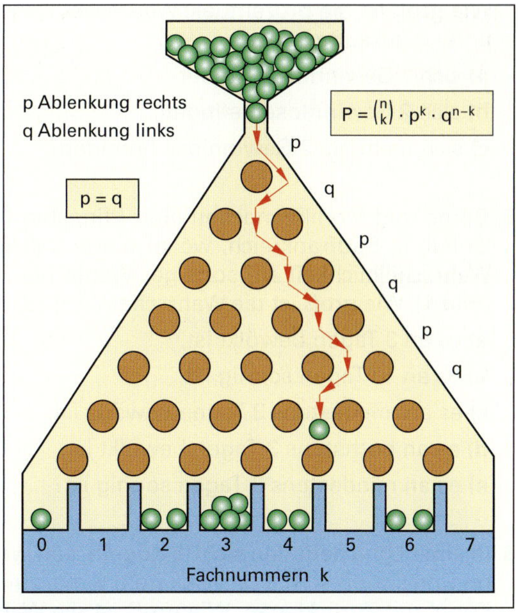

Bild 1: Galton-Brett

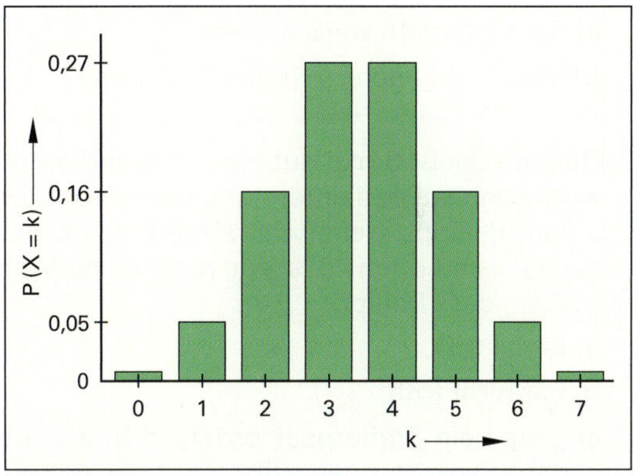

Bild 2: Säulendiagramm

Lösungen Übungsaufgaben

1. a) $n = 70;\ p = \frac{1}{2};\ q = \frac{1}{2}$

b) $n = 30;\ p = \frac{1}{6};\ q = \frac{5}{6}$

2. a) $P(X = 0) = q^n$ **b)** $\binom{10}{k} \cdot 0{,}5^{10}$ **c)** $n = 5$

3. a) $\frac{1}{128} \cdot \binom{7}{k}$ **b)** $\frac{21}{128}$

c) $\frac{1}{128};\ \frac{7}{128};\ \frac{21}{128};\ \frac{35}{128};\ \frac{35}{128};\ \frac{21}{128};\ \frac{7}{128};\ \frac{1}{128}$

Diagramm siehe Lösungsbuch u. **Bild 2**

d) siehe c)

e) $\frac{128}{78\,125};\ \frac{1344}{78\,125};\ \frac{6048}{78\,125};\ \frac{15\,120}{78\,125};\ \frac{22\,680}{78\,125};\ \frac{20\,412}{78\,125};\ \frac{10\,206}{78\,125};\ \frac{2\,187}{78\,125};$

Kugelverteilung: 0; 2; 8; 19; 29; 26; 13; 3

4. Ein Losverkäufer hat einen Behälter mit 240 Losen, wovon 216 Nieten sind, der Rest sind Gewinnlose. Wie groß ist die prozentuale Wahrscheinlichkeit, dass unter 8 gekauften Losen

a) sich 1 Gewinnlos befindet,

b) sich 2 Gewinnlose befinden,

c) sich mehr als 2 Gewinnlose befinden?

5. Bernd und Monika machen über Pfingsten 2 Wochen Urlaub in Südfrankreich, wo zu dieser Jahreszeit die Wahrscheinlichkeit auf sonniges Wetter bei 70 % liegt **(Bild 1)**. Wie groß ist die Wahrscheinlichkeit, dass

a) es an 3 Tagen bewölkt ist,

b) es an 10 Tagen sonnig ist,

c) es an mindestens 3 Tagen bewölkt ist,

d) es an höchstens 3 Tagen bewölkt ist,

e) es an mindestens 3 Tagen sonnig ist?

6. In einer Urne befinden sich 18 Kugeln, von welchen 13 rot und 5 weiß sind. Franziska zieht 6-mal zufällig eine Kugel mit Zurücklegen. Wie groß ist die Wahrscheinlichkeit,

a) dass 2 Kugeln weiß waren,

b) dass mindestens 4 Kugeln rot waren?

7. Philipp schießt 8-mal auf eine Torwand, und zwar abwechselnd auf das untere und obere Loch. Er beginnt unten. Philipps Trefferwahrscheinlichkeit beträgt unten 50 % und oben 40 %. Wie groß ist die Wahrscheinlichkeit, dass Philipp

a) 8-mal trifft,

b) gar nicht trifft,

c) genau ein Trefferpaar erzielt, d. h. erst unten und danach gleich oben trifft,

d) genau 2 Trefferpaare erzielt,

e) 2-mal unten und 2-mal oben trifft,

f) 3-mal unten und 1-mal oben trifft?

8. Zwei Biathleten üben mit je 125 Schuss. Der erfahrene hat eine Trefferquote von 86 % und der Nachwuchsbiathlet von 72 %. X ist die Zufallsvariable für die Trefferzahl des Nachwuchsbiathleten und Y für den erfahrenen Biathleten.

a) Berechnen Sie die Erwartungswerte und die Standardabweichungen für X und Y.

b) Stellen Sie mithilfe einer Wahrscheinlichkeitstabelle die Binominalverteilungen grafisch dar.

9. Eine kaufmännische Berufsschule hat 1200 Schüler im Alter von 17 bis 23 Jahren. Jeder vierte Jugendliche dieser Altersklasse fährt statistisch gesehen mit dem Auto zur Schule. Die Schule verteilt für Schüler kostenlose Schuljahresparkkarten für die Tiefgarage. Berechnen Sie mithilfe der 90-%-Regel, wie viele Parkkarten die Schule mit 90-prozentiger Wahrscheinlichkeit ausgeben wird.

Bild 1: Wetterwahrscheinlichkeit

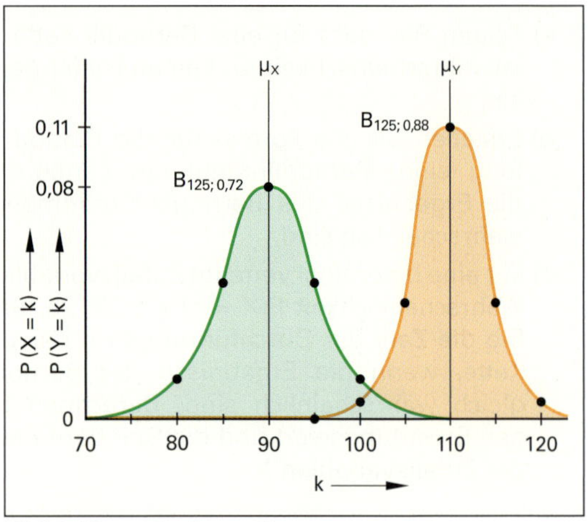

Bild 2: Binominalverteilungen

Lösungen Übungsaufgaben

4. a) P(1) = 38,26 %
b) P(2) = 14,88 %
c) P($<$2) = 38,1 %

5. a) P(3 bewölkt) = 19,43 %
b) P(10 sonnig) = 22,9 %
c) P($\geq$ 3 bewölkt) = 83,91 %
d) P($\leq$ 3 bewölkt) = 35,52 %
e) P($\geq$ 9 sonnig) = 78,05 %

6. a) P(2 weiße Kugeln) = 31,49 %
b) P($\geq$ 4 rote Kugeln) = 78,43 %

7. a) P(alle 8 Treffer) = 0,16 %
b) P(keinen Treffer) = 0,81 %
c) P(1 Trefferpaar) = 40,96 %
d) P(2 Trefferpaare) = 15,36 %
e) P(2 unten, 2 oben) = 12,96 %
f) P(3 unten, 1 oben) = 8,64 %

8. a) $\mu_x = 90$; $\mu_y = 110$; $\sigma_x = 5$; $\sigma_y = 3{,}6$
b) siehe Lösungsbuch und **Bild 2**

9. 177 Parkkarten bis 423 Parkkarten

Berühmte Mathematiker 3

Blaise Pascal

* 19.06.1623 in Clermont-Ferrand † 19.8.1662

Französischer Mathematiker, Physiker, Literat und Philosoph. Er konstruierte 1642 eine Rechenmaschine, die addieren und später auch subtrahieren konnte (Zweispeziesrechner). Er beschäftigte sich mit der Wahrscheinlichkeitsrechnung und untersuchte besonders Würfelspiele. Nach ihm ist das Pascal'sche Dreieck zur geometrischen Darstellung der Binomialkoeffizienten benannt.

Gottfried Wilhelm Leibniz

* 1.7.1646 in Leipzig † 14.11.1716 in Hannover

Deutscher Mathematiker, Physiker, Philosoph und Bibliothekar. 1672 konstruierte er eine Rechenmaschine, die multiplizieren, dividieren und Quadratwurzeln ziehen konnte. Leibniz entwickelte in den Jahren 1672 bis 1676 unabhängig von Isaac Newton die Infinitesimalrechnung. Auf Leibniz gehen die heute übliche Differenzialschreibweise $\frac{dy}{dx}$ und das Integralzeichen $\int dx$ zurück. Die Leibniz-Formel dient zur Berechnung von Determinanten bei Matrizen.

„Beim Erwachen habe ich schon so viele Einfälle, dass der Tag nicht ausreicht, sie niederzuschreiben."

Leonhard Euler

* 15.4.1707 in Basel † 18.9.1783 in St. Petersburg

Schweizer Mathematiker, der 866 Arbeiten verfasste. Er beschäftigte sich mit Differenzialgleichungen, Differenzengleichungen und elliptischen Integralen.

Nach ihm ist die Euler'sche Zahl $\lim_{n \to \infty} \left(1 + \frac{1}{n}\right)^n = e \approx$ 2,718 281 828 459 045 2 benannt.

Viele mathematische Symbole gehen auf Euler zurück, z.B. f(x) für einen Funktionswert, das Zeichen Σ für eine Summe und i für die imaginäre Einheit.

Carl Friedrich Gauß

* 30.4.1777 in Braunschweig † 23.2.1855

Deutscher Mathematiker, Astronom, Geodät und Physiker. Nach Gauß wurden z.B. benannt: die Gauß'sche Normalverteilung (Standardnormalverteilung) in der Wahrscheinlichkeitsrechnung, die Gauß'sche Zahlenebene (Zuordnung imaginärer und reeller Zahlen), das Gauß'sche Eliminationsverfahren (zur Lösung von linearen Gleichungssystemen).

„Die Mathematik ist die Königin der Wissenschaften und die Zahlentheorie ist die Königin der Mathematik"

Matrizen

Welche Kompetenzen werden gefördert?

	A
1	Zusammenhang zwischen Tabellen und Matrizen erkennen
2	Matrizen transponieren
3	Koeffizientenmatrix aufstellen
4	Mit Matrizen rechnen lernen
5	Skalarmultiplikation und Skalarprodukt unterscheiden
6	Reihenfolge der Matrizen bei der Multiplikation beachten
7	Matrizenmultiplikation auf Praxisaufgaben anwenden
8	Matrizen invertieren
9	Lineare Gleichungssysteme durch Matrixinversion lösen
10	Praxisaufgaben mithilfe inverser Matrizen lösen

- **Matrizen erstellen**
  - Überprüfen Sie Ihr Wissen!
- **Transponierte Matrizen**
  - Überprüfen Sie Ihr Wissen!
- **Besondere Matrizen**
  - Überprüfen Sie Ihr Wissen!
- **Multiplikation einer Matrix mit einer reellen Zahl (S-Multiplikation)**
- **Matrizenaddition**
  - Überprüfen Sie Ihr Wissen!
- **Matrizenmultiplikation**
  - Multiplikation eines Zeilenvektors mit einem Spaltenvektor (Skalarprodukt)
  - Multiplikation eines Zeilenvektors mit einer Matrix
    - Überprüfen Sie Ihr Wissen!
  - Multiplikation einer Matrix mit einem Spaltenvektor
  - Multiplikation zweier Matrizen
    - Überprüfen Sie Ihr Wissen!
- **Inverse Matrizen**
  - Berechnen der inversen Matrix A^{-1}
    - Überprüfen Sie Ihr Wissen!
  - Lösen linearer Gleichungssysteme durch Matrixinvertierung
- **Matrizengleichungen**
  - Matrizengleichungen der Form $k \cdot X = A$
  - Matrizengleichungen der Form $A \cdot X = B$
  - Matrizengleichungen der Form $X \cdot A = B$
  - Matrizengleichungen der Form $A \cdot X \cdot B = C$
  - Matrizengleichungen mit singulärer Koeffizientenmatrix
    - Überprüfen Sie Ihr Wissen!
- **Anwendungen der Matrizenrechnung**
  - Einstufige Produktionsprozesse
    - Musteraufgabe
  - Zweistufige Produktionsprozesse
    - Überprüfen Sie Ihr Wissen!
- **Das Leontief-Modell (Input - Output - Analyse)**

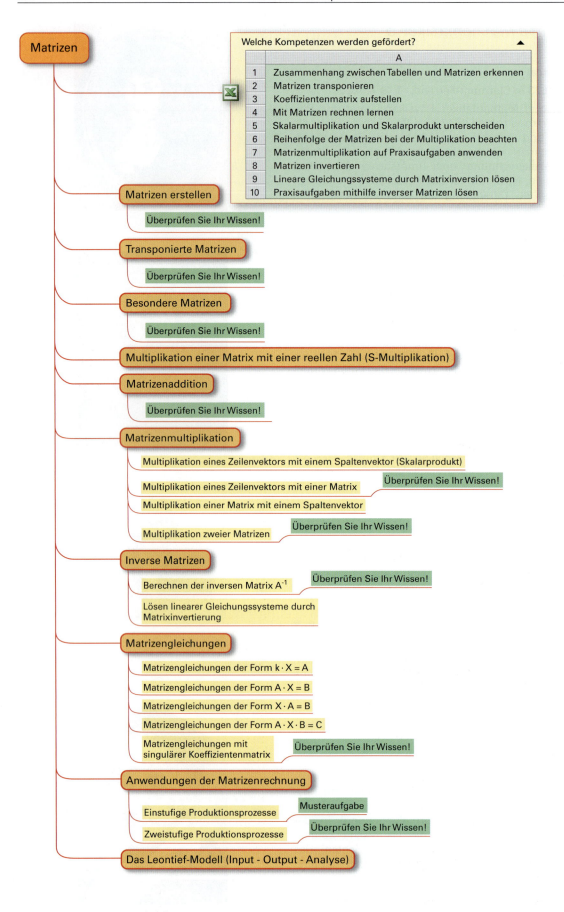

9 Matrizenrechnung

Matrizen finden z. B. Anwendung in den Sozialwissenschaften, der Ökonomie und der Technik, z. B. beim Lösen linearer Gleichungssysteme. Als rechnerisches Hilfsmittel sind sie gut geeignet, kompliziertere Sachverhalte, z. B. betriebs- oder volkswirtschaftliche Verflechtungen, überschaubar darzustellen.

9.1 Matrizen erstellen

Beispiel 1: Bedarfsmatrix

Eine Molkerei beliefert täglich 3 Filialen eines Lebensmitteldiscounters F_1, F_2 und F_3 mit 4 Produkten P_1, P_2, P_3 und P_4, z. B. Milch, Butter, Joghurt, Käse ihres Sortiments. Der Bedarfsplan der Filialen kann durch die **Tabelle 1** dargestellt werden. Der erste Tabelleneintrag „30" stellt die Anzahl täglich gelieferter Milchtüten an die Filiale F_1 dar. Die Tabelle besteht aus einem rechteckigen Zahlenschema von 3 Zeilen und 4 Spalten. Setzen Sie die Daten von Tabelle 1 in eine Matrix um.

Lösung:

$$\mathbf{A} = \begin{pmatrix} 30 & 10 & 100 & 20 \\ 40 & 10 & 50 & 30 \\ 0 & 40 & 100 & 10 \end{pmatrix}$$

Ein solches Zahlenschema, eingefasst durch eine runde Klammer, heißt Matrix und die darin aufgeführten Zahlen sind die Elemente der Matrix. Matrizen werden gewöhnlich mit fett gedruckten Großbuchstaben **A, B, C** bezeichnet. Die Bedarfsmatrix **A** aus Beispiel 1 hat 3 Zeilen und 4 Spalten, man spricht daher auch von einer (3, 4)-Matrix. Die Zeilen der Matrix stehen für die 3 Filialen und die Spalten für die 4 Produkte. Ist der Bedarf einer bestimmten Filiale an einem bestimmten Produkt von Interesse, muss angegeben werden, in welcher Zeile und in welcher Spalte das betreffende Element steht. Es ist daher üblich, die Elemente einer Matrix mit einem Doppelindex zu versehen.

Ersetzt man die konkreten numerischen Werte der Bedarfsmatrix durch Platzhalter, kann die Matrix **A** auch in folgender allgemeiner Form geschrieben werden:

$$\mathbf{A} = \begin{pmatrix} a_{11} & a_{12} & a_{13} & a_{14} \\ a_{21} & a_{22} & a_{23} & a_{24} \\ a_{31} & a_{32} & a_{33} & a_{34} \end{pmatrix}$$

wobei der erste Index die Nummer der Zeile und der zweite Index die Nummer der Spalte angibt, in der das Element steht. So repräsentiert beispielsweise das Element a_{23} den Wert „50", d. h. an die Filiale 2 werden 50 Becher Joghurt geliefert.

Aufbau einer Matrix

$$\mathbf{A} = \begin{pmatrix} a_{11} & a_{12} & \cdots & a_{1n} \\ a_{21} & a_{22} & \cdots & a_{2n} \\ \vdots & \vdots & & \vdots \\ a_{m1} & a_{m2} & \cdots & a_{mn} \end{pmatrix}$$

A Name der Matrix

a Element der Matrix

m größter Zeilenindex

n größter Spaltenindex

Tabelle 1: Molkereiprodukte

Produkt / Filiale	P_1	P_2	P_3	P_4

F_1	30	10	100	20
F_2	40	10	50	30
F_3	0	40	100	10

Eine Matrix aus m Zeilen und n Spalten wird als (m, n)-Matrix oder m×n-Matrix bezeichnet. Man sagt auch, die Matrix sei vom Typ (oder Format) (m, n) oder m×n.

Tabelle 2: Stückpreisliste (Preise in €)

Modell / Teil	Kleinwagen	Mittelklassewagen	Sportwagen
Anlasser	150	170	210
Batterie	80	90	170
Einspritzpumpe	390	520	1200
Generator	200	300	400

Beispiel 2: Stückpreismatrix

Ein Automobilwerk bezieht von einem Zulieferer 4 Fahrzeugteile Anlasser (A), Batterien (B) Einspritzpumpen (E), Generator (G) in jeweils drei Varianten. Je nach Variante werden die Teile in einem Klein-, Mittelklasse- bzw. Sportwagen verbaut. Die Preise (in Euro je Mengeneinheit ME) sind der Tabelle 2 zu entnehmen. Stellen Sie die Preisliste als (4,3)-Matrix dar.

Lösung:

$$\mathbf{P} = \begin{pmatrix} 150 & 170 & 210 \\ 80 & 90 & 170 \\ 390 & 520 & 1200 \\ 200 & 300 & 400 \end{pmatrix}$$

In der ersten **Zeile** der Matrix **A (Tabelle 1, vorhergehende Seite)** stehen die Mengeneinheiten der Produkte $P_1, \ldots, P_4$, die an die Filiale F_1 geliefert werden. Diese stellen eine einzeilige Matrix vom Typ (1,4) dar. Dasselbe trifft auf die übrigen Zeilen von **A** zu. **Einzeilige** Matrizen heißen **Zeilenvektoren.** Vektoren werden durch fett gedruckte Kleinbuchstaben (**a**, **b**, **c**) dargestellt oder durch Normalbuchstaben, die mit einem Pfeil versehen sind:

$$\vec{f}_1 = (30\ 10\ 100\ 20),$$

$$\vec{f}_2 = (40\ 10\ 50\ 30),$$

$$\vec{f}_3 = (0\ 40\ 100\ 10).$$

Die Elemente (Komponenten) der Zeilenvektoren werden durch Leerzeichen getrennt.

Einzeilige Matrizen, d.h. Matrizen vom Typ (1,n), heißen **Zeilenvektoren.**

In der ersten **Spalte** der Matrix **A** stehen die Mengeneinheiten des Produkts P_1, die an die Filialen F_1, F_2 und F_3 geliefert werden. Diese Mengeneinheiten stellen eine einspaltige Matrix vom Typ (3,1) dar. Dasselbe trifft auf die anderen Spalten von **A** zu. **Einspaltige** Matrizen heißen **Spaltenvektoren:** Unter Verwendung der Vektordarstellung mit Pfeil können die 4 Spaltenvektoren wie folgt dargestellt werden:

$$\vec{p}_1 = \begin{pmatrix} 30 \\ 40 \\ 0 \end{pmatrix},\quad \vec{p}_2 = \begin{pmatrix} 10 \\ 10 \\ 40 \end{pmatrix},\quad \vec{p}_3 = \begin{pmatrix} 100 \\ 50 \\ 100 \end{pmatrix},\quad \vec{p}_4 = \begin{pmatrix} 20 \\ 30 \\ 10 \end{pmatrix}.$$

Einspaltige Matrizen, d.h. Matrizen vom Typ (m,1), heißen **Spaltenvektoren.**

Beispiel 1: Umsatzmatrix (4,4)-Matrix

Das Tankstellennetz eines Mineralölkonzerns verkauft vier Kraftstoffarten: DieselTech, Super, SuperPlus und SuperE10. Die monatlich umgesetzten Kraftstoffmengen sind in **Tabelle 1** aufgeführt.

Stellen Sie die mengenmäßigen Umsätze der Tankstellen als Matrix **B** dar.

Lösung:

$$\mathbf{B} = \begin{pmatrix} 90 & 120 & 60 & 30 \\ 70 & 90 & 50 & 25 \\ 80 & 100 & 70 & 30 \\ 100 & 95 & 90 & 40 \end{pmatrix}.$$

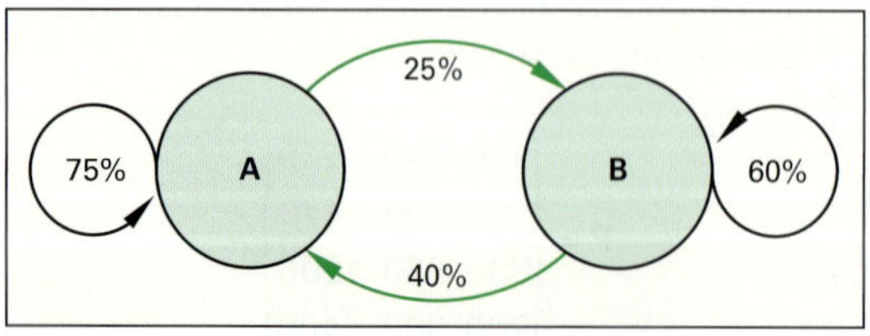

Bild 1: Urlauber-Wanderungsbewegung

Ein **Zeilen**vektor der Matrix:

$$\vec{z}_m = (a_{m1}\ a_{m2}\ \ldots\ a_{mn})$$

Ein **Spalten**vektor der Matrix:

$$\vec{s}_n = \begin{pmatrix} a_{1n} \\ a_{2n} \\ \vdots \\ a_{mn} \end{pmatrix}$$

$\vec{z}$ Zeilenvektor m größter Zeilenindex
$\vec{s}$ Spaltenvektor n größter Spaltenindex
a Matrixelement

Tabelle 1: Mengenmäßige Umsätze

Kraftstoffart / Tankstelle	K_1 	K_2 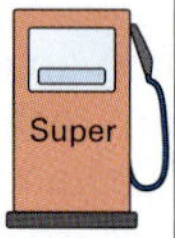	K_3 	K_4 
T_1	90	120	60	30
T_2	70	90	50	25
T_3	80	100	70	30
T_4	100	95	90	40

Angaben in 1000 Liter

Beispiel 2: Übergangsgraph und Übergangsmatrix

Zwei Urlaubsorte A und B einer Region geben eine Studie in Auftrag, um die Urlauberzufriedenheit zu ermitteln. Als Kriterium hierfür kann die Bereitschaft der Urlauber gesehen werden, den Ort wieder aufzusuchen. Die Studie zeigt: 75% der Gäste, die im letzten Jahr am Ort A Urlaub machten, sind auch in diesem Jahr wieder gekommen; 25% wechselten nach B. Dagegen sind nur 60% der Urlauber, die im letzten Jahr B aufsuchten, wieder zurückgekehrt (der Rest wechselte nach A).

Stellen Sie die Wanderungsbewegung a) mit einem Übergangsgraphen und b) mit einer Übergangsmatrix mit Relativwerten dar.

Lösung:

a) Bild 1 **b)**

von \ nach	A	B
A	0,75	0,25
B	0,40	0,60

Überprüfen Sie Ihr Wissen!

Übungsaufgaben

1. Ein Getränkegroßhändler beliefert vier Schulen der Region, die Adalbert-Schule (A), die Bettina-Schule (B), die Claudius-Schule (C) und die Dürer-Schule (D) mit drei Fruchtsaftgetränken: Apfelsaft (AS), Orangensaft (OS) und Traubensaft (TS). Die monatlichen Liefermengen sind in Verpackungseinheiten dargestellt **(Tabelle 1)**.

a) Stellen Sie den obigen Lieferplan als (4, 3)-Matrix dar.

b) Schreiben Sie die Zeilen und die Spalten der (4, 3)-Matrix in Form von Vektoren.

Tabelle 1: Monatliche Liefermenge

Getränk / Schule	AS 	OS 	TS 
A	8	5	5
B	10	7	2
C	12	9	6
D	9	8	5

2. Stellen Sie den Kraftstoffumsatz jeder einzelnen Tankstelle (Tabelle 1, vorhergehende Seite)

a) als Zeilenvektoren dar,

b) als Spaltenvektoren dar.

3. In einem metallverarbeitenden Betrieb werden auf 4 Maschinen jeweils 3 Produkte gefertigt. Zur Herstellung von einer Einheit der Produkte P_1, P_2 und P_3 werden der Reihe nach folgende Produktionszeiten (in Std.) benötigt:
auf Maschine 1: 0,8 ; 0,3 ; 0,1
auf Maschine 2: 0,5 ; 0,1 ; 0,15
auf Maschine 3: 0,2 ; 0,05 ; 0,3
auf Maschine 4: 0,7 ; 0,2 ; 0,25.

Stellen Sie die Abhängigkeit der Produktionszeiten von den Maschinen und den Produkten in Matrixschreibweise dar.

4. Gegeben ist das (unterbestimmte) LGS mit 2 Gleichungen und 3 Unbekannten:

$$\begin{aligned} -2x + y + 3z &= -5 \\ -x + 4y - 5z &= 1. \end{aligned}$$

Stellen Sie die Koeffizientenmatrix **A** und den Spaltenvektor $\vec{b}$ der absoluten Glieder auf.

5. Gegeben ist das (überbestimmte) LGS mit 3 Gleichungen und 2 Unbekannten:

$$\begin{aligned} 5x + 2y &= 3 \\ -x + y &= -1 \\ 4x - 3y &= 2 \end{aligned}$$

Stellen Sie die Koeffizientenmatrix **A** und den Spaltenvektor $\vec{b}$ der absoluten Glieder auf.

6. Ein Kfz-Versicherer bietet zwei Tarifgruppen T_1 und T_2 an. Am Ende des Jahres stellt der Anbieter fest, dass 92 % der T_1-Kunden in ihrer Tarifgruppe geblieben und 8 % zur anderen gewechselt sind. Von den T_2-Kunden sind nur 5 % in die andere Tarifgruppe gewechselt **(Bild 1)**.

Stellen Sie eine Übergangsmatrix **Ü** auf.

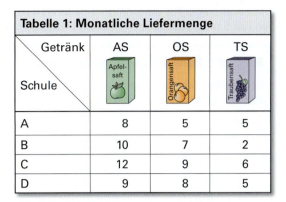

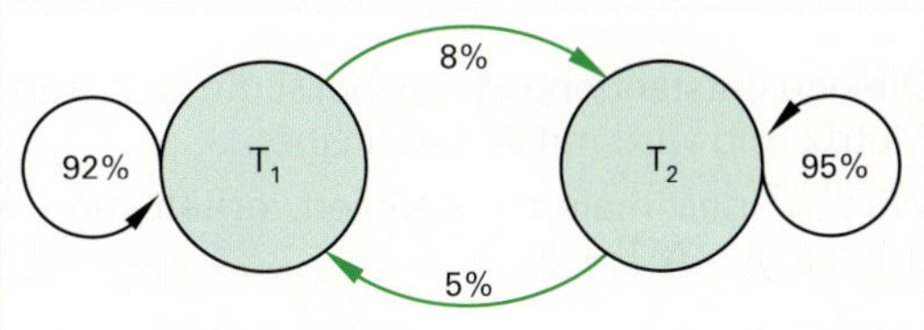

Bild 1: Kundenwanderung

Lösungen Übungsaufgaben

1. a) $\mathbf{A} = \begin{pmatrix} 8 & 5 & 5 \\ 10 & 7 & 2 \\ 12 & 9 & 6 \\ 9 & 8 & 5 \end{pmatrix}$ **b)** $\vec{a} = (8\ 5\ 5)$; $\vec{b} = (10\ 7\ 2)$; $\vec{c} = (12\ 9\ 6)$; $\vec{d} = (9\ 8\ 5)$

$\vec{s}_1 = \begin{pmatrix} 8 \\ 10 \\ 12 \\ 9 \end{pmatrix}$; $\vec{s}_2 = \begin{pmatrix} 5 \\ 7 \\ 9 \\ 8 \end{pmatrix}$; $\vec{s}_3 = \begin{pmatrix} 5 \\ 2 \\ 6 \\ 5 \end{pmatrix}$.

2. a) $\vec{t}_1 = (90\ 120\ 60\ 30)$; $\vec{t}_2 = (70\ 90\ 50\ 25)$; $\vec{t}_3 = (80\ 100\ 70\ 30)$; $\vec{t}_4 = (100\ 95\ 90\ 40)$.

b) $\vec{k}_1 = \begin{pmatrix} 90 \\ 70 \\ 80 \\ 100 \end{pmatrix}$; $\vec{k}_2 = \begin{pmatrix} 120 \\ 90 \\ 100 \\ 95 \end{pmatrix}$; $\vec{k}_3 = \begin{pmatrix} 60 \\ 50 \\ 70 \\ 90 \end{pmatrix}$, $\vec{k}_4 = \begin{pmatrix} 30 \\ 25 \\ 30 \\ 40 \end{pmatrix}$

3. $\mathbf{P} = \begin{pmatrix} 0{,}80 & 0{,}30 & 0{,}10 \\ 0{,}50 & 0{,}10 & 0{,}15 \\ 0{,}20 & 0{,}05 & 0{,}30 \\ 0{,}70 & 0{,}20 & 0{,}25 \end{pmatrix}$

4. $\mathbf{A} = \begin{pmatrix} -2 & 1 & 3 \\ -1 & 4 & -5 \end{pmatrix}$; $\vec{b} = \begin{pmatrix} -5 \\ 1 \end{pmatrix}$

5. $\mathbf{A} = \begin{pmatrix} 5 & 2 \\ -1 & 1 \\ 4 & -3 \end{pmatrix}$; $\vec{b} = \begin{pmatrix} 3 \\ -1 \\ 2 \end{pmatrix}$

6. $\mathbf{Ü} = \begin{pmatrix} 0{,}92 & 0{,}05 \\ 0{,}08 & 0{,}95 \end{pmatrix}$

9.2 Transponierte Matrizen

Ein Zentrallager für Gartenmöbel beliefert 4 Außenstellen mit 5 unterschiedlichen Artikeln **(Tabelle 1).**

Beispiel 1: Transponierte Matrix erzeugen

Stellen Sie den Auslieferungsplan als (4,5)-Matrix dar und geben Sie die dazu transponierte Matrix an.

Lösung:

$$\mathbf{A} = \begin{pmatrix} 10 & 12 & 8 & 9 & 5 \\ 1 & 5 & 6 & 2 & 3 \\ 2 & 6 & 5 & 3 & 4 \\ 7 & 9 & 0 & 7 & 6 \end{pmatrix}; \quad \mathbf{A}^{\mathrm{T}} = \begin{pmatrix} 10 & 1 & 2 & 7 \\ 12 & 5 & 6 & 9 \\ 8 & 6 & 5 & 0 \\ 9 & 2 & 3 & 7 \\ 5 & 3 & 4 & 6 \end{pmatrix}$$

Die neu entstandene Matrix heißt die zu **A** transponierte Matrix und wird mit $\mathbf{A}^{\mathrm{T}}$ bezeichnet.

Wird $\mathbf{A}^{\mathrm{T}}$ nochmals transponiert, erhält man wieder **A**, d.h. es gilt $(\mathbf{A}^{\mathrm{T}})^{\mathrm{T}} = \mathbf{A}$.

Vertauscht man die Zeilen und Spalten einer (m, n)-Matrix, erhält man die transponierte Matrix $\mathbf{A}^{\mathrm{T}}$ vom Typ (n, m).

Vektoren können ebenfalls transponiert werden. So wird beispielsweise aus dem ersten Zeilenvektor der obigen Matrix **A** durch Transponieren der erste Spaltenvektor der Matrix $\mathbf{A}^{\mathrm{T}}$:

$$(10 \;\; 12 \;\; 8 \;\; 9 \;\; 5)^{\mathrm{T}} = \begin{pmatrix} 10 \\ 12 \\ 8 \\ 9 \\ 5 \end{pmatrix}$$

Aus einem Zeilenvektor wird durch Transposition ein Spaltenvektor und umgekehrt.

Beispiel 2: Quadratische Matrizen, Vektoren

Transponieren Sie folgende Matrizen und Vektoren:

a) $\mathbf{A} = \begin{pmatrix} 1 & 4 & 5 \\ -4 & 2 & 6 \\ -5 & 6 & 3 \end{pmatrix}$ **b)** $\mathbf{B} = \begin{pmatrix} -1 & 4 & 5 \\ 4 & 2 & 6 \\ 5 & 6 & -3 \end{pmatrix}$

c) $\vec{a} = \begin{pmatrix} 30 \\ 40 \\ 0 \end{pmatrix}$ **d)** $\vec{b} = (30 \;\; 10 \;\; 100 \;\; 20)$.

Lösung:

a) $\mathbf{A}^{\mathrm{T}} = \begin{pmatrix} 1 & -4 & -5 \\ 4 & 2 & 6 \\ 5 & 6 & 3 \end{pmatrix}$ **b)** $\mathbf{B}^{\mathrm{T}} = \begin{pmatrix} -1 & 4 & 5 \\ 4 & 2 & 6 \\ 5 & 6 & -3 \end{pmatrix}$;

c) $\vec{a}^{\,\mathrm{T}} = (30 \;\; 40 \;\; 0)$ **d)** $\vec{b}^{\,\mathrm{T}} = \begin{pmatrix} 30 \\ 10 \\ 100 \\ 20 \end{pmatrix}$

Transposition einer Matrix

$$\mathbf{A}^{\mathrm{T}} = \begin{pmatrix} a_{11} & a_{12} & \dots & a_{1n} \\ a_{21} & a_{22} & \dots & a_{2n} \\ \vdots & \vdots & & \vdots \\ a_{m1} & a_{m2} & \dots & a_{mn} \end{pmatrix}^{\mathrm{T}} = \begin{pmatrix} a_{11} & a_{21} & \dots & a_{m1} \\ a_{12} & a_{22} & \dots & a_{m2} \\ \vdots & \vdots & & \vdots \\ a_{1n} & a_{2n} & \dots & a_{mn} \end{pmatrix}.$$

$$(\mathbf{A}^{\mathrm{T}})^{\mathrm{T}} = \mathbf{A}$$

A Name der Matrix
$\mathbf{A}^{\mathrm{T}}$ Name der transponierten Matrix
m Zeilenanzahl von **A** (= Spaltenanzahl von $\mathbf{A}^{\mathrm{T}}$)
n Spaltenanzahl von **A** (= Zeilenanzahl von $\mathbf{A}^{\mathrm{T}}$)
a Element der Matrizen

Tabelle 1: Gartenmöbel

Möbel / Außenstelle	M_1 	M_2 	M_3 	M_4 	M_5 
Stuttgart	10	12	8	9	5
Karlsruhe	1	5	6	2	3
Offenburg	2	6	5	3	4
Ulm	7	9	0	7	6

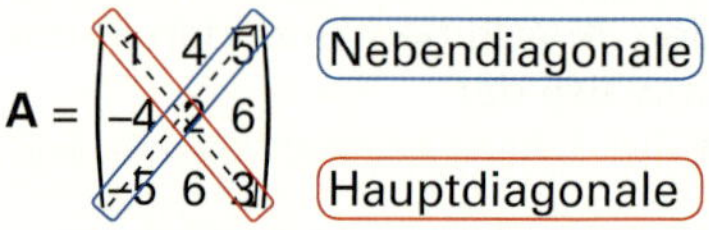

Bild 1: Hauptdiagonale und Nebendiagonale einer quadratischen Matrix

Die Matrix **A** aus Beispiel 2 hat so viele Zeilen wie Spalten, ist also von quadratischer Form. Eine solche Matrix heißt daher auch **quadratische** Matrix.

In einer quadratischen Matrix bezeichnet man die Diagonale von „links oben nach rechts unten" als **Hauptdiagonale** und die Elemente, die auf ihr liegen, als **Hauptdiagonalelemente (Bild 1).** Entsprechend bezeichnet man die Diagonale von „links unten nach rechts oben" als Nebendiagonale und die Elemente, die auf ihr liegen, als Nebendiagonalelemente.

Die Matrix **B** aus Beispiel 2 ist ebenfalls quadratisch und ist identisch mit ihrer Transponierten, d.h. $\mathbf{B} = \mathbf{B}^{\mathrm{T}}$. Eine Matrix mit dieser Eigenschaft heißt **symmetrisch**.

9.3 Besondere Matrizen

Es gibt eine Reihe von Matrizen, die z. B. wegen ihres Aufbaus einen Namen haben **(Tabelle 1)**.

- **Nullmatrix**

Alle Elemente der Matrix sind null. Die Beispielmatrix **A** ist vom Typ (3, 2), man kann für sie daher auch kurz $\mathbf{0}_{(3,2)}$ schreiben.

- **Quadratische Matrix**

Die Zeilen- und Spaltenanzahl sind gleich. Die Beispielmatrix **B** wird auch als 4-reihige quadratische Matrix bezeichnet.

- **Symmetrische Matrix**

Die Matrix **C** ist quadratisch und identisch mit ihrer Transponierten. Die Elemente der Matrix sind längs der Hauptdiagonalen gespiegelt, die Hauptdiagonalelemente selbst sind beliebig.

- **Diagonalmatrix**

Die Matrix ist quadratisch und alle Elemente außerhalb der Hauptdiagonalen sind null. Die Hauptdiagonalelemente sind beliebig.

- **Einheitsmatrix E**

Die Matrix **E** hat Diagonalform und alle Hauptdiagonalelemente sind 1. Die Einheitsmatrix wird immer mit **E** bezeichnet. Die Beispielsmatrix ist vom Typ (3,3), man kann für sie daher auch kurz $\mathbf{E}_{(3,3)}$ schreiben.

- **Obere Dreiecksmatrix**

Die Matrix ist quadratisch und alle Elemente unterhalb der Hauptdiagonalen sind null. Die Elemente auf und oberhalb der Hauptdiagonalen sind beliebig.

- **Untere Dreiecksmatrix**

Die Matrix ist quadratisch und alle Elemente oberhalb der Hauptdiagonalen sind null. Die Elemente auf und unterhalb der Hauptdiagonalen sind beliebig.

Tabelle 1: Besondere Matrizen

Form	Beispiel
Nullmatrix	$\mathbf{A} = \begin{pmatrix} 0 & 0 \\ 0 & 0 \\ 0 & 0 \end{pmatrix}$
Quadratische Matrix	$\mathbf{B} = \begin{pmatrix} 1 & 2 & 6 & 2 \\ 2 & -5 & 4 & 6 \\ 6 & 5 & 3 & 2 \\ 2 & 6 & 2 & 1 \end{pmatrix}$
Symmetrische Matrix	$\mathbf{C} = \begin{pmatrix} 1 & 2 & 3 \\ 2 & 5 & 4 \\ 3 & 4 & -3 \end{pmatrix}$
Diagonalmatrix	$\mathbf{D} = \begin{pmatrix} 2 & 0 & 0 & 0 \\ 0 & -3 & 0 & 0 \\ 0 & 0 & 5 & 0 \\ 0 & 0 & 0 & 1 \end{pmatrix}$
Einheitsmatrix	$\mathbf{E} = \begin{pmatrix} 1 & 0 & 0 \\ 0 & 1 & 0 \\ 0 & 0 & 1 \end{pmatrix}$
Obere Dreiecksmatrix	$\mathbf{F} = \begin{pmatrix} 3 & -1 & 4 & 2 \\ 0 & 5 & 7 & 4 \\ 0 & 0 & 0 & 1 \\ 0 & 0 & 0 & 2 \end{pmatrix}$
Untere Dreiecksmatrix	$\mathbf{G} = \begin{pmatrix} 3 & 0 & 0 & 0 \\ 2 & -3 & 0 & 0 \\ -1 & 0 & 1 & 0 \\ 4 & 8 & 5 & 2 \end{pmatrix}$

Beispiel 1: Koeffizientenmatrix schrittweise in die Dreiecks- und die Diagonalform überführen.

Lösen Sie das LGS mit 3 Gleichungen und 3 Unbekannten nach dem Gauß-Verfahren.

$$\begin{aligned} x_1 \qquad\; + x_3 &= -3 \\ 2x_1 + x_2 + x_3 &= 2 \\ 2x_1 \qquad\; + x_3 &= 4 \end{aligned}$$

Lösung:

LGS in Matrixform lösen.

$$\left(\begin{array}{ccc|c} 1 & 0 & 1 & -3 \\ 2 & 1 & 1 & 2 \\ 2 & 0 & 1 & 4 \end{array}\right)$$

LGS	Koeffizientenmatrix
1. Schritt: 1. Zeile mit (-2) multiplizieren und zur 2. und 3. Zeile addieren. $\left(\begin{array}{ccc\|c} 1 & 0 & 1 & -3 \\ 2 & 1 & 1 & 2 \\ 2 & 0 & 1 & 4 \end{array}\right) \cdot (-2)$ + +	3-reihige quadratische Matrix $\mathbf{A} = \begin{pmatrix} 1 & 0 & 1 \\ 2 & 1 & 1 \\ 2 & 0 & 1 \end{pmatrix}$

Fortsetzung Beispiel 1:

2. Schritt: 3. Zeile mit (–1) multiplizieren $\left(\begin{array}{ccc\|c} 1 & 0 & 1 & -3 \\ 0 & 1 & -1 & 8 \\ 0 & 0 & -1 & 10 \end{array}\right) \cdot (-1)$	Obere Dreiecksmatrix $\mathbf{A} = \begin{pmatrix} 1 & 0 & 1 \\ 0 & 1 & -1 \\ 0 & 0 & -1 \end{pmatrix}$
3. Schritt: 3. Zeile zur 2. Zeile addieren; 3. Zeile mit (–1) multiplizieren und zur 1. Zeile addieren. $\left(\begin{array}{ccc\|c} 1 & 0 & 1 & -3 \\ 0 & 1 & -1 & 8 \\ 0 & 0 & 1 & -10 \end{array}\right)$ + $\cdot (-1)$ +	Obere Dreiecksmatrix $\mathbf{A} = \begin{pmatrix} 1 & 0 & 1 \\ 0 & 1 & -1 \\ 0 & 0 & 1 \end{pmatrix}$
4. Schritt: $\left(\begin{array}{ccc\|c} 1 & 0 & 0 & 7 \\ 0 & 1 & 0 & -2 \\ 0 & 0 & 1 & -10 \end{array}\right)$ **L = {(7 | –2 | –10)}**	3-reihige Einheitsmatrix $\mathbf{A} = \begin{pmatrix} 1 & 0 & 0 \\ 0 & 1 & 0 \\ 0 & 0 & 1 \end{pmatrix}$

9.4 Multiplikation einer Matrix mit einer reellen Zahl (Skalarmultiplikation)

Beispiel 1: Wochenbedarfsmatrix für Molkereiprodukte

Stellen Sie die Wochenbedarfsmatrix zur **Tabelle 1** auf unter der Annahme gleichen Tagesbedarfs von Mo bis Sa.

Lösung:

Die Wochenbedarfsmatrix erhält man, indem jedes Element von **A** mit dem Faktor 6 multipliziert wird:

$$\begin{pmatrix} 6\cdot 30 & 6\cdot 10 & 6\cdot 100 & 6\cdot 20 \\ 6\cdot 40 & 6\cdot 10 & 6\cdot \ \ 50 & 6\cdot 30 \\ 6\cdot \ \ 0 & 6\cdot 40 & 6\cdot 100 & 6\cdot 10 \end{pmatrix}$$

Eine (m, n)-Matrix **A** wird mit einer reellen Zahl (Skalar) λ multipliziert, indem jedes Element mit λ multipliziert wird.

Man sagt, die Matrix **A** wurde mit der reellen Zahl 6 multipliziert und schreibt für diese so gewonnene neue Matrix $6 \cdot \mathbf{A}$, also

$$6 \cdot \mathbf{A} = \begin{pmatrix} 180 & 60 & 600 & 120 \\ 240 & 60 & 300 & 180 \\ 0 & 240 & 600 & 60 \end{pmatrix}$$

Beispiel 2: Monatsbedarfsmatrix

Errechnen Sie die Monatsbedarfsmatrix der 3 Filialen von Tabelle 1 auf Grundlage der Tagesbedarfsmatrix

$$\mathbf{A} = \begin{pmatrix} 30 & 10 & 100 & 20 \\ 40 & 10 & 50 & 30 \\ 0 & 40 & 100 & 10 \end{pmatrix}$$

Lösung:

Ausgehend von der Tagesbedarfsmatrix **A** und der Annahme, dass ein Monat genau 4 Wochen hat, errechnet sich die Monatsbedarfsmatrix zu

$$(4 \cdot 6) \cdot \mathbf{A} = \begin{pmatrix} 24\cdot 30 & 24\cdot 10 & 24\cdot 100 & 24\cdot 20 \\ 24\cdot 40 & 24\cdot 10 & 24\cdot \ \ 50 & 24\cdot 30 \\ 24\cdot \ \ 0 & 24\cdot 40 & 24\cdot 100 & 24\cdot 10 \end{pmatrix}$$

$$= 4 \cdot \begin{pmatrix} 6\cdot 30 & 6\cdot 10 & 6\cdot 100 & 6\cdot 20 \\ 6\cdot 40 & 6\cdot 10 & 6\cdot \ \ 50 & 6\cdot 30 \\ 6\cdot \ \ 0 & 6\cdot 40 & 6\cdot 100 & 6\cdot 10 \end{pmatrix} = 4 \cdot (6 \cdot \mathbf{A})$$

Beispiel 3: Maschinenzeiten

In einer Fabrik werden auf 4 Maschinen jeweils 2 Produkte hergestellt. Die Maschinenzeiten (in Minuten) je produzierter Einheit sind in der Matrix $\mathbf{M}_1$ dargestellt.

Skalarmultiplikation

$$\lambda \cdot \mathbf{A} = \begin{pmatrix} \lambda\cdot a_{11} & \lambda\cdot a_{12} & \dots & \lambda\cdot a_{1n} \\ \lambda\cdot a_{21} & \lambda\cdot a_{22} & \dots & \lambda\cdot a_{2n} \\ \vdots & \vdots & & \vdots \\ \lambda\cdot a_{m1} & \lambda\cdot a_{m2} & \dots & \lambda\cdot a_{mn} \end{pmatrix} = (\lambda \cdot a_{ij})$$

$\lambda \cdot \mathbf{A} = \mathbf{A} \cdot \lambda$ Kommutativgesetz

$(\lambda \cdot \mu) \cdot \mathbf{A} = \lambda\,(\mu \cdot \mathbf{A})$ Assoziativgesetz

A Matrix

λ, μ Skalare; $\lambda, \mu \in \mathbb{R}$

a_{ij} Elemente der Matrix **A** $(1 \le i \le m;\ 1 \le j \le n)$

Tabelle 1: Molkereiprodukte

Filiale \ Artikel	P_1 	P_2 	P_3 	P_4 
F_1	30	10	100	20
F_2	40	10	50	30
F_3	0	40	100	10

Gegenmatrix

$$(-1) \cdot \mathbf{A} = \begin{pmatrix} -a_{11} & -a_{12} & \dots & -a_{1n} \\ -a_{21} & -a_{22} & \dots & -a_{2n} \\ \vdots & \vdots & & \vdots \\ -a_{m1} & -a_{m2} & \dots & -a_{mn} \end{pmatrix} = \mathbf{A} \cdot (-1).$$

Diese Matrix $-\mathbf{A}$ heißt **Gegenmatrix** von **A**. Die Elemente von $-\mathbf{A}$ sind die negierten Elemente von **A**.

Fortsetzung Beispiel 3:

Die Zeilen stehen für die 4 Maschinen und die Spalten für die 2 Produkte.

$$\mathbf{M}_1 = \begin{pmatrix} 15 & 10 \\ 9 & 8 \\ 11 & 10 \\ 10 & 7 \end{pmatrix}$$

Durch Umrüstung der Maschinen vermindern sich die Maschinenzeiten um 10%. Stellen Sie die Matrix der neuen Maschinenzeiten $\mathbf{M}_2$ dar.

Lösung:

$\mathbf{M}_2 = 0{,}9 \cdot \mathbf{M}_1$

$$= \begin{pmatrix} 0{,}9\cdot 15 & 0{,}9\cdot 10 \\ 0{,}9\cdot \ \ 9 & 0{,}9\cdot \ \ 8 \\ 0{,}9\cdot 11 & 0{,}9\cdot 10 \\ 0{,}9\cdot 10 & 0{,}9\cdot \ \ 7 \end{pmatrix} = \begin{pmatrix} 13{,}5 & 9{,}0 \\ 8{,}1 & 7{,}2 \\ 9{,}9 & 9{,}0 \\ 9{,}0 & 6{,}3 \end{pmatrix}$$

Überprüfen Sie Ihr Wissen!

Übungsaufgaben

1. Transponieren Sie folgende Matrizen und Vektoren:

a) $\mathbf{A} = \begin{pmatrix} 1 & 2 \\ 1 & 2 \end{pmatrix}$ **b)** $\mathbf{B} = \begin{pmatrix} 1 & 2 \\ 2 & 3 \\ 3 & 1 \end{pmatrix}$ **c)** $\mathbf{C} = \begin{pmatrix} 2 & 0 & -1 & 4 \\ -3 & 1 & 3 & 2 \end{pmatrix}$

d) $\mathbf{D} = \begin{pmatrix} 1 & 2 & 3 \\ -2 & 2 & 7 \\ -3 & 7 & 1 \end{pmatrix}$ **e)** $\mathbf{F} = \begin{pmatrix} 1 & -2 & 3 \\ -2 & 2 & 7 \\ 3 & 7 & -1 \end{pmatrix}$ **f)** $\vec{a} = \begin{pmatrix} 1 \\ -1 \\ 1 \end{pmatrix}$

2. Welche der Matrizen **A, B, C, D** oder **F** von Aufgabe 1 sind symmetrisch?

3. Bestimmen Sie die Form (Symmetrie, Diagonalität usw.) der Matrizen **A** bis **F**.

$\mathbf{A} = \begin{pmatrix} 0 & -1 & 0 \\ -1 & 1 & 2 \\ 0 & 2 & 0 \end{pmatrix}$; $\mathbf{B} = \begin{pmatrix} 0 & 0 & 0 \\ 0 & 0 & 0 \end{pmatrix}$; $\mathbf{C} = \begin{pmatrix} 0 & 0 & 0 & 1 \\ 0 & 0 & 1 & 0 \\ 0 & 1 & 0 & 0 \\ 1 & 0 & 0 & 0 \end{pmatrix}$;

$\mathbf{D} = \begin{pmatrix} -3 & 0 & 1 \\ 0 & 6 & 2 \\ 5 & 2 & 0 \end{pmatrix}$; $\mathbf{E} = \begin{pmatrix} 1 & 0 & 0 & 0 \\ 0 & 1 & 0 & 0 \\ 0 & 0 & 1 & 0 \\ 0 & 0 & 0 & 1 \end{pmatrix}$; $\mathbf{F} = \begin{pmatrix} 3 & 0 & 1 \\ 0 & -1 & 0 \\ 0 & 0 & 2 \end{pmatrix}$

4. Welche Aussagen treffen zu, welche nicht?

a) Jede Diagonalmatrix ist symmetrisch,

b) jede Nullmatrix ist symmetrisch,

c) jede quadratische Nullmatrix ist symmetrisch,

d) jede symmetrische Matrix ist quadratisch,

e) jede quadratische Matrix ist symmetrisch,

f) jede quadratische Nullmatrix ist Diagonalmatrix.

5. Gegeben ist die Matrix der (mengenmäßigen) Monatsumsätze eines Tankstellennetzes **(Tabelle 1)**

$$\mathbf{B} = \begin{pmatrix} 90 & 120 & 60 & 30 \\ 70 & 90 & 50 & 25 \\ 80 & 100 & 70 & 30 \\ 100 & 95 & 90 & 40 \end{pmatrix}$$

Die Monatsumsätze innerhalb eines Quartals ändern sich nicht. Bestimmen Sie die Quartalsumsätze und stellen Sie das Ergebnis in Form einer Matrix **Q** dar.

6. Transponieren Sie die Matrix

$$7 \cdot \begin{pmatrix} 2 & 0 & -1 & 4 \\ -3 & 1 & 3 & 2 \end{pmatrix}$$

7. Ziehen Sie einen allen Elementen gemeinsamen Faktor aus den Matrizen heraus.

$\mathbf{A} = \begin{pmatrix} 4 & 6 \\ 8 & 8 \\ 12 & 14 \end{pmatrix}$; $\mathbf{B} = \begin{pmatrix} 1{,}75 & 3{,}25 \\ 1{,}25 & 2{,}25 \\ 2{,}75 & 1{,}50 \end{pmatrix}$

Tabelle 1: Mengenmäßige Umsätze

Kraftstoffart / Tankstelle	K_1  Diesel-Tech	K_2 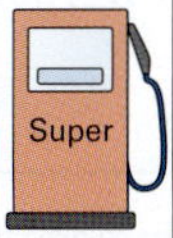 Super	K_3 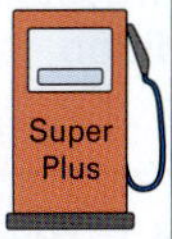 Super Plus	K_4  Super E 10
T_1	90	120	60	30
T_2	70	90	50	25
T_3	80	100	70	30
T_4	100	95	90	40

Angaben in 1000 Liter

Lösungen Übungsaufgaben

1. a) $\mathbf{A}^T = \begin{pmatrix} 1 & 1 \\ 2 & 2 \end{pmatrix}$; **b)** $\mathbf{B}^T = \begin{pmatrix} 1 & 2 & 3 \\ 2 & 3 & 1 \end{pmatrix}$;

c) $\mathbf{C}^T = \begin{pmatrix} 2 & -3 \\ 0 & 1 \\ -1 & 3 \\ 4 & 2 \end{pmatrix}$; **d)** $\mathbf{D}^T = \begin{pmatrix} 1 & -2 & -3 \\ 2 & 2 & 7 \\ 3 & 7 & 1 \end{pmatrix}$;

e) $\mathbf{F}^T = \begin{pmatrix} 1 & -2 & 3 \\ -2 & 2 & 7 \\ 3 & 7 & -1 \end{pmatrix}$; **f)** $\vec{a}^T = (1 \; -1 \; 1)$

2. F

3. A ist eine symmetrische Matrix vom Typ (3,3) oder anders formuliert, **A** ist eine 3-reihige symmetrische Matrix;

B ist die (2,3)-Nullmatrix (für **B** kann auch $\mathbf{0}_{(2,3)}$ geschrieben werden);

C ist eine 4-reihige symmetrische Matrix (keine Einheitsmatrix!);

D ist eine 3-reihige quadratische Matrix;

E ist die 4-reihige Einheitsmatrix (kann auch als $\mathbf{E}_{(4,4)}$ geschrieben werden);

F ist eine obere Dreiecksmatrix.

4. a) wahr, **b)** falsch, **c)** wahr, **d)** wahr, **e)** falsch, **f)** wahr

5. $\mathbf{Q} = 3 \cdot \mathbf{B} = \begin{pmatrix} 270 & 360 & 180 & 90 \\ 210 & 270 & 150 & 75 \\ 240 & 300 & 210 & 90 \\ 300 & 285 & 270 & 120 \end{pmatrix}$

6. $\begin{pmatrix} 14 & -21 \\ 0 & 7 \\ -7 & 21 \\ 28 & 14 \end{pmatrix} = 7 \cdot \begin{pmatrix} 2 & -3 \\ 0 & 1 \\ -1 & 3 \\ 4 & 2 \end{pmatrix}$

7. $\mathbf{A} = 2 \cdot \begin{pmatrix} 2 & 3 \\ 4 & 4 \\ 6 & 7 \end{pmatrix}$ $\mathbf{B} = \frac{1}{4} \cdot \begin{pmatrix} 7 & 13 \\ 5 & 9 \\ 11 & 6 \end{pmatrix}$

9.5 Matrizenaddition

Der Wochenbedarf von drei Filialen (Zeilen) für vier Molkereiprodukte (Spalten) soll nun durch Zusammenfassen des Bedarfs der Woche 1 und der Woche 2 in einer Matrix dargestellt werden. Dazu verwenden wir die Matrizenaddition.

Beispiel 1: Zweiwochenbedarfsmatrix

Der Wochenbedarf in zwei aufeinander folgenden Wochen sei durch nachfolgende Matrizen dargestellt.

1. Woche: 2. Woche:

$$\mathbf{A} = \begin{pmatrix} 180 & 60 & 600 & 120 \\ 240 & 60 & 300 & 180 \\ 0 & 240 & 600 & 60 \end{pmatrix} \quad \mathbf{B} = \begin{pmatrix} 200 & 50 & 400 & 100 \\ 200 & 40 & 400 & 150 \\ 10 & 250 & 500 & 50 \end{pmatrix}$$

Ermitteln Sie den Bedarf für beide Wochen zusammen.

Lösung:

Der Gesamtbedarf ergibt sich durch Addition der jeweils entsprechenden Elemente beider Matrizen:

$$\begin{pmatrix} 180+200 & 60+50 & 600+400 & 120+100 \\ 240+200 & 60+40 & 300+400 & 180+150 \\ 0+10 & 240+250 & 600+500 & 60+50 \end{pmatrix}$$

Man bezeichnet diese so gewonnene neue Matrix als **Summe** der beiden Matrizen **A** und **B** und schreibt hierfür **A** + **B**.

$$\mathbf{A} + \mathbf{B} = \begin{pmatrix} 380 & 110 & 1\,000 & 220 \\ 440 & 100 & 700 & 330 \\ 10 & 490 & 1\,100 & 110 \end{pmatrix}$$

Für die **Differenz** der beiden Matrizen **A** und **B** gilt Entsprechendes.

Zwei (m, n)-Matrizen **A** und **B** werden addiert (subtrahiert), indem die positionsgleichen Elemente addiert (subtrahiert) werden.

Die Addition bzw. Subtraktion zweier Matrizen ist nur möglich, wenn beide Matrizen vom gleichen Typ sind.

Unter Verwendung der Gegenmatrix lässt sich die Differenz zweier Matrizen auch als Addition ausdrücken:

$\mathbf{A} - \mathbf{B} = \mathbf{A} + (-\mathbf{B})$

Mithilfe der Matrizensubtraktion lässt sich z. B. die durch Umrüsten einer Maschine gewonnene Zeitersparnis berechnen.

Matrizenaddition bzw. Subtraktion

$$\mathbf{A} \pm \mathbf{B} = \begin{pmatrix} a_{11} \pm b_{11} & a_{12} \pm b_{12} & \dots & a_{1n} \pm b_{1n} \\ a_{21} \pm b_{21} & a_{22} \pm b_{22} & \dots & a_{2n} \pm b_{2n} \\ \vdots & \vdots & & \vdots \\ a_{m1} \pm b_{m1} & a_{m2} \pm b_{m2} & \dots & a_{mn} \pm b_{mn} \end{pmatrix}$$

Rechenregeln zur Matrizenaddition:

$\mathbf{A} + \mathbf{B} = \mathbf{B} + \mathbf{A}$ **Kommutativgesetz**

$(\mathbf{A} + \mathbf{B}) + \mathbf{C} = \mathbf{A} + (\mathbf{B} + \mathbf{C})$ **Assoziativgesetz**

$\lambda \cdot (\mathbf{A} + \mathbf{B}) = \lambda \cdot \mathbf{A} + \lambda \cdot \mathbf{B}$
$(\lambda + \mu) \cdot \mathbf{A} = \lambda \cdot \mathbf{A} + \mu \cdot \mathbf{A}$ **Distributivgesetze**

$(\mathbf{A} + \mathbf{B})^T = \mathbf{A}^T + \mathbf{B}^T$ **Transpositionsgesetz**

A, B Matrizen
a, b Elemente der Matrizen **A** bzw. **B**
λ, μ Skalare; $\lambda, \mu \in \mathbb{R}$

Beispiel 2: Maschinenzeiten

Die Herstellungszeiten (in Minuten) zweier Produkte (Spalten) auf vier Maschinen (Zeilen) sind durch folgende Matrizen gegeben:

$$\mathbf{M}_1 = \begin{pmatrix} 15 & 10 \\ 9 & 8 \\ 11 & 10 \\ 10 & 7 \end{pmatrix} \text{ und } \mathbf{M}_2 = \begin{pmatrix} 13{,}5 & 9{,}0 \\ 8{,}1 & 7{,}2 \\ 9{,}9 & 9{,}0 \\ 9{,}0 & 6{,}3 \end{pmatrix}$$

Die Maschinenzeiten $\mathbf{M}_1$ wurden durch Umrüsten der Maschinen auf die Maschinenzeiten $\mathbf{M}_2$ verkürzt.

Wie viele Minuten Zeitersparnis (je Maschine und Produkt) ergeben sich durch die Umrüstung?

Lösung:

Die Zeitersparnisse ergeben sich durch elementweise Subtraktion von $\mathbf{M}_1$ und $\mathbf{M}_2$:

$$M_1 - M_2 = \begin{pmatrix} 15 & 10 \\ 9 & 8 \\ 11 & 10 \\ 10 & 7 \end{pmatrix} - \begin{pmatrix} 13{,}5 & 9{,}0 \\ 8{,}1 & 7{,}2 \\ 9{,}9 & 9{,}0 \\ 9{,}0 & 6{,}3 \end{pmatrix}$$

$$= \begin{pmatrix} 15-13{,}5 & 10-9{,}0 \\ 9-8{,}1 & 8-7{,}2 \\ 11-9{,}9 & 10-9{,}0 \\ 10-9{,}0 & 7-6{,}3 \end{pmatrix} = \begin{pmatrix} 1{,}5 & 1{,}0 \\ 0{,}9 & 0{,}8 \\ 1{,}1 & 1{,}0 \\ 1{,}0 & 0{,}7 \end{pmatrix}$$

Überprüfen Sie Ihr Wissen!

Übungsaufgaben

1. Ein Tankstellennetz, bestehend aus 4 Tankstellen, setzt in den Monaten **J**anuar, **F**ebruar, **M**ärz folgende Mengen an Diesel-, Super-, SuperPlus- und SuperE10-Kraftstoff um (in Tsd. Liter). Die Zeilen stehen für die 4 Tankstellen und die Spalten für die 4 Kraftstoffarten.

$$\mathbf{J} = \begin{pmatrix} 65 & 90 & 45 & 25 \\ 55 & 70 & 40 & 20 \\ 60 & 75 & 50 & 20 \\ 70 & 70 & 65 & 30 \end{pmatrix}, \quad \mathbf{F} = \begin{pmatrix} 65 & 85 & 40 & 20 \\ 50 & 65 & 35 & 20 \\ 55 & 70 & 50 & 20 \\ 65 & 70 & 60 & 30 \end{pmatrix},$$

$$\mathbf{M} = \begin{pmatrix} 70 & 95 & 50 & 25 \\ 55 & 75 & 40 & 20 \\ 65 & 80 & 55 & 25 \\ 80 & 75 & 70 & 30 \end{pmatrix}$$

Berechnen Sie den mengenmäßigen Quartalsumsatz und stellen Sie ihn in Matrixform dar.

2. Drei Zweigwerke eines Industrieunternehmens liefern dasselbe Erzeugnis an vier verschiedene Abnehmer. Die Transportkosten (in € je ME) sind in der folgenden Matrix **T** aufgeführt. Die Zeilen stehen für die 3 Zweigwerke und die Spalten für die vier Abnehmer:

$$\mathbf{T} = \begin{pmatrix} 6{,}75 & 5{,}25 & 2{,}75 & 3{,}10 \\ 6{,}50 & 4{,}70 & 2{,}50 & 3{,}30 \\ 6{,}30 & 4{,}90 & 2{,}60 & 3{,}20 \end{pmatrix}.$$

Die **Produktionskosten** je Mengeneinheit betragen 260 € im ersten Zweigwerk, 270 € im zweiten Zweigwerk und 267 € im dritten Zweigwerk.

Die Gesamtkosten einer Mengeneinheit ergeben sich aus der Addition von Produktions- und Transportkosten. Stellen Sie die Produktionskostenmatrix **P** und die Gesamtkostenmatrix **K** dar.

3. Ein Getränkegroßhändler beliefert vier Schulen A, B, C und D mit 3 Fruchtsaftgetränken: Apfelsaft, Orangensaft und Traubensaft. Die monatlichen Liefermengen in Paletten sind in der folgenden Matrix **A** dargestellt (die Zeilen stehen für die 4 Schulen und die Spalten für die 3 Fruchtsaftgetränke):

Extralieferung:

$$\mathbf{A} = \begin{pmatrix} 8 & 5 & 5 \\ 10 & 7 & 2 \\ 12 & 9 & 6 \\ 9 & 8 & 5 \end{pmatrix}; \qquad \mathbf{B} = \begin{pmatrix} 2 & 3 & 1 \\ 2 & 3 & 1 \\ 2 & 3 & 1 \\ 2 & 3 & 1 \end{pmatrix}$$

Die Schulen werden 9 Monate lang beliefert. In den beiden Sommermonaten Juni und Juli erhält jede Schule neben der regulären Lieferung zusätzlich noch 2 Paletten Apfelsaft, 3 Paletten Orangensaft und 1 Palette Traubensaft (Matrix **B**).

Wie viele Paletten sind in den 9 Monaten an die Schulen ausgeliefert worden? Stellen Sie das Ergebnis in Matrixform dar.

4. Gegeben sind die Matrizen

$$\mathbf{A} = \begin{pmatrix} 7 & 3 & 2 \\ 1 & 3 & 1 \\ 5 & 1 & 4 \\ 7 & 5 & 3 \end{pmatrix}; \mathbf{B} = \begin{pmatrix} 11 & 7 & -13 \\ 9 & 10 & 5 \\ 6 & 8 & 7 \\ -10 & 7 & 15 \end{pmatrix}; \mathbf{C} = \begin{pmatrix} 1 & 11 & 7 & 10 \\ 5 & 15 & 8 & 12 \\ 3 & 13 & 4 & 9 \end{pmatrix}$$

Berechnen Sie:

a) $\mathbf{A} + 0{,}1 \cdot \mathbf{B}$; **b)** $\mathbf{A} - 2 \cdot \mathbf{B}$; **c)** $\mathbf{A} - \mathbf{B} + \mathbf{C}^T$

Lösungen Übungsaufgaben

1. $$\mathbf{U} = \mathbf{J} + \mathbf{F} + \mathbf{M} = \begin{pmatrix} 200 & 270 & 135 & 70 \\ 160 & 210 & 115 & 60 \\ 180 & 225 & 155 & 65 \\ 215 & 215 & 195 & 90 \end{pmatrix}$$

2. $$\mathbf{P} = \begin{pmatrix} 260 & 260 & 260 & 260 \\ 270 & 270 & 270 & 270 \\ 267 & 267 & 267 & 267 \end{pmatrix}$$

$$\mathbf{K} = \begin{pmatrix} 266{,}75 & 265{,}25 & 262{,}75 & 263{,}10 \\ 276{,}50 & 274{,}70 & 272{,}50 & 273{,}30 \\ 273{,}30 & 271{,}90 & 269{,}60 & 270{,}20 \end{pmatrix}$$

3. $$\mathbf{C} = \begin{pmatrix} 76 & 51 & 47 \\ 94 & 69 & 20 \\ 112 & 87 & 56 \\ 85 & 78 & 47 \end{pmatrix}$$

4. a) $$\begin{pmatrix} 8{,}1 & 3{,}7 & 0{,}7 \\ 1{,}9 & 4{,}0 & 1{,}5 \\ 5{,}6 & 1{,}8 & 4{,}7 \\ 6{,}0 & 5{,}7 & 4{,}5 \end{pmatrix}$$

b) $$\begin{pmatrix} -15 & -11 & 28 \\ -17 & -17 & -9 \\ -7 & -15 & -10 \\ 27 & -9 & -27 \end{pmatrix} = -\begin{pmatrix} 15 & 11 & -28 \\ 17 & 17 & 9 \\ 7 & 15 & 10 \\ -27 & 9 & 27 \end{pmatrix}$$

c) $$\begin{pmatrix} -3 & 1 & 18 \\ 3 & 8 & 9 \\ 6 & 1 & 1 \\ 27 & 10 & -3 \end{pmatrix}$$

9.6 Matrizenmultiplikation

9.6.1 Multiplikation eines Zeilenvektors mit einem Spaltenvektor (Skalarprodukt)

In der Matrizenrechnung wird das Skalarprodukt (auch inneres Produkt genannt) stets aus einem Zeilenvektor und einem Spaltenvektor (in dieser Reihenfolge!) gebildet. Man erhält das Skalarprodukt, indem man die Elemente des Zeilenvektors $\vec{a}$ der Reihe nach mit den entsprechenden Komponenten des Spaltenvektors $\vec{b}$ multipliziert, d. h. a_1 mit b_1, a_2 mit b_2 usw. und die so erhaltenen Produkte addiert. Das Ergebnis ist eine reelle Zahl (Skalar) (s. Formelkasten).

Skalarprodukt der Vektoren $\vec{a}$ und $\vec{b}$:

$$\vec{a} \cdot \vec{b} = (a_1\ a_2\ \ldots\ a_n) \cdot \begin{pmatrix} b_1 \\ b_2 \\ \vdots \\ b_n \end{pmatrix}$$

$$= a_1 \cdot b_1 + a_2 \cdot a_2 + \ldots + a_n \cdot b_n.$$

$\vec{a}$ Zeilenvektor
$\vec{b}$ Spaltenvektor
a_i, b_i Komponenten der Vektoren $\vec{a}$ und $\vec{b}$

Beispiel 1: Maschinenzeiten 1

In einer Fabrik werden 3 Produkte P_1, P_2 und P_3 auf einer Maschine gefertigt. Die zur Herstellung einer Einheit eines Produktes benötigten Maschinenzeiten (in Minuten) sind in folgendem Spaltenvektor $\vec{m}$ zusammengefasst:

$$\vec{m} = \begin{pmatrix} 15 \\ 10 \\ 9 \end{pmatrix}$$

Ein Kunde erteilt eine Auftragsorder über 9, 10 bzw. 13 Einheiten der Produkte P_1, P_2, P_3. Gesucht ist die zur Herstellung dieses Postens benötigte Maschinenzeit.

Lösung:

Die Auftragsorder kann zu einem Zeilenvektor $\vec{a}$ = (9 10 13) zusammengefasst werden. Multipliziert man die Mengeneinheiten (Komponenten von $\vec{a}$) der Reihe nach mit den zur Herstellung einer Produkteinheit benötigten Maschinenzeiten (Komponenten von $\vec{m}$) und addiert die so entstandenen Produkte, erhält man die Gesamtzeit:
$9 \cdot 15 + 10 \cdot 10 + 13 \cdot 9 = 352$ Minuten.

Die linksseitige Summe von Produkten $9 \cdot 15 + 10 \cdot 10 + 13 \cdot 9$ bezeichnet man als das **Skalarprodukt** des Zeilenvektors $\vec{a}$ mit dem Spaltenvektor $\vec{m}$ und schreibt hierfür $\vec{a} \cdot \vec{m}$. Es gilt also:

$$\vec{a} \cdot \vec{m} = (9\ 10\ 13) \cdot \begin{pmatrix} 15 \\ 10 \\ 9 \end{pmatrix} = 9 \cdot 15 + 10 \cdot 10 + 13 \cdot 9 = 352.$$

Das Skalarprodukt aus **Zeilenvektor** und **Spaltenvektor** kann nur dann gebildet werden, wenn beide Vektoren gleich viele Komponenten haben.

Bild 1: Berlin-Souvenirs

Beispiel 2: Berlin-Souvenirs

Auf dem Regalbrett eines Berliner Souvenirladens befinden sich verschiedene Andenken (**Bild 1**). Die jeweiligen Stückpreise sind den Preisschildern zu entnehmen. Berechnen Sie den Gesamtwert aller Artikel mit Hilfe des Skalarprodukts.

Lösung:

Gibt man die Anzahl der jeweiligen Objekte in einem Zeilenvektor $\vec{a}$ = (5 3 4 6 5) und die Stückpreise in einem

Spaltenvektor $\vec{p} = \begin{pmatrix} 5,0 \\ 13,5 \\ 6,0 \\ 12,5 \\ 15,0 \end{pmatrix}$ an, so

ergibt sich der Gesamtwert aller Artikel als Skalarprodukt des Vektors $\vec{a}$ mit dem Vektor $\vec{p}$:

$$\vec{a} \cdot \vec{p} = (5\ 3\ 4\ 6\ 5) \cdot \begin{pmatrix} 5,0 \\ 13,5 \\ 6,0 \\ 12,5 \\ 15,0 \end{pmatrix}$$

$\vec{a} \cdot \vec{p} = 5 \cdot 5 + 3 \cdot 13,5 + 4 \cdot 6 + 6 \cdot 12,5 + 5 \cdot 15 = 239,5$ €

9.6.2 Multiplikation eines Zeilenvektors mit einer Matrix

Ein Zeilenvektor $\vec{a}$ wird mit einer Matrix **A** multipliziert, indem das Skalarprodukt des Zeilenvektors mit jedem Spaltenvektor der Matrix **A** gebildet wird. Das Ergebnis $\vec{a} \cdot \mathbf{A}$ ist ein **Zeilenvektor**, der genauso viele Komponenten hat wie **A** Spalten.

Ein Zeilenvektor $\vec{a}$ kann mit einer Matrix **A** nur dann multipliziert werden, wenn $\vec{a}$ genauso viele Komponenten hat wie **A** Zeilen.

Beispiel 1: Maschinenzeiten

In einer Fabrik werden 3 Produkte P_1, P_2, P_3 auf 2 Maschinen M_1, M_2, gefertigt. Die Maschinenzeiten (in Minuten) je produzierter Einheit sind in der Matrix **M** dargestellt (die Zeilen stehen für die 3 Produkte und die Spalten für die 2 Maschinen)

$$\mathbf{M} = \begin{pmatrix} 15 & 9 \\ 10 & 8 \\ 9 & 6 \end{pmatrix}$$

Es liegt eine Auftragsorder über 9, 10 bzw. 13 Einheiten der Produkte P_1 bis P_3 vor. Wie groß sind die zur Herstellung dieses Postens benötigten Maschinenzeiten?

Lösung:

Die Mengeneinheiten können zum Zeilenvektor $\vec{a} = (9\ 10\ 13)$ zusammengefasst werden. Die Maschinenzeiten ergeben sich als Skalarprodukt des Zeilenvektors $\vec{a}$ mit den Spaltenvektoren der Matrix **M**:

$$M_1\text{: } (9\ 10\ 13) \cdot \begin{pmatrix} 15 \\ 10 \\ 9 \end{pmatrix} = 9 \cdot 15 + 10 \cdot 10 + 13 \cdot 9 = 352$$

$$M_2\text{: } (9\ 10\ 13) \cdot \begin{pmatrix} 9 \\ 8 \\ 6 \end{pmatrix} = 9 \cdot 9 + 10 \cdot 8 + 13 \cdot 6 = 239$$

Bei der Darstellung der Maschinenzeiten mittels Skalarprodukten wird stets derselbe Zeilenvektor $\vec{a}$ mit den Spaltenvektoren der Matrix **M** multipliziert.

Die 2 Maschinenzeiten lassen sich zu einem Zeilenvektor zusammenfassen. Dieser Zeitvektor ist das Ergebnis der Multiplikation des Auftragsvektors $\vec{a}$ mit der Matrix **M**, also

$$\vec{a} \cdot \mathbf{M} = (9\ \ 10\ \ 13) \cdot \begin{pmatrix} 15 & 9 \\ 10 & 8 \\ 9 & 6 \end{pmatrix}$$

$$= (9 \cdot 15 + 10 \cdot 10 + 13 \cdot 9; 9 \cdot 9 + 10 \cdot 8 + 13 \cdot 6)$$

$$= (352\ \ 239).$$

Multiplikation eines Zeilenvektors mit einer Matrix

$$\vec{a} \cdot \mathbf{A} = (a_1\ a_2 \ldots a_m) \cdot \begin{pmatrix} a_{11} & a_{12} & \ldots & a_{1n} \\ a_{21} & a_{22} & \ldots & a_{2n} \\ \vdots & \vdots & & \vdots \\ a_{m1} & a_{m2} & \ldots & a_{mn} \end{pmatrix}$$

$$= (a_1 \cdot a_{11} + a_2 \cdot a_{21} + \ldots + a_m \cdot a_{m1}; \; a_1 \cdot a_{12} + a_2 \cdot a_{22} + \ldots + a_m \cdot a_{m2}; \; \vdots \; a_1 \cdot a_{1n} + a_2 \cdot a_{2n} + \ldots + a_m \cdot a_{mn})$$

$\vec{a}$	Zeilenvektor
A	Matrix
a_i	Komponenten des Zeilenvektors $\vec{a}$ $(1 \le i \le m)$
a_{ij}	Elemente der Matrix **A** $(1 \le i \le m ; 1 \le j \le n)$

Mithilfe des Skalarprodukts lässt sich die Berechnung des Ergebnisvektors $\vec{a} \cdot \mathbf{A}$ auf die einprägsame Form bringen: „Zeile $\vec{a}$ mal jeder Spalte von **A**".

Beispiel 2: Urlauberwanderungsbewegung

Die Urlaubsorte **A** und **B** sind im letzten Jahr von 1000 bzw. 1500 Gästen aufgesucht worden. Viele Gäste sind auch in diesem Jahr wieder zurückgekehrt, andere haben gewechselt. Die Rückkehr- bzw. Wechselbereitschaft der Urlaubsgäste ist in der Übergangsmatrix enthalten:

von \ nach	A	B
A	0,75	0,25
B	0,40	0,60

Wie viele Urlaubsgäste sind in diesem Jahr nach **A** bzw. **B** gekommen?

Lösung:

Multipliziert man die Urlauberzahlen des letzten Jahres, 1000 und 1500, mit 0,75 bzw. 0,40 und addiert die so entstandenen Produkte, erhält man die diesjährige Urlauberzahl für den Ort **A**.
Entsprechendes gilt für den Ort **B**:

A: $1000 \cdot 0{,}75 + 1500 \cdot 0{,}40 = 1350$

B: $1000 \cdot 0{,}25 + 1500 \cdot 0{,}60 = 1150.$

Der Zeilenvektor der aktuellen Urlauberzahlen (1350 1150) ist das Ergebnis der Multiplikation des Vorjahresvektors (1000 1500) mit der Übergangsmatrix:

$$(1000\quad 1500) \cdot \begin{pmatrix} 0{,}75 & 0{,}25 \\ 0{,}40 & 0{,}60 \end{pmatrix} = (1350\quad 1150)$$

Überprüfen Sie Ihr Wissen!

Übungsaufgaben

1. Bilden Sie, soweit möglich, das Produkt des Zeilenvektors $\vec{a}$ mit der Matrix **A**.

a) $\vec{a} = (4\ \ {-3}\ \ 1)$; $\mathbf{A} = \begin{pmatrix} 7 & -0{,}2 \\ 5 & 1{,}4 \\ 2 & 2{,}2 \end{pmatrix}$

b) $\vec{a} = \begin{pmatrix} \frac{1}{4} & \frac{1}{2} & \frac{1}{4} \end{pmatrix}$ $\mathbf{A} = \begin{pmatrix} \frac{1}{2} & 0 & \frac{1}{2} \\ \frac{1}{4} & \frac{1}{2} & \frac{1}{4} \\ 0 & 1 & 0 \end{pmatrix}$

c) $\vec{a} = (-3\ \ {-1}\ \ 5)$; $\mathbf{A} = \begin{pmatrix} 0{,}7 & -0{,}2 & -0{,}5 \\ -1{,}1 & 0{,}5 & 0{,}6 \\ -0{,}5 & 0{,}4 & 0{,}1 \end{pmatrix}$

d) $\vec{a} = (1\ \ 4\ \ 2)$; $\mathbf{A} = \begin{pmatrix} 6 & 0{,}4 & -0{,}2 \\ 4 & -0{,}2 & 0{,}5 \end{pmatrix}$

2. Zwei konkurrierende Verlage sind mit jeweils einer beliebten Fernsehzeitschrift, „Schau zu" und „Relax TV", am Markt vertreten. Im Laufe des Jahres wechseln 4 % der „Schau zu" und 7 % der „Relax TV"-Abonnenten zur Konkurrenz.

a) Stellen Sie eine geeignete Übergangsmatrix auf.

b) Zu Beginn des Jahres hatten „Schau zu" 13 000 und „Relax TV" 10 500 Abonnenten. Wie viele Abonnenten haben die Zeitschriften am Ende des Jahres? Ordnen Sie zunächst die Abonnentenzahlen, die zu Beginn des Jahres vorlagen, zu einem Zeilenvektor $\vec{a}$ und bestimmen Sie dann mithilfe der Übergangsmatrix **Ü** und des Vektors $\vec{a}$ den gesuchten Vektor der Endjahres-Abonnentenzahlen.

c) Interpretieren Sie das Ergebnis.

3. Drei große Mobilfunkanbieter „Joynet", „Connect" und „2&2" teilen den Markt für Mobilfunk unter sich auf. Um ihre Marktanteile zu steigern, starten alle drei Anbieter eine Werbekampagne mit folgendem Ergebnis: „Joynet" behält 91 % seiner Kunden, verliert aber 6 % an „Connect" und 3 % an „2&2". „Connect" kann 89 % seiner Kunden halten, 7 % wechseln zu „Joynet" und 4 % zu „2&2". Von den „2&2"-Kunden schließlich bleiben 93 % bei ihrem Anbieter, 5 % wechseln zu „Joynet" und 2 % zu „Connect".

a) Stellen Sie eine geeignete Übergangsmatrix auf.

b) Vor Beginn der Werbekampagne hatten „Joynet" 1,3 Mill., „Connect" 1,5 Mill. und „2&2" 0,9 Mill. Kunden unter Vertrag. Wie viele Mobilfunknutzer können die Anbieter nach der Werbekampagne zu ihren Kunden zählen? Bezeichnen Sie den Vektor der Vorkampagne-Kundenzahlen mit $\vec{a}$, die Übergangsmatrix mit **Ü** und den Vektor der Nachkampagne-Kundenzahlen mit $\vec{z}$.

c) Interpretieren Sie das Ergebnis.

Lösungen Übungsaufgaben

1. a) $(15\ \ {-2{,}8})$

b) $\begin{pmatrix} \frac{1}{4} & \frac{1}{2} & \frac{1}{4} \end{pmatrix}$

c) $(-3{,}5,\ \ 2{,}1\ \ 1{,}4)$

d) Produkt nicht bildbar

2. a)

von \ nach	Schau zu	Relax TV
Schau zu	0,96	0,04
Relax TV	0,07	0,93

oder kurz $\mathbf{Ü} = \begin{pmatrix} 0{,}96 & 0{,}04 \\ 0{,}07 & 0{,}93 \end{pmatrix}$

b) $\vec{a} = (13000\ \ 10500)$;
$\vec{z} = \vec{a} \cdot \mathbf{Ü} = (13215\ \ 10285)$

c) Interpretation: Am Ende des Jahres hat „Schau zu" 215 Abonnenten dazu gewonnen; um diesen Wert vermindert sich entsprechend die Anzahl der „Relax TV"-Abonnenten.

3. a)

von \ nach	Joynet	Connect	2&2
Joynet	0,91	0,06	0,03
Connect	0,07	0,89	0,04
2&2	0,05	0,02	0,93

oder kurz $\mathbf{Ü} = \begin{pmatrix} 0{,}91 & 0{,}06 & 0{,}03 \\ 0{,}07 & 0{,}89 & 0{,}04 \\ 0{,}05 & 0{,}02 & 0{,}93 \end{pmatrix}$

b) $\vec{a} = (1{,}3\ \ 1{,}5\ \ 0{,}9)$ (Angaben in Mill.);

$\vec{z} = \vec{a} \cdot \mathbf{Ü} = (1{,}333\ \ 1{,}431\ \ 0{,}936)$

(Angaben in Mill.)

c) Interpretation: Nach der Kampagne haben „Joynet" und „2&2" zusammen 69 000 neue Kunden gewinnen können zu Lasten von „Connect".

9.6.3 Multiplikation einer Matrix mit einem Spaltenvektor

Eine Matrix **A** wird mit einem Spaltenvektor $\vec{b}$ multipliziert (in dieser Reihenfolge), indem das Skalarprodukt aus jedem Zeilenvektor der Matrix **A** und dem Spaltenvektor $\vec{b}$ gebildet wird. Das Ergebnis $\mathbf{A} \cdot \vec{b}$ ist ein **Spaltenvektor,** der genauso viele Komponenten hat wie **A** Zeilen.

Eine Matrix **A** kann mit einem Spaltenvektor $\vec{b}$ nur dann multipliziert werden, wenn **A** genauso viele Spalten hat wie $\vec{b}$ Zeilen (Komponenten).

Beispiel 1: Filialumsätze

Der Tagesbedarf dreier Filialen an Molkereiprodukten ist durch die (3,4)-Matrix **(Bild 1)** dargestellt.

Die Produkte Milch, Butter, Joghurt, Käse werden zu folgenden €-Preisen (je ME) angeboten: 1,30, 1,70, 0,50 bzw. 2,0.

Wie groß sind die Tagesumsätze der Filialen?

Lösung:

Die Preise der Molkereiprodukte können zu einem Spaltenvektor (Preisvektor) angeordnet werden.

$$\vec{p} = \begin{pmatrix} 1{,}30 \\ 1{,}70 \\ 0{,}50 \\ 2{,}00 \end{pmatrix}$$

Multipliziert man die Stückzahlen der Artikel mit ihren Preisen je ME und addiert die so entstandenen Produkte, erhält man die Tagesumsätze (in €) der einzelnen Filialen.

Der Tagesumsatz ist das Skalarprodukt aus den Zeilenvektoren der Bedarfsmatrix **A** und dem Spaltenvektor $\vec{p}$:

Filiale F_1:

$$(30\ 10\ 100\ 20) \cdot \begin{pmatrix} 1{,}30 \\ 1{,}70 \\ 0{,}50 \\ 2{,}00 \end{pmatrix} = 39 + 17 + 50 + 40 = 146$$

Filiale F_2:

$$(40\ 10\ 50\ 30) \cdot \begin{pmatrix} 1{,}30 \\ 1{,}70 \\ 0{,}50 \\ 2{,}00 \end{pmatrix} = 52 + 17 + 25 + 60 = 154$$

Filiale F_3:

$$(0\ 40\ 100\ 10) \cdot \begin{pmatrix} 1{,}30 \\ 1{,}70 \\ 0{,}50 \\ 2{,}00 \end{pmatrix} = 0 + 68 + 50 + 20 = 138$$

Die Tagesumsätze können zu einem Spaltenvektor (Umsatzvektor) angeordnet werden.

Multiplikation einer Matrix mit einem Spaltenvektor

$$\mathbf{A} \cdot \vec{b} = \begin{pmatrix} a_{11} & a_{12} & \cdots & a_{1n} \\ a_{21} & a_{22} & \cdots & a_{2n} \\ \vdots & \vdots & & \vdots \\ a_{m1} & a_{m2} & \cdots & a_{mn} \end{pmatrix} \cdot \begin{pmatrix} b_1 \\ b_2 \\ \vdots \\ b_n \end{pmatrix}$$

$$= \begin{pmatrix} a_{11} \cdot b_1 + a_{12} \cdot b_2 + \ldots + a_{1n} \cdot b_n \\ a_{21} \cdot b_1 + a_{22} \cdot b_2 + \ldots + a_{2n} \cdot b_n \\ \vdots \\ a_{m1} \cdot b_1 + a_{m2} \cdot b_2 + \ldots + a_{mn} \cdot b_n \end{pmatrix}$$

A Matrix
$\vec{b}$ Spaltenvektor
a_{ij} Elemente der Matrix **A** ($1 \le i \le m$; $1 \le j \le n$)
b_j Komponenten des Spaltenvektors
$\vec{b}$ ($1 \le j \le n$)

Produkt / Filiale	Milch	Butter	Joghurt	Käse

F_1	30	10	100	20
F_2	40	10	50	30
F_3	0	40	100	10

Bild 1: Molkereiprodukte (Tagesbedarf)

Mithilfe des Skalarprodukts lässt sich die Berechnung des Ergebnisvektors $\mathbf{A} \cdot \vec{b}$ auf die einprägsame Form bringen: „Jede Zeile von **A** mal Spalte $\vec{b}$".

Fortsetzung Beispiel 1

Der Umsatzvektor $\vec{u}$ ist das Ergebnis der Multiplikation der Bedarfsmatrix **A** mit dem Preisvektor $\vec{p}$:

$$\vec{u} = \mathbf{A} \cdot \vec{p} = \begin{pmatrix} 30 & 10 & 100 & 20 \\ 40 & 10 & 50 & 30 \\ 0 & 40 & 100 & 10 \end{pmatrix} \cdot \begin{pmatrix} 1{,}3 \\ 1{,}7 \\ 0{,}5 \\ 2{,}0 \end{pmatrix}$$

$$\vec{u} = \begin{pmatrix} 30 \cdot 1{,}3 + 10 \cdot 1{,}7 + 100 \cdot 0{,}5 + 20 \cdot 2 \\ 40 \cdot 1{,}3 + 10 \cdot 1{,}7 + 50 \cdot 0{,}5 + 30 \cdot 2 \\ 0 \cdot 1{,}3 + 40 \cdot 1{,}7 + 100 \cdot 0{,}5 + 10 \cdot 2 \end{pmatrix}$$

$$= \begin{pmatrix} 146 \\ 154 \\ 138 \end{pmatrix}$$

9.6.4 Multiplikation zweier Matrizen

Eine Matrix **A** wird mit einer Matrix **B** multipliziert (in dieser Reihenfolge), indem das Skalarprodukt aus jedem Zeilenvektor $\vec{a}$ der Matrix **A** und jedem Spaltenvektor $\vec{b}$ der Matrix **B** gebildet wird.

Das Produkt **A** · **B** zweier Matrizen ist nur dann möglich, wenn die Matrix **A** ebenso viele Spalten hat wie **B** Zeilen.

Mithilfe des Skalarprodukts lässt sich die Berechnung der Ergebnismatrix **A** · **B** auf die einprägsame Form bringen: „Jede Zeile von **A** mal jeder Spalte von **B**".

Beispiel 1: Filialumsätze

Der Quartalsbedarf dreier Filialen an Molkereiprodukten ist durch die (3,4)-Matrix **A (Bild 1)** gegeben (die Zeilen stehen für die 3 Filialen und die Spalten für die 4 Produkte). Die Produkte Milch, Butter, Joghurt, Käse werden im ersten Quartal zu folgenden €-Preisen (je ME) angeboten: 1,30, 1,70, 0,50 bzw. 2,0.

Im zweiten Quartal erhöhen sich infolge von Milchverknappung die Preise auf 1,45, 1,80, 0,55 bzw. 2,20 € je ME.

Ermitteln Sie die Umsätze der Filialen beider Quartale unter der Annahme gleichen Quartalsbedarfs.

Lösung:

Die Preisvektoren für beide Quartale, können zu einer (4, 2)-Preismatrix **P** zusammengefasst werden.

$$\vec{p}_1 = \begin{pmatrix} 1{,}30 \\ 1{,}70 \\ 0{,}50 \\ 2{,}00 \end{pmatrix}, \vec{p}_2 = \begin{pmatrix} 1{,}45 \\ 1{,}80 \\ 0{,}55 \\ 2{,}20 \end{pmatrix} \Rightarrow \mathbf{P} = \begin{pmatrix} 1{,}30 & 1{,}45 \\ 1{,}70 & 1{,}80 \\ 0{,}50 & 0{,}55 \\ 2{,}00 & 2{,}20 \end{pmatrix}$$

Multipliziert man der Reihe nach alle Zeilenvektoren der Bedarfsmatrix **A** mit dem ersten Spaltenvektor $\vec{p}_1$ der Preismatrix **P**, dies entspricht dem Matrizenprodukt **A** · $\vec{p}$, erhält man die Umsätze der drei Filialen für das erste Quartal

$$\mathbf{A} \cdot \vec{p}_1 = \begin{pmatrix} 2160 & 720 & 7200 & 1440 \\ 2880 & 720 & 3600 & 2160 \\ 0 & 2880 & 7200 & 720 \end{pmatrix} \cdot \begin{pmatrix} 1{,}30 \\ 1{,}70 \\ 0{,}50 \\ 2{,}00 \end{pmatrix}$$

$$= \begin{pmatrix} 10512 \\ 11088 \\ 9936 \end{pmatrix} = \vec{u}_1 \text{ 1. Spalte der Produktmatrix}$$

Die Filialumsätze für das zweite Quartal erhält man entsprechend durch Multiplikation aller Zeilenvektoren der Matrix **A** mit dem zweiten Spaltenvektor $\vec{p}_2$ der Matrix **P**

$$\mathbf{A} \cdot \vec{p}_2 = \begin{pmatrix} 2160 & 720 & 7200 & 1440 \\ 2880 & 720 & 3600 & 2160 \\ 0 & 2880 & 7200 & 720 \end{pmatrix} \cdot \begin{pmatrix} 1{,}45 \\ 1{,}80 \\ 0{,}55 \\ 2{,}20 \end{pmatrix}$$

$$= \begin{pmatrix} 11556 \\ 12204 \\ 10728 \end{pmatrix} = \vec{u}_2 \text{ 2. Spalte der Produktmatrix}$$

Multiplikation zweier Matrizen

Produkt der Matrizen $\mathbf{A}_{(m,n)}$ und $\mathbf{B}_{(n,p)}$:

$$\mathbf{A}_{(m,n)} \cdot \mathbf{B}_{(n,p)} = \mathbf{C}_{(m,p)}$$

$$\begin{pmatrix} a_{11} & \dots & a_{1n} \\ a_{21} & a_{22} \dots & a_{2n} \\ a_{m1} & a_{m2} \dots & a_{mn} \end{pmatrix} \cdot \begin{pmatrix} b_{11} & b_{12} \dots & b_{1p} \\ b_{21} & \dots & b_{2p} \\ b_{n1} & b_{n2} \dots & b_{np} \end{pmatrix} =$$

$$= \begin{pmatrix} c_{11} & c_{12} & \dots & c_{1p} \\ c_{21} & c_{22} & \dots & c_{2p} \\ \vdots & \vdots & & \vdots \\ c_{m1} & c_{m2} & \dots & c_{mp} \end{pmatrix}$$

z. B. ist c_{12}:

$$c_{12} = (a_{11} \dots a_{1n}) \cdot \begin{pmatrix} b_{12} \\ \vdots \\ b_{n2} \end{pmatrix} = a_{11}b_{12} + \dots + a_{1n}b_{n2}$$

A, B, C Matrizen

a, b, c Elemente der Matrizen

Produkt / Filiale	Milch	Butter	Joghurt	Käse

F_1	2160	720	7200	1440
F_2	2880	720	3600	2160
F_3	0	2880	7200	720

Bild 1: Molkereiprodukte (Quartalsbedarf)

Fortsetzung Beispiel 1:

Man fasst die beiden Umsatzvektoren $\vec{u}_1$ und $\vec{u}_2$ zur Umsatzmatrix

$$\mathbf{U} = \begin{pmatrix} 10512 & 11556 \\ 11088 & 12204 \\ 9936 & 10728 \end{pmatrix}$$

zusammen. Diese Matrix ist das Ergebnis der Multiplikation der Bedarfsmatrix **A** mit der Preismatrix **P**:

A · **P**

$$= \begin{pmatrix} 2160 & 720 & 7200 & 1440 \\ 2880 & 720 & 3600 & 2160 \\ 0 & 2880 & 7200 & 720 \end{pmatrix} \cdot \begin{pmatrix} 1{,}30 & 1{,}45 \\ 1{,}70 & 1{,}80 \\ 0{,}50 & 0{,}55 \\ 2{,}00 & 2{,}20 \end{pmatrix}$$

$$= \begin{pmatrix} 10512 & 11556 \\ 11088 & 12204 \\ 9936 & 10728 \end{pmatrix}$$

Das Produkt zweier Matrizen lässt sich mithilfe des Falk'schen[1] Schemas leicht berechnen. Die beiden Matrizen **A** und **B** werden so angeordnet, dass z. B. das Element c_{21} der Produktmatrix im Kreuzungspunkt der 2-ten Zeile von **A** und der 1-ten Spalte von **B** steht.

Beispiel 1: Matrizenprodukt mit Falk-Schema berechnen

Gegeben sind die Matrizen $\mathbf{A} = \begin{pmatrix} 1 & 2 & -1 \\ 0 & 3 & 5 \end{pmatrix}$ und

$$\mathbf{B} = \begin{pmatrix} 1 & 3 & 5 & 4 \\ 0 & -1 & 2 & -4 \\ 2 & 0 & 1 & 7 \end{pmatrix}.$$

Berechnen Sie das Matrizenprodukt $\mathbf{A} \cdot \mathbf{B}$ mit dem Falk-Schema.

Lösung:

Das Produkt $\mathbf{A} \cdot \mathbf{B}$ ist bildbar, da die Spaltenanzahl der Matrix **A** mit der Zeilenanzahl der Matrix **B** übereinstimmt. Ordnet man die erste Matrix **A** links unten und die zweite **B** rechts oben an, gemäß dem Falk-Schema, dann steht das erste Element c_{11} der Produktmatrix im Kreuzungspunkt der ersten Zeile der Matrix **A** und der ersten Spalte der Matrix **B**. Das Skalarprodukt des ersten Zeilenvektors von **A** mit dem ersten Spaltenvektor von **B** ergibt somit $c_{11} = -1$. Für die übrigen Elemente der Produktmatrix gilt Entsprechendes.

	B	
	$\begin{pmatrix} 1 & 3 & 5 & 4 \\ 0 & -1 & 2 & -4 \\ 2 & 0 & 1 & 7 \end{pmatrix}$	
A $\begin{pmatrix} 1 & 2 & -1 \\ 0 & 3 & 5 \end{pmatrix}$	$\begin{pmatrix} -1 & 1 & 8 & -11 \\ 10 & -3 & 11 & 23 \end{pmatrix}$	$\mathbf{A} \cdot \mathbf{B}$

$$\Rightarrow \mathbf{A} \cdot \mathbf{B} = \begin{pmatrix} -1 & 1 & 8 & -11 \\ 10 & -3 & 11 & 23 \end{pmatrix}.$$

Das Falk-Schema ist wegen der übersichtlichen Matrizenanordnung nützlich für die Berechnung des Matrizenproduktes von Hand.

Die beiden Matrizen **A** und **B** aus Beispiel 1 können nur miteinander multipliziert werden, wenn **A** erster Faktor und **B** zweiter Faktor ist; die Produktbildung in umgekehrter Reihenfolge ist nicht möglich, da die Spaltenanzahl der Matrix **B** nicht mit der Zeilenanzahl der Matrix **A** übereinstimmt. Aus der Existenz des Matrizenproduktes $\mathbf{A} \cdot \mathbf{B}$ folgt also nicht zwangsläufig auch die Existenz des Produktes $\mathbf{B} \cdot \mathbf{A}$.

Für quadratische Matrizen **A** und **B** vom selben Typ lassen sich stets die Produkte $\mathbf{A} \cdot \mathbf{B}$ und $\mathbf{B} \cdot \mathbf{A}$ bilden, allerdings sind sie in der Regel verschieden.

[1] Sigurd Falk, Prof. an der ehemaligen TH Braunschweig

Falk-Schema

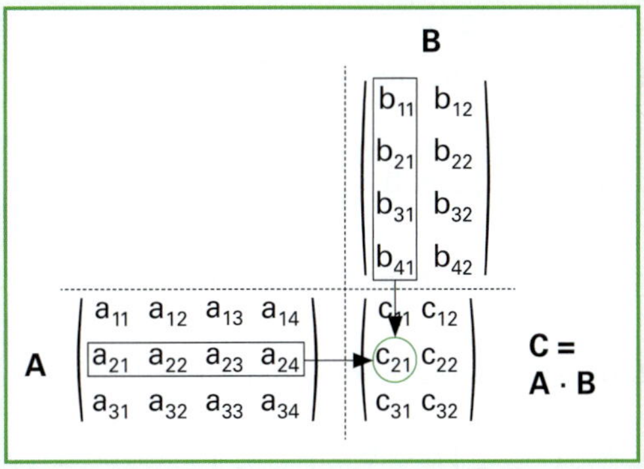

für c_{21} gilt:

$$\text{mit z. B. } c_{21} = (a_{21}\ a_{22}\ a_{23}\ a_{24}) \cdot \begin{pmatrix} b_{11} \\ b_{21} \\ b_{31} \\ b_{41} \end{pmatrix}$$

$$= a_{21} \cdot b_{11} + a_{22} \cdot b_{21} + a_{23} \cdot b_{31} + a_{24} \cdot b_{41}$$

A, B, C Matrizen

a, b, c Elemente der Matrizen

Beispiel 2:

Gegeben sind die Matrizen

$$\mathbf{A} = \begin{pmatrix} 1 & 1 & 0 \\ 1 & 1 & 0 \\ 0 & 0 & 1 \end{pmatrix} \quad \text{und} \quad \mathbf{B} = \begin{pmatrix} 0 & 0 & 1 \\ 0 & 1 & 0 \\ 1 & 0 & 0 \end{pmatrix}.$$

Bilden Sie die Produkte

a) $\mathbf{A} \cdot \mathbf{B}$ und

b) $\mathbf{B} \cdot \mathbf{A}$.

Lösung:

Es existieren beide Matrizenprodukte, da **A** und **B** quadratisch sind und dasselbe Format besitzen.

$$\textbf{a) } \mathbf{A} \cdot \mathbf{B} = \begin{pmatrix} 0 & 1 & 1 \\ 0 & 1 & 1 \\ 1 & 0 & 0 \end{pmatrix};$$

$$\textbf{b) } \mathbf{B} \cdot \mathbf{A} = \begin{pmatrix} 0 & 0 & 1 \\ 1 & 1 & 0 \\ 1 & 1 & 0 \end{pmatrix}$$

$$\Rightarrow \mathbf{A} \cdot \mathbf{B} \neq \mathbf{B} \cdot \mathbf{A}$$

Für die Matrizenmultiplikation gilt – im Unterschied zur Zahlenmultiplikation – das Kommutativgesetz nicht. In der Regel ist also $\mathbf{A} \cdot \mathbf{B} \neq \mathbf{B} \cdot \mathbf{A}$.

Diese Regel schließt jedoch nicht die Existenz „kommutativer Matrizenpaare" aus.

Überprüfen Sie Ihr Wissen!

Übungsaufgaben

1. Gegeben sind die Matrizen

$$\mathbf{A} = \begin{pmatrix} 8 & 3 \\ 2 & 3 \end{pmatrix} \text{ und } \mathbf{B} = \begin{pmatrix} 1 & -3 \\ -2 & 6 \end{pmatrix}.$$

Berechnen Sie die Matrizenprodukte **A** · **B** und **B** · **A**

2. Bilden Sie das Produkt der Matrizen

$$A = \begin{pmatrix} 2 & 1 \\ -4 & -2 \end{pmatrix} \text{ und } \mathbf{B} = \begin{pmatrix} 1 & -3 \\ -2 & 6 \end{pmatrix}.$$

3. Gegeben sind die Matrizen $\mathbf{A} = \begin{pmatrix} 6 & 2 & 3 \\ 5 & 2 & 3 \\ 7 & 4 & 6 \end{pmatrix}$,

$$\mathbf{B} = \begin{pmatrix} 1 & 0 & 2 \\ 0 & 1 & 0 \\ 2 & 1 & 2 \end{pmatrix} \quad \text{und} \quad \mathbf{C} = \begin{pmatrix} 1 & 0 & 2 \\ 3 & 4 & 3 \\ 0 & -1 & 0 \end{pmatrix}.$$

Bilden Sie die Matrizenprodukte **A** · **B** und **A** · **C**.

4. Bilden Sie das Produkt der Matrix

$$\mathbf{A} = \begin{pmatrix} \sin\alpha & -\cos\alpha \\ \cos\alpha & \sin\alpha \end{pmatrix} \quad \text{mit ihrer Transponierten.}$$

5. Gegeben sind die Matrizen $\mathbf{A} = \begin{pmatrix} 2 & 1 & -1 \\ -3 & 5 & 6 \end{pmatrix}$ und

$$\mathbf{B} = \begin{pmatrix} 3 & 7 \\ -2 & 5 \\ -4 & -5 \end{pmatrix}.$$

Berechnen Sie – im Falle ihrer Existenz – die folgenden Matrizen: **A** + **B**; **A** + $\mathbf{B}^T$; $\mathbf{A}^T$ + **B**; **A** · **B**; **B** · **A**; $\mathbf{A}^T \cdot \mathbf{B}^T$; $\mathbf{B}^T \cdot \mathbf{A}^T$

6. Gegeben sind die Matrizen $\mathbf{A} = \begin{pmatrix} 1 & 0 & 2 \\ 0 & 1 & 1 \\ 2 & 0 & 2 \end{pmatrix}$,

$$\mathbf{B} = \begin{pmatrix} 1 & 3 & 0 \\ 0 & 4 & -1 \\ 2 & 3 & 0 \end{pmatrix} \quad \text{und} \quad \mathbf{C} = \begin{pmatrix} 6 & 5 & 7 \\ 2 & 2 & 4 \\ 3 & 3 & 6 \end{pmatrix}.$$

Bestimmen Sie die Produkte **A** · **C** und **B** · **C**. Was fällt auf?

7. Bilden Sie das Produkt der Matrix **A** mit ihrer Transponierten.

$$\mathbf{A} = \begin{pmatrix} \frac{1}{\sqrt{2}} & \frac{1}{\sqrt{2}} & 0 \\ -\frac{1}{\sqrt{2}} & \frac{1}{\sqrt{2}} & 0 \\ 0 & 0 & 1 \end{pmatrix}$$

Lösungen Übungsaufgaben

1. Da die Matrizen **A** und **B** quadratisch und vom selben Typ sind, existieren beide Produkte.

$$\mathbf{A} \cdot \mathbf{B} = \begin{pmatrix} 2 & -6 \\ -4 & 12 \end{pmatrix}; \quad \mathbf{B} \cdot \mathbf{A} = \begin{pmatrix} 2 & -6 \\ -4 & 12 \end{pmatrix}$$

$\Rightarrow \mathbf{A} \cdot \mathbf{B} = \mathbf{B} \cdot \mathbf{A}$

A und **B** stellen somit ein kommutatives Matrizenpaar dar.

2. $\mathbf{A} \cdot \mathbf{B} = \begin{pmatrix} 0 & 0 \\ 0 & 0 \end{pmatrix} = \mathbf{0}$

3. $\mathbf{A} \cdot \mathbf{B} = \begin{pmatrix} 12 & 5 & 18 \\ 11 & 5 & 16 \\ 19 & 10 & 26 \end{pmatrix}$, $\mathbf{A} \cdot \mathbf{C} = \begin{pmatrix} 12 & 5 & 18 \\ 11 & 5 & 16 \\ 19 & 10 & 26 \end{pmatrix}$,

$\Rightarrow \mathbf{A} \cdot \mathbf{B} = \mathbf{A} \cdot \mathbf{C}$, obwohl $\mathbf{B} \neq \mathbf{C}$.

4. $\mathbf{A} \cdot \mathbf{A}^T = \begin{pmatrix} \sin\alpha & -\cos\alpha \\ \cos\alpha & \sin\alpha \end{pmatrix} \cdot \begin{pmatrix} \sin\alpha & \cos\alpha \\ -\cos\alpha & \sin\alpha \end{pmatrix}$

$= \begin{pmatrix} \sin^2\alpha + \cos^2\alpha & 0 \\ 0 & \sin^2\alpha + \cos^2\alpha \end{pmatrix}$

$= \begin{pmatrix} 1 & 0 \\ 0 & 1 \end{pmatrix}$

5. **A** + **B** existiert nicht wegen Typunverträglichkeit.

$\mathbf{A} + \mathbf{B}^T = \begin{pmatrix} 5 & -1 & -5 \\ 4 & 10 & 1 \end{pmatrix}$; $\mathbf{A}^T + \mathbf{B} = \begin{pmatrix} 5 & 4 \\ -1 & 10 \\ -5 & 1 \end{pmatrix}$;

$\mathbf{A} \cdot \mathbf{B} = \begin{pmatrix} 8 & 24 \\ -43 & -26 \end{pmatrix}$

$\mathbf{B} \cdot \mathbf{A} = \begin{pmatrix} -15 & 38 & 39 \\ -19 & 23 & 32 \\ 7 & -29 & -26 \end{pmatrix}$;

$\mathbf{A}^T \cdot \mathbf{B}^T = \begin{pmatrix} -15 & -19 & 7 \\ 38 & 23 & -29 \\ 39 & 32 & -26 \end{pmatrix}$;

$\mathbf{B}^T \cdot \mathbf{A}^T = \begin{pmatrix} 8 & -43 \\ 24 & -26 \end{pmatrix}$

6. $\mathbf{A} \cdot \mathbf{C} = \begin{pmatrix} 12 & 11 & 19 \\ 5 & 5 & 10 \\ 18 & 16 & 26 \end{pmatrix}$; $\mathbf{B} \cdot \mathbf{C} = \begin{pmatrix} 12 & 11 & 19 \\ 5 & 5 & 10 \\ 18 & 16 & 26 \end{pmatrix}$

$\Rightarrow \mathbf{A} \cdot \mathbf{C} = \mathbf{B} \cdot \mathbf{C}$, obwohl $\mathbf{A} \neq \mathbf{B}$

7. $\mathbf{A} \cdot \mathbf{A}^T = \begin{pmatrix} \frac{1}{\sqrt{2}} & \frac{1}{\sqrt{2}} & 0 \\ -\frac{1}{\sqrt{2}} & \frac{1}{\sqrt{2}} & 0 \\ 0 & 0 & 1 \end{pmatrix} \cdot \begin{pmatrix} \frac{1}{\sqrt{2}} & -\frac{1}{\sqrt{2}} & 0 \\ \frac{1}{\sqrt{2}} & \frac{1}{\sqrt{2}} & 0 \\ 0 & 0 & 1 \end{pmatrix} = \begin{pmatrix} 1 & 0 & 0 \\ 0 & 1 & 0 \\ 0 & 0 & 1 \end{pmatrix}$

9.7 Inverse Matrizen

9.7.1 Berechnung der inversen Matrix A^{-1}

Inverse Matrizen sind von großer praktischer Bedeutung beim Lösen Linearer Gleichungssysteme (LGS) und linearer Matrizengleichungen.

Die zu einer quadratischen Matrix **A** zugehörige inverse Matrix wird mit $\mathbf{A}^{-1}$ bezeichnet und ist durch die Bedingung $\mathbf{A} \cdot \mathbf{A}^{-1} = \mathbf{E}$ eindeutig bestimmt. Ihre Berechnung soll anhand eines einfachen Beispiels erläutert werden.

Gegeben sind die quadratische Matrix $\mathbf{A} = \begin{pmatrix} 1 & 2 \\ 1 & 3 \end{pmatrix}$ und die 2-reihige Einheitsmatrix $\mathbf{E} = \begin{pmatrix} 1 & 0 \\ 0 & 1 \end{pmatrix}$. Gesucht ist die Lösung $\mathbf{A}^{-1}$ der Matrizengleichung $\mathbf{A} \cdot \mathbf{A}^{-1} = \mathbf{E}$.

Man erhält die Inverse $\mathbf{A}^{-1}$, indem die LGS $\left(\begin{array}{cc|c} 1 & 2 & 1 \\ 1 & 3 & 0 \end{array}\right)$ und $\left(\begin{array}{cc|c} 1 & 2 & 0 \\ 1 & 3 & 1 \end{array}\right)$ **simultan** gelöst werden, d. h. die Matrix $\mathbf{A} = \begin{pmatrix} 1 & 2 \\ 1 & 3 \end{pmatrix}$ wird um die (2, 2)-Einheitsmatrix **E** zu $(\mathbf{A}|\mathbf{E}) = \left(\begin{array}{cc|cc} 1 & 2 & 1 & 0 \\ 1 & 3 & 0 & 1 \end{array}\right)$ erweitert.

1. Schritt: 1. Zeile mit (–1) multiplizieren und zur 2. Zeile addieren.

$$\left(\begin{array}{cc|cc} 1 & 2 & 1 & 0 \\ 1 & 3 & 0 & 1 \end{array}\right) \begin{array}{l} \cdot (-1) \\ \leftarrow + \end{array}$$

2. Schritt: 2. Zeile mit (–2) multiplizieren und zur 1. Zeile addieren.

$$\left(\begin{array}{cc|cc} 1 & 2 & 1 & 0 \\ 0 & 1 & -1 & 1 \end{array}\right) \begin{array}{l} \leftarrow + \\ \cdot (-2) \end{array}$$

3. Schritt: Endschema $(\mathbf{E}|\mathbf{A}^{-1}) = \left(\begin{array}{cc|cc} 1 & 0 & 3 & -2 \\ 0 & 1 & -1 & 1 \end{array}\right)$ ist erreicht:

Im linken Feld steht die Einheitsmatrix, im rechten die gesuchte Inverse $\mathbf{A}^{-1}$.

4. Schritt: Inverse ablesen: $\mathbf{A}^{-1} = \begin{pmatrix} 3 & -2 \\ -1 & 1 \end{pmatrix}$

5. Schritt: Probe: $\mathbf{A} \cdot \mathbf{A}^{-1} = \begin{pmatrix} 1 & 2 \\ 1 & 3 \end{pmatrix} \cdot \begin{pmatrix} 3 & -2 \\ -1 & 1 \end{pmatrix} = \begin{pmatrix} 1 & 0 \\ 0 & 1 \end{pmatrix}$

Beispiel 1: Berechnung der Inversen einer (2,2)-Matrix

Bestimmen Sie die Inverse der Matrix $\mathbf{A} = \begin{pmatrix} 1 & 2 \\ 3 & 4 \end{pmatrix}$.

Lösung:

Die Matrix **A** wird um die (2, 2)-Einheitsmatrix **E** zu $(\mathbf{A}|\mathbf{E}) = \left(\begin{array}{cc|cc} 1 & 2 & 1 & 0 \\ 3 & 4 & 0 & 1 \end{array}\right)$ erweitert.

1. Schritt: 1. Zeile mit (–3) multiplizieren und zur 2. Zeile addieren.

Prinzip der Inversenbildung

Die quadratische Matrix **A** wird um die Einheitsmatrix **E** gleichen Typs erweitert.

$$(\mathbf{A}|\mathbf{E}) = \left(\begin{array}{cccc|cccc} a_{11} & a_{12} & \dots & a_{1n} & 1 & 0 & \dots & 0 \\ a_{21} & a_{22} & \dots & a_{2n} & 0 & 1 & \dots & 0 \\ \vdots & \vdots & & \vdots & \vdots & \vdots & & \vdots \\ a_{n1} & a_{n2} & \dots & a_{nn} & 0 & 0 & \dots & 1 \end{array}\right)$$

Das Ausgangsschema **(A|E)** wird durch wiederholte Anwendung der Umformungen

- Multiplikation einer Zeile mit einer von Null verschiedenen Konstanten,
- Addition eines Vielfachen einer Zeile zu einer anderen,
- Vertauschen zweier Zeilen in ein gleichwertiges Endschema überführt.

$$(\mathbf{E}|\mathbf{A}^{-1}) = \left(\begin{array}{cccc|cccc} 1 & 0 & \dots & 0 & a^*_{11} & a^*_{12} & \dots & a^*_{1n} \\ 0 & 1 & \dots & 0 & a^*_{21} & a^*_{22} & \dots & a^*_{2n} \\ \vdots & \vdots & \ddots & \vdots & \vdots & \vdots & \ddots & \vdots \\ 0 & 0 & \dots & 1 & a^*_{n1} & a^*_{n2} & \dots & a^*_{nn} \end{array}\right)$$

Links steht die Einheitsmatrix. Die Inverse lässt sich direkt ablesen: sie steht im rechten Teil des Feldes.

Falls es zu einer quadratischen Matrix **A** eine Matrix $\mathbf{A}^{-1}$ gibt mit $\mathbf{A} \cdot \mathbf{A}^{-1} = \mathbf{E}$, heißt $\mathbf{A}^{-1}$ die **Inverse** von **A**. Die Matrix **A** nennt man dann **invertierbar** oder **regulär,** d. h. die Determinante ist $\neq 0$. Nur quadratische Matrizen sind invertierbar.

Besitzt eine quadratische Matrix **A** keine Inverse, nennt man sie **singulär,** d. h. die Determinante ist = 0.

Beispiel 1, Fortsetzung

$$\left(\begin{array}{cc|cc} 1 & 2 & 1 & 0 \\ 3 & 4 & 0 & 1 \end{array}\right) \begin{array}{l} \cdot (-3) \\ \leftarrow + \end{array}$$

2. Schritt: 2. Zeile zur 1. Zeile addieren.

$$\left(\begin{array}{cc|cc} 1 & 2 & 1 & 0 \\ 0 & -2 & -3 & 1 \end{array}\right) \begin{array}{l} \leftarrow + \\ \end{array}$$

3. Schritt: 2. Zeile durch (–2) dividieren.

$$\left(\begin{array}{cc|cc} 1 & 0 & -2 & 1 \\ 0 & -2 & -3 & 1 \end{array}\right) : (-2)$$

4. Schritt: Endschema $(\mathbf{E}|\mathbf{A}^{-1}) = \left(\begin{array}{cc|cc} 1 & 0 & -2 & 1 \\ 0 & 1 & \frac{3}{2} & -\frac{1}{2} \end{array}\right)$

Im linken Feld steht die Einheitsmatrix, im rechten die gesuchte Inverse $\mathbf{A}^{-1}$.

Beispiel 1: Berechnung der Inversen einer (3,3)-Matrix

Bestimmen Sie die Inverse der (3,3)-Matrix $\mathbf{A} = \begin{pmatrix} 3 & 5 & -1 \\ 1 & 2 & 2 \\ 2 & 4 & 5 \end{pmatrix}$

Lösung:

Die Matrix **A** wird um die (3,3)-Einheitsmatrix **E** zu

$$(\mathbf{A}|\mathbf{E}) = \left(\begin{array}{ccc|ccc} 3 & 5 & -1 & 1 & 0 & 0 \\ 1 & 2 & 2 & 0 & 1 & 0 \\ 2 & 4 & 5 & 0 & 0 & 1 \end{array}\right)$$ erweitert.

1. Schritt: 1. und 2. Zeile vertauschen.

$$\left(\begin{array}{ccc|ccc} 3 & 5 & -1 & 1 & 0 & 0 \\ 1 & 2 & 2 & 0 & 1 & 0 \\ 2 & 4 & 5 & 0 & 0 & 1 \end{array}\right)$$

2. Schritt: 1. Zeile mit (–3) multiplizieren und zur 2. Zeile addieren; 1. Zeile mit (–2) multiplizieren und zur 3. Zeile addieren.

$$\left(\begin{array}{ccc|ccc} 1 & 2 & 2 & 0 & 1 & 0 \\ 3 & 5 & -1 & 1 & 0 & 0 \\ 2 & 4 & 5 & 0 & 0 & 1 \end{array}\right) \cdot (-3) \quad \cdot (-2)$$

3. Schritt: 3. Zeile mit 7 multiplizieren und zur 2. Zeile addieren; 3. Zeile mit (–2) multiplizieren und zur 1. Zeile addieren.

$$\left(\begin{array}{ccc|ccc} 1 & 2 & 2 & 0 & 1 & 0 \\ 0 & -1 & -7 & 1 & -3 & 0 \\ 0 & 0 & 1 & 0 & -2 & 1 \end{array}\right) \cdot 7 \quad \cdot (-2)$$

4. Schritt: 2. Zeile mit (–1) multiplizieren

$$\left(\begin{array}{ccc|ccc} 1 & 2 & 0 & 0 & 5 & -2 \\ 0 & -1 & 0 & 1 & -17 & 7 \\ 0 & 0 & 1 & 0 & -2 & 1 \end{array}\right) \cdot (-1)$$

5. Schritt: 2. Zeile mit (–2) multiplizieren und zur 1. Zeile addieren.

$$\left(\begin{array}{ccc|ccc} 1 & 2 & 0 & 0 & 5 & -2 \\ 0 & 1 & 0 & -1 & 17 & -7 \\ 0 & 0 & 1 & 0 & -2 & 1 \end{array}\right) \cdot (-2)$$

6. Schritt: Endschema $(\mathbf{E}|\mathbf{A}^{-1})$ ist erreicht; im linken Feld steht die Einheitsmatrix, im rechten die gesuchte Inverse $\mathbf{A}^{-1}$.

$$\left(\begin{array}{ccc|ccc} 1 & 0 & 0 & 2 & -29 & 12 \\ 0 & 1 & 0 & -1 & 17 & -7 \\ 0 & 0 & 1 & 0 & -2 & 1 \end{array}\right)$$

7. Schritt: Inverse ablesen: $\mathbf{A}^{-1} = \begin{pmatrix} 2 & -29 & -12 \\ -1 & 17 & -7 \\ 0 & -2 & 1 \end{pmatrix}$

8. Schritt: Probe:

$$\mathbf{A} \cdot \mathbf{A}^{-1} = \begin{pmatrix} 3 & 5 & -1 \\ 1 & 2 & 2 \\ 2 & 4 & 5 \end{pmatrix} \cdot \begin{pmatrix} 2 & -29 & 12 \\ -1 & 17 & -7 \\ 0 & -2 & 1 \end{pmatrix} = \begin{pmatrix} 1 & 0 & 0 \\ 0 & 1 & 0 \\ 0 & 0 & 1 \end{pmatrix}$$

Beispiel 2: Berechnung der Inversen einer (3,3)-Matrix

Bestimmen Sie die Inverse der (3,3)-Matrix. $\mathbf{A} = \begin{pmatrix} 1 & 3 & 0 \\ 1 & -2 & 0 \\ 3 & 2 & -1 \end{pmatrix}$

Lösung:

Die Matrix **A** wird um die (3,3)-Einheitsmatrix **E** zu

$$(\mathbf{A}|\mathbf{E}) = \left(\begin{array}{ccc|ccc} 1 & 3 & 0 & 1 & 0 & 0 \\ 1 & -2 & 0 & 0 & 1 & 0 \\ 3 & 2 & -1 & 0 & 0 & 1 \end{array}\right)$$ erweitert.

1. Schritt: 1. Zeile mit (–1) multiplizieren und zur 2. Zeile addieren; 1. Zeile mit (–3) multiplizieren und zur 3. Zeile addieren.

$$\left(\begin{array}{ccc|ccc} 1 & 3 & 0 & 1 & 0 & 0 \\ 1 & -2 & 0 & 0 & 1 & 0 \\ 3 & 2 & -1 & 0 & 0 & 1 \end{array}\right) \cdot (-1) \quad \cdot (-3)$$

2. Schritt: 2. Zeile durch (–5) und 3. Zeile durch (–1) dividieren.

$$\left(\begin{array}{ccc|ccc} 1 & 3 & 0 & 1 & 0 & 0 \\ 0 & -5 & 0 & -1 & 1 & 0 \\ 0 & -7 & -1 & -3 & 0 & 1 \end{array}\right) \begin{array}{l} \\ : (-5) \\ : (-1) \end{array}$$

3. Schritt: 2. Zeile mit (–7) multiplizieren und zur 3. Zeile addieren.

$$\left(\begin{array}{ccc|ccc} 1 & 3 & 0 & 1 & 0 & 0 \\ 0 & 1 & 0 & \frac{1}{5} & -\frac{1}{5} & 0 \\ 0 & 7 & 1 & 3 & 0 & -1 \end{array}\right) \cdot (-7)$$

4. Schritt: 2. Zeile mit (–3) multiplizieren und zur 1. Zeile addieren.

$$\left(\begin{array}{ccc|ccc} 1 & 3 & 0 & 1 & 0 & 0 \\ 0 & 1 & 0 & \frac{1}{5} & -\frac{1}{5} & 0 \\ 0 & 0 & 1 & \frac{8}{5} & \frac{7}{5} & -1 \end{array}\right) \cdot (-3)$$

5. Schritt: Endschema $(\mathbf{E}|\mathbf{A}^{-1})$ ist erreicht: Im linken Feld steht die Einheitsmatrix, im rechten die gesuchte Inverse $\mathbf{A}^{-1}$.

$$= \left(\begin{array}{ccc|ccc} 1 & 0 & 0 & \frac{2}{5} & \frac{3}{5} & 0 \\ 0 & 1 & 0 & \frac{1}{5} & -\frac{1}{5} & 0 \\ 0 & 0 & 1 & \frac{8}{5} & \frac{7}{5} & -1 \end{array}\right)$$

6. Schritt: Inverse ablesen

$$\mathbf{A}^{-1} = \begin{pmatrix} \frac{2}{5} & \frac{3}{5} & 0 \\ \frac{1}{5} & -\frac{1}{5} & 0 \\ \frac{8}{5} & \frac{7}{5} & -1 \end{pmatrix} = \frac{1}{5} \cdot \begin{pmatrix} 2 & 3 & 0 \\ 1 & -1 & 0 \\ 8 & 7 & -5 \end{pmatrix}.$$

7. Schritt: Probe $\mathbf{A} \cdot \mathbf{A}^{-1} =$

$$\frac{1}{5} \cdot \begin{pmatrix} 1 & 3 & 0 \\ 1 & -2 & 0 \\ 3 & 2 & -1 \end{pmatrix} \cdot \begin{pmatrix} 2 & 3 & 0 \\ 1 & -1 & 0 \\ 8 & 7 & -5 \end{pmatrix} = \begin{pmatrix} 1 & 0 & 0 \\ 0 & 1 & 0 \\ 0 & 0 & 1 \end{pmatrix}.$$

9.7.2 Lösen linearer Gleichungssysteme durch Matrixinvertierung

Lineare Gleichungssysteme, wie z. B.

$$\begin{aligned} x_1 + 3x_2 \quad &= 10 \\ x_1 - 2x_2 \quad &= -5 \\ 3x_1 + 2x_2 - x_3 &= 11 \end{aligned}$$

werden nach dem Gaußverfahren gelöst. Ist die Inverse $\mathbf{A}^{-1}$ der Koeffizientenmatrix **A** bereits bekannt, z. B. von Beispiel 2 vorhergehende Seite, lässt sich mit ihrer Hilfe die Lösung des LGS auf kürzerem Wege ermitteln. Das LGS lässt sich als Matrizengleichung schreiben:

$$\underbrace{\begin{pmatrix} 1 & 3 & 0 \\ 1 & -2 & 0 \\ 3 & 2 & -1 \end{pmatrix}}_{} \cdot \underbrace{\begin{pmatrix} x_1 \\ x_2 \\ x_3 \end{pmatrix}}_{} = \underbrace{\begin{pmatrix} 10 \\ -5 \\ 11 \end{pmatrix}}_{}$$

$$\Leftrightarrow \quad \mathbf{A} \cdot \vec{x} = \vec{b}$$

A Koeffizientenmatrix
$\vec{x}$ Lösungsvektor
$\vec{b}$ Rechte-Seite-Vektor

Multipliziert man beide Seiten der Gleichung $\mathbf{A} \cdot \vec{x} = \vec{b}$ von links mit $\mathbf{A}^{-1}$, so erhält man unter Beachtung des Assoziativgesetzes und der Identität $\mathbf{E} \cdot \vec{x} = \vec{x}$ folgende äquivalente Matrizengleichungen

$$\begin{aligned} & \mathbf{A}^{-1} \cdot (\mathbf{A} \cdot \vec{x}) = \mathbf{A}^{-1} \cdot \vec{b} \\ \Leftrightarrow \quad & (\mathbf{A}^{-1} \cdot \mathbf{A}) \cdot \vec{x} = \mathbf{A}^{-1} \cdot \vec{b} \\ \Leftrightarrow \quad & \mathbf{E} \cdot \vec{x} = \mathbf{A}^{-1} \cdot \vec{b} \\ \Leftrightarrow \quad & \vec{x} = \mathbf{A}^{-1} \cdot \vec{b} \end{aligned}$$

Um den Lösungsvektor $\vec{x}$ = zu erhalten, muss also lediglich die Inverse $\mathbf{A}^{-1}$ der Koeffizientenmatrix mit dem Vektor der rechten Seite, $\vec{b}$, multipliziert werden. Da $\mathbf{A}^{-1}$ bereits bekannt ist, lautet die gesuchte Lösung:

$$\begin{pmatrix} x_1 \\ x_2 \\ x_3 \end{pmatrix} = \frac{1}{5} \cdot \begin{pmatrix} 2 & 3 & 0 \\ 1 & -1 & 0 \\ 8 & 7 & -5 \end{pmatrix} \cdot \begin{pmatrix} 10 \\ -5 \\ 11 \end{pmatrix} = \begin{pmatrix} 1 \\ 3 \\ -2 \end{pmatrix} \Rightarrow L = \{(1 | 3 | -2)\}.$$

Beispiel 1: (3,3)-Gleichungssysteme

Lösen Sie folgende LGS; verwenden Sie hierzu die bereits oben verwendete Inverse der Koeffizientenmatrix.

a) $\begin{aligned} x_1 + 3x_2 \quad &= 1 \\ x_1 - 2x_2 \quad &= -1 \\ 3x_1 + 2x_2 - x_3 &= 1 \end{aligned}$ b) $\begin{aligned} x_1 + 3x_2 \quad &= -8 \\ x_1 - 2x_2 \quad &= 7 \\ 3x_1 + 2x_2 - x_3 &= -10 \end{aligned}$

Lösung:

Beide Gleichungssysteme besitzen dieselbe Koeffizientenmatrix **A**; ihre Inverse

$$\mathbf{A}^{-1} = \frac{1}{5} \cdot \begin{pmatrix} 2 & 3 & 0 \\ 1 & -1 & 0 \\ 8 & 7 & -5 \end{pmatrix}$$ ist aus **Beispiel 2, vorhergehende Seite** bekannt.

Die Lösungsvektoren der LGS erhält man, indem $\mathbf{A}^{-1}$ mit den Spaltenvektoren der rechten Seiten multipliziert wird:

Jedes (n, n)-Gleichungssystem ist als Matrizengleichung $\mathbf{A} \cdot \vec{x} = \vec{b}$ mit quadratischer Koeffizientenmatrix **A** darstellbar. Ist **A** regulär und $\mathbf{A}^{-1}$ ihre Inverse, dann besitzt die Matrizengleichung $\mathbf{A} \cdot \vec{x} = \vec{b}$ die eindeutig bestimmte Lösung $\vec{x} = \mathbf{A}^{-1} \cdot \vec{b}$.

Mit anderen Worten:

Ein lineares Gleichungssystem mit n Gleichungen und n Unbekannten besitzt genau dann **eine** Lösung, wenn die Koeffizientenmatrix **regulär** ist, d. h. wenn die Determinante = 0 ist.

Fortsetzung Beispiel 1:

a) $$\begin{pmatrix} x_1 \\ x_2 \\ x_3 \end{pmatrix} = \frac{1}{5} \cdot \begin{pmatrix} 2 & 3 & 0 \\ 1 & -1 & 0 \\ 8 & 7 & -5 \end{pmatrix} \cdot \begin{pmatrix} 1 \\ -1 \\ 1 \end{pmatrix} = \begin{pmatrix} -\frac{1}{5} \\ \frac{2}{5} \\ -\frac{4}{5} \end{pmatrix}$$

$$\Rightarrow L = \left\{\left(-\frac{1}{5}; \frac{2}{5}; -\frac{4}{5}\right)\right\}$$

b) $$\begin{pmatrix} x_1 \\ x_2 \\ x_3 \end{pmatrix} = \frac{1}{5} \cdot \begin{pmatrix} 2 & 3 & 0 \\ 1 & -1 & 0 \\ 8 & 7 & -5 \end{pmatrix} \cdot \begin{pmatrix} -8 \\ 7 \\ -10 \end{pmatrix} = \begin{pmatrix} 1 \\ -3 \\ 7 \end{pmatrix}$$

$$\Rightarrow L = \{(1; -3; 7)\}$$

Beispiel 2: (2,2)-Gleichungssysteme

Lösen Sie mit der Inversen $\mathbf{A}^{-1} = \begin{pmatrix} -2 & 1 \\ \frac{3}{2} & -\frac{1}{2} \end{pmatrix}$ die Gleichungssysteme.

a) $\begin{aligned} x + 2y &= -1 \\ 3x + 4y &= 1 \end{aligned}$ b) $\begin{aligned} x + 2y &= \frac{1}{2} \\ 3x + 4y &= \frac{1}{3} \end{aligned}$ c) $\begin{aligned} x + 2y &= 0{,}75 \\ 3x + 4y &= 1{,}50 \end{aligned}$

Lösung:

Die drei Gleichungssysteme besitzen dieselbe Koeffizientenmatrix **A**; ihre Inverse ist die oben gegebene Matrix $\mathbf{A}^{-1}$. Die Lösungsvektoren der LGS erhält man, indem $\mathbf{A}^{-1}$ mit den Spaltenvektoren der rechten Seiten multipliziert wird:

a) $$\begin{pmatrix} x \\ y \end{pmatrix} = \begin{pmatrix} -2 & 1 \\ \frac{3}{2} & -\frac{1}{2} \end{pmatrix} \cdot \begin{pmatrix} -1 \\ 1 \end{pmatrix} = \begin{pmatrix} 3 \\ -2 \end{pmatrix} \Rightarrow L = \{(3; -2)\}$$

b) $$\begin{pmatrix} x \\ y \end{pmatrix} = \begin{pmatrix} -2 & 1 \\ \frac{3}{2} & -\frac{1}{2} \end{pmatrix} \cdot \begin{pmatrix} \frac{1}{2} \\ \frac{1}{3} \end{pmatrix} = \begin{pmatrix} -\frac{2}{3} \\ \frac{7}{12} \end{pmatrix} \Rightarrow L = \left\{\left(-\frac{2}{3}; \frac{7}{12}\right)\right\}$$

c) $$\begin{pmatrix} x \\ y \end{pmatrix} = \begin{pmatrix} -2 & 1 \\ \frac{3}{2} & -\frac{1}{2} \end{pmatrix} \cdot \begin{pmatrix} 0{,}75 \\ 1{,}50 \end{pmatrix} = \begin{pmatrix} 0 \\ \frac{3}{8} \end{pmatrix} \Rightarrow L = \left\{\left(0; \frac{3}{8}\right)\right\}$$

Ein LGS mit regulärer Koffizientenmatrix ist eindeutig lösbar. Das trifft auf lineare Gleichungssysteme mit **singulärer Koeffizientenmatrix,** d. h. ihre Determinante ist null, nicht mehr zu. Ein solches System ist entweder nicht lösbar oder besitzt unendlich viele Lösungen.

9.8 Matrizengleichungen

Eine Gleichung, bei der die Elemente einer unbekannten Matrix $\mathbf{X} = (x_{ij})$ zu bestimmen sind, heißt **Matrizengleichung**. Wenn in einer solchen Gleichung die Unbekannten x_{ij} nur in erster Potenz auftreten und keine gemischten Produkte $x_{ij} \cdot x_{kl}$ vorkommen, dann spricht man von einer **linearen Matrizengleichung**.

9.8.1 Matrizengleichungen der Form k · X = A; k ∈ IR \{0}

Diese Gleichungen sind ohne Matrizeninversion lösbar.

Beispiel 1:

Gesucht ist die Lösung der Gleichung $3 \cdot \mathbf{X} = \begin{pmatrix} 1 & -6 \\ 4 & 3 \end{pmatrix}$.

Lösung:

Beide Seiten der Gleichung werden von links mit $\frac{1}{3}$ multipliziert.

$$3 \cdot \mathbf{X} = \begin{pmatrix} 1 & -6 \\ 4 & 3 \end{pmatrix} \qquad | \cdot \tfrac{1}{3} \text{ von links}$$

$$\frac{1}{3} \cdot 3 \cdot \mathbf{X} = \frac{1}{3} \cdot \begin{pmatrix} 1 & -6 \\ 4 & 3 \end{pmatrix}$$

$$\mathbf{X} = \frac{1}{3} \cdot \begin{pmatrix} 1 & -6 \\ 4 & 3 \end{pmatrix} = \begin{pmatrix} \frac{1}{3} & -2 \\ \frac{4}{3} & 1 \end{pmatrix}$$

Beispiel 2:

Gegeben sind die Matrizen

$\mathbf{A} = \begin{pmatrix} 2 & 4 \\ 10 & 12 \end{pmatrix}$ und $\mathbf{B} = \begin{pmatrix} 18 & -2 \\ -5 & 4 \end{pmatrix}$.

Lösen Sie die Gleichung

$2 \cdot \mathbf{X} - 3 \cdot \mathbf{A} = 3 \cdot \mathbf{X} + 2 \cdot \mathbf{B}$

Lösung:

Zu beiden Seiten der Gleichung wird die Matrix $3 \cdot \mathbf{A}$ addiert und von beiden Seiten die Matrix $3 \cdot \mathbf{X}$ subtrahiert.

$$2 \cdot \mathbf{X} - 3 \cdot \mathbf{A} = 3 \cdot \mathbf{X} + 2 \cdot \mathbf{B} \;|\; + 3 \cdot \mathbf{A} - 3 \cdot \mathbf{X}$$

$$2 \cdot \mathbf{X} - 3 \cdot \mathbf{A} + 3 \cdot \mathbf{A} - 3 \cdot \mathbf{X} = 3 \cdot \mathbf{X} + 2 \cdot \mathbf{B} + 3 \cdot \mathbf{A} - 3 \cdot \mathbf{X}$$

$$2 \cdot \mathbf{X} + \mathbf{0} - 3 \cdot \mathbf{X} = \mathbf{0} + 2 \cdot \mathbf{B} + 3 \cdot \mathbf{A}$$

$$2 \cdot \mathbf{X} - 3 \cdot \mathbf{X} = 2 \cdot \mathbf{B} + 3 \cdot \mathbf{A}$$

$$-\mathbf{X} = 2 \cdot \mathbf{B} + 3 \cdot \mathbf{A} \qquad | \cdot (-1)$$

$$\mathbf{X} = -3 \cdot \mathbf{A} - 2 \cdot \mathbf{B}$$

$$\mathbf{X} = \begin{pmatrix} -42 & -8 \\ -20 & -44 \end{pmatrix}$$

9.8.2 Matrizengleichungen der Form A · X = B

Beispiel 1:

Gegeben sind die Matrizen $\mathbf{A} = \begin{pmatrix} 2 & 6 \\ 8 & 4 \end{pmatrix}$ und $\mathbf{B} = \begin{pmatrix} 5 & -2 \\ 8 & 4 \end{pmatrix}$.

Gesucht ist die Lösung der Gleichung $\mathbf{A} \cdot \mathbf{X} = \mathbf{B}$.

Lösung:

Zunächst wird die Inverse der Koeffizientenmatrix **A** berechnet; sie lautet

$\mathbf{A}^{-1} = \begin{pmatrix} -\frac{1}{10} & \frac{3}{20} \\ \frac{1}{5} & -\frac{1}{20} \end{pmatrix}$. Beide Seiten der Gleichung

$\mathbf{A} \cdot \mathbf{X} = \mathbf{B}$ werden von links mit $\mathbf{A}^{-1}$ multipliziert.

$$\mathbf{A} \cdot \mathbf{X} = \mathbf{B} \qquad | \cdot \mathbf{A}^{-1} \text{ von links}$$

$$\mathbf{A}^{-1} \cdot \mathbf{A} \cdot \mathbf{X} = \mathbf{A}^{-1} \cdot \mathbf{B}$$

$$\mathbf{E} \cdot \mathbf{X} = \mathbf{A}^{-1} \cdot \mathbf{B}$$

$$\mathbf{X} = \begin{pmatrix} -\frac{1}{10} & \frac{3}{20} \\ \frac{1}{5} & -\frac{1}{20} \end{pmatrix} \cdot \begin{pmatrix} 5 & -2 \\ 8 & 4 \end{pmatrix}$$

$$\mathbf{X} = \begin{pmatrix} \frac{7}{10} & \frac{4}{5} \\ \frac{3}{5} & -\frac{3}{5} \end{pmatrix}$$

9.8.3 Matrizengleichungen der Form X · A = B

Beispiel 1:

Gegeben sind die Matrizen $\mathbf{A} = \begin{pmatrix} 2 & 6 \\ 8 & 4 \end{pmatrix}$,

$\mathbf{A}^{-1} = \begin{pmatrix} -\frac{1}{10} & \frac{3}{20} \\ \frac{1}{5} & -\frac{1}{20} \end{pmatrix}$ und $\mathbf{B} = \begin{pmatrix} 5 & -2 \\ 8 & 4 \end{pmatrix}$

aus **Beispiel 1, Abschnitt 9.8.2.**

Bestimmen Sie die Lösung der Gleichung $\mathbf{X} \cdot \mathbf{A} = \mathbf{B}$.

Lösung:

Beide Seiten der Gleichung werden von rechts mit $\mathbf{A}^{-1}$ multipliziert.

$$\mathbf{X} \cdot \mathbf{A} = \mathbf{B} \qquad | \cdot \mathbf{A}^{-1} \text{ von rechts}$$

$$\mathbf{X} \cdot \mathbf{A} \cdot \mathbf{A}^{-1} = \mathbf{B} \cdot \mathbf{A}^{-1}$$

$$\mathbf{X} \cdot \mathbf{E} = \mathbf{B} \cdot \mathbf{A}^{-1}$$

$$\mathbf{X} = \begin{pmatrix} 5 & -2 \\ 8 & 4 \end{pmatrix} \cdot \begin{pmatrix} -\frac{1}{10} & \frac{3}{20} \\ \frac{1}{5} & -\frac{1}{20} \end{pmatrix}$$

$$\mathbf{X} = \begin{pmatrix} -\frac{9}{10} & \frac{17}{20} \\ 0 & 1 \end{pmatrix}$$

9.8.4 Matrizengleichungen der Form A · X · B = C

Beispiel 1:

Gegeben sind die Matrizen $\mathbf{A} = \begin{pmatrix} 2 & 6 \\ 8 & 4 \end{pmatrix}$, $\mathbf{B} = \begin{pmatrix} 5 & -2 \\ 8 & 4 \end{pmatrix}$ und $\mathbf{C} = \begin{pmatrix} 3 & 1 \\ 5 & -4 \end{pmatrix}$.

Gesucht ist die Lösung der Gleichung $\mathbf{A} \cdot \mathbf{X} \cdot \mathbf{B} = \mathbf{C}$.

Lösung:

Das Lösen der Gleichung erfolgt in zwei Schritten:

1. Schritt: Multiplikation beider Seiten der Gleichung von links mit $\mathbf{A}^{-1}$.

$$\mathbf{A} \cdot \mathbf{X} \cdot \mathbf{B} = \mathbf{C} \qquad | \cdot \mathbf{A}^{-1} \text{ von links}$$
$$\mathbf{A}^{-1} \cdot \mathbf{A} \cdot \mathbf{X} \cdot \mathbf{B} = \mathbf{A}^{-1} \cdot \mathbf{C}$$
$$\mathbf{E} \cdot \mathbf{X} \cdot \mathbf{B} = \mathbf{A}^{-1} \cdot \mathbf{C}$$
$$\mathbf{X} \cdot \mathbf{B} = \mathbf{A}^{-1} \cdot \mathbf{C}$$

2. Schritt: Multiplikation der Gleichung von rechts mit $\mathbf{B}^{-1}$

$$\mathbf{X} \cdot \mathbf{B} = \mathbf{A}^{-1} \cdot \mathbf{C} \qquad | \cdot \mathbf{B}^{-1} \text{ von rechts}$$
$$\mathbf{X} \cdot \mathbf{B} \cdot \mathbf{B}^{-1} = \mathbf{A}^{-1} \cdot \mathbf{C} \cdot \mathbf{B}^{-1}$$
$$\mathbf{X} \cdot \mathbf{E} = \mathbf{A}^{-1} \cdot \mathbf{C} \cdot \mathbf{B}^{-1}$$
$$\mathbf{X} = \mathbf{A}^{-1} \cdot \mathbf{C} \cdot \mathbf{B}^{-1}$$

Die Inverse $\mathbf{A}^{-1} = \begin{pmatrix} -\frac{1}{10} & \frac{3}{20} \\ \frac{1}{5} & -\frac{1}{20} \end{pmatrix}$ ist von **Abschn. 9.8.2 Beispiel 1,** bekannt.

Die Inverse von **B** errechnet sich zu

$\mathbf{B}^{-1} = \begin{pmatrix} \frac{1}{9} & \frac{1}{18} \\ -\frac{2}{9} & \frac{5}{36} \end{pmatrix}$. Damit lautet die Lösung:

$\mathbf{X} = \mathbf{A}^{-1} \cdot \mathbf{C} \cdot \mathbf{B}^{-1} =$

$$\begin{pmatrix} -\frac{1}{10} & \frac{3}{20} \\ \frac{1}{5} & -\frac{1}{20} \end{pmatrix} \cdot \begin{pmatrix} 3 & 1 \\ 5 & -4 \end{pmatrix} \cdot \begin{pmatrix} \frac{1}{9} & \frac{1}{18} \\ -\frac{2}{9} & \frac{5}{36} \end{pmatrix} = \begin{pmatrix} \frac{37}{180} & -\frac{13}{180} \\ -\frac{1}{20} & \frac{3}{40} \end{pmatrix}.$$

9.8.5 Matrizengleichungen mit singulärer Koeffizientenmatrix

Die Forderung nach Invertierbarkeit der Koeffizientenmatrix ist wesentlich für die eindeutige Lösbarkeit der Gleichungen.

Beispiel 1:

Überprüfen Sie, ob die Matrizengleichung $\mathbf{A} \cdot \mathbf{X} = \mathbf{B}$ mit

$\mathbf{A} = \begin{pmatrix} 1 & -2 & 1 \\ -1 & 1 & 0 \\ 0 & -1 & 1 \end{pmatrix}$ und $\mathbf{B} = \begin{pmatrix} -1 & 2 & 1 \\ 4 & 5 & -3 \\ 3 & 7 & 2 \end{pmatrix}$ lösbar ist.

Lösung:

Die Determinante ist 0, die Matrix **A** also nicht invertierbar. Lösungsversuch mit Gauß'schem Algorithmus durch Erweitern der Matrix **A** um die Matrix **B**

$$\text{zu } (\mathbf{A}|\mathbf{B}) = \left(\begin{array}{ccc|ccc} 1 & -2 & 1 & -1 & 2 & 1 \\ -1 & 1 & 0 & 4 & 5 & -3 \\ 0 & -1 & 1 & 3 & 7 & 2 \end{array}\right)$$

Fortsetzung Beispiel 2:

1. Schritt: 1. Zeile zur 2. Zeile addieren.

$$\left(\begin{array}{ccc|ccc} 1 & -2 & 1 & -1 & 2 & 1 \\ -1 & 1 & 0 & 4 & 5 & -3 \\ 0 & -1 & 1 & 3 & 7 & 2 \end{array}\right)$$

2. Schritt: 2. Zeile mit (–1) multiplizieren und zur 3. Zeile addieren.

$$\left(\begin{array}{ccc|ccc} 1 & -2 & 1 & -1 & 2 & 1 \\ 0 & -1 & 1 & 3 & 7 & -2 \\ 0 & -1 & 1 & 3 & 7 & 2 \end{array}\right) \cdot (-1)$$

Nach dem letzten Schritt gelangt man zu

$$\left(\begin{array}{ccc|ccc} 1 & -2 & 1 & -1 & 2 & 1 \\ 0 & -1 & 1 & 3 & 7 & -2 \\ 0 & 0 & 0 & 0 & 0 & 4 \end{array}\right).$$

In der letzten Zeile des linken Feldes steht eine Nullzeile. Die Matrizengleichung wäre nur dann (mehrdeutig) lösbar, wenn auch in der letzten Zeile des rechten Feldes lauter Nullen stehen würden. Die Matrizengleichung besitzt somit keine Lösung.

Beispiel 2:

Überprüfen Sie, ob die Matrizengleichung $\mathbf{A} \cdot \mathbf{X} + \mathbf{B} = \mathbf{C} \cdot \mathbf{X}$ lösbar ist,

mit $\mathbf{A} = \begin{pmatrix} 1 & 3 \\ 0 & -2 \end{pmatrix}$, $\mathbf{B} = \begin{pmatrix} 1 & 0 \\ -1 & 0 \end{pmatrix}$ und $\mathbf{C} = \begin{pmatrix} 0 & 1 \\ 1 & 0 \end{pmatrix}$

Lösung:

Von beiden Seiten der Gleichung werden die Matrizen **B** und **C · X** subtrahiert.

$$\mathbf{A} \cdot \mathbf{X} + \mathbf{B} = \mathbf{C} \cdot \mathbf{X} \;|\; -\mathbf{B} - \mathbf{C} \cdot \mathbf{X}$$
$$\mathbf{A} \cdot \mathbf{X} - \mathbf{C} \cdot \mathbf{X} = -\mathbf{B}$$
$$(\mathbf{A} - \mathbf{C}) \cdot \mathbf{X} = -\mathbf{B}$$

Die Determinante von $\mathbf{A} - \mathbf{C} = \begin{pmatrix} 1 & 2 \\ -1 & -2 \end{pmatrix}$ ist 0, die Matrix also nicht invertierbar. Lösungsversuch mit Gauß'schem Algorithmus durch Erweitern der Matrix **A – C** um die Matrix **– B**.

$(\mathbf{A} - \mathbf{C} \,|\, -\mathbf{B}) = \left(\begin{array}{cc|cc} 1 & 2 & -1 & 0 \\ -1 & -2 & 1 & 0 \end{array}\right)$.

1. Schritt: 1. Zeile zur 2. Zeile addieren.

$$\left(\begin{array}{cc|cc} 1 & 2 & -1 & 0 \\ -1 & -2 & 1 & 0 \end{array}\right)$$

Man erhält:

$$\left(\begin{array}{cc|cc} 1 & 2 & -1 & 0 \\ 0 & 0 & 0 & 0 \end{array}\right) \Leftrightarrow \begin{pmatrix} 1 & 2 \\ 0 & 0 \end{pmatrix} \cdot \mathbf{X} = \begin{pmatrix} -1 & 0 \\ 0 & 0 \end{pmatrix}.$$

Die Elemente x_{21} und x_{22} der Matrix **X** sind frei wählbar, z. B. $x_{21} = \lambda$ und $x_{22} = \mu$ ($\lambda, \mu \in \mathbb{R}$).

Jede Matrix der Form $\mathbf{X} = \begin{pmatrix} -2\lambda - 1 & -2\mu \\ \lambda & \mu \end{pmatrix}$

mit $\lambda, \mu \in \mathbb{R}$ ist Lösung der Matrizengleichung.

Überprüfen Sie Ihr Wissen!

Übungsaufgaben

1. Matrizengleichung der Form k · X = A

Gegeben sind die Matrizen $\mathbf{A} = \begin{pmatrix} 2 & 4 \\ 10 & 12 \end{pmatrix}$, $\mathbf{B} = \begin{pmatrix} 18 & -2 \\ -5 & 4 \end{pmatrix}$ und $\mathbf{C} = \begin{pmatrix} 21 & 18 \\ 100 & 21 \end{pmatrix}$.

Lösen Sie die Gleichung

$\mathbf{A} \cdot \mathbf{B} + \frac{1}{2} \cdot \mathbf{X} = \mathbf{C}$

2. Matrizengleichungen der Form A · X = B

Gegeben sind die Matrizen $\mathbf{A} = \begin{pmatrix} 3 & -1 \\ 2 & 1 \end{pmatrix}$ und $\mathbf{B} = \begin{pmatrix} -2 & 3 \\ 0 & 4 \end{pmatrix}$

Bestimmen Sie die Lösung der Gleichung $\mathbf{A} \cdot \mathbf{X} = \mathbf{B} + \mathbf{X}$.

3. Matrizengleichungen der Form X · A = B

Lösen Sie die Matrizengleichung $\mathbf{X} \cdot \mathbf{B} + 2 \cdot \mathbf{X} = \mathbf{B}$ mit

$$\mathbf{B} = \begin{pmatrix} 1 & 2 & 6 \\ 1 & -1 & 3 \\ -3 & -2 & -7 \end{pmatrix}$$

4. Bestimmen Sie die Lösungen folgender Matrizengleichungen

a) $\lambda \cdot \mathbf{X} - \mathbf{A} \cdot \mathbf{B} = \mathbf{C}$ mit $\lambda \in \mathrm{IR} \setminus \{0\}$ und den Matrizen

$\mathbf{A} = \begin{pmatrix} 2 & 1 \\ -4 & -2 \end{pmatrix}$, $\mathbf{B} = \begin{pmatrix} 8 & 3 \\ 2 & 3 \end{pmatrix}$ und $\mathbf{C} = \begin{pmatrix} 1 & -3 \\ -2 & 6 \end{pmatrix}$

b) $\mathbf{A} \cdot \mathbf{X} + \mathbf{B} = \mathbf{A}$ mit $\mathbf{A} = \begin{pmatrix} 1 & 1 & 0 \\ 0 & 1 & 0 \\ 1 & 1 & 1 \end{pmatrix}$ und $\mathbf{B} = \begin{pmatrix} 2 & 2 & 1 \\ 3 & 2 & 3 \\ -1 & 2 & -2 \end{pmatrix}$

c) $\mathbf{X} \cdot \mathbf{B} - 5 \cdot \mathbf{X} = \mathbf{B}$ mit $\mathbf{B} = \begin{pmatrix} 8 & 5 & 1 \\ 1 & 7 & 2 \\ 2 & 4 & 10 \end{pmatrix}$

Lösungen Übungsaufgaben

1. Von beiden Seiten der Gleichung wird die Matrix $\mathbf{A} \cdot \mathbf{B}$ subtrahiert; anschließend wird die Gleichung mit 2 multipliziert.

$$\mathbf{A} \cdot \mathbf{B} + \tfrac{1}{2} \cdot \mathbf{X} = \mathbf{C} \qquad | -\mathbf{A} \cdot \mathbf{B}$$
$$\mathbf{A} \cdot \mathbf{B} + \tfrac{1}{2} \cdot \mathbf{X} - \mathbf{A} \cdot \mathbf{B} = \mathbf{C} - \mathbf{A} \cdot \mathbf{B}$$
$$\mathbf{A} \cdot \mathbf{B} - \mathbf{A} \cdot \mathbf{B} + \tfrac{1}{2} \cdot \mathbf{X} = \mathbf{C} - \mathbf{A} \cdot \mathbf{B}$$
$$\mathbf{0} + \tfrac{1}{2} \cdot \mathbf{X} = \mathbf{C} - \mathbf{A} \cdot \mathbf{B}$$
$$\tfrac{1}{2} \cdot \mathbf{X} = \mathbf{C} - \mathbf{A} \cdot \mathbf{B} \qquad | \cdot 2$$
$$\mathbf{X} = 2 \cdot (\mathbf{C} - \mathbf{A} \cdot \mathbf{B})$$
$$\mathbf{X} = 2 \cdot \begin{pmatrix} 5 & 6 \\ -20 & -7 \end{pmatrix} = \begin{pmatrix} 10 & 12 \\ -40 & -14 \end{pmatrix}$$

2. Von beiden Seiten der Gleichung wird die Matrix **X** subtrahiert.

$$\mathbf{A} \cdot \mathbf{X} = \mathbf{B} + \mathbf{X} \qquad | -\mathbf{X}$$
$$\mathbf{A} \cdot \mathbf{X} - \mathbf{X} = \mathbf{B} + \mathbf{X} - \mathbf{X}$$
$$\mathbf{A} \cdot \mathbf{X} - \mathbf{X} = \mathbf{B} + \mathbf{0}$$
$$\mathbf{A} \cdot \mathbf{X} - \mathbf{X} = \mathbf{B}.$$

Wegen $\mathbf{E} \cdot \mathbf{X} = \mathbf{X}$ kann für die letzte Gleichung auch $\mathbf{A} \cdot \mathbf{X} - \mathbf{E} \cdot \mathbf{X} = \mathbf{B}$ geschrieben und die Matrix **X** ausgeklammert werden.

$$\mathbf{A} \cdot \mathbf{X} - \mathbf{E} \cdot \mathbf{X} = \mathbf{B}$$
$$(\mathbf{A} - \mathbf{E}) \cdot \mathbf{X} = \mathbf{B} \qquad | \cdot (\mathbf{A} - \mathbf{E})^{-1} \text{ von links}$$
$$\mathbf{X} = (\mathbf{A} - \mathbf{E})^{-1} \cdot \mathbf{B}$$

Mit $(\mathbf{A} - \mathbf{E})^{-1} = \begin{pmatrix} 0 & \frac{1}{2} \\ -1 & 1 \end{pmatrix}$ gelangt man zur Lösung: $\mathbf{X} = \begin{pmatrix} 0 & 2 \\ 2 & 1 \end{pmatrix}$.

3.

$$\mathbf{X} \cdot \mathbf{B} + 2 \cdot \mathbf{X} = \mathbf{B}$$
$$\mathbf{X} \cdot \mathbf{B} + 2 \cdot \mathbf{X} \cdot \mathbf{E} = \mathbf{B}$$
$$\mathbf{X} \cdot (\mathbf{B} + 2 \cdot \mathbf{E}) = \mathbf{B} \qquad | \cdot (\mathbf{B} + 2 \cdot \mathbf{E})^{-1} \text{ von rechts}$$
$$\mathbf{X} = \mathbf{B} \cdot (\mathbf{B} + 2 \cdot \mathbf{E})^{-1}$$

Mit $(\mathbf{B} + 2 \cdot \mathbf{E})^{-1} = \begin{pmatrix} 1 & -2 & 0 \\ -4 & 3 & -3 \\ 1 & 0 & 1 \end{pmatrix}$ erhält man als Lösung:

$$\mathbf{X} = \mathbf{B} \cdot (\mathbf{B} + 2 \cdot \mathbf{E})^{-1} = \begin{pmatrix} 1 & 2 & 6 \\ 1 & -1 & 3 \\ -3 & -2 & -7 \end{pmatrix} \cdot \begin{pmatrix} 1 & -2 & 0 \\ -4 & 3 & -3 \\ 1 & 0 & 1 \end{pmatrix}$$

$$\mathbf{X} = \begin{pmatrix} -1 & 4 & 0 \\ 8 & -5 & 6 \\ -2 & 0 & -1 \end{pmatrix}$$

4. a) $\mathbf{X} = \frac{1}{\lambda} \cdot (\mathbf{C} + \mathbf{A} \cdot \mathbf{B}) = \frac{1}{\lambda} \cdot \begin{pmatrix} 19 & 6 \\ -38 & -12 \end{pmatrix}$

b) $\mathbf{X} = \mathbf{A}^{-1} \cdot (\mathbf{A} - \mathbf{B}) = \begin{pmatrix} 2 & 0 & 2 \\ -3 & -1 & -3 \\ 3 & 0 & 4 \end{pmatrix}$

c) $\mathbf{X} = \mathbf{B} \cdot (\mathbf{B} - 5 \cdot \mathbf{E})^{-1} = \begin{pmatrix} 11 & -105 & 40 \\ -5 & 66 & -25 \\ 0 & -10 & 6 \end{pmatrix}$

9.9 Einstufige und zweistufige Produktionsprozesse

Zur Herstellung von Endprodukten benötigt ein Unternehmen Rohstoffe. Der Mengenbedarf an Rohstoffen hängt dabei häufig linear von der produzierten Menge ab. Man spricht in diesem Zusammenhang auch von **linearer Verflechtung**.

9.9.1 Einstufige Produktionsprozesse

Beispiel 1: Produktionsvektor der Rohstoffe bestimmen

Ein Unternehmen stellt aus drei Rohstoffen R_1, R_2 und R_3 zwei Endprodukte E_1 und E_2 her. Dem **Verflechtungsgraph (Bild 1)** kann entnommen werden, wie viele Mengeneinheiten (ME) der Rohstoffe zur Herstellung einer ME des jeweiligen Endprodukts benötigt werden.

a) Stellen Sie die lineare Verflechtung nach **Bild 1** in Tabellen- und Matrixform dar.

b) Es liegt ein Auftrag über 20 ME des Endprodukts E_1 und 10 ME des Endproduktes E_2 vor. Der entsprechende Vektor

$\vec{p}_E = \begin{pmatrix} 20 \\ 10 \end{pmatrix}$ heißt **Produktionsvektor** der Endprodukte.

Berechnen Sie die benötigten Rohstoffmengen.

Lösung:

a) Weist man den Rohstoffen die Zeilen und den Endprodukten die Spalten zu, erhält man die in **Bild 2** dargestellte **Verflechtungstabelle** und **Verflechtungsmatrix**.

b) Aus dem Verflechtungsgraph (**Bild1**) lässt sich folgendes LGS ableiten:

$$\begin{array}{rcrcrcl} 3R_1 & + & 1R_2 & + & 5R_3 & = & E_1 \\ 4R_1 & + & 2R_2 & + & 1R_3 & = & E_2 \end{array}$$

Multipliziert man die 1. Zeile mit 20 und die 2. Zeile mit 10 und addiert jeweils die Koeffizienten von R_1, R_2 und R_3,

$$\begin{array}{lrcrcrcl} & 60R_1 & + & 20R_2 & + & 100R_3 & = & 20E_1 \\ & 40R_1 & + & 20R_2 & + & 10R_3 & = & 10E_2 \\ \hline \Sigma & 100R_1 & & 40R_2 & & 110R_3 & & 30E \end{array}$$

erhält man den gesuchten **Produktionsvektor** der Rohstoffe

$$\vec{p}_R = \begin{pmatrix} 100 \\ 40 \\ 110 \end{pmatrix}$$

Es werden also 100 ME des Rohstoffs R_1, 40 ME des Rohstoffs R_2 und 110 ME des Rohstoffs R_3 benötigt.

Zu demselben Ergebnis gelangt man, wenn man die Verflechtungsmatrix **A** mit dem Produktionsvektor der Endprodukte

Einstufiger Produktionsprozess

In der Verflechtungsmatrix **A** gibt das Element a_{ij} an, wie viele Mengeneinheiten (ME) des Rohstoffs R_i zur Herstellung einer ME des Endprodukts E_j benötigt werden.

Der Produktionsvektor der Endprodukte $\vec{p}_E$ gibt an, wie viele ME von jedem Endprodukt erzeugt werden. Die hierfür erforderlichen ME an Rohstoffen sind im Produktionsvektor der Rohstoffe $\vec{p}_R$ zusammengefasst, wobei folgender Zusammenhang besteht:

$$\vec{p}_R = \mathbf{A} \cdot \vec{p}_E$$

Ist $\vec{k}_R$ der Kostenvektor der Rohstoffe je ME, so errechnet sich der Kostenvektor der Endprodukte je ME nach der Formel

$$\vec{k}_E = \mathbf{A}^T \cdot \vec{k}_R$$

Die gesamten Rohstoffkosten K des Produktionsprozesses errechnen sich nach der Formel:

$$K = \vec{p}_R^{\,T} \cdot \vec{k}_R = \vec{p}_E^{\,T} \cdot \vec{k}_E$$

A	Verflechtungsmatrix
$\vec{p}_E$	Produktionsvektor der Endprodukte
$\vec{p}_R$	Produktionsvektor der Rohstoffe
$\vec{k}_E$	Kostenvektor der Endprodukte
$\vec{k}_R$	Kostenvektor der Rohstoffe
K	Rohstoffkosten

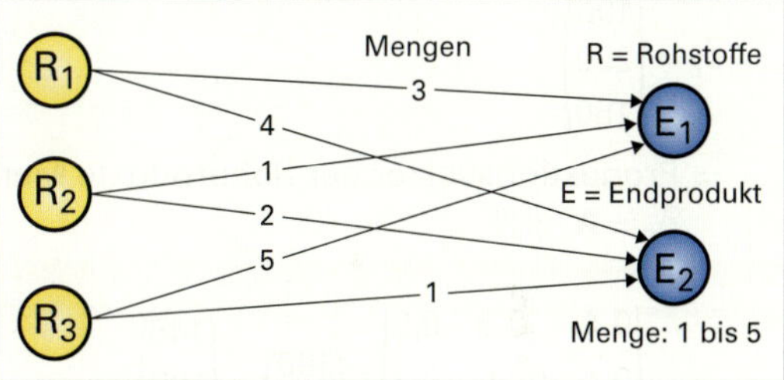

Bild 1: Verflechtungsgraph

Rohst. \ Endpr.	E_1	E_2
R_1	3	4
R_2	1	2
R_3	5	1

, $\mathbf{A} = \begin{pmatrix} 3 & 4 \\ 1 & 2 \\ 5 & 1 \end{pmatrix}$

Bild 2: Verflechtungstabelle und Verflechtungsmatrix

Fortsetzung Beispiel 1:

$\vec{p}_E = \begin{pmatrix} 20 \\ 10 \end{pmatrix}$ multipliziert:

$$\vec{p}_R = \mathbf{A} \cdot \vec{p}_E = \begin{pmatrix} 3 & 4 \\ 1 & 2 \\ 5 & 1 \end{pmatrix} \cdot \begin{pmatrix} 20 \\ 10 \end{pmatrix} = \begin{pmatrix} 100 \\ 40 \\ 110 \end{pmatrix}.$$

Musteraufgabe zum einstufigen Produktionsprozess

1. Eine Großbäckerei produziert drei Sorten Mehrkornbrot je 1 kg aus Weizen-, Dinkel-, Roggen- und Gerstenmehl. Die relativen Mehlanteile je kg Brot sind der Tabelle zu entnehmen (**Bild 1**).

a) Erstellen Sie für Bild 1 den Verflechtungsgraph und die Verflechtungsmatrix.

b) Es werden täglich 100 Brote der Sorte A, 200 Brote der Sorte B und 150 Brote der Sorte C gebacken. Berechnen Sie die für jeden Mehltyp erforderliche Menge in kg.

c) Die Mehlkosten je kg betragen für Weizen 0,4 €, für Dinkel 0,7 €, für Roggen 0,5 € und für Gerste 0,6 €. Wie hoch sind die Mehlkosten je kg einer Brotsorte?

d) Wie hoch sind die täglichen Gesamtausgaben für das Mehl?

Brot / Mehl	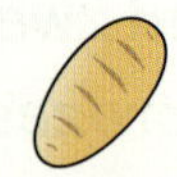 Sorte A	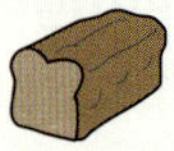 Sorte B	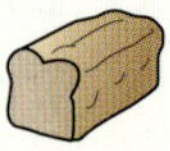 Sorte C
Weizen	0,4	0,3	0,3
Dinkel	0,1	0,25	0,3
Roggen	0,3	0,3	0,2
Gerste	0,2	0,15	0,2

Bild 1: Brotsorten und Mehlarten

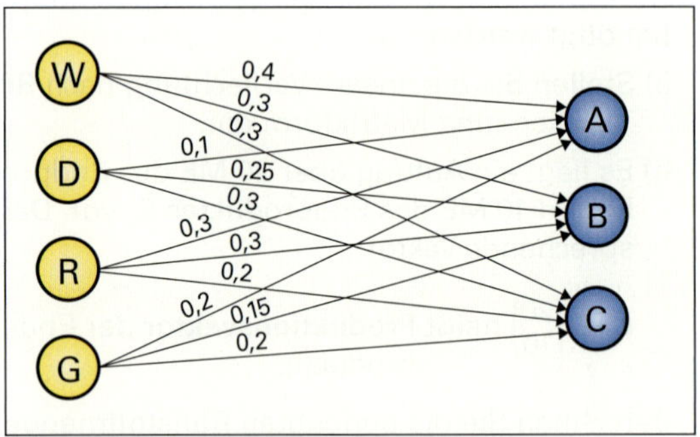

Bild 2: Verflechtungsgraph

Lösung

a) Bild 2

$$\mathbf{A} = \begin{pmatrix} 0,4 & 0,3 & 0,3 \\ 0,1 & 0,25 & 0,3 \\ 0,3 & 0,3 & 0,2 \\ 0,2 & 0,15 & 0,2 \end{pmatrix}$$

b) Der Produktionsvektor der Endprodukte Brot $\vec{p}_E$ ist gegeben durch

$$\vec{p}_E = \begin{pmatrix} 100 \\ 200 \\ 150 \end{pmatrix}$$

⇒ Produktionsvektor der Rohprodukte Mehl: $\vec{p}_R = \mathbf{A} \cdot \vec{p}_E$

$$\vec{p}_R = \begin{pmatrix} 0,4 & 0,3 & 0,3 \\ 0,1 & 0,25 & 0,3 \\ 0,3 & 0,3 & 0,2 \\ 0,2 & 0,15 & 0,2 \end{pmatrix} \cdot \begin{pmatrix} 100 \\ 200 \\ 150 \end{pmatrix} = \begin{pmatrix} 145 \\ 105 \\ 120 \\ 80 \end{pmatrix}.$$

Für 100 Brote der Sorte A, 200 Brote der Sorte B und 150 Brote der Sorte C werden also 145 kg Weizenmehl, 105 kg Dinkelmehl, 120 kg Roggenmehl und 80 kg Gerstenmehl benötigt.

c) Endproduktkosten je ME:

$$\vec{k}_E = \mathbf{A}^T \cdot \vec{k}_R$$

$$= \begin{pmatrix} 0,4 & 0,1 & 0,3 & 0,2 \\ 0,3 & 0,25 & 0,3 & 0,15 \\ 0,3 & 0,3 & 0,2 & 0,2 \end{pmatrix} \cdot \begin{pmatrix} 0,4 \\ 0,7 \\ 0,5 \\ 0,6 \end{pmatrix}$$

Fortsetzung Lösung

$$\vec{k}_E = \begin{pmatrix} 0,5 \\ 0,535 \\ 0,55 \end{pmatrix}$$

Die Mehlkosten je kg Brot:

Sorte A 0,5 €, Sorte B 0,535 € und Sorte C 0,55 €.

d) Tägliche Gesamtkosten

Diese erhält man aus dem Skalarprodukt des Produktionsvektors der Rohstoffe $\vec{p}_R$ mit dem Kostenvektor $\vec{k}_R$:

$$K = \vec{p}_R^{\,T} \cdot \vec{k}_R$$

$$= (145 \quad 105 \quad 120 \quad 80) \cdot \begin{pmatrix} 0,4 \\ 0,7 \\ 0,5 \\ 0,6 \end{pmatrix}$$

$K = \mathbf{239,50}$.

Die täglichen Mehlkosten belaufen sich also auf 239,50 €.

9.9.2 Zweistufige Produktionsprozesse

Durch Bearbeitung von Rohstoffen entstehen Zwischenprodukte, die zu Endprodukten verarbeitet werden (**Bild 1**).

Die linearen Verflechtungen können auch in Matrixform dargestellt werden. Allerdings werden nun zwei Verflechtungsmatrizen benötigt, eine, die den Produktionsschritt von den Rohstoffen zu den Zwischenprodukten und die andere, die den Produktionsschritt von den Zwischenprodukten zu den Endprodukten beschreibt.

Zweistufiger Produktionsprozess

In der **Rohstoff-Zwischenprodukt-Matrix** $\mathbf{A}_{RZ} = (a_{ik})$ $(i = 1, 2, ..., m;\ k = 1, 2, ..., r)$ gibt das Element a_{ik} an, wie viele Mengeneinheiten des Rohstoffs R_i zur Herstellung einer ME des Zwischenprodukts Z_k benötigt werden.

In der **Zwischenprodukt-Endprodukt-Matrix** $\mathbf{A}_{ZE} = (a_{kj})$ $(k = 1, 2, ..., r;\ j = 1, 2, ..., n)$ gibt das Element a_{kj} an, wie viele Mengeneinheiten des Zwischenprodukts Z_k zur Herstellung einer ME des Endprodukts E_j benötigt werden.

$$\mathbf{A}_{RE} = \mathbf{A}_{RZ} \cdot \mathbf{A}_{ZE}.$$

$\mathbf{A}_{RE}$ Rohstoff-Endprodukt-Matrix
$\mathbf{A}_{RZ}$ Rohstoff-Zwischenprodukt-Matrix
$\mathbf{A}_{ZE}$ Zwischenprodukt-Endprodukt-Matrix

Beispiel 1:

In einem Betrieb werden aus drei Rohstoffen R_1, R_2 und R_3 vier Zwischenprodukte Z_1, Z_2, Z_3 und Z_4 und aus diesen zwei Endprodukte E_1 und E_2 hergestellt **(Bild 1)**. Dem Verflechtungsgraph kann entnommen werden, wie viele Mengeneinheiten der Rohstoffe für die jeweiligen Zwischenprodukte und wie viele Mengeneinheiten der Zwischenprodukte für die jeweiligen Endprodukte benötigt werden.

a) Stellen Sie die Rohstoff-Zwischenprodukt-Matrix $\mathbf{A}_{RZ}$ und die Zwischenprodukt-Endprodukt-Matrix $\mathbf{A}_{ZE}$ auf.

b) Anhand des Verflechtungsgraphs lässt sich errechnen, wie viele ME des Rohstoffs R_i $(i = 1, 2, 3)$ zur Erzeugung einer ME des Endprodukts E_j $(j = 1, 2)$ erforderlich sind. Drücken Sie dies mithilfe einer Matrix (Rohstoff-Endprodukt-Matrix $\mathbf{A}_{RE}$) aus.
Welcher Zusammenhang besteht zwischen den drei Matrizen $\mathbf{A}_{RZ}$, $\mathbf{A}_{ZE}$ und $\mathbf{A}_{RE}$?

Lösung:

a) Weist man den Rohstoffen die Zeilen und den Zwischenprodukten die Spalten zu, erhält man die Rohstoff-Zwischenprodukt-Matrix $\mathbf{A}_{RZ}$ und die Zwischenprodukt-Endprodukt-Matrix $\mathbf{A}_{ZE}$:

$$\mathbf{A}_{RZ} = \begin{pmatrix} 2 & 1 & 2 & 3 \\ 1 & 4 & 2 & 1 \\ 5 & 3 & 4 & 2 \end{pmatrix}; \qquad \mathbf{A}_{ZE} = \begin{pmatrix} 4 & 3 \\ 2 & 1 \\ 1 & 4 \\ 1 & 1 \end{pmatrix}$$

b) Aus dem Verflechtungsgraph **(Bild 1)** lassen sich zwei LGS ableiten.

LGS1 für die Rohstoff-Zwischenprodukt-Verflechtung:

$$\begin{aligned} 2R_1 &+ 1R_2 + 5R_3 = Z_1 \\ 1R_1 &+ 4R_2 + 3R_3 = Z_2 \\ 2R_1 &+ 2R_2 + 4R_3 = Z_3 \\ 3R_1 &+ 1R_2 + 2R_3 = Z_4 \end{aligned}$$

LGS2 für die Zwischenprodukt-Endprodukt-Verflechtung:

$$\begin{aligned} 4Z_1 &+ 2Z_2 + 1Z_3 + 1Z_4 = E_1 \\ 3Z_1 &+ 1Z_2 + 4Z_3 + 1Z_4 = E_2 \end{aligned}$$

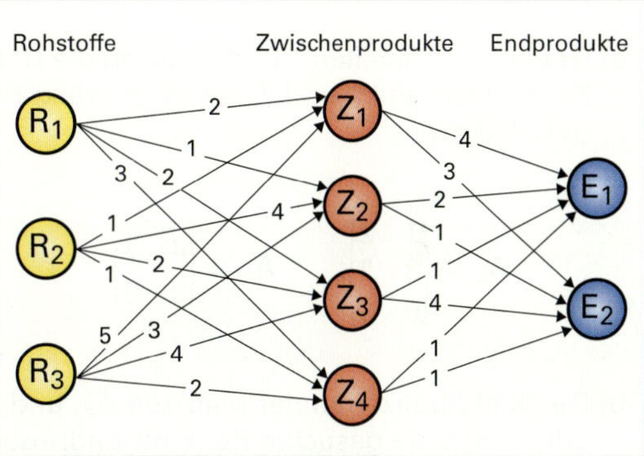

Bild 1: Verflechtungsgraph

Fortsetzung Beispiel 1:

Setzt man die LGS1-Werte von $Z_1, ..., Z_4$ in das LGS2 ein, gelangt man zur Abhängigkeit der Endprodukte von den Rohstoffen:

$$\begin{aligned} 15R_1 &+ 15R_2 + 32R_3 = E_1 \\ 18R_1 &+ 16R_2 + 36R_3 = E_2 \end{aligned}$$

Hieraus lässt sich die Rohstoff-Endprodukt-Matrix $\mathbf{A}_{RE}$ ablesen:

$$\mathbf{A}_{RE} = \begin{pmatrix} 15 & 18 \\ 15 & 16 \\ 32 & 36 \end{pmatrix}$$

Die Zeilen der Matrix stehen für die Rohstoffe und die Spalten für die Endprodukte. $\mathbf{A}_{RE}$ ist das Produkt der beiden Matrizen $\mathbf{A}_{RZ}$ und $\mathbf{A}_{ZE}$:

$$\mathbf{A}_{RE} = \mathbf{A}_{RZ} \cdot \mathbf{A}_{ZE}.$$

Beispiel 2:

Ein Betrieb stellt aus drei Rohstoffen R_1, R_2 und R_3 zwei Zwischenprodukte Z_1 und Z_2 her und verarbeitet diese zu zwei Endprodukten E_1 und E_2 weiter. Die zur Herstellung von einer Mengeneinheit eines Produkts benötigten Ausgangsmengen sind in den **Tabellen 1 und 2** erfasst.

a) Stellen Sie die Matrizen $\mathbf{A}_{RZ}$ und $\mathbf{A}_{ZE}$ auf.

b) Wie viele Mengeneinheiten des Rohstoffs R_i ($i = 1, 2, 3$) sind zur Herstellung einer ME des Endprodukts E_j ($j = 1,2$) nötig?

c) Ein Kunde bestellt 5 ME des Endprodukts E_1 und 3 ME des Endprodukts E_2. Welche Rohstoffmengen werden hierfür benötigt?

d) Die Einkaufspreise der Rohstoffe betragen 2, 1 bzw. 3 Tsd. € je ME. Welche Rohstoffkosten entstehen bei der Produktion? (Hinweis: $K = \vec{p}_R^{\,T} \cdot \vec{k}_R$)

Lösung:

a) Gemäß den Tabellen 1 und 2 lauten die Rohstoff-Zwischenprodukt- und Zwischenprodukt-Endprodukt-Matrizen:

$$\mathbf{A}_{RZ} = \begin{pmatrix} 1 & 2 \\ 3 & 2 \\ 0 & 1 \end{pmatrix}; \quad \mathbf{A}_{ZE} = \begin{pmatrix} 4 & 7 \\ 0 & 3 \end{pmatrix}$$

b) Durch Multiplikation der Matrizen $\mathbf{A}_{RZ}$ und $\mathbf{A}_{ZE}$ erhält man die gesuchte Rohstoff-Endprodukt-Matrix:

$$\mathbf{A}_{RE} = \mathbf{A}_{RZ} \cdot \mathbf{A}_{ZE}$$

$$\mathbf{A}_{RE} = \begin{pmatrix} 1 & 2 \\ 3 & 2 \\ 0 & 1 \end{pmatrix} \cdot \begin{pmatrix} 4 & 7 \\ 0 & 3 \end{pmatrix} = \begin{pmatrix} 4 & 13 \\ 12 & 27 \\ 0 & 3 \end{pmatrix}.$$

c) Gemäß der Kundenorder lautet der Produktionsvektor der Endprodukte

$\vec{p}_E = \begin{pmatrix} 5 \\ 3 \end{pmatrix}$. Aus diesem lässt sich der

Produktionsvektor der Zwischenprodukte

$$\vec{p}_Z = \mathbf{A}_{ZE} \cdot \vec{p}_E = \begin{pmatrix} 4 & 7 \\ 0 & 3 \end{pmatrix} \cdot \begin{pmatrix} 5 \\ 3 \end{pmatrix} = \begin{pmatrix} 41 \\ 9 \end{pmatrix}$$

und hieraus wiederum der Produktionsvektor der Rohstoffe bestimmen

$$\vec{p}_R = \mathbf{A}_{RZ} \cdot \vec{p}_Z = \begin{pmatrix} 1 & 2 \\ 3 & 2 \\ 0 & 1 \end{pmatrix} \cdot \begin{pmatrix} 41 \\ 9 \end{pmatrix} = \begin{pmatrix} 59 \\ 141 \\ 9 \end{pmatrix}.$$

$$\boxed{\vec{p}_R = \mathbf{A}_{RZ} \cdot \vec{p}_Z} \quad \text{(1. Produktionsstufe)}$$

und

$$\boxed{\vec{p}_Z = \mathbf{A}_{ZE} \cdot \vec{p}_E} \quad \text{(2. Produktionsstufe)}$$

$\mathbf{A}_{RZ}$ Rohstoff-Zwischenprodukt-Matrix
$\mathbf{A}_{ZE}$ Zwischenprodukt-Endprodukt-Matrix
$\vec{p}_R$ Produktionsvektor der Rohstoffe
$\vec{p}_Z$ Produktionsvektor der Zwischenprodukte
$\vec{p}_E$ Produktionsvektor der Endprodukte

Tabelle 1: Zwischenprodukttabelle

Rohstoff \ Zwischenprod.	Z_1	Z_2
R_1	1	2
R_2	3	2
R_3	0	1

Tabelle 2: Endprodukttabelle

Zw.prod. \ Endprodukt	E_1	E_2
Z_1	4	7
Z_2	0	3

Fortsetzung Beispiel 2

Dasselbe Ergebnis erhält man auch in einem Schritt mittels der Rohstoff-Endprodukt-Matrix:

$$\vec{p}_R = \mathbf{A}_{RE} \cdot \vec{p}_E = \begin{pmatrix} 4 & 13 \\ 12 & 27 \\ 0 & 3 \end{pmatrix} \cdot \begin{pmatrix} 5 \\ 3 \end{pmatrix} = \begin{pmatrix} 59 \\ 141 \\ 9 \end{pmatrix}.$$

d) Gemäß den Angaben lautet der Kostenvektor der Rohstoffe je ME

$$\vec{k}_R = \begin{pmatrix} 2 \\ 1 \\ 3 \end{pmatrix}$$

Die Rohstoffkosten des Produktionsprozesses ergeben sich – wie beim einstufigen Produktionsprozess – als Skalarprodukt aus Produktionsvektor $\vec{p}_R$ und Kostenvektor $\vec{k}_R$, also

$$K = \vec{p}_R^{\,T} \cdot \vec{k}_R = (59 \;\; 141 \;\; 9) \cdot \begin{pmatrix} 2 \\ 1 \\ 3 \end{pmatrix} = 286.$$

Die Rohstoff bedingten Kosten der Produktion belaufen sich auf 286 Tsd. €.

Überprüfen Sie Ihr Wissen!

Übungsaufgaben

1. Eine Firma stellt aus 4 Rohstoffen 2 Zwischenprodukte her, die zu 3 Endprodukten weiterverarbeitet werden. Der Materialverbrauch (in Mengeneinheiten) ist in den **Tabellen 1** und **2** aufgeführt.

a) Wie viele Mengeneinheiten der Rohstoffe R_1, R_2, R_3 und R_4 sind zur Herstellung einer ME jedes Endprodukts erforderlich?

b) Für die Endprodukte E_1, E_2 und E_3 liegt ein Auftrag über 100, 150 bzw. 75 Einheiten vor. Wie groß ist der Rohstoffbedarf?

c) Die Rohstoffkosten je ME betragen 20, 15, 22 bzw. 31 €. Welche Rohstoffkosten entstehen bei der Produktion?

2. Für den Verkauf auf dem Schulbazar backen Eltern die Kuchensorten K_1, K_2 und K_3. Dazu werden aus sieben Rohstoffen R_1 bis R_7 (Mehl, Butter, Eier, Milch, Zucker, Puddingpulver, Erdbeeren) drei Zwischenprodukte Z_1, Z_2 und Z_3 (Teig, Belag 1, Belag 2) gefertigt. Aus den drei Zwischenprodukten entstehen die drei Kuchen. Den Materialbedarf in ME zeigen die **Tabellen 3** und **4**.

a) Erstellen Sie eine Matrix, die den Rohstoffbedarf für die drei Kuchen zeigt.

b) Von den Kuchensorten K_1, K_2 und K_3 sollen 3, 2 bzw. 3 Kuchen gebacken werden. Welche Rohstoffmengen müssen hierfür eingekauft werden?

c) Die Rohstoffkosten (in Euro) je ME für R_1 bis R_7 betragen der Reihe nach: 0,08; 0,55; 0,25; 0,35; 0,08; 0,3 bzw. 0,15. Bestimmen Sie den Kostenvektor nach der Formel $\vec{K}_E = \mathbf{A}^T_{RE} \cdot \vec{k}_R$ der Endprodukte je ME.

Tabelle 1: Materialverbrauch für Zwischenprodukte Z

Rohst. \ Zw.prod.	Z_1	Z_2
R_1	2	1
R_2	3	2
R_3	3	4
R_4	4	2

Tabelle 2: Materialverbrauch Endprodukte E

Zw.prod. \ Endprod.	E_1	E_2	E_3
Z_1	1	4	2
Z_2	2	1	5

Tabelle 3: Materialverbrauch für Zwischenprodukte

	Z_1	Z_2	Z_3
R_1	2	0	0
R_2	1	0	0
R_3	2	0	0
R_4	0	1	2
R_5	1	3	2
R_6	0	1	2
R_7	0	0	8

Tabelle 4: Materialverbrauch für Endprodukte

	K_1	K_2	K_3
Z_1	2	2	1
Z_2	2	3	2
Z_3	1	0	0

Lösungen

1. a) Rohstoff-Endprodukt-Matrix:

$$\mathbf{A}_{RE} = \mathbf{A}_{RZ} \cdot \mathbf{A}_{ZE} = \begin{pmatrix} 5 & 10 & 9 \\ 9 & 16 & 16 \\ 15 & 20 & 26 \\ 10 & 20 & 18 \end{pmatrix}.$$

b) Produktionsvektor der Endprodukte: $\vec{p}_E = \begin{pmatrix} 100 \\ 150 \\ 75 \end{pmatrix}$ $\Rightarrow$ Produktionsvektor der Rohstoffe: $\vec{p}_R = \begin{pmatrix} 2675 \\ 4500 \\ 6450 \\ 5350 \end{pmatrix}$

c) Kostenvektor der Rohstoffe je ME

(gemäß Angaben): $\vec{k}_R = \begin{pmatrix} 20 \\ 15 \\ 22 \\ 31 \end{pmatrix}$ $\Rightarrow K = \vec{p}_R^{\,T} \cdot \vec{k}_R$

$$= (2675 \;\; 4500 \;\; 6450 \;\; 5350) \cdot \begin{pmatrix} 20 \\ 15 \\ 22 \\ 31 \end{pmatrix} = 428750$$

Kosten der Produktion 428.750 €.

Lösungen Fortsetzung

2. a) Rohstoff-Endprodukt-Matrix:

$$\mathbf{A}_{RE} = \begin{pmatrix} 4 & 4 & 2 \\ 2 & 2 & 1 \\ 4 & 4 & 2 \\ 4 & 3 & 2 \\ 10 & 11 & 7 \\ 4 & 3 & 2 \\ 8 & 0 & 0 \end{pmatrix}$$

b) Produktionsvektor der Endprodukte

(gemäß Auftrag): $\vec{p}_E = \begin{pmatrix} 3 \\ 2 \\ 3 \end{pmatrix}$

$\Rightarrow$ Produktionsvektor der Rohstoffe:

$$\vec{p}_R = \mathbf{A}_{RE} \cdot \vec{p}_E = \begin{pmatrix} 4 & 4 & 2 \\ 2 & 2 & 1 \\ 4 & 4 & 2 \\ 4 & 3 & 2 \\ 10 & 11 & 7 \\ 4 & 3 & 2 \\ 8 & 0 & 0 \end{pmatrix} \cdot \begin{pmatrix} 3 \\ 2 \\ 3 \end{pmatrix} = \begin{pmatrix} 26 \\ 13 \\ 26 \\ 24 \\ 73 \\ 24 \\ 24 \end{pmatrix}$$

c) siehe Lösungsbuch

9.10 Das Leontief-Modell (Input-Output-Analyse)

Die Sektoren einer Volkswirtschaft beliefern sich untereinander mit ihren Produkten. Der Teil der Produktion, der nicht intern verbraucht wird, geht an den Endverbraucher (Markt). Das Prinzip des Güteraustauschs wird am folgenden Modell erläutert.

9.10.1 Zwei-Sektoren-Modell

Ein Landkreis bezieht täglich 2 Einheiten Strom und 9 Einheiten Gas von den Stadtwerken. Die Stadtwerke selbst benötigen zur Stromerzeugung täglich 4 Einheiten Strom und 1 Einheit Gas und zur Gaserzeugung 5 Einheiten Strom und 3 Einheiten Gas.

Die Abhängigkeiten der beiden Sektoren (Strom, Gas) untereinander sowie die Abgabe der Sektoren an den Markt (Landkreis) lassen sich in Form eines **Verflechtungsdiagramms (Bild 1)** oder einer **Input-Output-Tabelle (Tabelle 1)** darstellen. Die gelb unterlegten Tabellenwerte besagen, dass z.B. der Strom-Sektor 5 Einheiten an den Gas-Sektor liefert und selbst 4 Einheiten verbraucht. Bei spaltenweiser Betrachtung der Daten ergibt sich folgendes Bild: Um z.B. die 11 ME (Output) zu produzieren, benötigt der Strom-Sektor als Vorleistung 4 ME von sich selbst und 1 ME vom Gas-Sektor.

Die gelb unterlegten Tabelleneinträge werden zur **Verflechtungsmatrix** zusammengefasst.

$$\mathbf{X} = \begin{pmatrix} 4 & 5 \\ 1 & 3 \end{pmatrix}$$

Die Zeilen der Verflechtungsmatrix stehen für die Produktmengen, die ein Sektor an sich selbst und an den anderen Sektor liefert. Die Spalten stehen für die Inputs, die ein Sektor zur Produktion benötigt.

Jeder Sektor gibt einen Teil seiner Erzeugnisse an den externen Markt (Landkreis) ab. Diese Werte sind in der "Markt"-Spalte aufgeführt. Der betreffende Spaltenvektor heißt Markt- oder Konsumvektor.

$$\vec{y} = \begin{pmatrix} 2 \\ 9 \end{pmatrix}$$

In der letzten Spalte der **Tabelle 1** sind die Gesamtproduktionszahlen aller Sektoren aufgelistet. Den zugehörigen Spaltenvektor bezeichnet man daher als Produktionsvektor.

$$\vec{x} = \begin{pmatrix} 11 \\ 13 \end{pmatrix}$$

Bildet man die Summe aller Mengeneinheiten, die ein Sektor an sich und an den anderen Sektor sowie an den Markt liefert, erhält man

$$\begin{pmatrix} 4+5 \\ 1+3 \end{pmatrix} + \begin{pmatrix} 2 \\ 9 \end{pmatrix} = \begin{pmatrix} 11 \\ 13 \end{pmatrix}$$

Unter Verwendung der Verflechtungsmatrix kann hierfür auch geschrieben werden.

Leontief-Modell

Input-Output-Tabelle (2 Sektoren)				
	Abnehmer			
an / von	S_1	S_2	Markt $\vec{y}$	Produktion $\vec{x}$
S_1	x_{11}	x_{12}	y_1	x_1
S_2	x_{21}	x_{22}	y_2	x_2

$$\mathbf{X} = \begin{pmatrix} x_{11} & x_{12} \\ x_{21} & x_{22} \end{pmatrix}$$ Verflechtungsmatrix

$$\mathbf{A} = \begin{pmatrix} \frac{x_{11}}{x_1} & \frac{x_{12}}{x_2} \\ \frac{x_{21}}{x_1} & \frac{x_{22}}{x_2} \end{pmatrix}$$ Input- oder Technologie-Matrix

$$\vec{y} = \begin{pmatrix} y_1 \\ y_2 \end{pmatrix}$$ Markt- oder Konsumvektor

$$\vec{x} = \begin{pmatrix} x_1 \\ x_2 \end{pmatrix}$$ Produktionsvektor

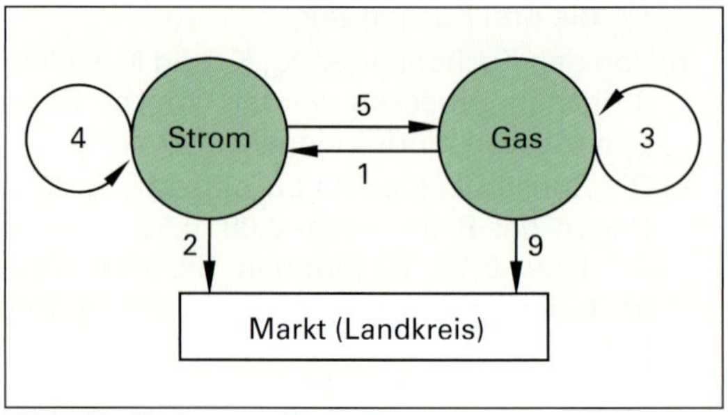

Bild1: Verflechtungsdiagramm

Tabelle 1: Input-Output-Tabelle					
		Abnehmer			
	an / von	Strom	Gas	Markt $\vec{y}$	Produktion $\vec{x}$
Erzeuger	Strom	4	5	2	11
	Gas	1	3	9	13

$$\begin{pmatrix} 4 & 5 \\ 1 & 3 \end{pmatrix} \cdot \begin{pmatrix} 1 \\ 1 \end{pmatrix} + \begin{pmatrix} 2 \\ 9 \end{pmatrix} = \begin{pmatrix} 11 \\ 13 \end{pmatrix}$$

Die Elemente der Verflechtungsmatrix werden nun so umgerechnet, dass jedem Sektor die Gesamtproduktion von 1 ME entspricht. Man erreicht dies, indem die Elemente der ersten Spalte durch 11, die der zweiten Spalte durch 13 geteilt werden. Die so gewonnenen Elemente heißen Technologiekoeffizienten und die zugehörige Matrix heißt Input- oder Technologie-Matrix.

$$\mathbf{A} = \begin{pmatrix} \frac{4}{11} & \frac{5}{13} \\ \frac{1}{11} & \frac{3}{13} \end{pmatrix}$$

9.10.2 Drei-Sektoren-Modell

Eine Volkswirtschaft besteht aus den 3 Sektoren Industrie (I), Landwirtschaft (L) und Dienstleistung (D) und den Markt. Die Abhängigkeit der einzelnen Sektoren untereinander sowie die Abgabe der Sektoren an den Markt lassen sich in Form eines Verflechtungsdiagramms **(Bild 1)** oder einer Input-Output-Tabelle (Tabelle 1) darstellen. Die gelb unterlegten Tabellenwerte stehen für die Güterflüsse zwischen den 3 Sektoren innerhalb eines festen Zeitraums (z.B. ein Jahr). Sie können wie zuvor zur Verflechtungsmatrix zusammengefasst werden.

$$\mathbf{X} = \begin{pmatrix} 60 & 40 & 30 \\ 4 & 3 & 8 \\ 10 & 6 & 12 \end{pmatrix}$$

Aus den Tabelleneinträgen in den Spalten Markt und Produktion gewinnt man den Marktvektor $\vec{y}$ und den Produktionsvektor $\vec{x}$.

$$\vec{y} = \begin{pmatrix} 70 \\ 6 \\ 22 \end{pmatrix}; \vec{x} = \begin{pmatrix} 200 \\ 21 \\ 50 \end{pmatrix}$$

Bildet man die Summe aller Mengeneinheiten, die ein Sektor innerhalb einer Produktionsperiode an sich und an die anderen Sektoren sowie an den Markt liefert, erhält man

$$\begin{pmatrix} 60 + 40 + 30 \\ 4 + 3 + 8 \\ 10 + 6 + 12 \end{pmatrix} + \begin{pmatrix} 70 \\ 6 \\ 22 \end{pmatrix} = \begin{pmatrix} 200 \\ 21 \\ 50 \end{pmatrix}$$

Unter der Verwendung der Verflechtungsmatrix kann hierfür auch geschrieben werden

$$\begin{pmatrix} 60 & 40 & 30 \\ 4 & 3 & 8 \\ 10 & 6 & 12 \end{pmatrix} \cdot \begin{pmatrix} 1 \\ 1 \\ 1 \end{pmatrix} + \begin{pmatrix} 70 \\ 6 \\ 22 \end{pmatrix} = \begin{pmatrix} 200 \\ 21 \\ 50 \end{pmatrix}$$

Die Elemente der Verflechtungsmatrix werden nun so umgerechnet, dass jedem Sektor die Gesamtproduktion von 1ME entspricht. Man erreicht dies, indem die Elemente der ersten Spalte der Matrix durch 200, die der zweiten Spalte durch 21 und die der dritten Spalte durch 50 geteilt werden. Die so gewonnenen Elemente heißen Technologiekoeffizienten. Die zugehörige Matrix ist die Input- oder Technologie-Matrix

$$\mathbf{A} = \begin{pmatrix} \frac{60}{200} & \frac{40}{21} & \frac{30}{50} \\ \frac{4}{200} & \frac{3}{21} & \frac{8}{50} \\ \frac{10}{200} & \frac{6}{21} & \frac{12}{50} \end{pmatrix}$$

Leontief-Modell

Input-Output-Tabelle (3 Sektoren)

von \ an	Abnehmer S_1	S_2	S_3	Markt $\vec{y}$	Produktion $\vec{x}$
S_1	x_{11}	x_{12}	x_{13}	y_1	x_1
S_2	x_{21}	x_{22}	x_{23}	y_2	x_2
S_3	x_{31}	x_{32}	x_{33}	y_3	x_3

$$\mathbf{X} = \begin{pmatrix} x_{11} & x_{12} & x_{13} \\ x_{21} & x_{22} & x_{23} \\ x_{31} & x_{32} & x_{33} \end{pmatrix}$$ Verflechtungsmatrix

$$\mathbf{A} = \begin{pmatrix} \frac{x_{11}}{x_1} & \frac{x_{12}}{x_2} & \frac{x_{13}}{x_3} \\ \frac{x_{21}}{x_1} & \frac{x_{22}}{x_2} & \frac{x_{23}}{x_3} \\ \frac{x_{31}}{x_1} & \frac{x_{32}}{x_2} & \frac{x_{33}}{x_3} \end{pmatrix}$$ Input- oder Technologie-Matrix

$$\vec{y} = \begin{pmatrix} y_1 \\ y_2 \\ y_3 \end{pmatrix}$$ Markt- oder Konsumvektor

$$\vec{x} = \begin{pmatrix} x_1 \\ x_2 \\ x_3 \end{pmatrix}$$ Produktionsvektor

x_{ij} Anzahl der Einheiten, die der Sektor S_i (i = 1, 2, 3) an den Sektor S_j (j = 1, 2, 3) liefert.

y_i Anzahl der Einheiten, die der Sektor S_i (i = 1, 2, 3) an den Markt abgibt

x_i Gesamtproduktion des Sektors S_i (i = 1, 2, 3)

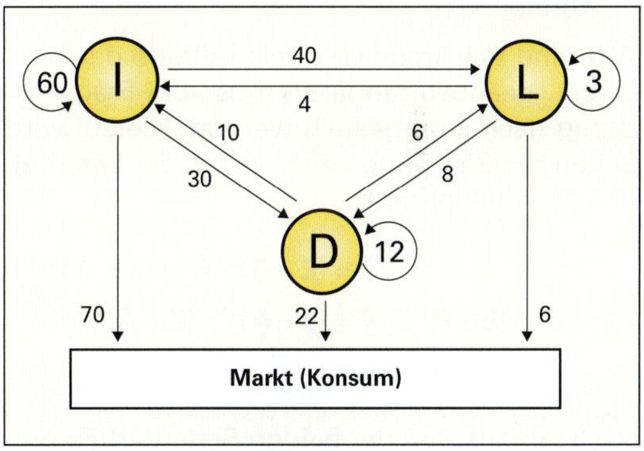

Bild 1: Verflechtungsdiagramm

Tabelle 1: Input-Output-Tabelle (3 Sektoren)

Erzeuger	von \ an	Abnehmer I	L	D	Markt $\vec{y}$	Produktion $\vec{x}$
	I	60	40	30	70	200
	L	4	3	8	6	21
	D	10	6	12	22	50

Die Technologiematrix besitzt gegenüber der Verflechtungsmatrix **X** den Vorteil, dass sie unabhängig ist vom Konsum oder der Gesamtproduktion. Sie bleibt solange unverändert, bis sich die technologischen Rahmenbedingungen in der Produktion ändern. Mithilfe der Technologiematrix **A** lässt sich die vorstehende Matrizengleichung auch in folgender gleichwertigen Form schreiben:

$$\begin{pmatrix} \frac{60}{200} & \frac{40}{21} & \frac{30}{50} \\ \frac{4}{200} & \frac{3}{21} & \frac{8}{50} \\ \frac{10}{200} & \frac{6}{21} & \frac{12}{50} \end{pmatrix} \cdot \begin{pmatrix} 200 \\ 21 \\ 50 \end{pmatrix} + \begin{pmatrix} 70 \\ 6 \\ 22 \end{pmatrix} = \begin{pmatrix} 200 \\ 21 \\ 50 \end{pmatrix}$$

$$\Leftrightarrow \quad \mathbf{A} \cdot \vec{x} + \vec{y} = \vec{x}.$$

Hieraus folgt für den Marktvektor $\vec{y}$:

$$\begin{aligned} \vec{y} &= \vec{x} - \mathbf{A} \cdot \vec{x} \\ \Leftrightarrow \quad \vec{y} &= \mathbf{E} \cdot \vec{x} - \mathbf{A} \cdot \vec{x} \\ \Leftrightarrow \quad \vec{y} &= (\mathbf{E} - \mathbf{A}) \cdot \vec{x}. \end{aligned}$$

Durch die Leontief-Gleichung $\vec{y} = (\mathbf{E} - \mathbf{A}) \cdot \vec{x}$ wird ein funktionaler Zusammenhang zwischen der Technologiematrix **A**, dem Marktvektor $\vec{y}$ und dem Produktionsvektor $\vec{x}$ hergestellt. Man geht davon aus, dass die Technologiekoeffizienten über Jahre hinweg keinen nennenswerten Änderungen unterliegen, die Matrix **A** also als zeitlich konstant angesehen werden kann. Dagegen können sich der Markt- und der Produktionsvektor bereits von einer Produktionsperiode zur nächsten ändern. Hieraus ergeben sich bei Kenntnis der Technologie-Matrix grundsätzlich zwei Fragestellungen:

(1) Welche Gütermengen können an den Markt abgegeben werden bei bekannter Gesamtproduktion der Sektoren?

(2) Wie viele Güter müssen produziert werden, um eine bestimmte Konsumentennachfrage befriedigen zu können?

Während sich Frage (1) direkt mithilfe der Leontief-Gleichung beantworten lässt, muss bei Frage (2) die Gleichung nach $\vec{x}$ umgestellt werden. Hierzu werden beide Seiten der Gleichung von links mit der **Leontief-Inversen** $(\mathbf{E} - \mathbf{A})^{-1}$ multipliziert:

$$\begin{aligned} \vec{y} &= (\mathbf{E} - \mathbf{A}) \cdot \vec{x} \quad | \cdot (\mathbf{E} - \mathbf{A})^{-1} \text{ von links} \\ \Leftrightarrow \quad (\mathbf{E} - \mathbf{A})^{-1} \cdot \vec{y} &= (\mathbf{E} - \mathbf{A})^{-1} \cdot (\mathbf{E} - \mathbf{A}) \cdot \vec{x} \\ \Leftrightarrow \quad (\mathbf{E} - \mathbf{A})^{-1} \cdot \vec{y} &= \mathbf{E} \cdot \vec{x} \end{aligned}$$

Nach Vertauschen der beiden Seiten erhält man:

$$\vec{x} = (\mathbf{E} - \mathbf{A})^{-1} \cdot \vec{y}\,.$$

Für das Eingangsbeispiel des Abschnitts lautet die Leontief-Inverse (GTR empfohlen!):

$$(\mathbf{E} - \mathbf{A})^{-1} = \begin{pmatrix} 1-\frac{60}{200} & -\frac{40}{21} & -\frac{30}{50} \\ \frac{-4}{200} & 1-\frac{3}{21} & -\frac{8}{50} \\ -\frac{10}{200} & -\frac{6}{21} & 1-\frac{12}{50} \end{pmatrix}^{-1} = \begin{pmatrix} \frac{3180}{1841} & \frac{8500}{1841} & \frac{4300}{1841} \\ \frac{87}{1315} & \frac{753}{526} & \frac{93}{263} \\ \frac{255}{1841} & \frac{1550}{1841} & \frac{2950}{1841} \end{pmatrix}$$

Leontief-Gleichung

$$\vec{y} = (\mathbf{E} - \mathbf{A}) \cdot \vec{x}.$$

$\vec{y}$ Konsumvektor
$\vec{x}$ Produktionsvektor
E Einheitsmatrix
A Technologiematrix

Tabelle 1: Verflechtung zwischen 3 Sektoren

von \ an	S_1	S_2	S_3	Markt $\vec{y}$
S_1	4	7	6	13
S_2	9	1	4	6
S_3	12	7	5	16

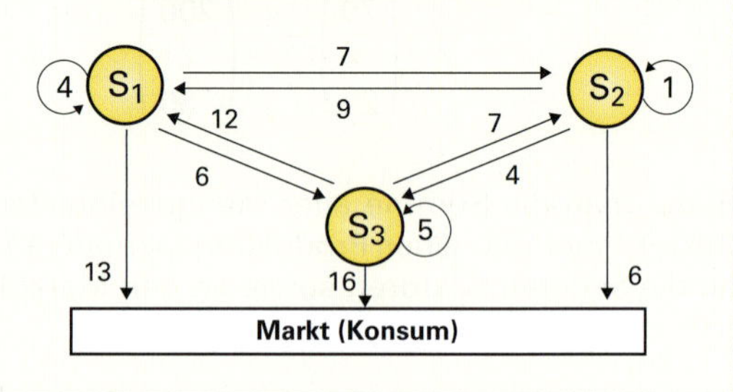

Bild 1: Verflechtungsdiagramm für 3 Sektoren

Beispiel 1: Verflechtungsdiagramm erstellen

Drei Sektoren S_1, S_2, und S_3 sind nach dem Leontief-Modell verflochten. Der Güteraustausch sowie die Abgaben an den Markt innerhalb der Produktionsperiode sind der **Tabelle 1** zu entnehmen (Angaben in Mengeneinheiten ME).

a) Erstellen Sie zu Tabelle 1 das zugehörige Verflechtungsdiagramm.

b) Bestimmen Sie den Produktionsvektor $\vec{x}$.

Lösung:

a) **Bild 1**

b) Die Gesamtproduktion (Output) eines jeden Sektors ergibt sich aus der Summe aller Mengeneinheiten, die der Sektor innerhalb der Produktionsperiode an sich und an die anderen Sektoren sowie an den Markt abgibt, also:

$$\vec{x} = \begin{pmatrix} 4+7+6+13 \\ 9+1+4+6 \\ 12+7+5+16 \end{pmatrix} = \begin{pmatrix} 30 \\ 20 \\ 40 \end{pmatrix}.$$

Beispiel 2: Technologie-Matrix aufstellen und Marktvektor berechnen

Drei Zweigwerke W_1, W_2, und W_3 eines Chemiekonzerns sind untereinander nach dem Leontief-Modell verflochten. Die Güterflüsse des letzten Produktionszeitraumes sind in **Tabelle 1** dargestellt (Angaben in Mengeneinheiten ME).

a) Stellen Sie die Technologie-Matrix auf.

b) Wie viele Einheiten wurden im letzten Produktionszeitraum an den Endverbraucher (Markt) abgegeben? Berechnen Sie den Marktvektor $\vec{y}$ nach der Leontief-Gleichung und überprüfen Sie das Ergebnis anhand der Tabelle.

c) Im kommenden Zeitraum planen die Werke W_1, W_2, und W_3 ihre Produktion auf 240, 440 bzw. 330 ME zu steigern. Wie sieht die zugehörige Verflechtungsmatrix aus?

d) Berechnen Sie den Marktvektor nach der Produktionssteigerung.

Lösung:

a) Die erste Spalte der Verflechtungsmatrix

$$\mathbf{X} = \begin{pmatrix} 10 & 90 & 30 \\ 50 & 70 & 120 \\ 70 & 60 & 30 \end{pmatrix}$$

wird durch 200 geteilt, die zweite Spalte durch 400 und die dritte durch 300:

$$\mathbf{A} = \begin{pmatrix} \frac{10}{200} & \frac{90}{400} & \frac{30}{300} \\ \frac{50}{200} & \frac{70}{400} & \frac{120}{300} \\ \frac{70}{200} & \frac{60}{400} & \frac{30}{300} \end{pmatrix} = \begin{pmatrix} 0{,}05 & 0{,}225 & 0{,}1 \\ 0{,}25 & 0{,}175 & 0{,}4 \\ 0{,}35 & 0{,}150 & 0{,}1 \end{pmatrix}.$$

b) Nach der Leontief-Gleichung gilt für den Marktvektor:

$$\vec{y} = (\mathbf{E} - \mathbf{A}) \cdot \vec{x}$$

$$= \left[\begin{pmatrix} 1 & 0 & 0 \\ 0 & 1 & 0 \\ 0 & 0 & 1 \end{pmatrix} - \begin{pmatrix} 0{,}05 & 0{,}225 & 0{,}1 \\ 0{,}25 & 0{,}175 & 0{,}4 \\ 0{,}35 & 0{,}150 & 0{,}1 \end{pmatrix}\right] \cdot \begin{pmatrix} 200 \\ 400 \\ 300 \end{pmatrix}$$

$$= \begin{pmatrix} 0{,}95 & -0{,}225 & -0{,}1 \\ -0{,}25 & 0{,}825 & -0{,}4 \\ -0{,}35 & -0{,}150 & 0{,}9 \end{pmatrix} \cdot \begin{pmatrix} 200 \\ 400 \\ 300 \end{pmatrix}$$

$$\vec{y} = \begin{pmatrix} 0{,}95 \cdot 200 - 0{,}225 \cdot 400 - 0{,}1 \cdot 300 \\ -0{,}25 \cdot 200 + 0{,}825 \cdot 400 - 0{,}4 \cdot 300 \\ -0{,}35 \cdot 200 - 0{,}150 \cdot 400 + 0{,}9 \cdot 300 \end{pmatrix} = \begin{pmatrix} 70 \\ 160 \\ 140 \end{pmatrix}.$$

Zur **Kontrolle**: Die Summe aller Gütermengen, die ein Werk an sich und an die anderen Werke sowie an den Markt liefert, ergibt die Gesamtproduktion:

$$\begin{matrix} W_1: \\ W_2: \\ W_3: \end{matrix} \begin{pmatrix} 10 + 90 + 30 \\ 50 + 70 + 120 \\ 70 + 60 + 30 \end{pmatrix} + \begin{pmatrix} 70 \\ 160 \\ 140 \end{pmatrix} = \begin{pmatrix} 200 \\ 400 \\ 300 \end{pmatrix}.$$

Tabelle 1: Verflechtung zwischen 3 Zweigwerken

von \ an	W_1	W_2	W_3	Produktion $\vec{x}$
W_1	10	90	30	200
W_2	50	70	120	400
W_3	70	60	30	300

Fortsetzung Beispiel 2

c) Eine Produktionssteigerung des ersten Werks von 200 ME auf 240 ME im nächsten Produktionszeitraum bedeutet ein Wachstum um den Faktor 1,2. Der Output der beiden anderen Werke wächst entsprechend jeweils um den Faktor 1,1. Im Umkehrschluss bedeutet dies, dass auch die zur Produktion erforderlichen Inputs um dieselben Faktorwerte wachsen müssen. Zwischen der erwarteten Verflechtungsmatrix $\mathbf{X}_{\text{erw.}}$ und der in **Tabelle 1** dargestellten Verflechtungsmatrix besteht somit folgender Zusammenhang:

$$\mathbf{X}_{\text{erw.}} = \begin{pmatrix} 10 \cdot 1{,}2 & 90 \cdot 1{,}1 & 30 \cdot 1{,}1 \\ 50 \cdot 1{,}2 & 70 \cdot 1{,}1 & 120 \cdot 1{,}1 \\ 70 \cdot 1{,}2 & 60 \cdot 1{,}1 & 30 \cdot 1{,}1 \end{pmatrix} = \begin{pmatrix} 12 & 99 & 33 \\ 60 & 77 & 132 \\ 84 & 66 & 33 \end{pmatrix}$$

Dividiert man die erste Spalte von $\mathbf{X}_{\text{erw.}}$ durch 240, die zweite Spalte durch 440 und die dritte durch 330, gelangt man wieder zu derselben Technologie-Matrix **A**.

d) Da die Technologie-Matrix von der Produktionssteigerung unberührt bleibt, muss in der Formel $\vec{y} = (\mathbf{E} - \mathbf{A}) \cdot \vec{x}$ lediglich der Produktionsvektor

durch $\vec{x} = \begin{pmatrix} 240 \\ 440 \\ 330 \end{pmatrix}$ ersetzt werden:

$$\vec{y} = (\mathbf{E} - \mathbf{A}) \cdot \vec{x}$$

$$\vec{y} = \begin{pmatrix} 0{,}95 & -0{,}225 & -0{,}1 \\ -0{,}25 & 0{,}825 & -0{,}4 \\ -0{,}35 & -0{,}150 & 0{,}9 \end{pmatrix} \cdot \begin{pmatrix} 240 \\ 440 \\ 330 \end{pmatrix} = \begin{pmatrix} 96 \\ 171 \\ 147 \end{pmatrix}$$

Nach der Produktionssteigerung:
$W_1 = 96$, $W_2 = 171$ und $W_3 = 147$.

Beispiel 3: Verflechtungstabelle aufstellen und Markt- und Produktionsvektor berechnen

Drei Firmen F1, F2 und F3 eines Unternehmens beliefern sich wechselseitig und den Markt mit ihren Produkten. Die Technologie-Matrix ist bekannt

$$\mathbf{A} = \begin{pmatrix} 0{,}2 & 0{,}4 & 0{,}3 \\ 0{,}4 & 0{,}1 & 0{,}2 \\ 0{,}4 & 0{,}2 & 0{,}1 \end{pmatrix}$$

a) Im aktuellen Jahr produzieren F_1 200 Einheiten, F_2 210 Einheiten und F_3 180 Einheiten. Wie viele Produktionseinheiten liefert jede der Firmen an sich selbst, an die beiden anderen Firmen und an den Markt? Stellen Sie hierzu die Verflechtungstabelle auf.

b) Eine Umfrage unter den privaten Verbrauchern hat ergeben, dass im kommenden Jahr mit dem Marktvektor

$\vec{y} = (39 \;\; 40 \;\; 51)^T$

zu rechnen ist. Wie viele Güter müssen produziert werden, um die Konsumentennachfrage zu befriedigen?

c) Zeigen Sie, dass in diesem Modell jede externe Marktforderung befriedigt werden kann.

Lösung:

a) Aus der Technologie-Matrix **A**

$$\mathbf{A} = \begin{pmatrix} \frac{x_{11}}{x_1} & \frac{x_{12}}{x_2} & \frac{x_{13}}{x_3} \\ \frac{x_{21}}{x_1} & \frac{x_{22}}{x_2} & \frac{x_{23}}{x_3} \\ \frac{x_{31}}{x_1} & \frac{x_{32}}{x_2} & \frac{x_{33}}{x_3} \end{pmatrix}$$

kann bei Kenntnis des Produktionsvektors $\vec{x} = (x_1 \;\; x_2 \;\; x_3)^T$ auf die Verflechtungsmatrix **X** rückgeschlossen werden. Hierzu muss die erste Spalte von **A** mit $x_1 = 200$, die zweite Spalte mit $x_2 = 210$ und die dritte Spalte mit $x_3 = 180$ multipliziert werden:

$$\mathbf{X} = \begin{pmatrix} 0{,}2 \cdot 200 & 0{,}4 \cdot 210 & 0{,}3 \cdot 180 \\ 0{,}4 \cdot 200 & 0{,}1 \cdot 210 & 0{,}2 \cdot 180 \\ 0{,}4 \cdot 200 & 0{,}2 \cdot 210 & 0{,}1 \cdot 180 \end{pmatrix} = \begin{pmatrix} 40 & 84 & 54 \\ 80 & 21 & 36 \\ 80 & 42 & 18 \end{pmatrix}.$$

Diese Matrix stellt die Güterflüsse der Firmen untereinander dar.

Der Marktvektor $\vec{y}$ kann nach der Leontief-Gleichung berechnet werden:

$\vec{y} = (\mathbf{E} - \mathbf{A}) \cdot \vec{x}$

$$= \left[\begin{pmatrix} 1 & 0 & 0 \\ 0 & 1 & 0 \\ 0 & 0 & 1 \end{pmatrix} - \begin{pmatrix} 0{,}2 & 0{,}4 & 0{,}3 \\ 0{,}4 & 0{,}1 & 0{,}2 \\ 0{,}4 & 0{,}2 & 0{,}1 \end{pmatrix}\right] \cdot \begin{pmatrix} 200 \\ 210 \\ 180 \end{pmatrix}$$

$$= \begin{pmatrix} 0{,}8 & -0{,}4 & -0{,}3 \\ -0{,}4 & 0{,}9 & -0{,}2 \\ -0{,}4 & -0{,}2 & 0{,}9 \end{pmatrix} \cdot \begin{pmatrix} 200 \\ 210 \\ 180 \end{pmatrix}$$

$$\vec{y} = \begin{pmatrix} y_1 \\ y_2 \\ y_3 \end{pmatrix} \qquad \vec{y} = (y_1 \;\; y_2 \;\; y_3)^T$$

$\vec{y}$ Konsumvektor

Tabelle 1: Verflechtungstabelle dreier Firmen

von \ an	F_1	F_2	F_3	Markt $\vec{y}$
F_1	40	84	54	22
F_2	80	21	36	73
F_3	80	42	18	40

Fortsetzung Beispiel 3

$$\vec{y} = \begin{pmatrix} 0{,}8 \cdot 200 - 0{,}4 \cdot 210 - 0{,}3 \cdot 180 \\ -0{,}4 \cdot 200 + 0{,}9 \cdot 210 - 0{,}2 \cdot 180 \\ -0{,}4 \cdot 200 - 0{,}2 \cdot 210 + 0{,}9 \cdot 180 \end{pmatrix} = \begin{pmatrix} 22 \\ 73 \\ 40 \end{pmatrix}.$$

Im laufenden Jahr geben F_1 22, F_2 73 und F_3 40 Produktionseinheiten an den Markt ab. Die Ergebnisse sind in **Tabelle 1** zusammengefasst.

b) Es ist nach dem Produktionsvektor $\vec{x}$ gefragt; für diesen gilt nach der Leontief-Gleichung:

$\vec{x} = (\mathbf{E} - \mathbf{A})^{-1} \cdot \vec{y}$

$$\vec{x} = \begin{pmatrix} 0{,}8 & -0{,}4 & -0{,}3 \\ -0{,}4 & 0{,}9 & -0{,}2 \\ -0{,}4 & -0{,}2 & 0{,}9 \end{pmatrix}^{-1} \cdot \begin{pmatrix} 39 \\ 40 \\ 51 \end{pmatrix}$$

$$\vec{x} = \begin{pmatrix} \frac{5}{2} & \frac{15}{11} & \frac{25}{22} \\ \frac{10}{7} & \frac{150}{77} & \frac{10}{11} \\ \frac{10}{7} & \frac{80}{77} & \frac{20}{11} \end{pmatrix} \cdot \begin{pmatrix} 39 \\ 40 \\ 51 \end{pmatrix} = \begin{pmatrix} 210 \\ 180 \\ 190 \end{pmatrix}.$$

Im kommenden Jahr müssen die Firmen F_1 und F_3 ihre Produktion um jeweils 10 Einheiten steigern, wohingegen die Firma F_2 die Produktion um 30 Einheiten drosseln kann.

c) Da die Leontief-Inverse $(\mathbf{E} - \mathbf{A})^{-1}$ keine negativen Elemente enthält (s. Lösungsteil b)), sind auch die Komponenten des Produktionsvektors $\vec{x} = (\mathbf{E} - \mathbf{A})^{-1} \cdot \vec{y}$ größer oder gleich null bei jeder Wahl von $\vec{y}$ (vorausgesetzt, die Komponenten von $\vec{y}$ sind ebenfalls größer oder gleich null, was aber in der Natur der Sache liegt). Somit wird dieses Modell jeder externen Marktforderung gerecht.

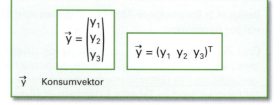

Beispiel 4: Input-Output-Tabelle aufstellen, Produktions- und Marktvektor berechnen

Drei nach dem Leontief-Modell verflochtene Zweigwerke Z_1, Z_2 und Z_3 eines Konzerns beliefern sich gegenseitig und den Markt. Die Technologie-Matrix ist gegeben durch

$$A = \begin{pmatrix} 0{,}1 & 0{,}18 & 0{,}44 \\ 0{,}2 & 0{,}11 & 0{,}18 \\ 0{,}5 & 0{,}40 & 0{,}20 \end{pmatrix}$$

a) In der aktuellen Produktionsperiode liefern Z_1 145 Einheiten, Z_2 200 Einheiten und Z_3 175 Einheiten an den Markt. Stellen Sie die zugehörige Input-Output-Tabelle auf.

b) In einer anderen Produktionsperiode produzieren Z_1 800 und Z_2 500 Einheiten, Z_3 gibt 240 Einheiten an den Markt ab. Berechnen Sie den Produktions- und Marktvektor für diese Periode.

c) Überprüfen Sie, ob Z_1 350 und Z_3 250 Produktionseinheiten an den Markt abgeben können, wenn Z_2 500 Einheiten produziert aber nichts an den Markt abgibt.

Lösung:

a) Zunächst wird mittels **A** und $\vec{y} = (145 \;\; 200 \;\; 175)^T$ der Produktionsvektor $\vec{x}$ nach der Leontief-Gleichung bestimmt:

$$\vec{x} = (\mathbf{E} - \mathbf{A})^{-1} \cdot \vec{y}$$

$$= \begin{pmatrix} 0{,}9 & -0{,}18 & -0{,}44 \\ -0{,}2 & 0{,}89 & -0{,}18 \\ -0{,}5 & -0{,}40 & 0{,}80 \end{pmatrix}^{-1} \cdot \begin{pmatrix} 145 \\ 200 \\ 175 \end{pmatrix}$$

$$\vec{x} = \begin{pmatrix} \frac{32}{15} & \frac{16}{15} & \frac{106}{75} \\ \frac{5}{6} & \frac{5}{3} & \frac{5}{6} \\ \frac{7}{4} & \frac{3}{2} & \frac{51}{20} \end{pmatrix} \cdot \begin{pmatrix} 145 \\ 200 \\ 175 \end{pmatrix} = \begin{pmatrix} 700 \\ 600 \\ 1000 \end{pmatrix}$$

Jetzt kann wie in Beispiel 3 die Verflechtungsmatrix **X** bestimmt werden, indem die erste Spalte von **A** mit $x_1 = 770$, die zweite Spalte mit $x_2 = 600$ und die dritte Spalte mit $x_3 = 1000$ multipliziert wird:

$$\mathbf{X} = \begin{pmatrix} 0{,}1 \cdot 770 & 0{,}18 \cdot 600 & 0{,}44 \cdot 1000 \\ 0{,}2 \cdot 770 & 0{,}1 \cdot 600 & 0{,}18 \cdot 1000 \\ 0{,}5 \cdot 770 & 0{,}40 \cdot 600 & 0{,}20 \cdot 1000 \end{pmatrix}$$

$$= \begin{pmatrix} 77 & 108 & 440 \\ 154 & 66 & 180 \\ 385 & 240 & 200 \end{pmatrix}$$

Diese Matrix stellt die Güterflüsse der Zweigwerke untereinander dar. Die Ergebnisse sind in **Tabelle 1** zusammengefasst.

b) Vom Produktionsvektor $\vec{x}$ sind die ersten beiden Komponenten und vom Marktvektor $\vec{y}$ die letzte Komponente bekannt. Die Vektoren können daher in der Form $\vec{x} = (800 \;\; 500 \;\; x_3)^T$ und $\vec{y} = (y_1 \;\; y_2 \;\; 240)^T$ geschrieben werden.

Tabelle 1: Input-Output-Tabelle

von \ an	Z_1	Z_2	Z_3	Markt $\vec{y}$	Prod. $\vec{x}$
Z_1	77	108	440	145	770
Z_2	154	66	180	200	600
Z_3	385	240	200	175	1000

Der Zusammenhang zwischen beiden Vektoren wird durch die Leontief-Gleichung hergestellt:

$$\vec{y} = (\mathbf{E} - \mathbf{A}) \cdot \vec{x}$$

$$\begin{pmatrix} y_1 \\ y_2 \\ 240 \end{pmatrix} = \left[\begin{pmatrix} 1 & 0 & 0 \\ 0 & 1 & 0 \\ 0 & 0 & 1 \end{pmatrix} - \begin{pmatrix} 0{,}1 & 0{,}18 & 0{,}44 \\ 0{,}2 & 0{,}11 & 0{,}18 \\ 0{,}5 & 0{,}40 & 0{,}20 \end{pmatrix} \right] \cdot \begin{pmatrix} 800 \\ 500 \\ x_3 \end{pmatrix}$$

$$\begin{pmatrix} y_1 \\ y_2 \\ 240 \end{pmatrix} = \begin{pmatrix} 0{,}9 & -0{,}18 & -0{,}44 \\ -0{,}2 & 0{,}89 & -0{,}18 \\ -0{,}5 & -0{,}40 & 0{,}80 \end{pmatrix} \cdot \begin{pmatrix} 800 \\ 500 \\ x_3 \end{pmatrix}$$

$$\begin{pmatrix} y_1 \\ y_2 \\ 240 \end{pmatrix} = \begin{pmatrix} 630 - 0{,}44x_3 \\ 285 - 0{,}18x_3 \\ -600 + 0{,}80x_3 \end{pmatrix}$$

Als LGS geschrieben:

$$y_1 + 0{,}44x_3 = 630$$

$$y_2 + 0{,}18x_3 = 285$$

$$0{,}80x_3 = 840.$$

Aus der letzten Gleichung folgt unmittelbar $x_3 = 1050$. Setzt man diesen Wert in die beiden anderen Gleichungen ein, erhält man $y_2 = 96$ und $y_1 = 168$. Somit lauten die gesuchten Vektoren: $\vec{x} = (800 \;\; 500 \;\; 1050)^T$ und $\vec{y} = (168 \;\; 96 \;\; 240)^T$.

c) Der Marktvektor ist durch die Vorgaben eindeutig bestimmt zu $\vec{y} = (350 \;\; 0 \;\; 250)^T$. Damit ist aber auch der Produktionsvektor $\vec{x}$ nach der Leontief-Gleichung eindeutig festgelegt:

$$\vec{x} = (\mathbf{E} - \mathbf{A})^{-1} \cdot \vec{y}$$

$$\vec{x} = \begin{pmatrix} \frac{32}{15} & \frac{16}{15} & \frac{106}{75} \\ \frac{5}{6} & \frac{5}{3} & \frac{5}{6} \\ \frac{7}{4} & \frac{3}{2} & \frac{51}{20} \end{pmatrix} \cdot \begin{pmatrix} 350 \\ 0 \\ 250 \end{pmatrix} = \begin{pmatrix} 1100 \\ 500 \\ 1250 \end{pmatrix}.$$

Da die zweite Komponente von $\vec{x}$ den Wert 500 hat, sind die in c) formulierten Bedingungen realisierbar, wenn Z_1 1100 Einheiten produziert und Z_3 1250 Einheiten.

Überprüfen Sie Ihr Wissen!

1. Gegeben ist die (lückenhafte) Input-Output-Tabelle (**Tabelle 1**) dreier Betriebe B_1, B_2 und B_3, die nach dem Leontief-Modell untereinander und mit dem Markt verflochten sind.

a) Vervollständigen Sie die Tabelle und bestimmen Sie dann die Verflechtungsmatrix **X**, den Marktvektor $\vec{y}$ und den Produktionsvektor $\vec{x}$.

b) Stellen Sie die Technologie-Matrix **A** und die Leontief-Matrix **E – A** auf.

c) Überprüfen Sie anhand der in a) und b) bestimmten Größen die Gültigkeit der Leontief-Gleichung $\vec{y} = (\mathbf{E} - \mathbf{A}) \cdot \vec{x}$.

Tabelle 1: Input-Output-Tabelle

von \ an	B_1	B_2	B_3	Markt $\vec{y}$	Prod. $\vec{x}$
B_1	20	x_{12}	0	80	200
B_2	30	40	80	350	x_2
B_3	80	60	20	y_3	400

2. Drei Zweigwerke W_1, W_2 und W_3 eines Unternehmens beliefern sich wechselseitig und den Markt gemäß dem Verflechtungsdiagramm (**Bild 1**) (Angaben in Mengeneinheiten).

a) Stellen Sie die zugehörige Input-Output-Tabelle auf und bestimmen Sie die Technologie-Matrix **A**.

b) Die Werke wollen ihre Produktion auf 170, 150 bzw. 210 ME steigern. Wie sieht die zugehörige Verflechtungsmatrix **X** aus?

c) Berechnen Sie den Marktvektor nach der Produktionssteigerung mithilfe der Leontief-Gleichung (Hinweis: die Technologie-Matrix ist dieselbe wie im a-Teil).

d) In einem zurückliegenden Produktionszeitraum haben W_1 28, W_2 8 und W_3 2 Mengeneinheiten an den Markt abgegeben. Wie viele Einheiten wurden von den einzelnen Werken im betreffenden Zeitraum produziert?

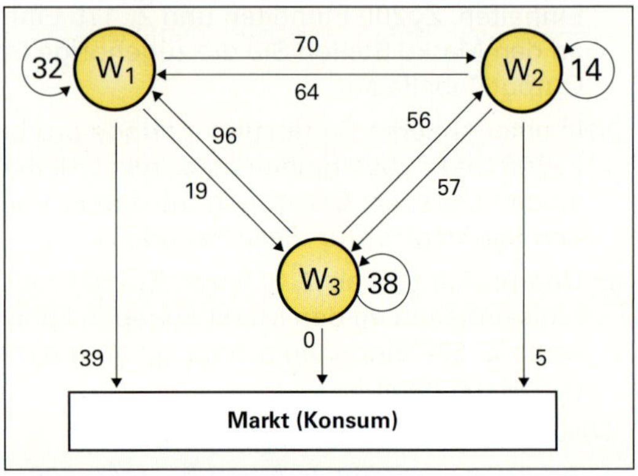

Bild 1: Verflechtungsdiagramm

Lösungen

1. a) $x_{12} = 100$; $x_2 = 500$; $y_3 = 240$

$$\Rightarrow \mathbf{X} = \begin{pmatrix} 20 & 100 & 0 \\ 30 & 40 & 80 \\ 80 & 60 & 20 \end{pmatrix}; \vec{y} = \begin{pmatrix} 80 \\ 350 \\ 240 \end{pmatrix}; \vec{x} = \begin{pmatrix} 200 \\ 500 \\ 400 \end{pmatrix}$$

b) $$\mathbf{A} = \begin{pmatrix} 0{,}10 & 0{,}20 & 0{,}00 \\ 0{,}15 & 0{,}08 & 0{,}20 \\ 0{,}40 & 0{,}12 & 0{,}05 \end{pmatrix}; \mathbf{E}-\mathbf{A} = \begin{pmatrix} 0{,}90 & -0{,}20 & -0{,}00 \\ -0{,}15 & 0{,}92 & -0{,}20 \\ -0{,}40 & -0{,}12 & 0{,}95 \end{pmatrix}$$

c) $$\vec{y} = \begin{pmatrix} 80 \\ 350 \\ 240 \end{pmatrix}; \quad (\mathbf{E} - \mathbf{A}) \cdot \vec{x} = \begin{pmatrix} 80 \\ 350 \\ 240 \end{pmatrix}$$

$\Rightarrow$ Leontief-Gleichung ist erfüllt.

Fortsetzung Lösungen

2. a)

Input-Output-Tabelle

von \ an	W_1	W_2	W_3	Markt $\vec{y}$	Prod. $\vec{x}$
W_1	32	70	19	39	160
W_2	64	14	57	5	140
W_3	96	56	38	0	190

$$\mathbf{A} = \begin{pmatrix} 0{,}2 & 0{,}5 & 0{,}1 \\ 0{,}4 & 0{,}1 & 0{,}3 \\ 0{,}6 & 0{,}4 & 0{,}2 \end{pmatrix}$$

b) $$\mathbf{X} = \begin{pmatrix} 34 & 75 & 21 \\ 68 & 15 & 63 \\ 102 & 60 & 42 \end{pmatrix}$$

c) $$\vec{y} = \begin{pmatrix} 40 \\ 4 \\ 6 \end{pmatrix}$$

d) $$\vec{x} = \begin{pmatrix} 130 \\ 120 \\ 160 \end{pmatrix}$$

3. Von der Verflechtung dreier Firmen F_1, F_2 und F_3 untereinander ist die Leontief-Matrix bekannt

$$\mathbf{E}-\mathbf{A}=\begin{pmatrix}0{,}9 & -0{,}2 & -0{,}6\\ -0{,}3 & 0{,}8 & -0{,}4\\ -0{,}5 & -0{,}4 & 0{,}8\end{pmatrix}$$

a) Stellen Sie die Technologie-Matrix **A** auf.

b) In der vergangenen Produktionsperiode belieferten sich die Firmen gegenseitig und den Markt gemäß **Tabelle 1** (Angaben in Mengeneinheiten). Bestimmen Sie den Produktionsvektor nach der Leontief-Gleichung (GTR empfohlen!) und ermitteln Sie dann die Eigenverbrauchsmengen x_{11}, x_{22} und x_{33}.

c) Eine Marktanalyse hat ergeben, dass zukünftig alle Firmen zusammen 48 Produktionseinheiten am Markt absetzen können. Die Liefermengen der Firmen F_2 und F_3 an den Markt sind gleich groß. Die Firma F_1 liefert doppelt so viel an den Markt wie F_2. Wie viele Güter müssen die Firmen jeweils produzieren, um die Marktnachfrage befriedigen zu können?

4. Drei Zweigwerke Z_1, Z_2 und Z_3 eines Industriebetriebes sind untereinander und mit dem Markt nach dem Leontief-Modell verflochten. Es gilt die Technologie-Matrix.

$$\mathbf{A}=\begin{pmatrix}0{,}10 & 0{,}04 & 0{,}26\\ 0{,}50 & 0{,}30 & 0{,}20\\ 0{,}10 & 0{,}14 & 0{,}16\end{pmatrix}$$

a) Im gegenwärtigen Produktionszeitraum stellen die Zweigwerke Z_1 400, Z_2 600 und Z_3 500 Einheiten her. Bestimmen Sie die Verflechtungsmatrix **X** und den Marktvektor $\vec{y}$. Erstellen Sie damit die vollständige Input-Output-Tabelle.

b) In einem anderen Zeitraum produzieren Z_1 350 und Z_3 400 Einheiten, Z_2 gibt 200 Einheiten an den Markt ab. Berechnen Sie den Produktions- und Marktvektor für diesen Produktionszeitraum.

c) Überprüfen Sie, ob Z_1 und Z_2 jeweils 500 Produktionseinheiten an den Markt abgeben können, wenn Z_3 300 Einheiten produziert selbst aber nichts an den Markt abgibt.

Tabelle 1: Verflechtungstabelle

von \ an	F_1	F_2	F_3	Markt $\vec{y}$
F_1	x_{11}	88	312	14
F_2	138	x_{22}	208	6
F_3	230	176	x_{33}	10

Lösungen

3. a) $\mathbf{A}=\begin{pmatrix}0{,}1 & 0{,}2 & 0{,}6\\ 0{,}3 & 0{,}2 & 0{,}4\\ 0{,}5 & 0{,}4 & 0{,}2\end{pmatrix}$

b) $\vec{x}=(\mathbf{E}-\mathbf{A})^{-1}\cdot\vec{y}$

$$=\frac{1}{8}\cdot\begin{pmatrix}120 & 100 & 140\\ 110 & 105 & 135\\ 130 & 115 & 165\end{pmatrix}\cdot\begin{pmatrix}14\\ 6\\ 10\end{pmatrix}=\begin{pmatrix}460\\ 440\\ 520\end{pmatrix}$$

$\Rightarrow x_{11}=46,\ x_{22}=88,\ x_{33}=104$

c) Für den Marktvektor gilt:

$$\vec{y}=\begin{pmatrix}24\\ 12\\ 12\end{pmatrix}\Rightarrow\vec{x}=(\mathbf{E}-\mathbf{A})^{-1}\cdot\vec{y}=\begin{pmatrix}720\\ 690\\ 810\end{pmatrix}$$

Um den Markt bedienen zu können, müssen F_1 720, F_2 690 und F_3 810 Einheiten produzieren.

4. a)

$$\mathbf{X}=\begin{pmatrix}40 & 24 & 130\\ 200 & 180 & 100\\ 20 & 84 & 80\end{pmatrix};\ \vec{y}=(\mathbf{E}-\mathbf{A})\cdot\vec{x}=\begin{pmatrix}206\\ 120\\ 296\end{pmatrix}$$

Input-Output-Tabelle

von \ an	Z_1	Z_2	Z_3	Markt $\vec{y}$	Prod. $\vec{x}$
Z_1	40	24	130	206	400
Z_2	200	180	100	120	600
Z_3	40	84	80	296	500

b) Siehe Lösungsbuch

c) Der Marktvektor ist durch die Vorgaben festgelegt auf $\vec{y}=(500\ \ 500\ \ 0)^T$. Nach der Leontief-Gleichung folgt hieraus:

$$\vec{x}=(\mathbf{E}-\mathbf{A})^{-1}\cdot\vec{y}=\frac{1}{45}\cdot\begin{pmatrix}56 & 7 & 19\\ 44 & 37 & 31\\ 14 & 13 & 61\end{pmatrix}\cdot\begin{pmatrix}500\\ 500\\ 0\end{pmatrix}$$

$$=\begin{pmatrix}700\\ 1300\\ 300\end{pmatrix}$$

Die in 4c) formulierten Bedingungen sind realisierbar, wenn Z_1 700 und Z_2 1300 Einheiten produzieren.

Prüfungsaufgaben, Anwendungsbezogene Aufgaben

Welche Kompetenzen werden gefördert?

	A
1	Eigenverantwortung
2	Problemlöseverhalten
3	Rechengeschwindigkeit
4	Prüfungssicherheit

Prüfungsaufgaben

- Musteraufgaben
  - Ganzrationale Funktion
  - Exponentialfunktion
  - Sinusfunktionen
  - Gebrochen rationale Funktionen
  - Vektoraufgabe Prisma
  - Vektoraufgabe Quader
  - Vektoraufgabe Pyramide
- Testen Sie Ihr Wissen zur Prüfung!
  - Aufgabe mit ganzrationalen Funktion
  - Aufgabe zu Funktionstermen und Schaubild
  - Gebrochenrationale Funktionen
  - Aufgaben mit e - Funktionen
  - Aufgaben mit e - und ln - Funktionen verknüpft mit rationaler Funktion
  - Vektorrechnung
  - Schaubilder ganzrationaler Funktionen
  - Schaubilder von e - Funktionen
  - Schaubilder von Kreisfunktionen

Anwendungsbezogene Aufgaben

- Kostenrechnung
- Optimierung einer Oberfläche
- Optimierung einer Fläche
- Flächenmoment
- Sammellinse einer Kamera
- Abkühlvorgang
- Entladevorgang
- Gebirgsmassiv
- Bolzplatz für die Jugend
- Berechnung von Leistung und Arbeit
- Sinusförmige Wechselgrößen
- Effektivwertberechnung
- Wintergarten
- Bauvorhaben Kirche
- Aushub Freibad
- Pyramide
- Kugelfangtrichter für Luftgewehre
- Firmenschild
- Anwendungen der Differenzialrechnung

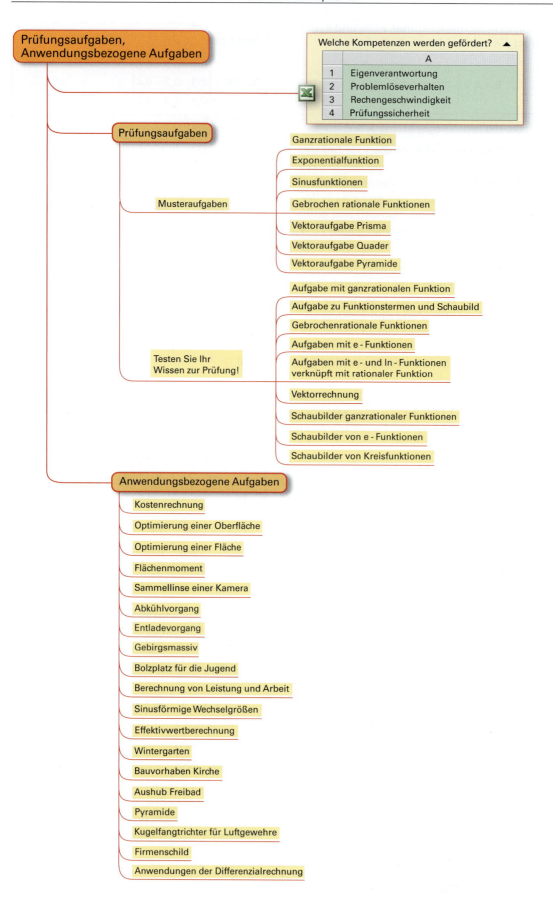

10 Prüfungsaufgaben

10.1 Musteraufgaben

10.1.1 Ganzrationale Funktionen

Erstellen der Kurve aus Vorgaben

Das Schaubild K_f einer ganzrationalen Funktion dritten Grades mit $f(x) = ax^3 + bx^2 + cx + d$ ist punktsymmetrisch zum Ursprung ①, geht durch den Punkt P (8|–4) ② und hat in O (0|0) die Steigung 1,5 ③.
Bestimmen Sie den zugehörigen Funktionsterm.

①: Punktsymmetrie zum Ursprung, d. h. nur ungerade Exponenten b = 0 und d = 0.

(1) $f(x) = ax^3 + cx$

②: K_f geht durch den Punkt P (8|–4) $\Rightarrow f(8) = -4$

(2) $f(8) = 512a + 8c = -4$

③: K_f hat in O (0|0) die Steigung 1,5 $\Rightarrow f'(0) = 1{,}5$

(3) $f'(0) = 3a0^2 + c = 1{,}5 \Leftrightarrow \mathbf{c = 1{,}5}$

c in die Gleichung (2) eingesetzt ergibt:

$-4 = 512a + 8 \cdot 1{,}5 \Leftrightarrow \mathbf{a = -\frac{1}{32}}$

$\mathbf{f(x) = -\frac{1}{32}x^3 + 1{,}5x}$

Kurvendiskussion

Berechnen Sie für das Schaubild K_f der Funktion f mit $f(x) = -\frac{1}{32}x^3 + 1{,}5x;\quad x \in \mathbb{R}$ alle Schnittpunkte mit der x-Achse, Hochpunkte, Tiefpunkte, Wendepunkte. Zeichnen Sie K_f und die Schaubilder der Ableitungen für $-8 \leq x \leq 8$ mit 1 LE = 1 cm.

$f'(x) = -\frac{3}{32}x^2 + 1{,}5;\quad f''(x) = -\frac{3}{16}x;\quad f'''(x) = -\frac{3}{16}$

Nullstellen: $f(x) = -\frac{1}{32}x(x^2 - 48) = 0;\ x_1 = 0;\ x_{2,3} = \pm 4\sqrt{3}$

$\mathbf{N_1\ (0|0);\quad N_2\ (4\sqrt{3}|0);\quad N_3\ (-4\sqrt{3}|0)}$

Hochpunkte, Tiefpunkte: $f'(x) = -\frac{3}{32}x^2 + 1{,}5 = 0$

$x^2 = 16 \Leftrightarrow \mathbf{x_1 = 4;\ x_2 = -4}$

$f''(4) = -\frac{3}{16} \cdot 4 = -\frac{3}{4} < 0 \qquad \Rightarrow$ Hochpunkt **H (4|4)**

$f''(-4) = -\frac{3}{16} \cdot (-4) = \frac{3}{4} > 0 \qquad \Rightarrow$ Tiefpunkt **T (–4|–4)**

Wendepunkt: $f''(x) = 0 \qquad \Rightarrow \mathbf{x_W = 0}$

$f'''(x_W) = -\frac{3}{16} \neq 0 \qquad \Rightarrow$ Wendepunkt **W (0|0)**

Schaubilder K_f, K_f', K_f'' und K_f''': **Bild 1**

Integralrechnung

Berechnen Sie den Inhalt der Fläche, die von K_f und der x-Achse im ersten Quadranten eingeschlossen wird. Schätzen Sie zuvor das Ergebnis anhand des Schaubilds ab.

Abgeschätzter Flächeninhalt **(Bild 2)** **A = 18 FE**

$A = \int_0^{4\sqrt{3}} \left(-\frac{1}{32}x^3 + 1{,}5x\right)dx = \left[-\frac{1}{128}x^4 + \frac{3}{4}x^2\right]_0^{4\sqrt{3}} = -18 + 36$

A = 18 FE

Vorgehen:

1. Erstellen der Kurve aus Vorgaben.
2. Kurvendiskussion
3. Integralrechnung
4. Extremwertberechnung
5. Berührpunkte von K_f und K_g

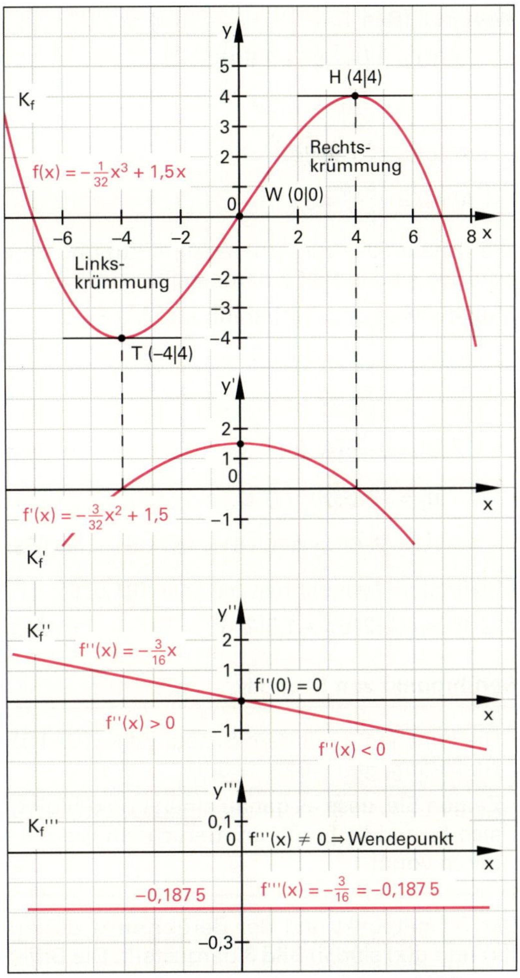

Bild 1: Ganzrationale Funktion und deren Ableitungen

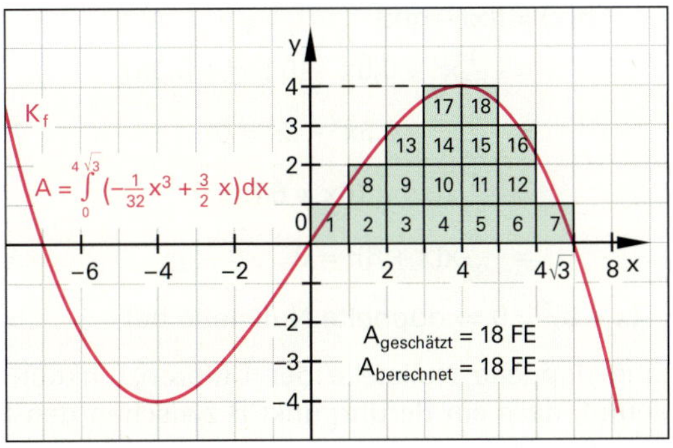

Bild 2: Flächeninhalt A

Extremwertberechnung

Die Parallelen zu den Koordinatenachsen durch einen Punkt Q auf K_f im ersten Quadranten bilden mit den Koordinatenachsen ein Rechteck. Berechnen Sie die Koordinaten von Q so, dass der Inhalt der Rechteckfläche im Intervall [0; 7] maximal wird, die Randwerte ⇒ 0 **(Bild 1)**.

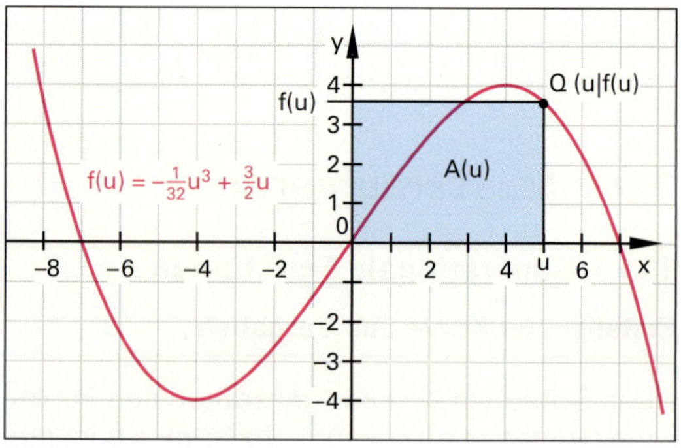

Bild 1: Rechteckfläche A(u)

Mit dem Punkt $Q\,(u|f(u))$ kann man die Fläche des Rechtecks $A(u) = u \cdot f(u)$ bestimmen (Bild 1).

Randuntersuchung

Die Fläche des Rechtecks hat für $x = 0$ und für $x = 7$ den Wert null (Bild 1).

$$A(u) = u\left(-\frac{1}{32}u^3 + 1{,}5u\right)$$
$$= -\frac{1}{32}u^4 + 1{,}5u^2$$
$$A'(u) = -\frac{1}{8}u^3 + 3u$$
$$A''(u) = -\frac{3}{8}u^2 + 3$$

Die Schaubilder von A(u), A'(u), A''(u) und deren Eigenschaften sind in **Bild 2** dargestellt.

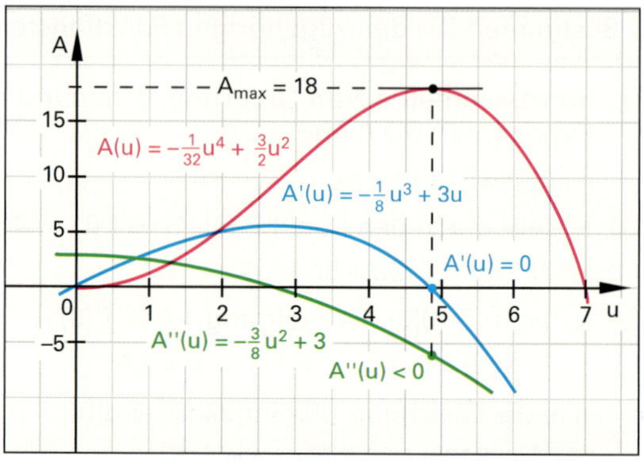

Bild 2: Schaubilder der Flächenfunktion und deren Ableitungen

Maximalwert des Flächeninhalts: $A'(u) = 0$

$$A'(u) = -\frac{1}{8}u^3 + 3u = 0$$
$$= -\frac{1}{8}u\,(u^2 - 24) = 0$$

$u_1 = 0 \Rightarrow (A''(0) = 3 > 0$ ⇒ **Minimum**

$u_2 = -2\sqrt{6} \Rightarrow u \notin D$

$u_3 = 2\sqrt{6} \Rightarrow A''(2\sqrt{6}) = -6 < 0$ ⇒ **Maximum**

Maximaler Flächeninhalt bei **Q $(2\sqrt{6}|1{,}5\sqrt{6})$**

$A(2\sqrt{6}) = -\frac{1}{32}(2\sqrt{6})^4 + 1{,}5(2\sqrt{6})^2 = 18$ ⇒ **A_{max} = 18 FE**

Berührpunkt von K_f und K_g

Die Funktion g mit dem Schaubild K_g **(Bild 3)** hat die Gleichung $g(x) = 0{,}5x^2 + 3{,}5x;\quad x \in \mathbb{R}$.

Zeigen Sie, dass es genau einen Punkt B gibt, in dem sich K_f und K_g berühren. Berechnen Sie die Koordinaten von B.

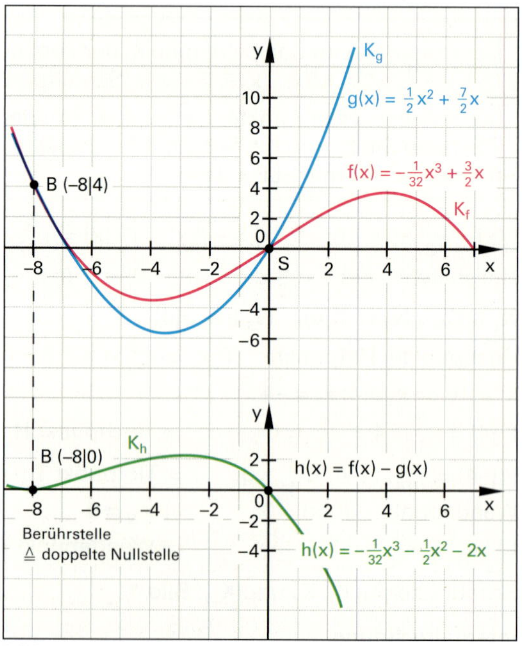

Bild 3: Berührpunkt von f(x) und g(x)

Der Schnittpunkt und der Berührpunkt der Funktionen f(x) und g(x) sind in **Bild 3** dargestellt. Die Differenzfunktion $h(x) = f(x) - g(x)$ hat an den Berührpunkten von f(x) und g(x) Nullstellen.

$$h(x) = f(x) - g(x)$$
$$= -\frac{1}{32}x^3 + 0{,}5x - (0{,}5x^2 + 3{,}5x)$$
$$= -\frac{1}{32}x^3 - 0{,}5x^2 - 2x = 0$$
$$= -\frac{1}{32}x(x^2 + 16x + 64) = 0$$
$$= -\frac{1}{32}x(x + 8)^2 = 0 \quad \Rightarrow \mathbf{x_1 = 0}$$

$(x + 8)^2 = 0 \Rightarrow$ doppelte Nullstelle bei ⇒ $\mathbf{x_2 = -8}$

Eine doppelte Nullstelle der Differenzfunktion h(x) bedeutet, dass ein Berührpunkt B zwischen den Schaubildern K_f und K_g existiert.

Die Steigungen der Funktionen f(x) und g(x) an der Stelle $x_2 = -8$ müssen also gleich sein.

$$f'(-8) = g'(-8)$$
$$-\frac{3}{32}(-8)^2 + 1{,}5 = -8 + 3{,}5$$
$$-4{,}5 = -4{,}5 \quad (w)$$

$\Rightarrow f(-8) = 4 \Rightarrow$ **B (−8|4) ist ein Berührpunkt!**

10.1.2 Exponentialfunktion

Erstellen des Funktionsterms aus Vorgaben

Das Schaubild K_g einer Exponentialfunktion **(Bild 1)** mit der Gleichung $g(x) = a + be^{-x}$ hat im Punkt P (–2|0) ① die Tangente t ② mit der Gleichung $t(x) = e^2x + 2e^2$.

Bestimmen Sie a und b.

$g(x) = a + be^{-x}$

$g'(x) = -be^{-x}$

① g(x) hat an der Stelle x = –2 den Funktionswert 0.

(1) $g(-2) = a + be^2 = 0$

②: g(x) hat in P(–2|0) die Steigung e^2.

(2) $g'(x) = -be^{-x}$

$g'(-2) = -be^2 = e^2$ $\Rightarrow$ **b = –1**

b = –1 in die Gleichung (1) eingesetzt ergibt:

$0 = a + (-1)e^2$ $\Rightarrow$ **$a = e^2$**

Ergebnis: **$g(x) = e^2 - e^{-x}$**

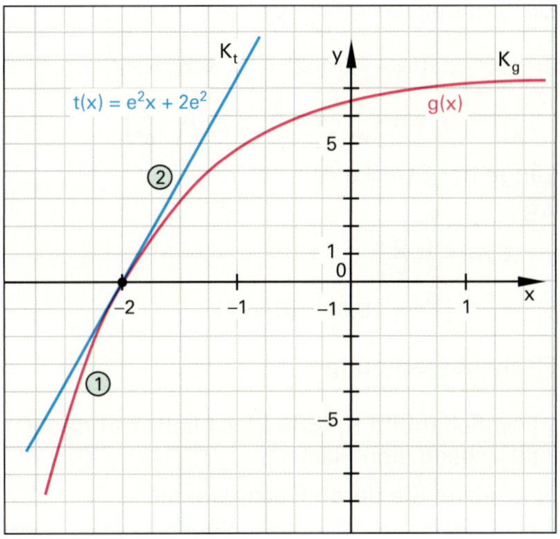

Bild 1: Exponentialfunktion

Kurvendiskussion

Gegeben ist die Funktion f mit $f(x) = e^2 - e^{-x}$ mit $x \in \mathbb{R}$. Ihr Schaubild ist K_f **(Bild 2)**. Berechnen Sie die Schnittpunkte von K_f mit den Koordinatenachsen. Untersuchen Sie K_f auf Hochpunkte, Tiefpunkte und Wendepunkte.

Zeichnen Sie K_f für $-2{,}5 \leq x \leq 7$ mit 1 LE ≙ 1 cm.

Schnittpunkt mit der y-Achse $\Rightarrow x = 0$

$f(0) = e^2 - e^0 = e^2 - 1 = 6{,}39 \Rightarrow$ **$S_y\ (0|e^2 - 1)$**

Schnittpunkt mit der x-Achse $\Rightarrow f(x) = 0$

$f(x) = e^2 - e^{-x} = 0 \Leftrightarrow e^2 = e^{-x} \Leftrightarrow x = -2 \Rightarrow$ **N (–2|0)**

Hochpunkt und Tiefpunkt: f'x) = 0

$f'(x) = e^{-x} = 0 \Rightarrow L = \{\}$ für alle $x \in \mathbb{R}$, d. h. es gibt **keine** Extrempunkte **(Bild 2)**.

Wendepunkt: $f''(x) = 0$

$f''(x) = 0 = -e^{-x} \Leftrightarrow L = \{\}$ für alle $x \in \mathbb{R}$, d. h. es gibt **keinen** Wendepunkt **(Bild 2)**.

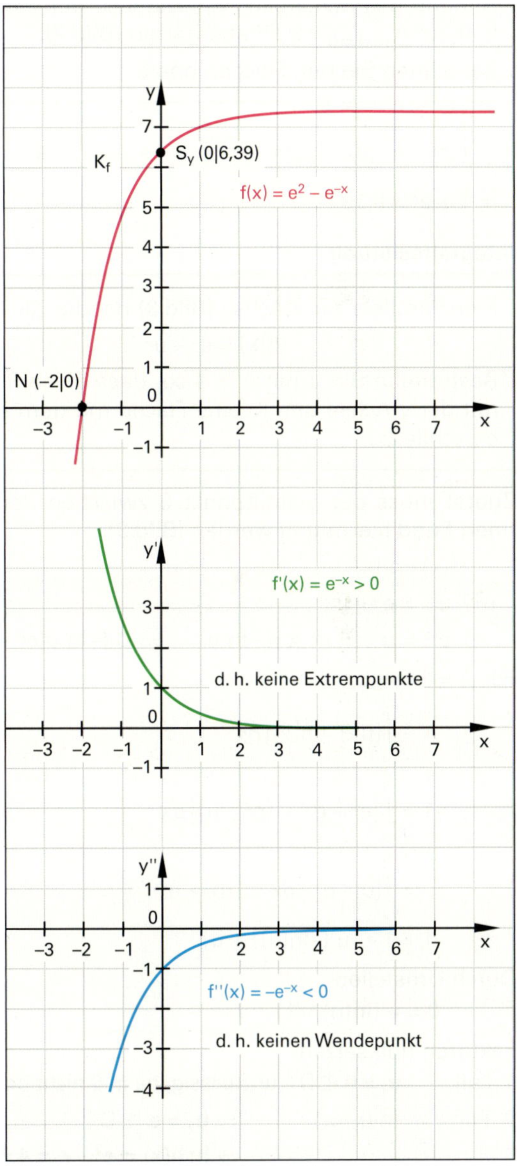

Bild 2: Exponentialfunktion und deren Ableitungen

Tangenten und Normalen

Die Tangente t an K_f **(Bild 1, folgende Seite)** im Punkt N (–2|0) schneidet die y-Achse im Punkt A. Die Normale im Punkt N schneidet die y-Achse im Punkt B. Berechnen Sie die Länge der Strecke $\overline{AB}$.

Tangente an K_f in N (–2|0):

$m_t = f'(-2) = e^{-(-2)} = e^2$ **$m_t = e^2$**

N (–2|0) und $m_t = e^2$ in t: $y = m_t \cdot x + b_t$ eingesetzt

ergibt t: $0 = e^2 \cdot (-2) + b_t$ $\Rightarrow$ **$b_t = 2e^2$**

t: $y = e^2 \cdot x + 2e^2$ $\Rightarrow$ **A $(0|2e^2)$**

Normale in N (–2|0): $m_n = -\frac{1}{m_t} = -\frac{1}{e^2} \Rightarrow m_n = -\frac{1}{e^2}$

$N(-2|0)$ und $m_n = -\frac{1}{e^2}$ in $n: y = m_n \cdot x + b_n$ eingesetzt ergibt $n: 0 = -\frac{1}{e^2} \cdot (-2) + b_n \Rightarrow \mathbf{b_n = -\frac{2}{e^2}}$

$n: \mathbf{y = -\frac{1}{e^2} \cdot x - \frac{2}{e^2}} \Rightarrow \mathbf{B\left(0\middle|-\frac{2}{e^2}\right)}$

Länge der Strecke $\overline{AB}$:

$\overline{AB} = y_A - y_B$

$= 2e^2 - \left(-\frac{2}{e^2}\right)$

$= \mathbf{\frac{(2e^4 + 2)}{e^2} = 15{,}05}$ **(Bild 1).**

Flächenberechnung

> Das Schaubild K_f **(Bild 2)** schließt mit den Koordinatenachsen eine Fläche ein.
> Schätzen Sie deren Flächeninhalt.

Die eingeschlossene Fläche liegt zwischen K_f und den Koordinatenachsen im 2. Quadranten **(Bild 2)**.

> Anhand des Schaubilds K_f lässt sich der Flächeninhalt auf $A_{geschätzt} = 9$ FE abschätzen **(Bild 2)**.
> Berechnen Sie den Flächeninhalt.

$A = \int_{-2}^{0} (e^2 - e^{-x})dx = [e^2x + e^{-x}]_{-2}^{0} = 1 - (-2e^2 + e^2)$

$= \mathbf{1 + e^2 = 8{,}39}$

Integralrechnung

> Eine Parallele zur x-Achse **(Bild 3)** hat die Gleichung
> $h(x) = e^2 - u$.
> Bestimmen Sie u mit $u > 1$ so, dass diese Parallele mit der y-Achse und K_f eine Fläche mit dem Inhalt 1 einschließt.

Zuerst muss der Schnittpunkt C zwischen den Funktionen f und h ermittelt werden **(Bild 3)**.

$f(x) = h(x)$

$e^2 - e^{-x} = e^2 - u$

$e^{-x} = u \quad \Leftrightarrow \mathbf{x = -\ln u} \quad \Rightarrow \mathbf{C(-\ln u|e^2 - u)}$

Für A = 1 folgt:

$A = \int_{-\ln u}^{0} [f(x) - h(x)]\,dx$

$1 = \int_{-\ln u}^{0} [e^2 - e^{-x} - (e^2 - u)]\,dx$

$= \int_{-\ln u}^{0} [u - e^{-x}]\,dx = [ux + e^{-x}]_{-\ln u}^{0}$

$1 = 1 - (u(-\ln(u)) + u)$

Durch Umstellen

$0 = u(\ln(u) - 1)$

Faktoren null setzen

1. Fall: $\mathbf{u_1 = 0} \notin D$ unzulässig, da ln 0 nicht definiert.

2. Fall: $\ln u_2 = 1 \quad \Leftrightarrow \mathbf{u_2 = e} \in D$

$\Rightarrow \mathbf{h: h(x) = e^2 - e = 4{,}67}$

$\Rightarrow \mathbf{C(-1|e^2 - e)}$

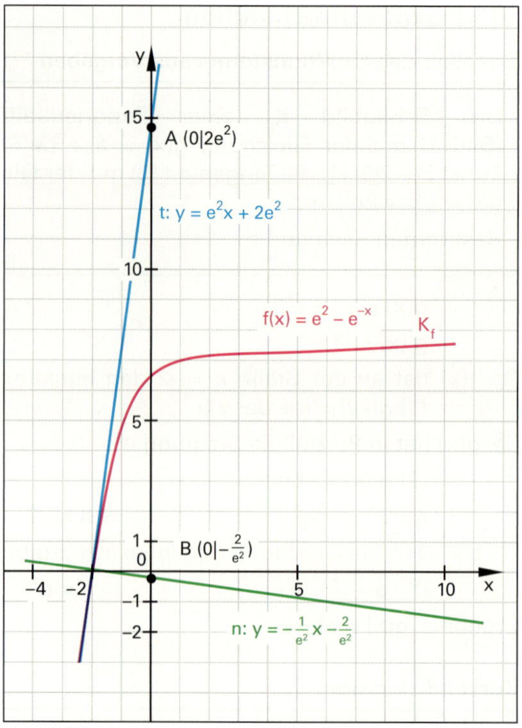

Bild 1: Wendetangente und Wendenormale

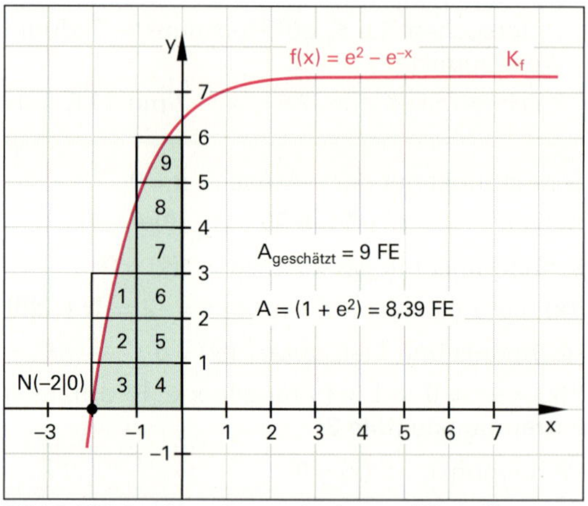

Bild 2: Flächenberechnung im Intervall [−2; 0]

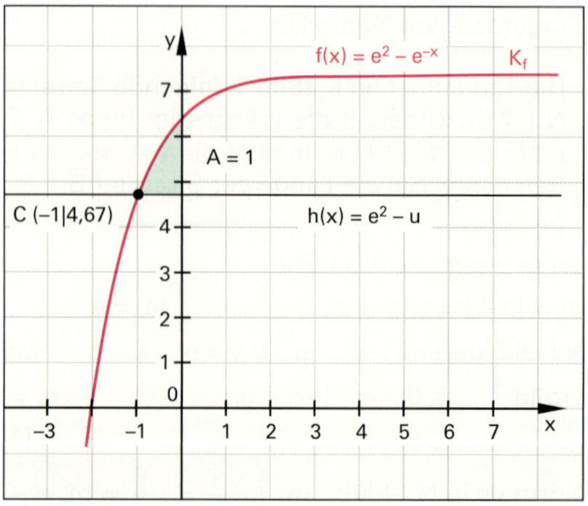

Bild 3: Fläche mit A = 1 FE

10.1.3 Sinusfunktionen

Bestimmung des Funktionsterms aus Vorgaben

> Das Schaubild einer Sinusfunktion **(Bild 1)** mit der Gleichung $f(x) = a + b \cdot x + \sin x$; $D_f = [-\pi; 2\pi]$ geht durch den Punkt $P(\pi|1-\pi)$ und schneidet die y-Achse senkrecht. Bestimmen Sie den Funktionsterm.

$f(x) = a + b \cdot x + \sin x$; $f'(x) = b + \cos x$.

Die Funktion f hat an der Stelle $x = \pi$ den Funktionswert $1 - \pi$.

(1) $f(\pi) = 1 - \pi$.

Die Funktion f schneidet die y-Achse an der Stelle 0 senkrecht und hat dort deshalb die Steigung 0.

(2) $f'(0) = 0$

Aus (2) erhält man:
$f'(0) = b + \cos(0) = 0 \Leftrightarrow b + 1 = 0 \Leftrightarrow \mathbf{b = -1}$

Aus (1) erhält man:
$f(\pi) = a + b\pi + \sin(\pi) = 1 - \pi \Leftrightarrow a = 1 - \pi - b\pi$

Mit $b = -1$ erhält man: $\mathbf{a = 1}$.

Ergebnis: $f(x) = 1 - x + \sin x$; $D_f = [-\pi; 2\pi]$

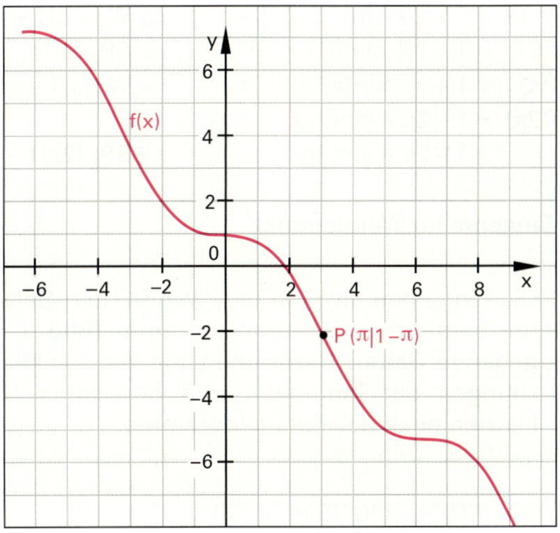

Bild 1: Funktionsterm zum Schaubild bestimmen

Kurvendiskussion

> Gegeben ist die Funktion f mit $f(x) = 1 - x + \sin x$; $D_f = [-\pi; 2\pi]$. Ihr Schaubild ist K_f **(Bild 2)**.
>
> Berechnen Sie die Schnittpunkte von K_f mit den Koordinatenachsen. Untersuchen Sie K_f auf Hoch-, Tief- und Wendepunkte.

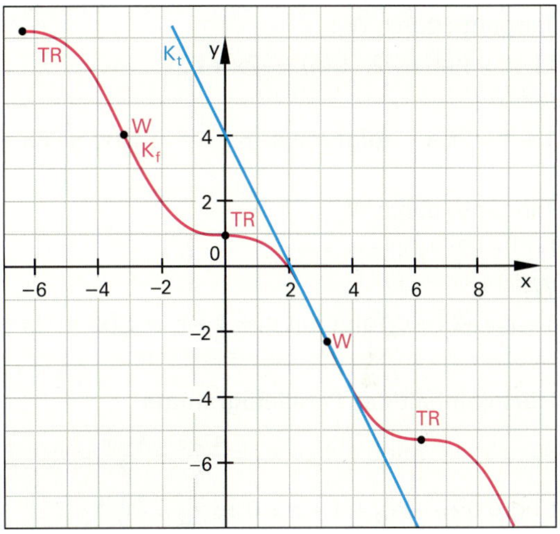

Bild 2: Sinusfunktion

Schnittpunkt mit der y-Achse: x = 0

$\Rightarrow f(0) = 1 - 0 + \sin(0) = 1 \Rightarrow S_y(0|1)$.

Schnittpunkt mit der x-Achse: f(x) = 0

$\Rightarrow \underbrace{1 - x + \sin x}_{f(x)} = 0 \Rightarrow$ Näherungsverfahren (Newtonverfahren)

Mit $f(x) = 1 - x + \sin x$; $f'(x) = -1 + \cos x$ folgt:

$x_N = x_s - \frac{f(x_S)}{f'(x_S)}$

Als Startwert wird $x_s = 2$ gewählt, da die Nullstelle im Bereich [1; 3] liegt, wie am Vorzeichenwechsel von $f(1) = 0{,}84$ und $f(3) = -1{,}86$ ersichtlich ist.

$x_{N1} = 2 - \frac{f(2)}{f'(2)} = 1{,}93595$; $x_{N2} = 1{,}93595 - \frac{f(1{,}93595)}{f'(1{,}93595)} = 1{,}93456$

$x_{N3} = x_{N2} - \frac{f(x_{N2})}{f'(x_{N2})} = 1{,}93456$; $\Rightarrow N(1{,}93456|0)$

Hoch- und Tiefpunkte: $f'(x) = 0 \wedge f''(x) \neq 0$

$-1 + \cos x = 0 \Leftrightarrow \cos x = 1 \Leftrightarrow x_{E1} = 0 \vee x_{E2} = 2\pi$

$f''(0) = -\sin(0) = 0$; $f''(2\pi) = -\sin(2\pi) = 0$

$\Rightarrow$ keine Extremwerte!

Wendepunkte: $f''(x) = 0 \wedge f'''(x) \neq 0$

$f''(x) = -\sin(x)$; $f'''(x) = -\cos(x)$;

$-\sin x = 0 \Leftrightarrow x_{W1} = -\pi \vee x_{W2} = 0 \vee x_{W3} = \pi \vee x_{W4} = 2\pi$

$f'''(-\pi) = 1$; $f'''(0) = -1$; $f'''(2\pi) = -1 \Rightarrow$ vier Wendepunkte?

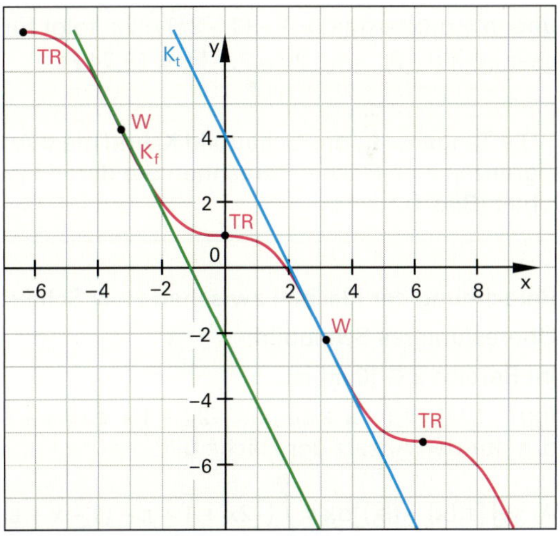

Bild 3: Sinusfunktion mit Tangenten

$\left.\begin{array}{l} f'(-\pi) = -1 + \cos(-\pi) = -2 \\ f'(\pi) = -1 + \cos(\pi) = -2 \end{array}\right\} \Rightarrow$ Wendepunkte!

$\left.\begin{array}{l} f'(0) = -1 + \cos(0) = 0 \\ f'(2\pi) = -1 + \cos(2\pi) = 0 \end{array}\right\} \Rightarrow$ Sattelpunkte!

$f(-\pi) = 1 + \pi + \sin(-\pi) = 1 + \pi \quad \Rightarrow \mathbf{W_1\ (-\pi|1 + \pi)}$

$f(0) = 1 + 0 + \sin(0) = 1 \quad \Rightarrow \mathbf{SP_1\ (0|1)}$

$f(\pi) = 1 + \pi - \sin(\pi) = 1 - \pi \quad \Rightarrow \mathbf{W_2\ (\pi|1 - \pi)}$

$f(2\pi) = 1 - 2\pi + \sin(2\pi)$

$= 1 - 2\pi + \sin(2\pi) \quad \Rightarrow \mathbf{SP_2\ (2\pi|1 - 2\pi)}$

Tangente im Wendepunkt

Die Tangenten an K_f in den Wende- und Sattelpunkten begrenzen ein Parallelogramm **(Bild 3, vorhergehende Seite)**. Bestimmen Sie die Funktionsgleichungen der Tangenten und berechnen Sie den Flächeninhalt des Parallelogramms.

Waagrechte Tangenten durch:

SP_1: $g_1(x) = 1;\ x \in \mathbb{R}$ SP_2: $g_2(x) = 1 - 2\pi;\ x \in \mathbb{R}$

Tangente durch W_1:

$f'(-\pi) = f'(\pi) = -2;\ t_1(x) = -2x + c_1,$

$SP_1 \in t_1$:

$1 + \pi = 2\pi + c_1$ folgt mit $c_1 = 1 - \pi \Rightarrow \mathbf{t_1(x) = -2x + 1 - \pi}$

Tangente durch W_2:

$f'(\pi) = -2;\ t_2(x) = -2x + c_2,$

$W_2 \in t_2$:

$1 - \pi = -2\pi + c_2$ folgt mit $c_2 = 1 + \pi \Rightarrow \mathbf{t_2(x) = -2x + 1 + \pi}$

Flächeninhalt des Parallelogramms

$A_\square = b \cdot h;$ mit $b = x_{t2} - x_{t1} = \frac{1+\pi}{2} - \frac{1-\pi}{2} = \pi;$

$t_2(x) = 0 \Leftrightarrow -2x_{t2} + 1 + \pi = 0 \Leftrightarrow x_{t2} = \frac{1+\pi}{2}$

$t_1(x) = 0 \Leftrightarrow -2x_{t1} + 1 - \pi = 0 \Leftrightarrow x_{t1} = \frac{1-\pi}{2}$

und $h = g_1(x) - g_2(x) = 1 - (1 - 2\pi) = 2\pi$ folgt für den Flächeninhalt: $\mathbf{A_\square = \pi \cdot 2\pi = 2\pi^2\ FE = 19{,}74\ FE}$

Die Tangente t_2, das Schaubild K_f und die y-Achse begrenzen eine Fläche. Berechnen Sie deren Flächeninhalt **(Bild 1)**.

Berechnung der Flächen zwischen zwei Schaubildern

Oberes/unteres Schaubild:

Im Bereich $x \in\ ]0; \pi[$ ist:

$f(x) < t_2(x) \Leftrightarrow 1 - x + \sin x < -2x + 1 + \pi \Leftrightarrow x + \sin x < \pi,$

d. h. für den Ansatz der Fläche gilt:

$A_1 = \int_a^b (t_2(x) - f(x))dx = \int_0^{3x} (-2x + 1 + \pi - (1 - x + \sin x))dx$

$= \int_0^x (\pi - x - \sin x)dx = \left[\pi x - \frac{1}{2}x^2 + \cos x\right]_0^{3x}$

$= \left[\pi^2 - \frac{1}{2}\pi^2 - 1 - (0 + 0 + 1)\right] = \left[\frac{1}{2}\pi^2 - 2\right]$

$= \mathbf{2{,}935\ FE}$

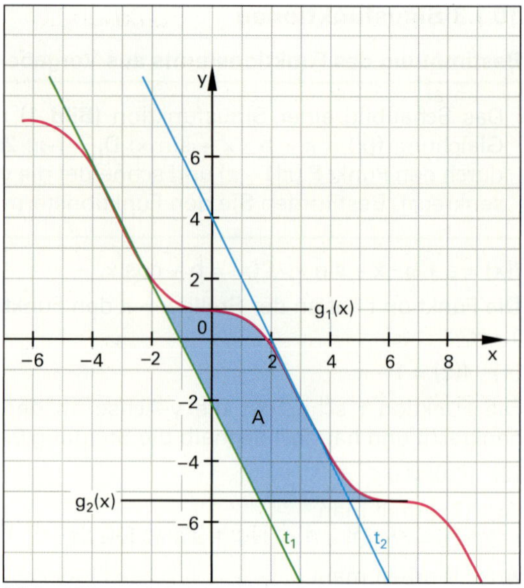

Bild 1: Flächeninhalt des Parallelogramms

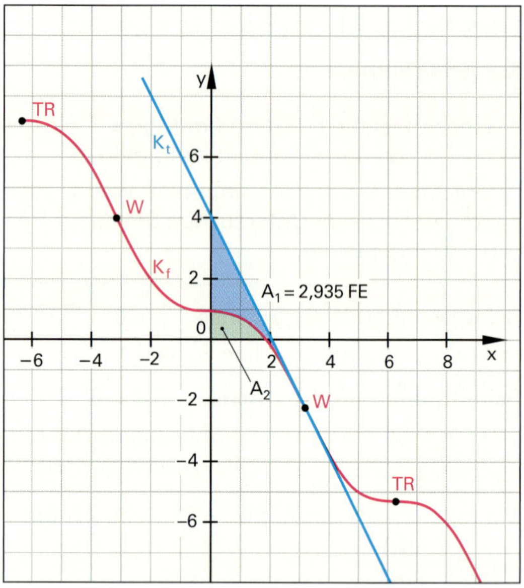

Bild 2: Flächen zwischen 2 Schaubildern

Bestimmen Sie den Flächeninhalt, den das Schaubild K_f mit den Koordinatenachsen einschließt **(Bild 2)**.

Fläche zwischen Schaubild und Koordinatenachsen

$A_2 = \int_a^b f(x)dx = \int_0^{1{,}935} (1 - x + \sin x)dx$

$= \left[x - \frac{1}{2}x^2 - \cos(x)\right]_0^{1{,}935}$

$= \left[1{,}935 - \frac{1}{2} \cdot (1{,}935)^2 - \cos(1{,}935) - ((0 - 0 - \cos(0))\right]$

$= [1{,}419] \Rightarrow \mathbf{A_2 = 1{,}419\ FE}$

10.1.4 Gebrochenrationale Funktionen

Gegeben ist die reelle Funktion f: $x \mapsto \frac{x^2 + 4x}{x - 2}$ in ihrer maximalen Definitionsmenge D(f).

Bestimmen Sie die Art der Funktion f.

Bei der Funktion $f(x) = \frac{x^2 + 4x}{x - 2}$ handelt es sich um eine gebrochenrationale Funktion. Der Zähler ist vom Grad zwei, der Nenner ist vom Grad eins.

Welche Definitionsmenge hat die Funktion f?

Bei einem Bruchterm darf der Nenner nicht null werden. $\Rightarrow x - 2 \neq 0;\ x \neq 2$

$\Rightarrow D(f) = \mathbb{R}\setminus\{2\}$.

Berechnen Sie die Schnittpunkte mit den Achsen.

Schnittpunkt mit der **y-Achse** $\Rightarrow x = 0 \Rightarrow f(0)$

$f(0) = \frac{0^2 + 4 \cdot 0}{0 - 2} = \frac{0}{-2} = 0;\quad S_y\,(0|0)$

Schnittpunkt mit der **x-Achse** (Nullstellen) $\Rightarrow f(x) = 0$

Der Funktionswert ist 0, wenn der Zähler 0 ist und der Nenner an dieser Stelle nicht auch 0 ist.

$0 = \frac{x^2 + 4x}{x - 2} \Leftrightarrow x^2 + 4 \cdot x = x(x + 4) = 0$

$x_1 = 0;\quad x_2 = -4 \qquad N_1\,(0|0);\ N_2\,(-4|0)$.

Gibt es Unendlichkeitsstellen und Asymptoten?

Für x = 2 wird der Nenner des Bruches 0 (Definitionslücke). Der Zähler ist an dieser Stelle ≠ 0. An dieser Stelle strebt der Funktionswert f(x) gegen +∞ oder gegen –∞. Um das Vorzeichen herauszufinden, wird eine Grenzwertbetrachtung gemacht und die Funktion an den Stellen $x = 2^-$ bzw. $x = 2^+$ untersucht.

$$\lim_{x \to 2-h} \frac{x^2 + 4x}{x - 2} = \lim_{h \to 0} \frac{(2 - h)^2 + 4(2 - h)}{2 - h - 2}$$

$$= \lim_{h \to 0} \frac{12 + h^2 - 8h}{-h} \;\frac{>0}{<0} \to -\infty$$

$$\lim_{x \to 2+h} \frac{x^2 + 4x}{x - 2} = \lim_{h \to 0} \frac{(2 + h)^2 + 4(2 + h)}{2 + h - 2}$$

$$= \lim_{h \to 0} \frac{12 + h^2 + 8h}{h} \;\frac{>0}{>0} \to +\infty$$

Der Graph der Funktion f ist an der Stelle x = 2 nicht in einem Zuge zeichenbar. Er hat an dieser Stelle eine senkrechte Asymptote mit der Gleichung x = 2.

Weitere Asymptoten

Bei der Funktion f ist der Grad des Zählers z um 1 größer als der Grad des Nenners n: $z = n + 1 \Rightarrow$ es liegt eine schiefe Asymptote vor. Die Gleichung der Asymptote erhält man durch Umformen (Polynomdivision) der scheingebrochenrationalen Funktion:

$$f(x) = \frac{x^2 + 4x}{x - 2} = (x^2 + 4x) : (x - 2) = \underbrace{x + 6}_{\text{ganzrationale Funktion}} + \frac{12}{x - 2}$$

Für $x \to \pm\infty$ geht $\frac{12}{x - 2}$ gegen 0. Bei größer werdenden x-Werten nähert sich der Graph G(f) der Funktion f immer mehr der Geraden y = x + 6. Deshalb wird diese Gerade als Asymptote bezeichnet.

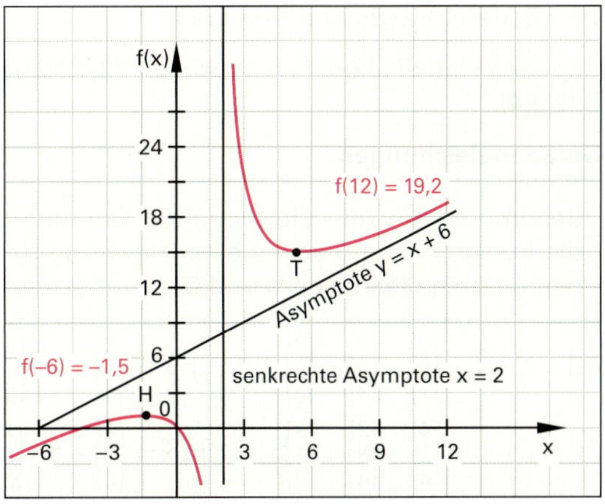

Bild 1: Graph und Asymptoten

Welche relativen Extremwerte hat die Funktion?

Zuerst ist die Lage, an welcher Stelle x_0 liegt, und dann die Art (relativer Hochpunkt oder relativer Tiefpunkt) des Extremwerts zu suchen.

Lage: $f'(x) = 0$

Art: $f''(x_0) > 0$
$\Rightarrow$ Minimum (relativer Tiefpunkt);
$f''(x_0) < 0$
$\Rightarrow$ Maximum (relativer Hochpunkt).

Um die Lage der relativen Extremwerte zu finden, muss die 1. Ableitung f'(x) der Funktion f(x) gebildet werden, z. B. mit der Quotientenregel.

$u = x^2 + 4x \quad v = x - 2 \;\Rightarrow\; u' = 2x + 4 \quad v' = 1$

$$f'(x) = \frac{(2x + 4) \cdot (x - 2) - (x^2 + 4x) \cdot 1}{(x - 2)^2} = \frac{x^2 - 4x - 8}{(x - 2)^2}$$

$f'(x) = 0 \Leftrightarrow x^2 - 4x - 8 = 0$

$$x_{1,2} = \frac{-(-4) \pm \sqrt{(-4)^2 - 4 \cdot 1 \cdot (-8)}}{2 \cdot 1} = \frac{4 \pm \sqrt{48}}{2}$$

$x_1 = 2 + \sqrt{12} \qquad x_2 = 2 - \sqrt{12}$

Die Art der relativen Extremwerte kann mithilfe der 2. Ableitung bestimmt werden.

$u = x^2 - 4x - 8 \qquad v = (x - 2)^2$

$u' = 2x - 4 \qquad v' = 2 \cdot (x - 2) = 2x - 4$

$$f''(x) = \frac{(2x - 4) \cdot (x - 2)^2 - (x^2 - 4x - 8) \cdot (2x - 4)}{(x - 2)^4} = \frac{24}{(x - 2)^3}$$

$f''(2 + \sqrt{12}) = \frac{24}{(2 + \sqrt{12} - 2)^3} > 0 \Rightarrow$ **Minimum T**

$f''(2 - \sqrt{12}) = \frac{24}{(2 - \sqrt{12} - 2)^3} < 0 \Rightarrow$ **Maximum H**

$f(2 + \sqrt{12}) = 8 + 2\sqrt{12} \;\Rightarrow\; T\,(2 + \sqrt{12}|8 + 2\sqrt{12})$
$T\,(5{,}46|14{,}93)$

$f(2 - \sqrt{12}) = 8 - 2\sqrt{12} \;\Rightarrow\; H\,(2 - \sqrt{12}|8 - 2\sqrt{12})$
$H\,(-1{,}46|1{,}07)$

Zeichnen Sie den Graph der Funktion.

Um den Graph der Funktion für $-6 \leq x \leq 12$ skizzieren zu können, werden die bisher errechneten Ergebnisse verwendet und mindestens f(–6) und f(12) berechnet **(Bild 1)**.

10.1.5 Vektoraufgabe Prisma

Gegeben sind die Punkte A (2|0|4), B (4|3|4), C (4|5|4) und D (2|3|4).

Geradengleichungen

> Bestimmen Sie eine Gleichung der Geraden g durch die Punkte A und B sowie eine Gleichung der Geraden h durch die Punkte C und D.

$$\overrightarrow{AB} = \vec{b} - \vec{a} = \begin{pmatrix}4\\3\\4\end{pmatrix} - \begin{pmatrix}2\\0\\4\end{pmatrix} = \begin{pmatrix}2\\3\\0\end{pmatrix} \Rightarrow \quad g: \vec{x} = \begin{pmatrix}2\\0\\4\end{pmatrix} + r \cdot \begin{pmatrix}2\\3\\0\end{pmatrix}$$

$$\overrightarrow{DC} = \vec{c} - \vec{d} = \begin{pmatrix}4\\5\\4\end{pmatrix} - \begin{pmatrix}2\\3\\4\end{pmatrix} = \begin{pmatrix}2\\2\\0\end{pmatrix} \Rightarrow \quad h: \vec{x} = \begin{pmatrix}2\\3\\4\end{pmatrix} + s \cdot \begin{pmatrix}2\\2\\0\end{pmatrix}$$

Schnittpunkt und Schnittwinkel

> Berechnen Sie die Koordinaten des Schnittpunktes von g und h sowie den spitzen Schnittwinkel.

$$g \cap h \Rightarrow \begin{pmatrix}2\\0\\4\end{pmatrix} + r \cdot \begin{pmatrix}2\\3\\0\end{pmatrix} = \begin{pmatrix}2\\3\\4\end{pmatrix} + s \cdot \begin{pmatrix}2\\2\\0\end{pmatrix}$$

• mit LGS:

(1) $2r - 2s = 0 \quad | : (-1)$

(2) $3r - 2s = 3$

(3) $0 = 0$

(1a) $-2r + 2s = 0$ ⏋+

(2) $3r - 2s = 3$ ⟵

(3) $r = 3 \quad |$ in (1a)

(4) $s = 3$

$\Rightarrow$ S (8|9|4)

• mit GTR:

r s

$$\left[\begin{array}{cc|c}2 & -2 & 0\\3 & -2 & 3\end{array}\right]$$

L = {3; 3}

$$\vec{x}_S = \begin{pmatrix}2\\0\\4\end{pmatrix} + 3 \cdot \begin{pmatrix}2\\3\\0\end{pmatrix} = \begin{pmatrix}8\\9\\4\end{pmatrix}$$

$\Rightarrow$ S (8|9|4)

$$\cos\varphi = \frac{\begin{pmatrix}2\\3\\0\end{pmatrix} \circ \begin{pmatrix}2\\2\\0\end{pmatrix}}{\sqrt{4+9+0} \cdot \sqrt{4+4+0}} = \frac{4+6+0}{\sqrt{13 \cdot 8}} = \frac{10}{\sqrt{104}} = 0{,}9806$$

$\Rightarrow \varphi = 11{,}31°$

Zeichnung und Flächenberechnung

> Zeichnen Sie die Punkte A, D und S sowie die Geraden g und h in ein dreidimensionales Koordinatensystem (x_2-Achse und x_3-Achse: 1 LE = 1 cm; x_1-Achse mit Schrägbildwinkel 45° und 1 LE = $0{,}5 \cdot \sqrt{2}$ cm) und berechnen Sie den Flächeninhalt des Dreiecks ASD.

Ansicht **Bild 1**.

$$\sin\varphi = \frac{h}{|\overrightarrow{DS}|} \text{ mit } \overrightarrow{DS} = \begin{pmatrix}8\\9\\4\end{pmatrix} - \begin{pmatrix}2\\3\\4\end{pmatrix} = \begin{pmatrix}6\\6\\0\end{pmatrix} \Rightarrow |\overrightarrow{DS}| = \sqrt{72}$$

$h = \sqrt{72} \cdot \sin 11{,}31° = 1{,}664$

$$A = \frac{1}{2} \cdot |\overrightarrow{AS}| \cdot h \text{ mit } \overrightarrow{AS} = \begin{pmatrix}8\\9\\4\end{pmatrix} - \begin{pmatrix}2\\0\\4\end{pmatrix} = \begin{pmatrix}6\\9\\0\end{pmatrix} \Rightarrow |\overrightarrow{AS}| = \sqrt{117}$$

$A = \frac{1}{2} \cdot \sqrt{117} \cdot \sqrt{72} \cdot \sin 11{,}31° = 9$ FE

Senkrechte Projektion

> Die senkrechte Projektion der Punkte A, D und S auf die x_1x_2-Ebene ergibt die Punkte A', D' und S'. Geben Sie die Koordinaten dieser Punkte an. Die Punkte A, D, S und A', D', S' sind die Eckpunkte eines Prismas. Zeichnen Sie das Prisma in die Zeichnung ein.

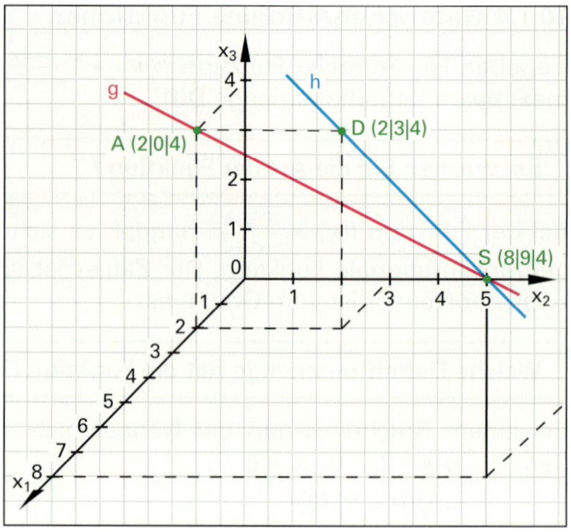

Bild 1: Punkte und Geraden

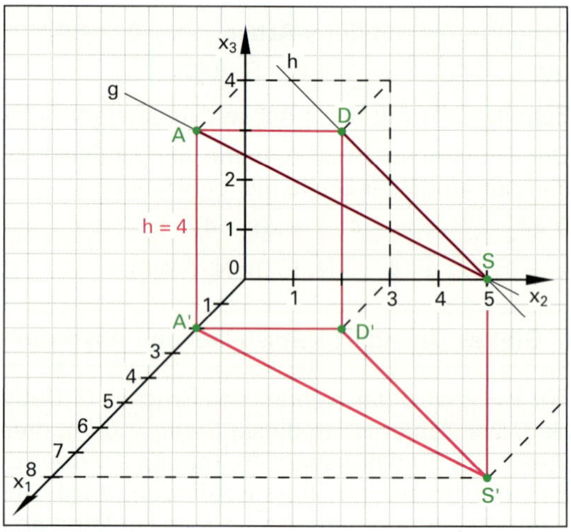

Bild 2: Prisma

A' (2|0|0), D' (2|3|0), S' (8|9|0), Ansicht **Bild 2**

Volumenberechnung

> Berechnen Sie das Volumen des Prismas aus **Bild 2**.

V = A · h = 9 · 4 = 36 VE

Winkelberechnungen

> Zeigen Sie, dass das Viereck AA'D'D ein Rechteck ist.

$$\overrightarrow{AD} = \vec{d} - \vec{a} = \begin{pmatrix}0\\3\\0\end{pmatrix}; \overrightarrow{A'A} = \vec{a} - \vec{a}' = \begin{pmatrix}0\\0\\4\end{pmatrix}$$

$$\overrightarrow{AD} \circ \overrightarrow{A'A} = \begin{pmatrix}0\\3\\0\end{pmatrix} \circ \begin{pmatrix}0\\0\\4\end{pmatrix} = 0 + 3 \cdot 0 + 0 \cdot 4 = 0 \Rightarrow \alpha = 90°$$

$$\overrightarrow{D'D} = \overrightarrow{A'A} = \begin{pmatrix}0\\0\\4\end{pmatrix} \Rightarrow \overrightarrow{D'D} \circ \overrightarrow{AD} = 0 \Rightarrow \delta = 90°$$

$$\overrightarrow{A'D'} = \vec{d}' - \vec{a}' = \begin{pmatrix}0\\0\\3\end{pmatrix} = \overrightarrow{AD} \Rightarrow \text{Rechteck}$$

10.1.6 Vektoraufgabe Quader

Gegeben ist das Dreick ABC mit den Eckpunkten A (6|3|4,5), B (0|3|0) und C (–3|3|4).

Dreiecksfläche

> Zeigen Sie, dass das Dreieck ABC rechtwinklig ist und berechnen Sie dessen Flächeninhalt.

$$\overrightarrow{BA} = \vec{a} - \vec{b} = \begin{pmatrix} 6-0 \\ 3-3 \\ 4{,}5-0 \end{pmatrix} = \begin{pmatrix} 6 \\ 0 \\ 4{,}5 \end{pmatrix}$$

$$\overrightarrow{BC} = \vec{c} - \vec{b} = \begin{pmatrix} -3-0 \\ 3-3 \\ 4-0 \end{pmatrix} = \begin{pmatrix} -3 \\ 0 \\ 4 \end{pmatrix}$$

$$\overrightarrow{BA} \circ \overrightarrow{BC} = \begin{pmatrix} 6 \\ 0 \\ 4{,}5 \end{pmatrix} \circ \begin{pmatrix} -3 \\ 0 \\ 4 \end{pmatrix} = -18 + 0 + 18 = 0 \quad \Rightarrow \beta = 90°$$

$$|\overrightarrow{BA}| = \sqrt{36 + 0 + 20{,}25} = 7{,}5$$

$$|\overrightarrow{BC}| = \sqrt{9 + 0 + 16} = 5$$

$$A_{Dreieck} = \frac{1}{2} \cdot 7{,}5 \cdot 5 = 18{,}75 \text{ FE}$$

Rechteck ABCD

> Bestimmen Sie die Koordinaten des Punktes D so, dass aus dem Dreieck ABC das Rechteck ABCD wird.

$$\vec{d} = \vec{a} + \overrightarrow{BC} = \begin{pmatrix} 6 \\ 3 \\ 4{,}5 \end{pmatrix} + \begin{pmatrix} -3 \\ 0 \\ 4 \end{pmatrix} = \begin{pmatrix} 3 \\ 3 \\ 8{,}5 \end{pmatrix} \Rightarrow D\,(3|3|8{,}5)$$

Projektion und Zeichnung

> Die senkrechte Projektion der Punkte A, B, C und D auf die x_1x_3-Ebene ergibt die Bildpunkte A', B', C' und D'. Geben Sie die Koordinaten dieser Punkte an. Alle acht Punkte bilden die Eckpunkte eines Quaders. Zeichnen Sie den Quader in ein dreidimensionales Koordinatensystem (x_2-Achse und x_3-Achse: 1 LE = 1 cm; x_1-Achse mit Schrägbildwinkel 45° und 1 LE = $0{,}5 \cdot \sqrt{2}$ cm). Berechnen Sie das Volumen des Quaders.

Ansicht **Bild 1**.

A' (6|0|4,5), B' (0|0|0), C' (–3|0|4) und D' (3|0|8,5)

$V_{Quader} = 3 \cdot 2 \cdot A_{Dreieck} = 6 \cdot 18{,}75 = 112{,}5$ VE

Geradengleichungen

> Bestimmen Sie die Gerade g durch die Punkte A und C sowie die Gerade h durch die Punkte B und C'. Zeigen Sie, dass g und h windschief sind.

$$\overrightarrow{AC} = \vec{c} - \vec{a} = \begin{pmatrix} -3-6 \\ 3-3 \\ 4-4{,}5 \end{pmatrix} = \begin{pmatrix} -9 \\ 0 \\ -0{,}5 \end{pmatrix}$$

$$\overrightarrow{BC'} = \vec{c'} - \vec{b} = \begin{pmatrix} -3-0 \\ 0-3 \\ 4-0 \end{pmatrix} = \begin{pmatrix} -3 \\ -3 \\ 4 \end{pmatrix}$$

$$g: \vec{x} = \begin{pmatrix} -3 \\ 3 \\ 4 \end{pmatrix} + r \cdot \begin{pmatrix} -9 \\ 0 \\ -0{,}5 \end{pmatrix} \qquad h: \vec{x} = \begin{pmatrix} 0 \\ 3 \\ 0 \end{pmatrix} + s \cdot \begin{pmatrix} -3 \\ -3 \\ 4 \end{pmatrix}$$

$$g \cap h \Rightarrow r \cdot \begin{pmatrix} -9 \\ 0 \\ -0{,}5 \end{pmatrix} - s \cdot \begin{pmatrix} -3 \\ -3 \\ 4 \end{pmatrix} = \begin{pmatrix} 0-(-3) \\ 3-3 \\ 0-4 \end{pmatrix}$$

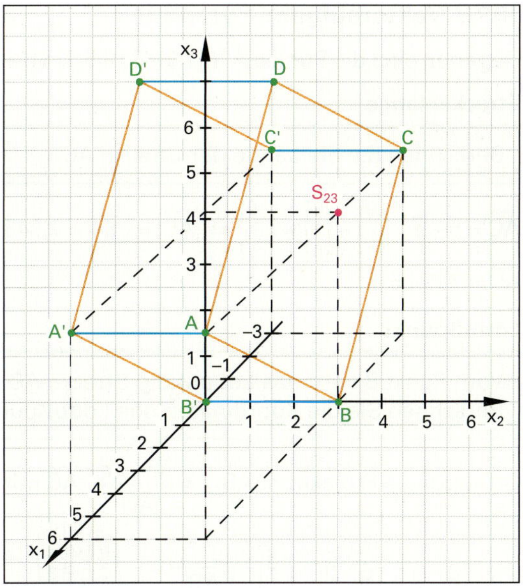

Bild 1: Quader

LGS: (1) $-9r + 3s = 3$

(2) $3s = 0 \quad \Rightarrow s = 0$

(3) $-0{,}5r - 4s = -4$

Gl (2) in Gl (1) und Gl (3) einsetzen:

(1a) $-9r = 3 \quad \Rightarrow r = -\frac{1}{3}$

(2a) $0{,}5r = 4 \quad \Rightarrow r = 8$

Widerspruch. Die Geraden g und h sind windschief.

Spurpunkte

> Berechnen Sie die Koordinaten aller Spurpunkte der Geraden g.

$$\overrightarrow{S_{12}} = \begin{pmatrix} S_1 \\ S_2 \\ 0 \end{pmatrix} = \begin{pmatrix} -3 \\ 3 \\ 4 \end{pmatrix} + r \cdot \begin{pmatrix} -9 \\ 0 \\ -0{,}5 \end{pmatrix}$$

für $r = 8 \Rightarrow S_{12}\,(-81|3|0)$

$$\overrightarrow{S_{23}} = \begin{pmatrix} 0 \\ S_2 \\ S_3 \end{pmatrix} = \begin{pmatrix} -3 \\ 3 \\ 4 \end{pmatrix} + r \cdot \begin{pmatrix} -9 \\ 0 \\ -0{,}5 \end{pmatrix}$$

für $r = -\frac{1}{3} \Rightarrow S_{23}\left(0|3|\frac{25}{6}\right)$

$$\overrightarrow{S_{13}} = \begin{pmatrix} S_1 \\ 0 \\ S_3 \end{pmatrix} = \begin{pmatrix} -3 \\ 3 \\ 4 \end{pmatrix} + r \cdot \begin{pmatrix} -9 \\ 0 \\ -0{,}5 \end{pmatrix}$$ kein Spurpunkt, da $0 \neq 3$.

Teilerverhältnis

> Berechnen Sie, in welchem Verhältnis der Spurpunkt S_{23} die Strecke AC teilt.

Zeichnen Sie S_{23} in **Bild 1** ein.

$$\overrightarrow{AC} = \vec{c} - \vec{a} = \begin{pmatrix} -9 \\ 0 \\ -0{,}5 \end{pmatrix}; \overrightarrow{AS_{23}} = \vec{s_{23}} - \vec{a} = \begin{pmatrix} -6 \\ 0 \\ -\frac{1}{3} \end{pmatrix}$$

$$\overrightarrow{AC} = m \cdot \overrightarrow{AS_{23}} \Rightarrow \begin{pmatrix} -9 \\ 0 \\ -0{,}5 \end{pmatrix} = m \cdot \begin{pmatrix} -6 \\ 0 \\ -\frac{1}{3} \end{pmatrix} \Rightarrow m = \frac{2}{3}$$

$\Rightarrow |\overrightarrow{AS_{23}}| : |\overrightarrow{S_{23}C}| = 2 : 1 \Rightarrow$ **Bild 1**

10.1.7 Vektoraufgabe Pyramide

Gegeben sind die Punkte A (6|1|0), B (3|5|2) und C (0|4|3).

Streckenlänge

Berechnen Sie die Länge der Strecke AC.

$$\overrightarrow{AC} = \vec{c} - \vec{a} = \begin{pmatrix}0\\4\\3\end{pmatrix} - \begin{pmatrix}6\\1\\0\end{pmatrix} = \begin{pmatrix}-6\\3\\3\end{pmatrix} \Rightarrow |\overrightarrow{AC}| = \sqrt{54} = 7{,}3485$$

$\overline{AC} = 7{,}35$ LE

Lotfußpunkt

Vom Punkt B wird das Lot auf die Strecke AC gefällt. Berechnen Sie die Koordinaten des Lotfußpunktes F.

Orthogonale Projektion: $\overrightarrow{AB_{AC}} = \frac{\overrightarrow{AB} \circ \overrightarrow{AC}}{|\overrightarrow{AC}|^2} \cdot \overrightarrow{AC}$ mit

$$\overrightarrow{AB} = \vec{b} - \vec{a} = \begin{pmatrix}3-6\\5-1\\2-0\end{pmatrix} = \begin{pmatrix}-3\\4\\2\end{pmatrix} \Rightarrow \overrightarrow{AB_{AC}} = \frac{\begin{pmatrix}-3\\4\\2\end{pmatrix} \circ \begin{pmatrix}-6\\3\\3\end{pmatrix}}{(-6)^2 + 3^2 + 3^2} \cdot \begin{pmatrix}-6\\3\\3\end{pmatrix}$$

$$\overrightarrow{AB_{AC}} = \frac{18 + 12 + 6}{36 + 9 + 9} \cdot \begin{pmatrix}-6\\3\\3\end{pmatrix} = \frac{36}{54} \cdot \begin{pmatrix}-6\\3\\3\end{pmatrix} = \frac{2}{3} \cdot \begin{pmatrix}-6\\3\\3\end{pmatrix} = \begin{pmatrix}-4\\2\\2\end{pmatrix}$$

$$\vec{f} = \vec{a} + \overrightarrow{AB_{AC}} = \begin{pmatrix}6\\1\\0\end{pmatrix} + \begin{pmatrix}-4\\2\\2\end{pmatrix} = \begin{pmatrix}2\\3\\2\end{pmatrix} \qquad \Rightarrow F\ (2|3|2)$$

Flächenberechnung

Bestimmen Sie die Koordinaten des Punktes D so, dass aus dem Dreieck ABC der Drachen ABCD entsteht. Berechnen Sie den Flächeninhalt des Drachens.

$$\vec{d} = \vec{f} + \overrightarrow{BF} \text{ mit } \overrightarrow{BF} = \vec{f} - \vec{b} \quad \Rightarrow \vec{d} = 2 \cdot \vec{f} - \vec{b}$$

$$\vec{d} = 2 \cdot \begin{pmatrix}2\\3\\2\end{pmatrix} - \begin{pmatrix}3\\5\\2\end{pmatrix} = \begin{pmatrix}1\\1\\2\end{pmatrix} \quad \Rightarrow D\ (1|1|2) \qquad \overrightarrow{BF} = \begin{pmatrix}2-3\\3-5\\2-2\end{pmatrix} = \begin{pmatrix}-1\\-2\\0\end{pmatrix}$$

$$A_{Drachen} = |\overrightarrow{AC}| \cdot |\overrightarrow{BF}| = \sqrt{54} \cdot \sqrt{1 + 4 + 0} = \sqrt{54 \cdot 5}$$
$$= \sqrt{270} = 16{,}43 \text{ FE}$$

Lotvektor

Der Vektor $\vec{n} = \begin{pmatrix}n_1\\n_2\\5\end{pmatrix}$ liegt senkrecht zur Drachenfläche.
Berechnen Sie $\vec{n}$.

Es gilt: $\overrightarrow{AC} \circ \vec{n} = 0 \Leftrightarrow -6n_1 + 3n_2 + 3 \cdot 5 = 0 \quad | \cdot 2$

und $\overrightarrow{BF} \circ \vec{n} = 0 \Leftrightarrow -n_1 - 2n_2 + 0 = 0 \quad | \cdot 3$

LGS: (1) $-12n_1 + 6n_2 = -30$ (+)

(2) $-3n_1 - 6n_2 = 0$

(3) $-15n_1 = -30 \quad \Rightarrow n_1 = 2$

in Gl (2) $-6 - 6n_2 = 0 \quad \Rightarrow n_2 = -1$

$$\Rightarrow \vec{n} = \begin{pmatrix}2\\-1\\5\end{pmatrix}$$

Gerade

Bestimmen Sie die Gerade g, die senkrecht zur Drachenfläche durch den Punkt D verläuft.

$$g: \vec{x} = \begin{pmatrix}1\\1\\2\end{pmatrix} + r \cdot \begin{pmatrix}2\\-1\\5\end{pmatrix}$$

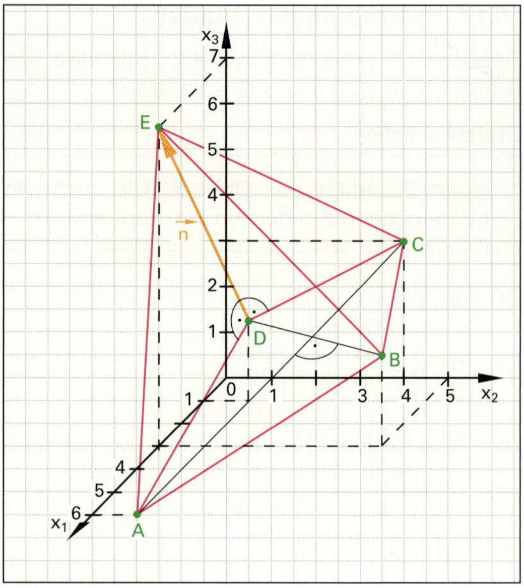

Bild 1: Pyramide

Körperberechnung

Der Punkt E liegt auf der Geraden g. Bestimmen Sie dessen Koordinaten so, dass er vom Punkt D genau $\sqrt{30}$ Längeneinheiten entfernt ist und oberhalb der x_1x_2-Ebene liegt. Berechnen Sie das Volumen der Pyramide mit den Eckpunkten A, B, C, D und E.

$n = \sqrt{4 + 1 + 25} = \sqrt{30}$

Wegen $e_3 > 0$ gilt: $\vec{e} = \vec{d} + \vec{n}$

$$\vec{e} = \begin{pmatrix}1\\1\\2\end{pmatrix} + \begin{pmatrix}2\\-1\\5\end{pmatrix} = \begin{pmatrix}3\\0\\7\end{pmatrix} \quad \Rightarrow E\ (3|0|7)$$

$$V_{Pyramide} = \frac{1}{3} \cdot A_{Drachen} \cdot n = \frac{1}{3} \cdot 16{,}43 \cdot 5{,}477$$
$$= 30 \text{ VE}$$

Zeichnung

Zeichnen Sie die Pyramide mit den Eckpunkten A, B, C, D und E sowie die Gerade g in ein dreidimensionales Koordinatensystem (x_2-Achse und x_3-Achse: 1 LE = 1 cm; x_1-Achse mit Schrägbildwinkel 45° und 1 LE = $0{,}5 \cdot \sqrt{2}$ cm).

Ansicht **Bild 1**.

Punktprobe

Überprüfen Sie, ob der Punkt P(4|2|1) auf der Strecke AC liegt.

$$\overrightarrow{AP} = \vec{p} - \vec{a} = \begin{pmatrix}4-6\\2-1\\1-0\end{pmatrix} = \begin{pmatrix}-2\\1\\1\end{pmatrix}$$

$$\overrightarrow{AP} = m \cdot \overrightarrow{AC} \Leftrightarrow \begin{pmatrix}-2\\1\\1\end{pmatrix} = m \cdot \begin{pmatrix}-6\\3\\3\end{pmatrix} \Rightarrow \text{erfüllt für } m = \frac{1}{3}$$

$\Rightarrow P \in AC$, da $0 \leq m \leq 1$.

10.2 Testen Sie Ihr Wissen zur Prüfung!

10.2.1 Aufgaben mit ganzrationalen Funktionen

1. a) Das Schaubild K_g einer ganzrationalen Funktion g vierten Grades geht durch den Punkt P (–3|–2,5) und hat die Wendepunkte W_1 (0|–1) und W_2 (–2|–1).

Bestimmen Sie die Gleichung der Funktion.

b) Die Funktion $f(x) = \frac{1}{2}x^4 + 2x^3 - 4x;\ x \in \mathbb{R}$ hat das Schaubild K_f. Es ist achsensymmetrisch zur Geraden x = –1.

Welcher Zusammenhang besteht zwischen den Funktionen f(x) und g(x)?

c) Bestimmen Sie für K_f die gemeinsamen Punkte mit der x-Achse sowie die Hochpunkte, Tiefpunkte und Wendepunkte.

Berechnen Sie diese Werte exakt!

d) Zeichnen Sie K_f für $-3{,}5 \leq x \leq 1{,}5$ mit 1 LE ≙ 2 cm.

e) Vom Punkt A (–1|0) aus werden zwei Tangenten $t_1(x)$ und $t_2(x)$ an das Schaubild von K_f gelegt.

Berechnen Sie die Berührpunkte B_1 und B_2 und ermitteln Sie die dazugehörigen Tangentengleichungen $t_1(x)$ und $t_2(x)$. Alle Ergebnisse sind auf drei Nachkommastellen zu runden.

f) Zeichnen Sie in das vorhandene Koordinatensystem die Tangente ein und bestimmen Sie aus der Zeichnung die Schnittpunkte mit K_f.

g) K_f und die Schaubilder der Tangenten $t_1(x)$ und $t_2(x)$ schließen im Intervall [–2; 0] eine Fläche ein. Berechnen Sie deren Inhalt auf drei Nachkommastellen genau.

h) Ein Rechteck wird von K_f und der x-Achse im Intervall [–2; 0] eingeschlossen. Berechnen Sie die Länge und die Breite des Rechtecks so, dass der Flächeninhalt maximal wird. Wie groß ist diese Fläche?

2. a) Das Schaubild der ersten Ableitung f'(x) einer Funktion ist in **Bild 1** dargestellt. Die Funktion f(x) ist eine ganzrationale Funktion 3. Grades, ihr Schaubild K_f geht durch den Punkt P (2|2).

Entnehmen Sie aus Bild 1 geeignete Punkte und bestimmen Sie die erste Ableitungsfunktion des Schaubildes von K_f. Bestimmen Sie die Gleichung der Funktion f(x).

b) Bestimmen Sie für K_f die Nullstellen sowie die Hochpunkte, Tiefpunkte und Wendepunkte.

Zeichnen Sie K_f für $-2 \leq x \leq 5$ mit 1 LE ≙ 2 cm.

c) Vom Punkt A (0|0) wird eine Tangente an K_f gelegt, die das Schaubild im Intervall [1; 2] berührt. Berechnen Sie exakt den Berührpunkt und die Tangentengleichung t(x).

d) Welche zwei Normalen $n_1(x)$ und $n_2(x)$ berühren das Schaubild K_f und stehen senkrecht auf K_t?

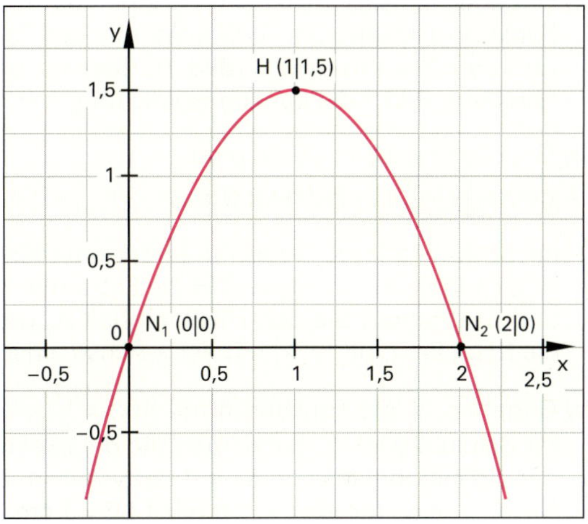

Bild 1: Erste Ableitung einer Funktion

Geben Sie das Ergebnis auf drei Stellen gerundet an.

e) Eine Normale t(x) und die x-Achse schließen im ersten Quadranten eine Fläche ein. Berechnen Sie die Eckpunkte und den Inhalt der Fläche.

f) Zeichnen Sie in das vorhandene Koordinatensystem die Tangente t(x) und die Normalen $n_1(x)$ und $n_2(x)$ ein. Überprüfen Sie anhand der Zeichnung die Ergebnisse der Aufgabe 2.

Lösungen Prüfungsaufgaben

1. a) $g(x) = \frac{1}{2}x^4 + 2x^3 - 4x - 1$

b) f(x) = g(x) + 1

c) $N_1(-1-\sqrt{5}|0)$, $N_2(-2|0)$, $N_3(0|0)$, $N_4(-1+\sqrt{5}|0)$, H (–1|2,5), $T_1(-1-\sqrt{3}|-2)$ $T_2(-1+\sqrt{3}|-2)$, $W_1(-2|0)$, $W_2(0|0)$

d) siehe Lösungsbuch

e) B_1 (–2,623|–1,933), B_2 (0,623|–1,933)
$t_1(x) = 1{,}191x + 1{,}191$
$t_2(x) = -1{,}191x - 1{,}191$

f) siehe Lösungsbuch, S_1 (–3,5|3), S_2 (–1,8|0,9), S_3 (–0,2|0,9), S_4 (1,5|3)

g) A = 2,284 FE

h) A = 1,471

2. a) $f'(x) = -1{,}5x^2 + 3x$, $f(x) = -0{,}5x^3 + 1{,}5x^2$

b) N_1 (0|0), N_2 (3|0), T (0|0), H (2|2), W (1|1) siehe Lösungsbuch

c) $B\left(1{,}5\middle|\frac{27}{16}\right)$, $t(x) = \frac{9}{8}x$

d) B_1 (–0,262|0,112), B_2 (2,262|1,888)
$n_1(x) = -\frac{8}{9}x - 0{,}121$, $n_2(x) = -\frac{8}{9}x + 3{,}899$

e) A (0|0), B (4,386|0), C (1,936|2,178)
A = 4,776 FE

f) siehe Lösungsbuch

Aufgabe 3

a) Gegeben ist das Schaubild K_f einer ganzrationalen Funktion f kleiner als 5. Grades mit der Tangente t und dem Berührpunkt B **(Bild 1)**. Bestimmen Sie anhand von Bild 1 die Funktionsgleichung f(x).

b) Gegeben ist die Funktion g mit
$g(x) = \frac{1}{4}x^3 - \frac{3}{2}x^2 + 2x$ mit $x \in \mathbb{R}$.

Ihr Schaubild ist K_g. Worin unterscheidet sich K_g von K_f? Ermitteln Sie mit dem GTR die Extremwerte von K_f und bestimmen Sie den Flächeninhalt A_1 der Fläche, die K_f im Intervall [0; 2] mit der x-Achse einschließt.

c) Gegeben ist die Funktion h mit $h(x) = \frac{e^x}{2} - \frac{e^2}{2}$; $x \in \mathbb{R}$. Ihr Schaubild ist K_h. Berechnen Sie die exakten Werte des Schnittpunktes von K_h mit der y-Achse. Zeichnen Sie K_g und K_h für $-2 \leq x \leq 5$ mit 1 LE = 1 cm.

Geben Sie die ersten beiden Ableitungen von h an und begründen Sie, warum K_h weder Extremwerte noch Wendepunkte besitzt.

d) Zeigen Sie, dass sich die Schaubilder K_g und K_h im Punkt S (2|0) schneiden. Zeigen Sie rechnerisch, dass der Schnittwinkel nicht 90° beträgt.

e) Bestimmen Sie mit dem GTR den Flächeninhalt A_2 der Fläche, die K_h im Intervall [0; 2] mit der x-Achse einschließt. Die Gerade i geht durch die Punkte P (0|u) und Q (2|0). Bestimmen Sie den Wert für u so, dass die Gerade i die Fläche halbiert, die K_g, K_h und die y-Achse einschließen. Geben Sie die Gleichung der Geraden i an und zeichnen Sie die Gerade in das Diagramm mit ein.

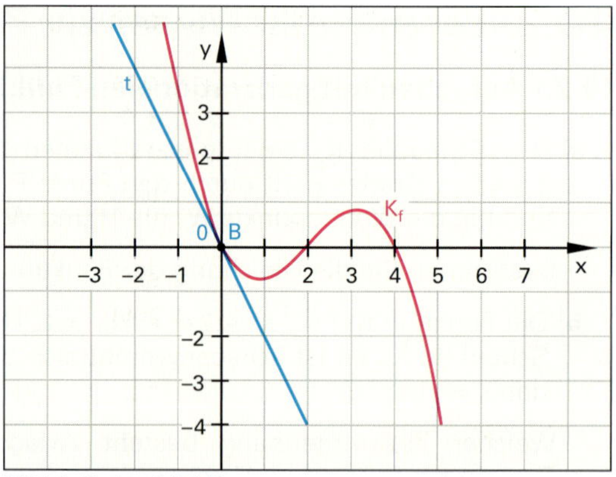

Bild 1: Schaubild K_f

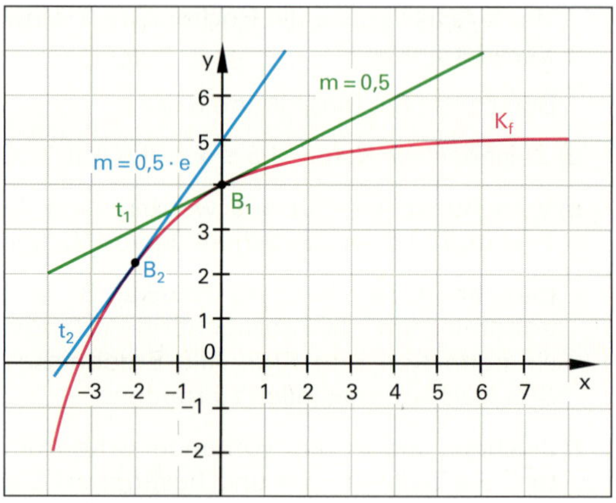

Bild 2: Schaubild K_f

Aufgabe 4

a) Gegeben ist das Schaubild K_f der Funktion f mit dem Gleichungstyp $f(x) = a \cdot e^{bx} + c$; $x \in \mathbb{R}$ **(Bild 2)**. Bestimmen Sie mithilfe der gezeichneten Tangente die Funktionsgleichung f(x).

b) Gegeben ist die Funktion f mit $f(x) = -e^{-0,5x} + 5$; $x \in \mathbb{R}$. Ihr Schaubild ist K_f. Berechnen Sie den Schnittpunkt mit der x-Achse (exakter Wert) sowie den Flächeninhalt A der Fläche, die K_f mit den Koordinatenachsen einschließt (exakter Wert).

c) Geben Sie die ersten beiden Ableitungen von f(x) an. Untersuchen Sie K_f auf Extremwerte und Wendepunkte.

d) Vom Punkt P (0|5) werden Tangenten an K_f angelegt. Berechnen Sie die Koordinaten der Berührpunkte, falls vorhanden und bestimmen Sie die Gleichungen der zugehörigen Tangenten (exakte Werte).

e) Berechnen Sie die Normale von K_f im Punkt (0|4) sowie deren Schnittpunkt mit der x-Achse.

f) Das Schaubild K_g der Funktion g mit $g(x) = a \cdot e^{bx}$; $x \in \mathbb{R}$ berührt das Schaubild K_f an der Stelle x = 0. Bestimmen Sie g(x).

Lösungen Prüfungsaufgaben

3. a) $f(x) = -\frac{1}{4}x^3 + \frac{3}{2}x^2 - 2x$

b) K_g ist die Spiegelung von K_f an der x-Achse; laut GTR: H (3,15|0,77); T (0,85|–0,77); A_1 = 1 FE

c) $S_y\left(0\middle|\frac{1}{2} - \frac{e^2}{2}\right)$; Zeichnungen siehe Lösungsbuch; $h'(x) = h''(x) = \frac{e^2}{2}$
Wegen $\frac{e^2}{2} > 0 \Rightarrow$ weder Extremwerte noch Wendepunkte.

d) $g(2) = h(2) = 0$; $g'(2) \neq -\frac{1}{h'(2)}$

e) A_2 = 4,195 FE; u = –1,6;
Gerade i: i(x) = 0,8x – 1,6

4. a) $f(x) = -e^{-0,5x} + 5$

b) S (–2 · ln 5|0); A = 10 · ln 5 – 8 ≈ 8,09 FE

c) $f'(x) = 0,5 \cdot e^{-0,5x}$; $f''(x) = -0,25 \cdot e^{-0,5x}$;
wegen $f'(x) > 0$ keine Extremwerte;
wegen $f''(x) < 0$ keine Wendepunkte.

d) B (–2|–e + 5); t_2: $y = 0,5e \cdot x + 5$

e) n: y = –2x + 4; S (2|0)

f) $g(x) = 4 \cdot e^{0,125x}$

10.2.2 Funktionsterme und Schaubilder

a) Von einer Funktion f ist der Funktionsterm nur teilweise bekannt: $f(x) = -\frac{1}{2}x^3 + bx^2 + cx + 4$.

Von den Schaubildern A (Bild 1), B (Bild 2) und C (Bild 3) können zwei nicht Schaubild von f sein. Begründen Sie, welche dies sind.

b) Bestimmen Sie den Term einer Funktion, deren Schaubild mit der Kurve B im dargestellten Ausschnitt übereinstimmt.

Die Funktion g mit $g(x) = -\frac{1}{2}x^3 - x^2 + 2x + 4;\ x \in \mathbb{R}$ hat das Schaubild K_g.

c) Bestimmen Sie die exakten Koordinaten der Extrem- und Wendepunkte von K_g.

d) Die Tangente im Punkt R (0|4) an K_g heißt t. Das Schaubild K_g und t haben noch einen weiteren Punkt S gemeinsam.

Berechnen Sie die Koordinaten von S.

e) Eine Parabel p mit $p(x) = \frac{1}{2}x^2 - 3x + 4$ schließt mit K_g im 1. Quadranten eine Fläche ein.

Berechnen Sie den Inhalt der Fläche.

f) Das Schaubild C (Bild 3) ist das Schaubild der Ableitungsfunktion h' einer Funktion h, deren Schaubild durch den Ursprung geht.

Skizzieren Sie das Schaubild von h mit dem Schaubild C in ein gemeinsames Koordinatensystem.

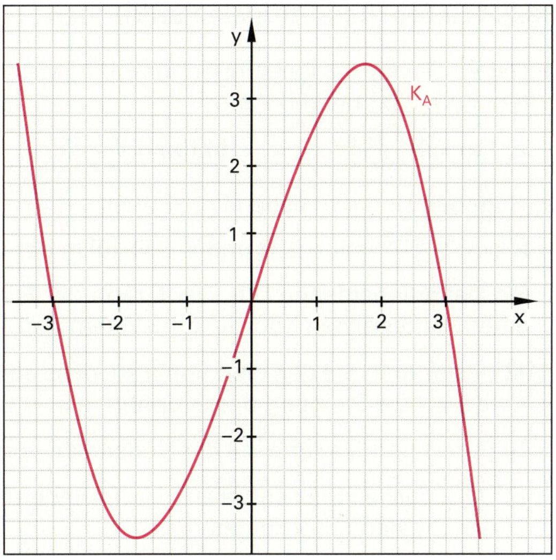

Bild 1: Kurve A

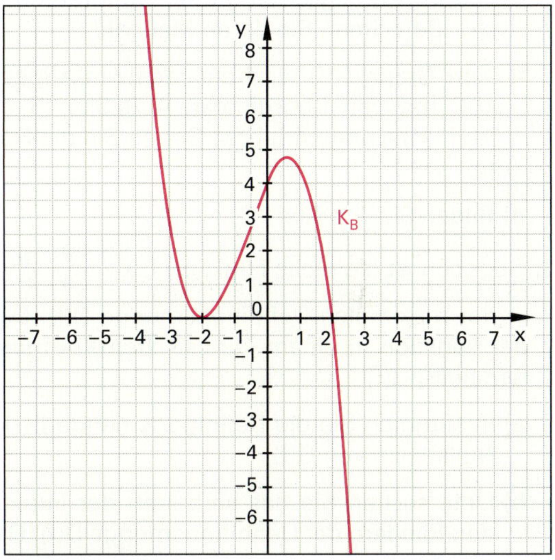

Bild 2: Kurve B

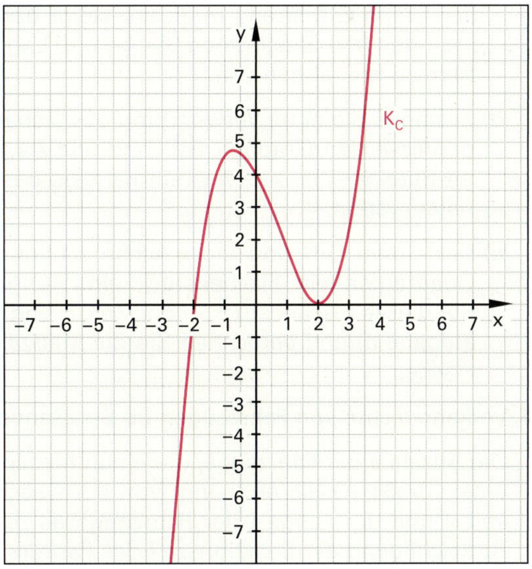

Bild 3: Kurve C

Lösungen Prüfungsaufgaben

5. a) Kurve A und Kurve C sind nicht Schaubild von f.
Begründung:
- Kurve A geht durch den Ursprung
- Kurve C kommt aus dem III. Quadranten, Schaubild von f muss aus dem II. Quadranten kommen und durch (0|4) gehen!

b) $g(x) = -\frac{1}{2}x^3 - x^2 + 2x + 4;\ x \in \mathbb{R}$

c) $T\,(-2|0);\quad H\left(\frac{2}{3}\middle|\frac{128}{27}\right);\quad W\left(-\frac{2}{3}\middle|\frac{64}{27}\right)$

d) t: $y = 2x + 4$;
Gemeinsame Punkte: S (–2|0); R (0|4);

e) Flächeninhalt von K_f und p: A = 8 FE

f) Siehe Lösungsbuch

10.2.3 Gebrochenrationale Funktionen

1. Geben Sie für die Funktionen a) und b) die Asymptoten, f'(x), f''(x) und F(x) an.

a) $f(x) = \frac{x^2 - 3x + 2}{3x}$ **b)** $f(x) = \frac{x^2 + 2x}{x - 1}$

2. Gegeben sind die reellen Funktionen

$f\colon x \mapsto \frac{a \cdot x - 2}{x^2}$ mit $a \in \mathbb{R}$ und $x \in \mathbb{R}\setminus\{0\}$ in der maximalen Definitionsmenge D(f). Der Graph der Funktion in einem kartesischen Koordinatensystem heißt G(f).

a) Bestimmen Sie den Wert von a so, dass an der Stelle x = 2 die Steigung des Graphen m = –0,5 beträgt.

b) Berechnen Sie für a = 4 die Nullstellen von f.

c) Untersuchen Sie f auf relative Extremwerte und geben Sie deren Koordinaten an.

d) Untersuchen Sie den Graph G(f) auf Wendepunkte.

e) Die Gerade x = –3 und x = –1, die x-Achse und der Graph G(f) begrenzen im III. Quadranten eine Fläche. Berechnen Sie deren Maßzahl.

f) Dem Graph G(f) wird ein rechtwinkeliges Dreieck ABC mit den Koordinaten A (0,5|0); B (x|0) und C $\left(x|f(x)\right)$ einbeschrieben. Geben Sie die Fläche A(x) an.

g) Bilden Sie $\lim_{x \to \infty} A(x)$.

3. Gegeben ist die reelle Funktion $f\colon x \mapsto \frac{x^2 + 3x}{x - 1}$ in der maximalen Definitionsmenge D(f). Der Graph der Funktion in einem kartesischen Koordinatensystem heißt G(f).

a) Bestimmen Sie die Definitionsmenge D(f) und die Nullstellen von G(f).

b) Untersuchen Sie das Verhalten der Funktion f an den Rändern der Definitionsmenge D(f). Geben Sie die Art der Definitionslücke und die Gleichungen aller Asymptoten an.

c) Ermitteln Sie die maximalen Intervalle, in denen der Graph G(f) streng monoton steigt bzw. streng monoton fällt. Bestimmen Sie Art und Lage der Extrema des Graphen G(f).

d) Zeichnen Sie unter Verwendung der bisherigen Ergebnisse den Graphen G(f) und alle Asymptoten im Bereich $-7 \leq x \leq 7$ in ein kartesisches Koordinatensystem.

e) Der Graph G(f) und die x-Achse schließen im II. Quadranten ein Flächenstück ein. Kennzeichnen Sie dieses Flächenstück in der Zeichnung von Teilaufgabe d) und berechnen Sie die Maßzahl dieser Fläche.

4. Verkehrsdichte von Fahrzeugen im Straßenverkehr

Die Anzahl a der Fahrzeuge, die einen Messpunkt auf einer Straße passieren, hängt von der Geschwindigkeit v und der Länge l der Fahrzeuge ab. Unter Berücksichtigung der Reaktionszeit des Fahrers und des Bremsweges des Fahrzeuges gilt für die Anzahl a:

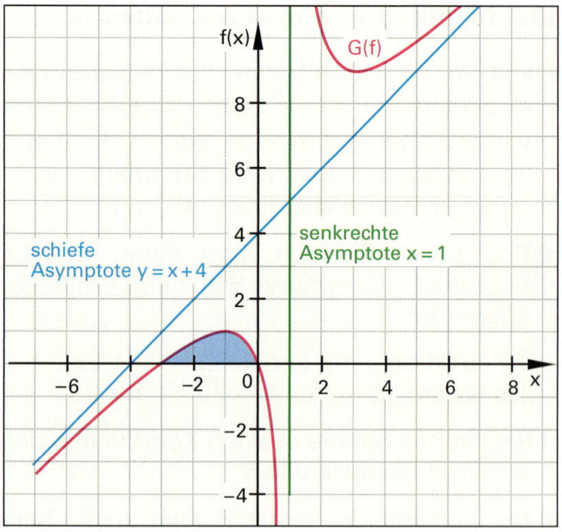

Bild 1: Schaubild der gebrochenrationalen Funktion

$a(v) = \frac{1000v}{0{,}01v^2 + 0{,}3v + l}$; l in Meter und v in km/h

a) Berechnen Sie die Verkehrsdichte bei einer mittleren Fahrzeuglänge von 7 m für v = 10 km/h, v = 50 km/h und v = 90 km/h.

b) Welche Geschwindigkeit sollte vorgegeben werden, damit die Anzahl der durchfahrenden Fahrzeuge pro Stunde am größten ist?

c) Wie viele Fahrzeuge passieren bei dieser Geschwindigkeit stündlich den Messpunkt?

Lösungen Prüfungsaufgaben

1. a) x = 0; $y = \frac{1}{3}x - 1$; $f' = \frac{x^2 - 2}{3x^2}$; $f''(x) = \frac{4}{3x^2}$;
$F(x) = \frac{1}{6}x^2 - x + \frac{2}{3}\ln|x| + C$

b) x = 1; y = x + 3;
$f'(x) = 1 - \frac{3}{(x-1)^2}$; $f''(x) = \frac{6}{(x-1)^3}$;
$F(x) = \frac{1}{2}x^2 + 3x + \ln|x - 1| + C$

2. a) a = 4 **b)** $x = \frac{1}{2}$

c) Maximum H (1|2) **d)** $W\left(\frac{3}{2}\middle|\frac{16}{9}\right)$

e) A = |–5,73| **f)** $A(x) = \frac{4x^2 - 4x + 1}{2x^2}$

g) $\lim_{x \mapsto \infty} A(x) = 2$

3. a) $D(f) = \mathbb{R}\setminus\{1\}$; Nullstellen: $x_1 = 0$; $x_2 = -3$

b) $f(x) \to -\infty$ für $x \to -\infty$ und $f(x) \to +\infty$ für $x \to +\infty$; senkrechte Asymptote x = 1; schiefe Asymptote y = x + 4

c) G(f) ist streng monoton steigend für $x \in]-\infty; -1]$ bzw. für $x \in [3; +\infty[$ G(f) ist streng monoton fallend für $x \in [-1; +1[$ bzw. für $x \in]+1; 3]$; T (3|9); H (-1|1)

d) Bild 1

e) $A = \frac{15}{2} - 8 \cdot \ln(2)$

4. a) a(10) = 909; a(50) = 1 063; a(90) = 782

b) v_{max} = 26,7 km/h;
Richtgeschwindigkeit 30 km/h

c) a(30) = 1 200

10.2.4 Aufgaben mit e-Funktionen

Aufgabe 1

a) Gegeben ist die Funktion f mit $f(x) = a \cdot e^{bx} + x - 4$; $x \in \mathbb{R}$.

Ihr Schaubild ist K_f. Das Schaubild hat im Schnittpunkt mit der y-Achse eine waagrechte Tangente und den Funktionswert –2.

Bestimmen Sie die Funktionsgleichung.

b) Gegeben ist die Funktion f mit $f(x) = 2 \cdot e^{-0{,}5x} + x - 4$; $x \in \mathbb{R}$.

Geben Sie die ersten beiden Ableitungen an.

Untersuchen Sie K_f auf Extrempunkte (z. B. mit dem GTR) und begründen Sie, warum K_f keinen Wendepunkt hat.

Zeichnen Sie K_f für $-3 \leq x \leq 6$ mit 1 LE = 1 cm.

c) Vom Punkt P (2|–2) aus werden Tangenten an K_f angelegt. Zeigen Sie rechnerisch, dass es nur eine Tangente gibt. Geben Sie die Koordinaten des Berührpunktes und die Tangentengleichung an.

d) Gegeben ist die Gerade g mit $g(x) = x - 4$; $x \in \mathbb{R}$. Ihr Schaubild ist K_g. Prüfen Sie rechnerisch, ob sich K_g und K_f schneiden.

e) Die y-Achse, K_f, K_g und die Gerade x = b schließen im ersten Quadranten eine Fläche ein. Berechnen Sie die Intervallgrenze b des Intervalls, in welchem die Fläche den Wert $A = 4 \cdot \frac{e-1}{e}$ hat.

f) Welches der in **Bild 1** abgebildeten Schaubilder ist nicht das Schaubild der Stammfunktion von f(x)? Begründen Sie Ihre Antwort.

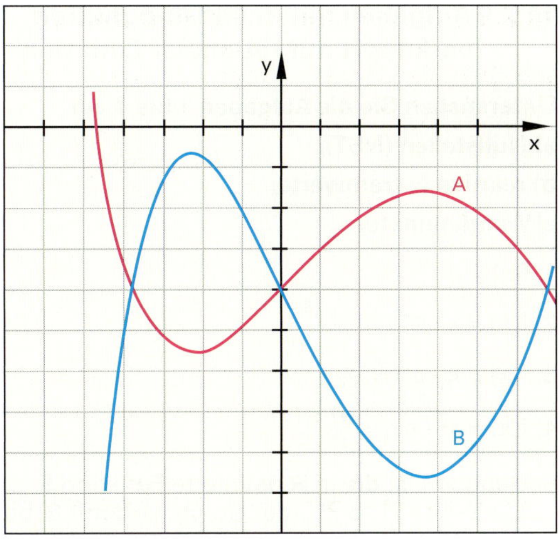

Bild 1: Mögliche Schaubilder zu F(x)

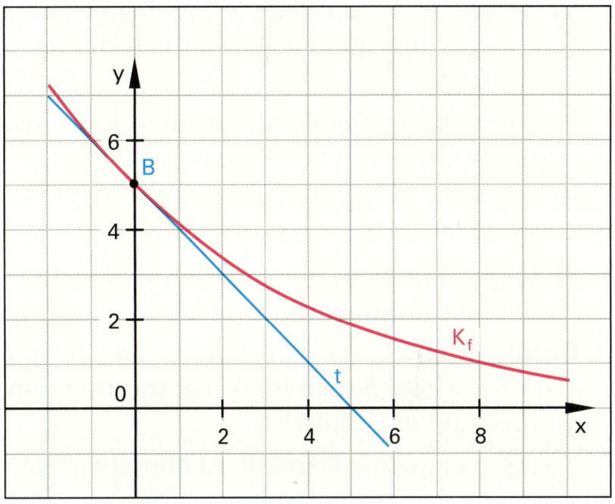

Bild 2: e-Funktion mit Tangente

Aufgabe 2

a) Gegeben ist das Schaubild K_f einer e-Funktion f mit der Tangente t und dem Berührpunkt B **(Bild 2)**. Bestimmen Sie anhand von Bild 2 die Funktionsgleichung der e-Funktion.

b) Gegeben ist die Funktion f mit $f(x) = 5 \cdot e^{-0{,}2x}$; $x \in \mathbb{R}$. Ihr Schaubild ist K_f. Berechnen Sie den exakten Wert der Fläche zwischen K_f und der Tangente t (Bild 2) im Intervall [0; 5].

c) Das Schaubild K_h einer ganzrationalen Funktion 2. Grades berührt K_f im Schnittpunkt mit der y-Achse. K_h und die Koordinatenachsen schließen im Intervall [0; 10] eine Fläche mit dem Flächeninhalt $\frac{50}{3}$ ein. Bestimmen Sie die Gleichung h(x) dieser Funktion.

d) Gegeben ist die Funktion h mit $h(x) = 0{,}05 \cdot (x - 10)^2$; $x \in \mathbb{R}$. Bestimmen Sie den Scheitelpunkt S dieser Funktion. Zeichnen Sie K_f und K_h für $0 \leq x \leq 16$ mit 1 LE = 2 cm. Bestimmen Sie mit dem GTR die Schnittpunkte der Schaubilder.

e) Gegeben ist die Gerade g mit $g(x) = -0{,}5x + 5$; $x \in \mathbb{R}$. Ihr Schaubild ist K_g. Die Gerade x = u mit $u \in [0; 7{,}9]$ schneidet K_g im Punkt P und K_f im Punkt Q. Für welchen Wert von u (exakter Wert) nimmt die Strecke PQ = d einen Extremwert an? Zeigen Sie rechnerisch, dass es sich um ein Maximum handelt und berechnen Sie d_{max}.

Lösungen Prüfungsaufgaben

1. a) $f(x) = 2 \cdot e^{-0{,}5x} + x - 4$

b) $f'(x) = -e^{-0{,}5x} + 1$; $f''(x) = 0{,}5 \cdot e^{-0{,}5x}$; T (0|–2);
Das Schaubild K_f hat keinen Wendepunkt, da $f''(x) > 0$. Zeichnung siehe Lösungsbuch.

c) B (0|–2); t: y = –2

d) kein Schnittpunkt

e) b = 2

f) A; für $x \in [-2; 3]$ steigt A, jedoch hat K_f negative Werte f(x).

2. a) $f(x) = 5 \cdot e^{-0{,}2x}$ **b)** $12{,}5 - \frac{25}{e} = 3{,}3$ FE

c) $h(x) = 0{,}05x^2 - x + 5$

d) S (10|0); S_1 (0|5); S_2 (12,78|0,388); Zeichnung siehe Lösungsbuch

e) $u = 5 \cdot \ln 2 \approx 3{,}466$; $d''(u) < 0$; $d_{max} = 2{,}5 \cdot (1 - \ln 2) \approx 0{,}767$ LE

10.2.5 Aufgaben mit e- und ln-Funktion verknüpft mit rationaler Funktion

Untersuchen Sie die Aufgaben 1 bis 4 auf
a) Nullstellen (NST),
b) relative Extremwerte,
c) Wendepunkte.

1. $f(x) = e^{-\frac{1}{2}x^2}$

2. $f(x) = x \cdot e^x$

3. $f(x) = x \cdot e^{-x} = \frac{x}{e^x}$

4. $f(x) = x^2 \cdot e^{-x} = \frac{x^2}{e^x}$

5. Gegeben ist die in $\mathbb{R}$ definierte Funktion f:
$x \mapsto (-4x - 2) \cdot e^{-2x}$; der Graph wird mit G_f bezeichnet.

a) Bestimmen Sie die Schnittpunkte von G_f mit den Koordinatenachsen.

b) Untersuchen Sie das Verhalten der Funktion f für $x \to \pm\infty$ und geben Sie die Gleichung der Asymptote an.

c) Untersuchen Sie G_f auf relative Extremwerte und geben Sie deren Koordinaten an.

d) Zeichnen Sie den Graphen G_f für $-0{,}5 \leq x \leq 3$ in ein geeignetes Koordinatensystem.

e) Zeigen Sie, dass die Funktion F: $x \mapsto (2x + 2) \cdot e^{-2x}$ eine Stammfunktion von f ist.

f) Der Graph G_f, die Koordinatenachsen und die Gerade $x = k$ schließen im IV. Quadranten ein Flächenstück A(k) ein **(Bild 1)**.

α) Geben Sie die Fläche in Abhängigkeit von k an.

β) Berechnen Sie die Fläche für k = 2

γ) Wie groß kann diese Fläche maximal werden?

6. Geben Sie für die Funktion f: $x \mapsto \frac{x}{\ln x}$; $x \in D_f$

a) die Definitionsmenge an, berechnen Sie

b) die Nullstellen und untersuchen Sie f auf

c) relative Extremwerte und auf

d) Wendepunkte.

7. Geben Sie für die Funktion $f(x) = \frac{\ln x}{x}$; $x \in D_f$

a) die Definitionsmenge an und untersuchen Sie die Funktionen auf

b) Nullstellen,

c) relative Extremwerte,

d) Wendepunkte.

8. Ein Autohersteller testet den Kraftstoffverbrauch eines neuen Modells. Dabei wurde bei Messungen festgestellt, dass der Kraftstoffverbrauch K(v) mit folgender Gleichung berechnet werden kann:

$K(v) = \frac{7}{4} \cdot [\ln(v - 4)]^2 + 5$ mit $v > 4$

Dabei bedeuten
v = Geschwindigkeit in 10 km/h
K(v) = Kraftstoffverbrauch in Liter pro 100 km.

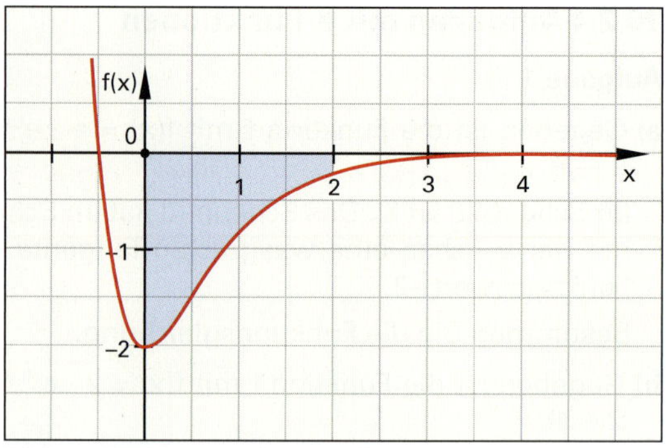

Bild 1: Fläche zwischen Graphen

a) Berechnen Sie die Maßzahl des Kraftstoffverbrauchs bei einer Geschwindigkeit von 90 km/h.

b) Bei welcher Geschwindigkeit ist der Kraftstoffverbrauch am geringsten?
Geben Sie diesen Kraftstoffverbrauch an.

Lösungen Prüfungsaufgaben

1. a) keine NST
b) H (0|1)
c) W_1 (1|0,6); W_2 (–1|0,6)

2. a) N (0|0)
b) T (–1|–0,36)
c) W (–2|–0,27)

3. a) N (0|0)
b) H (1|0,36)
c) W (2|0,27)

4. a) N (0|0)
b) T (0|0); H $\left(2\middle|-\frac{4}{e^2}\right)$
c) W_1 (0,59|0,19); W_2 (3,41|0,38)

5. a) S_y (0|–2); N (–0,5|0)
b) $f(x) \to \infty$ für $x \to -\infty$; $f(x) \to 0$ für $x \to \infty$
c) T (0|–2)
e) $F'(x) = f(x)$
d) siehe Bild 1
f) α) $A(k) = \frac{2k + 2}{e^{2k}} - 2$
β) $A(2) = |-1{,}89|$
γ) $A_{max} = |-2|$

6. a) $D = \{x | 0 < x < 1 \vee 1 < x < \infty\}$
b) keine NST
c) T (e|e)
d) W (7,36|3,68)

7. a) $D = \{x | 0 < x < \infty\}$
b) N (1|0)
c) H $\left(e\middle|\frac{1}{e}\right)$
d) W (4,48|0,33)

8. a) 9,5
b) $v = 50 \frac{km}{h}$; Verbrauch: 5 ℓ

10.2.6 Vektorrechnung

Aufgabe 1

a) Gegeben sind die Punkte A (1|2|0), B (0|3|2), C (2|3|3) und E (2|0|4). Zeigen Sie, dass die Gerade g durch die Punkte A und B und die Gerade h durch die Punkte C und E windschief sind.

b) Bestimmen Sie die Koordinaten des Punktes D so, dass mit den Punkten A, B und C ein Parallelogramm, bei dem die Ecken B und D diagonal gegenüberliegen, entsteht.

Prüfen Sie, ob es sich bei dem Parallelogramm um ein Rechteck handelt.

c) Zeichnen Sie das Viereck ABCD in das Schrägbild eines räumlichen Koordinatensystems (x_2-Achse und x_3-Achse: 1 LE = 1 cm, x_1-Achse mit Schrägbildwinkel 45° und 1 LE = $0{,}5 \cdot \sqrt{2}$ cm).

Berechnen Sie den Flächeninhalt des Vierecks ABCD.

d) Gegeben ist die Gerade g durch

$g\colon \vec{x} = \begin{pmatrix}1\\2\\0\end{pmatrix} + r \cdot \begin{pmatrix}-1\\1\\2\end{pmatrix};\ r \in \mathbb{R}$

Berechnen Sie die Koordinaten der Spurpunkte der Geraden g in den Koordinatenebenen.

e) Die Gerade g wird achsenparallel auf die x_2x_3-Ebene projiziert. Geben Sie die Gleichung der Projektion g' an.

f) Vom Punkt Q (7|2|0) wird das Lot auf die Gerade g gefällt. Bestimmen Sie die Koordinaten des Lotfußpunktes und den Abstand des Punktes von der Geraden g.

Aufgabe 2

Gegeben sind die Punkte A (–5|–3|4), B (1|–3|2) und C (3|3|1).

a) Bestimmen Sie die Koordinaten des Punktes D so, dass das Viereck ABCD ein Parallelogramm mit dem Diagonalenvektor $\overrightarrow{BD}$ ist.

b) Berechnen Sie die Seitenlängen und die Innenwinkel des Parallelogramms.

c) Stellen Sie das Parallelogramm ABCD in einem dreidimensionalen Koordinatensystem dar.

(x_2-Achse und x_3-Achse: 1 LE = 1 cm, x_1-Achse mit Schrägbildwinkel 45° und 1 LE = $0{,}5 \cdot \sqrt{2}$ cm).

d) Die Punkte A, B, C und D werden senkrecht auf die x_1x_2-Ebene projiziert. Geben Sie die Koordinaten der Bildpunkte A', B', C' und D' an.

Zeichnen Sie das Viereck A'B'C'D' und die Strecken AA', BB', CC' und DD' in das vorhandene Koordinatensystem mit ein.

e) Weisen Sie nach, dass das Viereck A'B'C'D' ebenfalls ein Parallelogramm ist.

f) Berechnen Sie das Verhältnis des Flächeninhalts des Parallelogramms ABCD zum Flächeninhalt des Parallelogramms A'B'C'D'.

Aufgabe 3

Gegeben ist die Gerade g und die Gerade h durch

$g\colon \vec{x} = \begin{pmatrix}1\\2\\3\end{pmatrix} + r \cdot \begin{pmatrix}2\\-1\\-2\end{pmatrix}$ und $h\colon \vec{x} = \begin{pmatrix}-1\\0\\5\end{pmatrix} + s \cdot \begin{pmatrix}-3\\0\\3\end{pmatrix}$;

$r, s \in \mathbb{R}$

a) Zeigen Sie rechnerisch, dass der Koordinatenursprung nicht auf g liegt.

b) Zeigen Sie, dass sich die Geraden g und h schneiden und berechnen Sie die Koordinaten des Schnittpunkts S sowie den Schnittwinkel.

c) Die Punkte B und C liegen auf der Geraden g und sind vom Stützpunkt P (1|2|3) jeweils 6 LE entfernt. Berechnen Sie die Koordinaten der Punkte B und C.

d) Vom Punkt C wird das Lot auf die Gerade h gefällt. Man erhält den Punkt F.

Berechnen Sie den Abstand CF und die Koordinaten des Lotfußpunktes.

e) Stellen Sie die Geraden g und h sowie die Punkte B, C und F in einem dreidimensionalen Koordinatensystem dar (x_2-Achse und x_3-Achse: 1 LE = 1 cm, x_1-Achse mit Schrägbildwinkel 45° und 1 LE = $0{,}5 \cdot \sqrt{2}$ cm).

Berechnen Sie den Flächeninhalt des Dreiecks BCF.

Lösungen Prüfungsaufgaben

1. a) g und h sind windschief, siehe Löser.

b) D (3|2|1); $\overrightarrow{AB} \circ \overrightarrow{BC} = 0$ und $|\overrightarrow{AB}| \neq |\overrightarrow{BC}|$ $\Rightarrow$ Rechteck

c) Zeichnung siehe Löser; $A = \sqrt{30} = 5{,}48$ LE

d) S_{12} (1|2|0); S_{13} (3|0|–4); S_{23} (0|3|2)

e) $g'\colon \vec{x} = \begin{pmatrix}0\\2\\0\end{pmatrix} + r \cdot \begin{pmatrix}0\\1\\2\end{pmatrix};\ r \in \mathbb{R}$

f) F (2|1|–2); $|\overrightarrow{QF}| = \sqrt{30} = 5{,}48$ LE

2. a) D (–3|3|3)

b) $|\overrightarrow{CD}| = |\overrightarrow{AB}| = \sqrt{40}$; $|\overrightarrow{AD}| = |\overrightarrow{BC}| = \sqrt{41}$

$\alpha = \gamma = 69{,}775°$; $\beta = \delta = 110{,}225°$

c) Zeichnung siehe Löser

d) A' (–5|–3|0); B' (1|–3|0); C' (3|3|0); D' (–3|3|0)

e) $\overrightarrow{A'B'} = \overrightarrow{D'C'} = \begin{pmatrix}6\\0\\0\end{pmatrix} \Rightarrow$ A'B'C'D' ist Parallelogramm

f) $\frac{38}{36} \approx 1{,}06$

3. a) O (0|0|0) $\notin$ g

b) LGS erfüllt für r = 2 und s = –2 $\Rightarrow$ S (5|0|–1); $\varphi = 19{,}47°$

c) B (5|0|–1); C (–3|4|7)

d) $|\overrightarrow{CF}| = 4$; F (–3|0|7)

e) Zeichnung siehe Löser; $A_{BCF} = 22{,}63$ FE

10.2.7 Schaubilder ganzrationaler Funktionen

1. Ein Künstler schuf das Bild „Küssende Schwäne" **(Bild 1)**, indem er die Schaubilder ganzrationaler Funktionen zeichnete und die eingeschlossenen Flächen entsprechend gestaltete.

a) In Bild 1 sind vier Schaubilder ganzrationaler Funktionen verwendet worden. Welchen Grad haben die Funktionen? Geben Sie die jeweils allgemeine Schreibweise an.

b) Die vier nicht willkürlich gewählten Funktionen stellen eine komplexe Aufgabe dar. Eine Gerade mit der Gleichung x = 1 schneidet das Schaubild K_t im Punkt P (1|4) und das Schaubild K_f im Punkt Q. Die Länge der Strecke PQ ist an der Stelle x = 1 im Intervall [–2; 2] maximal.

Bestimmen Sie die Funktionsgleichungen t(x), f(x), die Abstandsfunktion g(x) und die Funktion, mit der der maximale Abstand zwischen den Schaubildern K_f und K_t ermittelt werden kann.

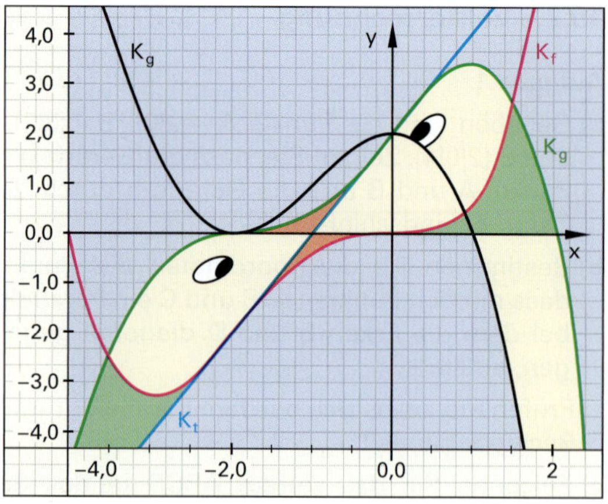

Bild 1: Küssende Schwäne

2. Bild 2 zeigt das Schaubild $K_{f''}$ der zweiten Ableitungsfunktion f'' einer Funktion f. $K_{f''}$ ist punktsymmetrisch zum Ursprung.

Begründen Sie, ob die folgenden Aussagen über das Schaubild K_f von der Funktion f richtig oder falsch sind:

a) Das Schaubild K_f besitzt einen Hochpunkt im Intervall $]x_1; 0[$.

b) Das Schaubild K_f hat an der Stelle x = 0 einen Wendepunkt.

c) Das Schaubild K_f ist ein Schaubild einer ganzrationalen Funktion 4. Grades.

d) Das Schaubild K_f kann punktsymmetrisch zum Ursprung sein.

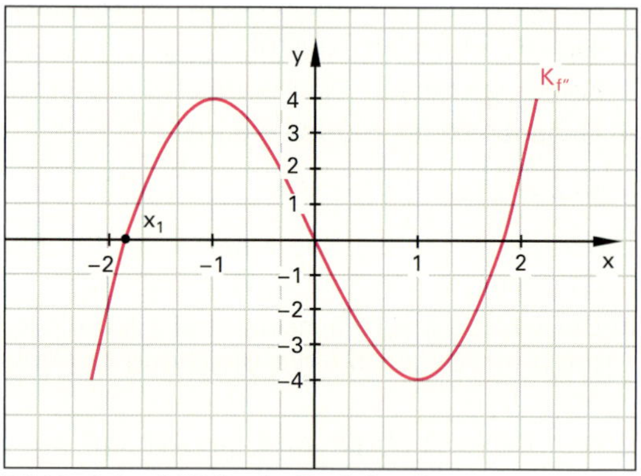

Bild 2: Schaubild $K_{f''}$ der Funktion f''

3. Bild 3 zeigt das Schaubild $K_{f'}$ der ersten Ableitungsfunktion einer Funktion f dritten Grades. Das Schaubild K_f hat eine doppelte Nullstelle bei x = 1. Interpretieren Sie die Angaben a) bis e) und entscheiden Sie, ob diese Aussagen auf das Schaubild K_f der Funktion f zutreffen.

a) Das Schaubild von f besitzt zwei Extrempunkte.

b) Das Schaubild von f besitzt im Intervall [0; 2] einen Hochpunkt.

c) Für x = 0 ist das Schaubild K_f linksgekrümmt.

d) Die Aussage $\int_0^1 f(x)dx > 0$ ist falsch.

e) Das Schaubild $K_{f''}$ der zweiten Ableitungsfunktion ist eine Gleichung 1. Grades mit negativer Steigung.

f) Bestimmen Sie den Funktionsterm der Funktion f und überprüfen Sie mithilfe des Schaubildes von K_f die Aussagen von a) bis e).

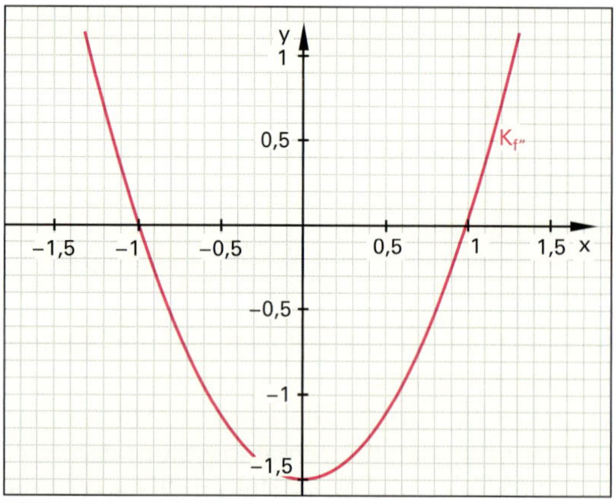

Bild 3: Schaubild $K_{f'}$ der Funktion f'

Lösungen Prüfungsaufgaben

1. a) $t(x) = ax + b$, $f(x) = ax^4 + bx^3 + cx^2 + dx + e$, $g(x) = ax^4 + bx^3 + cx^2 + dx + e$

b) $t(x) = 2x + 2$, $f(x) = 0{,}125x^4 + 0{,}5x^3$
$g(x) = t(x) - f(x)$, $g'(x) = -0{,}5x^3 - 1{,}5x^2 + 2$

2. a) falsch **b)** richtig **c)** falsch **d)** richtig
Begründung im Lösungsbuch

3. a) richtig **b)** falsch **c)** falsch **d)** falsch
e) falsch; Begründung im Lösungsbuch
f) $f(x) = 0{,}5x^3 - 1{,}5x + 1$

10.2.8 Schaubilder von e-Funktionen

1. Das Sägeblatt in einem Sägewerk wurde mithilfe von Exponentialfunktionen nachgebildet **(Bild 1).**

Das Schaubild K_h mit der Funktion h hat die Funktionsgleichung $h(x) = e^{5x-30} - x + 6$.

a) Wie muss man die Funktionsgleichung h(x) ändern, um die anderen Funktionsgleichungen der Funktionen f, g, m und n, deren Schaubilder K_f, K_g, K_m und K_n sind, zu erhalten? Geben Sie die jeweiligen Funktionsgleichungen an und begründen Sie Ihre Entscheidung.

b) Dem Sägewerkbesitzer ist die Säge nicht scharf genug. Wie müssen die Funktionsgleichungen geändert werden, um das Sägeblatt spitzer auszuführen? Begründen Sie Ihre Entscheidung.

2. Bild 2 zeigt die Schaubilder K_f, K_g und K_h der Funktionen f, g und h.

a) Gehen alle Schaubilder exakt durch den Punkt P?

b) Die Punkte N_{Kf} (–8|8), N_{Kg} (–4|0) und N_{Kh} (–2|0) scheinen Achsenschnittpunkte der entsprechenden Schaubilder zu sein. Wurden diese Achsenschnittpunkte exakt abgelesen? Begründen Sie Ihre Aussage.

c) Wie müsste man die Funktion g verändern, damit das Schaubild K_m mit der Funktion m ungefähr durch den Punkt A (–5|0) geht?

3. Bild 3 zeigt die Schaubilder K_g, K_h und K_m der Funktionen f, f' und f''.

a) Ordnen Sie die Schaubilder den Funktionen zu. Begründen Sie Ihre Entscheidung.

b) Die zweite Ableitung der Funktion f aus der Aufgabe 3a lautet: $f''(x) = 4 \cdot e^{2x} - a \cdot e^x$

Bestimmen Sie a und die Funktionsgleichungen f'(x) und f(x).

4. Gegeben ist die Funktion f mit der Funktionsgleichung $f(x) = a \cdot e^{bx} + c$. Ihr Schaubild ist K_f.

a) Wie verändern die Koeffizienten a, b und c das Schaubild K_f?

b) Bestimmen Sie die Koeffizienten a, b und c so, dass das Schaubild K_g entsteht **(Bild 4).** Folgende Bedingungen gelten: $a > 0$, $b < 0$, $c > 0$, $|a| = |b| = |c|$.

Lösungen Prüfungsaufgaben

1. a) $f(x) = e^{5x-10} - x + 2$, $g(x) = e^{5x-20} - x + 4$
$m(x) = e^{5x-40} - x + 8$, $n(x) = e^{5x-50} - x + 10$

b) $f(x) = e^{a(x-b)} - (x - b)$, a groß wählen

2. a) Ja **b)** Nein **c)** $m(x) = e^{3x} - 0{,}8x - 4$

3. a) $K_m \mathrel{\hat{=}} K_f$, $K_h \mathrel{\hat{=}} K_{f'}$, $K_g \mathrel{\hat{=}} K_{f''}$

b) $a = 4$, $f(x) = e^{2x} - 4e^x + 4$, $f'(x) = 2e^{2x} - 4e^x$

4. a) siehe Lösungsbuch

b) $a = 2$, $b = -2$, $c = 2$
Begründungen im Lösungsbuch

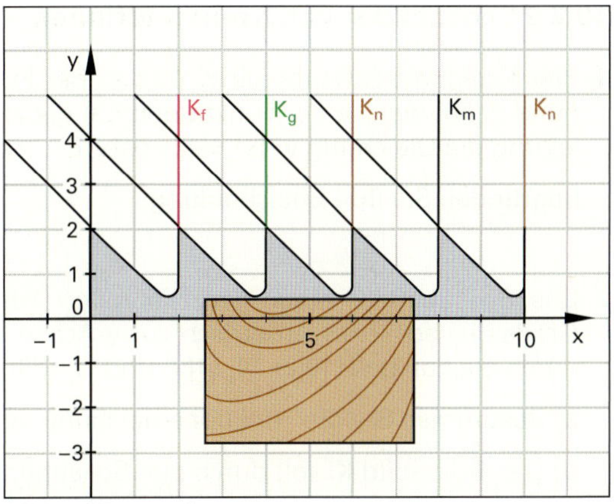

Bild 1: Sägewerk

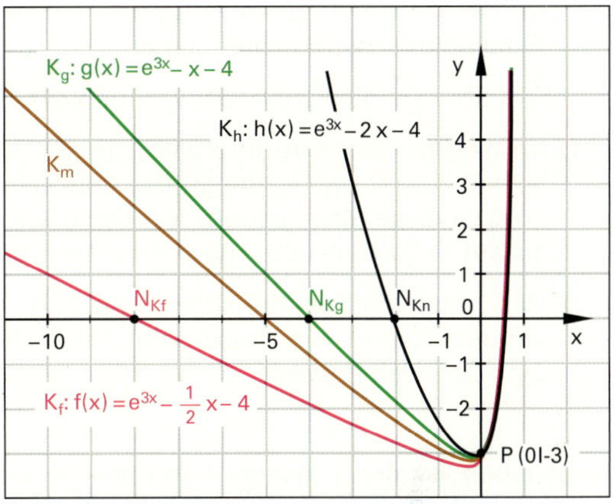

Bild 2: Ablesegenauigkeit bei Schaubildern

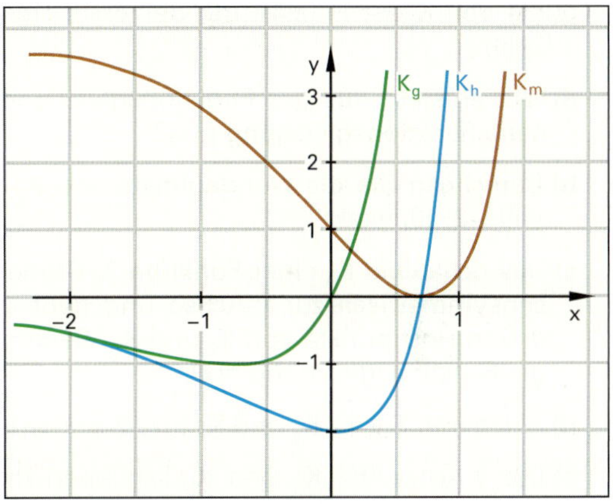

Bild 3: Schaubilder zuordnen

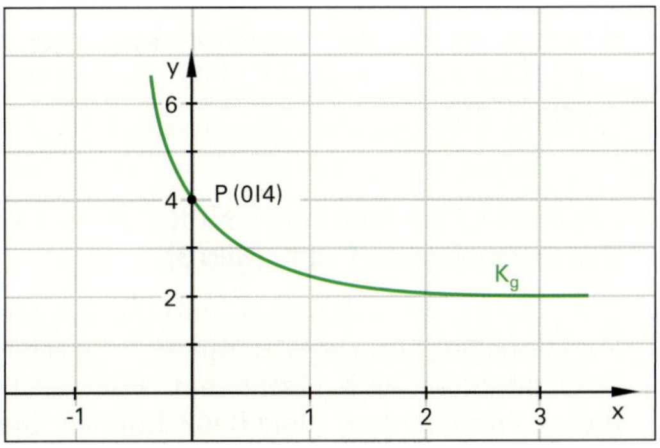

Bild 4: Die Koeffizienten a, b und c

10.2.9 Schaubilder von Kreisfunktionen

1. **Bild 1** zeigt die Schaubilder K_f und K_g der Funktionen f und g. Für welche der Funktionen hat die zweite Ableitung die Gleichung $y''(x) = -2\cos(x)$?

Begründen Sie Ihre Entscheidung.

2. Das Schaubild K_f einer ganzrationalen Funktion 4. Grades ist achsensymmetrisch zur y-Achse und geht durch die Punkte H (0|2), N_1 (1|0) und N_2 (3|0) **(Bild 2)**.

a) Bestimmen Sie die Funktionsgleichung von f.

b) Das Schaubild K_f soll durch das Schaubild K_g einer trigonometrischen Funktion g im Intervall [–1; +1] angenähert werden (Bild 2). Der Hochpunkt und die Achsenschnittpunkte N_1 und N_2 sollen auf dem Schaubild dieser Funktion liegen.

Ermitteln Sie die Funktionsgleichung g(x).

c) An welcher Stelle im Intervall [–1; +1] haben die Schaubilder K_f und K_g die größte Abweichung? Wie groß ist diese Abweichung? Runden Sie das Ergebnis auf 4 Dezimalstellen nach dem Komma.

d) Wie muss die Funktionsgleichung g(x) verändert werden, damit die maximale Abweichung um $\Delta y = 0{,}02$ kleiner wird?

3. Gegeben ist die Funktion f mit $f(x) = \sin(x)$. Das Schaubild von f ist K_f. K_f soll so verändert werden, dass ein neues Schaubild K_g entsteht. Der erste Hochpunkt von K_g ist H (π|4) und der erste Tiefpunkt ist T (3π|0).

a) Wie entsteht aus der Funktionsgleichung f(x) die neue Funktionsgleichung g(x)?

b) Berechnen Sie die Wendepunkte von K_g im Intervall [–2; 10] exakt.

c) Das Schaubild K_h einer Funktion 2. Grades ist achsensymmetrisch zur y-Achse und geht durch die ersten Hochpunkte von K_f und K_g. Bestimmen Sie die Funktionsgleichung h(x).

d) Skizzieren Sie K_f, K_g und K_h für $-2 \leq x \leq 10$.

e) Die y-Achse, K_f, K_g und K_h schließen im I. Quadranten eine Fläche ein. Berechnen Sie diesen Flächeninhalt exakt.

f) Berechnen Sie den Schnittwinkel, unter dem sich die Schaubilder K_f und K_h im I. Quadranten schneiden.

4. Gegeben ist die Funktion f mit $f(x) = 1 + x + 2\cos(x)$. Das Schaubild von f ist K_f **(Bild 3)**.

Die y-Achse, die x-Achse, K_f und die Gerade mit der Funktionsgleichung $x = u$ mit $u > 0$ schließen im 1. Quadranten eine Fläche ein. Für welches u ist dieser Flächeninhalt gleich 10? Runden Sie das Ergebnis auf 3 Dezimalstellen nach dem Komma.

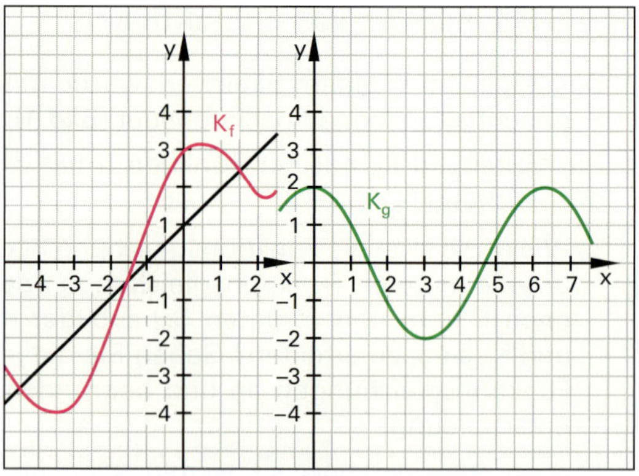

Bild 1: Schaubilder K_f und K_g

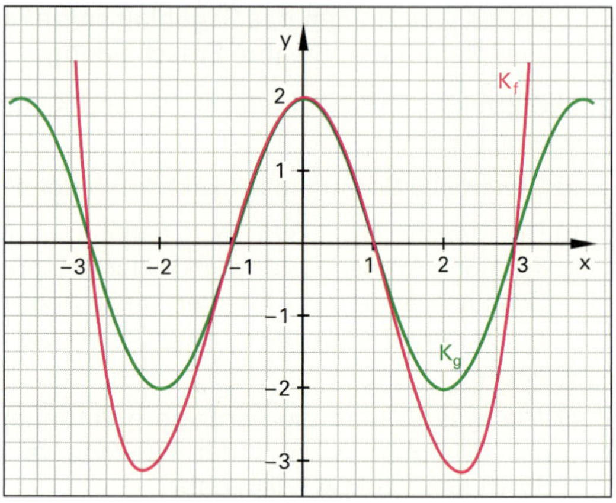

Bild 2: Schaubild K_f angenähert durch K_g

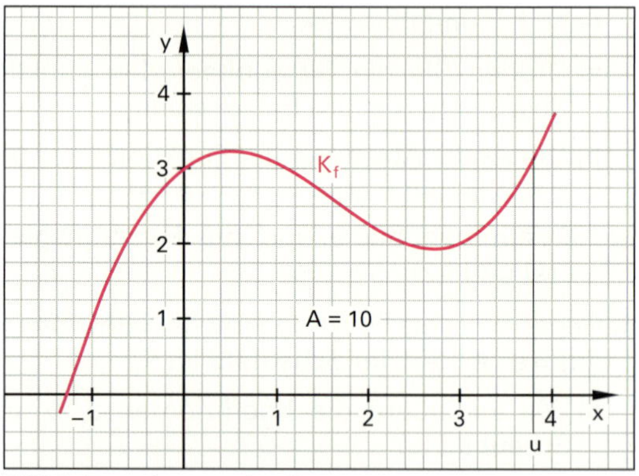

Bild 3: Berechnung der Grenze u

Lösungen Prüfungsaufgaben

1. Die Funktion f und g, Begründung im Lösungsbuch

2. a) $f(x) = \frac{2}{9}x^4 - \frac{20}{9}x^2 + 2$

b) $g(x) = 2\cos\left(\frac{\pi}{2}x\right)$ **c)** mit GTR x = 0,6920 d(x) = 0,0565 **d)** g(x) + 0,02

3. a) $g(x) = 2\sin(0{,}5x) + 2$

b) W_1 (0|2), W_2 (2π|2)

c) $h(x) = \frac{4}{\pi^2}x^2$ **d)** siehe Lösungsbuch

e) $A = 2 + \frac{7}{6}\pi$ **f)** $\alpha = 51{,}85°$

4. u = 3,862

11 Anwendungsbezogene Aufgaben

11.1 Kostenrechnung

Für einen Betrieb, der elektronische Bauteile produziert, ergibt sich für die Produktion von Halbleitern folgende Erlösfunktion E mit

$$E: x \mapsto E(x) = 15x + \frac{16}{3}$$

Dabei stellt x die Mengeneinheit (ME) dar (1 ME = 1000 Stück Halbleiter). Die Kosten für die Produktion wurden durch eine betriebliche Untersuchung ermittelt. Als Ergebnis der Untersuchung ergab sich die Kostenfunktion K mit der Funktionsgleichung

$$K: x \mapsto K(x) = \frac{2}{3}x^3 - 7x^2 + 27x + 1$$

1. Untersuchen Sie die Funktion K auf Monotonie.

2. Zeichnen Sie die Schaubilder der Funktionen E und K in ein rechtwinkeliges Koordinatensystem für

$$0 \leq x \leq 8{,}5.$$

Wählen Sie einen geeigneten Maßstab.

3. Welche Bedeutung haben die Schnittpunkte der Graphen der Funktionen K und E?

Die Differenzfunktion aus Erlösfunktion E und Kostenfunktion K ist die Gewinnfunktion G

$$G: x \mapsto G(x) = E(x) - K(x)$$

Die Gewinnfunktion G gilt für die Bereiche $0 \leq x \leq 8{,}5$ (Mengeneinheiten).

4. Geben Sie die Gleichung der Gewinnfunktion an.

5. Bei 0,5 Mengeneinheiten wird weder Gewinn noch Verlust gemacht (Nullstelle der Funktion G). Untersuchen Sie die Funktion auf weitere solche Stellen und geben Sie deren Koordinaten an.

6. Für welche produzierten Mengeneinheiten ist der Gewinn am größten, für welche der Verlust am größten?

7. Berechnen Sie den Wendepunkt der Gewinnfunktion G und geben Sie die Bedeutung des Wendepunktes bezüglich der vorliegenden Problematik an.

8. Zeichnen Sie das Schaubild der Gewinnfunktion G in ein neues Koordinatensystem. Verwenden Sie einen geeigneten Maßstab.

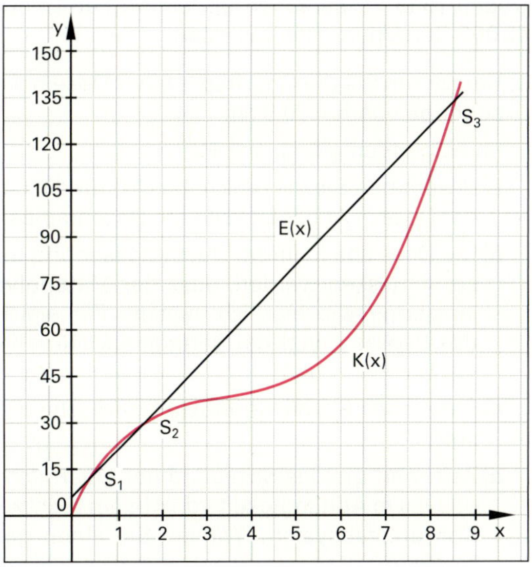

Bild 1: Schaubilder der Funktionen E und K

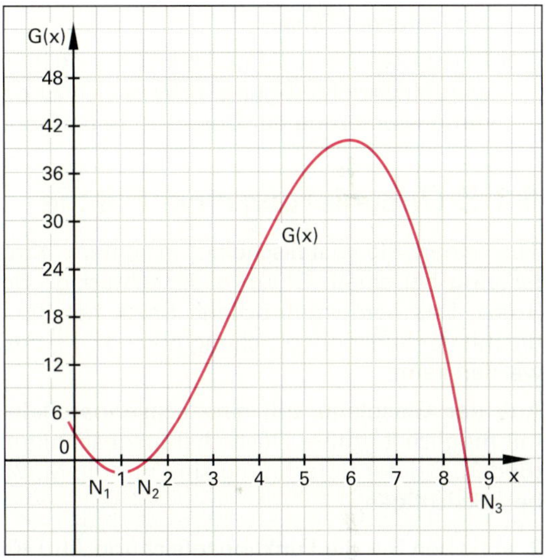

Bild 2: Schaubild der Funktion G

Lösungen

1. K ist monoton steigend. **2. Bild 1**

3. Bei Schnittpunkt 1 und 3 beginnt der Verlustbereich; bei Schnittpunkt 2 beginnt der Gewinnbereich.

4. $g(x) = -\frac{2}{3}x^3 + 7x^2 - 12x + \frac{13}{3}$

5. $N_2\,(5 - \sqrt{12}|0)$; $N_3\,(5 + \sqrt{12}|0)$

6. Maximaler Gewinn: $x = 6 \Rightarrow H\left(6\middle|\frac{121}{3}\right)$;

größter Verlust: $x = 1 \Rightarrow T\left(1\middle|-\frac{4}{3}\right)$

7. Wendepunkt $W\left(\frac{7}{2}\middle|19{,}5\right)$;

Gewinnsteigerung am größten

8. Bild 2

11.2 Optimierung einer Oberfläche

Bei einer Serienfertigung sollen zylindrische Dosen gefertigt werden. Das Volumen einer Dose soll 1 Liter betragen **(Bild 1)**. Es sollen bei einem Fertigungsprozess 45 000 Stück hergestellt werden.

1. Berechnen Sie die Oberfläche einer Dose bei einer Dosenhöhe von h = 20,0 cm.

Im Folgenden gilt: $h, r \in \mathbb{R}^+$.

a) Bestimmen Sie die Gleichung O(r) für die Oberfläche der Dose in Abhängigkeit vom Dosenradius r.

b) Die Dose soll in ihrem Durchmesser und ihrer Höhe so bemessen werden, dass der Materialverbrauch so gering wie möglich ausfällt. Für welchen Wert des Radius r liegt der geringste Materialverbrauch vor?

c) Berechnen Sie die geringste Oberfläche der Dose in cm^2.

d) Zeichnen Sie das Schaubild der Oberflächenfunktion O(r) in Abhängigkeit von r in ein rechtwinkeliges Koordinatensystem. Wählen Sie einen geeigneten Maßstab.

e) Bestimmen Sie das Verhältnis vom Durchmesser zur Höhe der Dose.

f) Berechnen Sie die Materialeinsparung in m^2 der gesamten Serienfertigung im Vergleich zu der Dosendimensionierung der Dose aus Teilaufgabe 1.

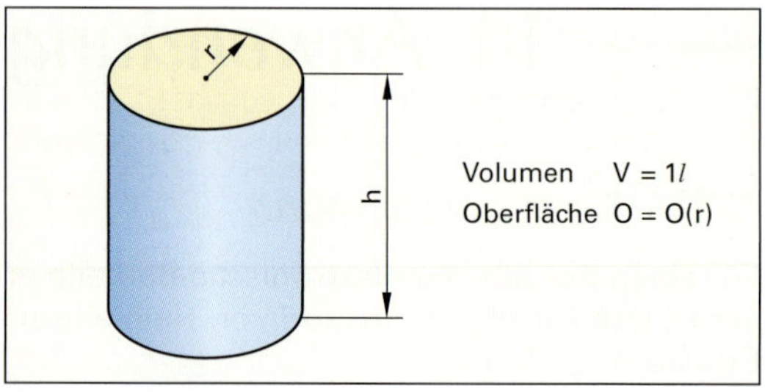

Bild 1: Zylindrische Dose

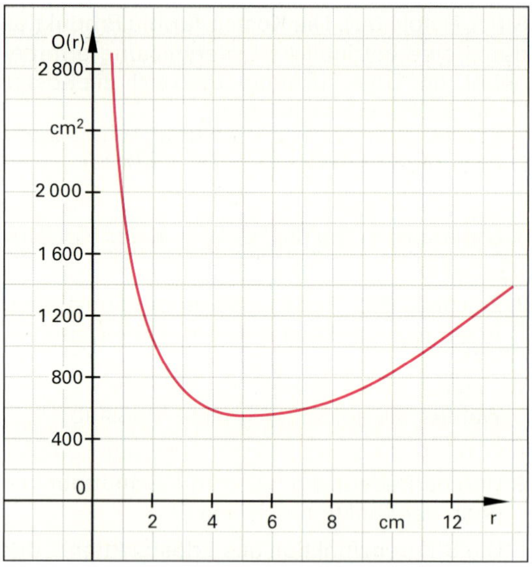

Bild 2: Schaubild der Oberflächenfunktion

11.3 Optimierung einer Fläche

Aus einer Bleikristallscheibe in einem Kirchenfenster ging bei einem Sturm eine rechteckige Scheibe zu Bruch. Das herausgebrochene Stück hat Parabelform, die mit der Funktionsgleichung $p(x) = x^2 + \frac{8}{3}$ beschrieben werden kann.

Aus der Glasplatte soll eine achsenparallele Scheibe mit möglichst großer Fläche herausgeschnitten werden **(Bild 3)**. Bei der Berechnung sind nur die Maßzahlen zu berücksichtigen.

2. a) Geben Sie die Funktionsgleichung A(u) für die Fläche der Scheibe in Abhängigkeit von der Abszisse u und des Punktes P (u|p(u)) an.

b) Geben Sie eine sinnvolle Definitionsmenge D für A(u) an.

c) Bestimmen Sie denjenigen Wert von u, für den der Flächeninhalt den größten Wert A_{max} annimmt. Berechnen Sie A_{max}.

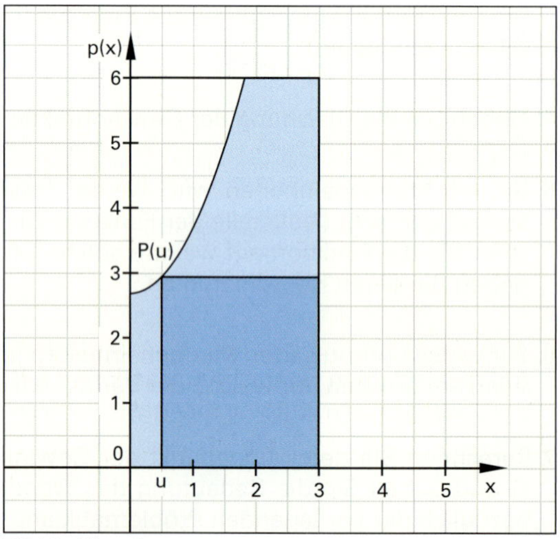

Bild 3: Glasplatte

Lösungen zu 11.2

1. $O = 601{,}43\ cm^2$

a) $O(r) = 2\pi r^2 + \frac{2000}{r}$

b) $r = \sqrt[3]{\frac{500}{\pi}} = 5{,}42$

c) $O_{min} = 553{,}58\ cm^2$

d) Bild 2

e) $\frac{d}{h} = \frac{1}{1}$

f) $\Delta O = 215{,}32\ m^2$

Lösungen zu 11.3

2. a) $A(u) = -u^3 + 3u^2 - \frac{8}{3}u + 8$

b) $D = \left\{u \mid 0 \le u \le \sqrt{\frac{10}{3}}\right\}_{\mathbb{R}}$

c) $A(0) = 8$ (Randmaximum)

11.4 Flächenmoment

Die Durchbiegung eines Bauteils bei Einwirkung einer Kraft von außen hängt u. a. von der Biegesteifigkeit des Bauteils ab.

> Ein Maß für die Biegesteifigkeit des Bauteils ist das Flächenmoment I.

Das Flächenmoment I ist unabhängig vom Material und es gilt das physikalische Gesetz:

> Je größer das Flächenmoment I, desto geringer die Durchbiegung des Bauteils bei Krafteinwirkung.

$$I = \frac{b \cdot h^3}{12}$$

I Flächenmoment
b Breite
h Höhe

Für rechteckige Querschnitte **(Bild 1)** berechnet sich das Flächenmoment I durch

$$I = \frac{b \cdot h^3}{12}$$

Hierbei stellt b die Breite und h die Höhe des Querschnitts dar.

1. Geben Sie das Flächenmoment I für einen quadratischen Querschnitt an.

2. Berechnen Sie das Flächenmoment I für einen Flachstahl 20 mm x 80 mm.

3. Welches Flächenmoment ergibt sich, wenn der Flachstahl aus Teilaufgabe 2 nicht hochkant verwendet wird?

Aus einem Rundstahl mit dem Durchmesser 30 mm soll durch spanende Bearbeitung ein Bauteil mit rechteckigem Querschnitt **(Bild 2)** mit möglichst großer Tragfähigkeit gefertigt werden.

4. Stellen Sie das Flächenmoment I des Bauteils in Abhängigkeit der Bauteilhöhe h dar.

5. Geben Sie eine sinnvolle Definitionsmenge an.

6. Ermitteln Sie h so, dass das Flächenmoment für diesen Querschnitt seinen absolut größten Wert annimmt und geben Sie die Maßzahl für I_{max} an.

7. Zeichnen Sie das Schaubild I(h) für $0 \leq h \leq 30$ mm. Wählen Sie einen geeigneten Maßstab.

8. Berechnen Sie das Flächenmoment I des Quadrates, wenn aus dem Rundstahl mit d = 30 mm kein Bauteil mit rechteckigem Querschnitt, sondern ein Bauteil mit maximal größtem Querschnitt gefertigt worden wäre.

Lösungen

1. $I = \frac{h^4}{12}$

2. $I = 853\,333{,}3 \text{ mm}^4$

3. $I = 53\,333{,}3 \text{ mm}^4$

4. $I(h) = \frac{1}{12}\sqrt{900 \text{ mm}^2 - h^2} \cdot h^3$

5. $D_I = \{h | 0 < h < 30\}_{\mathbb{R}}$

6. $h = \sqrt{675}$; $I_{max} = 21\,921{,}27 \text{ mm}^4$

7. Bild 3

8. $I = 16\,875 \text{ mm}^4$

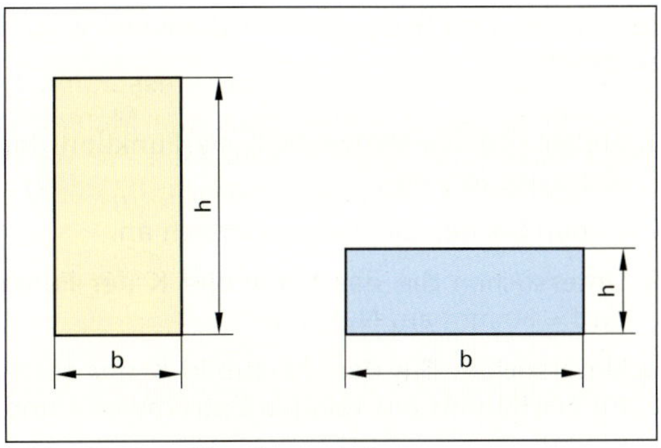

Bild 1: Rechteckige Querschnitte

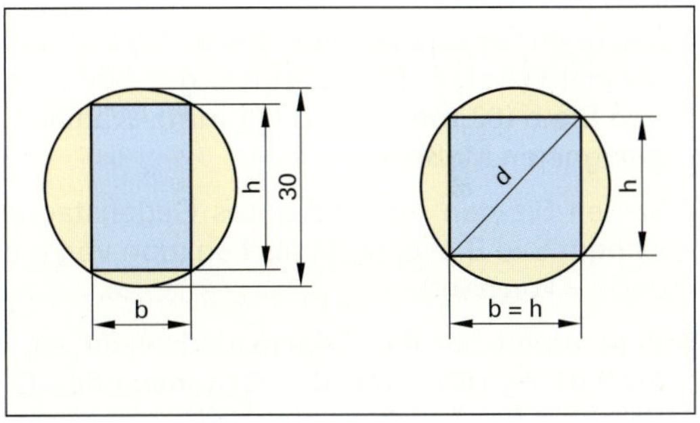

Bild 2: Rundstahl

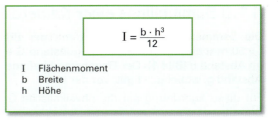

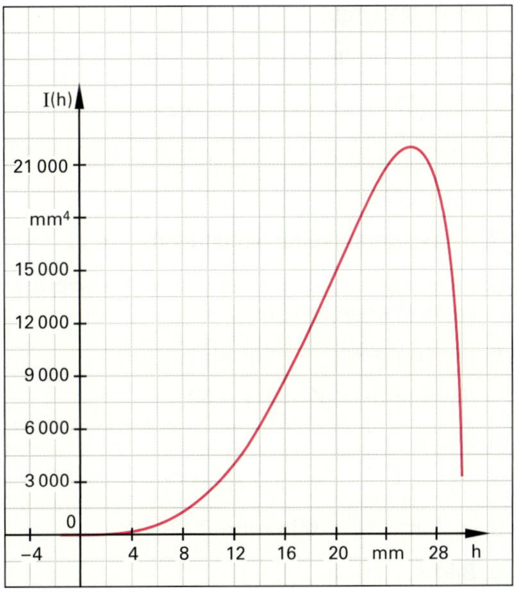

Bild 3: Schaubild der Funktion des Flächenmoments

11.5 Sammellinse einer Kamera

Die Sammellinse einer Kamera mit der Brennweite f = 50 mm erzeugt von einem Gegenstand G ein Bild B im Abstand b **(Bild 1)**. Der Gegenstand befindet sich im Abstand g, wobei $g > f$ gilt, vor der Linse.

Für diese Anordnung gilt die physikalische Gesetzmäßigkeit:

$$\frac{1}{f} = \frac{1}{g} + \frac{1}{b}$$

Dabei wird b als Bildweite und g als Gegenstandsweite bezeichnet. Das Schaubild der Bildweite wird mit K bezeichnet.

1. Stellen Sie die Bildweite b als Funktion der Gegenstandsweite g dar.

2. Geben Sie den Definitionsbereich an.

3. Untersuchen Sie das Schaubild K der Funktion b(g) für f = 50 mm auf Nullstellen.

4. Untersuchen Sie das Schaubild K der Funktion b(g) für f = 50 mm auf relative Extremwerte und Wendepunkte.

5. Untersuchen Sie das Verhalten des Schaubilds K der Funktion b(g) für $g \to \infty$ und das Verhalten an der Definitionslücke. Geben Sie alle Asymptoten an.

6. Zeichnen Sie das Schaubild K in ein kartesisches Koordinatensystem für $50\text{ mm} < g \leq 500\text{ mm}$. Berechnen Sie b (60 mm) und b (75 mm). Wählen Sie einen geeigneten Maßstab.

7. Stellen Sie den Abstand a des Gegenstandes G von seinem Bild B allgemein als Funktion von g dar ($f > 0$ und f = konstant).

8. Bestimmen Sie die Gegenstandsweite so, dass die Entfernung (Abstand) des Gegenstandes G von seinem Bild B möglichst klein wird.

9. Zeichnen Sie das Schaubild der Funktion a(g) für f = 50 mm in ein rechtwinkeliges Koordinatensystem im Bereich $50 < g \leq 300$. Wählen Sie einen geeigneten Maßstab.

Lösungen

1. $b(g) = \dfrac{g \cdot f}{g - f}$

2. $D_b = \{g \mid 50 < g < \infty\}$

3. Es existieren keine Nullstellen.

4. Es existieren keine relativen Extremwerte und keine Wendepunkte.

5. $\lim\limits_{g \to \infty} b(g) = 50$; $\lim\limits_{g \to 50^+} b(g) \to +\infty$;
Asymptoten: g = 50; y = 50

6. Bild 2

7. $a(g) = \dfrac{g^2}{g - f}$; f = konstant

8. $g_2 = 2f$; Minimum T (2f|4f)

9. Bild 3

$$\frac{1}{f} = \frac{1}{g} + \frac{1}{b} \qquad g > f$$

f Brennweite g Gegenstandsweite
b Bildweite

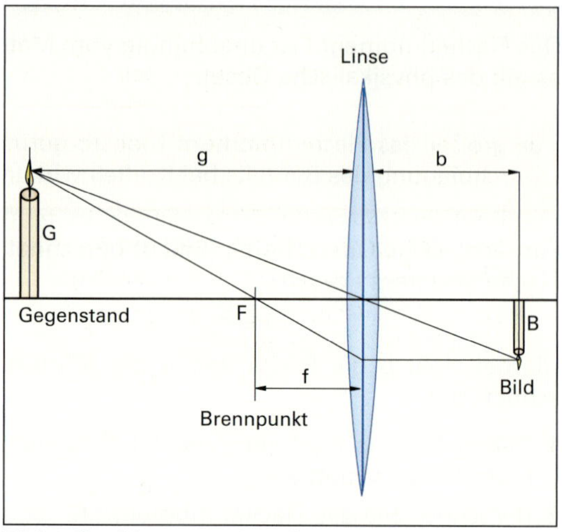

Bild 1: Strahlengang einer Sammellinse

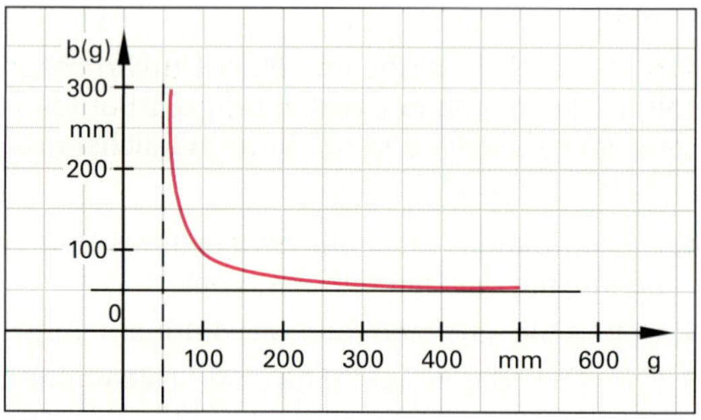

Bild 2: Schaubild K

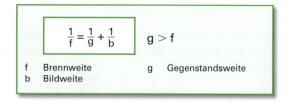

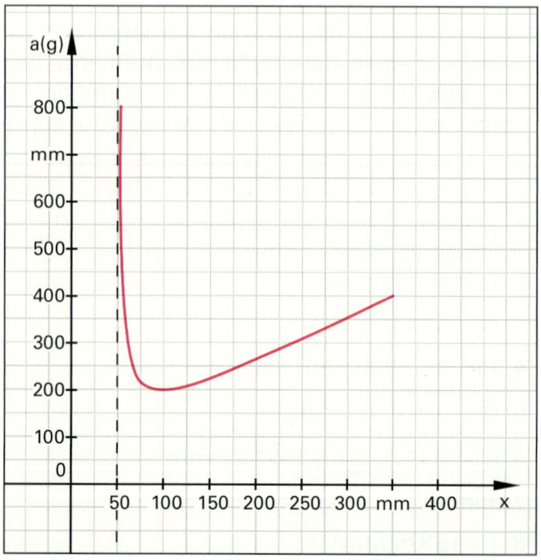

Bild 3: Schaubild der Funktion a(g)

11.6 Abkühlvorgang

In einem Versuchslabor werden Materialien erwärmt und ausgetestet. Bei einer bestimmten Legierung verändert sich die Temperatur $\vartheta(t)$ des Probestückes in Abhängigkeit von der Zeit t nach folgendem Gesetz:

$$\vartheta(t) = 50 + 150 \cdot e^{-kt};\ k > 0$$

Dabei gilt die Zeit t in Minuten und $\vartheta(t)$ in °C. Das Schaubild der Funktion ϑ in einem rechtwinkligen Koordinatensystem wird mit K bezeichnet.

1. a) Handelt es sich bei dieser Gesetzmäßigkeit um einen Aufheiz- oder Abkühlvorgang?

b) Welche Temperaturen kann der Probekörper für $t \geq 0$ annehmen?

c) Berechnen Sie k auf drei Dezimale gerundet, wenn das Messgerät nach den ersten 45 Minuten eine Körpertemperatur von 60,1 °C anzeigt.

d) Um wie viel Grad Celsius nimmt die Temperatur nach der 1. Minute ab?

e) Nach welcher Zeit besitzt der Probekörper nur noch eine Temperatur von 60 °C?

f) Zeichnen Sie das Schaubild der Funktion $\vartheta(t)$ für $0 \leq t \leq 90$. Wählen Sie einen geeigneten Maßstab für die Achsen.

$$\vartheta(t) = 50 + 150 \cdot e^{-kt} \quad k > 0$$

$\vartheta(t)$	Temperatur in Abhängigkeit von der Zeit
k	Koeffizient
t	Zeit

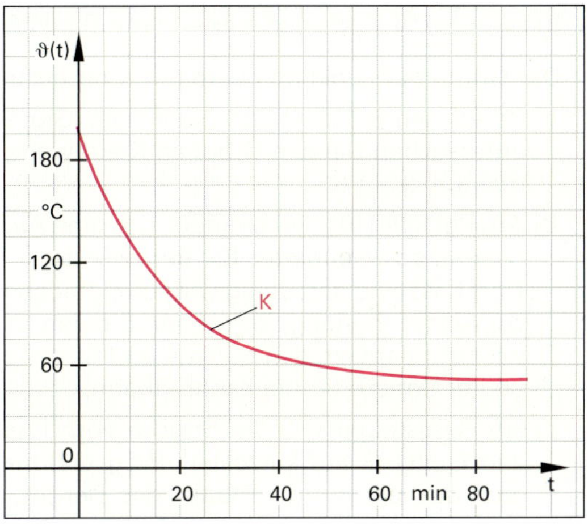

Bild 1: Schaubild K

11.7 Entladevorgang

Ein Kondensator wird über einen Widerstand R = 50 kΩ entladen **(Bild 2)**. Für t = 0 s liegt die Spannung $U_0 = 200$ V an. Nach 10 s ist die Stromstärke auf $I(10s) = 3{,}6 \cdot 10^{-3}$ A gesunken. Die Strom-Zeit-Funktion beim Entladen eines Kondensators lautet:

$$I(t) = I_0 \cdot e^{-\frac{1}{\tau}}$$

2. a) Zeigen Sie mit dem ohmschen Gesetz $U = R \cdot I$, dass der Anfangsstrom $I_0 = 4{,}0 \cdot 10^{-3}$ A hat.

b) Bestimmen Sie die Zeitkonstante τ und geben Sie die Strom-Zeit-Funktion an.

c) Berechnen Sie die Stromstärke zur Zeit t = 20 s.

d) Zeichnen Sie das Schaubild der Strom-Zeit-Funktion für den Zeitraum $0\ s \leq t \leq 200\ s$ (10 s = 1 cm; $0{,}5 \cdot 10^{-3}$ A = 1 cm).

e) Bestimmen Sie die Halbwertszeit t_H, nach der die Stromstärke auf die Hälfte ihres Ausgangswertes gesunken ist.

f) Die Fläche zwischen der Strom-Zeit-Funktion und der Zeitachse gibt die Ladungsmenge an, die der Kondensator beim Entladen abgibt. Ermitteln Sie mithilfe dieser Fläche die Ladung Q, die in den ersten 100 s abfließt.

$$I(t) = I_0 \cdot e^{-\frac{t}{\tau}} \qquad Q = I \cdot t$$

$I(t)$	Strom in Abhängigkeit von der Zeit
I_0	Anfangsstrom
t	Zeit
τ	Zeitkonstante
Q	Ladungsmenge

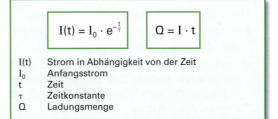

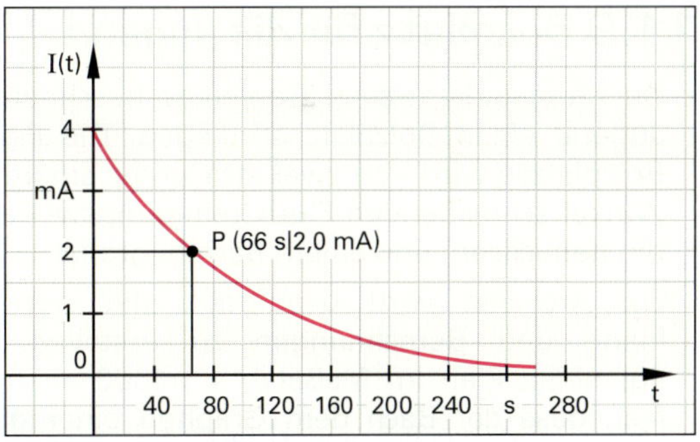

Bild 2: Schaubild der Strom-Zeit-Funktion

Lösungen zu 11.6

1. a) Abkühlvorgang

b) $50\ °C < \vartheta(t) \leq 200\ °C$

c) k = 0,060

d) $\Delta\vartheta = 8{,}74$ °C

e) t = 45,13 min

f) Bild 1

Lösungen zu 11.7

2. a) $I_0 = 4{,}0 \cdot 10^{-3}\ A = 4$ mA

b) $\tau = 94{,}91$ s; $I(t) = 4\ mA \cdot e^{-0{,}0105\ s^{-1} \cdot t}$

c) $I(20\ s) = 3{,}2 \cdot 10^{-3}\ A = 3{,}2$ mA

d) Bild 2

e) $t_H = 66$ s

f) Q = 0,248 As

11.8 Gebirgsmassiv

1. Ein Gebirgsmassiv hat das in **Bild 1** abgebildete Profil. Zu Füßen des Massivs liegen in einiger Entfernung das Dorf B (–4|0) und direkt am Berghang das Dorf C (13|0). Die Zahlenangaben sind dabei in Kilometern zu verstehen. Die Gebirgskontur wird näherungsweise durch den Graphen der ganzrationalen Funktion f beschrieben. Für die Funktionsgleichung von f gilt:

$f(x) = -\frac{1}{320}x^4 + \frac{1}{10}x^3 - \frac{9}{8}x^2 + 5x - \frac{27}{5}$ mit D = [1,5; 13].

Der Graph der Funktion f wird mit K bezeichnet.

a) Berechnen Sie die Koordinaten des Gipfels G und untersuchen Sie den Graphen K auf weitere Extremalpunkte.

b) Am Punkt A (10|0,85) befindet sich eine Alm, die ein beliebtes Ausflugsziel für Bergwanderer ist. Vom Dorf C ist eine geradlinig verlaufende Zahnradbahn zur Alm in Planung. Berechnen Sie den Steigungswinkel α der Geraden durch A und C sowie die Länge der Strecke für die Zahnradbahn.

c) Ein Bergsteiger will die Strecke vom Punkt A auf den Gipfel G auf kürzestem Weg erklimmen und geht deshalb auf der Flanke des Berges, also auf K, entlang.

In welchem Punkt der Strecke des Bergsteigers hat sein Weg die größte Steigung?

Wie viel Prozent beträgt diese Steigung?

d) In welchem Punkt auf seiner Wegstrecke ändert sich die Steigung am stärksten?

e) Die Gemeinde in B will eine Seilbahn von B auf das Bergmassiv bauen. Das Seil soll zwischen B und G parabelförmig verlaufen. Im Punkt B berührt die Parabel die x-Achse.

Bestimmen Sie die Funktionsgleichung der Parabel.

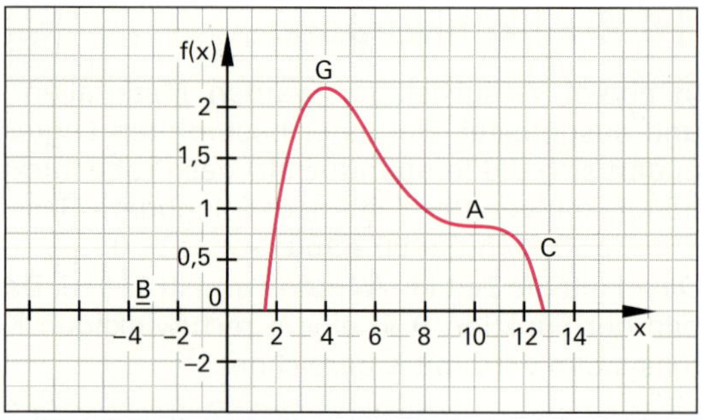

Bild 1: Profil des Gebirgsmassivs

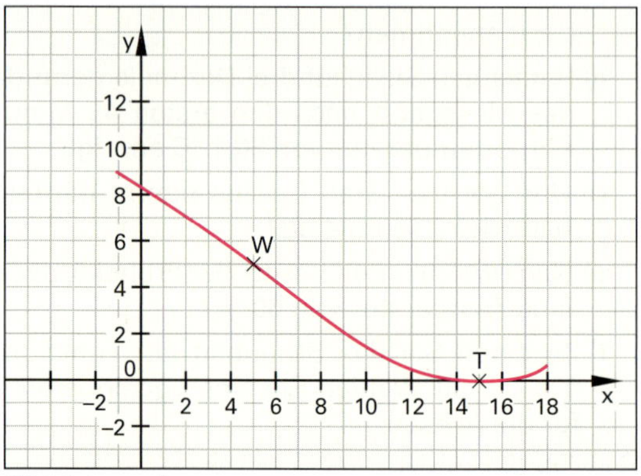

Bild 2: Lageplan

11.9 Bolzplatz für die Jugend

2. Der Gemeinderat einer Gemeinde beschließt für die Jugend einen Bolzplatz anzulegen. Die Fläche des Bolzplatzes wird von zwei sich unter einem rechten Winkel schneidenden Flurbereinigungswegen (Koordinatenachsen) und einem Bach begrenzt.

Ein Architekt wird beauftragt, die notwendigen Pläne und Berechnungen zu erstellen. Er fertigt einen Plan im Maßstab 1 : 1000 an und stellt fest, dass der Bach dem Graphen einer ganzrationalen Funktion f dritten Grades mit dem Tiefpunkt T (15|0) und dem Wendepunkt W (5|5) folgt **(Bild 2).**

a) Ermitteln Sie aus den gegebenen Werten den Funktionsterm f(x) der Funktion f.

b) Ermitteln Sie die Maßzahl der Fläche, die von den Flurbereinigungswegen und dem Bach begrenzt wird.

c) Der Bolzplatz soll eine rechteckige Fläche bekommen, wobei zwei Rechtecksseiten auf den Koordinatenachsen liegen.

Die Breite des Bolzplatzes sei x = u. Geben Sie eine sinnvolle Definitionsmenge an.

d) Ermitteln Sie die Funktion A(u), die die Fläche des rechteckigen Bolzplatzes in Abhängigkeit von u angibt.

e) Berechnen Sie den Wert von u, für den diese Fläche maximal wird und geben Sie die Maßzahl dieser Fläche an.

Lösungen

1. a) Hochpunkt: G (4|2,2);
Terrassenpunkt: A (10|0,85)

b) $\alpha = 15{,}8°$; l = 3,12 km

c) Größte Steigung im WP (6|1,65); 40 %

d) Maximale Steigungsänderung in P (8|1)

e) $p(x) = \frac{11}{320}(x + 4)^2$.

2. a) $f(x) = \frac{1}{400}(x^3 - 15x^2 - 225x + 3375)$

b) Fläche A = 52,73 FE

c) Definitionsmenge $0 < u < 15$

d) $A(u) = \frac{1}{400}(u^4 - 15u^3 - 225u^2 + 3375u)$

e) u = 5,85; $A_{\square} = 25{,}53$ FE

11.10 Berechnung von elektrischer Arbeit und Leistung

Bei elektrischen Betriebsmitteln ist häufig für die elektrische Spannung oder für den elektrischen Strom ein Bemessungswert angegeben.

Dieser Bemessungswert beträgt für die sinusförmige Netzwechselspannung 230 V. Er entspricht dem Gleichstromwert.

Die Berechnungen der elektrischen Leistung und der elektrischen Arbeit bei Gleichstrom erfolgen nach den Gleichungen in **Tabelle 1**.

Aufgabe:

1. Eine Glühlampe mit der Aufschrift 12 V/24 W soll an Gleichspannung betrieben werden.
   Berechnen Sie:
   a) die Stromstärke **b)** den Widerstand
   c) die elektrische Leistung P
   d) die elektrische Arbeit W nach einer Zeit von 20 ms.

11.11 Sinusförmige Wechselgrößen

Für die Berechnung von Momentanwerten bei sinusförmigen Wechselgrößen benötigt man deren zeitabhängige Funktionsgleichungen **(Tabelle 2)**. Dabei ist ω die Kreisfrequenz, die von der gegebenen Frequenz f bzw. von der Periodendauer T abhängt.

Die Scheitelwerte von Strom und Spannung $\hat{i}$ und $\hat{u}$ werden auch Amplituden genannt.

Wird an einen ohmschen Widerstand R eine sinusförmige Wechselspannung u(t) gelegt, so fließt ein sinusförmiger Wechselstrom i(t) **(Bild 1)**.

Will man den Verlauf der Leistungskurve, so benötigt man die Funktionsgleichung der elektrischen Leistung, die sich aus dem Produkt der Funktionsgleichungen von Strom und Spannung ergibt.

Aufgabe:

2. Die Glühlampe 12 V/6 Ω soll nun an der sinusförmigen Wechselspannung $u(t) = 12\sqrt{2}\,\text{V} \cdot \sin(\omega t)$ mit der Frequenz f = 50 Hz betrieben werden.
   Berechnen Sie:
   a) die Amplitude $\hat{u}$ der Wechselspannung,
   b) die Periodendauer T,
   c) die Kreisfrequenz ω,
   d) die Momentanspannung für t = 15 ms,
   e) den Zeitpunkt t_0, bei dem die Spannung den Wert $u(t_0) = 12$ V hat,
   f) die Amplitude $\hat{i}$ des Wechselstroms,
   g) die Amplitude $\hat{p}$ der Wechselleistung.

Lösungen

1. a) I = 2 A **b)** R = 6 Ω **c)** P = 24 W **d)** W = 480 mWs
2. a) $\hat{u}$ = 16,97 V **b)** T = 20 ms **c)** ω = 314,15 $\frac{1}{s}$
d) u = –16,97 V **e)** t_1 = 2,5 ms; t_2 = 7,5 ms
f) $\hat{i}$ = 2,83 A **g)** $\hat{p}$ = 48 W

$$\omega = 2 \cdot \pi \cdot f = \frac{2 \cdot \pi}{T} \quad \text{mit } f = \frac{1}{T}\ [f] = \frac{1}{s} = 1\ \text{Hz}$$

Tabelle 1: Gleichstromgrößen

Größen	Funktionsgleichungen
Gleichspannung	$u\_(t) = U = U_{eff}$
Gleichstrom	$i\_(t) = I_{eff} = I$
Gleichstromleistung	$p\_(t) = u\_(t) \cdot i\_(t) = U \cdot I = U_{eff} \cdot I_{eff}$
Elektrische Arbeit bei Gleichstrom	$W = p\_(t) \cdot T = U \cdot I \cdot T$ $W = \frac{U^2 \cdot T}{R}$

I, U, P, W — Gleichwerte von Strom, Spannung, Leistung und Arbeit
I_{eff}, U_{eff} — Effektivwerte von Strom und Spannung
T — Periodendauer
R — Widerstand

Tabelle 2: Sinusförmige Wechselstromgrößen

Größen	Funktionsgleichungen
Wechselspannung	$u_\sim(t) = \hat{u} \cdot \sin(\omega \cdot t)$
Wechselstrom	$i_\sim(t) = \hat{i} \cdot \sin(\omega \cdot t)$
Elektrische Leistung bei Wechselstrom	$p_\sim(t) = u(t) \cdot i(t) = \hat{u} \cdot \hat{i} \cdot \sin^2(\omega \cdot t)$ $p_\sim(t) = \hat{p} \cdot \sin^2(\omega \cdot t)$

i~(t), u~(t), p~(t) — Momentanwerte von I, U, P
$\hat{i}$, $\hat{u}$ — Amplituden (Scheitelwerte) von i und u
v — Kreisfrequenz (Winkelgeschwindigkeit)

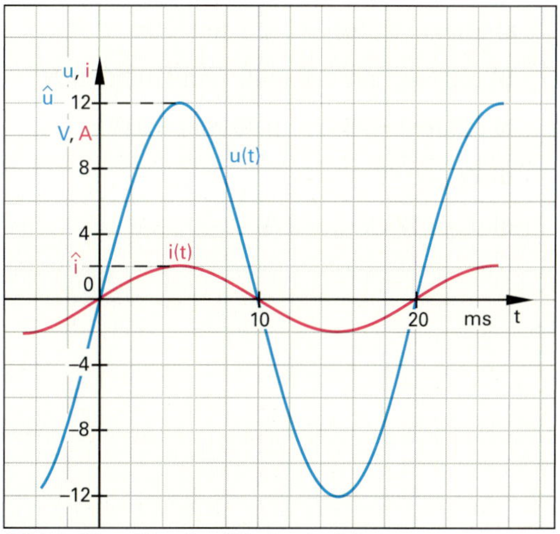

Bild 1: Sinusförmige Wechselgrößen

11.12 Effektivwertberechnung

Zur Bestimmung der elektrischen Arbeit bei sinusförmiger Wechselspannung benötigt man die Funktionsgleichung der elektrischen Leistung **(Tabelle 1; Bild 1)**. Die elektrische Arbeit bei sinusförmigen Wechselgrößen entspricht der Fläche unter der Leistungskurve bezogen auf ein bestimmtes Zeitintervall, z. B. $t = T$ **(Bild 2)**.

Setzt man die Gleichstromarbeit im bezogenen Intervall gleich der Wechselstromarbeit $W_{-} = W_{\sim}$, so erhält man die Effektivwerte für die

Spannung: $\frac{u^2_{eff} \cdot T}{R} = \frac{\hat{u}^2 \cdot T}{2R} \Leftrightarrow u_{eff} = \frac{\hat{u}}{\sqrt{2}}$

oder den Strom $i^2_{eff} \cdot T \cdot R = \frac{\hat{\imath}^2 \cdot T \cdot R}{2} \Leftrightarrow i_{eff} = \frac{\hat{\imath}}{\sqrt{2}}$.

> Der Effektivwert U_{eff} einer sinusförmigen Wechselspannung ist der Wert, der an einem ohmschen Widerstand R die gleiche elektrische Arbeit W verrichtet wie eine entsprechende Gleichspannung.

Aufgabe:

1. Die Glühlampe (12 V/24 W) aus dem vorherigen Kapitel hat den Widerstand $R = 6\ \Omega$ und liegt an der sinusförmigen Wechselspannung $u(t) = 12 \cdot \sqrt{2}\ V \cdot \sin(\omega t)$ mit der Frequenz $f = 50$ Hz.

   Bestimmen Sie:

   a) die Funktionsgleichung für den Strom i(t),

   b) die Funktionsgleichung für die Leistung p(t),

   c) die momentanen Leistungen bei $t_1 = 5$ ms und $t_2 = 10$ ms,

   d) die elektrische Arbeit nach einer Periodendauer T = 20 ms,

   e) die Effektivwerte für den Strom i und die Spannung u. π

Lösungen

1. **a)** $i(t) = \hat{\imath} \cdot \sin(\omega t) = 2\sqrt{2} \cdot \sin(100\pi \cdot t)$ A

   b) $p(t) = \hat{p} \cdot \sin^2(\omega t) = 48 \cdot \sin^2(100\pi \cdot t)$ W

   c) $p(5\text{ ms}) = 48$ W; $p(10\text{ ms}) = 0$ W

   d) $W_{\sim} = 0{,}48$ Ws

   e) $u_{eff} = 12$ V; $i_{eff} = 2$ A

Tabelle 1: Sinusförmige Wechselgrößen

Größen	Funktionsgleichungen
sinusförmige Wechselspannung	$u(t) = \hat{u} \cdot \sin(\omega t)$ $u(t) = \hat{u} \cdot \sin\left(2 \cdot \pi \cdot \frac{t}{T}\right)$
sinusförmiger Wechselstrom	$i(t) = \hat{\imath} \cdot \sin(\omega t)$ $i(t) = \hat{\imath} \cdot \sin\left(2 \cdot \pi \cdot \frac{t}{T}\right)$
Wechselstromleistung	$p(t) = u(t) \cdot i(t)$ $= \hat{\imath} \cdot \hat{u} \cdot \sin^2(\omega t)$ $p(t) = \hat{p} \cdot \sin^2\left(2 \cdot \pi \cdot \frac{t}{T}\right)$
elektrische Arbeit	$W_{\sim} = \int_0^T p(t)dt = \frac{1}{R} \cdot \int_0^T u^2(t)dt$ $= \frac{1}{R} \cdot \int_0^T \hat{u}^2 \cdot \sin^2(t)dt$ $= \frac{\hat{u}^2}{R} \cdot \int_0^T \frac{1}{2} \cdot (1 - \cos(2\omega t)) \cdot dt$ $= \frac{\hat{u}^2}{2R} \cdot \left[t - \frac{1}{2\omega}\sin(2\omega t)\right]_0^T$ $W_{\sim} = \frac{T \cdot \hat{u}^2}{2R}$

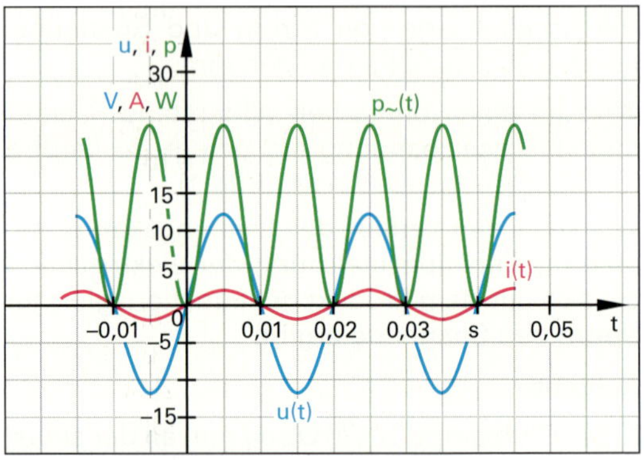

Bild 1: Zeitlicher Verlauf von u(t), i(t), p(t)

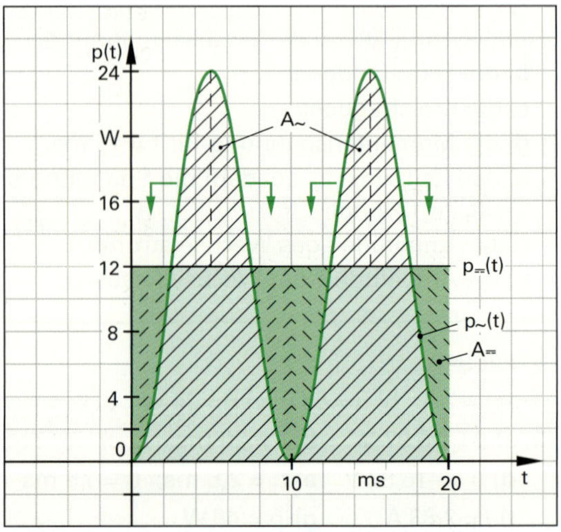

Bild 2: Arbeit und Leistung bei Wechselgrößen

11.13 Wintergarten

Ein Architekt entwirft mit einer Gebäudeplanungssoftware den Anbau eines Wintergartens an ein Wohnhaus für einen Kunden **(Bild 1)**. Das Dach des Wintergartens hat die Eckpunkte A (6|6|3,6), B (10|6|2,4), C (10|13|2,4), D (3|13|2,4), E (3|10|3,6) und F (6|10|3,6). 1 LE ≙ 1 m. Das Dach des Wintergartens soll aus Kupfer hergestellt werden.

1. a) Wie viele Quadratmeter Kupfer werden für das Dach des Wintergartens benötigt?

b) Bestimmen Sie die Bildpunkte A', B', C', D', E' und F' in der x_1x_2-Ebene.

c) Wie viele Quadratmeter Glas werden für die Seitenflächen des Wintergartens benötigt?

d) Wie groß ist der Raumgewinn in Kubikmetern für den Kunden? Berechnen Sie das Gesamtvolumen V aus den Teilvolumina aus **Bild 2**.

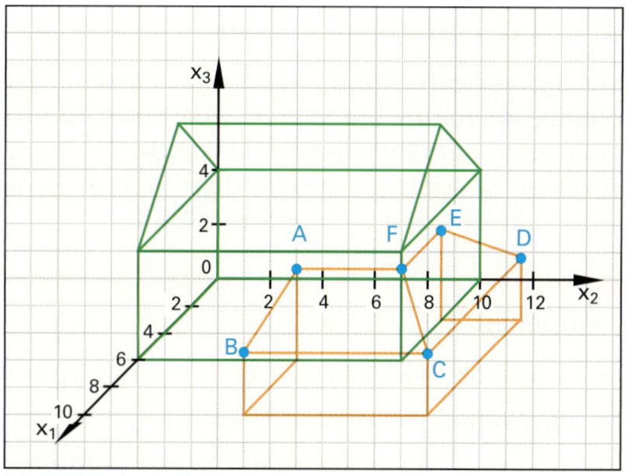

Bild 1: Haus mit Wintergarten

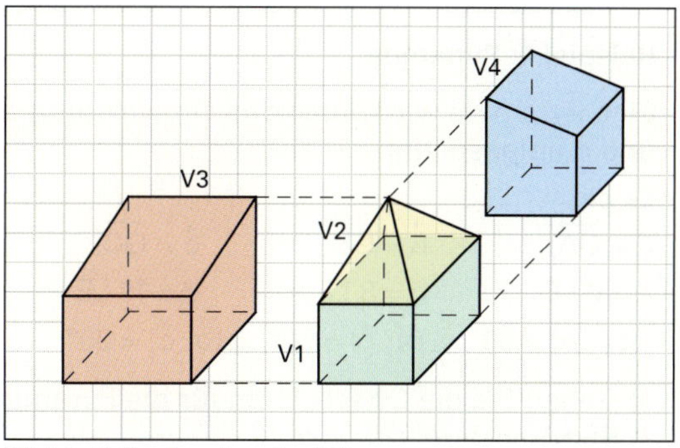

Bild 2: Teilvolumina des Wintergartens

11.14 Bauvorhaben Kirche

In einer Stadt soll eine Kirche entstehen. Das Bauvorhaben wird ausgeschrieben. Ein Architektenbüro fertigt eine Skizze an **(Bild 3)**. Die Eckpunkte der Kirche sind A (4|0|0), B (12|0|0), C (20|14|0), D (20|28|0), E (12|32|0), F (4|32|0), G (0|14|0), H (4|0|8), I (12|0|8), J (20|14|8), K (20|28|8), L (12|32|8), M (4|32|8), N (0|14|8) und S (8|24|20). 1 LE ≙ 1 m.

2. a) Den umbauten Kubikmeter Raum berechnet das Architektenbüro mit 1 000 €. Mit welchen Kosten für den Bauherren bewirbt sich das Architektenbüro?

b) Für die Dachkonstruktion sind sieben Stahlstreben zur Dachspitze erforderlich **(Bild 3)**. Berechnen Sie die Längen der Stahlstreben.

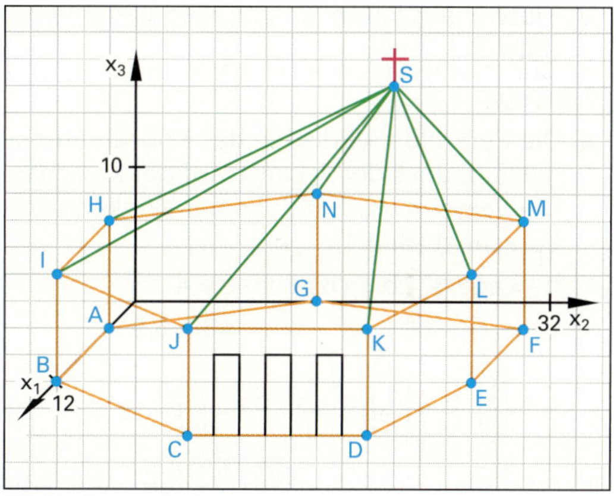

Bild 3: Bauvorhaben Kirche

11.15 Aushub Freibad

3. Eine Stadt plant im Freibad ein Erlebnisbecken zu bauen. Der Aushub für das Becken wird durch die Eckpunkte A (6|0|0), B (12|0|0), C (12|25,5|0), D (0|25,5|0), E (0|3|0), F (6|3|0), G (6|3|−1,5), H (12|3|−1,5), I (12|16,5|−1,5), J (12|18|−4,5), K (12|25,5|−4,5), L (0|25,5|−4,5), M (0|18|−4,5), N (0|16,5|−1,5) und P (0|3|−1,5) begrenzt **(Bild 4)**. Für einen Kubikmeter Erdaushub rechnet die Stadt mit 56 €.

Welche Kosten für den Aushub kommen auf die Stadt zu?

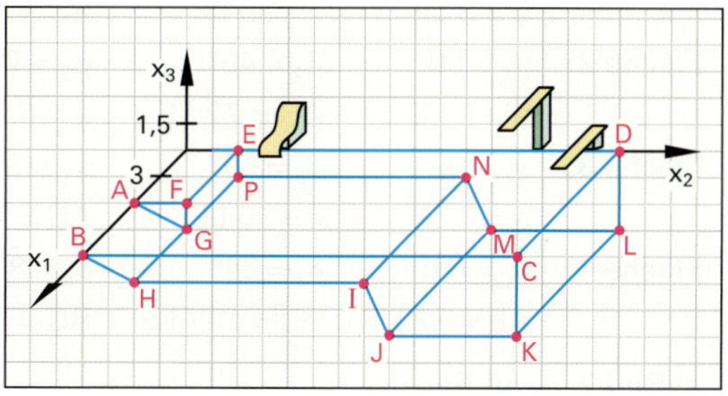

Bild 4: Wasserbecken

Lösungen zu 11.13

1. a) 39,14 m²

b) A' (6|6|0), B' (10|6|0), C' (10|13|0), D' (3|13|0), E' (3|10|0), F' (6|10|0)

c) 54,6 m² **d)** 108,6 m³

Lösungen zu 11.14

2. a) 6 048 000 €

b) 27,13 m; 27,13 m; 19,7 m; 17,44 m; 14,97 m; 14,97 m; 17,55 m

Lösung zu 11.15

3. 40 068 €

11.16 Pyramide

Mit der Vektorrechnung kann man Flächen, Seiten und Winkel im Raum berechnen. Für diese Berechnungen müssen nur entsprechende Punkte des Körpers als Ortsvektoren festgelegt werden, damit ein entsprechendes Modell konstruiert werden kann **(Bild 1)**.

Vorgehen:

- Definition der Ortsvektoren für den Körper **(Bild 1)**,
- alle Seiten und Winkel berechnen,
- eine Abwicklung auf Papier zeichnen **(Bild 2)** und
- Falten und Zusammenkleben des Modells **(Bild 3)**.

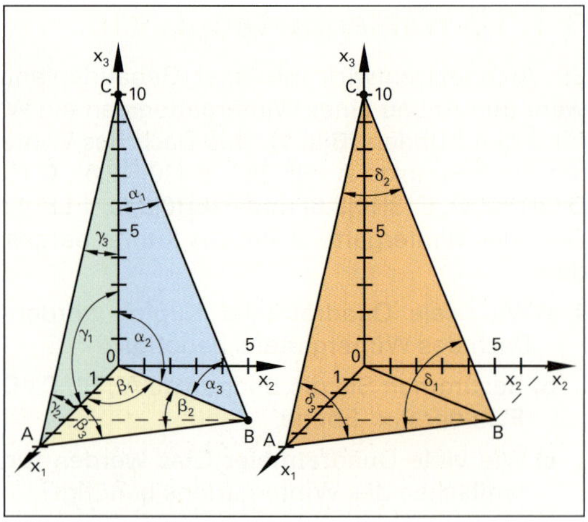

Bild 1: Pyramide

Beispiel 1: Pyramide

Eine Pyramide wird durch drei Ortsvektoren $\vec{a}$, $\vec{b}$ und $\vec{c}$ aufgespannt.

Es sei

$\vec{a} = \overrightarrow{OA}$, $\vec{b} = \overrightarrow{OB}$, $\vec{c} = \overrightarrow{OC}$

a = 6 LE, b = 8 LE, c = 10 LE

$\sphericalangle(\vec{a};\vec{b}) = 60°$, $\sphericalangle(\vec{a};\vec{c}) = 90°$, $\sphericalangle(\vec{b};\vec{c}) = 90°$

a) Geben Sie die Ortsvektoren für die Pyramide in **Bild 1** an.

b) Berechnen Sie alle Seiten und Winkel.

c) Zeichnen Sie eine Abwicklung der Pyramide auf Papier **(Bild 2)**.

d) Kleben und falten Sie das Modell der Pyramide **(Bild 3)**.

Lösung:

a) Die Pyramide wird so in das Koordinatensystem gestellt, dass der Vektor $\vec{a}$ auf der x_1-Achse liegt. Der Vektor $\vec{b}$ wird mithilfe der Winkelfunktionen berechnet **(Bild 1)**.

$b_1 = \cos ß_1 \cdot b = \cos 60° \cdot 8 = \mathbf{4}$

$b_2 = \sqrt{b^2 - b_1^2} = \sqrt{8^2 - 4^2} = \sqrt{48} = \mathbf{6{,}9}$

$$\vec{a} = \begin{pmatrix}6\\0\\0\end{pmatrix}, \vec{b} = \begin{pmatrix}b_1\\b_2\\0\end{pmatrix} = \begin{pmatrix}4\\6{,}9\\0\end{pmatrix}, \vec{c} = \begin{pmatrix}0\\0\\10\end{pmatrix}$$

b) Nachdem alle Eckpunkte bekannt sind, können alle Winkel und Seiten berechnet werden. Die Winkel wurden auf 1° gerundet.

Fläche 1:	$\alpha_1 = 39°$	$\alpha_2 = 90°$	$\alpha_3 = 51°$
	b = 8 LE	c = 10 LE	$\overline{BC}$ = 12,8 LE
Fläche 2:	$\beta_1 = 60°$	$\beta_2 = 46°$	$\beta_3 = 74°$
	b = 8 LE	$\overline{AB}$ = 7,2 LE	a = 6 LE
Fläche 3:	$\gamma_1 = 90°$	$\gamma_2 = 59°$	$\gamma_3 = 31°$
	a = 6 LE	c = 10 LE	$\overline{AC}$ = 11,7 LE
Fläche 4:	$\delta_1 = 64°$	$\delta_2 = 34°$	$\delta_3 = 82°$
	$\overline{AB}$ = 7,2 LE	$\overline{AC}$ = 11,7 LE	$\overline{BC}$ = 12,8 LE

c) **Bild 2** d) **Bild 3**

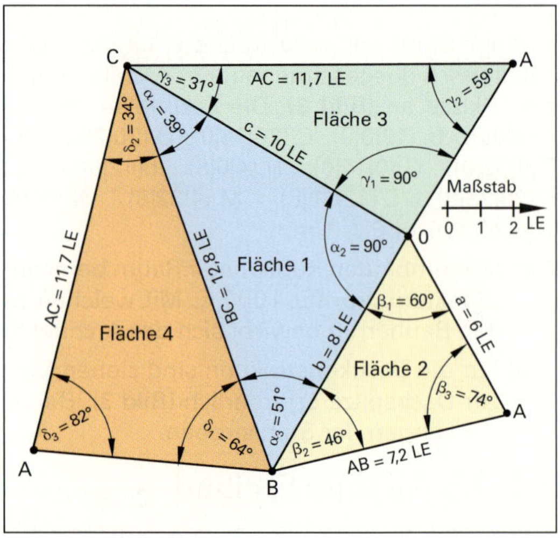

Bild 2: Abwicklung der Pyramide

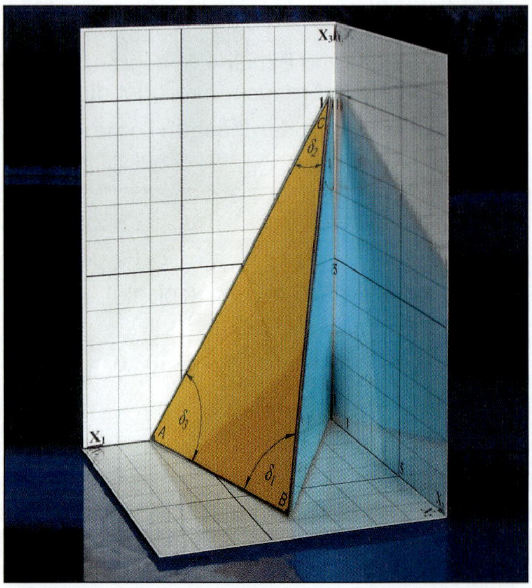
Bild 3: Modell der Pyramide

11.17 Kugelfangtrichter für Luftgewehre

Bei einem Kugelfang für Luftgewehre wird ein Trichter aus Blech hergestellt und in die Trichteröffnung eine Zielscheibe aus Papier geklemmt **(Bild 1)**.

Beispiel 1: Kugelfangtrichter

Der obere Teil des Einfülltrichters einer Getreidemühle gehört zu einer regelmäßigen senkrechten Pyramide mit der Grundseite a = 5 dm und der Höhe h = 4 dm **(Bild 2)**. Diese geht ab der Mitte in einen Quader der Höhe 0,5h über. Der Pyramidenstumpf hat ebenfalls die Höhe 0,5h = 2 dm.

a) Zeichnen Sie den Kugelfangtrichter in ein geeignetes Koordinatensystem ein und wählen Sie geeignete Eckpunkte.

b) Der Trichter wird aus Blech hergestellt. Zeichnen Sie eine Abwicklung vom Trichter, die bei der Fertigung möglichst wenig Lötstellen hat.

c) Wie viel dm^2 Blech benötigt man?

Lösung:

a) **Bild 2** $A_1\,(5|0|4)$, $A_2\,(5|5|4)$, $A_3\,(0|5|4)$, $A_4\,(0|0|4)$, $H\,(2{,}5|2{,}5|0)$

b) B_1 wird ermittelt, indem man die Gerade g_1 **(Bild 2)** durch die Punkte A_1 und H berechnet und eine Punktprobe für $B_1\,(b_{11}|b_{12}|2)$ durchführt.

$$g_1\colon \vec{x} = \begin{pmatrix}5\\0\\4\end{pmatrix} + r \cdot \begin{pmatrix}-2{,}5\\2{,}5\\-4\end{pmatrix} = \begin{pmatrix}b_{11}\\b_{12}\\2\end{pmatrix} \Rightarrow \mathbf{B_1\,(3{,}75|1{,}25|2)}$$

Eckpunkt C_1 des Quaders:

$$\vec{c}_1 = \vec{b}_1 - \begin{pmatrix}0\\0\\2\end{pmatrix} \qquad \Rightarrow \mathbf{C_1\,(3{,}75|1{,}25|0)}$$

Durch Rechnung weitere Ergebnisse:

$\mathbf{B_2\,(3{,}75|3{,}75|2)}$, $\mathbf{C_2\,(3{,}75|3{,}75|0)}$

$\mathbf{B_3\,(1{,}25|3{,}75|2)}$, $\mathbf{C_3\,(1{,}25|3{,}75|0)}$

$\mathbf{B_4\,(1{,}25|1{,}25|2)}$, $\mathbf{C_4\,(1{,}25|1{,}25|0)}$

Nachdem alle Eckpunkte bekannt sind, können alle Winkel, Seiten und Höhen berechnet sowie die Abwicklung **(Bild 3)** gezeichnet werden.

Eine Fläche A_P des Pyramidenstumpfs:

$\alpha_1 = \alpha_2 = 62{,}1°$ $\qquad \alpha_3 = \alpha_4 = 117{,}9°$

$\overline{A_1A_2} = 5\text{ dm}$ $\qquad \overline{B_1B_2} = 2{,}5\text{ dm}$

$\overline{A_1B_1} = 2{,}67\text{ dm}$ $\qquad h_1 = 2{,}36\text{ dm}$

$\mathbf{A_P = 8{,}85\ dm^2}$

Eine Fläche A_Q des Quaders:

$\overline{B_1B_2} = 2{,}5\text{ dm}$ $\qquad h_2 = 2\text{ dm}$

$\mathbf{A_Q = 5\ dm^2}$

c) $$A = 4 \cdot A_P + 4 \cdot A_Q = 4(A_P + A_Q)$$
$$= 4 \cdot \left[0{,}5 \cdot \left(\overline{A_1A_2} + \overline{B_1B_2}\right) \cdot h_1 + \overline{B_1B_2} \cdot h_2\right]$$
$$= 4\,[0{,}5 \cdot (5\text{ dm} + 2{,}5\text{ dm}) \cdot 2{,}36\text{ dm} + 2{,}5\text{ dm} \cdot 2\text{ dm}]$$

$\mathbf{A = 55{,}4\ dm^2}$

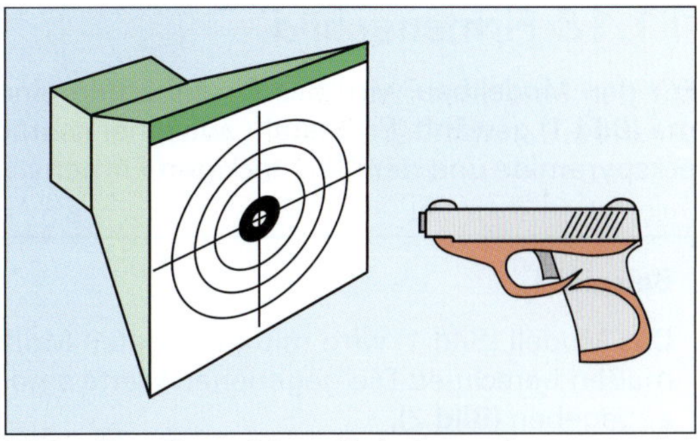

Bild 1: Kugelfangtrichter für Luftgewehre

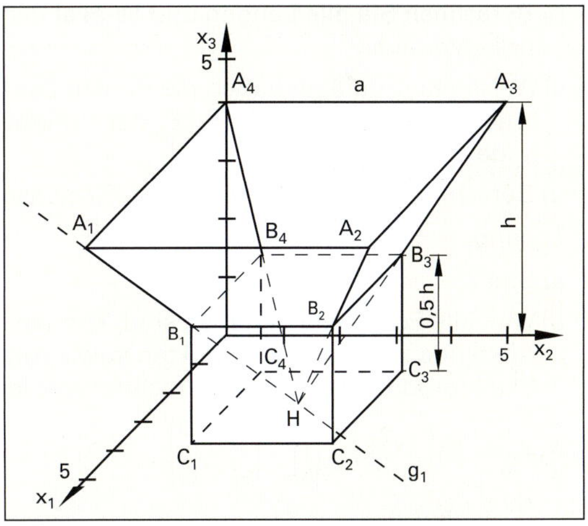

Bild 2: Schrägbild des Kugelfangtrichters

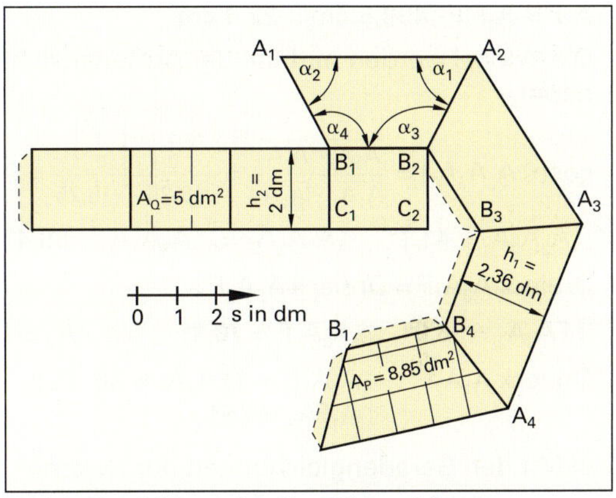

Bild 3: Abwicklung des Kugelfangtrichters

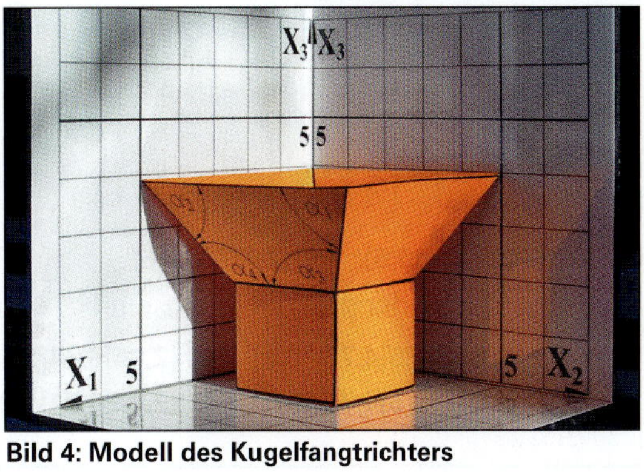

Bild 4: Modell des Kugelfangtrichters

11.18 Firmenschild

Für den Modellbau wird das Firmenschild einer Baufirma **(Bild 1)** gewählt. Es besteht aus einer schrägen Dreieckspyramide und dem rechteckigen Firmenschild.

Beispiel 1

Das Modell (Bild 1) wird mit gerundeten Modellmaßen berechnet. Die gegebenen Werte sind in cm angegeben **(Bild 2)**.

a) Zeichnen Sie das Firmenschild in ein geeignetes Koordinatensystem.

b) Berechnen Sie alle Längen und Winkel der Dreieckspyramide.

c) Welche Koordinaten haben die Punkte des Durchbruches B_1, B_2, B_3 und E_1, E_2, E_3 der Dreieckspyramide durch das Firmenschild?

d) Berechnen Sie die Eckpunkte des Firmenschildes.

Lösung:

a) **Bild 2**

b) Weil alle Eckpunkte gegeben sind, können die Abstände zwischen den Punkten sowie mit dem Skalarprodukt die Winkel berechnet werden.

$$\overrightarrow{A_1A_2} = \overrightarrow{OA_2} - \overrightarrow{OA_1} = \begin{pmatrix}4\\1\\0\end{pmatrix} - \begin{pmatrix}1\\1\\0\end{pmatrix} = \begin{pmatrix}3\\0\\0\end{pmatrix} \qquad \overline{A_1A_2} = \sqrt{9} = \mathbf{3\ cm}$$

$$\overline{A_1A_3} = \overline{A_2A_3} = \sqrt{18{,}25}\ \text{cm} = \mathbf{4{,}3\ cm},\ \overline{A_3F} = \sqrt{453{,}25}\ \text{cm} = \mathbf{21{,}3\ cm}$$

$$\overline{A_1F} = \overline{A_2F} = \sqrt{499{,}5}\ \text{cm} = \mathbf{22{,}4\ cm}$$

Die Winkel werden mithilfe der Außenansicht benannt.

$$\cos(\sphericalangle A_2A_3A_1) = \frac{\overrightarrow{A_1A_3} \circ \overrightarrow{A_2A_3}}{|\overrightarrow{A_1A_3}| \cdot |\overrightarrow{A_2A_3}|} = \frac{\begin{pmatrix}1{,}5\\4\\0\end{pmatrix} \circ \begin{pmatrix}-1{,}5\\4\\0\end{pmatrix}}{\sqrt{18{,}25} \cdot \sqrt{18{,}25}} = 0{,}753$$

$\sphericalangle A_2A_3A_1 = \mathbf{41{,}1°}$ $\sphericalangle A_1A_2A_3 = \sphericalangle A_3A_1A_2 = \mathbf{69{,}4°}$

Dreieck A_3A_1F = Dreieck A_2A_3F

$\sphericalangle FA_3A_2 = \mathbf{98{,}9°}$ $\sphericalangle A_3A_2F = \mathbf{70{,}3°}$, $\sphericalangle A_2FA_3 = \mathbf{10{,}8°}$

Dreieck A_1A_2F: $\sphericalangle A_2A_1F = \sphericalangle FA_2A_1 = \mathbf{86{,}2°}$, $\sphericalangle A_1FA_2 = \mathbf{7{,}6°}$

c) Mit den Geradengleichungen der Pyramidenkanten g_1, g_2, g_3 und der gegebenen Höhe des Firmenschildes lassen sich die Punkte des Durchbruches bestimmen.

$$g_1\colon \vec{x} = \overrightarrow{OA_3} + r \cdot \left(\overrightarrow{OF} - \overrightarrow{OA_3}\right) = \begin{pmatrix}2{,}5\\5\\0\end{pmatrix} + r \cdot \begin{pmatrix}0\\3{,}5\\21\end{pmatrix}$$

$$\overrightarrow{OB_3} = \begin{pmatrix}b_{31}\\b_{32}\\10{,}5\end{pmatrix} = \begin{pmatrix}2{,}5\\5\\0\end{pmatrix} + r \cdot \begin{pmatrix}0\\3{,}5\\21\end{pmatrix} \quad \begin{matrix}\Rightarrow b_{31} = 2{,}5\\ \Rightarrow b_{32} = 6{,}75\\ \Rightarrow r = 0{,}5\end{matrix}$$

B_3 (2,5|6,75|10,5); E_3 (2,5|7,67|16)

Mit den Geradengleichungen g_2 und g_3 erhält man: **B_2 (3,25|4,75|10,5); E_2 (2,86|6,71|16)**

B_1 (1,75|4,75|10,5); E_1 (2,14|6,71|16)

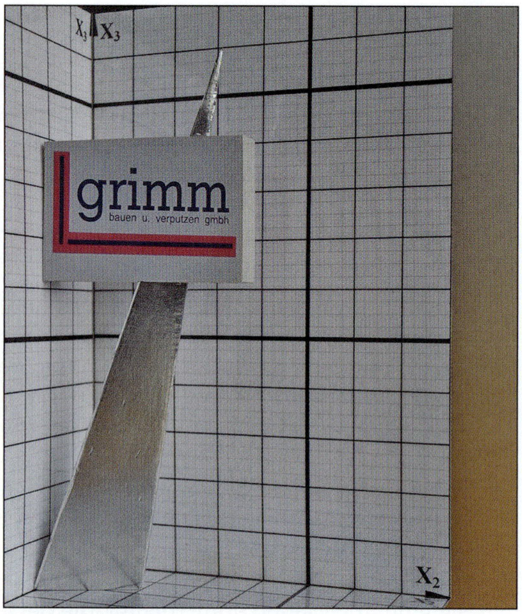

Bild 1: Modell des Firmenschildes

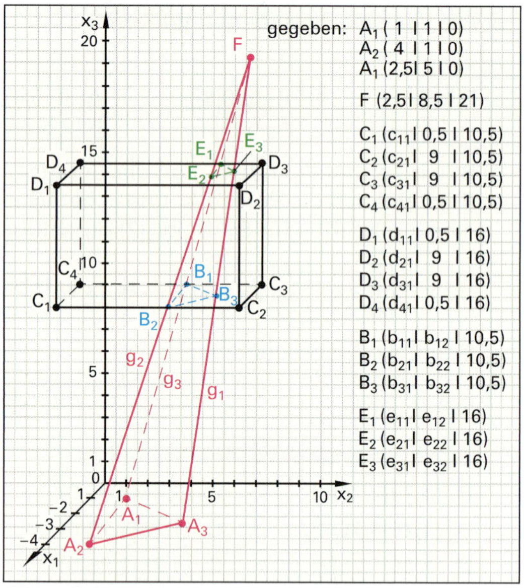

Bild 2: Schrägbild des Firmenschildes

d) Die Eckpunkte des Schildes werden so berechnet, dass B_2 auf der Strecke C_1C_2 und B_1 auf der Strecke C_4C_3 liegt.

Die Eckpunkte C_1, C_4, D_1 und D_4 haben die gleiche Richtungskomponente $x_2 = 0{,}5$ und das Schild ist 8,5 cm lang.

Schild-Unterkante $x_3 = 10{,}5$ cm. Es ergeben sich die Punkte der Unterkante.

C_1 (3,25|0,5|10,5); C_2 (3,25|9|10,5);
C_3 (1,75|9|10,5); C_4 (1,75|0,5|10,5)

Schild-Oberkante $x_3 = 16$ cm. Es ergeben sich die Punkte der Oberkante.

D_1 (3,25|0,5|16); D_2 (3,25|9|16);
D_3 (1,75|9|16); D_4 (1,75|0,5|16)

11.19 Anwendungen in der Differenzialrechnung

1. Ein Körper bewegt sich nach der Weg-Zeit-Funktion $s(t) = 0{,}8\,\frac{m}{s^2} \cdot t^2 + 2\,\frac{m}{s} \cdot t + 4\,m$ **(Bild 1).**

a) Um welchen physikalischen Vorgang kann es sich handeln? Geben Sie allgemein die Formel und den Definitionsbereich an.

b) Berechnen Sie den Weg s, den der Körper nach t = 5 s zurückgelegt hat!

c) Welche Momentangeschwindigkeit und

d) Welche Momentanbeschleunigung besitzt der Körper nach t = 5 s?

2. Eine Messsonde wird vom Boden aus mit einer Anfangsgeschwindigkeit von $50\,\frac{m}{s}$ senkrecht nach oben geschossen.

a) Um welchen physikalischen Vorgang handelt es sich und wie wird der zurückgelegte Weg s(t) allgemein in einer Formel dargestellt?

b) Bestimmen Sie die maximale Höhe, die die Messsonde erreicht und berechnen Sie die Momentangeschwindigkeit in diesem Punkt.

c) Welche Momentangeschwindigkeit hat die Messsonde nach $t_1 = 1\,s$, $t_2 = 10\,s$ und $t_3 = 15\,s$?

d) Berechnen Sie die Flugzeit der Messsonde!

3. Die Gleichung $s(t) = 5\,cm \cdot e^{-0{,}5\,\frac{1}{s} \cdot t} \cdot \sin\left(3\,\frac{1}{s} \cdot t\right)$ beschreibt die geschwindigkeitsproportionale Dämpfung eines Federpendels **(Bild 2).**

a) Ermitteln Sie die Funktionen für die Geschwindigkeit v = f(t) und für die Beschleunigung a = f(t).

Berechnen Sie zur Zeit t = 2 s folgende Werte:

b) die Auslenkung s des Federpendels

c) die Geschwindigkeit v des Federpendels

d) die Beschleunigung a des Federpendels

4. Die Auslenkung (Weg) einer ungedämpften Schwingung wird mit der Formel $s(t) = 5\,cm \cdot \cos\left(1{,}5\,\frac{1}{s} \cdot t + \frac{\pi}{2}\right)$ beschrieben.

a) Bestimmen und zeichnen Sie die Funktion s(t), v = f(t) und a = f(t) der ungedämpften Schwingung.

b) Berechnen Sie die Geschwindigkeit und die Beschleunigung zur Zeit t = 2 s.

Tabelle 1: Ungleichförmige geradlinige Bewegung s = f(t)

Mittlere Geschwindigkeit	$v = \frac{\Delta s}{\Delta t}$
Momentangeschwindigkeit	$v = \lim\limits_{\Delta t \to 0} \frac{\Delta s}{\Delta t} = \frac{ds}{dt} = \dot{s}$
Mittlere Beschleunigung	$a = \frac{\Delta v}{\Delta t}$
Momentanbeschleunigung	$a = \lim\limits_{\Delta t \to 0} \frac{\Delta v}{\Delta t} = \frac{dv}{dt} = \dot{v} = \ddot{s}$

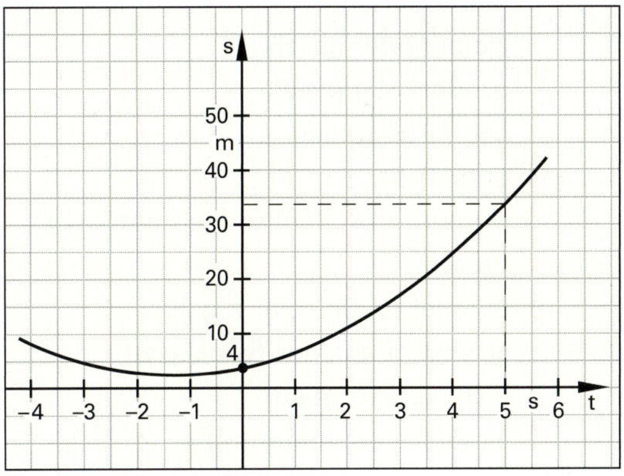

Bild 1: Weg-Zeit-Funktion

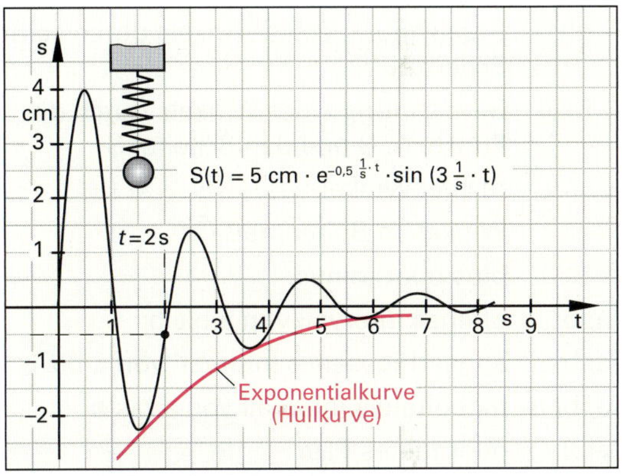

Bild 2: Gedämpfte Schwingung

Lösungen

1. a) senkrechter Wurf nach unten,
$s(t) = \frac{1}{2} \cdot g \cdot t^2 + v_0 \cdot t + s_0$, $0 \leqslant t < \infty$

b) $s(5s) = 34\,m$ **c)** $v(5s) = 10\,\frac{m}{s}$, $a(5s) = 1{,}6\,\frac{m}{s^2}$

2. a) senkrechter Wurf nach oben,
$s(t) = -\frac{1}{2} \cdot g \cdot t^2 + v_0 \cdot t$

b) $v = 0$, $h = 127{,}58\,m$

c) $v_1 = 40{,}19\,\frac{m}{s}$, $v_2 = -48{,}1\,\frac{m}{s}$, $v_3 = \{\,\}$

d) $t = 10{,}19\,s$

3. a) $v(t) = 5\,cm \cdot e^{-0{,}5\,\frac{1}{s} \cdot t} \cdot \left[-0{,}5\,\frac{1}{s} \cdot \sin\left(3\frac{1}{s} \cdot t\right) + 3\frac{1}{s} \cdot \cos\left(3\frac{1}{s} \cdot t\right)\right]$

$a(t) = 5\,cm \cdot e^{-0{,}5\,\frac{1}{s} \cdot t} \cdot \left[-8{,}75\frac{1}{s^2} \cdot \sin\left(3\frac{1}{s} \cdot t\right) - 3\frac{1}{s^2} \cdot \cos\left(3\frac{1}{s} \cdot t\right)\right]$

b) $s(2s) = -0{,}514\,cm$

c) $v(2s) = 5{,}55\,\frac{cm}{s}$

d) $a(2s) = -0{,}8013\,\frac{cm}{s^2}$

4. a) $v(t) = -7{,}5\,\frac{cm}{s} \cdot \sin\left(1{,}5\frac{1}{s} \cdot t + \frac{\pi}{2}\right)$

$a(t) = -11{,}25\,\frac{cm}{s^2} \cdot \cos\left(1{,}5\frac{1}{s} \cdot t + \frac{\pi}{2}\right)$

Zeichnung: siehe Lösungsbuch

b) $v(2s) = 7{,}425\,\frac{cm}{s}$, $a(2s) = 1{,}588\,\frac{cm}{s^2}$

Mathematische Zeichen, Abkürzungen, Formelzeichen

Allgemein

$=$	gleich
$<$	kleiner als
$>$	größer als
$\ll$	sehr klein gegen
$\approx$	rund, angenähert
$\neq$	ungleich
$\equiv$	identisch
$\leq$	kleiner oder gleich
$\geq$	größer oder gleich
$\gg$	sehr groß gegen
$\triangleq$	entspricht
$\sim$	proportional, ähnlich (geometrisch)
%	Prozent
$\parallel$	parallel zu, Beispiel 1: $g \parallel h$
$\perp$	senkrecht auf, rechtwinklig zu
$\not\perp$	nicht senkrecht auf
Δ	Unterschied, Änderung
$\triangle ABC$	Dreieck mit den Eckpunkten A, B, C
$\sphericalangle$	Winkel
$\sphericalangle gh$	Bezeichnung eines Winkels durch seine Schenkel
$\sphericalangle BSA$	Bezeichnung eines Winkels durch die Punkte A, B und den Scheitel S
⊾	rechter Winkel
$\frown$	Winkel im Bogenmaß ($\widehat{b}$)
$\pm$	plus oder minus
$]a; b[$	offenes Intervall von a bis b
$[a; b]$	abgeschlossenes Intervall von a bis b
$[a; b[$	halboffenes Intervall von a bis b
$(a \mid b)$	geordnetes Paar
$\wedge$	und (Konjunktion), Potenzzeichen
$\vee$	oder (Disjunktion)
$\overline{a}$	nicht (Negation)
$\square$	Lücke
$^\circ$	Grad (10°)
$\Leftrightarrow$	äquivalent
$\Rightarrow$	daraus folgt, hinreichend für, impliziert
$\forall$	für alle

Vektoren

$\vec{a}, \vec{b}$	Vektoren
$\vec{a} = \begin{pmatrix} a_1 \\ a_2 \\ a_3 \end{pmatrix}$	Spaltenschreibweise von $\vec{a}$ mit den Richtungskomponenten a_1, a_2, a_3
$A\,(a_1 \mid a_2 \mid a_3)$	Raumpunkt A mit den Raumkoordinaten a_1, a_2, a_3
a_1	Richtungskomponente des Vektors $\vec{a}$ in x_1-Richtung oder Raumkoordinate des Punktes A in x_1-Richtung
$a = \lvert\vec{a}\rvert$	Betrag, Zeigerlänge von $\vec{a}$
$\overrightarrow{a^0}$	Einheitsvektor von $\vec{a}$
$a = \lvert\overrightarrow{a^0}\rvert = 1$	Betrag des Einheitsvektors $\overrightarrow{a^0}$
$\overrightarrow{OA} = \vec{a}$	Ortsvektor, Stützvektor
$\overrightarrow{AB} = \vec{b} - \vec{a}$	Streckenvektor, Differenzvektor
$\lvert\overrightarrow{AB}\rvert$	Betrag des Streckenvektors $\overrightarrow{AB}$
$\vec{0}$	Nullvektor; $\lvert\vec{0}\rvert = 0$
$\circ$	Operator (Malzeichen) beim Skalarprodukt ($\vec{a} \circ \vec{b}$)
$\times$	Operator (Malzeichen) beim Vektorprodukt ($\vec{a} \times \vec{b}$)

Mengen

D	Definitionsmenge
G	Grundmenge
W	Wertemenge
$\{a\}$	Menge mit dem Element a
$\{\,\}$	leere Menge
$\mathbb{N}$	$\{0; 1; 2; 3; \ldots\}$ natürliche Zahlen
$\mathbb{N}^*$	$\{1; 2; 3; \ldots\}$ natürliche Zahlen ohne 0
$\mathbb{Z}$	$\{\ldots; -2; -1; 0; 1; 2; \ldots\}$ ganze Zahlen
$\mathbb{Z}^*$	$\{\ldots; -2; -1; 1; 2; \ldots\}$ ganze Zahlen ohne 0 ($\mathbb{Z}^* = \mathbb{Z} \setminus \{0\}$)
$\setminus$	ohne, z. B. $\mathbb{R} \setminus \{0\}$
$\in$	Element von
$\notin$	nicht Element von
$\subset$	Teilmenge von
$\cap$	Schnittmenge
$\cup$	Vereinigungsmenge
$\mathbb{Q}$	rationale Zahlen
$\mathbb{R}$	reelle Zahlen
$\mathbb{R}^*$	reelle Zahlen ohne 0
$\mathbb{R}_+$	positive reelle Zahlen mit 0
$\mathbb{R}_+^*$	positive reelle Zahlen ohne 0
$\mathbb{C}$	komplexe Zahlen
$\{x \mid x < 2\}_{\mathbb{R}_+}$	Menge aller x, für die $x < 2$ gilt und x positiv reell ist

Potenzen, Wurzeln und Logarithmen

$\sqrt{a}$	Quadratwurzel aus a ($a \geq 0$)
$\sqrt[n]{a}$	n-te Wurzel aus a ($a \geq 0$)
a^x	Potenz (a hoch x, $a > 0$)
$\log_a x$	Logarithmus von x zur Basis a
lg x	Logarithmus von x zur Basis 10
ln x	Logarithmus von x zur Basis e
lb x	Logarithmus von x zur Basis 2

Trigonometrische Funktionen

sin	Sinus
cos	Kosinus
tan	Tangens
cot	Kotangens
arcsin	Arkussinus
arccos	Arkuskosinus
arctan	Arkustangens

Differenzieren und Integrieren

lim	Limes, Grenzwert
$\rightarrow$	gegen, konvergiert nach, nähert sich
$\lim\limits_{x \to 0}$	Grenzwert für x gegen 0
∞	Symbol für unendlich
f(x)	f von x (Wert der Funktion f an der Stelle x)
Δx, (Δy)	Delta x (Delta y), Differenz zweier Argumente (Werte)
$f'(x)$, $f''(x)$	1., 2. Ableitung der Funktion f
$f'''(x)$, $f^{IV}(x)$	3., 4. Ableitung der Funktion f
$\frac{dy}{dx} = \frac{df(x)}{dx}$	dy nach dx, 1. Differenzialquotient der Funktion y = f(x)
I	Integralwert
$\int_a^b f(x)\,dx$	Flächenintegral f(x) dx von a bis b
F(x)	Stammfunktion von f(x)
$[F(x)]_a^b$	Stammfunktion F(x) von a bis b
U_n	Untersumme bei Streifen
O_n	Obersumme bei Streifen
C	Konstante bei Stammfunktionen

Weitere Zeichen

A	Inhalt einer Fläche
A'	Bildpunkt von A
A(x, r)	Funktion von A in Abhängigkeit von x und r
K	Schaubild einer Funktion
LE	Längeneinheit
FE	Flächeneinheit
VE	Volumeneinheit
Z(x)	Zählerpolynom
RP(x)	Restpolynom
N(x)	Nennerpolynom
E	Ebene
$\bar{f}(x)$	Umkehrfunktion von f(x), x ist die Variable
$\bar{f}(y)$	Umkehrfunktion von f(y), y ist die Variable
d	dezimal
h	hexadezimal
b	binär
o	oktal
α; φ	Schnittwinkel
p, n, µ, m, k	Zahlenvorsätze
Im($\underline{z}$)	Imaginärteil von $\underline{z}$
Re($\underline{z}$)	Realteil von $\underline{z}$
N	Schnittpunkt mit der x-Achse
S_y	Schnittpunkt mit der y-Achse
SP	Sattelpunkt
H	Hochpunkt
T	Tiefpunkt
W	Wendepunkt

Anhang

1. Literaturverzeichnis

Algebra und Geometrie für Ingenieure, Nickel et al., Verlag Harri Deutsch

Rechnen und Mathematik, Dudenverlag

Infinitesimalrechnung, Wöhrle et al., Bayrischer Schulbuch-Verlag

Lehr- und Übungsbuch Mathematik, Leupold, Verlag Harri Deutsch

Mathematische Formelsammlung für Ingenieure und Naturwissenschaftler, Lothar Papula, Vieweg-Verlag

Mathematik für Elektroniker IT- und Elektroberufe, Verlag Europa-Lehrmittel

Schüler Rechenduden, Duden-Verlag

Taschenbuch der Mathematik, Ilja N. Bronstein, Konstantin A. Semendjajew, Gerhard Musiol, H. Mühlig Edition Harri Deutsch, Verlag Europa-Lehrmittel

2. Unterstützende Firmen

CRAAFT AUDIO GmbH, Gewerbering 51, D-94060 Pocking, info@craaft.de

Sachwortverzeichnis